ERGEBNISSE DER IMMUNITÄTSFORSCHUNG EXPERIMENTELLEN THERAPIE BAKTERIOLOGIE UND HYGIENE

(FORTSETZUNG DES JAHRESBERICHTS
ÜBER DIE ERGEBNISSE DER IMMUNITÄTSFORSCHUNG)

UNTER MITWIRKUNG HERVORRAGENDER FACHLEUTE

HERAUSGEGEBEN VON

PROFESSOR DR. W. WEICHARDT

II. DIREKTOR DER KGL. BAKTERIOLOGISCHEN UNTERSUCHUNGS-
ANSTALT IN ERLANGEN

ERSTER BAND

BERLIN

VERLAG VON JULIUS SPRINGER

1914

ISBN-13:978-3-642-90551-3   e-ISBN-13:978-3-642-92408-8
DOI: 10.1007/978-3-642-92408-8

Vorwort.

Als unser Jahresbericht über die Ergebnisse der Immunitätsforschung im Jahre 1906 ins Leben gerufen wurde, war es möglich, das gesamte Material in einem Bändchen von nur 225 Seiten zusammenzufassen.

Schon beim 2. Band erhöhte sich, entsprechend der mächtigen Erweiterung unserer Wissenschaft, sein Umfang auf die stattliche Anzahl von 448, beim 3. auf 541 und beim 4. sogar auf 664 Seiten, besonders auch wegen der beigefügten wertvollen Übersichten über wichtige Teile der Immunitätsforschung aus der Feder berufener Autoren.

Diese Übersichten fanden soviel Anklang, daß sie vom 5. Band an wesentlich vermehrt und als erster und wichtigster Teil des Jahresberichtes getrennt von dem Referatenteil in den Buchhandel gebracht wurden.

Es umfaßte nunmehr dieser erste Teil 272, der Referatenteil aber 653 Seiten. Im nächsten, dem 6. Bande, vermehrte sich der erste Teil auf 307, der Referatenteil auf 668 Seiten usf.

Damit war unser Jahresbericht auf ca. 1000 Seiten, also auf einen recht beträchtlichen Umfang angeschwollen, und seine Herstellungskosten hatten sich so vermehrt, daß die Verlagsbuchhandlung auf künftige Verminderung des Umfangs drang. Eine solche war aber nur dadurch zu ermöglichen, daß man auf das Erscheinen des weniger wichtigen, des Referatenteils ganz verzichtete. Dieser Verzicht reißt auch kaum eine Lücke in die Immunitätsliteratur; denn es stehen ja recht umfangreiche und gründliche Referatenzusammenstellungen der Zeitschriften und Zentralblätter mehrfach zu Gebote.

Unser Jahresbericht erscheint also von nun an unter dem Titel „Ergebnisse" und soll nur noch Übersichten der wichtigsten im Vordergrund des Interesses stehenden Kapitel unserer Wissenschaft aus der Feder berufener Spezialforscher enthalten. Dadurch kommt aber nicht nur der Praktiker in die Lage, sich über die jüngsten und wichtigsten Fortschritte der Immunitätsforschung gründlich zu orientieren, auch dem mit literarischen Arbeiten auf anderen Spezialgebieten beschäftigten Forscher, welchem es zumeist unmöglich ist, die ungeheuer anwachsende Immunitätsliteratur gründlich zu durchmustern und das für ihn Wichtige aufzufinden, wird der Bericht eine reiche Fundgrube neuer anregender Fragestellungen und Folgerungen sein.

Mögen die „Ergebnisse", diese Fortsetzung des Jahresberichtes, für den Fortschritt unserer Wissenschaft ebenso erfolgreich wirken, wie dessen erste 8 Bände! Wir hoffen, daß die verehrten Fachgenossen, die bisher in liebenswürdiger Weise als Mitherausgeber unseren Jahresbericht unterstützt haben, ihn auch in der neuen Form weiter fördern.

In diesem Bande sind von berufenen Autoren verschiedene neuere wissenschaftliche Fragen auf den einzelnen Gebieten möglichst gründlich, sachgemäß und sine ira et studio erörtert worden.

Dadurch ist zweifellos dem Fortschritt gedient.

Die Überempfindlichkeitsforschung, die Fragen der parenteralen Verdauung, die neueren diagnostischen Bestrebungen sind so kompliziert, daß sie noch jahrelang diskutiert werden müssen, ehe vollkommene Klärung erreicht ist und die Wissenschaft sich wieder neuen Gebieten zuwenden kann.

Diesen Diskussionen, welche allein zu erfreulichen Endresultaten führen, sollen unsere Ergebnisse dienen. Sie unterscheiden sich scharf von Disputationen, wie sie leider immer noch auch bei manchen naturwissenschaftlich-medizinischen Fragen hin und wieder geübt werden.

Charakterisiert sind diese Disputationen durch Beflissenheit dem Gegner möglichst empfindliche Schläge zu versetzen, durch die Darstellung seinen Arbeiten für den Fernstehenden einen Schein der Lächerlichkeit zu geben u. a. m. Ein sachlicher Kritiker wird im Gegenteil derartiges streng vermeiden und vor allem prüfen, ob nicht Mängel der eigenen Technik oder die geringere Wirksamkeit der von ihm verwendeten Substanzen Differenzen verschulden.

Disputanten machen aus dem Zusammenhang herausgenommene Perioden weit zurückliegender Arbeiten, offenkundige Druckfehler und andere Nebensächlichkeiten zum Ausgang ihrer Angriffe, während positive Befunde und Tatsachen, welche die gegnerische Ansicht zu stützen geeignet sind, übergangen werden.

Wie es in öffentlichen Versammlungen geraten erscheint, gute Diskussionen zu führen, Disputationen aber aus dem Wege zu gehen, so ist es auch geraten, die soeben charakterisierten Disputanten möglichst nicht zu beachten.

In Anbetracht der enorm schwellenden Literatur ist das ein großer Gewinn; denn man erlebt es immer wieder, daß Disputanten bei jeder Replik mit großer Leidenschaftlichkeit durch die bereits charakterisierten und ähnliche Nebensächlichkeiten die Polemik ins Ungemessene fortzusetzen pflegen.

Sehen sie durch Nichtbeachtung diese Möglichkeit abgeschnitten, so erlischt ihr Eifer bald. In unserem Bericht werden wir, um die medizinische Literatur vor Derartigem möglichst zu schützen, stets scharf objektive Diskussionen und subjektive Disputationen trennen.

Derartige zwecklose Disputationen finden wir z. B. in der Überempfindlichkeitsliteratur, ferner über die Abderhaldensche Diagnostik usf.

Neuerdings versuchen einige Assistenten Flügges die Wärmestauungstheorie dieses Autors dadurch zu stützen, daß sie scheinbar entgegenstehende Befunde mit viel Eifer wegzupolemisieren suchen!

Mehr experimentelle Technik und weniger unnütze Disputationen! Der Sache an sich und der Literatur wäre in allen solchen Fällen wirklich gedient!

Erlangen, im September 1914.

Der Herausgeber.

Inhaltsverzeichnis.

I. Die Wissenschaftliche Tätigkeit des hygienischen Laboratoriums des „United States Public Health Service".

Von

J. G. Fitzgerald, Toronto (Canada)[1].

Die „Hygienic Laboratory Bulletins" sind überall bekannt, wo wissenschaftliche Literatur gefunden werden muß, und bedürfen keiner Empfehlung. Indessen ist bis jetzt noch keine allgemeine Übersicht über die Forschungen des Hygienischen Laboratoriums, trotz der vielseitigen Anerkennung des Wertes der Arbeiten dieses glänzenden Instituts, versucht worden. Der Verfasser beabsichtigt daher, in diesem Artikel einen Überblick über die seit dem Bestehen des Laboratoriums von den verschiedenen Forschern dort geleisteten wissenschaftlichen Arbeiten zu geben.

Es ist zuerst nötig, kurz den Umfang des „United States Public Health Service" zu schildern, bevor im einzelnen das Laboratorium und die Forschungen besprochen werden. Die genannte Stelle bildet eine Unterabteilung des Schatzdepartements der Regierung der Vereinigten Staaten. Die Zentralstelle befindet sich in Washington und hat an ihrer Spitze einen Generalstabsarzt (Surgeon-General). Sie besteht aus folgenden 7 Abteilungen: 1. Personal- und Rechnungswesen. 2. Auslands- und Insularquarantäne und Einwanderung. 3. Inlands- (Bundesstaats-) Quarantäne und Gesundheitspolizei. 4. Sanitätsberichte und Statistiken. 5. Wissenschaftliche Forschung. 6. Marine-Hospitäler und Unterstützungswesen. 7. Verschiedenes. Jede der 6 erstgenannten Abteilungen steht unter der Aufsicht eines Generaloberarztes (Assistent surgeon-general), der für ihren Verwaltungsdienst verantwortlich ist.

Es liegt nicht im Plan dieser Veröffentlichung, im einzelnen die Arbeiten aller genannten Abteilungen zu betrachten, sondern hauptsächlich soll das Werk des Hygienischen Laboratoriums geschildert werden. Gleichzeitig wird es jedoch nicht unangebracht sein, in diesem Zusammenhang vorübergehend auf einige neue Leistungen des „U. S. Public Health Service to präventive Medicine and Hygiene" einzugehen, ehe die Laboratoriumsarbeiten analysiert werden.

---

[1] Nach dem Manuskript übersetzt von L. Schmidt-Herrling.

Eine der interessantesten von den oben genannten Abteilungen ist diejenige, welcher die Ausländer- und Insularquarantäne und die Einwanderung untersteht. Es gibt 44 Küsten-Quarantäne- und Untersuchungsstationen in den Vereinigten Staaten, 25 Inselstationen, 37 Stationen in Auslandshäfen und 83 Einwanderungsstationen. Nach der Schilderung von Anderson[1]) ist die Arbeit dieses Amtes, die es zur Verhütung des Eindringens der Cholera in die Vereinigten Staaten während des Jahres 1912 geleistet hat, eine Tat von außerordentlicher Bedeutung. Die Cholera trat in Italien im Spätsommer und Herbst des Jahres 1910 auf und nahm ab, als der Winter anfing. Im Frühling 1911 wurde jedoch der infizierte Bezirk in Italien größer und die Krankheitsfälle mehrten sich stark. Das Gesundheitsamt der Vereinigten Staaten beschäftigte sich mit dem Ereignis in folgender Weise: Spezielle Maßnahmen wurden in den fremden Häfen von den Offizieren des Amtes in der Weise getroffen, daß alle Zwischendeckspassagiere, die aus verseuchten Häfen nach den Vereinigten Staaten gingen, und deren Ausgangsort cholerainfiziert war, 5 Tage in Quarantäne bleiben mußten, ehe sie die Erlaubnis zur Einschiffung erhielten. Ihr Gepäck wurde gründlicher Desinfektion unterzogen; ferner wurde den Auswanderern das Mitnehmen von Nahrungsmitteln an Bord des Schiffes verboten. In dieser Hinsicht arbeitete die italienische Regierung mit dem Gesundheitsamt der Vereinigten Staaten zusammen und untersuchte alle diese Auswanderer, um zu bestimmen, ob sich Cholerabazillenträger unter ihnen befänden. Als Ergebnis der Untersuchung fand man 41 Bazillenträger, welche die italienischen Häfen nicht verlassen durften. Während der Überfahrt der Auswanderer standen diese unter besonders sorgfältiger ärztlicher Beobachtung. Das allerwichtigste war aber schließlich, daß vom 19. Juli alle in den Häfen der Vereinigten Staaten aus choleraverseuchten Häfen oder Städten ankommenden Zwischendeckspassagiere der bakteriologischen Untersuchung unterworfen wurden und nicht eher die Erlaubnis zum Eintritt erhielten, bis die Untersuchung ergab, daß sie keine Bazillenträger waren. In gemeinsamer Arbeit von staatlichen und örtlichen Sanitätsbehörden wurden ungefähr 34000 Proben von Darmentleerungen der Passagiere und Mannschaften der Schiffe aus cholerainfizierten Häfen bakteriologisch untersucht, um etwaige Bazillenträger zu entdecken. Das Ergebnis dieser strengen Untersuchung war im Hafen von New York die Isolierung des Choleravibrios aus 28 an Cholera erkrankten Personen und aus 27 Gesunden, die den Choleravibrio in ihren Fäzes entleerten. Sieben Cholerafälle wurden in anderen Eingangshäfen entdeckt. Keiner dieser Cholerabazillenträger wäre auf anderem Wege, als durch das hier angewendete Verfahren, ermittelt worden. Eine weitere Maßnahme von großer Wichtigkeit bildete das System der Anmeldung von Auswanderern an ihren Bestimmungsorten. Sobald Auswanderer aus cholerainfizierten Orten in den Vereinigten Staaten ankamen, erhielten die Sanitätsbehörden des Bestimmungsortes Karten mit der Meldung, daß Auswanderer aus verseuchten Orten auf dem Wege nach ihrer Stadt wären. Auf diese Weise konnten die lokalen Gesundheitsbehörden während eines angemessenen Zeitraums Aufsicht üben.

Der Erfolg dieses glänzenden Werkes war, daß sich kein Cholerafall in den Vereinigten Staaten während jenes Sommers ereignete, obwohl Tausende von Personen aus cholerainfizierten Distrikten in das Land kamen. In jedem einzelnen Falle der Tausende von Einwanderern war es nötig, durch Laboratoriums-untersuchung festzustellen, ob ihre Dejekta keine Choleravibrionen enthielten, ehe sie die Erlaubnis bekamen, weiter in das Innere des Landes zu gehen.

Die Unterdrückung der Bubonenpest an der pazifischen Küste der Vereinigten Staaten war ein anderer Grund zu vorwärtsstrebender Arbeit auf dem Gebiete der vorbeugenden Medizin.

Die Pest hatte in San Franzisko und in anderen Teilen Kaliforniens vor dem Jahre 1908 einen festen Stützpunkt gewonnen. Ein Laboratorium wurde in dieser Stadt eingerichtet und in 4 Jahren wurden 1 171 721 Nagetiere untersucht, um die Pestinfektion aufzuklären. Blum und Mc Coy hatten Ratten und Grundeichhörnchen als Überträger der Krankheit festgestellt, daher unterzog man sich der Arbeit, eine pestfreie Zone durch Ausrottung dieser Nager zu schaffen. Das wurde in vier Provinzen erreicht und der Erfolg dieser Bemühung erscheint noch größer, wenn man bedenkt, daß seit dieser Zeit kein Pestfall in San Franzisko mehr vorgekommen ist. Einige Pestfälle ereigneten sich in Kalifornien in jener Zeit, als das Werk der Ausrottung noch nicht vollendet war. Die Ausdehnung der pestfreien Zone wird so schnell wie möglich weiter geführt.

Sehr wichtige epidemiologische Studien über den Typhus wurden ausgeführt und Feldzüge gegen diese Krankheit unternommen. Ein interessanter Bericht über solch einen Feldzug erschien in dem U. S. Public Health Bulletin Nr. 51. Das Gesundheitsamt hatte sich mit dem Bezirksamt vereinigt zu einer Untersuchung über die gesundheitlichen Zustände in den Minen und die Ursache und das Vorherrschen gewisser Krankheiten bei den Grubenarbeitern.

Wichtige klinische und Laboratoriumsforschungen über Lepra wurden in dem Leprauntersuchungsspital, das auf der Insel Molokai unterhalten wird, vorgenommen. Viele der späteren Arbeiten von Clegg über den Leprabazillus sind in diesem Laboratorium ausgeführt.

Im Jahr 1911 führten die Beamten des U. S. Public Health Service die körperliche Untersuchung von 1 093 809 Ausländern aus, um deren Freisein von übertragbaren Krankheiten und ihr körperliches und geistiges Geeignetsein für den Eintritt in die Vereinigten Staaten festzustellen. Aus dieser großen Anzahl Untersuchter wurden 27 412 zurückgewiesen, von denen 344 an Idiotie, Epilepsie oder Geisteskrankheit litten. Diese Bemühungen erfolgten in der Absicht, einen systematischen Kampf gegen die Geisteskrankheiten zu führen.

Die wertvollen Studien über Masern, Typhus, Brillsche Krankheit usw. sollen mehr im einzelnen im Zusammenhang mit den Arbeiten des Hygienischen Laboratoriums selbst betrachtet werden.

Außerdem bemüht sich das Gesundheitsamt der Vereinigten Staaten, das bei der von den Beamten des Amtes ausgeführten Tätigkeit erworbene Wissen zu verbreiten. Der Umfang dieser Bestrebungen wird besser gewürdigt werden, wenn man erfährt, daß die Arbeit des Hygienischen Laboratoriums in den „Hygienic Laboratory Bulletins" veröffentlicht wird, dazu kommen ferner die „Bulletins of the Yellow Fever Institute", „Public Health Bulletins", wöchentliche „Public Health Reports" und Veröffentlichungen vermischten Inhalts.

Das Hygienische Laboratorium des Gesundheitsamts der Vereinigten Staaten wurde 1887 eingerichtet und bildete zu jener Zeit einen Teil des Marinehospitals auf Staten Island, New York. Im Juni 1891 erfolgte die Verlegung nach Washington, wo sehr bescheidene Räumlichkeiten vorbereitet waren. Ein neues Laboratoriumsgebäude entstand im Jahre 1901, das 1909 seiner Größe nach verdreifacht wurde; ein weiteres Gebäude ist jetzt im Bau begriffen. Die die Einrichtung des Laboratoriums genehmigenden Gesetze bestimmten, daß es auf die öffentliche Gesundheit bezügliche Angelegenheiten zu untersuchen habe. Die Organisation umfaßt einen Laboratoriumsdirektor, Stabsarzt John F. Anderson, einen zweiten Direktor, Stabsarzt E. Francis; Chef der Abteilung für Pathologie und Bakteriologie ist Stabsarzt Anderson, der Abteilung für medizinische Zoologie Professor Charles W. Stiles, der Abteilung für Pharmakologie Professor C. Voegtlin, der Abteilung für Chemie Professor E. B. Phelps. Infolge der weitgehenden Anordnungen der Gesetze über die öffentliche Gesundheitspflege ist der Umfang der von dem Laboratorium unternommenen Arbeiten ein sehr großer.

Gewisse besondere Pflichten wurden dem Laboratorium überwiesen, darunter hauptsächlich die Überwachung des Verkaufs und der Herstellung von Seren, Antitoxinen, Virus usw., infolgedessen sind zahlreiche Probleme von immunologischem Interesse zu untersuchen. Die Ergebnisse werden in den „Hygienic Laboratory Bulletins" veröffentlicht und eine Betrachtung dieser Veröffentlichungen soll den Hauptinhalt dieses Artikels bilden.

Eine vorhergehende kurze Übersicht über die Publikationen nicht bakteriologischer oder pathologischer Art soll dazu dienen, den weiten Kreis der Laboratoriumsarbeiten zu veranschaulichen. Die Bulletins, die sich mit medizinischer Zoologie befassen, sind von großem theoretischem Interesse gewesen, und viele davon haben weitgehende praktische Bedeutung gehabt. Unter den ersten der auf diesem Felde veröffentlichten Bulletins befand sich „Hygienic Laboratory Bulletin" Nr. 13, in welchem Garrison, Ransom und Stevenson ihre systematischen Untersuchungen über die Darmparasiten von 500 Patienten mitteilten. Dasselbe Bulletin enthält die sehr sorgfältige Beschreibung einer neuen Art parasitischen Rundwurms in amerikanischen Mosquitos von Stiles. Dieser Autor lieferte auch einen Artikel über die typischen Arten der Cestodengattung Hymenolepis. In Nr. 17 hat Stiles dann einen ganz hervorragend illustrierten Überblick über die Trematodenparasiten des Menschen gegeben. Eine frühere Studie von Stiles über das hauptsächliche Vorkommen und die geographische Verbreitung der Hookwurm-Krankheit (Unzinariasis oder Anchylostomiasis) in den Vereinigten Staaten war eine sehr gründliche epidemiologische und zoologische Untersuchung. Sie diente dazu, in bemerkenswerter Weise die weite Verbreitung der Hookwurm-Krankheit in Amerika bekannt zu machen, und wirkte bahnbrechend für die Erweckung des Interesses an diesem Gegenstand. Dieser Artikel, zusammen mit einigen anderen, verursachte schließlich die Bildung einer besonderen Kommission zum Studium der Krankheit und zur Bestimmung der Maßregeln gegen ihre weitere Verbreitung.

Im Bulletin Nr. 18 setzte Stiles seine frühere Arbeit über das Genus Hymenolepis fort, indem er die diesem Genus angehörenden Bandwürmer beschrieb, die im Menschen schmarotzen; dabei schloß er gleichzeitig in den Bericht eine Beschreibung verschiedener neuer Fälle des Zwergbandwurms (H. nana) in den Vereinigten Staaten ein.

Andersons Untersuchungen über das Rocky-Mountain-Fleckfieber sollen später mehr im einzelnen besprochen werden, doch ist es notwendig, hier die sehr gründlichen Arbeiten von Stiles über Ursache, Übertragung und Herkunft der Krankheit zu erwähnen. Ein von Stiles verfaßtes, sehr konzises und wertvolles Bulletin, Nr. 24, beschäftigt sich mit den Regeln des internationalen Kodex der zoologischen Nomenklatur, mit besonderer Berücksichtigung der Medizin. Bulletin Nr. 34 enthält drei Artikel über parasitisch im Menschen lebende Würmer; im ersten ist eine neue Rundwurmspezies beschrieben (Agamofilaria georgiana), sie war in einem außerordentlich interessanten Falle in die Gewebe des Fußgelenkes eingewandert. Die zweite Mitteilung enthält eine Übersicht der zoologischen Charaktere des Genus Filaria und ein Verzeichnis der Rundwürmer der Familie der Filariidaea, die als im Menschen vorkommend bekannt sind. Die dritte Mitteilung bildet eine Zusammenstellung aller Fälle von Infektionen des Menschen mit Roßhaarwürmern und berichtet über drei unveröffentlichte Fälle. Anknüpfend an eine frühere Studie besprechen Stiles und Garrison in Nr. 28 die Häufigkeit der Eingeweidewürmer beim Menschen.

In Bulletin Nr. 25 gibt Stiles einen illustrierten Leitfaden der im Menschen parasitisch lebenden Cestoden. Ein sehr vollständiges Verzeichnis von Nachweisen aus dem Gebiet der medizinischen und Veterinär-Zoologie, von Stiles und Hassall zusammengestellt, ist in Bulletin Nr. 37 enthalten. Dieser Index bildet eine Kombination des Zettelkataloges der zoologischen Abteilung des „U. S. Bureau of Animal Industry" und der zoologischen Abteilung des Hygienischen Laboratoriums. Der Katalog ist in drei Abteilungen geschieden: Autoren-, Sach- und Ortsverzeichnis. Vier Artikel in Bulletin Nr. 40 beschäftigen sich mit Schmarotzerwürmern. Der erste, von Stiles, berichtet über einen eigentümlichen Fall von Parasitismus bei einem Menschen. Eine proliferierende Cestodenlarve (Sparganum proliferum) war die Ursache einer akneähnlichen Schwellung. Die hauptsächlichste Besonderheit des Parasiten ist die Vermehrung im Larvenstadium durch Bildung überzähliger Köpfe, die selbständig werden und durch die Gewebe wandern können. Der zweite Artikel, ebenfalls von Stiles, befaßt sich mit einer Nachprüfung der typischen Vertreter der Filaria restiformis (Leidy 1880), danach soll der Parasit ein unreifer Pferdehaarwurm sein und möglicherweise kein Parasit des Menschen. Die dritte Abhandlung von Stiles und Goldberger berichtet über zwei neue parasitisch lebende Trematodenarten, Homalogaster philippinensis und Agamodistomum nanus. Der letzte Artikel dieser Reihe von Stiles und Goldberger bringt die Resultate einer Nachprüfung der ursprünglichen Veröffentlichung über Taenia saginata abienta (Weinland 1858). Millar beschreibt in Bulletin Nr. 46 Hepatozoon perniciosum, eine neue, für weiße Mäuse pathogene Hämogregarinenart, und gibt auch eine sehr genaue Beschreibung des sexuellen Cyklus in dem Zwischenwirt, einer Milbe (Loelaps echidninus). Dieser Schmarotzer ist die Ursache einer bei weißen Ratten beobachteten Epizootie. Die Milbe ist ein echter Zwischenwirt; die Infektion wird vermittelt, wenn die Milbe von der Ratte verschluckt wird. Die Milben leben als Ektoparasiten auf den Ratten, an denen sie sich durch das Saugen infizieren. Die Vermehrung der Hämogregarinen erfolgt in der Leber der Ratten. In Bulletin Nr. 60 beschreiben Stiles und Goldberger eine neue im Menschen schmarotzende Trematode (Watsonia watsoni des Menschen) und vergleichen sie mit 19 anderen nahe verwandten Trematoden. Eine sehr sorgfältige Übersicht über die Merkmale der zum Genus Dermacentor gehörenden Zecken von Stiles ist von weitgehender Bedeutung wegen der Wichtigkeit dieser Insekten als Überträger von Krankheiten. Zwei Arbeiten von Goldberger und von Goldberger und Crane sind im Bulletin Nr. 71 enthalten, in der ersten davon sind drei neue endoparasitäre Trematoden amerikanischer Süßwasserfische beschrieben. Die zweite umfaßt eine systematisch-naturwissenschaftliche Prüfung einiger neuer parasitärer Trematodenwürmer des Genus Telorchis. Die andere Arbeit beschreibt eine neue Art der Athesmia (A. foxi) von einem Affen. Die neueste Veröffentlichung dieses Departements des Hygienischen Laboratoriums ist das Bulletin Nr. 85, ein Katalog der medizinischen und Veterinärzoologie von Stiles und Hassall.

In langen Jahren ist auf dem Gebiete der Pharmakologie im Hygienischen Laboratorium außerordentlich Verdienstvolles geleistet worden. Seit 1905 sind die Veränderungen in der Pharmakopöe der Vereinigten Staaten in den Laboratoriumsbulletins besprochen und gesammelt. Die ersten dieser Bulletins, Nr. 23 und 49, behandelten die achte der 10 jährigen Revisionen. Bulletin Nr. 58 enthielt dann eine Sammlung von Kommentaren zu der achten Revision und die nationalen Vorschriften, 3. Ausgabe. Ähnliches brachte Bulletin Nr. 63 für das Jahr 1907 und Nr. 75 für 1903. Spätere mit diesem Gegenstand sich befassende Bulletins waren Nr. 84 und 87 für die Jahre 1909, 1910 und 1911. Der Mitwirkung des Hygienischen Laboratoriums an der Entwicklung der pharmazeutischen Wissenschaft durch die Zusammenstellung dieser in der Literatur erschienenen Kommentare in den Bulletins war von großem Wert für diejenigen, die ein besonderes Interesse an diesem Stoff haben.

Außer dieser Sammlung ist viel wertvolle Arbeit auf dem Gebiete der Pharmakologie geleistet worden. Bulletin Nr. 47 von Reid Hunt und Seidell enthält die erste einer Reihe von Studien über die Thyreoidea und beschäftigt sich mit der Beziehung des Jod zu der physiologischen Wirksamkeit der Schilddrüsenpräparate. Das erste Ergebnis dieser Studien war die Aufklärung der Tatsache, daß die Widerstandsfähigkeit von Ratten, Mäusen und Meerschweinchen gegen Morphin durch Verfütterung von Schilddrüse gleichmäßig herabgesetzt wird. Eine zweite Reihe von Experimenten schien den Beweis zu liefern, daß jodreiche Thyreoidea wirksamer ist als jodarme, einfach auf Rechnung des Jodes. Mit anderen Worten: Das Jod ist die Ursache und nicht das Ergebnis der Wirksamkeit. Edmunds und Hale erörtern in Bulletin Nr. 48 eingehend die physiologische Standardisierung des Mutterkorns. Ganz besonderen Wert für die öffentliche Gesundheitspflege besitzt Bull. Nr. 53 von Worth Hale über den Einfluß gewisser Drogen auf die Giftigkeit des Azetanilids und Antipyrins. Die Resultate dieser Versuche weisen darauf hin, daß der deletären Wirkung des Azetanilids durch Koffein nur sehr unvollkommen entgegengetreten wird. Die Bedeutung der Arbeit liegt darin, daß die Zusammenstellung von Azetanilid und Koffein in nahezu allen als Kopfwehpulver bekannten Handelspräparaten vorkommt, und daß die allgemeine Voraussetzung derjenigen, die solche Pulver verwenden, dahin geht, die toxische Wirkung des Azetanilids werde von dem Koffein neutralisiert. Der weiterverbreitete unterschiedslose Verbrauch derartiger Kopfwehpulver bildet eine Gefahr für die öffentliche Gesundheit. Arbeiten dieser Art sind von Wichtigkeit, weil sie die mittelbar wirkende Gefahr des Gebrauchs dieser Heilmittel betonen. In Bulletin Nr. 55 berichtet Schultz über die Ergebnisse quantitativer pharmakologischer Untersuchungen des Adrenalins und adrenalinähnlicher Stoffe und schließt, daß das Blutdruckverfahren bei Hunden unter Morphin-Ätheranästhesie, Durchschneidung der Vagusnerven und ganz kleinen Curaredosen die allergenaueste pharmakologische Prüfung für Katechuderivate bildet. Die relative physiologische Wirkung dieser Katechuderivate scheint auf der die Eigenschaften eines sekundären Alkohols oder Ketons besitzenden Substanz zu beruhen, auf Natur und Zahl der den Wasserstoff der Aminogruppe ersetzenden Gruppen, und auf der Anordnung des asymmetrischen Kohlenstoffes. Bulletin Nr. 61 enthält eine Studie von Schultz über die relative physiologische Wirkung einiger Epinephrinpräparate des Handels. In Nr. 68 veröffentlicht Hale die Ergebnisse einer Untersuchung über das Bleichen des Mehles und die Wirkung von Nitriten auf gewisse medizinische Stoffe. Die Resultate dieser Versuche lassen erkennen, daß die unter Umständen schädliche Wirkung der künstlichen Bleichung des Mehles von der Tatsache bedingt wird, daß die Verdaulichkeit des Klebers in derartigem Mehl vermindert ist; und möglicherweise sind auch Spuren entschieden toxischer Stoffe vorhanden. Ferner kann der Bleichprozeß schädliche Ergebnisse zeitigen, insofern als in dem gebleichten Mehl kleine Mengen von Nitriten sich finden können. Diese Nitrite können auf zweierlei Art wirken, durch Herabsetzung der Eiweißverdauung und durch Umwandlung anderer medizinischer Stoffe, die eventuell gleichzeitig genommen werden, in deutlich toxische Agentien. Bulletin Nr. 67 von Seidell befaßt sich mit der Löslichkeit pharmakologischer organischer Säuren und ihrer Salze. Reid Hunt spricht in Bulletin Nr. 69 über die Wirkungen eingeschränkter und sonst verschiedener Diät auf die Widerstandsfähigkeit gegen gewisse Gifte und gibt dabei an, daß eingeschränkt Diät deutlich die Resistenz bestimmter Tiere gegen Azetonitrile steigert. Diät wirkt auch deutlich auf die Widerstandsfähigkeit von Tieren gegen gewisse Gifte, bei manchen kann sie bis auf das Vierzigfache durch die Veränderung der Diät gesteigert werden. Diese Versuche zeigen im allgemeinen, daß Nahrungsmittel, die einen großen Teil der täglichen Kost des Menschen ausmachen, die ausgesprochensten Wirkungen auf die Resistenz von Tieren gegen mehrere Gifte haben; sie erzeugen Veränderungen im Stoffwechsel, die nicht leicht durch die Hilfsmittel, wie sie bei Stoffwechselstudien gewöhnlich verwendet werden, zu entdecken sind. Menge berichtete in Bulletin Nr. 70 die Ergebnisse einer Untersuchung über Schmelzpunktbestimmungen mit besonderer Bezugnahme auf die Schmelzpunktsanforderungen der Pharmakopöe der Vereinigten Staaten. Bulletin Nr. 33 von Reid Hunt faßt die Resultate interessanter Studien über experimentellen Alkoholismus zusammen. Reid Hunt und Taveau bestimmen in Nr. 73 die Wirkungen einer Anzahl von Cholinderivaten und ähnlichen Verbindungen auf den Blutdruck. Digitalis-Standardisierung und die Verschiedenheit roher und medizinischer Präparate dieser Droge bildeten den Gegenstand der Untersuchungen von Worth Hale, deren Ergebnisse er in Bulletin Nr. 74 zusammenfaßt. Der physiologischen Standardisierung des Mutterkorns wird von den Pharmakologen große Aufmerksamkeit zugewendet und Edmunds und Worth Hale weisen in Bulletin Nr. 76 darauf hin, daß chemische Methoden zur Ergotinprüfung wenig Beziehung zu den biologischen Methoden zeigen; die letzteren sollten zur Sicherheit derjenigen angewendet werden, die diese Droge als wirksames und gleichmäßig starkes Heilmittel gebrauchen. Zu diesem Zweck wird empfohlen, aus praktischen Gründen lieber den Hahnenkamm zu verwenden als den Uterus. Worth Hale hat in Bulletin Nr. 88 ein Verfahren angegeben, um die Giftigkeit der Steinkohlenteer-Desinfektionsmittel zu bestimmen, und liefert ferner einen Bericht über die relative Toxizität einiger Desinfektionsmittel des Handels. Er vertritt die Ansicht, daß die Steinkohlenteer-Desinfektionsmittel der Phenoloidgruppe bedeutend weniger giftig sind als Phenol oder die Kresole, doch sind sie keine ungefährlichen, ungiftigen Stoffe; sie besitzen im Durchschnitt eine Giftigkeit, die ca. 15—20% Phenol entspricht. Sanitätsbeamte, die Desinfektionsmittel empfehlen, sollten das allgemeine Publikum vor der Gefahr solcher Lösungen warnen und auf größere Vorsicht im Handel und beim Gebrauch von Stoffen dieser Art, wie sie jetzt nach allgemeiner Gewohnheit verwendet werden, dringen. In Bulletin Nr. 31 berichten Kastle und Amoß über Variationen der Wirksamkeit der Peroxydase des Blutes im gesunden und kranken Zustande. Kastle beobachtete, daß das gelbliche Filtrat von gekochtem Blute die Fähigkeit hat, Oxydation des Phenolphthaleins in alkalischer Lösung zu bewirken, wogegen Lösungen von Blutsalzen mit und ohne Eisen diese Eigenschaft nicht besitzen. Diese Arbeit berichtet über die Ergebnisse der Bestimmung der Sauerstoff übertragenden Eigenschaften des Blutes in alkalischer Lösung unter verschiedenen Bedingungen im kranken und gesunden Zustande, wobei Phenolphthalein als oxydierbarer Stoff und Wasserstoffperoxyd als oxydierendes Agens verwendet wurden.

Verschiedene andere Bulletins aus der chemischen Abteilung des Hygienischen Laboratoriums sind gleichfalls von Interesse und sollen hier kurz betrachtet werden. Kastle berichtet in Bulletin Nr. 51 über ein chemisches Mittel zur Untersuchung auf Blut und schließt, daß eine alkalische Lösung von Phenolphthalein, die nach dem vom Autor in diesem Bulletin empfohlenen Verfahren präpariert ist, das befriedigendste chemische Mittel darstellt, das bisher zur Bestimmung des Vorhandenseins von Blut angegeben wurde, und er weist darauf hin, daß mit keiner anderen Methode, außer der spektroskopischen oder der Präzipitinreaktion, Flecken in der Zeit geprüft werden könnten, die zu einer Untersuchung mit Phenolphthalein tatsächlich gebraucht wird. Das Reagens wird durch Auflösen von 0,032 g Phenolphthalein in 21 ccm $\frac{N}{10}$-Natriumhydroxyd hergestellt, dem so viel Wasser zugesetzt wird, bis das Volum der Lösung 100 ccm beträgt. Die alkalische, Wasserstoffperoxyd enthaltende Phenolphthaleinlösung wurde durch Auflösen von 0,032 g Phenolphthalein in 21 ccm $\frac{N}{10}$-Natriumhydroxydlösung hergestellt und mit destilliertem Wasser auf nahezu 100 ccm verdünnt; 0,1 ccm $\frac{N}{10}$-Wasserstoffperoxyd wurde dann hinzugefügt und die Lösung auf genau 100 ccm gebracht. Elvove gibt in Bulletin Nr. 34 die Resultate einer Untersuchung an über die fixierende Wirkung von Alkaloiden auf flüchtige Säuren und deren Anwendung auf die Bestimmung von Alkaloiden mit Hilfe von Phenolphthalein oder mit dem Volhardschen Verfahren.

Die Oxydasen und andere bei biologischen Oxydationen beteiligten Sauerstoff-Katalysatoren bilden den Gegenstand des Bulletins Nr. 59 von Kastle; hiermit liegt eine außerordentlich geschickte Übersicht über die Oxydasen und verwandte Sauerstoff-Katalysatoren vor, wie überhaupt über biologische Oxydation in den meisten ihrer Phasen. Ein früheres Bulletin, Nr. 26, gleichfalls von Kastle, enthielt vier Veröffentlichungen, die erste handelte von der Stabilität der Oxydasen und ihrem Verhalten gegen verschiedene Reagentien; die anderen berichteten über das Verhalten des Phenolphthaleins im tierischen Organismus, über ein Reagens für Saccharin und ein einfaches Verfahren zur Unterscheidung zwischen Kumarin und Vanillin, sowie über die Giftigkeit des Ozons und anderer oxydierender Agentien für Lipase und den Einfluß der chemischen Zusammensetzung auf die lipolytische Hydrolyse ätherischer Salze.

Der Umfang der Arbeiten der pharmakologischen und chemischen Abteilungen des Hygienischen Laboratoriums des „United States Public Health Service“ ist sehr kurz angedeutet worden. Eine eingehende Analyse der Ergebnisse aller durchforschten Fragen ist nicht möglich gewesen; aber wir hoffen, daß die Arbeiten genügend beleuchtet sind, um aufs neue den Reichtum der Literatur hervorzuheben, wie auch die große Zahl der auf diesen beiden Gebieten in den erwähnten Bulletins veröffentlichten wissenschaftlichen Tatsachen.

Es ist nunmehr möglich, zu einer Analyse derjenigen Bulletins überzugehen, deren Inhalt in näherer Verwandtschaft zu den Gebieten der Hygiene, Immunität usw. steht, wobei wir systematisch mit den Bulletins des Departements für Pathologie und Bakteriologie beginnen. Diese Abteilung war die zuerst in dem Hygienischen Laboratorium eingerichtete und von 1900—1902 auch die einzige. In dem letzteren Jahre wurden durch einen Beschluß des Kongresses die drei weiteren Abteilungen für Pharmakologie, Chemie und Zoologie geschaffen.

Die nun zu schildernden Bulletins sollen, soweit dies möglich, nach der Reihenfolge ihres Erscheinens behandelt werden. Einige der früheren sind nicht länger verfügbar und waren auch für den Verfasser nicht zu erreichen, wo dies der Fall ist, sollen Nummer und Titel des Bulletins erwähnt werden. Die erste Veröffentlichung, Bulletin Nr. 1 von Rosenau, enthält eine vorläufige Mitteilung über die Lebensfähigkeit des Pestbazillus; sie betrachtet die Frage der Widerstandsfähigkeit dieses Mikroorganismus und veröffentlicht die Ergebnisse verschiedener Versuche, die darauf gerichtet waren, die Lebensfähigkeit desselben unter verschiedenen Bedingungen zu bestimmen. Bulletin Nr. 2, gleichfalls von Rosenau, handelt über die Formalindesinfektion von Gepäck ohne Apparat und gibt einen Überblick über die Arbeiten zur Bestimmung der wirksamsten Art der Formalinanwendung zur Desinfektion von Gepäck; es werden hier die Beziehungen zwischen der Menge des Gases und der Anwendungsdauer beleuchtet.

In Bulletin Nr. 3 von Geddings wird der Wert des Schwefeldioxyds als keimtötendes Mittel betrachtet. Rosenau beschließt in dem nächsten Bulletin, Nr. 4, seine Arbeit über die Lebensfähigkeit des Pestbazillus, und faßt hier seine Schlußfolgerungen zusammen.

Eine Untersuchung eines pathogenen Mikroorganismus (B. typhi murium Danysz), der zur Vertilgung von Ratten angewendet wird, bildet den Inhalt des Bulletins Nr. 5 von Rosenau. Darin schließt der Autor, daß der Organismus mit dem Bacillus typhi murium Löffler identisch sei, sowie daß der Organismus, welcher natürlich pathogen für Mäuse ist, seine Virulenz so erhöht haben könne, daß er auch für Ratten tödlich geworden sei. Das Virus kann daher als eines der Mittel im Kampfe gegen die Ratten gebraucht werden, aber es ist weit entfernt davon, ein sicheres Mittel zur Ausrottung dieser Nager an einem bestimmten Platze zu bilden. Bulletin Nr. 6, Desinfektion gegen Moskitos, ist gleichfalls von Rosenau. Er schließt darin (1901), daß Schwefeldioxyd unübertroffen als insektenvertilgendes Mittel sei. Sehr verdünnte Mengen dieses Gases töten Moskitos schnell; es ist (zu diesem Zwecke) angefeuchtet oder trocken in gleicher Weise wirksam; daher wird es als sehr wertvoll zur Desinfektion bei Krankheiten angesehen, die durch Insekten verbreitet werden. Bulletin Nr. 7 beschäftigt sich mit der Laboratoriumstechnik. Es enthält Notizen von Grubbs und Francis über die Indolringprobe, sowie über Kollodiumsäckchen von denselben Verfassern, und von Parker über Mikrophotographie mit einfachem Apparat. Diese ersten Bulletins, Nr. 1—7 inkl., erschienen sämtlich zwischen 1900 und 1902, als das Hygienische Laboratorium aus einer einzigen Abteilung bestand unter der Direktion von M. J. Rosenau.

Als das Hygienische Laboratorium durch die Hinzufügung dreier neuer Abteilungen im Jahre 1904 erweitert wurde, wurden auch bedeutende Vorkehrungen zur Vermehrung der Möglichkeiten wissenschaftlichen Forschens in dem Institute getroffen. Ebenso wurden Einrichtungen vorgesehen, um die Ausbildung in denjenigen Laboratoriumszweigen zu ermöglichen, die mit dem öffentlichen Gesundheitswesen in Verbindung stehen. Bulletin Nr. 8 von Rosenau über die Laboratoriumskurse in Pathologie und Bakteriologie enthält ein Verzeichnis der von den „Assistent officers" unternommenen Arbeiten. Ziel des in diesem Leitfaden skizzierten Lehrganges ist es, Beamte für den „U. S. Public Health Service" gründlich in der pathologischen und bakteriologischen Technik auszubilden, damit sie sich besser für Spital, Quarantäne, bei Epidemien und im öffentlichen Gesundheitswesen eignen. Beamte des „Service", die den beschriebenen Kurs durchgemacht haben, sind gründlich vorbereitet für die wissenschaftliche Diagnose von Pest, Cholera, Diphtherie, Tetanus, Tuberkulose, Typhus, Milzbrand, Malaria und anderen infektiösen Prozessen, ebensowohl wie für die Weiterführung eigener Forschungen.

Gegenwärtig (1913) geht der Weg der Zulassung zu dem „U. S. Public Health Service" durch eine Prüfung. Kandidaten, welche sich diesem Examen mit Erfolg unterzogen haben, werden aufgefordert, sich nach Washington zu begeben und dort den oben geschilderten Kurs zu besuchen. Nur nach Vollendung dieses Kurses und nach Bestehen eines befriedigenden Examens über diese Laboratoriumsarbeit wird der Kandidat endgültig in den Dienst aufgenommen.

Die nächste Veröffentlichung des Hygienischen Laboratoriums ist Nr. 9 von Anderson über das Vorkommen des Tetanusbazillus in Handelsgelatine. Bei der Prüfung von sieben Proben wurde der Organismus in einer gefunden. Es wird im Hinblick auf die Verschiedenheit des Hitzegrades, bei welchem die Abtötung der verschiedenen Stämme des Organismus erfolgt, empfohlen, für Einspritzungen gebrauchte Gelatine mindestens 10 Minuten lang zu kochen, damit die Vernichtung sicher ist. Bei dem isolierten Mikroorganismus lag der Zeitpunkt der Abtötung zwischen 20 und 30 Sekunden bei 100⁰ C. Bulletin Nr. 11 von Francis bringt das Ergebnis einer experimentellen Untersuchung des Trypanosoma Lewisi. Die bakteriologischen Verunreinigungen des Vakzinevirus, eine Experimentalstudie von Rosenau, sind der Gegenstand von Bulletin Nr. 12. Vor dem Jahre 1903 erschien im Staate Montana und in einigen angrenzenden Staaten ungefähr 20 Jahre lang, im Frühling und zu Anfang des Sommers ein mit Ausschlag verbundenes Fieber. Seine Verbreitung war deutlich auf das Westufer des Bitter Root River im Bitter Root-Tal lokalisiert. Im Jahre 1902 beschrieben Wilson und Chowning ovoide, intrakorpuskuläre Körper in gefärbten Präparaten, die aus dem Blute von Patienten, welche an dieser Krankheit litten, herrührten. In frischem Blute zeigten diese Körper amöboide Bewegungen. 1903 setzte Anderson die Untersuchung dieser Krankheit fort und berichtete die Ergebnisse seiner Arbeit in Bulletin Nr. 14 unter dem Titel „Fleckfieber (Tickfieber) der Rocky Mountains, eine neue Krankheit". Dies ist eine der bedeutendsten von den frühen Veröffentlichungen des Hygienischen Laboratoriums. Anderson bestätigte nicht nur die Befunde von Wilson und Chowning, sondern er machte auch die sehr bemerkenswerte Beobachtung, daß für die Verbreitung der Krankheit eine Zecke aus dem Genus dermacentor verantwortlich ist. Die Inkubationszeit, die Symptomatologie, einschließlich Fieber und Charakter des Ausschlags, waren sorgfältig beobachtet und wurden in diesem Bulletin behandelt. Ebenso war die Geschichte einiger typischer Fälle gegeben, wie auch Berichte über die Befunde bei der Autopsie von sieben Fällen. Die Prognose ist sehr schlecht; bei 121 Fällen, die in oder nahe dem Bitter Root-Tale vorkamen, wurde eine Sterblichkeit von ungefähr 70⁰/₀ beobachtet. Die Diagnose der Krankheit beruht auf der Geschichte von Zeckenbissen, die nach drei oder sieben Tagen von Fieberfrösten, Schmerzen in Kopf und Rücken, Muskelschmerzen und Verstopfung gefolgt sind; zuerst an Handgelenken und Knöcheln auftretender fleckiger Ausschlag wird später petechial. Die Krankheit ähnelt viel mehr dem Typhus, als irgend einem anderen früher beschriebenen Zustande. Kaninchen sind für die Krankheit empfänglich. Ricketts und einige weitere Forscher haben sie ebenfalls studiert, aber die Ätiologie ist noch fraglich.

Die Unwirksamkeit des Eisensulfats als antiseptisches und keimtötendes Mittel ist Gegenstand des Bulletins Nr. 15 von Mc Laughlin. In dem nächsten Bulletin Nr. 16 betrachtet Rosenau die antiseptische und keimtötende Wirkung von Glyzerin und in Nr. 19 schlägt derselbe Autor ein Verfahren zur Impfung von Tieren mit genau bestimmten Mengen vor; es handelt sich dabei um die Anwendung einer modifizierten Kochschen Spritze. Die gewünschten Quantitäten der Mischung des Toxins und Antitoxins werden in den Röhren der Spritze gemessen, wobei die Nadeln mit sterilem Albolen verschlossen werden. Die Technik der Einspritzung usw. ist im einzelnen angegeben.

Nach Ehrlichs Festsetzung der Standard-Antitoxineinheit für Diphtherieantitoxin können die Laboratorien der ganzen Welt sich, wenn nötig, dieser Einheit bedienen, um ihre Antitoxine zu standardisieren. Es leuchtet ein, daß weit von dem Ehrlichschen Institut in Frankfurt entfernte Laboratorien aus geographischen Gründen ihre Standardeinheiten nicht mit derselben Pünktlichkeit erhalten können, wie die Laboratorien Deutschlands, Frankreichs oder anderer kontinentaler Länder. Ferner hat man infolge der großen Steigerung der amerikanischen Diphtherieantitoxinproduktion und da das Gesetz von 1902 ausdrücklich angibt, daß Antitoxine in den Vereinigten Staaten nur nach dem Maß des Hygienischen Laboratoriums gekauft werden können, Untersuchungen über die Wirksamkeit und die Reinheit solchen Antitoxins angestellt und es als wünschenswert erachtet, eine gesetzliche Einheit für die Vereinigten Staaten festzusetzen. Die im Zusammenhang mit diesem Unternehmen stehenden Arbeiten sind in Bulletin Nr. 21 von M. J. Rosenau beschrieben. Die Immunitätseinheit des Hygienischen Laboratoriums des „U. S. Public Health Service" gründet sich auf die von Ehrlich festgesetzte Einheit und wurde durch Vergleich mit dem vom Kgl. Preußischen Institut für experimentelle Therapie in Frankfurt a. M. erhaltenen Normalserum bestimmt. Folgende ruhmvolle Anerkennung widmet Rosenau im Vorwort dieses Bulletins dem Genie Ehrlichs: „Wie dieses Normalmaß auf dem von Ehrlich errichteten begründet ist, so sind die damit verknüpften Grundsätze und die angewandten Methoden praktisch eine Nachbildung seiner Arbeit. In erster Linie habe ich nicht nur das, was ich selbst ihm schulde, anzuerkennen, sondern auch, was alle Welt dem außerordentlichen Genie Ehrlichs verdankt, der vielleicht mehr für die Förderung der Probleme der Serumtherapie getan hat, als irgend jemand, Behring und Roux, die Entdecker der praktischen Anwendung des Diphtherie-Antitoxins, nicht ausgenommen." Das Bulletin enthält eine sehr vollständige Aufzählung der auf die Sache bezüglichen Literatur und es sind Verbesserungen des Verfahrens zur Antitoxinprüfung angegeben, die zu gesteigerter Genauigkeit führen. Gegenwärtig gibt es nichts in englischer Sprache, das so vollständig und so wertvoll über die Standardisierung des Diphtherie-Antitoxins berichtete. Die skizzierten Verfahren sind diejenigen, die in sämtlichen Laboratorien des nordamerikanischen Kontinents in Gebrauch sind, und es ist daher einleuchtend, daß dieses Bulletin ein sehr weites Feld des Nutzens gehabt hat und von immensem Wert im Hinblick auf die allgemeinen Standardisierungsmethoden in Amerika war. Mc Clintic schließt in Bulletin Nr. 22 (1905) nach Untersuchung des Wertes von Zinkchlorid als desodorierendes, antiseptisches und keimtötendes Mittel, daß Zinkchlorid einige Wirksamkeit als desodorierendes Mittel besitzt, die es günstig empfehlen, aber seine antiseptischen und keimtötenden Eigenschaften sind im Vergleich zu seinen Kosten schwach und seine Ätzwirkung läßt es praktisch aus der Reihe der nützlichen und angenehmen Desinfektionsmittel ausscheiden. In Bulletin Nr. 27 betrachtet Mc Clintic die Grenzen der Verwendbarkeit des Formaldehyds als Desinfektionsmittel, besonders im Hinblick auf die Desinfektion von Eisenbahnwagen. Es wird gezeigt, daß unter bestimmten Temperatur- und Feuchtigkeitsbedingungen dieses Gas ein starkes Oberflächendesinfektionsmittel ist. Vor allen Dingen kann das Gas mit einiger Aussicht auf Erfolg nicht unter einer Temperatur von 65^0 F, wenn es mit Kaliumpermanganat zusammen, oder unter 60^0 F, wenn es allein verwendet wird, gebraucht werden. Die relative Feuchtigkeit für einen gewöhnlichen gutgeschlossenen Raum sollte nicht unter 60% und für gewöhnliche Eisenbahnwagen nicht unter 65% liegen. An Einfachheit und Schnelligkeit steht das Formalin-Permanganat-Verfahren weit über anderen zurzeit ausprobierten Methoden.

Wie bekannt, veröffentlichte Otto im Jahre 1905 seine erste Nachricht über das, was er „Theobald Smithsches Phänomen" nannte. Die nächste Arbeit zu diesem Thema erschien in Bulletin Nr. 29 von Rosenau und Anderson unter dem Titel: „Eine Studie über den plötzlichen Tod nach Einspritzung von Pferdeserum". Darin wird gezeigt, daß eine einzige Injektion von Pferdeserum für normale Tiere ungefährlich ist und daß solches Serum auf Meerschweinchen, die vorher mit Pferdeserum injiziert sind, toxisch wirkt. Die Inkubation wurde als ungefähr 10 Tage dauernd ermittelt. Die toxische Wirkung entfaltet sich im Atmungszentrum. Das Herz fährt fort zu schlagen, wenn die Atmung pausiert. Die toxische Wirkung des Pferdeserums steht in keiner Weise in Beziehung zum Diphtherietoxin; ferner spielt das Diphtherieantitoxin keine Rolle bei dem Phänomen und ist selbst nicht toxisch. Es wird gezeigt, daß Meerschweinchen sehr lange Zeit empfindlich bleiben und daß außerordentlich kleine Quantitäten Pferdeserums genügen, um Meerschweinchen zu sensibilisieren, in einem Fall 0,000001 ccm. Es wird darauf hingewiesen, daß aktive Immunität gegen die toxische Wirkung des Pferdeserums leicht durch wiederholte Injektionen von Pferdeserum in kurzen Intervallen bei Meerschweinchen errichtet werden kann. Rosenau und Anderson gelang es zu jener Zeit nicht, diese Immunität auf das Blutserum oder die Körpersäfte eines anderen Meerschweinchens zu übertragen. Es wird gezeigt, daß das Meerschweinchen durch Fütterung mit Pferdeserum oder mit Pferdefleisch sensibilisiert werden kann, ebenso, daß diese Empfindlichkeit gegen die toxische Wirkung des Pferdeserums von der Mutter auf ihre Nachkommen übertragen wird. Die spezifische Natur des Phänomens wird hervorgehoben und die Meinung ausgesprochen, daß die sensibilisierende Substanz identisch mit derjenigen ist, die später vergiftet. Es wird angenommen, daß die toxische Substanz eine Reaktion veranlaßt, die in der Bildung von Antikörpern besteht. Einige der in diesem Bulletin enthaltenen Arbeiten wurden abgeschlossen und die Ergebnisse in anderen Zeitschriften ([2] und [3]) als den „Hygienic Laboratory Bulletins" veröffentlicht. Anderson berichtet in Bulletin Nr. 30 über die mütterliche Übertragung der Immunität gegen Diphtherietoxin und Überempfindlichkeit gegen Pferdeserum bei demselben Tiere; er fand, daß weibliche Meerschweinchen imstande sind, auf dieselben Nachkommen Überempfindlichkeit gegen Pferdeserum und zugleich Immunität gegen Diphtherietoxin zu übertragen. In dieser Verbindung wurde daher die große Wichtigkeit der sorgfältigen Auswahl von Meerschweinchen, die zu Antitoxinprüfungen dienen sollen, betont. Anderson veröffentlichte auch andere Arbeiten ([4] und [5]) über diesen Punkt. In Bulletin Nr. 32 beschreiben Rosenau und Anderson eine durch Diphtherietoxin verursachte Läsion des Magens bei Meerschweinchen. Die Veränderung besteht in einer scharf abgegrenzten Area mit Blutüberfüllung, Hämorrhagie oder Ulzeration, nahe bei oder an dem Pylorusausgang. Gelegentlich ragt die Läsion einen halben Zoll weit in das Duodenum hinein und in einigen Fällen zeigt das Duodenum selbst schwache Injektion oder Blutüberfüllung, obwohl der Magen normal blieb. Wenn Meerschweinchen Injektionen von Diphtherietoxin erhalten, die genügen, sie in 24 Stunden zu töten, so zeigen ungefähr die Hälfte der Tiere diese Veränderungen. Ungefähr 75 $^0/_0$ der zwischen dem 4. und 5. Tage sterbenden Tiere weisen ebenfalls diese Schädigung auf; aber bei denjenigen Meerschweinchen, die später als am 10. Tage sterben, vermindert sich stufenweise die relative Zahl der Tiere, die die Magenläsion zeigen. Meerschweinchen, welche an später Paralyse zugrunde gingen, waren praktisch niemals von dieser akute Magenveränderung befallen.

Rosenau, Lumsden und Kastle gaben in Gemeinschaft mit Stiles, Goldberger und Stimson in Bulletin Nr. 35 ihren ersten Bericht über den Ursprung und das Vorherrschen des Typhus in dem Distrikt von Columbia. Dieser bildet den Anfang einer Reihe erschöpfender Studien über den Typhus in und um Washington. Im ganzen wurden 866 Fälle sorgfältig untersucht; diese kamen im Distrikt Columbia zwischen dem 1. Juni 1906 und dem 31. Oktober 1906 vor. Während der Zeit dieser Untersuchung erwiesen sich $10\,^0/_0$ der Fälle als auf infizierte Milch zurückführbar, ungefähr $15\,^0/_0$ der Fälle waren eingeschleppt und $6\,^0/_0$ durch Kontakt entstanden. Danach blieben $68\,^0/_0$ der Fälle übrig, die in der epidemiologischen Studie nicht berücksichtigt waren. Der Bericht ist in 12 Abschnitte geteilt und umfaßt Besprechungen der folgenden Punkte: Epidemiologie, Milch und andere Molkereiprodukte in Beziehung zur Ausbreitung der Krankheit, Eis und Wasser öffentlicher Quellen und Brunnen und ihr Verhältnis zum Typhus, sanitäre Inspektion des Tafelwasserverkaufs in Washington, Typhusbazillenträger, die Lebensdauer des Typhusbazillus außerhalb des menschlichen Körpers, die behauptete Rolle der Eingeweidewürmer als Zwischenträger des Typhus im Distrikt Columbia, sanitäre Überwachung des Drainagebasins des Potomac-River, Typhusfieber in Washington und seine Beziehung zu der Potomac-Wasserversorgung, chemische Untersuchung der Wasserversorgung des Distrikts Columbia. Der Bericht enthält auch eine große Zahl Karten und Pläne und als Anhang ein sehr umfängliches Literaturverzeichnis.

In Bulletin Nr. 36 werden die weiteren Studien über Immunität und Überempfindlichkeit von Rosenau und Anderson berichtet. Viele Einzelheiten hinsichtlich der sensibilisierenden und toxischen Fraktion des Pferdeserums werden darin behandelt. Sie beobachteten die Wirkung physikalischer Mittel und chemischer Stoffe auf die Reaktion. Sie stellten die Tatsache fest, daß das aus Bakterienzellen extrahierte Eiweiß bei der zweiten Einspritzung von Meerschweinchen dieselbe Reihenfolge von Symptomen auslöst, wie Pferdeserum. In einigen Fällen fanden sie, daß die Überempfindlichkeit, die sich nach den Injektionen dieser bakteriellen Extrakte manifestierte, die Tiere immun gegen die entsprechende Infektion bleiben ließ. Rosenau und Anderson untersuchten den Einfluß von Antitoxin auf postdiphtherische Lähmung und in Bulletin Nr. 38 zeigen sie, daß die postdiphtherische Lähmung des Meerschweinchens ein fast ganz genaues Gegenstück zu dem entsprechenden Zustande des Menschen bildet. Beim Meerschweinchen kann das Antitoxin die diphtherische Lähmung nicht beeinflussen, nachdem diese eingesetzt hat; das Antitoxin hat auch keinen Einfluß auf deren Verhütung, wenn es kurz vor der Entwicklung der Lähmung injiziert wird. 24 Stunden nach der Infektion verabreicht kann das Antitoxin das Leben der Meerschweinchen retten und die Paralyse zum größten Teil modifizieren. Antitoxin, das in einer einzigen großen Dose 48 Stunden nach der Infektion gegeben wurde, beeinflußte weder die Lähmung, noch rettete es das Leben. Antitoxin in wiederholten Einspritzungen, 24 oder 48 Stunden nach der Infektion beginnend, scheint eine günstigere Wirkung auf die nachfolgende Lähmung auszuüben als eine einzige Injektion.

Eine sehr kleine Menge Antitoxin (1 Einheit) 24 Stunden vor der Infektion oder gleichzeitig mit ihr gegeben, verhütete in diesen Versuchen die Entwicklung der Lähmung.

Die antiseptische und keimtötende Wirkung von Formaldehydlösungen und ihre Wirkung auf Toxine ist der Gegenstand von Bulletin Nr. 39 von Anderson. Die Germicidie dieses Stoffes gegenüber einigen Bakterienarten, sowohl sporenbildenden wie nicht sporenbildenden, wird hier festgestellt. Es wird vorgeschlagen, wegen der keimtötenden und desodorierenden Wirkung des Formalins dieses gut geeignete Mittel zum Gebrauch bei der Desinfektion menschlicher Ausleerungen anzuwenden und zwar in einer 10%-igen Lösung bei einstündiger Aussetzung nach der Einmischung. Tuberkelbazillen werden in tuberkulösem Sputum, wenn sie 60 Minuten lang 5% Formalin ausgesetzt bleiben, getötet. Tetanustoxin, welches 6 Stunden lang 5% Formalin ausgesetzt blieb, wurde so modifiziert, daß ein Meerschweinchen 100 m. l. D. dieses formalinisierten Toxins widerstehen konnte. Diphtherietoxin ist sogar noch empfindlicher, denn 4% Formalin haben nach 6 Stunden das Diphtherietoxin so verändert, daß es bei Meerschweinchen keinen akuten Tod mehr verursacht, sondern nur die spätere Lähmung.

Bulletin Nr. 41, über Milch und ihre Beziehung zur öffentlichen Gesundheit, wird in Verbindung mit einem späteren Bulletin, das denselben Gegenstand behandelt, betrachtet werden. Rosenau bringt in Nr. 42 eine Übersicht über die Abtötungstemperatur für pathogene Mikroorganismen in Milch und fügt einige weitere experimentelle Daten hinzu. Die untersuchten Mikroorganismen waren B. tuberculosis (wo Impfungen und Wiederimpfungen bei Meerschweinchen nötig sind, um mit Sicherheit den Zeitpunkt ihrer Abtötung durch Hitze zu bestimmen), Sp. cholerae asiatica, B. dysenteriae, B. typhosus und M. melitensis. Aus den experimentellen Beweisen wird der Schluß gezogen, daß auf 60^{0} erhitzte Milch, die 20 Minuten bei dieser Temperatur erhalten wird, als sicher angesehen werden darf, soweit Infektionen mit einem der erwähnten Mikroorganismen in Betracht kommen.

Die Standardisierung des Tetanusantitoxins stand vor dem Erscheinen des Bulletins Nr. 43 von Rosenau und Anderson nicht auf derselben befriedigenden Höhe, wie die Standardisierung des Diphtherieantitoxins. Drei Verfahren waren bisher in Aufnahme gewesen: das deutsche nach v. Behring, das französische nach Roux und das italienische nach Tizzoni. Die hier beschriebene Methode entstand als Ergebnis mehrjähriger Arbeit im Hygienischen Laboratorium und ist offiziell in Amerika seit dem Oktober 1907 angenommen. Die Standardtoxine und Antitoxine werden mit besonderen Vorsichtsmaßregeln behandelt, um Verschlechterung zu verhüten und man prüft sie abwechselnd, so daß auch die geringste Schädigung der Entdeckung nicht entgehen kann. Die Einheit ist auf den neutralisierenden Wert einer frei bestimmten Menge antitoxischen Serums begründet, aber das Antitoxin wird nicht an andere Laboratorien zu Testzwecken abgegeben, wie es bei Diphtherie der Fall ist. Ein haltbares präzipitiertes Tetanustoxin, die Testdosis dafür ist sorgfältig bestimmt, wird ausgegeben. Alle zum Gebrauch beim Menschen bestimmten Tetanusantitoxine auf dem amerikanischen Markte sind nun nach diesem selben Standardtoxin bemessen und besitzen daher genau vergleichbare Werte. Die Tetanusantitoxineinheit beträgt 10 mal die geringste Menge des Serums, welches nötig ist, das

Leben eines 350 g schweren Meerschweinchens 96 Stunden gegen die amtliche Testdosis des Standardtoxins zu retten. Die Testdosis beträgt 100 minimale letale Dosen des unter besonderen Bedingungen im Hygienischen Laboratorium des „U. S. Public Health Service" aufbewahrten präzipitierten Toxins. Viele Versuche werden in diesem Bulletin geschildert, die die Wirkung schädigender Einflüsse oder modifizierender Faktoren zeigen, welche dazu neigen, das Tetanustoxin abzuschwächen. Die Literatur über Tetanustoxin und Antitoxin wird vollständig besprochen und die anderen Verfahren zur Standardisierung von Tetanusantitoxin sind angegeben. Es ist ein ganz unentbehrliches Bulletin für alle amerikanischen Laboratorien, in denen Tetanusantitoxin bereitet wird. Das nächste Bulletin, Nr. 44, enthält den zweiten Bericht über Ursprung und Häufigkeit des Typhus im Distrikt Columbia im Jahre 1907, und bildet tatsächlich die Fortsetzung der begonnenen und in Bulletin Nr. 35 geschilderten Arbeit. Dieselben Autoren, Rosenau, Lumsden und Kastle, sind für diesen zweiten Bericht verantwortlich. 670 Typhusfälle wurden zwischen dem 1. Mai und dem 1. November 1907 untersucht. Davon waren 25,9% auf Infektion außerhalb des Distrikts Columbia zurückzuführen, 7,1% waren durch Milch infiziert, 15,2% beruhten auf Kontakt, bleiben 51,6%, die nicht in Rechnung gezogen wurden. Als Resultat der beiden Untersuchungen 1906 und 1907 wird empfohlen, Fälle von Typhus oder Typhusverdacht als ansteckend und für die Allgemeinheit gefährlich zu betrachten. Von den Laboratorien sollten Erleichterungen für die frühe Diagnose (Blutkultur und Agglutinationsprobe) und zur Bestimmung, ob Fälle aufhören, Typhusorganismen in ihren Fäzes auszuscheiden geschaffen werden. Alle nicht attestierte oder inspizierte Milch sollte pasteurisiert werden. Bestätigung der Gesetze über den Verkauf von Milch und Milchprodukten durch solche Persönlichkeiten, die geeignet sind, diese Stoffe zu verunreinigen. Schließlich wird vorgeschlagen, daß die Wasserversorgung vermehrt und geschützt werden sollte.

Diejenigen Arbeiten über Anaphylaxie von Rosenau und Anderson sind schon erwähnt worden, die in anderen Zeitschriften als den Hygienic Laboratory Bulletins erschienen sind. Es ist in dieser Hinsicht nötig, auch weitere Arbeiten zu nennen, die anderswo über diesen Gegenstand veröffentlicht sind. Die spezifische Natur der Anaphylaxie wurde von Rosenau und Anderson[6] dargetan; es gelang ihnen, zu zeigen, daß Meerschweinchen gleichzeitig gegen drei verschiedene Eiweißarten anaphylaktisch sein können. Z. B. kann ein Meerschweinchen mit Eiweiß, Milch und Pferdeserum sensibilisiert werden und nach einem kurzen Zeitraum auf eine zweite Einspritzung einer dieser Substanzen reagieren. Es kann sensibilisiert werden, indem man die drei Eiweißarten gleichzeitig oder zu verschiedenen Zeiten, an einer oder an verschiedenen Stellen, jede getrennt oder alle gemischt, injiziert. Das Meerschweinchen unterscheidet jedes Anaphylaxie erzeugende Eiweiß in einer vollkommen deutlichen und besonderen Art. Es wird daher angenommen, daß die Erscheinung der Anaphylaxie spezifisch ist. Rosenau und Anderson[7] zeigten in einer Arbeit über Schwangerschaftstoxämie, daß Meerschweinchen nicht mit Meerschweinchenfötalblut sensibilisiert werden können. Weibliche Meerschweinchen lassen sich indessen mit Plazentarextrakt sensibilisieren. Nach einem Zwischenraum von 22 Tagen oder mehr zeigen sie nach einer zweiten Injektion von Meerschweinchenplazentarextrakt die Erscheinungen der Eiweißanaphylaxie. Es scheint daher, daß die weiblichen Meerschweinchen mit den autolytischen Produkten ihrer eigenen Plazenta sensibilisiert werden können. Rosenau und Anderson berichten in Bulletin Nr. 45 über ihre weiteren Anaphylaxiestudien; die Inkubationszeit bei den mit Pferdeserum durch Injektion in das Gehirn sensibilisierten Meerschweinchen beträgt etwa 7 Tage, sind die Tiere subkutan sensibilisiert, ungefähr 9 Tage. Die Sensibilisierung wird allmählich gesteigert. Die Inkubationsdauer ist ganz konstant und wird nach den Autoren durch eine große sensibilisierende Dose nicht merklich verlängert. Sensibilisierte Meerschweinchen bleiben vermutlich für den ganzen Rest ihres Lebens sensibel, zum mindesten 732 Tage lang.

Sie stellten fest, daß das Anaphylaktin von Gay und Southard während der Inkubationszeit nicht im Blute vorhanden ist, es kann indessen im Blutserum immuner Meerschweinchen nachgewiesen werden. Blutüberfüllung und Hämorrhagie, wie sie zuerst Gay und Southard feststellten, wurden bei den an anaphylaktischer Vergiftung zugrunde gegangenen Meerschweinchen gefunden. Die Verfasser sprechen in dieser Veröffentlichung die Ansicht aus, daß die wesentliche Schädigung bei der Serumanaphylaxie vermutlich im Atmungszentrum lokalisiert sei. Das letzte Bulletin, in welchem Rosenau und Anderson sich mit der Anaphylaxie beschäftigen, ist Nr. 50. Sie stellen zuerst fest, daß die Schlafmittel: Urethan, Paraldehyd, Chloralhydrat und Magnesiumsulfat praktisch keinen Einfluß auf den tödlichen Ausgang der Anaphylaxie haben. Die Wirkung der Hitze hinsichtlich der Modifizierung oder Zerstörung der sensibilisierenden oder toxischen Eigenschaften verschiedener Eiweißstoffe hängt eher davon ab, daß sie die Proteine unlöslich macht, als von der Erzeugung chemischer Veränderungen derselben. Die sensibilisierende Substanz im Serum sensibilisierter Meerschweinchen kann, wenn getrocknet, auf mindestens 100° C 10 Minuten lang erhitzt werden, ohne daß ihre Fähigkeit, Meerschweinchen innerhalb 48 Stunden zu sensibilisieren, zerstört würde. Dabei scheint kein Unterschied in der nachfolgenden Immunität zu bestehen, ob die Injektion subkutan, intraperitoneal oder intrakraniell erfolgt. Hierin liegt, wie die Verfasser glauben, der Beweis, daß Antikörper im Mechanismus der Anaphylaxie mitwirken. Schließlich wird gezeigt, daß Meerschweinchen etwas länger als 3 Jahre (1096 Tage) empfindlich bleiben können.

Bulletin Nr. 52 bildet die Fortsetzung der Arbeiten in den Bulletins Nr. 35 und 44 und bringt den dritten Bericht über den Ursprung und die Häufigkeit des Typhusfiebers in dem Distrikt Columbia 1908 von Rosenau, Lumsden und Kastle. Vom 1. Mai bis zum 1. November 1908 wurden 665 Typhusfälle im Distrikt Columbia untersucht. Von diesen Fällen waren 21,8% eingeschleppt, die Infektion war anderswo erfolgt. Infizierte Milch war für 7,8% der Fälle verantwortlich, Kontaktinfektion ließ sich in 17,4% der Fälle annehmen. Es blieb demnach ein Rest von 53,24% der Fälle, deren Ursprung nicht aufgeklärt war. Fäzes und Urin von 1000 gesunden Personen wurden untersucht und in 3 von diesen Proben, eine Urinprobe, zwei Fäzes, wurden Typhusbazillen gefunden. Es geht aus den in diesem Bericht wiedergegebenen epidemiologischen Untersuchungen ziemlich sicher hervor, daß Fliegen irgendwelche Rolle bei der Übertragung der Krankheit kaum spielen. Während der 1908 ausgeführten Untersuchungen wurde eine Nachforschung von Haus zu

Haus in 32 Blocks vorgenommen, die in verschiedenen Stadtteilen lagen und eine Bevölkerung von 5364 Menschen beherbergten; dabei ergab sich kein Fall von klinischem Typhus, der nicht als solcher angezeigt worden wäre.

Bulletin Nr. 56, das eine revidierte Ausgabe von Nr. 41 über Milch und ihre Beziehung zur öffentlichen Gesundheit darstellt, erschien im Jahre 1909. Diese Veröffentlichung bildet die Arbeit verschiedener Autoren und gibt augenscheinlich die vollständigste Besprechung, die je über Milch in ihren verschiedenen Zuständen und ihre Beziehungen zur öffentlichen Gesundheit erschienen ist. Es besteht aus 835 Seiten mit einem Sach- und Autorenregister. Der Umfang des Werkes ist so breit und so wertvolles Material ist in diesem Bulletin vereinigt, daß nur ein allgemeiner Überblick sich an dieser Stelle geben läßt. Nach einer allgemeinen Einführung wird im ersten Abschnitt die Frage behandelt, ob Milch eine Ursache von Typhus-, Scharlach- und Diphtherieepidemien sein könne. Dies ist eines der interessantesten Kapitel des Bulletins und enthält eine gründliche Besprechung aller Phasen der angeschnittenen Frage. Trask ist für diesen Abschnitt verantwortlich. Lumsden betrachtet im dritten Kapitel des Werkes die Frage der Milchversorgung der Städte in Beziehung zur Epidemiologie des Typhus. Die Häufigkeit der Tuberkelbazillen in der Marktmilch von Washington hat die Aufmerksamkeit von Anderson auf sich gezogen. Derselbe Autor hat auch die Beziehung der Ziegenmilch zur Verbreitung des Maltafiebers untersucht. Mc Coy bespricht dann die Milchkrankheit. Die Beziehung der Kuhmilch zu den zooparasitischen Erkrankungen des Menschen wird von Stiles behandelt. Danach folgen Statistiken über Krankheit und Sterblichkeit, wie diese unter dem Einfluß der Milch sich darstellen, von Eager, dann „Eiscreme in Beziehung zur Typhusverbreitung" von Wiley.

Die Chemie der Milch von Kastle und Roberts bildet ein umfangreiches Kapitel. Die anderen Gegenstände und deren Autoren sind folgende: Die Zahl der Bakterien in der Milch und der Wert bakterieller Zählungen, Rosenau. Die keimtötende Wirkung der Milch, Rosenau und Mc Coy. Die Bedeutung der Leukozyten und Streptokokken in der Milch, Millar. Zustände und Krankheiten der Kuh, welche die Milch schädlich beeinflussen, Mohler. Verhältnis der tuberkulösen Kuh zur öffentlichen Gesundheit, Schröder. Sanitäre Inspektion und reine Milch, Webster. Sanitäre Wasserversorgung für Molkereifarmen, Meade Bolton. Methoden und Ergebnisse der Prüfung der Wasserversorgung der den Distrikt Columbia versorgenden Molkereien, Meade Bolton. Die Klassifizierung der Marktmilch, Melvin. Attestierte Milch und Kindermilchdepots, Kerr. Pasteurisierung, Rosenau. Die Hitzegrade zur Abtötung von pathogenen Mikroorganismen in der Milch, Rosenau. Kinderernährung, Schereschewsky. Das relative Verhältnis der Bakterien in der oberen Milch (Rahmschicht) und der unteren Milch (abgerahmte Milch) und deren Einfluß auf die Kinderernährung, Anderson. Staatliche Milchinspektion, Wiley. Die städtische Regulierung der Milchversorgung des Distrikts Columbia, Woodward. Dieses Bulletin ist in der Tat unschätzbar für Milchproduzenten und alle diejenigen, welche vom Standpunkt der öffentlichen Gesundheitspflege aus ein Interesse an Milch haben. Es bildet nicht nur eine umfangreiche Übersicht über die Literatur dieses Gebietes; zu seiner außerordentlich umfangreichen Bibliographie kommt noch reiche Forschungsarbeit der verschiedenen Autoren, welche die einzelnen Abschnitte verfaßt haben. Es ist sicher, daß kein anderes Bulletin des Hygienischen Laboratoriums ein weiteres Feld der Wirksamkeit hat oder reichhaltiger in seinem Umfang ist, als dieses eine. Versorgung mit tadelloser Milch bildet eine Frage von nationalem Interesse in Kanada und den Vereinigten Staaten, und dieses Bulletin ist so maßgebend wie irgend etwas, das in englischer Sprache über diesen Gegenstand erschienen ist.

Bulletin Nr. 57 enthält zwei Artikel; den ersten schrieb Anderson über die Frage der Anwesenheit des B. tuberculosis im zirkulierenden Blute bei klinischer und experimenteller Tuberkulose. Im ganzen wurden 47 Fälle von Lungentuberkulose, in denen Tuberkelbazillen im Sputum nachgewiesen werden konnten, und ein Fall von Gelenktuberkulose, wo der Mikroorganismus nicht gefunden wurde, untersucht. Von diesen 48 Fällen menschlicher Tuberkulose wurden Glyzerinkartoffelkulturen angelegt, Meerschweinchenimpfungen und Ausstriche gemacht von dem Sediment, welches bei dem Zentrifugieren von Blut erhalten wurde; in keinem einzigen Falle war der Tuberkelbazillus nachzuweisen, weder in den Ausstrichen, noch in den Kulturen, noch bei den geimpften Tieren. Acht Kaninchen wurden experimentell mit Tuberkelbazillen infiziert. Bei einem dieser Tiere wurde der Mikroorganismus in Ausstrichen gefunden. Bei vier von den Kaninchen, wo keine Bazillen gefunden wurden, war das Blut für Meerschweinchen infektiös und verursachte Tuberkulose, wenn es injiziert wurde. Bei dreien der sechs Kaninchen ergaben Blutkulturen Wachstum von Tuberkelbazillen auf Glyzerinkartoffeln, obwohl keine Mikroorganismen in dem Ausstrich der zentrifugierten Proben entdeckt werden konnten. Das Wachstum des B. tuberculosis aus dem Blute experimentell infizierter Kaninchen bildet einen der ersten beschriebenen Fälle, in denen Tuberkelbazillen aus dem Blute tuberkulöser Tiere gezüchtet wurden. Das Kaninchen, bei welchem B. tuberculosis im Blutausstrich gefunden worden war, zeigte irgendwelche, mit bloßem Auge kenntliche Merkmale für Tuberkulose nicht. 13 Meerschweinchen wurden experimentell mit Tuberkelbazillen geimpft und bei nur einem enthielt dann das Blut Tuberkelbazillen. Der zweite Artikel ist von Rosenau über die Lebensfähigkeit des Tuberkelbazillus; in dem Artikel wird der Schluß gezogen, daß die den B. tuberculosus umgebende wachsige Substanz vermutlich nicht als Schutzstoff wirkt. Der Hitzegrad für die Abtötung des Mikroorganismus wird bei 60° C, 20 Minuten lang, gefunden.

Anderson und Frost geben in Bulletin Nr. 64 eine Übersicht der Anaphylaxiearbeiten bis 1910 und bringen die Ergebnisse weiterer Studien über diesen Stoff. Sie definieren den Ausdruck Allergin als Bezeichnung für einen Antikörper, der für die Anaphylaxie charakteristisch und spezifisch für sein Antigen ist, welches sie als das wesentliche Agens bei der passiven Übertragung der Anaphylaxie ansehen. Die Ansichten dieser Forscher, die sich auf die in diesem Bulletin berichteten Versuche und auf frühere Arbeiten gründen, können hier, wie folgt, zusammengefaßt werden: Überempfindlichkeit gegen fremdes Eiweiß besteht in einer Steigerung der normalen Fähigkeit der Assimilierung dieses Eiweißes, besonders in einer Steigerung der Schnelligkeit der Reaktion. Dies wird durch die Bildung eines spezifischen Antikörpers, oder mehrerer, bedingt, nachweisbar in somatischen Geweben (glatte Muskeln) und im Serum sensibilisierter Meerschweinchen. Die Wirkung dieses Antikörpers auf sein Antigen ist quantitativ und vermutlich in der Hauptsache proteolytisch. Der anaphylaktische Schock wird eher durch Störung der metabolischen Tätigkeit vitaler Zellen, als durch die spezifische (permanente) Intoxikation der Zellen bedingt. Antianaphylaxie ist ein Stadium der Unempfindlichkeit, veranlaßt von der Sättigung der spezifisch bindenden Antikörper. Immunität ist ein Zustand relativer Unempfindlichkeit, charakterisiert durch eine Vermehrung der freien anaphylaktischen Antikörper; ob die Unempfindlichkeit eines immunen Meerschweinchens auf dieses Übermaß freier anaphylaktischer Antikörper, auf die Bildung eines anderen freien Antikörpers oder auf spezifische Veränderungen in den somatischen Zellen zurückzuführen ist, bleibt eine offene Frage. Die passive Übertragung der Anaphylaxie sowohl wie ihre erbliche Übertragung wird von Anderson und Frost als eine Übertragung anaphylaktischer Antikörper angesehen. Anaphylaxie ist eine Stufe zur Immunität, die als eine gesteigerte Fähigkeit zur sicheren und schnellen Eliminierung des spezifischen Eiweißantigens angesehen wird. Eine andere Veröffentlichung von Anderson und Schultz [8]) über Anaphylaxie soll hier noch erwähnt werden. Sie schließen, daß die Ursache des plötzlichen Todes bei der Serumanaphylaxie in einer Asphyxie liegt und stimmen mit Auer und Lewis darin überein, daß die Asphyxie durch eine krampfhafte Zusammenziehung der Muskeln der Bronchial- und Alveolargänge bedingt ist. Dieser Zustand kann durch gewisse Stoffe, wie Atropinsulfat, Chloralhydrat + Urethan, und Adrenalin sehr abgeschwächt werden. Sauerstoff und Sauerstoffverbindungen und Chloralhydrat verhalten sich in ähnlicher Weise.

Bulletin Nr. 65 von Stimson gibt eine Besprechung der Tatsachen und Probleme der Wut. Diese Veröffentlichung enthält eine sehr vollständige Bibliographie zu diesem Thema. Es wird über die Pasteursche Behandlungsweise berichtet, sowie über die Einzelheiten des im Hygienischen Laboratorium angewendeten Verfahrens, welches die in Amerika übliche Standardmethode darstellt; es ähnelt sehr stark dem in Berlin gebräuchlichen. Vorschläge werden gemacht über die Unterdrückung der Wut. Die Pasteursche prophylaktische Behandlung ist viele Jahre im Hygienischen Laboratorium vorbereitet und das dazu Nötige nach den verschiedenen Teilen der Vereinigten Staaten verschickt worden, wo Wut herrschte und keine Gelegenheit zur Vorbereitung der Behandlung zur Hand war. Bulletin Nr. 66 enthält vier Artikel; in dem ersten davon beschreibt Anderson den Einfluß von Alter und Temperatur auf die Wirksamkeit des Diphtherieantitoxins. Die durchschnittliche jährliche Verminderung der Wirksamkeit beträgt bei Zimmertemperatur ungefähr $20^0/_0$, bei 15^0 C ungefähr $10^0/_0$, bei 5^0 C ungefähr $6^0/_0$, in einigen Fällen können diese Prozentsätze etwas höher sein. Es scheint wenig Unterschied darin zu bestehen, wie unbehandelte Sera und solche, die nach dem Gibson-Verfahren konzentriert sind, ihre Qualität bewahren. Getrocknetes Diphtherieantitoxin, das im Dunkeln bei ungefähr 5^0 C gehalten wird, behält seine Wirksamkeit gänzlich unverändert mindestens $5^1/_2$ Jahre lang. In dem zweiten Artikel beschreibt Frost die Isolierung einer neuen Spezies von Pseudomonas (Pseudomonas protea), die durch das Serum von Typhuspatienten agglutiniert wird. Der Mikroorganismus wurde in filtriertem Potomakwasser gefunden, das die Stadt Washington (D. C.) versorgt; neue Stämme des Mikroorganismus wurden isoliert und sorgfältig beobachtet; die Klassifizierung erfolgte provisorisch, wie oben angegeben. Die nächste Arbeit von Roberts ist eine Besprechung der Kolorimetrie und enthält die Beschreibung eines neuen Kolorimeters. Diagramme und Methoden der Herstellung dieses Kolorimeters sind gleichfalls angegeben. Eine Beschreibung eines Gaserzeugers in vier Formen für Laboratorien und zu technischen Zwecken bildet den Inhalt des letzten, gleichfalls von Roberts verfaßten Artikels. Bulletin Nr. 72 enthält den Bericht einer Untersuchung von zwei Typhusfieberausbrüchen; der eine erfolgte in Ohama (Newbraska) 1909/10 und wurde von Lumsden untersucht. Es ereigneten sich 582 Erkrankungen und 59 Todesfälle vom 1. Dezember 1909 bis zum 1. April 1910. Ungefähr $13\,^0/_0$ der Fälle entstanden durch Kontakt. Der Ausbruch war indessen augenscheinlich auf Infektion durch die Wasserversorgung, die aus dem Missourifluß zugeleitet wird, zurückzuführen. Der zweite Ausbruch ereignete sich in Williamson (West-Virginia), und Frost schließt aus seiner Studie über diese Epidemien, daß die Ursache ebenfalls in der städtischen Wasserversorgung lag, die aus dem Tugriver kommt. Im ganzen handelte es sich um 141 Fälle. Das nächste hier zu betrachtende Bulletin, Nr. 77, enthält die erste von einer Reihe von Untersuchungen über die Abwasserverunreinigung innerstaatlicher und internationaler Gewässer mit besonderer Berücksichtigung der Typhusverbreitung. Diese erste Untersuchung betrachtet besonders den Eriesee und den Niagara, und ist von Mc Laughlin verfaßt. Man wird sich des internationalen Bündnisses erinnern zwischen Kanada und den Vereinigten Staaten, wo eine Strecke von über 1000 Meilen durch die Gewässer der großen Seen: Superior, Michigan, Huron, St. Clair, Erie und Ontario abgegrenzt ist. Viele große, wichtige Städte liegen an den Ufern dieser Seen und werden aus dem einem oder dem anderen davon mit Wasser versorgt. Tatsache ist, daß bis zur Gegenwart die Gewohnheit bestand, die Abwässer dieser Städte in den See zu versenken, und nur in neuer Zeit sind einige Versuche gemacht worden, die Ableitung unbehandelter Abwässer auf diesem Wege zu verhüten. So ereignete es sich, daß die Einwohner nahezu aller Städte an den großen Seen mit Wasser aus derselben Quelle versorgt wurden, in die die Abwässer geleitet wurden. Einige städtische Verwaltungen haben das Wasser filtrieren lassen und einige haben es seit den letzten zwei oder drei Jahren filtriert und mit Chlor versetzt. Die deutlichen Konsequenzen solcher Gleichgültigkeit zeigen sich in den Zahlen der Typhuserkrankungen und Todesfälle vieler dieser Städte. Typhus ist zehn- bis hundertmal so häufig, als er sein würde, wenn die Wasserversorgung entsprechend wäre. Dieses Bulletin von Mc Laughlin war eine der ersten Veröffentlichungen, die sich mit der Verunreinigung internationaler Grenzgewässer beschäftigt; ihre Wirkung zeigte sich darin, daß während des Sommers 1913 die Internationale verbündete Wasserweg-Kommission zwei Gruppen von Untersuchern an der Arbeit hatte. Diese Forscher machten bakteriologische und epidemiologische Untersuchungen der Wasserwege vom äußersten Osten bis zum äußersten Westen; die Ergebnisse ihrer Tätigkeit mit Vorschlägen, auf welche Weise den bestehenden Zuständen zu begegnen sein wird, sollen in einem 1914 erscheinenden Bericht veröffentlicht werden.

Der vierte und letzte Bericht über Ursprung und Häufigkeit des Typhus im Distrikt Columbia 1909/10 von Lumsden, Anderson, Mc Clintic und Frost ist in Bulletin Nr. 78 enthalten. Es wurden 748 Typhusfälle beobachtet.

Neu in diesen Berichten ist ein Abschnitt über die Untersuchung einer
Reihe von Fällen — es waren 84 —, die dem Sanitätsbeamten als Typhus
gemeldet wurden. Sorgfältige Untersuchung mit Hilfe von Blutkulturen und
Agglutination ergaben die Tatsache, daß 84,5 % davon Typhus waren, nahe an
6 % waren zweifelhaft und in 8—9 % lag kein Typhus vor. Die allgemeinen
Schlußfolgerungen, zu denen die Autoren der vier Berichte gelangten, sollen
kurz hier wie folgt, angegeben werden: Die Ergebnisse der 4 jährigen Studien
über die Häufigkeit des Typhusfiebers in und um Washington (D. C.) weisen
darauf hin, daß die Desinfektion der Exkrete und die Ausführung anderer
Maßregeln zur Verhütung der Ausbreitung der Infektion durch Typhuspatienten
in der Stadt in der Mehrzahl der Fälle ungenügend ist und häufig vernachlässigt
wird und daß daher eine strengere Überwachung von Typhuspatienten und
Typhusbazillenträgern notwendig ist. Die Verfasser der Berichte sind überzeugt, daß der größere Teil der Typhusinfektionen in Washington durch Milch,
grüne Gemüse und andere Nahrungsmittel und durch Finger und Fliegen erfolgt
ist. Einige Fälle sind eingeschleppt, aber die Mehrzahl ist durch Verstreuung
der Infektion durch Dejekte von Typhuskranken und Typhusbazillenträgern
in der Stadt bedingt. Es wird angenommen, daß ein wirksamer Kampf innerhalb der Stadt gegen den Typhus als übertragbare Krankheit und die Er-
zwingung vernünftiger Maßnahmen zur Verhütung der Einschleppung der
Infektion in die Stadt von außerhalb durch den Verkehr mit Nahrungsmitteln,
wie Milch, grünen Gemüsen und Schaltieren, die Typhuserkrankungen im Distrikt
Columbia auf eine unbedeutende Zahl herabsetzen würde.

Bulletin Nr. 80 bildet die Aufzeichnung einer Reihe physiologischer
Studien über Anaphylaxie von Schultz. Die Reaktion ausgeschnittener
glatter Muskeln von verschiedenen Organen verschiedener Tiere, umfassend
die Reaktion von Muskeln nicht sensibilisierter, sensibilisierter, toleranter und
immunisierter Meerschweinchen, wird betrachtet. Gewebswucherung in Plasma
ist in Bulletin Nr. 81 Gegenstand einer Untersuchung von Sundwall, die sich
auf die grundlegende Arbeit von Harrison [9]) stützt, dem der Ruhm zukommt,
zuerst bestimmt das Wachstum von Gewebe beobachtet zu haben, das er als
lebend beschreibt, und wobei sich Nervenfasern von embryonalen Fröschen
in koagulierter Lymphe aus dem Dorsalsack der Mutter entwickelten.

Bulletin Nr. 82 von Anderson und Mc Clintic schildert im einzelnen
die Merkmale eines neuen Verfahrens zur Standardisierung von Desinfektionsmitteln mit und ohne organische Substanz. Diese Methode ist jetzt in Amerika
weit verbreitet und unter dem Namen „Hygienic Laboratory phenol co-efficient"
bekannt. Die wesentlichen Kennzeichen dieser Methode bestehen in der Anwendung eines Standardkulturmediums und der Benützung von Mikroorganismen, die unter verschiedenen bestimmten Bedingungen in dem Standardmedium
gezüchtet sind; ferner in Anwendung einer konstanten Temperatur und in
feststehenden Verhältnissen von Kultur und Desinfizienz, Inkubation während
einer bestimmten Zeitdauer und Gebrauch standardisierter Pipetten zur Herstellung der Verdünnungen. Die Kulturröhrchen sind ebenfalls nach Vorschrift
und die Durchführung der Prüfung ist Stufe für Stufe festgelegt. Mit Hilfe
dieser Prüfung ist es verschiedenen Laboratorien möglich gewesen, vergleichbare Ergebnisse zu erzielen; ferner war es wertvoll, daß die Laboratorien
befähigt wurden, den Wert verschiedener Desinfektionsmittel des Handels

nach dem Verhältnis ihrer Kosten im Vergleich zum Phenol zu bestimmen. So ist es möglich, den oftmals übertriebenen Anpreisungen von Handelsdesinfektionsmitteln Einhalt zu tun. Wenn hierdurch allein schon Bulletin Nr. 82 sich sehr große Verdienste erwarb, so haben andererseits die Autoren besonders das Rideal-Walker- und Lancet-Verfahren zur Prüfung von Desinfektionsmitteln anerkannt, das letztere davon hat als Grundlage für diese Arbeit gedient.

Mc Laughlin setzte in Bulletin Nr. 83 seine Untersuchung über Abwasserverunreinigung innerstaatlicher und internationaler Gewässer mit besonderer Berücksichtigung der Typhusverbreitung fort. Dieser Bericht betrachtet die Verhältnisse, die sich aus der Verunreinigung des Superiorsees und des St. Marys River, des Michigansees, der Mackinacstraße, des Huronsees, des St. Clairsees, des St. Clair Rivers, Detroit Rivers, Ontariosees und St. Lowrence Rivers ergeben. Die Typhussterblichkeit in Amerika kann man sich im Gegensatz zu derjenigen Deutschlands im Jahre 1910 vorstellen, wenn man sich vergegenwärtigt, daß die Typhusfälle in München in diesem Jahre 1,4 von 100 000 der Bevölkerung betragen, in Berlin 4 von 100 000, in Hamburg 4,1 von 100 000, wogegen 50 amerikanische Städte mit 100 000 Einwohnern oder darüber eine Sterblichkeitsrate von 25 pro 100 000 in demselben Jahre aufwiesen. Mc Laughlin bemerkt, daß in vielen Städten zurzeit (1910) eine Sterblichkeitsrate von weniger als 20 pro 100 000 als ein befriedigender Stand der Dinge angesehen werde. Daß eine derartige Sachlage nicht länger erlaubt sein kann, ist schon erwähnt worden und die Empfehlungen der Verbündeten Internationalen Wasserwegs-Kommission werden wahrscheinlich die Einleitung einer nachdrücklichen Betätigung zur Folge haben.

Mit der Ankündigung Nicolles [10]), daß er erfolgreich Typhusfieber auf anthropoide Affen übertragen konnte, begann eine Reihe von Untersuchungen über diese Krankheit, die von großer Bedeutung waren. Wenige Monate nach Nicolle machten unabhängig davon Anderson und Goldberger dieselbe Entdeckung. Diese letztgenannten Forscher arbeiteten in der Stadt Mexiko. und die Ergebnisse ihrer dort vorgenommenen Untersuchungen und einige spätere aus dem Hygienischen Laboratorium sind in Bulletin Nr. 86 enthalten. In dem ersten Artikel ist die Nichtidentität des Rocky-Mountainfleckfiebers und des mexikanischen Typhus durch Meerschweinchenimpfungen nachgewiesen; im zweiten werden die Ergebnisse erfolgreicher Impfung von Affen mit dem Blute von Typhuspatienten berichtet. Zwei Arten von Affen, Macacus rhesus und Cebus capucinus, erhielten intraperitoneal 8 ccm defibriniertes Blut von Typhuskranken, und 6 Tage später entwickelten diese Tiere einen typischen Temperaturanstieg. Kulturen aus dem zur Einimpfung verwendeten Blute waren völlig steril. Diese Affen blieben bei einer nachfolgenden Impfung mit Blut aus anderen Typhusfällen ganz normal, damit anzeigend, daß sie nun immun waren und bestimmt die Krankheit gehabt hatten. Sowohl Anderson und Goldberger, wie Ricketts und Wilder stellten fest, daß das Typhusvirus nicht den Berkefeldfilter passiert. Anderson und Goldberger fuhren dann fort nachzuweisen, daß weder der Floh, noch die Bettwanze bei der Verbreitung des Typhus beteiligt sind. Die epidemiologischen Tatsachen der Krankheit deuten nach diesen beiden Autoren unmißverständlich auf ein als Zwischenwirt fungierendes Insekt hin und sie glauben, daß ihre Beobachtungen bestimmt auf die Körperlaus (Pediculus vestimenti) als Überträger weisen. Sie stellen ferner fest, daß das Blut aus menschlichen Typhusfällen mindestens am 8. Krankheitstage infektiös wird. Das Blut eines Affen, Macacus rhesus, ist nach Passage durch einen zweiten Affen derselben Art spätestens am 5. und 6. Tage der Krankheit infektiös.

Die nächste wichtige Veröffentlichung von Anderson und Goldberger beschäftigt sich mit der sog. Brillschen Krankheit. Im Jahre 1898 berichtete Dr. Nathan E. Brill von New York über 17 Fälle einer klinisch dem Typhus ähnlich verlaufenden Krankheit ohne Widalsche Reaktion. Anderson und Goldberger gelang es, zu zeigen, daß der Rhesusaffe für Infektion mit dem Blute aus einem Falle Brillscher Krankheit empfänglich ist. Ferner wurde bewiesen, daß ein Anfall der Krankheit beim Affen eine definitive Immunität gegen spätere Infektion mit virulentem Blut desselben Stammes einleitet. Affen, die von einer Infektion mit Brillscher Krankheit genesen waren, wurden immun gegen eine spätere Infektion mit virulentem Blut aus einem Falle von mexikanischem Typhus gefunden, und umgekehrt blieben Affen, die von einer Infektion mit mexikanischem Typhus geheilt waren, immun gegen eine nachherige Infektion mit Brillscher Krankheit. Aus diesen Befunden wird geschlossen, daß die Brillsche Krankheit wirklicher mexikanischer Typhus ist, und da ferner die New Yorker Typhusfälle zweifellos europäischen Ursprungs sind, scheint die Annahme der Identität des europäischen und des mexikanischen Typhus oder Tabardillo berechtigt zu sein. Diese Resultate sind vom Standpunkt der präventiven Medizin aus sehr wichtig, weil die Brillsche Krankheit eine Reihe von Jahren in New York und anderen großen amerikanischen Städten sehr häufig war und dabei ihre Bedeutung unerkannt blieb. Infolgedessen ist es nun möglich, auf der Hut zu sein und angemessene prophylaktische Maßregeln gegen die Ausbreitung der Krankheit zu ergreifen. Eine folgende Veröffentlichung von Anderson und Goldberger beschuldigt nicht nur die Körperlaus (Pediculis vestimenti), sondern auch die Kopflaus (Pediculis capiti) als Zwischenwirt bei der Typhusübertragung zu fungieren. Weitere Studien derselben Autoren über das Typhusvirus scheinen zu beweisen, daß das Virus extrazellulär und frei im zirkulierenden Plasma ist. Das Blut des Affen kann noch 24—32 Stunden nach dem Wiedereintritt normaler Temperatur virulent sein. Das Serum von virulentem Typhusblut ist immer infektiös, gleichviel, ob es von defibriniertem Blut oder nach Gerinnung erhalten wird. Das Virus verliert seine Virulenz nach 24 stündigem Trocknen, ebenso nach 15 Minuten langem Erhitzen auf 55⁰. Dagegen erwies sich das Virus als infektiös nach mindestens 8 Tage langem Einfrieren bei 0⁰ C. Der letzte Artikel in diesem Bulletin enthält die Ergebnisse der experimentellen Arbeiten, welche zeigen, daß ein großer Teil der Rhesusaffen (25,5⁰/₀) wenigstens eine vorübergehende natürliche Immunität besitzt. Eine deutliche Typhusreaktion verleiht eine Immunität, die noch nach mindestens zwei Jahren bestehen kann. Fieber ist das einzige bestimmte klinische Zeichen einer Typhusreaktion. Ist das Fieber schwach, so kann es nicht als Typhusreaktion angesehen werden, wenn nicht der Immunitätsversuch die Tiere als resistent gegen Infektion erkennen läßt. In 90⁰/₀ der Fälle variiert bei Affen die Inkubationszeit zwischen 6 und 10 Tagen, die Extreme waren 5 und 24 Tage. Vier Todesfälle bei einer Gesamtzahl von 103 Typhusfällen bei Affen wurden von Anderson und Goldberger berichtet. Auch das Meerschweinchen ist für Typhusinfektion empfänglich, ebenso kann ein kleiner Teil Kaninchen empfänglich sein. Die durch einen Typhusanfall verliehene Immunität ist spezifisch. Typhusimmunserum, das zwischen dem 5. und 14. Tage der Genesung entnommen ist, hat Schutzwert, wenn es simultan mit der Einimpfung des Virus oder innerhalb 48 Stunden nach derselben verabreicht wird. Der therapeutische Wert des Immunserums ist nicht von praktischer Bedeutung. Der Biß der Körperlaus kann vielleicht innerhalb 4 Tagen nach der infizierenden Nahrung infektiös sein. Diese sehr grundlegende Arbeit über eine Infektionskrankheit von unbekannter Ätiologie ist von großem Wert gewesen, weil es nun infolge dieser vermehrten Kenntnis ihrer Ätiologie und Epidemiologie möglich war, die Verbreitung der Krankheit zu begrenzen. Es verdient im Zusammenhange mit dieser Arbeit von Anderson und Goldberger erwähnt zu werden, daß einige der wichtigsten Phasen der Arbeit von Goldberger in der Stadt Mexiko bearbeitet wurden, wo der Typhus häufig ist, und dies ist ein Beweis für die Tatsache, daß die Arbeit des Hygienischen Laboratoriums niemals auf das Laboratorium selbst beschränkt blieb. Die Forscher sind in das Feld gezogen und haben ihre Untersuchungen ausgeführt, wo immer es wünschenswert erschien.

Die Pellagrafrage ist in derselben Weise behandelt worden, wobei viel nutzbringendes Wissen über die Epidemiologie der Krankheit erworben wurde.

Die bis heute (Dezember 1913) geleistete Arbeit, wie sie in den Bulletins des Hygienischen Laboratoriums geschildert wurde, ist hier nur sehr in Kürze betrachtet worden. Es bleiben indessen noch zur Besprechung einige Arbeiten über Masern und Poliomyelitis anterior von Anderson und seinen Mitarbeitern übrig. Die erste Arbeit über Masern wurde im Jahre 1910 begonnen, und im nächsten Jahre berichteten Anderson und Goldberger[11]), daß es ihnen definitiv gelungen sei, Masern vom Menschen auf den Affen durch Einimpfung von Blut eines Masernkranken im frühen Stadium der Krankheit zu übertragen. Dieses Masernvirus wurde dann erfolgreich durch Bluteinimpfungen über 6 Affengenerationen fortgepflanzt. Das Virus wurde intravenös eingeführt. Die durchschnittliche Inkubationszeit beträgt 6—8 Tage. Die Reaktion wird von einem Temperaturanstieg eingeleitet, sowie von einem Ausschlag, der gewöhnlich 3 Tage nach dem Temperaturanstieg beginnt. Affen, die reagiert haben, bleiben später immun. Das Virus passiert nach den Angaben von Anderson und Goldberger Berkefeldfilter, es widersteht dem Trocknen 25 Minuten und dem Einfrieren 25 Stunden, aber es wird durch 15 Minuten langes Erhitzen auf 55° C zerstört. Die Ausscheidungen der Nasen- und Mundschleimhaut erwiesen sich für Affen in der 24- und 48-Stundenperiode des Ausschlags als infektiös. Blutkulturen aus den mit Masern behafteten Affen waren negativ. Es wird auch aus der hier beschriebenen Arbeit und aus Mayrs negativen Ergebnissen mit Kindern geschlossen, daß das abschuppende Masernepithel nicht selbst das Virus der Krankheit trägt.

Netter und Levaditi[13]) konnten nachweisen, daß das Serum von einem vermuteten abortiven Falle von Poliomyelitis anterior deutlich keimtötende Eigenschaften hatte, wenn es dem Virus dieser Krankheit zugefügt wurde. Anderson und Frost[14]) gelang es, in einer sehr interessanten Studie über 9 abortive Fälle von Poliomyelitis anterior die Diagnose mittelst dieser biologischen Prüfung zu bestätigen. wobei sich zeigte, daß das Blut dieser abortiven Fälle in derselben Weise das Poliomyelitisvirus inaktivierte, wie das Serum eines offenen Falles der Erkrankung. Diese Beobachtungen haben sehr weittragende Bedeutung vom Standpunkt der Ätiologie und Epidemiologie aus. Anderson und Frost [15]) berichteten in einer kurzen Notiz die Tatsache, daß sie Poliomyelitis anterior von Affe zu Affe durch die Wirksamkeit der Stallfliege (Stomoxys calcitrans) übertragen konnten, womit sie Rosenaus Beobachtungen bestätigten. Diese Frage wird vollständig an anderer Stelle behandelt werden.

Zum Schluß wünscht der Verfasser Herrn Dr John F. Anderson vom Hygienischen Laboratorium seinen Dank für die freundliche Überlassung der Separatabdrucke und Bulletins auszusprechen, von denen viele jetzt nicht mehr im Buchhandel und schwer zu erhalten sind. Hoffentlich dient diese notwendigerweise sehr allgemein gefaßte Übersicht dazu, die Aufmerksamkeit auf die Tätigkeit des „Federal Public Health Laboratory" zu lenken, die mehr als irgend ein einzelner Faktor beigetragen hat, die Sache der vorbeugenden Medizin und Hygiene in Amerika zu fördern.

Nachtrag.

Nachdem das Vorhergehende geschrieben war, ist Bulletin Nr. 90 von Frost erschienen. In diesem Bulletin wird eine Übersicht der epidemiologischen Studien über Poliomyelitis anterior gegeben. Diese Studien sind auf Beobachtungen während der Erforschung dreier Epidemien dieser Krankheit, deren erste in Jowa 1910, die zweite in Cleveland 1911 und die dritte in Buffalo und Batavia 1912 auftrat, begründet. Sie bilden eine sehr gründliche Betrachtung der Poliomyelitis anterior vom Standpunkt des Epidemiologisten aus und geben ein außerordentlich interessantes Bild unserer jetzigen Kenntnisse der Verbreitungsweise dieser Krankheit. In einem anderen Artikel dieses Bandes des Jahresberichtes, der die Arbeiten amerikanischer Forscher über Poliomyelitis anterior behandeln wird, soll im einzelnen darauf eingegangen werden.

Literatur.

1. Anderson, J. F., Some Recent Contributions by the United States Public Health and Marine-Hospital Service to Preventive Medicine. Journ. Amer. Med. Assoc., June 8. **58**, 1748—1751. 1912.
2. Rosenau and Anderson, A new toxic action of horse serum. Journ. of. Med. Research. **15**, 179. 1906.
3. — — Hypersusceptibility. Journ. of Amer. Med. Assoc. **47**, 1007. 1906.
4. Anderson, Transmission of resistance to diphtheria toxin by the female guinea-pig to her young. Journ. Med. Research. **15**, 241. 1906.
5. — Simultaneous Transmission of resistance to diphtheria toxin and hypersusceptibility to horse serum by the female guinea-pig to her young. Journ. Med. Research. **15**, 259. 1906.
6. Rosenau and Anderson, The specific nature of anaphylaxis. Journ. of infect. dis. **4**, 552. 1907.
7. — — The relation of anaphylaxis to toxemia's of pregnancy. Transact. of Assoc. of Amer. Physicians **23**. 1908.
8. Anderson and Schultz, The cause of serum anaphylactic shock and some methods of alleviating it. Proc. of Soc. for exper. Biol. and Med. **7**, 32—36. 1910.
9. Harrison, Observations on living developing nerve fibres. Proc. of Soc. for exper. Biol. and Med. **4**, 140—143. 1907.

10. Nicolle, Reproduction expérimentale du typhus exanthèmatique chez les singes. Compt. rend. Ac. Sc., p. 157. 1909.
11. Anderson and Goldberger, Experimental measles in the monkey, a preliminary note. Public Health Reports. 847. June 9. 1911.
12. — — Experimental measles in the monkey, a supplemental note. Public Health Reports. 16. Juni 1911.
13. Netter and Levaditi, Compt. rend. de Soc. de Biol. **68**, 855. 1910.
14. Anderson and Frost, Abortive cases of Poliomyelitis. Journ. Amer. Med. Assoc. **56**, 663—667. March 4. 1911.
15. — — Transmission of Poliomyelitis by means of the Stable-fly (Stomoxys calcitrans). Public Health Reports, **27**. Nr. 43. Oct. 25, 1912.

Die Bulletins, auf die in diesem Artikel hingewiesen ist, sind die „Hygienic Laboratory Bulletins", Treasury Departement, United States Public Health Service. Bewerbungen um diese Veröffentlichungen wären an den „Surgeon-General, Public Health Service, Washington, D. C." zu richten.

II. Über Mutationen bei Bakterien und anderen Mikroorganismen.

Von

Philipp Eisenberg, Breslau.

I. Einführung. Begriffsbestimmung.

Die um die Jahrhundertwende erfolgte Entdeckung der Mutation durch de Vries, sowie die Wiederentdeckung der Mendelschen Regeln sind die wichtigsten Ereignisse, deren Einfluß die jüngste Entwicklung der Vererbungs- und Variabilitätslehre beherrscht. Ihre Bedeutung liegt auf praktischem Gebiet darin, daß sie der experimentellen Forschung neue Bahnen eröffnet und dadurch den glänzenden Aufschwung dieses Wissenszweiges mit ermöglicht haben. Von der theoretischen Seite her haben sie gemeinsam, daß sie an Stelle der kontinuierlichen Variabilität, die die Darwinsche Lehre als Grundlage der Artentstehung betrachtet, eine Reihe selbständiger Erbeinheiten (Faktoren, Gene) setzen, deren diskontinuierliche Änderungen zur Erklärung von Artumwandlungen, deren Kombination zur Erklärung der amphimiktischen Variabilität herangezogen werden können. Es wurde auf diese Weise eine Art von Atomistik in die experimentelle Biologie eingeführt, die ähnlich wie ihr physikalisches Prototyp, berufen erscheint eine bedeutsame Rolle als heuristisches Prinzip zu spielen und zum Teil als solches sich bereits auch bewährt hat.

Während die an die Amphimixis gebundenen Mendelschen Spaltungsregeln für die Bakteriologie naturgemäß nicht in Frage kommen, ist das Mutationsproblem vor ungefähr 8 Jahren von Neisser und Massini hier eingeführt worden und erfreut sich einer immer regeren Bearbeitung. Hat noch vor vier Jahren ein namhafter Darsteller der Variabilitätsfrage darüber geklagt, daß „die Bezeichnung Mutation sich auch in die Mikroorganismenforschung eingeschlichen hat“, so müsste er heute bereits von einer Invasion sprechen. Jede Tagung der Mikrobiologischen Vereinigung bringt neue Mitteilungen und neue Debatten über dieses „aktuell“ gewordene Thema und für ein ganz junges Forschungsgebiet dürfte die dieser Übersicht angefügte Literaturzusammenstellung eine quantitativ ebenso wie qualitativ ansehnliche Leistung darstellen. Schon diese Tatsache an sich, noch mehr aber die hervorragende Bedeutung derjenigen theoretischen und praktischen Probleme, die mit der Mutationsfrage in engstem Konnex stehen, rechtfertigen wohl genügend die Notwendigkeit einer zusammenfassenden Behandlung dieser Frage in den „Ergebnissen"

Wenn oben das Jahr 1906 als der Grenzstein in der Entwicklung des Mutationsproblems bei Bakterien fixiert wurde, so geschah es deshalb, weil erstens Name und Begriff damals zum erstenmal in die Bakteriologie Eingang fanden, sodann aber, weil seit jener Zeit wohl infolge der darauf gerichteten Aufmerksamkeit eine Reihe früher vielleicht gelegentlich beobachteten, aber ungenügend gewürdigter oder falsch gedeuteter Vorgänge eingehende Untersuchung fand. Wenn wir jedoch die oft lohnende Mühe nicht verschmähen, in der älteren Literatur Umschau zu halten, so werden wir finden, daß auch vor jenem Zeitpunkt eine Reihe von Arbeiten die uns interessierenden Probleme behandelt hat und daß manche darunter, wenn auch unter anderer Flagge segelnd, durch scharfe Problemerfassung und einwandfreie Versuchsanstellung, unsere volle Beachtung verdient (Koch, Wasserzug, Laurent, Schottelius, Firtsch, Kruse, Schierbeck, Hefferan, Hansen, Beijerinck, Wilde u. a.). Freilich ist die Mehrzahl der älteren Variabilitätsarbeiten nur mit gewissen Einschränkungen zu verwenden, da sie meist die von der exakten Variabilitätslehre geforderten Kautelen noch nicht berücksichtigen — leider trifft dies auch für viele der neueren immer noch zu.

Die Frage, ob der Zeitpunkt für eine zusammenfassende Übersicht dieses Gebietes bereits gekommen ist, glaube ich bejahen zu dürfen. Einerseits ist das Tatsachenmaterial bereits stark angewachsen und erfordert eine wenn auch nur vorläufige Einordnung nach allgemeinen Prinzipien. Zweitens — und das dürfte wohl noch wichtiger sein — glaube ich, daß aus solch einer Zusammenstellung gewisse Verallgemeinerungen sich ergeben können, die, wenn auch nur interimistischer Natur, doch für weitere Forscherarbeit auf diesem Gebiete zur Orientierung dienen können. Drittens zeigt eine solche Übersicht ganz klar, daß ebenso wie in der zoologischen und botanischen Vererbungslehre im allgemeinen auch hier das Arbeiten mit klaren, scharf präzisierten Voraussetzungen und eindeutiger, kritischer Problemstellung eine Hauptbedingung einwandfreier Resultate ist. Deutungen von Versuchsergebnissen und Definitionen von Kategorien, in denen sie unterzubringen sind, sind wohl z. T. willkürlich und diskutabel — will man aber einen beobachteten Variationsvorgang daraufhin prüfen, ob er als Mutation anzusprechen ist oder nicht, so muß man vor allem ganz genau wissen, was man als solche bezeichnen will und müssen die Einschränkungen der Definition bereits bei der Versuchsanstellung eingehend berücksichtigt werden. Es ist für den Fortschritt der Wissenschaft eine Frage von sekundärer Bedeutung, ob die oder jene Definition der Mutation akzeptiert wird — es ist das eine Zweckmäßigkeitsfrage, die dieser Fortschritt eben von selbst löst — dagegen ist die einmal akzeptierte Definition für die betreffende Untersuchungsreihe maßgebend und bindend, soll sie zu exakten Schlüssen berechtigen. Wird aber infolge der Erweiterung unserer Kenntnisse der Bereich eines Begriffs verschoben, wie es z. B. bei der Mutation geschehen ist, so können Resultate, die auf der Basis klarer Voraussetzungen und scharfer Begriffsbestimmungen aufgebaut sind, ohne weiteres in die neue Sprache übersetzt werden und verlieren nichts von ihrer Bedeutung. Eine solche Umwertung kann z. B. schadlos an vielen der oben erwähnten älteren Arbeiten vorgenommen werden.

Soll das hier mitzuteilende ziemlich heterogene Tatsachenmaterial (das übrigens auf erschöpfende Vollständigkeit kaum Anspruch erheben kann) zu einem organischen Ganzen auch nur annäherungsweise zusammengefaßt werden können, so müssen wir im Sinne der vorhergehenden Ausführungen zunächst die Kardinalbegriffe, mit denen wir operieren wollen, auf Grund der Ergebnisse der experimentellen Variabilitäts- und Vererbungsforschung festlegen. Eine eingehende theoretische und experimentelle Begründung der z. T. divergierenden Einteilungen und der ihnen zugrunde liegenden Auffassungen findet der Leser in den ausgezeichneten Werken von Johannsen, Goldschmidt, Baur, Plate, Haecker, Semon, Blaringhem u. a.

Die empirisch feststellbaren Eigenschaften eines Lebewesens können wir uns als Resultanten der Einwirkung der äußeren Lebensfaktoren auf die in der lebenden Substanz gegebenen Verwirklichungsmöglichkeiten vorstellen. Bei einer größeren Anzahl von Individuen, die derselben Spezies angehören, wird man mühelos in bezug auf viele morphologische und physiologische Merkmale eine oft bedeutende Mannigfaltigkeit finden können, die auf eine nach den verschiedenartigen individuellen Lebensbedingungen wechselnde Beantwortung seitens der Anlagen der betr. Spezies zurückzuführen sind. Die Divergenz der Individuen kann aber auch innerhalb einer Spezies konstitutiv bedingt sein — sie ist dann als differente Reaktionsweise verschiedener Anlagen auf identische Reize aufzufassen. Daraus folgt ohne weiteres, daß für die Analyse des Anlagenbestandes eines Individuums, einer Sippe oder Spezies nicht die wirklich realisierten Merkmale ausschlaggebend sein können, sondern nur die bestimmten Reaktionsweisen zugrunde liegende Konstitution. Das führt zu einer wichtigen Unterscheidung, deren konsequente Durchführung Johannsen als großes Verdienst anzurechnen ist. Die Gesamtheit der in Erscheinung getretenen Eigenschaften nennt er „Phänotypus“ (Erscheinungstypus), die Gesamtheit der hervorbringenden Anlagen den „Genotypus“ (Anlagentypus). Der letztere ist sozusagen die platonische Idee der Art — von den in ihm enthaltenen Möglichkeiten werden nur bestimmte unter Einwirkung der Lebensbedingungen realisiert werden. Direkt feststellbar ist natürlich der Genotypus nicht — wir können ihn eben nur durch das Prisma des realisierten Phänotypus betrachten — mit anderen Worten durch Vergleich verschiedener „Reaktionserfolge“ können wir die sie bedingenden „Reaktionsnormen“ (Baur) eruieren. Das geschieht auf zweierlei Weise: Entweder unterwirft man im Experiment ein und dasselbe Individuum oder eine Individuengruppe wechselnden Existenzbedingungen, locken auf diese Weise die in der Konstitution schlummernden verschiedenen Reaktionsmöglichkeiten heraus und gewinnen dadurch ein Bild vom Anlagenbestand des Individuums, der Sippe oder der Spezies, das reicher ist, als die lediglich auf die natürlich gebotenen Eigenschaften sich erstreckende Beobachtung sie liefern kann (experimentelle Variabilitätslehre). Oder aber wir gehen von der Voraussetzung aus, daß der Anlagenbestand als die bleibende Grundlage variierender Reaktionserfolge (Eigenschaften) auch vom Generationswechsel unberührt bleibt und prüfen seine Konstanz in der Aufeinanderfolge der Generationen, wir untersuchen also den Genotypus vermittelst der Nachkommenschaftsanalyse (experimentelle

Vererbungslehre). Es braucht wohl kaum hervorgehoben zu werden, daß in sehr vielen Fällen, in unserem engeren Arbeitsgebiet sogar immer beide Methoden kombiniert werden, um einander zu ergänzen.

Wichtig ist, daß im Sinne vielfacher Erfahrungen — vor allem aber unter dem Einfluß der Mendelschen Lehre — neben der Beobachtung ganzer Biotypen, d. h. der Gesamtheit von Merkmalen eines Individuums, einer Sippe oder Spezies, die Beobachtung einzelner Merkmale bzw. der ihnen zugrunde liegenden Anlagen (Gene nach Johannsen) immer mehr an Beachtung und Bedeutung gewinnt. Diese Untersuchungsweise erlaubt zunächst infolge der Vereinfachung der Problemstellung ein tieferes Eindringen in die oft verwickelten Verhältnisse, sodann aber erlaubt sie Zusammenhänge zwischen verschiedenen Merkmalen zu erfassen, die der früheren summarischen Betrachtung entgehen konnten. Als Hauptergebnis dieser Analyse, die vorzugsweise auf Kreuzungsversuchen basiert, ist festzuhalten, daß nicht immer ein einzelnes Gen für eine einzelne Eigenschaft angenommen werden kann — ein gemeinsames Gen kann unter Umständen mehrere verschiedene Eigenschaften bedingen, umgekehrt kann wieder eine einzelne Eigenschaft durch mehrere verschiedene Gene bedingt werden. Zwischen den einzelnen Anlagen (Genen, Faktoren) können auch bestimmte Korrelationen angenommen werden, indem z. B. ein Gen zur Aktivierung der Gegenwart eines anderen bedarf, während es in seiner Abwesenheit latent bleibt — oder umgekehrt kann ein Gen durch Hinzutritt eines anderen latent werden. Es liegt nahe anzunehmen, daß ein kritischer Ausbau dieser „Anlagenatomistik" in Zukunft eine rationelle Grundlage für eine „natürliche" Systematik der Lebewesen abgeben kann.

Wenn wir nun im Besitz der soeben entwickelten Begriffe eine Analyse der Variabilität vornehmen, wie sie uns teils in der natürlichen Mannigfaltigkeit innerhalb einer Art oder Sippe, teils durch experimentelle Eingriffe in den Lebensablauf geboten wird, so drängt sich als wichtigste Frage auf: Sind die beobachteten Abweichungen vorübergehender oder konstanter Natur, bedeuten sie eine Änderung des Anlagenmaterials oder nur Änderungen seiner Erscheinungsweise? Sind sie phänotypisch oder genotypisch? Ohne weiteres läßt sich diese Frage natürlich nicht entscheiden. Es gibt tiefgreifende Unterschiede des ganzen Habitus, die eine ganze Reihe lebenswichtiger Organe in Mitleidenschaft ziehen, die aber nur phänotypisch bedingt sind (viele Standortsvarietäten, manche Chemomorphosen bei Bakterien), andererseits können scheinbar geringfügige Differenzen auf Verschiedenheit der Anlage beruhen und erblich übertragbar sein (z. B. Zuckergehalt von Erbsenvarietäten, Gärungsintensität bei Milchsäurebakterien). Um hier die Entscheidung zu treffen, muß man entweder zum Variations- oder zum Vererbungsversuch greifen. Diejenigen Variationen die durch Einwirkung äußerer Faktoren auf die Anlage zustande kommen, und die nur so lange andauern, als eben diese Faktoren wirksam sind und die folglich als die Anlage selbst nicht berührend auch nicht vererbbar sind, nennt man nach dem Vorschlag von Baur Modifikationen (nach Plate Somationen). Die individuelle Mannigfaltigkeit der Erscheinungsformen innerhalb einer Spezies oder Sippe müssen wir uns als Resultat abgestufter Reaktionen auf die mannigfach wechselnden Existenzbedingungen dieser Individuen vorstellen. Ihre Summe ergibt das, was man gemeinhin als fluktuierende Variabilität zu bezeichnen pflegt.

Während diese Art der Variationen die Mehrzahl der überhaupt beobachteten ausmacht, beansprucht die andere, die als Mutation bezeichnet wird, ein ungleich lebhafteres Interesse, handelt es sich doch dabei um eine Änderung der Anlage selbst, die dementsprechend auch erblich übertragbar ist. Schon lange vor ihrer Entdeckung durch de Vries waren hierher gehörige Fälle bekannt geworden, doch hat Darwin, der sie als „Sports" oder „single variations" bezeichnete, ihnen eher eine teratologische, als eine allgemeine biologische Bedeutung zugemessen. In der Folge haben besonders Korschinsky sowie Bateson an einem großen Beobachtungsmaterial die Wichtigkeit dieser „diskontinuierlichen" Variation (im Gegensatz zu der von Darwin hervorgehobenen „kontinuierlichen") nachgewiesen und ihre Wichtigkeit als artbildenden Faktor betont. Doch erst mit den ausgedehnten und originellen Arbeiten von de Vries wurde die Mutation eines der biologischen Hauptprobleme und hat diese Stellung auch bis heute noch nicht eingebüßt. Das große Verdienst von de Vries liegt vor allem darin, daß er es unternommen hat, das Problem der Artumwandlung, das bis dahin zumeist theoretisch und spekulativ auf Grund zusammenhangloser Beobachtungen oder mehr oder minder geistreicher Einfälle behandelt wurde, dem exakt kontrollierbaren Vererbungsexperiment zu unterziehen. Auf Grund seiner Oenothera-Studien hat de Vries die Mutation als aus inneren Ursachen sprungweise erfolgende, den ganzen Habitus betreffende, richtungslose, erblich fixierte, nicht auf amphimiktische Kombination zurückführbare Abänderung des Arttypus definiert, und diese Begriffsumgrenzung ist, wie wir sehen werden, öfter auch in der Bakteriologie zur Entscheidung herangezogen worden, ob ein bestimmter Variationsvorgang als Mutation anzusprechen ist oder nicht.

Nun wollte es aber die Tücke des Schicksals, daß gerade das klassische Objekt der de Vriesschen Untersuchungen der Kritik nicht hat standhalten können, und daß es sich dabei um einen sehr komplizierten Fall von Bastardspaltungen (vielleicht unter Mitwirkung von Mutation) handelt. Jedenfalls wird man die an der Oenothera gewonnenen Erfahrungen nicht ohne weiteres als Normen für die Beurteilung von Mutationen aufstellen können. Dies um so mehr, als die nicht ruhende Forschung sowohl auf botanischem als auch auf zoologischem Gebiet eine stattliche Reihe von Beobachtungen über Mutationen geliefert hat, die z. T. einfachere und leichter übersehbare Verhältnisse bieten. Einen großen Teil davon bilden zwar Beobachtungen über „spontan" in der Natur aufgetretene Mutationen, die nicht immer allen kritischen Anforderungen genügen können. Daneben gibt es aber eine Reihe von Mutationen, die in reinen, gut kontrollierten Kulturen oder Zuchten zur Beobachtung gelangen und die volle Gewähr in jeder Richtung bieten, so daß an der Existenz von Mutationen und sogar an ihrem nicht allzuseltenen Auftreten gar nicht gezweifelt werden kann.

Alle diese Beobachtungen, deren wichtigste man in der interessanten Monographie von Blaringhem sowie im bekannten Handbuch von Goldschmidt zusammengestellt findet, haben eine gewisse Modifikation und z. T. Erweiterung der de Vriesschen Definition als erwünscht erscheinen lassen. Was zunächst das „sprungweise" Auftreten („variation brusque") der Mutationen betrifft, so hat de Vries die Sprunghaftigkeit erstens im zeitlichen Moment der Entstehung, vor allem aber im quantitativen Sinne der Abweichung betont. Beides war als Antithese der Darwinschen Auffassung von der allmählichen, schleichenden Artumwandlung gedacht, die mit unmerklichen, kleinsten sich summierenden Abweichungen operieren soll. Nun zeigt aber eine einfache Überlegung, daß eine Veränderung in dem Moment, wo sie überhaupt feststellbar wird, bereits einen, wenn auch unter Umständen kleinen — nicht Sprung — aber Schritt bedeutet und die tatsächliche Beobachtung bringt neben ganz großen Abweichungen, die über die Grenzen der Art hinausführen, kleinste nur durch exakte Methoden feststellbare erbliche Variationen, die ebenfalls wie jene als Mutanten angesprochen werden müssen. Daß aber solche Variationen in einer Generation auftreten, während die vorhergehende sie noch vermissen läßt, ist eigentlich selbstverständlich — sie können nicht anders als „plötzlich" auftreten.

Auch die „Richtungslosigkeit", d. h. das Fehlen von adaptivem Charakter wird man nicht gern als obligates Merkmal von Mutationen gelten lassen. Wie jede andere Eigenschaft kann eine mutativ entstandene im allgemeinen oder in bezug auf den sie auslösenden Faktor zweckmäßig oder unzweckmäßig sein — wesentlich für ihre Beurteilung ist ihre Entstehungsweise und ihre Konstanz — mit dem Zweckmäßigkeitsprinzip wird unnötigerweise ein fremdes Element in die Definition hineingetragen. Endlich ist es auch einseitig die Entstehung der Mutationen lediglich aus „inneren" Ursachen erfolgen zu lassen. Zweifellos zeigt die ganze Mutationslehre, daß aus einer Art nicht unbeschränkt viele und unbeschränkt verschiedene Mutanten entstehen können, sondern daß Richtung und Grenzen der Mutabilität in der Artkonstitution gegeben sind als eine Anzahl latenter Divergenzmöglichkeiten. Daß aber daneben auch Lebenslagefaktoren mit im Spiele sind oder wenigstens sein können, zeigten schon die Beobachtungen von de Vries selbst, vor allem aber die stattliche Reihe von Arbeiten, denen es gelang durch willkürliche meist extreme Eingriffe in die Existenzbedingungen experimentell Mutationen zu provozieren (Fischer, Tower, McDougal, Morgan, Blaringhem u. a.). Um also zusammenzufassen wird man als Mutationen alle plötzlich erfolgenden, nicht auf Amphimixis beruhenden, genotypischen Änderungen bezeichnen dürfen. Freilich ist, wie weiter unten noch des Näheren erörtert werden soll, die erbliche Konstanz der so entstehenden Variationen nicht absolut zu nehmen und folglich auch der Gegensatz zwischen Modifikation und Mutation, die oft als zwei disjunktive Begriffe behandelt werden.

Die soeben berührte Möglichkeit, auf experimentellem Wege Mutationen zu erzeugen, — zweifellos eine der wichtigsten Errungenschaften der neueren Vererbungslehre — führt uns zur Erörterung eines der fundamentalen Probleme — nämlich: wie kann einwandsfrei eine Umwandlung von Eigenschaften bzw. Artcharakteren festgestellt werden? Dies Problem fällt zusammen mit der Frage nach der Vererbbarkeit erworbener Eigenschaften in ihrer allgemeinsten Fassung — von der vielumstrittenen Teilfrage nach der Vererbbarkeit somatisch erworbener Eigenschaften kann hier wohl in Hinsicht auf unser spezielles Gebiet abgesehen werden (s. weiter unten). Um nun zu beweisen, daß eine erworbene Eigenschaft vererbbar ist, muß der Nachweis geliefert werden können, erstens daß sie wirklich erworben ist, zweitens daß sie konstant ist.

Was den ersten Punkt betrifft, so ist hier der Nachweis nicht immer so leicht und einfach, als es auf den ersten Blick scheinen könnte. Da Verwandlungsversuche nur in einem Bruchteil von Versuchen zu positiven Ergebnissen führen, ist man meist gezwungen, sie nicht an einzelnen Individuen, sondern an größeren Gruppen oder Zuchten vorzunehmen. Nun hat Johannsen im Anschluß an ausgedehnte Arbeiten von Vilmorin nachgewiesen, daß aufs Geradewohl gewählte Gruppen von Angehörigen einer Art meist kein genotypisch einheitliches Material repräsentieren, sondern mehr oder minder zahlreiche genotypisch verschiedene Sippen enthalten. Solch ein Gemisch verschiedener Biotypen, wie wir es in den meisten Ansammlungen von Angehörigen einer Art finden, nennt Johannsen eine Population. Volle Gewähr in bezug auf Kontrolle von Eigenschaften bieten natürlich nur Zuchten von genotypisch einheitlichem Material, die möglichst von einem einzelnen homozygoten (d. h. in bezug auf das Anlagenmaterial übereinstimmenden) Elternpaar abstammen und unter steter Kontrolle homozygot fortgeführt werden. Angehörige einer derartigen Reinzucht werden nach Johannsen als reine Linie zusammengefaßt. Wurde zum Umwandlungsversuch eine Population benutzt, so können unter Umständen die mehr oder weniger abnormen Versuchsbedingungen eine Auslese unter den in der Population anwesenden Sippen herbeiführen und eventuell einem dieser Anteile zu einer Überwucherung der anderen verhelfen. War dieser Anteil etwa nur in geringer Zahl im Ausgangsmaterial repräsentiert, so kann solch ein Erfolg eine Umwandlung vortäuschen, während in Wirklichkeit nur Auslese am Werk war. Von den in einer Population möglichen Kreuzungen und dadurch bedingten oft komplizierten Spaltungen, die ebenfalls das Bild von Umwandlungsversuchen stark trüben können, will ich, da sie bei Bakterien nicht in Frage kommen, hier nicht weiter sprechen.

Als zweites Erfordernis eines gelungenen Umwandlungsversuchs wurde oben der Nachweis der Konstanz der neuerworbenen Eigenschaft hingestellt. Das gilt nach zwei Richtungen hin — erstens muß sie auch nach Aussetzen des bewirkenden Reizes andauern — zweitens aber muß sie erblich übertragbar sein. Was das letztere betrifft, dürfen wir, wie schon oben in bezug auf Mutation bemerkt wurde, die Anforderungen nicht zu hoch stellen — erblich muß nicht unbedingt „absolut fixiert" bedeuten. Auch eine zeitlich beschränkte Konstanz kann als Erblichkeit betrachtet werden. Man darf nicht vergessen, daß in den meisten bisher untersuchten Fällen die Kontrolle der Konstanz gezwungenerweise sich auf eine beschränkte Anzahl von Generationen bezieht. Was an länger andauernder Konstanz historisch überliefert worden ist, kann ja als höchst wahrscheinlich, nicht aber als bewiesen gelten. Es sei endlich bemerkt, daß eine neuerworbene Eigenschaft durchaus nicht immer etwas qualitativ Neues bedeuten muß — erstens können auch konstante quantitative Reaktionsverschiedenheiten in Betracht kommen, zweitens aber kann auch eine scheinbar positive neue Eigenschaft im Grunde auf Anlagenverlust zurückzuführen sein.

II. Über die Sonderstellung der Bakterien in der Variabilitäts- und Vererbungslehre.

Nachdem wir im vorhergehenden die Hauptbegriffe präzisiert haben, mit denen wir es im folgenden zu tun haben (auf manches wird noch im speziellen

Zusammenhang zurückzukommen sein), wollen wir nunmehr unser eigentliches Objekt, die Bakterien näher ins Auge fassen. Es ist eine immer wiederkehrende Erscheinung, daß auf dem Gebiete der Variabilitäts- und Vererbungslehre das Untersuchungsobjekt eine ganz hervorragende Rolle spielt. Erfahrungen und Vorstellungen, die an tierischem Material gewonnen werden, stimmen mit denjenigen, die die Botaniker an ihrem Material erlangen, nicht immer ganz überein und manche Divergenz der Befunde sowie der Deutungen und Definitionen ist ungezwungenerweise auf die Differenz der Objekte zurückzuführen. Gegenüber diesen beiden Gebieten nehmen nun auch die Bakterien zweifellos eine durch ihre Eigenart bedingte Sonderstellung ein, die gewisse besondere Untersuchungsmethoden und Fragestellungen erforderlich macht. Sodann aber erlaubt sie es nicht, die an höheren Lebewesen gewonnenen Erfahrungen ohne weiteres auf Bakterien zu übertragen und umgekehrt Ergebnisse der bakteriologischen Variabilitäts- und Vererbungslehre über ihre Grenzen hinaus zu verallgemeinern.

Diese Sonderstellung der Bakterien ist in folgenden Eigentümlichkeiten begründet (Kruse, Gottschlich, Pringsheim, Preisz, Eisenberg, Reichenbach):

1. Durch das Fehlen der Amphimixis kommen zunächst alle Variationsmöglichkeiten in Fortfall, die als Kombinationen (Baur) bezeichnet werden, ebenso die darauf beruhenden Komplikationen der Spaltungserscheinungen. Die Fragestellungen werden dadurch einfacher, die Erlangung reiner Linien ebenso wie ihre Reinhaltung müheloser. Während bei höheren Lebewesen die Erhaltung neuauftretender Eigenschaften durch die Amphimixis sehr erschwert werden kann (nivellierender Einfluß), haben solche Eigenschaften bei Bakterien die Möglichkeit, rein vererbt und erhalten zu werden. Als Nachteil muß es freilich empfunden werden, daß wir bei Bakterien den Einfluß der Keimverschmelzung auf die Vererbung und Variabilität nicht untersuchen können, der nach den noch zu besprechenden Befunden an Trypanosomen sehr bedeutungsvoll sein kann.

2. Mit der Amphimixis hängt bei Vielzelligen eine Trennung des organischen Materials in zwei besondere Anteile zusammen, die Weismann als Keimplasma und als Soma unterschieden hat. Wenn auch die ausschließlich morphologische Fassung dieser Unterscheidung mit Recht neuerdings von Johannsen beanstandet wird und die ausschließliche Lokalisation des Keimplasmas in den Kernchromosomen der Geschlechtszellen als sehr zweifelhaft gelten muß, so ist doch die Grundannahme einer wenigstens summarischen Trennung von Anlagen- und Arbeitssubstrat kaum zu umgehen. Gibt es nun etwas Analoges bei Bakterien? Eine irgendwie begründete Antwort läßt sich zurzeit auf diese Frage nicht geben, jedenfalls liegen aber keine Anhaltspunkte für eine derartige Unterscheidung bei Bakterien vor. Von der Tatsache ausgehend, daß bei der Sporenbildung nicht der ganze Zellinhalt zur Spore umgewandelt wird, sondern ein Teil davon unbenutzt übrig bleibt und degeneriert, könnte man vielleicht für solche Fälle annehmen, daß das Anlagensubstrat hier nicht auf die ganze Zelle gleichmäßig verteilt ist, sichergestellt ist natürlich auch das nicht. Gibt es eine wenigstens physiologische Trennung von Keimplasma und Soma (Reichenbach) im Bakterienleib, so steht doch so ziemlich fest, daß jede Einwirkung, die die Zelle trifft, wenn sie irgendwie bedeutsam ist, beide Bestandteile treffen

muß — man wird daher in jedem Fall, wo eine Vererbung erworbener Eigenschaften bei Bakterien vorliegt, dieselbe als Parallelinduktion (Detto) auffassen müssen. Ein rein somatischer Erwerb von Eigenschaften, wie er den Kernpunkt der Streitfrage nach der Vererbung erworbener Eigenschaften bei höheren Lebewesen bildet, ist bei Bakterien kaum denkbar — jedenfalls wird er sich dem Nachweis entziehen. Man wird wohl nicht fehlgehen, wenn man die oft sehr weitgehende Beeinflußbarkeit der Bakterien, die nicht nur Modifikationen, sondern auch Mutationen relativ leicht entstehen läßt, mit der leichten Zugänglichkeit des hypothetischen Keimplasmas in Zusammenhang bringt, während bei höheren Lebewesen die Isolierung und geschützte Lage des Keimplasmas als Hüter seiner komplizierten Konstitution erscheinen.

3. Die den Bakterienarten eigene Vermehrungsart durch Teilung schafft die Notwendigkeit, den Generationsbegriff bei diesen Lebewesen anders zu fassen, als bei den Vielzelligen. Bei diesen fällt der Begriff der Generation mit demjenigen der Individuenfolge meist zusammen. Bei Bakterien, wie bei den freilebenden Einzelligen überhaupt, ist das nun nicht ohne weiteres zuzugeben. Bei einem höheren Tier oder einer Pflanze entspricht die Generationsdauer dem Zeitraum zwischen der Loslösung eines Individuums vom mütterlichen Organismus bis zu seiner Fortpflanzung. Innerhalb dieser Zeit ist aus der befruchteten Eizelle ein großer Zellstaat in einer Reihe von Zellgenerationen aufgebaut worden. Das Wesentliche des Vererbungsvorganges liegt nun darin, daß ein Zellindividuum — das Ei — losgelöst aus dem großen Verbande, die Eigenschaften des elterlichen Organismus auf die große Anzahl ihrer Abkömmlinge überträgt und auch weit entfernten Zellgenerationen diese Eigenart aufdrückt, die in zeitlicher und räumlicher Entfaltung bestimmter Eigenschaften sich kundgibt.

Anders gestalten sich aber diese Verhältnisse bei den Einzelligen. Schon Weismann hat darauf aufmerksam gemacht, indem er sagte: „Bei niederen Einzelligen sind Eltern und Kind in gewissem Sinne noch ein und dasselbe Wesen, das Kind ist ein Stück der Eltern und zwar gewöhnlich die Hälfte. Wenn also überhaupt die Individuen einzelliger Art von verschiedenen äußeren Einflüssen getroffen werden, und wenn diese verändernd auf sie einwirken können, dann ist das Auftreten erblicher individueller Unterschiede bei ihnen unvermeidlich. Beide Voraussetzungen sind unbestreitbar." Das heißt also — Kontinuität der lebenden Substanz — daher auch Kontinuität der Veränderungen. Diesem Raisonnement können wir bei genauer Überlegung nur teilweise zustimmen. Die stoffliche Lebenskontinuität gilt nämlich nur für den Augenblick der Teilung. Bis die Tochterindividuen ihren Lebenscyklus absolviert haben, müssen sie ihre Masse (im Durchschnitt) verdoppelt haben — wenn man also von katabolischen Prozessen auch absehen würde, besteht bei der Enkelgeneration die stoffliche Kontinuität sensu stricto nicht mehr — die Hälfte ihrer Substanz ist durch Assimilation neu hinzugekommen — fügt sie sich dem Gesetz des Arttypus, so muß eben das präexistierende Protoplasma diese Fähigkeit artlicher Umprägung in sich tragen. Will man also wirklich analoge Vorgänge bei den Einzelligen und Vielzelligen untereinander vergleichen, so muß in beiden Fällen die stoffliche Distanz zwischen Anfangs- und Endpunkt einer Generation ungefähr gleich oder wenigstens kommensurabel sein. Man muß aber auch bei den Bakterien verlangen, daß die zum Ausgangspunkt ge-

wählte Einzelzelle in einer Folge von Individuengenerationen eine so große
Masse von organischem Zellmaterial aufbaut, daß die Vermehrung derjenigen
entspricht, die die Substanz der Eizelle bis zum Aufbau des geschlechtsreifen
Vielzelligen erfährt. Beim Wachstum vergrößert sich die Zelle und gliedert
neues organisches Material dem bereits vorhandenen an, das seinerseits wieder
zum Teil katabolisch eliminiert wird. Verfolgen wir diesen Vorgang über etwa
ebensoviel Zellgenerationen, als bei einem höheren Vielzelligen die Eizelle vom
erwachsenen Individuum trennen, so wird das Plasma der Ausgangszelle
(selbst wenn es in materieller Integrität noch vorhanden sein sollte) einen ebenso kleinen Bruchteil der Gesamtmasse der abgeleiteten Individuen
ausmachen, wie die Masse der Geschlechtszelle im Vergleich zur
Masse des aus ihr entwickelten Individuums. Mit dieser „Verdünnung"
der ursprünglichen Erbmasse im Ozean der neuaufgebauten Substanz ist ja
erst das Mysterium der Vererbung gegeben. Wieweit man diese Verdünnung
treiben, d. h. wie viele Individualgenerationen man zu einer „Vererbungsgeneration" zusammenfassen soll, ist natürlich dem Ermessen des Einzelnen
anheimgestellt — auch bei Tieren und Pflanzen variiert diese Vermehrung der
lebenden Substanz innerhalb weit auseinanderliegenden Grenzen. Aus praktischen Gründen wird man vielleicht eine gewöhnliche 24 stündige Nährbodenpassage (bei schnellwüchsigen Arten) als Generation im Sinne der Vererbungslehre ansprechen dürfen (Eisenberg). Es ist offensichtlich, daß eine derartige Fassung des Generationsbegriffs für die Beurteilung von Variabilitäts-
und Vererbungserfolgen nicht belanglos ist. Wollte man doch unter Hinweis
auf die rasche Aufeinanderfolge von Zellgenerationen bei Bakterien ihre leichte
Beeinflußbarkeit und Plastizität in Umwandlungsversuchen als etwas Selbstverständliches hinstellen, indem z. B. 10 Agarpassagen etwa 300 menschlichen
Generationen entsprächen, also einem Zeitraum von 10000 Jahren organischer
Entwicklung (Schlemmer). In Wirklichkeit sind die 10 Agarpassagen nur
10 menschlichen Generationen gleichwertig; gelingt es also in der kurzen Spanne
von 10 Tagen eine erbliche Umwandlung an den Bakterien zu bewirken, so
muß man wirklich schon von einer ganz bedeutenden Plastizität sprechen
(Eisenberg, Pringsheim, Reichenbach u. a.).

4. Die rasche Individuenfolge kann innerhalb von Populationen
eine große Bedeutung für Auslesevorgänge haben, die hier natürlich viel
öfter eingreifen können, als bei der trägeren Folge der höheren Lebewesen.
Auch wäre vielleicht zu erwägen, ob die oft wiederkehrenden Teilungsperioden
nicht die Bakterienzelle dem Angriff äußerer Faktoren zugänglicher machen,
wie ja derartige „sensible Perioden" in der Entwicklung mancher Tiere und
Pflanzen durch die experimentelle Vererbungslehre bekannt geworden sind.

5. Auch die Einzelligkeit und Kleinheit der Bakterien ist beim
Studium der Variabilität zu berücksichtigen. Sie schafft nämlich eine unver-
hältnismäßig große Kontaktfläche mit der Außenwelt, indem hier
eine Masse organischer Substanz in lauter winzigste Einheiten geteilt von allen
Seiten der Einwirkung äußerer Faktoren zugänglich ist. Bei den Vielzelligen
dagegen ist abgesehen von den unvergleichlich größeren Dimensionen der Zell-
einheiten (mit relativ kleinerer Oberfläche) ein großer Teil der Zelloberflächen
dem direkten Kontakt mit der Außenwelt entzogen, was eine größere Stabili-

tät dieser Lebenssysteme bedingt (nicht zu sprechen von den komplizierten Regulationen).

6. Die Einzelligkeit und die Kleinheit der Bakterien bedingt auch gewisse Eigentümlichkeiten der Untersuchungstechnik, die für unsere Probleme nicht belanglos sind. Das einzelne Individuum ist nur sehr schwer zu isolieren, jedenfalls aber als solches nicht zu züchten. Wir können nur eine beschränkte Anzahl von Merkmalen (Morphologie, Beweglichkeit, Sporenbildung) individuell feststellen, die meisten physiologischen Leistungen sind am Einzelindividuum zu minimal, um direkt erfaßt zu werden. Wir müssen dieselben ins Ungemessene vergrößern durch Summierung von Millionen von Einzelleistungen in einer Massenkultur, um Aufschluß darüber zu erlangen (Kruse). Solche Merkmale, zu denen Stoffwechselleistungen, Farbstoffbildungen, biochemische, serologische und pathogenetische Eigenschaften u. a. gehören, kann man zweckmäßig als Kollektivmerkmale (Eisenberg) bezeichnen. Das ist nun insofern von Vorteil, als man leicht große Mengen von Individuen im Durchschnittsresultat ihrer Leistungen übersieht, wir gehen aber dabei jener Vorteile verlustig, die exakt geführte Individualanalysen der experimentellen Vererbungsforschung gewährleisten. Die Notwendigkeit der Massenzucht bringt es auch mit sich, daß die gegenseitige Aufeinanderwirkung der Keime eine viel intensivere ist, als etwa in experimentellen oder praktischen Zuchten höherer Tiere oder Pflanzen. Konkurrenz und Auslesevorgänge, Verschiebung der Lebensbedingungen in aufeinanderfolgenden Individuengenerationen durch Erschöpfung des Nährbodens und Stoffwechselprodukte (Autotoxine?) sind die Folgen davon. Es werden dadurch zuweilen recht interessante Erscheinungen bedingt, oft aber stören sie in unliebsamer Weise die angestrebte Gleichförmigkeit und Übersehbarkeit der Versuchsbedingungen. Hierher gehört auch eine Überlegung, die mit der Anerkennung von Mutationen bei Bakterien zusammenhängt. Zu den Merkmalen derselben gehört, wie oben erwähnt, die Plötzlichkeit ihrer Entstehung. Wie soll nun bei Bakterien der Nachweis geführt werden, daß eine Eigenschaft von einer Generation zur anderen entstanden oder umgewandelt worden ist? Auch wenn dem so ist, können wir die Tatsache der Umwandlung erst an einer Vollkultur feststellen, die ca. 20—30 Zellgenerationen hinter sich hat (Kruse, Reichenbach). In Übereinstimmung mit den früheren Erörterungen über den Generationsbegriff bei Bakterien möchte ich jedoch diesem Einwand keine allzugroße Bedeutung zumessen. Auch bei höheren Lebewesen sehen wir der Keimzelle, aus der der Mutant sich entwickeln wird, nicht an, ob sie bereits mutiert ist — ebensowenig ob sie nicht bereits im elterlichen Organismus mutiert war — wir können die Mutation erst am halb- oder ganzentwickelten Individuum feststellen. Man braucht also wohl bei Mikroorganismen nicht rigoroser zu sein, und darf sich vielleicht mit dem Nachweis begnügen, daß eine Umwandlung von einer „Vererbungsgeneration" zur anderen (also etwa von einer Nährbodenpassage zur anderen) erfolgt ist.

Dagegen ist vielleicht der Hinweis nicht unwichtig, daß es möglich ist, die Einwirkung gewisser äußerer Reize in Umwandlungsversuchen auf eine einzelne Zellgeneration zu beschränken (Eisenberg). Das ist möglich, wenn entweder der betreffende Reiz seiner Natur nach die Vermehrung suspendiert (Erhitzung, Kälte, entwicklungshemmende Agenzien), oder wenn man die Reize auf Dauerformen einwirken läßt, die unter geeigneten Umständen das latente Leben einer Zellgeneration über eine lange Zeitdauer hin protrahieren.

Eine wichtige Vorfrage bleibt noch zu erledigen: wie soll man in Variabilitäts- und Vererbungsversuchen an Bakterien die oben als Postulat für gewisse Fragestellungen hingestellte Reinheit der Zweige[1] gewährleisten? Den Idealfall stellt natürlich die bei höheren Lebewesen leicht zu bewerkstelligende Züchtung aus einem Individuum — hier aus einer Bakterienzelle dar. Die dafür angegebenen Methoden von van Schouten sowie von Barber sind sehr subtil und erfordern eine ganz spezielle, feine Apparatur — es ist kaum anzunehmen, daß sie sich allgemein einbürgern werden. Ebenfalls nicht leicht handzuhaben ist die ingeniöse Tuschemethode von Burri; sodann aber ist an ihr auszusetzen, daß erstens die Sicherheit im Tuschefleck nur einen Keim zu haben keine absolute ist, zweitens aber, daß gewisse Bakterienarten (Cholera, Diphtherie, Milzbrand) die Manipulation nicht vertragen und sich nachher nicht vermehren wollen (Baerthlein, Eisenberg, Trautmann und Gaehtgens, Dale, Bernhardt und Paneth). So wird man denn dazu geführt, auf die seit Jahrzehnten geübte Kochsche Plattenmethode wieder zurückzukommen, die, wenn exakt und kritisch geübt, eine praktisch voller Sicherheit gleichzusetzende Wahrscheinlichkeit bietet, zur Einzellkultur zu führen. Holm hat bei Hefe nachgewiesen, daß 100 Plattenkolonien im schlimmsten Fall aus 135, im Durchschnitt aus 108 Zellen heranwachsen — es ist also die Wahrscheinlichkeit auf eine Mischkolonie zu treffen im ersten Fall $^{35}/_{100}$, im zweiten $^{8}/_{100}$. Wenn man von einer einzelnen Kolonie eine zweite Plattenaussaat macht, von dieser wieder eine einzelne Kolonie zur Aussaat verwendet und den Vorgang achtmal wiederholt, so wird die Wahrscheinlichkeit selbst bei Kumulation der ungünstigsten Eventualitäten für eine Einzelkolonie dieser achten Aussat ungefähr $(^1/_3)^8 = 1:6561$ — bei Annahme des Durchschnittsfehlers $(^8/_{100})^8 = $ ca. $1:500$ Millionen, praktisch also gleich Null. In dem Fall, wo die einzelnen Varietäten auch in der Morphologie der Einzelkeime oder der Koloniebildung Unterschiede aufweisen, ist ja darin auch eine bequeme Kontrolle der Reinheit gegeben. Diese Überlegungen führen wohl zum Schluß, daß man in den meisten Fällen mit dem einfachen Verfahren sukzessiver Plattenaussaten ganz gut ein Auskommen findet (Baerthlein, Eisenberg, Trautmann und Gaehtgens, Jacobsthal, Revis); wo hier infolge Kohärenz der Keime Schwierigkeiten entstehen, dürfte auch die Tuschemethode nicht besser dran sein. Bei den Hefen liegen infolge der größeren Zelldimensionen die Verhältnisse viel einfacher und ist hier das Lindnersche Einzellverfahren seit langer Zeit eingebürgert. Ebenso wurde in letzter Zeit bei Trypanosomen versucht, zur Klärung wichtiger biologischer Fragen Einzelzuchten heranzuziehen (Oehler, v. Prowazek, Henningfeld). Es mag hier übrigens schon darauf hingewiesen werden, daß ein einmal reingezüchteter „reiner Zweig" nicht ohne weiters immer durch gewöhnliche Fortzüchtung sich in langer Generationsreihe reinhalten läßt. Die große Plastizität der Bakterien sowie die kleinsten oft unbemerkten Schädigungen auf „normalen" Nährböden können mit der Zeit die Einheit des Zweiges durch Schaffung von abweichenden Formen gefährden. Man muß dann ent-

---

[1] Johannsen hat in neuester Zeit vorgeschlagen zum Kennzeichen der wichtigen biologischen Unterschiede die reinen Linien bei vegetativ sich vermehrenden Organismen als „reine Klone (Zweige)" zu bezeichnen.

weder besondere Züchtungsmethoden anwenden oder von Zeit zu Zeit reinigende Auslese eingreifen lassen.

Auf manche andere Sondereigenschaften der Bakterien in bezug auf die hier zu behandelnden Fragen wollen wir noch weiter unten zurückkommen, nachdem wir uns mit dem vorliegenden Tatsachenmaterial vertraut gemacht haben.

Eine einheitliche und geordnete Darstellung dieses Materials stößt auf mancherlei Schwierigkeiten. Erstens wird es kaum möglich sein, sich streng an diejenigen Vorgänge zu halten, die als Mutationen beschrieben wurden, es ist vielmehr für einen umfassenden und kritischen Überblick notwendig, auch die immer hineinspielenden und nicht immer streng abzusondernden Vorgänge der Modifikation und Auslese mit zu berücksichtigen. Die zweite Schwierigkeit betrifft das Einteilungsprinzip der Darstellung. Pringsheim hat in seiner verdienstvollen und gedankenreichen Monographie der „Variabilität nieder Organismen" die einzelnen variablen Eigenschaften zu diesem Prinzip erhoben. Diese Einteilung entspricht der oben begründeten Forderung, nach Möglichkeit die Variabilität einzelner Eigenschaften getrennt zu behandeln; leider genügt nur ein Bruchteil der Arbeiten dieser Forderung (kann es zum Teil auch nicht) und so würde denn eine derartige Darstellung mit vielfachen Wiederholungen und einer Zersplitterung der Befunde zu rechnen haben. Ich habe es daher vorgezogen, das Material nach den untersuchten Bakterienarten anzuordnen, ein System, das ebenso wie das andere manchen Zusammenhängen Gewalt antun muß, das aber auch gewisse Vorteile bietet. Es läßt nämlich die Rolle der konstitutiven Faktoren bei der Umwandlung ins rechte Licht treten, indem es bei bestimmten Bakterienarten oder Bakteriengruppen gewisse charakteristische Variabilitätsrichtungen aufdeckt.

Daß bei der gewaltigen Menge verstreuter — man möchte oft sagen versteckter Befunde — eine lückenlose Vollständigkeit der Darstellung kaum möglich ist, wird man vielleicht bei ihrer Beurteilung mitberücksichtigen wollen.

III. Spezielle Darstellung der Befunde.

1. Milzbrandbazillen und andere aërobe Sporenbildner.

Die Variabilität der Milzbrandbazillen gehört zu den am längsten bekannten und am eingehendsten studierten. Die Untersuchungen von Koch, Buchner, Schreiber, Weil, Osborne, Michaelides, Gaertner u. a. haben eine Reihe von Faktoren kennen gelehrt, die die Sporenbildung in ihrer Extensität, ihrem zeitlichen Auftreten und der Qualität ihrer Produkte beeinflussen können. Durch die bahnbrechende Entdeckung der experimentellen „Abschwächung" durch Pasteur, Chamberland und Roux, sowie durch die daran sich schließenden Arbeiten von Chamberland und Roux, Roux, Phisalix, Koch, Gaffky und Loeffler, Behring, Surmont und Arnould, Selter, Baudet u. a. wurde die fundamentale Tatsache festgestellt, daß es durch Züchtung unter dysgenetischen Bedingungen oder einmalige Einwirkung derartiger Faktoren gelingt, neben der Virulenz auch die Sporenbildung (diese nicht immer) herabzusetzen oder gar dauernd zum Verschwinden zu bringen. Andererseits fand Lehmann in einer heute noch lesenswerten Arbeit, daß die Sporenbildung der Laboratoriumskulturen oft große Launenhaftigkeit an den Tag legt. Zwei sonst gut sporogene Stämme zeigten sich in der Nachkommenschaft älterer Gelatinekulturen als dauernd asporogen und Lehmann kommt auf Grund seiner Befunde zur Annahme von „sporogenen und asporogenen Rassen, die ihre Eigenschaften mit großer Konstanz vererben". Eine Umzüchtung einer sporogenen Rasse in eine asporogene gelang ihm nicht.

Sehr interessante und prinzipiell wichtige Resultate ergaben die ausgedehnten Untersuchungen von Preisz. Dieselben nahmen ihren Ausgangspunkt von der Analyse der nach Pasteurscher Methode erhaltenen Milzbrandvakzins. Es gelang aus solchen Vakzins folgende Varietäten zu züchten: 1. normale, trockene, faserig gebaute Kolonien, ohne Kapselbildung auf Agar mit erhaltener Mäusevirulenz und Fähigkeit der Kapselbildung im Tierkörper; 2. ebensolche avirulente ohne Kapselbildung in vivo; 3. runde glattrandige, erhabene, feuchtschleimige Kolonien mit breiten, festen Kapseln auf Agar und erhaltener Mäusevirulenz und Kapselbildung in vivo; 4. ebensolche mit dünnen verschließenden Kapseln; 5. runde, feuchte, nicht gestrichelte, nicht schleimige Kolonien. Die Typen erweisen sich bei Agarfortzüchtung als nicht absolut konstant, indem die Aussaat aus älteren Kulturen neben dem ursprünglichen Typus auch Kolonien der anderen aufweisen kann. Interessant erwies sich der Einfluß der Mäusepassage: bei Infektion mit der schleimigen Varietät, Fortzüchtung aus dem Herzblut und Verimpfung (subkutan) auf eine weitere Maus konnte die schleimige Varietät unverändert in 80 Passagen erhalten werden. Wurde zugleich von der Injektionsstelle gezüchtet, so gingen entweder allein oder neben der schleimigen Varietät trockene, gestrichelte, kapsellose Kolonien einer avirulenten Varietät auf. Da diese Versuche mit besonders auf Reinheit kontrolliertem Material ausgeführt wurden, will Preisz die Möglichkeit eines präexistierenden Gemisches für ausgeschlossen halten und nimmt einen im Tierkörper (ebenso wie in der Kultur) erfolgenden Variationsvorgang an.

Um die Entstehung dieser Varietäten besser verfolgen zu können, hat Preisz normal virulente Stämme in langer Passagenreihe in Bouillon oder auf Agar bei 42,5° C fortgezüchtet und auch hier bei in verschiedenen Zeitpunkten vorgenommenen Aussaaten eine große Mannigfaltigkeit von Typen feststellen können. Folgende Varietäten wurden gezüchtet: 1. weiße, nichtgestrichelte, kapsellose gut sporogene; 2. schleimige asporogene mit schmalen, festen Kapseln; 3. schleimige, sporogene mit breiten Kapseln; 4. schleimige, gut sporogene mit breiten, rasch zerfließenden Kapseln. Die Entstehung der schleimigen Varietäten erfolgte nur in Bouillon, Asporogenie wurde mehr durch Agarpassagen gefördert. Überhaupt nimmt die Variation mit zunehmender Generationsanzahl an Umfang zu, doch gelang es auch in einer nicht umgezüchteten 25 tägigen Bouillonkultur eine sporogene und eine asporogene Abart nachzuweisen. Die Variationen der Sporenbildung sind von denen der Virulenz unabhängig, dagegen erwies sich letztere an die Fähigkeit der Kapselbildung im Tierkörper gebunden. In Übereinstimmung mit älteren Erfahrungen von Surmont und Arnould sowie Baudet (ebenso später von Eisenberg) findet Preisz bei verschiedenen Stämmen eine ungleiche Variabilität bzw. Beeinflußbarkeit durch äußere Faktoren.

Was die Entstehung der Varietäten betrifft, glaubt Preisz darin eine Steigerung normalerweise vorkommender Vorgänge zu erblicken, indem einerseits auch normal virulente Stämme nach seinen Beobachtungen auf Agar seltene kapseltragende Individuen aufweisen (von Eisenberg bestätigt), andererseits aber neben normal sporogenen makroskopisch differente, sporenarme oder ganz sporenfreie Kolonien aufweisen (unter 13 untersuchten Stämmen bis 5 gefunden). Die Frage, ob es sich dabei um fluktuierende Variabilität (Modifikationen) oder Mutation handelt, läßt er offen, und leider läßt die Methodik seiner Untersuchungen infolge ungenügender Sicherstellung der Reinheit des Ausgangsmaterials und vielfach fehlender Kontrolle der Konstanz kein abschließendes Urteil über diesen wichtigen Punkt zu. Wenn er z. B. das Vorkommen einzelner bekapselter Stäbchen inmitten einer Kette von nackten als Mutation deutet, so müßte man hier den Nachweis der Konstanz der Eigenschaft für dieses Individuum verlangen, einen Nachweis, der wohl kaum zu führen ist. Das „sprungweise Erscheinen" einer Eigenschaft bedeutet noch nicht ihr „sprungweises Entstehen". Mit Recht betont Preisz die Bedeutung seiner Befunde für das Problem der Artumgrenzung und Artdiagnose. Wie schon seinerzeit Roux hervorgehoben hatte, sind manche durch den „Abschwächungsvorgang" entstehenden Varietäten von dem „normalen" Milzbrandbazillus morphologisch und physiologisch so weit verschieden, daß nur die Kenntnis ihres genetischen Zusammenhanges es noch erlaubt, sie als Angehörige einer Art zu betrachten.

Durch die Präexistenz schleimiger Varietäten in den Pasteurschen Vakzins erklärt Preisz auch auffällige Befunde, über die seinerzeit Danysz berichtet hatte. Bei Anpassung der Vakzins an Bouillon mit Zusatz von Rattenserum bzw. Arsenik wollte dieser nämlich eine schleimige bekapselte Rasse erhalten haben, deren Kapselbildung er als Abwehrvorrichtung gegen das Gift bzw. bakterizide Serum auffaßte. Preisz nimmt nun an, daß im Vakzin präexistierende, schleimige Anteile infolge des Anpassungsvorgangs eine Auslese erfahren und die anderen überwuchert haben und dahingehende Untersuchungen seines Schülers Lénard bestätigen diese Annahme.

Die unter Heranziehung exakter Begriffsbestimmungen und vielfacher Kautelen durchgeführten Untersuchungen von Eisenberg, die sich vornehmlich mit der Variabilität der Sporenbildung befassen, haben ein sehr kompliziertes Bild ergeben. Es wurde zunächst eine große Reihe von Laboratoriumstämmen (virulente, abgeschwächte und avirulente mehr als 50) auf ihre Versporungsfähigkeit untersucht. In Bestätigung früherer Befunde von Preisz konnte festgestellt werden, daß in vielen Fällen neben typisch aussehenden, gut sporenbildenden Kolonien bei Plattenaussaaten auch sehr sporenarme oder ganz sporenfreie Kolonien aufkommen, die meist schon makroskopisch von jenen unterschieden werden können. Während jene nach einigen Tagen eine kreideweiße, glänzend lackierte Oberfläche bekommen und undurchsichtig bleiben, werden die asporogenen graugelblich und mit der Zeit mehr transparent. Diese Unterschiede sind bedingt im Fall der sporogenen Kolonien durch die Anwesenheit der kompakten, stark lichtreflektierenden, unveränderlichen Sporenmasse, im Fall des asporogenen durch die Fettbildung in den Stäbchen und die daran sich schließenden autolytischen Vorgänge in denselben. Auf die Fettbildung der asporogenen Kolonien kann man auch eine makroskopische Farbreaktion begründen, wenn man auf die Kolonien alkoholische Fettfarbenlösungen (Scharlachrot, Indophenol, pikrinsaures Brillantgrün) einwirken läßt; die Asporogenen färben sich dann (rot-blau-grün), die sporogenen bleiben farblos. Die Tatsache, daß in sporogenen Kolonien nicht ausnahmslos alle

Stäbchen nach 3—4tägigem Wachstum bei 35⁰ auf Agar versport gefunden werden (das kommt wohl vor, aber nicht oft), sondern meist nur 80—98°/₀, ist als Modifikation zu deuten. Die verspätet nachwachsenden Generationen finden entweder keine Zeit oder keine günstigen Bedingungen zur Versporung mehr vor, außerdem aber tritt eine Keimung einzelner Sporen ein, die zur Bildung sog. „sekundärer Oberflächenkolonien" (Knöpfe, Germano und Maurea, Preisz, Selter, Eisenberg u. a.) führt, wodurch der Anteil unversporter Stäbchen steigt. Eine wichtige Frage ist nun, ob die beobachteten Differenzen der Sporenbildung vorübergehend oder konstant sind. Schon die Beobachtung, daß hier ganze ziemlich große Kolonien (0,5—1 cm Durchm.) ein einförmiges Verhalten zeigen, scheint für eine gewisse Konstanz zu sprechen. Impft man von den isolierten Kolonien beider Arten weiter (Umzüchtung jede 3—4 Tage am besten aus Einzelkolonien), so wird man eine mehr oder weniger weit reichende Konstanz finden, die annehmen läßt, daß es sich um relativ fixierte Abarten handelt. Die Untersuchung von über 50 Stämmen ergab, daß die Mehrzahl beide Abarten in wechselndem Mengenverhältnis aufweist, seltene Stämme aus lauter sporogenen Anteilen bestehen, wenige aus lauter asporogenen.

Liegt also in Milzbrandkulturen (wenigstens in älteren Laboratoriumskulturen) zumeist eine Population vor, so kann natürlich erwartet werden, daß verschiedene Änderungen die Existenzbedingungen bzw. verschiedene äußere Faktoren durch Auslese Verschiebungen des Verhältnisses von sporogenen und asporogenen Anteilen werden herbeiführen können. Tatsächlich gelingt es, wie schon früher von Migula festgestellt worden ist, durch Erhitzen von Kulturaufschwemmung auf 80⁰ C die sporogenen Anteile rein zu bekommen. Noch auffallender ist eine in umgekehrter Richtung verlaufende Auslese, die bei ofter Umzüchtung (jede 24 Stunden) von Mischkulturen erfolgt. Nach einer meist kurzen Reihe von Passagen (10—20 auf Schrägagar en bloc) hat man eine nur aus asporogenen Stäbchen bestehende Kultur vor sich. Wird in größeren Zeitabständen überimpft (jede 2—4 Tage), so bleibt die Verschiebung aus. Für diese merkwürdige Erscheinung, daß unter optimalen Existenzbedingungen (oft erneutes Nährsubstrat) eine wichtige biologische Funktion verloren geht, hat Eisenberg folgende Erklärung vorgeschlagen. Wird von einer 1 bis 2tägigen Agarkultur eines Mischstammes überimpft, so sind die sporogenen Stäbchen darin zum großen Teil versport, die asporogenen noch gut lebensfähig. Auf dem frischen Nährboden können die Sporen erst nach einer Latenzzeit von 1—4 Stunden zur Keimung gelangen, um sich dann vegetativ zu vermehren, die asporogenen Stäbchen können sofort zur Vermehrung schreiten, haben also einen zeitlichen Vorsprung, der ihr quantitatives Verhältnis zu den sporogenen in einem für sie günstigen Sinn verschiebt. Summieren sich derartige Verschiebungen im Verlauf einer Reihe von Passagen, so werden eben die sporogenen Anteile durch negative Auslese zum Verschwinden gebracht. Neuere Versuche von Eisenberg, die mit künstlich hergestellten Gemischen reiner sporogener und asporogener Zweige angestellt wurden, ergaben eine Bestätigung der besprochenen Befunde, dazu jedoch die in den Rahmen der gegebenen Erklärung nicht gut unterzubringende Tatsache, daß auch bei 8stündiger Umzüchtung Verlust der Sporenbildner eintritt. Da unter diesen Bedingungen Sporenbildung nur selten erfolgen kann, wäre eigentlich im Sinne obiger Ausführungen wenig Gelegenheit zur Auslese geboten. Man müßte also möglicherweise an eine

Umwandlung der sporogenen Anteile denken, worauf wir noch zurückkommen werden. Eine Überimpfung des Gemisches jede 48 Stunden führte zu einer bedeutenden Anreicherung des sporogenen Anteils, — das Altern der Kultur wirkt hier ja ähnlich, wenn auch nicht so radikal wie die Erhitzung — die sporogenen Stäbchen finden in ihrer Mehrzahl Zeit sich zu versporen, die asporogenen fallen z. T. der Degeneration anheim.

Nach diesen Vorarbeiten schien es angezeigt zu untersuchen, ob die durch frühere Arbeiten festgestellte Möglichkeit der Heranzüchtung asporogener Stämme durch „Abschwächungsprozeduren" auf wirklicher Umwandlung dieser biologisch wichtigen Eigenschaft beruht, oder vielleicht nur auf Auslesevorgänge zurückzuführen wäre. Um diese Versuche einwandsfrei zu gestalten, mußte zunächst ein rein sporogener Zweig erhalten werden. Von einer bereits früher isolierten typisch sporogenen Kolonie wurde eine wässerige Aufschwemmung 10 Minuten lang auf 78—80° C erhitzt, im Oberflächenausstrich auf eine Agarplatte ausgesät, von den aufgegangenen Kolonien wieder eine typisch versporte gewählt, erhitzt und ausgesät. Diese Kombination von mechanischer und thermischer Auslese wurde hintereinander 18 mal wiederholt und erst eine Kolonie der 18. erhitzten Aussaat diente als Ausgangspunkt für den eigentlichen Versuch. Zur Kontrolle wurde Material von dieser Kolonie auf eine Anzahl von Platten ausgestrichen und 1000 gut isolierte Kolonien ihrer Nachkommenschaft nach 4 tägigem Wachstum bei 35° auf Versporung untersucht. Alle Tausend erwiesen sich als gut sporogen (75—98 % versporter Stäbchen), ihr Durchschnittsgehalt an versporten Stäbchen betrug 93,4 %.

Der durch die strenge Auslese erhaltene reine sporogene Zweig wurde nun einerseits auf Glyzerinagar jede 24 Stunden, andererseits jede 48 Stunden umgezüchtet. Bekanntlich wird auf Glyzerinagar trotz üppigen Wachstums Sporenbildung fast ganz oder ganz unterdrückt infolge der eintretenden Säurebildung; fortgesetzte Passagen führen zu dauernder Asporogenie (Selter, Eisenberg). Daneben wurde derselbe Zweig auf gewöhnlichem Agar bei 42° C täglich fortgezüchtet. Um den Gang des Versuchs zu kontrollieren, wurde in allen drei Reihen von jedem Passageröhrchen beim Überimpfen auch eine Plattenaussaat gemacht und eine Anzahl der aufgegangenen Kolonien (20—100) nach 4 tägigem Wachstum auf Versporung geprüft. In allen drei Reihen wurde eine vollständige Asporogenie erzielt und zwar nach 14 bzw. 17 Passagen.

Das Interessante am Verlauf dieser Umwandlung ist nun, daß sie zwar im allgemeinen fortschreitend erfolgt, jedoch durchaus nicht kontinuierlich abgestuft, wie wir uns etwa Anpassungs- oder Umwandlungsvorgänge, die längere Zeit in Anspruch nehmen, vorzustellen geneigt sind. Es wird also die Sporogenität nicht etwa gradweise abgeschwächt, so daß sukzessive Kolonien mit 50 %, 30 %, 20 %, 10 % usw. sporenbildender Stäbchen zum Vorschein kämen, sondern nach einer gewissen Latenzzeit erscheint zuerst eine kleine Anzahl von asporogenen Kolonien, im weiteren Verlauf kommen sprungweise immer weitere dazu und zuletzt sind nur solche am Platz geblieben. Beim Abschluß wurde in der 24 stündigen Glyzerinagarreihe nach 20 Passagen, in der 48 stündigen nach 17, in der 42°-Reihe nach 33 eine große Probeaussaat von 1000 Kolonien auf Versporung geprüft mit dem Resultat, daß alle im mikroskopischen Bild keine Versporung erkennen ließen. Auch die an 110 bzw. 100 Kolonien erfolgte thermobiologische Püfung erwies sie als ausnahmslos asporogen. Die auf Schrägagarröhrchen vorgenommene Prüfung von je 25 Einzelkolonien auf Konstanz der Asporogenie in 10 Passagen ebenso wie die Fortführung der Kulturen en bloc auf Agarröhrchen in ca. 50 Passagen erwiesen die Konstanz der erlangten Asporogenität. Selbst „roborierende Diät" in Form von 6—7 Mäusepassagen vermochte nicht das verlorene Sporulationsvermögen wieder herzustellen.

War auf diese Weise an einem zweifellos rein sporogenen Zweig einwandsfrei eine Umwandlung festgestellt worden, so erübrigt es noch einige Details nachzutragen, die für die Beurteilung des Mechanismus und die Klassifikation des erzielten Erfolgs von Bedeutung sind. Es gelingt nämlich bereits in frühzeitigen Passagen asporogene und zwar konstant asporogene Anteile nachzuweisen, so bereits in der 5. Glyzerinagarpassage. Es folgt daraus, daß man den Vorgang zwanglos als eine an den einzelnen Keimen früher oder später experimentell bewirkte Mutation auffassen darf, die immer weiter fortschreitet. Ob zuletzt alle Keime der Ausgangskultur der Umwandlung anheimfallen, ist schwer zu sagen, da, wie wir oben gesehen haben, mit dem Auftreten der asporogenen Anteile die Möglichkeit von Verschiebungen zugunsten dieser gegeben ist, die eventuell zusammen mit der mutativen Umwandlung das Werk zu Ende führt. Ob daher für derartige Vorgänge die Einführung einer besonderen Bezeichnung wie Fluktuation (Beijerinck) oder Transformation (Reichenbach) ratsam erscheint, mag dahingestellt bleiben.

Ebenso wie hier innerhalb eines Zweiges die einzelnen Keime eine verschieden lange Zeit zu ihrer Umstimmung brauchen, können auch, wie Eisenberg in Übereinstimmung mit Surmont und Arnould sowie Baudet feststellen konnte, verschiedene Stämme sich unter gleichen Bedingungen verschieden leicht beeinflussen lassen — frische hochvirulente scheinen besonders resistent zu sein.

Es wäre jedoch falsch anzunehmen, daß die in den beschriebenen Versuchen tätigen Faktoren — die Säure bzw. die dysgenetische Züchtungstemperatur — für die erfolgte Umwandlung ganz allein verantwortlich zu machen sind. Zu einem Umwandlungsversuch gehört nämlich, wenn man den Anteil verschiedener Faktoren am Resultat richtig bewerten will, eine Kontrollzüchtung desselben Materials unter Ausschluß des untersuchten Umwandlungsfaktors. Es ergibt sich nun bei derartigen Kontrollversuchen, sowohl bei 8- wie bei 24- und 72 stündiger Umzüchtung, ein überaus wechselvolles Bild. In dem ursprünglich rein sporogenen Zweig erscheinen ziemlich regellos, an Zahl ab- und zunehmend, asporogene Kolonien, die in der 24 stündigen Reihe zuletzt ganz allein das Feld beherrschen, während sie in der 8- und besonders 72 stündigen sich in bescheidenen Grenzen halten. Schon das schwankende Verhalten ihrer Anzahl läßt vermuten, daß sie nicht alle konstant sein können, sondern daß vielfach nur vorübergehende Beeinflussungen vorliegen. Von 100 Kolonien der Probeaussaat der 60. Agarpassage (mit 24 stünd. Fortzüchtung), die alle im mikroskopischen Bild und im Thermoresistenzversuch als asporogen sich erwiesen hatten, wurden 10 in fortlaufenden Serien auf Schrägagar fortgeführt und nach je 4 tägiger Bebrütung auf der Sporung untersucht. Von den 10 Kolonien blieben bis zur 54. Passage nur 2 dauernd asporogen, eine wies in nur 4 Passagen bescheidene Sporenbildung auf, um dann wieder asporogen zu werden, die restlichen 7 kehrten nach 4, 9, 19, 26, 33, 43, 45 Passagen zur Sporogenie zurück und zwar meist in unvermittelter Weise.

Man wird nicht fehlgehen, wenn man diese Veränderungen auf summierte Einwirkung einer Reihe unbemerkter (oligodynamischer?) schädigender Faktoren zurückführt, denen die Bakterien auch bei größter Sorgfalt auf unseren Nährböden ausgesetzt werden. Die systematisch angewendeten Schädigungen der großen Versuche finden wahrscheinlich ebenfalls Helfer in diesen kleinen Schädigungen, die ihre Wirkung steigern, oder man kann umgekehrt sagen, daß die großen Faktoren nur einen Vorgang beschleunigen und potenzieren, der auch sonst erfolgt, nur nicht so auffallende, ausgedehnte und dauerhafte Wirkungen hervorbringt.

Während dort die erlangte Asporogenie — in den weiten Grenzen der beschriebenen Versuche wenigstens — sich als irreparabel erwies (nur in den ersten Passagen wurden auch reversible Störungen beobachtet), finden wir in den Kontrollreihen Beeinflussungen, die die verschiedensten Grade von Konstanz aufweisen.

Das beweist wohl zur Genüge, wie so manche andere Befunde, daß in Wirklichkeit der theoretisch konstruierte Gegensatz von vorübergehender und dauernder Beeinflussung, von Modifikation und Mutation, nur ein Gradunterschied ist, indem das Experiment uns eine Reihe von Beeinflussungen verschiedener Konstanz liefert, deren Einreihung in die eine oder andere Kategorie der Willkür des Beurteilers anheimgestellt ist. Der Anhänger der Mutation wird die vorübergehend asporogenen Anteile als Mutanten betrachten dürfen, die infolge unbekannter Einwirkungen remutieren, der Gegner der Mutation wird auch bei den konstant asporogenen einwenden können, daß bei noch längerer Beobachtung, weiterer Ausdehnung der Passagen, größerer Mannigfaltigkeit der Versuchsbedingungen auch sie vielleicht zurückschlagen würden und folglich als nicht „absolut konstant" den Modifikationen zugerechnet werden müssen. Das einfachste wird wohl sein die Tatsache der verschiedenen erblichen Konstanz als solche hinzunehmen und festzustellen, daß länger andauernde, tiefer greifende Schädlichkeiten bei eventuell vorbestehender größerer Empfindlichkeit länger anhaltende Umwandlungen hervorrufen, vorübergehende, weniger intensive Reize besonders bei größerer Resistenz auch weniger stabile Wirkungen an der Bakteriensubstanz hervorrufen. Modifikation und Mutation sind dann, wenn man will, die prägnantesten Anfangs- und Endglieder einer und derselben durch dieselben Faktoren bedingten Erscheinungsreihe.

Daß dem so ist, zeigten auch Resultate anderer Versuchsreihen, in denen Sporenfäden von 5 verschiedenen Stämmen, die 6—9 Jahre bei Zimmertemperatur aufbewahrt waren, zur Aussaat verwendet wurden. Die Summe geringer Schädigungen hat hier eine lange Zeit auf eine einzige Bakteriengeneration eingewirkt, von der man annehmen darf, daß sie rein sporogenen Zweigen angehört. Neben typisch sporogenen Kolonien gab es auch hier vorübergehend asporogene und (seltene) dauernd asporogene, daneben noch besondere Wachstumsformen, die nur „abgeschwächten" Stämmen eigen sind.

Wenn wir noch dazu die unter gewöhnlichen Bedingungen stark mitspielenden Auslesevorgänge mitberücksichtigen, so werden wir erst das wechselvolle, zuweilen launische und unberechenbare (Migula, Sobernheim) Verhalten der Sporenbildung in unseren Laboratoriumkulturen verstehen lernen, das so oft zur Crux der Bakteriologen wird. Auch in der Natur dürfen wir wohl auf die Wirkungen dieser verschiedenartigen Faktoren rechnen, wie sie im Tierkörper (Preisz), in manchen dysgenetischen Existenzbedingungen im saprophytischen Dasein umgestaltend und auslesend tätig sind. Zumeist werden ja die dabei entstehenden asporogenen Anteile infolge ihrer geringeren Resistenz ausgemerzt, doch ist es jüngst M. Müller gelungen aus einer eingegangenen Kuh einen asporogenen (aber virulenten) Milzbrand zu züchten.

Die Befunde von Preisz sowie Eisenberg, betreffend die Koexistenz verschiedener Sippen in Milzbrandkulturen, die sich durch Sporogenität und Kolonieform voneinander unterscheiden, fanden eine Bestätigung in den Arbeiten von Baerthlein sowie Markoff. Der letztere berichtet auch über eine durch Einfrieren und Erwärmen sporenhaltigen Kulturmaterials bewirkte konstante Änderung der Wachstumsform bei einem Teil der Nachkommenschaft. Die von ihm beobachteten Varietäten will er nicht als mutativ entstanden, sondern eher als eine „vererbbare Modifikation" aufgefaßt wissen, die durch anpassungsartige Veränderung des Zellprotoplasmas zustande kommen soll[1]).

Wenig zu berichten ist über exakt untersuchte Variabilitätsvorgänge bei anderen aeroben Sporenbildnern. Reversible Beeinträchtigung der Sporogenität bei Subtilis, Megatherium beschreibt Migula; demselben ist es bei B. ramosum und einem unbenannten unbeweglichen Sporenbildner durch Züchtung in Karbolbouillon gelungen, eine konstant asporogene (20 Generationen) Abart zu erzielen, nicht aber bei den beweglichen Arten. Tsiklinsky hat B. subtilis durch eine Reihe von Passagen an das Wachstum bei 57—58° angepaßt und dadurch seine schon vorher vorhandene Thermophilie erhöht. Beijerinck und Minkman beobachteten an Kolonien des B. nitroxus auf Erbsenlaubagar nach einigen Wochen das Entstehen asporogener Sektoren, die konstant asporogene Nachkommenschaft lieferten. Bei den Darmbakterien Glycobacter peptolyticus sowie Glycobacter proteolyticus hat Wollman nach ca. 20 sukzessiven 24 stündigen Agarpassagen eine starke Beeinträchtigung und Verzögerung der Sporulation beobachtet, die er in Analogie mit der für Milzbrand oben angeführten Erklärung (Eisenberg) auf eine Auslese der spät sporulierenden Keime zurückführt. Umzüchtung 8—12 stündiger oder 48 stündiger Kulturen war dementsprechend nicht imstande die Verschiebung zu bewirken. Beim B. mycoides haben Nadson und Adamovič durch Züchtung in den eigenen Stoffwechselprodukten eine morphologisch stark veränderte bekapselte, asporogene Rasse gezüchtet. Durch mechanische Auslese hat Barber beim B. megatherium eine asporogene Abart erhalten. Interessante Versuche über die Beeinflußbarkeit der Sporenresistenz beim B. mesentericus ruber hat Weil angestellt. Kürzer dauernde Erhitzung schädigte dieselbe nur vorübergehend, bewirkte aber keine Herabsetzung der Resistenz bei den Nachkommen, länger anhaltende bewirkte jedoch eine Herabsetzung, die auch in zwei folgenden Generationen (soweit geprüft) bestand. Die Beobachtung ist insofern beachtenswert, als hier die Reizwirkung ebenso, wie in den Versuchen von Eisenberg nur eine einzige Zellgeneration traf.

---

[1]) In letzter Zeit hat V. Henri (Compt. Rend. de l'Acad. d. Sc. 1914. Nr. 14. 1032) über experimentell durch Einwirkung ultravioletter Strahlen bewirkte Mutationen von Milzbrandbazillen berichtet (Anm. währ. d. Korr.).

2. Anaërobier.

Exakt im Sinne der neueren Forderungen durchgeführte Variabilitätsuntersuchungen stoßen bei Anaërobiern auf bedeutende technische Schwierigkeiten. So ist es denn zu verstehen, daß trotzdem gerade hier eine oft überraschende Variabilität auf morphologischem, kulturellem, biologischem und biochemischem Gebiet zu herrschen scheint, die Meinungen über manche prinzipielle Fragen oft weit auseinandergehen (s. z. B. bei Lehmann und Neumann). Diese technischen Schwierigkeiten ebenso wie der große Variabilitätsbereich sind wahrscheinlich dafür verantwortlich zu machen, daß einerseits zahllose Arten beschrieben wurden, andererseits aber namhafte Forscher bei eingehenden Untersuchungen dazu gelangen, eine größere Anzahl von ihnen als (oft nur modifikative) Varietäten einer etwas vielgestaltigen Art hinzustellen (Schattenfroh und Graßberger, Bredemann).

Winogradsky hat gefunden, daß sein Clostridium pastorianum (= Buttersäurebazillus, = B. amylobacter) bei Züchtung auf Kartoffeln oder Mohrrüben abnorme Formen aufweist, bei längerer Fortzüchtung aber Fadenbildung und konstante Asporogenie erwirbt, unter gleichzeitiger Einbuße an Gärvermögen und an Fähigkeit elementaren Stickstoff zu assimilieren. Als Ursache dieser nicht rückgängig zu machenden Veränderungen wird die auf den Vegetabilien gebildete Säure hingestellt. Schattenfroh und Graßberger zeigten in einer Reihe von Untersuchungen, daß bewegliche wie unbewegliche Buttersäurebazillen, der bewegliche Rauschbrandbazillus sowie der unbewegliche Gasphlegmonebazillus als Varianten ein und derselben Art aufzufassen sind, die weitgehendste Differenzen bezüglich der Morphologie, Wachstumsweise, des Sporenbildungsvermögens, der Pathogenität und der biochemischen Leistungsfähigkeit aufweisen. Änderungen der Züchtungsbedingungen sowie der gebotenen Nahrung sollen in kurzer Zeit eine weitgehende „Denaturierung" zu bewirken vermögen. Nach Passini bestehen sogar tiefgreifende Unterschiede im Agglutinogen-Apparat beider Abarten, indem das mit der unbeweglichen Abart erzeugte Serum wohl sie selbst und die bewegliche Abart, nicht aber den B. putrificus agglutiniert, das mit der beweglichen Abart erzeugte die unbewegliche unbeeinflußt läßt, dafür aber den B. putrificus agglutiniert. Dementsprechend agglutiniert Putrificusserum nur die bewegliche, nicht die unbewegliche Abart.

In weiterer Verfolgung dieser Probleme hat Bredemann in ausgedehnten Untersuchungen gefunden, daß eine Reihe unter verschiedensten Namen beschriebener Anaërobier aus der Gruppe der Buttersäurevergärer nach längerer Züchtung unter identischen Bedingungen gleichmäßige Eigenschaften aufweist und daher füglich zu einer einzigen Art Amylobacter vereinigt werden darf. Sporulationsvermögen, Gärungsvermögen und die Fähigkeit der Assimilation elementaren Stickstoffs erwiesen sich bei dieser Art als leicht und oft sprungweise beeinflußbar. Der für uns interessanteste Befund von Bredemann liegt wohl in der vielfach an streng kontrollierten reinen Stämmen festgestellten Tatsache, daß meist unter ungünstigen Lebensbedingungen — zuweilen aber auch unter ganz normalen — unvermittelt Individuen von ganz differentem morphologischem Typus als sog. Mikrooidien (Kokkenformen oder kokkoide Kurzstäbchen) auftreten, die durch Generationen unverändert fortzüchtbar sind. Biologisch sind diese wohl als Mutanten anzusprechenden Formen durch Asporogenie, mangelnde Gärkraft und Assimilation freien Stickstoffs sowie vor allem durch Fähigkeit zu aërobem Wachstum ausgezeichnet (Maximum der O-Spannung für die Grundart 30 mm — die Mikrooidien wachsen unbehindert bei 276 mm O). Eine Rückzüchtung zum Ausgangstypus gelang nicht. Ähnliche Formen hatte früher Garbowski beim B. luteus gefunden, aber nicht näher untersucht.

Es ist auch vielfach über positive Versuche berichtet worden, die eine Anpassung von Anaërobiern an aërobes Wachstum bezweckten (Belfanti, Righi, Grixoni, Chudiakow, Rosenthal) — nicht alle dürften wohl strengeren Anforderungen genügen — um so weniger natürlich diejenigen, in denen man in der Natur anaërobe Tetanusbazillen — natürlich avirulente — gefunden haben wollte. Es wäre interessant, solche Versuche, wie diejenigen von Chudiakow oder Rosenthal, unter Berücksichtigung des Mechanismus der Umwandlung — sie wird als allmähliche Anpassung beschrieben — zu wiederholen. Zeigen doch die Milzbrandversuche, daß auch solche scheinbar kontinuierlichen Vorgänge eine Summe von Einzelsprüngen oder Schritten darstellen können.

Direkt den Eindruck einer Mutation macht die von Graßberger beobachtete Erscheinung, daß halbdenaturierte, bewegliche Buttersäurebazillen nach 48-stündigem Oberflächenwachstum unter strengstem O-Abschluß dann auf aërober Agarfläche zu tautropfenförmigen Kolonien heranwachsen, die unter gewissen Umständen aërob fortgezüchtet werden können (unter eigentümlichen morphologischen Veränderungen), bei Zurückbringen in tiefe Nährbodenschicht jedoch sofort in die anaërobe Urform wieder zurückschlagen.

3. Kokken.

Eine interessante Arbeit von Neumann befaßt sich mit der Variabilität der Farbstoffbildung beim Micrococcus pyogenes α. Aus einer typischen orangefarbenen Kolonie, die nach längerem Wachstum einen rosafarbenen Sektor aufwies, gelang es ihm durch rein mechanische Auslese eine rosafarbene, zitronengelbe, sowie rein weiße Abart neben der ursprünglichen orangefarbenen herauszuzüchten. Neben ihrer Färbung unterscheiden sich dieselben von der Ausgangsform durch verringerte Säure-H_2S-Bildung, fehlende Milchkoagulation und verlangsamte Gelatine-Verflüssigung. Aus der rosafarbenen Mutante — als solche sind wohl die Abarten zu betrachten — wurde wieder durch Rückschlag eine orangefarbene abgespalten, deren biochemische Eigenschaften z. T. jener der rosafarbenen, z. T. der ursprünglichen Form entsprachen. Mit Recht glaubt Neumann, daß im Lichte seiner Befunde auch die spontan vorkommenden weißen und gelben Staphylokokken als ähnliche Varianten (Mutanten) angesprochen werden dürfen. Eine Bestätigung der Neumannschen Befunde darf man in den Versuchen von Wolf erblicken, der bei Fortzüchtung eines kontrollierten reinen Zweiges von Micr. pyogenes α-aur. in der 22. sowie 23. Passage weißgefärbte Mutanten erhielt, die sich ohne Rückschlag fortzüchten ließen. Auf Traubenzucker-, Kartoffel-, Kaliumbichromat-, Phenol-, Kupfersulfat-Agar wurden keine konstanten Umwandlungen erzielt.

In neuerer Zeit ist es Baerthlein gelungen durch Aussaat älterer Aureuskuturen neben den orangefarbenen auch konstant weiße oder cremefarbene Abarten zu züchten, die etwas plumpere Kokken aufwiesen. Ebenso wurden in Albuskulturen orangefarbene Mutanten abgespalten. Beide Abarten verhielten sich agglutinatorisch identisch. Beim Citreus wurde ebenfalls neben der zitronen-

gelben eine bräunlichweiße Mutante mit plumperen Kokkenformen gezüchtet.
Ähnliche Befunde hatte auch Neumann bei anderen Kokkenarten zu verzeichnen. Ein seit Jahren farblos gewordener Micr. aurantiacus gab durch
Rückschlag in einer drei Monate alten Kolonie die gelbbräunlich gefärbte Urform — beide Formen erwiesen sich als konstant. Sehr interessante Befunde
gab der Micr. bicolor, der ständig auf Platten nebeneinander weiße und orangefarbene Kolonien bietet, in Strichkulturen weiße und orangene Sektoren aufweist. Züchtung aus weißen Kolonien oder Sektoren führt nicht absolut zu
einer Reinzüchtung der Abart, indem in der Nachkommenschaft immer wieder
orangefarbene Anteile auftauchen, ebenso, wenn auch in geringerem Grade,
ist dies bei der anderen Abart der Fall. In Übereinstimmung mit analogen
noch zu besprechenden Fällen würden wir hier heute von „beständig umschlagenden Sippen" (de. Vries) sprechen, d. h. von Sippen mit unvollständiger
Erblichkeit, die daher ständig teilweise ineinander übergehen.

An die unten zu besprechenden Befunde von Penfold bei B. coli schließen
die Untersuchungen von Engeland über Mutation von Staphylokokken auf
Agar mit 0,2%igem Brechweinstein an. In den ersten Tagen erscheinen hier infolge der starken Hemmung ganz kleine nur mit Lupe sichtbare Kolonien, nach
4—6 Tagen wachsen schnell wenige große zum Teil stark gefärbte heran. Dieselben erweisen sich als dem Nährboden gut angepaßt, indem sie bei Überimpfung
gleich üppig darauf auswachsen — ja selbst Konzentrationen von $^1/_{25}$ gut vertragen — sie sind also antimonfest geworden. Drei daraufhin untersuchte
Albus- und 6 Aureusstämme gaben das Phänomen, während Citreus-Stämme
es vermissen ließen. Die Mutanten bleiben auch bei Passagen auf gewöhnlichen
Nährböden konstant, unterscheiden sich in ihrem sonstigen Verhalten insbesondere agglutinatorisch nicht vom Ausgangsstamm. Die großen Kolonien
faßt Engeland als sekundäre Kolonien (Knöpfe) auf, die die winzige Mutterkolonie stark überwuchert haben.

Abbott hat zwei Staphylokokkenstämme in einer Reihe von Generationen
der Wirkung von 1%₀₀ HgCl₂, 0,75—1%₀ Phenol sowie von gesättigter Sodalösung
ausgesetzt, indem er die am Leben gebliebenen Keime herauszüchtete und die
Kontaktzeit mit den Giften allmählich verlängerte. Er erzielte auf diese Weise
neben Giftfestigung eine Steigerung der Farbstoffproduktion und ausgesprochene
Hypagglutinabilität bei erhaltener Agglutinogenität, Zuckervergärung und
Virulenz. Bei Fortzüchtung auf gewöhnlichen Nährböden gingen die abweichenden Eigenschaften allmählich verloren.

Bei Streptokokken hat Walker interessante Untersuchungen über die
Variabilität des Zuckerspaltungsvermögens angestellt. Angesichts der auf Grund
dieses Merkmals vorgeschlagenen Einteilung der Gruppe kommt ihnen eine
prinzipielle Bedeutung zu. Die Untersuchungen von Gordon, Houston sowie
Andrews und Horder hatten eine ganz ausgesprochene Variabilität in dieser
Richtung gezeigt und man müßte dementsprechend, die Konstanz dieser Merkmale vorausgesetzt, die Gruppe in 40—50 Varietäten oder Kleinarten zersplittern.
Nun zeigt Walker an einer Reihe kontrollierter Stämme, daß bei einfacher
Agarzüchtung (ohne Einwirkung des betr. Zuckers) die Spaltungsfähigkeiten
bei ein und demselben Stamm sehr schwanken können. Noch wichtiger ist aber,
daß viele Stämme durch Züchtung in zuckerhaltigen Nährböden in kürzerer
oder längerer Zeit dazu gebracht werden konnten, früher für sie unangreifbare

Zuckerarten zu vergären. Je nach der Dauer der Anpassung sowie nach der Natur des Stammes waren die erworbenen Fähigkeiten mehr oder minder konstant. Durch gleichmäßige Fortzüchtung in konstanten Nährmedien bzw. durch Verbleib an identischen natürlichen Standorten können demnach diese Eigenschaften gleichförmig werden bei ursprünglich verschiedenen Stämmen — identische können in verschiedene Existenzbedingungen geraten, in ihren Eigenschaften allmählich divergieren. Dadurch wird natürlich die Zuverlässigkeit dieser Merkmale als eines Einteilungsprinzips stark in Frage gestellt, wenn nicht ganz illusorisch gemacht, womit auch die Untersuchungsergebnisse von Beattie und Yates übereinstimmen.

Auch ein anderes Merkmal der Streptokokken, ihr hämolytisches Vermögen, das so oft zur Differenzierung innerhalb dieser Gruppe benutzt wurde, muß nach den Untersuchungen von E. Rosenthal als besonders leicht variabel betrachtet werden, indem schon einige Passagen über Blutagarplatten genügen, um das gegenüber der betr. Blutkörperchenart früher fehlende Lösungsvermögen erscheinen zu lassen. Ein Zusammenhang zwischen Hämolysierungsvermögen und Virulenz bzw. ihren Variationen, wie er mehrfach behauptet wurde, soll nicht bestehen. In demselben Sinne sprechen die Befunde von Jaffé u. a. betreffs der Hämolyse der Streptokokken.

Baerthlein beobachtete bei Aussaat aus alten Streptokokkenkulturen zwei verschiedene Wuchsformen — zarte, durchscheinende Kolonien mit kleinen feinen Kokkenformen, daneben trübe gelblichweiße und etwas plumpere Kokken — beide von ausgesprochener Konstanz. Nach einigen Monaten zeigen die Kulturen Umschlag, indem Aussaat aus gealterten Röhrchen der isolierten Mutanten neben der ursprünglichen Kolonieform auch spärliche Kolonien der anderen Mutante ergibt. Die helle Form bewirkte auf Hammelblutagar Hämolyse, die die trübe vermissen ließ — agglutinatorisch waren sie nicht zu differenzieren. Bei einem gramnegativen Streptokokkenstamm sah Jaffé die Abspaltung einer üppig wachsenden schleimigen Sippe, die dann durch Rückschlag wieder teilweise zum normalen, zarten Wachstum zurückkehrte. Ähnliche Verhältnisse ergaben die zur Streptokokkengruppe zu rechnenden Pneumokokken.

Bezüglich der letzteren liegen aus neuester Zeit interessante Versuche über Giftfestigung vor. Tugendreich und Russo haben Pneumokokken in vitro zwei Stunden lang der Wirkung von Äthylhydrokuprein ausgesetzt, dann überimpft. Die ursprüngliche Grenze der Toleranz, die bei $^1/_{100\,000}$ lag, war nach drei derartigen Passagen auf $^1/_{50\,000}$ verschoben, nach zwölf auf $^1/_{500}$, damit war auch das maximale Resultat erreicht. Der gefestigte Stamm widerstand auch im Mauskörper der therapeutischen Wirkung des Äthylhydrokupreins. Dementgegen beobachteten Haendel und Baerthlein, daß ein im Tierkörper gefestigter Stamm in vitro keine erhöhte Resistenz gegen das Gift zeigte.

Auch Köhne fand einen von Natur festen Stamm im Tierkörper wenig resistent. Durch 6 Äthylhydrokupreinbouillonpassagen konnte er einen empfindlichen Stamm gegen die dreifache hemmende Dosis festigen — weiter ließ sich der Erfolg nicht steigern. Die Konstanz der erlangten Festigkeit variiert mit der Dauer der Vorbehandlung; nach kurzer können Rückschläge eintreten, nach längerer wird die Festigung konstant. Die Festigung durch Behandlung in vivo soll schwieriger sein, es gehörte dazu Passage durch 4 behandelte Mäuse, der so gefestigte Stamm war auch in vitro äthylhydrokupreinfest.

Letzthin hat Rosenthal bei seinen Untersuchungen über die Kampfertherapie der Pneumokokkeninfektion von Natur aus kampferfeste Stämme gefunden, d. h. solche, die durch sonst therapeutisch wirksame Dosen sich nicht beeinflussen lassen. Bei kampferempfindlichen Stämmen gelang es ihm durch 10 Minuten langen Kontakt mit Kampfer in vitro die Pneumokokken kampferfest (im Tierkörper) zu machen. Es wäre erwünscht, derartige Versuche unter Verwendung reiner Zweige anzustellen, da sonst, wie schon oben erwähnt, der Einwand einer Auslese präexistenter Anteile einer Population ihnen nicht erspart werden kann.

Hervorragendes Interesse und ganz prinzipielle Bedeutung beanspruchen die in letzter Zeit auf breiter Basis mit allen Kautelen durchgeführten Versuche von Rosenow. Früher bereits hatten verschiedene Befunde auf die nahe Verwandtschaft von Streptokokken (daher die Bezeichnung Str. lanceolatus bei Lehmann und Neumann) und Pneumokokken hingewiesen und manche Merkmale, die als differentialdiagnostisch gelten, als stark variabel gekennzeichnet. Die Mehrzahl dieser Befunde entsprach jedoch nicht unseren heutigen Anforderungen, daher unternahm es Rosenow an einer großen Anzahl von reinen Zweigen die Frage der gegenseitigen Überführbarkeit von Streptokokken in Pneumokokken und vice versa zu studieren. Die benutzten Stämme waren in wiederholten Plattenaussaaten von Einzelkolonien gewonnen, ein Teil davon wurde nach der Methode von Barber aus Einzelkeimen gezüchtet. Als umwandelnde äußere Faktoren wurden herangezogen: Umzüchtung auf Blutagar, Alternlassen von Blutagarkulturen, Symbiose mit einem Subtilisstamm sowie mit einem hämolytischen Kolistamm, Tierpassagen, hypo- und hypertonische Nährböden, Wachstum bei erhöhter Sauerstoffspannung.

Es wurden auf diese Weise 21 ursprünglich als hämolytische Streptokokken aus Scharlach, puerperaler Sepsis, Arthritis, Tonsillitis, Kuhmilch herausgezüchtete Stämme (darunter 3 Einzellkulturen) in Str. viridans umgewandelt, drei davon in Str. viridans und in typische Pneumokokken, einer in Str. viridans und in Str. rheumaticus, einer in Str. viridans, Pneumokokken und Str. mucosus. Siebzehn Stämme von Str. viridans aus chronischen Endocarditisfällen und zwei solche aus Kuhmilch (6 Einzellkulturen) wurden in Pneumokokken umgewandelt, zwei davon in Pneumokokken und in Str. mucosus, zehn davon in hämolytische Streptokokken, einer in Pneumokokken und hämolytische Streptokokken. Dreizehn Pneumokokkenstämme (2 Einzellstämme) wurden in hämolytische Stämme umgewandelt, sieben davon in Str. viridans, drei in Str. viridans und Str. rheumaticus, zwei in hämolytische Streptokokken, Str. viridans und Str. rheumaticus (und dann zurück in Pneumokokken). Fünf Stämme von Str. mucosus (2 aus Einzelkeimen) wurden zu hämolytischen Streptokokken, zwei davon auch zu Str. viridans. Fünf Stämme von Str. rheumaticus sind in hämolytische Streptokokken umgezüchtet worden, zwei davon auch in Str. viridans, vier auch in Pneumokokken.

Die hier summarisch aufgezählten Umwandlungen betrafen in der Regel alle bekannten differentiellen Merkmale — im Verlaufe der zu ihnen führenden Passagen wurden auch teilweise Umschläge einzelner Eigenschaften beobachtet. Die Umwandlungen betrafen: Morphologie und Anordnung der Einzelkeime,

Kapselbildung, Spaltungsvermögen gegenüber verschiedenen Kohlehydraten, Löslichkeit in Galle und Autolyse in NaCl-Lösung, Fähigkeit des Wachstums in Filtraten der verschiedenen Varietäten (Marmoreksche Probe), das antigene (bes. opsonogene) Verhalten und Agglutinabilität durch entsprechende Immunsera, endlich die pathogenen Eigenschaften insbesondere die spezifischen Affinitäten zu besonderen Organen (Endokardium-Gelenke, -Lungen, -Blut). Die Umwandlungen erfolgen in vielen Fällen mutationsartig und beruhen auf Abspaltung umgewandelter Anteile — in anderen Fällen erfolgten sie allmählich und betrafen den ganzen Stamm (doch hätte auch hier vielleicht Individualanalyse eine Summation von Mutationsschritten ergeben). Am wirksamsten zum Hervorbringen der Umwandlungen erwies sich das Einsetzen von extrem ungünstigen Existenzbedingungen nach üppigem Wachstum. Die in Kulturen erfolgten Mutationen bezeichnet Rosenow als „retrogressiv", da sie zur Herabsetzung der Virulenz, der Spaltungsfähigkeiten und anderer Merkmale kräftiger Vitalität führen, diejenigen, die im Tierkörper einsetzen, als „progressiv", weil diese Eigenschaften dabei eine Steigerung erfahren.

Es ist offensichtlich, daß durch diese wichtigen Befunde, die eine Vollendung des seinerzeit von Kruse und Pansini begonnenen Werkes bedeuten, die ganze Arteinteilungsfrage in der Streptokokkengruppe auf eine neue Grundlage gestellt wird. Theoretisch wird man daraus schließen müssen, daß alle als Varietäten oder Spezies bisher beschriebenen Glieder dieser Gruppe unter geeigneten Umständen ineinander überführbar sind — man wird sie also entweder alle als Varietäten (Mutanten) einer Art bezeichnen oder zugeben müssen, daß innerhalb einer Großart Kleinarten untereinander umwandelbar sind. Vom praktischen Standpunkt aus wird man, wie Rosenow treffend betont, die Unterscheidung in einzelne Varietäten bzw. Kleinarten nicht fallen lassen, da hierin eben eine kurze Charakteristik des gegenwärtigen Zustandes des betr. Stammes gegeben ist, wenn man auch dessen eingedenk bleiben muß, daß die momentan feststellbaren Eigenschaften zum Teil weitgehender Wandlung fähig sind. Mit Rücksicht auf den Grad der Übereinstimmung und die gegenseitige Überführbarkeit wird man folgende Unterabteilungen der Streptokokkengruppe aneinanderreihen können: Str. haemolyticus, Str. rheumaticus, Str. viridans, Str. lanceolatus, Str. mucosus, wobei auch Parasitismus und Virulenz dieser Reihe entsprechend zunehmen.

In Anbetracht der vielen noch schwebenden Fragen betreffend die Variabilität wichtiger Merkmale der Streptokokken wären eingehende und exakte Untersuchungen hier sehr erwünscht. Ebenso wären vielleicht auf diesem Wege manche Streitfragen betreffend die Eigenschaften und Artumgrenzung von Gonokokken und Meningokokken einer erneuten Prüfung zu unterziehen.

4. Sarcinen.

Ähnlich wie bei anderen Kokken gelang es Neumann bei Sarcina mobilis durch rein mechanische Auslese plötzlich aufgetretene weiße Varianten neben den ursprünglichen gelben rein zu züchten. Bei Sarc. lutea hat Wolf durch Züchtung auf Nährböden mit hemmenden Zusätzen nur vorübergehende Modifikationen erzielt.

Mehrfach ist die Variabilität des Kapselbildungsvermögens bei Sarc. tetragena untersucht worden.

Schläfrig züchtete einen Stamm aus einem Ozaenasekret, der für Mäuse, Meerschweinchen und Kaninchen pathogen war und auch auf Agar Kapseln bildete. Nach längerer Fortzüchtung (2 Monate) wurde die Kultur flach, trocken, weniger üppig und büßte zugleich ihre Pathogenität ein. Durch Tierpassagen konnte die ursprüngliche Virulenz jetzt nicht mehr hergestellt werden, wenn auch die spärlichen aus getöteten Tieren gezüchteten Kolonien etwas schleimiger wurden. Pollak züchtete seinen Stamm aus einer Pneumonie; auch dieser war hochpathogen und zur Kapselbildung auf Agar befähigt. Auf 4—5 Wochen alten Agarkulturen wurden punktförmige, weiße Kolonien gefunden, die sich in ihrer Nachkommenschaft als konstant erwiesen, auf Agar keine Kapseln bildeten, ebenso im Mauskörper, wo ihre Virulenz sich als stark herabgesetzt erwies. Rückschlag zur kapselbildenden virulenten Ausgangsform wurde erzielt durch Verimpfung massiver Dosen in die Meerschweinchenbauchhöhle. Einen ähnlichen Rückschlag hat Pollak einmal beim Schläfrigschen Stamm beobachtet. Er hält die beschriebenen Veränderungen wegen dieses Rückschlags nicht für Mutationen, sondern für Modifikationen (s. darüber im IV. Abschnitt).

Eisenberg hat bei Aussaat aus älteren (6 wöchigen) Agarkulturen einer Sarc. tetragena neben größeren graudurchscheinenden, kuppelförmigen, schleimigen Kolonien auch kleinere weiße, undurchsichtige, flachere aufgehen sehen. Die ersteren erhielten Tetraden und Pakete mit starker Kapselbildung, die letzteren solche mit kaum angedeuteter. Die flachen Kolonien erwiesen sich als beständig bei der Fortzüchtung, die schleimigen zeigten bei kurzfristiger Überimpfung keine absolute Konstanz, indem ab und zu flache Mutanten abgeworfen wurden. In älteren starkalkalischen Peptonwasserröhrchen war dieser Umschlag sehr weitgehend (bis zu $80\,^0/_0$), noch stärker in alten Bouillonkulturen (bis zu $100\,^0/_0$). Im Erhitzungsversuch erwies sich die schleimige Abart als etwas resistenter von der flachen, sie vertrug halbstündiges Erhitzen auf 55^0 C, die andere nur viertelstündiges. Der durchgreifendste Unterschied betraf aber die Virulenz für Mäuse und Meerschweinchen; Mäuse vertrugen schadlos 1 Öse der flachen Kultur, während $^1/_{50}$ Öse der schleimigen sie zu Fall brachte; ebenso vertrugen Meerschweinchen 1 Öse der flachen Varietät, während eine fünffach kleinere Menge der schleimigen sie eingehen ließ. Es liegt nach diesen Befunden nahe, in Übereinstimmung mit Lehmann und Neumann die von Löwenberg sowie Sauerbeck unter besonderen Namen beschriebenen stark pathogenen und kapselbildenden Stämme der Sarc. tetragena anzureihen, deren Kapselbildungsvermögen und Pathogenität anscheinend einer starken korrelativen Variabilität fähig sind. Diese Korrelation werden wir beim B. pneumoniae wiederfinden; auch beim Milzbrand hat Preisz Anhaltspunkte dafür festgestellt.

5. Diphtherie- und Pseudodiphtherie-Bazillen.

Wir kommen hier in ein Gebiet, auf dem heute noch prinzipielle Fragen heiß umstritten werden (s. die letzte Tagung der mikrobiologischen Vereinigung 1913). Es liegt selbstverständlich außerhalb der Rahmen dieses Referates ein volles, historisch genaues Bild davon zu entwerfen, wenn auch die zu unserem engeren Thema gehörenden Tatsachen mit der Frage nach der Variabilität sowie nach der Artunterscheidung innerhalb dieser Gruppe in engster Beziehung stehen.

Die verschiedenen älteren Überführungsversuche von Diphtheriebazillen in Pseudodiphtherie und umgekehrt können hier nicht berücksichtigt werden. Zupnik, der auf dualistischem Standpunkt steht (dagegen eine Sonderstellung der Xerosestäbchen negiert), betrachtet den Löfflerschen und den Hofmann-Wellenhofschen Bazillus als Sammelnamen für zwei differente Gruppen von verwandten Arten, die in jeder Gruppe bestimmte gemeinsame Merkmale aufweisen. Aus verschiedenen Laboratoriumskulturen von echten Diphtheriebazillen gelang es ihm zwei konstante Abarten zu züchten — eine in größeren matten, flachen, eine andere in kleineren, erhabenen, glänzenden Kolonien auf gewöhnlichem Agar wachsende. Die erste wuchs auf Bouillon unter Bildung eines kompakten Oberflächenhäutchens und Klarlassung der Bouillon, die andere ohne Häutchen unter diffuser Trübung. Auf Serum, Glyzerinagar waren keine Unterschiede zu verzeichnen. Morphologisch enthalten beide lange Stäbchen, die der ersten Abart sind diffus grampositiv, die der anderen nur in den Ernst-Babeschen Körnchen, sonst negativ. Auch der Tierversuch zeigt starke Differenzen, indem die „matten" Meerschweinchen typisch töten, die glänzenden nur Infiltrate bzw. Hautnekrosen bewirken. Auch aus diphtherischen und sonstigen Krankheitsprodukten konnte Zupnik verschiedene dem Löffler-Typus angehörige Stämme züchten, steht jedoch der Annahme einer Variabilität ablehnend gegenüber, indem er auf die hartnäckige Konstanz der einmal gezüchteten Formen hinweist und auch experimentell keine Überführbarkeit der verschiedenen Formen ineinander findet. Es sind also für ihn zwar nahverwandte aber trotzdem wohlfixierte differente Arten, die zur Löfflerschen Gattung (Gruppe) zusammengefaßt werden sollen. Bemerkenswert ist die Erwähnung von virulenten rot oder gelb wachsende Formen. Slawyk und Manicatide sowie Schick und Ersettig konnten zwar im Prinzip die Befunde von Zupnik an einer Reihe von Stämmen bestätigen, doch haben sich die verschiedenen aus einem Stamm herausgezüchteten Formen als nicht unwandelbar erwiesen, vielmehr gingen sie bei längerer Züchtung meist ineinander über.

Auch in neuerer Zeit sind Befunde über abweichende Stämme von Diphtheriebazillen bekannt geworden. Dale hat aus einer kleinen Epidemie drei Stämme gezüchtet, die sich durch zartes Wachstum auf Serum sowie stark ausgeprägte Körner- und Keulenbildung auszeichneten. Bei längerem Wachstum entstanden auf den Kolonien Knöpfe, deren Überimpfung eine ganz typische Abart ergab. Rückschlag zur Norm wurde auch bei Züchtung aus der Subkutis infizierter Meerschweinchen beobachtet. Bei täglicher Überimpfung auf Serumplatten erfolgte allmählich Übergang zum normalen Typus, was in Übereinstimmung mit analogen Befunden bei Cholera u. a. als allmähliche Anreicherung der rückschlagenden Mutanten (durch Auslese oder fortschreitenden Rückschlag?) wohl am besten erklärt werden darf. Über gelbwachsende sonst typische Stämme berichtet neuerdings v. Przewoski. Eine für die Differentialdiagnose des Diphtheriebazillus wichtige Frage, die Variabilität des Säurebildungsvermögens, berühren die Untersuchungen von Goodman. Es handelte sich darum, ob durch Auslese von am stärksten bzw. am schwächsten säurebildenden Anteilen eines Stammes konstant betreffs Säurebildung abweichende Varietäten gezüchtet werden können. Ein normalerweise 2 % Normalsäure in Traubenzuckerbouillon bildender Stamm wurde auf 15 Zuckerbouillonröhrchen verimpft und die Endsäuerung titriert. Aus dem die höchste, ebenso aus dem die niedrigste Säuerung aufweisenden Röhrchen wurden wieder je 15 Röhrchen beimpft und so wurden 2 Reihen fortgeführt, in denen die Auslese auf *höchste* bzw. *niedrigste* Säuerung losging. Bis zur 15. Passage gab es keine auffallenden Unterschiede, von hier ab begann eine Divergenz der Reihen, die dahin führte, daß nach 36 Passagen die Säuerung der einen Reihe ca. 5% Normalsäure betrug, die andere Reihe dagegen eine alkalische Reaktion aufwies. Es erscheint zweifelhaft, ob in der Frage der Heranzüchtung neuer Eigenschaften bzw. Varietäten durch Selektion extremer Modifikationen (eine Frage, die für höhere Lebewesen bekanntlich verneint wird) den Goodmanschen Befunden Beweiskraft zugesprochen werden darf. Erstens haben Berry und Banzhaf in ausgedehnten Nachprüfungen eine ähnliche Verschiebung nicht erzielen können und beanspruchen deshalb für das Säurebildungsvermögen eine größere Konstanz. Sodann aber muß man mit Winslow und Walker bemerken, daß in der Versuchsanordnung selber die Wirkungsmöglichkeit für einen anderen umwandelnden Faktor liegt, indem die produzierte Säure in der Reihe von Generationen wohl nicht wirkungslos bleibt. Freilich bleibt dann noch die anpassungsmäßige Richtung der erfolgenden Umwandlung bemerkenswert.

Ganz auf dem Grund der experimentellen Variabilitätslehre stehen einige wichtige neusete Mitteilungen, mit denen auch die Systematik und Differentialdiagnostik dieser Gruppe wird rechnen müssen. Vor allem gilt dies von den ausgedehnten Untersuchungen von Bernhardt und Paneth. Aus alten Bouillonoder Agarkulturen typischer Diphtheriestämme (darunter des bekannten amerikanischen Giftbildners) gelang es ihnen zwei differente Typen zu züchten. An typischen durchsichtigen, zarten, gezackten Kolonien erschienen nach ca. einer Woche kleine, undurchsichtig gelbe Knöpfe, die allmählich sehr groß wurden. Die Fortzüchtung aus dem knopffreien Teil reproduzierte die Mutterform, diejenige aus den Knöpfen gab kleine kuppenförmige, undurchsichtige Kolonien — die ersteren bestehen aus kleinen, dünnen Stäbchen, die letzteren aus besonders großen mit starker Kolbenbildung. Ein durchgreifender Unterschied zeigt sich in der Giftbildung beider Typen: eine von einer jungen, noch knopflosen Kolonie beimpfte Bouillonkultur erweist sich nach zwei Tagen als ca. 10mal weniger toxisch von einer gleichaltrigen, die aus einer Knopfkolonie beimpft wurde. Nach 7—10 Tagen gleicht sich der Unterschied aus, weil, wie eine Probeaussaat zeigt, auch in der ersten Bouillon die Mehrzahl der Keime die Umwandlung zum „Knopftypus" erfahren hat. Außerdem konnten Abarten gezüchtet werden, die auf Löfflerserum weiß bzw. tiefgelb wachsen ohne sonstige Differenzen aufzuweisen. Daneben wurde ein in sehr kleinen zarten Kolonien wachsender, ungiftiger, morphologisch den Xerosebazillen anzureihender Typus gewonnen, der keine Knöpfe bildete, Dextrose und Lävulose unvergoren ließ. Die starke Wachstumshemmung dieses Typus (auf Serum und in Bouillon) erinnert an analoge Eigentümlichkeiten des B. typhi mutabile sowie der Var. nana von B. prodigiosum auf die wir noch zu sprechen kommen. Auf der anderen Seite gelang es auch durch üppiges Wachstum, Avirulenz und Morphologie völlig dem Hoffmann-Wellenhofschen Typus entsprechende Stämme aus echter Diphtherie abzuspalten.

Diese Abspaltungen lassen sich in ihrer Vielgestaltigkeit nicht restlos an einem Stamm ausführen, auch zeigen verschiedene Stämme verschiedene Eignung — am fruchtbarsten erwiesen sich Stämme aus Nasendiphtherie. Weder die stark giftigen Knopftypen noch die ganz avirulenten waren in ihrem Grundcharakter durch verschiedene Eingriffe zu beeinflussen. Dem tierischen Organismus kommt als umwändelndem Faktor eine bedeutsame Rolle zu, indem aus mit typischen Kulturen infizierten Kaninchen und Meerschweinchen ganz avirulente Abarten gezüchtet werden konnten, ebenso aus Urin Diphtheriekranker. Auch in vitro erleiden die Diphtheriebazillen in menschlichem oder Meerschweinchenserum ähnliche Veränderungen.

Baerthlein fand bei Aussaat aus alten Bouillonkulturen folgende 3 Typen: 1. auf Agar große gelblichweiße, saftige Kolonien von typischen langen, schlanken Stäbchen mit starker Schwärzung auf der Tellurplatte und diffuser Bouillontrübung, spärlicher Körnchenbildung, typischer Säurebildung aus Mannose, Dextrose und Lävulose, typischer Virulenz und Toxinbildung: 2. auf Agar feine bläulich durchscheinende, bröcklige Kolonien sehr kurzer, plumper, keilförmiger Stäbchen, die auf Löfflerserum in zarten weißlichen oder gelblichen, häutchenartigen Kolonien wachsen, auf der Tellurplatte nur hellbraun sich verfärben, in Bouillon flockigen Bodensatz bei klarer Flüssigkeit bilden, starke Körnchenbildung, fehlende Vergärung der genannten Zuckerarten, fehlende Virulenz und Giftbildung aufweisen; 3. kleine, gelbe, saftige Kolonien auf Agar, morphologisch Mittelstellung zwischen den beiden ersten Typen, auf Löfflerserum zitronengelb — sonst Übereinstimmung mit dem ersten Typus. Bei kurzfristiger Übertragung erweisen sich die Typen über Monate konstant, in alternden Kulturen (bes. Bouillon) treten nach Wochen vereinzelte Umschläge in einen anderen Typus ein. Knopfbildung wurde nur bei einem kleineren Teil der untersuchten Kulturen beobachtet; sie betraf dann Kulturen des zweiten Typus und führte zu einem Rückschlag in den ersten. Diese zurückgeschlagenen Formen zeigen wieder erst nach langer Zeit Umschlag (in die zarte, giftarme Form), während die Ursprungsform immer wieder schon in jüngeren Kulturen umschlägt.

In umgekehrter Richtung als die bisherigen Untersuchungen bewegen sich diejenigen von Trautmann und Gaehtgens. Ein aus Nasensekret bei einem Diphtheriefall gewonnener typischer Pseudodiphtheriestamm ließ hier nach einer Reihe von Umzüchtungen auf Löfflerserum das Auftreten von typischen Diphtheriestäbchen beobachten, besonders nach Tierpassagen. Die neuen Formen zeigen morphologisch manche Anlehnungen an die von Dale beschriebenen, sie sind in den Stämmen neben dem Ausgangstypus in größerer oder geringerer Anzahl zu sehen; das Gärvermögen der umgestimmten Kulturen nahm eine Mittelstellung zwischen Diphtherie und Pseudodiphtherie ein.

In neuester Zeit hat Römer in Bestätigung der Angaben von Bernhardt und Paneth infolge von Meerschweinchenpassagen wichtige Umwandlungen festgestellt. Von 7 durch 7 Plattenpassagen gereinigten typischen Stämmen wiesen 5 mehr oder weniger weitgehenden Verlust der Virulenz und Giftbildung, der Säurebildung im Thielschen Nährboden, der Anaërobiose und der schlanken Form auf — von Merkmalen also, die als besonders charakteristisch und gegenüber Pseudodiphtherie differentialdiagnostisch wichtig angesehen werden. Durch mehrfache Meerschweinchenpassagen wird der Grad der Abweichung gesteigert, auf Löfflerserum wurden gelegentlich teilweise Rückschläge beobachtet. Es entstehen demnach im Tierkörper Zwischenformen zwischen echter Diphtherie und Pseudodiphtherie (vielleicht weiterhin auch die letztere), und Römer ist geneigt, auch die Tatsache, daß aus Blut

und Harn von Kranken (Gräf, Jacobsthal), aus Rekonvaleszenten und
gesunden Bazillenträgern oft atypische Formen gezüchtet werden, auf einen
im menschlichen Organismus erfolgenden Umschlag zurückzuführen.

6. Mykobakterien und Aktinomyzeten.

Die Variabilität der Tuberkelbazillen und die Frage nach der Umzücht-
barkeit ihrer Abarten (mag man sie als Typen, Varietäten oder Spezies benennen) ist eine seit langer Zeit viel diskutierte und bearbeitete und verdient
auch das ihr gewidmete Interesse sowohl wegen ihrer theoretischen als auch
ihrer praktischen Tragweite. Leider gestattet die Eigenart dieser Bakterien,
die Schwierigkeit ihrer Züchtung in Einzelkolonien, die Kohärenz des Kulturmaterials, seine Wachstumsempfindlichkeit, nur selten ein im Sinne unserer
Forderungen einwandfreies Arbeiten. Die vielfachen Umzüchtungsversuche
in vivo kommen angesichts der Möglichkeit von Spontaninfektion der Versuchstiere nur selten für unsere Fragestellungen in Betracht, da dann die
Entscheidung, ob Umwandlung oder nur Herauszüchtung eines im Tier präexistierenden Infektionserregers nur schwer zu treffen ist. Ebensowenig kann
man vorläufig Befunden von Infektionen an Menschen mit Rindermaterial Beweiskraft im Sinne einer Artumwandlung oder Anpassung zuerkennen, da ja
der infizierende Stamm meist unbekannt ist. Umgekehrt beweisen natürlich
solche Fälle, in denen der infizierende Rinderbazillus unverändert aus menschlichen Läsionen wiedergewonnen wird, nichts gegen die Möglichkeit einer Umwandlung, die eben kein regelmäßiges Vorkommen zu sein braucht und meist
auch nicht ist.

Von an Reinkulturen in vitro beobachteten Umwandlungen wäre zunächst
über diejenige von Sorgo und Sueß zu berichten. Eine menschliche Sputum-
kultur war als kleines Kulturbröckel auf sterile Milch aufgetragen nach 8 tägiger
Bebrütung auf Glyzerinagar fortgezüchtet. Es resultierte eine auf gewöhnlichem Agar feucht und schmierig (bei 37—41° C, nicht bei Zimmertemperatur)
wachsende Kultur von etwas variabler Meerschweinchenvirulenz (so wie die
Ausgangskultur). Eine Täuschung durch Säurefeste aus der Milch halten die
Verff. angesichts 6 anderer negativer Proben, des Versagens von Wachstum
bei Zimmertemperatur und des Fehlens von Farbstoffbildung für ausgeschlossen.
Ein zweiter Umwandlungsfall betraf eine typische, stark pathogene Kultur
aus menschlicher Lunge. Die Überimpfung der Originalkultur (Somatoseagar)
auf Hirnagar ergab hier ebenso im ersten Fall eine der Vogeltuberkulose ähnliche
Kultur und Wachstum auf gewöhnlichem Agar bei 37—41° C, doch auch bei
Zimmertemperatur, mit wie es scheint, abgeschwächter Meerschweinchenvirulenz.
Die beobachteten Umwandlungen werden von den Verff. als Mutationen angesprochen, eine Bezeichnung, gegen die nichts einzuwenden ist, sofern man
durch die Technik bedingte Täuschungsmöglichkeiten für ausgeschlossen hält.

Aus alten Glyzerinkulturen von Froschtuberkelbazillen konnten Baerthlein und Toyoda zwei Wachstumstypen isolieren 1. trockene, bröcklig-blumen-
kohlartige Kolonien von kurzen plumpen Stäbchen, 2. feuchte, glänzende,
glatte Kolonien von längeren und schlankeren Stäbchen. Die verschiedenen
Wuchsformen werden auch auf Serum oder Eiernährböden beobachtet. Der
erste Typus bietet spontane Agglutination, beide sind unterschiedslos agglu-

tinogen, der zweite zeigt stärkere Komplementablenkung mit den Seris beider Typen. Virulenz bei beiden identisch. Die Mutation tritt erst ziemlich spät ein. Rückschläge sind an den isoliert fortgeführten Mutanten bisher nicht gesehen worden.

Beide besprochenen Arbeiten lassen daran denken, daß die von Arloing und Courmont beschriebene homogene Kultur vielleicht einer Auslese mutativ entstandener mehr homogen wachsender Anteile ihre Entstehung verdankt.

Über die verschiedenen als Lepraerreger angesprochenen Kulturen von Säurefesten, die von ihren Entdeckern meist als hochgradig variabel geschildert werden, ist bis jetzt nichts sicheres auszusagen.

Von Aktinomyzeten wäre der Actinomyces annulatus zu erwähnen, der nach Beijerinck normalerweise Kolonien mit schöner Ringbildung aufweist. In diesen treten nun oft plötzlich Sektoren auf, die diese vermissen lassen, ebenso wie ihre Nachkommen.

7. Schweinerotlaufbakterien.

Aus älteren Gelatine- oder Agarkulturen dieser Bakterien hat Wyschelessky an einer Reihe von Stämmen zwei Wachstumstypen isoliert: 1. matte, punktförmige Kolonien (Gelatineplatte), mikroskopisch nebelfleckartig, in Stichkulturen wolkenartiges Wachstum und trichterförmige Verflüssigung; 2. größere durchscheinende Kolonien, mikroskopisch wie Knochenkörperchen mit schnörkelförmigen Ausläufern, der Gelatinestisch mit kugelförmigen Anhangskolonien besetzt, keine Trichterbildung. Junge Agar- oder Gelatinekulturen, ebenso Bouillonkulturen überhaupt geben nur den zweiten Typus. Während der isolierte erste Typus in 11—28 auf 2 Monate verteilten Nährbödenpassagen, ebenso in 5 Mäuse- und Taubenpassagen sich als konstant erwies, neigte der zweite dabei stark zum Abspalten des ersten. In der Virulenz beider Typen war kein konstanter Unterschied festzustellen. Bei Einsaat in Traubenzuckerserumbouillon war der erste Typus, obzwar schwächer gewachsen, nach 3 Tagen noch lebenskräftig, der andere trotz üppigen Wachstums abgestorben. Sehr bemerkenswert ist, daß die Wuchsart des ersten Typus dem Typus des Schweinerotlaufs entspricht, diejenige des zweiten dem Typus der Mäuseseptikämie, daß man demnach die Schweinerotlauferreger ebenso wie diejenigen der Backsteinblattern als mutativ entstandene Abarten der Mäuseseptikämiebakterien betrachten darf.

Köhne hat durch 40 Passagen durch Salvarsanbouillon (mit vorsichtig gesteigertem Giftzusatz) bei Schweinerotlaufbakterien eine Festigung gegen $2-2^{1}/_{2}$fache hemmende Dosen erhalten — im Tierversuch war aber der gefestigte Stamm nicht arsenfest.

8. Bact. coli.

Wegen der leichten Züchtbarkeit, großen praktischen Bedeutung und ausgesprochenen Variabilität waren die Angehörigen der Typhuskoligruppe Gegenstand zahlreicher und prinzipiell wichtiger Variabilitätsuntersuchungen. Wenn auch Vorgänge, die wir heute als Mutation benennen, mehrfach schon früher beschrieben worden sind, war es dem B. coli vorbehalten, das erste Beispiel einer

„Mutation" zu liefern, die gleich bei ihrer Entdeckung durch Neisser und Massini so getauft wurde. Auch hier wie bei der Önothera wollte es eine eigenartige Fügung, daß gerade dieser erste rasch berühmt gewordene Fall in seiner Eigenschaft als Mutation am stärksten angezweifelt wird.

Aus einem gastroenteritischen Stuhl hat Massini einen (sonst in mancher Hinsicht atypischen) Kolistamm gezüchtet, der auf dem Endonährboden ein eigentümliches Verhalten zeigte. Auf den ursprünglich weißen Kolonien traten selten nach einem, meist nach 2—3 Tagen kleinste zuerst gelblichweiße Knötchen (oberflächliche Sekundärkolonien) auf, die allmählich an Zahl und Größe zunahmen und allmählich sich stark röteten. Bei mikroskopischer Betrachtung von Schnitten durch die Kolonien sieht man, daß die Knötchen aus dem Inneren gegen die Oberfläche zu heranwachsen und die Kolonieschichten wie ein maligner Tumor durchbrechend an die Oberfläche gelangen. Die Zahl der Knötchen auf einer Kolonie kann zwischen 2—200 schwanken, ebenso ist ihre Größe variabel. Das ihr Erscheinen provozierende Agens ist zweifellos der Milchzuckergehalt des Agars, schon 0,1 $^0/_0$ davon genügt zu ihrer Erzeugung, andere Zuckerarten erweisen sich als wirkungslos. Das Eigentümlichste sind aber die Vererbungsverhältnisse; impft man von einer weißen Kolonie am ersten Tag noch vor dem Erscheinen der Knötchen (Knöpfe), so bekommt man auf Endoagar lauter weiße Kolonien, die ihrerseits nach 2—3 Tagen Knöpfe aufweisen. Impft man nach mehreren Tagen von der knötchenfreien Fläche einer weißen Kolonie, so ist das Resultat das gleiche. Impft man aber von den roten Knöpfen ab, so entstehen rote Kolonien, wie sie dem typischen B. coli zukommen, daneben meist spärliche weiße knopfbildende, weil eine absolut reine Entnahme von Knötchenmaterial kaum möglich ist. Die isolierten roten Kolonien geben immer rein rote Nachkommenschaft, auch durch Züchtung auf karbolsäure- oder alkalihaltigen Nährböden gelang es nicht, eine Rückkehr zum weißen Ausgangstypus zu erzwingen. Da die Reinheit der Kultur garantiert war, die beiden Abarten auch agglutinatorisch sich als identisch erwiesen, glaubten Neisser sowie Massini den Vorgang als mutative Entstehung einer laktosespaltenden Abart aus einer zur Vergärung unfähigen deuten zu müssen. Der Stamm, der den Namen B. coli mutabile erhielt, sollte sich in Übereinstimmung mit den Ideen von de Vries eben in seiner Mutationsperiode befinden, auch stimmte die geringe Anzahl der Mutanten — einige bis einige Hundert unter Millionen — mit dem Önotheraprototyp.

Es sollte sich bald zeigen, daß dem Massinischen Stamm keine Ausnahmsstellung zukommt, indem Burk aus Stuhl bei einer Krabbengeléevergiftung einen Kolistamm züchtete, der sich gegenüber der Laktose ebenso verhielt (nur schnellere Knopfbildung), biochemisch und agglutinatorisch mit jenem nicht identisch war. Bald konnte R. Müller von drei eigenen Stämmen berichten, Sauerbeck von einem, Hübner von drei, Baerthlein von 13. Penfold fand in 50 auf Typhus verdächtigen Stuhlproben 21 derartige Stämme, woraus hervorgeht, daß die Eigenschaft unter den Kolistämmen ziemlich häufig vorkommt. Ein Zusammenhang mit sonstigen biochemischen Eigentümlichkeiten scheint nicht zu bestehen, denn Penfold konnte die 21 Stämme in denselben drei Gruppen unterbringen, die McConkey auf Grund einer Untersuchung von 178 Laktosevergärern aufgestellt hat und die Häufung der Stämme war in den Gruppen in beiden Fällen eine analoge. Für das relativ häufige Vorkommen von umschlagenden Kolistämmen spricht auch die Beobachtung von Baerthlein und Gildemeister, die fast bei einem Drittel darmkranker Säuglinge derartige Stämme fanden.

Kowalenko, der den Massinischen und den Burkschen Stamm untersucht hat, konnte an Einzellkulturen die Grundversuche bestätigen. Altern oder Schädigung des Ausgangsmaterials können nach ihm das Erscheinen der Knöpfe verzögern, doch weder verschiedene Züchtungsbedingungen, noch Mäusepassagen vermochten die „Mutabilität" zu ändern. Zuweilen waren aus mit „weißer" Kultur infizierten Tieren direkt weiße und rote Kolonien zu züchten, was für einen Abspaltungsvorgang im Tier sprechen würde.

Zwei Eigentümlichkeiten waren es an der Knopfmutation, die von vornherein auffallen mußten: erstens die Regelmäßigkeit, mit der die Abspaltung auf den bestimmten Reiz hin erfolgte, während man allgemein gewohnt war, in der Mutation eine seltene und schwer zu meisternde Erscheinung zu sehen. Zweitens aber der ausgesprochene Zusammenhang zwischen dem auslösenden Reiz und der bewirkten Umwandlung — der „gerichtete" Charakter der Veränderung, der ihr den Stempel einer Anpassung aufdrückte. An diesen Punkten setzte denn auch die Kritik an, die nicht ausblieb. Burri fand an einer Reihe von Graskolistämmen (sowie einem aus Kuhkot) analoge Vorgänge wie beim B. coli mutabile, nur bezog sich die Umwandlung hier auf Saccharosespaltung. Wurde ein solcher Stamm in Schüttelkultur in hohem Saccharoseagar verteilt, so sah man in den ersten Tagen nur diffuse Trübung von kleinsten, dichtgedrängten Kolonien, aber keine Gasbildung. Erst nach 4—5 Tagen erschienen darunter 50—100 etwas größere Kolonien und es setzte Gasbildung ein. Die Überimpfung von solchen Kolonien ergab von vornherein vergärende Kulturen. Burri legte sich nun die wichtige Frage vor, ob nur die 50—100 Individuen in einer Kultur der Umwandlung unter dem Einfluß der Saccharose fähig sind. Ging er mit der Zahl der eingesäten Keime hinunter, so blieb die Anzahl der nachträglich herauswachsenden vergärenden Kolonien unverändert, ging er auf etwa 100 hinunter, so konnten alle beeinflußt werden. Es ergab sich daraus, daß nicht etwa unter den eingeimpften Keimen ein bestimmter Prozentsatz „prämutiert" ist und deshalb umschlägt, sondern daß alle Individuen des Stammes dazu befähigt sind und nur deshalb nicht alle es tun, weil in den dichten Kulturen durch Konkurrenz die meisten daran gehindert werden. So erklärt demnach Burri auch die Knopfmutation auf der Platte; in der Kolonie herrschen hier ähnliche Verhältnisse, wie in der dichtgesäten Schüttelkultur. Auch in flüssigen, zuckerhaltigen Nährböden erfolgt allmähliche Umstimmung der Keime, die eventuell eine vollständige werden kann. Wird im Verlauf der latenten Periode der Umstimmung (die ersten 4—5 Tage) auf ein weiteres Saccharoseröhrchen überimpft, so zeigt sich, daß hier Zuckerspaltung früher eintritt, als bei Beimpfung mit unvorbehandelter Kultur; es ist also eine „teilweise Erregung" in der ersten Kultur erfolgt, die in der zweiten nur vervollständigt zu werden braucht. Auch auf Agar erhält sich der einmal erreichte Erregungsgrad unverändert (ohne Saccharosezusatz natürlich) einige Wochen lang. Was die Deutung der Umstimmung betrifft, glaubt Burri sie als Entwicklung eines latenten, präformierten Vermögens deuten zu müssen, die unter dem Einfluß des spezifischen Reizes vor sich geht; auch nennt er deshalb sein Koli B. coli imperfectum, die umgestimmte Form B. perfectum.

Diese Untersuchungen wurden von Burris Schüler Thaysen vervollständigt. Unter 50 Graskoli fand er 7 mit Anpassungsfähigkeit an Saccharose
oder Laktose, aus 50 Proben von Kuhkot konnte nur ein solcher Stamm gezüchtet werden. Er führte den wichtigen Nachweis, daß bloßer Kontakt mit
der betr. Zuckerart unter Ausschluß von Wachstum (bei zu niedriger oder zu
hoher Temperatur) keine Umstimmung bewirkt, ebenso daß dieselbe innerhalb
der Wachstumsgrenzen durch Temperaturerhöhung beschleunigt wird, daß sie
also an aktiven Stoffwechsel gebunden ist. In flüssigen, zuckerhaltigen Nährböden konnte der Umstimmungsvorgang ebenfalls beobachtet werden, auch
gelang es „halberregte" Rassen mit schnellerer Anpassung darin zu züchten.
Diese „Zwischenformen" werden ebenfalls als Argument gegen die Annahme
einer Mutation angeführt. Interessant ist der Befund, daß die an Laktose
angepaßten Stämme mehr Gas aus Dextrose bilden, als die Mutterstämme,
also korrelative Umstimmung anderer Merkmale.

In derselben Richtung bewegen sich die Versuche von Klein, die an
4 eigenen Coli mutabile-Stämmen aus Stuhl, einem solchen aus Urin sowie am
Burkschen Stamm angestellt wurden. Bei Züchtung in einem laktosehaltigen
flüssigen Nährboden ergibt die Aussaat nach einem Tag auf Endoplatten lauter
weiße Kolonien, nach 2—8 Tagen einen immer steigenden Anteil von roten,
bis zuletzt lauter rote aufkommen. Ob das wirklich als Umstimmung aller
Individuen aufzufassen ist, erscheint fraglich, da in Mischkulturen der roten
und weißen eine Überwucherung der letzteren durch die ersteren infolge besserer
Ausnützung des Nährbodens nachgewiesen werden kann. Jedenfalls ist ein
großer Teil der Keime beeinflußbar, was gegeh eine Analogisierung mit den
niedrigen Mutationsprozenten bei Önothera ($1-3^0/_0$) sprechen soll. Auch Klein
findet, daß die neue Eigenschaft nicht sprungweise auftritt, sondern daß :m
Verlauf der Umstimmung eine Reihe von Übergangsstufen teilweiser Erregung
fetszustellen sind, die auch auf gewöhnlichem Agar andauern. Zur Erregung
genügt in flüssigem Nährboden schon $0,05^0/_0$ Laktose, in Gegenwart von
Dextrose bleibt aber die Laktose unwirksam, anscheinend weil der erstere
leichter angreifbare Zucker bevorzugt wird. Durch Anpassung an Malachitgrün (100fache Resistenzsteigerung), an Phenol (6fache), oder Koffein (15
bis 20fache) gelang es nicht, aus einem normalen Koli ein „mutabile" zu
machen, ebensowenig einen umgestimmten roten Stamm in die Urform zurückzuführen. Einen eigentümlichen Befund boten zwei koliartige Stämme, die
zwar in flüssigen Laktosenährböden umgestimmt werden konnten, aber auf
Endoplatten keine Knöpfe bildeten, weil hier die Anpassung durch Sauerstoffzutritt gehemmt wurde. Als Resultat seiner Untersuchungen stellt Klein
den Ausspruch hin, daß die knopfbildende Umstimmung des B. coli nicht als
Mutationsvorgang im Sinne von de Vries angesprochen werden dürfe.

Dieselbe Überzeugung schöpfen aus ihren Versuchen Bernhardt und
Markoff. Dieselben sahen, daß die rote Abart des Coli mutabile zwar nicht
durch Züchtung auf verschiedenen Nährböden, dagegen oft durch Mäuse- oder
Kaninchenpassagen zum Rückschlag zu bringen war. Sie betrachten sie daher
als nicht erbliche (sollte strikt heißen: beschränkt erbliche!) Modifikation, die
an den natürlichen Standort (hier in den Tierkörper) zurückgebracht in den
Ausgangstypus zurückschlägt. Es liegt hier ein von Natur labiles Gärver

mögen vor — der Umschlag erfolgt aber nicht plötzlich und ist nicht vererbbar — demnach auch nicht als Mutation zu bezeichnen.

Ähnliche Rückschläge der roten Abart in die ursprüngliche weiße (auch bei Hübener) hat Baerthlein an seinen 13 Stämmen beobachtet und zwar in Agarkulturen nach 6—7 Tagen ziemlich regelmäßig, während täglich überimpfte Agarkulturen keine Änderungen des biochemischen Verhaltens erkennen ließen, ebenso die Mäusepassagen. Mit Rücksicht auf die in seinen ausgedehnten Untersuchungen an Koli sowie vielen anderen Bakterienarten konstant auftretenden Rückschläge der reingezüchteten Mutanten (darüber weiter unten) will Baerthlein im Rückschlagen des Coli mutabile keinen Einwand gegen die Mutationsnatur des Vorgangs anerkennen.

Neben dieser biochemischen Mutation hat Baerthlein bei Kolistämmen auch eine solche im Koloniewachstum und der Morphologie der Stäbchen gefunden. Bei Aussaat aus älteren Kulturen gehen neben hellen durchscheinenden Kolonien mit kurzen oder mittellangen schlanken Stäbchen saftigere, trübe, irisierende Kolonien von sehr kurzen oder kurzen dicken, plumpen, manchmal kokkenförmigen Stäbchen. Die isolierten Formen bleiben bei ofter Überimpfung konstant, läßt man ihre Kulturen altern, so spaltet jede der Formen nach einigen Wochen die andere ab und zwar die trübe früher als die helle. Auch aus Stühlen werden oft direkt auf der ersten Aussaatplatte beide Formen gefunden. Im sonstigen Verhalten beider Mutanten waren keine konstanten Unterschiede zu finden, nur zeigte sich die trübe Form bei manchen Stämmen stark hypagglutinabel, wenn auch gut agglutinogen. Sehr interessant ist, daß bei den Colimutabile-Stämmen sowohl die weiße Form als auch die rote helle und trübe Abarten aufwiesen und daß beide hier kombinierten Mutationen unabhängig von einander erfolgen konnten, was sich vor allem im zeitlichen Auftreten der Umschläge kundgibt. Eine weiße helle Form gibt in ein paar Tagen auf der Endoplatte den Umschlag in die rote helle, auf gewöhnlichem Agar erst nach 6—7 Wochen denjenigen in die weiße trübe.

Einen nach dem Typus des Coli mutabile erfolgenden Umschlag des Laktosespaltungsvermögens haben bei einem Parakolistamm („Bac. typhoides duplex“) Sobernheim und Seligmann auf Endoagar sowie in Laktosebouillon beobachten können. Auch hier konnten die Beobachtungen an durch Einzellkulturen gewonnenen reinen Zweigen bestätigt werden und Agglutination mit einem Immunserum erwies die serologische Identität der umgestimmten Abart mit der ursprünglichen.

Auch andere mit Knopfbildung verbundene Umwandlungsvorgänge sind bei B. coli beschrieben worden. Penfold sah bei streng anaërober Züchtung auf Mc Conkey-Agar (Laktose-Galle-Neutralrot) stark gelbe Kolonien mit Knöpfen erscheinen, die bei anaërober Fortzüchtung Kolonien ohne Knöpfe liefern — augenscheinlich ein Anpassungsvorgang an irgend einen Hemmungsfaktor. Derselbe scheint bei aërober Züchtung nicht wirksam zu sein, da hier rote Kolonien ohne Knopfbildung zum Vorschein kommen.

Besonderes Interesse beanspruchen die von Penfold bei Züchtung auf Agar mit Natriummonochlorazetat beobachteten Variationsvorgänge. Bei Zusatz von $0,1^0/_{00}$ erscheinen lauter normale Kolonien, die randständigen führen Knöpfe. Bei $0,5^0/_{00}$ erscheinen kleine Kolonien, darunter weniger zahlreiche kompaktere, große bis sehr große knopfführende, bei $1—15^0/_{00}$ ist die Hemmung noch ausgesprochener, indem nur wenige Kolonien aufkommen und zwar ausschließlich große. Die großen Kolonien stellen augenscheinlich Anpassungsformen dar, da sie bei Weiterimpfung auf dem gifthaltigen Agar lauter große knopfführende Kolonien liefern. Zugleich aber lassen die großen Kolonien eine wichtige biochemische Umstimmung erkennen. Eine auf einer $2^0/_0$-Platte gewachsene große Kolonie gab keine Gasbildung in Dextrose, eine Spur in Laktose, beides bei voller Säuerung, die Milchkoagulation war verzögert. Eine weitere Anpassung an $3^0/_0$igen Giftagar ergab einen Stamm, der bei normaler Säuerung aus Dextrose, Lävulose, Mannose, Laktose und Dextrin kein Gas bildet, aus Galaktose, Xylose, Arabinose, Maltose und Salizin nur wenig, während aus Alkoholen (Mannit, Dulzit, Sorbit, Glyzerin, Isodulzit) normale Gasbildung erfolgt. Das sonstige Verhalten des umgestimmten Stammes zeigt keine Besonderheiten, Agglutination und Komplementbildung beweisen seine serologische Identität mit dem Mutterstamm. Der Verlust der Gasbildung aus Zuckern erklärt sich durch die Unfähigkeit der Bildung von Ameisensäure, während das Vermögen der Spaltung dieser Säure unter Gasbildung nicht gelitten hat. Eine Untersuchung des Verhaltens der verschiedenen Wuchsformen zum Traubenzucker ergab bei den kleinen Kolonien normales, bei den großen stark reduziertes, bei den Knöpfen fast verschwundenes Gasbildungsvermögen.

War hier vollständiger Verlust der Gasbildung erst nach einer Reihe von Passagen erreicht, so konnte Penfold in weiteren Versuchen unter Heranziehung der Individualanalyse bereits auf den ersten Schlag dazu gelangen. Während von 20 normalen Kolonien 4 eine Gasbildung von $^2/_3$ Röhrchen, 12 von $^7/_{12}$, 4 von $^1/_2$ aufwiesen (Dextrosepeptonwasser), zeigten von 15 großen Kolonien einer $0,2^0/_0$ Natriummonochlorazetatplatte 2 eine Gasbildung von $^7/_{12}$, 6 von $^1/_2$, 2 von $^5/_{12}$, 3 von $^1/_3$, 1 von $^1/_4$, eine gar keine Gasbildung. Eine weitere Spaltung dieser letzteren auf gewöhnlichem Agar ergab eine gasbildende Kolonie neben 7 nicht dazu befähigten. Das Verhalten zu den sonstigen Zuckern war das oben beschriebene. Von verwandten Substanzen gaben nur monobromessigsaures und phenylessigsaures Natrium $(0,3-14^0/_{00})$ eine Variabilität der Koloniegröße und Knopfbildung, jedoch ohne Beeinflussung des Gasbildungsvermögens. Di- und trichloressigsaures, zyanessigsaures, α-brompoprionsaures, dibrombernsteinsaures, chlormalonsaures, benzoesaures und hippursaures Natrium erwiesen sich als wirkungslos.

Etwas abweichend gestalten sich nach Penfolds weiteren Versuchen die Variabilitätsverhältnisse auf Monochlorhydrinagar $(^1/_{750}-^1/_{150})$. Auch hier gibt es kleine und große, undurchsichtigere knopftragende Kolonien; diese letzteren zeigen meist aufgeworfene, wallartige Ränder, unter denen nach einigen Tagen flache, baumartig verzweigte Auswüchse herauswachsen. Im Gegensatz zur oben beschriebenen Variation erweisen sich die großen Kolonien und die Knöpfe hier als aus normalen Gasbildnern bestehend, dagegen haben die Bakterien der Auswüchse das Vermögen aus verschiedenen Zuckerarten Gas zu bilden ganz oder fast ganz eingebüßt, während die Alkohole normalerweise unter Gasbildung gespalten werden. Merkwürdigerweise ist auch das Vermögen Ameisensäure zu spalten hier verloren gegangen.

Bei dem nahe verwandten B. lactis aërogenes wurde auf Monochlorhydrinagar $(^1/_{75})$ ähnliche, wenn auch weniger ausgesprochene Variabilität der Kolonien sowie Auswuchsbildung beobachtet; bei einem Stamm gelang es aus Auswüchsen eine Abart zu züchten, die biochemisch sonst normal nur das Vermögen der Glyzerinspaltung eingebüßt hatte. Auf monochloressigsaurem Natrium konnte keine Umwandlung dieser Bakterienart erzielt werden. Gerade diese Beeinflussung der Glyzerinspaltung unter dem Einfluß eines Glyzerinsubstitutionsprodukts läßt an einen wenn auch vorläufig nicht ganz klaren Anpassungsvorgang denken, der übrigens vielleicht auch bei den biochemischen Umwandlungen auf Monochlorazetatagar in Betracht kommt.

Kein direkter Zusammenhang läßt sich dagegen konstruieren zwischen auslösendem Reiz und bewirkter Umstimmung bei den Versuchen von Revis sowie von Seiffert. Der erstere fand, daß ein genau kontrollierter Kolistamm nach 15 Passagen in Malachitgrünbouillon ($^1/_{2000}$—3tägige Umzüchtung), die Fähigkeit aus Traubenzucker Gas zu bilden, fast vollständig, nach 22 weiteren Passagen (in MGrB. $^1/_{1000}$) vollständig eingebüßt hatte. Nach 37 weiteren Passagen in 1,5$^0/_{00}$ MGrB. erfolgte auch ständiger Verlust der Salizinspaltung, noch später Verlust der Milchkoagulation und der Dulzitspaltung also Annäherung an Typhus — alles bei erhaltener normaler Vitalität. In mehreren Versuchen hat Revis neben dem Malachitgrün das verwandte Brillantgrün mit Erfolg als Umwandlungsreiz in ausgedehnten Anpassungspassagen herangezogen. Die zu Anfang genau kontrollierten Stämme zeigten nach den Passagen starke Variabilität der Kolonieformen, manche ausgesprochene Fadenbildung, andere Schleimbildung, daneben aber zum Teil vorübergehenden, zum Teil ständigen Verlust des Spaltungsvermögens überhaupt oder der Gasbildung, sei es aus einzelnen, sei es aus mehreren Zuckerarten oder höheren Alkoholen, manche Varietäten zeigten schlechteres Wachstum bei Zimmertemperatur, normales bei 37^0. Ähnliche Veränderungen konnten bei B. lactis aërogenes sowie B. acidi lactici erzeugt werden. Auch hier traten bei einzelnen Individuen derselben Abstammung starke Differenzen im Umfang der bewirkten Umwandlungen zutage.

Seiffert züchtete ein typisches Stuhlkoli auf Agar mit Malachitgrünzusatz: $^1/_{2000}$ bildete ursprünglich die obere Wachstumsgrenze, bei $^1/_{1000}$ versagte das Wachstum, vom ersten Röhrchen ließ sich das Koli bereits auf eins mit $^1/_{800}$ MGr. überimpfen, wo einzelne Kolonien aufgingen, in der fünften Passage war bereits auf $^1/_{250}$ Wachstum zu erzielen. Von hier wurde auf gewöhnlichen Agar überimpft, nach drei weiteren Passagen (ohne Giftkontakt!) stieg der Festigungsgrad auf $^1/_{150}$, nach 14 solchen Passagen auf $^1/_{100}$ und blieb unverändert bis zur 75. Passage auf gewöhnlichem Agar. Ähnlich verlief die Festigung bei einem anderen Stamme, bei beiden konnte durch Agglutination und Komplementbindung Identität der umgestimmten Stämme mit den ursprünglichen erwiesen werden. Sehr auffallend ist das Verhalten der festen Stämme gegenüber Zuckern. Auf Endoplatten wachsen sie in weißen oder blaßrosa Kolonien, dazwischen erscheinen nach 2—3 Tagen wenige leuchtend rote. Diese letzteren zeigen sich in ihrer Nachkommenschaft konstant, die ersteren spalten immer wieder eine Minderzahl roter ab. So weit hätten wir es mit einem an die Malachitgrünfestigung gebundenen Verlust (oder Abschwächung?) der Laktosespaltung zu tun mit unter der Reizwirkung der Laktose leicht erfolgendem Rückschlag. Was also Klein nicht gelungen ist, wäre hier gewissermaßen erreicht worden, die experimentelle Schaffung eines Coli mutabile, wenn auch nicht mit dem gewohnten Abspaltungsbild in Knöpfen. Noch merkwürdiger ist aber die Feststellung, daß die roten Anteile der festen Stämme Saccharose zu spalten vermögen, wozu weder die Ausgangsstämme, noch die festen Stämme en bloc, noch ihre weißen Anteile befähigt sind. Es bedeutet dies das Auftreten eines Spaltungsvermögens unter dem Einfluß eines anderen Zuckers.

Ein wohldefinierter toxischer Reiz — das Phenol — bewirkte auch die weitgehenden Umwandlungen in den Versuchen von Altmann und Rauth. Dieselben befaßten sich mit der Variabilität derjenigen Antigenanteile von Koli, die an der Komplementbindung beteiligt sind bzw. die Bildung von komplementbindenden Antikörpern im tierischen Organismus provozieren. Um zunächst die normale Variabilität dieser Funktion kennen zu lernen, züchteten die Verff. 3 Kaninchenkoli auf gewöhnlichem Agar durch einige Monate täglich um, ohne daß dabei serologische Abweichungen zutage getreten wären. Es erschienen nur zwei relativ konstante Kolonietypen, ein heller und ein dunkler, wie sie auch von Baerthlein beschrieben wurden. Eine größere Variabilität bewirkten 3—14-tägige Passagezüchtungen in Bouillon. Unabhängig von den morphologischen Abweichungen der Kolonieformen erschienen in den Aussaaten Kolonien, die mit dem spezifischen Serum zusammengebracht keine Komplementbindung gaben, daneben solche, die nur partielle zeigten. Es traten weiter sehr große körnigbröcklige, subtilisartige Kolonien auf, die spontan agglutinierten, eine erhöhte Antiforminfestigkeit aufwiesen und im Bindungsversuch starke Eigenhemmung, aber keine Komplementbindung bewirkten.

Auch die Anpassung an den Phenolagar (innerhalb von 6 Wochen Resistenzerhöhung von $^1/_{1000}$—$^1/_{1500}$ auf $^1/_{700}$) ergab weitgehende Änderungen am Antigenapparat. Es erfolgte dabei — oft ziemlich plötzlich — Verlust der Komplementbindung mit dem Serum der Ausgangsstämme. Ein mit einem solchen Karbolkoli erzeugtes Serum gab Komplementbindung nicht nur mit diesem, sondern auch mit den anderen zwei Karbolkolis, keine dagegen mit dem Ausgangsstamm. Diese Umstimmung erwies sich als konstant sowohl bei Fortzüchtung auf Karbolagar, als auch auf gewöhnlichem Agar. Im Verlauf der Anpassung erschienen auch teilweise umgewandelte Kolonien, die nur partielle Komplementbindung mit dem Serum des Ausgangsstammes aufwiesen. Ein mit einem solchen Stamm erzeugtes Serum reagierte sowohl mit dem Ausgangsstamm, als auch mit dem völlig umgewandelten Karbolstamm, in der Nomenklatur der Rezeptorenhypothese vereinigte der Stamm also die Rezeptoren des Ausgangsstammes mit denjenigen des ganz umgestimmten Karbolstammes. Mit dem Karbolstammserum reagierten auch die aus gewöhnlicher Bouillon gezüchteten Varietäten, die beim Serum des Ausgangsstammes versagten. Die beobachteten Änderungen der Antigenspezifität sind nicht auf die bekannte Zustandsspezifität (Obermayer und Pick, Paltauf) zurückzuführen, da zur Bindungsreaktion ebenso wie zur Vorbehandlung der Serumspender die Kulturen nicht direkt vom Karbolagar, sondern erst nach Passage auf gewöhnlichem Agar benutzt wurden. Die zur Erklärung der beobachteten Tatsachen herangezogenen Vorstellungen sind hypothetischer Natur, sie beruhen auf der Voraussetzung, daß die bei der Komplementbindung in Aktion tretenden Rezeptoren der Bakterien mit denjenigen identisch sind, an die das Phenol herantritt. Ob die beobachteten Änderungen als funktionelle Anpassungen des Rezeptorenapparates aufzufassen sind, dürfte zurzeit kaum zu entscheiden sein.

Daß auch andere Eigenschaften durch Züchtung in phenolhaltigen Nährböden in Mitleidenschaft gezogen werden können, hat schon vor langer Zeit
Villinger gezeigt. Nach 5 solchen Passagen hat ein aus einer einzelnen Kolonie
gezüchteter Kolistamm seine Begeißelung und Beweglichkeit sowie die Fähigkeit der Indolbildung eingebüßt, zeigte dabei merklich gehemmtes Wachstum.
Auch nach längeren Passagen unter normalen Bedingungen blieben diese Eigentümlichkeiten bestehen.

Als mehr „natürliche" Reizwirkungen können diejenigen angesprochen
werden, die Revis in seinen Versuchen verwendet hat. Unter dem Einfluß
von Zuckerarten konnten träge Vergärer zu prompten gemacht werden innerhalb kürzerer Passagereihen (ob nicht Auslese?); durch 24stündige Symbiose
von B. lactis aërogenes mit Koli wurde beim ersteren Verlust der Gasbildung
aus Laktose und Saccharose, der Säurebildung aus Adonit und Inulin bewirkt.
Bei monatelanger Aufbewahrung in sterilisierter Erde oder Wachstum in mineralischen Nährlösungen kamen Änderungen der fermentativen Eigenschaften
sowie der Kolonieformen zustande — diese letzteren übrigens auch in lange
aufbewahrten Kulturen. Viele dieser Angaben verdienen wohl unter Einschaltung exakter Kautelen nachgeprüft zu werden. Brudny bekam bei Aussaat
aus einer Milchkultur neben normalen Formen eine Kolonie, die aus lauter kokkenförmigen Elementen bestand, sonst aber mit der Ausgangsform übereinstimmte
und bei Fortzüchtung konstant blieb. Er spricht den Fall als Mutation an.
Kokkenförmige Koli zum Teil mit Gelatineverflüssigung hat auch Revis beobachtet. Auf vorübergehende oder dauernde Umwandlungen des B. coli im
Darmkanal und in der Außenwelt insbesondere mit Herabsetzung oder Verlust
der Gasbildung aus Traubenzucker hat auch Henningsson neuerdings aufmerksam gemacht, ohne freilich durch strenge Versuchsanordnung den Beweis dafür zu erbringen. Die Angabe selbst ist an sich recht plausibel in Anbetracht der von Jaffé beobachteten Variationen von Kolistämmen bei längerem
Aufenthalt in Wasser sowie der oft atypischen Beschaffenheit der Stämme,
die aus Fäzes verschiedener Tierarten gezüchtet werden (s. z. B. Natonek).
Auf eine Selektion präexistenter „spontan" aufgetretener Mutanten sind die
Resultate von Barber zurückzuführen, der mittelst eines sinnreichen Vorgehens
abnorm lange Individuen isolieren konnte. Unter 140 derartigen Zellen erwiesen
sich bei der Fortzüchtung 139 als Modifikationen, d. h. gaben eine Nachkommenschaft von normaler Variationsbreite in bezug auf Länge, nur eine erwies sich
als konstant abweichend. In einer anderen Kultur erwies sich bei ähnlicher
Versuchsanordnung eine abnorm lange Zelle unter 50 als konstant; sie sowohl
wie ihre Nachkommenschaft zeichneten sich außerdem durch Unbeweglichkeit
aus. In einem dritten Falle zeigte eine in dieser Weise isolierte Abart neben
abnormer Zellänge gesteigertes Zuckerspaltungsvermögen und Hypagglutinabilität.

9. Paratyphus und Fleischvergifter.

Die zwischen parasitärer und saprophytischer Lebensweise schwankenden
Existenzbedingungen, die weite Verbreitung bei verschiedenen Tierarten und
ihren Produkten scheinen diese Gruppen zu besonderer Variabilität zu prädis-
ponieren und tatsächlich ist in ihr eine oft verwirrende Mannigfaltigkeit von Abarten und Veränderlichkeit von Merkmalen festgestellt worden. Während der Para-

typhus A als wohl charakterisierte, dem Typhus nahestehende Art gut abgegrenzt
werden kann, ist die Unterscheidung von Angehörigen der Paratyphus B Gärtner-,
Paratyphus C, Voldagsen-Dahlem-Stämmen u. a. nicht immer so glatt und
gibt, will man nicht allzu willkürlich verfahren, zu manchen Zweifeln Anlaß.

R. Müller hat in Bestätigung älterer Befunde von B. Fischer bei frisch
aus paratyphuskranken Menschen gezüchteten Stämmen Schleimwallbildung auf
Agar- oder Gelatineplatten bei Wachstum in Zimmertemperatur als konstantes
Merkmal gefunden. Nach ca. 4 Wochen wachsen nun aus solchen Kolonien
von der Peripherie zarte durchscheinende Auswüchse heraus, die bei Umzüchtung
(aus Einzelzellen nach Burri) lauter konstante, zarte, durchsichtige Kolonien
ohne Schleimwallbildung geben. Auf diese mutative Umwandlung ist die Tatsache zurückzuführen, daß bei längerer Fortzüchtung im Laboratorium die
Paratyphusstämme allmählich die Schleimwallbildung einbüßen. Aussaat von
älteren Stämmen ergibt dann entweder ein Gemisch von schleimwallbildenden
und zarten Kolonien oder nur letztere allein. Eine Aussaat der eine Mittelstellung zwischen der Paratyphus- und Gärtnergruppe einnehmenden Stämme
Rumfleth und Haustedt ergab zwei Koloniearten: 1. eine Mehrzahl hämo-
lysierender (auf $10^0/_0$igem Ziegenblutagar) Kolonien ohne Schleimwälle, die
von Gärtnerserum nicht beeinflußt wurden, 2. wenige nicht hämolysierende
schleimwallbildende Kolonien mit typischer Agglutination durch Gärtnersera.
Einen weiteren Unterschied zwischen der Paratyphus- und Gärtnergruppe
glaubte R. Müller in der Knopfbildung auf Raffinoseagar aufstellen zu können,
doch sollen nach Penfold auch manche Gärtnerstämme dieselbe aufweisen.
Ebenso hat Saisawa unter 10 Paratyphusstämmen sie zweimal vermißt, unter
10 Gärtnerstämmen 6 mal positiv gefunden. Umwandlung des Spaltungsvermögens sah Gildemeister auch in Raffinosebouillon erfolgen.

An 52 Paratyphusstämmen von Kälberruhr sowie an 3 Enteritisstämmen
(unter 19) hat Christiansen auf Arabinoseagar eine mit Knopfbildung verbundene Umwandlung (hier Beschleunigung) des Spaltungsvermögens beobachtet.
Die Wirkung ist eine spezifische Anpassung und kann durch andere Zuckerarten
nicht ausgelöst werden. An drei Stämmen, die durch Einzellkulturen gewonnen
waren, wurden die Resultate bestätigt, auch bewies die Agglutination Identität
der umgewandelten Stämme mit den ursprünglichen.

Ausgedehnte Untersuchungen über die Variabilität der besprochenen
Bakterien verdanken wir Baerthlein. Aus alten Kulturen gewachsene
Kolonien zeigen hier einen der folgenden Mutationstypen. I. 1. Große,
trübe, aufgefaserte, weinblattförmige Kolonien von längeren, schlanken Stäbchen
und 2. kleine homogene, glattrandige Kolonien von kurzen, plumpen, dicken
Stäbchen. II. 1. Helle durchscheinende Kolonien von kurzen, mittelschlanken
Stäbchen und 2. trübe, schmutzigweiße, gelbrötlich durchscheinende Kolonien
von sehr kurzen, plumpen, dicken kokkenähnlichen Bakterien. III. 1. Helle,
durchscheinende Kolonien von sehr kurzen, dicken plumpen Stäbchen und
2. perlmutterartig glänzende, saftige, trübere, irisierende Kolonien von langen,
dicken zur Fadenbildung neigenden Stäbchen. Den ersten Mutationstypus
zeigen manche Paratyphus-, Schweinpest-, Aërtryck-, Mäusetyphusstämme,
den zweiten andere Paratyphus- und die Mehrzahl der Schweinepeststämme,
den dritten alle Gärtnerstämme, ein Psittakosestamm und wenige Schweinepeststämme. Die Differenzen der Kolonieformen erhalten sich zum Teil auf der

Drigalskiplatte, auf anderen Nährböden sind sie nicht festzustellen, während die Differenzen der Morphologie der Einzelkeime auch hier bestehen bleiben. Biochemische Differenzen zwischen den verschiedenen Abarten desselben Stammes bestehen nicht.

Eigenartig gestaltet sich die Vererbung der Mutationstypen. Während beim ersten und zweiten die isolierten Abarten bei kurzfristiger Umzüchtung konstant bleiben, beim Altern der Kulturen erst nach Monaten Spaltungen einsetzen, verhält sich der dritte Typus ganz abweichend. Die hellen Kolonien spalten hier schon in ein paar Wochen alten Röhrchen, die perlmutterartig glänzenden irisierenden bereits nach 24 Stunden, indem dann in einer Aussaat neben überwiegenden Kolonien dieser Art auch einzelne helle aufkommen. Der Umschlag erfolgt hier übrigens auch sichtbar an den Kolonien selbst, indem sie nach einigen Tagen einen allmählich an Breite zunehmenden durchscheinenden Hof bekommen, der bei Umzüchtung sich als konstante helle Abart erweist. Die perlmutterartig glänzenden Kolonien können wir demnach als „ständig spaltende" Abart bezeichnen.

Agglutinatorisch sind mit Paratyphusserum keine eindeutigen Unterschiede zwischen den einzelnen Abarten festzustellen, zuweilen, aber nicht immer, werden die kleinen glattrandigen Kolonien des ersten Typus schwächer beeinflußt, als die entsprechenden großen, aufgefaserten. Durch Typhusserum werden die Angehörigen des ersten Mutationstypus stärker mitbeeinflußt, als die der anderen. Gärtnerserum agglutiniert die nach dem ersten und zweiten Typus mutierenden Stämme meist gar nicht, dagegen stark die nach dem dritten Typus mutierenden Gärtnerstämme, ebenso meist auch die hiehergehörigen Schweinepest- und Psittakosestämme. Gegenüber Voldagsenserum war das Verhalten regellos, in keinem Zusammenhang mit der Mutation. Die trüben, perlmutterartig glänzenden Kolonien der zum dritten Typus gehörenden Gärtnerstämme erwiesen sich als stark hypagglutinabel bei normaler Agglutinogenität. Bei den der Paratyphusgruppe sich nähernden Dahlem-Voldagsen- sowie Glässerstämmen haben Gildemeister und Baerthlein mutatorisch Abarten nach dem zweiten oben beschriebenen Typus auftreten sehen, die sich agglutinatorisch untereinander nicht unterschieden.

Während in den Versuchen von Baerthlein die einzelnen Abarten biochemisch voneinander nicht differierten, sind von anderen Autoren auch in dieser Richtung Umwandlungen beobachtet worden. Twort hat durch fortgesetzte Umzüchtungen kontrollierter Stämme in Saccharose-Peptonwasser denselben die Vergärung dieser Zuckerart anerziehen können, die sie ursprünglich nicht besaßen. Andere beobachteten wiederum Verlust von Spaltungsvermögen. Bei einer Paratyphusinfektion züchtete Oette aus dem Blut einen Stamm, der, sonst ganz typisch, aus keiner untersuchten Zuckerart Gas, sondern nur Säure bildete. Aus dem Stuhl der Mutter, deren Infektion derjenigen des Sohnes voranging und wohl als Quelle jener aufzufassen war, wurde ein ganz regelrechter Paratyphus gezüchtet. Es liegt nahe, hier eine im Menschen erfolgte Mutation anzunehmen. Ebenso hat Wagner aus dem Blut zweier Kranker Paratyphusstämme gezüchtet, die bei sonst typischem Verhalten, normaler Agglutinabilität und Agglutinogenität aus keinem Zucker auch nicht aus brenztraubensaurem Natrium Gas bilden, auch Neutralrot- und Orceinreduktion vermissen lassen. Beide Stämme geben typischerweise Knopfbildung auf

Raffinose- sowie auf Natriummonochlorazetatagar, auch Schleimwallbildung auf der Agarplatte bei Zimmertemperatur.

Konnte in diesen Fällen die Entstehung der betr. Stämme nicht verfolgt werden und mußte demnach die Annahme einer Mutation Vermutung bleiben, so haben Löwenthal und Seligmann einen derartigen Vorgang an einer Laboratoriumskultur erlebt. Ein bei einer Fleichsvergiftungsepidemie gezüchteter Paratyphusstamm war im täglichen serodiagnostischen Betrieb ein Jahr lang verwendet worden unter 2—3 tägiger Umzüchtung auf Agar. Nach einem Jahr erwies sich eine Reihe derartig abgezweigter Kulturen als unfähig für Gasbildung aus Dextrose und Mannit, während von der selten umgezüchteten Stammkultur abgestochene normale Gasbildung aufwiesen. Eine Untersuchung von einer Reihe von Tochterkolonien der Stammkultur ergab ein ganz einheitlich positives Bild in bezug auf Gasbildung, es war also keine Mischkultur. Von ihr abgezweigte Kulturen blieben bei täglicher Umzüchtung zum Teil unverändert, zwei davon haben jedoch nach 5 Passagen das Gasbildungsvermögen eingebüßt, das Gasbildungsvermögen des Stammes befand sich also in labilem Zustand. Durch Tierpassagen konnte bei den gaslosen Kulturen kein Rückschlag erzielt werden, sie sprachen auf Paratyphussera ganz typisch an und es konnte mit ihnen typisches Paratyphusserum erzeugt werden.

Über experimentell erzeugten Verlust des Gasbildungsvermögens bei Paratyphus und Fleischvergiftern (auch dem hierher gehörigen Stamm Grünthal) hat Penfold berichtet. Auf Natriummonochlorazetatagar wurde der Verlust nach vier Passagen bewirkt, bei Individualauslese, ebenso wie oben bei B. coli, bereits in der ersten Passage. Hier wie dort betraf der Verlust nur die Gasbildung aus Zuckern, nicht diejenige aus polyhydrischen Alkoholen, Säuerung auch hier unbeeinflußt. Auch hier war eine Differenzierung von kleinen und großen knopfführenden Kolonien zu beobachten, die letzteren und insbesondere die Knöpfe enthielten die biochemisch umgestimmten Bakterien. Die bewirkte Umwandlung erwies sich bei 5 Monate langer Fortzüchtung als konstant. Diese Beobachtungen erklären vielleicht die Möglichkeit des „spontanen" Auftretens gasloser Stämme in dieser Gruppe, die auch Penfold zu beobachten Gelegenheit hatte.

Viel langsamer als in diesen Fällen erfolgte die Umwandlung in den Versuchen von Haendel und Baerthlein. Durch $1^1/_2$ Jahre dauernde Fortzüchtung in Chininchlorhydrat-Nährböden konnte die Resistenz auf das 14fache gesteigert werden; sie erstreckte sich zum Teil auf andere Chininsalze sowie auf Äthylhydrokuprein. Die gefestigten Stämme wachsen etwas zarter und weisen stärkere Differenzen der Mutationsformen auf, als die normalen. Bei Fortzüchtung auf gewöhnlichen Nährböden nimmt die Festigkeit ab und zwar um so schneller, je geringer sie war. Die Beweglichkeit der Stämme (bei vorhandenen Geißeln), ihre Virulenz sowie Giftigkeit sind stark herabgesetzt. Sie werden von den entsprechenden Seris normal agglutiniert, mit ihnen erzeugte Sera beeinflussen sie selbst stärker als die Ausgangsstämme. Eine serologische Sonderart zeigt sich auch darin, daß die Chininparatyphusstämme von Chinintyphusseris stärker mitagglutiniert werden, als normaler Paratyphus durch gewöhnliche Typhussera. Umgekehrt wird Chinintyphus (d. h. ein gegen Chinin gefestigter Stamm) von Chininparatyphusserum stärker mitagglutiniert, als normaler Typhus von gewöhnlichem Paratyphusserum.

Nur ganz allmählich gelang es auch Marks einen Paratyphusstamm aus der Hog-Choleragruppe an arsenige Säure anzupassen; nach drei Jahren mühevoller Arbeit gelang es, seine Resistenz um das achtfache zu steigern. Die Anpassung erfolgte nicht gleichmäßig, sondern etappenweise, was vielleicht auch hier ähnliche Verhältnisse vermuten läßt, wie sie die Individualanalyse in den Versuchen von Eisenberg mit Milzbrand und denjenigen von Penfold mit Koli und Paratyphus aufgewiesen hat. Der angepaßte Stamm zeigt schlechte Beweglichkeit und schlechter entwickelten Geißelapparat, zarteres Wachstum, Neigung zur Abspaltung roter Kolonien auf Endoagar und starke Wachstumshemmung auf diesem Nährboden. Es erfordert viele Passagen auf gewöhnlichem Agar (46), bis der Stamm wieder normale Merkmale aufweist, in manchen Fällen genügen auch 90 solche Passagen nicht dazu. Agglutinatorisch zeigt der arsenfeste Stamm starken Rückgang seiner Agglutinabilität durch das Serum des Ausgangsstammes sowie durch Schweinepestserum, während diejenige durch Paratyphusserum deutlich stieg. Sehr interessant ist der Befund, daß dieser Stamm eine gegenüber dem Ausgangsstamm 40fach gesteigerte Antimonfestigkeit besitzt, eine höhere Festigkeit also, als gegenüber dem zur Festigung benutzten Gift. Das ist um so mehr auffallend, als die Resistenzsteigerung gegenüber Arsenophenylglycin und Phenolarsenoxyd nur eine dreifache ist.

Über theoretisch ebenso wie praktisch sehr wichtige, wenn auch leider in ihrer Entstehungsweise nur zum Teil übersehbare Veränderungen innerhalb beider hier besprochener Gruppen haben Sobernheim und Seligmann gründliche Untersuchungen angestellt. Bei der Untersuchung einer größeren Reihe von Stämmen aus der engeren Paratyphusgruppe wurde eine Anzahl von solchen gefunden, die durch verschiedene Paratyphussera in mehr oder weniger abgeschwächtem Grade agglutiniert wurden, dafür aber im Gegensatz zum Verhalten typischer Stämme von Gärtnerseris mehr oder minder stark beeinflußt wurden. Dieser Eigenart der Agglutinabilität entsprach nicht das antigene Verhalten der Stämme, indem die mit ihnen erzeugten Sera die ausgesprochene Spezifität reiner Paratyphussera aufwiesen bei gewisser Bevorzugung dieser Art von Stämmen. Die kulturelle Analyse dieser abweichenden „Doppelstämme" ergab in wechselndem Mengenverhältnis zwei Koloniearten und zwar neben typischen kreisrunden, durchsichtigen auch solche mit unscharfem, gezacktem Rande, mit undurchsichtiger und gekörnter Oberfläche. Die typische Abart zeigte sich ausschließlich durch Paratyphussera beeinflußbar, nicht durch Gärtnersera, die andere erwies sich als mit beiden Serumarten agglutinabel. Manche Stämme bestanden ausschließlich aus Kolonien der zweiten Abart. Dafür, daß hier ein fortschreitender Umwandlungsvorgang vom Paratyphus zum Gärtnertypus vorlag, sprach die Beobachtung an einem Stamm, der zuerst beide Abarten, dann aber nur mehr die zweite aufwies, während umgekehrt ein anderer bei einer Aussaat inmitten von lauter typischen Kolonien nur eine einzige der zweiten Abart aufgehen ließ.

Eine noch weitergehende Umwandlung, die zum Teil auch im Werden verfolgt werden konnte, zeigten die von Sobernheim und Seligmann untersuchten Stämme Rumfleth, Haustedt und Morbificans bovis Basenau, die zur Gärtnergruppe gehören. Der letztere wurde weder von Paratyphus- noch von Gärtnerseris beeinflußt, sondern nur von seinem eigenen Serum, das nur vereinzelte Paratyphus- und Gärtnerstämme schwach mitagglutiniert.

Die Stämme Rumfleth und Haustedt wurden von Gärtner- und Paratyphus-
seris nicht nennenswert beeinflußt, sondern nur von ihren eigenen Seris, die
wiederum nur diese Stämme bis zur vollen Titerhöhe ausflocken, andere Gärtnerstämme nur mäßig mitagglutinieren. Im Laufe der Beobachtung aber gewannen
diese Stämme allmählich mehr Agglutinabilität für Gärtnersera und eine Zerlegung lieferte bei beiden einerseits Anteile, die den oben geschilderten Sondertypus aufwiesen, andererseits solche, die in verschiedenem Grade sowohl durch
Gärtner- als auch die Sondersera agglutiniert wurden. Außer durch ihr serologisches
Verhalten weichen die Stämme Rumfleth und Haustedt noch durch verlangsamte Alkalibildung in Lackmusmolke, verlangsamte Gerinnung in Trauben-
zuckernutrose und verlangsamtes Erscheinen der Fluoreszenz im Neutralrot-
agar vom Typus ab. Es handelt sich also um zwei Stämme, die urprünglich
der Gärtnergruppe gehörend in gewissen Anteilen sich von dieser in Agglutinabilität, Agglutinogenität und biochemischen Merkmalen weit entfernen.

Daß die beiden Stämme wirklich einen labilen Zustand ihres Biotypus
durchmachen, zeigten die weiteren Veränderungen der oben erwähnten durch
Spaltung erhaltenen Tochterstämme und zwar derjenigen, die sich dem Gärtnertypus näherten. Dieselben gewannen nämlich die Eigenschaft, auf Milchzucker-
agar die dem Coli mutabile eigene Umwandlung zu erleiden unter dem charakteristischen Bild der Knopfmutation. Andererseits wies eine Tochterkultur des
Stammes Haustedt, die sowohl mit Gärtner- als auch mit Haustedt-Serum
reagierte, nach 9 monatlicher Aufbewahrung in drei verschlossenen Röhrchen
neben dem Sondertypus einen typischen Gärtnerstamm sowie einen typischen
Typhusstamm auf. Es hatte somit der Haustedt-Stamm in den Händen von
Sobernheim und Seligmann folgende 4 differente Anteile abgespalten:
einen Sonderstamm, einen Gärtnerstamm, einen Typhusstamm und einen vom
Charakter des Coli mutabile. Ergänzt mag noch werden, daß die agglutinatorische
Sonderart der besprochenen Stämme in ihrem Verhalten bei der Komplement-
bindung eine volle Bestätigung fand.

Diese überaus interessanten Befunde, die von Sobernheim und Seligmann wenigstens betreffs der Stämme Rumfleth und Haustedt als Mutationen gedeutet werden, sind in ihren Hauptzügen von Stromberg bestätigt
worden. Freilich ist es diesem nicht gelungen, während einer genauen über
7 Monate sich erstreckenden Beobachtung eine Weiterentwicklung der Änderungen festzustellen, er ist daher geneigt, den Wandlungsprozeß als sehr langsam
verlaufend sich vorzustellen. Ob es berechtigt ist, derartige Umwandlungen nur deshalb, weil sie einen für uns bequemen diagnostischen Typus verwischen, als „pro-
gressive Degeneration" zu deuten, wie Stromberg es tut, muß fraglich erscheinen;
der Ausdruck Degeneration enthält für uns den Begriff einer im Kampf
ums Dasein „nachteiligen" Änderung, die „Ausartung", d. h. Umwandlung
von Merkmalen genügt nicht, ist nicht identisch mit „Entartung".

Außer serologischen Differenzen hat Stromberg bei den von ihm untersuchten Paratyphus- und Gärtnerstämmen auch Unterschiede in den Kolonieformen beobachtet, die sich in drei Typen einordnen ließen: 1. kreisrunde,
kuppenförmig erhabene, durchsichtige Kolonien von typischen Kurzstäbchen;
2. flache Kolonien mit gezacktem Rand, verzweigtem radiärem Furchen-
system und dunklerem Zentrum enthalten neben Kurzstäbchen kürzere Fäden;
3. erhabene Kolonien mit sanft gebuchtetem Rand und Gehirnwindungs-

zeichnung enthalten fast ausschließlich kürzere und längere Fäden. Die Mehrzahl der Stämme wies konstant nur einen Kolonietypus auf, manche zwei, wenige alle drei. Die Typen waren isoliert konstant, ab und zu traten Wandlungen ein, die sich in die Rahmen der von Baerthlein beobachteten Gesetzmäßigkeiten zum Teil einfügen lassen. Ein eindeutiger Zusammenhang mit dem serologischen Typus war nicht festzustellen; die verschiedenen Anteile eines Stammes verhielten sich agglutinatorisch einheitlich. Die Kolonien des zweiten und dritten Typus neigten zu Spontanagglutination.

Eine mutative Umwandlung von serologischen Eigenschaften haben auch Löwenthal und Seligmann an dem schon oben erwähnten gaslosen Paratyphusstamm beobachtet. Derselbe hat nach 3 monatlicher Agarfortzüchtung eine trockenwachsende Kolonieart mit zackigen Rändern abgespalten, die sich serologisch als „Doppelstamm" erwies, d. h. eine abgeschwächte Agglutinabilität für Paratyphussera, eine gesteigerte für Gärtnersera besitzt. Das mit ihr erzeugte Serum agglutiniert am besten Doppelstämme, schwach Paratyphusstämme, gar nicht Gärtnerstämme und Typhus. Die Mutante zeigt serologisch gar keinen Zusammenhang mit dem gaslosen Ausgangsstamm, wird von seinem Serum nicht beeinflußt und ihr Serum hat keine Wirkung auf den Ausgangsstamm. Kulturell und biochemisch liegt hier ein typischer Paratyphus vor, auch Schleimwallbildung zeigt der Stamm, die dem Ausgangsstamm und dem gaslosen Abkömmling fehlte.

Serologische Umstimmungen, die an die von Sobernheim und Seligmann beobachteten erinnern, hat Boddaert durch Tierpassage erfolgen sehen. Ein typischer Paratyphusstamm, der sich bei Analyse von Einzelkolonien als homogen erwies, blieb nach einer Kaninchenpassage unverändert, nach zweien zeigte er Abschwächung, nach dreien Verlust der Agglutinabilität durch sein eigenes Serum, während diejenige durch Mäusetyphusserum keine Änderung erlitt. Zugleich damit trat schwache Beeinflußbarkeit durch Gärtnerserum auf. Die neuen Eigenschaften erwiesen sich innerhalb von 6 Monaten als konstant. Eine vorübergehende Umstimmung bewirkten drei Mäusepassagen bei dem Rattenschädling von Danysz; sie bestand in vollständigem Verlust der Gasbildung aus Laktose, teilweisem aus Dextrose, auf Agar kehrten die Eigenschaften zurück.

Waren oben aus dem Haustedt-Stamm in den Händen von Sobernheim und Seligmann Typhusbakterien abgespalten worden (oder wenigstens nicht von ihnen unterscheidbare), so berichtet R. Müller über das nicht minder mysteriöse Entstehen von Paratyphus- aus Typhusbakterien auf dem Wege der Mutation. Aus dem Blut eines sicheren Typhusfalles mit starker Typhus- und negativer Paratyphusagglutination waren auf der Lackmuslaktoseagarplatte 18 typische Typhuskolonien aufgegangen. Nach 11 Tagen zeigten dieselben kleine knopfartige Sekundärkolonien, die aus Typhusbakterien bestanden, nur an zwei Kolonien wuchsen 8 bzw. 3 große Knöpfe heraus, die sich als echter Paratyphus mit Schleimwallbildung herausstellten. Eine Mischinfektion war nach den Umständen auszuschließen.

10. Typhusbakterien.

Bei dieser Art fand Baerthlein bei Aussaat aus alten Kulturen folgende drei Mutationstypen, die verschiedene Stämme einschlugen: I. 1. Helle durchsichtige Kolonien von langen, schlanken Stäbchen und 2. saftigere, trübe, undurchsichtige von kurzen, dicken plumpen Stäbchen. II. 1. Durchscheinende, bröcklige Kolonien von dünnen, schlanken Stäbchen und langen Fäden und 2. trübe Kolonien von kurzen, plumpen, dicken Stäbchen. III. 1. Flache, scharfzackige, größere Kolonien von längeren, schlanken Stäbchen und 2. kleinere helle, glattrandige Kolonien von kurzen, dicken Stäbchen. Die Mutationsvorgänge setzen gewöhnlich erst in mehrere Monate alten Agarröhrchen ein, in Bouillonkulturen früher. Bei ofter Umzüchtung bleiben die isolierten Abarten konstant, erst in alten Kulturen treten wieder Umschläge ein, indem neben einer Mehrzahl von Kolonien der betreffenden Abart auch wenige der anderen auftreten. Meist wird von einem Stamm sein Mutationstypus beibehalten, doch kommen auch hier Wandlungen vor. Auf der Drigalski-Conradi-Platte sind die Unterschiede der einzelnen Mutationsformen festzustellen, wenn auch weniger ausgesprochen, auf anderen Nährböden lassen sich nur die morphologischen Differenzen der sie zusammensetzenden Einzelkeime nachweisen — doch bleiben die Formen in ihrer Eigenart erhalten. Biochemisch, agglutinatorisch, im Pfeifferschen Versuch und bezüglich der Virulenz unterscheiden sich die Abarten voneinander nicht.

Sehr ausgedehnte leider noch nicht in extenso mitgeteilte Versuche von Bernhardt und Ornstein haben eine große Mutabilität der Typhusbakterien nach vielen Richtungen hin erwiesen. So wurden auf Agar ganz trockene, mit körnigen Auflagerungen bedeckte milzbrandähnliche Kolonien mit gezackten und gelochten Rändern beobachtet neben den normalen hellen glattrandigen. Auf Gelatineplatten gut wachsende Stämme spalteten Abarten ab, die darauf nur kümmerlich oder gar nicht gediehen. Neben normalerweise die Bouillon trübenden fanden sich solche, die sie klar ließen unter Bildung eines Bodensatzes und einer Kahmhaut; die letzteren zeigten meist herabgesetzte oder fehlende Beweglichkeit. Auch serologisch konnte weitgehende Variabilität festgestellt werden, so träge agglutinable, hyp- oder inagglutinable, dabei agglutinogene oder schlecht agglutinogene Typen. Außerdem wurden aus alten Kulturen im bakteriziden Plattenversuch mehr oder weniger serumfeste Abarten herausgezüchtet, zuweilen war Serumfestigkeit auch im Pfeifferschen und im bakteriotropischen Versuch zu konstatieren. Zuweilen war eine Korrelation der Mutationen einzelner Merkmale zu bemerken; konstante Übereinstimmungen wurden nicht gefunden. Die Mutationen erfolgen meist in älteren Kulturen, besonders in Bouillonkulturen. Die isolierten Abarten waren bei kurzfristiger Überimpfung konstant; nach kürzerer oder längerer Zeit erfolgten Umschläge bzw. Rückschläge, in manchen Fällen wurden sie innerhalb der Beobachtungszeit vermißt. Oft wurde zwischen dem „normalen" Ausgangstypus und den extremen Mutanten eine Reihe von Übergängen festgestellt, die den Eindruck einer Kontinuität von Formen machte. Dieser Umstand ebenso wie der beobachtete verschiedene Grad der erblichen Konstanz führen Bernhardt und Ornstein dazu, einen prinzipiellen Unterschied zwischen Modifikationen und Mutationen zu negieren, und beide auf verschieden starke Beeinflussung durch äußere Reize zurückzuführen (darüber weiter unten).

An die letzthin beschriebenen Befunde ebenso wie an diejenigen von Eisenberg bei Cholera (spez. bei der „dunklen" Mutante) erinnern die von v. Lingelsheim und Sachs-Müke beschriebenen Variationsvorgänge. Bei

6 Stämmen beobachtete er neben den typischen Kolonieformen große, flache, trockene, chagrinierte Kolonien von schlanken, langen, unbeweglichen zu Häufchen oder Schollen verklebten Stäbchen. Die betreffenden Abarten, die als Q-Formen bezeichnet werden, neigen zur Spontanagglutination, sind aber normalagglutinogen. Sie erweisen sich bei Umzüchtungen als konstant, ebenso in 8 Mäusepassagen. Ab und zu, besonders bei Züchtung in gutgelüfteter, dünner Bouillonschicht, werden normale Formen abgespalten. Aus normalen Kulturen konnten bisweilen durch wiederholtes Erhitzen auf $55-60^0$ oder Einwirkung von Methylviolett ($^1/_{20\,000}$) die Q-Formen erhalten werden. Ähnliche Formen sind bei Paratyphus-, Gärtner- und Alkaligenesstämmen beobachtet worden, sie zeigten hier leichter Rückschläge, als bei Typhus. Zuweilen kamen Übergangsformen zur Beobachtung mit feuchtem Zentrum und trockener Peripherie, die aus einem Gemisch von beweglichen und unbeweglichen Stäbchen bestanden und Bouillon trübten. Ähnlich wie Eisenberg in der „dunklen" Choleramutante sieht v. Lingelsheim in der trockenen, kompakten Beschaffenheit der Q-Formen eine gegen Austrocknung besser gewappnete Zoogloeaabart und zeigt, daß sie trockene Agarflächen besser auszunützen imstande sind, als normale. Ihre Eigenart bringt es mit sich, daß sie oft übersehen oder als Verunreinigung beiseite geschoben worden sind. Es ist kaum zweifelhaft, daß sie den anderen Mutationen bei Cholera, Pyozyaneum, Fluoreszens, B. herbicola u. a. anzureihen sind.

Einen eigenartigen Mutationstypus, den wir noch später bei Prodigiosum wiederfinden werden, hat zuerst bei Typhusbakterien Jacobsen beschrieben. Bei einer Typhusepidemie in einer Irrenanstalt konnten aus zahlreichen Fäzes- und Blutproben auf Lackmuslaktoseagar keine Bakterien gezüchtet werden. Erst aus einer in Peptongalle gezüchteten Blutprobe wuchsen in Bouillon, nicht aber auf der Drigalski-Conradi-Platte, Bakterien, die sich von typischem Typhus nur durch verzögerte Mannitvergärung und fehlende Agglutinabilität durch Typhusserum unterschieden. Am auffallendsten war jedoch das Verhalten dieser Bakterien auf der Lackmuslaktoseplatte. In den ersten zwei Tagen nach der Aussaat waren hier nur außerordentlich kleine punktförmige Kolonien zu sehen, die nach 3 Tagen kaum Stecknadelkopfgröße erreichten. Um diese Zeit tauchten an den dichtbesäten Stellen wenige typhusähnliche Kolonien von normaler Größe auf. Aussaat aus kleinen Kolonien wiederholte dasselbe Bild, die großen lieferten eine konstante Nachkommenschaft von normalen Typhusbakterien mit rascher Mannitvergärung (innerhalb 12 Stunden) und typischer Agglutinabilität. Auch Einzellkultur der beiden Abarten änderte nichts an den Resultaten. Es lag hier also eine auf unbekannte Weise (wohl durch Mutation) entstandene Abart von Typhus vor mit starker Wachstumshemmung auf Drigalski-Conradi-Agar, die durch mutativen Rückschlag normale Typhusbakterien ständig abspaltete, also eine „ständig spaltende Varietät".

Von fünf Einzellkulturen der gehemmten Varietät behielten vier ihre Inagglutinabilität drei Monate lang, bei Aussaat nach 4 Monaten hatten sie normale Agglutinabilität aufzuweisen, die fünfte tat dies schon nach 3 Monaten.

Interessant waren auch die Befunde über den Mechanismus der beobachteten Wachstumshemmung. Es zeigte sich, daß die Ursache in der durch Autoklavierung der Nährböden bedingten Verschlechterung zu suchen war und daß die Hemmung durch Zusatz von Pferdeserum, Aszitesflüssigkeit, Hühnereidotter, vor allem aber von reduzierenden Substanzen wie Na_2SO_3, H_2SO_3, $(NH_4)_2S$, NH_4HS, $Na_2S_2O_3$ aufgehoben werden konnte. Es ist nicht entschieden worden, ob bei Aufhebung der Hemmung die Abspaltung des normalen Typus ebenso vor sich geht, wie auf gehemmten Platten.

Über einen ähnlichen Typhusstamm hat dann Fromme berichtet. Derselbe wurde aus Sputum, Blut, Galle, Milz, Leber und Mesenterialdrüse einer Typhusleiche gezüchtet und wies auf gewöhnlichem Agar sowie Lackmus-Laktose-Agar eine starke Wachstumshemmung, in Lackmusmolke verspätete Rötung auf. Der Stamm war hyperagglutinabel, normal bindungsfähig und normal agglutinogen. Auf Gelatine oder auf Endoplatten wuchs er ungehemmt, durch Na_2SO_3 ($0{,}25\%$) Menschenblut, Meerschweinchenserum, Kaninchenblut, Aszitesflüssigkeit, Eigelb war die Hemmung auf Agar aufzuheben, dagegen kam hier die Autoklavierung des Agars als Hemmungsursache nicht in Betracht. Rückschläge zur Norm wurden nicht beobachtet.

Eisenberg hat aus alten Typhuskulturen eine Reihe von Mutanten herausgezüchtet, darunter auch solche, die sich dem Jacobsenschen B. typhi mutabile nähern. Es waren dies Blutkulturen von einem Typhuskranken in Bouillon und in Galle, die seinerzeit einen reinen, typischen Typhusstamm aufwiesen. Nach 9 monatlicher Aufbewahrung bei Zimmertemperatur ergab die Aussaat aus der Blutbouillon neben typischen Kolonien normal agglutinabler Typhusstäbchen winzig kleine, stärker granulierte und gestreifte Kolonien von stark gehemmtem Wachstum, aus langen verschlungenen Fäden bestehend. In der Folge zeigten dieselben das eigentümliche Verhalten, daß bei jeder Aussaat aus einer solchen Zwergkolonie neben einer Mehrzahl ebensolcher wenige ungehemmte Kolonien aufgingen, deren Nachkommenschaft ebenfalls ungehemmt wuchs. Dieser Stamm erwies sich als stark hypagglutinabel (Typhusserum von Titer $^1/_{20500}$ agglutinierte ihn nur bei $^1/_{50}$), aber normal agglutinogen, auch im Verhalten zu Zuckerarten wurden geringfügige Abweichungen festgestellt, die Rhamnosemutation war positiv. Weder durch Zusatz von Na_2SO_3 (Endoagar), noch durch solchen von Aszitesflüssigkeit konnte hier die Hemmung ausgeschaltet werden, auch Autoklavierung des Agars spielte nicht mit. Außerdem wurden aus Galleröhrchen zwei in verschiedenem Grade hypagglutinable Stämme mit Neigung zu Fadenbildung gezüchtet, die in stark geriffelten Kolonien wuchsen, daneben aber ein gehemmter Stamm, der ebenfalls Zwergkolonien bildete. Dieser erwies sich ebenfalls als inagglutinabel, mit Neigung zu Spontanagglutination, seine Agglutinogenität konnte nicht einwandfrei festgestellt werden, er gab Knopfbildung auf Rhamnoseagar, neigte zu Fadenbildung. Der Rückschlag zur normalen Wuchsform erfolgte hier in der Weise, daß nach ca. 2 Wochen auf der Platte an zwei Zwergkolonien flache ausgebreitete, durchscheinende Auswüchse erschienen, deren Nachkommenschaft ungehemmtes Wachstum aufwies. Wir sehen hier aus einem Stamm eine Vielheit von Formen abgeleitet, ähnlich wie Bernhardt und Ornstein es beobachtet haben. Neben den Stoffwechselvorgängen im flüssigen Nährboden mag die Gegenwart von Blut und vielleicht auch die in ihm enthaltenen spezifischen Serumstoffe auslösend gewirkt haben.

Auch die Variabilität des Verhaltens zu Kohlenhydraten wurde bei Typhusbakterien vielfach untersucht. Twort hat einen Typhusstamm, der ursprünglich Laktose und Dulzit nicht vergor, durch eine Reihe von Passagen in Peptonwasser mit 2%igem Zusatz des entsprechenden Zuckers allmählich (bei Laktose erst nach 2jährigem Training) zur Vergärung dieser Zuckerarten gebracht. Die Umzüchtung erfolgte alle 14 Tage, damit nach Aufbrauch der Stickstoffnahrung die Bakterien zum Angriff des Zuckers quasi gezwungen würden. Der verwendete Stamm war Nachkomme einer einzelnen Kolonie, die dulzitvergärende Abart wurde agglutinatorisch als Typhus identifiziert. Die neuen Eigenschaften erwiesen sich in Meerschweinchen- und Agarpassagen als beständig.

Penfold hatte Gelegenheit, den Twortschen Laktosestamm genauer zu untersuchen. Er erwies sich in seinen sonstigen Eigenschaften, auch in seiner Agglutinabilität als einwandfreier Typhusstamm, nur bildet er ein Häutchen auf Bouillon und vergärt Sorbit langsam und schwach. Auf dem Mc Conkeyschen (Laktose-Galle-Neutralrot-) Agar bildet er ca. 50% roter (säurebildender), den Rest rosafarbener und weißer Kolonien. Sät man von einem paartägigen Laktosepeptonwasserröhrchen bei voller Säuerung auf diesen Agar aus, so bekommt man ca. 95% roter Kolonien. Die Aussaat von roten Kolonien ergibt ca. 96% roter, diejenige von rosafarbenen ein Gemisch von roten, rosa und weißen Kolonien, weisse geben eine rein weiße Nachkommenschaft, die letzten sind also konstant, während die roten ständig rückschlagen. Werden die roten in Peptonwasser ohne Laktose fortgezüchtet, so bekommt man nach 5—20 Passagen rein weiße Platten, die Laktosevergärung wird also in Abwesenheit des spezifischen Reizes verlernt. Züchtet man die durch Rückschlag gewonnene weiße Abart wieder auf Laktoseagar oder Peptonwasser, so bekommt man dann knopfbildende Kolonien nach Art des Coli mutabile. Im ganzen ergibt sich, daß die durch lange Anpassung dem Stamm aufgezwungene, anscheinend für ihn „artwidrige" Eigenschaft nur labil ist und immer zum Rückschlag neigt. Daß es nicht leicht ist, dem Typhus diese Eigenschaft beizubringen, zeigen die eigenen Versuche von Penfold, der bei verschiedenen Stämmen ein Jahr lang durch verschiedenartige Behandlung dieses Resultats vergeblich zu erreichen suchte. Daß jedoch auch in der „Natur" Typhusbakterien vielleicht ab und zu einmal in diesem Sinne umgestimmt werden können, beweist der Befund von Kuwabara, der aus dem Stuhl eines Typhuskranken neben einem normalen Stamm einen agglutinatorisch sicheren, zur Laktose- und Saccharosevergärung befähigten züchtete. Diese abnormen Eigenschaften gingen nach 12—15 Nährbödenpassagen verloren.

Weitere Untersuchungen von Penfold betrafen die Vergärung von Dulzit durch Typhusbakterien. Normalerweise erfolgt sie erst nach 5—15 Tagen und ist bei manchen Stämmen sehr schwach. Nach einmonatlicher Kultur in Dulzitbouillon konnte die Vergärungsfrist auf 1—4 Tage gebracht werden, nach zweimonatlicher auf 1—3 Tage, die Säurebildung wurde bei manchen Stämmen so stark, daß sie daran zugrunde gingen. Durch Aussaat unvorbehandelter Stämme auf Neutralrotdulzitagar bekommt man farblose Kolonien zum Teil mit roten Knöpfen. Die Verimpfung von den Knöpfen, die natürlich nur selten ganz rein gelingt, liefert ein Gemisch von weißen und roten Kolonien. Züchtet man einen Stamm in Dulzitbouillon vor und sät davon aus, so bekommt man ein Gemisch von roten und weißen Kolonien; durch Individualauslese von diesen Platten gelingt es so in kurzer Zeit zu kräftigen Vergärern zu gelangen. Die volle Entfaltung eines in potentia gegebenen Gärvermögens, wie sie in diesen

Versuchen beobachtet wird, bedeutet für das Bakterium einen biologisch nützlichen Erwerb. Das offenbart sich darin, daß in einer Dulzitbouillon die in der
ersten Woche mäßige Keimzahl in der zweiten gleichzeitig mit der Vermehrung
roter Kolonien in der Aussaat) eine starke Anreicherung erfährt. Wurde die
Anpassung längere Zeit durchgeführt, so erweist sich der Fermentationscharakter
auch in 25 Peptonwasserpassagen als beständig, bei kurzem Training herrscht
starke Rückschlagstendenz. In ähnlicher Weise gelang es Penfold auch Typhusbakterien, die normalerweise Arabinose sehr schwach und langsam vergären,
nach 3 monatlicher Anpassung zu einer Spaltung in 24 Stunden zu bringen,
die Aussaat aus solchen Röhrchen ergab dann 100% roter Kolonien. Über
eine durch spezifische Anpassung gesteigerte, erblich übertragbare Spaltungs-
fähigkeit für Dulzit und Arabinose berichtet auch Bradley, mit Laktose und
Saccharose waren auch seine Bemühungen erfolglos.

Eine besondere Stellung nimmt die von R. Müller entdeckte sog. Rhamnosemutation der Typhusbakterien ein. Impft man dieselben auf Agarplatten
mit Zusatz von Rhamnose (Isodulzit), so weisen die aufgegangenen Kolonien
nach einigen Tagen viele Knöpfe auf. Wird von diesen auf denselben Nährboden
weiterverimpft, so entstehen neben spärlichen knopftragenden Kolonien (wegen
der Schwierigkeit der Isolierung von Knopfmaterial) in Mehrzahl knopf-
lose Kolonien, die in ihrer Nachkommenschaft auch knopflos bleiben. Verimpfung vom knopffreien glatten Teil einer knopftragenden Kolonie reproduziert
den Typus der Mutterkolonie. Im Fall der Rhamnosemutation handelt es
sich aber nicht, wie man nach dem äußeren Bild zu vermuten geneigt wäre, um
das Entstehen eines Spaltungsvermögens, weder die knopftragenden noch die
knopflosen Kolonien spalten diesen Alkohol auf der Platte. Es scheint vielmehr
eine Anpassung an einen wachstumshemmenden Einfluß vorzuliegen, der sich
übrigens nur dadurch kundgibt, daß die knopftragenden Kolonien durchscheinen-
der, zarter und etwas kleiner sind, als die „angepaßten" knopflosen. Schon
$0,01\%$iger Zusatz des Zuckers genügt, um die Knopfbildung zu veranlassen;
die einmal umgewandelte Abart konnte nicht wieder zum Ausgangszustand
zurückgebracht werden. Bei mehr als 120 darauf untersuchten Typhusstämmen
wurde die Knopfbildung auf Rhamnoseagar festgestellt, unter 200 Kolistämmen
gaben sie nur 4, ebenso eine Reihe von Pseudodysenteriestämmen, ein Flexner-
stamm und ein Luftkeim aus der Diphtheriegruppe. R. Müller ist daher
geneigt, die Erscheinung, die mit der Sicherheit einer chemischen Reaktion
bei Anwesenheit des Zuckers eintritt, unter die Artmerkmale der Typhusbakterien einzureihen.

Von Penfold sind diese Befunde an 20 Stämmen bestätigt worden, auch
fand er, daß Typhusbakterien durch Züchtung in Rhamnosebouillon dazu gebracht werden, die ursprünglich lange Vergärungsfrist abzukürzen. Auch
Saisawa fand die Reaktion bei 25 Typhusstämmen, bei 3 Kruse-Shiga-
Stämmen (schwach), bei 2 Flexner, 2 Strong-, 13 Y-Stämmen, von 3 Pseudodysenteriestämmen gaben sie nur zwei. Vermißt wurde die Knopfbildung bei
10 Paratyphus-B-Stämmen, 5 Paratyphus-A-, 10 Gärtner-, 3 Mäusetyphus-,
6 Koli-Stämmen, es kommt ihr demnach eine relativ bedeutende Spezifität zu;
auffallend ist, daß sie gerade bei Ruhrbakterien sich findet, die auch sonst
dem Typhus in ihren Eigenschaften nahekommen. Die „mutierte" Rhamnose-
abart fand Saisawa in Agglutination und Virulenz mit der normalen identisch,

in 60 Passagen auf gewöhnlichem Agar erwies sie sich als beständig, auch in alten Kulturen oder durch Züchtung in Gegenwart von Phenol, Malachitgrün oder Koffein, durch einstündiges Erhitzen auf 50°, durch Darmpassagen bei Meerschweinchen war kein Rückschlag zu erzielen. Dagegen gelang dies durch 14-tägige Kultur auf Aszitesagar oder in Galle oder durch 5 intraperitoneale Mäusepassagen zu bewirken. Die Folgerung aus diesem Resultat, es liege keine Mutation vor, weil Rückschlag nach Belieben herbeizuführen ist, wird man, wie unten ausgeführt werden soll, nicht ohne weiteres gelten lassen können. Außer auf Rhamnoseagar sah Saisawa bei allen 20 untersuchten Stämmen auch auf Arabinoseagar Knopfbildung eintreten, 10 davon bildeten kleine Knöpfchen auf Erythritagar.

Gildemeister fand die „Rhamnosereaktion“ bei zahlreichen Typhusstämmen positiv, nur ein aus Wasser gezüchteter ließ sie vermissen, ebenso 100 Kolistämme, zahlreiche Alkaligenes-, Paratyphus-, Gärtner-, Cholera-, Kruse-Shiga und Strong-Stämme. Zwei Flexnerstämme und 6 von 14 Y-Stämmen bildeten Knöpfe. Rückschläge der mutierten Abart wurden nicht beobachtet, auch nach Mäusepassagen und nach längerer Züchtung in Galle, dagegen bewirkten 6 Passagen über Aszitesagar Wiederauftreten der knopfführenden Form. In Rhamnosebouillon erfolgte die Umwandlung vollständiger, nach zwei bis mehreren Tagen liefert die Aussaat davon auf Rhamnoseagar lauter glatte Kolonien. Hutt untersuchte 40 Pseudodysenteriestämme und fand 27 davon „rhamnosepositiv“. Die relative Spezifität der Reaktion benutzte Eisenberg zur Identifizierung der oben beschriebenen inagglutinablen und inagglutinogenen Abarten von Typhus.

Eine interessante Abart von Typhus, die er zuerst sogar als besondere Art durch den Namen B. metatyphi charakterisieren zu müssen glaubte, fand bei einer streng umschriebenen Münchner Epidemie Mandelbaum. Während nämlich sonst Typhusbakterien ausnahmslos Glyzerin zu spalten vermögen, geht dieser Abart die Fähigkeit dazu ab, es tritt in mit Glyzerin versetzten Nährböden statt Säure-Alkalibildung ein. Dieselbe dokumentiert sich auf der Glyzerinblutagarplatte durch Ausbleiben der Schwärzung, auf Glyzerinrosolsäureagar durch Rötung (statt Gelbfärbung), auf gewöhnlichem Glyzerinagar durch starke Kristallbildung (Phosphate?). Die abnorme Eigenschaft wurde in jahrelanger Fortzüchtung unverändert beibehalten, zuweilen traten bei längerer Züchtung auf Glyzerinagar knopfführende Kolonien auf, die aus normalen, glyzerinspaltenden Stäbchen bestanden („Remutation“). Es wirft deshalb Mandelbaum vielleicht nicht mit Unrecht die Frage auf, ob nicht alle Knopfmutationen als Remutationen, d. h. mutationsartige Wiedererlangung verloren gegangener Eigenschaften aufzufassen sind. Die sonst kulturell und agglutinatorisch normale Abart scheint eine bedeutende Menschenvirulenz aufgewiesen zu haben: Die Quelle der Milchepidemie wurde nämlich in einer Dauerausscheiderin gefunden, die im Stuhl neben dieser Abart auch normale Typhusbakterien ausschied, während alle infizierten Kranken nur den „Metatyphus“ aufwiesen. Mit dieser ausgesprochenen Infektionstüchtigkeit läßt sich die Auffassung von Russovici, es liege hier eine degenerierte Form vor, nicht gut in Einklang bringen. Vielleicht liegt ein Hinweis auf die Entstehungsweise dieser Abart in Beobachtung von Messerschmidt, daß durch Kaninchenpassagen (Gallenblasenimpfung) die sonst in 24 Stunden erfolgende Säurebildung aus Glyzerin eine Verzögerung auf 5—10 Tage erfahren kann. Penfold fand bei Untersuchung einer größeren Reihe von Typhusstämmen ein starkes Spaltungsvermögen, doch konnte durch 8 monatliche Anpassung die Zeitdauer von 3—4 Tagen bis zu voller Säuerung nicht abgekürzt werden. Bei 3 alten Stämmen fand er ein Gemisch von konstanten, spaltenden und nichtspaltenden Abarten.

Ebenso wie mit Paratyphus ist es Haendel und Baerihlein auch gelungen, Typhusbakterien im Verlauf von zwei Jahren durch Züchtung auf Chininchlorhydratnährböden in ihrer Resistenz gegen dieses Gift um das 28 fache zu heben. Auch hier erfolgte die Festigung nicht gleichmäßig, sondern etappenweise und erstreckte sich auf andere Chininsalze, sowie Äthylhydrokuprein. Die angepaßten Stämme zeigten Verlust von Virulenz und stark herabgesetzte Giftigkeit. Über die eigenartigen agglutinatorischen Eigenschaften dieser Stämme wurde bereits oben beim Paratyphus berichtet.

Die Angaben von Horrocks über Umwandlung von Typhus in Koli bzw. Streptokokken infolge von Tierpassagen klingen nicht gerade überzeugend (Möglichkeit von Überwanderung dieser Keime aus dem Darm ins Peritonealexsudat!). Eine konstante, in Fäden wachsende Abart konnte auch bei Typhus Barber aus einem isolierten Keim züchten.

11. Ruhrbakterien und Verwandte.

Kruse, Rittershaus, Kemp und Metz beobachteten bei Aussaat von Dysenterie- und Pseudodysenteriestämmen aus Pferdemilzbouillon auf Agarplatten neben den normalen durchscheinenden Kolonien auch stärker gekörnte und gedrungene, die die Bouillon klar ließen unter Bildung eines starken Bodensatzes, sonst aber sich völlig normal verhielten und konstant blieben (Ähnliches fanden sie bei Aussaat von Typhus- und Paratyphuskulturen in stark konzentrierter Peptonbouillon). Außerdem haben sie mutationsartige Änderungen des Zuckerspaltungsvermögens und der Agglutinabilität bei Pseudoruhrstämmen beobachtet.

Bei der Kruse-Shigaruhr fand Baerthlein bei Aussaat aus alten Agarröhrchen bei verschiedenen Stämmen zwei Mutationstypen: I. 1. helle, durchsichtige, bröcklige Kolonien von langen, schlanken, zu Fadenbildung neigenden Stäbchen und 2. undurchsichtige, gelbweiße, glattrandige Kolonien von kurzen, plumpen, dicken Stäbchen. II. 1. helle, zarte, durchsichtige Kolonien von langen, schlanken Stäbchen und 2. gelbweiße, undurchsichtige, von kurzen, plumpen, dicken Stäbchen. Der Mutationstypus ist bei den einzelnen Stämmen nicht immer konstant, sondern kann zuweilen im Laufe der Zeit wechseln. Die Unterschiede der Abarten sind auch auf Drigalskiplatten bemerkbar, auf anderen Nährböden wachsen die Abarten identisch unter Beibehaltung der morphologischen Differenzen der Einzelkeime. Biochemische Eigenschaften, sowie Agglutinabilität stimmen ebenfalls ganz überein. Bei ofter Überimpfung bleiben die isolierten Abarten konstant, in 3—4 Wochen alten Agarröhrchen treten Umschläge ein.

Von den giftarmen Ruhrstämmen zeigten die der Y- und Strong-Gruppe angehörenden den oben als II. bezeichneten Mutationstypus, diejenigen der Flexnergruppe, sowie eine Reihe frisch herausgezüchteter den I. Die sonstigen

Verhältnisse stimmten mit den soeben geschilderten überein, nur waren die Bakterien der mit I. 2. und II. 2. bezeichneten trüben, gelbweißen Kolonien ausgesprochen hypagglutinabel.

Über die Veränderlichkeit der biochemischen Funktionen, insbesondere der Zuckerspaltung, die ja zur Differenzierung der verschiedenen Ruhrbakterientypen dient, liegen verschiedene Angaben vor. Twort konnte durch längere Anpassung Kruse- und Flexner-Stämme zur Vergärung von Saccharose bringen, die ihnen normalerweise abgeht. Schroeter und Gutjahr fanden bei Y-Ruhr zwei Kolonietypen auf Gelatineplatten, eine glattrandige und eine strahlige, die aber nicht konstant blieben. Bei zwei Y-Stämmen vergoren die glattrandigen Kolonien Maltose, während die strahligen versagten. Auch blieb bei Y-Stämmen das biochemische Verhalten nicht konstant; die bei der Züchtung aus dem Stuhl fehlende Maltose-, Dextrin- und Stärkespaltung stellte sich nach 8 monatlicher Agarfortzüchtung ein. Durch 8 Monate lange Züchtung in Maltose-Peptonwasser erwarben Kruse-Shiga-, sowie Y-Stämme Spaltungsvermögen für diese Zuckerart, zuweilen gleichzeitig auch für Isodulzit. Bei Flexner- und Y-Stämmen wurde durch entsprechende Anpassung Gärvermögen für Saccharose angezüchtet, mit Laktose wurde kein Anpassungserfolg erreicht. Umgekehrt zeigten manche Stämme nach Mäusepassagen Verlust jeden Gärvermögens unter Beibehaltung ihrer agglutinatorischen Eigenschaften.

Bernhardt hat bei manchen Y- und Flexner-Stämmen auf Maltose-Lackmus-Agarplatten die Bildung von maltosevergärenden Knöpfen beobachtet, während den Ursprungsstämmen diese Fähigkeit nicht zukam. Die aus den Knöpfen gezüchtete rote Abart blieb bei ofter Überimpfung konstant, in alten Kulturen erfolgte jedoch Rückschlag zur Ausgangsform. Bei Einzelzüchtung blieben die Resultate unverändert. Einen Rückschlag konnten Bernhardt und Markoff auch bei Verfütterung der roten Y-Abart an Rhesusaffen erzielen. Es kam zu einer vorübergehenden Ruhrerkrankung und im Stuhl wurden auf der Lackmus-Maltoseagarplatte blauwachsende, knopfbildende Y-Kolonien nachgewiesen. Diese Autoren sind geneigt, die rückschlagsfähigen Umwandlungen vom Typus des Coli mutabile nicht als Mutationen, sondern als Modifikationen (Standortsvarietäten) zu betrachten, da sie von einer Mutante „Beibehalten einer Eigenschaft unter allen Umständen verlangen". In den „natürlichen" Standort (hier in den Darmkanal) zurückgebracht, erlangen dieselben den ihnen zukommenden Typus wieder.

Die Angaben von Mühlmann über den „mutationsartigen" Erwerb von Beweglichkeit und Traubenzuckervergärung bei Kruse-Shigaruhr infolge von Züchtung in stark alkalischer Bouillon klingen nicht gerade vertrauenerweckend und konnten auch von Bernhardt nicht bestätigt werden.

12. Bact. alcaligenes.

Auch in dieser Gruppe hat Baerthlein bei Aussaat aus alten Kulturen zwei Kolonieformen gefunden, und zwar 1. helle, zarte, durchscheinende Kolonien von langen, schlanken, gleichmäßig gefärbten Stäbchen und 2. zarte, trübe, undurchsichtige, stark irisierende Kolonien von kürzeren, plumpen, bipolar oder segmentiert gefärbten Stäbchen. Auf anderen Nährböden sind die Unterschiede der Wuchsformen kaum merkbar, die morphologischen Differenzen der Stäbchen bleiben erhalten. Agglutinatorisch verhalten sich die beiden Abarten eines Stammes immer identisch unter Beibehaltung der Stammesindividualität. v. Lingelsheim hat beim B. alcaligenes ebenso wie bei Typhus-, Paratyphus- und Gärtnerstämmen die von ihm als Q-Form bezeichnete Abart (s. o.) mit den dort beschriebenen Eigentümlichkeiten beobachtet. Nach 3 Mäusepassagen hat diese Abart eine auf Lackmuslaktoseagar in Zwergkolonien, auf gewöhnlichem Agar normal wachsende Form abgespalten, die sich durch energisches Wachstum in flüssigen Nährböden, sowie hohe Mäusevirulenz auszeichnete. Diese Form, ebenso wie die normale, waren gut agglutinabel, die Q-Form spontan agglutinierend. In alten Kulturen spaltete die Q-Form die normale wieder ab, die durch Mäusepassage erhaltene die Q-Form.

Die Behauptung, daß das B. alcaligenes sich in Typhus umzüchten lasse, die seinerzeit viel Aufsehen erregt hat, hat in der Verwendung von Mischkulturen ihre wahrscheinlichste Erklärung gefunden. Das Auftreten von Vibrionenformen auf dem Dieudonnéagar ist nach Baerthlein sowie Pollak als unter dem Einfluß von Blut sowie Alkali erfolgende Modifikation zu betrachten.

13. Milchsäurebakterien.

Über die Variabilität der Gärtätigkeit dieser wichtigen Gruppe liegen eingehende und mit tadelloser Technik durchgeführte Untersuchungen von Schierbeck noch aus dem Jahre 1900 vor, die auch heute noch volle Geltung beanspruchen dürfen. Die obere Wachstumsgrenze der Milchsäurebakterien, die in gewöhnlicher Bouillon bei 30^0 C liegt, wird durch Laktose- oder Dextrosezusatz auf 42^0 C hinaufgeschoben. Die Gärungskurve verläuft bei 18^0 etwas langsamer, erreicht aber ein höheres Maximum, als diejenige bei 35^0, die rascher hinaufgeht aber im Maximum hinter jener zurückbleibt. Verschiedene Abarten, auch aus ein und derselben Milch gezüchtet, zeigen individuelle Gärungskurven, die auch beibehalten werden. Zuweilen werden aus spontan gesäuerter Milch Abarten mit herabgesetzter Gärfähigkeit gezüchtet, die entweder unter guten Bedingungen schnell das normale Optimum erreichen oder aber selbst in 70 Milchpassagen unverändert bleiben. Mit stärkerer Gärtätigkeit geht auch stärkere Wachstumsintensität in Gegenwart von Milchzucker einher, die wohl auf besserer Ausnutzung des Nährbodens beruht.

Bei seinen Umwandlungsversuchen hat Schierbeck sich eines streng kontrollierten reinen Zweiges bedient, was, er in klarer Erfassung der heute allgemein akzeptierten Grundsätze folgendermaßen begründet: „Bei einer derartigen Untersuchung kommt es vor allen Dingen darauf an, zum Ausgangspunkt eine völlig homogene Kultur zu wählen, d. i. eine Reinkultur, deren einzelne Kolonien in der Plattenkultur alle dieselbe Intensität der Gärung viele Impfungen hindurch zeigen." In alten Milch-, Bouillon- und Gelatinekulturen fand er wohl als Wirkung der Stoffwechselprodukte eine Abschwächung der Gärfähigkeit, die sich jedoch ausgleichen ließ. Züchtung in Bouillon oder Gelatine durch 100 Generationen bewirkte trotz Abwesenheit von Milchzucker keine Abnahme des Gärvermögens. Positives Resultat gab dagegen ein Umwandlungsversuch durch Züchtung in $0,2^0/_0$iger Phenolmilch. Das ursprüngliche Säuerungsmaximum von 90 Säuregraden war nach 10 Passagen zwar in der ersten phenolfreien Milchkultur auf 75 gesunken, schon die zweite wies jedoch Rückkehr auf 90 auf. Von der zwanzigsten Phenolmilchpassage ergab eine Überimpfung auf reine Milch den Säuregrad 74, derselbe stieg nach 15 Passagen in reiner Milch auf 80 und hielt sich auf dieser Höhe bis zur 30. Überimpfung in reiner Milch, hier also schon dauernde Beeinflussung. Von der 30. Phenolmilchpassage ergab das Milchröhrchen ein Maximum von 65 und dieses blieb in 20 Überimpfungen in reiner Milch unverrückt. Ebenso ergab die 45. Phenolmilchpassage einen Säuregrad von 65, der sich in 50 Überimpfungen in gewöhnlicher Milch als konstant erwies. Eine Kontrollzüchtung des reinen Zweiges in reiner Milch ergab in 45 Passagen die ursprüngliche Säuerung von 90.

Während die Ausgangskultur in drei sukzessiven Aussaaten lauter Kolonien vom Säuerungsgrad 90 hatte aufgehen lassen, ergaben Aussaaten von den Phenolmilchpassageröhrchen ein Gemisch von biochemisch differenten Kolonien. Das dritte Röhrchen erwies sich noch als homogen, das sechste lieferte 6 unveränderte, 1 vorübergehend und 3 dauernd abgeschwächte (Säuregrad 80) Kolonien. Das zwanzigste Röhrchen gab lauter konstant abgeschwächte Kolonien und zwar 7 Kolonien mit Säuregrad 80, 3 mit 72. Die Aussaat aus der 35. Passage enthielt sogar mehrere Kolonien mit Säuregrad 49—50, die Milch nicht mehr zur Gerinnung brachten. Im ganzen war also auch hier, wie wir schon mehrfach bei anderen Umwandlungsversuchen (Eisenberg, Penfold, Wasserzug) gesehen haben, die Umwandlung durchaus nicht gleichmäßig und ständig vor sich gegangen, sondern schrittweise, indem sie die einzelnen Individuen ungleichmäßig beeinflußte und auch hier konnte durch die Individualauslese ein Umwandlungsresultat bedeutend früher erzielt werden, als im Massenkulturversuch. Die umgewandelten Kulturen zeigten herabgesetzte Wachstumsintensität aber erhöhte Resistenz gegen Phenol.

Bezüglich der wichtigen Frage, ob hier eine Umstimmung oder (modifikative)Abschwächung erzielt worden ist, steht Schierbeck auf dem Standpunkt, daß wohl letzteres der Fall ist. Er begründet diese Ansicht mit der Beobachtung, daß dauernd 'abgeschwächte Varietäten unter besonderen oft schwer kontrollierbaren und reproduzierbaren Umständen die normale Gärfähigkeit wiedererlangen können, so z. B. bei Überimpfung in eine bestimmte Milchsorte. Die scheinbare Konstanz des herabgesetzten Gärvermögens will er durch schädliche Einflüsse in der gewöhnlichen Milch erklären, die die Abschwächung persistieren lassen. Es soll weiter unten gezeigt werden, daß man die schönen Resultate von Schierbeck zwanglos durch mutativ erfolgende allmählich kumulierte Umwandlung erklären kann. Die Bedingungen, die eine solche erfüllen muß, sind ja hier gegeben, ständig veränderte Reaktionsnorm gegenüber einem bestimmten Reizkomplex, hier gegenüber gewöhnlicher Milch. Daß besondere Bedingungen einen Umschlag der neuerworbenen Eigenschaft auslösen können, widerspricht dieser Auffassung nicht, es kann eben Rückmutation erfolgen.

Twort hat durch Passagen in Saccharose-Peptonwasser das B. acidi lactici zur Vergärung dieses Zuckers bringen können. Den zur Gruppe der „langen Milchsäurebazillen" gehörenden Bac. casei E haben Burri und Thöni bei Symbiose mit einer Rahmhefe aus Lab eine schleimbildende Rasse abspalten gesehen, es handelte sich um eine Einzellkultur, die bei Alleinzucht unverändert blieb.

Arkwright hat aus cystitischem Harn während 11 Monaten nebeneinander 2 Stämme von B. acidi lactici züchten können, die sonst identisch, dadurch sich unterschieden, daß der eine aus verschiedenen Zuckern und Alkoholen nur Säure, der andere Säure und Gas bildete. Die Agglutination durch Immunsera der beiden Stämme erwies sie als identisch. Ihre Sonderart erhielt sich bei 4 Monate langer Umzüchtung auf Agar. Der Verf. hält den gaslosen Stamm für eine Abart des gasbildenden. Über Versuche von Penfold sowie Revis wurde schon oben beim B. coli berichtet.

Bei dem ebenfalls zu dieser Gruppe zu rechnenden B. bulgaricus hat Christeller in letzter Zeit eine merkwürdige, wenn auch leider nicht reproduzierbare Abspaltung beobachtet. Bei Überimpfung von Milchagar auf gewöhnlichen wuchs hier eine größere Anzahl von Kolonien, die zum Unterschied von der Ausgangskultur die Fähigkeit zum Wachstum auf gewöhnlichen Nährböden, Fehlen von Wachstum auf Milchagar, schlechtes Wachstum in Milch ohne Gerinnung aufweisen. Das auffallendste Merkmal der neuen, konstanten Abart besteht aber in seinem Gramverhalten, das auf Agar negativ, in Milch positiv ist.

14. Kapselbakterien. Pestbakterien.

Die Variabilität der an die Milchsäurebakterien sich anschließenden Kapselbakteriengruppe hat noch vor 18 Jahren durch Wilde eine besonders eingehende und wertvolle Bearbeitung erfahren. Die 25 Stämme, die er untersucht hatte, waren nach dem Charakter der oberflächlichen Kolonien auf Gelatineplatten in drei Typen unterzubringen: 1. kuppenförmige, runde, milchigtrübe, schleimige, 2. porzellanweiße, undurchsichtige, kuppenförmige, runde, 3. flache Kolonien mit undurchsichtigem Zentrum, durchsichtiger Randpartie und unregelmäßig ausgebuchteten Rändern. Aus alternden Kulturen wurden neben den typischen Kolonien auch koliförmige in zunehmender Anzahl gezüchtet, am schnellsten erfolgt dieser Umschlag in koagulierten Milchkulturen. Zuweilen wurden auch Abarten mit typhusartigen, weinblattförmigen Kolonien abgespalten. Diese Abarten erwiesen sich als ziemlich konstant, ein Rückschlag zur Ausgangsform kam nur vereinzelt zur Beobachtung. Öfters wurde auch Umschlag der oben erwähnten zweiten Kolonieform in die erste schleimige festgestellt. Interessant ist die Unfähigkeit der koliähnlichen Abarten mancher Stämme, Milch zur Gerinnung zu bringen, was die entsprechenden schleimigen Abarten gut verrichten.

Behams Versuche verfolgten den Zweck, Kapselbakterien, die bekanntlich normalerweise infolge ihrer schleimigen Beschaffenheit zu Agglutinationsversuchen kaum zu verwenden sind, gut agglutinabel zu machen. Zu diesem Zwecke impfte er von gealterten Agarkulturen kleine, trockene, schleimfreie Stellen bzw. Kolonien, die im schleimigen Belag eingeschlossen sind, ab. Dieselben liefern schleimfreie, trockene Kulturen, die sich als gut agglutinabel erweisen. Ganz konstant ist diese Abart nicht (es ist anscheinend nicht mit reinen Zweigen gearbeitet worden), läßt man nämlich ihre Kulturen 48—72 Stunden im Brutschrank, so erscheinen im trockenen Belag hier und da schleimige Inseln, aus denen wieder schleimige inagglutinable Kulturen sich züchten lassen. Auch Baerthlein konnte aus alten Kulturen einerseits die typischen, trüben, weißlichen, schleimigen Kolonien kurzer, plumper, gut bekapselter Stäbchen, andererseits helle, durchsichtige, wenig schleimige Kolonien längerer, schlanker

Stäbchen mit schwacher oder fehlender Kapselbildung herauszüchten. Die Abarten erwiesen sich, wie in anderen Fällen, als relativ konstant.

Die Untersuchungen von Toenniessen an zwei virulenten Stämmen bestätigen im wesentlichen die Befunde von Beham sowie von Baerthlein. Während bei nicht allzuseltener Überimpfung auf Agar mit zeitweiser Einschaltung von Mäusepassagen der normale, schleimig wachsende, kapselbildende Typus sich jahrelang unverändert erhalten läßt, werden in alten Kulturen flache kleine, schleimlose Kolonien von schlanken, kapselfreien, homogen färbbaren Stäbchen abgespalten, die wieder lange Zeit konstant fortgezüchtet werden können bei nicht allzuseltener Überimpfung (wenigstens jeden Monat). Nach 6—8 Wochen überimpft, kann aber die trockene Abart wieder zur schleimigen zurückschlagen. Die Abspaltung der trockenwachsenden Mutante erfolgt zuweilen auch in Massenkulturen auf Schrägagarröhrchen in Form von veränderten Sektoren. Bei dieser Züchtungsart im Agarstrich mit paartägiger Umzüchtung kann man bereits innerhalb kurzer Zeit in den Besitz der trockenen Mutante gelangen. Besonders interessant ist die durchgreifende Differenz des Virulenzgrades bei der schleimigen und der trockenen Abart: von jener genügt ein millionstel Kubikzentimeter Bouillonkultur, um eine Maus zu töten, diese ist selbst in der Dosis von 0,5 ccm unwirksam. Diese Differenz, der wir ja auch bei der Sarcina tetragena begegnet sind, läßt an einen Zusammenhang zwischen Virulenz und Kapselbildung (Ektoplasmahypertrophie) denken. Außer der als Mutation beschriebenen Umwandlung hat Toenniessen noch eine andere beobachtet, die er in Anlehnung an Beijerinck als Fluktuation (Degeneration) bezeichnet. Werden die schleimigen Kulturen ständig ohne Zwischenschaltung von Tierpassagen auf Agar fortgezüchtet, wobei man immer von schleimig gebliebenen Stellen absticht, so werden allmählich immer schmälere Kapseln gebildet, bis nach 2—3 Monaten die Fähigkeit der Kapselbildung ganz verloren geht und nun auch durch 25 Tierpassagen sich nicht wieder herstellen läßt.

In seiner neuesten Mitteilung werden die Angaben über die sog. Fluktuationen eingehender präzisiert. Es wurden drei solche durch den Grad der Schleim- und Kapselbildung differierende Formen gezüchtet, die weder ineinander, noch zurück in die Urform übergeführt werden konnten. Auch 80 Mäusepassagen vermochten nicht den Typus nennenswert wieder zu beeinflussen, während bei der kapselfreien Mutante schon einige genügen, um den Rückschlag in die Urform zu bewirken. Das Auftreten von Fluktuanten soll selten sein und nicht leicht herbeizuführen. Es mag hier schon bemerkt werden, daß Beijerinck seine Fluktuation anders definiert, nämlich als Variationsvorgang, der alle oder fast alle Angehörigen einer Sippe umfaßt.

Interessant, wenn auch leider nicht exakten Forderungen gemäß durchgeführt, sind die Befunde von Soerensen an einem hierher gehörigen B. pneumaturiae, das bei Pneumaturie aus dem Harn des Patienten gezüchtet wurde. Dasselbe wies ursprünglich starke Gasbildung aus verschiedenen Zuckerarten auf. Während eines Rückgangs der Erkrankung wurde ein sonst ähnliches aber flach wachsendes Stäbchen gezüchtet, das keine Gasbildung bewirkte. Bei längerer Umzüchtung ist dann plötzlich in dieser letzteren Kultur Schleimbildung und Gasbildungsvermögen aufgetreten und zu gleicher Zeit konnte aus dem Harn wieder das ursprüngliche, bekapselte, gasbildende Stäbchen gewonnen werden. Der Verfasser nimmt es als wahrscheinlich an, daß hier Varianten ein und desselben Stammes vorliegen.

Eisenberg hat bei einer Reihe hieher gehöriger Stämme bei Aussaat aus älteren Kulturen neben üppigen kuppelförmigen, schleimigen, mehr durchscheinenden Kolonien auch kleinere, flache, trockene, opak weißliche gezüchet. Die letzteren waren auch im infizierten Tier kapselfrei, während die Stäbchen der schleimigen Kolonien im Tier Kapseln aufwiesen; ein Unterschied in der Virulenz beider Abarten, ist, sofern geprüft, nicht gefunden worden, ebenso keiner in ihrer Thermoresistenz. Bei kurzfristiger Übertragung waren die Abarten konstant, in älteren Kulturen erfolgte Abspaltung der anderen Abart. Besonders ausgeprägt war das der Fall in Bouillonkulturen, das stärker alkalische Peptonwasser ist dem Umschlag weniger günstig (Neutralisierung saurer Stoffwechselprodukte?).

Bei Pestbakterien hat Gottschlich aus sehr chronisch verlaufenden Infektionen (Katze, menschlicher Bubo) eine konstante Abart gezüchtet, die durch sehr schnelles Wachstum auf der Agarplatte in Form von runden, saftigen Kolonien ohne gezähnelten Rand, Hypagglutinabilität bei guter Agglutinogenität sowie vollkommene Avirulenz ausgezeichnet war. Daß wirklich Pestbakterien vorlagen, zeigte ein Rückschlag zur Norm, der bei zweimonatelanger Aufbewahrung von Agarkulturen mutativ erfolgte.

15. Bact. prodigiosum.

Die Farbstoffbildner waren aus naheliegendem Grunde seit jeher ein beliebtes Objekt für Variabilitätsforschungen, besonders zwei frühzeitig bekannt gewordene, das B. prodigiosum und das B. pyocyaneum. Schottelius hat aus alten Gelatinekulturen des Prodigiosum durch etwas primitive Selektion farblose Abarten erzielt. Er impfte zu diesem Zweck auf Kartoffel und hatte hier nebeneinander hochrote, blassere und ganz blasse Stellen; stach er von den letzteren ab und wiederholte den Vorgang der Auslese einige Male, so bekam er eine konstant farblose Kultur ohne Trimethylamin- und Schleimbildung, die allen Rückzüchtungsversuchen widerstand. Durch 15 Passagen bei 38—39⁰ gelang es auch eine fast farblose Kultur herauszuzüchten (auch von Goebel neuerdings berichtet), noch besser durch Züchtung bei 40,5—41,50⁰, wodurch konstant farblose Abarten entstanden. Auch Wasserzug konnte durch Auslese (er trieb bereits Auslese von Einzelkolonien) schnell zu konstant farblosen Kulturen gelangen, die die Fähigkeit aus Dextrose Alkohol zu bilden vermissen ließen. Die durch Züchtung in angesäuerter Bouillon bewirkte Neigung zu Kettenwachstum erwies sich als Standortsmodifikation, da selbst nach 15 derartigen Passagen Rückkehr in alkalisches Medium die normale Kokken-(Kurzstäbchen) form wieder erscheinen ließ (ebenso Kübler). Durch wiederholtes Erhitzen der Kulturen (5 Min. lang auf 50⁰) in sukzessiven Passagen wurde eine Kultur mit vorherrschender Bazillenform gewonnen, besonders, wenn die Züchtung in saurer Bouillon erfolgte.

Interessante Untersuchungen über die Variabilität des als Abart vom Prodigiosum anzusprechenden Kieler Bakteriums stammen von Laurent. Das farblose Wachstum bei 36⁰ erwies sich als Modifikation, da die Kulturen bei niederer Temperatur wieder rot sich färben, die durch Anäarobiose bedingte Farblosigkeit erhält sich jedoch bei nachträglicher Umzüchtung bei Luftzutritt noch 1—2 Generationen lang. Saure Reaktion des Nährbodens beeinträchtigt die Farbstoffbildung, es können jedoch die Bakterien daran angepaßt werden und zeigen dann normale Färbung. Werden mit normaler Kultur besäte Kartoffeln eine Stunde lang dem Sonnenlicht ausgesetzt, so wachsen darauf weiße Beläge mit spärlichen rosafarbenen Punkten, die bei weiterer Umzüchtung fast ausnahmslos zurückschlagen. Nach dreistündiger Besonnung wachsen ganz farblose und meist auch in 3 sukzessiven Kartoffelpassagen konstante Kulturen. Fünfstündige Belichtung tötet die Aussaat ganz ab. Je schwächer die Sonnenstrahlung, desto geringer die Wirkung, desto leichter erfolgt der Rückschlag. Eine durch Besonnung erhaltene Abart wuchs in 32 Kartoffelpassagen bei 25—35⁰ farblos, dagegen auf Kartoffel bei 10—25⁰ rot. Diese verschiedene Reaktionsweise auf verschiedene Temperaturen erwies sich als fixiert, indem dieselbe Kultur abwechselnd bei höherer Temperatur farblos, bei niedriger rot wuchs. Auf Gelatineplatten bei 18—20⁰ war das Wachstum blaßrot. Da normalerweise eine unbeeinflußte Kultur bei 25—35⁰ rot wächst, liegt hier eine konstante Umwandlung vor, wenn auch keine „absolute" Farblosigkeit. Das Temperaturmaximum der Farbstoffproduktion ist eben von 35⁰ auf 25⁰ hinunter gedrückt worden. Wurde die soeben geschilderte Abart 5 Minuten lang auf 56⁰ oder 63⁰ erhitzt, so wuchs sie nunmehr bei allen Temperaturen farblos, war aber „sehr schwach und degeneriert". Bei unbeeinflußten Stämmen vermag eine derartige Erhitzung weder Vitalität noch Farbstoffbildung irgendwie zu verändern.

Sehr hartnäckig erwies sich das Farbstoffbildungsvermögen des Prodigiosum in den Anpassungsversuchen von Dieudonné. In 65 Generationen wuchs es hier bei 37,5⁰ farblos — die Überimpfung aus der 18. Generation ergab bei 22⁰ eine farblose Kultur — diejenige aus der 28. eine schwachgefärbte, diejenige aus der 35. wieder eine normal gefärbte, mit steigender Anpassung war also auch die Alteration der Farbstoffproduktion so weit überwunden, daß sie unter normalen Bedingungen ungestört erfolgte. Durch allmähliche Anpassung konnte das Bakterium selbst an Wachstum bei 43,5⁰ C gewöhnt werden.

M. Hefferan, der wir eine sehr eingehende und von modernen Anschauungen über die Variabilität getragene Untersuchung über die Farbstoffbildner verdanken, hat bei Aussaat aus alten Kulturen öfters vorübergehend farblose Modifikationen beobachtet, selten konstant farblose Abarten Ebenso wurde Wachstum in proteusartig sich ausbreitenden Kolonien sowohl als konstante wie als passagere Variation festgestellt, umgekehrt wurde eine ‚krustös", d. h. trocken warzig wachsende Varietät bei B. amyloruber gefunden. Eine schleimige Varietät wurde bei einem gut kontrollierten Stamm in einer 2 Monate alten Kultur abgespalten, es wurden auch Stämme gefunden, die nur schleimige Kolonien führten. Die schleimigen Kulturen sind schlecht agglutinabel, aber gut agglutinogen. Die vor langer Zeit von verschiedenen Forschern bei Milzbrand, von Wasserzug bei Pyocyaneum (s. weiter unten) inaugurierten Untersuchungen über Umwandlungen durch bekannte chemische Reize hat Wolf am Prodigiosum kontinuiert und mit Hilfe exakter Methoden weiter ausgebaut. Um der Johannsenschen Forderung „reiner Linien" (Zweige) Genüge zu tun, hat er seinen Versuchsstamm aus einer einzelnen Kolonie auf der vierten Platte der achten Plattenpassage erhalten. Eine Kontrollreihe von 50 Gelatineplattenpassagen ergab keine Abweichungen von der typischen roten Farbe,

selbst wenn Selektion der am schwächsten gefärbten Einzelkolonien getrieben
wurde. Keinen Erfolg hatten auch je 25 Kartoffelagarpassagen bei Zimmertemperatur und bei 37,5⁰ C. Die eigentlichen Versuche wurden auf Kartoffel-
agar mit 0,005⁰/₀igen Zusätzen verschiedener giftiger Stoffe zum Teil bei
Zimmertemperatur, zum Teil bei 37,5⁰ geführt. Traten abweichend gefärbte
Kolonien bei diesen Passagen auf, so wurden sie durch Passagen unter optimalen
Bedingungen auf die Konstanz ihrer Abweichung geprüft. Nach 25 Passagen
auf $CuSO_4$-Agar trat eine farblose Modifikation auf, die schnell zurückschlug,
ebenso in der Phenolreihe. In der $K_2Cr_2O_7$-Reihe ergab die Aussaat aus der
15. Passage bei Zimmertemperatur, ebenso aus der 19. bei 37,5⁰ ein Gemisch von
roten und farblosen Kolonien. Ein Teil der letzteren erwies sich als nur modifiziert, ein anderer lieferte eine Nachkommenschaft von überwiegend farblosen,
spärlichen roten Kolonien. Wurde nun von einer farblosen weiter geimpft, so
wiederholte sich der Vorgang, den Wolf „Rückmutation" nennt (während
Eisenberg vorgeschlagen hat, derartige Sippen als „ständig rückschlagend"
zu bezeichnen). Auch durch 25 Passagen über $K_2Cr_2O_7$ konnte diese Abart nicht
ganz fixiert werden, sondern schlug ständig zurück. In anderen Versuchsreihen auf Bichromatagar traten nach 10, 20, 21, 25 und 27 Passagen konstant
weiße Abarten auf, in drei dieser Reihen daneben noch ebenfalls konstante
tiefrote Kolonien ohne Metallglanz, in einer Reihe außerdem eine goldgelbe
Modifikation. Konstante farblose sowie tiefrote Abarten wurden auch erhalten
in Passagen auf $KMnO_4$-, $Ca(NO_3)_2$-, $Cu(CH_3COO)_2$-, $Ni(NO_3)_2$-, $HgCl_2$-Agar,
dagegen erwiesen sich Zusätze von Alaun, Eisenalaun, $FeSO_4$, $CoSO_4$, Na_2WO_4,
$UO_2(NO_3)_2$ als unfähig, eine Mutation in 25 Passagen zu bewirken.

Die gründlichste Standardarbeit über die Variabilität des Prodigiosum
hat an einer großen Reihe von Stämmen Beijerinck durchgeführt. Um die
Wachstumsart und Farbstoffbildung des Bakteriums unbegrenzt unverändert
zu erhalten, muß man dasselbe jede 24 Stunden unter Verwendung von sehr
wenig Impfmaterial überimpfen oder aber in saurer Bouillon züchten, wobei die
Säure das gebildete Alkali neutralisiert und damit, wie es scheint, den Reiz zur
Mutation ausschaltet. Merkwürdigerweise gelingt es auch durch Zusatz von
Alkalikarbonaten oder Magnesiumhydrophosphat zur Bouillon der Mutation
vorzubeugen. Werden Kulturen besonders in flüssigen Medien ohne diese
Vorsichtsmaßregeln alt, oder überimpft man jede 2—3 Tage größere Impf-
mengen, so bekommt man, in letzterem Fall bedeutend früher, Abspaltung
von Mutanten. Als bewirkende Faktoren kommen Stoffwechselprodukte
sowie beschränkter Luftzutritt in flüssigen Nährmedien in Betracht. Da die
Umwandlung meist nur eine beschränkte, zuweilen sehr kleine Anzahl von
Individuen betrifft, so müssen die Aussaaten sehr ausgedehnt sein, damit man
die Chance hat, auch wenige abweichende Kolonien oder Sektoren unter der
Mehrzahl unveränderter heraus zu erkennen und zu isolieren.

Die auf diese Weise isolierten Mutationsformen unterscheiden sich voneinander nur durch ihre Farbstoffproduktion und das Aussehen der Kolonien.
Die Kombination dieser Merkmale sowie der genetische Zusammenhang lassen
folgende 15 Formen unterscheiden: 1. Normalform rot, 2. roseus 1 normal,
rosafarben, 3. roseus 2 normal blaßrosa, 4. albus, normal, farblos, 5. albus hyalinus, farblos, durchscheinend, 6. viscosus, rot schleimig, 7. viscosus albus,
farblos schleimig, 8. auratus, normal orangefarben, 9. auratus viscosus, schleimig

orangefarben, 10. auratus viscosus albus, farblose Mutante des letzteren, 11. auratus albus, farblose Mutante von 8., 12. hyalinus, durchscheinend tief rot, 13. hyalinus viscosus, dito schleimig, 14. hyalinus viscosus albus, farblose Mutante des letzteren, 15. hyalinus albus, farblose Mutante von 12. Außerdem wurde bei dem hierher gehörigen Kieler Bakterium eine Mutante gezüchtet, die in gekräuselten, trockenen, festsitzenden Kolonien wächst (wie oben Hefferan und Dyar).

Nicht alle Mutanten sind bei allen Stämmen zu erhalten, verschiedene Stämme mutieren mit verschiedener Leichtigkeit und in verschiedenem Umfange, auch sind die analogen Mutanten verschiedener Stämme untereinander nicht absolut identisch. Unter den oben beschriebenen Bedingungen können die Mutanten konstant erhalten werden, sonst mutieren sie entweder weiter oder sie schlagen mutativ zurück, wobei immer derselbe Weg eingeschlagen wird, der zu ihrer Entstehung geführt hat, d. h. es wird durch Rückschlag diejenige Form abgespalten, aus der die betreffende Mutante entstanden ist. Fast ausnahmslos wird dabei nur der letzte Mutationsschritt rückgängig gemacht, nicht die weiter zurück liegenden. In seltenen Fällen erfolgt dieser Rückschlag in Form von Knopfmutation, so z. B. können auf Albuskolonien vereinzelte Knöpfe herauswachsen, die bei Aussaat rote Kolonien geben, zuweilen aber reproduzieren die Knöpfe nur die farblose Mutterform. Manche Mutanten, z. B. die schleimigen, entstehen nur in flüssigen Nährböden (herabgesetzter Sauerstoffdruck?), die farblosen ziemlich leicht auch auf festen. Auratusmutanten entstehen leicht in Bouillon, jedoch niemals in Malzwürze, was wieder für eine Beteiligung von Stoffwechselvorgängen an der Mutation spricht.

Beijerinck hat den Versuch unternommen, die komplizierten Erscheinungen der Prodigiosummutation unter dem Bilde der in der Erblichkeitslehre bewährten Faktoren- oder Gen-Hypothese zu veranschaulichen. Die Farbstoffbildung denkt er sich als an fünf „Farbgene" gebunden, die tiefrot gefärbte Hyalinusmutante soll alle fünf enthalten, die Normalform vier, die Roseus 1 drei, die Roseus 2 zwei und die Auratusmutante nur ein einziges, das auch in allen anderen farbigen Mutanten vorkommt, aber durch die „roten" Gene verdeckt wird. Die Schleimmutanten besitzen ein einziges „schleimbildendes" Gen, die Hyalinusformen zeichnen sich durch größere Schlankheit der Stäbchen aus, daher ihr durchscheinendes Aussehen. Den farblosen Mutanten gehen alle „Farbgene" ab. In Gärvermögen und anderen Eigenschaften unterscheiden die Mutanten sich nicht von der Ausgangsform. Beijerinck ist nicht geneigt, in dieser Art von Mutation einen Vorgang zu erblicken, der Neues zu schaffen imstande wäre. Das einzige „neue" Merkmal, die Schleimbildung, ist nach ihm in latentem Zustand als „Progen" schon in der Normalform vorhanden, die Mutation aktiviert hier nur das schlummernde Vermögen. Umgekehrt sind die Verlustmutationen wohl nicht auf wirklichen Verlust von Genen zurückzuführen, da z. B. die farblose Abart wieder eine rote abspalten kann. Es erfolgt eben nur Inaktivierung eines Gens, seine Überführung in ein Progen. Mutation und Atavismus sind in diesem Sinne eigentlich umwechselbare Begriffe, wie ja auch die Vorgänge selbst meist gleichen Gesetzen folgen.

Baerthlein hat durch Aussaat aus alten Prodigiosumkulturen folgende drei konstante Abarten herausgezüchtet: 1. Dunkelrote undurchsichtige Kolonien von dicken, plumpen Kurzstäbchen, 2. farblose durchscheinende Kolonien von schlanken feinen Stäbchen, 3. saftige, etwas schleimige rosafarbene. Die Agglutination erwies alle drei Abarten als untereinander identisch, Tierpassagen vermochten ihren Typus nicht abzuändern, erst in alten Kulturen zeigten sie Rückschläge.

In ausgedehnten Versuchen hat Eisenberg die Variabilität von vier Prodigiosum- und zwei Kieliensestämmen untersucht. In Übereinstimmung mit Beijerinck wurde festgestellt, daß in flüssigen Nährböden Umschläge leichter und in größerem Umfang auftreten, als auf festen. Starke Mutabilität bedingte Züchtung in stark alkalischem Peptonwasser, sehr geringe diejenige in Milch (die mit starker Säuerung einhergeht), was für die Rolle alkalischer Stoffwechselprodukte bei der Auslösung der Mutation (Beijerinck) zu sprechen scheint. Verschiedene Stämme zeigten eine ungleiche Befähigung zum Umschlag, was aus der Anzahl der erhaltenen Mutationsformen und der Häufigkeit der Umschläge hervorging. Auch waren die erhaltenen Mutationsformen bei den verschiedenen Stämmen nicht immer die gleichen. Als besonders wirksames Mittel zur relativen schnellen Erzielung verschiedenartiger Mutanten erwies sich die Züchtung auf Agar mit starken Farbstoffzusätzen (Kristallviolett, Fuchsin, Malachitgrün, Chrysoidin, Methylenblau, Pikrinsäure, Safranin, auch Na_2SeO_3). Oft genügte eine einzige Passage, um hier Umschlag zu bewirken; je länger der Farbstoff einwirkte, desto mehr griff der Umschlag um sich, desto weiter schritt er fort (ähnlich wie in den Abschwächungsversuchen bei Milzbrand). Da sonst auf Agar die Umschläge sehr spät erfolgen und nur wenige Formen liefern, ist die Farbstoffwirkung zweifellos als mächtiger Mutationsreiz zu bezeichnen.

Die von Eisenberg festgestellten Mutationen betrafen verschiedene Merkmale. Mit Rücksicht auf die Farbnuance konnten unterschieden werden: 1. die normale Var. rubra, 2. die schwärzlichrote purpurea, 3. die rosafarbene rosea I, 4. die blaßrosa rosea II, 5. die gesprenkelte blaßrosa-weiße roseo-albida, 6. die farblose alba, 7. die orangerote aurata mit Metallglanz. Mit Rücksicht auf die Kompaktheit und Transparenz der Kolonien ließen sich unterscheiden: 1. die kaum durchscheinende Normalform, 2. die durchscheinende dünne hyalina, 3. die kompakte undurchsichtige obscura, 4. die schleimige viscosa. Endlich differierten in der Intensität des Wachstums 1. die Normalform mit mäßig großen Kolonien, 2. die gehemmte Zwergform nana. Von den durch Kombination dieser Abweichungen möglichen 56 Formen ($= 7 \times 4 \times 2$) wurden tatsächlich 22 gefunden, darunter 12 identisch mit den von Beijerinck beschriebenen. Diese Formen waren: 1. rubra, 2. hyalina rubra, 3. viscosa rubra, 4. obscura rubra, 5. nana rubra, 6. hyalina purpurea, 7. rosea I, 8. hyalina rosea I, 9. obscure rosea I, 10. rosea II, 11. hyalina rosea II, 12. nana hyalina rosea II, 13. roseoalbida, 14. nana hyalina roseo-albida, 15. alba, 16. hyalina alba, 17. nana alba, 18. nana hyalina alba, 19. viscosa alba, 20. obscura alba, 21. aurata, 22. viscosa aurata.

Was die Konstanz dieser Formen betrifft, so waren die meisten bei kurzfristiger Übertragung beständig, in älteren Kulturen erfolgten wieder Umschläge und zwar wurde oft, aber nicht immer, die von Beijerinck aufgestellte Regel bestätigt gefunden, daß der letzte Mutationsschritt beim Rückschlage rückgängig gemacht wird, daß also diejenige Form abgespalten wird, aus der die betreffende entstanden ist. Fünfmal wurden ständig spaltende Abarten gefunden, die in jeder Generation eine Reihe andersartiger Kolonien aufgehen ließen. Bei einem Kieliense fand sich eine Schleimmutante in orangeroter und farbloser Abart, die beide beständig umschlugen, indem in der farbigen immer einige farblose, in dieser umgekehrt in jeder Generation einige orangerote Kolonien auftauchten. Zuweilen wurde dieselbe Mutante zweimal herausgezüchtet, einmal als konstant, das andere Mal ständig spaltend. Auch wurden öfters mit den Mutanten ganz übereinstimmende Modifikationen gefunden, oft in denselben Kulturen, die rasch zur Ausgangsform umschlugen.

16. Die Fluorescensgruppe und andere Farbstoffbildner.

Auch diese Gruppe ist vielfach auf Variabilität hin untersucht worden, wobei es natürlich auch nicht gefehlt hat, daß manches Zusammengehörende auf sehr ungewisse und variable Merkmale hin als besondere Art beschrieben wurde. Als Resultat einer Reihe von Arbeiten, unter denen besonders diejenigen von Ružicka, Burri und Stutzer, Lehmann und Neumann, Schuster zu nennen sind, ist festzuhalten, daß B. pyocyaneum, B. fluorescens und B. putidum kaum als besondere Arten aufrecht zu erhalten sind, sondern höchst wahrscheinlich als Varietäten einer Art betrachtet werden dürfen. Diese Untersuchungen, ebenso wie diejenigen, die die Bedingungen der Fluoreszin- und Pyocyanin-Bildung sowie der Gelatineverflüssigung zum Gegenstand haben, liegen außerhalb des Rahmens unserer Betrachtung.

Eine schön und exakt durchgeführte Untersuchung über die Variabilität des Farbstoffbildungsvermögens bei B. pyocyaneum, die noch aus dem Jahre 1887 stammt, hat Wasserzug zum Verfasser. Um „absolut reine“ Kulturen zu verwenden, ging er von einer einzelnen Kolonie der dritten Agarpassage aus (die Röhrchen wiesen nur je 5—6 Kolonien auf). Wird von einer alten Bouillonkultur eines derartigen „reinen Zweiges“ eine stark verdünnte Aussaat in etwa 30 Bouillonröhrchen vorgenommen (so daß ungefähr ein Keim in ein Röhrchen hineinkommt), so bekommt man z. B. 5 sterile Röhrchen, 4 mit typischer Farbstoffbildung, 15 mit verschiedengradig abgeschwächter, 6 farblose. Die Abschwächung der Farbstoffbildung ist hier jedoch eine vorübergehende, in der zweiten bis vierten Bouillonpassage ist sie behoben. Jedenfalls beweist dies Verhalten die individuellen Verschiedenheiten der Abkömmlinge einer Zelle in der Farbstoffbildung, die mit dem Alter noch akzentuiert werden. Um die jetzt zu besprechenden Hemmungsversuche mit einer in bezug auf Farbstoffbildung „homogenen“ Kultur anzustellen, in der jedes Individuum die gleiche volle Fähigkeit zur Farbstoffbildung aufweist, hat Wasserzug folgenden Weg eingeschlagen: Material von einer jungen Agarkolonie wurde in 15 zweitägigen Bouillonpassagen fortgeführt, sodann nach zwei intravenösen Kaninchenpassagen aus dem Herzblut des zweiten Tieres noch zwei Bouillonpassagen angestellt. Die „Homogenität“ solcher Kulturen gilt natürlich nur für ihren Jugendzustand, beim Altern treten die oben beschriebenen Abschwächungserscheinungen auf, am stärksten in Gelatinestichkulturen wegen der relativen Anaërobiose. Die Hemmungsversuche haben die interessante Tatsache ergeben, daß die zur Hemmung des Wachstums benötigten Giftzusätze geringer sind bei kleiner Einsaat als bei großer, woraus mit Recht gefolgert wurde, daß also die in bezug auf Farbstoffbildung homogene Kultur in ihrem

Verhalten zu Antisepticis es nicht ist. Die zur Hemmung der Farbstoffbildung nötige Konzentration der Zusätze kommt bei vielen Stoffen nahe an diejenige heran, die das Wachstum hemmt, bei manchen ist schon ein geringer Bruchteil der letzteren befähigt, die Farbstoffbildung zu unterdrücken, so bei Borsäure, Invertzucker, Ammoniumtartrat. Wurde auf Bouillon mit $3—4\,^0/_{00}$ des letzteren entweder lange Zeit in einer Passage oder in 5—6 dreitägigen Passagen gezüchtet, so resultierte eine konstant farblose Rasse. Bei Individualanalyse, d. h. bei Aussaat aus der Giftbouillon auf Platten und Auswahl farbloser Kolonien, konnte man zu diesem Resultat bereits nach einigen Tagen gelangen. Die in den gifthaltigen Nährböden auftretenden abnormen Wuchsformen konnten nicht erblich fixiert werden.

Interessante Anpassungsversuche hat Dieudonné an einem Fluorescens putidus-Stamm ausgeführt. Derselbe wuchs ursprünglich bei 35^0 C jedoch ohne Fluorescin- und Trimethylaminbildung, nach 15 Passagen bei 35^0 war geringe, nach 18 Generationen normale Bildung dieser Stoffe erreicht. Die so angepaßte Kultur wuchs nunmehr auch bei $37,5^0$, was die normale nicht vermochte, jedoch farblos und ohne Trimethylamin auch nach längerer Anpassung. Allmählich wurde der Stamm dazu gebracht, daß er auch bei $38,6^0$ sowie später bei $40,5^0$ wuchs, in beiden Fällen zwar ohne Bildung der erwähnten Produkte. Die Fähigkeit dazu erwies sich aber als erhalten, wenn die Kulturen in 22^0 zurückgebracht wurden. Den Gipfel der Anpassung erreichte der Stamm mit $41,5^0$, jedoch hatte er damit auch die Fähigkeit eingebüßt, Fluorescin und Trimethylamin bei einer Optimaltemperatur von 22^0 zu bilden. Bei einem Pyocyaneum-Stamm fand Dieudonné ursprünglich farbloses Wachstum bei $42,3^0$, die 16. Passage bei dieser Temperatur war schwach gefärbt, die 18. normal. Ein Stamm von B. lactis erythrogenes, der ursprünglich bei 35^0 farblos wuchs, zeigte in der 18. Passage schwache, in der 22. normale Färbung. Allmählich wurde er an Wachstum bei $38,5^0—40,5^0—41,5^0$ gewöhnt, auf $42,5^0$ ließ die Anpassung sich nicht treiben. Die an $41,5^0$ angepaßte Kultur wuchs auch bei 22^0 nunmehr ohne Farbstoffbildung.

Baerthlein fand bei Aussaat aus alten Pyocyaneum-Kulturen Kolonien, die nach ihrer Struktur folgende zwei Typen aufwiesen: 1. Trübe, bröcklige, trockene Kolonien von kurzen, dicken Stäbchen und 2. feuchte, durchscheinende glattrandige Kolonien von längeren, schlanken Stäbchen. Beide Koloniearten können außerdem mit Rücksicht auf ihre Farbstoffbildung in folgende drei Abarten zerfallen: 1. Farblose Kolonien ohne Fluorescin- und Pyocyaninbildung, 2. hellgrüne mit Fluorescin- ohne Pyocyaninbildung, 3. dunkelgrüne mit trockener schillernder Schlacke belegt, mit Fluorescin- und Pyocyaninbildung. Auf diese Weise ergeben sich sechs verschiedene Mutanten, die agglutinatorisch identisch sich verhalten, bei ofter Überimpfung konstant bleiben, in älteren Kulturen umschlagen.

Eine sehr exakte und gedankenreiche Arbeit von Nyberg stützt sich auf die Untersuchung von 140 Stämmen lophotricher Stäbchen, die in die Gruppe des Fluorescens und verwandter Farbstoffbildner gehören. Bei allen untersuchten Stämmen konnten auf der Agarplatte zwei differente Wachstumsformen unterschieden werden, nur zwei davon wiesen auf der Gelatineplatte zwei differente Formen auf, die aber auf Agar nicht zu unterscheiden waren. Die zwei verschiedenen Formen nennt der Verfasser α- und β-Form. Die erstere bildet gewöhnlich mehr ausgebreitete, flachere, durchscheinende Kolonien mit glatter Oberfläche, zweilen mit Weinblattzeichnung oder (bei Kettenwachstum) mit „Gehirnwindungen" und paralleler Strichelung. Die zweite Form bildet kleinere, kompakte, undurchsichtigere Kolonien von trockener, rauher, unebener, oft gewulsteter Oberfläche und zerrissenen Rändern, meist sehr kohärent und in toto von der Unterlage abhebbar. Beide Formen können sich außerdem durch gewisse biochemische Merkmale voneinander unterscheiden, vor allem durch die der β-Form eigene Fähigkeit, Agar zu verflüssigen (auf feucht gehaltenen Platten), die der α-Form meist abgeht. In manchen Fällen werden neben den zwei Formen noch mehr oder weniger konstante Nebenformen beobachtet, die der einen oder anderen sich mehr nähern, zuweilen auch in sie übergehen können.

Von den 140 untersuchten Stämmen wuchsen 130 normalerweise in Form von α-Kolonien, 10 in Form von β-Kolonien. Die Abspaltung der anderen Formen erfolgt auch hier beim Übertragen von alten Kulturen auf neuen Nährboden, in sukzessiven Passagen ist die β-Form schwer rein zu halten, da sie immer die α-Form abspaltet und von ihr überwuchert wird, während die α-Form viel ständiger bleibt. Sekundäre Oberflächenkolonien (Knöpfe) der α-Form reproduzieren beim Überimpfen meist den Typus der Mutterkolonie, bei der β-Form geben sie beide Formen, ebenso wie ältere Kolonien dieser Form überhaupt. Außer den zwei bzw. drei Hauptformen kommen nicht selten Übergangsformen verschiedener Art zur Beobachtung, die nach Nyberg zum Teil auf Abspaltung der einen Form in einer anderen, zum Teil auf Entwicklung der Typen zu beziehen sind.

Was die Bedeutung der von ihm beobachteten Wachstumsformen betrifft, ist Nyberg nicht geneigt, sie als Varianten oder Mutanten zu betrachten, wenngleich seine tatsächlichen Befunde sich ganz eng denjenigen von Baerthlein, Eisenberg u. a. anreihen. Er glaubt vielmehr den Vorgang als eine Art von Generationswechsel auffassen zu müssen, der durch wechselnde Existenzbedingungen ausgelöst wird. Die Bakterien verfügen in potentia über zwei oder mehrere Wachstumsarten, die verschiedenen Existenzbedingungen angepaßt sind. Tritt schroffer Wechsel in diesen letzteren ein, so erfolgt ein Umschlag, der den bisherigen Bedingungen angepaßten Form in eine neue, die den neuen Bedingungen besser entspricht. Die Anpassung erfolgt auf einmal oder in einigen Schritten und ist sie einmal erreicht, dann kommt die Art wieder zur Ruhe, bis ein neuer Umschlag der Lebenslage eine neue Anpassung erfordert. Wir werden im theoretischen Teil auf diese Ausführungen noch zurückkommen müssen, hier möchte ich nur noch auf die auffallende Ähnlichkeit der Bilder hinweisen, die einerseits Eisenberg für Cholera, andererseits Nyberg für seine Gruppe bringt. Eine so weitgehende Übereinstimmung, oft bis in kleinste Details, bei systematisch so differenten Gruppen läßt hier wirklich Gesetzmäßigkeiten ganz allgemeiner Natur vermuten.

Die Untersuchungen Eisenbergs betrafen zwei Stämme von Fluorescens liquefaciens (darunter einen mit starker Schleimbildung), zwei von Fl. non liquefaciens sowie drei Pyocyaneum-Stämme, darunter einen „gewesenen" ohne Pyocyaninbildung. Es wurden die verschiedenartigsten Mutationen gefunden, sowohl bezüglich der Kolonieform und Struktur (durchscheinende glatte, geriffelte, dunkle gewulstete, halbdunkle Kolonien, Ringformen, schleimig kuppelförmige Kolonien), als bezüglich der Farbstoffbildung (mit Pyocyanin- und Fluorescinbildung, mit Fluorescin-, aber ohne Pyocyaninbildung, ohne beide) und der Gelatineverflüssigung (mit und ohne). Die verschiedenartigsten Kombinationen dieser Merkmale zeigten, daß sie unabhängig von einander mutieren können. Auch hier unterschieden sich flüssige Kulturen als reicher an Umschlägen von den festen. Die Mutanten waren bei ofter Umzüchtung konstant zu erhalten, in älteren Kulturen erfolgten Umschläge. Bei einer dunklen gewulsteten Fluorescens-Mutante erfolgte der Umschlag zur durchscheinenden flachen Normalform in jeder Generation in der Weise, daß nach einigen Tagen am Rande der Kolonien helle, durchscheinende Auswüchse hervorkamen, die eine beständige Nachkommenschaft von ebensolchen Kolonien lieferten[1]).

Bei Violaceum fand Eisenberg bei Aussaat aus alten Kulturen Abarten, die sich in bezug auf Farbstoffbildung sowie Kolonieform voneinander unterscheiden ließen. Es fanden sich einerseits kompakte runde, glattrandige Kolonien, andererseits solche mit kompaktem Zentrum und dünnen, undeutlich geriffelten Randpartien von zackiger, doppelt oder mehrfach konturierter Begrenzung. Beide Arten zerfielen noch in vollgefärbte, blaßviolette und farblose Abarten, wodurch sechs Kombinationen zustande kämen, davon sind fünf tatsächlich beobachtet worden. Die Mutanten wurden oft in Form von peripheren Auswüchsen abgespalten, sie waren bei öfterer Umzüchtung stabil, in ältern, besonders flüssigen Kulturen erfolgten Umschläge. Außerdem wurden ähnliche, rasch zur Ausgangsform zurückschlagende Modifikationen gefunden.

17. Bacillus herbicola.

Bei diesem ständigen Bewohner vieler Pflanzen hat Beijerinck bei Aussaat aus alten Würze- oder Würzegelatinekulturen folgende vier Formen herauszüchten können: 1. normale farblose bis gelbliche gallertklumpenartige Zoogloeen, 2. ebensolche gelbgefärbte, 3. flache, durchscheinende, koliartige Kolonien, 4. durchsichtige, knorpelartig harte, blumenkohlförmige Massen. Die drei ersten Formen bringen schwache Gelatineverflüssigung zustande, die der vierten abgeht. Diese letztere bleibt bei ofter Überimpfung konstant, in alternden Kulturen werden die anderen Mutanten abgespalten. Auf Rohrzucker-Kaliumnitratagarplatten bleibt sie auch beim Altern konstant, wenigstens bleibt hier die Kolonieform unverändert. Wird jedoch von solchen gealterten Platten auf Würzeagar oder Würzegelatine überimpft, so kommen neben der vierten (Ascokokkus-)Form auch Kolonien der ersten auf, was Beijerinck dahin deutet, daß die Keime auf der Rohrzucker-Kaliumnitratagarplatte bereits eine Promutationsphase durchgemacht haben und auf Würzeagar die Mutation nur vollenden. Einfacher läßt sich vielleicht die Erscheinung deuten, wenn man annimmt, daß auf der Rohrzucker-Kaliumnitratagarplatte die Mutation zwar erfolgt, aber die Formen 1 und 4 hier nicht unterschieden werden können, daher erst auf der Würzeagarplatte die erfolgte Umwandlung sichtbar wird (siehe darüber unten). Die Mutationserscheinungen des B. herbicola konnte Eisenberg an drei selbstgezüchteten Stämmen bestätigen. Hierher gehören auch die Beobachtungen von Groenewege am Phytobacter lycoper-

---

[1]) Weitgehende Variabilität verschiedener Merkmale fand auch bei verschiedenen Stämmen des Pyocyaneum Jacobsthal (Münch. med. Wochenschr. 1912. 1247).

sicum einer pflanzenpathogenen Abart des B. herbicola. Bemerkenswert ist, daß die Normalform und die I-Mutante hier stark pathogen sind, auf Rohrzuckernährböden Schleim bilden und wenig Trypsin produzieren, während die Mutanten II—IV schwach pathogen sind, viel Trypsin und keinen Schleim bilden. Auch Sektormutation wurde hier beobachtet.

18. Leuchtbakterica.

Die Untersuchungen von Beijerinck an Photobacterium indicum (Vibrioindicus) zeigten, daß hier durch Auslese der am stärksten leuchtenden Kolonien keine Steigerung der Leuchtkraft zu erreichen ist, selbst im Verlauf von 25 Jahren, daß dagegen in der Natur Abarten von verschieden ausgebildeter Leuchtfähigkeit vorkommen. Die volle Leuchtkraft der Kulturen ist nur durch oftes Überimpfen unter günstigen Wachstumsbedingungen konstant zu halten, sonst unterliegt sie einer stetigen Degeneration, der man dann nur durch scharfe Selektion steuern kann. Aus alternden Kulturen können folgende fünf Formen herausgezüchtet werden: 1. Normalform. 2. Zwergform, die auf Agar und Gelatine gehemmtes Wachstum, schwache Beweglichkeit und schwaches Gelatineverflüssigungsvermögen zeigt, dafür jedoch Schleim bildet. Züchtung der Hauptform bei Temperaturen unter 20° C, besonders bei Kellertemperatur, begünstigt die Abspaltung der Zwergform, umgekehrt schlägt diese bei höheren Temperaturen, besonders in flüssigen Nährböden sehr leicht in die Stammform zurück. Zuweilen entsteht sie in Form von Sekundärkolonien auf Agarkulturen der Stammform und ist dann durch erhaltene Leuchtkraft kenntlich, längst nachdem der umgebende Belag zu leuchten aufgehört hat. 3. Dunkle Form mit fast erloschenem Leuchtvermögen entsteht bei Kultur in Fischbouillon mit 3°/₀ NaCl bei Temperaturen oberhalb 25—30° C. Ihre Wachstumsenergie und Gelatineverflüssigung sind etwas herabgesetzt, sie besteht aus langen, zu Fadenbildung neigenden schlanken Stäbchen, während die zwei ersten kürzere, dünnere, vibrionenförmige Stäbchen aufweisen. In alten Kulturen erfolgt Rückschlag zur Normalform in Form von leuchtenden sekundären Oberflächenkolonien. 4. Halbdunkle Form 1 und 5. halbdunkle Form 2, Zwischenformen zwischen der ersten und dritten.

Bei Bac. phosphoreus hat Beijerinck eine Umwandlung der Wachstumsart beobachtet, die er als „Degeneration" (bzw. Fluktuation), nicht als Mutation auffaßt. Frisch isoliert wächst dieses Bakterium in Form von sarcineähnlichen Zoogloeen auf der Fischgelatine, nach einigen Überimpfungen bei höheren Temperaturen geht dieser Charakter allmählich verloren und läßt sich nicht wiederherstellen, während bei 10—15° C fortgeführte Kulturen ihn dauernd beibehalten. Die Auffassung des Vorganges als „Degeneration" oder „Fluktuation" ist nicht ohne weiteres zu akzeptieren, da keine Individualanalyse vorgenommen wurde; es könnte sich dabei doch, wie bei manchen ähnlichen Anpassungen und Verlustumwandlungen herausstellen, daß hier eine Kumulation einzelner Mutationen vorliegt, und daß bis jetzt nur die entsprechenden Reize noch nicht gefunden sind, um einen Rückschlag zu bewirken.

19. Choleravibrionen.

Infolge ihrer großen praktisch-diagnostischen Bedeutung war die Variabilität der Choleravibrionen schon frühzeitig Gegenstand zahlreicher Beobachtungen, doch genügen nur wenige darunter unseren heutigen Anforderungen. Kruse beobachtete bei verschiedenen, zum Teil auch frisch isolierten Stämmen Abspaltung von mehr oder weniger konstanten Abarten, die durch Wachstum auf Gelatineplatten oder Morphologie der Einzelkeime vom Typus abwichen. Beide Arten von Änderungen gingen nicht immer parallel. In manchen Fällen vermochten auch wiederholte Meerschweinchenpassagen nicht eine Rückkehr zur Norm zu erzwingen. Interessant ist, daß er solche Abarten auch in kurzer Zeit — nach 8—14 Tagen — nach Einsaat in Wasser entstehen sah. Metchnikoff hat aus alten Bouillonkulturen zwei konstante Abarten züchten können, und zwar kurze, plumpe, ovoide Stäbchen, und schlanke lange, zum Teil fadenförmige, die auf verschiedensten Nährböden ihre Eigenart bewahrten. Kolle hat gesehen, daß verschiedene Stämme auf Gelatine- und Agarplatten nebeneinander verschiedene Wachstumstypen aufweisen können. Er unterschied auf Gelatineplatten zwei Formen und zwar 1. die normalen hellen, durchsichtigen Kolonien, 2. trübe, bröcklige Kolonien. Auf Agarplatten fand er neben den normalen, homogen durchsichtigen Formen auch sog. Ringformen, d. i. Kolonien mit trüber Zentralpartie und gürtelförmiger Randzone. Über Entstehungsweise und Konstanz dieser Formen hat Kolle sich nicht ausgesprochen.

Bahnbrechend sind auf diesem Gebiet die Untersuchungen von Baerthlein geworden, die er dann zum Ausgangspunkt analoger Untersuchungen über die Variabilität der Kolonieformen auf der Agarplatte bei verschiedensten Bakterienarten gemacht hat. Bei Aussaat aus älteren Cholerakulturen fanden sich folgende drei Kolonieformen (bei manchen Stämmen nur zwei davon): 1. helle, durchscheinende, bläulich schimmernde Kolonien von schlanken, zarten, gut gekrümmten, gleichmäßig gefärbten Vibrionen, 2. gelbweiße, undurchsichtige, koliartige Kolonien von kurzen, dicken, plumpen, bipolar gefärbten, gut gekrümmten Vibrionen (zuweilen länger, segmentiert gefärbt), 3. die oben geschilderten Ringformen mit schlanken, gleichmäßig gefärbten, gut gekrümmten Vibrionen. Auf der Drigalski- sowie auf der Dieudonné-Agarplatte sind die drei Abarten voneinander in ihrer Wuchsform nicht zu unterscheiden, die morphologischen Differenzen der Einzelkeime bleiben dagegen erhalten, dasselbe gilt für Bouillon sowie Peptonwasser. Auf der Gelatineplatte sind ebenfalls keine eindeutigen Unterschiede festzustellen.

Eine konstante Differenz zeigen die helle und die trübe Abart in ihrem Verhalten zu Hammelblutkörperchen und zwar sowohl auf dünn gegossenen Hammelblutagarplatten als auch in Hammelblutkörperchenaufschwemmung. Bei schwach hämolysierenden Stämmen zeigte sich dann nur die trübe Abart zur Hämolyse befähigt, bei stärker hämolysierenden war ihre Wirkung früher festzustellen und erreichte höhere Grade. Die Ringform verhält sich hier übereinstimmend mit der hellen. Analoge Differenzen wies meist das Gelatineverflüssigungsvermögen der hellen und trüben Abarten der einzelnen Stämme auf; die trüben verflüssigen meist stark, während die hellen kaum peptonisieren. Bezüglich der Cholerarotreaktion verhalten sich beide übereinstimmend. Auch im Agglutinationsversuch, im Agglutininbindungsversuch, im Komplementbindungsversuch, im Pfeifferschen Versuch und bezüglich der Virulenz war ein identisches Verhalten der hellen und trüben Abarten zu verzeichnen. Die Abarten sind bei kurzfristiger Überimpfung konstant zu halten, beim Altern der Agarkulturen erfolgen Umschläge, am frühesten bei der trüben Abart. Die Untersuchungen von Baerthlein erstreckten sich auf eine große Reihe von Stämmen, darunter auch einige ganz frisch gezüchtete, was die Vermutung einer „Degeneration" im Laboratoriumsleben kaum aufkommen läßt. In einigen Fällen wurden direkt auf der Fäzesplatte helle und trübe Kolonien nebeneinander gefunden, was natürlich für die praktische Choleradiagnose nicht belanglos ist.

Eisenberg hat in seinen an 15 Cholerastämmen (daneben der El-Tor-Stamm V) ausgeführten Untersuchungen die Befunde von Baerthlein bestätigt und erweitert. Die Technik erfuhr insofern eine Abänderung, als die Beobachtung der Kolonieformen auf der Agarplatte nicht nur makroskopisch, sondern auch mikroskopisch bei schwacher Vergrößerung erfolgte, wodurch eine Reihe interessanter Einzelheiten eruiert werden konnte. Sodann begnügte sich Eisenberg nicht mit der Untersuchung der Platten nach 24 Stunden, die Baerthlein mit Rücksicht auf die praktische Choleradiagnose als geeignet erschien, sondern dehnte die Untersuchungen auf einige Wochen aus, wodurch ebenfalls eine größere Mannigfaltigkeit von Formen zum Vorschein kam. Ursprünglich ganz gleich erscheinende Formen können in ihrer Weiterentwicklung gelegentlich verschiedene Wege einschlagen. Es konnten auf diese Weise folgende vier Kolonieformen unterschieden werden, welche freilich die ganze Mannigfaltigkeit der beobachteten nicht erschöpfen, indem besonders während der Entwicklung schwer einzureihende Zwischenformen erscheinen: 1. die normale helle, durchsichtige glattrandige Form, 2. die Übergangsform, etwas erhabener gewölbt, anfangs fein chagriniert, dann gröber gekörnt, wenig durchscheinend, mit mikroskopisch sichtbarer, sehr feiner radiärer Streifung, zuweilen mit leichter Faltung der Oberfläche, 3. die dunkle, gewulstete Form weicht so sehr von der als typisch betrachteten ab, daß selbst geübte Beobachter bei ihrem Anblick sich kaum zu der Annahme entschließen dürften, es läge Cholera vor. Die Kolonien sind bereits in den allerjüngsten Stadien undurchsichtig, knopfartig prominent, von trockener rauher Oberfläche, mikroskopisch gelbbräunlich, grob granuliert, mit runden oder wenig gebuchteten Rändern, meist deutlich kleiner als gleichaltrige helle. Sodann erheben sich früh vom Zentrum unregelmäßige, radiär verlaufende Wülste, die Peripherie kann sich wallartig erheben und es entstehen konzentrische Wülste. Durch Kombination dieser Vorgänge, Anastomosenbildung, kommen die verschiedenartigsten Formen zustande, Speichenradform, Landkartenform, Sternform u. a. Die Kolonien, ebenso die ihnen entsprechenden Agarstrichkulturen, die stark an Mesentericus, manche Subtilisstämme oder Aktinomyceten erinnern, haben mit dem Bild der Cholera nichts gemein. Manche dunkle Kolonien beginnen ihre Entwicklung unter dem Bilde der Übergangsform. 4. Die schon oben beschriebenen Ringformen kommen, wie die mikroskopische Untersuchung lehrt, dadurch zustande, daß im Zentrum der sonst hellen Kolonien eine Anzahl von „sekundären Tiefenkolonien" (Eisenberg) zum Vorschein kommen, anfänglich in Form einer feinen Granulation, unter der im weiteren Entwicklungsgang mehr oder weniger zahlreiche, kugelförmige oder wetzsteinförmige einzelne Tiefenkolonien auftreten. Die Zone der sekundären Tiefenkolonien ist mehr oder weniger scharf kreisrund abgegrenzt und von einer ringförmigen hellen Randzone eingefaßt. Bei zwei Stämmen kamen hierher gehörige Kolonien zur Beobachtung, die von der Granulation der sekundären Tiefenkolonien bis an den Rand ausgefüllt waren.

Form 1 und 4 entsprechen den gleichbenannten Formen von Baerthlein, seiner trüben Form entspricht am wahrscheinlichsten die Übergangsform, die dunkle scheint von ihm nicht beobachtet worden zu sein, da sie, in vielen Fällen wenigstens, schon in ihren ersten Entwicklungsstadien nicht zu verkennen ist. Was die Häufigkeit der Spaltungsvorgänge bei Cholerastämmen betrifft, hat Eisenberg unter den 15 untersuchten Stämmen 10 spaltende gefunden, in neueren Versuchen gaben 37 weitere Stämme ebenfalls ein Verhältnis von $^2/_3$ mutierender. Natürlich steigt dieses Verhältnis, je länger und andauernder man die Versuche fortsetzt und je vielfältiger man die Versuchsbedingungen gestaltet. Baerthlein hat Spaltungsvorgänge bei fast keiner Kultur vermißt, Bürgers bei 15 Cholera- und 40 Vibrionenkulturen sie nur zweimal gefunden, Csernel bei 40 Cholerastämmen 13 mal.

Die Anzahl mutierter Kolonien und die Prägnanz ihrer Merkmale hängt zum Teil vom Zustand der Ausgangskultur, zum Teil von der Beschaffenheit des neuen Nährbodens und der Züchtungsbedingungen ab. Im allgemeinen steigt mit dem Alter der Ausgangskultur die Anzahl der mutierten Keime, in manchen Fällen sogar ganz proportional, so daß nach langer Zeit, sei es infolge völliger Umwandlung, sei es infolge des Überlebens der resistenteren mutierten (meist dunklen) Form, nur diese letztere den Platz behauptet. Während aber ungünstige Existenzbedingungen die Entstehung der Mutanten fördern, kommt ihr Typus am besten unter den optimalen Züchtungsbedingungen zur Entfaltung. Auf besserem Agar bzw. an gut isolierten Kolonien ist z. B. der dunkle gewulstete Typus viel prägnanter, als auf schlechterem Agar oder an Stellen stark gehäufter Kolonien bzw. im Strich.

Bezüglich der Konstanz der Mutanten konnten im allgemeinen die Befunde von Baerthlein bestätigt werden, auch die größere Rückschlagstendenz der dunklen Formen, sowie der frühere Eintritt der Umschläge in flüssigen Nährboden. Allgemeine zeitliche Regeln betreffs der Konstanz bzw. des Zeitpunkts der Umschläge lassen sich nicht aufstellen. Gelegentlich wurde aus einer 89 tägigen Schrägagarkultur eine helle Abart ganz unverändert wiedergewonnen, in anderen Fällen wurden bereits in achttägigen Agarkulturen Umschläge beobachtet und bei zwei Stämmen zeigten die dunklen Formen einen ständigen Umschlag, indem sie Übergangsformen und helle bei jeder Aussaat abspalteten, während die entsprechenden hellen Formen viel konstanter waren. Diese Eigentümlichkeit bewirkt auch ein eigenartiges Verhalten dieser Abarten bei 24 stündig fortgeführten Schrägagarpassagen. Während sonst isolierte Abarten bei solchen Passagen unverändert erhalten werden können, führt diese Behandlung hier ziemlich rasch (nach drei bis vier Passagen) zum Auftreten von hellen feuchten Plaques im derben, trockenen Belag, diese Plaques nehmen an Ausdehnung zu und im 7. bis 10. Röhrchen hat man eine „helle" Kultur vor sich. Die größere Umschlagstendenz der dunklen Formen liefert immer wieder helle Abkömmlinge, die viel schwerer in die dunkle Form zurückschlagen. Ob dabei vielleicht die bessere Anpassung der hellen Form an frischen Nährböden, ihre schnellere Ausbreitung und daher bessere Ausnützung auch im Sinne einer Selektion am Resultat mitwirken, ist schwer zu entscheiden.

Die an manchen älteren dunklen Kolonien in Form von zirkulären Rand-
krausen oder von hervorsprossenden Halbkreisen auftretenden hellen Auswüchse sind nicht, wie bei manchen anderen Bakterienarten (Paratyphus)
ein Ausdruck von Rückschlag, denn ihre Fortzüchtung ergibt wieder dunkle
Kolonien, sie sind nur eine Modifikation des dunklen Typus unter ungünstigen
Existenzbedingungen (s. oben). Ebenso reproduzieren die auf älteren Kolonien
verschiedener Typen oft auftretenden sekundären Oberflächenkolonien (Knöpfe)
immer den Typus der Mutterkolonie. Von den zehn mutierenden Stämmen
von Eisenberg wies nur einer zwei Formen auf, vier Stämme drei Formen,
fünf Stämme alle vier Formen.

Auf Pferdefleischagar waren die Differenzen der vier Formen schwach
ausgeprägt, noch weniger auf Hammelblutagar, neutralem Agar oder Endoagar, Blutalkaliagarplatten nach Dieudonné-Esch zeigten gar keine
Differenzen. Auf Löffler-Serum sind sie gut ausgesprochen, Bouillon
wird von manchen (nicht allen) dunklen Formen klar gelassen unter
starker Häutchenbildung. Die oberflächlichen Kolonien auf der Gelatineplatte zeigten meist typisches Verhalten, nur zwei dunkle Formen wuchsen
hier in Form stark bröckeliger, undurchsichtiger Kolonien mit grober Granulation und schleifenförmigen, scharf abgegrenzten Rändern. Gelatineverflüssigung war zuweilen bei den dunklen Formen stärker als bei den entsprechenden
hellen, auch war in Bestätigung der Befunde von Baerthlein ihr Hämolysierungsvermögen besser ausgebildet. Die morphologischen Differenzen der Einzelkeime wurden nicht so konstant und eindeutig gefunden.

Eine Mutation besonderer Art wurde bei einem Stamm gefunden, die
dunkle Form hatte hier die Fähigkeit den Agar allmählich stark braun zu verfärben, während die entsprechende helle und Übergangsform diese Eigenschaft
nicht aufwiesen. Im weiteren Verlauf spaltete diese wiederum eine helle, farb-
stoffbildende Abart ab[1]). Es hat hier also eine Kombination zweier unabhängiger
Mutationen stattgefunden, ähnlich wie beim B. coli mutabile nach den Befunden
von Baerthlein. Auf einige theoretische Fragen, die sich an die Beobachtungen
von Eisenberg knüpfen, soll weiter unten eingegangen werden.

Die Ergebnisse der Arbeiten von Baerthlein sowie Eisenberg sind
von Trautmann sowie von Csernel bestätigt worden. Der letztere konnte
bei längerer Beobachtung neben den drei Hauptformen auch eine Reihe von
Übergangsformen verschiedener Art feststellen, die er wohl zu Unrecht als
Degeneration auffaßt und der nach 24 Stunden feststellbaren Mutation gegenüber-
stellt. Es handelt sich hier nur einfach um phänotypisch bedingten Modifikationen des mutierten Typus. Auch er fand die morphologischen Differenzen
der Einzelkeime nicht konstant. Puntoni hat in mit Humuserde versetztem
Wasser eingesäte Choleravibrionen zum Teil tiefgreifende Veränderungen erfahren gesehen. Einmal wurde hier neben der hellen Normalform eine trübe
spontan agglutinierende herausgezüchtet mit fehlender Gelatineverflüssigung
und schwacher Cholerarotreaktion, in einem anderen Fall neben der hellen eine
gut agglutinable Ringform mit schwacher Gelatineverflüssigung und sehr
schwacher Cholerareaktion. Bei einem dritten Stamm wurde eine der dunklen,

---

[1]) Über eine ähnliche Abart berichten in letzter Zeit Jonesco-Mihaesti und
Ciuca. Compt. rend. de la soc. de biol. **76**. 310—313. 1914. (Anmerk. währ. d. Korr.)

gewulsteten Form von Eisenberg entsprechende Kultur herausgezüchtet inagglutinabel, spontan ausflockend, mit starker Gelatineverflüssigung. Durch einige Meerschweinchenpassagen oder 10—12 tägliche Agarpassagen war diese Form zur normalen zurückzuführen (wie bei Eisenberg).

Die Berichte über ziemlich weitgehende Variabilität der Choleravibrionen in bezug auf Agglutinabilität und Agglutinogenität, Begeißelung, biochemische Leistungen u. a., wie sie Zlatogoroff, Barrenscheen, Jirnow, Horowitz an teils aus Fäzes teils aus Wasser gezüchteten, oder durch Wasser passierten Vibrionen gefunden haben wollen, kommen für uns weniger in Betracht, da exakte Kautelen in diesen Versuchen meist fehlen, auch sind die Befunde von Wankel sowie Köhlisch zum Teil nicht bestätigt worden.

In neuester Zeit berichtet Stamm über mutationsartige Veränderungen von in (nichtsterilisierten) Fluß- oder Leitungswasser mehrfach passierten Choleravibrionen. Die Passagen dauerten je 5 Tage und wurden über Monate fortgesetzt, da die Umwandlungen meistens nach längerer Zeit einsetzten. Es wurden verschiedene Mutanten isoliert: so nach 18 Passagen eine aus sehr kleinen, unbeweglichen, geißellosen Vibrionen bestehende, inagglutinable, aber normal agglutinogene, ohne Indolbildung und mit bei 37° stark gehemmtem Wachstum. Die Mutante erwies sich als konstant, nur war nach 10 Monaten auch bei 37° gutes Wachstum zu verzeichnen, freilich unter Bildung abenteuerlicher teratologischer Formen. Ein anderer Stamm lieferte nach 14 Passagen eine Mutante, die bei 37° stark teratologische, an die Lithiumformen erinnernde Kugeln, spermatozoenähnliche Gebilde und hypertrophische, fadenförmige Vibrionen aufwies, bei 15° in Form von mehr oder weniger normalen Vibrionen wuchs. Auch diese Mutante bildet kein Indol, verflüssigt Gelatine sehr träge und ist inagglutinabel, aber normal agglutinogen. Derselbe Stamm lieferte nach 16 Passagen eine mit der vorhin beschriebenen identische Mutante. Nach 16 Passagen gab ein Stamm eine Abart, die bei sonst völlig typischen Eigenschaften die Fähigkeit aufwies, weißes Pigment zu bilden. Ein anderer spaltete eine ebenfalls weiß pigmentierte Mutante ab, die aus Staphylokokkenformen bestand, inagglutinabel aber normal agglutinogen, avirulent war, kein Indol bildete, Gelatine unverflüssigt ließ. Interessant war eine nach 18 Passagen in Flußwasser gezüchtete Mutante, die aus geißeltragenden Kokkenformen bestand, sonst aber ganz typisch sich verhielt. Die bei Zimmertemperatur gewachsenen Kolonien dieser Abart bekommen nach längerer Zeit knopfförmige Kolonien, die einen Rückschlag zur normalen Vibrionenform bedeuten. Zwischen den Kokken kamen vereinzelte Vibrionenformen auf mit Neigung zur Verzweigung. Aus seinen interessanten Untersuchungen, die einer Nachprüfung wert sind, zieht Stamm den Schluß, daß trotz weitgehender Abweichungen die agglutinogene Funktion immer unberührt bleibt und daher als festestes Merkmal betrachtet werden darf. Die Mutationen entstehen nicht zufällig, aber auch nicht besonders leicht, indem in 26 Versuchen solche nur 7 mal beobachtet wurden.

Über Giftfestigung von Choleravibrionen hat Shiga mit Anilinfarbstoffen meist aus der Oxazin- und Thiazinreihe Versuche angestellt. Er fand geringe Festigung nach 5 stündigem Kontakt, ausgesprochene nach 24 stündigem. Durch sukzessive Passagen in Farbstoffbouillon konnte die Festigung beträchtlich gesteigert werden, das Maximum wurde meist nach 5—10 Passagen

(2 tägig) erreicht und betrug das 20—100 fache der ursprünglichen Resistenz. Morphologisch waren die gefestigten Stämme durch Fadenbildung ausgezeichnet, agglutinatorisch konnten sie als Cholera identifiziert werden. Die Festigung erstreckte sich meist in geringerem Grade auch auf verwandte Farbstoffe, nicht dagegen auf solche ganz verschiedener Konstitution. Die Konstanz der erworbenen Festigung steigt mit ihrem Grad, beim Maximum war sie auch nach 25 zweitägigen Bouillonpassagen unvermindert. Gegen die bakterizide Wirkung von Choleraimmunserum waren die farbstofffesten Stämme nicht resistenter geworden, eher noch empfindlicher[1]).

20. Andere Vibrionen.

Die Arbeit von Firtsch über die Variabilität des Vibrio Proteus (Finkler-Prior) kann, obwohl mehr als ein Vierteljahrhundert alt, heute noch als vorbildlich auf diesem Gebiete bezeichnet werden. Die Ausgangskultur wurde von einer einzelnen Gelatineplattenkolonie abgestochen, die durch Plattenaussaat als ganz einheitlich und typisch festgestellt wurde. Wurde nun von 2—3 wöchigen Gelatinestichkulturen dieses „reinen Zweiges" auf Platten ausgesät, so gingen lauter typische Kolonien auf, wurde nach 33 Tagen und später ausgesät, so gingen in steigender Anzahl neben den typischen Kolonien solche der als Vibrio I bezeichneten Abart auf. Diese unterschied sich von der Ausgangskultur nur durch die Form der Kolonien auf der Gelatineplatte (braune, bröcklige mit Buckeln und Höckern besetzte Kolonien). Einmal isoliert zeigt diese Form nur mäßige Konstanz: sie bleibt wohl erhalten, wenn man sie von Platte zu Platte jeden dritten Tag aus einzelnen Kolonien überimpft, wird diese Überimpfung erst in 4—8 tägigen Intervallen vorgenommen, so setzt ein Rückschlag zur Ausgangsform ein. Derselbe wird ebenfalls beobachtet, wenn man Stichkulturen der Abart Vibrio I in Gelatine altern läßt; nach 14 Tagen zeigt dann die Aussaat neben der eingesäten Form auch Kolonien typischer Vibrionen. Dieser Rückschlag wird durch Sauerstoffzutritt begünstigt z. B. im Oberflächenhäutchen einer Bouillon- oder Gelatinekultur oder auf Schrägagar, wo nach 6 Tagen bereits ein Gemisch der Vibrio I und der Normalform vorliegt. Ein vollständiger Umschlag kommt jedoch nicht zustande, wohl deshalb, weil mit der Zeit auch die Normalform wieder den Vibrio I abspaltet.

In noch älteren Gelatinekulturen des Vibrio proteus und zwar in der Normalform, frühestens nach 46 Tagen, tritt eine andere Spaltungsform auf, Vibrio II, und nimmt dann an Zahl zu, so lieferte Aussaat nach 14 Tagen noch keine solche Kolonie, nach 48 Tagen 8,1 %, nach 73 Tagen 23,5 %, nach 945 Tagen 73,5 % dieser Kolonieform. Dieselbe nähert sich mehr der Wuchsform der Choleravibrio auf der Gelatineplatte, als der des V. proteus, nach 3 tägigem Wachstum sieht man ein dunkelbraunes Zentrum, umgeben von einer bräunlichgelben Mittelzone und einer farblos durchscheinenden Randzone von Schleifenkonvoluten. Die Kolonien bestehen aus Stäbchen mit kaum angedeuteter Krümmung und verschieden dicken Fäden, ohne Eigenbewegung. Der Typus der Gelatinestichkultur nähert sich ebenfalls mehr demjenigen des Choleravibrio. Zuweilen, aber viel seltener, wird diese Abart in alten Stichkulturen der ersten abgespalten, aber nur im Verhältnis von 1:300—1:750 des Vibrio I.

---

[1]) Ähnliche Befunde hatten neuerdings Isabolinsky und Smoljan zu verzeichnen (Zentralbl. f. Bakter. I. Abt. Orig. **73**, 413—427. 1904). (Anmerk. währ. d. Korr.)

Solche alten Stichkulturen des Vibrio I zeigen zuweilen bloß noch die Ausgangsform und den Vibrio II, die eingesäte Abart ist verschwunden. Ein Rückschlag
des Vibrio II wurde nicht beobachtet.

Endlich wurde aus über ein Jahr alten Gelatinestichkulturen der Normalform, die dem Absterben nahe waren, noch eine dritte Abart gezüchtet, die sich
durch spärliches und gehemmtes Wachstum in Form von langen Fäden und
Spiralen kennzeichnete und konstant blieb. Außer den beschriebenen drei
Abarten wurden (ähnlich wie bei Cholera von Eisenberg) Zwischenformen
gefunden, die meist inkonstant waren oder Entwicklungsstadien der geschilderten
Kolonieformen vorstellten.

Die Untersuchungen von Baerthlein über die choleraähnlichen Vibrionen
bestätigen im allgemeinen seine bei Cholera gewonnenen Erfahrungen. Es
fanden sich zumeist helle und trübe Kolonien (nur bei V. Elwers auch die Ringform) mit den entsprechenden morphologischen Differenzen der Einzelkeime
und mit denselben Eigentümlichkeiten der Konstanz. Auch hier war die hämolytische Wirksamkeit der trüben Form stärker als diejenige der hellen, Unterschiede im Gelatinverflüssigungsvermögen waren nicht festzustellen.

21. Azotobacter chroococcum.

Bei dieser sehr interessanten, wenn auch systematisch noch nicht sicher ein-
zureihenden Spezies hat Prazmowski bei Aussaat aus einer alten Kultur neben
den typischen schwarzbraunen Kolonien auch farblose Zuchten erhalten. Diese
Abart zeichnete sich durch kräftigeres Wachstum, größere Vitalität und Beweglichkeit aus, war relativ konstant zu erhalten, neigte jedoch zu Rück-
schlägen. Prazmowski hält es für wahrscheinlich, daß viele als besondere
Azotobacter-Arten beschriebene Formen abgespaltene Mutanten des A. chroo-
coccum sind. Die in Kulturen öfters beobachteten Mikro- und Regenerations-
formen erwiesen sich alo bloße Modifikationen.

22. Schimmelpilze und andere Pilze.

Wegen der biologischen Verwandtschaft dieser Familie mit Bakterien
sollen hier einige sie betreffende Variabilitätsarbeiten besprochen werden, vor
allem die sehr exakte und interessante Arbeit von El. Schiemann. Derselbe
züchtete einen kontrollierten, durch Einzelkulturen erhaltenen, reinen Zweig
von Aspergillus niger auf Pulstscher Nährlösung mit Zusätzen von $K_2 Cr_2 O_7$,
$Cu SO_4$, $Zn SO_4$, $KMnO_4$, $K ClO_3$, $CCl_3 COH$, Chininsulfat zum Teil bei gewöhnlicher, zum Teil bei erhöhter Temperatur. Als vorübergehende Modifikation
erschien dabei einerseits Neigung zu Sklerotienbildung, andererseits Produktion
von weißen Köpfchen. Beide Erscheinungen verschwanden mit fortschreitender
Anpassung an den gifthaltigen Nährboden. Von konstanten Mutanten wurden
4 abgespalten: 1. eine schokoladebraune (fuscus), 2. eine zimtbraune (cina-
momeus), 3. eine Mutante mit verlängerten Konidienträgern (altipes), auch als
Modifikation aufgetreten, und 4. eine Proteusmutante, ausgezeichnet durch
große Variabilität von Farbe und Wachstum in Abhängigkeit vom Nährboden,
durch niedrigeres Temperaturoptimum (27^0), diese Mutante zeigte nach 3 Wochen
auf Pulstscher Nährlösung, nach 10 Tagen bereits auf Brot, mutativen Rückschlag zur Ausgangsform, zuweilen Umschlag zur dritten Mutante. Die erste

Mutante trat auch einmal spontan in gewöhnlicher Nährlösung unter normalen Züchtungsbedingungen auf. Unter 178 normalen Kontrollkulturen wurde also eine Mutation ($= 0,56\,^0/_0$) beobachtet, unter 397 Kulturen mit besonderen Reizmitteln 8 mal $= 2\,^0/_0$. Es ergibt sich daraus, daß „durch starke Reize die Mutabilität außerordentlich gefördert wird". Manche Mutationen traten wiederholt auf, was auf gewisse immanente Mutationsbahnen schließen läßt. Die erste und zweite Mutante sind Verlustmutanten, bei der dritten scheint eine Gewinnform vorzuliegen, bei der vierten ist das schwer zu entscheiden. Es ist wahrscheinlich, daß manche in der Natur gefundene „spontane" Varietäten mutativ entstanden sind und mit den experimentell erzeugten übereinstimmen.

Ebenfalls bei Aspergillus niger hat Arcichovskij unter Einfluß von Passagen auf $ZnSO_4$-Nährböden eine Rasse mit gelblichbraunen Sporen erhalten, die in Gegenwart von $ZnSO_4$ besser sporulierte, als in Abwesenheit.

Ebenfalls durch Züchtung auf Nährböden, die mit Zusätzen von entwicklungshemmenden Stoffen versetzt waren, hat Waterman bei Penicillium glaucum sowie bei Aspergillus niger asporogene bzw. sporenarme Mutanten erzeugt, die sich auch in Stoffwechselversuchen (Ernteertrag) von den Ausgangsstämmen differenzieren [1]).

Bei den zu den Myxobakteriaceen gehörenden Myxororrus rubescens und virescens hat Wolf durch abnorme Züchtungstemperatur oder Züchtung auf gifthaltigen Nährböden verschieden gefärbte Mutanten erzeugt, die sich gegen die Mutterkultur wie eine fremde Art verhielten, indem an der Berührungsstelle ihrer Pilzrasen sich scharf abgeschnittene Grenzen bilden (Pilzrasen derselben Art verfließen bei Berührung miteinander). Schouten hat bei Rhizopus oryzae durch Mutation eine Zwergform bekommen, bei Dematium pullulans eine weiße Mutante, bei Phycomyces nitens eine Zwergform mit Neigung zu Rückschlag.

23. Hefen.

Die Untersuchungen an dieser Familie bieten für uns hervorragendes Interesse, weil hier durch die bahnbrechenden Untersuchungen von Hansen, Hartmann und Beijerinck Vorgänge entdeckt worden sind, die mit den bei manchen Bakterien festgestellten eine frappante Analogie bieten. Hansen hat aus schwach sporulierenden Kulturen von Saccharomyces Ludwigi durch Auslese und (hier leicht auszuführende) Einzellkultur drei relativ konstante Abarten gezüchtet: aus einer sporenführenden Zelle eine gut sporulierende, aus einer sporenfreien eine asporogene und außerdem eine schwach sporulierende. Durch lange fortgesetzte Passagen in Würze war eine Wiederkehr des Sporulationsvermögens zu erreichen, am schnellsten unter Zusatz von Dextrose. Ähnliche Erfahrungen wurden auch an anderen Hefearten gewonnen. Hier erfolgte aber die Wiederkehr des Sporulationsvermögens nicht unter dem Einfluß der Dextrose und es dauerte bisweilen über ein Jahr, bis sie eintrat. Auf dem Wege der Selektion konnten auch morphologisch differente inkonstante Abarten aus einer Kultur gezüchtet werden, die einerseits langgestreckte Oidien, andererseits kurzelliptische Zellen aufwiesen.

Wichtiger noch sind die klassischen, zuerst bei Saccharomyces Pastorianus, dann bei anderen Hefearten durchgeführten Versuche Hansens über experi-

---

[1]) Über Varietätenbildung bei Asp. niger berichtet kurz in letzter Zeit W. Brenner (Zentralbl. f. Bakter. II. Abt. **40**, 571—572. 1914). (Anmerk. währ. d. Korr.)

mentelle Erzeugung von Asporogenie. Durch Züchtung in der Nähe des Temperaturmaximums in gelüfteter Würze durch eine Reihe von Generationen gelang es, einen kontrollierten rein sporogenen Zweig in einen konstant völlig asporogenen umzuwandeln. Daß hier keine Auslese mit im Spiel war, erhellt schon daraus, daß es möglich war, aus jeder beliebig gewählten vegetativen Zelle oder Spore zur asporogenen Sippe zu gelangen. Eine große Aussaat dieser letzteren zeigte, daß alle untersuchten 1000 Kolonien auch auf Gipsblöcken asporogen blieben. Die neue Abart wich auch in sonstigen Eigenschaften, zum Teil vielfach, von der Ausgangsform ab, so im Gelatinewachstum, in der verminderten Alkoholproduktion, im Unvermögen, den Alkohol weiter zu vergären, in der fehlenden Hautbildung auf Bier. Bei S. ellipsoideus hielt sich die sporogene Form 3 Jahre lang im Erdboden, während die asporogene bereits im ersten Jahr einging, eine allgemeine größere Labilität ist jedoch bei der asporogenen Abart nicht festzustellen, in Zuckerlösungen halten sich beide gleich lang, und in Würze vermehrt die asporogene bei manchen Arten sich lebhafter als die sporogene. Die Konstanz dieser asporogenen Abart ist eine sehr weitgehende, noch nach 17 Jahren konnte Hansen über ihre unveränderte Fortzüchtung (Umzüchtung jede 14 Tage) berichten. Die Analogie dieser Befunde mit denjenigen beim Milzbrandbazillus, besonders nach den Versuchen von Eisenberg, ist unverkennbar.

Andere Untersuchungen Hansens betrafen die Variabilität eines Wachstumscharakters von Hefen, der sie als sog. Ober- und Unterhefen unterscheiden läßt. Bei Sacch. turbidans sowie Sacch. apiculatus Johannisberg II konnte gezeigt werden, daß scheinbare Umwandlungen dieses Charakters in Wirklichkeit darauf beruhen, daß Populationen von Ober- und Unterhefen vorlagen, aus denen bestimmte Züchtungsbedingungen die eine oder andere Abart ausgelesen haben, die rein isolierten Abarten verhielten sich konstant. Es konnte aber auch gezeigt werden, daß die eine aus der anderen mutationsartig entstehen kann.

Ausgedehnte und interessante Untersuchungen über die Variabilität der Sporenbildung bei verschiedenen Hefearten verdanken wir auch Beijerinck. Er zeigt, daß sowohl in der freien Natur als auch in Kulturen leicht asporogene Abarten entstehen können und daß in gewöhnlich fortgeführten Kulturen diese in wechselndem Verhältnis den sporogenen beigemengt sind. Züchtung bei niederer Temperatur sowie Erschöpfung des Nährbodens begünstigen ihr Aufkommen. Bei Sacch. Ludwigi konnte durch längeres Trocknen bei 50 ^{0} die sporogene Rasse rein isoliert werden. Diese Methode scheitert bei manchen anderen Arten an den geringen Resistenzunterschieden der beiden Abarten. Bei Sacch. Pombe fand sich die auch bei B. anthracis wiederkehrende Eigenschaft, daß die einmal reingezüchtete sporogene Rasse ohne Auslese auf die Dauer nicht rein zu halten ist, da bei Überimpfen asporogene Anteile entstehen, die bald die sporogenen überwuchern. Bei S. orientalis, wo dieselbe Überwucherung bei gewöhnlichen Passagezüchtungen erfolgte, glaubt Beijerinck sie damit erklären zu können, daß die sporogenen Zellen, nachdem sie Sporen gebildet haben, zur Ruhe kommen, während bei vorhandenem Nährmaterial die asporogenen fortfahren sich zu vermehren und auf diese Weise in sukzessiven Passagen angereichert werden. Die sporogenen Abarten zeichnen sich meist durch stärkeres Peptonisierungsvermögen aus, bei Sacch. uvarum ist auch der

Charakter der durch beide Abarten bewirkten Gärung ein verschiedener. Meist lassen sich sporogene Kolonien an ihrer schneeweißen Farbe erkennen, während sporenfreie verschwommen bräunlich gefärbt sind. Auch chemische Differenzen der abgelagerten Reservestoffe (Granulose, Glykogen) können zu makroskopischen differentiellen Reaktionen benutzt werden.

Besonders interessante Verhältnisse bietet nach den Untersuchungen von Beijerinck der Schizosaccharomyces octosporus. Auf Malzwürzeagar bei 30⁰ gezüchtet bildet er weiße Riesenkolonien, auf denen nach 1—2 Wochen mehr oder weniger bräunliche knopfförmige Sekundärkolonien in größerer Anzahl heranwachsen. Übergießt man die Kolonie mit einer Jodlösung, so sieht man, daß ihre Hauptmasse sich dunkelblau färbt, während die Knöpfe sich mehr oder weniger violett oder gelb anfärben. Der Unterschied rührt daher, daß die Hauptmasse der Kolonie viele Sporen enthält, deren granuloseführende Wand sich blau färbt. Die Knötchen dagegen enthalten entweder weniger Sporen und färben sich violett oder sie enthalten gar keine und nehmen dann die gelbe Farbe an. Wird aus der knötchenfreien Oberfläche der Kolonie gezüchtet, so wiederholt sich bei der Aussaat das Bild der mit Knöpfen besetzten Mutterkolonie. Auch die Knöpfe erweisen sich bei Fortzüchtung in ihren Eigenschaften als konstant und zwar konnte Beijerinck außer der Normalform folgende 8 Mutanten isolieren: 2. Asporus, sporenfrei gibt Kolonien mit Knötchen bildung; diese Knötchen unterscheiden sich von denjenigen der Ausgangskolonie dadurch, daß sie keine Gelbfärbung mit Jod liefern und liefern den 3. asporus secundarius ebenfalls sporenfrei mit kugligen Zellen. 4. Oligosporus I 5. Oligosporus II, 6. Oligosporus III. Diese drei Mutanten unterscheiden sich von der Ausgangsform durch das fast völlige Fehlen von Sekundärkolonien und durch Askusbildung ohne vorhergehende Karyogamie. Die Zahl der gebildeten Sporen ist relativ bedeutend bei I, mäßig bei II, gering bei III, was sich in der Intensität der Jodfärbung wiederspiegelt. Die Eigenschaften dieser drei Formen werden sowohl durch vegetative Zellen, als auch durch Sporen erblich übertragen. 7. Seriatus-Mutante ist am besten als Fadenmutante zu bezeichnen und trat nur bei einem Stamm auf. Statt isolierter Zellen oder Zelljoche sieht man hier Zellserien, zum Teil mit Verlängerung der Einzelzellen. Sie ist asporogen, hat aber eine oligospore Mutante abgespalten. 8. Sporoseriatus, außerdem spaltet sie in Form von Knöpfchen ebenso wie die Asporus-Mutante eine weitere Form ab: 9. Seriatus secundarius, auch schlägt sie oft zur Asporus-Form zurück, aus der sie entstanden ist.

Bei einer Oberhefe hat Beijerinck außerdem in Form von Sekundärkolonien oder Sektoren in Riesenzellen eine durch herabgesetzten Glykogengehalt kenntliche Mutante auftreten gesehen. Bei einer wilden Hefe Sacch. muciparus entstand in Form von Randauswüchsen eine durch langgestreckte Zellform ausgezeichnete konstante Abart, die nur schwer in die Mutterform zurückschlägt, während diese immer wieder spaltet. Bei einer Insektenhefe Sacch. pulcherrimus, die große Öltropfen in ihrem Inneren aufweist, entstand eine fettfreie Mutante, die in Mischkulturen immer die Mutterkultur verdrängte.

Der Seriatus-Mutante von Schizosaccharomyces octosporus analoge Mutanten hat Lepeschkin bei Schizosaccharomyces mellacei und Schizosacch. Pombe beobachtet. Auch diese waren asporogen und spalteten wie jene sporogene Fadenmutanten ab, außerdem aber schlugen sie zur Normalform zurück. Bei Sacch.

anomalus hat Barber mit Hilfe seiner oben erwähnten Isolierungsmethode aus einer einzelnen langgestreckten Zelle eine konstante Abart mit dieser Eigenschaft gezüchtet, die durch etwas größere Resistenz beim Austrocknen und Erhitzen, stärkere Gärungskraft und herabgesetztes Gelatineverflüssigungsvermögen von der Ausgangsform sich unterschied. Im symbiotischen Konkurrenzversuch mit dieser letzten konnte die neue Abart in 8 Passagen innerhalb von 23 Tagen die Mutterform ganz unterdrücken. Das Vorkommen derartiger mutierter Zellen ist ein sehr seltenes, eine kommt auf Tausende bis Hunderttausende normaler. Die meisten gestreckten Zellen in den Kulturen sind Modifikationen, die keine ebensolche Nachkommenschaft liefern. Durch Selektion abnorm langer Formen konnte aus der neuen Abart keine noch stärker abweichende gezüchtet werden, ebensowenig durch Auswahl sphärischer Zellen eine Rückkehr zur Norm bewirkt werden. Das beweist wieder einmal das Unvermögen der Selektion, neue Formen zu schaffen, wofür in der allgemeinen Vererbungslehre ebenso wie bei Einzelligen (Jennings bei Paramäzien) überzeugende Beweise vorliegen.

Endlich sei noch eine interessante Beobachtung von Hartmann erwähnt, die sich ganz an die Erscheinungsreihe des B. coli mutabile anschließt. Auf älteren Riesenkolonien der Torula colliculosa erschienen maulwurfshügelförmige Knöpfe, die aus Riesenzellen bestehen. Während Material aus noch knopffreien jungen Kolonien nicht imstande war, Maltose zu vergären, taten die Riesenzellen der Knöpfe dies in energischer Weise. In flüssigen maltosehaltigen Medien konnte die Torula zur Maltosevergärung gebracht werden. Saccharose, Dextrose, Raffinose und Fruktose wurden vom Ausgangsmaterial und von den Knopfzellen unterschiedslos vergoren.

24. Trypanosomen und Spirochäten.

Die interessanten Variabilitätsverhältnisse bei dieser Protozoengruppe sollen hier mit einbezogen werden, weil dieselbe durch ihre Einzelligkeit und durch ihre pathogenen bzw. parasitären Eigenschaften sich den Bakterien nähert. Andererseits darf man sich natürlich nicht verhehlen, daß die Nacktheit der Trypanosomenzelle, ihre höhere Differenzierung (soweit wir dies jetzt beurteilen können), das Vorhandensein eines Wirtswechsels und einer geschlechtlichen Vermehrung im Zwischenwirt (wenigstens bei manchen Arten) eine Reihe von prinzipiellen Differenzen schaffen, die er auch bei der Beurteilung der Variabilität in Betracht kommen.

Wendelstadt und Fellmer haben Naganatrypanosomen durch Nattern geschickt, wobei sie nur selten zum Haften zu bringen waren; sie nahmen hier Zwergformen an (wohl als Modifikation aufzufassen), wurden sie aber in Ratten zurückgebracht, so wuchsen sie hier zu Riesenzellen heran und zeigten eine erhöhte Virulenz für diese Tierart. Bei weiteren Rattenpassagen ging allmählich der Riesenwuchs zurück, während die Virulenzsteigerung erhalten blieb. Ähnliche Folgen hatten Passagen von Nagana durch Schildkröten, Eidechsen, gewisse Insekten, Waldschnecken. Auch nach Passagen von Tr. Lewisi durch Nattern, Frösche, Eidechsen nahmen dieselben, in Ratten zurückgebracht, Riesenformen an, auch hier nahm die Virulenz für Ratten — sonst sehr gering — beträchtlich und dauernd zu.

Sehr auffallende morphologische Veränderungen hat durch chemische Eingriffe **Werbitzki** erzeugen können. Wurden mit einem Naganaserum (N. ferox) infizierte Mäuse mit Pyronin behandelt, so zeigten in den folgenden Stunden die Trypanosomen in steigender Zahl (bis zu 60%) Verlust des Blepharoplasten (Kinetonucleus). Wurden die Trypanosomen in diesem Stadium auf weitere Mäuse übertragen und in diesen ohne weitere Behandlung mit Pyronin fortgeführt, so nahmen die abnormen Individuen an Zahl allmählich ab, um zuletzt nach 8—9 Passagen ganz zu verschwinden. Es zeigte sich durch eingehende Versuche, daß das Maßgebende an der Pyroninwirkung seine orthochinoide Konstitution ist und daß auch verwandte orthochinoide Farbstoffe aus der Akridin- und Oxazingruppe dieselbe eigentümliche Beeinflussung der Trypanosomen aufweisen, daß ähnlich gebaute aber parachinoide sie vermissen lassen. Durch 6—10 malige Behandlung des Stammes mit einem Oxazinfarbstoff konnte ein vollständig blepharoplastloser Stamm erhalten werden. Wurde dieser in Mäusen ohne Behandlung fortgeführt, so war die Konstanz der neuen Eigenschaft verschieden, in einer Versuchsreihe erwiesen sich 50 solche Passagen als wirkungslos, in einer anderen erschienen in der 16. Passage einige Individuen mit Blepharoplast und nach 6—8 weiteren Passagen wiesen alle einen solchen auf. Trotzdem war dieser zurückgeschlagene Stamm nicht ganz normal, unter dem Einfluß von Arsacetin, das bei normalen Naganatrypanosomen den Blepharoplasten nicht sichtbar beeinflußt, war hier neuerlicher Verlust des Blepharoplasten zu beobachten.

Kudicke hat den **Werbitzki**schen blepharoplastlosen Naganastamm weiteren Untersuchungen unterzogen. Er konnte ihn auf keine Weise zur Norm zurückführen. Auch 115 Mäusepassagen ohne Behandlung führten nicht zum Ziel. In Mischstämmen, die normale Individuen neben blepharoplastlosen enthalten, verschwinden gewöhnlich die letzteren bei Passagen. Ähnlich wie oben Arsacetin erwies sich bei solch einem Mischstamm Trypanblau, sonst für den Blepharoplasten unschädlich, befähigt ihn in einen vollständig blepharoplastlosen Stamm zu umwandeln. Durch immunisatorische Versuche ließ sich die Identität des blepharoplastlosen Stammes mit dem normalen Ausgangsstamm beweisen; man kann nämlich mit dem einen Tiere gegen den anderen immunisieren und umgekehrt. Beide sind übereinstimmend für Ziegen avirulent, aber immunisierend (stammspezifisch). Für die Beurteilung des Entstehungsmechanismus der blepharoplastlosen Abart ist nicht unwichtig die Feststellung von **Kudicke** (auch von v. **Prowazek**), daß auch bei unbehandelten Stämmen ab und zu blepharoplastlose Individuen beobachtet werden, selbst bis zu 5%, was natürlich den Gedanken an Auslese nahelegt. Es gelang ihm, auch bei Tr. Lewisi durch Akridinbehandlung eine blepharoplastlose Abart zu erhalten.

Laveran und **Roudsky** haben die Beobachtungen von **Werbitzki** an Tr. Evansi, soudanense, gambiense, congolense, dimorphon, pecorum, Lewisi bestätigen können und mit Hilfe von Oxazinbehandlung mehr oder weniger vollständig blepharoplastlose konstante Abarten erhalten. Sie lieferten auch einen wichtigen Beitrag zur Kenntnis der Oxazinwirkung, indem sie zeigten, daß im infizierten Tier und in vitro der Farbstoff zuerst elektiv den Blepharoplasten anfärbt, daß dieser sodann schrumpft und verschwindet. Die toxische Wirkung der orthochinoiden Farbstoffe auf den Blepharoplasten erklärt sich einerseits durch ihre spezifische Affinität zu demselben und durch seine nachträgliche Autoxydation. Wird diese letztere durch Zusatz von KCN oder von gewissen Alkaloiden ausgeschaltet, so bleibt der Blepharoplast ungefärbt und unbeschädigt. Ungleichmäßige Teilung des Kinetonucleus, wie sie von Werbitzki sowie von Kudicke als mögliche Ursache der Entstehung der neuen Rasse erwogen wurde, soll nach Laveran und Roudsky nicht in Betracht kommen. Alle blepharoplastlosen Abarten zeigten bei ihnen herabgesetzte Virulenz.

Eine bedeutende theoretische und praktische Bedeutung haben die von Ehrlich und seinen Schülern Franke, Roehl, Gulbranson inaugurierten Untersuchungen über die Serumfestigkeit von Trypanosomen erlangt. Wird ein Tier mit Trypanosomen (z. B. Nagana) infiziert und auf der Höhe der Erkrankung mit irgend einem chemotherapeutisch wirksamen Mittel sterilisiert, so erwirbt es dadurch eine gewisse Immunität gegen Nachimpfung mit demselben Stamm. Dieselbe offenbart sich darin, daß die Infektion mit beträchtlicher Verspätung einsetzt, dann aber rasch zum Tode führt. Die Trypanosomen, die solch ein immunisiertes Tier passiert haben, haben dadurch neue Eigenschaften erworben; infiziert man mit ihnen gleichzeitig ein unvorbehandeltes und ein (wie oben) geheiltes Tier, so gehen beide Infektionen gleichmäßig rasch an und bringen ungefähr gleichzeitig die Tiere zu Falle. Die relative Immunität des geheilten Tieres ist ihnen gegenüber wirkungslos, die Infektion haftet ohne Verzögerung, die Trypanosomen sind serum- oder antikörperfest geworden. Man kann zu demselben Resultat auch auf andere Weise gelangen, indem man nämlich ein Tier auf der Höhe der Infektion mit einer ungenügenden Heildosis behandelt. Die Trypanosomen verschwinden dann für eine Zeitlang aus dem Blut, um dann wieder aufzutreten und ein Rezidiv zu bewirken, an dem das Tier zugrunde geht. Auch diese Trypanosomen haben eine biologische Umwandlung im Sinne der Serumfestigkeit erfahren. Der Rezidivstamm verhält sich im Immunitätsversuch ebenso, wie der oben geschilderte. Diese Umstimmung, die so schnell eingetreten ist, ist nun völlig konstant und erhält sich in Hunderten von Tierpassagen. Die Frage, ob hier „Variation" oder „Mutation" vorliegt, läßt Ehrlich unentschieden, zu erwägen wäre freilich noch die Möglichkeit einer Selektion. Er führt die Umstimmung auf eine Änderung der die Haftung der Antikörper ermöglichenden Protoplasmagruppen — der Rezeptoren — zurück, die im normalen Zelleben als „Nutrizeptoren" am Stoffwechsel teilnehmen. Die Besetzung dieser Gruppen durch die Antikörper soll die Zelle in einen Hungerzustand versetzen und die Folge davon soll die Entwicklung neuer potentieller Anlagen sein, die für die Rezidivstämme charakteristisch sind. Eingehende Versuche haben gezeigt, daß auf dem oben geschilderten Wege die Schaffung einer ganzen Reihe differenter Rezidivstämme möglich ist, die im Immunitätsversuch ihre Sonderart manifestieren. Außerdem haben Levaditi und Mutermilch gefunden, daß es eine Spezifität in bezug auf den Ursprung der Antikörper gibt, gegen die die Trypanosomen gefestigt werden. Solche, die gegen Antikörper von Nagern immunisiert sind, sind empfindlich für die Wirkung von Huhn- oder Frosch-Antikörpern und vice versa. Nach neuesten Befunden von Braun soll die Serumfestigkeit nur dann anhalten, wenn bei den Passagen das betreffende Serum mitinjiziert wird; bleiben die Trypanosomen in den Passagen ohne Kontakt mit dem Serum, so erfolgt allmählich totaler Rückschlag zur Empfindlichkeit des Ausgangsstammes.

Über gradweise Festigung von Naganatrypanosomen gegen Menschenserum durch Behandlung infizierter Tiere mit diesem Serum hat Jacoby berichtet. Die gefestigten Stämme zeigten vorübergehendes Versagen ihrer Festigkeit in den nachfolgenden Passagen, manchmal auch plötzlichen Verlust dieser Eigenschaft. Mesnil und Brimont gelang Festigung von Nagana gegen Immunsera von einem Hund und von einem Bock; ein Stamm behielt diese Eigenschaft nur bis zur 18. Passage ohne Serumkontakt, ein anderer über die 19. hinaus. Der gegen das Hundeimmunserum gefestigte Stamm war auch gegenüber dem Bockimmunserum fest und vice versa.

Eingehende Untersuchungen über den Mechanismus der Serumfestigung der Trypanosomen hat Rosenthal angestellt. Er konnte dieselbe in vitro durch 10—45 Minuten langen Kontakt mit Serum geheilter Mäuse (48 Stunden nach der Behandlung mit Brechweinstein) erhalten und fand sie in 12 Mäusepassagen konstant. Er faßt die Umwandlung als echte Mutation auf, freilich ist die Zeitdauer der Serumwirkung nicht auf die Einwirkungszeit in vitro zu beschränken, da eine Nachwirkung in vivo nicht auszuschließen ist. Das bewirkende Agens im Serum ist mit dem trypanoziden Antikörper nicht identisch, die umstimmende Wirkung der Sera geht mit ihrer Trypanozidie nicht parallel. Die „Rezidivkörper" werden durch 15 Minuten langes Erhitzen auf 60⁰ zerstört, die trypanoziden nicht, die ersteren werden mit der Albuminfraktion gefällt, die letzteren sind sowohl in der Albumin- als auch in der Globulinfraktion zu finden. Zuweilen ist die bewirkte Umwandlung keine ganz konstante, dann bestehen die Rezidivstämme teilweise aus mutierten konstanten, teilweise aus modifizierten Anteilen, die früher oder später zurückschlagen (d. h. ihre Serumfestigkeit einbüßen). Je nach der Intensität der Immunitätsvorgänge, vielleicht auch je nach der Individualität des Ausgangsstammes können entweder reine Mutanten vorliegen oder Populationen von Mutanten und Varianten (Modifikanten). Mit verschiedenen Seris können in vitro biologisch verschiedene Rezidivstämme erzeugt werden; auch sind die in vitro erzeugten nicht identisch mit den in vivo entstehenden.

Nicht minder interessant und für die Praxis der Chemotherapie bedeutungsvoll ist die ebenfalls von Ehrlich und seinen Mitarbeitern (Franke, Browning und Roehl) entdeckte Arzneifestigkeit der Trypanosomen. Wird ein infiziertes Tier mit einer ungenügenden Dosis eines sonst wirksamen Chemotherapeutikums behandelt, so erzielt man ein zeitweiliges Verschwinden der Trypanosomen, die dann aber wieder zum Vorschein kommen und den Tod des Tieres herbeiführen. Impft man nun das Blut dieses Tieres auf ein anderes, wiederholt hier die Behandlung und so einige Male, so sieht man, daß der therapeutische Effekt immer geringer wird, bis zuletzt auch die höchsten von den Tieren noch vertragenen Heildosen den Trypanosomen nichts mehr anhaben können und sie nicht einmal vorübergehend verschwinden lassen. Als Trypanosomengifte kommen in Betracht verschiedene Arsenderivate, Fuchsin, Parafuchsin, Tryparosan und andere Farbstoffe der Triphenylmethanreihe, saure Azofarbstoffe aus der Benzidingruppe (Trypanrot, Trypanblau). Die einmal erworbene Festigkeit hielt sich Jahre lang in Hunderten von Tierpassagen unverändert. Die Festigung weist eine gewisse Spezifität auf; sie erstreckt sich höchstens auf die nächsten Verwandten des zur Behandlung angewandten Mittels, nicht aber auf die Angehörigen anderer Gruppen. In der Arsengruppe zeigte sich die merkwürdige Eigentümlichkeit, daß der gegen das schwächer wirksame Atoxyl und Arsacetin gefestigte Arsenstamm I gegen das stärker wirksame Arsenophenylglyzin fast ebenso empfindlich war wie der Ausgangsstamm. Wurde der Stamm nun auch gegen Arsenophenylglyzin gefestigt, so erwies sich dieser Arsenstamm II noch immer empfindlich gegenüber arseniger Säure und mußte erst in langwierigen Versuchen gegen dieses stärkste Arsengift gefestigt werden.

Eine interessante Ausnahme bezüglich der Spezifität der Giftfestigung fanden Ehrlich und Neven in der Tatsache, daß orthochinoid gebaute Pyronine und Akridine, Oxazine, Thiazine, Selenazine die Fähigkeit besitzen, sehr schnell nicht nur gegen sich selbst, sondern auch gegen Arsenderivate zu festigen, wozu meist eine längere Behandlung mit Arsenikalien nötig ist. Umgekehrt erwies sich der Arsenstamm II als pyroninfest. Die Festigung führt Ehrlich auf eine Aviditätsherabsetzung derjenigen Rezeptoren zurück, die die Verankerung des Giftes an die Trypanosomenzelle besorgen („Chemozeptoren"). Das offenbart sich in der Beobachtung, daß in vitro arsenfeste Stämme den giftigen Arsenverbindungen gegenüber nicht absolut, sondern nur relativ resistent sind. Einen sichtbaren Nachweis der Aviditätsherabsetzung der giftfesten Stämme führte Gonder, indem er zeigte, daß arsenfeste Trypanosomen durch einen orthochinoiden Farbstoff, das Triaminophenazselenoniumchlorid nur spät und schwach angefärbt werden, während bei normalen rasch intensive Färbung erfolgt.

Während die bisher besprochene Festigung meist wiederholte, zum Teil lange fortgesetzte Behandlung mit dem entsprechenden Heilmittel erfordert, gelingt es mit manchen Derivaten der Phenylarsinsäure, z. B. mit dem Kondensationsprodukt von p-Oxymetaamidophenylarsenoxyd und Resorcylaldehyd diese Festigung durch eine einmalige Behandlung zu erzielen. Diese Art der Festigung spricht Ehrlich als mutative an. Wir werden unten sehen, daß kein Hindernis vorliegt, auch die anderen Fälle hierher einzubeziehen.

Bezüglich der Konstanz der arzneifesten Stämme hat Gonder den interessanten Befund erhoben, daß ein gegen Arsenophenylglyzin gefestigter Lewisistamm, der auch ohne Kontakt mit Arsen in vielen Rattenpassagen als konstant sich erwies, bei Übertragung durch den Hämatopinus die Festigkeit einbüßt. Dazu gehört jedoch eine gewisse Reifungsperiode in der Laus. Emulsionen infizierter Läuse geben bis zum 12. Tag nach dem Saugakt noch immer giftfeste Stämme; nach diesem Zeitpunkt liefert die Verimpfung der Emulsionen normal empfindliche Trypanosomen. Gonder führt den Verlust der Festigkeit auf die Syngamie zurück, die um die kritische Zeit in der Laus erfolgt und hier den Rückschlag zum Arttypus bedingt, während parthenogenetische Vermehrung in langen Generationsreihen den erworbenen Charakter unberührt läßt.

Ob diese Deutung die einzig mögliche ist, erscheint nicht ganz sicher nach den Befunden von Mesnil und Brimont. Diese Forscher fanden nämlich, daß ein in Mäusen gegen Atoxyl gefestigter Surrastamm (Tr. Evansi) in Ratten sich gegen Atoxyl nur wenig resistent zeigt. Man könnte nun annehmen, daß in der Ratte ein Verlust der Festigkeit eintritt; diese Annahme wird jedoch widerlegt durch die Feststellung, daß die Atoxylfestigkeit dieses Stammes auch durch 43 Rattenpassagen nicht verändert wird; wird er nämlich sodann in Mäuse zurückgebracht, so weist er unverminderte Festigkeit auf. Übrigens gelingt es auch durch Atoxylbehandlung in der Ratte eine in der Ratte sich manifestierende Atoxylfestigkeit zu erzielen. Auch ein in der Maus gegen Brechweinstein gefestigter Surrastamm erwies sich in der Ratte als weniger fest, während im Hunde- und Meerschweinchenorganismus unverminderte Festigkeit zutage trat. Es folgt aus diesen Befunden ebenso, wie aus analogen von Moore, Nierenstein und Todd, sowie Breinl und Nierenstein, daß der tierische Organismus in noch nicht geklärter Weise an der Festigkeit mitbeteiligt ist und daß die Spezifität dieser Funktion sich nicht nur auf das Gift, sondern zum Teil auch auf den Wirtsorganismus erstreckt. Im Sinne dieser Anschauung wäre die Beobachtung von Gonder auch der Deutung zugänglich, daß hier der Wechsel des Wirtsorganismus für den Umschlag der Festigkeit verantwortlich zu machen ist (Dobell). Freilich sind die Trypanosomen in der Laus chemotherapeutischen Versuchen nicht zugänglich und die Veränderung manifestiert sich in den Gonderschen Versuchen in demselben Organismus, wo früher die Festigkeit konstatiert wurde (in der Ratte). Die von Mesnil und Brimont beobachteten Tatsachen wären also am besten als Modifikationen bedingt durch das Milieu aufzufassen, der Verlust der Festigkeit bei Gonder eher als Rückmutation.

Von sonstigen Befunden von Mesnil und Brimond sei erwähnt, daß ein gegen die Benzidinfarbe Ph. gefestigter Gambiense-Stamm in fünf Rattenpassagen die Festigkeit behielt, in der sechsten jedoch zurückschlug, es kann also die Dauer der Festigkeit bisweilen zeitlich sehr begrenzt sein. In anderen Fällen war die Festigkeit dauerhafter, so die Atoxylfestigkeit von Surra-Stämmen, die sich in 90 bzw. 140 bzw. 67 Passagen bewährte. Doch auch hier kann aus unbekannten Gründen mitten durch ein vorübergehendes Nachlassen der Festigkeit zum Vorschein kommen. Morgenroth und Halberstädter haben einen Naganastamm gegen Arsacetin maximal gefestigt, zugleich erwarb er eine Festigkeit gegen Brechweinstein. Nach sechswöchentlichen Passagen ohne Kontakt mit Arsen war die Arsenfestigkeit unverändert geblieben, diejenige gegen Brechweinstein verschwunden. Ein 40 Minuten dauernder Kontakt mit Brechweinsteinlösung genügte, um die Antimonfestigkeit wieder herzustellen, ein Erfolg, den die Verff. wohl mit Recht auf eine Selektion noch vorhandener antimonfester Anteile zurückführen.

Was die Entstehung der chemofesten Stämme durch längere Vorbehandlung betrifft, glauben Morgenroth und Rosenthal der Auslese dabei nur eine sekundäre Rolle zusprechen zu dürfen, zuerst müssen die festen Anteile als etwas Neues entstehen, dann erst könne Vererbung sie als solche erhalten, Auslese anreichern. Es gelang diesen Forschern auch, Trypanosomen gegen Chinin und seine Derivate Hydrochinin und Äthylhydrocuprein sowohl in vivo als auch in vitro zu festigen; meist war längere Behandlung dazu nötig, dann erwies sich die Festigkeit in 15 Passagen als konstant. Einmal war die Festigkeit sprunghaft schon nach einmaliger Behandlung da, sie schlug dann aber bereits nach drei Passagen zurück (,,Halbfestigkeit"). In einzelnen Fällen wurde eine bestehende Chininfestigkeit durch Behandlung mit Salvarsan oder Brechweinstein zum Verschwinden gebracht, und machte sogar einer Überempfindlichkeit gegen Chinin Platz.

Behufs Klärung vieler Fragen betreffend die Variabilität der Trypanosomen wird es wichtig sein, sich in Zukunft der Einzelkulturen zu bedienen, wie sie nach Oehler sowie v. Prowazek erhalten werden können (siehe auch die neueste Arbeit von Henningfeld im Zentralbl. f. Bakter. I. Abt. Or. 73, 228—240, 1914).

Bezüglich der in pathogenetischer Hinsicht nahestehenden Spirochäten (Spironemen) ist es nach negativen Ergebnissen anderer zuerst Gonder gelungen, die Spir. gallinarum sowie die Spir. recurrentis sehr behutsam und allmählich im Tierkörper gegenüber Salvarsan zu festigen. Die so erzielte Festigung blieb auch in 10 bis 20 Tierpassagen ohne Kontakt mit Salvarsan erhalten, ebenso in einer Passage durch die für die betr. Spirochätenart als Überträger fungierende Zecke (Argas persicus — Ornithodorus moubata). Diesen Unterschied gegenüber den arsenfesten Trypanosomen führt Gonder darauf zurück, daß die Spirochäten in der Zecke keiner Amphimixis unterliegen, wie (vermutlich) die Trypanosomen. Interessant ist auch die Tatsache, daß es durch lange Passagenzüchtung in Hühnern bzw. in Reisvögeln gelang aus einem Stamm zwei Abarten zu züchten, die sich im Immunitätsversuch als different herausstellen.

25. Algen.

Bei Chlorella variegata hat Beijerinck eine in Form von Sektoren auftretende, von ihm als Aurea bezeichnete Mutante beschrieben, die durch stark reduzierte Chlorophyllbildung in dem erhaltenen Chloroplasten gekennzeichnet ist. Die Mutante entsteht nur in Gegenwart organischer Nahrung, auf mineralischen Nährböden schlägt sie bald zur Urform zurück. Seltener wurde die Abspaltung einer farblosen Mutante beobachtet, die nach den Regeln der Systematik unter die Pilze eingereiht werden müßte und demnach als Prototheca Krügeri bezeichnet wurde. Auch hier blieb der Chloroplast trotz fehlender Chlorophyllbildung erhalten und übt seine Funktion als glykogenbereitendes Organ („Glykophor") unverändert aus.

Auch Rosenblat-Lichtenstein hat bei Chlorella protothecoides mutationsartige Abspaltung einer farblosen Abart festgestellt. Dieselbe zeigte spärliches Wachstum und an Stelle von Stärkeablagerung eine solche von Glykogen, sie schlug gelegentlich zur grünen Form zurück. Interessant ist, daß jede dieser Abarten nur von dem mit ihr erzeugten Immunserum agglutiniert wurde, auch nur die homologen Agglutinine absorbierte, die der anderen Abart entsprechenden aber unberührt ließ, was eine starke Differenzierung der antigenen Funktionen beweist.

26. Infusorien.

Von Untersuchungen an diesen Protozoen seien nur nebenher die bekannten Arbeiten von Jennings erwähnt, die einerseits das Nebeneinandervorkommen von zum Teil stark abweichenden Linien in Populationen bewiesen haben, sodann aber in Übereinstimmung mit Versuchen von Johannsen, Tower u. a. zeigten, daß die Selektion nicht imstande ist, etwas genotypisch Abweichendes zu schaffen (s. bei Goldschmidt). Vor allem interessieren uns aber bemerkenswerte Arbeiten von Jollos an Paramaecium caudatum, mit denen wir uns auch noch im theoretischen Teil werden beschäftigen müssen. Derselbe zeigte an reinen Zweigen (er schlägt den Namen „Individuallinien" vor), daß Anpassungen an erhöhte Temperatur oder an arsenige Säure meist bei Zurückverbringen in normale Züchtungsbedingungen binnen kurzem verschwinden, ebenso die damit verbundenen Veränderungen der Größe und

Gestalt, daß dieselben also als Modifikationen zu betrachten sind. In manchen Fällen wurde jedoch in diesen Versuchen eine beträchtliche (über fünffache) Resistenzsteigerung gegenüber AsO_2 erzielt, die sich monatelang unverändert erhalten ließ, bei vegetativer Vermehrung (bis über 600 Teilungsschritte), um dann allmählich normalem Verhalten Platz zu machen. Durch häufigen und schroffen Wechsel der Ernährungs- und Temperaturbedingungen konnte dieser Rückschlag beschleunigt werden, ebenso durch Konjugation der angepaßten Infusorien, wobei die Exkonjuganten mit einem Schlage die normale Empfindlichkeit aufwiesen. Jollos ist geneigt, diesen Variationsvorgängen, die in langen, vegetativen Generationsreihen konstante, dann aber doch zurückschlagende Varianten schaffen, eine Sonderstellung einzuräumen, die er, durch den Namen „Dauermodifikationen" kennzeichnet, also lang andauernde Modifikationen, jedoch ohne Beeinflussung der Erbanlage. Sehr selten kamen außerdem echte Mutationen vor, die sowohl vegetativer Vermehrung als auch der Konjugation standhielten. So ist bei Züchtung bei 31^0 C, einer hohen, aber noch nicht maximalen Temperatur, plötzlich eine konstante, durch Kleinheit der Zellen und Fähigkeit zum Wachstum bei 39^0, also bei supramaximaler Temperatur ausgezeichnete Abart aufgetreten. Interessant ist, daß einmal mutativ Arsenfestigkeit im Anschluß an eine Konjugationsepidemie auftrat.

IV. Allgemeine Betrachtungen.

Lassen wir das im vorhergehenden Abschnitt dargestellte reichhaltige Tatsachenmaterial vor uns Revue passieren, so wird es uns kaum entgehen können, daß zum Teil heterogene Erscheinungen hier unter denselben Namen, zum Teil aber gleichartige mit verschiedener Namengebung vorkommen. Das hat seinen vornehmlichsten Grund in der Unsicherheit, die noch immer betreffs der Definitionen und Kriterien der verschiedenen Variabilitätsformen herrscht, zu einem geringeren darin, daß, wie gezeigt werden soll, die im Mittelpunkt unserer Betrachtung stehende Erscheinungsgruppe nicht immer ganz scharf von anderen zu trennen ist. Es hat sich oben ergeben, daß infolge ihrer biologischen Eigenart den Bakterien bei der Erörterung von Variabilitäts- und Erblichkeitsfragen eine Sonderstellung zukommt. Wir müssen also unter Berücksichtigung der gewonnenen Ergebnisse folgende prinzipielle Fragen zu beantworten suchen: 1. Sind die besprochenen Variabilitätserscheinungen als Mutationen anzusprechen, bzw. welche von ihnen haben ein Anrecht auf diese Bezeichnung? 2. Wodurch unterscheiden sich die Mutationen bei Bakterien von den sonst beobachteten? 3. Welches ist der Mechanismus des Vorgangs? 4. Welche biologische Bedeutung kommt der Mutation bei Bakterien zu, und endlich 5. welche praktische Bedeutung kann sie beanspruchen?

Nachdem bereits früher vielfach hierher gehörende Erscheinungen unter anderen Namen (als Variationen, diskontinuierliche Variationen, Transformationen) beschrieben worden sind, haben Neisser und Massini wohl als erste den Begriff der Mutation unter Hinweis auf die Befunde von de Vries in die Bakteriologie eingeführt. In schneller Aufeinanderfolge kamen immer neue, zum Teil auch andersartige Befunde hinzu, und der Begriff hat in der Mikrobiologie ein ähnliches Schicksal erfahren, wie in der Biologie höherer Lebewesen, er nahm immer mehr an Umfang zu, indem er auf immer neue Erscheinungsgruppen ausgedehnt wurde. Von Anfang an fehlte es auch nicht an solchen, die gegen die Anwendbarkeit dieses Terminus Einspruch erhoben, sei es, daß sie das Prinzip der Artkonstanz dadurch nicht gefährdet sehen wollten, sei es, daß sie die betreffenden Erscheinungen als den Kriterien von de Vries nicht entsprechend fanden. Nun hat die Situation zurzeit insofern eine einschneidende Änderung erfahren, als gerade das Prototyp der Oenothera-Mutationen, an dem die Definition zurechtgemacht wurde, höchstwahrscheinlich auf komplizierten Bastardspaltungen beruhend sich erwiesen hat (vielleicht unter Mitwirkung von Mutation). Man könnte also getrost die jetzt immer allgemeiner akzeptierte weitere Fassung des Mutationsbegriffs heranziehen, die jede diskontinuierliche, erblich konstante Abweichung als Mutation anspricht. Nichtsdestoweniger wird es von Nutzen sein, die gegen die Bakterienmutationen erhobenen Einwände zu besprechen, weil dadurch manches Streiflicht auf ihre Natur fällt.

Folgende „Gesetze des Mutierens" hat de Vries nach seinen Oenothera-Forschungen aufgestellt: „I. Neue elementare Arten entstehen plötzlich, ohne Übergänge. II. Neue elementare Arten sind meist völlig konstant, vom ersten Augenblicke ihrer Entstehung an. III. Die meisten neu auftretenden Typen entsprechen in ihren Eigenschaften genau den elementaren Arten und nicht den eigentlichen Varietäten. IV. Die elementaren Arten treten meist in einer bedeutenden Anzahl von Individuen gleichzeitig oder doch in derselben Periode auf. V. Die neuen Eigenschaften zeigen zu der individuellen Variabilität keine auffällige Beziehung. VI. Die Mutationen bei der Bildung neuer elementarer Arten geschehen richtungslos. Die Abänderungen umfassen alle Organe und gehen überall in fast jeder Richtung. VII. Die Mutabilität tritt periodisch auf." Wenn wir diese Gesetze mit der oben nach Baur gegebenen erweiterten Definition zusammenstellen, so ergeben sich folgende Kriterien, die de Vries von den Mutationen erfüllt sehen will. Plötzlichkeit des Auftretens, Vielseitigkeit und Richtungslosigkeit der Abänderung und (auch von de Vries nur mit Vorbehalt angenommen) Periodizität des Auftretens.

Was nun die Plötzlichkeit des Auftretens betrifft, müßte man bei den Bakterien den Nachweis fordern, daß eine in einer Zellgeneration nicht vorhandene Eigenschaft in der nächstfolgenden festzustellen wäre. Bei der raschen Individuenfolge ist das bei Bakterien kaum möglich, wie schon Kruse treffend bemerkt hat. Eine große Anzahl von Mutationen erfolgt bei Bakterien in alternden Kulturen. Richtiger gesprochen, werden abweichende Formen bei Aussaat aus solchen Kulturen festgestellt und es erhebt sich nun die Frage, wann hat die Umwandlung eingesetzt? War sie schon in der alten Kultur erfolgt (wo sie äußerlich meist nicht kenntlich wäre wegen der meist geringen Anzahl der Mutanten), oder erst auf dem frischen Nährboden infolge des jähen Standortwechsels? Ist letzteres der Fall, wofür Baerthlein sich ausspricht, so müßte die Umwandlung bereits in den ersten Individualgenerationen erfolgen, da man oft schon bei allerjüngsten Kolonien den abweichenden Typus feststellen kann (z. B. bei den dunklen Formen von Cholera oder in der Fluoreszensgruppe nach Eisenberg sowie Nyberg). Erfolgt die Umstimmung noch in der alten Kultur, so betrifft sie wohl meist nur eine (oder höchstens wenige?) Individualgenerationen, da hier Wachstum kaum mehr vor sich gehen dürfte. Ein Agarröhrchen kann bei Aussaat nach drei Wochen noch den unveränderten Typus rein aufweisen, nach vier auch mutierte Formen. In der Zwischenzeit ist die Kultur wohl nicht gewachsen, sondern es hat nur die Einwirkung auf die im Wachstumsstillstand befindlichen Generationen die nötige Intensität erreicht, um Mutation (oder Prämutation im Sinne der Annahme von Baerthlein) zu bewirken.

Wenn man daran festhält, daß auch bei höheren Lebewesen die Entstehung der Mutation nicht ganz genau zeitlich auf eine Zellgeneration beschränkt werden kann, sondern nur auf eine Individualgeneration, so werden wir keinen Anlaß finden, bei den Bakterien rigoroser vorzugehen (siehe auch Benecke). Wir werden hier in Übereinstimmung mit den Ausführungen des II. Abschnittes eine Nährbodenpassage einer „Generation" im weiteren Sinne gleichsetzen und als plötzlich solche Änderungen bezeichnen, die von einer solchen Passage zur anderen auftreten. Diesem Kriterium werden dann natürlich viele der oben beschriebenen Variationsvorgänge genügen.

Eine gewisse Sonderstellung scheinen in bezug auf das zeitliche Moment ihrer Entstehung diejenigen Variationen zu beanspruchen, die als Folge von Anpassungs-, Festigungs- oder Abschwächungspassagen zutage treten. Nicht so sehr deshalb, weil hier das bewirkende Agens über eine längere Reihe von Generationen wirksam ist, denn auch die „spontanen" Mutationen verdanken wohl oft ihre Entstehung der Beeinflussung weit zurückreichender Generationen. Wohl aber deshalb, weil sie bei oberflächlicher Betrachtung den Eindruck erwecken, daß hier die Änderung allmählich erfolgt und alle Individuen einer Sippe betrifft. Für die Mehrzahl der beschriebenen, hierher gehörigen Vorgänge ist das gar nicht erwiesen, da meist die Versuche nur summarisch geführt wurden, ohne die schon von Kruse geforderte Individualanalyse, die in den Vorgang der Umwandlung einen Einblick gestatten würde. In denjenigen Fällen, wo das geschehen ist (beim Milzbrand Preisz, Eisenberg, bei Coli Penfold, bei Milchsäurebakterien Schierbeck, bei Pyocyaneum Wasserzug, bei Prodigiosum Wolf, Eisenberg, bei Strepto- und Pneumokokken Rosenow), hat es sich herausgestellt, daß derartige Vorgänge eine Summe von Einzelsprüngen oder Schritten darstellen, daß verschiedene Individuen einer Sippe der Umwandlung verschiedenen Widerstand entgegensetzen, daß somit die Allmählichkeit des Vorgangs nur eine durch kollektive Betrachtungsweise bedingte Täuschung ist. Es wäre sehr erwünscht, die vielfach sehr interessanten Angaben über verschiedene Anpassungen an Gifte (Masson, Regenstein u. a.), an abnorme Wachstumstemperaturen (Dieudonné), an Aerobiose (Chudiakow, Rosenthal), ebenso diejenigen über die Variabilität der biochemischen Funktionen, der Beweglichkeit, der Virulenz, der Serumreaktionen einer Nachprüfung im Sinne der Individualanalyse zu unterziehen, um sichere Anhaltspunkte für die Beurteilung dieser wichtigen Vorgänge zu gewinnen.

Es wird selbstverständlich dem Diskontinuitätsprinzip, das die Grundlage der neueren Erblichkeitsforschung bildet, kein Abbruch getan, wenn man die Möglichkeit anerkennt, daß manche Beeinflussungen schrittweise vor sich gehen, es genügt ja anzunehmen, daß ein bereits mutiertes Individuum bzw. seine Nachkommen unter der fortgesetzten Einwirkung eines Faktors weiter in demselben Sinne mutiert werden. Die Frage wäre nur, ob beliebig viele solche

Schritte möglich sind, was bis jetzt nicht sicher festgestellt ist, beim Milzbrand
scheinen es nur wenige zu sein, bzw. ob alle erblich fixiert sein können (darüber
weiter unten).

Die andere oben berührte Frage, ob alle Individuen einer Kultur oder
Sippe bei solchen Vorgängen einer Umwandlung anheimfallen, ist ebenfalls
nur schwer zu beantworten. Im Versuch von Eisenberg erwiesen sich in zwei
Versuchsreihen alle 1000 untersuchten Kolonien am Anfang des Versuchs als
gut sporogen, am Ausgang als asporogen, ebensolches fand Hansen bei Hefe,
aber damit ist die Frage noch nicht entschieden. Die Bedeutung der Auslese
in solchen Versuchen darf nicht unterschätzt werden. Bei Anpassungen an
dysgenetische Faktoren ist sie ja ohne weiteres verständlich, auf dem gifthaltigen
Nährboden werden viele giftempfindlichere Individuen einfach ausgemerzt.
Aber auch bei den Vorgängen der Abschwächung, Serumfestigung u. dgl. können
sie eine bedeutsame Rolle spielen und den Bestand der Sippe verändern. Man
kann also wohl behaupten, daß man unter Umständen von jedem Individuum
ausgehend eine bestimmte Abart erhalten kann (z. B. Hansen bei Hefen),
nicht aber, daß jeder einzelne Keim umwandlungsfähig ist.

Man hat dieser Frage Bedeutung zugemessen, indem man von der Voraussetzung ausging, Mutation sei ein seltener Vorgang, der immer nur sehr wenige
Individuen einer Sippe ergreift — de Vries schätzte die Häufigkeit der Mutation bei Oenothera (in der Mutationsperiode!) auf $1-3\,{}^0/_0$. Man glaubte also,
daß Vorgänge, die die Mehrzahl oder gar die Gesamtheit der Angehörigen einer
Sippe umfassen, nicht als Mutation aufzufassen sind. Ich möchte demgegenüber
geltend machen, daß eine prinzipielle Scheidung mir hier nicht notwendig erscheint. Eine Analyse der Mutationsvorgänge führt uns dazu, in ihnen Reiz-
beantwortungen zu sehen, deren Ausmaß und Richtung durch die Intensität und
Qualität der auslösenden Reize einerseits, durch die konstitutionell (genotypisch)
gegebenen Möglichkeiten andererseits bestimmt wird. Ist dem so, so müssen
wir Mutabilität als zum Genotypus gehörig betrachten und jedem Individuum
die Möglichkeit einer Umwandlung unter entsprechenden Umständen zubilligen.
Wenn meist Mutationen als seltene Ausnahmsfälle erscheinen, so liegt dies
daran, daß bei schwachen Reizen nur seltene Individuen genügend beeinflußt
werden, bei extremen Reizen dagegen nur wenige überleben, bei höheren Lebewesen wohl auch an dem festeren Gefüge des „Keimplasmas". Jedenfalls kann
bei konsequenter Einwirkung extremer Reize eine viel größere Anzahl von
Individuen zum Umschlag gebracht werden und wenn, was noch nicht bewiesen
ist, dies selbst bei allen zutreffen sollte, wäre damit (nach meiner persönlichen
Ansicht) die Mutation nicht ausgeschlossen. Dafür sprechen z. B. die Beobachtungen von Firtsch, Eisenberg, Baerthlein, Bernhardt und Ornstein,
daß beim Altern der Kulturen die Anzahl der Mutanten steigt und zuletzt in
manchen Fällen nur diese herausgezüchtet werden.

Es mag nicht unerwähnt bleiben, daß andere Forscher diese Differenz
in der Ausdehnung des Umschlags für bedeutsam genug halten, um daraufhin
die auf alle oder fast alle Angehörigen einer Sippe sich erstreckenden Umwandlungen als besondere Art von Variabilität anzusprechen und zu benennen.
Beijerinck hat für derartige erblich fixierte Variationen den Namen Fluktuation vorgeschlagen, sie sollen nicht bei allen Arten vorkommen, auch sei
zwischen Mutationen und Fluktuationen keine scharfe Grenze zu ziehen. Bei-

jerinck rechnet hierher einen Teil der sog. Degenerationsvorgänge (viele sind als Modifikationen zu betrachten), wie er oben bei B. phosphoreus geschildert wurde. Was Toenniessen neuerdings unter dem Namen der Fluktuation beschreibt, stimmt mit der Definition von Beijerinck nicht überein, es ist ein sehr seltener Vorgang, der mit jenem nur die Irreversibilität gemein hat, dagegen nur vereinzelte Individuen ergreift. Ob die Abgrenzung dieser Gruppe in der Fassung von Beijerinck angezeigt ist, mag Geschmacksache sein; sollten weitere Untersuchungen auf diesem noch wenig mit Hilfe exakter Methoden bearbeiteten Gebiet dafür sprechen, so wäre doch wenigstens vielleicht eine andere Benennung am Platze. Der Name Fluktuation erweckt unwillkürlich die Erinnerung an die „fluktuierende Variabilität" (Modifikabilität) und würde deshalb nur unnütze Verwirrungen der Begriffe zur Folge haben. Es wäre dann vielleicht eher der von Reichenbach (in Anlehnung an eine ältere Einteilung von Beijerinck) vorgeschlagene Name „Transformation" zu wählen.

Auf den Begriff der Irreversibilität des Umschlags eine neue Art der Variabilität zu begründen, wie Toenniessen es tut, erscheint mir wenig zweckmäßig. Einerseits ist ja jede solche Unmöglichkeit des Rückschlags relativ, sie besteht so lange, als man eben nicht einen entsprechenden „Gegenreiz" gefunden hat. Sodann aber wird man im allgemeinen bei langdauernder Einwirkung stärkerer Reize auch eine größere Konstanz der bewirkten Umschläge erwarten dürfen. Daher z. B. die often Umschläge der „spontan" entstandenen asporogenen Milzbrandkolonien, die Hartnäckigkeit der Asporogenie bei der „künstlich" umgewandelten Sippe (darüber noch weiter unten).

Die von de Vries mit dem Mutationsbegriff verknüpfte Richtungslosigkeit ist ebenfalls öfter gegen die Anerkennung der Mutation bei Bakterien ins Feld geführt worden. De Vries wollte damit die Tatsache zum Ausdruck bringen, daß die Abweichungen nach allen möglichen Richtungen erfolgen können und nicht auf die Erhaltung der Art „gerichtet" zu sein brauchen. Er erkannte aber an, daß sie, wie Variationen überhaupt, „teils vorteilhaft, teils gleichgültig, teils nachteilig" für die betreffende Art sein können und daß dann erst die natürliche Auslese über ihre weitere Existenz entscheidet. Man hat daraus den falschen Schluß ziehen wollen, die Mutationen dürften überhaupt nicht gerichtet sein, was einerseits über die Forderungen des Entdeckers hinausgeht, andererseits auch nicht angezeigt erscheint. Es werden nämlich dadurch zwei heterogene Einteilungsprinzipien verquickt, der Entstehungs- und Vererbungsmechanismus der Variationen einerseits, ihre Zweckmäßigkeit andererseits. Das erste erlaubt eine Scheidung von Modifikationen und Mutationen (eventuell auch Transformationen), das zweite teilt die Variationen in vorteilhafte, gleichgültige und nachteilige. Wir wollen auf diese Fragen noch weiter unten zurückkommen, wenn wir an die Besprechung der biologischen Bedeutung der Mutationen herantreten.

Mit dem Prinzip der Diskontinuität verband de Vries auch die Vorstellung von der Größe des Sprunges, die die Mutante vom Ausgangstypus trennt, wenn er auch bezüglich der einzelnen Merkmale zugibt, daß hier ganz geringe nur dem geübten Auge erkennbare Abweichungen vorkommen können. Man wird ohne weiteres einsehen, daß es ein verfängliches und recht mit Willkür behaftetes Unternehmen wäre, diejenige Größe der Abweichung namhaft zu machen, die für eine Mutation erforderlich sein soll. Jede, auch die kleinste, aber eindeutig feststellbare Abweichung ist für die Forschung bedeutsam und gleichberechtigt mit einer größeren. Man wird demgemäß auch die Möglichkeit von sog. „Übergangsformen" zulassen, sofern dieselben an Zahl begrenzt und deutlich fixiert sind, der große Sprung erscheint dann in Einzelschritte zerlegt, deren jeder noch eine meßbare Distanz deckt. Auch die Vielseitigkeit der Abänderungen wird man am besten nicht als Postulat hinstellen, wenn sie auch in unserem Material oft anzutreffen ist. Die Richtung der modernen Variabilitäts- und Erblichkeitsforschung geht ja gerade auf das einzelne Merkmal und versprechen ja singuläre Variationen wegen ihrer Einfachheit ein dankbares Untersuchungsobjekt abzugeben. Es sei nur an den Ausspruch von Hurst erinnert: „The biological problem of the futur will not be so much the origin of species as the origin of unit-characters".

Über die Forderungen von de Vries hinausgehend hat man in denjenigen Fällen, wo gut definierte äußere Reize Mutationen auslösen, die Spontaneität des Vorgangs und damit einen wesentlichen Charakterzug desselben vermißt. Demgegenüber sei bemerkt, daß es gerade Aufgabe der Wissenschaft ist, „Spontaneität" in Gesetzmäßigkeit umzudeuten und daß die experimentelle Verwendung bekannter und dosierbarer Auslösungsreize den Weg dahin ebnet. „Spontan" heißt also im Grunde genommen nichts anderes als „auf noch unbekannten Gesetzen beruhend". Mit Recht sagt daher Ehrlich: „In der Natur ist nichts spontan, alles hat seine Ursache und wenn es sich um biologische Fragen handelt, meistens seine chemische Ursache." Auch die scheinbar „spontan" entstehenden Mutationen unter gewöhnlichen Kulturbedingungen sind durch äußere Faktoren, wie Stoffwechselvorgänge, Oxydationen, Temperatureinflüsse bedingt, ebenso wie zweifellos die in der freien Natur gefundenen Mutanten solchen momentan nicht genau analysierbaren Faktoren ihre Entstehung verdanken.

Wenn wir das Gesagte zusammenfassen, kommen wir zur Überzeugung, daß der Übertragung des der modernen Botanik geläufigen, von Baur formulierten Mutationsbegriffs auf die uns beschäftigenden Erscheinungen nichts im Wege steht. Wir werden demnach bis auf weiteres jeden erblichen Erwerb neuer Eigenschaften (Reaktionsnormen) bei Bakterien als Mutation bezeichnen dürfen. Es ist dabei nicht ausgeschlossen, daß diejenigen Vorgänge, die zu einer Umwandlung der Gesamtheit einer Sippe führen, als Sondergruppe sich werden ausscheiden lassen („Transformation"-„Fluktuation"?). Ob die völlige Irreversibilität mancher Umwandlungen einen genügenden Grund zur Charakterisierung einer weiteren Gruppe abgeben kann, müssen erst weitere Untersuchungen lehren.

Ganz besondere Schwierigkeiten bietet einer rationellen Klassifikation der Komplex der Erscheinungen, der nach dem Prototyp vorläufig den nichts präjudizierenden Namen der Coli mutabile-Gruppe tragen soll. Alle gegen die Anerkennung einer Mutation bei Bakterien vorgebrachten Einwendungen finden wir hier kumuliert vor und daher gehört auch das Gebiet zu den umstrittensten im Bereich der „Mutationen". Die Variation betrifft ein singuläres Merkmal, erfolgt deutlich sukzessiv und schrittweise, wenn man die beweiskräftigere Versuchsanordnung in flüssigen Nährböden oder in Schüttelkulturen heranzieht, sie kann unter Umständen die Mehrzahl der Individuen ergreifen (ob alle, ist noch nicht sichergestellt), endlich ist sie in ausgesprochener Weise „gerichtet", adaptiv. Dazu kommt noch ein Faktor, der geeignet ist, ihr den mysteriösen Glorienschein einer Mutation streitig zu machen, die fast absolute Regelmäßigkeit, mit der viele dieser Vorgänge in Gang gesetzt werden können durch geeignete Reize. Trotz alledem möchte ich glauben, daß kein prinzipieller Unterschied zwischen diesen Vorgängen und den anderen anzunehmen ist. Die Gründe dafür wird man unschwer den vorhergehenden Erörterungen entnehmen können. Auch hier haben wir es mit einem durch äußeren Reiz ausgelösten, genotypisch in potentia gegebenen Umschlag zu tun. Die Leichtigkeit der Auslösung und ihre Regelmäßigkeit zeigen, daß hier ein besonders labiler Zustand der betreffenden Erbanlage vorliegen muß, die sozusagen nur auf den entsprechenden Reiz wartet, um aktiv zu werden. Das läßt auch an die von Mandelbaum geäußerte Vermutung denken, wonach diese Mutationen eigentlich Remutationen, Rückschläge waren zu einer ursprünglich vorhanden gewesenen Funktion, die die betreffenden Keime wahrscheinlich auf mutativem Wege einst eingebüßt haben. Wir kennen viele Beispiele, wo solche Rückschläge besonders leicht erfolgen und werden sie noch unten als ,,beständig rückschlagende Sippen" zu besprechen haben. Andererseits kann natürlich auch die von Morgenroth betonte Möglichkeit ,,erfinderischer Leistungen" seitens der Mikroben in diesen Fällen nicht in Abrede gestellt werden, z. B. wenn es sich um seltene in der Natur kaum den betreffenden Keimen begegnende Stoffe (Raffinose, Rhamnose) handelt. Wichtig ist für die Beurteilung der ganzen Frage, die durch Saisawa, Bernhardt und Markoff sowie Baerthlein festgestellte Möglichkeit eines Rückschlags in die nichtspaltende Ausgangsform, womit eine weitere Analogie zu anderen Mutationsvorgängen geschaffen wird.

Wenn wir nun zur Besprechung des Mechanismus der Mutationen übergehend nach ihren Ursachen fragen, so werden wir wie bei jedem biologischen Prozeß zweckmäßig zwischen äußeren und inneren zu unterscheiden haben. Der Anteil beider an dem Umwandlungsprozeß wird von Fall zu Fall wechseln können, auch wird er nicht immer leicht nachweisbar sein. Die Mutationen in alternden Kulturen werden wohl durch Anhäufung von Stoffwechselprodukten, Erschöpfung des Nährbodens, Oxydationen ausgelöst. Daß die letzteren eine bedeutsame Rolle spielen, geht aus dem Befund von Baerthlein hervor, der bei Aussaat aus ein paar Jahre aufbewahrten zugeschmolzenen Agarröhrchen keine Mutanten bekam. Daß dem Stoffwechsel im allgemeinen eine hervorragende Bedeutung zukommt, beweisen vor allem die Versuche von Beijerinck, der unter geeigneter Leitung des Stoffwechsels die sonst unfehlbar einsetzende Mutation ausschalten konnte. Beim regeren Stoffwechsel in flüssigen Nährböden sind Mutationen leichter zu erzielen, als auf festen (Beijerinck, Bernhardt und Ornstein, Baerthlein, Eisenberg, Toenniessen). In demselben Sinn spricht die Beobachtung von Penfold, Thaysen sowie Klein, daß bloßer Kontakt mit der entsprechenden Zuckerart keinen Umschlag bewirkt, wenn durch Temperaturbedingungen Wachstum ausgeschaltet wird. Für eine Bedeutung des Stoffwechsels wären zu verwerten die Beziehungen zwischen bestimmten Nährböden und der Entstehung gewisser Mutanten. So sollen nach Preisz schleimige Milzbrandmutanten fast ausschließlich in Bouillon, asporogene leichter auf Agar entstehen. Auch Beijerinck sah auf Agar nur die rosafarbenen und weißen Prodigiosum-Mutanten auftreten, die anderen meist nur in Bouillon. Identische Faktoren können bei verschiedenen

Arten verschiedene Wirkungen auslösen: so z. B. fördert alkalische Reaktion des Nährbodens die Mutation beim Prodigiosum, hemmt aber dieselbe bei Sarc. tetragena und Kapselbakterien. Im ersten Fall scheinen alkalische, im zweiten saure Stoffwechselprodukte die Mutation auszulösen (Eisenberg).

Ein Zusammenhang zwischen Stoffwechsel und Mutation ist ganz unleugbar. Offensichtlich bei den verschiedenen biochemischen Anpassungen, doch auch beim Einwirken extremer Reize, wie sie die experimentelle Variabilitätslehre verwendet, wird wohl die Beeinflussung des Stoffwechsels im weitesten Sinne des Wortes eine ausschlaggebende Rolle spielen. Es ist als wahrscheinlich anzunehmen, daß die betreffenden Agenzien nicht allein für die hervorgerufenen Wirkungen verantwortlich zu machen sind, man könnte sie vielleicht mit Katalysatoren vergleichen, die auch sonst mit dem Stoffwechsel verbundene Vorgänge beschleunigen und steigern, so daß sie schneller und leichter Ausschläge in Form von Mutationen auslösen können. Bei Schiemann findet man einen instruktiven Beleg für eine solche Auffassung. Unter 178 gewöhnlichen Aspergillus-Kulturen wurde nur eine (= 0,5 %) Mutation festgestellt, unter 397 beeinflußten (durch Giftzusätze oder erhöhte Temperatur) 8 (= 2 %), die extremen Reize haben also den Mutationsertrag vervierfacht.

Nach den Befunden von Gottschlich, Preisz, Boddaert, Baerthlein, Bernhardt, Bernhardt und Ornstein, Römer u. a. kann auch der Tierkörper als Mutationsreiz in Betracht kommen. Daß hier die verschiedenartigsten Faktoren wie Ernährungsverhältnisse, Abwehrvorgänge des infizierten Organismus die Mikroorganismen kräftig beeinflussen können, liegt auf der Hand; manche davon (Serumkulturen) sind auch in vitro mit Erfolg zu Umwandlungsversuchen herangezogen worden (Bernhardt und Ornstein, Bernhardt und Paneth, viele Versuche zur Erzielung serumfester oder inagglutinabler Stämme, zur Virulenzsteigerung in vitro, besonders Braun und Pfeiler). Man wird demnach auch nicht verwundert sein zu erfahren, daß in vielen Fällen mutierte Stämme direkt aus dem infizierten Organismus gezüchtet werden (M. Müller, Mandelbaum, Jacobsen, Kuwabara, Oette, Wagner, Soerensen, Arkwright, Baerthlein, Baerthlein und Gildemeister u. a.), was selbstverständlich den Behauptungen, Mutation sei ein „künstlich herbeigeführter‟ Degenerationsvorgang, den Boden entzieht.

Auch in der freien Natur werden selbstverständlich sehr oft ins Bakterienleben Faktoren eingreifen, die befähigt sind, Mutationen auszulösen. Wenn Mutanten bisher nicht oft gefunden wurden, so liegt dies zum Teil daran, daß manche extreme Reize in der Natur bei allzu langer oder allzu intensiver Einwirkung die betroffenen Keime abtöten, zum Teil daran, daß die Kenntnis der oft abnormen Wuchsformen oder Funktionen zu jungen Datums ist, so daß wahrscheinlich vielfach Mutanten als nicht dem Artschema entsprechend unbeachtet blieben oder als nicht dem gesuchten Typus entsprechend beiseite geschoben wurden. Die Versuche über lange Züchtung im Wasser (Jaffé, Henningsson, Stamm u. a.) oder im Erdboden (Almquist, Koraën, Stamm) zeigen, daß hier sehr weitgehende und praktisch bedeutsame Umwandlungen vor sich gehen dürften. Von Mutanten, die in der freien Natur aufgefunden wurden, wären manche Formen von B. herbicola (Beijerinck), manche schleimige Mutanten von Prodigiosum (beschrieben als B. plymouthensis), manche Pyocyaneum- und Fluoreszensformen zu nennen. Es ist wahrscheinlich, daß viele als besondere Varietäten oder Spezies beschriebene Formen (z. B. B. putidum, B. Kieliense u. a.) ebenfalls als Mutanten anzusprechen wären.

Noch weniger als über die äußeren Ursachen der Mutation wissen wir leider über die inneren zu berichten. Die Tatsache, daß bei bestimmten Arten besondere Mutationsformen auftreten und zwar dieselben zu wiederholten Malen, die verschiedene Leichtigkeit, mit der verschiedene Mutationen bei ein und derselben Art ausgelöst werden können, sprechen für innere in der Konstitution gegebene Momente, die vielleicht bei der Entstehung der Mutationen eine noch wichtigere Rolle spielen, als die äußeren, auslösenden. Bei Typhus, Koli, Cholera sind die hellen Kolonien als normale Form zu betrachten, die trüben treten seltener auf; umgekehrt ist es beim Prodigiosum. Die schleimige Kolonie ist Normalform bei den Kapselbakterien, der Sarc. tetragena, sie ist eine seltene Abart beim Prodigiosum.

Wenn es nur ausnahmsweise glückt, einen Typhusstamm zur Laktosevergärung zu bringen, dafür aber mit verschwindenden Ausnahmen jeder die sog. „Rhamnosemutation" aufweist, so muß beides im Genotypus des Typhusbakteriums tief begründet sein. Ebenso, wenn er zwar leicht inagglutinabel, nur in seltenen Fällen inagglutinogen wird. Auch die vielfach gemachte Beobachtung, daß verschiedene Stämme ein und derselben Spezies unter identischen Bedingungen verschieden leicht mutieren (Milzbrand Surmont und Arnould, Preisz, Eisenberg, Paratyphus und Enteritisstämme Sobernheim und Seligmann, Prodigiosum Beijerinck, Eisenberg, Versagen seltener Typhusstämme bei der Rhamnose), spricht für die Bedeutung konstitutioneller Faktoren.

Von den inneren Momenten wären meines Erachtens vor allem zwei Arten in Betracht zu ziehen und zwar zunächst die individuelle Geschichte der letzten Generationen, wie sie, um das Bild Semons zu gebrauchen, in Form von Engrammen im Protoplasma fixiert ist, sodann aber die eigentlichen konstitutionellen Faktoren in Form von Erbanlagen. Die ersteren sind sozusagen nach innen verlegte äußere Faktoren, die verschiedene Reaktion einzelner Stämme dürfte zum großen Teil auf diese Spuren der Vergangenheit zurückzuführen sein. Um den Anteil der Erbanlagen an der Mutation zu charakterisieren, hat Beijerinck die Bezeichnungen der Gentheorie in die Mikrobiologie eingeführt und seinem Beispiel folgt neuerdings Toenniessen. Es ist zweifellos, daß die Gentheorie (Faktoren, unit characters) mit ihrer Symbolik in der experimentellen Variabilitäts- und Vererbungslehre sich als sehr nützlich erwiesen hat, indem sie in den verwickelten Verhältnissen, die besonders bei den Kombinationen herrschen, einen klaren und leicht zu veranschaulichenden Überblick ermöglicht. Nun liegen aber in unserem Falle viel einfachere Verhältnisse vor; Spaltungen von Kombinationen kommen gar nicht in Betracht und über Korrelation von Eigenschaften wissen wir bis jetzt sehr wenig. Es ist demnach fraglich, ob nach dieser Richtung hin ein Bedürfnis für eine Symbolik vorliegt bzw. ob Bezeichnungen wie Chromoplasma, Viskoplasma u. dgl. unsere Forscherarbeit oder unser Verständnis irgendwie fördern können. Alles, was wir sagen können, ist, daß oft Abweichungen einiger Merkmale vereint vorkommen, die aber dann in unabhängiger Weise weiter oder zurück mutieren können. So z. B. Farbstoff- und Schleimbildung, sowie Kompaktheit der Kolonien bei Prodigiosum und bei der Fluoreszens-Gruppe (Beijerinck, Eisenberg), Sporogenie und Virulenz beim Milzbrand (Preisz), Laktosespaltung und Kompaktheit der Kolonien beim Coli mutabile (Baerthlein). Daß die Darstellung verschiedener Funktionsintensitäten durch Häufung von Genen (Beijerinck, Toenniessen) nur rein hypothetisch sein kann, bedarf wohl keines besonderen Hinweises.

Dagegen hat die Genhypothese unleugbar eine gewisse Berechtigung und Bedeutung auf einem anderen Gebiete. Für die ganze biologische Auffassung und Bewertung der Mutation ist es prinzipiell wichtig, sich darüber klar zu werden, ob dabei etwas wirklich Neues geschaffen wird. Empirisch sind ja die auftretenden Eigenschaften neu gegen den Ausgangszustand; die Frage bedeutet also, ob etwas für die betreffende Spezies phylogenetisch Neues dabei entsteht oder entstehen kann. Die Beantwortung dieser Frage stößt auf nicht geringe Schwierigkeiten, sachliche sowohl als begriffliche. Stellt man als Axiom auf, daß überhaupt keine Reaktion eines Lebewesens denkbar ist, die nicht in potentia in ihm vorgebildet wäre, dann gibt es für uns auch nichts Neues und man müßte wieder zu einer Art Einschachtelungshypothese greifen, nach der in der Urzelle alle Möglichkeiten zukünftiger Entwicklung vorhanden gewesen wären. Verwirft man diese offensichtlich widersinnige Auffassung, so muß man als neu dasjenige bezeichnen, was für die betreffende Art oder Sippe historisch „neu" ist, diejenigen Eigenschaften, die sie bisher nicht aufgewiesen hat. Freilich ist auch diese Entscheidung nicht leicht zu treffen, um so mehr, als unsere Kenntnisse über die Phylogenese der Bakterien kaum über Vermutungen hinausgehen. Die große Mehrzahl der bisher festgestellten Mutationen beruht auf einem Verlust von Eigenschaften, nur wenige auf einem Erwerb Auch diese scheinbar so einfache Unterscheidung steht nicht immer auf festen Füßen. Asporogenie, Verlust des Gas- oder Säurebildungsvermögens, der Beweglichkeit, der Farbstoffbildung oder der Phosphoreszenz sind zweifellose Verluste, dagegen kann z. B. normale Agglutinabilität an geringe oder fehlende Schleimbildung gebunden sein, Inagglutinabilität, also scheinbarer Verlust eines Merkmals auf stärkerer Schleimbildung, also einer Erwerbsfunktion beruhen. Umgekehrt können vielleicht manche scheinbar positive neu auftretende Merkmale in Wirklichkeit Verluste von Funktionen bedeuten. Die Befunde an höheren Lebewesen im Lichte der Anlagenanalyse betrachtet zeigen, wie kompliziert in Wirklichkeit manche scheinbar einfache Merkmale beschaffen sind und mahnen zur Vorsicht bei der Bewertung dieser Verhältnisse bei Mikroorganismen, wo wir die Anlagen nicht so weitgehend spalten können. Zweifellos positiven Erwerb bedeuten Spaltungsfähigkeiten für früher nicht angreifbare Substrate, möglicherweise auch Giftfestigungen, Anpassungen an abnorme Wachstumstemperaturen oder Sauerstoffspannungen. In allen diesen Fällen kann man freilich einem Anhänger des „Nil novi" es nicht verwehren zu behaupten, es läge hier ein Rückschlag zu einer von den Ahnen der betreffenden Sippe einst besessenen Eigenschaft. Ganz sicher trifft diese Annahme in manchen Fällen zu, z. B. bei der Virulenzsteigerung durch Tierpassagen, sofern dabei keine Auslese mitspielt. In anderen wird man wohl weder diese Annahme beweisen, noch — leider — auch widerlegen können.

Es scheint mir, daß selbst wenn man anerkennt, unsere Experimente könnten aus der Art nichts herauslocken, was nicht in ihr in potentia vorhanden gewesen wäre, damit die Möglichkeit des Auftretens neuer Eigenschaften nicht in Abrede gestellt werden muß. Es fällt nicht schwer anzunehmen, daß der potentielle Bestand des Genotypus an Eigenschaften ein größerer ist, als derjenige der realisierten und daß die bisherigen Erlebnisse einer Sippe nicht alle Möglichkeiten an Reaktionen, die in ihr schlummern, erschöpft haben müssen. Leicht wird das freilich nicht fallen, etwas Neues zu schaffen, die gangbaren Reize und Reizkombinationen haben wohl die Mehrzahl der gegebenen Verwirklichungsmöglichkeiten ins Leben gerufen, daß aber nicht doch ab und zu an Intensität oder Kombination neue Reizkomplexe einwirken und etwas „empirisch" Neues schaffen können, wäre meines Erachtens verfehlt zu leugnen. Ebenso, wie bei der fluktuierenden Variabilität die am meisten abweichenden Formen die seltensten sind, weil die zu ihrer Auslösung gehörenden Reize (Reiz-Qualitäten, -Intensitäten und -Kombinationen) eben nur selten im normalen Lebensablauf vorkommen und dann nicht immer mit der Fortexistenz vereinbar sind, dürfte es auch bei den Mutanten sein (s. auch Goldschmidt). Man könnte vielleicht eine kristallographische Figur zum Vergleich heranziehen, die von verschiedenartigen Flächen begrenzt ist. Auf den einen kann sie leicht im Gleichgewicht ruhen und kann auch leicht etwa infolge eines geringen Stoßes die Basis wechseln. Es gibt aber andere Flächen, auf denen die Figur nur schwer aufgestellt werden kann und hier wäre schon ein ganz besonderer Zufall dazu nötig, um etwa durch Stoß aus der gewöhnlichen Gleichgewichtslage die Figur gerade auf dieser Fläche aufzustellen. Der Genotypus würde demnach neben leicht realisierbaren und daher öfter eintretenden Gleichgewichtslagen auch solche in sich tragen, die eine besondere Konkurrenz von Faktoren zu ihrer Verwirklichung erfordern.

Beijerinck glaubt auf Grund seiner ausgedehnten Untersuchungen, daß etwas wirklich Neues unter den bisher bekannten Mutanten nicht vorliegt. Selbst die Schleimbildung beim Prodigiosum scheint ihm ein unter Bakterien zu weit verbreitetes Merkmal, so daß er geneigt ist, diese Eigenschaft bei Vorfahren des Prodigiosum anzunehmen, ihr Auftreten also als Rückschlag zu deuten. Anwesenheit oder Abwesenheit von Merkmalen bedeuten nach ihm nicht einfach Vorhandensein oder Fehlen der entsprechenden Gene, dieselben sind vielmehr in beiden Fällen da, aber in verschiedener funktioneller Form. Das eine Mal sind sie aktiv, das andere Mal inaktiv oder latent in Form sog. Progene. Diese Auffassung basiert zweifellos auf der Analogie mit der Erscheinung der Rezession in den Mendelschen Forschungen sowie mit der Tatsache, daß nach der Presence-Absence-Theorie (Correns, Bateson) oder der Grundfaktor-Supplement-Theorie (Plate) ein Gen ohne Erfüllung gewisser Sonderbedingungen unwirksam sein kann. Die scheinbar neu auftretenden Merkmale sind also nach Beijerinck nur latent gewesen, durch den Auslösungsreiz ist das Progen zum Gen aktiviert worden. Diese Erklärungsweise hat den Vorzug, daß sie die fast immer bei den Bakterienmutationen eintretenden Rückschläge leicht durch Annahme eines entgegengesetzten Vorgangs unserem Verständnis entgegenbringt.

Mit diesen Anschauungen verbindet Beijerinck noch eine Annahme, die er von de Vries übernommen hat, diejenige einer „Promutationsphase". Nachdem die explosive Induktion von Mutanten bei der Oenothera auf Bastardspaltungen zurückgeführt worden ist, fehlt der Annahme einer Periodizität der Mutationsphasen eigentlich jede tatsächliche Grundlage. Auch die Beobachtung, auf welche Beijerinck sich stützt, ist vielleicht einfacher zu deuten, als durch die Annahme einer „Promutation". Er findet bei der Assococcus-Mutante von B. herbicola, daß bei Züchtung auf Saccharose-Kaliumnitratagar in beliebigen Zeitabständen kein Rückschlag zur Normalform erfolgt, wie auf Würzeagar, daß dagegen beim Zurückbringen auf diesen Nährboden sogleich neben den Assococcus-Kolonien auch normale aufgehen. Das erklärt sich meines Erachtens am einfachsten dadurch, daß auf dem Saccharoseagar beide Formen nicht unterscheidbar sind, und daß der hier erfolgte Umschlag daher erst auf einem Nährboden kenntlich wird, wo beide Formen verschieden wachsen. Die „Promutation" wäre dann einfach als eine durch Modifikation (den Nährboden) verschleierte Mutation aufzufassen.

Andere Erklärungsprinzipien, die gelegentlich der Analyse von Mutationsvorgängen herangezogen wurden, wie die Weismannschen „primären Keimesvariationen" oder erbungleiche Zellteilung entziehen sich momentan als ganz hypothetisch jeder Beurteilung; auch erscheint ihre Nützlichkeit fraglich.

Als sehr wichtige und für die Bakterienmutationen sozusagen charakteristische Eigentümlichkeit verdient der Rückschlag eine besondere Besprechung. Man hat gerade im Rückschlag ein Argument gegen die Anerkennung der Mutationen der Bakterien sehen wollen, wie es scheint, mit Unrecht. Die Forderung einer „absoluten" erblichen Konstanz erscheint historisch ungerechtfertigt, denn schon de Vries hat bei seinen Mutanten auch teilweise Erblichkeit beobachtet zum Teil mit hohen Rückschlagsprozenten. Sie ist auch sachlich, wie jede „absolute" Forderung, die man an Lebewesen stellt, kaum zu begründen. Die Erscheinungen des Rückschlages könnte man nun erstens dahin deuten, daß die Erblichkeit mancher Umwandlungen nur eine beschränkte ist und nachdem die Einwirkung des auslösenden Reizes abgeklungen ist, der ursprüngliche Typus zurückkehrt. Zur Erklärung der Tatsache, daß der Rückschlag meist nur wenige, zuweilen seltene Individuen trifft, müßte man dann den individuell verschiedenen Zustand der eine Kultur zusammensetzenden Einzelkeime heranziehen. Eine andere Erklärungsart, von jener nicht wesentlich verschieden, läge darin, daß man den Rückschlag einfach als Rückmutation auffaßt, daher beide Vorgänge, Mutation und Atavismus, als wesensgleich, nur verschieden gerichtet, erklärt (Beijerinck). Auch hier müßte man annehmen, daß die die „Gegeninduktion" bedingenden Reize verschiedene Individuen in ungleicher Weise beeinflussen können.

Recht komplizierte Annahmen zieht Toeniessen neuerdings zur Erklärung der von ihm beobachteten Mutationen von Kapselbakterien heran. Die Inaktivierung des Schleimbildungsgens, d. h. die Entstehung der schleimfreien Mutante, erfolgt durch die angesammelten Stoffwechselprodukte in alten Kulturen der Normalform. Die schleimfreie Mutante soll einen reduzierten Stoffwechsel aufweisen, doch genügen die in jungen Kulturen vorhandenen Produkte, um das Schleimbildungsgen im inaktiven Zustande beharren zu lassen. In alternden Kulturen der Mutante dagegen sollen diese Produkte allmählich zerfallen und damit fällt das Hemmnis für die Aktivität des Schleimbildungsgens weg, es erfolgt Rückschlag der Mutante zur schleimigen Ausgangsform. Wie leicht ersichtlich, beruht das komplizierte Hypothesengebäude auf der noch zu beweisenden Annahme, daß reduziertes Schleimbildungsvermögen einen auch allgemein reduzierten Stoffwechsel bedeutet.

Als besondere Formen des Rückschlags verdienen jene Fälle Erwähnung, die ich als „ständig rückschlagende" Sippen bezeichnet habe. Solche sind beschrieben worden beim Prodigiosum von Wolf, Eisenberg, bei Typhus von Jacobsen sowie Eisenberg, beim laktosespaltenden Typhusstamm von Penfold, bei Cholera und Fluoreszens von Eisenberg. Man wird hier, um einen Vergleich Blaringhems zu gebrauchen, eine besondere Labilität des neu geschaffenen Gleichgewichtszustands annehmen dürfen, die bewirkt, daß in jeder Generation ein Teil der Individuen zurückschlägt. Bei den „ständig umschlagenden" Sippen (bei Prodigiosum Eisenberg) handelt es sich um zwei Formen, deren jede in jeder Generation eine Anzahl Individuen der anderen Form abspaltet. Hier könnte man an zwei Gleichgewichtslagen denken, zwischen denen die labile Konstitution der Art hin und her pendelt unter dem Einfluß geringfügiger Reize.

Zeigen uns die Rückschlagsverhältnisse, daß die Konstanz der neuen Eigenschaften bei Mutanten in ihrer Ausdehnung individuell begrenzt sein kann, so weisen andere Beobachtungen (Eisenberg, Bernhardt und Ornstein u. a.) wieder darauf hin, daß auch die zeitliche Dauer der Konstanz eine ganze Reihe von Abstufungen aufweisen kann, von Formen, die in der ersten unbeeinflußten Passage zurückschlagen, bis zu solchen, die auch in jahrelang fortgeführten Generationen unverändert bleiben, wie die Hansensche asporogene Hefe. In Übereinstimmung mit dem im zweiten Abschnitt darüber Gesagten (siehe besonders Goldschmidt) ergibt sich daraus, daß der Gegensatz zwischen Modifikationen und Mutationen, wenn auch in extremen Fällen zweifellos ein recht prägnanter, doch kein absoluter und prinzipieller sein kann — bei Bakterien wenigstens —, und daß beide Vorgänge durch eine stetige Übergangsreihe verbunden sind, an der eine Entscheidung zu einem gewissen Grade willkürlich wird. Im allgemeinen scheinen schwache, kurz anhaltende Reize weniger konstante Umschläge zu bewirken, konsequent und lang andauernde intensive zu (innerhalb unserer Beobachtungszeit) irreversiblen Wandlungen zu führen (Bernhardt und Ornstein, Reichenbach, Eisenberg). Möglicherweise spielen auch Schwankungen der Sensibilität („sensible Perioden") hier mit. Daß der Rückschlag eine obligate Begleiterscheinung der Mutation wäre, wie Beijerinck sowie Baerthlein behaupten, ist nicht aufrecht zu erhalten, nur sind natürlich solche ganz irreversible Umschläge nicht oft zu beobachten. Durch den Hinweis darauf, daß die Kluft zwischen Modifikationen und Mutationen keine unüberbrückbare ist, soll natürlich nicht gesagt werden, daß man diese Unterscheidung fürderhin fallen lassen soll. Für viele Fälle ist sie auch weiter gut verwendbar, nur muß man sich ihrer Relativität bewußt bleiben.

Gerade die Erscheinungen des Rückschlags haben manche Forscher dazu bewogen, in den besprochenen Fragen eine von der hier vertretenen abweichende Auffassung zu vertreten. Diese Forscher verlangen von den Mutationen den Nachweis einer absoluten Konstanz und verweisen jede Variation, die ihn nicht erbringen kann, in die Klasse der Modifikationen. Von älteren Forschern wäre hier vor allem Schierbeck zu nennen, der von der Beobachtung ausging, daß die durch Karbolmilchpassagen abgeschwächten Milchsäurebakterien in einer bestimmten Milchsorte ihr normales Laktosespaltungsvermögen wiedererlangen konnten. Die Konstanz der Abschwächung in gewöhnlicher Milch wollte er daher durch nicht näher bestimmbare Hemmungseinflüsse erklärt wissen, daher auch sein Schluß, es läge keine „wirkliche Rassenbildung" vor, sondern diese werde nur durch eine „Schwächung" zeitweise vorgetäuscht. Von neueren Autoren haben Bernhardt sowie Bernhardt und Markoff in der Möglichkeit des Rückschlages den Beweis für das Vorliegen einer Modifikation erblickt (Bernhardt und Ornstein haben diesen Standpunkt dann verlassen und sich zu dem oben dargestellten bekannt), auch Pollak vertritt ähnliche Ansichten.

Vor allem aber wäre hier Jollos zu nennen, der auf Grund seiner Untersuchungen über Infusorien die ganze Lehre von den Mutationen bei Bakterien einer gründlichen Revision unterzieht. Wie oben mitgeteilt wurde, hat Jollos bei Paramaecien einerseits modifikative Anpassung an Gifte oder erhöhte Temperatur beobachtet, die unter normalen Züchtungsbedingungen rasch verschwand, sodann Giftfestigungen, die lange Generationen hindurch bei vegetativer Vermehrung konstant blieben, um dann allmählich zurückzugehen, die aber nach einer Konjugation sofort zurückschlugen, endlich seltene Mutationen, die während der Beobachtungszeit auch bei Einschaltung von Konjugation ihre Konstanz bewahrten. Er unterscheidet demnach hier Modifikationen, Dauermodifikationen und Mutationen. Alle drei Variationsklassen will nun Jollos auch auf Bakterien und sonstige Mikroorganismen übertragen, wenngleich bei den Bakterien das Kriterium der Konjugation nicht anwendbar ist. Die große Mehrzahl der als Mutationen bei Bakterien beschriebenen Vorgänge wären demnach als Dauermodifikationen zu bezeichnen, nur diejenigen Vorgänge, die zu absolut irreversiblen Umwandlungen führen, dürften den Namen von Mutationen beanspruchen. Nur im letzten Fall sei eine Beeinflussung der Erbanlage anzunehmen, im ersteren soll sie fehlen.

Es ist unschwer einzusehen, daß weder die oben vertretene Auffassung, die Umschläge von verschiedener erblicher Konstanz (Modifikationen, reversible Mutationen bis zu irreversiblen) zu einer kontinuierlichen Reihe verbindet, noch diejenige von Jollos in der Beschreibung der Tatsachen wesentlich voneinander differieren. Reversible Mutation wird von Jollos Dauermodifikation, irreversible als Mutation bezeichnet, aber hinter der Verschiedenheit der Nomenklatur steht eine prinzipielle Differenz in der Bewertung der Erscheinungen, über die man nicht stillschweigend hinweg kann. Es fällt schwer, sich mit Jollos vorzustellen, eine veränderte Reaktionsnorm könne, sagen wir über 1000 Individualgenerationen anhalten, ohne daß die Erbanlagen entsprechend umgewandelt waren, man halte sich nur vor Augen, daß die lebendige Substanz dabei eine 2^{1000} fache Vermehrung erfahren hat. Handelt es sich um Verstümmelungen der Zelle, wie z. B. die Zerstörung des Blepharoplasten bei Trypanosomen in den Versuchen von Werbitzki, so kann man wohl behaupten, er könne nur durch Teilung aus seinesgleichen hervorgehen und werde nur schwer regeneriert, wenn er einmal zugrunde gegangen ist; für die überwiegende Mehrzahl der beschriebenen Mutationsvorgänge sind derartige Erklärungen kaum heranzuziehen. Soll der Begriff der Erblichkeit eine allgemeine Fassung behalten, die auch für vegetative Vermehrungsweise gilt, so muß er auf die Konstanz der Erscheinungsweise in sukzessiver Generation begründet werden. Eine ohne Fortdauer des auslösenden Reizes über lange Generationen veränderte Reaktionsweise ohne entsprechende Änderung

der Erbanlagen würde eine neue und kompliziertere Auffassung von Erblichkeit erfordern, wozu kein zwingender Grund vorzuliegen scheint. Vorläufig
glaube ich, kann die oben entworfene, die einfach und einheitlich ist, noch
aufrecht erhalten werden. Ob bei Lebewesen, die sich sowohl vegetativ als
auch amphimiktisch vermehren können, die Aufstellung besonderer Variationstypen spez. der Dauermodifikationen angezeigt ist, entzieht sich meiner Beurteilung. Es wäre aber denkbar, daß in den Fällen, wo im Anschluß an eine
Amphimixis sonst in langen Generationen konstante Variationen rückschlagen,
die mit der Amphimixis verbundene Umwälzung in der Erbsubstanz einen
Anstoß zu einer Rückmutation gibt, hat doch Jollos im Anschluß an Konjugation eine Mutation erfolgen gesehen.

Es wird nun jetzt an der Zeit sein, der biologischen Bedeutung der
Mutationen unsere Aufmerksamkeit zuzuwenden. Man hat vorgeschlagen,
spontane und experimentelle Mutationen zu unterscheiden, eine Einteilung,
die rein äußerlich erscheint, wenn man bedenkt, daß „spontan" eigentlich
„von nicht nachweisbaren Faktoren bedingt" bedeutet, und daß die experimentellen Umwandlungen nur durch die Konstanz gerichteter Reize bzw.
eine in der Natur nicht vorkommende Intensität derselben ihren extremen
Charakter erlangen. Auch die Einteilung in morphologische und physiologische
hat keine wesentlichen Differenzen zur Grundlage, da wir annehmen müssen,
daß in letzter Instanz auch alle „rein morphologischen" Merkmale ihre funktionellen Korrelate haben. Wir wollen hier zunächst diejenigen Merkmale
in Betracht ziehen, die von Mutationen betroffen werden, zugleich aber nach
Möglichkeit über die Bedeutung dieser Veränderungen für die Arterhaltung
uns klar werden.

Von morphologischen Variationen der Einzelkeime wären zunächst
diejenigen zu nennen, die Baerthlein bei einer Reihe von Bakterienarten
(Typhus, Koli, Ruhr, Aërogenes, Alkaligenes, Cholera, Vibrionen, Strepto-
und Pneumokokken, Prodigiosum und Pyocyaneum) gefunden hat: In hellen
Kolonien findet er meist längere, schlanke, in den dunklen kürzere und plumpe
Formen. Wachstum in Fäden wurde bei Typhus (Walker und Murray als
Modifikation bei Züchtung auf farbstoffhaltigen Nährböden, Eisenberg als
Mutation), Koli (Revis)[1], Pyocyaneum (Wasserzug) gefunden; im allgemeinen
scheinen solche Formen, die auf eine Hemmung des Teilungsmechanismus
hindeuten, schwer fixierbar zu sein, wie aus den Versuchen von Barber hervorgeht, der unter den langgestreckten Koli- und Typhuszellen nur seltene mit
ebensolcher konstanter Nachkommenschaft fand. Das zeigte sich auch z. B.
bei den Anpassungsversuchen an erhöhte Temperatur: Typhusbakterien wuchsen
hier eine Zeitlang in Form langer Fäden, hatten sie sich gut angepaßt, so beherrschte wieder die normale Kurzstäbchenform das Feld (Eisenberg). Bei
Fluoreszens hat derselbe eine in Ketten wachsende Mutante beobachtet, was
eine Kohärenz der aus der Teilung hervorgehenden Zellen beweist. Umgekehrt
zeigen die abgeschwächten asporogenen Milzbrandmutanten (besonders die
irreversiblen) eine herabgesetzte Befähigung zur Kettenbildung, zuweilen wird
dieselbe ganz vermißt (Markoff, Eisenberg). Es ist kaum zu bezweifeln,
daß hier biologisch bedeutsame Eigentümlichkeiten des Wachstums und des

---

[1] In letzter Zeit auch von Russ (Proc. of the Roy. Soc. of Med. 7. Pathol. Sect.
140—143. 194) unter dem Einfluß von Elektrolyse (Anmerk. währ. o. Korr.).

Teilungsmechanismus vorliegen, deren Einzelheiten uns leider noch kaum zugänglich sind. Ebenso können wir nur Vermutungen anstellen über die Bedeutung des Stoffwechselvorganges, der zur starken Ausbildung der Ernst-Babesschen Volutingranula bei der Diphtheriemutante von Dale führt. Von einwandfrei festgestellten Änderungen des Gramverhaltens (abgesehen von dem regelmäßigen modifikativen Verlust der Gramfestigkeit) wäre nur die Angabe von Christeller beim B. bulgaricus anzuführen, es scheint hier eine wichtige und wenig variable Eigenschaft vorzuliegen. Auch konstante Änderungen der generischen Formen sind nicht bekannt, wenn man von „kokkoiden" Formen von Kurzstäbchen, wie Koli, absieht, die noch an der Grenze der normalen Variationsbreite liegen. Sehr interessant sind die mutativ entstehenden Mikrooidienformen von B. asterosporus und B. amylobacter (Bredemann) sowohl vom morphologischen als auch vom biologischen Standpunkt. Als verstümmelte Abart sind wohl die blepheroplastlosen Trypanosomen (Werbitzki) aufzufassen. Die Variabilität des Kapselbildungsvermögens, die als Erwerbsmutation bei Milzbrand (Preisz), als Verlustmutation bei Kapselbakterien (Wilde, Beham, Toenniessen, Eisenberg), und bei Sarc. tetragena (Schläfrig, Pollak, Eisenberg) beobachtet wurde, scheint in manchen Fällen wenigstens ein Vorgang von großer Bedeutung für die Virulenz der betreffenden Stämme zu sein, ihre biochemische Grundlage ist nur zum Teil bekannt. Die Angabe von Villinger über Verlust der Begeißelung bei Koli im Anschluß an Phenolbouillonpassage erscheint der Nachprüfung bedürftig.

Die vielfach beobachteten Variationen der Kolonieformen beruhen zum Teil auf morphologischen Differenzen der Einzelkeime (Baerthlein, Beijerinck, Eisenberg), zum Teil auf differenter Beschaffenheit der Membran (Eisenberg), zum Teil endlich auf verschieden reichlicher Produktion von schleimigen Ausscheidungen (Beijerinck, Eisenberg, Preisz). Auch Differenzen im Wachstums- und Ausbreitungstempo, in der Bildung von schädlichen Stoffwechselprodukten und der Empfindlichkeit ihnen gegenüber werden in differenten Kolonieformen zum Ausdruck kommen können. Manche dieser Formen können wahrscheinlich als Anpassungsformen betrachtet werden, so z. B. die von Eisenberg beschriebene dunkle, gewulstete Form der Cholera, deren kompakte Beschaffenheit und gedrungene, hoch sich auftürmende Struktur einen Schutz gegen Austrocknen zu verleihen scheint. Dafür spricht die bereits angeführte Beobachtung, daß in alten Agarröhrchen oft nur diese Abart am Leben bleibt, während die helle abstirbt oder umgewandelt wird. Dasselbe dürfte wohl für die von v. Lingelsheim[1]) beschriebenen ganz analogen Q-Formen von Typhus, Paratyphus und Alkaligenes gelten, ebenso für die Ascococcus-Mutante von B. herbicola (Beijerinck) und die β-Formen von Nyberg. Die sog. Ringformen von Cholera und Angehörigen der Fluoreszensgruppe beruhen auf starker Ausbildung von sekundären Tiefenkolonien (Eisenberg), wodurch vielleicht ebenfalls bessere Chancen für Ausnützung des Nährbodens und Schutz vor Austrocknen gegeben sind. Auch vermehrte Schleimbildung könnte bei Bakterien, wie auch sonst öfters bei Pflanzen, Anpassungscharakter tragen (Schutz vor Austrocknen oder vor chemischen Schädlichkeiten? — größere Thermoresistenz bei Sarc. tetragena). Ob solche Eigen-

---

[1]) Auch von Grote bei Paratyphus (Zentralbl. f. Bakter. I. Abt. Or. **70**, 15—19. 1913.).

schaften, die wir vorläufig nur unter den künstlichen Bedingungen unserer Platten-kulturen festgestellt haben, auch in der freien Natur der Arterhaltung nützlich werden können, muß erst untersucht werden; bei den Zooglocen der Schleim-bildner sowie den „dunklen" (Q-)Formen ist diese Annahme ziemlich naheliegend.

Einen kontraselektiven Charakter scheinen auf den ersten Anblick die gehemmten Formen zu führen, die ev. Zwergkolonien bilden. Solche sind beobachtet worden bei B. typhi (R. Müller, Jacobsen, Eisenberg), Pro-digiosum (Eisenberg), Photobacterium indicum (Beijerinck), Alkaligenes (v. Lingelsheim), Cholera (Stamm), V. proteus (Firtsch), Koli (Villinger). Die Wachstumshemmung wäre in der freien Natur für die Erhaltung dieser Abarten sehr gefährlich, trotzdem kann nicht ohne weiteres von Degeneration gesprochen werden; findet man doch z. B. bei der Zwergform von Prodigiosum erhöhte Farbstoffbildung und bei denjenigen von Photobakterium erhöhtes Leuchtvermögen. Möglicherweise hängt die reduzierte Wachstumsintensität mit irgend einer uns noch unbekannten Anpassung zusammen. Vielleicht sind auch in der Natur ähnliche Abarten an gewisse Standorte gebunden (Xerose?).

Ein Merkmal von biologisch ganz hervorragender Bedeutung, das Sporen-bildungsvermögen, unterliegt, wie zahlreiche Untersuchungen ergeben haben, ebenfalls sowohl modifikativer als auch mutativer Umwandlung, hier, wie so oft sonst, im Sinne eines mehr oder weniger vollständigen Verlusts. Der-selbe tritt in unseren Kulturen z. T. ohne unser Zutun (Lehmann, Barber, Graßberger und Schattenfroh, Beijerinck, Beijerinck und Minkman, Markoff, Baerthlein, Eisenberg), teils unter dem Einfluß dysgenetischer Faktoren auf (Abschwächung beim Milzbrand, Hansen, Preisz, Eisen-berg, Nadson und Adamovic). Auch aus einer spontan infizierten Kuh wurde asporogener Milzbrand gezüchtet (M. Müller), in der Außenwelt dürften seine Erhaltungschancen geringer sein, als diejenige normal sporulierender Stämme. Über die Variabilität der praktisch sehr wichtigen Resistenz der Sporen liegen nur Angaben von Weil vor, weitere Untersuchungen darüber wären sehr erwünscht.

Die Versuche über Änderung der Sauerstofftoleranz bei Anaeroben stoßen bis jetzt noch auf gewisse Schwierigkeiten wegen der umständlichen Technik; was vorliegt (Chudiakow, Rosenthal u. a.) scheint zu einer Wieder-aufnahme derartiger Versuche unter Heranziehung strenger Kriterien und der Individualanalyse aufzumuntern. Sehr merkwürdig ist die von Brede-mann beschriebene mutative Entstehung der aeroben Mikrooidienabart bei B. amylobacter. Über adaptive Umwandlung in entgegengesetzter Richtung, d. h. Anpassung von strengen Aeroben an Anaerobiose hat Sanfelice seinerzeit berichtet. Verschiebungen der Kardinalpunkte der Wachstums-temperatur nach oben sowie nach unten haben Dieudonné sowie Tsik-linsky herbeigeführt; es ist sehr wahrscheinlich, daß derartige Umwandlungen in der freien Natur für die Arterhaltung große Bedeutung haben können, wie die Existenz der thermo- und psychrophilen Flora beweist.

Ausgesprochen adaptiven Charakter tragen die scheinbaren oder wirk-lichen Erwerbsmutationen der Kohlehydratspaltung, wie sie besonders in der Erscheinungsgruppe des Coli mutabile, den Versuchen von Twort, Pen-fold, Bradley, Walker, Schröder und Gutjahr vorliegen. Es wurde hier oft direkt nachgewiesen, daß der neue Erwerb mit einer Wachstums-

steigerung verbunden ist (Penfold, Thaysen, Klein) und auch im Kon-
kurrenzkampf mit der zur Spaltung nicht befähigten Abart zu einem Sieg
führen kann. Bedeutungsvoll ist der von Seiffert erhobene Befund, daß
ein derartiger Erwerb auch ohne Einwirkung des adäquaten Reizes (der betr.
Zuckerart) erfolgen kann, sowie die in gleichem Sinne zu deutende Steigerung
der Dextrosespaltung beim Umschlag des Coli imperfectum in perfectum
(Thaysen). Hierher gehört auch die Abspaltung von Laktosevergärern beim
arsenfesten Hog-Cholerastamm von Marks. Es wäre möglich, daß auch der
umgekehrte Vorgang, der Verlust von Spaltungsvermögen, wie er vielfach
beobachtet wurde (Penfold, Arkwright, Oette, Wagner, Löwenthal
und Seligmann, Mandelbaum, Schierbeck, Römer, Seiffert, Revis,
Henningsson, Walker) durch Beeinträchtigung der Nährstoffausnützung
biologisch wichtig sein kann. Freilich wäre hier vor zu voreiliger Verallge-
meinerung zu warnen, es ist ja denkbar, daß gelegentlich die Zuckerspaltung
durch zu starke Säurebildung der Fortexistenz der Keime verhängnisvoll werden
kann. Eine genaue Bearbeitung der Variabilität des Eiweißspaltungs-
vermögens, spez. der vielfach beobachteten Herabsetzung des Gelatine-
verflüssigungsvermögens steht noch aus. Steigerung wird von Abbott erwähnt. Interessant sind die von Graßberger und Schattenfroh beobachteten Umwandlungen des ganzen Stoffwechselcharakters bei Buttersäurebazillen, ebenso der Verlust der Stickstoffassimilation bei der Mikrooidienabart des B. amylobacter (Bredemann). Überhaupt scheint auf dem Gebiete des Stoffwechsels und seiner Variabilität noch vieles einer eingehenden
Untersuchung zu harren.[1]

Einer großen Beliebtheit erfreuten sich seit jeher bei den Variabilitäts-
forschern die Variationen des Farbstoffbildungsvermögens als sehr augen-
fällig und bequem zu verfolgen. Leider wissen wir weder über die Rolle der
Farbstoffe im Stoffwechsel der betr. Arten noch über ihre biologische Bedeutung etwas zu sagen, womit freilich ihre Möglichkeit nicht in Abrede gestellt werden soll. Als Neuerwerb wurde von Eisenberg bei Cholera die
Bildung eines braunen diffundierenden Farbstoffes (oder Verfärbung des Agars?
Tyrosinase?) beobachtet, ebenso von Neumann die Bildung von rosafarbenen
Kolonien bei M. pyogenes.

Anpassungswert haben selbstverständlich die vielfach studierten Steigerungen der Giftfestigkeit, die vielleicht berufen sind einmal auf den noch
dunklen Mechanismus der Desinfektionswirkung Licht zu werfen. Ihre Durchführung erfordert scheinbar viel „experimentelles Taktgefühl", oft auch große
Geduld. Es ist ziemlich auffallend zu sehen, wie überaus schwer und wider-
strebend die Bakterien sich an manche Gifte gewöhnen lassen, es sind dies
meist die bekanntesten Antiseptika Phenol, Sublimat, Lauge, Arsenik u. dgl.;
auch sind die erreichten Festigungsgrade meist recht bescheiden (Regenstein, Kossiakoff, Marks, Altmann und Rauth). Im Gegensatz dazu
wurde gegen andere Gifte viel schneller eine höhere (bis zu 300fache) Festigung
erreicht (Mesnil und Brimont, Seiffert, Klein, Tugendreich und Russo,
Shiga, Engeland, Haendel und Baerthlein) und ist es vielleicht kein
Zufall, daß es gerade Gifte sind, denen gegenüber verschiedene Bakterien eine

---

[1] Vgl. darüber die Angaben von Glenn (Zentralbl. f. Bakter. I. Abt. Or. **58**,
481—495, 1911) sowie von van Loghem (ibid. **57**, 385—387, 1911.)

breitere Empfindlichkeitsskale aufweisen (Anilinfarbstoffe, Chinin und seine Derivate, organische Arsenderivate, Brechweinstein). Eisenberg hat in Bestätigung früherer Befunde von Maassen eine Festigung gegen LiCl erreicht, ein Problem, das mit Rücksicht auf osmotische Empfindlichkeit und die Existenz halophiler Bakterien weiter verfolgt zu werden verdient. Die Giftfestigkeit im infizierten Tierkörper scheint, wenn sie auch meistens mit jener in vitro parallel geht, ein kompliziertes Phänomen, an dem auch die Eigenart des infizierten Organismus teilnimmt.

Großes Interesse beansprucht die Variabilität der serologischen Reaktionen der Bakterien sowohl mit Rücksicht auf ihre praktisch diagnostische Bedeutung, als auch wegen ihres Zusammenhanges mit den pathogenen Funktionen der Mikroorganismen. Das ziemlich reichhaltige ältere Beobachtungsmaterial über „spontane" oder experimentell herbeigeführte Hyp- oder Inagglutinabilität sowie über Serumfestigkeit erscheint heute nicht absolut beweisend im Lichte unserer verschärften Kriterien, eine Prüfung unter Heranziehung reiner Zweige und der Individualanalyse wäre hier sehr erwünscht. Während in den meisten Fällen diese Veränderungen unter dem Einfluß des Tierkörpers oder seiner Säfte in vitro erfolgen, zeigten Bernhardt und Ornstein, daß sie auch in alten Kulturen unabhängig von „adäquaten" Reizen vor sich gehen können. Dasselbe ist wohl der Fall bei den inagglutinablen Stämmen, die aus Wasser gezüchtet bzw. durch lange Kultur in Wasser erhalten wurden (Stamm). Eine entgegengesetzte Veränderung, d. i. Erwerb der Agglutinabilität hat Beham bei Kapselbakterien zusammen mit Verlust der Schleimbildung bei einfacher Agarzüchtung erreicht.

Außer diesen quantitativen Veränderungen der serologischen Reaktion sind neuerdings auch qualitative dank den Untersuchungen von Sobernheim und Seligmann, Stromberg bekannt geworden, die mehr oder weniger den serologischen und auch antigenen Charakter des betreffenden Stammes umformen. Altmann und Rauth sowie Marks haben gezeigt, daß es durch Giftwirkungen möglich ist, derartige Umstimmungen zu provozieren; aus den interessanten Befunden von Bordet geht hervor, daß veränderte Ernährung schon dazu hinreichen kann, aus denjenigen von Boddaert, daß auch im Tierkörper solche erfolgen.

Relativ wenig exakte Untersuchungen liegen über die Variabilität der Virulenz vor, wenngleich summarische Angaben darüber besonders in der älteren Literatur Legion sind. Dies mag wohl an der Schwierigkeit exakter Messungen, den oft schwer erschwinglichen großen Tieropfern, die sie erfordern, sowie der Notwendigkeit der Einführung einer zweiten Variablen, des tierischen Organismus. Nach den Beobachtungen Gottschlichs kann lange Einwirkung des infizierten Organismus mutative Wandlungen der Virulenz hervorrufen.

Als besonders wichtig sind hier hervorzuheben die Untersuchungen von Preisz an Milzbrandvakzins, die den Mechanismus der Virulenzabschwächung unserem Verständnis näher bringen. Die Befunde von Schläfrig, Pollak, Toenniessen, Eisenberg zeigen, daß in manchen Fällen Mutationen des Kapselbildungsvermögens von starken Ausschlägen der Virulenz begleitet werden, eine Korrelation, die nach Preisz, Eisenberg, Kodama auch für Milzbrand mit gewissen Einschränkungen gilt. Weitere Untersuchungen sind auf diesem Gebiete sehr erwünscht, um so mehr, als die Virulenz zweifellos ein komplexes

Phänomen ist, das wahrscheinlich bei verschiedenen Infektionserregern von verschiedenen Faktoren bedingt wird. Mutative Umschläge des Giftbildungsvermögens, das in diesem Fall mit der Virulenz eng zusammenhängt, haben Bernhardt und Paneth sowie Roemer bei Diphtherie beschrieben.

Und nun wollen wir uns der Erörterung einer der wichtigsten Fragen zuwenden, die für die biologische Bewertung der Mutationen von prinzipieller Bedeutung ist. Bekanntlich hat de Vries geglaubt, die von ihm beobachteten Vorgänge als artbildend betrachten zu müssen und diese Auffassung ist imstande, das ungeheuere Aufsehen zu erklären, das seine Entdeckung erregte. Was man in weitentschwundene Vergangenheit früher verlegte und über Jahrtausende sich erstreckend sich vorstellte, erfolgte hier vor den Augen des Beobachters mit einer gewissen Regelmäßigkeit, die sogar eine zukünftige Beherrschung des mysteriösen Vorgangs durch die Kunst des Experimentators in Aussicht stellte. Wenn nun auch die Oenotheramutation heute eine andere Deutung erfährt, so kann doch vielen der seither beschriebenen Mutationen artbildender Charakter nicht gut abgesprochen werden. Es fragt sich nun, ob auch die Mutationen bei Bakterien einen solchen beanspruchen können, ob die Umwandlungen, die oben beschrieben wurden, über die Grenzen der Bakterienart hinausführen können. Eine kurze und einfache Antwort auf diese Frage ist nicht leicht zu geben, bewegen wir uns doch hier auf einem dunklen und z. T. vielumstrittenen Gebiete.

Die Art wird als Komplex von Individuen bezeichnet, die gleiche Abstammung und gleiche Eigenschaften aufweisen und untereinander fruchtbar sich vermehren können. Wenngleich diese Definition eine Umgrenzung eines „natürlichen" Komplexes anstrebt, haftet ihr doch etwas Willkürliches und Künstliches an. Es kommt nämlich darauf an, welche Summe von Eigenschaften zur Charakterisierung der Art herangezogen werden soll. Während man früher kleinere Differenzen vernachlässigte oder zur Grundlage von Rassen- oder Varietäteneinteilung machte, legt die neuere Forschung auch auf geringfügige, aber konstante Merkmale Gewicht und so kam es, daß vielfach die Linnésche Art als Großart in eine Anzahl von Kleinarten oder Elementararten zerbröckelt wurde, die als die eigentlichen Bausteine des „natürlichen Systems" betrachtet werden. Über die Zulässigkeit dieser „Pulverisierung" der Arten, noch mehr aber über ihre Grenzen gehen die Meinungen zum Teil auseinander, die Varietät eines Systematikers wird beim anderen zu einer Art und umgekehrt.

Viel schwieriger liegen die Verhältnisse in der Bakteriologie (s. darüber die Ausführungen von Lehmann und Neumann, Kruse, Benecke). Das Kriterium der fruchtbaren Amphimixis ist hier nicht verwendbar, von der Abstammung der Bakterienarten wissen wir nichts Sicheres, die morphologischen Merkmale, die bei anderen Lebewesen die Hauptgrundlage der Systematik abgeben, sind hier so dürftig, daß sie wohl bei der Unterscheidung der Genera Verwendung finden, zu derjenigen der Spezies aber nicht hinreichen. So muß man denn funktionelle Merkmale zu Hilfe ziehen, die ihrer Natur nach variabler sind, als die morphologischen, die gewissermaßen Kristallisationen langer Entwicklungsprozesse darstellen. Dazu kommt, daß Bakteriologie lange Zeit hindurch und auch jetzt nur zu einem geringen Anteil von Botanikern getrieben wird, die in wissenschaftlicher Systematik geschult sind, zu einem überwiegenden aber von Medizinern, Gärungstechnikern oder landwirtschaftlichen Mikrobiologen, die bei der Beschreibung und Unterscheidung der Arten vor allem die spezifischen Interessen ihrer Sonderberufe im Auge haben. So wurden die verschiedensten Merkmale in den Vordergrund geschoben, die auf anderen Gebieten überhaupt nicht beachtet werden und so kommt es, daß es eine allgemein anerkannte Systematik bis jetzt nicht gibt und leider, wie es scheint, nicht bald geben wird. Einer oft oberflächlichen, unzureichenden und sorglosen Beschreibung von Hunderten von Arten, wie sie in den ersten zwei Dezennien der Bakteriologie viel geübt wurde, ist eine Reaktion gefolgt, die eingedenk des Cartesianischen: „Entia non esse praeter necessitatem multiplicanda" bestrebt ist, das Identische oder zueinander Gehörige, das oft unter verschiedenen Namen beschrieben wurde, zusammenzufassen und einheitlich zu ordnen. Vielleicht wird es auf diesem Wege unter Heranziehung botanischer systematischer Prinzipien gelingen des Chaos Herr zu werden (s. Lehmann und Neumann, die systematischen Arbeiten von Winslow, Bredemann und anderen Schülern A. Meyers).

Das Studium der Variabilitätserscheinungen ist zweifellos berufen, in diesen Bestrebungen eine wichtige, vielleicht sogar entscheidende Rolle zu spielen. Im ersten Augenblick scheint es freilich die Fragen noch mehr zu verwirren, die Sachlage zu erschweren. Da erfahren wir, daß die verschiedensten Merkmale, fast alle, auf die wir Artunterscheidungen aufgebaut haben, zum Teil sehr weitgehende Variabilität an den Tag legen. Solange es lediglich um Modifikationen (fluktuierende Variabilität) sich handelt, ist die dadurch bedingte Komplikation nicht allzu schwerwiegend. Man muß dann eben die differentialdiagnostisch zu verwendenden Merkmale unter genau bekannten nach Übereinkunft fixierten Standardbedingungen feststellen, eventuell nachdem man durch eine Vorzüchtung unter gleichmäßigen Bedingungen die Nachwirkungen des letzten Standortes ausgeglichen hat (A. Meyer, Bredemann). In manchen Fällen können charakteristische Modifikationen sogar zur Artdiagnose mit herangezogen werden, so z. B. die Chemomorphosen der Pestbakterien auf Salzagar.

Anders liegt die Frage bei den hier als Mutationen zusammengefaßten Variationserscheinungen. Wie oben auseinandergesetzt, betreffen dieselben zum Teil einzelne Merkmale, darunrer auch solche, die zur Differentialdiagnose verwendet werden, zum Teil aber ganze Merkmalkomplexe, wodurch der ganze Arthabitus eine tiefgreifende Umwandlung erfahren kann. Manche davon zeigen über kurz oder lang einen teilweisen oder totalen Rückschlag, andere — sie werden viel seltener gefunden — bleiben innerhalb langer Beobachtungszeiten beständig. Je nach der Dignität und dem Umfang der betroffenen Merkmale sowie je nach der Art und Dauer ihrer Konstanz werden diese Umwandlungen verschiedene Bedeutung beanspruchen können. Um die am öftesten gefundenen Formen, die auch meist der Artdefinition zugrunde liegen, schafft die Mutabilität eine „Streuungszone" von mehr oder minder abweichenden Formen die nach der Lage des Falles und nach dem „systematischen Taktgefühl" des Beschreibers (Benecke) als Varietäten oder besondere Kleinarten bezeichnet werden. Ob man das B. fluorescens non liquefaciens (putidum) als besondere Art führen will oder dem Einheitsbestreben folgend nur als Varietät des Liquefaciens, ist natürlich Geschmacksache, ebenso ob man beide vom B. pyocyaneum trennen will oder dieses als Abart anspricht. Wichtig ist es aber diese um die „Variations-

zentren" (Andrews, Winslow), die Arttypen, verstreuten Formen zu kennen
und mit ihren Entstehungsbedingungen vertraut zu sein, da sie oft in den charakteristischen Merkmalen von jenen abweichen. Ein farbloses (vielleicht dazu noch
schleimbildendes) Prodigiosum wird kaum als solches erkannt werden, wenn
sein genetischer Zusammenhang uns unbekannt ist, ebenso ein Pyocyaneum,
das Pyocyanin- und Fluorescinbildung eingebüßt hat, außer wenn nach langer
Züchtung etwa ein Rückschlag uns über diesen Zusammenhang belehrt. Auch
die serodiagnostischen Methoden wird man dementsprechend nur mit Vorsicht
anwenden, jedenfalls aber im Bedarfsfall einige von ihnen heranziehen, um vor
Fehldiagnosen gesichert zu sein. Viele unserer diagnostischen Methoden, vor
allem die sog. Elektivnährböden, sind auf gewisse als konstant angenommene
Merkmale gestützt, scheiden also von vornherein alles aus, was sich diesen
Forderungen nicht fügt und können eventuelle Ausnahmen unserer Kenntnis
entziehen. Handelt es sich um Züchtung aus dem infizierten Organismus, so
können wir auf eine gewisse Uniformität der Keime rechnen, wenn auch hier
oft mutationsauslösende Faktoren in wechselnder Intensität tätig sind. Dieselbe
Keimart aus Wasser oder Erde gezüchtet kann weitgehende Abweichungen
zeigen von jenem Bild, das sie uns in infektiösem Zustand zu bieten pflegt.

In manchen Fällen kann die Mutabilität direkt diagnostisch verwertbar sein, wenn sie einen genügenden Grad von Spezifität aufweist. Nach
den Untersuchungen von R. Müller, Penfold, Saisawa, Gildemeister
scheint die sog. Rhamnose-Mutation der Typhusbakterien noch am ehesten
diesen Bedingungen zu entsprechen, wenn sie auch, wie so viele andere diagnostische Merkmale, nicht absolut spezifisch ist. Auch ist nach den vorliegenden
Befunden zu erwarten, daß ein eingehendes experimentelles Studium der Variabilität einzelner Merkmale uns den Grad ihrer Tenazität wird kennen lernen
lassen. Damit wäre dann die Basis geschaffen für einen dynamischen Spezies-
begriff der in der Art eine Summe von Verwirklichungsmöglichkeiten sieht, die
abhängig sind von einer Reihe von Auslösungsfaktoren, während der statische
sich nur an eine am öftesten verwirklichte Modalität hält und von den Standorts-
bedingungen absieht. Ein Typhusstamm kann unschwer seine Agglutinabilität
einbüßen, unter Umständen auch serumfest werden (schlägt dann aber leicht
zurück zur Norm s. Braun und Feiler), viel schwerer wird er seine spezifische
Antigenfunktion einbüßen, all das meist nur vorübergehend. Ebenso glückt es
nur selten (Twort, Penfold) ihn zur Laktosespaltung zu bewegen und auch
dann zeigt die starke Rückschlagsneigung, daß hier eine aufgezwungene Eigenschaft vorliegt, während Dulcitspaltung leicht eine starke Steigerung erfährt.
Dementgegen hat noch niemand einen authentischen Typhus grampositiv
werden oder Gelatine verflüssigen gesehen. Der Milzbrandbazillus kann ziemlich leicht Sporenbildung und Virulenz einbüßen, ebenso das Gelatine-ver-
flüssigungsvermögen oder das Kettenwachstum; er kann manche seiner biochemischen Eigenschaften ändern, aber niemals ist er noch beweglich geworden.
Wurde bisher höchstens die Modifikabilität zur Charakteristik der Art herangezogen, so wird man in Zukunft der Mutabilität ebenfalls darin einen Platz
einräumen.

Nach der theoretischen Seite hin läßt die Gesetzmäßigkeit, mit der viele
Mutationen, besonders aber diejenigen der Kolonieform vor sich gehen, daran
denken, daß hier nicht ein „ludus naturae" vorliegt, sondern ein biologisch

bedeutsamer, für das Leben der Bakterien wichtiger Vorgang. Nyberg hat die Ansicht geäußert, daß, um unter wechselnden Lebensbedingungen sich erhalten zu können, die Bakterien verschiedene Wachstumsmöglichkeiten besitzen, die durch die entsprechenden Bedingungen ausgelöst werden, daß hier also eine Art von adaptiv bedingten „primitivem Generationswechsel" vorliegt. Oder man könnte, um einen Vergleich von Blaringhem zu gebrauchen, sagen, in der Konstitution der Bakterien sei eine Reihe von möglichen Gleichgewichtszuständen gegeben, die unter dem Einfluß äußerer Reize gegeneinander ausgetauscht werden.

Diese Auffassungsweise gilt natürlich vor allem für reversible Mutationen. Fragt man aber, ob eine Art in eine andere mutativ umgewandelt werden kann, so wird man natürlich vor allem die irreversiblen Mutationen ins Auge zu fassen haben. Der Anhänger der Artkonstanz entscheidet diese Frage im vorhinein, was umgewandelt werden kann, ist für ihn eben Varietät und keine Art. Der Anhänger eines weniger starren Artbegriffs wird zugeben, daß Artumwandlungen möglich sind, wenn sie auch nicht allzu oft vorkommen und nicht über das Gebiet der Großart hinausführen. Die Frage nach der Möglichkeit einer Artumwandlung wäre demzufolge ein Streit um Worte, aber man muß bedenken, daß manche Artumwandlungsfragen ein eminentes praktisches Interesse beanspruchen, so z. B. die jetzt heiß umstrittene Diphtheriefrage. Praktisch heißt hier das Problem: wie sollen die Träger atypischer avirulenter „diphtherieartiger" Bakterien behandelt werden? — und diese Frage kann eben nur auf Grund ausgedehnter praktischer Erfahrungen der Epidemiologie und Seuchenbekämpfung ihre Lösung finden. Um mich kurz zu fassen, möchte ich sagen, daß die Mutation den Arttypus ausbaut, vielleicht auch eine Umwandlung einer Kleinart in eine andere bewirken kann (s. z. B. Rosenow).

Nicht ganz identisch mit dieser Frage ist diejenige, ob die Mutation etwas Neues schaffen kann, ob ihr also in der Evolution eine schaffende Rolle zukäme. Beijerinck kommt auf Grund der Tatsache, daß die allermeisten bis jetzt beobachteten Mutationen auf Verlust von Merkmalen beruhen, zu der Überzeugung, daß Mutation nichts Neues schafft und demgemäß auch für die Artbildung nicht in Frage kommt. Wenngleich das Überwiegen von Verlustmutanten (wie auch sonst in der Botanik und Zoologie) ohne weiteres zugegeben werden muß, möchte ich doch vor der Verallgemeinerung warnen. Bei unserer Unkenntnis der Abstammung der Bakterien sind entscheidende Urteile über den „progressiven" oder „retrogressiven" Charakter von Variationen sehr prekär. Und auch wenn man zugibt, daß äußere Reize aus einem Lebewesen nichts anderes herausbringen können, als was in ihm in potentia gegeben war, braucht die Vergangenheit einer Art doch nicht alle möglichen Reaktionen an ihr ausgelöst haben und es können quantitativ oder qualitativ oder kombinatorisch neue Reize etwas auslösen, was konstitutionell wohl möglich, aber doch empirisch noch nicht dagewesen ist. Angaben wie die von R. Müller über die Entstehung von Paratyphus aus Typhus oder von Sobernheim und Seligmann über die Spaltungen des Haustedt-Stammes wird man schon wegen ihrer Seltenheit mit aller nötigen Reserve aufnehmen, darüber hinweggehen können wir aber nicht mehr. Es sei zugegeben, daß die bisherigen Erfahrungen über das Rätsel der Artentstehung uns noch sehr wenig sagen können. Aber hier scheint vorläufig in der Mutation die einzige Aussicht auf eine zukünftige Lösung des Problems sich zu eröffnen. Daß die Auslese auch bei Bakterien nichts Neues schafft, scheint nach den Versuchen von Winslow und Walker, Berry und Banzhaf, Barber, Stromberg, Moon[1]) festzustehen. Bezüglich der Mutation ist diese Möglichkeit nicht auszuschließen. Vielleicht ist nur die Beobachtungszeit vielfach zu kurz gewesen, die Versuchsbedingungen nicht genügend variiert, die auslösenden Reize nicht konsequent genug angewandt. Die experimentelle Embryologie zeigt, in wie kurzer Zeit pessimistische Prognosen durch die Entwicklung junger Wissenszweige Lügen gestraft werden können.

Diese Entwicklung wird man auf unserem Gebiete fördern können durch unermüdliche, auf klaren Prämissen und Begriffen basierte, von dogmatischer Voreingenommenheit nicht getrübte experimentelle Arbeit. Als ein Vorbild mag hier — wie auf vielen Gebieten — Koch genannt werden, der, nachdem er durch eigene Nachprüfung sich von der Abschwächung des Milzbrandbazillus überzeugt hatte, folgende auch heute noch beherzigenswerte Worte niederschrieb: „Ich möchte erklären, daß ich nicht etwa ein prinzipieller Gegner der Lehre von der Umzüchtung einer Art in eine andere nahe verwandte bin und demgemäß auch die Abänderung pathogener Organismen in unschädliche und umgekehrt für nicht außer dem Bereich der Möglichkeit liegend halte . . . Nachdem der Beweis für die Umzüchtung von Milzbrandbazillen in exakter Weise gebracht ist, halte ich dieselbe nunmehr für eine feststehende Tatsache, verlange aber für weitere Umzüchtungsversuche ebenso unwiderlegliche Beweise." Man wird diesen Ausführungen des Begründers der Lehre von der Artkonstanz auch heute nur beipflichten können.

Eins geht aus vielen besprochenen Befunden zweifellos hervor, das ist die „Erblichkeit erworbener Eigenschaften" bei Bakterien und anderen Mikroorganismen. Selbstverständlich sind das keine rein somatisch erworbenen Eigenschaften, wenigstens ist das bei Bakterien kaum denkbar, sondern man muß immer die Möglichkeit und sogar Wahrscheinlichkeit einer Parallelinduktion oder wenigstens einer Induktion des hypothetischen „Keimplasmas" im Auge behalten. Man wird daher, wie schon oben hervorgehoben wurde, diese Befunde nicht als Beweise bei der Diskussion der Streitfrage für die Vielzelligen verwerten dürfen, ebenso wie die als Mutation hier angesprochenen Vorgänge viele Besonderheiten aufweisen, die sie nicht ohne weiteres mit den Mutationen bei höheren Lebewesen identifizieren lassen. Hier müssen wir uns mit dem Ausspruch von Baur vertrösten, der sagt: „Mutation ist ein vorläufiger Name für verschiedene Dinge, die allerdings wohl eine Reihe gemeinsamer Züge haben" (S. 207), oder mit demjenigen von Johannsen: „Das Wort Mutation deckt offenbar verschiedene Vorgänge, die noch nicht von der Forschung präzisiert oder analysiert sind."

Literatur.

Nach Möglichkeit sind einschlägige Publikationen bis zum März 1914 berücksichtigt worden.

Über allgemeine und experimentelle Variabilitäts- und Vererbungslehre findet man Aufschluß in folgenden Werken bzw. Monographien:

1. Baur, E., Einführung in die experimentelle Vererbungslehre. Berlin, Bornträger; 1911.
2. Blaringhem, L., Les transformations brusques des êtres vivants. Paris, E. Flammarion. 1911.

---

[1]) Journ. of Infect. Diseas. 8, 463—466, 1911.

3. Goldschmidt, R., Einführung in die Vererbungswissenschaft. Leipzig, Engelmann. 1911.
4. Haecker, V., Allgemeine Vererbungslehre. II. Aufl. Braunschweig, F. Vieweg u. Sohn. 1912.
5. Johannsen, W., Elemente der exakten Erblichkeitslehre. II. Aufl. Jena, G. Fischer. 1914.
6. Plate, L., Darwinsches Selektionsprinzip. III. Aufl. Leipzig, Engelmann. 1908.
7. — Vererbungslehre. Leipzig, Engelmann. 1913.
8. Semon, R., Das Problem der Vererbung „erworbener Eigenschaften". Leipzig, Engelmann. 1912.
9. de Vries, H., Die Mutationslehre. II Bde. Leipzig, Veit. 1901—1904.
10. — Die Mutationen in der Erblichkeitslehre. Berlin, Gebr. Bornträger. 1912.

Allgemeines über Variabilität und Vererbung bei Bakterien bringen:
11. Benecke, W., Bau und Leben der Bakterien. Kap. VIII. Leipzig-Berlin, Teubner. 1912.
12. Dobell, Cl., Some recent work on mutation in microorganisms. Journ. of Genetics. V. II. Nr. 3, 4. 201—220. 325—350. 1912. 1913.
13. Friedberger, E. und Ungermann, E., Jahreskurse f. ärztl. Fortbildung. 1913. Oktober. 34.
14. Gottschlich, E., Kap. L. Variabilität der pathogenen Bakterien aus: Allgemeine Morphologie und Biologie der pathogenen Mikroorganismen im Handb. der pathol. Mikroorg. II. Aufl. 1, 149—172. Jena, Fischer. 1912.
15. Kruse, W., Variabilität der Mikroorganismen in C. Flügges Mikroorganismen. 1, 475—493. III. Aufl. Leipzig, Vogel. 1896.
16. — Kap. XVIII. Veränderlichkeit und Stammesgeschichte der Kleinwesen in: Allgemeine Mikrobiologie. 1122—1169. Leipzig, Vogel. 1910.
17. Lehmann, K. B. und Neumann, R. O., Atlas und Grundriß der Bakteriologie. V. Aufl. München, Lehmann. 1912.
18. Müller, R., Bakterienmutationen. Zeitschr. f. indukt. Abstammungs- u. Vererbungslehre. 8, 305—324. 1912.
19. Pringsheim, H., Die Variabilität niederer Organismen. Berlin, Springer. 1910.
20. — Mutation und Adaption bei Mikroorganismen. Berl. klin. Wochenschr. 1912. Nr. 31.
21. — Weitere Untersuchungen über die sogenannte „Mutation" bei Bakterien. Med. Klin. 1911. Nr. 4. 144—146. ibid. 1913. Nr. 25. 1005—1006.
22. Reichenbach, H., Die Vererbung erworbener Eigenschaften bei einzelligen Lebewesen. Arch. f. soz. Hyg. 8, 323—351. 1913.

Außerdem in vielen der unten genannten Spezialarbeiten:
23. Abott, A. C., Journ. of Med. Research. 26, 513. 1913. Ref. i. Zentralbl. f. Bakt. I. Abt. Ref. 55. 392. 1912.
24. Altmann, K. und Rauth, A., Zeitschr. f. Immunitätsforsch. Orig. 7, 623—655. 1910.
25. Andrewes, J. W., Lancet. 1906. Nov. 24.
26. — Proc. Roy. Soc. of Med. Pathol. Sect. 7, 1—15. 1913.
27. — und Horder, Lancet 1906. II. 708. 775. 852.
28. Arcichovskij, V., Zentralbl. f. Bakt. II. Abt. 21, 430—431. 1908.
29. Arkwright, J. A., Journ. of Hyg. 13, 68. 1913. Ref. i. Zentralbl. f. Bakt. I. Abt. Ref. 59. 44. 1913.
30. Baerthlein, K., Berl. klin. Wochenschr. 1911. Nr. 9.
31. — ibid. Nr. 31.
32. — Arbeiten a. d. Kais. Gesundh.-Amte. 40, 433—536. 1912.
33. — Deutsche med. Wochenschr. 1912. Nr. 31.
34. — Zentralbl. f. Bakt. I. Abt. Orig. 66, 21—35. 1912.
35. — ibid. 71, 1—13. 1913.
36. — Berl. klin. Wochenschr. 1912. Nr. 16.
37. — Zentralbl. f. Bakt I. Abt. Ref. 57. Beih. 89—92. 1913.
38. — und Gildemeister, Deutsche med. Wochenschr. 1913. Nr. 21.

39. Baerthlein, K., und Toyoda, Zentralbl. f. Bakt. I. Abt. Ref. 57. Beih. 281 bis
    284. 1913.
40. Barber, Kansas University Sc. Bull. 4. Nr. 3. 1907. Ref. im Zentralbl. f. Bakt.
    II. Abt. 23, 221. 1909 (sowie bei Pringsheim S. 29—32).
41. Barrenscheen, H., Zentralbl. f. Bakt. I. Abt. Orig. 50, 261—263. 1909.
42. Baudet, ibid. 60, 462—480. 1911.
43. Beattie und Yates, Journ. of Pathol. a. Bact. 16, 246. 1911. Zitiert bei Rosenow.
44. Beham, L. M., Zentralbl. f. Bakt. I. Abt. Orig. 66, 110—121. 1912.
45. Behring, Zeitschr. f. Hyg. 6, 127. 1889. ibid. 7, 173. 1890.
46. Beijerinck, M., Zentralbl. f. Bakt. II. Abt. 3, 449—455. 518—525. 1897.
47. — ibid. 4, 657—663. 721—730. 1898.
48. — Handelingen van het Natuur en Geneeskundig Congres te Amsterdam. April 1895.
49. — Verslag d. Akad. v. Wetenschappen. Amsterdam. 21. Nov. 1900.
50. — Recueil des travaux botaniques Néerlandaises. 1, 14. 1905.
51. — Verslag d. Akad. v. Wetensch. Amsterdam. 9. Febr. 1910.
52. — Folia microbiologica. 1, 1—97. 1912.
53. — und Minkman, D. C. J., Zentralbl. f. Bakt. II. Abt. 25, 30—63. 1910.
54. Belfanti, Archivio per le sc. med. 16.
55. Bernhardt, G., Zeitschr. f. Hyg. 71, 229—240. 1912.
56. — und Markoff, Wl. N., Zentralbl. f. Bakt. I. Abt. Orig. 65, 1—4. 1912.
57. — und Ornstein, O., Berl. klin. Wochenschr. 1913. Nr. 1.
58. — und Panech, Zentralbl. f. Bakt. I. Abt. Ref. 57, Beih.
59. Berry, J. and Banzhaf, E. J., Journ of. infect. dis. 10, 409. 1912. Ref. im Zentralbl.
    f. Bakt. I. Abt. Ref. 54, 453. 1912.
60. Boddaert, Deutsche med. Wochenschr. 1910. Nr. 22. 1026—1027.
61. Bradley B., Zentralbl. f. Bakt. I. Abt. Ref. 58, 420. 1913.
62. Braun, H., Berl. klin. Wochenschr. 1914. Nr. 7. 297—299.
63. — und Feiler, M., Zeitschr. f. Immunitätsforsch. 21, 447—462. 1914.
64. Bredemann, G., ibid. II. Abt. 22, 44—89. 1908. — ibid. 33, 385—568. 1909.
65. Breinl, A. und Nierenstein, M., Deutsche med. Wochenschr. 1908. Nr. 27.
    1181—1182.
66. Browning, Journ. of Pathol. a. Bact. 12, 1908.
67. Brudny, V., Zentralbl. f. Bakt. II. Abt. 22, 193—222. 1908.
68. Buchner, H., Zentralbl. f. Bakt. I. Abt. 8, 1—6. 1890.
69. Bürgers, ibid. Ref. 50, Beih. 152. 1911.
70. Burk, A., Arch. f. Hyg. 65, 236—242.
71. Burri, R., Das Tuscheverfahren. Jena, Fischer. 1909.
72. — Zentralbl. f. Bakt. I. Abt. Orig. 54; 210. 1910. — ibid. II. Abt. 28, 321—345. 1910.
73. — und Thöni, J., Zentralbl. f. Bakt. II. Abt. 23, 32—41. 1909.
74. — und Düggeli, M., ibid. I. Abt. Orig. 49, 145—174. 1909.
75. — und Andrejew, P., ibid. 56. 217—233. 1910.
75a. Chamberland et Roux, Compt. rend. Ac. Sc. 96, 1090. 1883.
76. Christiansen, M., Oversigt over det Kgl. Danske Vidensk. Selsk. Forhandl. 1912.
    Nr. 1. Ref. im Zentralbl. f. Bakt I. Abt. Ref. 58, 91—92. 1913.
77. Christeller, E., Zeitschr. f. Hyg. 77, 45—48. 1914.
78. Chudiakow, Ref. in Zentralbl. f. Bakt II. Abt. 4, 389. 1898.
79. Mc Conkey, Journ. of Hyg. 9, 86. 1909.
80. Csernel, E., Zentralbl. f. Bakteriol. I. Abt. Orig. 68, 145—150. 1913.
81. Dale, J., ibid. 56, 401—410. 1910.
82. Danysz, J., Ann. de l'Inst. Past. 14, 641—655. 1900.
83. Dieudonné, A., Arbeiten a. d. Kais. Gesundh.-Amte. 9, 492—508. 1894.
84. Ehrlich, P., Zentralbl. f. Bakteriol. I. Abt. Ref. 50, Beih. 94—108. 1911.
85. — und Gonder, Über Chemotherapie im Handb. d. path . Mikroorg. II. Aufl. 3,
    337—374.
86. — Roehl und Gulbranson, Zeitschr. f. Immunitätsforsch. 3, 296—299. 1909.
87. Eisenberg, Ph., Zentralbl. f. Bakteriol. I. Abt. Orig. 34, 739—764.
88. — ibid. 40, 188—194. 1905.
89. — ibid. 63, 305—321. 1912.

90. Eisenberg, Ph., ibid. **66**, 1—19. 1912.
91. — Vortr. i. d. Hyg. Sekt. d. Schles. Gesellsch. f. vaterl. Kultur. Breslau. 4. Dez. 1912. Berl. klin. Wochenschr. 1913. Nr. 5.
92. — Vortr. i. d. Med. Sekt. d. Schles. Gesellsch. f. vaterl. Kultur. Breslau. 14. Febr. 1913. Berl. klin. Wochenschr. 1913. Nr. 17.
93. — ibid. **73**, 81—123. 1914.
94. — ibid. **73**, 449—488. 1914.
95. — Umschau. 1912. Nr. 38. 804—807.
96. Engeland, O., ibid. **72**, 260. 269. 1913.
97. Firtsch, G., Arch. f. Hyg. 8, 369—401. 1888.
98. Flügge, C., Zeitschr. f. Hyg. 4, 208—230. 1888.
99. Franke, E., Therapeutische Versuche bei Trypanosomenerkrankung. Jena, Fischer. 1905.
100. Fromme, Zentralbl. f. Bakteriol. I. Abt. Orig. **58**, 445—453. 1911.
101. Gärtner, A., Festschr. f. R. Koch. 661—690. Jena, Fischer. 1903.
102. Garbowski, L., Zentralbl. f. Bakteriol. II. Abt. **19**, 641. 737. — ibid. **20**, 4. 99. 1907.
103. Germano und Maurea, Zieglers Beitr. **12**, 520. 1892.
104. Gildemeister, E., Arbeiten a. d. Kais. Gesundh.-Amte 45, 226—237. 1913.
105. — und Baerthlein, K., Zentralbl. f. Bakteriol. I. Abt. Orig. **67**, 410. 1913.
106. Goebel, K., Über Studium und Auffassung der Anpassungserscheinungen bei Pflanzen. Akad. Festrede. München 1898.
107. Gonder, R., Zentralbl. f. Bakteriol. I. Abt. Orig. **61**, 102—113. 1911.
108. — ibid. **52**, 168—174. 1912.
109. — Zeitschr. f. Immunitätsforsch. Orig. **21**, 309—325. 1914.
110. Goodman, Journ. of infect. dis. **5**, 421. 1908.
111. Gordon, D., Report of the Local Gov. Board. 1905. 388; zit. bei Walker.
112. Gottschlich, E., Zeitschr. f. Hyg. **35**, 234. 1900.
113. — Zentralbl. f. Bakteriol. I. Abt. Ref. **38**, Beih. 100—101. 1906.
114. Graßberger, R., Arch. f. Hyg. **53**, 158—179. 1905. — ibid. **48**, 1—76. 1904.
115. Grixoni, Riforma med. 1895. 194. 209.
116. Groenewege, J., Zentralbl. f. Bakteriol. II. Abt. **37**, 16—32. 1913.
117. Haendel und Baerthlein, Zentralbl. f. Bakteriol. I. Abt. Ref. 57. Beitr. 196—201. 1913.
118. Hansen, E. Chr., Zentralbl. f. Bakteriol. I. Abt. **5**, 664—666. 1889. — **7**, 795—796. 1890.
119. — Kochs Jahresber. 1, 37—38. 1890. — 6, 60—61. 1895.
120. — Zentralbl. f. Bakt. II. Abt. **5**, 1—6. 1899.
121. — ibid. **15**, 353—361. 1906.
122. Harden, A. und Penfold, W., Proc. Roy. Soc. B. Vol. 85, June 20. 1912. 415—147.
123. Hartmann, Wochenschr. f. Brauereien. 1903. 113.
124. Hefferan, M., Zentralbl. f. Bakteriol. II. Abt. **11**, 311, 397, 456, 520. 1904.
125. — ibid. I. Abt. Orig. **41**, 553—562. 1906.
126. Henningsson, B., Zeitschr. f. Hyg. **74**, 253—304. 1913.
127. Holm, zit. bei Burri. Das Tuscheverfahren. 3.
128. Horowitz, L., Zentralbl. f. Bakteriol. I. Abt. Orig. **58**, 79—94. 1911.
129. Horrocks, W. H., Journ. of Roy. Army Med. Corps. 1912. Ref. im Zentralbl. f. Bakteriol. I. Abt. Ref. **59**, 289—291. 1913.
130. Houston, A. C., Rep. Med. Off. Local Gov. Board. 1905, 472.
131. Hübener, Zentralbl. f. Bakteriol. I. Abt. Ref. **44**, Beih. 136—138. 1909.
132. Hutt, Zeitschr. f. Hyg. **74**, 108—137. 1913.
133. Jacobson, Zentralbl. f. Bakteriol. I. Abt. Orig. 56.
134. Jacoby, M., Zeitschr. f. Immunitätsforsch. Orig. **2**, 689—701. 1909.
135. Jensen, O., Zentralbl. f. Bakteriol. II. Abt. **22**, 305—346. 1909.
136. Jaffé, R., Arch. f. Hyg. **76**, 145—205. 1912. ibid. 137—144.
137. Jirnow, Russky Wratsch. 1909. N. 8.
138. Jolos, V., Zeitschr. f. indukt. Abstammungs- und Vererbungslehre **12**, 14—35. 1914.
139. — Biol. Zentralbl. **23**, 222—236. 1913.
140. — Arch. f. Protistenkunde. **30**, 328—334. 1913.
141. Klein, J., Zeitschr. f. Hyg. **73**, 87—118. 1912.

142. Koch, R., Gesammelte Werke. 1, 201, 230.
143. Koch, Gaffky und Loeffler, Mitteil. a. d. Kais. Gesundh.-Amte. 2, 147—181. 1884.
144. Köhlisch, Zentralbl. f. Bakteriol. I. Abt. Orig. 55, 156—174. 1910.
145. Köhne, W., Zeitschr. f. Immunitätsforsch. 20, 531—542. 1914.
146. Kolle, W., Klin. Jahrbuch. 11, 357—418. 1903.
147. Kowalenko, A., Zeitschr. f. Hyg. 66, 277—290. 1910.
148. Kruse, W., ibid. 17, 1—58. 1894.
149. — Rittershaus, Kemp und Metz, Zeitschr. f. Hyg. 57, 417—488. 1907.
150. — und Pansini, S., ibid. 11.
151. Kübler, P., Zentralbl. f. Bakteriol. 3, 333—336. 1889.
152. Kudicke, R., Zentralbl. f. Bakteriol. I. Abt. Orig. 61, 113—128. 1911.
153. Kuwabara, T., Ref. im Zentralbl. f. Bakteriol. I. Abt. Ref. 42, 135. 1909.
154. Laurent, E., Ann. de l'Inst. Past. 3, 465—483. 1890.
155. Laveran et Roudsky, Compt. rend. Ac. Sc. 1911. No. 4. 20. Compt. rend. Soc.
    biol. 1912. No. 27.
156. Lehmann, K. B., Münch. med. Wochenschr. 1887. Nr. 26. 485—488.
157. Lénard, W., Zentralbl. f. Bakteriol. I Abt. Orig. 60, 527. 531. 1911.
158. Lepeschkin, W., ibid. II. Abt. 10, 145—151. 1903.
159. Levaditi und Mutermilch, S., Ann. de l'Inst. Past. 1913.
160. Lingelsheim, Zentralbl. f. Bakteriol. I. Abt. Orig. 68, 577—582. 1913.
161. Löwenthal, W. und Seligmann, E., Berl. klin. Wochenschr. 1913. Nr. 6. 250—252.
162. Mandelbaum, M., Zentralbl. f. Bakteriol. I. Abt. Orig. 63, 46—53. 1912.
163. Markoff, W. N., Zeitschr. f. Infektionskr. u. Hyg. d. Haustiere. 12, 137—158. 1912.
164. Marks, L. H., Zeitschr. f. Immunitätsforsch. Orig. 6, 293—298. 1910.
165. Massini, R., Arch. f. Hyg. 61, 5—47. 1907.
166. Mesnil, F. et Brimont, E., Ann. de l'Inst. Past. 22, 856—875. 1908.
167. — — ibid. 23, 129—154. 1909.
168. Messerschmidt, Th., Zeitschr. f. Hyg. 75, 411—423. 1913.
169. Metchnikoff, E., Ann. de l'Inst. Past. 8, 257—274. 1894.
170. Migula, W., Zeitschr. f. angew. Mikrosk. 5, 1. zit. n. Heims Lehrb. d. Bakt. VI. Aufl.
    1903.
171. — System der Bakterien. 1, 174—180. Jena, Fischer. 1897.
172. Moore, Nierenstein and Todd, Ann. of Trop. Med. a. Parasitol. 3. July 1908.
173. Morgenroth, J. und Halberstädter, L., Arch. f. Schiffs- und Tropen-Hyg.
    15, 237—251. 1911.
174. — Sitzungsber. d. Kgl. preuß. Akad. d. Wissensch. phys.-math. Kl. 732—748. 1910.
175. — und Kaufmann, M., Zeitschr. f. Immunitätsforsch. Orig. 15, 610—624. 1912.
176. — und Rosenthal, F., Zeitschr. f. Hyg. 68, 418—438. 1911.
177. — — ibid. 71, 501—535. 1912.
178. Mühlmann, M., Arch. f. Hyg. 69, 401—432. 1909.
179. Müller, M., Zentralbl. f. Bakteriol. I. Abt. Orig. 66, 501—503. 1912.
180. Müller, R., Deutsche med. Wochenschr. 1910. Nr. 51.
181. — Zentralbl. f. Bakteriol. I. Abt. Orig. 58, 97—106. 1911.
182. — ibid. I. Abt. Ref. 42, Beih. 57—58. 1908.
183. — ibid. I. Abt. Ref. 50, Beih. 141. 1911.
184. — Münch. med. Wochenschr. 1911. Nr. 42.
185. Nadson, G. A. und Adamovič, S. M., Mitt. a. d. Bot. Labor. d. St. Petersb.
    Fraueninst. Nr. 20. 1910. 154—165.
186. Natonek, D., Zentralbl. f. Bakteriol. I. Abt. Orig. 68, 166—173. 1913.
187. Neisser, M., ibid. Ref. 38, Beih. 98. 1906.
188. — ibid. Ref. 57, Beih. 1913.
189. Neumann, R. O., Arch. f. Hyg. 30. 1—31. 1897.
190. Neven, Inaug.-Diss. Gießen. 1909. Zit. nach Ehrlich u. Gonder.
191. Nyberg, C., Ann. Ac. Sc. Fennicae. Ser. A. T. III. No. 6. Helsinki 1912.
192. Oehler, R., Zentralbl. f. Bakteriol. I. Abt. Orig. 67, 569—571. 1913.
193. Oette, E., ibid. 68, 1—8. 1913.
194. Osborne, A., Arch. f. Hyg. 11, 51—59. 1890.
195. Passini, F., Münch. med. Wochenschr. 1904. Nr. 29. 1283—1285.

196. Pasteur, Chamberland et Roux, Compt. rend. Ac. Sc. **92**, 429. 1881.
197. Penfold, W., Brit. med. Journ. 1910. Nov. 12.
198. — Proc. Roy. Soc. of Med. Pathol. Sect. Febr. 1911. 1—14.
199. — Brit. med. Journ. 1909. Nov. 26.
200. — Journ. of Hyg. **11**, 30—67. 1911.
201. — ibid. **11**, 487—502. 1912.
202. — ibid. **12**, 195—217. 1912.
203 - ibid. **13**, 35—48. 1913.
204. — Brit. med. Journ. 1913. Jan. 4.
205. Phisalix, Compt. rend. Ac. Sc. **114**. 684. 1892. — ibid. **115**. 253. 1893.
206. Pollak, R., Allgem. Wien. med. Zeitg. 1913. Nr. 18, 19.
207. — Zentralbl. f. Bakteriol. I. Abt. Orig. **68**. 288—291. 1913.
208. — ibid. **72**. 147—155. 1913.
208a. Prazmowski, A., Bull. de l'Acad. des Sciences de Cracovie. Cl. Sc. Math. Nat. Sér. B. Mars—Juillet 1912. 928—933.
209. Preisz, H., ibid. **35**. 1904.
210. — ibid. **58**. 510—565. 1911.
211. Prowazek, S., ibid. **68**. 498—501. 1913.
212. Przewoski, W., Zentralbl. f. Bakteriol. I. Abt. Orig. **65**. 5—22. 1912.
213. Puntoni, V., Bulletino delle Scienze Med. 84. Ser. IX. 1. 1913.
214. Regenstein, H., Inaug.-Diss. Breslau 1912, auch Zentralbl. f. Bakteriol. I. Abt. Orig. **63**. 281—298. 1912.
215. Revis, C., Zentralbl. f. Bakteriol. II. Abt. **26**. 161—178. 1910.
216. — ibid. **31**. 1—4. 1911.
217. — ibid. **33**. 407—423. 424—428. 1912.
218. — ibid. **39**. 394—410. 1913.
219. — Proc. Roy. Soc. B. **85**. 192—194. 1912.
220. ibid. **86**, 373—376. 1913.
221. Righi, Riforma med. 3. Nr. 205. 1894. Ref. im Zentralbl. f. Bakteriol. I. Abt. **17**. 315. 1895·
222. Römer, P. H., Berl. klin. Wochenschr. 1914. Nr. 11. 503—506.
223. Roux, E., Ann. de l'Inst. Past. 4. 25—34. 1890.
224. Rosenblat-Lichtenstein, St., Arch. f. Anat. u. Physiol. Physiol. Abt. 415—420. 1912. — 95—99. 1913.
225. Rosenow, E. C., Journ. of Diseas. **14**. 1—32. 1914.
226. — Zentralbl. f. Bakteriol. I. Abt. Orig. **73**, 284—287. 1914.
227. Rosenthal, E., Zeitschr. f. Hyg. **75**. 569—577. 1913.
228. Rosenthal, F., Zeitschr. f. Hyg. **74**. 489—538. 1913. — Zeitschr. f. klin. Med. **77**. 1913.
229. — Med. Sekt. d. Schles. Gesellsch. f. vaterl. Kult. Breslau 1914. Ref. Berl. klin. Wochenschr. 1914. N. 12. 573. N. 15. 714—715.
230. Rosenthal, G., Compt. rend. Soc. biol. **55**. 1292. 1903.
231. — ibid. **60**. 874. 1906.
232. Russovici, Ref. in Hyg. Rundsch. 1909. 536.
233. Ružicka, S., Arch. f. Hyg. **34**. 149. 1899.
234. Sachs-Müke, Zentralbl. f. Bakteriol. I. Abt. Orig. **68**. 582—586. 1913.
235. Saisawa, K., Zeitschr. f. Bakteriol. **74**. 61—73. 1913.
236. Sauerbeck, E., Zentralbl. f. Bakteriol. I. Abt. Orig. **50**. 572—582. 1909.
237. Schattenfroh, A. und Graßberger, R., Arch. f. Hyg. **37**. 54—104. 1900.
238. — — ibid. **42**. 219—250. 1902.
239. — — ibid. **42**. 251—264. 1902.
240. Schick, B. und Ersettig, Wien. klin. Wochenschr. 1903. Nr. 35.
241. Schiemann, E., Zeitschr. f. indukt. Abstammungs- u. Vererbungslehre 8. 1—35. 1912.
242. Schierbeck, N. P., Arch. f. Hyg. **38**. 294—315. 1900.
243. Schläfrig, A., Wien. klin. Wochenschr. 1901. Nr. 42. 1025—1027.
244. Schottelius, M., Festschr. f. Kölliker. Leipzig 1887. Ref. in Ann. de l'Inst. Past. 1. 459. 1887.
245. van Schouten, I. L., Zentralbl. f. Bakteriol. II. Abt. **38**. 647—648. 1913.
246. Schreiber, O., Zentralbl. f. Bakteriol. I. Abt. **20**. 353—374. 429—437.
247. Schröter und Gutjahr, Zentralbl. f. Bakteriol. I. Abt. Orig. **58**. 577—624. 1911.

248. Schuster, zit. bei Lehmann u. Neumann, S.
249. Seiffert, G., Deutsche med. Wochenschr. 1911. Nr. 23.
250. — Zeitschr. f. Hyg. **71**. 561—568. 1912.
251. Selter, H., Zentralbl. f. Bakteriol. I. Abt. Orig. **37**. 186—193. 381—389.
252. Shiga, K., Zeitsehr. f. Immunitätsforsch. Orig. **18**. 65—74. 1913.
253. Slawyk und Manicatide, Zeitschr. f. Hyg. **29**. 181—249. 1898.
254. Smith, H. J., Zentralbl. f. Bakteriol. I. Abt. Orig. **68**. 151—165. 1913.
255. Smirnow, G., Zeitschr. f. Hyg. **4**. 231—261. 1888.
256. Sobernheim, G. und Seligmann, E., Zeitschr. f. Immunitätsforsch. Orig. **6**.
    401—512. — **7**, 342—352. 1910.
257. — — Zentralbl. f. Bakteriol. I. Abt. Ref. **50**, Beitr. 134—137. 1911.
258. — Hyg. Rundsch. 1912. Nr. 15.
259. Soerensen, Zentralbl. f. Bakteriol. I. Abt. Orig. **62**, 582—586. 1912.
260. Sorgo, J. und Suess, E., Zentralbl. f. Bakteriol. I. Abt. Orig. **43**, 422—431.
    529—547. 1907.
261. Stamm, J., Zeitschr. f. Hyg. **76**, 469—542, 1914.
262. Stromberg, H., Zentralbl. f. Bakteriol. I. Abt. Orig. **58**, 401—445. 1911.
263. Surmont, H. und Arnould, E., Ann. de l'Inst. Past. **8**. 817—832. 1894.
264. Thaysen, A. C., Zentralbl. f. Bakteriol. I. Abt. Orig. **67**, 1—36. 1912.
265. Thiele und Embleton, Lancet 1913. Jan. 25. Zeitschr. f. Immunitätsforsch. Orig.
    19, 643—665, 1913.
266. Toenniessen, E., Med. Klinik. 1913. Nr. 20.
267. — Verh. d. deutsch. Kongr. f. inn. Med. Wiesbaden 1913. 491—495.
268. — Zentralbl. f. Bakteriol. I. Abt. Orig. **69**, 391—412. 1913. ibid. **73**, 241—277. 1914.
269. Trautmann und Gaehtgens, ibid. Ref. **57**, Beih. 1913.
270. Tsiklinsky, Ann. de l'Inst. Past. **13**, 788—795. 1899.
271. Tugendreich, I. und Russo, C., Zeitschr. f. Immunitätsforsch. Orig. **19**, 156—171.
    1913.
272. Twort, F. W., Proc. Roy. Soc. B. **79**, 329—336. April 18. 1907.
273. Villinger, A., Arch. f. Hyg. **21**, 101—113. 1894.
274. Wagner, G., Zentralbl. f. Bakteriol. I. Abt. Orig. **71**, 25—42. 1913.
275. Walker, E. W. A., Proc. Roy. Soc. B. **83**, 541—558. March. 30. 1911.
276. Wankel, Zeitschr. f. Hyg. **71**, 172. 1912.
277. Wasserzug, E., Ann. de l'Inst. Past. **1**, 581—591. 1887.
278. — ibid. **2**, 75—83. 1888.— ibid. **2**, 153—157. 1888.
279. Waterman, H. J., Zeitschr. f. Gärungsphysiol. **3**, 1—14. Ref. im Zentralbl. f.
    Bakteriol. II. Abt. **43**, 200. 1914.
280. Weil, R., Arch. f. Hyg. **35**, 355—408. — ibid. **39**, 205, 229. 1901.
281. — Zentralbl. f. Bakteriol. I. Abt. Orig. **30**, 500—504. 525—536. 1901.
282. Wendelstadt, H. und Fellmer, T., Zeitschr. f. Immunitätsforsch. Orig. **3**, 422—432.
    1909.
283. — — ibid. **5**, 337—348. 1910.
284. Werbitzki, F. W., Zentralbl. f. Bakteriol. I. Abt. Orig. **53**, 303—315. 1910.
285. Wilde, Über den Bac. pneumoniae. Inaug.-Diss. Bonn, Georgi. 1896.
286. Winogradsky, S., Zentralbl. f. Bakteriol. II. Abt. **9**, 43—54. 107—112.
287. Winslow, C. E. A., Bull. of the Torrey Bot. Club. **36**, 31—39. 1909.
288. — und Walker, L. T., Journ. of infect. dis. **6**, 90—97. 1909.
289. Wolf, F., Zeitschr. f. indukt. Abstammungs- u. Vererbungslehre **2**, 90—132. 1909.
290. Wollman, E., Ann. de l'Inst. Past. **27**, 610—624. 1912.
291. Wyschelessky, S., Zeitschr. f. Infektionskrankh. u. Hyg. d. Haustiere. **12**, 43—53. 1912.
292. Zlatagoroff, Zentralbl. f. Bakteriol. I. Abt. Orig. **48**, 684—697. 1909.
293. Zupnik, L., Berl. klin. Wochenschr. 1897. Nr. 50. 1085—1087.
294. — Prag. med. Wochenschr. 1902. Nr. 30—34.
Außerdem Diskussionen der Freien Mikrobiol. Vereinigung im Zentralbl. f. Bakteriol. I. Abt.
    Ref. Beib. **50**, 141—146. 1911. — ibid. **54**, 185—188. 1912. — ibid. **57**, 96—104. 1913.
    — ibid. **38**, 100—102. 1906.
Instruktive Abbildungen findet man bei Baerthlein, Beijerinck, Eisenberg, Engeland,
    R. Müller, Oette, Penfold, Kowalenko.

III. Spezifische Diagnostik, Prophylaxis und Therapie des durch den Bangschen Bazillus verursachten Abortus.

Von

M. Klimmer-Dresden.

Ein infektiöser Abortus kommt häufig bei Kühen, selten bei Schafen, Ziegen, Schweinen und Pferden vor.

Das infektiöse Verkalben wird, wenn wir hier von jenen Fällen absehen, die als Begleiterscheinung von gewissen Infektionskrankheiten (z. B. Tuberkulose, Maul- und Klauenseuche) auftreten, durch das Korynebacterium abortus infectiosi Bang verursacht. Die sehr seltenen, durch B. pyogenes (Zwick und Zeller, Wall), B. paratyphosus und coli (Schreiber[2]) bedingten Abortusfälle bei Kühen können hier außer acht gelassen werden.

Die pathogene Wirkung des Bangschen Abortusbazillus ist beim Rind nicht nur auf die trächtigen Kühe beschränkt, sondern der gen. Bazillus kann nach den Angaben von Barendregt auch bei Bullen Hodenentzündung und Deckunlust hervorrufen. Zumeist erkranken aber die der Ansteckung ausgesetzten Bullen nicht, und nur bei einem kleinen Teil (7—25 %) vermag man Immunstoffe im Blute nachzuweisen. Bei den Föten, geborenen unreifen und wohl auch reifen Früchten können die Abortusbazillen Entzündung des Magen-Darmkanals, der serösen Häute und der Lunge hervorrufen. Abortuskranke Kühe scheiden entgegen den negativen Befunden der zum Studium des infektiösen Abortus eingesetzten englischen Kommission nach den Angaben von Smith und Fabyan zuweilen, nach Beobachtungen von Winkler und mir selbst bis zu 18 Monate nach erfolgtem Verkalben Abortusbazillen mit der Milch aus, wobei die Milch, das Euter und die regionären Lymphknoten krankhafte Abweichungen nicht erkennen lassen. Von 77 Marktmilchproben enthielten nach Melvin 8 = 11 %, von 31 Molkereimilchproben 6 = 19 % Abortusbazillen.

Die Ätiologie des infektiösen Abortus bei Schaf, Ziege und Schwein ist noch nicht hinlänglich geklärt.

Trotzdem der Bangsche Bazillus auf Schafe und Ziegen durch Fütterung und von der Scheide aus künstlich leicht übertragen werden kann und bei hochtragenden Tieren Abortus hervorruft (Bang, Zwick und Zeller), konnte der Bangsche Bazillus bisher bei natürlichen Infektionen von Schafen niemals nachgewiesen werden (eigene, noch nicht veröffentlichte Untersuchungen usw.). Der zum Studium des infektiösen Abortus in England eingesetzten Kommission gelang es, bei seuchenhaftem Verlammen Vibrionen rein zu züchten, die auf trächtige Schafe künstlich übertragen, Verlammen verursachten. Spontane Abortusfälle bei Ziegen konnte ich auf den Bangschen Bazillus zurückführen.

Bei Schweinen dürfte die Ätiologie nach meinem Dafürhalten keine einheitliche sein; es scheinen Infektionen durch Bazillen der Paratyphus-Coli-Gruppe und durch den Bangschen Bazillus vorzukommen.

Der infektiöse Abortus der Stuten wird nicht durch den Bangschen Bazillus, sondern nach Ostertag durch einen nicht gramfesten Streptokokkus, nach Meyer und Boerner, Kilborne, Smith, Lignières und Zabala, Good, van Neelsbergen, de Jong, Dassonville und Rivière usw. durch den Paratyphus-B-Bazillus, und nach Poljakow durch einen Mikroorganismus aus der Gruppe der hämorrhagischen Septikämie verursacht.

Der Bangsche Abortusbazillus ist des weiteren auf trächtige Affen, Hündinnen, Kaninchen, Meerschweinchen, Ratten und Mäuse leicht und erfolgreich künstlich zu übertragen (Tüxen, Holth u. a.). Über die Ätiologie natürlicher Infektionen liegen keine Mitteilungen vor.

Bei den Meerschweinchen vermag der Abortusbazillus außer Verwerfen noch tuberkuloseähnliche Veränderungen in Milz, Leber, Lunge, Nieren und Lymphknoten zu verursachen (Th. Smith, Schröder und Cotton, Melvin, Th. Smith und M. Fabyan, Krage, Fabyan u. a.).

Ob der Abortusbazillus auch für Menschen pathogen (Organveränderungen, Abortus) ist, darüber fehlen noch sichere Beobachtungen. Die Möglichkeit, namentlich Abortus hervorrufen zu können, wird ihm von der englischen Kommission, Holterbach u. a. zugesprochen.

Im nachfolgenden soll nur der durch den Bangschen Bazillus verursachte Abortus der Kühe, wie dies bereits im Titel zum Ausdruck gebracht ist, behandelt werden.

I. Spezifische Diagnostik.

Die klinischen Erscheinungen des infektiösen Abortus sind im allgemeinen nicht hinlänglich charakteristisch, um die ansteckende Natur des Verwerfens sicher erkennen zu können. Eine einwandfreie Entscheidung hierüber vermögen nur die spezifischen diagnostischen Untersuchungsmethoden zu liefern. Unter diesen sind hier folgende zu erwähnen:

1. Mikroskopische Untersuchung.
2. Kultureller Nachweis.
3. Tierversuch.
4. Serologische Verfahren.
    a) Agglutination,
    b) Komplementbindung,
    c) Präzipitation.
5. Allergische Reaktionen.
    a) Thermische Reaktion,
    b) Ophthalmo-Reaktion,
    c) Intrakutan-Reaktion.

1. Mikroskopische Untersuchung.

Zur mikroskopischen Untersuchung, die hier natürlich nur ganz kurz und in keiner Weise erschöpfend behandelt werden kann, eignen sich der Scheidenausfluß der Abortuskühe und besonders die darin vorkommenden gelben Flöckchen, das nekrotische Gewebe des Chorions und die den Eihäuten, der Magenschleimhaut usw. der Föten anhaftenden schleimigeitrigen Klümpchen.

Die Ausstrichpräparate färbt man am besten mit Karbol- oder Borax-Methylenblau, Karbolthionin oder Giemsa-Lösung. Der Abortusbazillus färbt sich hierbei leicht, aber ungleichmäßig (helle Lücken). Nach Gram und Gram-Weigert ist er nicht zu färben.

Der Abortusbazillus ist ein kleiner (0,3—0,8 × 1—2 μ), stäbchenförmiger bis ovoider, unbegeißelter Bazillus ohne Sporenbildung. In älteren Bouillonkulturen bildet er mitunter kolbige Anschwellungen und Verzweigungen. In dem oben angegebenen tierischen Untersuchungsmaterial liegen die meist zahlreichen Bazillen teils einzeln und frei, teils in dichtgelagerten Haufen frei oder in Zellen eingeschlossen.

Da weder die Form, noch das färberische Verhalten des Abortusbazillus hinlänglich charakteristisch ist, kann auf Grund der mikroskopischen Untersuchung eine hinlänglich sichere Diagnose noch nicht gestellt werden. Hierzu ist noch die Reinzüchtung der Bakterien und ihre Identifizierung nötig.

2. Kulturelle Nachweise.

Als Ausgangsmaterial für die Reinzüchtung der Abortusbazillen kommen vor allem der Labmagen- und Darminhalt frisch ausgestoßener Föten oder die sauber aufgefangene, kurz nach dem Abort abgegangene Nachgeburt (subchoriales Ödem, nekrotische Teile der Eihäute) in Frage. Ist das Material nicht mehr hinlänglich frisch, so sind damit zunächst Meerschweinchen zu impfen und aus diesen dann die Bakterien rein zu züchten (s. unten).

An den Nährboden stellt der Abortusbazillus nach meinen Erfahrungen keine besonderen Ansprüche. Er wächst auf dem gewöhnlichen, gegen Lackmus-Duplitestpapier genau neutralisierten Fleischextrakt-Pepton-Kochsalz-Nähragar recht gut. Besondere Zusätze wie Gelatine und Serum (Bang), Amnionflüssigkeit (Zwick und Zeller) sind bei der Reinkultur aus tierischen Organen entbehrlich, wohl aber ist auf die Reaktion scharf zu achten.

Die früher von Bang empfohlenen Schüttelkulturen, in der die Abortusbazillen vornehmlich in einer $^1/_2$ cm unter der Oberfläche gelegenen, 1 cm breiten Zone zu stecknadelkopfgroßen weißen Kolonien auswachsen, hat man in neuerer Zeit zugunsten der bequemeren Strichkulturen verlassen.

Werden die Agarstrichkulturen nur mit Watte in der üblichen Weise verschlossen, so wachsen die aus dem Tierkörper entnommenen Abortusbazillen nur spärlich oder überhaupt nicht. Das Wachstum kann am einfachsten durch Zuschmelzen des Agarröhrchens mit Paraffin wesentlich gefördert werden. Namentlich, wenn neben den Abortusbazillen noch die eine oder andere Verunreinigung mit aufgeht, oder ein etwa erbsengroßes Stückchen tierisches Gewebe (steril entnommene Milz oder Leber von Meerschweinchen usw.) in das Röhrchen mit eingeschlossen wird, entwickeln sich die Abortusbazillen infolge der Sauerstoffzehrung durch die Verunreinigung oder das tierische Gewebe recht gut. Die gleiche Wirkung hat das Einstellen von Kulturen des Bacillus subtilis (Nowack), anthracis (Ascoli), oder des Bacterium megatherium oder coli (Smith und Fabyan), oder des Staphylococcus aureus (Fabyan) neben Abortuskulturen (etwa 4—7 Milzbrand usw. -Kulturen auf 3—6 Abortuskulturen) in eine hermetisch verschließbare, 6 cm enge und 26 cm hohe Glasbüchse. Damit zwischen den Kulturen ein Gasaustausch erfolgen kann, sind in diesem Falle die Kulturröhrchen nicht mit Paraffin zuzuschmelzen. Meist nach 3—4 Tagen, seltener 1—2 Wochen und später wachsen die bei 37° gehaltenen Abortusbazillen zu stecknadelkopfgroßen, runden, glattrandigen, glänzenden, anfangs tautropfenähnlichen, später im auffallenden Lichte bläulich opaleszierenden, im durchfallenden Licht bräunlichen Kolonien aus. Die Kolonien erlangen schließlich Linsengröße, werden undurchsichtiger und bekommen einen meist gezackten Rand. Bei dichter Aussaat können sie miteinander verschmelzen. Der Belag ist in jungen Kulturen nicht schleimig oder fadenziehend und kann leicht abgehoben und in Flüssigkeiten gleichmäßig verteilt werden.

Zur Identifizierung der reingezüchteten Bazillen bedient man sich der nicht hinlänglich eindeutigen kulturellen Methode in der Regel nicht, wenn auch einige, so die Kultur auf Kartoffel, die ein ziemlich charakteristisches, rotzbazillenähnliches Wachstum besitzt, manchen weiteren Aufschluß geben können. Bezüglich des sonstigen kulturellen Verhaltens des Abortusbazillus sei auf die einschlägige Literatur verwiesen.

Die rein gezüchteten Bazillen sind mit Hilfe eines hochwertigen agglutinierenden Serums (S. 147 u. 151) zu identifizieren.

3. Tierversuch.

Der Tierversuch findet Verwendung:

a) bei dem bakteriologischen Nachweis von Abortusbazillen in mit saprophytischen Bakterien verunreinigtem Material;

b) zum Nachweis der bei hochtragenden Tieren Abortus auslösenden Wirkung des Bangschen Bazillus;

c) zur Gewinnung von Antikörpern für die serologischen Untersuchungen.

Da die Bildung spezifischer Antikörper im Tierkörper nur durch spezifische Antigene verursacht wird, so vermag man aus dem Auftreten der Antikörper Rückschlüsse auf den Antigengehalt, d. h. in diesem Falle auf das Vorkommen von Abortusbazillen, in dem einverleibten Materiale zu ziehen (s. S. 147).

a) Tierversuch im Dienste des bakteriologischen Nachweises.

Will man den bakteriologischen Nachweis in stärker verunreinigtem Material erbringen, so ist zunächst der Tierversuch anzustellen. Damit die Versuchstiere nicht vorzeitig an interkurrenten Krankheiten zugrunde gehen, ist natürlich auch hierzu möglichst frisches sauber aufgefangenes Material zu verwenden.

Als Ausgangsmaterial benutzt man die bereits unter 1. und 2. genannten krankhaften Veränderungen. Gewebe werden zuvor mit steriler Kochsalzlösung verrieben, Flüssigkeiten zentrifugiert. Die Verreibungen bzw. Bodensätze werden auf Meerschweinchen subkutan oder intramuskulär am Hinterschenkel verimpft.

Läßt man hierauf die Meerschweinchen mehrere Monate leben, so kann der etwa mit verimpfte Abortusbazillus die bereits auf S. 144 erwähnten tuberkuloseähnlichen Veränderungen in den Organen hervorrufen, aus denen der Abortusbazillus unschwer reinzuzüchten ist (S. 145). Die Reinzüchtung gelingt aus dem Meerschweinchen aber auch schon wesentlich früher, bevor es zur Entwicklung grobsichtbarer Veränderungen kommt. In diesem Falle sät man ein etwa erbsengroßes Milzstück etc. in der auf S. 145 angegebenen Weise auf Nährböden aus. Eine Identifizierung der vermeintlichen Abortuskulturen durch agglutinierendes Serum ist auch hier unerläßlich (S. 151).

b) Tierversuch zum Nachweis der Abortus auslösenden Wirkung des Bangschen Bazillus.

Für diagnostische Zwecke finden die Tierversuche, in denen man die Abortus auslösende Wirkung des Bangschen Bazillus nachweist, wohl kaum eine Anwendung; sie kommen nur bei wissenschaftlichen Untersuchungen in Frage.

Als Versuchstiere verwendet man hochtragende Kaninchen oder Meerschweinchen. Die Empfänglichkeit beider ist etwa gleich groß. In den Versuchen von Zwick und Zeller abortierten von 27 Kaninchen 15, von 33 Meerschweinchen 18. Als Infektionsmodus empfiehlt sich eine Agarkultur intraperitoneal oder intravaginal, intravenös bzw. intrakardial zu injizieren. Von 23 intravenös bzw. intrakardial infizierten Kaninchen und Meerschweinchen abortierten 16, von 2 intraperitoneal geimpften 2 und von 5 intravaginal angesteckten 4. Wesentlich unsicherer wirkt eine subkutane (12 : 5) und eine Fütterungsinfektion (18 : 6).

c) Tierversuche zur Gewinnung von Antikörpern für serologische Untersuchungen.

Bei dieser Gruppe von Tierversuchen handelt es sich entweder darum, mit Hilfe von bekanntem Ausgangsmaterial (Reinkulturen) hochwertige Immunsera für bakteriologisch-diagnostische Zwecke zu bereiten. Die Technik ist die übliche. Ich benutze Kaninchen, denen ich in Abständen von je 3—5 Tagen 3 mal je $^1/_2$ lebende Agarkultur in etwa 2 ccm Kochsalzlösung intravenös einspritze und sie etwa 10 Tage nach der letzten Injektion verbluten lasse. Der Agglutinationstiter beträgt in der Regel 0,0001 ccm oder 1 : 10 000, jener der im Komplementbindungsversuch festgestellten Ambozeptoren 0,001 ccm.

Oder man nimmt die hier zu besprechenden Tierversuche zu dem Zwecke vor, um die Gegenwart von Abortusbazillen (bzw. ihr Antigen) in dem zum Ausgang des Immunisierungsversuches benutzten Material (z. B. Nachgeburt, Teile von Föten, Milch) durch die Bildung von Immunstoffen (Agglutinin, Ambozeptor) im Versuchstier nachzuweisen.

Das für diese klinisch-diagnostischen Versuche benutzte Ausgangsmaterial wird, wie folgt, verarbeitet. Aus Gewebsteilen (infizierte Fruchtkuchen) stellt man sich nach Zerquetschen in einem Mörser eine Aufschwemmung in physiologischer Kochsalzlösung her, die nach etwa 12 stündigem Aufenthalt im Eisschrank durch Gazefilter geschickt und so von größeren Partikelchen befreit wird. Flüssigkeiten (Milch, Labmageninhalt von Föten usw.) werden zunächst zentrifugiert und der Bodensatz mit etwas Flüssigkeit aufgenommen. Ist das Ausgangsmaterial sauber gewonnen und verarbeitet worden, so kann man es unerhitzt verimpfen. Trifft jedoch obige Voraussetzung nicht zu, steht vielmehr zu befürchten, daß die Begleitbakterien die Impftiere vorzeitig an interkurrenten Krankheiten töten könnten, so ist das zubereitete Material zuvor durch Aufkochen hinlänglich keimfrei zu machen. Die Abortusantigene, welche die Bildung von Agglutininen und komplementbindenden Ambozeptoren auslösen, sind hitzebeständig und vertragen nach Zwick und Zeller selbst 1 stündiges Kochen im Wasserbad. Tritt beim Erhitzen eine stärkere Gerinnung ein, so ist das Material hierauf nochmals vor dem Verimpfen zu filtrieren.

Als Versuchstiere kommen Kaninchen oder Meerschweinchen, als Impfmodus vorwiegend der intraperitoneale in Frage. Über die zeitlichen Verhältnisse der Antikörperbildung geben nachfolgende Angaben von Zwick und Zeller Aufschluß. Es betrug der Agglutinationswert des Serums von Kaninchen, die mit Nachgeburtsaufschwemmung geimpft waren:

Tabelle 1.

	Unerhitzt	1 Std. im Wasserbad gekocht
4 Tage p. i.	1 : 10	1 : 1000
6 „ „ „	1 : 40	1 : 2000
11 „ „ „	1 : 200	1 : 1000
13 „ „ „	1 : 200	1 : 600
15 „ „ „	1 : 200	1 : 400
17 „ „ „	1 : 400	1 : 200
26 „ „ „	1 : 2000	1 : 200
41 „ „ „	1 : 4000	1 : 40

Für praktische, klinisch-diagnostische Zwecke wird man schon im Hinblick auf die längere Zeit, welche die Antikörperbildung erfordert, von diesem Verfahren wohl nur selten Anwendung machen. Dagegen wird man diese Methode z. B. bei der Untersuchung von Milch auf das Vorkommen von Abortusbazillen zur Kontrolle der negativen Kulturversuche (aus dem Impftier) mit Erfolg verwenden können.

4. Serologische Verfahren.

Während zur bakteriologischen Diagnose ganz vorwiegend nur die Agglutination Anwendung findet, kann man sich zur klinischen Diagnostik sowohl der Agglutination, als auch der Komplementbindung und Präzipitation mit vorzüglichem Erfolge bedienen. Am besten kombiniert man die genannten Verfahren.

Die serologischen Verfahren haben gegenüber den vorerwähnten Methoden den Vorteil der Einfachheit, Genauigkeit, Eindeutigkeit und Schnelligkeit, und sie werden deshalb für klinisch-diagnostische Zwecke nahezu ausschließlich angewendet. Ihr Wert liegt lediglich darin, die Ätiologie eines bereits erfolgten Abortus aufzuklären. Dagegen haben sie für die Prognose nur eine sehr beschränkte Bedeutung, da von den serologisch positiv reagierenden und unbehandelt gebliebenen Tieren nur etwa 18 (Wall) bis $50^0/_0$ (Trolldenier, eigene Beobachtungen) verkalben. Andererseits können Kühe, welche serologisch negativ reagieren, gegebenenfalls im weiteren Verlaufe noch infiziert werden und abortieren. Trolldenier gibt in dieser Richtung an, daß in verseuchten Beständen etwa $30^0/_0$ anfangs negativ reagierender Rinder im weiteren Verlauf von $1^1/_2$ bis $2^1/_2$ Monaten dennoch verkalben. Die Inkubationszeit betrug in diesen Fällen demnach etwa höchstens $1^1/_2$ bis $2^1/_2$ Monate. Zwei ähnliche Fälle teilen auch Zwick und Zeller mit.

Als Ausgangsmaterial dient vorwiegend das klare Blutserum der abortusverdächtigen Tiere. Der Antikörpergehalt pflegt zumeist etwa 8 Tage nach erfolgtem Abortus am größten zu sein (s. S. 149). Das Blutserum gewinnt man von Rindern bei umfangreicheren Untersuchungen am besten in folgender Weise. Das Rind wird am Kopf in der Weise fixiert, daß der Gehilfe mit der einen Hand in die Nase, mit der anderen um die Hörner greift. Mit einer sterilen, scharfen, auf eine 10 ccm-Injektionsspritze passenden, weiten Kanüle entnimmt man aus der Vena jugularis das Blut und fängt es in einer sterilen, etwa 30—50 ccm fassenden Glasbüchse mit Korkverschluß auf. Ein Rasieren und Desinfizieren der Operationsstelle ist nicht nötig. Die Büchse wird der besseren Serumgewinnung wegen nur halb gefüllt, verschlossen und bis zur völligen Gerinnung des Blutes wagerecht gelegt. Nach jeder Blutabnahme wird die Kanüle mit etwa $^1/_2$ prozentigem Lysolwasser mehrmals ausgespritzt. Das Spülwasser wird auf den Boden gespritzt und nicht in die Schale zurück.

Bei Kaninchen entnimmt man das Blut (ca. 5 ccm) aus der großen Randvene des Ohres, seltener der zuvor freizulegenden Vena jugularis. Bei Meerschweinchen schneidet man in die durch Reiben hyperämisch gemachte Ohrmuschel ein, wobei man 2—3 ccm Blut gewinnen kann. Größere Blutmengen (5 ccm) entnimmt man mitunter der V. jugularis und injiziert hierauf eine dem abgenommenen Blute entsprechende Menge physiologischer Kochsalzlösung subkutan oder intramuskulär. Sollen die kleinen Versuchstiere aus anderen Gründen (Kulturversuch usw.) getötet werden, so wird man sie dann natürlich verbluten lassen und hierbei das Blut auffangen. Das Blut der Kaninchen und Meerschweinchen fängt man zumeist in Reagenz- oder Zentrifugengläsern auf und läßt es bei annähernd wagerechter Lage der Gläser in schräger Schicht erstarren. Hierauf werden die Gläser bis zum folgenden Tag in einem kühlen Raum aufbewahrt. Das ausgeschiedene Serum wird abgehoben, wenn trübe, durch Zentrifugieren geklärt, falls es nicht frisch verbraucht wird, durch $\frac{1}{2}$ prozentige Karbolsäure konserviert und dunkel und kühl aufbewahrt.

Das Blut neugeborener unreifer wie reifer Früchte ist auch bei vorliegendem infektiösen Abortus und bei hohem Antikörpergehalt des Blutes ihrer Mutter frei von Antikörpern (Holth, Zwick und Zeller, eigene Beobachtungen). Bleibt das Kalb abortuskranker Kühe am Leben, so treten vielfach schon in wenigen Tagen Immunkörper auf.

In die Milch gehen die Antikörper nur in etwa der Hälfte der Abortusfälle und dann auch nur meist in geringer Menge über (Englische Kommission, Wall). Sie ist demnach für klinisch-diagnostische Zwecke als Ausgangsmaterial für serologische Untersuchungen nicht zu empfehlen.

Die krankhaft veränderten Teile der Nachgeburt enthalten nicht nur Antigen (Zwick und Zeller, Trolldenier, eigene Beobachtungen usw.), das im Komplementbindungsversuch nachgewiesen werden kann (s. S. 154), sondern nach eigenen Untersuchungen und denen von Zwick und Zeller auch Antikörper, speziell Agglutinin.

Sowohl den Antigen-, als auch den Antikörpernachweis kann man klinisch-diagnostisch verwerten. Bezüglich des ersteren sei auf S. 156 verwiesen. Zum Nachweis von Agglutininen in der Nachgeburt stellt man sich eine Verreibung aus einem infizierten Fruchtkuchen in physiologischer Kochsalzlösung her, hält sie 18 Stunden im Eisschrank, zentrifugiert sie aus und verdünnt sie mit physiologischer Kochsalzlösung im Verhältnis I : 10. Dieses Fruchtkuchenextrakt agglutiniert bei vorliegendem Abortus Abortusbazillen spezifisch bis zur Verdünnung von 1 : 300—500.

Nach den Untersuchungen von Hantsche kommen im Fruchtwasser antigene, durch den Komplementbindungsversuch nachweisbare Stoffe so gut wie nicht vor. Das Fruchtwasser enthält aber komplementbindende Ambozeptoren. In einem Fall stimmte der Titer des Fruchtwassers mit jenem des Serums der betreffenden Kuh überein; er betrug 0,02 ccm.

Über das erste Auftreten der Antikörper im Blute der Rinder nach erfolgter Infektion geben Zwick und Zeller an, daß nach intravenöser Einspritzung von einer Agarkultur lebender Abortusbazillen der Agglutinationstiter bereits am 3. Tage von 1 : 30 auf 1 : 100 anstieg. Holth [24] fand, daß eine Kuh und ein Kalb auf die intravenöse Injektion von 20 bzw. 10 ccm lebender Serumbouillonkultur 4 Tage später mit der Bildung von Agglutininen und Ambozeptoren antwortete. Bereits am 6. (Kalb) bzw. 7. (Kuh) Tage erreichten die Ambozeptoren, am 7. bzw. 8. Tage die Agglutinine das Maximum. Etwa in der gleichen Weise vollzog sich die Bildung der Antikörper, wenn an Stelle lebender Kulturen solche eingespritzt wurden, die zuvor 1 Stunde auf 65° erhitzt worden waren. Wurde dagegen die abgetötete Kultur subkutan injiziert, so begann die Ambozeptorbildung erst am 8. Tage und erreichte am

8.—13. Tage ihr Maximum. Die Agglutinine traten bereits am 3. Tage auf und erreichten am 9. bis 11. Tag ihr Maximum. Der Höchsttiter der Ambozeptoren betrug bei einer Vorbehandlung mit lebender Kultur 0,002—0,001 ccm, bei intravenöser Injektion abgetöteter Bazillen 0,005 ccm, noch wesentlich geringer war der Ambozeptorentiter nach subkutaner Einspritzung.

Die Antikörper treten zumeist bereits 1 Monat, seltener noch früher (bis zu 3 Monaten) vor dem Abortus im Blute auf (Wall, eigene Beobachtungen). Die Bildung von Agglutininen und komplementbindenden Stoffen erfolgt meist gleichzeitig. Der Höchstwert wird vielfach beim Verwerfen, bzw. 8 Tage später erreicht. Aber es kommen in dieser Richtung zahlreiche Abweichungen vor, in denen der Höchstwert 1 und selbst 2 Monate vor oder auch nach dem Abortus nachzuweisen ist (Wall).

Die positive Reaktion hält sich nach dem Abortus in der Hälfte der Fälle etwa 4 Monate auf gleicher Höhe. Selten erfolgt ein Absinken schon 1—4 Monate nach dem Verwerfen. Nach 6 Monaten findet man den Titer in etwa zwei Dritteln der Fälle abgesunken. Ausnahmsweise können sich hohe Werte aber selbst über $2^{1}/_{2}$ Jahre erhalten. Selbst beim männlichen Tier kann der Titer lange Zeit (4 Monate) unverändert hoch bleiben (Wall). Selten erfolgt auf ein bereits eingetretenes Absinken ein erneutes Ansteigen (Rezidive, Neuinfektion). Die Agglutinine und komplementbindenden Stoffe verschwinden meist gleichzeitig.

Ein völliges Verschwinden der positiven Reaktion erfolgt nach Wall frühestens 7 Monate nach dem Verwerfen. Findet man in der Zeit bis zu 6 Monaten nach dem Verwerfen, daß ein Tier nicht reagiert, so ist nach Wall anzunehmen, daß es auch beim Verwerfen nicht reagiert hat, also nicht infolge Infektion mit Abortusbazillen, sondern aus anderen Gründen verworfen hat. Im allgemeinen trifft die Annahme Walls zu, aber es kommen, wenn auch nur sehr selten, Ausnahmen vor, in denen die Antikörper bereits 3 Monate nach dem Abortus verschwinden.

Im 7. Monat nach dem Verkalben verschwindet die Reaktion bei etwa $10^{0}/_{0}$, nach einem Jahr reagieren noch etwa $30^{0}/_{0}$ der Abortuskühe, wie ich die Kühe, die abortiert haben, kurz nennen will. Eine gefundene positive Reaktion bei trächtigen Tieren berechtigt somit, wie bereits betont, nicht zu der Prognose, daß die Kuh verwerfen wird. Der hohe Titer kann auch durch eine frühere, jetzt vielleicht behobene Infektion bedingt sein. Außerdem kommt noch hinzu, daß eine Infektion keineswegs immer zum Verkalben führen muß. In Rechtsfällen kann daher der Nachweis von Antikörpern im Blute zur Feststellung der Diagnose nicht genügen, besonders wenn nicht gleichzeitig genaue klinische Beobachtungen vorliegen. Der sichere Beweis ist erst durch die Feststellung der Abortusbazillen im Uterinexsudat, in der Nachgeburt oder im Fötus erbracht.

Die Bildung von Abortusantikörpern ist, wie ihre Wirkung auf Abortusantigene streng spezifisch, wie das Wall in größeren Versuchsreihen nachgewiesen hat.

Wenn auch die Inkubationszeit streng genommen nicht hierher gehört, möchte ich dennoch einige tabellarisch wiedergegebene Angaben hierüber anschließen, wobei ich jedoch nur die an Kühen ausgeführten Versuche berücksichtige.

Tabelle 2.

Autor	Infektionsmodus	Inkubationszeit
Lehnert, Bräuer, Trinchera und Willumsen	intravaginal	5—20 Tage
Woodhead, Aitken, Campbell und McFadyean	„	$5^1/_2$—10 Wochen
Bang[2]	„	$2^1/_2$ Monate
Englische Kommission	„	3—5 „
Bang[2]	intravenös	3 „
Englische Kommission	„	1—7 „
Trolldenier	natürliche Infektion	$1^1/_2$—$2^1/_2$ „

Der Abortus erfolgt nach Hutyra und Marek, sowie Zwick am häufigsten (80%) im 6.—8. und ganz besonders im 7. ($50^0/_0$ der Fälle) Monat der Trächtigkeit, womit sich auch meine Erfahrungen decken.

a) Agglutination.

Die Agglutination ist beim infektiösen Abortus der Kühe zuerst von Grinsted, der englischen Kommission und Holth ausgearbeitet und mehr oder weniger als Diagnostikum in die Praxis eingeführt worden. Um die Erprobung und den weiteren Ausbau dieser praktisch sehr wertvollen Methode haben sich Wall, Schulz, Zwick mit seinen Mitarbeitern u. a. bleibende Verdienste erworben.

Grinsted wurde durch seine Beobachtung, daß Kaninchen auf die intravenöse und intraperitoneale Injektion lebender Abortusbazillen mit der Bildung reichlicher Mengen von Agglutininen antworteten, angeregt, das Blut abortuskranker und freier Rinder auf das Vorkommen von Agglutininen zu untersuchen. Hierbei fand er, daß die Sera von 13 abortusfreien Rindern höchstens in einer Verdünnung von 1 : 30 Abortusbazillen zu agglutinieren vermochten, während die Sera von 23 abortuskranken Tieren, deren Abortus bis zu 11 Monaten zurücklag, einen Titer von 1 : 30 bis 1 : 6750 aufwiesen. Der geringe Titer von 1 : 30 kam bei 3 Kühen zur Beobachtung, die vor 4, 10 bzw. 11 Monaten verworfen hatten. In einigen Fällen wurde die serologische Diagnose bakteriologisch bestätigt.

Noch bevor Grinsted seine 1907/08 ausgeführten Arbeiten veröffentlichte, teilten Holth und die englische Kommission ihre Ergebnisse fast gleichzeitig mit.

Die englische Kommission (Mac Fadyean und Stockmann) prüften die Sera von 12 teils mit Abortusexsudat, teils mit Reinkultur per os oder intravenös infizierten Rindern 3—7 Wochen nach der Infektion im Agglutinationsversuch. 9 Sera reagierten positiv, 3 negativ; 5 Sera von nicht infizierten Tieren gleichfalls negativ. Die niedrigsten Verdünnungsgrade bei den 3 infizierten, negativ reagierenden Rindern waren 1 mal 1 : 25 und 2 mal 1 : 100, jene der 5 nicht infizierten und nicht reagierenden Tiere: 2 mal 1 : 10, 1 mal 1 : 25 und 2 mal 1 : 100.

Die englische Kommission hält die Agglutination, wenn auch nicht für ganz wertlos, so doch nur für ein recht viele Irrtümmer bringendes Diagnostikum.

In einer späteren Arbeit sind Mac Fadyean und Stockmann zu einem günstigeren Urteil über die diagnostische Brauchbarkeit der Agglutinations-probe gelangt. Sie erkennen darin an, daß die Agglutination als diagnostische Methode wertvoll und hauptsächlich in Verdachtsfällen anwendbar ist. Ihr späteres Urteil stützt sich auf 662 Fälle. Die Sera von 535 gesunden Tieren zeigten in 526 Fällen einen Titer unter 1 : 50 und in 9 Fällen einen Titer über 1 : 50, von 127 abortuskranken bzw. -verdächtigen Tieren in 77 Fällen einen Titer unter 1 : 50, in 11 Fällen einen Titer 1 : 50, in 19 Fällen einen Titer 1 : 100, in 20 Fällen einen Titer 1 : 200 und darüber.

Zu einem wesentlich günstigeren Urteil gelangte Holth. Er fand, daß die Sera von 7 abortusfreien Rindern selbst in Verdünnungen von 1 : 50 nicht agglutinierten, während 38 von 39 Sera abortuskranker Kühe einen Titer von mindestens 1 : 100 besaßen. Das Serum der 39. Kuh, die 3 Monate zuvor verkalbt hatte, reagierte weder im Agglutinations- noch Komplementbindungs-versuch.

In der Folgezeit ist eine bereits recht umfangreiche Literatur über die Agglutination beim Abortus entstanden. Sämtliche Arbeiten einzeln zu be-sprechen, würde zu weit führen. Größere Versuchsreihen sind unter anderen von Wall (1097 Tiere), Zwick und Zeller (872 Rinder) und Schulz (153 Tiere) mitgeteilt worden. Meine eigenen bisher noch nicht veröffentlichten Beob-achtungen umfassen etwa 600 Fälle.

Technik. Als Antigen benutzten Grinsted, anfangs auch Holth, Zwick und Zeller u. a. gut gewachsene, 10 Tage bis 1 Monat alte Serum-bzw. Amnion-Bouillon-Kulturen. Die betreffenden Kulturen wurden teils als solche als Antigen benutzt, teils wurden aus ihnen die Bakterien erst aus-geschleudert und letztere dann mit Phenolkochsalzlösung zu einer gleichmäßig getrübten Flüssigkeit aufgeschwemmt und in dieser Weise verwendet.

Nachdem es gelungen war, die Abortusbazillen als Oberflächenkolonien auf festen Nährböden zu züchten, benützt man nunmehr wohl ausschließlich Abschwemmungen von jungen, etwa 2—3 Tage alten Schrägagar- bzw. Platten-kulturen in Phenolkochsalzlösungen, die man zur Entfernung etwaiger bei-gemengter Agarteile oder Bakterienklümpchen durch Fließpapier filtriert. Die so hergestellten Aufschwemmungen sind längere Zeit haltbar.

Vor dem Gebrauche wird die Bakterienaufschwemmung kräftig umge-schüttelt und in Mengen von je 1 ccm in etwa bleistiftdicke Reagenzgläser verteilt.

Das zu prüfende Serum soll klar sein. Getrübtes Serum wird zuvor durch Zentrifugieren geklärt. Da nach Wall bereits $^1/_2$stündiges Erhitzen auf 56° den Agglutininen schadet, ist unerhitztes Serum zu verwenden. Das Serum wird in fallenden Mengen (0,05, 0,02, 0,01 ccm) der Bakterienauf-schwemmung zugesetzt, eine Kontrolle bleibt ohne Serumzusatz. Die Ab-messung des Serums wird mit einer in 0,01 ccm eingeteilten Pipette von 0,1 ccm vorgenommen.

Für gewöhnliche klinisch-diagnostische Zwecke genügen die mitgeteilten Serummengen. Bei genauer Auswertung von Seris abortuskranker Tiere oder von Immunseris geht man in den Serumdosen auf 0,005, 0,002, 0,001, 0,0005, 0,0002, 0,0001 usw. herab, wobei man die Sera mit physiologischer Kochsalzlösung 1 : 10 bzw. 1 : 100 usw. verdünnt. Die Proben werden durchgeschüttelt und in einen Thermostaten bei 37° eingestellt.

Zwick und Zeller gehen etwas anders vor. In Agglutinationsröhrchen werden verschiedene Verdünnungen des zu prüfenden Serums derart hergestellt, daß jedes Röhrchen 1 ccm Flüssigkeit enthält. Von Verdünnungen stellen sie gewöhnlich her: 1 : 10, 1 : 20, 1 : 40, 1 : 60, 1 : 80, 1 : 100, 1 : 200, 1 : 400, 1 : 600, 1 : 800, 1 : 1000, 1 : 2000, 1 : 4000, 1 : 6000 usw. bis 1 : 20 000. Zu jeder Verdünnung wird dann ein Tropfen einer dichteren Bazillenaufschwemmung gegeben.

Die Proben werden bis zum Ablesen der Ergebnisse von den Autoren verschieden lange Zeit und unter verschiedenen Bedingungen aufbewahrt. Grinsted läßt sie 3 Stunden bei 37°, Holth 6 Stunden bei 37° und sodann 12 Stunden bei Zimmertemperatur, Zwick und Zeller 12 Stunden bei 37°, Wall 4 Stunden bei 37—38° und hierauf die Nacht über im Kühlraum (+ 6°), Schulz, Trolldenier, Pohle und ich selbst lassen sie 24 Stunden bei 37° stehen. Wichtig ist vor allem, daß man stets unter gleichen Bedingungen arbeitet. Da die Gefahr der Autoagglutination und des einfachen Sedimentierens bei den Abortusbazillen nicht vorliegt und die Agglutination mitunter verzögert verläuft, halte ich einen 24 stündigen Aufenthalt im Brutofen, wenn er auch sehr reichlich bemessen ist, für am zweckmäßigsten. Für den Praktiker der über keinen Brutofen verfügt, sei noch erwähnt, daß die Agglutination auch der Abortusbazillen keineswegs der Bruttemperatur durchaus bedarf, schon bei Zimmertemperatur und selbst darunter vollzieht sich die Agglutination, wenn auch etwas verzögert und, ohne die gleich hohen Titer wie bei 37° zu erreichen (Grenzwert um die Hälfte herabsetzen), ganz gut, wie es nachfolgende Tabelle erkennen läßt:

Tabelle 3.

Agglutination bei verschiedenen Temperaturen.

Serum	bei 7—10°			bei 10—18°			bei 37°		
	14h	24h	60h	14h	24h	60h	14h	24h	60h
0,05	+	+	+	#	#	#	#	#	#
0,03	#	#	#	#	#	#	#	#	#
0,01	#	#	#	#	#	#	#	#	#
0,005	+	#	#	#	#	#	#	#	#
0,002	−	+	#	+	+	#	+	#	#
0,001	−	−	+	−	−	#	−	+	#

\# = vollständige Agglutination.
+ = agglutinierte Bakterien noch in Flüssigkeit schwebend.

Die Befunde werden nur makroskopisch erhoben und nur vollständige und fast vollständige Agglutination berücksichtigt.

Den Agglutinationstiter gibt man meist als Verhältnis zwischen der Serummenge (= 1) und dem in dem Agglutinationsglas befindlichen Flüssigkeitsvolumen an. Wall hat hierfür die absolute Serummenge eingeführt. Die Gründe hierfür sind teils das Bestreben, eine Bezeichnung zu haben, die derjenigen gleichartig und vergleichbar ist, die den komplementbindenden Titer des Serums angibt, teils die Überzeugung, daß die Serumdosis die vorherrschende

Rolle bei der Agglutination spielt und daß diese wenigstens in einem gewissen Grade von dem Volumen in dem Agglutinationsglas unabhängig ist.

Da im Blutserum gesunder Rinder bereits Abortusagglutinine, wenn auch nur in geringen Mengen, sich vorfinden, so genügt der einfache Nachweis der Agglutinine für klinisch-diagnostische Zwecke noch nicht, es ist vielmehr des weiteren festzustellen, ob das Serum auch in kleineren Mengen, bzw. in stärkeren Verdünnungen noch Abortusbazillen zu agglutinieren vermag. Die Meinung der verschiedenen Autoren geht, wie es nachfolgende Zusammenstellung zeigt, über die Abgrenzung der positiven und negativen Reaktionen etwas auseinander, was vielleicht auf die zeitlichen und thermischen Abweichungen in ihrer Technik und die verschiedene Agglutinationsfähigkeit der verwendeten Abortusbazillen zurückzuführen ist.

Tabelle 4.

	Negative Reaktion	Fragliche Reaktion	Positive Reaktion
Grinsted	1:30 u. darüber	—	1:30 u. darunter
Holth[2]	über 0,05 ccm	—	0,05 „ „
Wall	„ 0,05 „	—	0,05 „ „
Zwick und Zeller	„ 0,01 „	—	0,01 „ „
Brüll	1:64	—	1:120
Schulz	über 0,05 „	0,03 ccm	0,02 ccm
Pohle	„ 0,02 „	—	0,02 „
Trolldenier	„ 0,05 „	0,03 ccm	0,02 „

Der Agglutinationsprobe wird zurzeit wohl von allen Autoren ein Wert in der Richtung zugesprochen, bereits erfolgte, frischere Abortusfälle ätiologisch aufzuklären und infizierte Tiere festzustellen. Die Agglutinationsprobe ist natürlich beim Abortus ebensowenig absolut genau, wie bei den anderen Infektionskrankheiten, bei denen sie Anwendung gefunden hat. Bezüglich der Fehlresultate sei auf S. 160 verwiesen.

b) Komplementbindung.

Gleichzeitig mit der Agglutination ist auch die Komplementbindung auf ihre diagnostische Brauchbarkeit beim infektiösen Abortus, und zwar erstmalig und voneinander unabhängig von der englischen Kommission und Holth, geprüft worden.

Die Ergebnisse der englischen Kommission sind wenig befriedigend. Von 25 Kühen, die innerhalb des letzten halben Jahres verworfen hatten, und von 2 künstlich infizierten Färsen gaben nur 18 (= 67%) eine Komplementbindungsreaktion. Diese ungünstigen Ergebnisse sind wohl vorwiegend auf zu kleine Antigen- (0,2 ccm) und Komplementdosen (0,05 und 0,03 ccm) bei hohen Serumdosen (0,5 ccm) zurückzuführen.

Die vergleichenden Untersuchungen Holths von 10 Seris gaben im Agglutinations- und Komplementbindungsversuch völlig übereinstimmende, 7 positive und 3 negative Ergebnisse.

Um den weiteren Ausbau der Komplementbindungsmethode und ihre praktische Erprobung haben sich u. a. Wall (1097 Tiere), Zwick und Zeller, Hantsche u. a. Verdienste erworben.

Technik. Zum Komplementbindungsversuch beim infektiösen Abortus werden, wie auch bei den sonstigen derartigen Untersuchungen, benötigt:

1. das zu untersuchende Serum, im nachfolgenden als Antiserum bezeichnet;
2. das Antigen;
3. Komplement;
4. Blutkörperchen;
5. ein gegen die verwendete Blutkörperchenart wirksames hämolytisches Serum.

ad 1. Das Antiserum. Das Antiserum für den Komplementbindungsversuch wird in der auf S. 148 beschriebenen Weise gewonnen. Vor der Verwendung wird es zumeist durch $^1/_2$—$^3/_4$ Stunde langes Erhitzen im Wasserbad auf 56^0 (Holth) bis 58^0 (Wall, Zwick und Zeller, Hantsche) inaktiviert. In jüngster Zeit hat Thomsen darauf hingewiesen, daß bei Verwendung von Ziegenblutkörperchen und Ziegenhämolysin eine Inaktivierung des Antiserums unnötig und schädlich sei. Durch Unterlassung der Inaktivierung wird Zeit gespart, die Serumverdünnungen können gleichzeitig zur Agglutination mit benutzt werden und die Ergebnisse fallen genauer aus. Dies gilt vorläufig nur für das oben erwähnte hämolytische System. Durch Verwendung nicht erhitzter Sera verschiebt sich der Grenzwert der positiven Reaktion von 0,05 auf 0,01 ccm. Die Antisera sind vor ihrer Auswertung auf Eigenhemmung (also ohne Antigen) zu untersuchen. Letztere kommt, wenn auch sehr selten (0,3 %/$_0$ der Fälle), vor. Durch erneutes Inaktivieren kann mitunter dieser Übelstand gemildert bzw. beseitigt werden.

ad 2. Antigen. Als Antigen verwenden Wall, Holth u. a. eine Serumbouillonkultur von Abortusbazillen. (Das Serum für die gewöhnliche Fleischpeptonbouillon [Pepton Witte] war durch $^1/_2$ stündiges Erhitzen auf 56—60^0 inaktiviertes Pferdeserum.) 9 Teile der Bouillonkultur wurden mit 1 Teil einer 5 %/$_0$ Karbolsäure und 10 %/$_0$ Glyzerin enthaltenden physiologischen Kochsalzlösung konserviert. Von dem so hergestellten, monatelang unverändert haltbaren Antigen verlangt Wall einen Titer von 0,05 ccm. Die Stärke ist durch Verdünnen mit Karbolkochsalzlösung oder durch Zusatz eines stärkeren Antigens leicht zu regeln. Unter dem Titer des Antigens ist die kleinste Antigenmenge zu verstehen, die mit dem dreifachen Titer eines stark wirksamen Antiserums Komplementbindung gibt. Der Titer der Kulturen schwankt zwischen 0,1—0,005 ccm. Der Ausfall des Komplementbindungsversuches wird von der Stärke des Antigens derart beeinflußt, daß schwache Antisera mit schwachem Antigen keine Bindung geben, wohl aber mit starkem Antigen, so gaben von 58 Seris 3 zwar mit 0,25 ccm Antigen vom Titer 0,005 eine Bindung, aber nicht mit der gleichen Menge Antigen vom Titer 0,05. Der Antigentiter kann sich bei zweckmäßiger Aufbewahrung des Antigens 6 Monate lang unverändert erhalten.

Das Antigen darf ferner in Dosen von 0,5 ccm nicht selbst hämolytisch wirken, was, wie es scheint, niemals vorkommt.

Das Antigen darf nicht allein schon das Komplement binden, was bei Bouillonkulturen nur selten der Fall ist.

Als Arbeitsdosis verwendet Wall die fünffache Titerdose, also 0,25 ccm. Bei Verwendung kleinerer Mengen besteht die Gefahr, daß das Komplement durch hochwertige Antisera zunächst abgelenkt wird und nach Zusatz des hämolytischen Systems in dieses eintritt und Hämolyse bedingt.

Durch die Untersuchungen von Holth, Hantsche u. a. ist festgestellt worden, daß die Bindungsfähigkeit einiger Kulturen mit dem Wachstum zunimmt. Bei vollentwickelten Kulturen ist die Bindungsfähigkeit ziemlich konstant (0,02—0,05 ccm); sie ist zum größeren Teil an die Bazillen gebunden, aber auch durch Zentrifugieren oder Filtration (Porzellanfilter) von den Bakterien befreite Flüssigkeiten binden noch. Tötet man die Abortusbazillen durch Erwärmen oder durch Zusatz von $0,5\%$ Karbolsäure ab, so nimmt die Bindungsfähigkeit zu. Es gehen beim Absterben der Bazillen ambozeptorbindende Stoffe in Lösung. Beim Kochen der Kultur wird das Bindungsvermögen des Zentrifugats gegenüber der unerwärmten etwa verdoppelt. Dagegen wird das Bindungsvermögen der Bazillen nicht erhöht. Selbst $^{1}/_{4}$ stündiges Erhitzen auf 100^{0} schädigt das Antigen nicht.

Als Antigene sind von Hantsche u. a. auch Bakterienabschwemmungen von Schrägagarkulturen verwendet worden, die aber ihrer hohen Eigenhemmung der Hämolyse wegen wenig geeignet sind und den Bouillonkulturen ohne als auch mit Serumzusatz nachstehen.

Als Antigen kann man auch ein Kochextrakt aus der veränderten Nachgeburt benützen. Dieses Antigen wird man dann wählen müssen, wenn nur die Nachgeburt, nicht aber das Serum der abortusverdächtigen Kuh zur Verfügung steht. Als Antiserum wählt man ein beliebiges, hochwertiges Abortusserum.

Die Nachgeburt wird zur Antigenbereitung wie folgt verarbeitet. Man schabt das eitrige Exsudat und die nekrotischen Teile der Nachgeburt ab und verreibt sie mit Kochsalzlösung zu einem dünnen Brei. Dieser wird gekocht, durch Watte filtriert und nochmals gekocht. Durch die Siedehitze werden die Immunstoffe zerstört, die Antigene aber nicht geschädigt.

Nachdem man sich davon überzeugt hat, daß das so hergestellte Antigen nicht selbst hemmt oder hämolytisch wirkt, wird ihr Wert, wie auf S. 159 gezeigt, ermittelt.

Der Hemmungstiter beträgt bei vorliegendem Abortus etwa 0,05 ccm.

Bezüglich der Antikörperbildung nach intravenöser Injektion von 2 bis 5 ccm dieses Antigens bei Kaninchen sei auf S. 147 verwiesen.

ad 3. Komplement. Als Komplement benützt man ganz allgemein frisches Meerschweinchenserum. Da der Komplementgehalt starken Schwankungen unterliegt und bei der Aufbewahrung des Serums schnell zerstört wird, ist der Titer des Komplements stets am selben Tage, an dem es gebraucht wird, erneut zu bestimmen. Bei kühler, dunkler Aufbewahrung hält sich das unverdünnte Komplement 3—7 Tage.

Die Arbeitsdosis beträgt das $1^{1}/_{2}$ fache der Titerdosis. Zwick und Zeller verwenden vielfach die doppelte Titerdose.

ad 4. Rote Blutkörperchen. Die im Komplementbindungsversuch zu verwendenden roten Blutkörperchen müssen zum hämolytischen Serum passen,

d. h. von derselben Tierart stammen, wie die Blutkörperchen, welche zur Immunisierung zwecks Gewinnung des hämolytischen Serums gedient haben. Zumeist wählt man Schafblutkörperchen, Wall benutzt Ziegenblutkörperchen. Zur Gewinnung der roten Blutkörperchen geht man wie folgt vor: Das frisch entnommene Blut wird durch Schütteln mit Glasperlen defibriniert, durchgeseiht, vielfach zunächst mit 0,9%iger Kochsalzlösung verdünnt und dann zentrifugiert. Nach weiterem zweimaligem Auswaschen mit Kochsalzlösung wird 1 ccm Bodensatz (Blutkörperchen) in 100 ccm Kochsalzlösung aufgeschwemmt. Bei sterilem Arbeiten, Verwendung chemisch reinen Kochsalzes und kühler Aufbewahrung (7°) ist die Blutkörperchenaufschwemmung bis zu einer Woche lang haltbar.

Die Arbeitsdosis beträgt nach Wall 0,5 ccm. Zwick und Zeller verwenden 1 ccm einer 5%igen Schafblutkörperchenaufschwemmung.

ad 5. Das hämolytische Serum. Es wird meist von Kaninchen gewonnen, denen man 1 ccm gewaschene Blutkörperchen intravenös, 3 Tage später 5 ccm intraperitoneal und um weitere 3—6 Tage später 10 ccm intraperitoneal einspritzt. Nachdem man sich etwa 10 Tage nach der letzten Injektion durch einen Probeaderlaß von der Wirksamkeit überzeugt hat (Titer muß etwa 0,001 betragen), werden die Kaninchen durch Verbluten getötet. Das steril gewonnene Serum wird in kleinen Ampullen zu 1 ccm eingeschmolzen und im Kühlraum vor Licht geschützt aufbewahrt. Vor der Verwendung ist das Serum durch $^1/_2$ stündiges Erhitzen im Wasserbad auf 56° zu inaktivieren. Die Arbeitsdosis beträgt nach Zwick und Zeller das $1^1/_2$—2fache, nach Hantsche das 3—5fache der Titerdose.

Die Wertbestimmung des hämolytischen Serums und des Komplements geschieht auch hier in der sonst üblichen Weise und kann als bekannt voraus gesetzt werden.

Zur Vereinfachung der Technik werden die Aufschwemmung der roten Blutkörperchen und das hämolytische Serum derart zum hämolytischen System zusammengemischt, daß in 0,75 ccm hämolytischem System 0,5 ccm Blutkörperchenaufschwemmung und die 3—5fache Titerdose (= der Arbeitsdosis) des hämolytischen Serums enthalten sind. Diese Mischungen werden jedesmal vor dem Gebrauch hergestellt. Ferner verdünnt man vielfach das Meerschweinchenserum derart mit physiologischer Kochsalzlösung, daß die Arbeitsdosis des Komplements in 2 ccm Flüssigkeit enthalten ist.

Die hier beschriebene Technik weicht von der anderweits gebräuchlichen Wassermann-Bruckschen mit ihrem doppelt so großen Gesamtvolumen und ihrer großen Blutdosis (1 ccm einer 5%igen Blutkörperchenaufschwemmung) insofern vorteilhaft ab, als eine bedeutend schärfere Grenze zwischen Hemmung und Hämolyse hervortritt.

Austitrierung der unterbindenden Dosis des bakteriellen Antigens. Das Antigen darf nicht selbst hämolytisch wirken, und ohne Antiserum das Komplement in der zu den Hauptversuchen benutzten Dosis nicht binden. Da manche bakteriellen Antigene in höheren Dosen allein schon Komplement binden und somit die Hämolyse unterbinden, ist diese „unterbindende" Dosis zunächst zu ermitteln. Nachfolgende Tabelle 5 zeigt die Versuchsanordnung.

Tabelle 5.

Antigen		Komplement und Kochsalzlösung (vgl. S. 157)	ia. hämolyt. Serum und Schaf-blutkörperchen (vgl. S. 157)	Ergebnis
0,75	unverdünnt	2,0	0,75	0
0,50		2,0	0,75	0
0,25		2,0	0,75	50
0,10		2,0	0,75	100
0,75	1 : 10 verdünnt	2,0	0,75	100
0,50		2,0	0,75	100
0,25		2,0	0,75	100
0,10		2,0	0,75	100

Das Ergebnis ist durch den Grad der auftretenden Hämolyse ausgedrückt, wobei 0 völlige Hemmung der Hämolyse, 100 vollständige Hämolyse bedeuten und die dazwischen liegenden Abstufungen der Hämolyse durch 10, 50 und 90 zum Ausdruck gebracht werden.

Im obigen Beispiel beträgt die Dosis des Antigens, welche die Hämolyse gerade nicht mehr stört („unterbindende Dosis"), 0,1 ccm.

Zur Austitrierung des Antiserums verwendet man die halbe unterbindende Dosis, in diesem Beispiel also 0,05 ccm, als Arbeitsdosis. Über die Auswertung des bakteriellen Antigens siehe S. 159. Um sie vornehmen zu können, ist zunächst das Antiserum auszutitrieren.

Auswertung des Antiserums. Antigen in der halben unterbindenden Dosis (s. oben) wird mit 2 ccm Komplementkochsalzlösung (S. 157) und fallenden Dosen des antibakteriellen Serums (vgl. Tabelle 6) versetzt, durchgemischt, 1 Stunde im Brutofen bei 37° gehalten, hierauf mit 0,75 ccm hämolytischem System (S. 157) versetzt, durchgemischt, zwei weitere Stunden im Brutofen gehalten und die Ergebnisse abgelesen. Als Arbeitsdosis für die noch vorzunehmende genaue Auswertung des Antigens wird die 3fache Minimaldosis, bei der gerade noch vollständige Hemmung eintritt, benutzt.

Tabelle 6.

Antigen	Serum un-verdünnt	Serum 1 : 10	Serum 1 : 100	Kompl. NaCl-Lösung	Hämolyt. System	Ergebnis
0,15	0,10			2,0	0,75	0
0,15	0,05			2,0	0,75	0
0,15		0,20		2,0	0,75	0
0,15		0,10		2,0	0,75	0
0,15		0,05		2,0	0,75	0
0,15			0,30	2,0	0,75	0
0,15			0,10	2,0	0,75	100
0,15			0,05	2,0	0,75	100
—	0,10			2,0	0,75	100

Auswertung des bakteriellen Antigens. Nachdem die unterbindende Dosis des bakteriellen Antigens und das antibakterielle Serum ausgewertet worden sind, bestimmt man beim Abortusantigen noch die bindende Kraft des Antigens. Die Versuchsanordnung ist folgende: die 3fache Minimaldosis des Antiserums wird mit 2 ccm Komplementkochsalzlösung und mit fallenden Antigendosen (vgl. Tabelle 7) versetzt, umgeschüttelt, 1 Stunde bei 37⁰ gehalten, 0,75 ccm hämolytisches System (S. 157) hinzugefügt, umgeschüttelt, eine weitere Stunde bei 37⁰ gehalten und das Ergebnis abgelesen.

Als Arbeitsdosis wird im Hauptversuch die 5fache Minimaldosis gewählt, die jedoch nicht größer als die halbe selbst hemmende Dosis sein darf.

Tabelle 7.

Antigen		Serum	Kompl. Kochsalz-Lösung	Hämolyt. System	Ergebnis
un-verdünnt	1:10	1:100			
0,15		0,10	2,0	0,75	0
0,10		0,10	2,0	0,75	0
0,06		0,10	2,0	0,75	0
	0,30	0,10	2,0	0,75	0
	0,20	0,10	2,0	0,75	0
	0,10	0,10	2,0	0,75	100
	0,05	0,10	2,0	0,75	100
0,30		—	2,0	0,75	100

Hauptversuch. 2 ccm Komplementkochsalzlösung (S. 157) + Antigen in 5facher Minimaldosis, die nicht größer als die halbe unterbindende Dosis sein darf, + fallende Dosen des inaktivierten (S. 155) Antiserums (vgl. Tabelle 6) werden neben einer Kontrolle unter Weglassen des Antigens jeweilig zusammengemischt, 1 Stunde im Brutofen bei 37⁰ gehalten, hierauf mit 0,75 ccm hämolytischem System (S. 157) versetzt, durchgemischt, eine weitere Stunde im Brutofen gehalten und die Ergebnisse abgelesen.

Vielfach begnügt man sich, an Stelle einer völligen Austitrierung des Antiserums nur den Grenzwert und die nachfolgende kleinere Dosis nebst Kontrollen unter jeweiliger Weglassung von Antiserum bzw. Antigen anzusetzen.

Der Ausfall des Komplementbindungsversuches spricht für eine Infektion (die nicht immer zur Zeit bestehen muß, sondern eventuell auch vor einer gewissen Zeit bestanden haben kann) mit infektiösem Abortus der Rinder, wenn bei obiger Versuchsanordnung 0,05 ccm (und darunter) Serum eine vollständige Hemmung der Hämolyse bewirkt (Wall, Holth, Pohle u. a.). Hantsche nimmt als positiven Grenzwert 0,1 ccm an.

Die Bindung des Komplements an das Antigen und die Hämolyse läßt man bei 37⁰ vor sich gehen, und zwar läßt man diese Temperatur für die Bindung an das Antigen 1 Stunde, nach Zusatz des hämolytischen Systems 2 Stunden einwirken, stellt das Ergebnis fest und bewahrt sie die Nacht über im Kühlraum auf und kontrolliert den Befund am nächsten Morgen nach. Nach Wall geht die Bindung des Komplements schnell vor sich und ist schon in $^{1}/_{4}$ Stunde bei 38⁰ beendet.

Fehlresultate der Agglutination und Komplementbindung.

Die Agglutination und Komplementbindung vermögen beim ansteckenden Abortus ebensowenig wie bei anderen Infektionskrankheiten absolut sichere Ergebnisse zu liefern. Fehlresultate kommen möglicherweise in beiden Richtungen vor. Sicherlich kommen Abortusfälle bei Kühen vor, ohne daß durch Agglutination oder Komplementbindung nachweisbare Antikörper im Blute auftreten, andererseits reagieren Sera von Kühen, die weder vorher noch später abortiert bzw. vorzeitig geboren haben, nicht selten sehr deutlich positiv. Daß eine Infektion mit Abortusbazillen zwar zur Bildung von Antistoffen, aber keineswegs immer zu klinischen Erscheinungen des Abortus (Verkalben, Frühgeburt, Zurückbleiben der Nachgeburt usw.) führen muß, ist eine bekannte Tatsache, auf die ich bereits auf S. 148 hingewiesen habe.

Hinsichtlich jener Abortusfälle bei Kühen, deren Sera keine positive Agglutinations- und Komplementbindungsreaktion geben, kann es sich um andere Ursachen (mechanische Insulte wie Stöße, Niederstürzen, Ausgleiten, ferner Aufnahme verdorbenen oder pilzbesetzten Futters, Infektion mit B. pyogenes, paratyphosus-B. usw.) handeln. Solche Fälle sind bekannt (Zwick und Zeller, Holth). Dahingegen sind bisher Fälle von durch den Bangschen Bazillus verursachtem Abortus, die ohne serologische Reaktionen verliefen, nicht beschrieben worden. Endlich ist hier auch an die Tatsache zu erinnern, daß die serologischen Reaktionen vor und nach dem Abortus in zeitlich beschränkter Weise auftreten und bestehen (S. 149 u. 150).

Die Prozentsätze von Abortusfällen, die mit positiven serologischen Reaktionen nicht einhergehen, werden natürlich nach den äußeren Verhältnissen Schwankungen unterliegen, so gibt Wall 6,9, Hantsche 8,3, Zwick und Zeller $4,4\,^0/_0$ bezüglich der Agglutination und $9,7\,^0/_0$ hinsichtlich der Komplementbindungsergebnisse (darunter auch Fälle von länger zurückliegenden Abortusfällen), Hadley und Beach sogar $16,1\,^0/_0$ an. Nach meinen eigenen Erfahrungen reagierten von 118 Kühen, die abortiert hatten, $97\,^0/_0$ serologisch positiv, außerdem gaben 3 bei positiver Agglutination eine negative Komplementbindung. Holth gibt an, daß von 134 Kühen, die abortiert hatten, 37 keine Reaktion lieferten. „28 der nichtreagierenden stammten indes aus Beständen, wo Abortus früher unbekannt oder eine längere Reihe von Jahren nicht aufgetreten war", während 9 Blutproben von verseuchten Gehöften stammten; je 2 Proben waren einige Tage und 3 Monate, je eine 4, 6 Monate und 2 Jahre nach Abortus entnommen. Bei 2 Proben fehlen die Angaben über die Zeit der Abortusfälle. Inwieweit sich in diesen Zahlen wirkliche Fehlresultate verbergen, läßt sich, wie dargelegt, durch einen einfachen Vergleich der klinischen und serologischen Beobachtungen nicht erkennen, einen besseren Einblick gewährt die Gegenüberstellung der Ergebnisse, die durch Agglutination und Komplementbindung erhalten wurden. Hantsche erwähnt in dieser Richtung, daß etwa $3\,^0/_0$ ansteckungsverdächtige Rinder aus verseuchten Beständen eine positive Agglutination, aber negative Komplementbindung und $8\,^0/_0$ eine negative Agglutination und positive Komplementbindung gegeben haben. Von 36 Kühen, die verkalbt bzw. zu früh geboren haben, hat 1 Kuh $1^1/_2$ Monate nach einer Frühgeburt um 13 Tage eine positive Agglutination, aber negative Komplementbindung ergeben. 3 Tage nach der Frühgeburt betrug der Komplementbindungstiter 0,1 ccm bei positiver Agglutination. Von 592 Seris, die ich durch meine Mitarbeiter untersuchen ließ, zeigten 547 übereinstimmende und 45 (= 7,6%) voneinander abweichende Ergebnisse. Die Sera stammten von Rindern, die teils vor kurzer, zum Teil auch vor langer Zeit verkalbt hatten, die teils nur infiziert, teils noch nicht infiziert waren. Die Resultate stimmen noch besser überein, wenn man die Ergebnisse an Kühen vergleicht, die vor nicht zu langer Zeit verkalbt haben oder aus seuchenfreien Beständen stammen. Aber auch hier beobachtet man zuweilen, daß die Ergebnisse nicht völlig übereinstimmen. Auch andere Autoren berichten über vereinzelte Unstimmigkeiten zwischen den Ergebnissen der Agglutination und Komplementbindung.

Stets werden aber die Abweichungen der Ergebnisse, namentlich bei Kühen, die innerhalb der letzten Monate verkalbt haben, nur gering sein. Fast sämtliche Autoren sprechen den serologischen Reaktionen eine große Bedeutung und innerhalb der mehrfach erwähnten Grenzen eine große Sicherheit zu (Brüll, Hadley und Beach, Panisset u. a.). Um eine größtmögliche Sicherheit zu erzielen, sind beide Proben, namentlich bei schwach wirksamen Seris, nebeneinander durchzuführen und bei Abweichungen der Ergebnisse die Proben zu wiederholen.

Die Fehlergrenze der Agglutination bei abortusfreien Rindern fand Wall zu 5,7%, der Komplementbindung zu 0,9%. Er berechnet hieraus den Fehlerprozentsatz bei Anwendung beider Methoden zu 0,05% der Fälle.

c) Präzipitation.

Gleichzeitig und voneinander unabhängig suchten Szymanowski im Kaiserl. Gesundheitsamt und Pohle unter meiner Leitung ein diagnostisches Verfahren mit Hilfe der Präzipitation auszuarbeiten.

Die Präzipitation hat sich bekanntlich bei der Feststellung anderer Seuchen, so namentlich beim Milzbrand und Rauschbrand, weniger beim Rotlauf der Schweine bewährt. Bei diesen Infektionskrankheiten liegen die Verhältnisse aber insofern wesentlich anders, als hier das seuchenverdächtige Tier das Antigen, beim infektiösen Abortus hingegen das Antiserum liefern muß.

Szymanowski benutzte zu seinen Versuchen zunächst Rinderimmunsera mit einem Agglutinationstiter von 1 : 5000—10 000 und als Antigen ein aus einer 6 Wochen alten Bouillonkultur bereitetes Schüttelextrakt, das mit 0,5% Phenol versetzt war. Er vermischte fallende Dosen Serum (0,2 bis 0,05 ccm) mit je 1,0 ccm Antigen und ergänzte die Flüssigkeitsmenge mit physiologischer Kochsalzlösung auf 2 ccm. Nachdem die Proben 15 Minuten und 3 Stunden bei 37° und 24 Stunden bei Zimmertemperatur gestanden hatten, erfolgte die Ablesung der Ergebnisse, die in allen Fällen negativ ausfielen. Gleich negativ fielen auch die Ringproben aus.

Ferner verwandte Szymanowski folgende Extrakte aus Schrägagarkulturen als Antigene:

1. Karbolkochsalzextrakte, 24—48 Stunden bei 37° ausgezogen.
2. Karbolkochsalzschüttelextrakte, nach dem Ausziehen wie unter 1 noch 24 Stunden geschüttelt.
3. Natronlaugeextrakt.
4. Salzsäureextrakt.
5. Antiforminextrakt.

Die unter 3—5 genannten Auszüge versagten vollkommen. Etwas besser, wenn auch noch unbefriedigend, waren die Ergebnisse mit den Extrakten 1 und 2.

Bei der Mischprobe brachte er fallende Serummengen (0,5—0,1 ccm) mit 0,5 ccm Antigen, mit physiologischer Kochsalzlösung auf 1 ccm ergänzt, zusammen. Als Abortusserum benutzte er Rinderimmunserum und als Kontrolle Pferdenormalserum. Bei der Ringprobe wurde das Serum und Antigen unverdünnt geschichtet. Die Ergebnisse wurden nach 15 Minuten bzw. 3 Stunden langem Stehen bei Zimmertemperatur abgelesen. Die Reaktionen waren hier befriedigend, wenn auch schwach.

Ähnliche Ergebnisse hatte er auch mit einem Antigen, das er nach Besredkas Endotoxinherstellungsverfahren bereitete. Als er jedoch seine Versuche auf Sera mehrerer, natürlich infizierter und gesunder Rinder ausdehnte, versagten seine Antigene. Es reagierten einerseits viele sicher infizierte Tiere nicht, während andererseits Tiere öfters reagierten, die als abortusfrei anzusehen sind. Szymanowski meint, durch seine Mißerfolge entmutigt, „daß man praktisch von der Präzipitodiagnostik des infektiösen Abortus sehr wenig zu erwarten hat."

Auf Grund der ungünstigen Ergebnisse Szymanowskis kommt auch Zwick zu der Meinung, daß die Präzipitation allein sich zur Diagnostizierung nicht eigne.

Nicht ohne anfängliche Mißerfolge ist es schließlich Pohle unter meiner Leitung gelungen, ein Präzipitationsverfahren für den infektiösen Abortus auszuarbeiten und hierdurch eine sehr einfache, bequeme und sichere diagnostische Methode für die Praxis zu schaffen.

Die ersten Versuche führte Pohle mit Kaninchenimmunseris und -normalseris aus. Die Kaninchen waren wie folgt immunisiert.

Kaninchen Nr. 177 wurde durch dreimalige, in Abständen von 3 Tagen erfolgte intravenöse Injektionen von 5 ccm eingedampfter Bouillonkulturen von Abortusbazillen vorbehandelt und 10 Tage nach der letzten Injektion durch Verbluten getötet. Das Serum besaß einen Agglutinationstiter von 0,002 ccm und einen Bindungstiter von 0,004 ccm.

Kaninchen Nr. 175 und 197 wurden ebenfalls durch dreimalige intravenöse Injektionen immunisiert. Der Impfstoff war aber hier eine Aufschwemmung von auf Schrägagar gewachsenen und durch 1 stündiges Erhitzen auf 60° abgetöteten Abortusbazillen. Die Dosen betrugen bei der ersten Injektoin 5, bei der 2. und 3. Einspritzung 10 ccm. Der Agglutinationstiter dieser Sera betrug 0,00005, der Bindungstiter 0,0001 ccm.

Kaninchen Nr. 195 und 196 wurden mit dem Antigen III (s. S. 163) — dreimalige Injektion von 5 ccm — vorbehandelt. Der Agglutinationstiter des Serums von Nr. 195 betrug 0,0003, von Nr. 196 0,002 ccm, der Bindungstiter 0,0005 bzw. 0,005 ccm. Die Sera wurden mit 0,5% Phenol konserviert.

Des weiteren wurden noch 144 Sera von abortuskranken und -freien Rindern untersucht. Auch diese Sera wurden daneben in der Agglutinations- und Komplementbindungsprobe genau ausgewertet. Bei der Agglutination hat Pohle 0,02 ccm und bei der Komplementbindung vollständige Hemmung der Hämolyse durch 0,05 ccm als positiven Grenzwert angenommen.

Zu den Präzipitationsversuchen verwendete Pohle 11 auf verschiedene Weise hergestellte Antigene.

Antigen I wurde aus 3 Tage alten Schrägagarkulturen gewonnen. Die Bakterien wurden mit sterilem, destillierten Wasser abgeschwemmt (auf 1 Röhrchen 4 ccm). Die Aufschwemmung wurde durchgeseiht, $\frac{1}{2}$ Stunde zentrifugiert (bezüglich der klaren Flüssigkeit vgl. unter Antigen II), der Bodensatz mit der Hälfte der vorher verwendeten Wassermenge versetzt und 12 Stunden lang geschüttelt. Die eine Hälfte des Schüttelextraktes wurde mit 0,5% Phenol und 0,85% Kochsalz versetzt, 3 weitere Tage geschüttelt und klar zentrifugiert (Antigen Ia). Die andere Hälfte wurde 3 Stunden auf 52° erwärmt, 12 Stunden geschüttelt, mit Phenol und Kochsalz versetzt, noch weitere 2 Tage geschüttelt und klar zentrifugiert (Antigen Ib).

Antigen II: 3 Tage alte Schrägagarkulturen wurden mit der oben erwähnten Flüssigkeit (4 ccm auf 1 Röhrchen) abgeschwemmt, durchgeseiht, 3 Stunden auf 52° erwärmt, 3 Tage geschüttelt, mit Phenol und Kochsalz versetzt und klar zentrifugiert.

Antigen III wurde mit Hilfe 8—14 Tage alter Agarkulturen wie Ib bereitet.

Antigen IV: 3 Wochen alte Bouillonkulturen wurden klarzentrifugiert und mit Phenol konserviert.

Antigen V wurde in analoger Weise wie Antigen IV mit 4 Wochen alten Bouillonkulturen,

Antigen VI mit 6 Wochen alten Bouillonkulturen hergestellt.

Antigen VII war ein Kochextrakt von Abortusbazillen in physiologischer Kochsalzlösung.

Antigen VIII in destilliertem Wasser.

Zunächst wurden mit diesen 8 Antigenen Misch- und Ringproben, neben entsprechenden Kontrollflüssigkeiten, angesetzt. Da die Ergebnisse mit den Antigenen I—VI wenig befriedigend ausfielen, will ich es unterlassen, sie hier zu besprechen. Besser waren die Erfolge der Mischproben mit den Antigenen VII und VIII, dagegen fielen auch hier die Ringproben nicht hinlänglich gut aus. Die Proben wurden mit 0,5 ccm unverdünntem Antigen und Serum angestellt. Die Resultate wurden nach 5 und 15 Minuten, sowie nach 1 und 3 Stunden abgelesen. Die Reaktionen traten bei der Verwendung von Seris von Abortustieren zuweilen schon nach 5 Minuten ein. In einigen Fällen kam es sogar zur Bildung von kräftigen Niederschlägen.

Noch bessere Ergebnisse wurden mit Antigen IX, einem auf das halbe Volumen eingedampften Kochextrakt von Abortusbazillen in destilliertem Wasser, erhalten. Nachdem gleiche Teile (0,5 ccm) Antigen mit Serum in kleinen engen Präzipitationsröhrchen zusammengemischt waren, kamen sie 3 Stunden in den Brutofen. Stärker reagierende Sera gaben schon beim Zusammenmischen eine Trübung und im Verlauf von 1—3 Stunden eine Ausflockung zu erkennen. Ließ man die Proben bis zum nächsten Tag bei Zimmertemperatur stehen, so setzten sich die Flocken als Niederschlag ab.

Von 112 mit Antigen IX untersuchten Rinderseris gaben 92,9% übereinstimmende Resultate mit der Agglutination und 90,2% mit der Komplementbindung. Dabei ist noch zu bemerken, daß von den 7 Seris, deren Präzipitation von der Agglutination abwich, 5 den Agglutinationstiter 0,03 aufwiesen, während die Präzipitation fraglich ausfiel. Setzt man mit Trolldenier den Agglutinationstiter von 0,03 noch als fraglich ein, so vermindern sich die Fehlresultate der Präzipitation mit Antigen IX gegenüber der Agglutination auf 1,8%. Die Sera von Kühen, die abortiert hatten, gaben in allen Fällen eine deutliche positive Reaktion.

Um auch mit der Ringprobe gute Ergebnisse zu erzielen, wurden zunächst eine große Anzahl von verschiedenen Flüssigkeiten (0,7, 0,85, 1,0%ige Kochsalzlösung mit und ohne verschiedene Zusätze von Phenol, Diaphtherin, Borsäure, zitronensaurem Natron, Glyzerin, Bouillon, Ringerscher Lösung, Milchserum) auf verschiedene Sera geschichtet. Selbst bei der Ringerschen Lösung blieben Trübungen an der Berührungsstelle mit dem Serum nicht immer völlig aus. Erst mit Milchserum wurden vollbefriedigende Ergebnisse erhalten.

Mit Hilfe der Ringerschen Lösung bzw. des Milchserums wurden die konzentrierten Kochextrakte Antigen X und XI hergestellt. Die Antigene und Sera wurden unverdünnt verwendet, nur in zwei Fällen ließen sich die Flüssigkeiten nicht hinlänglich schichten; es trat Durchmischung ein. In diesen Fällen wurden die Antigene mit Ringerscher Lösung bzw. Milchserum soweit verdünnt, bis sich die Schichtung gerade ausführen ließ.

Von 80 mit Antigen X untersuchten Sera gaben 88,7% mit der Agglutination und 87,5% mit der Komplementbindung übereinstimmende Resultate. 8 Sera reagierten im Präzipitationsversuch fraglich bis schwach positiv; nach den beiden anderen serologischen Verfahren und der klinischen Diagnose stammten sie von abortusfreien Rindern. Da die betreffenden Sera schon mit Ringerscher Lösung eine leichte Trübung gaben, so sind die Fehlresultate hierauf zurückzuführen.

Mit Antigen XI wurden 53 Sera geprüft und in 92,5% mit der Agglutination und Komplementbindung bzw. in 94,3% mit der Komplementbindung allein und in 96,2% der Fälle mit Agglutination allein übereinstimmende Resultate erhalten.

Diese Ergebnisse zeigen, daß die Präzipitation beim infektiösen Abortus spezifisch ist und diagnostisch verwertet werden kann.

Als positive Reaktionen sind Trübungen anzusprechen, die nach 5 Minuten langem Stehen im Thermostaten bei 37° auftreten. Sera von Rindern, die erst vor kurzem verkalbt haben, geben die Reaktion in der angegebenen Zeit schon bei Zimmertemperatur.

Kräftig reagierende Sera geben auch in einer Verdünnung mit physiologischer Kochsalzlösung von 1 : 10 in 5 Minuten eine deutliche Trübung und lassen selbst in Verdünnung 1 : 100 nach 3 Stunden noch eine leichte Reaktion erkennen.

Durch weitere Untersuchung habe ich festgestellt, daß die Präzipitation von insgesamt 247 Rindersera stets mit dem Ergebnis der Agglutination oder der Komplementbindung übereinstimmte. Stimmten die Ergebnisse der Komplementbindung mit denen der Agglutination überein, so war dies also auch hinsichtlich der Resultate der Präzipitation der Fall. Lieferten dagegen die Komplementbindung und Agglutination voneinander abweichende Ergebnisse, so stimmte die Präzipitation etwas häufiger mit der Agglutination als der Komplementbindung überein. Zahlenmäßig wurden folgende Befunde erhoben: 105 Sera gaben mit den beiden anderen serologischen

Untersuchungsmethoden übereinstimmende positive, 128 übereinstimmende negative Reaktionen, nur in 14 Fällen wichen die Ergebnisse voneinander ab, und zwar:

in 7 Fällen waren Agglutination und Präzipitation positiv, während die Komplementbindung negativ war,

in 6 Fällen waren die Komplementbindung und Präzipitation positiv, während die Agglutination negativ ausfiel,

und in 1 Fall war die Agglutination positiv (0,02) und die Präzipitation fraglich (Spur). Die Komplementbindung war in diesem Falle nicht ausgeführt worden.

Diese Ergebnisse bestätigen von neuem, daß die Präzipitation auch beim Abortus eine wertvolle diagnostische Methode ist, die mit den beiden anderen serologischen Verfahren übereinstimmende Ergebnisse liefert.

Die erste und wichtigste Voraussetzung ist natürlich die, daß man mit geeigneten Antigenen arbeitet. Mit ungeeigneten Antigenen können brauchbare Ergebnisse nicht erhalten werden, wie es die Versuche von Szymanowski und die ersten Studien von Pohle zeigen. Ferner erfordert auch die Präzipitation, so einfach sie auch ist, ein gewisses Einarbeiten.

Die Technik habe ich dahin abgeändert, daß ich die Proben nicht mehr in den Brutofen einstelle, sondern bei Zimmertemperatur stehen lasse und nach 20 Minuten die Ablesung vornehme. Am nächsten Tage kontrolliere ich das Ergebnis nach, wobei ich dann vor allem auf den Niederschlag achte.

Die Ringprobe gibt schärfere Ergebnisse, erfordert aber ein ganz besonders gutes Antigen.

Als Kontrollen sind Proben einerseits mit Sera von sicher abortuskranken und -freien Tieren, andererseits mit einer antigenfreien Flüssigkeit, die im übrigen dieselbe Zusammensetzung wie das Antigen hat, anzustellen.

Die Präzipitationsantigene sind bei zweckmäßiger Aufbewahrung lange Zeit (1 Jahr und wahrscheinlich noch länger) haltbar. Gute Antigene geben selbst in stärkeren Verdünnungen noch kräftige Reaktionen.

Nach demselben Verfahren hergestellte Rotzantigene eignen sich sehr gut für die klinische Rotzdiagnose im Präzipitationsversuch.

5. Allergische Reaktionen.

Die allergischen Reaktionen haben für die Diagnose des infektiösen Abortus trotz eifrigen Bestrebens eine Bedeutung infolge der ihnen noch anhaftenden Unsicherheiten nicht erlangen können. Eine Bearbeitung haben bisher die thermische Reaktion, die Ophthalmo- und Intrakutan-Reaktion erfahren.

a) Thermische Reaktion.

Die ersten Versuche einer thermischen Reaktion führte Bang an einer intravaginal mit Abortuskultur infizierten Kuh etwa $1\frac{1}{2}$ Monate nach ihrer Infektion aus. Er spritzte ihr 18 ccm einer Serumbouillonkultur von Abortusbazillen subkutan am Halse ein, um zu sehen, „ob man durch subkutane

Impfung von Kulturen oder von den darin enthaltenen Toxinen imstande wäre, eine diagnostische Aufklärung über die Gegenwart der Abortusentzündung bei trächtigen Kühen zu erhalten". Die Kuh reagierte auf die Injektion mit heftigem Fieber, geringer Freßlust und Abgang weichen Kotes. „Eine an einem gesunden Stierkalb vorgenommene subkutane Injektion mit dem nämlichen Material ergab jedoch, daß dem Reaktionsfieber keine spezifische diagnostische Bedeutung beizumessen sei. Es trat nämlich bei diesem Tiere eine ganz entsprechende Temperatursteigerung ein, die auch etwa 4 Tage anhielt."

Später sind die Bestrebungen, mit Hilfe der thermischen Reaktion einen Einblick in bestehende Abortusinfektion zu gewinnen, von der Englischen Kommission erneut aufgegriffen und fortgesetzt worden. Als Reagens benutzten sie das von ihnen als Abortin bezeichnete Präparat, welches sie in ähnlicher Weise wie das Tuberkulin bzw. Mallein bereiteten. Abortusbazillen wurden 6 Wochen lang in Serum-Glyzerin-Traubenzucker-Bouillon bei 37° gezüchtet, die Kulturen durch 2stündiges Erhitzen auf 100° abgetötet, durch Fließpapier und Berkefeldkerzen filtriert, auf $^1/_{10}$ ihres Volumens eingedampft und mit $^1/_2$—1% Phenol konserviert.

Die englische Kommission beobachtete, daß abortuskranke Tiere auf die intravenöse oder subkutane Injektion von Abortin im allgemeinen mit Fieber reagieren. Das Fieber beginnt mit der 4. Stunde nach der Injektion und hält meist bis zur 14. Stunde an. Da nach der intravenösen Injektion sehr bedrohliche, anaphylaxieähnliche Erscheinungen (Dyspnoe, Speichelfluß, Krämpfe) auftreten, verwendeten sie späterhin nur noch die subkutane Einspritzung. Die Dosis betrug hier 0,5—1 ccm unverdünntes Abortin. Hierauf reagieren abortusfreie Tiere nie höher als 103,6° F (39,5° C), hingegen abortuskranke mit 104—106° F (40—41° C) und selbst höher. Die Reaktionsfähigkeit bleibt selbst einige Monate nach dem Abortus erhalten und tritt auch bei intravenös infizierten Tieren auf. Auf Grund ihrer Ergebnisse möchte die englische Kommission die thermische Abortinreaktion wohl für spezifisch ansehen, sie hält aber ihr Urteil zurück, bis eine große Anzahl von Impfungen aus der Praxis vorliegt.

Die Mitteilung der englischen Kommission fand durch Hesse und Piorkowsky insofern eine Bestätigung, als Kühe, welche verworfen haben, auf die zu Immunisierungszwecken eingespritzten Bakterienextrakte mit Fieber reagierten. Den Angaben von Hesse und Piorkowsky kommt jedoch eine Beweiskraft insofern nicht zu, als Kontrollversuche an abortusfreien Rindern und serologische Untersuchungen bei den reagierenden Tieren nicht vorgenommen worden sind.

Bei den weiteren Nachprüfungen der thermischen Reaktion durch Brüll, Klimmer und seine Mitarbeiter Schulz und Trolldenier, Belfanti, Schreiber, Zwick und Zeller, Meier, Hieronymi, Hindersson, Meyer und Hardenbergh u. a. hat sich jedoch ergeben, daß diese Reaktion eine hinlängliche Spezifität nicht besitzt und einen praktischen diagnostischen Wert nicht hat. Der bequemen Übersichtlichkeit wegen gebe ich Resultate einiger Autoren in nachfolgender Tabelle zahlenmäßig wieder:

Autor	Abortusfreie Rinder				Serologisch reagierende u. abortuskranke Kühe				Serologisch reagierende Rinder			
	geprüft	es reagierten thermisch			geprüft	es reagierten thermisch			geprüft	es reagierten thermisch		
		+	?	—		+	?	—		+	?	—
Brüll	14	1	1	12	17	6	2	9	9	2		7
Schulz	15	—	0	15	17	4		13	13	3	2	8
Trolldenier	13	2	3	8	27	13	6	8	10	2	1	7
Zwick und Zeller	32	10		22	13	2		11	35	9		26
Meyer und Hardenbergh												
Trockenabortin 2,5 ccm iv. .	11	1		10	11	10		1	5	2		3
Abortin des Handels 4 ccm sk.	38	2		36	4			4	15			15
Abortin sk	23	6		17	14	4		10	12	4		8
Rohabortin sk.	23	3		20	13	5		8	4	1		3
Rohabortin iv.	49	7		42	18	11		7	11	7		4
Belfanti	9	3	2	4	4	3	1		5	3		2

Belfanti, Schulz, Brüll und Zwick verwendeten Präparate, welche
dem Abortin entsprachen. Die Dosis betrug bei Brüll 10—15 ccm (Bouillonkultur jedoch nicht eingedampft!), bei Zwick vorwiegend 0,5 ccm und bei
Schulz 0,2 ccm der $^1/_{10}$ eingedampften Bouillonkultur. Da Schulz gleichzeitig auf Hautreaktionen achtete, spritzte Schulz das Abortin intrakutan
ein (s. S. 170). Trolldenier verwendete nicht eingedampfte, aber ebenfalls
abgetötete Bouillonkulturen (Dosis meist 10, seltener 5 ccm) bzw. eine Aufschwemmung von abgetöteten Abortusbazillen (Dosis meist 2,5, seltener 3
und 5 ccm).

Giltner erhielt noch die besten Ergebnisse, wenn er die Abortusbazillen
49 Tage in einer Mischung von 1 Teil Pferdeserum und 6 Teilen Glyzerinbouillon
kultivierte und sie durch 30 Minuten langes Dämpfen abtötete. Die Kulturen
wurden abfiltriert und mit 0,5% Phenol konserviert.

Hindersson prüfte das auch für die thermische Reaktion von den Höch-
ster Farbwerken in den Handel gebrachte Amblosin. Aber auch er kam zu
dem Urteil, daß die thermische Reaktion zur Diagnostizierung des ansteckenden
Verwerfens der Kühe sich nicht eignet.

b) Ophthalmoreaktion.

Die Ophthalmoreaktion ist bisher nur von meinen beiden Mitarbeitern
Hantsche und Trolldenier eingehender bearbeitet worden. Außerdem
haben Zwick und Zeller zwei mehrfach mit großen Mengen von Abortuskulturen intravenös vorbehandelten Rindern und zwei gesunden, nicht vorbehandelten Bullen jeweilig 5 Tropfen Rohabortin in den Lidsack eingeträufelt,
ohne bei diesen Tieren hierdurch eine Augenreaktion auszulösen.

Die ersten Vorversuche ließ ich durch Hantsche mit abgetöteten,
teilweise eingedampften Bouillonkulturen, sowie Extrakten aus Abortuskulturen
durchführen. Die Erfolge waren nicht befriedigend. Selbst die besten Präparate lieferten bei abortuskranken Tieren nur in 52% der Fälle positive und

bei abortusfreien Rindern zu 88% negative Reaktionen. Anscheinend werden bei einer zweiten Einträpflung, die 48 Stunden nach der ersten vorgenommen wird, genauere Resultate erzielt. Von 6 sicher abortuskranken Tieren reagierten sämtliche, desgleichen von 2 serologisch reagierenden, dagegen reagierte von 4 Rindern, die auf Grund der klinischen und serologischen Untersuchungen als abortusfrei anzusehen sind, nur 1 Tier. Selbstverständlich müssen diese Reïnstillationen noch an einem größeren Tiermaterial nachgeprüft werden.

Über den zeitlichen Verlauf der Augenreaktionen gibt nachfolgende Zusammenstellung Aufschluß.

Ein schleimig-eitriges Exsudat, das Hauptcharakteristikum jeder Ophthalmoreaktion beim Rind, bestand nach der Einträpflung:

```
nach  3 Stunden in  1 Fall      nach 12 Stunden in 13 Fällen
  „   4    „     „ 13 Fällen      „  13    „      „   1 Fall
  „   5    „     „ 14   „          „  14    „      „   3 Fällen
  „   6    „     „ 11   „          „  22    „      „  10   „
  „   7    „     „ 15   „          „  24    „      „   2   „
  „   8    „     „  9   „          „  26    „      „  10   „
  „   9    „     „  9   „          „  28    „      „   3   „
  „  10    „     „ 15   „          „  30    „      „   2   „
  „  11    „     „  6   „
```

Die Untersuchungen Hantsches wurden später durch Trolldenier fortgesetzt. Als Reagens benutzte Trolldenier teils eingedampfte Bouillonkulturen, teils Extrakte aus Abortusbazillen, teils Fällungen vermittelst Alkohol, Äther usw., die vor ihrer Verwendung wieder in Wasser gelöst wurden. Auch hier fielen die Ergebnisse je nach Wahl des Reagenzes verschieden aus. Während einige Präparate sich als völlig ungeeignet erwiesen, gaben andere derart befriedigende Ergebnisse, daß es sich wohl lohnen dürfte, die Ophthalmoreaktion weiter zu bearbeiten. Ich lasse die Ergebnisse Trolldeniers, die er mit den besten Präparaten erhielt, in nachstehender Tabelle folgen.

Tabelle 8.

I. Ophthalmoreaktion an abortuskranken Kühen.

Bestand und Nr.	Abortus	Komplement-bindung	Aggluti-nation	Ther-mische Reaktion	Präparat	Reaktion
E 2 . . .	7½ Monate vor der Untersuchung	0,001	0,015	39,2°	1 b	E_1
E 13 . . .	9½ Monate vor der Untersuchung	0,0005	0,005	39°	1 c	0
B 9 . . .	7½ Monate vor der Untersuchung	0,01	0,01	?	1 c	E_1
E 14 . . .	8 Monate vor der Untersuchung	0,003	0,005	?	2 b	E_2
E 18 . . .	9 Monate vor der Untersuchung	0,02	0,03	?	2 b	E_2

Bestand Nr.	Abortus	Komplement-bindung	Aggluti-nation	Ther-mische Reaktion	Präparat	Reaktion
E Große .	1 Monat vor der Untersuchung	0,001	0,005	?	2 b	E_3
E 3 . . .	1 Monat nach der Untersuchung	0,001	0,03	40,1 ^{0}	2 c	E_2
E Schecke .	ca. 8 Monate vor der Untersuchung	0,0005	0,005	?	2 c	E_1
E 6 . . .	3 Monate vor der Untersuchung	0,001	0,005	40 ^{0}	VII	E_2
E Schwarze	8 Monate vor der Untersuchung	0,0005	0,01	?	VII	E_2
B 18 . . .	3 Monate vor der Untersuchung	0	0	?	VII	E_1

II. Ophthalmoreaktion an abortusinfizierten Kühen.

Bestand Nr.	Abortus	Komplement-bindung	Aggluti-nation	Ther-mische Reaktion	Präparat	Reaktion
E 1 . . .	Februar 1911; danach eine normale Geburt	0,003	0,015	40,7 ^{0}	1 b	T
B 6 . . .	0	0,002	0,01	?	1 b	E_1
E 11 . . .	0	0,01	0,01	?	1 c	0
E 12 . . .	1911; danach eine normale Geburt	0,0005	0,005	39,2 ^{0}	1 c	E_1
B 7 . . .	0	0,01	0,01	?	1 c	E_2
B 10 . . .	1911; danach eine normale Geburt	0,002	0,01	?	2 b	E_3
B 11 . . .	0	0,05	0,03	?	2 b	E_3
E 4 . . .	1911; danach eine normale Geburt	0,003	0,005	?	2 c	0
B 13 . . .	0	0,02	0,015	?	2 c	0
B 15 . . .	0	0,002	0,01	?	2 c	E_2
E 11 . . .	0	0,01	0,01	?	VII	T

III. Ophthalmoreaktion an abortusverdächtigen Kühen.

Bestand Nr.	Abortus	Komplement-bindung	Aggluti-nation	Ther-mische Reaktion	Präparat	Reaktion
E 10	0	0	0,03	38,8 $_0$	1 b	T
B 2	0	0,05	0	?	1 b	0
B 5	0	0	0,03	?	1 c	0
E Kalb I	0	0,05	0	40,4 $_0$	2 b	T
B 8	0	0	0,01	?	2 b	E_1 und T

IV. Ophthalmoreaktion an abortusfreien Kühen.

Bestand Nr.	Abortus	Komplement-bindung	Aggluti-nation	Thermische Reaktion	Präparat	Reaktion
E Bulle	0	0	0	41,2°	1 b	0
B 1	0	0	0	?	1 b	0
B 4	0	0	0	?	1 b	0
E 17	0	0	0	?	1 c	0
B 3	0	0	0	?	1 c	0
E 7	0	0	0	39,2°	2 b	E_1
E 15	0	0	0	39,4°	2 c	E_2
E 20	0	0	0	39,3°	2 c	0
B 14	0	0	0	?	2 c	E_3
B 16	0	0	0	?	2 c	0
E 5	0	0	0	38,8°	VII	0
E 19	0	0	()	40,7°	VII	0
E Kalb II	0	0	0	40,3°	VII	0
B 17	0	0	0	?	VII	0

Die unter Reaktion eingetragenen Zeichen bedeuten: T = Tränenfluß, E = schleimig-eitriges Exsudat. Die beistehenden Zahlen 1—3 geben den Grad an, wobei 1 schwach, 2 mittel, 3 stark bedeutet. Die Ablesung erfolgte 8 Stunden nach der Einträpflung.

Die erhaltenen Ergebnisse bespricht Trolldenier wie folgt:

Wenn man an der Hand der Tabelle die obigen 5 Präparate vergleicht, so wird man unschwer die Präparate 2b und VII als für die Ophthalmoreaktion geeignet finden, da sie beide in der Rubrik I „abortuskranke Kühe" zu 100% positive Resultate aufweisen. In der Rubrik II und III sind die Resultate ebenfalls befriedigend. Die Ophthalmoreaktion der „abortusfreien Kühe" fiel mit dem Präparate 2b geringgradig positiv aus, während das Präparat VII in 100% der Untersuchungsfälle mit dem Ergebnis der serologischen Untersuchung übereinstimmte. Hieraus läßt sich mit einiger Gewißheit entnehmen, daß das Präparat 2b etwas zu stark ist, während wir im Präparat VII das geeignete Mittel hätten, den infektiösen Abortus feststellen zu können.

Von den übrigen 3 Präparaten würde ich 1b und 1c als zu schwach und 2c infolge seiner Ergebnisse in Rubrik IV als zu stark bezeichnen.

Die von Hantsche und Trolldenier angefangenen Arbeiten über Ophthalmoreaktion habe ich mit meinen späteren Mitarbeitern weiter fortgesetzt. Die Ergebnisse waren schwankend, wie es nachfolgende Zusammenstellung auf Seite 171 zeigt. Ein endgültiges Urteil über die diagnostische Brauchbarkeit der Ophthalmoreaktion steht noch aus.

c) Intrakutan-Reaktion.

Die einzige Arbeit über die Intrakutan-Reaktion beim infektiösen Abortus stammt von Schulz, die er unter meiner Leitung ausgeführt hat.

Schulz nahm die Intrakutanreaktion an der mit Alkohol abgeriebenen, unrasierten Halsseite mittelst besonderer Injektionsnadeln mit flacher lanzettförmiger Spitze (Hauptner-Berlin) vor. Die Dosis betrug 0,2 ccm. Die gelungene Injektion gibt sich durch das Auftreten einer kleinen, etwa erbsengroßen Anschwellung zu erkennen.

Tabelle 9.
Ergebnisse der Ophthalmoreaktion.

Nr. des Präparates	Herstellungsweise	Abortus-kranke	Abortusinfic.	Abortusfreie	Prüfung des Reagenz im Präcipitations-versuch
5	2. Ätherfällung . .	3/3	4/5	5/9	
6	Ätherfällung . . .	10/10	15/17	8/12	
11	Ätherfällung . . .	2/3	8/10	6/8	
14	Rückstand d.Ätherf.	2/2	4/10	9/9	
15	Alkoholfällung . .		9/12	11/11	+
16	Ätherfällung . . .	5/5	9/9	5/6	
18	Alkoholfällung . .	4/4	6/10	4/10	—
22	2. Alkoholfällung .		1/2	8/8	+
23	Rückstand v.Äth.-F.	2/3	8/14	9/12	—
24	2. Ätherfällung . .		3/7	14/14	
25	2. Ätherfällung . .	2/2	4/13	14/17	
27	3. Ätherfällung . .		6/2	4/4	
28	Alkoholfällung . .		4/7	7/8	—
31	2. Alkoholfällung .	3/3	5/8	12/15	+
32	Ätherfällung . . .	2/7	4/12	21/24	
P	Bakterienextrakt .	8/18	13/30	30/33	

Erklärung: Der Zähler der Brüche unter Ergebnisse der Ophthalmoreaktionen gibt die als richtig anzusprechenden Ophthalmoreaktionen, der Nenner die Gesamtzahl der in der betr. Rubrik geprüften Tiere an. Abortuskranke sind Kühe, die im letzten halben Jahr verkalbt und serologisch reagiert haben. Abortusinfizierte Tiere haben nur serologisch reagiert.

Nach der Injektion trat sowohl bei den abortuskranken als auch freien Rindern eine schmerzhafte, entzündliche Schwellung auf, die nach 2 Stunden etwa die Größe einer Kastanie erlangte. Bei abortusfreien Tieren vergeht die Schwellung bald wieder, während sie bei den abortuskranken weiterhin bis zum 3.—4. Tage zunimmt, um dann ebenfalls zu verschwinden. Mißliche Nebenumstände (Abszesse, Störungen im Allgemeinbefinden) stellten sich selbst bei auftretendem Fieber nicht ein. Die Hautveränderungen wurden täglich 3 mal mittelst des sog. Hautdickenmessers (Cutimeter, Schubleere) zahlenmäßig festgestellt. Außerdem wurde am ersten Tag auch die Körpertemperatur 2 stündlich bis zu 12 Stunden nach der Einspritzung verfolgt.

Als Reagens wurden eingedampfte Bouillon- und Serumbouillonkulturen verwendet.

Als positive Reaktion bezeichnet Schulz jede am 3. Tage nach der Einspritzung an der Injektionsstelle noch bestehende Schwellung von mindestens 5 mm (Differenz der Stärke der Hautfalte vor und 3 Tage nach der Injektion).

Mit einem bazillenfreien Präparat wurden folgende Ergebnisse erhalten: Von 33 abortusfreien Rindern reagierten 4 positiv, 29 negativ; von 19 sicher abortuskranken Tieren reagierten 16 positiv, 3 negativ; und von 13 infektions-

verdächtigen Rindern (Agglutination und Komplementbindung +, Abortus
aber bisher nicht beobachtet) 6 positiv und 7 negativ.

Mit einem analogen, jedoch bazillenhaltigen Präparat wurden folgende
Resultate festgestellt: Von 50 abortusfreien Rindern reagierten 14 positiv
und 36 negativ; von 3 abortuskranken Tieren reagierten 3 +; von 10 infektions-
verdächtigen Tieren reagierten 7 + und 3 —.

II. Spezifische Prophylaxis und Therapie.

Die ersten Versuche, Tiere gegen den infektiösen Abortus zu immunisieren,
nahm Bang in den Jahren 1902/03 vor. In den folgenden Jahren setzte Bang
seine Studien fort, die bald auch von anderer Seite (von der englischen Kommission, Holth, von mir und meinen Mitarbeitern Trolldenier und Haupt,
ferner von Zwick und Zeller, Hieronymi u. a.) aufgenommen wurden, so
daß heute bereits eine ziemlich umfangreiche Literatur über die künstliche
Immunisierung der Rinder gegen den infektiösen Abortus vorliegt.

Wenn ich im folgenden mehrfach von Heilimpfung und spezifischer
Therapie des Abortus spreche, so verstehe ich hierunter die Behandlung infizierter, d. h. serologisch reagierender, und nicht klinisch kranker Tiere, d. h.
Tiere, die bereits Vorboten des Abortus erkennen lassen bzw. schon im Begriff
sind zu abortieren.

Bei der spezifischen Prophylaxis und Therapie hat man den Weg sowohl
der aktiven wie passiven Immunisierung beschritten.

a) Passive Immunisierung.

Nach den Angaben von Zwick und Zeller versuchte B. Bang zuerst den
Abortus durch Serumimpfung zu bekämpfen. Bald mußte er sich aber davon
überzeugen, daß hierdurch ein sicherer und nachhaltiger Schutz nicht zu
erreichen ist.

Nach den Mitteilungen von O. Bang wurde eine Serumbehandlung gegen
Abortus wohl zuerst von dem dänischen Tierarzt H. S. Nielsen Sorö versucht.
Er benutzte das Blutserum von Kühen, die zwei- oder dreimal abortiert und
dann einmal normal gekalbt hatten. Er injizierte trächtigen Färsen subkutan
80—100 g Serum. In einem verseuchten Gehöfte impfte er 15 Färsen und ließ
6—7 unbehandelt. Von ersteren verkalbte nur 1, von letzteren 3. Spätere
Versuche gaben jedoch keine guten Ergebnisse.

Im Hinblick einerseits auf den chronischen Infektionsverlauf, die lange Inkubationszeit, den ganzen Seuchenverlauf und andererseits die kurze Dauer
der passiven Immunität ist es nicht verwunderlich, daß dieser Weg in der
Praxis nicht zum Ziele führen konnte und bald verlassen wurde.

Über die **Dauer der passiven Immunität** liegen auch beim Abortus einige
Versuche von Holth, Zwick und Zeller vor.

Methodische Untersuchungen über die allmähliche Abnahme der Agglutinine im Blute nach passiver Immunisierung sind zuerst von Th. Madsen
und A. Jörgensen ausgeführt worden. Hiernach erfolgt der Verlust (Ausscheidung oder Destruktion) derart gesetzmäßig, daß er durch eine einfache
mathematische Formel ausgedrückt werden kann. Der Antikörpergehalt ist
bei passiver Immunität abhängig von Serummenge, -titer und -ursprung, sowie

von der Applikationsweise.   Selbst bei intravenöser Injektion treten bisher unerklärte sofortige Verluste von Antikörpern ein.

Die Antikörper verschwinden bei Verwendung heterologer (d. h. artfremder) Sera häufig schneller als bei homologen (v. Behring und im vorliegenden Falle auch Zwick und Zeller).   Es lassen sich aber allgemeingültige Regeln nicht aufstellen (Holth).

Holth verwandte bei seinen Versuchen teils Kälber, teils Kaninchen, teils homologe, teils heterologe Sera.   Die Titerkurve sinkt anfangs steil, später läuft sie flach aus.   Die passive Immunität war etwa 3—4 Wochen nachweisbar, bei den Versuchen von Zwick und Zeller an Kaninchen und einer Ziege nur etwa 8 Tage bis 3 Wochen.   In den Holthschen Versuchen bestand die Immunität bei Verwendung heterologer Sera ebensolange wie bei homologen, in den von Zwick und Zeller kürzere Zeit.   Als Maßstäbe dienten die Agglutinine und die komplementbindenden Stoffe.

Im Immunserum sind **bakterizide Stoffe** vorhanden, und sie lassen sich sowohl in vitro (Wall), als auch in vivo (Holth, Zwick und Zeller) nachweisen.

Wall brachte neben entsprechenden Kontrollen fallende Mengen inaktiviertes Kaninchen-Abortus-Immunserum (0,01—0,0001 ccm) von einem komplementbindenden Titer kleiner als 0,001 (0,001 war das letzte Glied der Titrierungsserie) mit je 0,3 ccm frischem Kaninchen-Normalserum (Komplement) und je 0,01 ccm 4 Tage alter Abortusbazillen-Serumbouillonkultur zusammen, hielt sie 1—3 Stunden bei 38°, säte sodann hiervon je 0,025 ccm in verflüssigten Serumglyzerinagar aus und ließ schnell in hoher Schicht erstarren.   Während in den Kontrollen, bei fehlendem Immunserum oder Komplement unendlich viele (∞) Kolonien wuchsen, gingen nach 3 stündiger Einwirkung der Immunkörper vor der Aussaat bei einer Immunserumdose von 0,002 ccm 200, von 0,001 150, von 0,0005 100 Kolonien auf.   Hingegen wuchsen bei 0,01 (Komplementablenkung) und 0,0001 ccm Immunserum wesentlich mehr Kolonien.   Die Agglutinine störten auffallenderweise nicht, sie waren möglicherweise bei der Inaktivierung geschädigt worden.

Holth, welcher diese Reagenzglasversuche wiederholte, konnte die bakterizide Wirkung nicht bestätigen.   Dagegen konnte er experimentell nachweisen, daß das Immunserum phagozytosefördernd wirkt.   Er vermutet, daß es sich um Bakteriotropine handelt.   Die phagozytosefördernde Wirkung ist auch von Zwick und Zeller festgestellt worden.   Nach der von Neufeld in Gemeinschaft mit Hörne und Bickel ausgearbeiteten Methode gelang es ihm, selbst in den mit den stärkeren Verdünnungen des spezifischen Serums gewonnenen Präparaten deutliche Phagozytose nachzuweisen.

Die Versuche in vivo führte Holth an weißen Mäusen und bunten Ratten, Zwick und Zeller an weißen Ratten aus.

Die Empfänglichkeit dieser Tiere unterliegt nach den Bakterienstämmen nicht unerheblichen Schwankungen.   Selbstverständlich besaßen die verwendeten Stämme eine hinlängliche Virulenz, wie dies auch durch Kontrollversuche festgestellt wurde.

Holth gelang es, 2 junge Ratten durch eine subkutane Injektion von $\frac{1}{2}$ ccm $\frac{3}{4}$ Stunde auf 57° erwärmtem Pferde-Abortus-Immunserum gegen eine am nächsten Tage folgende intraperitoneale Infektion von $\frac{1}{2}$ ccm einer 6 Tage alten Serumbouillonkultur, welche 2 Kontrollratten in 1 bzw. 2 Tagen tötete, zu schützen.

Sensibilisierte er die Abortusbazillen von 10 ccm Serumbouillonkultur mit 1 ccm altem Immunserum $3^{1}/_{2}$ Stunden im Thermostaten und wusch sie mit Kochsalzlösung aus, so vermochten sie in Mengen von 1, 0,5 bzw. 0,2 ccm Mäuse (je 2) nicht krank zu machen, während Abortusbazillen, die nicht mit Serum behandelt, sondern nur mit Kochsalzlösung ausgewaschen wurden, nach 2, nach 7 bzw. 9 und nach 5 bzw. 6 Tagen töteten.

Holth führte ferner interessante vergleichende Versuche mit Normal- und Immunseris von Kaninchen aus.

3 Kaninchen, die vor der Immunisierung keine Agglutinine, 2 auch keine komplementbindenden Stoffe enthielten, während das Versuchskaninchen I einen Bindungstiter von 0,2 ccm aufwies, wurden wie folgt intravenös immunisiert:

Kaninchen I erhielt 1,25 ccm lebende Serumbouillonkultur,

Kaninchen II durch Erwärmen abgetötete Abortusbazillen und

Kaninchen III etwa 5 ccm Serumbouillonkultur.

8—10 Tage nach der Injektion wies:

Kaninchen I einen Agglutinationstiter von 0,0005 und einen Komplementbindungstiter von 0,001 ccm,

Kaninchen II (10 Tage nach Injektion) einen Bindungstiter zwischen 0,002 und 0,001 ccm auf. Die Agglutinationsfähigkeit wurde bei diesem wie beim nächsten nicht geprüft.

Kaninchen III (10 Tage nach der Injektion) hatte einen Bindungstiter von 0,002 ccm.

Das Blutserum dieser Kaninchen wurde vor als auch 8—10 Tage nach der Immunisierung durch $^{3}/_{4}$ stündiges Erhitzen auf 56—58° (Kaninchen I) bzw. 60—61° (Kaninchen II und III) inaktiviert.

Die vor der Immunisierung entnommenen Sera übten einen Einfluß auf die Phagozytose nicht aus (Kaninchen I).

2 ccm Serum I mit 10 ccm Serumbouillonkultur $3^{1}/_{2}$ Stunden bei 37° (bzw. 1 ccm Serum II mit 15 ccm Serumbouillonkultur 2 Stunden, desgleichen Serum III) zusammengebracht, die Bazillen hierauf mit Kochsalzlösung ausgewaschen und in 10—15 ccm (II und III) Kochsalzlösung aufgeschwemmt, verlieh den so behandelten Bazillen nicht die Fähigkeit, Komplement binden zu können, während bei Hinzufügen von Immunserum Reaktion eintrat; Titer zwischen 0,1 und 0,05 (I) bzw. 0,02 (II und III).

Mit 1 ccm obiger Bazillenaufschwemmung (I) wurden 6 weiße Mäuse intraperitoneal geimpft. 2 Mäuse starben nach 1, 3 nach 3 Tagen, und die letzte Maus ging nach 20 Tagen an einer Enteritis zugrunde.

Eine ähnliche Pathogenität entfalteten die mit Serum von Kaninchen II und III behandelten Abortusbazillen auf weiße Mäuse (Dosis 0,5 ccm) und gefleckte Ratten (Dosis 1 ccm).

Die nach der Immunisierung gewonnenen Sera zeigten ein wesentlich anderes Verhalten. Serum I beförderte die Phagozytose kräftig. Die sensibilisierten Bakterien hatten einen Bindungstiter von 0,1 ccm (I) bzw. zwischen 0,1 und 0,2 (II und III) erhalten, der auf Zusatz von Immunserum im Fall I nicht gesteigert, jedoch bei II und III auf zwischen 0,02 und 0,05 ccm erhöht wurde. Von 14 mit gleichen Dosen geimpften Mäusen verendeten 1 (I) bzw. 2 (III), insgesamt also 3, von 4 geimpften Ratten (II und III) keine.

Die Holthschen Versuche zeigen, daß man Mäuse und Ratten gegen eine tödlich wirkende Abortusinfektion durch Immunserum erfolgreich schützen kann. Mit inaktivem Immunserum behandelte Abortusbazillen verlieren ihre Pathogenität. Ein Immunserum, das durch abgetötete Abortusbazillen gewonnen war (II), erwies sich den beiden mit Hilfe lebender Abortusbazillen hergestellten Immunseris (I und III) mindestens als gleich wirksam.

Auch Zwick und Zeller konnten mit Hilfe eines Ziegen-Abortus-Immunserums (Agglutinationstiter 1 : 20 000) eine kräftige Schutzwirkung gegen eine schwere Abortusinfektion bei weißen Ratten (Durchschnittsgewicht 80 g) erzielen. Zur Infektion wurde jeweils eine halbe 48stündige Agarkultur benutzt; sie erfolgte intraperitoneal, die Serumimpfung dagegen subkutan. Erfolgte die Infektion schon 1 Stunde nach der Serumeinspritzung, so verliehen 0,1 bis 0,4 ccm Serum noch keinen Schutz. Mit 0,5 ccm Serum geimpfte Tiere erkrankten zwar, blieben aber am Leben. Größere Dosen (0,75—2 ccm) schützten selbst vor Erkrankung. Erfolgte dagegen die Infektion 24 Stunden nach der Serumgabe, so schützte schon 0,1 ccm Serum sicher.

Wurden Serum und Kultur gemischt und sogleich intraperitoneal eingespritzt, so gewährten 1 und 2 ccm Serum sicheren, 0,5 ccm Serum nur bei 1 von 2 Tieren einen Schutz. Von 2 Ratten, die 0,1 ccm erhalten hatten, starb die eine nach 7 Tagen, während die andere nach 5 Tage langer Krankheit gesundete. Die beiden ohne Serum geimpften Kontrollratten verendeten nach 18 bzw. 22 Stunden.

Über die **Natur der Agglutinine und Ambozeptoren** hat Holth einige interessante Versuche ausgeführt. Bereits vor ihm ist festgestellt worden, daß die Agglutinine und Ambozeptoren mit den Eiweißkörpern, und zwar Globulinen, aus dem Immunserum ausgefällt werden.

Holth konnte zeigen, daß auch die Abortus-Ambozeptoren mit den Globulinen niedergeschlagen werden und zwar wurden sie durch Magnesium- und Ammoniumsulfat in wirksamer Form ausgefällt, während nach Zusatz von Kochsalz in saurer Lösung oder von Alkohol die Agglutinine weder in den Niederschlägen, noch in der Flüssigkeit nachweisbar waren. Die Bildung von agglutinationshemmenden Stoffen trat nicht auf.

Durch $^1/_2$stündiges Erwärmen des Antiserums auf 56—58^0 wird sein Bindungstiter nach den Untersuchungen von Thomsen, wie bereits auf S. 155 erwähnt, um etwa das 5fache vermindert. Beispielsweise würde ein Serum, das vor dem Erhitzen einen Titer von 0,0002 ccm zeigte, nach dem Inaktivieren einen solchen von 0,001 ccm aufweisen. Erhitzt man das gleiche Serum $^1/_2$ Stunde auf 62^0, so nimmt sein Bindungstiter nach den Holthschen Untersuchungen noch stärker ab, er würde in dem gewählten Beispiel nur noch 0,002 ccm betragen.

Wird das Serum 1 : 10 mit physiologischer Kochsalzlösung verdünnt und dann $^1/_2$ Stunde auf 65^0 erhitzt, so beträgt der Titer 0,005 ccm; bei 70^0 nehmen die Ambozeptoren bedeutend ab und bei 75^0 werden sie vollständig zerstört.

Die **Agglutinine** werden durch Erwärmen wesentlich stärker geschädigt als die Ambozeptoren. Schon ein halbstündiges Erhitzen auf 56° verzögert die Agglutination etwas, und $^1/_4$ Stunde auf 61° zerstört die agglutinierende Fähigkeit des Serums, die durch Zusatz frischen Normalserums nicht wieder hergestellt werden kann (entgegen **Bail**).

Pferde-Immun-Sera, welche auf 56—58°, oder Rinder-Immun-Sera, die auf 65° erwärmt worden sind, agglutinieren nur noch in kleinen, nicht aber mittleren und großen Dosen. Durch das stärkere Erwärmen kommt es zur Bildung agglutinationshemmender Stoffe. Nach **Eisenberg** und **Volk** handelt es sich hier um Agglutinoide, d. h. um Agglutinine, die zwar noch ihre haptophore Gruppe besitzen, deren agglutinophore Gruppe aber zerstört worden ist.

Tabelle

1. Versuchs- reihe	2. Versuchstier [Kontrolle]	3. Impfstoff	4. Menge in ccm	5. Injektions- modus	6. Zahl der Injektionen
I	4 [1] Rinder . .	lebende Serum- Bouillonkultur	10	intravenös	3 Stück 2 mal 1 mal 1
II	1 [1] Färse . . .	lebende Serum- Bouillonkultur	10	intravenös	2 mal
III	10 [2] Färsen . .	lebende Serum- Bouillonkultur	10	intravenös	1—3
IV	5 Färsen. . . .	abgetötete Kultur	6—40	subkutan	11 mal
	5 Färsen.	lebende Kultur	4—40	subkutan	10 mal
	[4] Färsen				
V	8 Schafe.	lebende Serum- Bouillonkultur	10	intravenös	1—3
VI	8 [2] Schafe . .	lebende Serum- Bouillonkultur	10	intravenös	6 mal 6 2 mal 3
VII	2 Schafe.	lebende Kultur	5, 7, 10, 20, 20	subkutan	je 1 mal
	3 Schafe.	abgetötete Kultur	5, 7, 10, 20, 20	subkutan	je 1 mal

Zum Zustandekommen der Agglutination ist die Bindung vieler Agglutinine an die Bakterienzelle notwendig. Ob die Agglutinoide den Agglutininen nur den Platz an den Bakterienzellen wegnehmen oder die Bindung der Agglutinine sonst noch direkt erschweren bzw. hindern, wie dies Holth annimmt, bedarf wohl noch weiterer Aufklärung.

b) Aktive Immunisierung.

Die ersten Versuche der aktiven Immunisierung wurden wiederum von B. Bang an Rindern, Schafen und Ziegen ausgeführt. Seine von seinem Sohne O. Bang mitgeteilten Ergebnisse sind der besseren Übersichtlichkeit wegen in nachfolgender Tabelle wiedergegeben.

10.

7. + tragend − steril	8. Infektion	9. Erfolg
4 + [1 −]	70 ccm Serum-Bouillonkultur per os·	2 normale Geburt, letzte Impfung über 1 Monat vor Deckakt; 2 abortierten, letzte Impfung nur 16 bzw. 19 Tage vor Deckakt.
1 +; [1 +]	Exsudat einer abortuskranken Kuh per os	1 normal gekalbt, letzte Impfung 6½ Monate vor Deckakt; [1] abortierte.
8 −; [1 −, 1 +]	nach einigen Monaten Exsudat und Nachgeburt von abortuskranken Tieren per os	zweifelhaft.
5 + 4 +; 1 − [4 +]	200 ccm Abortusexsudat und Nachgeburten spontaner Abortus-fälle	2 kalbten normal, 3 abortierten; 1 kalbte normal, 3 abortierten; [1] kalbte normal, [3] abortierten.
3 +; 5 −	intravenöse Injektion von Abortusbazillen	1 lebensfähiges Lamm, Abortusexsudat, 1 Abortus einer mumifizierten Frucht, 1 Abortus durch Trauma.
8 +; [2 −]	4 [2]: 80 g Serum-Bouillonkultur per os	normal gelammt.
	4: 10 ccm Abortuskultur intravenös	Abortus nach 35, 39, 56, 61 Tagen.
2 +	50 g Serum-Bouillonkultur, 20 g Abortusexsudat, 20 g zerschnit-tene Kotyledonen einer abortuskranken Kuh	2 lammten normal:
3 +		2 lammten normal, 1 abortierte.

Tabelle 10

1. Versuchs- reihe	2. Versuchstier [Kontrolle]	3. Impfstoff	4. Menge in ccm	5. Injektions- modus	6. Zahl der Injektionen
VIII	7 Schafe	lebende Serum- Bouillonkultur	2, 5, 8, 10, 10	intravenös	je 1 mal insgesamt 5 mal
IX	9 Schafe	lebende Serum- Bouillonkultur	1, 2, 4, 6, 8, 10, 10	subkutan	je 1 mal insgesamt 7 mal
X	6 [4] Schafe . .	durch Toluol abgetötete Kultur	insge- samt 36	subkutan	5 mal (außerdem 3 nach Befruchtung 3 mal 5 ccm)
XI	2 [2] Schafe, welche in Ver- such VI nor- mal lammten	lebende Serum- Bouillonkultur	10 ccm	intravenös	2 mal
XII	12 Ziegen . . . . 9 Ziegen . . . . . [7] Ziegen	lebende Serum- Bouillonkultur Serum-Bouillonkul- tur d. Toluol getötet	3, 5, 7, 7, 10, 20, 20 3, 5, 7, 7, 10, 20, 20	subkutan subkutan	je 1 mal; ins- ges. 7 mal in 14 tägigen Pausen
XIII	8 [2] Ziegen . .	lebende Serum- Bouillonkultur	10	intravenös	2 mal
XIV	2 Ziegen . . . . . [2] Ziegen	lebende Serum- Bouillonkultur	10	intravenös	2 mal
XV	4[1] Ziegen v. XII 6 [2] Ziegen . . 5 Ziegen	lebende Serum- Bouillonkultur lebende Serum- Bouillonkultur durch Toluol getötet	10 1, 2, 3, 5, 8, 10, 10 2, 4, 5, 8, 10, 10	intravenös subkutan subkutan	3 mal je 1 mal insges. 7 mal je 1 mal insges. 6 mal

(Fortsetzung).

7. + tragend — steril	8. Infektion	9. Erfolg
3 +; 4 —	4 mal Abortusexsudat per os . . 4 mal Kultur per os	2 lammten normal; 1 lammte normal.
8 +; 1 —	Nach dem Deckakt: 4 mit Exsudat per os . . . . 5 mit Kultur per os	3 lammten normal; 4 lammten normal, 1 abortierte (kein Abortusexsudat!).
6 +; [3 +, 1 —]	3 mit Kultur per os . . . . . 3 mit Exsudat per os . . . . [1]: 10 ccm Abortuskultur i. v. [2] Abortusexsudat per os . . .	3 lammten normal; 3 lammten normal; [1] Abortus nach 36 Tagen; [2] normale Früchte bei der Schlachtung, keine Entzündung.
	1 u. [1] Abortusexsudat per os . 1 u. [1] Abortuskultur per os . .	lammten normal. 1 normal, [1] abortierte.
10 +; 2 — 7 +; 2 — [4 +; 3 —]	50 g Serum-Bouillonkultur, 20 g Abortusexsudat, 20 g zerschnittene Kotyledonen einer abortuskranken Kuh per os	10 lammten normal; 1 lammte normal, 6 abortierten; [4] abortierten.
6 +; 2 —; [2 —]	Nach dem Deckakt: 30 ccm Serum-Bouillonkultur per os	4 lammten normal, 2 abortierten, [2] abortierten nach 2 und 3¼ Monaten.
2 +	Nach dem Deckakt: 1 [1] Abortusexsudat	1 [1] lammten normal;
[2 +]	1 [1] Abortusbazillenkultur per os	1 lammte normal, [1] abortierte.
4 +; [1 +]	Nach dem Deckakt: 3 mit Exsudat per os, 2 mit 25 ccm Kultur per os	4 [1] lammten normal; sie hatten bereits den Versuch XIII überstanden.
6 +; [2 +]	3 [1] Abortusexsudat per os . . 3 [1] Abortusbazillen per os . .	3 [1] lammten normal; 3 lammten normal, [1] abortierte am 54. Tage;
3 +; 2 —	1 Abortusexsudat per os . . . 2 je 25 ccm Abortuskultur per os	1 lammte normal; 2 lammten normal.

Außer diesen Laboratoriumsversuchen prüfte Bang die Impfung in der Praxis. In den letzten Monaten vor dem Deckakt wurden die Kühe 4—6 mal in etwa 14 tägigen Zwischenpausen mit 10 ccm durch Toluol abgetötete Serumbouillonkultur geimpft. Zuweilen wurde die Impfung noch nach dem Deckakt fortgesetzt. Vielfach war der Erfolg gut. So abortierten in dem einen Falle von 65 geimpften Färsen nur 7, während 12 nicht geimpfte sämtlich verkalbten. In anderen Beständen abortierten von den Impflingen allerdings 20—36 %.

Immunitätsprüfungen im künstlichen Infektionsversuch sind des weiteren von der Englischen Kommission vorgenommen worden. Ihre Ergebnisse habe ich in nachfolgende Tabelle 11 zusammengestellt.

Ferner haben Zwick und Zeller einige Laboratoriumsversuche an weißen Ratten mitgeteilt. Es war ihnen gelungen, Ratten durch einmalige subkutane oder intravenöse Injektion von 1 oder 2 ccm durch 2 stündiges Erhitzen auf 55° abgetöteten Bouillonkulturen gegen eine 10 Tage darauf folgende intraperitoneale Infektion mit einer Schrägagarkultur, die nicht vorbehandelte Kontrollratten in 20—23 Stunden tötete, erfolgreich zu schützen.

Holth versuchte weiße Mäuse und bunte Ratten teils mit abgetöteten (1¹/₄ Stunde bei 66—68°), teils mit durch Bakterienfilter geschickten Serumbouillonkulturen aktiv zu immunisieren. Die Erfolge an den Mäusen waren gering; es verendeten auch viele geimpfte Tiere nach der Infektion. Etwas bessere Resultate wurden an Ratten erzielt.

Die **Bildung der Antikörper** (Agglutinine und Ambozeptoren) läßt sich nach Holth über ein gewisses Maß, welches beim Rind und Pferd schon durch eine einmalige, intravenöse Injektion von lebender Serumbouillonkultur etwa erreicht wird, durch weitere Injektion nicht wesentlich steigern. Aber der Titer bleibt bei hoch immunisierten Tieren auch nach Aufhören der Impfungen längere Zeit (6 Monate) unverändert.

Die Menge der Agglutinine und Ambozeptoren im Blute ist nach intravenöser Immunisierung mit lebenden Kulturen am größten, nach subkutaner Einspritzung abgetöteter (1 Stunde auf 65°) Bazillen am geringsten, und in der Mitte stehen die Werte, die nach intravenöser Immunisierung mit abgetöteten (1 Stunde auf 65°) Kulturen erhalten werden.

Die Bildung von Antikörpern kann ausbleiben, wenn die Antigene (Kulturfiltrate) vor ihrer Einspritzung durch Antikörper während 5 Stunden bei 37° oder 20 Stunden bei Zimmertemperatur abgesättigt und mit dem Immunserumüberschuß normalen Versuchstieren (Kaninchen) intravenös eingespritzt werden (Holth).

Bakterienfreie Kulturfiltrate vermögen die Bildung sowohl von Agglutininen als auch Ambozeptoren bei Kaninchen auszulösen.

Aus den Kulturfiltraten konnte Holth die Antigene durch einen Alkoholgehalt von 52 % und darüber, anscheinend quantitativ, ausfällen. Die Niederschläge lösten sich teilweise in Kochsalzlösung. Eine solche Antigenlösung besaß im Komplementbindungsversuch fast den nämlichen Antigenwert wie das unveränderte Kulturfiltrat und löste bei Kaninchen nach intravenöser Injektion von 2,5—7,5 ccm die Bildung von Agglutininen und Ambozeptoren aus.

Versetzte er Kulturfiltrate mit 42 % Ammoniumsulfat und nahm er aus dem Niederschlag die Protoalbumosen mit 48 %igem Alkohol auf und trennte

Tabelle 11.

Versuchstier [Kontrolle]	Immunisie-rungsstoff	Menge in ccm	Injektions-modus	Zahl der Injek-tionen	Deckakt	Infektion	Erfolg
2 Schafe	Serum-Glyzerin-bouillon-kultur	100	subkutan	1 mal	68 und 75 Tage nach der Impfung	beide Schafe 50 bezw. 43 Tage nach der Kohabitation mittels abortusbazillenreichen Mageninhaltes eines Kalbs-foetus; 1. Schaf: 10 ccm subkutan 2. Schaf: 25 ccm per os	1. Schaf: vollentwickeltes totes Lamm ohne Abortus-bazillen. 2. Schaf: abortierte 77 Tage nach der Fütterung ein mumifiziertes Lamm mit Abortusbazillen.
2 Schafe	Serum-Glyzerin-bouillon-kultur	200	subkutan	1 mal	61—69 Tage nach der Impfung	81 Tage nach Impfung 1. 25 ccm Mageninhalt einer abortierten Kalbfrucht per os 2. 10 ccm Mageninhalt sub-kutan	1. normale Geburt, 10 Tage zu früh. 2. Abortus nach 114 Tagen.
3 Schafe [1 K]	Serum-Glyzerin-bouillon-kultur	10	subkutan	1 mal	61—69 Tage nach der Impfung	nach eingetretener Trächtig-keit mit 15 ccm Mageninhalt per os [K] intravenös infiziert	1. nicht trächtig. 2. normale Geburt. 3. abortiert. [K] kein Abortus.
2 Färsen	Serum-Glyzerin-bouillon-kultur	125	subkutan	1 mal	147 und 106 Tage nach der Impfung	1. 40 Tage nach der Koha-bitation mit 10 ccm Emul-sion aus Abortusexsudat intravenös 2. 66 Tage nach der Koha-bitation gesamte Nachge-burt per os und 200 ccm Emulsion hiervon in die Scheide injiziert u. 10 ccm Emulsion von Abortusex-sudat intravenös,	1. 112 Tage nach der Imp-fung geschlachtet. Befund: abortusnegativ. 2. 106 Tage nach der letzten Impfung geschlachtet. Befund: abortusnegativ.
2 Färsen	Abortuskultur auf 55° dauernd erhitzt und getötet	1350 und 700	subkutan	wieder-holt	nach Infektion	intravenöse Injektion von Abortusexsudatemulsion vor der Impfung	1. abortierte. 2. gesund bei der Schlach-tung.
1 Färse	Kultur abgetötet	1200	subkutan	in 3 Malen	nach Infektion	Abortusexsudat per os nach erfolgtem Deckakt und vor der Impfung	bei Schlachtung keine Abor-tusinfektion.

sie von den ungelöst bleibenden Heteroalbumosen, so konnte Holth im Bindungs- und Tierversuch nachweisen, daß die Protoalbumosenfraktion keine Antigene enthielt, diese befanden sich alle in der Heteroalbumosenfraktion und lösten beim Kaninchen die Bildung von Agglutininen und Ambozeptoren aus.

Über umfangreichere **Immunisierungen in Rinderbeständen** liegen außer den bereits erwähnten Versuchen von Bang (S. 180) und nachfolgenden mehr summarischen Urteilen einzelner Tierärzte, die zumeist einen genaueren Einblick nicht gestatten, nur eine Arbeit von meinem früheren Mitarbeiter Trolldenier vor. Seine Untersuchungen habe ich dann später vornehmlich mit Haupt, Lotze und Scheunpflug fortgesetzt. Soweit im folgenden nichts anderes bemerkt ist, beziehen sich die Angaben auf die bisher erhaltenen Gesamtergebnisse.

Unsere Impfversuche, welche im Jahre 1911 begonnen wurden, wurden in 15 Beständen an etwa 450 Rindern durchgeführt. Sie sind zurzeit noch nicht abgeschlossen.

In 3 Beständen hat Trolldenier mit dem Impfstoff B, eine durch Erhitzen abgetötete und mit Phenol konservierte Serumbouillonkultur bzw. Bouillonkultur von Abortusbazillen, geimpft. Die Dosis betrug bis zum 4. Monat der Trächtigkeit 10 ccm, im 5. Monat der Trächtigkeit, sowie bei der Nachimpfung nur 5 ccm.

Nachdem Trolldenier seine Arbeiten am 1. Oktober 1913 abgeschlossen hatte und es sich gezeigt hatte, daß der Impfstoff A bessere Erfolge aufzuweisen hat, wurde sodann auch in den obengenannten Beständen, sowie in allen übrigen nur noch mit Impfstoff A, eine Aufschwemmung von durch Erhitzen abgetöteter Abortusbazillen, geimpft. Daneben fanden vergleichsweise auch Impfungen mit Antektrol der chemischen Fabrik Humann und Teisler in Dohna statt. Das Antektrol ist nach den erhaltenen Mitteilungen ebenfalls eine Aufschwemmung von abgetöteten Abortusbazillen. Die Ergebnisse mit Antektrol waren die nämlichen wie mit Impfstoff A, so daß sich eine getrennte Besprechung erübrigt. Die Dosis beträgt 5 ccm. Früher (bis 1. Oktober 1913) wurden zur Nachimpfung nur 3 ccm benutzt.

Die Impfstoffe wurden im Komplementbindungsversuch auf ihre Eigenhemmung und ihren Antigenwert untersucht und hierbei folgende Werte erhalten:

Impfstoff B: Eigenhemmung	= 0,1	ccm
Antigenwert	= 0,02	,,
,, A und Antektrol: Eigenhemmung	= 0,2	,,
Antigenwert	= 0,01	,,

Vielfach haben wir die Bestände gleichzeitig vollkommen durchgeimpft, um zu sehen, wie die Impfung von nichttragenden, tragenden und selbst hochtragenden Tieren überstanden wird.

Die Impfungen wurden subkutan an der Halsseite ausgeführt. Auf das Wohlbefinden der Tiere hatte die Impfung keinen nachteiligen Einfluß, Appetit und Milchertrag blieben unverändert, gleichgültig, ob die Tiere tragend waren oder nicht, ob sie bereits verworfen hatten, serologisch reagierten oder nicht.

Die erhaltenen Ergebnisse will ich im allgemeinen nicht nach den Beständen getrennt besprechen, sondern nach der Tragezeit in der die erste Impfung in der betr. Trächtigkeitsperiode vorgenommen wurde. Nur die Ergebnisse aus dem nachfolgenden Bestand muß ich hiervon ausnehmen, da wir in diesem auf die Tragezeit noch nicht geachtet haben.

Es handelt sich hier um einen Bestand von 11 Kühen, die im Vorjahr alle verkalbt hatten. Es wurden 10 Kühe mit 5 ccm Impfstoff A 1 mal geimpft, die 11. Kuh blieb als Kontrolle ungeimpft. Alle geimpften Kühe kalbten nach der Impfung normal, während die ungeimpfte Kontrollkuh verwarf.

Die sonstigen Ergebnisse sind in den nachfolgenden Tabellen zusammengestellt.

Tabelle 12.

Impfstoff B.

Zeit der Impfung	Anzahl der Tiere	Erfolg			Gute Erfolge in %
		+	?	—	
über 3 Monate vor dem Deckakt . .	2			2	0
3 Monate vor dem Deckakt	1	1			100
2 „ „ „ „	10	5	1	4	50—60
1 Monat „ „ „	14	12		2	86
8 Tage vor oder nach dem Deckakt	8	4		4	50
1 Monat nach dem Deckakt . . .	21	19		2	90
2 Monate „ „ „ . . .	5	3		2	60
3 „ „ „ „ . . .	9	7		2	78
4 „ „ „ „ . . .	9	8		1	89
5 „ „ „ „ , . .	3	2		1	67
6 „ „ „ „ . . .	6	6			100
7 „ „ „ „ . . .	3	3			100
Insgesamt	91	70	1	20	70%

Impfstoff A.

Zeit der Impfung	Anzahl der Tiere	Erfolg			Gute Erfolge in %
über 3 Monate vor dem Deckakt . .	6	3		3	50
3 Monate vor dem Deckakt	3	3			100
2 „ „ „ „	7	5		2	71
1 Monat „ „ „	6	4		2	67
8 Tage vor oder nach dem Deckakt	4	3		1	75
1 Monat nach dem Deckakt . . .	4	4			100
2 Monate „ „ „ . . .	3	2		1	67
3 „ „ „ „ . . .	3	3			100
4 „ „ „ „ . . .	4	4			100
5 „ „ „ „ . . .	6	3		3	50
6 „ „ „ „ . . .	6	4		2	67
7 „ „ „ „ . . .	10	9		1	90
9 „ „ „ „ . . .	9	9			100
Insgesamt	71	56		15	80⁰/₀

Wenn auch die Anzahl der Tiere noch gering ist, über die genaue Angaben über die Einwirkung der Impfung auf den infektiösen Abortus vorliegen, so dürften aber wohl schon jetzt aus dem vorliegenden Tatsachenmaterial folgende Schlüsse gezogen werden:

Die Impfung erweist sich als unschädlich. Eine Gefahr, daß der Impfstoff (durch Toxine usw.) Abortus bei hochtragenden Tieren auslösen könnte, liegt nicht vor. Somit ist für die Praxis die Möglichkeit gegeben, die ganzen Bestände hintereinander durchimpfen zu können. Man braucht nicht auf die Trächtigkeitsperiode zu achten.

Der Impfstoff A scheint besser als B zu sein.

Der Erfolg der Impfung wird durch die Trächtigkeit sicherlich nicht ungünstig beeinflußt.

Während die Anzahl der Abortusfälle vor der Impfung bzw. bei den ungeimpften Kontrolltieren in den Versuchsbeständen 40—50$\%$ betrug, ist es durch die Impfung unter günstigen Bedingungen (Impfung im 1.—3. Monat nach dem Deckakt mit dem Impfstoff A) gelungen, die Zahl der Abortusfälle auf etwa 10$\%$ herabzudrücken.

Es ist eine weitverbreitete Anschauung, daß Kühe, welche einmal verkalbt haben, durch das Überstehen des Abortus bereits eine gewisse Immunität gegen diese Krankheit erlangen. Ich kann dieser Anschauung nicht beipflichten, muß es mir aber versagen, auf diesen Punkt hier näher einzugehen. Nur das eine möchte ich hier hervorheben, daß ein vorausgegangener Abortus auf den Impferfolg keine wesentliche und eher eine ungünstige als günstige Wirkung ausübt. Die Impflinge, die bereits zuvor verkalbt hatten, verwarfen zu 23$\%$, die nur serologisch reagierenden zu 22$\%$, die abortusfreien zu 19$\%$, und die Kühe, bei denen ein genauer Vorbericht fehlt, zu 20$\%$. Bei dieser Berechnung ist auf den Impfstoff und die zeitlichen Verhältnisse hinsichtlich der Trächtigkeit, in der die Impfung erfolgte, keine Rücksicht genommen.

Über die Dauer des Impfschutzes und eine Reihe anderer praktischer und wissenschaftlicher Fragen sind noch umfangreiche Untersuchungen vorzunehmen.

Wenn ich im vorstehenden mehrfach von **Heilung** abortuskranker Tiere gesprochen habe, so sind, wie ich dies bereits auf S. 172 betont habe, unter abortuskranken Kühen solche zu verstehen, die in der unmittelbar vorausgegangenen Trächtigkeitsperiode abortiert haben. Zwick nennt sie Abortus-Kühe. Ich habe sie lediglich zum Unterschied von den abortusinfizierten Tieren, d. h. Tieren, die serologisch positiv reagieren, aber in der vorausgegangenen Trächtigkeitsperiode nicht verkalbt haben, mit der zu Mißverständnissen leider Anlaß gebenden und somit nicht sehr glücklich gewählten Bezeichnung „abortuskrank" belegt. Darüber, ob Tiere, welche bereits Vorboten des Abortus zeigen, noch „geheilt" werden können, gehen die Meinungen auseinander. Die lange Inkubationszeit läßt vermuten, daß das Leiden allmählich einsetzt. Die mit dem Abortus vielfach einhergehende Retentio secundinarum dürfte wohl mehr auf chronisch, als stürmisch verlaufende Prozesse im Uterus hinweisen. In den Fällen, in denen der Verlauf einen mehr chronischen Charakter trägt, dürfte wohl auch hinlänglich Zeit vorhanden sein, bereits einsetzende und bestehende Prozesse im Uterus namentlich dann noch erfolgreich bekämpfen zu können, wenn der Prozeß noch nicht auf die

Frucht übergegriffen hat. Wieweit dies auch praktisch durchführbar ist, wird vor allem von der frühzeitigen Erkennung des Leidens abhängig sein. Zumeist wird in der Literatur angegeben, daß die Vorboten erst 2—3 Tage vor dem Abortus sich bemerkbar machen, dann ist zum mindesten durch eine aktive Immunisierung selbstverständlich nichts mehr zu ändern. Einige Tierbesitzer, die ihre Tiere sehr genau beobachten, geben jedoch an, daß sie bereits 2—3 Wochen vor dem Verkalben ein leichtes „Lockerwerden in der Schwanzwurzelgegend und ein Heraushängen eines kleinen, weißlichgrauen Schleimfadens aus der Scheide" beobachten könnten und daß dies ein sehr sicheres Anzeichen des bevorstehenden Abortus sei.

7 Tiere, welche im 7. Monat der Trächtigkeit standen und diese Vorboten erkennen ließen, wurden mit Impfstoff A geimpft. Nach Angaben der Besitzer verschwanden diese Anzeichen im Verlauf von etwa 8 Tagen wieder. Die 7 Kühe trugen aus und brachten gesunde Kälber zur Welt.

Endlich haben wir noch beim **Abortus der Schweine** einige Untersuchungen angestellt.

In dem einen Bestand hatten im Verlauf eines Monats von 9 Sauen 4 verworfen. Der Agglutinationstiter des Blutes schwankte gegen die **Bang**schen Bazillen zwischen 0,02—0,05 ccm (normal 0,2 ccm). Die Sauen wurden zweimal mit Impfstoff A geimpft. Abortusfälle kamen hierauf nicht mehr vor.

In einem anderen Bestande herrschte schon längere Zeit Verferkeln. Der versuchsweise angewendete Impfstoff A war ohne Erfolg. Die hierauf vorgenommene serologische Untersuchung ergab einen Agglutinationstiter von nur 0,2 ccm. Aus einem verworfenen Fötus wurden Bazillen der Coli-Paratyphusgruppe herausgezüchtet. Weitere Untersuchungen sind noch im Gange.

Die Impfung gegen den infektiösen Abortus hat in den letzten Jahren Eingang in die **tierärztliche Praxis** gefunden. Zurzeit werden bereits 5 **Impfstoffe** in den **Handel** gebracht:

1. **Schutz-Lymphe „Abortin"** gegen das seuchenhafte Verwerfen von Dr. **Schreiber** in Landsberg.

2. **Bakterien-Extrakt** gegen seuchenhaftes Verwerfen von der Deutschen Schutz- und Heilserum-Gesellschaft (Dr. **Piorkowski**) in Berlin.

3. **Amblosin,** Impfstoff zur Bekämpfung des infektiösen Abortus der Rinder, der Farbwerke vorm. **Meister, Lucius** und **Brüning** in Höchst a. M.

4. **Abortoform,** von L. W. **Gans,** Oberursel a. T.

5. **Antektrol,** Impfstoff gegen das seuchenhafte Verwerfen, von der Chemischen Fabrik **Humann** und **Teisler** in Dohna i. Sa.

Schreibers Abortin stellt nach der Gebrauchsanweisung ein unschädliches Extrakt von Bakterien-Rein-Kulturen, speziell des **Bang**schen Abortusbazillus dar, welche bei dem seuchenhaften Verwerfen gefunden worden sind. Außer zu dem Zwecke, die aktive Immunisierung der Muttertiere anzuregen, kann das Abortin auch zur Erkennung (thermische Reaktion, s. S. 165) und Heilung bereits infizierter Tiere verwendet werden.

Die Schutzimpfung hat bald nach dem Belegen durch zwei subkutane Injektionen von 10 bzw. 14 Tage später von 20 ccm zu erfolgen. Zur Heilung sind 3 Impfungen nötig: 1. Impfung: 10 ccm, 2. 14 Tage nach der ersten: 20 ccm, 3. 8 Tage nach der zweiten: 20 ccm.

Dr. Piorkowskis Bakterienextrakt ist aus Abortusbazillen hergestellt. Im 1. und 5. Trächtigkeitsmonat sind 20 ccm Impfstoff einzuspritzen.

Das Amblosin ist vermutlich eine Aufschwemmung abgetöteter Abortusbazillen. Es dient zur Erkennung (thermischen Reaktion, s. S. 165), Verhütung und Heilung des Abortus.

Die Schutzimpfung geschieht in zwei Injektionen, die mit einer Pause von 8 Tagen vorgenommen werden. Die Dosis beträgt:

für Jungrinder	1. Impfung	15 ccm
,, ,,	2. ,,	30 ,,
,, ältere Rinder	1. ,,	20 ,,
,, ,, ,,	2. ,,	40 ,,

Rinder, die länger als 5 Monate tragend sind, dürfen erst nach normal erfolgtem Partus der Schutzimpfung unterzogen werden.

Zur Heilimpfung sind 3 Impfungen in 14tägigen Pausen vorzunehmen.

Das Abortoform ist vermutlich eine Auflösung von Abortusbazillen in Antiformin. Anwendungsweise wie Amblosin, Dosierung nur wenig abweichend.

Das Antektrol ist eine Aufschwemmung abgetöteter Abortusbazillen. Es findet nur zur Schutz- und Heilimpfung Anwendung. Dosis 5 ccm. Die Impfung ist nach 1 Monat und $^1/_2$ Jahr zu wiederholen. Vergl. auch hierüber S. 182.

Holth hat Schreibers Schutzlymphe untersucht. Es ist eine braungelbe, klare, bakterienfreie Flüssigkeit. Im Bindungsversuch konnte er geringe Mengen Antigen nachweisen. Dagegen lösten 3 ccm Lymphe beim Kaninchen die Bildung nachweisbarer Mengen von Immunstoffen nicht aus.

Piorkowskis Bakterienextrakt verhält sich nach Holth wie die Schreibersche Schutzlymphe.

Das Amblosin enthält zahlreiche, dem Abortusbazillus gleichende Bazillen und viele größere gramnegative Bazillen. Der Kulturversuch verlief negativ. 3 ccm Amblosin führten beim Kaninchen zur Bildung geringer Mengen von Immunstoffen (Holth).

Über die in den Handel eingeführten Abortusimpfstoffe liegen bisher nur einige wenige, meist zusammenfassende Urteile vor, die sich vielfach widersprechen.

Über die Schreibersche Schutzlymphe berichten Hasenkamp und Eichhorn, daß ,,jeder Erfolg ausblieb", während Majewski und Schreiber erwähnen, daß sie rechtzeitig angewendet ein brauchbares Mittel darstellt.

Mit dem Amblosin sind Holterbach, Majewski und Ssosonowitsch recht zufrieden, während von ihm (Åkerberg), sowie der Schreiberschen Lymphe und dem Abortoform Hieronymi und Marx sagten, daß sie nicht den gewünschten Erfolg verleihen. Nach Pflanz, Rust, Apffel, Lange und Schmidt haben dagegen die Impfungen mit den üblichen Abortusimpfstoffen im allgemeinen eine günstige Wirkung.

Literatur.

1. Ascoli, Technische Winke zur Züchtung des Bangschen Bazillus. Berl. tierärztl. Wochenschr. 1913. 301. und Zeitschr. f. Hyg. 75, 172. 1913.
2. Bang, B., Die Ätiologie des seuchenhaften (,,infektiösen") Verwerfens. Zeitschr. f. Tiermed. 1, 241. 1897.

3. **Bang, B.,** Das seuchenhafte Verwerfen der Rinder. Arch. f. wissensch. u. prakt. Tierheilk. **33,** 312. 1907.

4. — Das seuchenhafte Verwerfen. Norsk. Veterinärtidsskrift **20,** 310 u. 21, 17. (Ref. Jahresber. d. Veterinärmed. **28,** 106.)

5. **Bang, O.,** Impfungen gegen den infektiösen Abortus. Handb. d. Serumtherapie in d. Veterinärmed., herausgeg. v. **Klimmer** u. **Wolff-Eisner,** S. 222.

6. **Belfanti,** Über den Wert einiger neuer Diagnosemittel beim infektiösen Abortus. Zeitschr. f. Infektionskrankh. usw. d. Haustiere. **12,** 1. 1912.

7. **Barendregt,** Eine wenig bekannte Form der Verbreitung des Abortus und deren eventuelle Bekämpfung. Tijdschr. voor Veeartsenykunde **40,** 691. 1913. (Ref. Deutsche tierärztl. Wochenschr. 1913. 829.)

8. **Bräuer,** Über das epizootische Verkalben der Kühe nebst neuer, durch viele Versuche erprobter Behandlungsweise. Deutsche Zeitschr. f. Tiermed. **14,** 95. 1889.

9. **Brüll,** Beitrag zur Diagnostik des infektiösen Abortus des Rindes. Berl. tierärztl. Wochenschr. 1911. 721.

10. **Dassonville et Rivière,** Rev. génerale de méd. vétérin. **21,** 237 u. 301. 1913.

11. **Eichhorn,** Bericht über das Veterinärwesen im Königreich Sachsen für das Jahr 1911. 60.

12. **Fabyan, Marshall,** A contribution to the pathogenesis of B. abortus Bang. Journ. of med. research. **26,** 441. 1912.

13. **Mac Fadyean** und **Stockmann,** Die Agglutinationsprobe als Diagnostikum beim infektiösen Abortus. The Journ. of comparative path. and therap. **25,** 22. 1912. (Ref. Deutsche tierärztl. Wochenschr. 1913. 39.)

14. **Åkerberg,** Zentralbl. f. Bakt. etc. I. Ref. **61,** 411.

15. **Good,** The etiology of infectious abortion in live stock. Amer. veterin. Rev. **40,** 473. 1912. (Ref. Deutsche tierärztl. Wochenschr. 1912. 652.)

16. **Grinsted,** Maanedskrift for Dyrlaeger. **21,** 395. 1909. (Ref. Deutsche tierärztl. Wochenschr 1910. 312. und Berl. tierärztl. Wochenschr. 1909. 686.)

17. **Hadley and Beach,** Results with the complement fixation test in the diagnosis of contagious abortion of cattle. Amer. veterin. Rev. **42,** 43. 1912.

18. **Hasenkamp,** Zur Bekämpfung des Verkalbens ansteckender Art. Arch. f. wissenschaftl. u. prakt. Tierheilk. **39,** 422.

19. **Hesse,** Berl. tierärztl. Wochenschr. 1910. 280. und Zentralbl. f. Bakt. usw., I. Abt. **48.**

20. **Hieronymi,** Der infektiöse Abortus in Schlesien. Berl. tierärztl. Wochenschr. 1913. 23.

21. **Hindersson,** Der Wert des Amblosins als Diagnostikum beim epidemischen Verwerfen des Rindviehes. Finsk Veterinärtidskrift **19,** 187. 1913. (Ref. Deutsche tierärztl. Wochenschr. 1913. 829.

22. **Holterbach,** Deutsche tierärztl. Wochenschr. 1910. 124. und 1914. 88.

23. **Holth,** Die Agglutination und Komplementbindungsmethode in der Diagnose des seuchenhaften Verwerfens der Kühe. Berl. tierärztl. Wochenschr. 1909. 686.

24. — Untersuchungen über die Biologie des Abortusbazillus und die Immunitätsverhältnisse des infektiösen Abortus der Rinder. Zeitschr. f. Infektionskrankh. usw. d. Haustiere **10,** 207 u. 342. 1911.

25. — Untersuchungen über einige Bakterienpräparate, welche für die Bekämpfung des ansteckenden Verwerfens des Rindes feilgeboten werden. Maanedskrift for Dyrlaeger. **23,** 449. 1911. (Ref. Deutsche tierärztl. Wochenschr. 1912. 511.)

26. — Reaktion gegenüber der Infektion mit Abortusbazillen beim Bullen und deren ätiologische Verhältnisse. Maanedskrift for Dyrlaeger. **24,** 340. 1912. (Ref. Deutsche tierärztl. Wochenschr. 1913. 471.)

27. **Hutyra** und **Marek,** Spezielle Pathologie und Therapie der Haustiere. 4. Aufl. 1.

28. **de Jong,** Über einen Bazillus der Paratyphus-B-Enteritisgruppe als Ursache eines seuchenhaften Abortus der Stute. Zentralbl. f. Bakt. usw. I. Orig. **67,** 148. 1913.

29. **Kilborne, F.,** An outbreak of abortion in mares. U. S. Departement of Agriculture. Bureau of Animal Industry. Bulletin Nr. 3. 1893. 49.

30. **Krage,** Über die pathogene Wirkung des Abortusbazillus. 7. Tagung d. Freien Vereinig. f. Mikrobiol. in Berlin 1913. Zentralbl. f. Bakt. usw. I. Ref., **57,** 304 .

31. **Lehnert,** Verkalben der Kühe. Ber. üb. d. Veterinärwes. im Königr. Sachsen f. d. Jahr 1878. 95.

32. Lignières, und Lignières und Zabala, Zit. nach Meyer und Boerner, s. d.
33. Majewski, St., Das seuchenhafte Verkalben. Berichte d. Gesellsch. f. Seuchenbekämpfung. Frankfurt a. M. 1912. 162.
34. Melvin, The bacterium of contagious abortion of cattle demonstated to occur in milk. The veterin. Journ. **68**, 526. 1912.
35. Meyer, F. K., Contagious abortion of cattle. Proc. of the path. soc. of Philadelphia. **14**, 167. 1912.
36. — and Fred. Boerner, Studies on the etiology of epizootic abortion in mares. The Journ of Med. research. **29**, 325. 1913.
37. Meyer and Hardenbergh, On the value of the „Abortin" as a diagnostic agent for infectious abortion in cattle. The Journ. of infect. dis. **13**, 351. 1913.
38. van Neelsbergen, Der Paratyphusbazillus als Ursache des Abortus beim Pferde. Tijdschrift voor Veeartsenijkunde. **24**, 1912.
39. Nowak, Le bacille de Bang et sa biologie. Ann. de l'Instit. Pasteur. **22**, 541. 1908.
40. Ostertag, Zur Ätiologie der Lähme und des seuchenhaften Abortus der Pferde. Monatsschr. f. prakt. Tierheilk. **12**, 386. 1901.
41. Panisset, L., Le diagnostic de l'avortement épizootique des bovidés par les méthodes biologiques. Rev. génér. de méd. vétérin. **20**, 665.
42. Piorkowski, Berl. tierärztl. Wochenschr. 1910. 279.
43. Preiß, Zentralbl. f. Bakt. usw. I., Orig. **33**, 190. 1903.
44. Report of the Departemental Committee appointed by the board of agriculture and fisheries to inquire into epizootic Abortion. London 1909.
45. Schreiber, Berl. tierärztl. Wochenschr. 1912. 827.
45a. — Studien über den infektiösen Abortus der Rinder und seine Bekämpfung mittelst Impfung. Deutsche tierärztl. Wochenschr. 1913. 33.
46. Schröder und Cotton, Ein bisher unbeschriebenes Bakterium in der Milch. Amer. veterin. rev. **40**, 195. 1911.
47. Schulz, Über den diagnostischen Wert der Agglutination und der Intrakutanreaktion beim infektiösen Abortus der Kühe. Inaug.-Diss. Leipzig-Dresden 1912.
48. Smith, Theobald, Investigations concerning bovine Tuberculosis etc. Bureau of Animal Industry Bull. Nr. 7. Washington 1894. 80.
49. — On a pathologenic bacillus from the vagina of a mare after abortion. U. S. Departement of Agriculture. Bureau of Animal Industry. Bull. Nr. 3. 53. 1893.
50. Smith und Fabyan, Über die pathogene Wirkung des Bacillus abortus Bang. Zentralbl. f. Bakt. usw. I. Orig. **61**, 549.
51. Ssosonowitsch, A., Abortus bovinus epizooticus. Bote f. allg. Veterinärwes. 1912. 1052. (Russisch.) (Ref. Jahresber. d. Veterinärmed. **32**, 93.)
52. Stazzi, L'aborto epizootica e la vaginite granulosa. La clin. veterin. 1912. 250. (Ref. Deutsche tierärztl. Wochenschr. 1913. 615.)
53. Surface, Bovine infectious abortion among guinea-pigs. Journ. of Infect. dis. **11**, Nr. 3.
54. Szymanowsky, S., Über die Anwendung der Präzipitationsmethode zur Diagnostizierung des ansteckenden Verkalbens. Arbeiten a. d. Kais. Gesundh.-Amte. **43**, 145. 1913.
55. Thomsen, Axel, Zur Technik der Komplementbindung beim seuchenhaften Verwerfen des Rindes. Zeitschr. f. Infektionskrankh. usw. d. Haustiere. **13**, 175. 1913.
56. Tidswell, Frank, Contagious abortion in cow. Second Report of the Gouvernement Bureau of Mikrobiology dealing with work performed during 1910/11. (Ref. Zentralbl. f. Bakt. usw. I. Ref., **58**, 422.
57. Wall, Sven, Über die Feststellung des seuchenhaften Abortus beim Rinde durch Agglutination und Komplementbindung. Zeitschr. f. Infektionskrankh. usw. d. Haustiere. **10**, 23 u. 132. 1911.
58. Zwick, Über den infektiösen Abortus und die Sterilität des Rindes. Berl. tierärztl. Wochenschr. 1913. 23.
59. — und Krage, Über die Ausscheidung von Abortusbazillen mit der Milch infizierter Tiere. Berl. tierärztl. Wochenschr. 1913. 41.
60. — und Zeller, Über den infektiösen Abortus des Rindes. Arbeiten a. d. Kais. Gesundh.-Amte. **43**, 1. 1913.

IV. Tuberkulose-Immunität.

Von

J. Petruschky-Danzig.

——

Der Sprachgebrauch des Wortes „Immunität" ist neuerdings etwas unsicher geworden, nachdem bei der großen Ausdehnung der Immunitätsforschung vielfach Begriffe mit diesem Worte gedeckt wurden, die untereinander sehr verschieden sind. Da dieser Zustand naturgemäß die wissenschaftliche Verständigung sehr erschwert, so dürfte es am Platze sein, eine Verständigung über den Begriff „Immunität" und über die Abgrenzung gegenüber den in Betracht kommenden wissenschaftlichen Grenzbegriffen zu versuchen, damit von vornherein möglichste Klarheit herrscht.

Die alte Medizin verstand unter „Immunität" die bleibende Unempfänglichkeit eines lebenden Organismus gegenüber bestimmten Schädigungen, namentlich gegenüber Einwirkungen giftiger oder infektiöser Art, welche ähnlich geartete Organismen zu töten oder schwer zu schädigen pflegen.

Halten wir diesen ursprünglichen „strengen" Begriff der „Immunität" zunächst einmal fest, so werden alle vorübergehenden Zustände ähnlicher Art schon von diesem strengen Begriffe zu trennen sein. Man wird zwischen „bleibender" und „vorübergehender" Unempfänglichkeit unterscheiden müssen. Ferner werden zu trennen sein alle jene Zustände mehr oder weniger erhöhter Widerstandskraft, welche einer Unempfänglichkeit nicht gleichkommen. Der für solche Fälle vielfach gebrauchte Ausdruck „relative Immunität" enthält einen Widerspruch in sich. Wenn ein Organismus „nicht völlig unempfänglich" ist, so ist er eben nicht unempfänglich, sondern nur widerstandsfähiger als andere. Man wird hier von verschiedenen Graden der Resistenz sprechen müssen, wenn eine klare Verständigung möglich sein soll.

Nichtsdestoweniger wird es eine Verständigung nicht unmöglich machen, wenn man die bei künstlichen Immunisierungsversuchen aller Art beobachteten eigentümlichen Erscheinungen, namentlich die beim Studium des Blutserums und bei den zellulären Vorgängen in dem mit der Krankheit kämpfenden Körper beobachteten Vorgänge im ganzen unter dem Ausdruck „Immunitätsphänomene" zusammenfaßt, sobald man sich nur bewußt bleibt, daß diese Phänomene nicht ausschließlich Zeichen vollendeter „Immunität", sondern meistens Erscheinungen erst in der Entwicklung begriffener Immunisierungsvorgänge sind. Korrekter wird man daher nicht von „Immunitäts"-, sondern von „Immunisierungs"-Phänomenen sprechen. Eine ganz besondere Stellung nehmen noch diejenigen Vorgänge ein, welche gar nicht auf einen bleibenden Zustand der Unempfänglichkeit hinsteuern, sondern im Verlauf eines reinen, oft tödlich verlaufenden Krankheitszustandes vorübergehend auftreten, wie z. B. die Abwehrvorgänge Kranker gegenüber erneuter Zufuhr des gleichen Infektionsstoffs. Ebensowenig wie man von der „Immunität" eines Scharlachkranken gegen Scharlach, noch von der „Immunität" eines Typhuskranken gegen Typhus sprechen würde, ebensowenig kann man von der Tuberkulose-„Immunität" eines tuberkulosekranken Tieres oder Menschen sprechen. Für diese ganz eigenartigen Zustände habe ich die Bezeichnung „Durchseuchungsresistenz" vorgeschlagen und möchte daran festhalten, ohne damit über die größere oder geringere Bedeutung dieser Zustände für das Studium der Immunität irgend etwas präjudizieren zu wollen.

Nach Vorausschickung dieser Begriffsbestimmungsversuche werden wir auch bei der Tuberkulose folgende Erscheinungen unterscheiden können:

1. Echte, bleibende Unempfänglichkeit (= Immunität).
2. Verschiedene Grade relativer Widerstandsfähigkeit (= Resistenzgrade).
3. Erscheinungen zellulärer und humoraler Natur, die mit Immunisierungsvorgängen in Zusammenhang gebracht werden können (= „Immunisierungsphänomene").
4. Abwehrerscheinungen des tuberkulosekranken Organismus (= Durchseuchungsresistenz).

Bei der Behandlung des Stoffes empfiehlt es sich wegen der vorkommenden Übergangsformen, die Gruppen 1 und 2 und ebenso die Gruppen 3 und 4 zusammen abzuhandeln.

I. Echte, bleibende Immunität gegen Tuberkulose und die verschiedenen Resistenzgrade.

A. Natürliche Immunität und Resistenz gegenüber tuberkulöser Erkrankung überhaupt.

Früher ist vielfach angenommen worden, daß bestimmte Tierspezies der Tuberkulose gegenüber völlig immun seien, so unter den Haustieren die Schafe und Ziegen, unter den in Freiheit lebenden Tieren die Raubtiere. Diese Annahme hat sich aber nicht als haltbar erwiesen. Unter Schafen und Ziegen kommt Tuberkulose zwar viel seltener vor als bei Rindern und Schweinen, aber sie wird doch bei den zur Schlachtung auf Schlachthöfe gelangenden Tieren auch bei ihnen hin und wieder beobachtet. Nach einer Statistik des preußischen Landwirtschaftsministeriums von 1901 (zit. nach Cornet[1])) waren mit Tuberkulose behaftet von den zur Schlachtung gelangten Rindern 15,2%, Schweinen 2,55%, Schafen und Ziegen 0,1%, wobei zu bemerken ist, daß in manchen Ländern die Prozentzahl der tuberkulösen Rinder noch

---

[1]) Cornet, Die Tuberkulose. II. Aufl. Wien 1907. Hölder.

erheblich größer ist, so in Sachsen 1899 35,1%. Auch bei Raubtieren ist Tuberkulose in Einzelfällen zur Beobachtung gekommen, so beim Löwen, Königstiger, Panther, Jaguar. Sehr viel häufiger ist bekanntlich die Tuberkulose beim Affen; in Gefangenschaft lebend ist er vielleicht das für die natürliche Infektion empfänglichste Tier. Es handelt sich also bei den verschiedenen Säugetierspezies wohl um erhebliche Unterschiede in der Resistenz gegenüber der natürlichen tuberkulösen Infektion, aber eine echte bleibende Immunität gegen Tuberkulose ist anscheinend noch bei keinem Tiere mit Sicherheit konstatiert worden. Daß unter den Geflügelarten Tuberkulose nicht selten ist, ist eine bekannte Tatsache. Die Tuberkulose der Kaltblüter ist noch ein umstrittenes Gebiet. Das Vorkommen spontaner Kaltblütertuberkulose ist beim Karpfen (Dubard), bei Schlangen (Silbey), bei Schildkröten (Friedmann) und bei Fröschen (Küster) sicher beobachtet (zit. nach Küster[1])). Die Erreger sind untereinander nicht identische, säurefeste Bazillen, deren Temperaturoptimum wesentlich unter 37^0 liegt und die bei Warmblütern keine weiterverimpfbare Tuberkulose erzeugen. Demnach scheint die Empfänglichkeit für Tuberkulose unter warmblütigen und kaltblütigen Wirbeltieren der verschiedensten Spezies hinreichend sicher beobachtet, um eine völlige Immunität bestimmter Spezies mindestens sehr fraglich erscheinen zu lassen. Bei Kaltblütern scheint das Vorkommen tuberkulöser Spontanerkrankungen allerdings eine Rarität zu sein. Ganz anders liegt die Sache bezüglich der Empfänglichkeit für eine Infektion mit Tuberkuloseerregern anderer Spezies. Die Frage, ob Kaltblüter mit TB. der Warmblüter infiziert werden können, gehört noch zu den umstrittenen. In der Regel entsteht ebensowenig eine durch Passagen weiter übertragbare Krankheit wie bei der Verimpfung von Kaltblüter-TB. auf Warmblüter. Auch der Erreger der Vogeltuberkulose nimmt eine Stellung für sich ein. Doch können Papageien nicht nur für Vogel-, sondern auch für Menschen- und Rindertuberkulose empfänglich sein. Die Beobachtung Kochs, daß Rinder durch Infektion mit dem vom Menschen stammenden TB. keine Allgemeinerkrankung erleiden, ist durch zahlreiche Nachprüfungen bestätigt, während die Pathogenität der Rinder-TB. für den Menschen, namentlich den menschlichen Säugling noch umstritten ist. Lokalerscheinungen können durch die artfremden TB. in der Regel erzeugt werden. Auch können aus diesen die eingeimpften TB. in der Regel noch wiedergewonnen werden, aber nicht durch Passagen über die gleichen Tierspezies vermehrt werden. Eine Umwandlung der eingeimpften Warmblüter-TB. in den Kaltblütertypus ist zwar mehrfach behauptet worden, konnte aber bei exakter Nachprüfung nicht bestätigt werden.

Es scheint also eine echte bleibende Immunität der Warmblüter gegenüber Infektion mit den TB. der Kaltblüter zu bestehen, ebenso eine fast vollständige Immunität der Rinder gegenüber dem Typus humanus. Ferner eine sehr hochgradige Resistenz des Menschen gegenüber dem Typus bovinus und der Kaltblüter gegenüber den Warmblütertypen. Lokalerscheinungen können auch bei den unempfänglichen Spezies nach künstlicher Impfung mit artfremden Typen entstehen. Solche zu erzeugen, gelingt aber auch mit abgetöteten TB. infolge der als starker Zellreiz wirkenden

---

[1]) Küster, Die Kaltblüter-Tuberkulose. Handb. d. path. Mikroorg., herausgeg. v. Kolle u. Wassermann.

Toxizität der im Bazillenleibe der TB. enthaltenen Substanzen, gegen welche eine absolute natürliche Unempfänglichkeit nicht zu bestehen scheint. Es kann also eine volle Immunität gegenüber der Infektion mit einer mangelnden Resistenz gegenüber der Intoxikation Hand in Hand gehen. Da die Intoxikation durch TB-körper bzw. deren „Endotoxine" sich, abgesehen von den Lokalwirkungen in der Regel noch in einer langsamen und schleichenden Wirkung auf das Nervensystem äußert im Gegensatz zur akuten Fieberwirkung der wasserlöslichen Stoffwechselprodukte des TB. (des „Tuberkulins"), so wird hieraus eine Mahnung zur Vorsicht zu entnehmen sein bei den Versuchen therapeutischer Verwendung von Kaltblüter-TB. beim Menschen. (Friedmann, Moeller.)

Für den Menschen am wichtigsten ist nun die Frage, ob beim Menschen eine natürliche Immunität gegenüber der Spontaninfektion mit menschlichen TB. vorkommt. Eine volle Rassenimmunität bei bestimmten Menschenrassen scheint jedenfalls nicht zu bestehen. Bei allen Völkern der Erde ist Spontantuberkulose beobachtet worden, wo Gelegenheit zur Infektion vorhanden war. Ebensowenig hat sich die früher behauptete „klimatische Immunität" der Bewohner der Hochgebirgsgegenden und der südlichen Klimate aufrecht erhalten lassen. Bei vorkommender Infektionsgelegenheit erkranken auch die Bewohner dieser Gegenden an Tuberkulose, und zwar anscheinend um so heftiger, je länger diese Gegenden von Tuberkulose verschont gewesen sind (vgl. Muchs Beobachtungen in Palästina [1])). Aber die individuelle Immunität einzelner Menschen, sowie die Immunität bestimmter Familien ist vielfach behauptet worden. Diese Behauptung gründet sich namentlich auf die häufige Beobachtung, daß Frauen, welche aus einer anscheinend gesunden Familie stammend, in eine tuberkulöse Familie hinein geheiratet haben, vom tuberkulösen Manne nicht angesteckt werden, ihre heranwachsenden Kinder eins nach dem andern an Tuberkulose zugrunde gehen sehen und, trotzdem sie jedes derselben mit mütterlicher Sorgfalt und ohne besondere Vorsichtsmaßregeln gepflegt haben, selbst frei von tuberkulöser Erkrankung bleiben. Diese von alters her bekannte Beobachtungstatsache ist eines besonders eingehenden Studiums wert, da die richtige Erkenntnis ihres Zustandekommens vielleicht den Schlüssel zum Verständnis des Zustandekommens einer „Tuberkuloseimmunität" liefern könnte. Bis jetzt schlummern noch ungelöste Probleme in dieser Beobachtungstatsache. Da ich noch mehrfach auf sie zurückkommen muß, will ich sie im folgenden kurz als „Mutterimmunität" bezeichnen.

Die älteste Deutung derselben ist die Auffassung der Tuberkulose als „Familienkrankheit" im Sinne der Erblichkeit. Wer den Krankheitskeim nicht ererbt habe, könne ihn auch später nicht erwerben, wurde von den konsequentesten Vertretern dieser Auffassung angenommen. Diese Auffassung kann jetzt mit Sicherheit als unzutreffend bezeichnet werden. Die Vererbung des Tuberkulosekeims hat sich trotz der eifrigen Forscherarbeit eines der ersten Vertreter dieser Theorie, v. Baumgartens, als außerordentliche Seltenheit erwiesen. Vererbung vom Vater ist überhaupt nie mit Sicher-

---

[1]) Much, Eine Tuberkuloseforschungsreise nach Jerusalem. Brauers Beitr. VI. Supplementband 1913.

heit, erbliche Übertragung von der Mutter auf dem Wege des Plazentarkreislaufs nur in vereinzelten Fällen nachgewiesen worden. Die Neugeborenen sind nach dem übereinstimmenden Ergebnis der Sektionen und der Tuberkulinprüfungen fast ausnahmslos frei von Tuberkulose. Sie sind nur der Infektion in tuberkulösen Familien naturgemäß sehr viel mehr ausgesetzt als in gesunden Familien. Nur aus diesem Grunde kommen in der zweiten Hälfte des ersten Lebensjahres bereits zahlreiche Tuberkulosefälle bei Säuglingen vor, die nicht „ererbt", sondern durch Ansteckung erworben sind.

Eine neuere Modifikation der Auffassung der Tuberkulose als „Familienkrankheit" nimmt die Vererbung einer besonderen „Disposition" für tuberkulöse Erkrankung in der einen Gruppe der Familien, bei der anderen die Vererbung einer „Immunität" gegen Tuberkulose an. Auch diese Theorie ist, in ihrer allgemeinen Form wenigstens, mit den neueren Beobachtungen nicht vereinbar. Zunächst hat der Zustand, welchen die medizinische Wissenschaft früher als Ausdruck einer „ererbten Disposition" für Tuberkulose ansah, der sog. „Habitus phthisicus" sich mehr und mehr als körperliche Entwicklungsstörung infolge einer bereits erworbenen „latenten" Tuberkulose innerer Lymphknoten erwiesen, welche durch die neueren Untersuchungsmethoden mittelst der Tuberkulinprobe und der Röntgenaufnahme der Thoraxorgane einwandfrei nachweisbar ist. Die endgültige Bestätigung dieser Auffassung wird dadurch geliefert, daß solche Fälle der Heilung zugänglich sind, namentlich unter Tuberkulinbehandlung. Der „Habitus phthisicus" verliert sich dann, allerdings oft erst langsam, nach mehreren Behandlungsetappen. Es tritt eine „Konstitutionsänderung" ein, welche nicht nur in einem vermehrten Fettansatz besteht, sondern bei Kindern und jugendlichen Menschen auch in einer Änderung der Knochen- und Muskelentwicklung. Es handelt sich in diesen Fällen also nachweislich um eine erworbene Krankheitserscheinung, die sich im jugendlichen Alter noch beseitigen läßt, nicht um einen ererbten Körpertyp.

Trotzdem sind Empfänglichkeitsunterschiede gegenüber der tuberkulösen Infektion und auch Resistenzunterschiede gegenüber dem Fortschreiten der erworbenen Krankheit bei verschiedenen Individuen, sowie auch bei verschiedenen Familien nicht wegzuleugnen. Die Ursachen dieser Unterschiede sind wahrscheinlich komplizierter Art. Sie können mit einer ererbten Widerstandskraft und Regenerationsfähigkeit des Keimmaterials auf der einen Seite, mit ererbter Minderwertigkeit desselben auf der anderen Seite ebenso zusammenhängen wie mit erworbenen Eigenschaften, die einerseits durch gesundheitsgemäße Lebensweise, andererseits durch das Gegenteil einer solchen bedingt sind. Eine volle „Immunität der kräftigen Konstitution" besteht aber nicht, da tuberkulöse Spontanerkrankungen bei vorhandener Ansteckungsgelegenheit auch bei kräftigster Konstitution beobachtet werden. Nicht nur bei jugendlichen Berufsathleten, bei denen die Ansteckungsgelegenheit vom Staube des Erdbodens ja eine naheliegende ist, sondern auch bei anderen kräftigen Individuen männlichen und weiblichen Geschlechts, die einer besonderen Ansteckungsgefahr — z. B. in der nicht desinfizierten Wohnung verstorbener Phthisiker — ausgesetzt wurden. Hier scheint die „Virulenz" des Infektionsmaterials eine nicht unerhebliche Rolle zu spielen.

Versuchen wir diese miteinander kämpfenden Einflüsse der Virulenz der TB. und der Resistenz des infizierten Organismus in einer einfachen Formel zu veranschaulichen, so können wir die „Intensitas Morbi" als Resultante der Virulenz der Bazillen dividiert durch die Resistenz des Organismus bezeichnen:

$$\text{I.-M.} = \frac{V}{R}.$$

Halten Zähler und Nenner sich die Wage, d. h. befinden sie sich im „labilen Gleichgewicht", welches durch unvorhergesehene Akzidencen leicht gestört werden kann, so können wir von einer „labilen Resistenz" sprechen[1]. Diese „labile Resistenz" müssen wir z. B. bei den meisten Fällen „latenter", nicht fieberhaft verlaufender Tuberkulose als vorhanden annehmen. Zur „stabilen Resistenz" gelangt der Körper erst dann, wenn die Resistenz im Nenner unserer Gleichung eine solche Steigerung erfährt, daß auch weitere Belastungen des Zählers durch irgendwelche Akzidentien nicht mehr so stark in die Wagschale fallen, daß das Gewicht des Zählers das des Nenners übertrifft (der Wert des Bruchs mathematisch genommen größer als 1 wird). Bei der „stabilen" Resistenz liegt also der mathematische Wert des Bruchs stark unter 1, bei der „labilen" Resistenz schwankt er um den Wert von 1 herum.

Je größer schon bei der Infektion die Virulenz des Infektionsmaterials ist, desto eher kann jeder vorhandene Resistenzgrad „gebrochen" werden, je geringer dieselbe ist, desto deutlicher werden Unterschiede in der ererbten und erworbenen Resistenz sich geltend machen können. Desto mehr wird man auch auf den Erfolg kurativer Beeinflussung der vorhandenen Infektion rechnen können. Andererseits lehrt die Erfahrung, daß ungünstige Akzidentien, wie Unfälle und akute Erkrankungen (Influenza) durch Schwächung einer vorhandenen Resistenz, welche sonst der Virulenz der Infektion die Wage halten würde, einem Weitergreifen der Infektion, namentlich dem Auftreten von Metastasen Vorschub leisten können.

Bezeichnen wir die schädlichen Akzidentien mit A, die kurativen Maßnahmen mit C, so wird die obige Formel in etwas komplizierterer Gestalt so erscheinen:

$$\text{I.-M.} = \frac{V + A}{R + C}.$$

Nach einwandfreien Tierversuchen kommt nun auch noch die Quantität des Infektionsmaterials für den Verlauf der Infektion sehr wesentlich mit in Betracht. Der einzelne virulente Bazillus kann vielleicht durch die Summe der Wehrkräfte des Körpers noch vernichtet oder ausgeschaltet werden; tritt er aber in starker Multiplikation auf den Kampfplatz, so verringert sich die Chance des Kampfes. Führen wir den Begriff der Quantität des Infektionsstoffes (Q) ebenfalls noch in unsere Formel ein, so erhalten wir:

$$\text{I.-M.} = \frac{VQ + A}{R + C}.$$

---

[1] Vgl. Petruschky, Über Tuberkulose-Bekämpfung auf dem Wege der Sanierung von Familien und Ortschaften, Vortrag vor der wissenschaftlichen Ärztegesellschaft in Innsbruck 25. IV. 1913. Wiener klin. Wochenschr. 1913. Nr. 26.

Der Verlauf einer tuberkulösen Infektion beim Menschen hängt also keinesfalls allein von dem ererbten Resistenzgrade ab (das Wort „Disposition" kann sprachlich nichts anderes als einen geringen Resistenzgrad bezeichnen), sondern von einer ganzen Anzahl anderer Einflüsse. Das Vorkommen einer ererbten vollständigen Immunität auch gegenüber den virulentesten und massigsten Infektionen muß beim Menschen sehr fraglich erscheinen. Auch jene auffällige Beobachtung der „Mutterimmunität" wird vielleicht anders zu erklären sein als durch „ererbte Immunität" gegen Tuberkulose, zumal wenn die Mütter auf Tuberkulin reagieren, also keineswegs „gesund" sind.

Wir haben nun zunächst noch die Frage zu untersuchen, ob in den „tuberkulösen Familien" eine verminderte oder vermehrte Resistenz oder keines von beiden auf die Nachkommen vererbt wird. Früher herrschte fast allgemein unter den Ärzten die Auffassung vor, daß die „erbliche Belastung" in einer „Disposition für Tuberkulose", also in einer verminderten Resistenz bestehe und daß daher womöglich ein Heiratsverbot für Mitglieder solcher „erblich belasteter" Familien erlassen werden sollte. Eine abweichende Stellung nimmt auf Grund statistischer Studien am entschiedensten Reibmayr [1] ein, auf dessen Ausführungen ich noch zurückkommen muß. Sie sind wohl deshalb wenig beachtet worden, weil sie im schärfsten Gegensatz zu den Anschauungen und Zielen der „bakteriologischen Ära" zu stehen scheinen. Aber auch erfahrene deutsche Heilanstaltsärzte, wie Meissen [2], Turban [3], Rumpf [4], Weicker [5] vertreten die Ansicht, daß die Prognose des Verlaufs der tuberkulösen Erkrankung bei den „erblich Belasteten" nicht schlechter, sogar eher etwas besser sei als bei den Nichtbelasteten. Nach Turban verhalten sich hinsichtlich ihrer Heilungstendenz Nichtbelastete zu den Belasteten wie $44{,}8\%:49{,}6\%$, nach Weicker wie $44{,}1\%:46{,}6\%$. Mit diesen Erfahrungen stimmt durchaus überein die Beobachtung Muchs [6] in Palästina, daß die Tuberkulose bei den seit Generationen von ihr verschonten Familien am heftigsten um sich greift. Reibmayr verficht in seinem Buche „die Ehe Tuberkulöser" die Anschauung, daß genau nach Analogie des Verlaufs der akuten Epidemien auch die Tuberkulose bei den Überlebenden eine „Immunität" hinterläßt, die allerdings durch degenerative Merkmale der Körperkonstitution erkauft werde: den bereits besprochenen „Habitus phthisicus". Je länger ein Kulturvolk von der Tuberkulose „durchseucht" sei, desto geringer werde nach Reibmayr die Sterblichkeit an Tuberkulose, ungeachtet einer größeren Verbreitung der tuberkulösen Infektion. Reibmayr vertritt die Ansicht, daß jedes Volk die Durchseuchung mit Tuberkulose erst durchmachen müsse, um die Tuberkulose als Volkskrankheit zu überwinden. Die gegenwärtig im Vordergrund des Kampfes gegen die Tuberkulose stehenden vorbeugenden Maßnahmen gegenüber der Infektionsverbreitung hält Reibmayr deshalb für

---

[1] Reibmayr, Die Ehe Tuberkulöser und ihre Folgen. Leipzig u. Wien 1894. Die Immunisierung der Familien bei erblichen Krankheiten. Wien 1899.

[2] Meissen, Zur Kenntnis der menschlichen Phthise. Deutsche Medizinalztg. 1885. H. 59.

[3] Turban, Die Anstaltsbehandlung im Hochgebirge. Wiesbaden 1899.

[4] Rumpf, III. Jahresbericht der Heilstätte Friedrichsheim.

[5] Weicker, Tuberkulose-Heilstätten-Dauererfolge. Leipzig 1903.

[6] Much, l. c.

unzweckmäßig, aber auch für nutzlos in ihrer Wirkung. In einer Anmerkung sagt er (S. 306): „Einem Volke vorzuschreiben, wohin es zu spucken hat, und zu glauben, daß eine solche Vorschrift auch nur im geringsten befolgt werde, ist gewiß merkwürdig." Es liegt ohne weiteres auf der Hand, von wie einschneidender praktischer Bedeutung hier die Klärung der einander entgegenstehenden Anschauungen ist. Wir werden zu einer solchen vielleicht gelangen können, wenn wir zunächst noch einen Blick werfen auf:

B. Die erworbene Resistenz und Immunität gegenüber Tuberkulose.

Wenn wir unterscheiden zwischen Resistenz gegenüber tuberkulöser Infektion und Resistenz gegenüber dem tödlichen Verlauf der Krankheit, so lehrt die Erfahrung ohne weiteres, daß eine vererbte Resistenz gegen tuberkulöse Infektion nicht zu beobachten ist, da die tuberkulöse Infektion bekanntlich gerade die Kinder Tuberkulöser besonders häufig ergreift infolge der größeren Exposition derselben. Wenn nun die Beobachter darin einig zu sein scheinen, daß die Resistenz gegenüber dem tödlichen Verlauf der Krankheit bei den Nachkommen Tuberkulöser eher größer ist als bei den Nachkommen völlig tuberkulosefreier Familien, so liegt es nahe anzunehmen, daß neben dem ererbten auch noch ein erworbenes Moment dabei eine Rolle spielt: eine erst nach der Infektion einsetzende Steigerung der natürlichen Wehrkräfte des Organismus. Die Fähigkeit hierzu scheint durch den vorausgegangenen erfolgreichen Kampf des elterlichen Organismus in gesteigertem Maße vererbt zu werden, auch wenn die allgemeine Konstitution, z. B. die Beschaffenheit der Knochen und des Fettpolsters, keine günstige ist. Worin diese Steigerung der natürlichen Wehrkräfte besteht, darüber werden wir erst bei Besprechung der „Immunisierungsphänomene" Aufschluß zu erhalten versuchen können.

Liegt nun tatsächlich eine bessere „Immunisierungsfähigkeit" bei den „erblich Belasteten" vor, woher kommt dann die große Zahl der Todesfälle in diesen Familien, die bis zum völligen Aussterben der Nachkommenschaft gehen kann? Hierfür können drei Momente in Frage kommen: 1. die hohe Virulenz (V) des in der Familie bereits angepaßten „Passagevirus", 2. die Gelegenheit zur Masseninfektion (Q) bei der engen Berührung von Eltern und Kindern, 3. der frühzeitige Eintritt der Infektion im Kindesalter. Die beiden ersten Momente sind schon besprochen. Das dritte ist noch zu erörtern. Die Frage „Ist das junge Kind empfänglicher für die tuberkulöse Infektion als ältere Kinder oder Erwachsene?" ist nach den vorliegenden Erfahrungen unbedingt zu bejahen. Die Erfahrungen der Anatomen und der Kinderärzte lehren übereinstimmend, daß die im ersten Lebensjahre erworbenen Infektionen mit Tuberkulose spontan fast ausnahmslos ungünstig verlaufen und zum großen Teil rasch tödlich endigen. Das letzte Viertel des ersten Lebensjahres weist bereits eine hohe Tuberkulosesterblichkeit auf. Bei den nicht infizierten Kindern scheint dann die natürliche Widerstandskraft gegenüber einer später erworbenen Infektion von Jahr zu Jahr zu wachsen und die Krankheitsdauer sich zu verlängern. Die Todesfälle werden seltener, wiewohl bereits beim Eintritt in das schulpflichtige Alter etwa ein Drittel bis die Hälfte der Volksschulkinder auf Tuberkulin reagiert, also im Lymphdrüsensystem bereits infiziert ist. Während des schulpflichtigen Alters wächst wieder die Infektionsgelegenheit durch Hineintragen von Infektionskeimen aus infizierten Häusern und von der Straße in die Schulräume (seltener auch durch tuberkulöse Lehrkräfte). Die Sterblichkeit an Tuberkulose beginnt im schulpflichtigen Alter wieder zuzunehmen (Kirchner[1])). Ein Maximum erreicht die Tuberkulosesterblichkeit bekanntlich im erwerbstätigen Alter. Dabei ist es nicht erforderlich, auch m. E. gar nicht richtig, anzunehmen, daß in diesem Alter die natürliche Resistenz gegenüber dem ungünstigen Verlaufe der Krankheit wieder geringer wird als im schulpflichtigen Alter. Vielmehr sprechen alle Beobachtungstatsachen dafür, daß die auf dem Wege des Alterns erworbene natürliche Resistenzerhöhung gegen Tuberkulose bei normalem, nicht gesundheitswidrigem Leben ständig zunimmt bis ins hohe Alter, so daß die nach dem Schulalter erst erworbene Infektion mehr Aussicht hat, nach sehr chronischem Verlaufe auf dem natürlichen Wege auszuheilen als die früher erworbene, und daß jede durch die Wehrkräfte des Körpers überwundene Infektion bzw. jeder kleine, nicht zur Infektion führende Bazillenimport noch eine spezifische Steigerung der Wehrkräfte bedingt, vielleicht sogar eine echte erworbene Immunität gegen weitere Infektionen hinterläßt. Das Beobachtungsmaterial reicht noch nicht aus, um diese meine Auffassung unwiderleglich zu beweisen, aber es gibt auch keine Beobachtungen, welche direkt dagegen sprechen. Zunächst werden die bekannten Leichenbefunde abortiver Tuberkuloseinfektion v. Baumgartens, Bollingers, Nägelis u. a. durch diese Auffassung am einwandfreisten erklärt, indem man in solchen Fällen Schwachinfektionen annimmt, oder aber Spätinfektionen, welche vom Körper vermöge seiner gesteigerten Altersresistenz ohne nachweisliche künstliche Hilfe überwunden werden konnten. Diese Auffassung ist jedenfalls plausibler und mit dem sonstigen Beobachtungsmaterial besser in Einklang zu bringen als die Annahme einer ständigen Allgemeininfektion des Menschengeschlechts mit Tuberkulose bei vorherrschender Immunität gegen dieselbe und Absterben der wenigen „Prädisponierten“. Läge die Sache so, dann müßte die „Immunisierung“ des Menschengeschlechts unter Ausfall der Prädisponierten in 1—2 Generationen gelungen sein. Demgegenüber lehrt die tägliche Erfahrung, daß mit jedem neugeborenen Kinde ein neues, für Tuberkuloseinfektion sehr empfängliches Wesen auf den Schauplatz tritt, welches erst im Laufe von 1—2 Jahrzehnten einen Resistenzgrad erlangt, der es vielleicht in den Stand setzt, der Tuberkuloseinfektion von selbst trotzen zu können. Den Zeitpunkt der Infektion möglichst hinauszuschieben, wird also nach wie vor die bescheidene, aber wichtige Aufgabe der Prophylaxis für alle Fälle bleiben.

Die allmählich sich steigernde spontan erworbene „Altersresistenz“ unterliegt aber den Einflüssen der ungünstigen Akzidentien einerseits, welche sie abschwächen, und dem Einfluß der kurativen Maßnahmen, welche sie zu steigern vermögen.

Der Einfluß ungünstiger Akzidentien, wie Überanstrengungen, Gemütsdepressionen, Unfälle macht sich schon vor und während des Schullebens geltend, er steigert sich noch in der Zeit des Erwerbslebens, für Frauen noch besonders in der Zeit der Wochenbetten. Daher erklärt sich

---

[1]) Kirchner, Die Tuberkulose in der Schule, ihre Verhütung und Bekämpfung. Berlin 1908 und 1909.

wohl die Metastasenbildung und der häufig ungünstige Verlauf der bis dahin latenten — jahrelang vorher erworbenen — Drüsentuberkulose in diesem Alter. Der unheilvolle Einfluß eines zügellosen Lebens junger Leute auf die Verminderung der Resistenz gegen Tuberkulose ist allgemein bekannt. So erklärt sich zwanglos das Sterblichkeitsmaximum im Erwerbsalter, trotz bereits erhöhter Resistenz gegen Infektion.

Was nun die kurativen Maßnahmen anlangt, so kommen dieselben, abgesehen von der Verwendung einiger antiparasitärer Medikamente, durchweg auf den Versuch einer künstlichen Resistenz-Steigerung hinaus.

Die sog. „hygienisch-diätetische" Kur in besonderen Heilanstalten versucht zunächst alle schädlichen Akzidentien auszuschalten, sodann versucht sie den Ernährungszustand des Kranken zu bessern und die Widerstandskraft durch Abhärtungsversuche planmäßig zu steigern („allgemeines Training" des Körpers). Hierbei können allerdings durch zu schroffes Vorgehen auch schädliche Akzidentien eingeführt werden.

2. Die sog. „spezifische Kur", d. h. die Behandlung mit mehr oder weniger toxischen Produkten der Tuberkelbazillen versucht die besonderen Widerstandskräfte gegen diese Gifte zu steigern und durch vermehrte Blutzufuhr zu den erkrankten Organen deren Regenerationsfähigkeit zu erhöhen. Auch hierbei kann durch zu schroffes Vorgehen das Gegenteil erreicht werden.

Wenn nun ein „Heilerfolg" erzielt wird, ist der Geheilte dann „immun" gegen Tuberkulose? Dieser wichtigen Frage wollen wir unsere Aufmerksamkeit nun zuwenden.

Die hygienisch-diätetische Behandlung vermag bei hinreichend langer Durchführung in Fällen unkomplizierter Tuberkulose den Krankheitsverlauf günstig zu gestalten und in einem Teil der Fälle den Krankheitsprozeß zum völligen Rückgang zu bringen, auch anatomisch bis zur völligen Narbenbildung oder Verkalkung. Auch ohne jede planmäßige Behandlung kommt ja dieser Verlauf vor, wie die zahlreichen Gelegenheitsbefunde tuberkulöser Narben bei Sektionen beweisen, bei denen der Eintritt der Infektion wahrscheinlich erst in einem schon resistenteren Lebensalter erfolgt war. Eine erfolgreiche Neuinfektion ist in solchen „spontan geheilten" Fällen meines Wissens bisher nicht beobachtet worden.

Die hygienisch-diätetische Kur stellt meines Erachtens nichts als eine Begünstigung der Spontanheilung dar durch Fernhaltung aller schädlichen Akzidentien. Die Heilung erfolgt aber in der Regel sehr langsam, im Verlaufe vieler Jahre. Ich kenne eine Dame, welche ihre Lebenszeit vom 14. bis zum 40. Jahre mit „hygienisch-diätetischen" Kuren hingebracht hat und die Krankheit noch nicht ganz überwunden hat. Wie kommt es nun, daß Neuinfektionen bei solchen Fällen nicht beobachtet werden? Zunächst ist es bekannt, daß der von der tuberkulösen Infektion ergriffene Körper sich Neuinfektionen gegenüber anders verhält als der nicht tuberkulöse (Koch, Römer). Diese „Durchseuchungsresistenz" wird spezieller erst im nächsten Abschnitte zu behandeln sein. Hier sei nur festgestellt, daß nach Römer der infizierte Organismus eine Neuinfektion mit kleinen Mengen TB., wie sie bei den meisten Fällen der Spontaninfektion in Betracht kommen, nicht annimmt. Solange der Körper mit der Krankheit kämpft, ist er also vermöge der „Durchseuchungsresistenz" vor Neuinfektion geschützt. Verläuft nun die Krankheit regressiv, so bleibt trotzdem die Resistenz so lange bestehen, als noch „aktive“, d. h. Toxine an den Körper liefernde[1]) Herde vorhanden sind.

Da der Heilungsprozeß Jahre in Anspruch nimmt, so steigt gleichzeitig die natürliche „Altersresistenz“, und ist endlich die volle Vernarbung erfolgt, so wird selbst im Falle des Fehlens einer vollen „Immunität“ durch Summierung der sinkenden Durchseuchungsresistenz und der steigenden Altersresistenz ein Zustand eintreten, der einer wirklichen „Immunität“ praktisch sehr nahe kommt wenn der Geheilte das mittlere Lebensalter überschritten hat. Hierher gehört meines Erachtens die mehrfach erwähnte „Immunität der Mütter“. Ihre positive Reaktion auf Tuberkulin ist alsdann zwanglos erklärt. Um eine eigentliche „Immunität“ handelt es sich aber doch nicht! Denn, wird der regressive Verlauf unterbrochen durch schädliche Akzidentien, z. B. durch Unfälle oder akute Sekundärinfektion (Influenza usw.), welche viel schädlicher ist als die erneute Zufuhr von TB., so kann der regressive Verlauf wieder zu einem progressiven umgestaltet werden. Geschlossene Tuberkulose kann noch im späten Lebensalter zur offenen Tuberkulose werden, und so gelangen selbst im Greisenalter noch Fälle offener Tuberkulose zur Beobachtung, wie hinlänglich bekannt ist; ein sicherer Beweis dafür, daß eine wirkliche „Immunität“ in solchen Fällen nicht vorgelegen hat. Der Resistenzgrad dieser „Tuberkelgreise“ gegen den tödlichen Verlauf kann aber ein so außerordentlich hoher sein, daß das Endstadium ihrer Krankheit (offene Tuberkulose) sich bei guter Pflege noch über mehr als ein Jahrzehnt hinzieht (eigene Beobachtung).

Daß eine geringe Zufuhr von TB. zu Neuinfektionen von außen her nicht mehr führt, wurde schon erwähnt. Kann nun die ständige Neuzufuhr, z. B. bei pflegenden Müttern, etwa gar nützlich sein? Ich halte das nicht für ausgeschlossen. Seit wir wissen, daß TB. lebend und tot die intakte Haut passieren können, muß es als sehr wahrscheinlich gelten, daß pflegende Mütter auch bei möglichster Sauberkeit einer ständigen leichten Schmierinfektion an den Händen ausgesetzt sind. Ein Teil der in die Haut gelangenden TB. wird schon tot oder lebensschwach sein. Der kleine Rest lebendig in das Lymphsystem gelangender TB. wird vermöge der „Allergie“ im Körper vernichtet. Die Resorption der eingeführten „Endotoxine“ kommt dem Körper im Sinne eines künstlichen Immunisierungsprozesses wahrscheinlich zugute, ähnlich wie bei der spezifischen Behandlung. So kann gerade bei diesen im „tuberkulösen Milieu“ lebenden Frauen oder Witwen tuberkulöser Männer am ehesten ein Zustand „stabiler Resistenz“ spontan entstehen, der an eine „erworbene Immunität“ sehr nahe heranreicht, zumal wenn auch akuten Krankheiten gegenüber eine gewisse natürliche oder erworbene Resistenz besteht. Leider haben diese zwischen Sorgen und Hoffnung, Liebe und Entsagung gealterten Mütter und Witwen nur sehr selten Gelegenheit, ihre erworbene Widerstandskraft in einer nochmaligen Ehe zu bewähren und auf eine neue Generation von Kindern im Sinne Reibmayrs zu vererben. Die seltenen Fälle dieser Art dürften allerdings eines eingehenden Studiums wert sein. Es erscheint mir fraglich, ob in solchen Fällen schon die neugeborenen Kinder eine erhöhte Resistenz gegen Tuberkuloseinfektion besitzen.

---

[1]) Vgl. Petruschky, Grundriß der spezifischen Diagnostik und Therapie der Tuberkulose pag. 36.

Die von Reibmayr als natürlicher Weg der „Tuberkuloseüberwindung" bezeichnete allmähliche Durchseuchung der ganzen Menschheit unter Zurückbleiben der Resistenteren, die noch dazu das Opfer einer körperlichen Degeneration bringen müssen, würde nicht als ein Kulturideal zu bezeichnen sein.

Wie steht es nun mit den Wirkungen der „spezifischen Therapie"? Können wir auf diesem Wege zu einem erfreulicheren Kulturideal der Tuberkuloseüberwindung gelangen? Die Meinungen der Praktiker gehen bekanntlich auseinander. Neben glänzenden Dauererfolgen auf der einen Seite stehen Mißerfolge auf der anderen. Die Skeptiker verweisen immer wieder auf die angeblichen negativen Erfolge bei Tierversuchen, keineswegs mit Recht, wie ich gleich zeigen werde. Der spezifischen Therapie liegt die Beobachtung R. Kochs zugrunde, daß die Toxine des Tuberkelbazillus „Reaktionen" bei Tuberkulösen auszulösen vermögen, welche im wesentlichen in 4 verschiedenen Wirkungen bestehen:

1. Entzündungserscheinungen an der Injektionsstelle.
2. Wirkungen auf das Nervensystem, welche sich in dem subjektiven „Reaktionsgefühl" äußern, aber sicher mit noch weitergehenden Wirkungen verbunden sind.
3. Hyperämie der erkrankten Stellen.
4. Temperatursteigerung bei Einverleibung von erheblicheren Toxinmengen, deren Größe individuell verschieden ist.

Koch beobachtete Nekrosen des tuberkulösen Gewebes und Demarkationsvorgänge gegenüber dem Gesunden nach Ablauf der Reaktionen bei Hauttuberkulose. Außerdem wurde eine steigende Resistenz der Behandelten gegen steigende Toxindosen beobachtet, welche nach Analogieschluß eine steigende Resistenz auch gegen die im Körper gebildeten Toxine der TB. annehmen ließ.

Die spezifische Therapie stellt also einen Immunisierungsversuch gegen die toxischen Produkte der TB. dar, zu dessen Begleiterscheinungen eine automatisch eintretende Hyperämie an allen tuberkulös erkrankten Stellen gehört, die in Analogie zu den Bierschen Beobachtungen bei Stauungshyperämie tuberkulöser Organe zu den salutären Begleiterscheinungen gerechnet werden muß.

Woran liegt es nun, daß ein Teil der Beobachter mit diesen Immunisierungsversuchen stabile Heilungserfolge, ein anderer Teil nichts Bemerkenswertes, zum Teil sogar Schädigung der Kranken erzielt? Es ist nicht möglich, die ganze Frage der Behandlungstechnik hier aufzurollen und die ganze therapeutische Literatur als Beweismaterial heranzuziehen[1]). Es sei aber an einige Bemerkungen erinnert, welche ich mir im Jahre 1898 gegenüber den Tierversuchen des Herrn Stabsarzt Dr. Huber mit Neutuberkulin erlaubte[2]). Bei allen sog. „Immunisierungsversuchen" ist festzuhalten, daß „Behandlung mit steigenden Dosen" und „Immunisierung" keineswegs identische Dinge sind. Bei allen derartigen Tierversuchen, mit welchen Toxinen sie auch unternommen werden mögen, können folgende ganz verschiedene Ergebnisse erzielt werden:

---

[1]) Eine eingehendere Bearbeitung findet sich in Petruschky, Grundriß der spezifischen Diagnostik und Therapie der Tuberkulose. Leipzig. 1913. Leineweber.

[2]) Berl. klin Wochenschr. 1898. Nr. 12.

1. Akute tödliche Vergiftung durch schnelle „Toxinüberlastung“.
2. Chronische Vergiftung durch langsame Toxinüberlastung.
3. Ein im ganzen und großen ergebnisloses Schwanken zwischen erhöhter Resistenz und Intoxikation.
4. Eine wirkliche Immunisierung.
5. Ein negatives Ergebnis durch zu zaghaftes Vorgehen.

Es liegt auf der Hand, daß von diesen 5 Momenten nur eines (Nr. 4) zu dem gewünschten Ergebnis führt, während die 4 anderen das Ziel verfehlen. Die Möglichkeit der Mißerfolge liegt in zu schroffem oder in zu zaghaftem Vorgehen. Dazu kommt die individuelle Verschiedenheit der Objekte der Immunisierung, namentlich beim Menschen. Es läßt sich deshalb kein festes Schema für einen Immunisierungsversuch geben. Er ist bei jedem Individuum ein Werk ärztlicher Kunst, zu dessen erfolgreicher Durchführung Kenntnisse und Erfahrungen und vielleicht auch etwas intuitive Begabung gehören. So erklären sich wohl die verschiedenen Ergebnisse bei Menschen und Tieren.

Als Objekt für die Tierversuche wurden zuerst die für Tuberkulose maximal empfänglichen Meerschweinchen gewählt, deren tuberkulöse Erkrankung einer akut verlaufenden Tuberkulose des Menschen am nächsten steht. Die Chancen für Versuche spezifischer Behandlung waren daher von vornherein sehr ungünstig, und es kann schon deswegen nicht wundernehmen, daß die große Mehrzahl aller dieser Versuche nicht zur Heilung geführt hat. Dazu kommt, daß nur wenige Beobachter eine „individualisierende“ Behandlung ihrer Tiere versucht haben.

E. Pfuhl[1]) und S. Kitasato[2]) sind die ersten, welche im Kochschen Institute spezifische Behandlungsversuche an Meerschweinchen anstellten. Die Erfahrungen beider sind auch heute noch für den Immunitätsforscher von hohem Interesse. Aus den Arbeiten beider geht namentlich hervor, wie wichtig und schwierig eine individualisierende Dosierung bei diesen Versuchen ist. Pfuhl fand Injektionen unter 0,0001 Tuberkulin therapeutisch unwirksam (Nr. 5 der oben verzeichneten Möglichkeiten), während Dosen von 0,01 bereits einige Tiere innerhalb 24 Stunden töteten (Nr. 1 akute Toxinüberlastung), andere durch Dosen von 0,01—0,04 eine erhebliche Gewichtsabnahme erlitten (Nr. 2, chronische Toxinüberlastung). Die relativ besten Ergebnisse wurden mit Dosen erzielt, die zwischen den genannten lagen und die dann allmählich gesteigert wurden, wenn keine wesentliche Gewichtsabnahme erfolgt. Als Behandlungsergebnisse führt Pfuhl wörtlich an: „Während die Kontrolltiere schon zu einer Zeit an schwerer Tuberkulose der Milz und Leber starben, wo die Lungen nur noch wenig ergriffen waren, wurden bei dem behandelten Tiere die schweren Störungen von seiten der Milz und der Leber beseitigt und das Tier so lange erhalten, bis sich die Lungenerscheinungen zu einer lebensgefährlichen Höhe entwickelt hatten.“ Der Tod wurde bis zu $21^1/_2$ Wochen verzögert. Mit Nachdruck weist Pfuhl auf die verhängnisvolle Wirkung interkurrenter Infektionskrankheiten bei den behandelten Tieren hin. Völlig geheilte Tiere scheint Pfuhl nicht beobachtet zu haben.

---

[1]) E. Pfuhl, Beitrag zur Behandlung tuberkulöser Meerschweinchen mit Tuberculinum Kochii. Zeitschr. f. Hyg. u. Inf. **11**, 241. 1891.

[2]) S. Kitasato, Über die Tuberkulinbehandlung tuberkulöser Meerschweinchen. Zeitschr. f. Hyg. u. Inf. **12**, 321. 1892.

Kitasato führte eine streng individualisierende Behandlung durch und konnte bei einem Versuchsmaterial von im ganzen 50 behandelten Meerschweinchen 5 Heilungen und durchweg erhebliche Verzögerungen des Todes bei den behandelten Tieren erzielen, bis zu 23 Wochen nach der Infektion. Während die 6 Kontrolltiere, welche in quantitativ gleicher Weise wie die behandelten mit einer erheblichen Dosis (1 Öse) Reinkultur des Typus humanus subkutan infiziert waren, innerhalb 7—9 Wochen (!) an Tuberkulose zugrunde gingen, lebten von den 20 Tieren, welche mit Tuberkulin allein individualisierend behandelt wurden, 18 Tiere 10—23 Wochen lang, während 2 Tiere geheilt wurden und eine Nachinfektion ohne Schaden überstanden. Von 30 unter Kombination mit chemischen Stoffen behandelten Tieren lebten 27 ebenfalls 10—23 Wochen lang, 3 wurden geheilt. (Im Verhältnis das gleiche Ergebnis wie bei reiner Tuberkulinbehandlung.) Von den 45 gestorbenen Tieren erlagen 24, also die größere Hälfte einer interkurrenten Pneumonie. Bei einem großen Teile der gestorbenen Tiere waren narbige Veränderungen an den tuberkulösen Herden wahrzunehmen, wie sie bei nicht behandelten nicht vorkamen. Kitasato resümiert folgendermaßen:

„Ich konnte mich also auf das Bestimmteste überzeugen, daß durch die Tuberkulinbehandlung auch die Tuberkulose in den Lungen der Versuchstiere entschieden günstig beeinflußt wird, wenn es eben unter günstigen Umständen gelingt, ein Tier bis zu der hierzu nötigen Zeit vor interkurrenten Krankheiten zu schützen.

Diejenigen meiner Versuchstiere, im ganzen 5 Meerschweinchen, die heute, also über 7 Monate nach der Infektion, noch leben, bei denen das Impfgeschwür längst völlig verheilt ist, deren früher stark geschwollene Lymphdrüsen nicht mehr palpabel sind, die ständig an Gewicht zunehmen und bei denen infolge dessen schon seit dem 1. Januar 1892 die Behandlung ausgesetzt war, kurz völlig wieder den Eindruck von normalen Tieren machen, hat Herr Geheimrat Koch am 20. Januar von neuem mit Tuberkelkulturen geimpft. Ohne jede weitere Behandlung gestaltete sich der Verlauf dieser zweiten Infektion folgendermaßen: Nach einigen Tagen nach der Impfung zeigte sich die Umgebung der Impfstelle in der Größe eines Markstückes stark geschwollen und hart infiltriert. Die infiltrierte Stelle war durch eine blaß gelbbraune Färbung gegen die rötlich gefärbte Umgebung scharf abgegrenzt. Nach einer Woche stieß sich diese infiltrierte Partie spontan nekrotisch ab, um eine frisch aussehende granulierte Wundfläche zurückzulassen. Diese ist von selbst innerhalb zwölf Tagen nach der Impfung völlig verheilt, was sonst nie vorkommt. Eine weitere Folge hat diese zweite Infektion nicht gehabt, nicht einmal die nächstgelegenen Lymphdrüsen sind dabei angeschwollen. Das Gewicht der Tiere hat ununterbrochen bis heute zugenommen.“

„Wenn es also gelingt, ein Tier mittelst Tuberkulin von Tuberkulose zu heilen, dann ist für dieses Tier eine zweite Infektion innerhalb einer gewissen Zeit unschädlich. Wie lange allerdings dieser Zustand der Widerstandsfähigkeit anhält, darüber bin ich außerstande, nähere Angaben zu machen, da ich infolge meiner Abreise diese Untersuchungen abbrechen und der Öffentlichkeit übergeben mußte.“

Dieser Bericht läßt selbst bei vorsichtigster Kritik keine andere Deutung zu, als daß es Kitasato gelungen ist, von 50 tuberkulösen Meerschweinchen

5 endgültig zu heilen, und daß diese sich gegen erneute Infektion voll
resistent erwiesen. Wenn Kitasato selbst nicht von „Immunität"
spricht, sondern von einem „Zustand der Widerstandsfähigkeit", über dessen
Dauer er sich noch nicht aussprechen kann, so ist das eine vorsichtige Reserve
des gewissenhaften Berichterstatters, welcher die beobachteten Befunde um
so glaubwürdiger erscheinen läßt.

Vergleichen wir nun hiermit die am Menschen beobachteten Dauerheilungen
durch die spezifische Therapie, so ergibt sich ein vollkommen analoges
Resultat. Auch hier gelingt es zwar nicht, wenigstens nicht bei offener Lungentuberkulose, sämtliche Behandelten zu heilen. Ein Teil erliegt interkurrenten,
akuten Erkrankungen oder der an diese sich anschließenden Verschlimmerung
der Tuberkulose. Ein anderer Teil aber, und zwar ein erheblich größerer Bruchteil als bei den tuberkulösen Meerschweinchen (etwa $30-40\%$) verliert sämtliche Krankheitserscheinungen und gewinnt seine Gesundheit und Leistungsfähigkeit wieder. Über die Dauer dieser Heilung liegen jetzt bereits beim Menschen viel längere Beobachtungszeiten vor als bei Kitasatos Tierversuchen.
Aus meinen eigenen Erfahrungen kann ich berichten, daß die ältesten Fälle
offener Tuberkulose, welche unter Tuberkulinbehandlung heilten, seit dem Jahre
1896 also jetzt seit 18 Jahren heil geblieben sind[1]). Penzoldt besitzt noch länger
zurückreichende Heilungsergebnisse. Überdies kann ich auf einige hundert
Fälle geschlossener Tuberkulose zurückblicken, von denen unter spezifischer
Behandlung etwa 99% geheilt sind. Bei keinem derselben ist eine Neuinfektion mit Tuberkulose beobachtet worden.

Es scheint also, daß auch beim Menschen durch Heilung einer bestehenden
Tuberkulose auf dem Wege der spezifischen Behandlung ein Zustand „stabiler
Resistenz" erreicht wird, welcher von einer echten bleibenden
Immunität durch nichts zu unterscheiden ist. Wenn ich nur von
„stabiler Resistenz" spreche, so geschieht das nur deshalb, weil beim Menschen
eine Nachprüfung durch künstliche Infektion ausgeschlossen ist und die Gelegenheit zur natürlichen Infektion, so häufig sie auch vorhanden sein mag,
doch als völlig einwandfreie Prüfung nicht bewertet werden kann.

Ein sehr wesentlicher Punkt ist aber der, daß die stabile Resistenz unter
spezifischer Therapie um ein vielfaches schneller erreicht wird als bei
exspektativer oder hygienisch-diätetischer Behandlung. Wenn die Behandlung
bereits in der Kindheit, sogleich nach Feststellung der Infektion einsetzt, ist
im heiratsfähigen Alter Heilung und stabile Resistenz bereits hergestellt. Wie
weit sie vererbbar ist, müssen weitere Beobachtungen erst lehren. Daß die
jungen Kinder der Geheilten nicht etwa „immun" gegen tuberkulöse
Infektion sind, kann jetzt schon als hinreichend festgestellt gelten. Der Kampf
um die Erhöhung der Resistenz gegen Tuberkulose muß also in
jeder Generation wieder aufs neue geführt werden, genau wie bei
den anderen Infektionskrankheiten.

Eine weitere gesicherte Beobachtungstatsache ist aber die bereits erwähnte,
daß unter spezifischer Therapie der „Habitus phthisicus" allmählich
verschwindet und einer gesunden Konstitution weicht und daß die Kinder

---

[1]) Vgl. die „Liste geheilter Fälle" in meinem Referat „Die spezifische Behandlung der Tuberkulose" Versammlung deutscher Naturforscher und Ärzte. München 1899.
Berl. klin. Wochensehr. 1900. Vortr. z. Tuberk.-Bek. Leineweber. 1900.

der Geheilten, soweit ich dies bisher beobachten konnte, niemals einen „Habitus phthisicus" erben, sondern sich durch besonders kräftige Konstitution auszeichnen [1]).

C. Der Versuch künstlicher Immunisierung gesunder Tiere.

Die endgültigen Erfolge der von zahlreichen Forschern unternommenen Immunisierungsversuche an gesunden Tieren stehen bisher leider im umgekehrten Verhältnis zu der reichlich darauf verwandten Zeit und Mühe. Kochs Versuche, Tiere durch abgetötete TB. zu immunisieren, sind sämtlich mißglückt. Sie scheiterten nach Kochs Angabe an der Unmöglichkeit, eine größere Menge TB. im Körper zur völligen Resorption zu bringen. Weder auf dem subkutanen noch dem intraperitonealen, noch dem intravenösen Wege war Resorption zu erzielen. Die lokale Reizwirkung erzeugte Eiterung und Verwachsungen, die Endotoxinwirkung gefährdete das Leben der Tiere. Die Möglichkeit perkutaner Einverleibung auf dem Wege der Einsalbung war Koch noch nicht bekannt. Immunisierungsversuche auf diesem Wege stehen noch aus. Nach den Beobachtungen von Fraenken, Königsfeld u. a. scheint die normale Haut lebende TB. teilweise lebendig durchzulassen, teilweise zu zerstören. Durch eigene Beobachtungen am Meerschweinchenohr überzeugte ich mich von dem Durchtritt abgetöteter TB. durch die Haut unter Zerkleinerung, Verlust der Säurefestigkeit und allmählicher Auflösung, wobei keinerlei Schädigung der Haut zu beobachten war.

Zahlreiche andere Autoren versuchten durch physikalische oder chemische Einwirkung die Giftigkeit der TB. zu mitigieren und ihre Resorbierbarkeit zu fördern.

So Löffler mit Erhitzung der scharf getrockneten TB. auf Temperaturen bis 180⁰, Levy (mit Glyzerin, Milchzucker, Harnstoff), Daremberg, Roux und Calmette, Calmette und Guérin, Lingnières, Rosenau und Anderson mit Erhitzung der TB. auf 70⁰, Bartel mit Lymphdrüsengewebsbrei, Schweder mit Milzsaft, Calmette mit Chlor- und Jodpräparaten und mit Entfettung der TB., Noguchi, Zeuner, Marxer mit Ölseifenlösung („Tebesapinpräparate), Deyke und Much mit Neurin und Cholin, Markus Rabinowitsch durch Züchtung auf formalinhaltigen Nährböden.

Ein großer Teil dieser Versuche verlief völlig negativ, bei anderen wird Resistenzerhöhung angegeben, die in einer Lebensverlängerung der vorbehandelten Tiere gegenüber den Kontrolltieren und in teilweise regressiven Veränderungen des tuberkulösen Krankheitsprozesses bei den schließlich doch an Tuberkulose eingegangenen Tieren zum Ausdruck kommt. So beobachtete Löwenstein und später di Donna bei Vorbehandlung von Meerschweinchen mit TB.-Kulturen, die durch Lichtwirkung und Austrocknung zum Absterben gebracht waren (ohne chemische Mittel) Lebensverlängerung bis über ein Jahr nach der Infektion und Lebernarben bei den getöteten Tieren bei im übrigen ausgebreiteter Tuberkulose. Auch durch Vorbehandlung mit Grasbazillen Möller mit Blindschleichen-TB. Möller und Löwenstein und mit Schildkröten-TB. (Friedmann) wurde eine deutliche Resistenzerhöhung

---

[1]) Vgl. Petruschky, Über Ehen und Nachkommenschaft Tuberkulöser. usw. Zeitschr. f. Tuberk. 1904 u. Internat. Tub.-Kongreß 1912(Ref. „Tuberkulosis"). Vgl. auch „Grundriß der spez. Diagn. u. Therapie d. Tub. (Abbildungen!).

beobachtet, aber keine endgültige Immunität, namentlich nicht gegen die Nachprüfung mittelst intravenöser Injektion virulenter TB.

Es kann nun mit Recht die Frage aufgeworfen werden, ob diese Art der Prüfung mit der schwersten Form der künstlichen Infektion (intravenös) den natürlichen Infektionsverhältnissen entspricht. Den intravenösen Weg kann eine natürliche Infektion von außen kaum jemals nehmen; sondern nur die Metastasenbildung im bereits kranken Organismus. Um die natürliche Infektion nachzuahmen von außen würde die Inhalationsinfektion oder eine Form der Schmierinfektion, welche Kontrolltiere sicher tötet, geeigneter sein. Es kommt bei der Wahl des Prüfungsmodus die bei allen künstlichen Infektionen und auch bei manchen natürlichen Erkrankungen an Infektionskrankheiten zu beobachtende Tatsache in Betracht, daß eine hochvirulente und eine massige Infektion selbst hohe Resistenzgrade „bricht". Z. B. bei Immunisierungsversuchen mit pyogenen Kokken ist ähnliches zu beobachten. Um die verschiedenen Resistenzgrade zur Beobachtung zu bringen, ist daher eine abgestufte Prüfung mit Infektionsmaterial verschiedener Virulenz oder mit abgestuften Mengen des gleichen Infektionsmaterials erforderlich. Wenn Versuche als „völlig negativ" bezeichnet werden, die in Wirklichkeit doch wertvolle Resistenzgrade zur Beobachtung gebracht haben, so liegt die Schuld auch hier an einer mangelhaften Differenzierung der Prüfung. Der Urtyp dieser Beobachtungen über die Resistenzgrade findet sich schon in Pasteurs Beobachtungen des Verhaltens der Tiere gegenüber seinen beiden Milzbrand-Vakzins. Das mit Vakzin I vorbehandelte Tier ist resistent gegen Vakzin II. Während nun durch vorzeitige Infektion mit vollvirulentem Material diese Resistenz noch gebrochen wird, ist nach Behandlung mit Vakzin II — unter Ausfall einiger Tiere — die Immunität gegen natürliche Infektion erreicht. Künstliche Infektion mit großen Quantitäten hochvirulenten Materials würde auch diese noch brechen können.

Dem Pasteurschen Grundgedanken folgen die v. Behringschen Immunisierungsversuche an Rindern („Bovovakzination"). Die Tiere werden mit abgestuften Quantitäten der für sie nicht infektiösen lebenden TB. des Typus humanus intravenös behandelt (vakziniert). Das Ergebnis ist eine Resistenzerhöhung gegenüber natürlicher und künstlicher Infektion, über deren Dauer die Ansichten noch auseinander gehen. Eine „Immunität" gegen intravenöse Infektion wurde nicht erzielt, wie namentlich aus den Nachprüfungen des Kaiserlichen Gesundheitsamtes (Weber, Titze, Jörn) hervorgeht.

Auch durch die intravenöse Vakzination mit größeren Dosen „Tauruman" (Koch, Schütz, Neufeld, Miessner), welches ebenfalls eine Aufschwemmung lebender TB. vom Typus humanus darstellt, wird nur eine vorübergehend erhöhte Resistenz gegenüber Inhalations- und Fütterungsinfektion erzeugt, keine volle und bleibende Immunität. Die verimpften TB. gehen ins Blut und in die Milch der vakzinierten Kühe über. Letzteres suchte Heymans zu vermeiden, durch Einführung lebender und virulenter, in Schilfsäckchen eingeschlossener TB. humanen und bovinen Ursprungs unter die Haut von Rindern. Die TB. können hierbei nicht ins Blut übergehen. Es wurde ebenfalls Resistenzerhöhung von begrenzter Dauer erzielt.

v. Baumgarten vakzinierte Rinder subkutan mit lebenden, kaninchenvirulenten TB. humanen Ursprungs und beobachtete Resistenzerhöhung über mehrere Jahre. Die Bazillen gingen nicht ins Blut über. Die Nachprüfungen im Kaiserlichen Gesundheitsamte fielen weniger günstig aus.

Die erfolgreichen Versuche Mc Fadyeans, auf Tuberkulin reagierende, also bereits auf dem natürlichen Wege infizierte Rinder durch Behandlung mit Alttuberkulin auf eine erhöhte Resistenz zu bringen, gehören eigentlich nicht in diesen Abschnitt, seien aber der Vollständigkeit halber erwähnt. Sie bilden ein analoges Seitenstück zu den Ergebnissen der Tuberkulinbehandlung beim Menschen und sind weiteren Studiums wert, schon im wissenschaftlichen Interesse, auch wenn sie als nutzbringend für die Landwirtschaft nicht in Betracht kommen sollten. Der Versuch einer Perkutanbehandlung reagierender Kälber wäre ebenfalls zu machen[1]).

Das Fazit aller dieser Beobachtungen bei künstlichen Immunisierungsversuchen gegen Tuberkulose ist, daß eine volle Immunität bis jetzt nicht erreicht ist, wohl aber deutliche Resistenzerhöhungen von größerer oder geringerer Dauer. Die weiteren Versuche werden dahin zielen müssen, sowohl die Höhe der Resistenz als ihre Dauer noch einer Steigerung zuzuführen. Ein mehr „individualisierendes" Vorgehen wird — nach Analogie der Erfahrungen beim Menschen — auch hier vielleicht am ehesten zum Ziele führen.

II. Die „Immunisierungs-Phänomene" und die „Durchseuchungs-Resistenz".

Als v. Behring und Roux bei ihren grundlegenden Forschungen über das Diphtheriegift, Ehrlich bei seinen wichtigen Ricin- und Abrinstudien, Kitasato bei seinen sorgfältigen Untersuchungen über das Tetanusgift die Beobachtung machten, daß bei planmäßig gesteigerter Zufuhr gewisser organischer Gifte in einem gesunden Organismus gesetzmäßig Gegengifte gebildet werden, die in kleinen Mengen des dem Körper entzogenen Blutserums nachweisbar sind, glaubte man zunächst „das Problem der Immunität" gelöst. Man glaubte der Heilung und Verhütung aller Infektionskrankheiten auf dem Wege der „aktiven" und „passiven" Immunisierung sehr nahe gerückt zu sein. Die weiteren Beobachtungen bei anderen Krankheiten ließen das Problem aber viel komplizierter erscheinen. R. Pfeiffer wies nach, daß für Cholera und Typhus das gleiche Schema nicht gilt; daß das Serum bei diesen Krankheiten nicht sowohl antitoxische als spezifisch „bakteriolytische" Eigenschaften gewinnt. Gruber und Pfeiffer machten dann die weiteren Beobachtungen über „agglutinierende" Eigenschaften des Serums spezifisch behandelter Tiere, später wurden von Bordet und von Neufeld die thermostabilen „bakteriotropine", von Wright die thermolabilen „opsonischen" Substanzen des Serums beobachtet, und schließlich konnte festgestellt werden, daß weit über das Gebiet der Infektionskrankheiten hinaus jede Art organischer Fremdkörper, Zellarten, Hautschuppen, ja artfremde Blutzellen und artfremdes Serum bei dem vorbehandelten Tiere Abwehrstoffe erzeugten, die im Serum nachweisbar sind und die streng spezifisch sich nur gegen das Agens („Antigen") richten, mit welchem die Vorbehandlung erfolgt ist. Diese streng spezifischen Wehrstoffe möchte ich unter dem Sammelnamen „Defensine" zusammenfassen zum Unterschiede von den nicht spezifischen Abwehrstoffen,

---

[1]) Anm. während der Korrektur: Dieser Versuch ist von tierärztlicher Seite bereits in Angriff genommen.

die wir nach Buchner als „Alexine" bezeichnen. Nun hat sich mehr und mehr der Gebrauch eingebürgert, den Nachweis solcher Defensine im Serum des vorbehandelten Tieres als „exakten Nachweis der Immunität" zu betrachten. Diese Auffassung entspricht aber den Tatsachen keineswegs und gibt zu unzähligen Mißverständnissen Anlaß.

Die grundlegende Beobachtung, welche dieser Identifizierung von „Defensinproduktion" und „Immunität" entgegensteht, rührt bereits von v. Behring her. Er beobachtete bei Pferden, welche der Vorbehandlung mit Diphtherietoxin unterzogen wurden, bei schroffer Dosensteigerung nicht eine gleichmäßig steigende Unempfindlichkeit („Immunität") gegen erneute Giftzufuhr, sondern zuweilen gerade das Gegenteil, eine „Überempfindlichkeit" gegen erneute Giftzufuhr. Ja die Tiere konnten an weiterer Giftzufuhr eingehen, trotzdem sie ausgezeichnete Serumlieferanten waren. Diese in ihren zellulären Zusammenhängen noch nicht vollkommen aufgeklärte Beobachtung, die wohl mit dem „Übertrainieren" eines Sportlers in Analogie zu setzen ist und ganz allgemein als eine Überanspruchung des betreffenden „Übungsmechanismus" aufzufassen ist mahnt für sich allein schon, „Immunität" und „Defensinproduktion" scharf zu trennen. Jene ist ein Zustand, diese eine Leistung des Organismus.

Alle späteren Beobachtungen stimmen darin lückenlos überein, daß Training auf „Leistung" und Training auf den Zustand der „Widerstandskraft" durchaus nicht identische Dinge sind. Eine steigende Leistung kann mit Resistenzverminderung einhergehen, sinkende Leistung mit Resistenzerhöhung, die serologisch nachweisbare Leistung kann fast verschwunden sein, wenn die Resistenz am höchsten ist und an volle „Immunität" heranreicht.

Auch bei Tuberkulose liegen die Dinge nicht anders. Für R. Koch war es eine Hauptquelle der Enttäuschungen in der spezifischen Therapie, daß er lange Zeit hindurch das Ertragen hoher Tuberkulindosen oder später die Erlangung hoher „Agglutinationswerte" bei den Behandelten als Kriterium steigender „Immunität" gegen Tuberkulose betrachtete. — Auch in den Arbeiten der letzten Jahre klingt diese irrige Auffassung noch vielfach nach, während bereits v. Wassermann und Bruck in ihren Arbeiten über den Nachweis des „Antituberkulins" im Blute sehr richtig betonen, daß dieses die weitere Erhöhung der Tuberkuloseresistenz der Behandelten nicht fördert, sondern hemmt, weil es die Wirkung weiterer Tuberkulindosen auf die erkrankten Gewebe aufhebt. Eine erneute Wirkung findet erst dann statt, wenn die Antituberkulinproduktion zurückgegangen ist. Es stimmt diese Auffassung völlig zu der von mir empirisch gefundenen Zweckmäßigkeit der Auflösung einer Tuberkulinbehandlung in einzelne Kuretappen, wobei die Behandlung erst dann erneut einzusetzen hat, wenn die Unempfindlichkeit des Kranken überwunden ist, also die hinderliche Antituberkulinproduktion zurückgegangen ist

Von den zahlreichen Arbeiten der letzten Jahre, welche sich mit der Produktion der verschiedenen Defensine bei Tuberkulose beschäftigen, möchte ich nur einige Typen derjenigen hier näher ins Auge fassen, welche die Erzielung aktiver Immunität bzw. Resistenz oder die Übertragung „passiver Immunität oder Resistenz" im Auge haben, während ich bezüglich der zahlreichen rein serologisch interessanten Arbeiten auf die in ihrer Art vortreffliche Zusammenstellung von Löwenstein verweise, der in seiner Bearbeitung der „Tuberkuloseimmunität" in Kolle-Wassermanns Handbuch diese Gruppe besonders eingehend berücksichtigt hat.

Loeffler konnte Hunde und Kaninchen, von denen jene für den humanen, diese für den bovinen Typ der TB. empfänglicher sind, in der Weise immunisieren, daß er zunächst mit den nach eigener Methode scharf getrockneten und hoch erhitzten TB. vorbehandelte, dann die Tiere mit dem für sie wenig offensiven Typ der TB. (Hunde mit bovinen, Kaninchen mit humanen) weiter behandelte bis sie hohe Dosen lebender TB. vertrugen. Dann wurde ihnen die für sie offensivste Form der TB. einverleibt, gegen welche sie sich nach Loeffler immun erwiesen. Eine passive Übertragung ist nur andeutungsweise gelungen, indem das Serum der vorbehandelten Kaninchen auf Tuberkulose des Meerschweinchens verzögernd wirkte, was durch Hundeserum nicht zu erreichen war.

Das Ergebnis zeigt den Typus einer durch sorgfältige, milde Vorbehandlung erzielten hohen aktiven Resistenz ohne erhebliche serumproduktive Leistung. Wenn bei Nachprüfungen das gleiche Ergebnis nicht immer erzielt wird, so spricht dies ebensowenig gegen die Ergebnisse Loefflers, als das Mißlingen kurativer Maßnahmen in einem Teil der Fälle, wie z. B. bei der Tuberkulinbehandlung. Auch die immunisierende Vorbehandlung ist eine Sache individualisierender Kunst und Sorgfalt des Experimentators bzw. des Arztes.

Einen anderen Typ immunisatorischen Vorgehens stellen die Untersuchungen von Ruppel und Rickmann dar, welche von vornherein auf serumproduktive Leistung zielten.

Die Autoren erzeugten zunächst eine erhöhte Tuberkulinempfindlichkeit durch die Vorbehandlung großer Tiere (Pferde, Rinder, Esel) mit artfremden lebenden TB. (vom Typus humanus). Die Tiere wurden dann einer Tuberkulinbehandlung unterzogen, welche bereits Wehrstoffe im Serum erzeugte. Die Tiere vertrugen nun die Behandlung mit einem Gemisch artfremder TB. und arteigener TB. (vom Typus bovinus) und wurden durch diese Einverleibung wieder überempfindlich. Es konnte nun eine neue Etappe der Tuberkulinbehandlung einsetzen, die wieder bis zur Unempfindlichkeit geführt wurde. Dann wird eine kräftigere Mischung lebender Bazillen beider Typen appliziert und nach eingetretener Überempfindlichkeit eine weitere Tuberkulinetappe eingeleitet. Nach einer Höchstdosis von 50 g Alttuberkulin, die ohne Reaktion vertragen wurde, nach Einverleibung von 2 g lebender TB. human und 0,2 g TB. bovin. erreichte das Serum eines Versuchsrindes einen Agglutinationstiter von 1:3000. Ferner wurden folgende Leistungen des Serums nachgewiesen: 0,1 mg Tuberkulin ergab mit 0,1 ccm des Serums Komplementbindung. Tuberkulin und abgetötete TB. verloren unter der Einwirkung des Serums ihre toxische Wirkung auf tuberkulöse (überempfindliche) Tiere. Auf zermahlene TB. soll die Wirkung des Serums zwar so weit gehen, daß die Toxizität derselben verloren geht, aber nicht ihre komplementbindende Eigenschaft. Sie sollen gewissermaßen Toxoidcharakter im Sinne Ehrlichs erwerben. Diese „sensibilisierten TB." sind seitdem vielfach in der Behandlung der menschlichen Tuberkulose verwendet worden. Ferner wird kurative Wirkung des Serums auf tuberkulöse Meerschweinchen angegeben, die von Much und Leschke, sowie Löwen-

stein nicht bestätigt werden konnte. Aber selbst wenn die kurative Wirkung
dahingestellt bleiben mag, so sind doch durch das Vorgehen von Ruppel und
Rickmann eine ganze Anzahl nachweislicher „Immunisierungsphänomene" im Serum gleichzeitig produziert worden: Agglutination, Komplementbindung, antitoxische Wirkung gegen Tuberkulin und mindestens ein Teil
der Endotoxine[1]).

Löwenstein behandelte Ziegen mit Bazillenemulsion und dann mit
lebenden TB. erst schwächerer, dann stärkerer Virulenz. Er erreichte einen
Agglutinationstiter des Serums von 1:5000, aber keine bakterizide Wirkung,
die sich durch Tierversuche hätte nachweisen lassen. Auch durch Zusatz frischen
Menschenserums und Serums von Patienten, die mit Tuberkulin behandelt
waren, ferner von normalem Hunde-, Kaninchen- und Meerschweinchenserum
wurde keine deutliche bakterizide Wirkung des Serums auf TB. erzielt. Hierzu dürfte wohl zu bemerken sein, daß gerade bakterizide bzw. bakteriolytische
Versuche mit den überaus hartschaligen TB. eine heikle Sache sind und ein
Fehlschlagen innerhalb der Versuchsgrenzen Löwensteins etwaige graduelle
Schädigung oder teilweise Abtötung der verwendeten TB. nicht erkennen
zu lassen brauchen.

Unter dem Banne der Voraussetzung, daß „Immunität" immer in einer
„Antikörperproduktion" ihren Ausdruck finden müsse, wirft Löwenstein
in seiner Bearbeitung der Tuberkuloseimmunität[2]) die Frage auf, welches denn
nun eigentlich die Serumstoffe seien, die bei der natürlichen Heilung der
Tuberkulose produziert werden. Daß Agglutinine und Präzipitine ausscheiden
ist ihm auf Grund der eigenen Erfahrungen klar. Auch die Bedeutung opsoni-
scher und bakteriotroper Substanzen mochte er nicht hoch einschätzen, zumal da
Koch schon wußte, daß die von Leukozyten aufgenommenen „phagozytierten"
TB. ihr Leben keineswegs sehr bald verlieren, sondern lebendig durch diese verschleppt werden und eine ganze Anzahl „fressender" Zellen zum Absterben
bringen können (der Ausdruck „Phagozytose" erlangt hier, ähnlich wie bei der
Gonorrhoe, eine entgegengesetzte Bedeutung, bei der die Körperzellen als die
„gefressenen" erscheinen). Löwenstein untersuchte nun die „komplementbindenden" Substanzen bei Kranken und Rekonvaleszenten und fand sie
bei Kranken, die nie spezifisch behandelt worden waren, sehr häufig,
„aber bei den am längsten beobachteten Fällen, bei denen anfänglich
schwere Tuberkulose seit mindestens 5 Jahren zum Stillstand gekommen war, konnte ein absoluter Mangel an diesen Antikörpern konstatiert werden". Dies ist eine, wie mir scheint sehr typische und sehr lehr-
reiche Beobachtung! Eine vortreffliche Illustration zu den im Eingange dieses
Abschnittes gemachten allgemeinen Ausführungen, die sich nicht nur auf Tuberkulose, sondern auch auf anderweitige Erfahrungen auf dem Gebiete der echten
„Immunität" beziehen. Man sollte daher die Konfundierung von serologischen Leistungen und „Immunität" nun endgültig aufgeben! — Unter diesem
Gesichtspunkte werden auch die Bestrebungen Muchs, in dem zu immunisierenden Körper Defensine gegen alle „Partialantigene" einzeln hervorzu-

---

[1]) Bemerkenswert ist, daß Weichardt (Zentralbl. f. Bakt. 1, 62, 6.) Entgiftung
auch mit einem nichtspezifischen Stoffe, seinem aus Eiweiß dargestellten „Retardin"
erzielte.

[2]) Kolle-Wassermann, l. c.

bringen, nicht die Bedeutung haben können, welche der Autor ihnen beilegen zu müssen glaubt. Die Defensinproduktion scheint zuweilen ein Durchgangs-stadium der Immunisierung zu sein, aber einerseits kein obligatorisches, anderseits keines das hinreichende Gewähr für die wirkliche Erzielung einer „Immunität" bietet.

Die Serumtherapie der Tuberkulose hat a priori wenig Chancen, da es sich um eine nicht vorwiegend toxische, sondern schleichende infektiöse, sehr langwierige Krankheit handelt. Die Verminderung oder Aufhebung der toxischen Wirkungen würde daher dem Krankheitsverlauf noch nicht Einhalt tun können, vielleicht sogar durch Aufhebung gewisser Schutzphänomene („Durchseuchungsresistenz") natürliche Hemmungen des Verlaufs ver-mindern (vgl. den Schlußabschnitt). Andererseits wäre es für das subjektive Befinden der Kranken, namentlich der Schwerkranken nicht unerwünscht, die zeitweilig hervortretenden schweren toxischen Symptome, namentlich das tuberkulöse Fieber, auf dem Wege der Serumtherapie beseitigen zu können. Aber gerade nach dieser Richtung haben die bisherigen Versuche die großen in sie gesetzten Hoffnungen nicht erfüllt.

Maragliano und Marmorek haben sich seit mehr als einem Jahrzehnt um die Herstellung gegen Tuberkulose therapeutisch wirksamer Sera bemüht. Die Aufgabe war schon deswegen keine leichte, weil ein Tuberkeltoxin von leicht meßbarer Wirksamkeit — wie Diphtherie und Tetanustoxin — nicht ohne Schwierigkeiten zu gewinnen ist. Marmorek glaubte, von theoretischen Vorstellungen ausgehend, dem Ziele dadurch näher zu kommen, daß er TB. auf Nährböden züchtete, denen die verschiedensten organischen Stoffe — Leu-kozyten, Lebersubstanz, Kälberserum — zugefügt waren. Maragliano legte mehr Gewicht auf die Gewinnung toxischer Substanzen aus den Körpern der TB. durch Entfettung, Zerreibung, Saftauspressung, Extraktionen. Er gibt für sein Testgift an, daß 1 ccm 100 g gesundes Meerschweinchen töte. Als „antitoxische Einheit" verwertet Maragliano diejenige Antitoxinmenge in 1 ccm Serum, welche 1 g Meerschweinchen zu schützen vermag.

Die Berichte über therapeutische Prüfungen des Serum Maragliano sowohl als des Serum Marmorek sind sehr zahlreich, aber nicht eindeutig. Bessernde Einwirkung wird namentlich bei Knochentuberkulose und bei Augen-tuberkulose berichtet, beides dankbare Objekte für jede Art der spezifischen Therapie. Die Richtigkeit der Beobachtung vorausgesetzt bleibt noch die Frage offen, ob nicht ungebundene Antigene (Tuberkuline) mit dem Serum in starker Verdünnung übertragen werden, deren Wirkung vielleicht den wesent-lichen Teil der Serumwirkung ausmacht. Die deutliche fiebererregende Wirkung mäßiger Serumdosen, die vielfach zu beobachten ist, kann als Stütze dieser Auffassung dienen. Im übrigen sind es die „anaphylaktischen" Erscheinungen, die — individuell verschieden und kaum berechenbar — einer ausgiebigen Anwendung der Serumtherapie bei Tuberkulose ein Ziel setzen, ganz abgesehen von der unvermeidlichen Kostspieligkeit der Methode, welche einer Verallge-meinerung entgegensteht. Das Problem der „passiven Immunisierung" gegen Tuberkulose kann bisher nicht als gelöst gelten.

Schon Maragliano beschäftigte wiederholt der Gedanke, daß die Armut des Blutserums an Defensinen vielleicht daher rühre, daß nicht alle, vielleicht nicht einmal die wesentlichen Wehrstoffe gegen Tuberkulose ins Blut übergehen, sondern mehr an Zellen haften; er dachte namentlich an die Leukozyten.

Den gleichen Gedanken verfolgte Carl Spengler. Er glaubte in den Erythrozyten den wesentlichen Träger der Wehrstoffe erkannt zu haben. Er unterzog daher das Blut der vorbehandelten Tiere einer „Etappenaufschließung", indem er das in der neunfachen Menge Karbolkochsalzlösung aufgefangene Blut durch Zentrifugieren in Zellen und Serum zerlegte, alsdann die Erythrozyten einer „Aufschließung" durch Formalin oder schwache Säure unterzog und die erhaltene Lösung von den als letzte Formelemente zurückbleibenden Leukozyten abgoß. Er untersuchte die 3 verschiedenen Blutbestandteile nun auf die Fähigkeit der Agglutination mit Kochs Testflüssigkeit, Präzipitation (mit filtrierter Testflüssigkeit), Bakteriolysis (untersucht an agglutinierten TB. und an Deckglaspräparaten), sowie auch auf opsonische und antitoxische Eigenschaften und fand, daß alle diese spezifischen Eigenschaften weitaus am reichlichsten in der durch Hämolyse der Erythrozyten gewonnenen Flüssigkeit nachweisbar waren. Aber auch das Hämolysat „gesunder" erwachsener Menschen (von denen anzunehmen war, daß sie eine Tuberkuloseinfektion einmal überstanden haben) enthielt überraschend große Mengen dieser „Immunkörper". C. Spengler bereitete dann ein von ihm mit „IK." („Immunkörper") bezeichnetes Präparat zu therapeutischen Zwecken, welches nach Angaben des Autors „saures tierisches Immunblut" enthält. Es wird von Kaninchen gewonnen, die gegen die verschiedensten vom Menschen gezüchteten TB.-Stämme vorbehandelt waren. Das Präparat ist bereits vielfach bei menschlicher Tuberkulose versucht worden. Die Berichte lauten widersprechend. Einige Schüler C. Spenglers rühmen das Präparat namentlich wegen seiner günstigen Wirkung bei schweren, fiebernden Fällen. Eine Nachprüfung der zugrunde liegenden Tierversuche durch ein großes Experimentalinstitut ist noch nicht bekannt geworden.

III. Durchseuchungsresistenz.

Wir kommen nun zur Besprechung der interessanten Erscheinung, die bei der Syphilis und bei den Pocken seit langem bekannt, bei anderen akuten Krankheiten als etwas selbstverständliches hingenommen, aber noch nicht genauer untersucht ist, bei der Tuberkulose aber erst neuerdings durch Römer und seine Mitarbeiter einer sehr eingehenden und sorgfältigen Bearbeitung unterzogen wurde, nachdem Koch bereits 1890 die grundlegenden Beobachtungen an Meerschweinchen veröffentlicht hatte.

Bei der Syphilis liegen bekannte Beobachtungen darüber vor, daß der Kranke Reïnfektionen von außen her nicht mehr annimmt, solange die Krankheit besteht, während Reïnfektion von innen (Metastasenbildung) bekanntlich während des Tertiärstadiums besonders häufig sind. Wird die Krankheit durch die bekannten chemischen Specifica zur Heilung gebracht, so wird der Genesene gegen Reïnfektion von außen — ob immer, steht dahin — wieder empfänglich. Bei Pocken wird der spontan Geheilte nicht wieder empfänglich.

Da das Wort „Reïnfektion" hier und in der vorliegenden Literatur für 3 ganz verschiedene Dinge gebraucht wurde, so empfiehlt es sich zur Vermeidung von Mißverständnissen, diese Dinge lieber auch getrennt zu bezeichnen.

Für die Reïnfektion von Innen" hat die Pathologie längst den Ausdruck „Metastasenbildung" geprägt. Für die Reïnfektion von außen während des Krankheitszustandes ist das Wort „Superinfektion" in Gebrauch. Es kann daher das Wort „Reïnfektion" für die Wiederansteckung des Genesenen speziell vorbehalten bleiben. Dann ist Ordnung geschaffen und kein Mißverständnis möglich.

Bei Tuberkulose war die grundlegende Beobachtung R. Kochs folgende: „Wenn man ein gesundes Meerschweinchen mit einer Reinkultur von TB. impft, dann verklebt in der Regel die Impfwunde und scheint in den ersten Tagen zu verheilen, erst im Laufe von 10—14 Tagen entsteht ein hartes Knötchen, welches bald aufbricht und bis zum Tode des Tieres eine ulzerierende Stelle bildet.

Aber ganz anders verhält es sich, wenn ein bereits tuberkulöses Meerschweinchen geimpft wird. Bei einem solchen Tier verklebt die kleine Impfwunde auch anfangs, aber es bildet sich kein Knötchen, sondern schon am nächsten oder am zweitnächsten Tage tritt eine eigentümliche Veränderung an der Impfstelle ein. Dieselbe wird hart und nimmt eine dunkle Färbung an, und zwar beschränkt sich diese nicht auf die Impfstelle, sondern breitet sich auch auf die Umgebung hin bis zu einem Durchmesser von 1 cm aus.

In den nächsten Tagen stellt sich dann immer deutlicher heraus, daß die so veränderte Haut nekrotisch ist, sie wird schließlich abgestoßen, und es bleibt eine flache Ulzeration zurück, welche gewöhnlich schnell und dauernd heilt, ohne daß die benachbarten Lymphdrüsen infiziert werden."

Den ersten Nachprüfern dieser Kochschen Beobachtungen gelang der Versuch nicht, wahrscheinlich weil sie zu große Mengen TB. zur Superinfektion verwandten.

Römer hat dann diese anscheinend widersprechenden Ergebnisse durch genaue Beobachtungen an kleinen und großen Tieren aufgeklärt. Aus seinen Untersuchungen geht unzweifelhaft hervor, daß tuberkulosekranke Tiere gegen Superinfektion mit geringen Mengen eines mäßig virulenten Infektionsmaterials vollkommen widerstandsfähig sind, auch wenn der Infektionsmodus dem natürlichen so sehr als möglich angepaßt wird (Infektion durch Fütterung oder durch Inhalation), daß sie aber einer künstlichen (Masseninfektion erliegen, und zwar entweder ganz akut infolge ihrer „Überempfindlichkeit" gegen die toxische Wirkung oder in Form einer chronisch verlaufenden Tuberkulose. Auch bei Sekundärerkrankungen „versagt der Immunitätsmechanismus". Römer sagt wörtlich: „Die Tuberkuloseimmunität ist ja, wie ich früher sagte, eine „labile' und vergleichbar den Immunitätsarten, wie wir sie z. B. bei der Piroplasmose der Rinder (Texasfieber) beobachten. Diejenigen Rinder, die die akute Infektion überstanden haben, bleiben zwar mit dem lebenden Virus behaftet, sind aber gegen neue Infektion immun.... Erleiden sie aber irgendwelche sekundäre Schädigungen, so kann es dadurch zu einer Exazerbation des Prozesses durch Vermehrung des im Körper heimischen, bis dahin in Schranken gehaltenen Virus kommen. Analoges beobachten wir ja auch bei der Malaria".

Ich erkenne die sachliche Bedeutung dieser Beobachtungen, deren Richtigkeit ich in keiner Weise bestreite, voll an, kann es aber verstehen, daß eine lebhafte Polemik gegen Römers Beobachtungen und namentlich gegen seine

Schlußfolgerungen sich gerichtet hat, die, zum Teil wenigstens, Mißverständnissen entsprungen ist. Mißverständnisse sind aber ganz unvermeidlich, wenn Römer die von ihm studierten Zustände immer als „die Tuberkulose-Immunität" bezeichnet, als sei nun durch diese Beobachtungen das Problem „der Tuberkuloseimmunität" gelöst. Dabei haben diese labilen Krankheitszustände, so interessant und wichtig sie auch sind, mit dem stabilen Gesundheitszustand, welchen die alte und die heutige Medizin als „Immunität" bezeichnet, eigentlich gar nichts zu tun! Wäre das was Römer „die Tuberkuloseimmunität" nennt, wirklich das vorschwebende Ziel, so wäre es ja erreicht, sobald die ganze Menschheit mit Tuberkulose infiziert ist!

Darum erscheint es mir auch im sachlichen Interesse wichtig, durch eine deutlich unterscheidende **Bezeichnung** jener labilen Krankheitszustände durchgreifende Klarheit zu schaffen, und so habe ich die Bezeichnung „**Durchseuchungsresistenz**" für diese und alle analogen Zustände vorgeschlagen[1]), ohne dadurch die hohe Wichtigkeit des Studiums dieser Zustände in irgend einer Weise herabsetzen oder verkleinern zu wollen.

Tatsächlich erklären Römers Beobachtungen außerordentlich vieles, was früher rätselhaft war. Die Feststellung, daß die in der Durchseuchungsresistenz stehenden Tiere eine Superinfektion mit kleinen Dosen glatt überwinden, einer solchen mit großen Dosen aber erliegen, erklärt zunächst schon im Verlaufe der chronischen Tuberkulose das Ausbleiben der Metastasenbildung bei Versprengung nur kleiner Bazillenmengen im infizierten Körper selbst. Daß im tuberkulösen Organismus gar nicht selten TB. in die Blutbahn gelangen, ist nicht nur wahrscheinlich, sondern kann durch Tierversuche als hinreichend festgestellt gelten, wenn auch der größte Teil der rein mikroskopischen Beobachtungen auf Irrtum beruhen mag. Früher nahm man an, daß in solchen Fällen wenn nicht Miliartuberkulose, so mindestens lokale Metastasen entstehen müßten. Römers Beobachtungen machen es plausibel, daß dies bei Aussaat von kleinen Bazillenmengen nie der Fall ist, sondern nur beim Einbruch größerer Bazillenmengen in die Blut- oder Lymphbahn oder bei gleichzeitigem Eintritt schädigender Akzidentien, wie bei akuten Krankheiten und bei Unfällen, die den bekannten „Locus minoris resistentiae" schaffen. Durch Römers Beobachtungen ist es ferner verständlich, daß das gleiche auch für die Superinfektion von außen gilt. Ihr Haften ist auch bei natürlicher Infektion nicht ganz ausgeschlossen, aber wir müssen annehmen, daß es nur dann erfolgt, wenn entweder die Infektion sehr reichlich und virulent ist (V Q. der obigen Formel einen hohen Wert darstellt), oder wenn sie gleichzeitig mit ungünstigen Akzidentien, z. B. mit der Übertragung schwerer akuter Krankheiten, wie Influenza, Pneumonie, Scharlach, Keuchhusten oder Streptokokken erfolgt. Auch das zeitliche Zusammentreffen der Infektion mit Unfällen ist wohl möglich, aber in Wirklichkeit wohl nicht häufig.

Für den gewöhnlichen Verlauf der Tuberkuloseentwicklung bestätigen und stützen die Untersuchungen Römers in hohem Maße die Ansicht, welche bereits 1892 von Wolff (Reiboldsgrün) auf Grund seiner Sanatoriumserfahrungen vermutungsweise ausgesprochen, 1897 von mir auf Grund 6jähriger Beobach-

---

[1]) Mikrobiologentag 1912, Diskussion.

tungen im Kochschen Institut bestimmt formuliert und der Stadieneinteilung der Tuberkulose zugrunde gelegt wurde, daß nämlich die Tuberkulose der Lungen, Knochen, Nieren usw. in der Regel nichts als Metastasen einer meist schon im Kindesalter erworbenen Lymphknotentuberkulose, nie oder selten Neuinfektion oder Superinfektion der Erwachsenen sind, eine Auffassung, die neuerdings auch von Hamburger und Ranke, sowie von Römer selbst vertreten wird.

So sind also durch die Erforschung der Durchseuchungsresistenz, welche Römer mit so viel Mühe und Sorgfalt durchgeführt hat, manche Probleme der Phthiseogenese sehr geklärt worden, das Problem „der Tuberkuloseimmunität" ist aber damit nicht gelöst. Wohl scheint die Brücke nicht zu fehlen zwischen dem „labilen Krankheitszustande" der Durchseuchungsresistenz und dem „stabilen Gesundheitszustande" der Immunität. Sie wird vielleicht überschritten von denjenigen, die eine endgültige Heilung der Tuberkulose erleben. Sie wird vielleicht überschritten von den „Müttern" (vgl. Abschnitt I). Sie wird vielleicht überschritten von manchen durch ärztliche Kunst geheilten Tuberkulösen. Ob diese dann am jenseitigen Ufer anlangen in dem als Idee vorschwebenden „Gesundheitszustande bleibender Widerstandsfähigkeit gegen Tuberkulose", und welche Kriterien für diesen Zustand gelten, das zu erforschen ist der Zukunft noch vorbehalten. Hier lockt noch ein weites Feld vielversprechender Arbeit.

Das nächste praktische Ziel wäre demnach die möglichst frühzeitige und möglichst gründliche Heilung aller spontan infiziert befundenen Menschen und weitere Beobachtungen darüber, ob diese dann „immun" gegenüber spontanen Reïnfektionen sind.

Gesunde Menschen zu infizieren um sie erst resistent zu machen und dann zu heilen, dürfte heute noch als ein zu gewagtes Experiment erscheinen. Für den Tierversuch wäre es eine dankbare und wahrscheinlich nicht unlösbare Aufgabe der Immunisierungstechnik.

Literatur.

1. Altstaedt, Untersuchungen mit Muchschen Partialantigenen am Menschen. Brauers Beitr. 1913.
2. Aoki, Über das Verhalten der Ratten gegenüber TB. vom Typ. human. und bovin. Zeitschr. f. Hyg. 1913. 63.
3. Aronson, Studien über Tuberkulin. Arch. f. Kinderheilk. 1913. Baginsky-Festschr.
4. Bail, Überempfindlichkeit bei tub. Tieren. Wiener klin. Wochenschr. 1904.
5. — Über das Aggressin des TB. Wiener klin. Wochenschr. 1905.
6. — Über Giftwirkung von TB. bei Meerschweinchen. Wien. klin. Wochenschr. 1905.
7. Bartel und Hartl, Über Immunisierungsversuche gegen Perlsucht. Zentralbl. f. Bakt. 48, 5.
8. Bartel und Hartl, Zur Frage der Infektionswege der Tub. und der Immunisierungsversuche gegen Tub. Wien. klin. Wochenschr. 1909.
9. — und Neumann, Über Immunisierungsversuche gegen Tuberkulose. Zentralblatt f. Bakt. 1, 48.
10. v. Baumgarten, Lehrbuch d. path. Mikroorg. Leipzig 1911. Hirzel.
11. — Neue Versuche über passive und aktive Immunisierung von Rindern gegen Tuberkulose. Vortr. d. Deutsch. path. Ges. Stuttgart 1906.

12. v. Baumgarten und Dibbelt. Über Immunisierung gegen Tuberkulose. Arbeiten a. d. path. Institut Tübingen, 4 Berichte. 1907—1910.
13. v. Behring, Über die prinzipiell verschiedene Immunisierungsmethode für die Diphtherie und für die Tuberkulose. Behringswerk-Mitteilungen, H. 1.
14. — Tuberkulose-Bekämpfung. Berl. klin. Wochenschr. 1903, 11.
15. — Phthiseogenese und Tuberkulose-Bekämpfung. Deutsche med. Wochenschr. 1904. Nr. 6.
16. Blöte-Leiden. Tuberkulose-Immunität durch natürliche Zuchtwahl. Zeitschr. f. Tub. 1913. 20, 151.
17. Bruschettini, Untersuchungen über Vakzination gegenüber Rinder-Tuberkulose an Laboratoriumstieren. Zentralbl. f. Bakt. 1913, 3/4.
18. Bruschettini, Die spezifische Behandlung der Tuberkulose mit dem Bruschettinischen Serumvakzin. Zeitschr. f. Tub. 20.
19. Bundschuh, Kann man in einem gesunden Tiere Tuberkulose-Antikörper erzeugen? (Zeitschr. f. Hyg. 73.)
20. Calmette, Die Tub.-Infektion und die Immunisierung gegen Tuberkulose durch die Verdauungswege. Zeitschr. f. Immun.-Forschung Bd. 1.
21. Cornet, Die Tuberkulose. 2. Aufl. Wien 1907. Hölder.
22. Courmont, J., et le Dor, De la vacc. contre la tub. aviaire ou humaine avec les produits solubles du bacille. Arch. de méd. expér. 1891. 3.
23. — et Lesieur, Contr. à l'étude de l'immunité antituberculeuse. Compt. rend. soc. de biol. 23. V. 1908.
24. — et Rochaix, Essays négatives d'immunisation par voie intestinale. Compt. rend. 1911. 153.
25. Détre-Deutsch, Superinfektion und Primär-Affekt. Wien. klin. Wochenschr. 1905. Nr. 9.
26. Deyke. Das Problem der Immunisierung gegen Tuberkulose im Tierreich. Berl. klin. Wochenschr. 1909. Nr. 52.
27. — und Much, Das Problem der Immunisierung gegen Tuberkulose im Kaninchenversuch. Brauers Beitr. 15, 277.
28. — — Bakteriolyse v. TB. Münch. med. Wochenschr. 1909. Nr. 39.
29. di Donna, Untersuchungen über die Immunisierung mit durch das Sonnenlicht abgetöteten oder abgeschwächtem Milzbrand und Tuberkelbazillen. Zentralbl. f. Bakt. 1, 42, 642. 1906.
30. Dorrenberg, Über die Aussichten der Serumtherapie der Tuberkulose. Verh. d. Nat. u. Ärzte 1897.
31. Dubard, Transformations de la tuberculose humaine par le passage sur les animaux à sang froid. Bull. acad. de méd. 1897. 580.
32. Friedmann, Der Schildkrötentuberkelbazillus, seine Züchtung, Biologie und Pathogenität. Deutsche med. Wochenschr. 1903. Nr. 26.
33. — Zur Frage der Immunisierung gegen Tuberklose. Deutsche med. Wochenschr. 1903. Nr. 50.
34. Hamburger, Die Tuberkulose als Kinderkrankheit. Münch. med. Wochenschr. 1908. Nr. 52.
35. — Die Tuberkulose des Kindesalters. Wien. 1912. Deuticke.
36. — Über tuberkulöse Exazerbation. Wien. klin. Wochenschr. 1911.
37. Hammer, Die Sero-Diagnose der Rinder-Tuberkulose. Deutsche tierärztl. Wochenschrift 1912. 39.
38. Hoffa, Das Marmorek-Serum in der Therapie der chirurgischen Tuberkulose-Behandlung. Berl. klin. Wochenschr. 1906. Nr. 44.
39. Kirchenstein, Einfluß der spezifischen IK-Therapie C. Spenglers auf die Entgiftung des tuberkulösen Organismus. Zeitschr. f. Tub. 19.
40. Kitasato, Über die Tuberkulinbehandlung tuberkulöser Meerschweinchen. Zeitschrift f. Hyg. 12. 1892.
42. Klimmer, Die Impfung gegen die Tuberkulose der Rinder. Brauers Beiträge Bd. 17. 2.
42. Koch, Robert, Weitere Mitteilungen über ein Heilmittel gegen Tuberkulose. Deutsche med. Wochenschr. 1890. Nr. 46a.

43. Koch, Robert, Über Agglutination von TB. und über die Verwertung dieser Agglutination. Deutsche med. Wochenschr. 1901. Nr. 48.
44. — Bekämpfung der Tuberkulose usw. Britischer Tub.-Kongreß. 1901.
45. — Übertragbarkeit der Rindertuberkulose auf den Menschen. Internat. Tub.-Konf.
46. — Über die Immunisierung von Rindern gegen Tuberkulose. Zeitschr. f. Hyg. 51, 5.
47. Köhler,F., Erfolg-Kontrollen bei Behandlung der Lungentuberkulose mit Serum Marmorek. T. f. Tub. 16. H. 6.
48. Kraus und Volk, Zur Frage der Tuberkulose-Immunität. Wien. klin. Wochenschr. Nr. 19. 699.
49. Kruse, Immunisierungsversuche. Zeitschr. f. Immunitätsforsch. 9, 4.
50. Küster, Die Kaltblütertuberkulose. Handb. d. path. Mikr. v. Kolle-Wassermann. 5, II.
51. Levy, Abschwächung und Unschädlichmachung der TB. durch Glyzerin und durch Zucker-Agar. Immunisierungsversuch mittelst der so abgeschwächten Bazillen. Med. Klin. 1905.
52. — Blumental, Marxer, Abtötung und Abschwächung von Mikroorganismen durch chemisch indifferente Körper. Immunisierung gegen Tuberkulose. Zentralblatt f. Bakt. 42, 1906.
53. Libbertz und Ruppel, Über Immunisierung mit Schildkröten-TB. Deutsche med. Wochenschr. 1904. 46.
54. Loeffler, Die Verwendung von trocken erhitzten Mikroorganismen und von solchen die mit verdauenden Fermenten behandelt sind als Antigene unter besonderer Berücksichtigung der TB. Deutsche med. Wochenschr. 1913. Nr. 22.
55. Loewenstein, E., Der gegenwärtige Stand der Forschungsergebnisse über Tuberkulose-Immunität. Tuberkulosis 1906.
56. — Über Antikörper bei Tuberkulose. Zeitschr. f. Tub. 15.
57. — Tuberkulose-Immunität, Kolle-Wassermann. 2. Aufl.
58. Maksutow, Über Immunisierung gegen Tuberkulose mittelst Tuberkeltoxin. Zentralblatt f. Bakt. 1897.
59. Maragliano, Die spezifische Therapie und die Vakzination der Tuberkulose. Berl. klin. Wochenschr. 1914. 603.
60. Marmorek, Antituberkulose-Serum und -vakzin. Berl. klin. Wochenschr.1903. 48.
61. — Klinische Resultate des Antituberkulose-Serums. Med. Klin. 1906. Nr. 3.
62. — Weitere Untersuchungen über den TB. und das Tuberkulose-Serum. Berl. klin. Wochenschr. 1907.
63. Marxer, Exper. Tub.-Studien. Zeitschr. f. Immunitätsforsch. I. 10. II, 11. III, IV, 12 (1911—1912).
64. Meissen, Zur Kenntnis der menschlichen Phthise. Deutsche Medizinalz. 1885. H. 59.
65. Meyer, Fr., Über sensibilisierte TB.-Emulsion (Tub. Serovakzin). Berl. klin. Wochenschrift Nr. 20. 926.
66. Möller, A., Über aktive Immunisierung gegen Tuberkulose. Zeitschr. f. Tub. 1904.
67. — Über aktive Immunisierung und Behandlung der Tuberkulose mit Kaltblüter-Bazillen. Therapie der Gegenwart. 1913.
68. Much, H., Über die Auflösbarkeit von TB. durch Neurin und Cholin. Münchn. med. Wochenschr. 1910.
69. — Die neueren Immunitätsstudien bei Tuberkulose (Brauers Beitr. 1913 Suppl. Bd. IV).
70. — Eine Tuberkulose-Forschungsreise nach Jerusalem. Brauers Beitr. Suppl. 6, 1913.
71. Neufeld, Über Immunisierung gegen Tuberkulose. Deutsche med. Wochenschr. 1903. 37.
72. Noguchi, Über die Einwirkung von Seife auf die Lebensfähigkeit und immunisierenden Eigenschaften des TB. Zentralbl. f. Bakt. 52. H. 1.
73. Orth und Rabinowitsch, Zur Frage der Immunisierung gegen Tuberkulose. Virch. Arch. 190. 1907.
74. Paquin, Antituberkulose-Serum. Méd. Revue 1895.

75. Paterson, A., Method of producing immunity against tuberculous Infection. Lancet 1897.
76. Pawlowski, Über die Immunisierung gegen Tuberkulose und über die Serumtherapie bei Tuberkulose. Zeitschr. f. Tub. 1911.
77. Penzoldt, Behandlung der Lungentuberkulose. G. Fischer, Jena.
78. Petruschky, Über Tuberkulose-Bekämpfung usw. Vortrag vor der wissenschaftl. Ärztegesellschaft in Innsbruck. 25. April 1913. Wien. klin. Wochenschr. 1913. Nr. 26.
79. — Grundriß der spezifischen Diagnostik und Therapie der Tuberkulose. Leipzig 1913. Leineweber.
80. — Die Behandlung der Tuberkulose nach Koch. Deutsche med. Wochenschr. 1897. Nr. 39/40.
81. — Kochs Tuberkulin und seine Anwendung am Menschen. Berl. Klin. 1904. Nr. 188.
82. — Über ein vereinfachtes Verfahren der Tuberkulin-Anwendung usw. Brauers Beitr. 30. 1914.
83. — Über Ehen und Nachkommenschaft Tuberkulöser usw. Zeitschr. f. Tub. 1904 und Internat. Tub.-Kongreß 1912 (Ref. Tuberculosis).
84. — Diskussion zum Mikrobiologentag 1912.
85. Pfeiffer, R., Weitere Untersuchungen über das Wesen der Cholera-Immunität usw. Zeitschr. f. Hyg. 18. 1894.
86. — Untersuchungen über das Choleragift. Zeitschr. f. Hyg. 11. 1892.
87. — Ein neues Grundgesetz der Immunität. Deutsche med. Wochenschr. 1896. Nr. 7 u. 8.
88. Pfuhl, E., Beitrag zur Behandlung tuberkulöser Meerschweinchen mit Tuberculinum Kochii. Zeitschr. f. Hyg. 11. 1892.
89. Pollak, Über Säuglings-Tuberkulose. Brauers Beitr. 19. 2.
90. Rabinowitsch, L., Untersuchungen über die Tuberkulose der Menschen und Tiere. Festschr. f. Orth. Berlin 1906.
91. Rabinowitsch, Markus, Schutzimpfung mit abgeschwächten TB. Berl. klin. Wochenschr. 1913. 3.
92. Reibmayr, Die Ehe Tuberkulöser und ihre Folgen. Leipzig und Wien 1894. Deuticke.
93. — Die Immunisierung der Familien bei erblichen Krankheiten, Wien 1899.
94. Ranke, Über den zyklischen Verlauf der Tuberkulose. Brauers Beitr. 21, 1.
95. Römer, Überempfindlichkeit und Tuberkulose-Immunität. Sitzungsber. d. ärztl. Vereins zu Marburg. 19. Mai 1908.
96. — Spezifische Überempfindlichkeit und Tuberkulose-Immunität. Beitr. z. Klinik d. Tub. 6. H. 2.
97. — Demonstration tuberkuloseimmunisierter Meerschweinchen, Sitzungsber. d. ärztl. Vereins z. Marburg. 22. Juli 1908.
98. — Weitere Versuche über Immunität gegen Tuberkulose durch Tuberkulose, zugleich ein Beitrag zur Phthiseogenese. Beitr. z. Klin. d. Tub. 13. H. 1.
99. — Über experimentelle kavernöse Lungentuberkulose. Berl. klin. Wochenschr. 1909. H. 18.
100. — Über Tuberkulose-Immunität. Sitzungsber. d. ärztl. Vereins Marburg. 21. Mai 1909.
101. — Experimentell-kritische Untersuchungen zur Frage der Tuberkuloseimmunität. Zeitschr. f. Infektionskrankh. usw. d. Haustiere. 6. H. 6. 1909.
102. — Tuberkulose-Immunität. Hamburg. med. krit. Mitteil. 1. H. 1. 1910.
103. — Kindheitinfektion und Schwindsuchtsproblem im Lichte der Immunitätswissenschaft. Tuberculosis. 4. 1910.
104. — Diskussion am Mikrobiologentag, Berlin 1912. Brauers Beitr. 22.
105. — Tuberkulose-Immunität, Phthiseogenese und praktische Schwindsuchtsbekämpfung. Brauers Beitr. 17.
106. — Nachweise, praktische Bedeutung und Ursache der Tuberkulose-Immunität. Münch. med. Wochenschr. 1911. 23.
107. — Über Immunität gegen „natürliche" Infektion mit TB. Brauers Beitr. 22.
108. — Kritisches und antikritisches zur Lehre von der Phthiseogenese. Brauers Beitr. 22.

109. Römer und Josef, Das Wesen der Tuberkulose-Immunität. Brauers Beitr. 17.
110. Rumpf, 3. Jahresbericht der Heilstätte Friedrichsheim.
111. Ruppel, Über Immunisierung von Tieren gegen Tuberkulose. Münch. med. Wochenschrift Jahrg. 57. Nr. 46.
112. — und Rickmann, Über Tuberkuloseserum. Zeitschr. f. Immunitätsforsch. 6. 344.
113. Sata, Immunisierung, Überempfindlichkeit und Antikörperbildung gegen Tuberkulose. Tub. 18, 1911.
114. — Immunisierung gegen Tuberkulose und deren Reaktionserscheinungen an einigen Tierenarten. Zeitschr. f. Tub. 20, H. 1. 1913.
115. Sieber und Metalnikoff, Zur Frage der Bakteriolyse der TB. Zentralbl. f. Bakt. 54. 349.
116. Silbey, Über Tuberkulose bei Wirbeltieren. Virchows Arch. 116, 1889.
117. Spengler, Carl, Ein neues immunisierendes Heilverfahren der Lungenschwindsucht mit Perlsucht-Tuberkulin. Deutsche med. Wochenschr. 1904. Nr. 31. 1905. Nr. 41, 34 gesammelte Arbeiten. 327.
118. — Tuberkulose-Immunblut. Tub. Immunität und I. K.-Behandlung. Deutsche med. Wochenschr. 1908. Nr. 38.
119. — Tuberkulose-Immunblut. (I. K.)-Herstellung und Testierung und Eigenschaften des I. K. Gesammelte Abhandlungen 1911. Letzte Nummer.
120. Turban, Die Anstaltsbehandlung im Hochgebirge. Wiesbaden 1899.
121. Vallée, H. et Finzi, G., Sur le précipito-diagnostic de la tub. et les propriétés du sérum du cheval hyperimmun contre cette injection. Compt. rend. soc. biolog. 68, 259.
122. — Sur les vaccinations antituberculeuses. Bull. de la soc. centr. de méd. vét. 1906. 407.
123. — Rech. sur l'immunisation antituberculeuse. Arch. de l'Institut Pasteur 1909 (Mém. I u. II).
124. Viquerat, Zur Gewinnung von Antituberkulin. Zentralbl. f. Bakt. 26, 1899.
125. Weber und Tietze, Die Immunisierung der Rinder gegen Tuberkulose. Tub.-Arb. d. Kais. Gesundheitsamtes 1907. H. 7.
126. Weleminsky, Zur Pathogenese der Lungentuberkulose. Berl. klin. Wochenschr. 1905.
127. — Zur Pathogenese der Lungentuberkulose. Berl. klin. Wochenschr. 1905.
128. — Der Gang von Infektionen in den Lymphbahnen. Berl. klin. Wochenschr. 1907.
129. Weichardt, Über die Beeinflussung von Spaltprodukten aus Tuberkelbazilleneiweiß. Zentralbl. f. Bakt. 62, H. 6. 1912.
130. Weicker, Tuberkulose-Heilstätten-Dauererfolge. Leipzig 1903.
131. Wolff (Reiboldsgrün), Über Infektionsgefahr und Erkranken bei Tuberkulose. Münch. med. Wochenschr. 1892. 39/40.
132. Zeuner, Neue Ziele der spezifischen Tub.-Behandlung. Zentralbl. f. Tuberk. 15.

V. Neuere Forschungen über Poliomyelitis anterior in Amerika.

Von

J. G. Fitzgerald-Toronto (Canada)*).

Nahezu 5 Jahre sind jetzt verflossen, seit der epochemachende Bericht von Landsteiner und Popper [1]) erschien; ihnen gelang zuerst die erfolgreiche Übertragung des Virus der Poliomyelitis anterior auf Affen. Die vorliegende Übersicht will eine Betrachtung der in Amerika seit jener Veröffentlichung von Landsteiner und Popper, also seit dem Jahre 1909, durchgeführten Arbeiten bieten. Nahezu unmittelbar auf diese erste Beobachtung folgte die Ankündigung von Knöpfelmacher [2]), daß es ihm ebenfalls gelungen sei, die Krankheit auf Affen zu übertragen. Flexner und Lewis [3]) in Amerika berichteten dann von ähnlichen Ergebnissen, ihre Arbeit war indessen mehr als eine bloße Wiederholung, es wurden vollständig neue Resultate erzielt.

Man wird sich erinnern, daß Landsteiner und Popper nicht sogleich Erfolg bei der Übertragung des Poliomyelitisvirus von der ersten Affenserie auf andere Affen hatten. Dies gelang Flexner und Lewis. Ihr Erfolg war vermutlich dadurch bedingt, daß sie die Emulsion des aus menschlichen Fällen stammenden Virus nicht in die Peritonealhöhle, sondern intrazerebral einspritzten. Flexner und Lewis konnten hauptsächlich mittelst intrazerebraler Injektionen die Wirkung des Virus der Poliomyelitis anterior in einer großen Serie von Affen, im ganzen 81, beobachten. Die Ergebnisse dieser Untersuchung waren in vorläufigen Notizen enthalten, die in dem „Journal of the American Medical Association" während der Jahre 1909 und 1910 erschienen, wurden aber erst in einer Veröffentlichung von Flexner und Lewis [4]) übersichtlich zusammengestellt und mehr im einzelnen betrachtet. Die Inkubationszeit der experimentellen Poliomyelitis der Affen wurde zuerst untersucht und dabei festgestellt, daß die kürzeste zwischen der Einimpfung und dem Beginn der Lähmung verlaufene Periode 4 Tage betrug, die längste 33 Tage, der Durchschnitt 9,82 Tage. Die vorparalytischen Erscheinungen wurden sorgfältig beobachtet und die Häufigkeit der zuerst auftretenden verschiedenen Lähmungserscheinungen analysiert.

*) Nach dem Manuskript übersetzt von L. Schmidt-Herrling.

Das linke Bein zeigte am häufigsten die ersten Zeichen der Lähmung, dann der linke Arm, jedoch wurden beide Beine häufiger befallen, als das eine oder andere allein. 8 Fälle bei Affen, unter einer Gesamtzahl von 81, zeigten bulbäre oder zerebrale Lähmung; einige Male trat der Tod vor Entwicklung der Muskellähmung ein. Krampf der Gliedmaßen war ein sehr deutliches Merkmal, er verursachte Inkoordination, die mitunter in heftige Pseudokonvulsionen überging. Die Störungen des Sensoriums konnten nicht zufriedenstellend beobachtet werden. Der Ausbruch experimenteller Poliomyelitis bei Affen erwies sich als einigermaßen unsicher, aber wahrscheinlich würden ungefähr 54,3% von den 81 Affen gestorben sein. Die genauen Zahlen konnten nicht festgestellt werden, weil sehr viele Tiere studienhalber, wie auch zu dem Zwecke der Fortpflanzung des Virus, im frühen Stadium der Krankheit getötet werden mußten. Die pathologische Anatomie ist besonders in bezug auf die im Rückenmark und der Medulla gefundenen krankhaften Veränderungen von Interesse, Blutüberfüllung und Hämorrhagie in der grauen Substanz blieb hauptsächlich, aber nicht gänzlich, auf die Vorderhörner beschränkt. Die histologischen Veränderungen in Rückenmark und Gehirn waren folgende: Das Mark zeigte schwerste Schädigungen in der grauen Substanz und den Membranen, die wenigst schweren fanden sich in der weißen Substanz. Die verschiedenen Abschnitte des Rückenmarks können verschiedene Grade der Veränderung aufweisen, aber in der Regel ist kein Teil gänzlich frei davon. Die Meningen zeigten eine mehr oder weniger diffuse Infiltration mit runden Zellen; die größte Anhäufung derselben wurde um die Arterien und Venen herum beobachtet. Die Wände dieser Gefäße waren von einem dicken Lager solcher Zellen umgeben. Die Infiltration der Adventitia, der perivaskulären Lymphscheiden und der angrenzenden Pia-Membranen setzte sich bis in die Fissuren und sogar bis in die Substanz des Rückenmarks fort. Zuerst herrschten im Exsudat lymphoide Zellen vor, später wurden sie durch Spindelzellen mit fibroblastähnlichen Fortsätzen ersetzt. Die Zerebrospinalflüssigkeit kann anfänglich schwach opaleszent sein, einen Überschuß an Eiweiß enthalten und spontan koagulieren.

Die zelluläre Infiltration der Meningen ist immer interstitiell und gibt keinen Anlaß zu einem Exsudat an der Oberfläche des Gehirns oder Rückenmarks, wie es bei akuten exsudativen Entzündungen vorkommt. Die weiße Substanz zeigte Ödem, perivaskuläre zelluläre Infiltration, Hämorrhagien; Degeneration oder Nekrose des Nervengewebes mit Zertrümmerung der Kerne oder Hämorrhagie, herdförmige Anhäufung lymphoider Zellen, die unabhängig von Gefäßen oder Nekrosen waren, wurden ebenfalls beobachtet.

Die graue Substanz war ausnahmslos befallen. In den Vorder- und Hinterhörnern und in der Kommissur wurden Schädigungen gefunden, welche die Blut- und Lymphgefäße, die Grundsubstanz und die Nervenzellen affizierten; die Vorderhörner wurden gewöhnlich stärker befallen, als die Hinterhörner. Perivaskuläre Infiltration, Ödem und Hämorrhagie konnten beobachtet werden. Die Grundsubstanz zeigte häufig die gleichen Veränderungen; in den Nervenzellen fanden sich Degenerationen, die in hyaliner Umbildung und Nekrose bestanden. Polymorphkernige Leukozyten fanden sich selten in ebensogroßer Zahl, wie Lymphozyten. Die Schädigungen des Rückenmarks waren meist in der Hals- und Lendenanschwellung am schwersten. Die Medulla zeigte ähnliche Läsionen, wie das Rückenmark. Im Gehirn traten manchmal spärlich verbreitete Veränderungen auf; Lähmung der Gehirnnerven, besonders des Fazialis, können ihnen folgen. Die intervertebralen Ganglien waren regelmäßig mit in den Prozeß verwickelt. Hier wurde eine diffuse, noduläre Infiltration mit Lymphozyten gefunden, hauptsächlich zwischen den Nervenzellen und um die Nervenfasern herum; ebenso wurde Degeneration und Nekrose der Ganglienzellen beobachtet.

Das Virus der Poliomyelitis kann nach Flexner und Lewis außer auf intrazerebralem Wege in den Körper des Affen auch auf dem Blutwege, durch subkutanes Gewebe, Peritoneum, Wirbelkanal und die großen Nerven eingeführt werden. Zu Beginn der Lähmung ist die Zerebrospinalflüssigkeit infektiös. Das Blut enthält das Virus zu Beginn der Infektion, ebenso die Nasenrachenschleimhaut. In Milz, Knochenmark, Leber oder den retrovertebralen Drüsen wurde das Virus niemals gefunden.

In bakteriologisch reinen Filtraten war das Virus noch enthalten. Affen, die mit solchen Filtraten intrazerebral oder subkutan geimpft wurden, entwickelten regelmäßig die Krankheit. Die Widerstandsfähigkeit des Virus in Glyzerin wurde bestimmt, dabei zeigte sich, daß es der Wirkung des Glyzerins 7 Tage lang standhielt. Es kann auch über Ätzkali 7 Tage lang getrocknet werden und behält dabei seine Virulenz. Nach 4tägigem Einfrieren bei — 2^0 bis — 4^0 war das Virus noch wirksam. Auf 45^0C bis 50^0C $^1/_2$ Stunde lang erhitzte Filtrate erwiesen sich als inaktiviert. Affen können, nachdem sie einmal die Krankheit gehabt haben, mit dem Virus nicht nochmals infiziert werden. Nur die niederen Arten der Affen wurden in diesen Experimenten verwendet; im ganzen erwiesen sich 7 Arten als empfänglich. Kaninchen, Meerschweinchen, Pferde, Kälber, Ziegen, Schweine, Schafe, Ratten, Mäuse, Hunde, Katzen wurden alle mit dem Virus geimpft, aber keines der Tiere entwickelte die Krankheit. Die Frage der Empfänglichkeit anderer Tierarten als der Affen soll später in diesem Artikel mehr im einzelnen betrachtet werden. Die aus diesen frühen Studien von Flexner und Lewis gezogenen Schlüsse weisen darauf hin, daß das Poliomyelitisvirus aus sehr kleinen Mikroorganismen besteht, die imstande sind, das Berkefeldfilter zu passieren, und eine parasitische Existenz führen. Das Virus gelangt in das Zentralnervensystem und setzt sich an den Leptomeningen des Rückenmarks und besonders der Medulla fest und veranlaßt Veränderungen durch zelluläre Infiltration, am auffälligsten in den perivaskulären Lymphräumen der in das Nervensystem eintretenden Arterien. Die Läsionen des Gehirns sowohl wie des Rückenmarks beruhen auf Gefäßveränderungen. Flexner und Lewis schlossen, daß wohlbegründete Annahme bestehe, ein beträchtlicher Teil der Lähmungen, hauptsächlich die nicht dauernden, seien die Folge zeitlicher vaskulärer Störungen. Einige von diesen Funktionshindernissen sind möglicherweise anämischen Ursprungs, andere werden vermutlich durch einfache Degenerationen und andere zweifellos durch fokale Hämorrhagien und Ödem verursacht. Alle diese Wirkungen können möglicherweise zum Teil durch Resolution der zellulären Gefäßinfiltration mit Wiederherstellung des Gefäßlumens, zum Teil durch Aufsaugung des Ödems und der Hämorrhagie und durch Erholung der schwach entarteten Nervenzellen wieder aufgehoben werden.

Alle bestimmten klinischen Typen der beim Menschen beschriebenen Poliomyelitis sind auch beim Affen beobachtet worden. Flexner und Lewis glauben, daß eine endgültige Immunität als Ergebnis eines Anfalls von Poliomyelitis anterior sich entwickelt, weil Versuche mit Wiedereinimpfung bei Affen erfolglos verliefen.

Gay und Lucas [5]) experimentierten mit Blut und Zerebrospinalflüssigkeit, um eine diagnostische Methode zur Feststellung von Poliomyelitisfällen bei Affen und Menschen zu finden. Ein zufriedenstellendes Verfahren wurde nicht ausgearbeitet, dagegen beobachteten sie deutliche Leukopenie bei Menschen, die an dieser Krankheit litten, und bei künstlich mit dem Virus infizierten Affen; auch das Vorkommen einer relativen Steigerung der Anzahl der Eosinophilen und Lymphozyten wurde festgestellt. Beim Menschen wie beim Affen ergab sich eine deutliche Vermehrung der Zahl der Zellen während der Inkubation und des prodromalen Stadiums, sowie in den ersten Tagen der akuten Periode. Antigen-Antikörpersuche mittelst der Bordet-Gengouschen Fixationsreaktion verliefen gleichmäßig negativ, entsprechend denjenigen Wollsteins [6]).

Strauß und Huntoon [7]) gelang es nach Flexner und Lewis, das Poliomyelitisvirus vom Menschen auf den Affen zu übertragen. Sie injizierten indessen die Affen in die Peritonealhöhle und waren mit der Übertragung von Affe zu Affe nicht erfolgreich. Einer der bemerkenswertesten der ersten Beiträge zu unserer Kenntnis der epidemischen Poliomyelitis war derjenige von Osgood und Lucas [8]), denen es möglich war, zu beweisen, daß sich typische Poliomyelitis von Affe zu Affe durch das Filtrat der Nasen-Rachenschleimhaut zweier Affen übertragen ließ, die — ohne andere bemerkbare Infektion — 6 Wochen und $5^1/_2$ Monat nach dem akuten Stadium der Krankheit starben. Diese Beobachtungen deuten darauf hin, daß das Poliomyelitisvirus in lebensfähigem, infektiösem Zustand in der Nasen-Rachenschleimhaut des Affen mehrere Monate, nachdem die akute Lähmungsperiode vergangen ist, und weit längere Zeit, als es im Zentralnervensystem überlebt, persistieren kann. Die wichtigste, hier durch das Experiment festgelegte Tatsache war, daß das Virus der Krankheit während eines sehr langen Zeitraums in wirksamem Zustande in der Nasen-Rachenschleimhaut verharren kann, und es wird angenommen, jeder geheilte Fall könnte eine starke Quelle der Gefahr für lange Zeit bilden. Diesen Autoren gelang es nicht, die Krankheit von Affe zu Affe durch intrazerebrale Injektion des Rückenmarks oder des Gehirns von Affen übertragen, die die Krankheit überstanden hatten, auch nicht durch Filtrate der Nasen-Rachenschleimhaut eines Affen von anscheinend guter Gesundheit, der vorher eine intrazerebrale, nur von zweifelhaften prodromalen Erscheinungen gefolgte Injektion eines aktiven Virus erhalten hatte, aber in engstem Kontakt mit Affen im akuten Stadium der Krankheit gelebt hatte. Kein Fall von Übertragung von Affe zu Affe ließ sich beobachten, der nicht auf direkte Einimpfung zurückging, obwohl die engste Berührung mit Tieren im akuten Stadium sowohl durch Kontakt wie durch Gebrauch derselben Fütterungsutensilien und -materialien unterhalten wurde.

Flexner und Lewis [9]) gelang es, ebenso wie Netter und Levaditi und Römer und Joseph, zu zeigen, daß das Serum der von Poliomyelitis genesenen Affen, wenn es in bestimmtem Verhältnis mit einer Emulsion des Virus gemischt und genügend lange in Kontakt damit gelassen wird, das Virus unwirksam macht, so daß es bei Einspritzung in normale Affen die Krankheit nicht hervorruft. Flexner und Lewis [10]) haben, wie auch Netter und Levaditi, dieselbe Eigenschaft im Serum solcher Menschen, die von Poliomyelitis genesen waren, nachgewiesen. Netter und Levaditi konnten mit Hilfe dieser Immunitätsreaktion zeigen, daß die keimtötende Wirkung des Serums geheilter Personen gegenüber dem Poliomyelitisvirus auch dem Serum von vermuteten abortiven Fällen zukommt. Auf diese Weise wurde die Identität der Fälle deutlich nachgewiesen. Anderson und Frost [11]) fanden bei einer Untersuchung des Serums von 9 verdächtigen Fällen des abortiven Typus der Poliomyelitis 6, in denen das Serum die gleiche keimtötende Wirkung besaß, wie Serum aus einem klar entwickelten Poliomyelitisfall. Auch in normalem menschlichem Serum kann nach diesen Autoren keimtötende Wirkung gegen das Poliomyelitisvirus vorhanden sein. Es bestehen indessen quantitative Grenzen, durch welche die Sera solcher normaler Individuen deutlich sich von den Sera der von Poliomyelitis Genesenen unterscheiden. Rosenau, Sheppard und Amoß [12]) berichteten von negativen Ergebnissen bei den Versuchen, das Vorhandensein des Poliomyelitisvirus in Mund-, Nasen- und Rachenschleimhaut von 18 menschlichen Krankheitsfällen nachzuweisen. Die Autoren betonen jedoch, daß diese Resultate nicht so gedeutet werden müssen, als ob sie in irgendwelcher Weise die Annahme widerlegten, daß die Infektion bei dieser Krankheit durch Ausscheidungen aus der Schleimhaut des oberen Atmungsweges herbeigeführt werden könne. Flexner und Clark haben, ebenso wie Osgood und Lucas, nachgewiesen, daß das Virus in der Nasen-Rachenschleimhaut von Affen wochen- oder monatelang nach der Genesung verharren kann. Im Gegensatz zu den Ergebnissen von Rosenau, Sheppard und Amoß wird daran erinnert, daß Landsteiner, Levaditi und Pastia [13]) imstande waren, die Anwesenheit des Virus in den Tonsillen und der Rachenschleimhaut eines an Poliomyelitis anterior während des akuten Stadiums gestorbenen Kindes festzustellen. Krause und Meinicke [14]) und Lentz und Huntemüller [15]) erklärten zuerst, daß Kaninchen mit dem Poliomyelitisvirus infiziert werden können. Diese Resultate stimmten mit denen von Flexner und Lewis [14]), Landsteiner und Levaditi [16]), Römer und Joseph [17]), sowie Leiner und Wiesner [18]) nicht überein, keiner von diesen konnte die Krankheit bei Kaninchen erzeugen.

Marks [19]) hatte indessen in Versuchen an Kaninchen Erfolg mit der Fortpflanzung des Poliomyelitisvirus durch eine Serie von 6 Tieren, und es gelang ihm ferner, Affen mit Material von dem 6. Kaninchen zu impfen, wonach sich bei diesen Affen typische Lähmung, verbunden mit spezifischen Veränderungen im Rückenmark, entwickelten. Kaninchen zeigen nicht die charakteristischen Symptome der Poliomyelitis anterior, wie sie an Menschen und Affen beobachtet werden. Der Tod erfolgt gewöhnlich zwischen dem 7. und 11. Tage. Kurz vor dem Tode treten motorische Schwäche und Konvulsionen auf. Das Virus wird beim Kaninchen ebensowohl in Leber und Milz, wie im Zentralnervensystem gefunden. Marks weist darauf hin, daß möglicherweise auch andere Haustiere das Virus beherbergen können, ohne dabei irgendwelche der beim Menschen beobachteten Krankheitssymptome aufzuweisen. Neustädter und Thro [20]) konnten zeigen, daß Staub und Kehricht aus einem Zimmer, in dem ein Poliomyelitisfall lag, das Virus enthielten; eine Aufschwemmung solchen Kehrichts verursachte bei Affen typische Lähmung.

Emulsionen des Gehirns und des Rückenmarks dieser Affen hatten, wenn sie anderen gesunden Affen injiziert wurden, Paralyse und die gewöhnlichen Erscheinungen der Poliomyelitis zur Folge. Diese Versuche zeigen, daß die Krankheit durch Staub verbreitet werden kann, und lassen den Nasen-Rachenraum als Eingangspforte annehmen. Flexner und Clark [21]), die die Stellen, in denen das Poliomyelitisvirus außerhalb des Zentralnervensystems einschließlich der intervertebralen Ganglien (wo es Flexner und Clark konstatierten) gefunden worden ist, übersichtlich zusammenstellten, geben an, daß Flexner und Lewis das Virus in menschlichen Fällen in den mesenterischen Lymphdrüsen sahen und Levaditi und Pastia in den Tonsillen und der Rachenschleimhaut. Bei experimentell infizierten Affen wurde es von Flexner und Clark in den intervertebralen Ganglien gefunden, in der Nasen- und Rachenschleimhaut von Flexner und Lewis, in den regionären Lymphdrüsen nach Einimpfung von Flexner und Lewis, in den mesenterischen Lymphdrüsen von Römer und Joseph und von Leiner und Wiesner, in den Speicheldrüsen von Landsteiner und Levaditi und von Leiner und Wiesner, schließlich in den zervikalen und prävertebralen Lymphdrüsen von Leiner und Wiesner.

Flexner und Lewis [4]) glauben auf Grund ihrer experimentellen Versuche, daß das Virus wahrscheinlich in das Zentralnervensystem auf dem Wege über die Nasen- und Rachenschleimhaut eintritt und es ebenso wieder verläßt. Flexner und Clark nehmen an, daß das Virus in Mandeln und Rachen der an Poliomyelitis gestorbenen Menschen ebenso konstant vorhanden ist, wie bei Affen nach intrazerebraler Einimpfung. Das Virus fand sich nicht im Blute von Menschen, ließ sich aber im Blute von Affen auf dem Höhepunkte der Erkrankung nachweisen, jedoch nur, wenn große Quantitäten (25 ccm) entnommen und gesunden Affen intravenös eingespritzt wurden. Die Zerebrospinalflüssigkeit enthält bei Menschen und Affen zu Beginn der Lähmung kein feststellbares Virus. Es wurde in der Zerebrospinalflüssigkeit von Affen drei oder vier Tage nach einer intrazerebralen Einimpfung, während der Inkubationsperiode und vor Beginn der Lähmung gefunden. Flexner und Clark hatten bei Affen mit der Einimpfung aller Stämme von menschlichem Virus, mit denen sie experimentierten, Erfolg. Um das zu erreichen, wurden Emulsionen des menschlichen Rückenmarks an zwei Stellen, in das Gehirn und die Bauchhöhle, eingespritzt. Menschliches Virus erzeugt zuerst eine nicht so schwere Krankheit bei Affen, wie es das gleiche Virus nach mehreren Affenpassagen, wobei es intensiv virulent wird, tut. Der Ausgang ist dann meistens tödlich.

Clark [21a]) stellte die Tatsache fest, daß Epinephrin imstande ist, den Charakter der Lähmungserscheinungen bei experimenteller Poliomyelitis der Affen zu modifizieren. Die allgemeine Wirkung wird in einer Steigerung des Muskeltonus und der Atmungsbewegungen der gelähmten Affen gesehen. An einigen Tieren zeigten sich auffallende Wirkungen und ein Zustand extremer Schlaffheit und Bewußtlosigkeit mit meist vollständiger Aufhebung der Reflexe war bei einem von Tonus, verstärkten Reflexen und Rückkehr des Bewußtseins gefolgt. In solchen Fällen verlängerte sich das Leben augenscheinlich. Die Wirkungen des Epinephrins scheinen in diesen Experimenten die Ansicht zu stützen, daß ein Zustand der Hyperämie der Blutgefäße mit Ausschwitzung von Plasma und anderen Zellen dem schwereren Stadium der Zerstörung von Nervenzellen und Interstitialgewebe des Rückenmarks vorangeht.

Lucas und Osgood [22]) untersuchten die Frage des Schutzwertes verschiedener spezifischer Sera und Vakzine gegen das Poliomyelitisvirus an Affen. Sie fanden, daß teilweise und vielleicht auch vollständige Immunität gegen Infektionen mit bazillärer Dysenterie, Streptococcus pyogenes, Typhus, Gonorrhoe, Keuchhusten und Staphylococcus pyogenes keinen nachweislichen Schutz gegen das Virus der Poliomyelitis verleiht. Versuche über die Verbreitung des Poliomyelitisvirus durch Insekten unternahmen zuerst Flexner und Clark [23]), sie ließen Fliegen (Musca domestica) an infiziertem Rückenmark saugen, töteten dann diese Fliegen, zerrieben sie und schickten die Extrakte durch Berkefeldfilter. Die Filtrate wurden Affen intrazerebral injiziert. Es erwies sich, daß die Fliegen das Virus 24 Stunden lang an oder in ihrem Körper zurückhielten. Die mögliche Bedeutung dieses Befundes wurde nachdrücklich betont, mit Bezugnahme auf die Tatsache, daß Kling, Wernstedt und Petterson [24]) und Flexner, Clark und Dochez [25]) das Vorhandensein des Virus der Poliomyelitis in Darmausscheidungen konstatiert hatten. Fliegen müssen, ihrer äußeren Beschaffenheit wegen, leicht stark verunreinigt werden, wenn sie zu infektiösem Material Zutritt finden. Howard und Clark [26]), die diese Studien über die Möglichkeit der Übertragung des Virus durch Insekten fortsetzten, stellten fest, daß die Stubenfliege (Musca domestica) das Virus der Poliomyelitis in aktivem Zustande mehrere Tage auf der Oberfläche ihres Körpers und mehrere Stunden im Magen-Darmtraktus beherbergen kann. Mosquitos (Culex pipiens, Culex sollicitans und Culex cautator) nahmen das Virus nicht auf und behielten es nicht in lebendem Zustande, wenn sie an infiziertem Rückenmark saugten. Läuse (Pediculus capitis und Pediculus vestimenti) nahmen das Virus nicht aus dem Blute von Affen auf, noch behielten sie es lebend an sich. Die Wanze (Cimex lectularis) nahm dagegen das Virus mit dem Blute infizierter Affen an und behielt es während eines Zeitraums von 7 Tagen in lebendem Zustande im Körper.

Brues und Sheppard [27]) lenkten zuerst die Aufmerksamkeit auf die gemeine Stallfliege (Stomoxys calcitrans) als mögliche Überträgerin der Poliomyelitis. Nach ihren Beobachtungen in Massachusetts war diese das einzige beißende Insekt, welches beständig in der unmittelbaren Nachbarschaft von Poliomyelitispatienten auftrat. Rosenau verkündigte auf dem im September 1912 in Washington abgehaltenen Internationalen Kongreß für Hygiene und Demographie, daß es ihm geglückt sei, das Virus der Poliomyelitis von Affe zu Affe durch den Biß von Stomoxys calcitrans übertragen zu lassen. Die epidemiologischen Studien von Sheppard und Brues und die von Richardson [28]) führten Rosenau und Brues [29]) dazu, Experimente einzuleiten, deren Ergebnisse Rosenau dann in Washington berichtete. Im ganzen wurden von diesen Untersuchern 12 Affen gebraucht, und von diesen 12 von Fliegen nach der Fütterung auf Virus gebissenen Tieren zeigten 6 Symptome der Krankheit.

Anderson und Frost [30]) teilten später mit, daß sie die experimentellen Ergebnisse von Rosenau und Brues bestätigen konnten, in denen diese das Virus der Poliomyelitis von Affe zu Affe durch Mitwirkung der Stallfliege (Stomoxys calcitrans) erfolgreich übertragen hatten. Zwei weitere Veröffentlichungen, die sich mit der Frage der Beziehung von Stomoxys calcitrans zur Verbreitung der Poliomyelitis befaßten, sind im verflossenen Jahr in Amerika erschienen. Anderson und Frost[31]) berichteten über eine zweite Reihe von Versuchen, die negative Ergebnisse bei dem Bemühen zeitigten, Poliomyelitis durch Stomoxys calcitrans übertragen zu lassen. Sawyer und Herms[32]) stellten als Ergebnis ihrer sehr ausgedehnten Arbeiten über diese Frage fest, daß es ihnen in einer Reihe von 7 Versuchen mit variierenden Bedingungen nicht gelang, Poliomyelitis von Affe zu Affe mit Hilfe der Stallfliege zu übertragen. Sie bezweifeln, daß die Fliege der gewöhnliche Zwischenträger der Krankheit in der Natur ist. Auf Grund der jetzt auf der Hand liegenden Beweise glauben die Verfasser an die Notwendigkeit der Isolierung aller an Poliomyelitis erkrankten Personen oder Rekonvaleszenten; ferner sollte man versuchen, die Entstehung menschlicher Bazillenträger einzuschränken, sie zu entdecken und zu kontrollieren. Rosenau sagt in seiner letzten Veröffentlichung[33]) über dieses Thema: „Man möchte fragen, ist Poliomyelitis eine ansteckende Krankheit? Ist sie eine von Insekten verbreitete Krankheit? Wird sie durch Staub verbreitet? Ist sie von niederen Tieren ansteckend? Ist sie eine alimentäre Infektion? Wird sie möglicherweise wie Typhus auf verschiedene oder auf alle diese Arten der Vermittlung verschleppt? Bei dem gegenwärtigen Stande unseres Wissens kann eine endgültige Antwort auf diese bedeutsamen Fragen nicht gegeben werden, und wir müssen weitere Forschungen abwarten, ehe die Gesundheitsbeamten ihre Maßnahmen zur Bekämpfung der Kinderlähmung mit einiger Aussicht auf Erfolg treffen können. Einstweilen muß der Öffentlichkeit die Wohltat des Zweifels gegeben und dabei die Infektion nach allen möglichen Richtungen bekämpft werden."

Peabody, Draper und Dochez[34]) legen in ihrer Monographie die Ergebnisse einer klinischen Studie über akute Poliomyelitis vor, die sie am Hospital des Rockefeller-Institutes für medizinische Forschung während des Sommers 1911 ausführten. Das Material bestand aus 161 Fällen, die während dieser Jahreszeit auftraten, und aus 22 Fällen von den vorhergehenden Jahren. 70 Fälle wurden im Hospital aufgenommen und blieben durchschnittlich 3 bis 4 Wochen unter Beobachtung; die übrigen waren poliklinische Fälle. Die Autoren glauben, die akute Poliomyelitis werde am besten vom klinischen Standpunkt aus gewürdigt, wenn man drei Gruppen von Fällen anerkenne. Die erste Gruppe besteht aus den abortiven Fällen (infizierte Fälle, die niemals gelähmt werden), die zweite oder zerebrale Gruppe umfaßt die seltenen Fälle, in denen das obere motorische Neuron mit angegriffen ist, wobei sich spastische Lähmung als Hauptmerkmal entwickelt. Die dritte oder bulbospinale Gruppe ist viel größer und schließt alle Fälle mit Läsionen in dem unteren Bewegungsneuron und mit schlaffen Lähmungen ein. Die Monographie enthält ferner eine Einleitung, eine historische Darstellung der Entwicklung unserer Kenntnis des Gegenstandes und behandelt seine Epidemiologie, den Neutralisierungsversuch (Inaktivierung des Virus durch Serum normaler Menschen oder solcher, die von der Krankheit genesen sind), die Pathologie, Symptomatologie, einschließlich einer Betrachtung der verschiedenen Typen der Fälle. Den abortiven Fällen wird besondere Aufmerksamkeit gewidmet. Blut, Zerebrospinalflüssigkeit, Prognose und Behandlung werden gleichfalls einbezogen; Krankengeschichten mit verschiedenen Abbildungen bilden den Schluß des Bandes. Diese Monographie muß mit jenen von Römer, Wickmann, Müller und Harbitz und Scheel auf eine Stufe gestellt werden; sie soll hier nicht weiter besprochen werden, weil sie in erster Linie sich mit den durch Laboratoriumsversuche in den letztverflossenen Jahren erschlossenen wichtigen Tatsachen beschäftigt.

Flexner, Clark und Fraser [35]) konnten zeigen, daß das Ausgespülte aus dem Nasen-Rachenraum der beiden Eltern eines Kindes, welches einen Anfall akuter Poliomyelitis erlitten hatte, für Affen infektiös war. Die Eltern waren mit ihrem Kinde in Berührung gewesen, zeigten aber beide keine Zeichen von Krankheit und litten entschieden nicht an Poliomyelitis, dennoch enthielt der Nasen-Rachenraum in beiden Fällen das Virus. Diese Beobachtung lieferte ungesucht den experimentellen Beweis zur Stütze der Ansicht, daß es passive menschliche Träger des Virus gibt. Anscheinend werden durch diesen Beitrag von Flexner und seinen Mitarbeitern auch die früheren auf dem 15. Internationalen Kongreß für Hygiene und Demographie berichteten Arbeiten von Kling, Petterson und Wernstedt über menschliche Träger des Virus bestätigt.

Lucas und Osgood [36]) haben über einen Fall von Poliomyelitis geschrieben, in welchem das Virus der Krankheit im Nasen-Rachenraum 2 Jahre lang blieb und nach dieser Zeit eine Verschlimmerung des ursprünglichen Anfalls mit sehr merklichen Erscheinungen verursachte. Die Schwester dieses Patienten wurde während der Verschlimmerung angesteckt und es entwickelte sich bei ihr Lähmung eines Armes. Das Virus ließ sich aus der Nasenausscheidung 4 Monate nach der Verschlimmerung und 2 Jahre und 3 Monate nach dem ursprünglichen Anfall gewinnen. Erfolgreiche Einimpfungen wurden an Affen vorgenommen und zwar mit Filtraten der Nasenausscheidungen und mit Nasen-Spülwasser.

Einen der interessantesten Beiträge zu unserer jetzigen Kenntnis der Poliomyelitis anterior bildet derjenige von Flexner und Noguchi [37]) über die Züchtung des Virus der akuten Poliomyelitis.

Flexner und Lewis [38]) berichteten 3 Jahre vorher, daß in der Mischung eines Berkefeldfiltrates aus dem infizierten Nervensystem eines Affen mit Aszitesflüssigkeit nach Bebrütung eine Trübung auftrat. Es ließ sich zu jener Zeit indessen noch nicht bestimmen, ob die Trübung sicher durch die Vermehrung eines lebenden Mikroorganismus hervorgerufen werde. Die Arbeit Noguchis [39]) über die Züchtung der Spirochäten führte zu dem erneuten Versuch der Kultivierung des Poliomyelitisvirus.

Das Virus gehört bekanntlich zu der Klasse der filtrierbaren Mikroorganismen und geht durch Berkefeldfilter (V und N). Flexner und Noguchi verwendeten bei ihren Züchtungsversuchen Gewebe aus Gehirn und Rückenmark von Menschen, die an epidemischer Poliomyelitis gestorben und von Affen, die der experimentellen Erkrankung erlegen waren. Einige von den Geweben waren in 60%iger Glyzerinlösung monatelang aufbewahrt worden. Diese und die frischen Gewebe waren frei von bakterieller Verunreinigung. Züchtungen wurden sowohl mit Berkefeldfiltraten wie mit Geweben eingeleitet. Die Nährböden bestanden zuerst aus steriler, unfiltrierter Aszitesflüssigkeit oder aus Gehirnextrakt, welchem Teile steriler Kaninchenniere und eine Schicht Paraffinöl zugesetzt wurden. Dieses Nährmittel ist auch in Verbindung mit 2% Nähragar im Verhältnis von 1 : 2 verwendbar.

Das erste Medium gestattet ein schwaches, dem bloßen Auge nicht sichtbares Wachstum. Das zweite Nährmittel, welches zur Erzielung des anfänglichen Wachstums ungeeignet ist, liefert nach einigen Tagen sichtbare winzige Kolonien, die das Kulturröhrchen trüben.

Das Virus wird unter anaeroben Bedingungen gezüchtet; zu diesem Zweck wird eine Schicht sterilen Paraffinöls über die flüssigen Kulturen gegeben. Die festen Kulturen können in anaeroben Glasgefäßen gehalten werden.

Die winzigen Kolonien sind aus kugelförmigen oder globoiden Körpern von durchschnittlich 0,15—0,3 μ Durchmesser zusammengesetzt. Die Körper erscheinen in mannigfachen Anordnungen, einfach, doppelt, in kurzen Ketten und in Haufen. Oft scheinen sie aus einem Stoff von verschiedenem Brechungsindex gebildet. In älteren Kulturen treten unregelmäßige Formen auf. Die gezüchteten Körperchen färben sich matt rötlich-violett in Giemsalösung. Körperchen von demselben Aussehen können auch mit Giemsalösung, die in folgender Weise anzuwenden ist, demonstriert werden: Die Schicht auf einem Objektträger wird an der Luft getrocknet und 1 Stunde lang in Methylalkohol fixiert, dann in destilliertem Wasser gewaschen, dann in eine Lösung eingelegt, welche einen Tropfen der Farbe auf 1 ccm destillierten Wassers enthält und darin 2—12 oder 14 Stunden belassen.

Die Kulturen zeigen das beste Wachstum gewöhnlich vom 8. bis zum 12. Tage. Später bleiben sie ziemlich lange Zeit auf dem gleichen Standpunkte. Affen sind mit diesen Kulturen des Virus — mit Kulturen aus menschlichem Gewebe in der dritten Generation und mit Affengeweben in der fünften Generation — geimpft worden und es entwickelte sich bei ihnen experimentelle Poliomyelitis. Mit dem Nervengewebe dieser Tiere wurden auch andere Affen erfolgreich geimpft und von ihnen Reinkulturen des Virus zurückerhalten. Der Mikroorganismus (das Virus) kann in Kultur aus irgendwelchen Teilen des Zentralnervensystems gewonnen werden, am besten jedoch aus den unverletzten Hirnhemisphären, wo es gewöhnlich im Reinzustand sich findet und leicht unter aseptischen Bedingungen entnommen werden kann.

Der Mikroorganismus kann in Deckglaspräparaten, die aus dem Zentralnervensystem an Poliomyelitis gestorbener Menschen hergestellt sind, gefunden werden. Die folgende, von Noguchi angegebene Technik ist zur Demonstration nötig: 1. Entsprechend große und dünne Deckgläser (Nr. 1 oder Nr. 2) erhalten eine Reihe von Abstrichen von dem Stück Nervengewebe. 2. Die Deckgläser werden mit der Schichtseite nach unten in eine jedesmal frisch zubereitete Mischung gelegt, zu einem Teil aus Grübler-Giemsalösung und zu zwei Teilen aus Mercks Methylalkohol bestehend, ein Reagens, worin sie 2 Minuten bleiben. Um die Berührung der Oberfläche des Deckglases mit dem Boden der Farbschüssel zu vermeiden, ist es gut, das eine Ende mit etwas zu stützen. 3. 20 Teile einer 1 : 10 000 Kaliumhydratlösung werden nach Ablauf der 2 Minuten in die Schüssel gegossen und das Ganze gründlich durch sanftes Schütteln gemischt. Das Präparat bleibt hierin 1 Stunde, dann wird es einige Sekunden lang gewaschen und darauf in einer Tannin-Lösung differenziert, welche aus 1—2 Tropfen einer 20%igen Lösung zu 40 ccm destillierten Wassers besteht. Diese Operation beansprucht mehrere Sekunden bei sorgfältiger Beobachtung; das Deckglas wird nun 2 Minuten in destilliertem Wasser gewaschen, an der

Luft getrocknet und in Zedernöl eingebettet. Ein besonderes Verfahren zur Färbung von Gewebsschnitten ist gleichfalls ausgearbeitet worden.

Dubois, Neal und Zingher [40]) haben neuerdings von negativen Ergebnissen bei Einimpfung von Filtraten der Fäzes von Patienten mit typischer Poliomyelitis berichtet. Positive Resultate (Lähmung und die gewöhnlichen mikroskopischen Befunde, mit Waschflüssigkeit aus Nase und Gaumen von Patienten mit abortiver Poliomyelitis 17 Tage nach dem Anfall). Positive Ergebnisse bei Affen, die Einspritzungen von Berkefeldfiltraten vom Nervengewebe der mit Nasen- und Gaumenwaschflüssigkeit injizierten Affen erhielten.

Frost [41]) veröffentlicht in dem letzten „Bulletin of the Hygienic Laboratory United States Public Health Service", Nr. 80, die Ergebnisse hauptsächlich epidemiologischer Untersuchungen, die sich über drei aufeinanderfolgende Jahre erstrecken. Im Jahre 1910 wurden bei der Untersuchung der Poliomyelitis in Jowa 86 Fälle persönlich beobachtet und 259 weitere Fälle analysiert, zu welchem Zwecke die Protokolle des staatlichen Gesundheitsamts von Jowa zur Verfügung standen. 1911 wurde die Poliomyelitis in Cincinnati, Ohio, erforscht; hier wurden 106 Fälle persönlich verfolgt und die Protokolle über 44 weitere berücksichtigt. 1912 wurde die Poliomyelitis in Buffalo und Batavia, New York, studiert; dabei wurden 281 Fälle in Buffalo und 23 in Batavia persönlich untersucht.

Dieses Bulletin enthält reiche Angaben von größtem Interesse für alle, die sich mit dem Studium der Poliomyelitis, und besonders mit deren epidemiologischen Merkmalen befassen. Die vermutlichen Wege der Verbreitung werden kritisch betrachtet und übersichtlich behandelt, aber Frost glaubt nicht, daß es zurzeit genügende experimentelle oder epidemiologische Beweise gibt, um eine Art der Verbreitung besonders in Verdacht zu haben. Die Frage der Übertragung durch Insekten, durch passive Träger des Virus, durch Haustiere und alle anderen möglichen Verbreitungswege werden, mit Ausnahme der Übertragung durch Haustiere, möglichst unter verschiedenen Bedingungen betrachtet. Es steht indessen fest, daß es gegenwärtig keine einheitliche Art der Ausbreitung der Poliomyelitis gibt. Diese Untersuchungen von Frost sind nach denjenigen von Wickmann wohl die wertvollsten auf epidemiologischem Gebiet, die bis jetzt über diese Krankheit erschienen sind.

Literatur.

1. Landsteiner and Popper, Zeitschr. f. Immunitätsf. Orig. 2, 377. 1909.
2. Knöpfelmacher, Med. Klin. 5, 1671. 1909.
3. Flexner and Lewis, Journ. of the Amer. Med. Assoc. 53, 1639. 1909.
4. — — Journ. of exper. Med. 12, Nr. 2. 1910.
5. Gay and Lucas, Arch. of Internal Med. 6, 330—338. Sept. 1910.
6. Wollstein, Journ. of exper. Med. 10, 476. 1908.
7. Strauß and Huntoon, New York Med. Journ. 91, 64. 1910.
8. Osgood and Lucas, Journ. of Amer. Med. Assoc. 57, 495—497. 18. Febr. 1911.
9. Flexner and Lewis, Ibid. 28. Mai 1910. 1780.
10. Netter and Levaditi, Compt. rend. Soc. de Biol. 68, 855. 1910.
11. Anderson and Frost, Journ. of Amer. Med. Assoc. 56, 663—667. 4. März 1911.
12. Rosenau, Sheppard and Amoß, Boston. Med. and Surg. Journ. 164, Nr. 21. 743 bis 748. 25. Mai 1911.
13. Landsteiner, Levaditi and Pastia, Semaine méd. Nr. 25. 296. 1911.
14. Krause und Meinicke, Deutsche med. Wochenschr. 35, 1825. 1909; 36, 693. 1910.

15. Lentz and Huntemüller, Zeitschr. f. Hyg. **66**, 481. 1910.
16. Landsteiner und Levaditi, Compt. rend. Soc. de Biol. **67**, 787. 1909.
17. Römer und Joseph, Münch. med. Wochenschr. **57**, 2685. 1910; **57**, 229. 1910.
18. Leiner und v. Wiesner, Wien. med. Wochenschr. **22**, 1698. 1909.
19. Marks, Journ. of exper. Med. **14**, Nr. 2. 116—123. 1911.
20. Neustaedter and Thro, New York Med. Journ. 21. Oct. 1911 und Deutsche med. Wochenschr. 15. 1912.
21. Flexner and Clark, Journ. of Amer. Med. Assoc. **57**, Nr. 21. 1685—1686.
21a. Clark, A., Journ. of Amer. Med. Assoc., **59**, 3. Aug. 1912.
22. Lucas and Osgood, Report of Anterior Poliomyelitis issued by the State Board of Health of Massachusetts. 1912.
23. Flexner and Clark, Journ. of Amer. Med. Assoc. **56**, 1717. 1911.
24. Kling, Wernstedt und Petersson, Zeitschr. f. Immunitätsf. Orig. **14**, 303. 1912.
25. Flexner, Clark and Dochez, Journ. of Amer. Med. Assoc. **59**, 273. 1912.
26. Howard and Clark, Journ. of exper. Med. **16**, 6. 850—859. 1912.
27. Brues and Sheppard, Monthly Bulletin State Board of Health of Massachusetts, U. S. **6**, Nr. 12. 338—340. Dec. 1911.
28. Richardson, Ibid. 308—311. Sept. 1912.
29. Rosenau and Brues, Ibid. 314—317. Sept. 1912.
30. Anderson and Frost, United States Public Health Reports **27**, 43. 1753. 25. Oct. 1912.
31. — — Ibid. **28**, 883. 2. Mai 1903.
32. Sawyer and Herms, Journ. of Amer. Med. Assoc. **61**, 461—466. 16. Aug. 1913.
33. Rosenau, Journ. of Amer. Med. Assoc. **60**, 1612—1615. 24. May 1913.
34. Peabody, Draper and Dochez, Monograph of the Rockefeller-Institute for Medical Research. number 4. June 1. 1912.
35. Flexner, Fraser and Clark, Journ. of Amer. Med. Assoc. **60**, Nr. 3. 18. Jan. 1913.
36. Lucas and Osgood, Journ. of Amer. Med. Assoc. **60**, 1611—1612. 24. May 1913.
37. Flexner and Noguchi, Journ. of Amer. Med. Assoc. **60**, 5. 362. 1. Febr. 1913. Berl. klin. Wochenschr. 37. 1913. Journ. of exper. Med. **18**, 4. 461—485. 1913.
38. Flexner and Lewis, Journ. of Amer. Med. Assoc. **54**, 45. 1910.
39. Noguchi, Journ. of exper. Med. **14**, 99. 1911; **15**, 90. 1912; **16**, 199, 211. 1912.
40. Dubois, Neal and Zingher, Journ. of Amer. Med. Assoc. **62**, I, 19—20. 3. Jan. 1914.
41. Frost, Hygienic Laboratory Bulletin, number 90, Oct. 1913.

VI. Typhusimmunisierung.

Von

Frederick P. Gay-Berkeley*).

Beumer und Peiper[1]) waren zweifellos die ersten, die voll die Möglichkeit
der aktiven Immunisierung gegen eine Infektion mit Typhusbazillen würdigten.
Im Jahre 1887 konnten sie nachweisen, daß Mäuse, die von einer nicht tödlichen
Infektion mit lebenden Typhusbazillen geheilt waren, häufig gegen nachfolgende
größere und schließlich tödliche Dosen von dem gleichen Organismus geschützt
waren. In ihrem erfolgreichsten Versuche fanden sie, daß die besten Ergebnisse
mit stufenweise gesteigerter Dosierung bei den aufeinanderfolgenden Einimpfungen erzielt wurden, und sie weisen darauf hin, daß es möglich sein möchte,
mittelst sterilisierter Kulturen zu immunisieren, welche, wie schon nachgewiesen,
das toxische Prinzip des Typhusbazillus enthalten. Sie werfen die Frage auf,
ob es nicht auch möglich wäre, Menschen mit Hilfe steigender Mengen solcher
abgetöteter Kulturen zu immunisieren. Im nächsten Jahre fanden Roux und
Widal[2]), den Arbeiten von Salmon und Smith[3]) über „Hogcholera" und von
Roux und Chamberlain über malignes Ödem folgend, daß sie Mäuse gegen
Infektion mit lebenden Typhusbazillen durch sterilisierte Kulturen dieses
Organismus schützen konnten.

Die praktische Anwendung dieser experimentellen Ergebnisse an Tieren
auf die Verhütung des Typhusfiebers beim Menschen kam erst 8 Jahre später
im Anschluß an die Entdeckung der Lysine durch Pfeiffer. Es war A. E.
Wright[5]), der 1896 in einer vorläufigen Veröffentlichung, welche zu Anfang
des Jahres 1897 von einem ausführlicheren Bericht von Wright und Semple[6])
gefolgt war, zuerst eine Methode zur Immunisierung des Menschen gegen Typhus
ausarbeitete. Das entworfene Verfahren ist nicht nur im Hinblick auf die wesentlichen Tatsachen bemerkenswert, sondern auch in Anbetracht des wohlgeord-
neten, systematischen Vorgehens, mit welchem man dem Problem sich näherte.
Wright züchtete Kulturen des Typhusbazillus zwei oder drei Wochen in Bouillon
und tötete sie dann durch einstündiges Erhitzen auf 63° C und konservierte
sie mit 0,5%iger Karbolsäure. Diese Vakzins wurden dann auf Sterilität geprüft

---

*) Nach dem Manuskript übersetzt von L. Schmidt-Herrling.

und ihre Toxizität sorgfältig standardisiert durch Bestimmung der kleinsten tödlichen Dosis für Meerschweinchen; die zur Injektion beim Menschen gewählte Dosis war nach dieser Giftigkeit für Tiere bemessen. Wright führte ferner zur Berechnung der Anzahl von Bakterien in der angewandten Präparierung ein Verfahren ein, das auf dem Vergleich ihrer Zahl in einer gegebenen Verdünnung beruhte, wenn diese mit einer Aufschwemmung roter Blutzellen gemischt wurde, deren Zahl sich genau bestimmen ließ. Die Dosis der angewandten Bakterien betrug zwischen siebenhundertfünfzig und tausend Millionen.

In demselben Jahre (1896) beschrieben Pfeiffer und Kolle[7]) ihr Immunisierungsverfahren und ihre Methode zur Bewertung des beim Menschen durch die Agglutinine und die bakterizide Wirksamkeit des Serums erzeugten Schutzes Sie verwendeten Agarkulturen eines avirulenten Stammes, schwemmten sie in Salzlösung auf und töteten sie durch Erhitzen auf 56^0 C. Ein Quantum dieser Aufschwemmung, das einem Zehntel einer Agarkultur entsprach oder ungefähr 2 Milligramm, wurde gewöhnlich als Anfangsdosis gegeben, die in der Regel die einzige blieb. Es wurde freimütig zugegeben, daß die durch ein solches Quantum Kultur hervorgerufenen Symptome ernste waren, und das Verfahren ist seitdem in verschiedener Weise modifiziert worden, um diese Erscheinungen zu vermeiden, ohne das angewandte Prinzip im wesentlichen zu ändern.

So viel über die zwei ersten Veröffentlichungen über Typhusimmunisierung des Menschen.

Sie bilden die Grundlage, auf welcher die folgenden Methoden über die Vakzination gegen Typhusfieber aufgebaut sind. Die verschiedenen Verfahren, die seither befürwortet wurden, sind zahlreich. Metschnikoff und Besredka[8]) schätzen, daß mindestens zwanzig verschiedene Vakzinationsverfahren beschrieben und verteidigt worden sind. Friedberger[9]) zählt in seiner systematischen Übersicht über die Typhusimmunisierung zwölf anerkannte Methoden auf. Paladino Blandini[10]) hat zurzeit versucht, den relativen Immunisationswert von siebzehn Präparaten zu prüfen. Es ist nicht unser Ziel, alle diese Methoden im einzelnen zu schildern, und der Leser, welcher weitere Unterrichtung über sie wünscht, kann die systematischen Beschreibungen von Friedberger[9]) oder Fornet[11]) berücksichtigen. Es wird indessen gut sein, die wichtigsten Methoden zu skizzieren, um den Weg klarzulegen, den die Forschung zur Verbesserung dieses Immunisierungsmodus genommen hat, sowie als Hinweis auf die Richtung, in welcher die stufenweise Vervollkommnung zu suchen sein möchte.

Typhusbazillenpräparate, die als Vakzins gebraucht worden sind.

A. Abgetötete Kulturen des Typhusbazillus. Wir haben schon erwähnt, daß die ersten zwei Präparate, jene von Wright, sowie von Pfeiffer und Kolle im wesentlichen aus abgetöteten Kulturen bestehen, einerseits Bouillonkultur und andererseits Aufschwemmung einer Agarkultur. Diesen beiden Originalverfahren sind viele Modifikationen gefolgt. So zog Löffler[12]) Nutzen aus der Tatsache, daß Fermente getrocknet der Erhitzung in beträchtlichem Maße ohne Verminderung ihrer Wirksamkeit widerstehen, und, die antigenische Wirkung des Bazillus als fermentähnlich betrachtend, trocknete er abgeschwemmte Agarkulturen des Mikroorganismus und erhitzte sie dann auf 120 bis 150^0 C.

Diese getrockneten Kulturen wurden danach pulverisiert und in abgewogenen Mengen zur Immunisierung von Tieren verwendet. Er behauptet, daß derartige Kulturen wenig von ihrer Fähigkeit zur Erzeugung von Antikörpern verloren hätten. Friedberger und Moreschi[13]) gebrauchen eine ähnlich getrocknete und erhitzte Kultur und verabreichen sie intravenös in sehr kleinen Dosen, z. B. zur Immunisierung von Menschen eine Quantität, die $^1/_{4000}$ einer Öse entspricht. Es muß in dieser Hinsicht bemerkt werden, daß die allgemein angewendete Methode zur Bestimmung des Immunisationswertes dieser Präparate in der Abschätzung der erzeugten Antikörper (Agglutinine, Lysine usw.) liegt. Wie wir später Gelegenheit haben werden, näher auszuführen, bieten diese Bestimmungen mehr einen Hinweis auf die Reaktion des Tierkörpers, als ein sicheres Mittel zur Bewertung des tatsächlich verliehenen Schutzgrades.

Wie wir gleich sehen werden, ist die Verwendung lebender an Stelle abgetöteter Kulturen durch gewisse Beobachter warm verteidigt worden, und ihre Behauptungen haben augenscheinlich manche überzeugt, die nicht ganz geneigt sind, solche Präparate wegen ihrer möglichen Gefährlichkeit zu verwenden; sie bemühen sich deshalb, jenen möglichst nahe zu kommen, ohne tatsächlich lebende Mikroorganismen zu verwenden. Augenscheinlich herrscht jetzt übereinstimmend die Meinung, daß Bakterienkulturen stärker antigenisch wirken, wenn sie ihrem lebenden unangegriffenen Zustande so ähnlich wie möglich angewendet werden, und daß Hitze im besonderen dazu neigt, wesentliche, charakteristische antigene Fähigkeiten zu beeinträchtigen oder zu zerstören. Verschiedene Verfahren sind zur Vermeidung oder möglichsten Verhütung des zerstörenden Einflusses der Hitze und gleichzeitiger Abtötung der Bakterien empfohlen worden. Leishman[14]) empfiehlt Abtötung des Typhusbazillus bei 53° C statt bei 56 oder 60° C.

Vincent[15]) betrachtet, obwohl er völlig den überlegenen Wert lebender Kulturen anerkennt, ihren Gebrauch als gefährlich und tötet daher die von ihm angewendeten Vakzins durch Äther. Wie später erwähnt werden soll, haben wir uns zu dem doppelten Zweck der Tötung von Typhusbazillen und der Beschleunigung ihrer Ausflockung und Trocknung des Alkohols bedient. Levy und Bruch[16]) töteten ihre Präparate durch Schütteln der Mikroorganismen in einem Galaktose enthaltenden Medium und fanden, daß die in dieser Weise behandelten Organismen Meerschweinchen ebensogut immunisieren wie lebende Kulturen, und daß beide den durch Hitze abgetöteten Kulturen in entsprechenden Mengen weit überlegen seien. Fornet[11]) betrachtet die unangenehmen Wirkungen erhitzter Vakzine nicht nur als durch das Erhitzen selbst bedingt, sondern schreibt sie auch großen Mengen von Eiweiß im Kulturmedium zu. Er züchtet daher seine Mikroorganismen in einem geringe Peptonquantitäten enthaltenden Medium und tötet sie durch 55 Minuten langes Erhitzen auf 55° C. Courmont und Rochaix[17]) töteten ihre Präparate durch Erhitzen auf 53° und modifizierten ferner das gewöhnliche Verfahren, indem sie Antigen per rectum einführten. Nicolle, Conor und Conseille[18]) erhitzten ihre Bakterien 45 Minuten lang auf 55° und weitere 30 Minuten lang auf 52° und injizierten intravenös. Wassermann[19]) macht geltend, daß die erzeugten Antikörper nicht wesentlich besser sind, wenn die Typhusbazillen nur auf 53° statt 56° erhitzt werden. Renaud[20]) befürwortete die Anwendung ultravioletter Strahlen zur Tötung der Bakterien.

B. Bakterienextrakte. Neben den abgetöteten Kulturen der Bakterien sind zahlreiche Extrakte und andere Präparate aus den Bakterien zu Immunisierungszwecken vorgeschlagen worden. Hahn[21]) empfahl den mit der Buchnerschen Presse erhaltenen Extrakt aus Bakterien.

Mc Fadyen und Roland[22]) benutzten flüssige Luft zur Tötung der Bakterien und erhielten aus ihnen einen Extraktivstoff. Neisser und Shiga[23]) verwerteten freie Rezeptoren, die sie durch Autolyse der Bakterien bei Körpertemperatur in Salzlösung erhielten. Wassermann[24]) hat ein ähnliches Verfahren mit Autolyse durch destilliertes Wasser vorgeschlagen; er trocknet danach die auf diese Weise erhaltenen Extrakte und verwendet sie als Impfpulver. Brieger und Mayer[25]) gebrauchten einen wässerigen filtrierten Extrakt aus geschüttelten Bakterien. Bergell und Mayer[26]) wendeten ein Extrakt getrockneter Bakterien an, das sie durch Behandlung mit verdünnter Salzsäure erhielten.

Verschiedene sog. lösliche Toxine des Typhusbazillus sind ebenfalls zu Immunisierungszwecken vorgeschlagen worden, so von Chantemesse[27]), von Werner[28]) und von Rodet, Lagriffoul und Wahby[29]). Ebenso wurde der nach dem Verfahren von Jez[30]) bereitete Bakterienextrakt empfohlen.

C. Lebende Kulturen des Typhusbazillus. Lebende Kulturen des Typhusbazillus, die gewöhnlich in ihrer Pathogenität mehr oder minder modifiziert waren, sind warm von gewissen Beobachtern verteidigt worden als am besten zur Immunisierung geeignet, ähnlich den Verfahren, wie sie bei anderen Krankheiten, vornehmlich bei Cholera (Strong und Kolle) beobachtet wurden. Castellani[31]) bedient sich eines avirulenten Typhusbazillenstammes in Form frischer Bouillonkulturen, die durch einstündiges Erhitzen auf 50⁰ teilweise getötet sind. Eine so modifizierte Kultur ruft ziemlich ernste lokale und allgemeine Symptome hervor, würde aber, wenn zweimal angewandt, nach Castellanis Ergebnissen zu urteilen einen sehr befriedigenden Grad von Immunität schaffen, die offensichtlich in einer Anzahl von Fällen, über welche er berichtet, mindestens vier Jahre überdauert hat. Er stellt dabei zur Wahl, die erste Injektion mit einer abgetöteten Kultur vorzunehmen, der eine zweite Injektion von lebender Kultur folgt. Im Anschluß an die überlegene immunisierende Wirkung lebender Kultur ist von Fornet[11]) darauf hingewiesen worden, daß die getöteten Kulturen in einer bestimmten Dosis eine stärkere Reaktion hervorrufen, weil die als toxisch erkannten Eiweißspaltprodukte durch die Hitze frei werden. Lebende Kulturen haben auch Pescarolo und Quadrone[32]) angewendet. Die Form lebender Kulturen, wie sie Besredka befürwortete, wird unter der nächsten Überschrift betrachtet werden. Es ist schon erwähnt worden, daß lebende Kulturen von vielen, die nicht geneigt sind, sie wegen der mit ihrem Gebrauch verbundenen wirklichen oder eingebildeten Gefahren anzuwenden, doch als im Besitz hervorragenden Immunisierungswertes angesehen werden, und das hat zu dem Versuch geführt, die Beschaffenheit lebender Bakterien möglichst zu wahren, ohne doch tatsächlich solche zu gebrauchen. (Vgl. Vincent[15]), Levy und Bruch[16]) und hauptsächlich Metschnikoff und Besredka, von denen im folgenden die Rede sein wird.)

D. Sensibilisierte Kulturen des Typhusbazillus. Die Methode der aktiven Immunisierung mittelst sensibilisierter Vakzine, d. h. durch Kulturen, die mit einem Immunserum behandelt und getötet sind, wurde von Besredka[33]) im

Jahre 1902 eingeführt. Dieses Verfahren wird nicht selten der Serovakzination zugezählt, aber es unterscheidet sich von der im eigentlichen Sinne als Serovakzination bezeichneten, von Leclainche[34]) bei Schweinerotlauf und von Calmette und Salimbeni[35]) bei Pest vorgeschlagenen Methode dadurch, daß das Übermaß des Immunserums, mit dem diese Autoren arbeiteten, von den behandelten Bakterien weggewaschen wird. Wie Besredka mitteilt, fand sich dabei, daß dieser Serumüberschuß dazu neigt, einfach passive Immunität zu erzeugen anstatt der aktiven Immunität, wie sie durch Kulturen, die mit Immunserum behandelt und gewaschen sind, hervorgerufen wird. Abgesehen von seinen ursprünglichen Versuchen, ging Besredka nicht mit der praktischen Verwendung der sensibilisierten Vakzine vor, bis die Versuche über Typhusfieber bei Affen von ihm in Gemeinschaft mit Metschnikoff[8]) im Jahre 1911 aufgenommen wurden. Inzwischen wurden jedoch sensibilisierte Vakzine mit augenscheinlich bedeutendem Erfolge in wenigstens drei Fällen erprobt. Marie[36]) gelang es, das Prinzip zur Behandlung von Wutvirus auszunützen, Dopter[37]) für die Behandlung gegen Dysenterie, und Theobald Smith[38]) fand in ähnlicher Weise, daß er aktive Immunität durch eine ausgeglichene Mischung von Diphtherietoxin und -antitoxin hervorrufen konnte. Die grundlegenden Vorteile dieses Verfahrens, wie sie ursprünglich von Besredka angegeben und offensichtlich bestätigt wurden, sind in erster Linie: es veranlaßt geringe oder keine heftigen Reaktionen nach der Einimpfung in Fällen, wo die unbehandelten Bakterien selbst deutlich reizend wirken, z. B. bei Pest. Zweitens entsteht eine sofortige, wenn auch vergängliche passive Immunität. Drittens erzeugt sie unter Umständen aktive Immunität, die ebenso anhaltend ist und ebenso schnell entsteht, als wenn unbehandelte Bakterien angewandt worden wären.

Nicht gering waren die experimentellen Versuche mit sensibilisiertem Typhusvakzin vor der Arbeit von Metschnikoff und Besredka, die später behandelt werden wird. Paladino Blandini[10]) machte eine sehr sorgsame Studie über siebzehn verschiedene Typhusvakzins, indem er deren relativen Immunisierungswert prüfte. Seine Versuche wurden an Meerschweinchen vorgenommen, die mit den verschiedenen Präparaten behandelt wurden und danach intraperitoneal eine Dosis lebender Typhusbazillen erhielten. Die geprüften Methoden umfaßten kleine Dosen lebender Kulturen, abgetötete Kulturen nach Pfeiffer und Kolle und nach Wright, verschiedene „lösliche Toxine" des Typhusbazillus, Nukleoalbumine und in verschiedener Weise bereitete Typhusbazillenextrakte. Zum Vergleich diente das Besredkasche sensibilisierte Vakzin, und der Autor konnte nachweisen, daß letzteres auf alle Fälle den meisten Schutzwert hatte. Nicht nur blieben Meerschweinchen mindestens vier Monate geschützt, sondern auch ihr Serum, das Sensibilisatoren enthielt, schützte normale Tiere vor der Infektion. Ardin-Delteil, Nègre und Raynaud[39]) fanden, daß die Anwendung von sensibilierten Typhusvakzins bei Kaninchen und bei Menschen die Entstehung geringer Mengen von Agglutininen zur Folge hat, aber die bakteriziden Fähigkeiten des Serums derjenigen, die so behandelt wurden, sind viel höher als bei anderen mit gewöhnlichen Kulturen Behandelten. Die Autoren haben auch sehr günstige Ergebnisse bei der Behandlung von Typhusfällen mit diesem Vakzin erzielt.

Dieses Versagen sensibilisierter oder agglutinierter Kulturen bei der Erzeugung wirksamer Antikörper haben schon Neisser und Lubowski[40]) konstatiert, sowie Pfeiffer und Bessau[41]). Garbat und Meyer[42]) immunisierten Kaninchen entweder mit sensibilisierten oder unveränderten Kulturen und verglichen die Eigenschaften der Sera beider Arten. Die Sera, welche durch Immunisierung von Kaninchen mit sensibilisierten Kulturen erhalten waren, agglutinierten und gaben die Fixationsreaktion viel weniger stark als die der entsprechenden, mit unsensibilisierten Kulturen behandelten Tiere. Indessen waren die Sera sensibilisierter Tiere stärker bakteriotrop und schützten experimentell die Tiere weit besser als die Sera von Tieren, die mit dem gewöhnlichen Vakzin behandelt waren.

Im Jahre 1911 berichteten Metschnikoff und Besredka[8]) zuerst von ihren hochbedeutsamen Forschungen über experimentelles Typhusfieber bei anthropoiden Affen. Sie beobachteten, daß der Schimpanse und der Gibbon nach achttägiger Inkubation charakteristischen Typhus entwickeln, wenn sie die Dejektionen aus Typhusfällen erhalten oder stark verunreinigtes Futter, oder — nach ihren späteren Versuchen — wenn das Maul der Tiere mit Typhuskulturen bestrichen wird. Fünfzehn oder sechzehn der untersuchten Affen gaben am zehnten Tage positive Blutkultur, ihr Serum enthielt Agglutinine und in drei Fällen war die Typhusinfektion vom Tode gefolgt. Die Temperatur dieser Tiere erreichte 40,8° C. Die Peyerschen Plaques erwiesen sich als geschwollen aber nicht ulzeriert. Das einzige Merkmal, in welchem diese experimentelle Krankheit anscheinend vom Typhus des Menschen abweicht, liegt in der Tatsache, daß die Milz des Schimpansen nicht wesentlich vergrößert erscheint. Nachdem sie auf diese Weise festgestellt hatten, daß der Typhusbazillus in Wirklichkeit die Ursache des Typhusfiebers ist und nicht irgend ein anhaftendes filtrierbares Virus, wie es bei Hogcholera der Fall ist, richteten sie ihre Aufmerksamkeit auf dieMethoden zur Immunisierung gegen diese Krankheit. Die erste Reihe ihrer Versuche war weit davon entfernt zu überzeugen, obwohl sie aus ihnen ziemlich weitgehende Schlüsse zogen. In erster Linie war die Zahl der Tiere unvermeidlicherweise klein infolge ihrer Kostspieligkeit und ihrer großen Empfänglichkeit für äußere Infektionen, so daß in dieser ersten Serie mit fünf Versuchen in jedem Falle nach Vergleich mit unbehandelten Kontrollen nur ein vakziniertes Tier blieb.

Sie kamen nach ihren vorläufigen Versuchen zu dem Schluß, daß weder mit Vincents Typhusvakzin, einem Autolysat des Typhusbazillus, noch mit einer abgetöteten, nach Besredka sensibilisierten Kultur anthropoide Affen gegen eine nachfolgende Infektion per os immunisiert werden. Unabhängig von der notwendig geringen Zahl der Tiere bei jedem Experiment, können gewisse andere Einwände gegen ihre Versuche erhoben werden, wie dies Vincent[43]) zum Teil getan hat. Erstens wurden die Tiere sehr kurze Zeit nach Beendigung der immunisierenden Behandlung geprüft, gewöhnlich nach 4 bis 6 Tagen, was mit Recht als eine zu kurze Zeitdauer für die Ausbildung des höchsten Grades der Immunität angesehen werden darf; zweitens scheint die den Tieren per os verabreichte Dosis, die nicht sehr genau angegeben ist, stets außerordentlich hoch gewesen zu sein und viel größer, als bei der natürlichen Infektion des Menschen. Sie schließen aus ihren Experimenten, daß erhitzte Vakzins die anthropoiden Affen nicht gegen Typhusinfektion schützen, und im Hinblick auf die Analogie zwischen der Erkrankung dieser Tiere mit dem menschlichen Symptomenkomplex halten sie solche Vakzins für ungeeignet, den Menschen zu schützen. Insofern als die protektive Vakzination des Menschen gegen den Typhus mit erhitztem Vakzin allgemein anerkanntermaßen die Sterblichkeit auf die Hälfte oder ein Sechstel der normalen herabsetzt, scheint die Logik ihrer Ansichten nicht einwandfrei zu sein. Es wäre besser gewesen, zu sagen, daß die Immunisierung oder die von den Autoren erzeugte Erkrankung der anthropoiden Affen nicht gleichwertig mit den entsprechenden Erscheinungen beim Menschen sei.

In ihrer zweiten Veröffentlichung teilen Metschnikoff und Besredka[44]) Versuche mit, welche mit Ausnahme des einen, in welchem sie Vincents Vakzin anwendeten, überzeugend wirken. Ihre zweite Versuchsreihe befaßt sich mit der Schutzwirkung der Vakzination durch lebende Paratyphus-B-Kulturen und durch sensibilisierte lebende Kulturen des Typhusbazillus gegen nachfolgende Infektion mit letzterem Organismus in der oben beschriebenen Weise. Diese Versuche umschließen mehr Tiere als die früheren und außerdem ist die Infektion nicht vor 10 bis 15 Tagen nach vollendeter Behandlung vorgenommen worden.

Vincents Kulturen verliehen wieder keinen Schutz, während die lebenden sensibilisierten Typhuskulturen und die lebenden Paratyphus-B-Kulturen gleicherweise die Tiere schützten. Es würde indessen durchaus falsch sein, aus diesen Experimenten zu folgern, daß Präparate aus erhitzten Typhusbazillen nicht imstande wären, anthropoide Affen vor einer späteren Typhusinfektion zu schützen.

Wir haben die Einzelheiten der Versuche von Metschnikoff und Besredka keineswegs im Geiste ungünstiger Kritik geprüft, weil wir selbst, wie wir später zeigen werden, glauben, daß ihre Schlüsse in der Hauptsache korrekt sind, obwohl die Grundlagen, auf denen sie basieren, uns nicht befriedigen.

Hier wollen wir nun die Resultate prüfen, die bei der Immunisierung des Menschen mit den von Metschnikoff und Besredka empfohlenen lebenden sensibilisierten Kulturen erzielt worden sind. Broughton Alcock[45]), der unter ihrer Leitung arbeitete, berichtete als Erster über die Harmlosigkeit des Verfahrens, dessen Freisein von ungünstigen Wirkungen, und über den augenscheinlichen Schutzwert. Er empfiehlt eine Dose $= {}^1/_{100}$ einer Agarkultur, was etwa 500 Millionen Typhusbazillen entspricht. Diese Organismen werden durch einige Tropfen eines stark wirkenden Antityphusserum sensibilisiert. Die genaue Stärke und Menge wird weder von Metschnikoff und Besredka noch von Broughton Alcock angegeben. Nach vierundzwanzigstündigem Stehen werden die zusammengeballten Bakterien in Salzlösung gewaschen und in einer aliquoten Portion von Normalsalzlösung wieder aufgeschwemmt. Ein so präpariertes sensibilisiertes Vakzin hält sich wenigstens vier Monate lang. Vincent und andere haben Bedenken erhoben wegen der Gefahr der Einspritzung lebender Mikroorganismen in den menschlichen Körper; aber Metschnikoff und Besredka[46]) haben berichtet, sorgfältige Prüfungen hätten niemals ergeben, daß derart behandelte Menschen Typhusbazillenträger geworden wären oder Bazillen in Fäzes oder Urin ausgeschieden hätten. Im Hinblick auf die gleichmäßig guten Ergebnisse scheint daher wenig Grund vorzuliegen, ferner die Schädlichkeit ihrer Anwendung zu mutmaßen. In einer neuen Mitteilung bemühen sich Metschnikoff und Besredka[47]) für dieses sensibilisierte Vakzin die optimale vakzinierende Dose und das Intervall festzustellen, und Besredka[48]) berichtet einige der günstigsten Ergebnisse, die erreicht wurden. Cadeau[49]) vakzinierte 25 Fälle, davon zeigten nur zwei schwache Allgemeinerscheinungen. In einem Asyl in Briqueville, wo im Jahre 1912 viele Typhusfälle vorkamen, wurden 516 Leute vakziniert, und in den darauffolgenden 12 Monaten ereignete sich keine Erkrankung unter ihnen, wogegen vier Fälle unter den 343 nicht immunisierten Leuten beobachtet wurden. Marie berichtet in gleicher Weise über das Nichtauftreten von Allgemeinreaktionen. Insgesamt hat Besredka 10000 Dosen Vakzin ausgegeben; es wurde kein ungünstiges Ergebnis gemeldet, außer wenn die Injektionen intramuskulär erfolgten. Er empfiehlt eine Dosierung von 500 bis zu 1000 Millionen, obgleich unbesorgt größere Mengen gegeben werden könnten. Selbstverständlich ist es noch zu früh, irgendwelche endgültige Schlüsse über den tatsächlichen Schutzwert der Methode zu ziehen, obwohl ihre Harmlosigkeit und das Fehlen ungünstiger Symptome erwiesen zu sein scheinen.

Im Hinblick auf die allgemeine Ansicht über den relativen Schutzwert der Immunisierung mit abgetöteten Typhusbazillenkulturen und die Annahme, daß dieses Vakzinationsverfahren mit sensibilisierten lebenden Typhusbazillen alle die Vorteile der unangenehmeren Methode der Behandlung mit toten Kulturen verbürge und dabei ebensogut oder besser schütze, würde es wünschenswert erscheinen, ein tierexperimentelles Verfahren auszuarbeiten, welches uns befähigte, dies abschließend festzustellen, wie auch anderen diskutierbaren Fragen näherzutreten, die sich im Zusammenhang mit dem so außerordentlichen Nutzen bringenden Prozeß ergeben. Noch viele ungelöste Fragen gibt es, die die anzuwendende Dosierung, die Zwischenzeit, nach welcher die Einspritzung erfolgen soll, und vor allen Dingen die Dauer des gewährten Schutzes bei besonderen Anwendungsweisen und bestimmten Individuen betreffen. Das Tierexperiment ist freilich zum größten Teil an Meerschweinchen vorgenommen worden, die nach Behandlung mit verschiedenen Typhusvakzinen in die Peritonealhöhle infiziert wurden. Es scheint nun berechtigt, eine Prüfung vorzunehmen, ob sich die bei der Verhütung einer banalen Peritonitis dieser Tiere erzielten Resultate auf den Menschen übertragen lassen. Die Prüfung der Typhusvakzine an anthropoiden Affen, wie sie Metschnikoff und Besredka beschrieben, ist zweifellos das ideale Verfahren, aber praktisch unmöglich für die Klärung der Details zu gebrauchen infolge der Kostspieligkeit der Tiere und der Schwierigkeit, sie in größerer Zahl zu erhalten.

Der Typhusbazillenträgerzustand beim Kaninchen.

Seit den Beobachtungen von Blackstein[50]) und von Welch[51]) im Jahre 1891 ist es bekannt, daß in den Kreislauf des Kaninchens injizierte lebende Typhusbazillen in der Folge von diesem Tiere in Reinkultur gewonnen werden können, und zwar während langer Zeiträume. Spätere Arbeiten haben dazu gedient, die Natur dieses „Bazillenträgertums" genauer zu erklären. Die Einspritzungen müssen intravenös [Chirolanza[52])] oder in die Gallenblase [Uhlenhuth und Messerschmidt[53]), Hailer und Ungermann[54])] erfolgen, um positive Resultate zu liefern; und aus den schwankenden Ergebnissen der verschiedenen Untersucher geht deutlich hervor, daß nicht alle Stämme des Typhusbazillus gleichmäßig gute Resultate ergeben. Aus den Befunden von Morgan[55]), Koch[56]), Doerr[57]) und Johnston[58]) ist klar zu sehen, daß das permanente Reservoir des Typhusbazillus die Gallenblase darstellt, welche innerhalb zweier Stunden nach intravenöser Einspritzung befallen ist (Chirolanza). Es kann sein, daß der Kreislauf nur periodisch unter gewöhnlichen Umständen in Mitleidenschaft gezogen wird, und das würde auch erklären, warum Johnston vor dem siebten bis zum zehnten Tage nicht regelmäßig positive Kulturen aus dem Blute erhielt, und ebenso warum Doerr keine positiven Blutkulturen nach dem vierten Tage gewann. Sicher ist, daß nicht nach einer einzelnen Blutkultur beurteilt werden sollte, ob der Bazillenträgerszustand vorliegt. Auf alle Fälle fallen Kulturen aus der Gallenblase zuverlässiger und für längere Zeit konstant aus, als solche aus dem Blute. Dauernde Veränderungen der Gallenblase sind von Chirolanza im besonderen beschrieben worden und werden sogleich weiterhin behandelt werden.

Das Verharren des Typhusbazillus im Kaninchen ist für verschieden lange Zeit beobachtet worden: im Blut 58 Tage (Chirolanza), 109 Tage (Blackstein), 127 Tage (Johnston), in der Gallenblase sogar noch länger: 180 Tage (Uhlenhuth und Messerschmidt[53]),75 Tage (Morgan), 120 Tage (Doerr). Die Organismen werden augenscheinlich durch die Eingeweide eliminiert, wo sie von Doerr noch 120 Tage nach der Einimpfung in der Schleimhaut gefunden wurden. Ebenso wurden sie wiederholt von Morgan und von Johnston in den Fäzes nachgewiesen

Die wirkliche Pathogenität der Typhusbazillenstämme, die die Fähigkeit besitzen, den Bazillenträgerzustand im Kaninchen herbeizuführen, scheint keine besondere Beachtung bei früheren Untersuchern gefunden zu haben. Morgan erwähnt ohne weitere Einzelheiten, daß 2 von 12 seiner Tiere in 12 Stunden starben. Ähnliches konstatierte Chirolanza. Johnston gibt den positiven Ausfall der Kulturen aus Galle und Blut in nahezu allen tödlichen Fällen an, aber er berichtet den Prozentsatz der zugrunde gegangenen Bazillenträgerkaninchen nicht. Ein anderer Punkt von besonderem Interesse ist das gleichmäßige Vorhandensein von Agglutininen bei positiven Kaninchen (Morgan, Johnston, Doerr).

Der Typhusträgerzustand des Kaninchens hat dazu gedient, gewisse therapeutische Maßnahmen zu prüfen. Conradi[59] stellte fest, daß tägliche Gaben von Chloroform in Öl oder Milch per rectum genügen, den Bazillenträgerzustand des Kaninchens zu heilen. Hailer und Rimpau[60] hatten ähnliche Erfolge mit Methyljodid und Jodoform. Johnston[58] gelang es, die Bakteriämie mit 2 Dosen von 20 Millionen abgetöteten Typhusbazillen zu beseitigen.

In einer umfangreichen unter Mitwirkung von Dr. Edith Claypole[61] ausgeführten Untersuchung über die Methoden der Typhusimmunisierung haben wir den Bazillenträgerzustand des Kaninchens ausgenützt als Mittel zur Bestimmung der Wirksamkeit verschiedener zur Typhusvakzination angegebener Präparate. Nach Durchsicht der Literatur waren wir nicht besonders ermutigt, mit einiger Regelmäßigkeit den Typhusträgerzustand beim Kaninchen zu erzielen; aber nach Prüfung verschiedener Typhuskulturen fanden wir schließlich 2, die in der Dosis einer ganzen Agarkultur geeignet waren, Bazillenträger zu machen. Mit einer dieser Kulturen, die kürzlich (1 Monat) aus dem Kreislauf eines Typhusfalles isoliert worden war, haben wir unsere Untersuchungen während des letzten Jahres fortgesetzt. Nach unseren Befunden gelingt es, mit Typhusbazillen, die auf einem $10\,^0/_0$ Kaninchenblut enthaltenden Agarnährboden gezüchtet sind, normale oder auch nicht genügend immunisierte Kaninchen mit einer Dosis von einer halben schrägen Standardkultur zu Bazillenträgern zu machen. Wir fanden z. B., daß von 20 normalen Kontrolltieren 5 plötzlich starben, nachdem sie die Hälfte einer Standardblutagarkultur erhalten hatten; 15 wurden Bazillenträger, wie Kulturen aus dem Blute 10 und 20 Tage nach der Infektion ergaben. Davon starben 6 spontan innerhalb des ersten Monats. Nur ein Tier der Serie gab bei zwei aufeinanderfolgenden Versuchen negative Kulturen, aber bei der 22 Tage nach der Infektion vorgenommenen Autopsie fanden sich in der Gallenblase deutliche, charakteristische Läsionen.

Den Typhusbazillenträgerzustand finden wir beim Kaninchen nicht mit irgendwelchem auffallenden oder stetigen Steigen der Temperatur verbunden. Die mit dem Zustand verknüpften krankhaften Veränderungen sind indessen deutlich und regelmäßig bemerkbar.

Chirolanza[52]) hat eine ausführliche Beschreibung der von ihm gefundenen, mit dem Bazillenträgerzustand des Kaninchens verknüpften Veränderungen gegeben, und ebenso sind von Morgan einige Beobachtungen gemacht worden. Die Läsionen befallen hauptsächlich die Gallenblase und in geringerem Maße die Leber und den Gallengang. Nach Chirolanza zeigen Tiere, die in den ersten Stunden nach der Einimpfung sterben, trübe, schwellende, subkapsuläre Hämorrhagien und strichförmige Nekrosen der Leber. Die Gallenblase wird nicht zuerst ergriffen, aber nach einem oder zwei Tagen wird die Schleimhaut nekrotisch. Die späteren Veränderungen in diesem Organ sind charakteristischer und bestehen in Proliferation der Mukosa der Gallenblase, seltener in Schwinden der Schleimhaut und in Verdickung des fibromuskulären Überzugs, Verdickung des Gallenganges und fortschreitender lymphoider Infiltration, sowie Zirrhose der Leber.

Bei den akuten Todesfällen, d. h. den innerhalb 24 Stunden erfolgenden, fanden wir, daß die Gallenblase keine Veränderungen aufweist; die Leber zeigt chronische passive Blutüberfüllung und gewöhnlich zentrale Nekrose der Läppchen. Wir haben die Zwischenperiode nicht in Einzelheiten studiert, aber mit Beginn der zweiten Woche sind gewisse charakteristische Veränderungen bemerkbar. Bei der Autopsie ist die Gallenblase gleichmäßig ausgedehnt, häufig auf das vier- und fünffache der gewöhnlichen Größe; sie kann $5^1/_2 \times 3^1/_2$ cm messen. Die Galle ist gewöhnlich trübe und enthält sichtbare Flocken, und zeitweise füllt eine Menge eingedickter Gallensalze die Blase und dehnt sie aus. Die Kulturen aus der Galle sind unveränderlich positiv, wenn auch Kulturen aus dem Blute negativ ausfallen; die mikroskopische Untersuchung zeigt kleine agglutinierte Klumpen gramnegativer Bazillen. Richardson[62]) berichtete vor einigen Jahren, daß es möglich wäre, Gallensteine bei den Typhusträgerkaninchen zu erzeugen, aber in seinen Versuchen erreichte er dies nur, wenn den Tieren Kalziumsalze zugeführt wurden. Wir fanden in einem Falle Gallensteine bei einem Bazillenträgerkaninchen, das unvollkommen immunisiert worden war. Dieses Tier wurde 79 Tage nach der Impfung mit der Standarddosis lebender Organismen chloroformiert, bei der Autopsie zeigte sich dann die Gallenblase ausgedehnt, sie maß 36×14 mm und enthielt 4 eckige Gallensteine, von denen die 2 größeren 9×9 mm groß waren. Die Kultur aus der Galle ergab Typhusbazillen. Nach unserer Erfahrung ist vollständige Zerstörung

der Schleimhaut und Umwandlung der Wand in einen verdickten fibromusku-
lären Überzug häufiger als die von Chirolanza beschriebene Proliferation.
Wir finden als konstante Veränderung in der Leber eine frühe strichförmige
Nekrose und in vorgeschrittenen Fällen Proliferation der Gallengänge und
Zirrhose der Leber.

Wichtig für die Rechtfertigung unserer Betrachtung des Typhusträger-
tums des Kaninchens als den Verhältnissen beim Menschen entsprechend ist
die Feststellung, daß die Veränderungen der Gallenblase in menschlichen
Typhusfällen und bei Bazillenträgern [Bindsell[63])] ganz denjenigen beim
Kaninchen entsprechen. J. Koch[56]) hat diese Punkte sehr sorgfältig nach
seinen eigenen und Chirolanzas Material verglichen. Er wies ferner nach,
daß sowohl beim Menschen wie beim Kaninchen die Infektion der Galle
durch den Kreislauf vermittelt wird und nicht durch den Darm und den Gallengang. Diese Analogie der Läsionen bei Mensch und Kaninchen wird auch von
Uhlenhuth und Messerschmidt und von Messerschmidt[53]) verteidigt.
Sie haben gleichfalls dieselben Veränderungen durch Fütterung sowohl wie
durch Injektion in die Gallenblase erzielt.

Ferner muß erwähnt werden, daß hämorrhagische und hyperplastische
Läsionen der Eingeweide, die den Veränderungen bei Typhusfieber ähnlich
sind, von Arima[64]) nach Einimpfung der Toxine des Typhusbazillus beobachtet
wurden. Wir fanden diese Läsionen nicht regelmäßig aber gelegentlich nach
Einimpfung lebender Kulturen des Organismus und besonders nach Injektion
abgetöteter Kulturen.

Die Arbeiten der letzten Jahre über den Typhus des Menschen haben
zu weitgehender Bestätigung unserer Ideen hinsichtlich der Pathogenese geführt.
Um Kolle und Hetsch[65]) zu zitieren, wir betrachten den Typhus nicht länger
als eine intestinale Erkrankung sondern in erster Linie als eine Bakteriämie.
Diese Feststellung gründet sich vor allen Dingen auf die Tatsache, daß Blutkulturen, die in der ersten Krankheitswoche in geeigneter Weise angelegt werden,
positive Resultate in $100^0/_0$ der Fälle liefern [Brion und Kayser[66])]. Ebenso
gibt die Galle erfahrungsgemäß in allen Fällen und Stadien der Krankheit positive
Kulturen [Forster und Kayser[67])]. In seiner neuen Übersicht über die atypischen Formen des Typhus sagt Posselt[68]), daß diese Krankheit unter den Erscheinungen einer offenbaren Septikämie mit lokalisierten Läsionen in anderen
Organen, als dem Eingeweide (Milz, Nieren, Meningen usw.), wahrscheinlich
häufiger ist, als man denkt. In der Tat ist anzunehmen, daß, wenn alle Fälle
mit positiver Typhuskultur aus dem Blute durch Autopsie unterbrochen werden
könnten, viele sich darunter finden würden, in denen die charakteristischen
Veränderungen in den Peyerschen Plaques fehlen. Posselt betrachtet jene
gefundenen Fälle als den überzeugendsten Beweis dafür, daß der Typhus in
erster Linie eine Bakteriämie und in zweiter Linie eine Krankheit mit Darm-
läsionen darstellt. Es ist in der Tat augenscheinlich, daß die Veränderungen
im Ileum eher eliminativ sein können und sekundär durch die Bakteriämie
veranlaßt, als daß sie den primären Herd der Krankheit bilden (Arima). Die
charakteristische Proliferation des endothelialen Gewebes im Eingeweide und
anderswo ist logischerweise mehr den Typhustoxinen zugeschrieben worden
(Mallory), als der einfachen Vermehrung des Bazillus.

Die bloße Tatsache, daß die Injektion lebender Typhusbazillen beim Kaninchen nicht immer zu der bezeichnenden Schwellung und Nekrose der Haufenfollikel des Darmes führt, wie sie bei Typhus üblich sind, ist noch kein Grund, den Symptomenkomplex beim Kaninchen, wie wir ihn beschrieben haben, als wesentlich von den Bedingungen beim Menschen abweichend anzusehen. Sowohl beim Kaninchen wie beim Menschen hält sich der Typhusbazillus lange Zeit im zirkulierenden Blute und bei beiden dringt er schnell vom Kreislauf aus, nicht durch den Gallengang, in die Galle ein (J. Koch, Doerr, Chirolanza). Er hält sich bei den Bazillenträgern, Mensch wie Kaninchen, in der Gallenblase, selbst wenn er aus dem Kreislauf verschwunden ist, und in beiden Fällen wird er später durch die Darmschleimhaut eliminiert (Morgan). Das bezeichnende Ergebnis der Gallensteinbildung, die der Typhusinfektion beim Menschen folgen kann, ist einerseits beim Kaninchen von Richardson durch Verabreichung von Kalzium erreicht worden und andererseits von uns selbst erzielt als natürliches Resultat bei einem Bazillenträgertier, das 79 Tage nach der Einimpfung getötet wurde. Es ist bemerkt worden, die Darmveränderungen könnten richtiger den eliminierten Toxinen des Typhusbazillus zugeschrieben werden, und es ist von Interesse, daß ähnliche Schädigungen, zum mindesten Schwellung und Hämorrhagie in den Haufenfollikeln, beim Kaninchen durch Anwendung von Typhustoxinen (Arima) an Stelle lebender Kulturen, hervorgerufen werden können. Wir haben ähnliche Ergebnisse erhalten sowohl mit abgetöteten als mit lebenden Kulturen des B. typhosus, wenn sie in genügenden Dosen angewandt wurden. Arima erzielte mittelst intravenöser Injektion seines ,,Typhusendotoxins'' blutige Durchfälle, Hyperämie, Schwellung und Hämorrhagie der intestinalen Lymphknoten.

Wir betrachten diese Tatsachen als Hinweis auf die sehr starke Analogie der Typhusinfektion bei Mensch und Kaninchen. Abgesehen von dem eigentlichen Wert als klarumrissenes experimentelles Verfahren, möchte der Bazillenträgerzustand des Kaninchens — nach den Versuchen an anthropoiden Affen — anscheinend das beste Mittel für die vergleichende Prüfung der verschiedenen für den Menschen bestimmten Immunisierungsmittel aus Typhusbazillen darbieten.

Unser Verfahren zur Prüfung des relativen Immunisierungswertes verschiedener Typhusbazillenpräparate ist kurz das folgende gewesen: Gruppen von Tieren wurden immunisiert mittelst intravenöser oder subkutaner Einimpfung der gleichen Quantitäten (gewöhnlich durch Gewicht bestimmt) der Impfstoffe, die zu Vergleichen benutzt wurden und danach in Zwischenräumen von 12—20 Wochen Vertreter jeder der so vorbereiteten Gruppen in einer Serie geimpft mit einer halben Standard-Blutagarkultur des oben erwähnten Typhusstammes, der bei normalen Tieren regelmäßig den Bazillenträgerzustand hervorrief. Mit jeder dieser Gruppen von immunisierten Tieren wurden zwei oder mehr Kontrollen geimpft, welche regelmäßig Bazillenträger wurden, häufig starben und in allen Fällen die charakteristischen Veränderungen der Gallenblase bei der nach drei oder mehr Wochen vorgenommenen Autopsie aufwiesen.

Der Bazillenträgerzustand wurde bei den immunisierten und den Kontrolltieren durch zehn oder zwanzig Tage nach der Impfung aus dem Blute gezüchtete Kulturen nachgewiesen; diese Ergebnisse bestätigte der Befund post mortem sowie Kulturen aus der Galle, wenn die Tiere starben, oder bei den Überlebenden die Chloroformierung nach 50 oder 70 Tagen. Als vollkommen immunisiertes Tier gilt ein solches, das negative Blutkulturen ergibt, nach dem Tod keine krankhaften Veränderungen, besonders der Gallenblase, zeigt und bei dem auch Kulturen aus der Galle negativ ausfallen.

In unseren ganzen Versuchen waren wir bestrebt, unsere Typhuskulturen in einer Weise abzutöten, die soweit als möglich dem verderblichen Einfluß der Hitze, wie er in den Arbeiten von zahlreichen weiter oben erwähnten Forschern nachgewiesen worden ist, vorbeugt. Die Einwirkung der Hitze scheint uns auf alle Fälle zu dem Zwecke der Sterilisierung der Kulturen nicht notwendig zu sein; wie wir vor einer Reihe von Jahren feststellten [69]), können Dysenteriebazillenkulturen sterilisiert und präserviert werden durch einfaches Hinzufügen von 0,5 % Trikresol oder Phenol, ohne daß ihre toxischen oder antigenen Eigenschaften in demselben Grade geschädigt würden, wie bei entsprechenden, erst durch Erhitzen auf 60° getöteten und dann mit Trikresol präservierten Kulturen. Sehr wenig Aufmerksamkeit scheint dieser Beobachtung gezollt worden zu sein, obgleich wir glauben, daß manche das Verfahren mit Vorteil benutzt haben, wenn sie ihre Kulturen mit Formalin oder Trikresol töteten. In der vorliegenden Versuchsreihe haben wir nicht nur erstrebt, die Bakterien mit geringer Schädigung zu töten, sondern auch sie zu sammeln und zu trocknen, in der Absicht, die angewendete Dosierung nach gewogenen Mengen der getrockneten, vorher in einem Achatmörser zerriebenen Bakterien berechnen zu können. Zu diesem Zweck präzipitierten wir unsere verschiedenen Bakterienaufschwemmungen mit gleichen Teilen absoluten Alkohols, der die Zentrifugierung und Trocknung der Präparate beschleunigt. Die Bakterien werden 48 Stunden lang gleichartig gezüchtet in 32 Unzen Blakeflaschen, die 2 % gewöhnlichen Agar oder in einigen Fällen Agar mit 10 % Kaninchenblut enthalten, und dann in steriler Normalsalzlösung aufgeschwemmt. Die Suspension wird dann, wenn die Kultur sensibilisiert werden soll, mit einer bestimmten Menge eines wirksamen Kaninchenimmunserums behandelt, dessen Dosierung dem Agglutinationstiter des fraglichen Serums und der Zahl der Flaschen, von denen die Kultur entnommen wurde, entsprechend abzuschätzen ist; gewöhnlich nimmt man für je sieben Blakeflaschen 1 ccm Serum, das den betreffenden Organismus in einer Verdünnung von 1 zu 20000 agglutiniert. Nach zwei- oder dreistündigem Stehen im Brutschrank bleibt die sensibilisierte Kultur bei Zimmertemperatur oder im Eisschrank über Nacht stehen, wird dann zentrifugiert, die überstehende Flüssigkeit entfernt, in steriler Salzlösung gewaschen und das ursprüngliche Volumen mit einer aliquoten Portion steriler Salzlösung wieder hergestellt. Dies so bereitete Vakzin wird nach Hinzufügen gleicher Teile absoluten Alkohols sofort präzipitiert. Die flockigen Massen der Bakterien werden danach zentrifugiert, die überstehende Flüssigkeit entfernt, die auf dem Boden des Zentrifugenröhrchens gelatineartig zusammengedrängten Bakterien mit 50 % Alkohol gewaschen und in einem partiellen Vakuum über Schwefelsäure 12 oder 24 Stunden lang getrocknet. Jedes Präparat wird dann zerrieben indem man es für eine Stunde in einen mechanischen Reiber einbringt, der einen Achatmörser enthält und mit einem kleinen Motor verbunden wird. Das getrocknete homogene Pulver wird gewogen und in einen sterilen Behälter bis zum Gebrauch bei den verschiedenen Experimenten aufbewahrt, wo es mit der nötigen Menge einer 0,5 % Karbolsäure enthaltenden Salzlösung aufgeschwemmt wird.

Fornet und Müller[70]) und Bonhoff und Tsuzuki[71]) haben schon gezeigt, daß zur Erzeugung gewisser Antikörper eine intensiv wirkende Immunisierungsmethode mit Reinjektion nach kurzen Intervallen angewendet werden kann. Verfasser hat in Gemeinschaft mit Fitzgerald[72]) dieses Verfahren noch weiter ausgearbeitet. Es gelingt uns z. B. hochwertige Schafbluthämolysine durch intravenöse Einspritzung eines Kaninchens an drei aufeinanderfolgenden Tagen mit 1 ccm gewaschenen Schafblutes zu erzielen. Vier oder fünf Tage nach der letzten Injektion finden wir diese Lysine in hohem Maße. Ähnliche, wenn auch nicht ganz so vollkommene Ergebnisse erreichte Miß Edna Locke[73]) bei der Erzeugung von Präzipitinen, wie auch von bakteriellen Agglutininen. Auf der Grundlage dieser Versuche waren wir schon zu dem Schluß gelangt, daß — unter der Voraussetzung, ein Vakzin verursache nicht zu ernste Symptome — die Zeitdauer, über die sich die Immunisierung erstreckt, merklich abgekürzt werden könnte, ohne irgendwelche entsprechende Einbuße im Grad der erreichten Immunität zu erleiden. Es ist von Interesse zu konstatieren, daß Fornet[11]) gleichfalls eine Schnellimmunisierungsmethode bei der Typhusimpfung angenommen hat. Wir selbst empfahlen, und Force[74]) wendete sie an, eine Immunisierung in Zwischenräumen von 2 oder 3 Tagen beim Menschen, worauf wir später zurückkommen werden. Die Schnellimmunisierung in kurzen Zwischenräumen kann beim Kaninchen nachweislich nicht nur einen gleichhohen Immunitätsgrad hervorrufen, wie der Antikörpergehalt und die tatsächliche Widerstandskraft gegen Infektion bestätigen, sondern bietet auch den weiteren Vorteil, daß bei Anwendung großer Mengen unbehandelten Vakzins weniger schlimme Wirkungen zustande kommen. Wir haben wiederholt bemerkt, daß bei Kaninchen, denen ein großer Gesamtbetrag Vakzin während eines über 3 Wochen ausgedehnten Zeitraumes zugeführt wurde, der Prozentsatz der durch Kachexie veranlaßten Sterblichkeit ein größerer war, als wenn die gleiche Menge innerhalb dreier Tage gegeben wurde. Immunisierende Dosen waren es unveränderlich drei an der Zahl, die entweder intravenös oder subkutan einverleibt wurden, wobei die intravenöse Methode augenscheinlich etwas bessere Erfolge brachte.

In den folgenden Tabellen sind die kombinierten Ergebnisse einer Anzahl von Experimenten so gruppiert, daß sie einen Vergleich des mit verschiedenen Immunisierungsmethoden erreichten Schutzes zeigen.

Tabelle I.

Vergleich des Immunisierungswertes toter unbehandelter und toter sensibilisierter Kulturen von Typhusbazillen.

Vakzin	Kaninchen		
	Bazillenträger	Geheilt	%
Unbehandeltes Vakzin	10	9	43
Sensibilisiertes „	8	10	55

Das Verfahren, welches wir zur Herstellung und zum Zerreiben des Impf-
stoffes angegeben haben, ist im wesentlichen demjenigen ähnlich, das
Besredka für die Gewinnung von Endotoxinen beschrieben hat, und in der
Tat kann bei dem unbehandelten Vakzin festgestellte werden, daß der größere
Teil der toxischen Substanz des gesamten Vakzins in der überstehenden Flüssigkeit sich findet [Besredka[75]); Stenitzer[76])]. Es schien wichtig, festzustellen, ob die überstehende Flüssigkeit solch eines zerriebenen und aufgeschwemmten Präparates von Typhusbazillen oder die beim Zentrifugieren der
Mischung abgesetzten Bakterienkörper das immunisierende Prinzip enthalten.

In der folgenden Tabelle, in der die immunisierende Wirkung der beiden
Präparate gegenübergestellt ist, zeigt sich sehr deutlich, daß es das Sediment
ist oder die zum größten Teil ihrer Giftigkeit beraubten Bakterienkörper, die
das wesentlich immunisierende Prinzip enthalten. Im Hinblick auf die erzeugten Symptome und den gewährten Schutz ergibt sich unmittelbar der
Rat, besser nur die Trümmer der Bakterienkörper aus solchen Vakzin zu benützen,
als letzteres selbst in seiner Gesamtheit. Die dazu bestimmten Versuche,
den relativen Wert des ganzen Vakzins einerseits, wie des Sedimentes andererseits, zu prüfen, beweisen sehr klar, daß das Sediment nicht nur ebenso
viel sondern offensichtlich mehr Immunisierungswert besitzt, als das ganze
Vakzin.

Tabelle II.

Vergleich des Immunisierungswertes der überstehenden Flüssigkeit und des Sedimentes zerriebener unbehandelter Bazillen.

Vakzin	Kaninchen		
	Bazillenträger	Geheilt	%
Überstehend	7	1	14
Sediment	0	6	100

Tabelle III.

Relativer Immunisierungswert des ganzen Vakzins (sensibilisiert)
und des Sediments.

Vakzin	Kaninchen		
	Bazillenträger	Geheilt	%
Ganzes sensibilisiertes Vakzin . . .	9	12	57
Sediment desselben.	3	8	72

Soweit scheinen wir nachgewiesen zu haben, daß abgetötete sensibilisierte Kulturen einen etwas größeren Schutzwert haben als einfache, unsensi-

bilisierte abgetötete Kulturen des Typhusbazillus, und daß der Schutz von dem
bazillären Bodensatz und nicht von der überstehenden endotoxischen Flüssigkeit bedingt wird. Diese Sedimente schienen überdies deutlich besser zu schützen
als das ungeteilte Vakzin, dem sie entnommen sind. Im Zusammenhang hiermit
muß erwähnt werden, daß jeder bei der Zubereitung dieser Sedimente mögliche
Irrtum eher eine Verminderung als eine Steigerung des immunisierenden Wertes
derselben im Vergleich zu dem ungeteilten Vakzin herbeiführen würde.

Im Hinblick auf die Mitteilungen von Metschnikoff und Besredka
bleibt noch übrig, zu untersuchen, ob nicht etwa lebende, sensibilisierte Kulturen im Werte über sensibilisierten, nach unseren Verfahren mit Alkohol
getöteten Kulturen stehen.

Tabelle IV.

Vakzin	Kaninchen		
	Bazillenträger	Geheilt	%
Lebend sensibilisiert	3	3	50
Abgetötet „	4	3	40

In diesem Versuche mit einer begrenzten Zahl von Tieren könnte es den
Anschein haben, als ob die lebenden sensibilisierten Kulturen etwas besseren
Schutzwert besäßen, als die nach unserer Methode getöteten und behandelten
Kulturen. Ausgedehntere Experimente, wie sie jetzt im Gange sind, lassen
voraussehen, daß das sensibilisierte Sediment genau so gut schützt, wie die lebende
Kultur.

Schutzimpfung des Menschen mittelst modifizierter sensibilisierter Kultur.

Unsere experimentellen Ergebnisse hatten sich über einen Zeitraum erstreckt, der nahezu ein Jahr zurückliegt, als wir uns berechtigt fühlten, die von
uns beschriebene sensibilisierte Kultur zum Schutz des Menschen gegen Typhus
zu empfehlen. Es schien nach den Versuchen an Kaninchen erwiesen, daß
der sensibilisierte, gewaschene, präzipitierte, mit Alkohol getötete und zer-
riebene Impfstoff mindestens so gut und vielleicht besser schützen würde, als
das gewöhnliche nicht sensibilisierte Vakzin, und wir sahen voraus, daß viel
weniger ungünstige Erscheinungen der Anwendung dieses sensibilisierten Vakzins folgen würden. Letzteres hat sich beim Versuch voll bestätigt. Bis zum
gegenwärtigen Zeitpunkt sind über 900 Studierende der Universität von Kalifornien durch Professor Force vom Hygienedepartement immunisiert worden.
Das Fehlen der Reaktion oder deren mildes Auftreten waren sehr in die Augen
fallend. Force[74]) hat schon über die ersten nach diesem Verfahren behandelten
261 Fälle berichtet; und die weniger eingehende Analyse der späteren Fälle
stimmt mit den bei der niedrigeren Zahl erhaltenen Resultaten überein. In diesen
261 Fällen wurden — abgesehen von lokalen Erscheinungen, wie Induration, Röte
und flüchtige Empfindlichkeit für einen oder zwei Tage — allgemeine Symptome,
selbst in schwachem Grade, sehr selten beobachtet. Das Vakzin wurde einen

Tag um den anderen gegeben, so daß die Behandlung innerhalb einer Woche vollendet war. Die ausgemachte Tatsache, daß es möglich war, die zweite und dritte Einspritzung am zweiten und vierten Tag nach der ersten vorzunehmen, zeigt deutlich den günstigen lokalen Zustand, der die nachfolgenden Einimpfungen gestattete. Die gleichmäßig angewendete Dosierung bestand aus $^1/_{16}$ mg getrockneter, in 0,5%iger karbolisierter Salzlösung aufgeschwemmter Kultur, was wie wir feststellten, 500 000 000 Bakterien entspricht. Nur in sechs von den insgesamt ausgeführten Impfungen (671) stieg die Temperatur über 38° C (100° F). Die Symptome waren weniger ausgesprochen in Männern als in Frauen. In zwei Fällen von zum Stillstand gekommener Tuberkulose war die Reaktion deutlicher und in einigen anderen Fällen, in deren Geschichte ein früherer Typhus vorlag, trat die Reaktion ebenfalls etwas ausgesprochener auf. Das Vakzin wurde auch kostenlos an Ärzte im Staate Kalifornien abgegeben, die es praktisch anwendeten und zwar mit gleichmäßig günstigen Erfolgen, soweit wir Nachricht darüber erhielten. Diese Resultate können mit den folgenden verglichen werden: Hartsock[77]) beobachtete eine schwache Reaktion, von der er besonders angibt: „die Temperatur steigt auf 100° F mit schwachen Allgemeinerscheinungen, Unbehagen und beträchtlicher lokaler Empfindlichkeit", bei 83% der mit dem U.S. Armyvakzin behandelten Leute. Hatchel und Stoner[78]) fanden unter 1326 Fällen, die sie mit einem polyvalenten Vakzin behandelt hatten, in über 58% Unbehagen und in 43% Fieber. Albert und Mendenhall[79]) benützten den U.S. Armystamm in regelmäßigen Dosen und Intervallen; sie sahen die lokale Reaktion drei bis fünf Tage lang bestehen. Fieber von 103° F war häufig, Unbehagen, Kopfschmerz und Schlaflosigkeit allgemein.

Wir betrachten das Vakzin, wie wir es jetzt beschrieben haben, noch nicht als das bestmöglichste; unsere neueren, im einzelnen geschilderten Versuche an Tieren scheinen darauf hinzuweisen, daß der Bodensatz der zerriebenen sensibilisierten Bakterien nach Entfernung der überstehenden die Endotoxine enthaltenden Flüssigkeit sogar einen höheren Immunitätsgrad unter geringerer Reaktion verleiht, und verwenden daher jetzt dieses Präparat beim Menschen.

Auché und Chevalier[80]) berichteten über ein bemerkenswertes Versagen der prophylaktischen Typhusschutzimpfung bei einem Individuum, welches im Januar drei Injektionen erhielt und im Juli an charakteristischem Typhusfieber erkrankte. Wir stimmen mit den Autoren überein, daß solche Fälle als Hinweis auf die Grenzen des Verfahrens berichtet werden sollten. Fornet hat weitere Fälle gesammelt, in denen kein Schutz erreicht wurde. In unserer Serie von Fällen unter den Studenten, bei denen es möglich gewesen war, mit großer Genauigkeit die Resultate zu verfolgen, fand sich ein Vakzinierter, der fünf Monate nach der Behandlung an Typhus erkrankte; die Genesung erfolgte ohne Zwischenfall. Diese Umstände weisen darauf hin, daß die Vervollkommnung der in Aufnahme stehenden Methoden notwendig ist. Sowohl Wassermann[24]) wie Vincent[15]) haben den Gebrauch polyvalenter Vakzine vorgeschlagen; obwohl der Typhusbazillus als ungewöhnlich feststehende Art angesehen worden ist, ist das Vorkommen kleiner biologischer Besonderheiten, speziell hinsichtlich der Zuckervergärung, in der Kollektion von Organismen, die wir studiert haben, festgestellt worden. Wir beabsichtigen die Durchführung weiterer Experimente über die Möglichkeit wirksamer Immunisierung durch

Gebrauch gemischten Vakzins, das von Bakterien aus lokalen Fällen gewonnen ist; aber bis jetzt haben wir noch keine experimentellen oder praktischen Ergebnisse zu dieser Seite der Frage zu berichten.

Eine der größten Schwierigkeiten für die Bestimmung des Schutzwertes der Typhusimmunisierung überhaupt lag in der Unmöglichkeit, den Schutz einer bestimmten Gruppe von Individuen auf anderem Wege festzustellen, als durch das sorgfältige langjährige Studium der Sterblichkeitsstatistik der vakzinierten Bevölkerung [Firth[81])]. Diese Schwierigkeit verzögerte die endgültige Annahme der Typhusschutzimpfung um wenigstens 8 Jahre (1896 bis 1904). Noch weniger besitzen wir irgendwelche Mittel zur Bestimmung, ob irgend ein vakziniertes Individuum wirklich vor Typhus geschützt ist oder nicht.

Die gebräuchlichen Immunitätsreaktionen, Agglutination, Bakteriolyse und Komplementbindung, obwohl von Wert für die Typhusdiagnose, haben sehr unzuverlässige Ergebnisse bei der Bestimmung der tatsächlichen Resistenz gegen eine Infektion mit Typhusbazillen sowohl im Tierversuch wie beim Menschen gezeitigt. Wir haben in dieser Hinsicht einfach zu erwähnen, daß geheilte Typhusfälle, obgleich sie in der Mehrzahl anerkanntermaßen für Lebenszeit gegen eine Wiederkehr der Erkrankung geschützt sind, während einiger Monate nach der Genesung keine Widalreaktion geben.

Die Ergebnisse unseres Versuches, eine Reaktion, und zwar eine Hautreaktion, von prognostischem Werte zu finden, die bestehenden Schutz gegen Typhusfieber anzeigt, haben wir vor kurzem in einer vorläufigen Veröffentlichung [82]) zusammengefaßt und zwar wie folgt: Mittelst einer „Typhoidin"-Lösung, welche durch fünf- oder mehrtägige Züchtung des Mikroorganismus auf Glyzerinbouillon mit nachfolgender Eindampfung auf $^1/_{10}$ ihres Volumens erhalten wird, haben wir eine Serie von Hautreaktionen bei drei Kategorien von Individuen beobachtet, wobei wir den Typhoidinfleck mit einem Kontrollfleck verglichen, in welchem ebenso konzentrierte Glyzerinbouillon verrieben war. Positive Reaktionen ergaben sich wie folgt:

1. Von 22 Fällen, bei denen durch die Anamnese sicher ein früherer Typhus (vor $4^1/_2$ bis 41 Jahren) festgestellt wurde, gaben 21 eine positive „Typhoidin"-Reaktion. Bei dem versagenden Fall handelt es sich möglicherweise um einen Irrtum in der Diagnose des vor sechzehn Monaten aufgetretenen fraglichen Fiebers.

2. Von 7 Fällen, in deren Geschichte Typhus wahrscheinlich ist, aber keine sichere Diagnose vorliegt, gaben 6 eine positive und 1 eine zweifelhafte Reaktion.

3. Von 41 Fällen, die trotz sorgfältiger Nachforschung keinen Anhalt für früheren Typhus boten, reagierten 35 ($= 85^0/_0$) negativ auf die „Typhoidin"-Lösung.

Diese Ergebnisse führten zu der Annahme, daß wir zum mindesten eine Reaktion hätten, die in allen geheilten Typhusfällen vorkommt, dagegen bei der Mehrzahl normaler Individuen nicht auftritt. Danach unterscheiden sich die vom Typhus Geheilten von Normalen durch ihre Immunität gegen Typhus und durch das Auftreten der Hautreaktion. In den 6 normalen Fällen mit deutlich positiver Reaktion darf das Vorkommen einer früheren leichten oder abortiven Typhusinfektion zum mindesten vermutet werden.

Eine auffallende Bestätigung dieser Ansicht wurde kürzlich erhalten. Eine Gesellschaft von vier Erwachsenen, einer davon ein Arzt, reiste vor ungefähr 10 Jahren in Deutschland. Infolge des Genusses verdächtigen Wassers erkrankten 2 Mitglieder dieser Gesellschaft an regelmäßig verlaufendem Typhus. Die beiden anderen Teilnehmer litten an Unbehagen, Kopfschmerz, Schwächegefühl und leichtem Fieber für ungefähr 2 Tage, sie erholten sich aber bald vollständig. Alle vier Individuen gaben eine positive Typhoidinreaktion.

Wir haben diese Reaktion ferner bei einer Anzahl von Fällen angewendet, die vorher gegen Typhus immunisiert waren. Durch die Liebenswürdigkeit des Colonels Brooke vom Sanitätskorps der Armee der Vereinigten Staaten wurde es uns ermöglicht, 15 Fälle zu prüfen, welche zu verschiedenen Zeiten (bis zu $4^1/_2$ Jahren vorher) nach dem Russelschen Verfahren immunisiert waren. Davon gaben 9 eine positive Hautreaktion; die Geschichte der negativen Fälle ergab, daß bei ihnen die Vakzination in einer intermediären Periode, etwa vor 2—3 Jahren, erfolgt war. 26 Personen, die in einem Zeitraum von 8 Monaten nach unserem Verfahren mit sensibilisiertem Vakzin geimpft waren, wurden ebenfalls geprüft, nur eine von ihnen gab eine negative Reaktion. Die Reaktion tritt nicht mit Sicherheit ein, ehe drei Wochen nach der letzten Injektion verflossen sind. Infolge der Widersprüche hinsichtlich der verflossenen Zeit, die sich bei den von uns geprüften, nach dem Armeeverfahren vakzinierten Fällen ergaben, ziehen wir selbstverständlich noch keine Schlüsse über den relativen Wert der angewandten Methoden, doch fühlen wir uns wenigstens berechtigt, Revakzination in solchen Fällen zu empfehlen, die einen Monat nach der Erstimpfung, oder später, keine Hautreaktion zeigen. Die Tatsache, daß einige vakzinierte Fälle nach zwei oder drei Jahren, zu welchem Zeitpunkt das Verschwinden des Schutzes erwartet werden kann, keine Reaktion gaben, läßt deutlich den Wert dieser Reaktion als Mittel zur Erkennung des Schutzes ersehen. Eine Intrakutanreaktion kann mit demselben Material bei immunisierten Kaninchen erzielt werden. In einigen unserer Versuche konnten wir einen auffallenden Parallelismus zwischen positiver Hautreaktion und vollständigem Schutz gegen den Bazillenträgerzustand feststellen; andererseits gaben die unvollständig immunisierten Tiere nur negative oder zweifelhafte Kutanreaktionen.

Die spezifische leukozytäre Krisis bei immunisierten Tieren nach der Wiedereinführung des Antigens.

Eine Erscheinung von allgemeinem theoretischen Interesse und möglicherweise von Einfluß auf die spezifische Therapie des Typhus soll an dieser Stelle erwähnt werden. Bei dem Versuche, das Schicksal der in den Kreislauf immunisierter Kaninchen nach dem von uns beschriebenen Infektionsmodus eingeführten Typhusbazillen festzustellen, waren wir dazu genötigt, sehr sorgfältige Beobachtungen der Leukozyten in kurzen Intervallen nach solchen Einimpfungen vorzunehmen[83]). Kulturen aus dem Kreislauf so geimpfter, gut vakzinierter Kaninchen waren steril innerhalb 24 Stunden. Die Einimpfung wird bei immunisierten Tieren ungefähr zwei Stunden nach der Injektion von einer Leukopenie gefolgt, danach tritt in ungefähr 12 Stunden ein erster Anstieg der Leukozyten ein, der eine durchschnittliche Leukozytenzahl von 62 800 ergibt. Ein zweiter höherer Anstieg, resp. eine leukozytäre Krisis tritt zwischen der 16. bis 18. Stunde auf,

wo nicht selten die außergewöhnliche Zahl von 100000 bis 150000 Leukozyten
erreicht wird, dabei ist die absolute Steigerung völlig auf die polymorphkernigen
Zellen beschränkt. Erhält ein normales Tier intravenös dieselbe Menge Kultur,
dann zeigt es zwei entsprechende Leukozytenanstiege, welche als Maxima
37000 und 39000 erreichen. Wir fanden ferner diese spezifische Hyperleukozytose nicht nur bei gegen Typhusbazillen immunisierten Tieren, sondern
auch bei solchen, die gegen rote Blutzellen (Schaf und Meerschweinchen) oder
auch gegen Pferdeserum immunisiert waren. Die Reaktion ist spezifisch und
tritt nur nach Reinjektion des homologen Antigens ein. Weitere Untersuchungen
zeigen, daß dieser spezifische Reiz für die Leukozyten auf die tropische Wirkung
des Immunserums zurückzuführen ist, weil ähnlich hochgradige Leukozytose
bei normalen Tieren durch Inokulation sensibilisierter Bakterien oder sensibilisierter roter Blutzellen erzeugt wird.

Eine praktische Seite dieser spezifischen Hyperleukozytose in bezug auf
sensibilisierte Bakterien bietet sich von selbst dar. Besredka[84]) bemerkte
schon früh die gesteigerte Anziehungskraft, welche die mit Normalserum gemischten Bakterien auf die Phagozyten ausübten. In seinen darauffolgenden
Arbeiten und in jener von Brougthon Alcock wurde die im Gegensatz zu
den gewöhnlichen Vakzinen überlegene, Phagozyten anziehende Wirkung
sensibilisierter Bakterien erwähnt.

Es scheint daher die Annahme berechtigt, daß zum mindesten die kurative
Wirkung sensibilisierter Bakterien größer ist als jene unbehandelter Bakterien,
und wohl auch, daß sie von einer spezifischen hyperleukozytären Krise bedingt
ist, die von solchen behandelten Bakterien hervorgerufen wird. Es gelang uns
in der Tat in einer Anzahl vorläufiger Experimente zu beweisen, daß Typhus-
bazillenträgerkaninchen durch Injektionen sensibilisierten Vakzins geheilt oder
sterilisiert werden können. Wenn der Impfstoff intravenös gegeben wird,
ist die Heilung mit einer leukozytären Krisis verbunden, ja vermutlich direkt
von ihr abhängig.

Die Agglutinierbarkeit verschiedener Stämme von Typhusbazillen [61]).

Es ist denjenigen, die in Untersuchungslaboratorien arbeiten, eine wohl-
bekannte Tatsache, daß aus typhusverdächtigen Fällen oder aus dem Stuhl
von Typhusbazillenträgern isolierte Kulturen, obwohl sie mit dem Typhusbazillus in ihren kulturellen Merkmalen übereinstimmen, nicht selten zuerst
bei der Identifizierung versagen, weil sie mit starkwirkendem Typhusimmunserum keine Agglutination geben. Es möchte scheinen, als ob die Versuche
hinsichtlich der Häufigkeit, mit der solche inagglutinierbaren Stämme vorkommen, sich widersprächen. Ledingham[85]) sagt, er habe geringe Schwierigkeiten hinsichtlich der Agglutination von frisch aus Bazillenträgern isolierten
Kulturen gehabt. Kirstein[86]) isolierte verschiedene Stämme aus Stuhl und
Urin, die durchaus nicht von einem wirksamen Antityphusserum agglutiniert
wurden, bis sie in Subkulturen weiter gezüchtet waren. Kolle und Hetsch[65])
geben ebenfalls an, daß manche Typhusbazillen gleich nach der Isolierung
nicht agglutiniert werden, bis sie erst einige Zeit auf neuen Nährböden gewachsen sind. Sie sind nicht geneigt, irgendwelche Beziehungen zwischen Virulenz und mangelnder Agglutinierbarkeit anzunehmen. Nicolle und Thenel[87])
finden indessen bei Besprechung der Variationen in der Agglutinierbarkeit

verschiedener aus derselben Quelle isolierter Stämme die aktiveren, beweglichen Stämme am wenigsten agglutinabel. Courmont und Rochaix[88]) haben große Verschiedenheiten in der Agglutination der Einzelstämme aus Blut und Stühlen von Typhuspatienten bemerkt, und ebenso bei Versuchstieren. Scheller[89]) teilt gleichfalls mit, daß verschiedene Kulturen aus Stühlen von Bazillenträgern in der Verdünnung von 1:100 eines Serums, das gewöhnlich bei 1:8000 agglutinierte, nicht agglutinierten. Bail[90]) berichtet, daß sich relativ unagglutinierbare Stämme erzeugen lassen, wenn man den Mikroorganismus in die Peritonealhöhle von Meerschweinchen einbringt oder ihn in schwachem Immunserum züchtet; mit anderen Worten, der Organismus kann gegen das Serum immun gemacht werden. Diese Immunisierung gegen das Serum haben Neufeld und Lindemann[91]) als „Agglutininfestigkeit" bezeichnet. Indessen sind aber gewisse Grade der Agglutinierbarkeit normale Charakteristika bestimmter Stämme des Typhusbazillus und bleiben trotz wiederholter Überimpfung auf neue Nährböden konstant. Gewisse Stämme sind nicht nur einigermaßen widerstandsfähig gegen die Agglutination, sondern sie können auch weniger schnell agglutinieren als andere Formen desselben Organismus. Derartige Befunde sind von Scheller[92]) und von Korte und und Steinberg[93]) berichtet worden. Wir haben in unseren eigenen Versuchen mit einem vor ungefähr einem Jahre aus dem Blute eines Typhusfalles isolierten Organismus gearbeitet, bei dem regelmäßig die Grenzen seiner Agglutinierbarkeit nicht vor Ablauf von 24 Stunden zu erkennen waren. Nichtsdestoweniger wird dieser Organismus nicht selten von seinem eigenen Immunserum in weniger hohen Verdünnungen agglutiniert, als empfindlichere Typhusbazillenstämme. Im allgemeinen sind es die frisch isolierten Stämme, die nicht agglutinieren, gewöhnlich werden sie agglutinierbarer nach Subkulturen. Dieses Versagen frisch isolierter Stämme bei der Agglutination verzögert im günstigsten Falle die Diagnose und kann zuzeiten auch positive Irrtümer veranlassen. Raubitschek und Natonek[94]) sowie Froment und Rochaix[95]) haben neuerdings Organismen beschrieben, die sie infolge ihres Versagens in der Agglutinationsreaktion nicht als echte Typhusbazillen identifizieren konnten. Es ist klar, daß eine direkte Beziehung zwischen der Tatsache der Inagglutinierbarkeit besteht und der Tatsache, daß die Organismen im Blute gewachsen sind. Bei den aus Blutkulturen von Typhusfällen erhaltenen Bazillen ist angenommen worden, ihr Versagen gegenüber der Agglutination sei durch ihre Sättigung mit Agglutinoiden, die im Patientenserum vorhanden seien, bedingt [Fornet[11])]. Diese Erklärung ist indessen ganz unentsprechend im Hinblick auf die Beobachtungen von Sick[96]),daß auf Blutnährböden gezüchtete Typhusbazillen weniger agglutinationsfähig werden, als auf Agar gewachsene. Dies bestätigt sich auch in unseren eigenen Versuchen und wird außerdem durch sie völlig erklärt. In unseren Experimenten über das Bazillenträgertum des Kaninchens waren wir bei der Begründung dieses Zustandes abhängig von dem Vorhandensein positiver Kulturen aus dem Blute. Die endgültige Identifizierung eines aus dem Kreislauf von mutmaßlichen Bazillenträgerkaninchen isolierten Organismus hängt nun in Wirklichkeit von der Agglutination durch sein spezifisches Antityphusserum ab. Bei der allerersten Isolierung dieser Art erwies sich ein kleiner aktiv beweglicher, gramnegativer Bazillus, bei kultureller Übereinstimmung mit dem Typhusbazillus von gewöhnlichen Nährböden, als völlig unagglutinierbar durch ein Antityphusserum, welches die Ausgangskultur des B. typhosus, die zu seiner Erzeugung gedient hatte, in einer Verdünnung von 1:20000 agglutinierte. Die von Bordet und Sleeswijk[97]) beim Keuchhustenbazillus erhobenen Befunde legten uns den Gedanken nahe, wir möchten es mit einem Mikroorganismus zu tun haben, der nur von dem Serum eines mit einem auf Blut gezüchteten Stamme immunisierten Tieres verklumpt würde. Daher stellten wir ein Antiserum durch Immunisierung von Kaninchen mit einem auf 10% Kaninchenblutagar gewachsenen Typhusbazillus her und es ergab sich, daß derartiges Serum nicht nur den ursprünglichen Agarstamm des Typhusbazillus agglutinierte, sondern auch die frisch vom Bazillenträgerkaninchen isolierten Stämme.

Wir stellten ferner fest, daß Agarkulturen des Typhusbazillus inagglutinierbar durch ein gewöhnliches Antiagartyphusserum gemacht werden konnten, wenn man zwei Generationen auf einem Blutmedium weiterzüchtete, oder selbst wenn man sie auf einen Galle enthaltenden Nährboden übertrug. Die Agglutinierbarkeit solcher Stämme stellte sich sofort nach Weiterzucht auf Agar wieder ein. Ferner hatten wir Gelegenheit drei frische Isolierungen von Typhusbazillen aus menschlichen Fällen zu prüfen, bei denen die Diagnose auf echten Typhus nicht sicher zu stellen war, weil die Organismen nicht deutlich mit einem starken Antityphusserum, in einem Fall in der Verdünnung von 1—100, agglutinierten. Sie wurden jedoch sofort von dem Serum agglutiniert, welches wir durch Immunisierung von Kaninchen mit der Blutkultur erhalten hatten. Dieselben Organismen wurden nach wiederholten Überimpfungen auf Agar schließlich agglutinierbar durch das gewöhnliche (Agar-)Typhusserum. Wir empfehlen daher für diagnostische Zwecke ein Antityphusserum, das nach Immunisierung von Tieren mit einem auf Blutnährboden gewachsenen Stamm gewonnen ist.

Bordet[98]) selbst schlägt als Ergebnis seiner Untersuchung über den Keuchhustenbazillus vor, daß die Schwankungen der agglutinogenen Funktion der Bakterien zu den ähnlichen Schwankungen der antigenen Funktionen der Organismen im allgemeinen wohl in Parallele gesetzt werden könnten. Soviel wir wissen, sind keine direkten Versuche zur Stütze dieser Hypothese beigebracht worden. Mit dem Gedanken an jene Möglichkeit haben wir den relativen Immunisierungswert von Agar- und Blutstämmen des Typhusbazillus verglichen, indem wir Kaninchen gegen Infektion mit dem Blutstamm des Organismus immunisierten. Unsere Ergebnisse an einer begrenzten Zahl von Tieren scheinen irgendwelchen deutlich überlegenen Schutzwert der Vakzinierung mit Blutkulturpräparaten gegenüber den Agarkulturpräparaten nicht aufzuweisen.

Literatur.

1. Beumer und· Peiper, Bakteriologische Studien über die ätiologische Bedeutung der Typhusbazillen. Zeitschr. f. Hygiene. 2, 110. 1887.
2. Chantemesse et Widal, De l'immunité contre le virus de la fièvre typhoid, conferée par des substances solubles. Ann. de l'Institut Pasteur, 2, 54. 1888.
3. Salmon and Smith, On a new method of producing immunity from contagious diseases. Proceed. Biol. Soc. of Washington. 3, 29, 1884—86. sowie Centralbl. f. Bakt. 2, 543. 1887.
4. Roux et Chamberlein, Immunité contre le septicèmie conferé par des substances solubles. Ann. de l'Institut Pasteur. 1, 561. 1887.

5. Wright, On the association of serous hemorrhages with conditions of defective blood-coagulability. The Lancet. 19. Sept. 802. 1896.
6. — und Semple, Remarks on vaccination against typhoid fever. Brit. Med. Journ. (Jan. 30). 256. 1897.
7. Pfeiffer und Kolle, Experimentelle Untersuchungen zur Frage der Schutzimpfung des Menschen gegen Typhus abdominalis. Deutsche med. Wochenschr. Nr. 46. 735. 1896.
8. Metchnikoff et Besredka, Recherches sur le fièvre typhoide expérimentale Ann. de l'Institut Pasteur. 25, 193. 1911.
9. Friedberger, Die Methoden der Schutzimpfung gegen Typhus usw. Kraus und Levaditi, Handb. d. Techn. u. Meth. d. Immunitätsforsch.. Jena 1908, Fischer. Vol. I. 722.
10. Paladino Blandini, Profilassi specifica del tifo abdominale. Annali d'igiene sperimentale. Vol. 15. 295. 1905.
11. Fornet, Immunität bei Typhus. Kolle und Wassermann, Handbuch der path. Mikroorganismen. 2. Aufl. Jena. 3, 837. 1912.
12. Loeffler, Über ein neues Verfahren zur Gewinnung von Antikörpern. Deutsche med. Wochenschr. 22. Dez. 113. 1904.
13. Friedberger und Moreschi, Vergleichende Untersuchungen über die aktive Immunisierung von Kaninchen gegen Cholera und Typhus. Zentralbl. f. Bakt. 1. Abt. Orig. 39, 453. 1905.
14. Leishmann, Preliminary note on anti-typhoid vaccine in the treatment of enteric fever. Journ. Roy. Army Med. Corps. Vol. 12, 136. 1909.
15. Vincent, 1. Sur la vaccination antityphique. Journ. of State Medicine. 20, 322. 1912. — 2. Sur l'immunisation active de l'homme contre la fièvre typhoide, R. de l'Acad. des Sciences 155, 480.
16. Levy und Bruch, Vergleichende experimentelle Untersuchungen zwischen drei Typhusvakzinen, die sowohl Bakterienleibersubstanzen als auch lösliche Stoffwechselprodukte enthalten. Arbeiten a. d. Kais. Gesundh.-Amte. 44, 150. 1913.
17. Courmont und Rochaix, Immunisation antityphique de l'homme par voie intestinal. C. R. de l'Acad. des Sciences. Vol. 154, 611.
18. Nicolle, Conor et Conseil, De l'inoculation intraveineuse des bacilles typhiques morts à l'homme. C. R. Acad. des Sciences. Vol. 155, 1036.
19. Wassermann, Beiträge zur Typhus-Schutzimpfung. Zeitschr. f. Hyg. 70, 204. 1911.
20. Renaud, Presse méd. 5, 19. 655. 1911.
21. Hahn, Immunisierungs- und Heilversuche mit plasmatischen Zellsäften von Bakterien. Münch. med. Wochenschr. 1347. p. 1897.
22. Mc. Tadyean and Roland, Upon the intracellular constituents of the typhoid bacillus. Centralbl. f. Bakt., I. Abt., Orig. 34, 618. 1903.
23. Neisser und Shiga, Über freie Rezeptoren von Typhus- und Dysenteriebazillen und über Dysenterietoxin. Deutsche med. Wochenschr. 61. 1913.
24. Wassermann, Zur aktiven Immunisierung des Menschen. Festschr. z. 60. Geburtst. von R. Koch. p. 527. Fischer, Jena, 1904.
25. Brieger und Mayer, Weitere Versuche zur Darstellung spezifischer Substanzen aus Bakterien. Deutsche med. Wochenschr. 309. 1913.
26. Bergell und Meyer, Über eine neue Methode zur Herstellung von Bakterien-Substanzen, welche zur Immunisierungszwecken geeignet sind. Med. Klin. 16. 1906.
27. Chantemesse, Toxine typhoïde soluble et sérum antitoxique de la fièvre typhoïde. Progrès médicale, 1898.
28. Werner, Sur la toxine excrète secrétale par le bacille typhique. C. R. d. S. de la Soc. de biol. 56, 836. 1904.
29. Rodet, Le Griffoul et Wahby, La toxine soluble du bacille d' Eberth. C. R. d. S. de la soc. de biol. 56, 794. 1904.
30. Jez., Zitiert nach Fornet s. Nr. 11.
31. Castellani, 1. Typhoid and Paratyphoid Vaccination with live attenuated Vaccines. The Lancet. 1, 583. 1912. — 2. Observation on typhoid vaccination in man with attenuated living cultures. Zentralbl. f. Bakt. usw. I. Abt. 52. 92. 1909.
32. Pescarolo und Quadrone, Aktive Immunisation durch subkutane Injektion lebender Typhusbazillen. Zentralbl. f. inn. Med. 29. 40. 1908.

33. Besredka, De l'immunisation active contre la peste, le cholera et l'infection typhique. Ann. de l'Institut Pasteur. **16**, 918. 1902.
34. Leclainche, Sur la sérothérapie du rouget du porc. C. R. d. S. de la Soc. de biol. 428. 1897.
35. Calmette et Salimbeni, La peste bubonique. Etude de l'épidémie de Oporto en 1899. Ann. de l'Institut Pasteur. **13**, 865. 1899.
36. Marie, Immunisation par des mélanges de virus rabique et de sérum antirabique. C. R. d. S. de la Soc. de biol. **54**, 1364. 1902.
37. Dopter, Vaccination préventive contre la dysentérie bacillaire. Ann. de l'Institut Pasteur. **23**, 677. 1909.
38. Smith, Active Immunity produced by so-called balanced or neutral mixtures of diphtheria toxin and antitoxin. Journ. Exper. Med. **11**, 241. 1909.
39. Ardin-Delteil, Négre et Raynaud, 1. Sur la vaccinothérapie de la fièvre typhoïde. C. R. d. l'Acad. d. Sciences. 1179. 1912. — 2. Recherches sur les réactions humorales des malades atteints par la fièvre typhoïde traités par le vaccin de Besredka. C. R. d. S. de la Soc. biol. 74. 371. 1913. — 3. Recherches cliniques et expérimentales sur la vaccinothérapie de la fièvre typhoïde par le virus sensibilisé de Besredka. Ann. de l'Institut Pasteur. **27**, 644. 1913.
40. Neisser et Lubowski, Läßt sich durch Einspritzung von agglutinierten Typhusbazillen eine Agglutinproduktion hervorrufen. Zentralbl. f. Bakt. I. Abt., Orig. **30**, 483. 1901.
41. Pfeiffer und Bessau, Zur Frage der Antiendotoxine bei Typhus abdominalis. Zentralblatt f. Bakteriol. Abt. I. Orig. **56**, 344. 1910.
42. Garbat und Meyer, Über Typhus-Heilserum. Zeitschr. f. exper. Path. usw. 8, 1. 1910.
43. Vincent, Remarques sur la vaccination antityphique. Ann. de l'Institut Pasteur. **25**, 455. 1911.
44. Metchnikoff et Besredka, Des Vaccinations Antityphiques. Ann. de l'Institut Pasteur. **25**, 865. 1911.
45. Broughton Alcock, Vaccination for typhoid by living sensibilized typhoid bacilli. Lancet. **2**, 497. 24. Aug. 1911.
46. Metchnikoff et Besredka, Sur la vaccination contre la fièvre typhoïde. C. R. de l'acad. des sciences. **155**, 112.
47. — Des vaccinations antityphiques. Ann. de l'Institut Pasteur. **27**, 597. 1913.
48. Besredka, Deux ans de vaccination antityphiques avec du virus sensibilisé vivant. Ann. de l'Institut Pasteur. **27**, 607. 1913.
49. Cadeau, Zitiert nach Besredka (48). Ann. de l'Institut Pasteur. **27**, 607. 1913.
50. Blackstein, Intravenous inoculation of rabbits with B. coli communis and the bacillus typhi abdominalis. Johns Hopkins Hospital Bulletin. **2**, 96. 1891.
51. Welch, Additional note concerning the intravenous inoculation of the Bacillus typhi abdominalis. Johns Hopkins Hosp. Bulletin. **2**, 121. 1891.
52. Chirolanza, Experimentelle Untersuchungen über die Beziehung der Typhusbazillen zu der Gallenblase und den Gallenwegen. Zeitschr. f. Hyg. **62**, 11. 1909.
53. Uhlenhuth und Messerschmidt, 1. Versuche Kaninchen zu Typhusbazillenträgern zu machen und sie therapeutisch zu beeinflussen. Deutsche med. Wochenschr. **38**, 2393. 1912. — Messerschmidt, 2. Bakteriologischer und histologischer Sektionsbefund bei einer chronischen Typhusbazillenträgerin. Zeitschr. f. Hyg. **65**, 411. 1913.
54. Hailer und Ungermann, 1. Versuche über die Abtötung von Typhusbazillen im infizierten Kaninchen. Zentralbl. f. Bakteriol. Abt. I. Ref., **54**, Beiheft 67. — 2. Zur Typhusinfektion des Kaninchens. Deutsche med. Wochenschr. Nr. 48. 2267.
55. Morgan, Attempts to produce the typhoid carrier state in the rabbit. Journ. of Hyg. **11**, 202. 1911.
56. Koch, Typhusbazillen und Gallenblase. Zeitschr. f. Hyg. **62**, 1. 1909.
57. Doerr, Experimentelle Untersuchungen über das Fortwuchern von Typhusbazillen in der Gallenblase. Zentralbl. f. Bakteriol. I. Abt. Orig. **39**, 624. 1905.
58. Johnston, A research on the experimental typhoid carrier state in the rabbit. Journ. Med. Research. **27**, 177. 1912.
59. Conradi, Über sterilisierende Wirkung des Chloroforms im Tierkörper. Zeitschr. f. Immunitätsforsch. **7**, 158. 1901.

60. Hailer und Rimpau, Versuche über Abtötung von Typhsbazillen im Organismus. Arbeiten a. d. Kais. Gesundh.-Amte. **26**, 409. 1911.
61. Gay and Claypole, 1. The typhoid carrier state in rabbits as a method of determining the comparative immunizing value of preparations of the typhoid bacillus. — 2. Agglutinability of blood and agar strains of the typhoid bacillus. Arch. of Internal Med. 15. Dec. 1913.
62. Richardson, On the role of bacteria in gall-stones. Journ. Boston Soc. Med. Sciences. **3**, 79. 1899.
63. Bindsell, Bakteriologischer Sektionsbefund bei einem chronischen Typhusbazillenträger. Zeitschr. f. Hyg. **74**, 396. 1913.
64. Arima, Über die Typhustoxine und ihre pathogene Wirkung. Zentralbl. f. Bakteriol. I. Abt. Orig. **63**, 424. 1912.
65. Kolle und Hetsch, Die experimentelle Bakteriologie und die Infektionskrankheiten usw. 3. Aufl. 1911, Urban und Schwartzenberg, Berlin.
66. Brion und Kayser, Neuere klinisch-bakteriologische Erfahrungen bei Typhus und Paratyphus. Deutsch. Arch. f. klin. Med. **85**, 552. 1906.
67. Forster und Kayser, Über das Vorkommen von Typhusbazillen in der Galle von Typhuskranken und Bazillenträgern. Münch. med. Wochenschr. Nr. 31. 1905.
68. Posselt, Atypische Typhusinfektionen. Lubarsch und Ostertags Ergebnisse d. allgem. Path. 1912. 16[1]), 184.
69. Gay, Vaccination and serum therapy against the Bacillus of Dysentery. Univers. of Penna. Med. Bull. **15**, 307. 1902.
70. Fornet und Müller, Zur Herstellung und Verwendung präzipitierender Sera, insbesondere für den Nachweis von Pferdefleisch. Zeitschr. f. biol. Techn. u. Meth. **1**, 201. 1908.
71. Bonhoff und Tsuzuki, Über die Schnellimmunisierungsmethode von Fornet und Müller. Zeitschr. f. Immunitätsforsch. **4**, 180. 1910.
72. Gay and Fitzgerald, An improved rapid method of producing precipitins and hemolysins. Univ. of Calif. Publ. Path. **2**, 77. 1912.
73. Locke, A rapid method of producing bacterial agglutinins. Univ. Calif. Publ. Path. **2**, 91. 1912.
74. Force, Institutional vaccination against typhoid fever. Amer. Journ. Public Health. **3**, 750. 1913.
75. Besredka, Etudes sur le bacille typhique et le bacille de la peste. Ann. de l'Institut Pasteur. **19**, 477. 1905.
76. Stenitzer, Über die Toxine (Endotoxine) der Typhusbazillen. Kraus und Levaditi, „Handbuch der Immunitätsforschung". **1**, 193. 1908.
77. Hartsock, Antityphoid Vaccination. Journ. of Amer. Med. Assoc. **54**, 2123. 1910.
78. Hatchel and Stoner, Inoculation against typhoid. Journ. Amer. Med. Assoc. **54**, 1364. 1912.
79. Albert and Mendehall, Reactions induced by antityphoid vaccination. Amer. Journ. Med. Sc. **143**, 322. 1912.
80. Auché et Chévalier, Un cas d'insuccès de la vaccination antityphique. Journ. de méd. de Bordeaux. Nr. 23. 371. 1913.
81. Firth, A statistical study of antienteric inoculation. Journ. Roy. Army Med. Corps. **16**, 589. 1911.
82. Gay and Force, Preliminary note on a skin reaction indicating protection against typhoid fever. Univ. Calif. Publ. Path. **2**, 127. 8. Nov. 1913.
83. Gay and Claypole, Specific and extreme hyperleucocytosis following the injection of Bacillus typhosus in immunized rabbits. Journ. of Amer. Med. Assoc. **60**, 1950. 1913.
84. Besredka, Etude de l'immunité dans l'infection typhique expérimentale. Ann. de l'Institut Pasteur. **16**, 918. 1902.
85. Ledingham, The carrier problem in infectious diseases. 1912. Longmans & Co.
86. Kirstein, Über Beeinflussung der Agglutinierbarkeit von Bakterien, insbesondere von Typhusbazillen. Zeitschr. f. Hyg. **46**, 229. 1904.
87. Nicolle et Thenel, Recherches sur le phénomène de l'agglutination. Ann. de l'Institut Pasteur. **16**, 562. 1902.
88. Courmont et Rochaix, Technique de la détermination du bacille d'Eberth par la recherche de l'agglutination. C. R. des r. de la soc. de biol. **69**, 134. 1910.

89. Scheller, Beiträge zur Typhusepidemiologie. Zentralbl. f. Bakt. I. Abt. Orig. 46, 385. 1908.
90. Bail, Untersuchungen über die Agglutination von Typhusbakterien. Prager med. Wochenschr. 1901. Nr. 7 u. 12.
91. Neufeld und Lindemann, Beitrag zur Kenntnis der serumfesten Typhusstämme. Zentralbl. f. Bakt. usw. Abt. I. Ref. 54. Beih. p. 229.
92. Scheller, Experimentelle Beiträge zur Theorie und Praxis der Gruber-Widalschen Agglutinationsprobe. Zentralbl. f. Bakt. I. Abt. Orig. 38, 100. 1905.
93. Korte und Steinberg, Agglutinierende Wirkung des Serums von Typhuskranken auf Paratyphusbazillen usw. Münch. med. Wochenschr. Nr. 21. 983. 1905.
94. Raubitschek und Natonek, Über Unterschiede in den biologischen Eigenschaften der Typhusbazillen. Zentralbl. f. Bakt. I. Abt. Orig. 79, 241. 1913.
95. Froment et Rochaix, Sur un bacille d'Eberth authentique non agglutinable. C. R. d. S. de la Soc. de biol. 74, 797. 1913.
96. Sick, Über die klinische Verwertung von Blutnährboden und ihren Einfluß auf Immunitätsreaktionen usw. Zentralbl. f. Bakt. I. Abt. Orig. 64, 111. 1912.
97. Bordet et Sleewijk, Sérodiagnostic et variabilité des microbes suivant le milieu de culture. Ann. de l'Institut Pasteur. 24, 476. 1910.
98. Bordet-Gay, Collected Studies in Immunity, Wiley & Son, New York 1909. 496.

VII. Neuere Ergebnisse der Anaphylaxieforschung.

Von

R. Doerr-Wien.

Der nachstehende Bericht gibt eine kritische Übersicht der Anaphylaxie-Literatur vom 1. November 1912 bis zum 1. Mai 1914 und soll sich in chronologischer und sachlicher Beziehung enge an meinen Artikel über „Allergie und Anaphylaxie" in der 2. Auflage des Handbuches der pathogenen Mikroorganismen anschließen, der aus leicht begreiflichen Gründen manche Lücke aufweisen mußte und nur den momentanen Stand der fortwährend fluktuierenden Anschauungen zum Ausdrucke bringen konnte. Da das Interesse an dem anaphylaktischen Problem und den damit enge verknüpften Gebieten der Immunität, Infektion und Stoffwechsellehre nicht erlahmt ist, so scheint eine solche Fortsetzung und Ergänzung einem allgemeineren Bedürfnis zu entsprechen; sie wird nicht nur eine raschere Orientierung in dem ansehnlichen literarischen Material der eingangs abgegrenzten jüngsten Periode ermöglichen, sondern kann vielleicht auch zeigen, wo weitere Bestrebungen einzusetzen hätten, um bestehende Differenzen zu entscheiden, die experimentellen Grundlagen auszubauen und zu Fortschritten in der Auffassung zu gelangen. Um diesen Absichten gerecht zu werden, wurde alles nebensächliche Detail aus der folgenden Darstellung eliminiert; nur jene Themen, denen eine prinzipielle Bedeutung zukommt, und in welchen wesentliche Änderungen hinsichtlich des experimentellen Tatbestandes oder der theoretischen Auslegung zu verzeichnen sind, erfuhren eine eingehendere Behandlung.

Ein Überblick über die neueren Arbeiten lehrt uns zunächst, daß auch heute noch keine Theorie über das Wesen der anaphylaktischen Phänomene existiert, die sich allgemeiner Anerkennung erfreut. Das gestattet schon an sich den Schluß, daß die bisher aufgestellten Hypothesen in irgend einer Richtung unzureichend fundiert sein müssen, sei es, daß die grundlegenden Experimentalergebnisse strittig oder vieldeutig sind, sei es, daß sie zwar sichergestellte und eindeutige Tatsachen repräsentieren, die aber nicht den Charakter zwingender Beweise besitzen. In der Tat sind alle diese Momente daran beteiligt, den herrschenden Ansichten ein unsicheres und mehr spekulatives Gepräge zu verleihen; manches Beispiel für diese Behauptung muß im folgenden ohnehin

genauer erörtert werden, und so mag es für die allgemeine Betrachtung ge
nügen, auf die letzten Diskussionen über den Komplementschwund im anaphylaktischen Schock, über die Matrix der Friedbergerschen Anaphylatoxine,
über den Mechanismus der passiven Anaphylaxie, über die Zugehörigkeit bestimmter Versuchsanordnungen zu den anaphylaktischen Erscheinungen u. a. m.
kurz hinzuweisen. Bei genauerem Eingehen in den Stoff gewinnt man aber
doch den Eindruck, als ob in einer Beziehung eine bedeutungsvolle Wendung
eingetreten wäre, insoferne, als zwei der wichtigsten Fragestellungen der Anaphylaxieforschung, die Frage nach dem pathogenetischen Agens und nach
der Stätte im Organismus, an der sich der anaphylaktische Vorgang abspielt,
neuerdings immer schärfer in Form von Alternativen präzisiert werden; da
es sehr wahrscheinlich ist, daß die gesuchte richtige Lösung in den Rahmen
dieser alternativen Fassung fällt, so darf man darin wohl einen Fortschritt
im Sinne einer Annäherung an die Entscheidung erblicken.

Daß die Symptome bei der klassischen anaphylaktischen Versuchsanordnung auf einer Reaktion zwischen Eiweißantigen und korrespondierendem
Antikörper beruhen, gilt nach wie vor als gesichert[1]); die Divergenz der Auffassungen kann sich also nur um die nähere Ursache drehen, warum die Reaktion
zur Noxe für den Organismus wird, in dem sie sich vollzieht. Hier lautet nun
das Dilemma: Intoxikation durch ein Gift im chemischen Sinne oder Funktions-
störung durch Vorgänge von physikalischem Charakter. Die Mehrzahl der
Autoren verficht den erstgenannten Standpunkt und glaubt, daß die Reaktion
zwischen Antigen und Antikörper zu einem Abbau von Eiweißstoffen führt,
zu einer fermentativen Zerlegung der ungiftigen, hochmolekularen Proteine
zu niedriger zusammengesetzten, stark toxischen Spaltprodukten. Diese

---

[1]) Vaughan und seine gleichnamigen Mitarbeiter schreiben in ihrem umfangreichen
Werk „Protein split products“: „To say that anaphylaxis is the result of protein-antiprotein
reaction — is to talk jargon“. Nach ihrer Meinung ist es nicht berechtigt, wenn man Substanzen, die einen anaphylaktischen Zustand herbeiführen, „Antigene“ nennt, weil man
damit voraussetzt, daß solche Stoffe „Antikörper“ erzeugen; die Wahl derartiger Ausdrücke
sei nur dem kritiklosen und unwissenschaftlichen Bestreben zuzuschreiben, die Phänomene
der Anaphylaxie schematisch den Gesetzen anzupassen, welche Ehrlich für Toxine und
Antitoxine aufgestellt hat. Das „anaphylaktische Antigen“ sei aber gar kein Toxin, und
ebensowenig könne man den neuen Körper, der sich im sensibilisierten Organismus bildet,
als Antitoxin bezeichnen; der letztere stelle vielmehr ein spezifisches proteolytisches Ferment
dar, welches das Sensibilisinogen verdaut und aufspaltet, und wenn man trotz dieser Sachlage von einem Antikörper spricht, so könne man mit gleichem Recht das Pepsin als Antikörper des Beefsteaks erklären. Diesen Ausführungen liegt natürlich eine unrichtige, dem
gegenwärtigen Stande der Immunitätslehre nicht entsprechende Definition der Begriffe
„Antigen“ und „Antikörper“ zugrunde, sowie die nicht bewiesene Annahme, daß die anaphylaktischen Vorgänge auf nichts anderem beruhen können als auf einer fermentativen
Eiweißspaltung. Wollte man diese Hypothese als Tatsache hinnehmen und die Ausdrücke
„Antigen“ und „Antikörper“ aus der Darstellung anaphylaktischer Probleme ganz aus-
merzen, so würde das einen gewaltigen Schritt nach rückwärts bedingen. Die amerikanischen
Autoren wünschen, daß man statt „anaphylaktisches Antigen“ die Termini „sensitizer“,
„Anaphylaktogen“ oder „Sensibilisinogen“ gebraucht; die beiden letzten bedeuten indes
zufolge der konventionellen Wortbildung nichts anderes als „anaphylaktisches“ oder „sen-
sibilisierendes“ Antigen. An Stelle von „anaphylaktischem Antikörper“ wird „Toxogen“
in Vorschlag gebracht, um auszudrücken, daß es sich um ein giftproduzierendes Ferment
handelt; ob aber im anaphylaktisch reagierenden Tier ein Gift entsteht, wissen wir nicht,
und für die Darstellung sogenannter „anaphylaktischer Gifte“ in vitro (Vaughan, Friedberger) kommt gerade der Antikörper, das „Toxogen“, gar nicht in Betracht.

Richtung nimmt an, daß zwischen der Elimination von parenteral zugeführten „körperfremden" oder „blutfremden" Eiweißarten und der Eiweißverdauung im Darm so weitgehende Analogien bestehen, daß man direkt von einer „parenteralen Verdauung" sprechen darf; auch im Darmrohr entstehen toxische Eiweißderivate, die jedoch ebenso wie bei den parenteralen Vorgängen Zwischenstufen des Abbauprozesses darstellen, welche ihrerseits einer weiteren Desintegration zu unschädlichen, relativ einfach gebauten Verbindungen unterliegen. In den Geweben oder im Kreislauf gebildete intermediäre toxische Produkte müssen auf den Organismus so lange schädigend einwirken, bis ihre Aufsplitterung zu atoxischen Substanzen erfolgt ist; im Darmtrakt dagegen kommt die giftige Phase nicht zur Geltung, da die normale Darmschleimhaut für Verbindungen dieser Art impermeabel ist und erst die niedrigeren blanden Abkömmlinge derselben passieren läßt. Die Natur des bei der parenteralen Proteolyse intervenierenden Ferments, die Beschaffenheit der aus der Eiweißspaltung resultierenden Gifte, die Art der Proteine, welche bei der Giftbildung als Muttersubstanzen fungieren, sind unbekannt oder kontrovers, und so bleibt als gemeinsamer Kern derartiger Ideengänge bloß der Satz übrig, daß die Anaphylaxie als Vergiftung zu betrachten sei, und daß das hypothetische „anaphylaktische Gift" durch fermentativen Eiweißabbau geliefert wird. In einem nicht bloß äußerlichen Gegensatze hierzu steht die physikalische Theorie, welche sich enge an die Vorstellungen anlehnt, welche in neuerer Zeit über Kolloidreaktionen im allgemeinen und über die Reaktionen der Eiweißantigene mit ihren Antikörpern im besonderen entwickelt wurden. So wie bei solchen Vorgängen das chemische Geschehen gering ist und ganz in den Hintergrund tritt gegenüber physikalischen Veränderungen (Umstimmung oder Neutralisation der elektrischen Teilchenladung, Verminderung der Oberflächenspannung, Überführung der Sol- in die Gelphase, Erhöhung der Durchlässigkeit von Zellmembranen und dadurch bedingte osmotische Prozesse), so soll auch bei der Anaphylaxie das Abreagieren des Eiweißantigens und seines Immunkörpers zu physikalischen Konsequenzen führen, welche die eigentliche Grundlage der beobachteten Krankheitserscheinungen darstellen. Im einzelnen stößt man auch hier auf Meinungsverschiedenheiten, welche insbesondere die Art und den Ort der angenommenen physikalischen Störung betreffen. Historisch ist es von Interesse, daß der physikalischen Betrachtungsweise zahlreiche Anhänger gerade durch Widersprüche und Unstimmigkeiten zugeführt wurden, die sich bei den Untersuchungen über das anaphylaktische Gift ergaben.

Was den Ort anlangt, an welchem der für die Anaphylaxie wesentliche und primäre Vorgang abläuft, so werden entweder die Körperflüssigkeiten (vor allem das Blut) genannt oder die fixen Gewebszellen und unter ihnen wieder besonders häufig die Endothelien der Gefäße und die glatten Muskelfasern. Die humorale Theorie beruft sich auf die fundamentale Entdeckung der passiven Übertragbarkeit der Eiweißüberempfindlichkeit, die zelluläre verweist darauf, daß gerade die eigentümlichen Bedingungen, unter denen diese passive Übertragung möglich ist, speziell die bekannte Latenz- oder Inkubationsperiode des passiv anaphylaktischen Experimentes beim Meerschweinchen, nicht dafür sprechen, daß sich in der Zirkulation alle Faktoren vorfinden, welche für das Zustandekommen einer anaphylaktischen Reaktion unerläßlich sind; auch wird gezeigt, daß das isolierte, nicht mehr von Blut durchströmte Gewebe anaphylaktischer Tiere bei Antigenkontakt intensiver reagiert als das normaler Kontrollen. A priori wäre natürlich ebensowohl für die Bildung eines anaphylaktischen Giftes als für eine physikalische Störung eine humorale und eine zelluläre Konzeption zulässig; wir finden aber von den vier möglichen Kombinationen nur drei in der Literatur vertreten, insoferne, als die Arbeitsrichtung, welche die Existenz von anaphylaktischen, durch Eiweißabbau entstehenden Giften annimmt, ganz auf dem Boden humoraler Auffassung steht.

Bevor wir uns in eine Analyse der Argumente der verschiedenen Anaphylaxie-Theorien einlassen, erscheint es geboten, zunächst den Zuwachs unseres Wissens über die Komponenten der Reaktion kennen zu lernen. In formaler Hinsicht werden natürlich die elementaren Begriffe vorausgesetzt; unter „anaphylaktischem Gift" sei die hypothetische Substanz verstanden, die sich im anaphylaktischen Insult bilden soll, unter „Anaphylatoxin" dagegen die von Friedberger beschriebenen vitro-Gifte, welche Meerschweinchen bei intravenöser Injektion akut töten und in der Eprouvette darstellbar sind, wenn man frisches (Meerschweinchen-) Serum mit bestimmten Stoffen in Kontakt bringt [1]).

Anaphylaktogene.

Unter Anaphylaktogenen versteht man nach der von Doerr gegebenen Definition Substanzen, welche — wenn sie unverändert ins Blut gelangen — den Organismus spezifisch überempfindlich machen (aktive Anaphylaxie) und die Produktion von echten Antikörpern auslösen, mit Hilfe deren es gelingt, den überempfindlichen Zustand vom vorbehandelten auf das normale Tier zu übertragen (passive Anaphylaxie). Da dieser Satz implicite auch aussagt, daß die speziellen Kautelen des aktiv und passiv anaphylaktischen Experimentes zu beachten sind wie z. B. die Notwendigkeit der Inkubationsperiode, Steigerung der Empfindlichkeit um ein beträchtliches Maß, Manifestwerden derselben in Form der für jede Art von Versuchstieren typischen Symptomatologie, so umfaßt er alle Kriterien, welche gegenwärtig als bestimmend für den Begriff des Anaphylaktogens angesehen werden müssen.

In praxi kann man auch konstatieren, daß der anaphylaktogene Charakter von bisher nicht untersuchten Substraten meist an der Hand dieser Normen erprobt wird. Naturgemäß büßen die Resultate etwas von ihrer Sicherheit ein, wenn nur aktive Sensibilisierungen durchgeführt werden oder wenn die passive Übertragung zwar angestrebt wird, aber mißlingt. Ganz unzureichend ist es jedoch, wenn man Stoffe als Anaphylaktogene bezeichnet, die entweder nicht aktiv präparieren und nur auf Tiere stärker wirken, die man kurz vorher mit Serum irgend einer Provenienz vorbehandelt hat, oder solche, die im aktiven und passiven Versuch versagen und nur zur Darstellung von Anaphylatoxin geeignet sind.

Von diesen Gesichtspunkten aus verlieren manche Angaben über neuentdeckte Anaphylaktogene ihre Bedeutung. Sie beziehen sich: 1. auf Körper bekannter chemischer Konstitution, die zum Teile N-frei oder gar anorganisch sind, und 2. auf N-haltige Stoffe von unbekannter Zusammensetzung (Toxine, Wittepepton, Agar-Agar u. a.).

---

[1]) Vgl. hierzu den Streit über die Nomenklatur zwischen Zade und Dold und Radoš.

Manoïloff injizierte Kaninchen und Meerschweinchen wiederholt intraperitoneal und intravenös mit Chininsalzen oder Bromnatrium; die Toleranz wuchs im Laufe der Behandlung, bis schließlich die sonst tödliche Maximaldosis gut vertragen wurde. Das Serum der Chinintiere vermochte (im aktiven Zustande und in der Menge von 10 ccm intraperitoneal oder intravenös eingespritzt) normale Tiere der gleichen Art gegen Chinin überempfindlich zu machen, so daß sie auf die 48 Stunden später ausgeführte Probe mit Chinin unter „anaphylaxieartigen" Erscheinungen, in einem Falle mit akutem Exitus reagierten. Analoge Resultate lieferte die „Immunisierung" von Kaninchen und Meerschweinchen mit Alkohol in steigender Dosis und Konzentration; die Tiere wurden alkoholresistent und ihr Serum rief bei unvorbehandelten Individuen derselben Spezies einen Zustand von Hypersensibilität hervor, so daß eine nach 48 Stunden ausgeführte intravenöse Zufuhr einer subletalen Alkoholgabe „anaphylaktische" Symptome auslöste und innerhalb einiger Stunden Exitus nach sich zog. Nach Manoïloff und Zboromirsky soll auch das Serum von Menschen, die an chronischem Alkoholismus leiden, imstande sein, die Widerstandsfähigkeit von normalen Versuchstieren gegen eine nach 24 bis 48 Stunden erfolgende intravenöse Alkoholinjektion herabzumindern, also gewissermaßen eine passive Alkohol-Anaphylaxie zu erzeugen. Derartige Experimente werden bekanntlich immer wieder zur Klärung der medikamentösen Idiosynkrasien unternommen, haben aber bis jetzt diesen Zweck nicht erfüllt, und vermögen nicht zu beweisen, daß Verbindungen wie Chinin, Antipyrin, Bromnatrium, Aspirin (Rotky), Jodoform, Natrium cacodylicum oder andere Arsenpräparate (Stäubli, Kaufmann, Schlecht), Morphin, Strychnin, Thiosinamin (Artault, Dethleffsen) anaphylaktogene Fähigkeiten besitzen. Auch stehen den positiven Ergebnissen völlig negative gegenüber. Pöhlmann vermochte im Gegensatz zu Manoiloff nicht, die Chininidiosynkrasie passiv auf Meerschweinchen zu übertragen, und Stropeni hatte den gleichen Mißerfolg bei der Jodoformidiosynkrasie; ähnlich wie Bloch fand auch Stropeni, daß Jodoform-Idiosynkratiker gegen Jod und Airol nicht überempfindlich sind, allerdings auch nicht gegen Chloro- oder Bromoform, daß es sich also gar nicht um eine Anaphylaxie gegen Jod oder mit Jod gekuppeltes arteigenes Eiweiß handelt, sondern um eine Überempfindlichkeit von unbekanntem Mechanismus gegen CHJ_3. In dieser Hinsicht sind auch die völlig resultatlosen Versuche von Bertarelli und Tedeschi von Bedeutung, durch langdauernde Behandlung von Kaninchen mit Alkaloiden, gegen welche angeborene und erworbene Idiosynkrasien bekannt sind, Antikörper zu erhalten, die sich im Komplementablenkungsverfahren nachweisen lassen. Wie vorsichtig man zu Werke gehen muß, wenn man Nicht-Proteinen die Eigenschaften eines Anaphylaktogens zuschreiben will, lehren die Arbeiten von Hift. Hift zeigte, daß Erstinjektionen von Elektrargol (Clin) beim Menschen keinerlei Symptome hervorrufen, daß dagegen $50^0/_0$ der untersuchten Individuen auf subkutane oder intrakutane Reinjektionen mit allergischen Erscheinungen (lokalen Erythemen und Ödemen, zwei Fälle mit disseminierten Exanthemen) reagierten. Zum Zustandekommen des Phänomens war die Einhaltung eines bestimmten Intervalles von wenigstens 7—8 Tagen erforderlich; passive Übertragungen der Überempfindlichkeit mit dem Serum der allergisch reagierenden Patienten auf Meerschweinchen glückten nicht in einwandfreier Weise

Der Autor meinte ursprünglich, daß hier eine Allergie der Haut gegen eine „nichtproteinogene", chemisch einfache Substanz (kolloidales Silber) vorliege, überzeugte sich aber später, daß das Elektrargol mit einem kolloidalen Kohlehydrat stabilisiert worden war, welchem Spuren eines N-haltigen (eiweißartigen), nicht genauer bestimmbaren Stoffes untrennbar anhafteten. Das als Schutzkolloid benützte Kohlehydrat bezw. der in demselben enthaltene Eiweißkörper erzeugte demgemäß an sich, ohne Zusatz der Silberlösung die beschriebene Allergie.

Unter den N-haltigen Stoffen unbekannter Zusammensetzung sind die Toxine neuerdings auf ihre anaphylaktogene Natur untersucht worden, speziell die typischen Vertreter dieser Gruppe, das Diphtherie- und das Tetanustoxin. Die treibenden Motive sind naheliegend; erstens erzeugen die Toxine unter gewissen Bedingungen eine Überempfindlichkeit, welche der durch artfremdes Eiweiß geweckten an Intensität nichts nachgibt, wenn sie auch sonst in mancher Hinsicht stark von letzterer abweicht, zweitens konnten die Toxine bisher nicht absolut eiweißfrei dargestellt werden, und es besteht die Tendenz, sie als Eiweißkörper aufzufassen oder doch anzunehmen, daß die von der Giftwirkung unabhängige Antigenfunktion durch eine Verbindung mit Eiweiß (Toxalbumine) bedingt wird (E. P. Pick). Friedberger hat die theoretische Analogie zwischen Toxin und artfremdem Serum am schärfsten formuliert und bis in die letzten Konsequenzen verfolgt; er betrachtet beiderlei Substrate als Eiweißstoffe, die durch ihre Antikörper (Antitoxine und Eiweißambozeptoren) zu ungiftigen Spaltprodukten über giftige Zwischenstufen hinaus abgebaut werden. Die Menge dieser Zwischenstufen und damit die Leichtigkeit der Entgiftung hängt von der einverleibten Antigendosis ab; in den Experimenten mit primär hochtoxischen Eiweißarten, wie sie die Toxine darstellen, ist die einverleibte Antigendosis naturgemäß klein, die intermediären giftigen Produkte daher gering, die Entgiftung rasch und vollständig, bei dem primär relativ ungiftigen Eiweiß aber, das die Bakterien oder artfremde Sera enthalten, ist die tödliche Dosis bedeutend höher, die Entgiftung durch den Antikörper schwieriger, es bilden sich infolge eines nur partiellen Abbaues reichlich die akut toxischen Zwischenstufen, die anaphylaktischen Gifte.

Um diese These zu begründen, zeigen Friedberger, Mita und Kumagai, daß trockenes Tetanus- und Diphtherie-Gift bei Digerierung mit normalem Meerschweinchenserum akut tödliches Anaphylatoxin liefert. Die zur Giftbildung erforderlichen Mengen Tetanus-Trockengift waren gering (es genügten 0,00 001—0,00 005 g); ein Überschuß (0,01 g) schien sogar hemmend zu wirken. Bakterielle Verunreinigungen wurden durch aseptische Technik ausgeschlossen und ebensowenig konnte das im Trockengift enthaltene Wittepepton die Muttersubstanz des Anaphylatoxins sein, da dagegen die quantitativen Verhältnisse sprachen; Friedberger hält es daher für wahrscheinlich, daß sich das akute Gift aus dem spezifischen Toxin selbst gebildet habe, gibt aber zu, daß die endgültige Entscheidung erst dann möglich wäre, wenn man die Toxine chemisch rein darstellen könnte. Das ist jedoch nicht ganz richtig, da als Giftmatrix auch das im Versuch verwendete Serum in Betracht kommt; und selbst dann, wenn man auch diese Möglichkeit ausschließen würde, könnte die Gewinnung von Anaphylatoxin aus reinem Toxin das Verhältnis der Anaphylaxie zur Toxinüberempfindlichkeit nicht klarstellen, solange es nicht erwiesen ist, daß im anaphylaktischen Schock ein Gift entsteht und daß dieses mit dem Anaphylatoxin identifiziert werden darf. In den unreinen Trockengiften, welche uns derzeit zur Disposition stehen, sind übrigens außer dem Wittepepton [1]) auch noch andere Stoffe enthalten, die dem Nährsubstrat, den Bakterien oder der Wechselwirkung beider entstammen und bei der Bildung des Anaphylatoxins beteiligt sein können. Friedberger sucht diesen Faktor zu eliminieren, indem er Anaphylatoxine aus trockenem Kobragifte gewinnt; zwischen diesem und den typischen Toxinen kann jedoch eine Parallele gerade bei derartigen Experimenten nicht ohne weiteres gezogen werden. Die Beobachtung, daß die Digestion der genannten Gifte mit Meerschweinchenserum nicht nur tödliche Anaphylatoxine, sondern auch Beschleunigungen der spezifischen Giftwirkung ergab, muß als vieldeutig bezeichnet werden, da bekanntlich Toxine nicht nur durch Serum, sondern auch durch Lecithin, Pyozyanase, Phosphatide u. dgl. aktiviert werden können. Friedberger führt ferner an, daß Gemische von Toxin und antitoxischem Pferdeserum, die man 2 Stunden bei 37⁰ C mit frischem Meerschweinchenserum bebrütet, ein für Meerschweinchen bei intravenöser Injektion akut tödliches Gift liefern; da aber nach Friedbergers eigenen Arbeiten aus früherer Zeit Kombinationen von Pferdeserum und Meerschweinchenserum das nämliche Resultat geben, so ist nicht einzusehen, was der zitierte Versuch mit dem Toxin zu schaffen hat. Interessant und der Nachprüfung bedürftig erscheint dagegen die Angabe, daß Gemische von Toxin und Antitoxin auch dann wie „Anaphylatoxin‟ akut töten, wenn man sie ohne „Komplement‟ 2 Stunden bei 37⁰ C hält; in den publizierten Protokollen findet sich jedoch nur ein derartiges Experiment (0,05 g Diphtherietrockengift + 0,01 Diphtherieserum auf 5 ccm NaCl aufgefüllt).

Klarer würde sich die Frage nach dem Konnex der Toxinüberempfindlichkeit mit der Anaphylaxie gestalten, wenn man Meerschweinchen mit subletalen Giftmengen präparieren und durch intravenöse Reinjektion großer Dosen akut töten könnte. Der Gehalt der Präparate an Wittepepton wäre nicht störend, da dieses Substanzgemenge auf Meerschweinchen nicht anaphylaktogen wirkt und erst in Dosen toxisch ist, die naturgemäß nicht in Betracht kommen. Der Einwand, daß die Tiere die Inkubationsperiode nur überstehen würden, wenn die zur Vorbehandlung benützten Giftquanten so minimal sind, daß sie zur Sensibilisierung nicht ausreichen, erscheint nicht stichhaltig, da sich die Toxinüberempfindlichkeit gerade nach der Beeinflussung des Körpers durch so geringe Toxinmengen in besonders ausgeprägtem Grade entwickelt. Jedenfalls ist noch ein anderer Weg gangbar: Vorbehandlung mit antitoxischem Serum (und zwar intraperitoneal in Anlehnung an die passiv anaphylaktische Versuchsanordnung) und Auslösung anaphylaktischer Symptome durch eine nach 24 Stunden ausgeführte intravenöse Probe mit hohen Giftmengen.

Mit letzterer Methode hat Arima gearbeitet; er zieht aus seinen Ergebnissen den Schluß, daß durch Diphtherieserum beim Meerschweinchen tatsächlich eine heterologe passive Diphtherietoxinüberempfindlichkeit erzeugt werden kann. Eine genauere Prüfung der zahlreichen Einzelversuche muß indes starke

---

[1]) Die bei intravenöser Injektion akut tödliche Dosis des Tetanustrockentoxins betrug etwa 0,1 g pro 100 g Tier, was den für Wittepepton ermittelten Werten entspricht.

Zweifel an der Stichhaltigkeit dieser Deduktion als gerechtfertigt erscheinen lassen. Arima verwendete eine Giftbouillon mit einem Zusatz von $0,3\%$ Karbolsäure; normale Kontrollen reagierten auf 0,005—0,2 ccm derselben mit Temperatursturz, ein Tier auf 0,002 mit leichtem Fieber, ein weiteres zeigte auf 0,001 ccm intravenös keine Änderung der Körperwärme; bei den mit Diphtherieserum intraperitoneal vorbehandelten Meerschweinchen war der Temperaturabfall in einigen Fällen schon durch 0,001 ccm Giftlösung auszulösen. In einer zweiten Serie wurden den mit Serum präparierten Meerschweinchen größere Mengen des karbolisierten Giftes intravenös eingespritzt und es traten Krämpfe, Dyspnoe usw. auf, nach 2 ccm einmal sofortiger Exitus, ein anderes Mal Tod in 25 Minuten; als Kontrollen fungieren jedoch in dieser ungleich wichtigeren Reihe Tiere, die 1—2 ccm Glyzerin-Bouillon intravenös erhielten und keine Erscheinungen darboten. Diese Kontrollen genügen ersichtlicher Weise nicht; man erfährt ja nicht, welche Wirkung 2 ccm der karbolisierten Giftlösung hatten. Doerr und R. Pick prüften die Angaben von Arima nach (nicht veröffentlicht); Bouillon allein mit $0,3\%$ Karbolsäure intravenös erzeugte bei normalen Meerschweinchen lebhafte Krämpfe, Dyspnoe, Paresen; andererseits lösten 2,4 ccm einer starken, nicht karbolisierten Giftbouillon bei drei mit 0,0005, 0,005 und 0,01 ccm Diphtherieserum intraperitoneal vorbehandelten Meerschweinchen keine unmittelbaren Symptome aus und sämtliche Tiere blieben durch wenigstens 6 Stunden am Leben.

Bedeutungsvoller für das Verständnis der Toxinüberempfindlichkeit dürfte sich vielleicht ein weiterer Ausbau der Versuche Löwensteins gestalten. Löwenstein exponierte eine Diphtheriegiftlösung einer intensiven ultravioletten Lichtquelle (Quarzlampe) und erzielte bei hinreichend langer Einwirkungsdauer (40 Stunden) ein völliges Verschwinden der primären spezifischen Toxizität. Mit dieser Entgiftung schien auch ein Verlust der „immunisierenden" Eigenschaften verbunden zu sein; die mit den bestrahlten Giftlösungen vorbehandelten Meerschweinchen erwiesen sich nach einiger Zeit nicht als toxinresistent, sondern merkwürdigerweise als überempfindlich, indem ihr Organismus die Fähigkeit erworben hatte, aus neutralisierten Gemischen von Toxin und Antitoxin noch die spezifische Wirkung des Diphtherietoxins herauszuempfinden (intrakutane Probe). So interessant es aber auch sein mag, daß hier die spezifische Toxizität gleichzeitig mit dem Vermögen der Antitoxinproduktion zerstört werden konnte, ohne durch den Abbau die überempfindlich machende Funktion zu schädigen, so wenig darf man behaupten, daß hier etwa eine Transformation eines Toxins in ein Anaphylaktogen stattgefunden habe. Die mit belichtetem Gift sensibilisierten Tiere waren nicht gegen dieses überempfindlich, sondern gegen die spezifische Wirkung des genuinen Toxins, ihre gesteigerte Reizbarkeit zeigte nicht die Kriterien des anaphylaktischen Zustandes, sondern die bekannten typischen Symptome der Toxinüberempfindlichkeit, wie sie bereits Kretz beschrieben. Intravenöse Reinjektionen der Toxinlösung hat übrigens Löwenstein nicht erprobt.

Vorläufig bleibt also die Grenze zwischen Toxinen und Anaphylaktogenen aufrecht. Anaphylaktogen wirken, soweit das eben sicher ermittelt ist, nur Eiweißantigene im engeren Sinne des Wortes, Substanzen, welche auch Agglutinine, Präzipitine und Lysine erzeugen und die von E. P. Pick wegen dieser Mannigfaltigkeit ihrer Antikörper als polyvalente Antigene im Gegensatze zu den monovalenten Toxinen bezeichnet wurden. Ist nun auch die Umkehrung dieses Satzes statthaft, mit anderen Worten, kommt jedem Agglutinogen, Präzipitinogen oder Lysinogen auch eine anaphylaktogene Funktion zu? Bei der überwiegenden Mehrzahl der Eiweißantigene, insbesondere bei den nativen, im Tier und in der Pflanze vorkommenden hochmolekularen Proteinverbindungen dürfte das wohl der Fall sein; es sind aber doch manche Abweichungen von dieser Regel bekannt geworden, die nicht alle von gleichen Gesichtspunkten erfaßt werden können und eine gesonderte genaue Betrachtung erheischen.

Zum Teile fällt es nicht schwer, für derartige Ausnahmen eine relativ einfache Erklärung zu finden. Kaninchen bilden z. B. bei der Immunisierung mit Pferdeniere Hammelambozeptoren; Meerschweinchen lassen sich jedoch mit Pferdeniere nicht gegen Hammelblutkörperchen aktiv anaphylaktisch machen und umgekehrt, können auch nicht passiv mit einem vom Kaninchen stammenden Pferdenieren-Antiserum gegen die genannten Erythrozyten präpariert werden. Hier ließ sich zeigen, daß das der Pferdenierenzelle und den Hammelerythrozyten gemeinsame Lysinogen auch in allen Meerschweinchengeweben vorkommt, auf dieses Tier daher keinen Immunisierungsreiz ausüben kann, da es nicht körperfremd ist; das Kaninchen wird aber durch Pferdeniere für Hammelblut typisch überempfindlich (Doerr und R. Pick, Amako).

Anders und komplizierter scheinen sich die Dinge bei künstlich gewonnenen Eiweißverbindungen mit Antigencharakter zu verhalten. v. Knaffl-Lenz und E. P. Pick untersuchten die antigenen Fähigkeiten der Plasteine, jener synthetischen, zuerst von Danilewski dargestellten Eiweißkörper, die aus peptischen Abbauprodukten unter der Einwirkung von Labferment entstehen und sich in ihren Eigenschaften wieder den genuinen, ungespaltenen Eiweißarten nähern. Die Plasteine, welche v. Knaffl-Lenz und E. P. Pick prüften, waren aus Wittepepton, aus peptisch verdauten Rinder-, Hunde- und Kaninchenmuskeln gewonnen worden und erzeugten bei Kaninchen Präzipitine, welche sich insoferne als nicht artspezifisch erwiesen, als sie mit Plasteinlösungen verschiedener Provenienz ausflockten; auch wirkten Kaninchen-Plasteine auf Kaninchen präzipitinogen. Zu dem gleichen Ergebnis kamen J. Herrmann und A. Chain, die mit einem durch Wittepepton-Plastein gewonnenen Immunserum in Plastein-Lösungen der verschiedensten Provenienz (aus Edestin, Mandelglobulin, Eier- und Serumalbumin) Niederschläge erhielten. Für unsere Betrachtung ist besonders jener Teil der Arbeit von E. P. Pick und von v. Knaffl-Lenz wichtig, der sich mit den anaphylaktogenen Fähigkeiten der Plasteine befaßt und zu völlig negativen Resultaten führte. Meerschweinchen mit 0,2 ccm einer 7 $^0/_0$igen Plasteinlösung intraperitoneal sensibilisiert und nach verschiedenen Intervallen mit 2 ccm derselben Lösung intravenös reinjiziert, zeigten nicht einmal eine Andeutung anaphylaktischer Symptome; ebenso mißlang das passiv heterologe Experiment (1,0 ccm Plastein-Immunserum vom Kaninchen intraperitoneal; nach 24 Stunden 1—1,5 ccm 7 $^0/_0$ige Plasteinlösung intravenös). Hunde ließen sich durch Plastein gleichfalls nicht aktiv präparieren und blieben nach der Reinjektion dieses Körpers gegen Wittepepton empfindlich, während nach Biedl und Kraus der Ablauf anaphylaktischer Erscheinungen eine Resistenz gegen Pepton hinterläßt. Nach v. Knaffl-Lenz und E. P. Pick spricht der Umstand, daß die präzipitinogenen Plasteine nicht sensibilisierend wirken, dafür, „daß die beiden Antigenwirkungen unabhängig auftreten können und nicht unbedingt miteinander zusammenhängen müssen"; sie meinen, daß die Plastein-Moleküle zwar groß genug sind, um antigene Eigenschaften zu entfalten, aber nicht differenziert genug, um Konstitutionsunterschiede auszudrücken, und werfen die Frage auf, ob der Mangel der anaphylaktogenen Funktion nicht mit diesem wenig komplizierten Bau zusammenhängt. Es wäre wünschenswert, wenn diese bedeutsamen Versuche eine Ergänzung erfahren würden, da sie in der gegenwärtigen Form doch einzelne Lücken besitzen. Daß das Plastein auf Kaninchen als Präzipitinbildner wirkt, Meerschweinchen und Hunde nicht anaphylaktisch macht, scheint mit Rücksicht auf die neueren Experimente über das Hammel-Lysinogen der Pferdeniere nicht ganz ausreichend; es sollte noch die Möglichkeit einer Plastein-Anaphylaxie beim Kaninchen und die Gewinnung von Plastein-Präzipitinen beim Meerschweinchen studiert werden. Übrigens läßt das beobachtete Verhalten der Plasteine auch eine andere Erklärung zu. v. Knaffl-Lenz und E. P. Pick geben an, daß die Plasteinpräzipitine auch mit artfremdem Serum reagieren, jedoch nur, wenn man dasselbe mit destilliertem Wasser verdünnt und kocht, und daß weiters ein Rinderplastein-Immunserum Coctosera vom Rinde ebensowohl wie solche vom Pferde oder Kaninchen ausflockt; sie halten es daher für wahrscheinlich, daß die Plasteinlösungen hinsichtlich ihrer chemisch-physikalischen Beschaffenheit den Coctosera nahestehen. Nun wissen wir aber, daß Coctosera im Kaninchen Präzipitine erzeugen, daß man aber nicht imstande ist, mit denselben beim Meerschweinchen aktiv oder passiv anaphylaktische Versuche auszuführen, weil das Eiweiß im Coctoserum feinkörnig geronnen und infolge seiner Unlöslichkeit reaktionsunfähig oder richtiger ungeeignet ist, den Schock auszulösen; die Tiere sind vielleicht präpariert, nur ist man nicht in der Lage, ihren allergischen Zustand bei dem physikalischen Zustande ihres Antigens zu erproben. Vielleicht liegt die Sache bei den Plasteinen analog; diese Körper lösen sich nur in Sodaüberschuß und es wäre naheliegend, daß sie in dieser Form oder bei der gelegentlich der Injektion in die Blutbahn erfolgenden Neutralisierung oder Verdünnung der Alkalis physikalisch reaktionsunfähig werden. Wie groß der Einfluß dieses Faktors tatsächlich ist, lehren die Untersuchungen von Wells und Osborne über die „anaphylaktische Aktivität" der vegetabilischen Proteine. Diese Eiweißkörper lösen sich entweder in reinem Wasser (sog. vegetabilische Proteosen) oder in schwächeren oder stärkeren Salzkonzentrationen (Globuline) oder endlich nur bei Anwesenheit von freiem Alkali (Edestin). Führt man mit den Vertretern dieser verschiedenen Gruppen anaphylaktische Experimente aus, so zeigt es sich, daß die bei intraperitonealer Reinjektion tödliche Dosis der in reinem Wasser oder schwachen Salzkonzentrationen löslichen Proteine bedeutend kleiner ist (bei Proteosen 0,5—2,0 mg) als die Dosis letalis jener Eiweißarten, welche erst bei höherem Salzgehalt in Lösung gehen. Ferner sind die in Alkali löslichen Proteine umsoweniger geeignet, vom Peritoneum aus einen schweren Schock auszulösen, je leichter sie in vitro von normaler Peritonealflüssigkeit ausgefällt werden. Edestin, welches leicht ausgeflockt wird und sich nur schwer wieder löst, erzeugt nur selten intensive anaphylaktische Symptome, während Proteine, die schwerer fällbar und leichter löslich sind, tödlichen Schock in kleinen Gaben provozieren. Wichtig ist jedenfalls auch die Tatsache, daß nicht alle präzipitinogenen Plasteine im anaphylaktischen Experiment versagen. Gay und Robertson gewannen durch Fermentsynthese aus peptischen Abbauprodukten des Kaseins ein Plastein, welches sie synthetisches Paranuklein nennen; es produzierte komplementablenkende Ambozeptoren und gab beim Meerschweinchen anaphylaktische Symptome (intraperitoneale Probe!). Es muß hervorgehoben werden, daß ein Paranuklein auch auf einem anderen Wege, direkt aus Kasein durch unvollständige peptische Verdauung darstellbar war, und daß es sich mit dem synthetischen Paranuklein im Komplementablenkungsverfahren und bei Anwendung der anaphylaktischen Methode als völlig identisch erwies. Da nun die peptischen Abbauprodukte, aus welchen das synthetische Paranuklein entsteht, weder gegen sich selbst noch gegen Paranuklein präparieren, so würde in diesem Plastein das Paradigma eines aus nicht anaphylaktogenen Komponenten aufgebauten Anaphylaktogens vorliegen.

Differenzen der verschiedenen Eiweißantigen-Funktionen zeigt ferner das von Gay und Robertson dargestellte kaseinsaure Globin. Globin aus Kasein, ein histonartiger Körper, gibt keine komplementfixierenden Antikörper; kuppelt man das Globin mit Kasein zu Globinkaseinat, so bildet dieses im Kaninchen Ambozeptoren, welche sowohl mit Globinkaseinat, als auch mit Kasein oder Globin allein Komplement fixieren. Durch elektive Adsorption wird es klar, daß im Antiglobinkaseinat-Serum zwei voneinander unabhängige Antikörper, einer für Globin und einer für Kasein existieren, daß also das nicht antigene Globin durch die Verbindung mit Kasein antigene Eigenschaften erworben hat. Diese Verhältnisse spiegeln sich nun im anaphylaktischen Versuch nicht ab; Globinkaseinat sensibilisiert nur schwach gegen sich selbst, stärker gegen Kasein, gar nicht gegen Globin, und Globin macht Meerschweinchen, die mit Globinkaseinat präpariert wurden, gegen diesen Körper nicht anti-anaphylaktisch. Das Kasein scheint sich also bei der Präparierung und Auslösung des Schocks allein zu beteiligen (Gay und Robertson). Möglicherweise sind daran die Löslichkeitsverhältnisse schuld, da sich Kasein und Globinkaseinat nur in alkalische, Globin nur in saure Solution bringen läßt, ein Umstand, der sich besonders dann geltend machen müßte, wenn das Globinkaseinat im (präparierten) Organismus wieder in seine Komponenten zerfallen würde.

In jüngster Zeit konstatierten Lake, Osborne und Wells weitere Unstimmigkeiten zwischen den präzipitinogenen, anaphylaktogenen und ambozeptorbildenden Fähigkeiten, welche bei vegetabilischen Proteinen zutage traten. Kaninchen, die mit Gliadin (aus Weizen oder Roggen), Hordein (aus Gerste), Edestin (aus Hanfsamen) oder einem Globulin aus den Samen von Cucurbita maxima immunisiert wurden, lieferten nämlich Antisera, welche mit den korrespondierenden Antigenlösungen entweder nur Komplementablenkung oder Komplementablenkung und spezifische Präzipitation gaben, oder außer diesen beiden Eigenschaften auch noch ein passiv anaphylaktisierendes Vermögen besaßen. Präzipitin und anaphylaktischer Antikörper waren meist gleichzeitig vorhanden; dagegen konnten sich gewisse Immunsera (Antigliadinsera, manche Antihordeinsera) bei der Komplementbindungsreaktion als außerordentlich hochwertig (1 : 400 000) erweisen, ohne präzipitierend oder passiv präparierend zu wirken. Die Vielseitigkeit der Funktionen eines Immunserums wurde aber nicht, oder wenigstens nicht ausschließlich durch die Natur des Proteines bestimmt, sondern hing auch von dem Stadium des Immunisierungsprozesses und der Individualität des Versuchstieres in ersichtlicher Weise ab. Von gleichartig und mit dem gleichen Protein immunisierten Kaninchen konnte eines ein lediglich komplementablenkendes Serum geben, das andere eines, welches präzipitierte und passiv sensibilisierte. Auch traten die drei Antikörper bei dem gleichen Tiere nicht zur gleichen Zeit auf, sondern zunächst erschienen immer die komplementfixierenden Ambozeptoren; Präzipitin und anaphylaktischer Antikörper waren erst in einer späteren Phase der Behandlung (nach Verbrauch eines größeren Antigenquantums) nachweisbar und zeigten sich meist zu gleicher Zeit. Auf Grund dieser Wahrnehmungen halten die genannten Autoren die Identität von Präzipitin und anaphylaktischem Antikörper für wahrscheinlich; ob der komplementbindende Antikörper von beiden abzutrennen sei, erklären sie für zweifelhaft, da ihre Ergebnisse diese Möglichkeit ebensowohl zulassen, wie die Annahme, daß die Komplementbindung eine ungleich feinere Reaktion für den Nachweis eines Eiweißantigens darstellt, als die Präzipitation oder der passiv anaphylaktische Versuch.

Bei der Beurteilung solcher und ähnlicher Fälle ist indes immer wieder zu berücksichtigen, daß die Reaktionen der Eiweißantigene (Agglutination, Zytolyse, Präzipitation, Komplementablenkung und Anaphylaxie) von so verschiedenen Bedingungen abhängen, daß sie sehr wohl bei dem gleichen Antigen differente Resultate liefern können; ferner, daß die Wertigkeit (der Titer) eines Antiserums bei jeder Reaktion in anderer Weise gemessen wird und daß die sogenannte „Menge" des Antikörpers nicht mit der Konzentration eines gelösten Stoffes verglichen werden darf; endlich intervenieren auch außer dem Titer die Aviditätsverhältnisse. Die Hypothese, daß alle angeführten Reaktionen nur der Wirkung eines und desselben spezifischen Immunkörpers auf das korrespondierende Eiweiß-Antigen entsprechen, ist durch so zahlreiche Argumente [1]) gestützt, daß eine widersprechende Beobachtung nicht ohne weiteres als Gegenargument gedeutet werden darf, sondern daß logischerweise zunächst der Versuch gemacht werden muß, für diese Ausnahme eine entsprechende Erklärung im Sinne der Hypothese zu ermitteln. Wie enge die Beziehungen der Antigenfunktionen eines Eiweißkörpers sind, lehrt auch folgende Tatsache. Uhlenhuth und Händel, sowie Yamanouchi berichteten schon vor längerer Zeit, daß Affen nicht anaphylaktisch werden; nun erfahren wir durch Berkeley, daß Macacus rhesus und eine zweite, nicht näher spezifizierte javanische Affenart weder gegen Menschen-, noch gegen Hunde- oder Hühner-Eiweiß Präzipitine oder komplementablenkende Ambozeptoren produzieren. Ob hier ein gesetzmäßiges Verhalten vorliegt, ließe sich durch Immunisierung von Schweinen ermitteln, welche nach Schern gegen Pferde-Eiweiß nicht anaphylaktisch gemacht werden können.

Von Eiweißstoffen, von welchen bisher keine Antigenwirkung bekannt war und denen neuerlich anaphylaktogene Funktionen vindiziert werden, wären zwei besonders erwähnenswert: Wittepepton und Agar-Agar. de Waele beschreibt aktive und passiv homologe Anaphylaxie gegen die erstgenannte Substanz und zwar bei Kaninchen; die aktive Überempfindlichkeit war jedoch schon 24 Stunden nach intravenöser Injektion der Peptonlösung vorhanden, nach 48 Stunden voll ausgeprägt, und bereits um diese Zeit soll auch das Serum normale Kaninchen passiv präparieren. Es fehlt also die für aktive Anaphylaxie

---

[1]) Vgl. hierzu auch Hans Zinsser und Lebailly..

wie für die Bildung eines Antikörpers notwendige Inkubation. Doerr und Weinfurter sahen ferner Wittepeptonanaphylaxie beim Kaninchen weder nach kurzen, noch nach langen Intervallen, die negativen Ergebnisse beim Meerschweinchen sind von vielen Seiten bestätigt, und auch v. Knaffl-Lenz und E. P. Pick bezeichnen das Wittepepton als eine nicht-antigene, speziell, wie aus dem Kontext zu entnehmen, als eine nicht präzipitinogene Substanz. Die von de Waele konstatierte, nach so kurzer Frist auftretende Hypersensibilität gegen Wittepepton kann daher nicht als anaphylaktischer Prozeß aufgefaßt werden, der Stoff selbst nicht als Anaphylaktogen. Die Angelegenheit hätte an sich weniger Interesse, da das Wittepepton kein reiner Körper, sondern ein Gemenge peptischer Spaltprodukte des Rinderfibrins ist; wahrscheinlich schwankt auch seine Zusammensetzung in verschiedenen Proben nicht unbeträchtlich. Mita und Friedberger, sowie später Besredka, Ströbel und Jupille fanden aber, daß sich das Wittepepton in besonderem Maße zur Darstellung von Anaphylatoxin eignet, und der Umstand, daß es sich hier um ein nicht anaphylaktogenes Substrat handelt, muß auf die Beziehungen zwischen Anaphylaxie und Anaphylatoxin, sowie auf die Vorstellungen über die sog. „Matrix" der Anaphylatoxine ein Streiflicht werfen. Ähnliche Gründe verleihen den Forschungen über Agar-Agar von Loewit und Bayer eine Bedeutung; hier hat es sich jedoch herausgestellt, daß die kolloiden Agar-Lösungen und Gallerten, die man früher bloß für eine Anaphylatoxin-Matrix hielt (Bordet, Nathan u. a. m.), tatsächlich anaphylaktogene Effekte entfalten, da Loewit und Bayer Meerschweinchen mit denselben sensibilisierten und typischen, zuweilen akut tödlichen Schock durch intravenöse Reinjektion hervorrufen konnten. Der Träger der antigenen Wirkung dürfte ein Eiweiß sein; die Agarlösungen gaben zwar weder Biuret- noch Ninhydrin-Reaktion, lieferten aber durch tryptische Verdauung oder H_2SO_4-Hydrolyse dialysable, mit Ninhydrin reagierende Substanzen, die von einem Eiweißabbau herrühren müssen. Passiv anaphylaktische Versuche liegen nicht vor, Präzipitine für Agar konnten vom Kaninchen auch nicht erhalten werden; wohl aber lieferten Kaninchen bei parenteraler Agarzufuhr Abbaufermente für Agareiweiß.

Über Lipoide als Anaphylaktogene arbeiteten in der Berichtsperiode Wilson, sowie Thiele und Embleton. Als Ausgangsmaterial verwendeten sie Hühnereidotter, Hammelerythrozyten, Katzen- und Kaninchenorgane, als Versuchstiere Meerschweinchen und Kaninchen. Thiele und Embleton konnten Meerschweinchen weder mit azeton-, noch mit äther- oder alkohollöslichen Lipoiden sensibilisieren, Wilson erhielt mit den in Azeton unlöslichen Fraktionen keine Überempfindlichkeit gegen das zur Vorbehandlung benützte Lipoid, sondern nur schwache Anaphylaxie gegen das Ausgangsmaterial, und läßt selbst die Möglichkeit zu, daß die wenigen angedeutet positiven Resultate auf Proteinspuren beruhen, welche den Lipoiden anhafteten. Thiele und Embleton fügen noch hinzu, daß die partielle oder komplette Entlipoidierung eines anaphylaktogenen Substrates weder seine sensibilisierende noch seine schockauslösende Fähigkeit in irgendeiner Weise beeinträchtigt. Die neuesten Angaben rühren von Kurt Meyer her. Meyer sensibilisierte Meerschweinchen mit lezithin- und kephalinähnlichen Lipoiden aus der Leibessubstanz von Bandwürmern; etwa die Hälfte der Tiere wurde anaphylaktisch, reagierte aber nicht auf die intravenöse Reinjektion der Lipoide, selbst wenn große Dosen angewendet wurden, sondern nur auf die Einspritzung eines wässerigen (eiweißhaltigen) Bandwurmextraktes. Letzterer besaß auch ein stärkeres Präparierungsvermögen als die reinen Lipoide; beide Substrate waren imstande, anaphylaktische Meerschweinchen antianaphylaktisch zu machen, doch war hierzu von dem Lipoid 0,1 g, von dem wässerigen Extrakt aber nur 1 ccm (= 0,005 g Eiweiß) erforderlich. Mit reinem Lipoid immunisierte Kaninchen und Meerschweinchen gaben Immunsera, welche trotz eines hohen Gehaltes an komplementbindenden Antikörpern kein passives Präparierungsvermögen besaßen; die mit wässerigen Extrakten gewonnenen Kaninchensera wirkten dagegen noch in Mengen von 0,1—0,2 ccm passiv sensibilisierend, obwohl ihr Komplementbindungstiter nicht höher oder gar niedriger war. Man wird auch hier an Eiweißspuren denken müssen, welche in den „reinen" Lipoiden vorhanden waren und die anaphylaktogenen Effekte bedingten; Meyer erklärt diese Annahme aus quantitativen Gründen für sehr unwahrscheinlich, aber seine Hypothese, daß ein reines Lipoid als Anaphylaktogen fungiert, daß aber zur Auslösung des Schocks die Eiweißnatur des Antigens Vorbedingung ist, daß mit anderen Worten das Lipoid einen anaphylaktischen Eiweißantikörper erzeugt und mit demselben in Reaktion treten kann, birgt einen unlösbaren Widerspruch.

Um empfindliche Tiere (Meerschweinchen) zu sensibilisieren, ist es bekanntlich nicht unumgänglich notwendig, das betreffende Eiweißantigen parenteral einzuspritzen; unter gewissen Verhältnissen scheint der Übertritt dieser hochmolekularen Verbindungen in das Blut durch unverletzte, normale oder erkrankte Schleimhäute erfolgen zu können. Die Permeabilität der Konjunktiva dürfte allerdings nur sehr gering sein; Colombo gelang es in sehr zahlreichen Versuchen nicht, normale Meerschweinchen durch wiederholte Instillationen von Pferdeserum in den Bindehautsack zu präparieren; ebensowenig ließen sich aktiv anaphylaktische Tiere auf diesem Wege antianaphylaktisch machen, trotzdem die Einträufelungen durch 18—40 Tage 1—2 mal täglich fortgesetzt wurden und leichte Massage zwecks besserer Resorption des artfremden Eiweißes zur Anwendung kam. Tuberkulin-Instillation hatte keine Überempfindlichkeit gegen Tuberkuloprotein zur Folge. Resorptionen von unverändertem Antigen durch die Mukosa des Respirationstraktes sind offenbar leichter möglich; darauf deutet die Angabe von Rosenau hin, daß Meerschweinchen, welche in Pferdeställen gehalten werden, mit der Zeit eine Anaphylaxie gegen Pferdeserum akquirieren [1]). Soll hier die Sensibilisierung durch Inhalation erfolgt sein, so setzt das natürlich voraus, daß in der Exspirationsluft und den Ausdünstungen der Pferde Pferde-Eiweiß in flüchtiger Form vorhanden ist. Daß diese Annahme zutrifft, lehren, abgesehen von dem vielzitierten Fall von Besche, direkte Experimente von Rosenau und Amos, wonach von 99 mit dem kondensierten Atemhauch von Menschen vorbehandelten Meerschweinchen 26 auf die Probe mit Menschenserum mit anaphylaktischem Schock, 4 mit akutem Exitus reagierten. Das Eiweiß soll im Wasserdampf der Athemluft kolloidal gelöst sein; es ist das insoferne wahrscheinlich und verständlich, als der Speichel [2]) des Menschen ein Anaphylaktogen enthält,

---

[1]) Zit. nach Vaughan.
[2]) Außer im Speichel finden sich die Anaphylaktogene des Blutserums auch im Harne, was zur Differenzierung der verschiedenen Tierharne herangezogen werden kann (Rhein).

welches dem des menschlichen Blutserums nahe verwandt oder gar damit identisch ist (Seitz). Übrigens hat Weichardt schon früher auf die größere Empfindlichkeit sensibilisierter Tiere gegen die Injektion kondensierter Atemwaschwässer aufmerksam gemacht und in der Exspirationsluft katalysatorenlähmende Stoffe nachgewiesen, die nach quantitativen Feststellungen in der Hauptsache Eiweiße oder Eiweißderivate sein müssen.

Die wichtigste Anaphylaxieform, welche einer Resorption des Antigens durch unverletzte Schleimhäute ihre Entstehung verdankt, ist die enterale oder alimentäre. Cesa-Bianchi und Vallardi fütterten Meerschweinchen ausschließlich oder teilweise mit Mais; die Tiere vertrugen diese Ernährung, gleichgültig, ob der Mais von tadelloser oder verdorbener Beschaffenheit war, schlecht, erkrankten unter Symptomen von seiten der Haut, der Nieren und des Magendarmkanals, und zeigten nach Ablauf einer gewissen Zeit eine ausgeprägte Überempfindlichkeit gegen intraperitoneale oder intravenöse Injektionen von Maisextrakten. Letztere wirkten allerdings auch auf normale Meerschweinchen und vermochten dieselben zu töten, wobei Intoxikationssymptome und Obduktionsbefund den anaphylaktischen glichen; bei den vom Darm aus sensibilisierten Tieren lagen aber toxische und letale Mengen wesentlich tiefer. Kassowitz erzeugte bei jungen, mit Kuhmilch ernährten Hunden ein Podophyllin-Enteritis und fand, daß dieselben auf die intraperitoneale Injektion von Kaseinlösung mit Allgemeinerscheinungen reagieren; wurde das Podophyllin aus den Versuchen eliminiert, so entwickelte sich bei den (darmgesunden) Hunden keine Hypersensibilität gegen Kasein. Sowohl bei den Experimenten von Kassowitz als bei jenen von Cesa-Bianchi und Vallardi fällt der Umstand ins Gewicht, daß die Permeabilität des jungen und des entzündlich veränderten Darmes erhöht ist, speziell auch die Durchlässigkeit für Antigene (Mayerhofer und Pribram); sie gestatten daher keine Aussage, welche für normale Verhältnisse gelten und die Entwicklung der Eiweißidiosynkrasien beim Menschen (Seitz, Russel, Neß van Alstyne u. a.) erklären könnte. Diesen Einwänden ist H. Kleinschmidt ausgewichen, der erwachsene Meerschweinchen mit roher Kuhmilch fütterte und Enteritiden, die sich bei ausschließlicher Milchnahrung dieser Tierspezies konstant einstellen (Bartenstein), dadurch vermied, daß er neben Milch auch Brot, Heu und Gras verabreichte. Jedes Meerschweinchen trank täglich ca. 80—90 ccm Milch; die Tiere zeigten keine Krankheitssymptome, boten weder intra vitam noch bei der Autopsie Zeichen einer Enteritis, setzten Fett an und nahmen an Gewicht zu. Nach 3wöchentlicher Milchernährung konnte man durch intrakardiale Injektion von 0,4—0,5 ccm Kuhmilch einen typischen, akut tödlich verlaufenden Schock auslösen, geradeso wie bei subkutan präparierten Kontrollen. Es ergab sich weiter, daß das Milchalbumin leichter die Darmwand durchdringt als das Kasein, daß aber eine Fütterungsanaphylaxie gegen beide Eiweißkörper bei demselben Individuum entstehen kann, in welchem Falle die anaphylaktische Reaktion gegen Kasein keine Antianaphylaxie gegen Albumin zur Folge hat. Kurzes Aufkochen der zur Fütterung verwendeten Milch änderte nichts an der Intensität der durch intrakardiale Reinjektion auslösbaren Symptome; 15 Minuten langes Kochen schwächte die Reaktionen ab und die Resultate wurden inkonstant, was darauf zurückgeführt werden konnte, daß das Milchalbumin durch die protrahierte Einwirkung der Siedehitze partiell koaguliert wird und auf diesem Wege eine Reduktion seiner sensibilisierenden Fähigkeiten erfährt. Es gelang Kleinschmidt nicht, bei gegen Milch anaphylaktischen Meerschweinchen durch orale Milchzufuhr einen schockartigen Zustand herbeizuführen; wurde aber bei solchen Tieren die Durchlässigkeit des Darms durch Hungern oder Podophyllin erhöht, und dann oral 40 ccm oder rektal 20 ccm Milch verabreicht, so vertrugen sie nach 48 Stunden die intrakardiale Injektion der sonst tödlichen Milchdosis, freilich nicht ohne schwere Erscheinungen, waren also bis zu einem gewissen Grade antianaphylaktisch. Kleinschmidts Arbeiten machen es wahrscheinlich, daß die Kuhmilchidiosynkrasie der Säuglinge als anaphylaktischer Prozeß betrachtet werden darf, um so mehr, als es in vereinzelten Fällen glückte, im Serum der kranken Kinder Rindereiweiß (Neuhaus, Kleinschmidt) oder gegen dasselbe gerichtete Antikörper (Finizio) nachzuweisen; auch berichtet Halberstadt, daß ein Kind unmittelbar nach einer durch kleine Dosen Milch bewirkten Reaktion große Mengen ohne unmittelbare Folgen vertrug (Antianaphylaxie). Auch andere Fütterungsanaphylaxien können praktische Bedeutung gewinnen. Billard sah z. B. bei einem Kinde, welches wiederholt Pferdefleisch gegessen hatte, nach einer ersten Injektion von Diphtherie-Serum einen heftigen anaphylaktischen Anfall. Flandin und Tzanek beobachteten einen 26jährigen Mann, der nach dem Genuß von Mießmuscheln das erste Mal keine Beschwerden fühlte, 5 Wochen später nach einer zweiten Mahlzeit einen heftig juckenden Ausschlag bekam; sein Serum machte zu dieser Zeit Meerschweinchen gegen einen Extrakt der Mollusken passiv anaphylaktisch [1]).

Die experimentelle Technik der parenteralen Sensibilisierung hat sich unverändert erhalten; die subkutane Antigenzufuhr wird bevorzugt. Für den Nachweis schwacher Anaphylaktogene sind vielleicht die Untersuchungen von Briot und Aynaud von Wert, welche die bereits bekannte Tatsache behandeln, daß wiederholte Injektionen stärker präparieren als die übliche einmalige Einspritzung. 0,01 ccm Pferdeserum, 3—7mal in Intervallen von 4 Tagen subkutan gegeben, machte Meerschweinchen so überempfindlich, daß sie nicht nur durch 0,01—0,005 ccm intravenös akut getötet werden konnten, sondern daß sogar die subkutane Reinjektion von 0,01—1,0—2,0 ccm Allgemeinerscheinungen (Würgen, Dyspnoe, Temperatursturz) hervorrief; auch konnten solche Tiere nur schwer desensibilisiert d. h. antianaphylaktisch gemacht werden.

Gegen die Spezifität der Anaphylaktogene oder der Anaphylaxie ist Weil aufgetreten. Er präparierte 7 Meerschweinchen mit 0,01 ccm Hammelserum subkutan und reinjizierte sie zwischen dem 26. und 30. Tag mit 0,5 bis 3,0 ccm Normalkaninchenserum intravenös; zwei Tiere (1,0 und 2,0 ccm als Reinjektionsdosis) verendeten (akut?), zwei mit 0,5 und 3,0 zeigten keine, zwei mit 0,9—1,0 leichte und eines mit 1,5 ccm schwere Symptome. Die überlebenden Meerschweinchen waren gegen Hammelserum nicht im geringsten anti-

---

[1]) Weitere Beiträge zur Frage der Durchlässigkeit des Magendarmkanals für heterologes Eiweiß lieferten Lust, H. Hahn, Stoicesco, Shibayama, Friedberger und Ishikawa. — Am leichtesten scheint Hühnereiereiweiß zu passieren, wofür auch die Regelmäßigkeit spricht, mit der Laroche, Richet jr. und St. Girons Meerschweinchen durch Verfütterung dieses Antigens anaphylaktisch machen konnten. Es genügte eine kleine Anzahl von präparierenden Mahlzeiten, wenn bei jeder derselben genügend Eier gereicht wurden; lange Fütterung ließ die Empfindlichkeit gegen die schockauslösende Wirkung von Ovalbumin wieder verschwinden (vgl. Wells und Osborne).

anaphylaktisch. In einer zweiten Serie erhielten 5 Meerschweinchen 0,01 ccm menschlicher Aszitesflüssigkeit subkutan, am 20.—22. Tag 0,5—2,0 ccm Kaninchenserum intravenös; zwei Tiere mit 2,0 ccm boten keine Erscheinungen dar, eines mit 1,0 leichte, ein anderes mit derselben Dosis mäßige Zeichen einer bestehenden Überempfindlichkeit; jedoch waren alle 5 gegen menschliche Aszitesflüssigkeit im Vergleich· zu entsprechenden Kontrollen mehr oder minder refraktär. Beide Reihen enthalten somit innere (dosologische) Widersprüche und stehen insoferne im Gegensatz zueinander, als die positiven Reaktionen der ersten keine Antianaphylaxie gegen das homologe Antigen erzeugten, wohl aber die negativen der zweiten. Man kann bei dieser Sachlage Weil nicht beipflichten, der von einer Nicht-Spezifität der Anaphylaxie und von einer Beziehung von Kaninchenserum einerseits, von Hammel- und Menschen-Serum andererseits spricht.

Die Spezifität anaphylaktischer Reaktionen ist vielmehr derart ausgeprägt, daß sich das anaphylaktische Experiment sogar zu Untersuchungen über das Wesen der Spezifität selbst, besonders der Artspezifität eignet. Wir beziehen uns hier auf Wells und Osborne. Diese Autoren stellten sich vier vegetabilische Proteine dar, die sie, soweit als es die gegenwärtigen Methoden zulassen, reinigten und von allen Beimengungen anderer Eiweißkörper befreiten: ein Gliadin aus Weizen (Triticum vulgare), ein zweites Gliadin aus Roggen (Secale cereale), ein Glutenin aus Weizen und ein Hordein aus Gerste (Hordeum vulgare). Die zwei Gliadine glichen einander hinsichtlich der Löslichkeitsverhältnisse (in Wasser, konzentriertem und verdünntem Alkohol, verdünnten Säuren und Alkalien), sowie in Bezug auf ihre elementare Zusammensetzung, die Art und Menge der Hydrolyseprodukte so vollkommen, daß sie als identisch angesehen werden durften; Gliadine, Hordein und Glutenin wiesen dagegen in den genannten Punkten neben mancher Ähnlichkeit derartige Abweichungen auf, daß kein Zweifel obwalten konnte, daß es sich um chemisch zwar verwandte, aber doch sicher voneinander verschiedene, wohl charakterisierte Protein-Individuen handeln müsse. Im anaphylaktischen Versuch waren die beiden Gliadine, obwohl verschiedener botanischer Provenienz, völlig gleichwertig und ließen sich nach Belieben vertauschen. Gliadin und Hordein gaben Verwandtschafts-reaktionen, die es wahrscheinlich machten, daß beide sowohl gemeinsame, als auch verschiedene Gruppen enthalten, die sich an den anaphylaktischen Vorgängen beteiligen. Wells und Osborne bezeichnen das Gliadin mit dem Symbol GC, das Hordein mit HC, wobei G und H die differenten Reaktionsgruppen, C die gemeinsamen markieren, und illustrieren durch das folgende instruktive Schema die Beziehungen, wie sie sich durch Reinjektion mit homologem und heterologem Protein und durch die Prüfung auf Antianaphylaxie ergeben:

(Die erste Vertikalreihe enthält das zur ersten Injektion oder Sensibilisierung verwendete Protein, die zweite das zur zweiten Injektion oder ersten Reinjektion benützte, die dritte gibt das Resultat der letzteren an; in der vierten Kolumne findet man das zur Prüfung auf Antianaphylaxie, also zur dritten Injektion benützte Pflanzeneiweiß, in der fünften das Ergebnis dieser Prüfung.)

Erklärung:

HC	GC	+ [1])	HC	+	Die 1. + Reaktion findet zwischen C und seinem Antikörper statt.
					Die 2. + Reaktion findet zwischen H und seinem Antikörper statt.
GC	HC	+	GC	+	Die 1. + Reaktion zwischen C und seinem Antikörper.
					Die 2. + Reaktion zwischen G und seinem Antikörper.
HC	HC	+ +	GC	—	Die 1. + + Reaktion zwischen HC und ihren Antikörpern.
					Die 2. Reaktion ist —, weil kein Antikörper anwesend ist.
GC	GC	+ +	HC	—	Folgt aus dem vorigen.

Gliadin und Glutenin, zwei aus demselben Samen gewonnene und chemisch differente Proteine, zeigten gleichfalls Verwandtschaftsreaktionen. Eine unvollständige Trennung der beiden Eiweißkörper voneinander konnte ausgeschlossen werden, da nur Gliadin, nicht aber Glutenin mit Hordein anaphylaktisch reagiert; die Ursache war also konform den obigen Ausführungen nur in einer anaphylaktisch reagierenden Gruppe zu suchen, die im Gliadin und Glutenin trotz ihrer chemischen Verschiedenheit vorkommt, im Hordein aber fehlt.

Wells und Osborne suchen also für die Spezifitätsphänomene der Eiweißkörper in erster Linie die chemische Konstitution verantwortlich zu machen; da chemisch ähnliche oder identische Proteine vornehmlich bei Tieren und Pflanzen auftreten, welche einander im natürlichen System nahestehen, so decken sich allerdings im allgemeinen die chemischen und biologischen Beziehungen. Wells und Osborne halten es weiter für wahrscheinlich, daß am anaphylaktischen Prozeß entweder nicht das gesamte Protein-Molekül partizipiert, sondern nur gewisse, in demselben enthaltene Atomgruppierungen, oder daß letztere doch über die Spezifität entscheiden; das Eingehen des intakten Eiweißmoleküls in die anaphylaktische Reaktion wollen die Autoren deshalb nicht in Abrede stellen, weil alle Reduktionen des Aufbaues die anaphylaktogenen Funktionen beeinträchtigen oder zerstören. Dem Gesagten zufolge würde ein und dasselbe Eiweißmolekül zwei oder mehrere derartige, voneinander verschiedene und bis zu einem gewissen Grade unabhängige, spezifisch anaphylaktische Reaktionsgruppen enthalten können.

Die hochgradige Spezifität anaphylaktischer Reaktionen wird auch durch die Arbeiten von Tony Fellmer über die anaphylaktogenen Eigenschaften des Eiweißes höherer Pilze (Agaricaceen, Polyporaceen, Hydnaceen und Lycoperdaceen) erhärtet. Meerschweinchen, die mit dem wässerigen Extrakt des Fliegenpilzes vorbehandelt waren, reagierten nur auf die intrakardiale Reinjektion des gleichen Materiales, nicht aber auf Auszüge aus dem Champignon, Knollenblätterpilz, grauem Ritterpilz u. dgl. Ebenso spezifisch waren passiv anaphylaktische Versuche (Sensibilisierung von Meerschweinchen mit Pilz-Immunserum vom Kaninchen); die Resultate waren sogar eindeutiger als bei der Komplementbindung und bei der Präzipitation d. h. die Gruppen- oder Verwandtschafts-Reaktionen traten fast vollkommen zurück. Wie weit übrigens die letzteren den strengen Charakter der Spezifität einschränken, scheint von der Phase der Immunisierung abzuhängen; je höher der Grad der Immunität getrieben wird, desto mehr sind die Antikörper imstande, auf heterologe Antigene einzuwirken, welche dem homologen in chemischer (oder biologischer) Hinsicht

---

[1]) + Bedeutet starke, + + maximale, — fehlende anaphylaktische Symptome.

nahe stehen. Dieses schon von Magnus beschriebene Verhalten bestätigen neuerdings Wells und Osborne bei der Immunisierung von Kaninchen mit Hordein; nach der Injektion kleinerer Hordeinmengen gaben die Antisera nur mit Hordein Komplementablenkung, wurden größere Dosen Hordein einverleibt, so griff die Reaktion auf Gliadine (aus Weizen oder Roggen), auf Malz-Proteose etc. allmählich über. Wahrscheinlich gilt dieses Gesetz auch für die Anaphylaxie und so wäre es immerhin denkbar, daß zwei Anaphylaktogene bei einem Versuch total different, bei dem anderen als verwandt erscheinen, je nachdem der Grad der Eiweißimmunität bei den benützten Versuchstieren gering oder hochgradig war; in der Literatur existieren genug Anhaltspunkte dafür, daß man diesem Umstand bisher zu wenig Beachtung geschenkt hat.

Weniger in prinzipieller, als in praktischer Hinsicht interessant sind jene Arbeiten, die sich mit den anaphylaktogenen Eigenschaften artspezifischer, bisher wenig studierter Eiweißantigene befassen.

Weinberg und Ciuca behandeln die Frage des spezifischen Echinokokken-Eiweißes, dessen Existenz Graetz geleugnet hat. Nach Graetz soll das Eiweißantigen der Echinokokkenflüssigkeit mit dem Plasma-Eiweiß des Wirtes identisch sein, welches durch die Wand der Cysten in das Innere derselben diffundiert; ein spezifisches Parasiteneiweiß konnte Graetz weder durch die Präzipitation noch durch das anaphylaktische Experiment nachweisen. Wenn man demnach Meerschweinchen mit der Hydatidenflüssigkeit des Rindes sensibilisiert und durch Reinjektion desselben Materials Symptome erhält, so soll einfach eine Anaphylaxie gegen Rindereiweiß vorliegen. Weinberg und Ciuca zeigen jedoch, daß ein gegen Hammelserum gerichtetes Präzipitin Cystenflüssigkeit vom Hammel nicht ausflockt (ebensowenig wie Schweinepräzipitin Echinokokkeninhalt vom Schweine), daß daher das Bluteiweiß des Trägers nicht im Blaseninhalt vorkommt, wenn es nicht durch pathologische Vorgänge oder fehlerhafte Entnahme hineingelangt. Die Existenz von spezifischem Echinokokkeneiweiß erhellt andererseits daraus, daß man Meerschweinchen mit der Cystenflüssigkeit irgend eines Trägers, z. B. des Schweines gegen die intravenöse Reinjektion der Flüssigkeit einer anderen Wirtsart, etwa des Hammels, aktiv präparieren kann. Außerdem enthält das Serum von echinokokkenkranken Menschen (und Rindern, Schern) anaphylaktische Antikörper, welche eine passive Übertragung·der Überempfindlichkeit auf das Meerschweinchen ermöglichen (Weinberg, Weinberg und Ciuca, Ghedini und Puntoni). Über aktive und passive Anaphylaxie gegen das spezifische Eiweiß anderer Entozoën (Cysticercus tenuicollis, Taenien, Ascariden, Distomum hepaticum, Coenurus serialis), speziell auch über die diagnostische Verwertung der passiven Versuchsanordnung findet man eine ziemlich erschöpfende Zusammenstellung in Ghedinis „La sierodiagnosi delle affezioni elemintiche". Ergänzend sei auf Schern, Weinberg, Séguin und Julien, Pomella und Longo verwiesen.

Schern konnte ohne Mühe aktive Anaphylaxie gegen Stomoxys- und Stubenfliegen-Extrakt erzielen, und hält es für aussichtsvoll, diese Methode zur Aufklärung der verwandtschaftlichen Beziehungen und zur Identitätsbestimmung gewisser Insekten heranzuziehen.

Da man aus Trypanosomen Anaphylatoxin erhält (Marcora, Mutermilch), so wäre es aus den bereits betonten Gründen wichtig, ob sich Meerschweinchen mit Trypanosomen auch aktiv sensibilisieren lassen. Schern bejaht die Frage. Er sensibilisierte mit dem Blute dourinekranker Kaninchen wiederholt intraperitoneal und reinjizierte intrakardial 0,1 ccm Dourinerattenblut; die Tiere reagierten mit ganz leichten anaphylaktischen Symptomen, wie „Kratzen, Sichputzen, Haaresträuben". Kontrollen, die derart gewählt wurden, daß jede Täuschung durch Serum- oder Erythrozytenanaphylaxie ausgeschlossen war, zeigten die erwähnten Erscheinungen nicht. Die letzteren waren übrigens so schwach und wenig ausgeprägt, daß es doch zweifelhaft bleiben muß, ob tatsächlich eine Überempfindlichkeit gegen Trypanosomen-Eiweiß erzielbar ist oder nicht. Die den Trypanosomen nahestehenden Spirochäten (der Hühnerspirillose und der russischen Rekurrens) eignen sich gleichfalls zur Gewinnung von Anaphylatoxin (Dold und Aoki, Mutermilch); mit sorgfältig gewaschenen Hühnerspirochäten sensibilisierte Meerschweinchen sind gegen eine intravenöse Reinjektion des gleichen Materiales anaphylaktisch, allerdings auch gegen Hühnerserum, doch kann der durch die gewaschenen Spirochäten ausgelöste Schock in Anbetracht der quantitativen Verhältnisse nicht einfach als Serumanaphylaxie gedeutet werden, sondern scheint in der Tat auf der Wirkung des Spirochäteneiweißes zu beruhen (Dold und Aoki).

Pyozyanase erzeugt Präzipitine, Agglutinine (für B. pyocyaneus), komplementbindende Antikörper und wirkt auch anaphylaktogen (Balteano).

Die Organspezifität hat Krusius aus der Artspezifität abgeleitet. Er nimmt an, daß sich gewisse organspezifische Eiweißarten (Linse, ektodermale Horngebilde) aus einem in der Ektodermalzelle ursprünglich vorhandenen artspezifischen Eiweiß dadurch entwickeln, daß letzteres einer Denaturierung durch Verhornung oder ähnliche Prozesse anheimfällt. Dadurch würde es verständlich, warum die arteigene Linse anaphylaktogen wirkt, und warum sich die Eiweißantigene der Linsen verschiedener Tiere so ähnlich verhalten, wie das Krusius, Uhlenhuth, Kraus, Doerr und Sohma u. a. m. behaupten. Seligmann meint, diese Auffassung treffe nicht immer zu, da Gewebe existieren, die im anaphylaktischen Versuche Organspezifität zeigen, ohne daß man ihre Zellelemente als denaturiert bezeichnen dürfe, und ohne daß die gleichzeitige Ausbildung der Artspezifität vermißt wurde. Die künstlichen Änderungen artspezifischer Antigene, wie sie von Pick und Obermayer, H. Freund, Pick und Yamanouchi, Schittenhelm und Ströbel und in jüngster Zeit von Landsteiner und Prášek durchgeführt wurden, sowie die von Wells und Osborne entwickelten Vorstellungen über die chemischen Grundlagen der Spezifität im allgemeinen lassen es jedoch als durchaus möglich erscheinen, daß ein artspezifisches Eiweißantigen im Organismus derart modifiziert werden kann, daß es mit Beibehaltung der Artspezifität zum Antigen für das artgleiche Tier wird und mit seiner Matrix anaphylaktisch nicht mehr reagiert. E. P. Pick konnte solche Antigentypen durch Erhitzen, Einwirkung von Säuren und Alkalien, Formaldehyd, Toluol, Chloroform, Landsteiner und Prášek durch Fällung von Pferdeserum mit Alkohol oder HCl darstellen; zwischen ihnen und jenen experimentellen Antigenvarianten, welche die Artspezifität völlig abgestreift haben (Jodeiweiß, Xanthoprotein, Diazoeiweiß nach Obermayer und Pick, Alkohol-Säure-Eiweiß, Methyl- und Azetyl-Eiweiß nach Landsteiner und seinen Mitarbeitern), bestehen überhaupt keine scharfen Grenzen. Bezeichnet man die künstlich modifizierte Spezifität als Strukturspezifität, so kann man nach Landsteiner und Prášek den Satz aufstellen, daß die Artspezifität um so mehr abnimmt, je stärker die Strukturspezifität infolge des gesetzten Eingriffes hervortritt. Obermayer und Pick sowie Landsteiner und Prášek bedienten sich der Präzipitinreaktion oder der Komplementablenkung; es ist aber klar, daß die erzielten Resultate mit gewissen Einschränkungen auch für die Anaphylaxie gelten können und daß sie, obwohl sie sich zunächst nur auf artefizielle Antigenderivate beziehen, doch zumindest hypothetisch auf das Geschehen im Körperhaushalt anwenden lassen. Natürlich müssen die ursächlichen Prozesse im Organismus nicht gerade Denaturierungen des artspezifischen Eiweißes sein wie die Verhornung; dem Stoffwechsel der Zelle stehen zweifellos auch andere Mittel zu Gebote, um aus einem dargebotenen artspezifischen Anaphylaktogen ein struktur-, oder wie wir hier sagen, organspezifisches hervorgehen zu lassen. Auch kann sich der Weg der Entstehung organspezifischer Proteinverbindungen anders gestalten, es muß nicht unbedingt eine direkte Transformierung von artspezifischem Eiweiß in organspezifisches erfolgen; die Zelle vermag höchstwahrscheinlich auch aus nichtantigenen Eiweißspaltprodukten (die aus der Nahrung oder aus zerfallendem artspezifischem Eiweiß stammen) organspezifische Komplexe aufzubauen. Das Thema, dessen chemische und immunologische Bearbeitung reiche Ausbeute verspricht, hängt mit dem alten Streit über die Unterschiede zwischen „zirkulierendem" oder „Nahrungseiweiß" und „Organ- oder Gerüsteiweiß" zusammen; auf die neueren Fortschritte auf diesem Gebiete, die wir Blum, Pohl, H. Wiener u. a. verdanken, kann jedoch nicht näher eingegangen werden.

Die Angaben von Krusius über die Antigenfunktion der arteigenen Linse und die weitgehende Identität des Eiweißes der Linsen verschiedener Tiere sind übrigens in neuerer Zeit in einigen Punkten korrigiert worden. Römer und Gebb konnten Meerschweinchen mit arteigener Linsensubstanz nicht oder nur ausnahmsweise, mit artfremder dagegen leicht und regelmäßig sensibilisieren. Kalbslinse präparierte ferner nicht gegen Meerschweinchenlinse und umgekehrt. Kapsenberg, der sehr exakte Versuche angestellt hat, kommt zu ähnlichen Schlüssen. Er befreite Augenlinsen von ihrer Kapsel, trocknete sie im Faustschen Apparat, zerrieb sie im Achatmörser zu einem feinen Pulver und löste dasselbe für die Zwecke des anaphylaktischen Experiments in Kochsalz; die Lösungen enthielten im Kubikzentimeter 0,005—0,013 g Eiweißtrockensubstanz (nach Eßbach bestimmt). Mit derartigen Extrakten aus artfremden (Schweine-) Linsen konnten Meerschweinchen leicht (durch einmalige Subkutaninjektion) anaphylaktisch gemacht werden und reagierten auf die intravenöse Reinjektion desselben Materials in der Menge von nur 0,006 g mit akutem Exitus; wurde zur Reinjektion eine andere Linsenart gewählt, z. B. bei Vorbehandlung mit Schweinelinse Kaninchen- oder Menschenlinse, so war die schockauslösende Dosis erheblich höher, so daß es nicht berechtigt erscheint, dem Linseneiweiß die Artspezifität gänzlich abzusprechen. Arteigene Linse mußte mehrmals subkutan injiziert werden, um mit 0,04 g derselben intravenös schwere Erscheinungen oder akuten Tod zu erzielen; eine Sensibilisierung mit arteigenem gegen artfremdes Linseneiweiß war überhaupt unmöglich, die Umkehrung ergab zwar positive, aber inkonstante Resultate. Arteigenes Linseneiweiß schien also nur geringe Antikörperbildung hervorzurufen.

Anaphylaxie gegen andere Arten von Zelleiweiß der gleichen Spezies beobachteten ferner Thiele und Embleton sowie Stühmer. Thiele und Embleton geben nur kurz an, daß bei Kaninchen, die mit entlipoidierten Kaninchengeweben (Denaturierung durch das Fettsolvens?) immunisiert wurden, Iso-Anaphylaxie auftrat, die sich gewöhnlich bei der dritten intravenösen Injektion (Intervalle von einer Woche) in Form von Paresen, Dyspnoe, unwillkürlichem Abgang von Urin usw. äußerte. Stühmer verwendete als Antigen gewaschene, arteigene Erythrozyten, die in Wasser gelöst waren. Normale Kaninchen vertrugen intravenös die Blutkörperchen von 6 ccm Blut; nach Dosen von mehr als 8 trat der Tod sofort oder innerhalb 24 Stunden ein. Wiederholte intravenöse oder subkutane Injektionen von solchen gelösten Erythrozyten machten die Tiere überempfindlich, so daß die vierte intravenöse Einspritzung, am 10. Tage nach der ersten vorgenommen, sofort tödlich wirkte, auch wenn die einverleibte Erythrozytenmenge nur 3 ccm Vollblut entsprach. Derartige Experimente gelangen auch an Meerschweinchen. Ferner konnte Stühmer Kaninchen dadurch sensibilisieren, daß er durch Einspritzung von Natrium oleinicum oder Aqua destillata eine Auflösung von Blutkörperchen in der Zirkulation herbeiführte; nach 10 Tagen zeigten die so vorbehandelten Tiere einen „anaphylaktischen" Schock, wenn man ihnen subreaktive Dosen von gelösten Blutkörperchen oder abermals ölsaures Natron in eine Vene injizierte. Nach Stühmer soll aus diesen Versuchen hervorgehen, „daß der Tierkörper bei Zerfall körpereigener oder bei parenteraler Zufuhr gelöster arteigener Blutkörperchen spezifische Antikörper bildet, die bei später erneuter Zufuhr von gelösten Blutkörperchen mit diesen hochgradig toxische Stoffe zu bilden imstande sind." Ob diese Behauptung zur Gänze richtig ist und ohne weiteres aus den Tatsachen abgeleitet werden kann, mag dahingestellt bleiben; für die Beurteilung der erzielten Effekte ist es aber jedenfalls wichtig, daß bei den Tieren pathologisch-anatomisch keine Thrombosen oder Gerinnungen nachzuweisen waren, und daß sich die Wirkungen art- und körpereigener Blutelemente durch Hirudin nicht paralysieren ließen. Daß die Wechselwirkung von Isolysinen und arteigenen Erythrozyten zur Noxe werden kann, ergibt sich übrigens in unzweideutiger Weise aus den bemerkenswerten Experimenten von Ottenberg, Reuben, Kaliski und S. S. Friedman. Sie transfundierten Hunden, deren Serum Isolysine oder Isoagglutinine für die Erythrozyten bestimmter anderer Hunde enthielt, das Blut der letzteren, indem sie zwischen der Arterie des Spenders und der Vene des Empfängers eine direkte Kommunikation herstellten; es erfolgte eine intravasale Destruktion des transfundierten Blutes (kenntlich an Hämaturie) und eine schwere, akute, durch Muskelschwäche, Blutabgang im Harn und Stuhl gekennzeichnete, bisweilen in 24 Stunden zum Exitus führende Intoxikation. Da bekanntlich auch beim Menschen Isolysine vorkommen, so besitzen diese Erfahrungen für die Frage der therapeutischen Transfusionen eine nicht zu unterschätzende Bedeutung.

Daß sich das Eiweiß der Geschlechtszellen (Eiereiweiß, Spermaeiweiß) von den Eiweißkörpern des Serums und der Organe der betreffenden Tierart differenzieren läßt, konnte beim Huhne (Seng, Graetz) und bei Fischen (Kodama) aufs neue festgestellt werden; meist wurden die Präzipitation und die Komplementablenkung als Arbeitsmethoden herangezogen, der anaphylaktischen Reaktion bediente sich nur Graetz, der indes die beiden erstgenannten Verfahren für brauchbarer erklärt. Aus den Ergebnissen der Anaphylaxie-Versuche von Graetz sei nur erwähnt, daß das Sperma des Hahnes als Anaphylaktogen völlig vom Serum des Huhnes, von den verschiedenen Eiweißarten des Hühnereies oder der Hühnerorgane abwich; zwischen Hühnereiklar und Eigelb einerseits und Hühnerserum andererseits bestand zwar auch eine Differenz, die aber nicht so erheblich war und Verwandtschaftsreaktionen zuließ.

Die Eiweißkörper der (menschlichen) Plazenta, Albumine, Globuline und Nukleoproteine sind nach Lake nicht oder doch nicht in dem Grade vom Serumeiweiß verschieden, als man das von vielen Seiten angenommen hat. Die Nukleoproteine entfalten überhaupt nur geringe antigene Funktionen, sie sensibilisieren schlecht und lösen nur schwache Symptome aus; die Albumine und Globuline wirken wohl besser, sind aber ebenso wie die Nukleoproteine weder an sich noch für Plazenta spezifisch, sondern reagieren untereinander und mit menschlichem Serum. Die mit den ilosierten Plazentarproteinen vorbehandelten Meerschweinchen waren gegen Menschenserum sogar durchwegs stärker empfindlich, als gegen irgendein aus Plazenta dargestelltes Präparat. Mit Recht erklärt Lake auf Grund dieser Experimente, daß die Aussichten minimal sind, therapeutisch verwendbare zytotoxische Sera für das maligne Chorion-Epitheliom zu erzeugen. — Daß das Serum der eklamptischen Mutter keine Antikörper gegen fötales Serum enthält, zeigen die völlig negativ verlaufenen passiven Übertragungen von Eisenreich.

Das Eiweiß anderer Organe als der Plazenta scheint in höherem Grade blutfremd zu sein. Stoicesco präparierte Meerschweinchen mit Pferde- oder Kaninchen-Serum und fand, daß dieselben gegen die korrespondierenden Muskelalbumine nicht überempfindlich sind, daß man aber mit letzteren sehr wohl eine homologe aktive Anaphylaxie erzielen kann. Salus erweiterte diese Angaben dahin, daß die Eiweißkörper der sogenannten Organplasmen, falls sie serumfrei dargestellt werden, durchwegs blutfremd sind, indem sie mit den Serum-Antikörpern (Präzipitinen, anaphylaktischen und komplementbindenden Antikörpern) nicht reagieren. Die Organplasmen bilden nur in geringem Ausmaße Präzipitine und komplementbindende Ambozeptoren, sollen dagegen nach Salus leicht Anaphylaxie hervorrufen; sie sind weder art- noch organ-spezifisch, da man mit dem Plasma aus Kaninchenmuskel beispielsweise gegen Plasma aus der Niere eines anderen Tieres präparieren kann. Das Organeiweiß hat also eine eigene Spezifität, „die Spezifität des Organeiweißes"; die Artspezifität des Blutes, des Nährstromes, hat es völlig abgelegt. Doch genügt die Differenz zwischen Organeiweiß und Bluteiweiß derselben Spezies offenbar in den meisten Fällen nicht, um mit ersterem anaphylaktogene Wirkungen beim artgleichen Tier herbeizuführen. Friedberger und Goretti präparierten Meerschweinchen mit artgleicher Plazenta, Niere oder Leber und sahen bei homologer intravenöser Reinjektion keine anderen Erscheinungen, als bei normalen Kontrollen; nicht einmal mit der von Friedberger und Mita beschriebenen, als sehr empfindlich bezeichneten Fieberreaktion ließ sich das Auftreten von Antikörpern nachweisen. Auch rief die Vorbehandlung mit einem Organ einer Tierspezies keine gesteigerte Empfindlichkeit gegen das gleiche Organ einer anderen Spezies hervor, es bestand also keine Organspezifität. In parenthesi sei bemerkt, daß die Ausdrücke „Organspezifität" und „Funktionsspezifität" von manchen Autoren falsch verwendet werden und zweckmäßig durch andere Termini zu ersetzen wären.

Die Versuche von Friedberger und Goretti sowie alle bisherigen Erfahrungen lassen es als sehr zweifelhaft erscheinen, ob art- oder gar individuumgleiches Serum Tiere aktiv anaphylaktisch macht, wenn auch Serum etwas anderes ist als Plasma. Die vorläufige Mitteilung von Mello über Iso- und Autoanaphylaxie von Meerschweinchen gegen Meerschweinchenserum bedarf wohl sehr der Nachprüfung, umsomehr als Mello auch bei normalen Tieren anaphylaxieähnliche Erscheinungen bekam, wenn er homologes oder individuumgleiches Serum intravenös einspritzte.

Über die Ursachen der Antigenfunktion bestimmter Eiweißkörper wissen wir nur wenig; wir vermögen nicht zu sagen, warum z. B. ein Protein Anaphylaxie hervorruft, ein anderes scheinbar sehr ähnliches nicht. Nur ganz im allgemeinen darf als bekannt bezeichnet werden, daß alle Antigene kolloide und höhermolekulare Stoffe sind; Vaughan, Heilner u. a. meinen, daß außerdem speziell bei Proteinen die Leichtigkeit, mit der sie im Körper aufgespalten werden, der Intensität der antigenen Effekte parallel geht. Sicher ist aber der letztere Faktor nicht ausschlaggebend, da Gelatine, welche leicht fermentativ abgebaut wird, kein Antigen ist; eine bestimmte chemische Konstitution dürfte doch auch von Einfluß sein, da gerade die Gelatine kein Tyrosin und Tryptophan enthält (Wells). Carl Ten Broeck suchte diesem Problem näherzutreten. Er stellte fest, daß die von Dakin beschriebenen razemisierten Proteine, speziell das razemisierte Eieralbumin weder Präzipitine, noch komplementbindende oder anaphylaktische Antikörper bildet. Dieser razemisierte Eieralbumin (das in einer 20% Lösung von gewöhnlichem Eieralbumin in $\frac{n}{2}$ NaOH nach drei Wochen bei 37^0 C entsteht), koaguliert bei Hitzeeinwirkung, verhält sich chemisch und physikalisch wie das Ausgangsmaterial, ist aber optisch weniger aktiv, und widersteht in vitro und in vivo den proteolytischen Enzymen. Er wird weder gespalten, wenn man es verfüttert noch wenn man es unter die Haut bringt; tatsächlich scheint also der Verlust der Abbaufähigkeit durch Fermente mit einem Schwund der Antigenfunktion verknüpft. Es ist aber doch fraglich, ob die protrahierte Laugenwirkung das Eiweiß nicht auch in anderer Beziehung verändert. Daß Substanzen, welche der Körper nicht in den Stoffwechsel einbeziehen kann, nicht antigen wirken, liegt übrigens ganz in der ursprünglich von Ehrlich vertretenen Denkrichtung.

Der anaphylaktische Antikörper.

Die Bildungsstätte des anaphylaktischen Antikörpers hat man schon seit Doerr und Moldovan, Wassermann und Leuchs in den lymphoiden Organen vermutet. Diese Annahme konnte auf zwei voneinander ganz verschiedenen Wegen bestätigt werden. H. v. Heinrich bestrahlte Meerschweinchen, die mit Pferdeserum aktiv präpariert waren, mit Röntgenlicht und zwar mit je 3 Kalom gleich einer Erythemdosis; unter gewissen Bedingungen waren die Tiere gegen eine intravenöse Reinjektion des Antigens weniger empfindlich als nicht bestrahlte Kontrollen, und zeigten entweder gar keine Erscheinungen oder reagierten mit Schock und akutem Exitus erst auf erheblich größere Antigen-

quantitäten. Am intensivsten war der Effekt, wenn die mit 0,01 ccm Pferdeserum sensibilisierten Meerschweinchen sofort nach der Sensibilisierung bestrahlt
und 3 Wochen später durch intravenöse Reinjektion geprüft wurden; sie vertrugen dann 0,3—0,4 ccm Pferdeserum, während die Kontrollen auf 0,1 ccm
akut eingingen. Weniger deutlich äußerte sich der Einfluß der Bestrahlung,
wenn man dieselbe unter sonst gleichen Versuchsbedingungen erst 8 oder gar
14 Tage nach der präparierenden Injektion vornimmt; kurz vor der Reinjektion
hat sie gar keine Wirkung. Schon daraus geht hervor, daß an der Abschwächung
oder Verhinderung des Schocks nicht eine Schädigung des Komplements oder
eine Störung der Reaktion zwischen Antigen und Antikörper Schuld tragen kann,
was auch durch direkte Versuche von v. Heinrich und C. Fränkel ausgeschlossen werden konnte; dagegen ergab die Prüfung mit Hilfe des passiv
anaphylaktischen Experimentes, daß das Serum von Meerschweinchen, die
unmittelbar nach der Sensibilisierung bestrahlt waren, nach Verlauf von
3 Wochen keinen Antikörper enthielt d. h. in der Menge von 2—3 ccm nicht
passiv zu präparieren vermochte, im Gegensatze zu dem Serum der Kontrollen.
Nun weiß man, daß die Röntgenstrahlen einerseits die lymphatischen Apparate
schwer schädigen (E. Fränkel und Budde, Heineke), und daß sie andererseits auch die Produktion anderer Eiweißantikörper z. B. der Präzipitine
und Agglutinine beeinträchtigen (Benjamin und Sluka, Fränkel und
Schillig). Es erscheint also der Schluß gerechtfertigt, daß die durch
v. Heinrich beobachtete Abschwächung der Anaphylaxie durch Bestrahlung
darauf zurückzuführen ist, daß die Entstehung der anaphylaktischen
Antikörper eine Behinderung erfährt, und daß diese Behinderung als
Folge der gesetzten Veränderungen in den lymphoiden Geweben anzusehen
ist. v. Heinrich erklärt es als nicht unwahrscheinlich, daß der geschädigte
lymphatische Apparat die dem Organismus einverleibten Antigene nicht mehr
verankern und zu Antikörpern verarbeiten kann. Damit steht in Übereinstimmung, daß der Antagonismus der Röntgenstrahlen gegen die Entwicklung
der Anaphylaxie weniger ausgeprägt ist, wenn man Meerschweinchen zwar sofort
nach der Sensibilisierung bestrahlt, mit der Reinjektion jedoch 6 Wochen
wartet; wahrscheinlich erholen sich die Lymphapparate in dieser Zeit und antworten auf den Immunisierungsreiz der im Körper verbliebenen Antigenreste.
Felländer und Kling präparierten Kaninchen durch zweimalige intravenöse
Injektion von Hammelserum oder roher Kuhmilch und konnten 10—16 Tage
später durch gewaschene Exsudatleukozyten der Tiere normale Meerschweinchen
passiv anaphylaktisch machen. Von den blutfreien Organen der Kaninchen
besaß nur das leukozytenreiche Knochenmark, nicht aber die Milz, Leber,
Nebenniere oder das Gehirn ein passives Präparierungsvermögen. Wichtig
ist ferner, daß nach Felländer und Kling die abgetöteten Organzellen von
Kaninchen und Meerschweinchen, denen man 7—16 Tage vorher Antigen
injiziert hat, letzteres noch enthalten; die Versuche von Friedberger und
Girgolaff, welche durch Implantation der verschiedensten Organe überempfindlicher Tiere in die Bauchhöhle normaler eine Anaphylaxie erzielten,
die erst 10 Tage nach der Operation auftrat, müssen demnach nicht notwendig
so gedeutet werden, daß die transplantierten Gewebe an ihrem neuen Standort
Antikörper sezernieren (Dale).

Für die Entstehung der Eiweißantikörper in den lymphoiden bzw. hämopoetischen Organen sprechen auch die Untersuchungen von Tsurumi und Kohda, Reiter und Neuber, endlich die Experimente von Przygode, der gleich Carrel und Ingebrigtsen und Lüdke die Bildung spezifischer Immunstoffe in der künstlichen Gewebskultur studierte. Nach Przygode produziert Milzgewebe vom Kaninchen, welches in einer Plasmakultur der Einwirkung von Pferdeserum ausgesetzt wird, in vitro innerhalb von 10 Tagen ein spezifisches Präzipitin. Das gleiche Resultat erhält man, wenn man einem Kaninchen intravenös Pferdeserum einspritzt und die nach 48 Stunden entnommene Milz in Plasma kultiviert; bei Aufbewahrung in Ringerscher Lösung findet dagegen keine Antikörperbildung statt.

Der Nachweis des anaphylaktischen Antikörpers wird bekanntlich durch die passive (homologe oder heterologe) Übertragung der spezifischen Eiweißüberempfindlichkeit erbracht. Schon Otto und Friedemann machten aber darauf aufmerksam, daß man beim Meerschweinchen positive Resultate nur dann erhält, wenn man das antikörperhaltige Serum zuerst intraperitoneal und das Antigen 24 Stunden später injiziert, daß dagegen eine gleichzeitige Injektion von Antigen und Antiserum oder die Einspritzung eines Gemisches nicht von anaphylaktischen Symptomen gefolgt wird. Doerr und Ruß schlossen daraus, „daß zunächst eine Verankerung des anaphylaktischen Immunkörpers an Organzellen stattfindet, die eine gewisse Zeit benötigt; erst dann wirkt die Antigenzufuhr deletär." Um das Minimum dieser Latenzperiode zu ermitteln, brachten Doerr und Ruß ausreichende Mengen Eiweißantiserum in die Venen mehrerer Meerschweinchen und injizierten in abgestuften Zeitintervallen das korrespondierende Antigen gleichfalls endovenös; sie fanden, „daß 4 Stunden verrinnen müssen, bevor ausreichend viel Immunkörper an der richtigen Stelle fixiert ist, wenn auch Spuren stattgefundener Verankerung schon vor Ablauf dieser Frist unverkennbar sind." Später teilten Doerr und Ruß mit, daß „sich das passiv anaphylaktische Experiment nicht umkehren lasse, d. h. daß vorinjiziertes Antigen nicht in dem Sinne an die giftempfindlichen Zellen fixiert wird, daß der später zugeführte Immunkörper toxisch wirkt." Diese so bedeutungsvollen Tatsachen gerieten über die Bestrebungen, das „anaphylaktische Gift" zu finden, ganz in Vergessenheit; nur Doerr betonte, daß sie stets im Auge zu behalten seien „als eines der Argumente, daß das bloße Aufeinandertreffen von Antigen und Antikörper im komplementhaltigen Blute des empfindlichsten Tieres nicht ausreichen muß, um die Bildung der anaphylaktischen Noxe zu ermöglichen." Nun haben Weil und Coca dort wieder angeknüpft, wo die Untersuchungen über passive Anaphylaxie seit mehr als 5 Jahren stehen geblieben sind. Sie bedienten sich zunächst der Versuchsanordnung von Doerr und Ruß und injizierten das Antiserum in eine Jugularvene und unmittelbar darauf das Antigen in das gleiche Gefäß der anderen Körperhälfte; nie waren Symptome zu konstatieren. Es bestand somit tatsächlich die für alle humoralen Theorien so unbequeme Latenzperiode der passiven Übertragung. Es ist dabei ganz gleichgültig, ob man homologes oder heterologes Antiserum (vom Meerschweinchen oder Kaninchen) verwendet (Otto, Biedl und Kraus). Man hat, um den Schwierigkeiten auszuweichen, angenommen, daß die Antikörper im Organismus des normalen Meerschweinchens, und zwar in der Zirkulation eine Veränderung erfahren, durch welche sie erst reaktionsfähig werden, eine Art „Aktivierung"; ist letztere jedoch notwendig, dann ist vom humoralen Standpunkt nicht einzusehen, warum der gleiche Antikörper im aktiv präparierten Tier mit dem Antigen ohne weiteres das „anaphylaktische Gift" gibt. Übrigens sind die Aktivierungs-Experimente von Biedl und Kraus nicht einwandfrei (Doerr und Moldovan, Doerr, Coca); ihnen stehen exakte Versuche von Weil und Coca gegenüber, welche lehren, daß der anaphylaktische Antikörper durch den Aufenthalt im Meerschweinchen qualitativ nicht verändert wird und daß ihm die Eigenschaft, erst nach verflossener Latenz zu wirken, auch nach der „Passage" unveränderlich anhaftet. Ebenso negativ verliefen Experimente von Doerr (nicht publiziert), dem anaphylaktischen Antikörper durch Verweilen in der Peritonealhöhle von Meerschweinchen die fehlende momentane Reaktionsfähigkeit zu verleihen. Tatsachen und Erwägungen drängen sonach zu der schon von Doerr und Ruß präzisierten Auffassung, daß die passive Anaphylaxie gar keinen humoralen Prozeß darstellt; von der aktiven war das ja von allem Anfang an nicht so wahrscheinlich, da hat man immer wieder an die „sessilen Rezeptoren" gedacht. Die Inkubation der passiven Anaphylaxie würde dann, wie schon Doerr und Ruß betonten, darauf beruhen, daß der eingeführte Antikörper zu den Zellen des Tieres in engere Beziehungen tritt und daß nur seine zelluläre Lokalisation die anaphylaktische Reaktion ermöglicht.

Weil zeigte, diesem Gedankengang folgend, daß der anaphylaktische Antikörper, wenn er normalen Meerschweinchen intravenös injiziert wird, rasch aus der Zirkulation verschwindet; nichtsdestoweniger bleiben die Tiere passiv anaphylaktisch (bis zum 17. Tage) und sind es sogar noch zu einer Zeit, zu welcher die gesamte Blutmenge nicht mehr imstande ist, ein anderes normales Meerschweinchen passiv zu präparieren, zu welcher mithin jede nachweisbare Spur von Antikörpern aus dem Blute eliminiert ist. Nach Weil involviert eine Vereinigung von Antigen und Antikörper in der Zirkulation überhaupt keine Schädigung des betreffenden Tieres; im Gegenteil, der zirkulierende Antikörper schützt die Zellen vor der Einwirkung des Antigens, indem er das letztere neutralisiert; das (aktiv oder passiv) sensibilisierte Tier reagiert nur deshalb anaphylaktisch, weil es nicht genügend Antikörper im Blute hat[1]). In der Tat konnte Weil aktiv oder passiv sensibilisierte Meerschweinchen gegen die Antigenzufuhr unempfindlich machen, indem er kurz vorher reichlich Antiserum vom Kaninchen endovenös einspritzte. Ein weiteres Argument ist folgendes: Meerschweinchen, die man wiederholt mit Pferdeserum in größeren Dosen vorbehandelt hat, sind gegen die intraperitoneale Reinjektion von 2—4 ccm Pferdeserum refraktär, durch 0,3—0,5 ccm intravenös werden sie akut getötet; der freie Antikörper genügt, um das von der Bauchhöhle allmählich resorbierte Antigen im Blute abzusättigen, ist aber unzureichend, um dasselbe von den Körperzellen abzuhalten, wenn die ganze Masse in einem Schuß in die Venen gebracht wird („maskierte", „larvierte" oder „potentielle" Anaphylaxie).

Coca ging in Anlehnung an Manwaring anders vor. Er substitutierte das Blut sensibilisierter Meerschweinchen durch eine andere Flüssigkeit, in der Regel durch das defibrinierte Blut normaler Meerschweinchen, und versuchte, ob derart präparierte Tiere, bei denen eine humorale Reaktion ausgeschlossen

---

[1]) Vgl. hierzu das Kapitel „Antianaphylaxie".

war, noch immer auf Antigenzufuhr mit den typischen Symptomen allgemeiner Überempfindlichkeit reagieren. Um solche Substitutionen in der gewünschten Vollständigkeit zu erreichen, war eine besondere Technik erforderlich, die Coca genau beschreibt; sie bestand im Prinzip darin, daß dem aufgespannten sensibilisierten Meerschweinchen das normale defibrinierte Blut in eine Jugularvene schubweise infundiert und daß aus der Carotis der anderen Seite jedesmal ein gleich großes Blutvolum abgelassen wurde. Durch Vorversuche (Durchspülung mit Ringer-Lösung und Zählung der Erythrozyten) war ermittelt worden, daß bei der Durchspülung mit einem Flüssigkeitsquantum, welches zweimal so groß war wie die geschätzte Gesamtblutmenge des Tieres, das Blut des letzteren bis auf ein Residuum von $4,5-6\%$ entfernt werden konnte; Durchspülung mit dem 3fachen Quantum oder mehr gestattete diese Ziffer auf $1,5\%$ herabzudrücken. Die Meerschweinchen vertrugen den geschilderten Eingriff insofern, als sie mindestens 6 Stunden nach der Operation am Leben blieben; die meisten verendeten in der folgenden Nacht, eines überlebte sogar dauernd. Aktiv und heterolog passiv sensibilisierte Tiere, denen auf diese Weise ihr eigenes Blut bis auf Spuren entzogen wurde, blieben nun gegen die Reinjektion von Antigen maximal hypersensibel; bei den passiv anaphylaktischen war es evident, daß die Residuen ihres Blutes (ca. 0,5 ccm) nicht genug Antikörper enthalten konnten, um die beobachtete anaphylaktische Reaktion zu erklären, bei den aktiv präparierten konnte diese Möglichkeit durch Kontrollen ausgeschaltet werden. Da also einerseits auch die größten Mengen von anaphylaktischem Antikörper in der Blutbahn nicht genügen, um ein Meerschweinchen anaphylaktisch zu machen (Latenzperiode des passiven Versuchs), und da andererseits die Entfernung des Antikörpers aus der Zirkulation eine bestehende aktive oder passive Eiweißüberempfindlichkeit nicht beeinträchtigt, so läßt sich nach Coca der Schluß nicht umgehen, daß der anaphylaktische Prozeß nicht in den Körperflüssigkeiten, sondern in den fixen Gewebszellen statthat.

Zu der gleichen Anschauung bekennen sich v. Fenyvessy und J. Freund, welche mit ähnlichen Methoden wie Weil und Coca gearbeitet haben. Sie sensibilisierten Meerschweinchen passiv und zwar durch intravenöse Injektion einer gerade ausreichenden Menge homologen oder heterologen Immunserums; unmittelbar nach dem Eingriff, also zu einer Zeit, wo der Antikörpergehalt des Blutes am höchsten war, vermochte die gleichfalls intravenöse Einspritzung des Antigens (Eiereiweiß oder Pferdeserum) keinen Schock auszulösen, sondern erst nach Ablauf eines Intervalles, während dessen 40% der zum passiven Präparieren nötigen Minimaldosis des Antikörpers aus dem Blute verschwunden waren. Wurde nach Ablauf von 24 Stunden das Blut des passiv präparierten Tieres durch normales bis zu 80% ersetzt, so war die Intensität des durch Antigen auslösbaren Schocks in keiner Weise gemindert. Aus diesen nach genauen quantitativen Prinzipien ausgeführten Versuchen ergab sich auch, dass der passiv anaphylaktische Zustand nur durch einen kleinen Bruchteil jener Antikörpermenge bedingt wird, welche man als passiv präparierende Minimaldosis bezeichnet, und daß diese an die Gewebe herantretende Fraktion zwar schon nach einer Stunde die Zirkulation verlassen hat, daß aber die Inkubation der passiven Anaphylaxie mehrere Stunden dauert; Fenyvessy und Freund schließen daraus, daß der bloße Übertritt des Antikörpers in die Gewebe nicht genügt, sondern daß sich erst in der zweiten Phase der Latenzperiode wichtige Prozesse abspielen müssen, um die volle Reaktionsfähigkeit des Organismus herbeizuführen.

Cocas Experimente laufen darauf hinaus, daß die fixen Gewebselemente
des ganzen Tieres intra vitam von der Körperflüssigkeit getrennt werden;
W. H. Schultz isolierte dagegen einzelne Gewebsarten,. vornehmlich glatte
Muskelfasern aus dem Darme, dem Uterus, der Blase, der Aorta und Vena
cava und prüfte ihre Reaktions- bzw. Kontraktionsfähigkeit beim Kontakt
mit verschiedenen Eiweißantigenen. Er fand, daß sich schon die glatten
Muskeln normaler Meerschweinchen sofort zusammenziehen, wenn man artfremdes oder arteigenes Serum, Eiereiweiß, Pepton usw. auf sie einwirken läßt;
waren aber die Meerschweinchen, von denen der Muskel stammte, anaphylaktisch, so zeigte letzterer einen höheren Grad von Kontraktilität gegenüber einer
bestimmten Konzentration des Antigens als der Muskel von nicht sensibilisierten
Kontrollen. Schultz meint daher, wie so viele andere Autoren, daß die anaphylaktische Reaktion nur eine Steigerung der normalen sei. Das entspricht
jedoch, wie Doerr und Dale betonen, durchaus nicht dem Verhalten des
Meerschweinchens selbst gegen artfremde Proteine; es ist ja oft genug gesagt
worden, daß ein normales Tier dieser Art 5 ccm Pferdeserum intravenös, ein
anaphylaktisches nicht einmal 0,005 ccm ohne Schaden verträgt, und im
Vergleich zu diesem Unterschied wäre die von Schultz konstatierte Differenz
in der Reizbarkeit der normalen und der anaphylaktischen Muskelfaser geradezu
verschwindend. Die richtige Bedeutung erhielt die Untersuchung des ausgeschnittenen, blutfreien Muskels erst, als sie alle Bedingungen des anaphylaktischen Experiments kopierte und identische Resultate lieferte; das gelang
Dale.

Dale tötete weibliche, virginale Meerschweinchen durch Nackenschlag,
entblutete soweit als möglich, band sodann in die Aorta abdominalis eine Glaskanüle ein und spülte die Gefäße der unteren Körperhälfte eine halbe Stunde
lang mit Ringerlösung durch; die viszeralen Organe wurden bei dieser Prozedur
völlig von Blut und Serum befreit, da aus der eröffneten Cava schon nach wenigen
Minuten reine Ringerlösung abfloß. Nun wurde der (weiß und etwas ödematös
aussehende) Uterus ausgeschnitten und unter besonderen Kautelen in einem
Bad von Ringerlösung (Laidlaw und Dale) suspendiert; die Kontraktionen
verzeichnete ein Myograph, das Eiweißantigen wurde jeweils zu dem Bade,
dessen Volum 250 ccm betrug, zugesetzt. Kamen als Eiweißantigene artfremde Sera zur Anwendung, so geschah dies erst nach mehrtägigem Stehen,
um die auch von W. H. Schultz festgestellte Gerinnungstoxizität zu beseitigen,
die jedes frische Serum, auch arteigenes zeigt; bei anderen Stoffen (Globulin
aus Pferdeserum, nach Hopkins kristallisiertes Eier-Albumin) fiel diese Vorsichtsmaßregel natürlich weg.

Mit dieser Methodik konstatierte Dale:

Ein normaler Uterus reagierte auf artfremdes Serum z. B. auf eine Verdünnung von 1 ccm Pferdeserum auf 250 ccm Ringerlösung gar nicht. Der
Uterus eines aktiv oder passiv gegen Pferdeserum präparierten Meerschweinchens
kontrahierte sich und zwar momentan, wenn man das genannte Antigen auch
nur im Verhältnis von 1 : 2500, 10 000 oder selbst 100 000 dem Bade zufügte.
Heterologe Antigene, im angezogenen Falle Hammel- oder Katzen-Serum,
wirkten auch bei 500facher Diluition nicht als Reiz.

Hatte der anaphylaktische Muskel auf den Antigenkontakt mit einer maximalen Kontraktion geantwortet, so erwies er sich als desensibilisiert, gewissermaßen als antianaphylaktisch; erneute Einwirkung von Antigen erzielte keinen Effekt; wohl aber konnte ein solcher „in vitro" desensibilisierter Muskel wieder passiv resensibilisiert werden, wenn man ihn für einige Stunden in nicht zu stark verdünntes antikörperhaltiges Serum brachte. Auch diese letztere Tatsache findet ihr Analogon im Versuch am intakten Tiere. Weil und Coca berichten, daß man aktiv und passiv sensibilisierte Meerschweinchen, die infolge einer Antigenreinjektion „antianaphylaktisch" geworden sind, sofort mit voller Sicherheit passiv resensibilisieren kann, und daß zu diesem Zwecke genau dieselben Mengen Antiserum erforderlich sind, wie zur passiven Präparierung einer normalen Kontrolle.

Der normale Uterus ließ sich durch das bloße Einstellen in ein Bad von verdünntem antikörperhaltigem Serum nicht passiv überempfindlich machen, was nun doch darauf hinzuweisen scheint, daß zwischen dem primären passiven Präparieren und dem oben erwähnten passiven Resensibilisieren eine Differenz des Mechanismus besteht. Wurde aber das normale Organ von den Gefäßen aus durch 5 Stunden mit verdünntem Antiserum (vom anaphylaktischen Meerschweinchen) durchgespült und letzteres wieder mit Ringerlösung ausgewaschen, so kam eine voll ausgeprägte Überempfindlichkeit zustande; offenbar war der auf diese Weise erzielte Kontakt der Muskelzellen mit dem Antikörper weit inniger, als beim Eintauchen des ganzen Organs in eine Lösung von Antiserum. Eine Durchspülung, die nur 1 Stunde währte, hatte keine passive Sensibilisierung zur Folge; man wird sich erinnern, daß die erforderliche Zeitdauer von 5 Stunden der Latenzperiode der passiven Anaphylaxie völlig entspricht.

Meerschweinchen, welche in kurzen Intervallen mit großen Dosen eines Eiweißantigens (Pferdeserum) vorbehandelt wurden, bleiben eine Zeitlang gegen Antigenreinjektion absolut oder doch relativ refraktär; man hat solche Tiere zum Unterschiede von den antianaphylaktischen gewöhnlich „immune" genannt, ein Ausdruck, der zu Mißverständnissen Veranlassung geben kann, aber bequem ist, da er eine langwierige Umschreibung überflüssig macht. Der Uterus solcher immuner Meerschweinchen ist nach Dale ebenfalls hypersensibel, genau wie der von anaphylaktischen Tieren. Diese Angabe, durch welche Dale ältere Beobachtungen von W. H. Schultz bestätigt, harmoniert vorzüglich mit dem, was Weil (s. oben S. 283) über die „maskierte" oder „potentielle" Anaphylaxie immuner Meerschweinchen mitgeteilt hat. Merkwürdigerweise ist die Überempfindlichkeit des Uterus beim „immunen" Tier weit weniger spezifisch als bei dem in der gewöhnlichen Weise anaphylaktisierten[1]); der Uterus eines mit großen Dosen Pferdeserum wiederholt vorbehandelten und gegen Pferdeserum refraktären Meerschweinchens kontrahiert sich z. B. auch bei der Berührung mit Hammelserum, freilich entschieden schwächer als bei der Einwirkung von Pferdeserum in der gleichen Konzentration. Leider wurden nur wenige dieser interessanten Versuche ausgeführt und außer Hammelserum kein

---

[1]) Vielleicht ist diese Tatsache ein Ausdruck für das von Magnus sowie Wells und Osborne bei den vegetabilischen Proteinen ausgestellte Gesetz, daß die Spezifität der Antikörper bei fortgesetzter Immunisierung durch Gruppenreaktionen eingeschränkt wird (vgl. S. 275).

anderes heterologes Antigen geprüft. Dale hielt solche immune Meerschweinchen auch längere Zeit am Leben; sie waren gegen intraperitoneale Injektion
von Pferdeserum noch nach 3 Monaten unempfindlich, und ihre Uteri hatten
nun die Hypersensibilität soweit eingebüßt, daß sie auf 500fache Verdünnungen
von Pferde- oder Hammel-Serum nur mit ganz schwachen Zusammenziehungen
reagierten. Es hatte demnach im immunen, durch zirkulierenden Antikörper
geschützten Organismus eine allmähliche Desensibilisierung der Gewebe stattgefunden, die, wie Dale mit Recht hervorhebt, mit der lebenslangen Dauer
der aktiven Anaphylaxie nach einer einzigen Injektion seltsam kontrastiert.

Beim anaphylaktischen Meerschweinchen löst die intravenöse Reinjektion
von Antigen einen derartigen Spasmus der Bronchialmuskulatur aus, daß
derselbe an sich als zureichende Ursache des Schocks und des akuten Exitus
gelten darf (Auer, Biedl und Kraus). Dieser Bronchialmuskelkrampf bleibt
nicht aus, wenn man das Gehirn und die gesamten Abdominalorgane aus der
Zirkulation ausschaltet, und vollzieht sich mit ungeschwächter Kraft auch
in der isolierten, von Ringerlösung durchströmten Lunge, wenn man der
Durchspülungsflüssigkeit das Antigen zusetzt. Für die Erklärung des anaphylaktischen Schocks beim Meerschweinchen genügt also auch nach diesen
Versuchen, ganz abgesehen von den durch Coca erbrachten stringenten Beweisen, die unmittelbare Einwirkung des Antigens auf die sensibilisierte glatte
Muskelfaser und jede Heranziehung eines humoralen Vorgangs erscheint zum
mindesten überflüssig. Da es ferner sehr wahrscheinlich ist, daß nicht nur
glatte Muskeln, sondern auch andere Gewebszellen sensibilisiert werden können,
indem sie entweder selbstproduzierten Antikörper besitzen oder zirkulierenden
verankern (s. w. u.), und daß solche sensibilisierte Zellelemente bei der Berührung mit Antigen in einer von der Norm abweichenden, pathologischen Art
reagieren[1]), so eröffnen uns die wertvollen Arbeiten von Schultz und Dale
auch das Verständnis für die anderen Symptome der akuten und protrahierten
Anaphylaxie, sowie namentlich für die anaphylaktischen Lokalreaktionen.

Die Tatsache, daß sich der Antikörper in den glatten Muskelfasern und
wahrscheinlich auch in allen anderen Zellen der anaphylaktischen Meerschweinchen vorfindet, und daß gerade die Lokalisation in der glatten Muskulatur
für das Entstehen des tödlichen Schocks verantwortlich gemacht wird, kollidiert
selbstverständlich nicht damit, daß die Produktion des Antikörpers nach
v. Heinrich, Felländer und Kling in den lymphoiden Organen und Leukozyten, wenn nicht ausschließlich, so doch hauptsächlich vor sich geht. Da
der isolierte normale Uterus den in seinen Gefäßen zirkulierenden Antikörper
innerhalb einiger Stunden so fest an seine Muskelelemente zu fixieren vermag,
daß ein Auswaschen unmöglich erscheint (Dale), so muß man die Möglichkeit
zugeben, daß der Antikörper im intakten Tiere in den Lymphapparaten entsteht, von diesen an das strömende Blut abgegeben und von anderen Geweben
erst sekundär aus dem Blute aufgenommen wird.

Von dem neu gewonnenen Standpunkt aus, daß zwischen freien und im
Gewebe fixierten Antikörpern ein wesentlicher Unterschied existiert, bedurften
auch die Ansichten, welche über die zeitlichen und quantitativen Bedingungen
der aktiven Sensibilisierung von Meerschweinchen herrschten, einer aber

---

[1]) Vgl. die Angaben von E. P. Pick und M. Hashimoto über die Sensibilisierung
und den anaphylaktischen Schock der überlebenden Meerschweinchenleber auf Seite 304.

maligen Durchsicht und eventuellen Korrektur. Weil hat sich dieser Aufgabe unterzogen. Eine einzige Injektion minimaler Dosen ($<$ 0,0001 ccm) heterologen Serums macht Meerschweinchen nach 20 Tagen, eine mittlere Menge (0,1 ccm) schon nach 8—14 Tagen maximal überempfindlich, so daß sehr kleine Reinjektionsquanten (intravenös) akuten Schock auslösen. 12 ccm desselben Serums oder mehr (in 4 Tagen eingespritzt) wirken genau wie mittlere Dosen, die Meerschweinchen sind gleichfalls 8 Tage nach der letzten präparierenden Einspritzung anaphylaktisch, reagieren aber nur auf relativ große Mengen des Antigens mit Exitus. Prüft man den freien, zirkulierenden Antikörper, der sich bei diesen drei Sensibilisierungstypen im Serum vorfindet, mit Hilfe der passiven homologen Übertragung, so zeigt sich, daß minimale und mittlere Antigenquanten nur wenig freien Antikörper bilden, die großen, fraktioniert injizierten dagegen viel; da nun freier Antikörper die Zellen des Tieres, deren Allergie allein die anaphylaktische Reaktion bedingt, vor dem Antigen schützt, so braucht man eben im letzteren Falle einen Antigenüberschuß, um eine Schockwirkung zu erzielen.

Soweit läßt sich alles, was die Anaphylaxieforschung in früherer und späterer Zeit gefördert hat, zwanglos mit dem zellulären Sitz des anaphylaktischen Prozesses vereinen. Nicht gerade im Widerspruch damit, aber doch auch nicht befriedigend zu erklären sind die von Weil beschriebenen Phänomene der „Verdrängung" und „Sättigung", die der Autor in der Folge unter dem Namen „Antisensibilisierung" zusammengefaßt hat.

Im Wesen besteht diese „Antisensibilisierung" darin, daß man Meerschweinchen durch Immunserum vom Kaninchen nicht passiv präparieren kann, wenn man vorher Normal-Kaninchen- oder Normal-Schafserum subkutan zugeführt hat. Der Effekt dieser präventiven Behandlung hängt einerseits von der Menge des einverleibten Normalserums, andererseits von dem Intervall ab, welches zwischen derselben und der heterologen passiven Sensibilisierung verstreicht. Nach 1 ccm Normalserum sind meist 7—10, selten weniger Tage erforderlich, damit das betreffende Meerschweinchen die Präparierbarkeit durch Kaninchen-Antiserum einbüßt; spritzt man große Dosen, mehr als 8 ccm, auf mehrere aufeinanderfolgende Tage verteilt ein, so braucht man nach der letzten Injektion nur drei, zwei oder gar einen Tag zu warten, um das gleiche Resultat zu erhalten. Der Schutz gegen die passive heterologe Anaphylaxie hält, wenn er einmal vorhanden ist, mindestens 2 Wochen an. Passive Sensibilisierung durch homologes Immunserum wird durch die präventive Behandlung mit Kaninchen- oder Hammelserum nicht gestört. Ist ein Meerschweinchen durch Kaninchenantiserum bereits passiv sensibilisiert, so kann seine Überempfindlichkeit vor der normalen Zeit ihres Verschwindens beseitigt werden, wenn man große Dosen Normal-Kaninchen- oder Normal-Hammelserum injiziert („Verdrängung" im Gegensatze zur oben geschilderten „Sättigung"); auf aktiv präparierte Tiere haben solche Prozeduren keinen Einfluß.

Weil dachte ursprünglich, daß man die Zellen des Meerschweinchens mit Kanincheneiweiß oder Hammeleiweiß derart übersättigen kann, daß sie außerstande sind, neu zugeführtes artfremdes Eiweiß, welches ja den Träger des Antikörpers im heterologen Immunserum darstellt, zu fixieren; er hielt es weiter für möglich, daß man den bereits an die Zellen gebundenen heterologen Antikörper durch Überschwemmung des Organismus mit artfremdem Normal-

eiweiß wieder zu verdrängen vermag. Da nur der in Zellen lokalisierte Antikörper anaphylaktische Reaktionen bedingt, so würde diese Erklärung, soferne
sie nicht gegen andere Tatsachen verstößt, genügen. Weil verließ jedoch
diese Hypothese spontan und nahm später an, daß sich infolge der Behandlung
mit Kaninchen- und Hammelserum Eiweißantikörper bilden, die als Anti-
Antikörper fungieren und das passiv präparierende Kaninchen-Immunserum
unwirksam machen. Auffallend ist unter dieser Voraussetzung nur die Kürze
der Inkubation, nach welcher die Antisensibilisierung in Kraft tritt, und der
Mangel an Spezifität; Weil glaubt indes, daß zwischen Kaninchen- und
Hammeleiweiß Gruppenreaktionen existieren (vgl. S. 273).

Ähnlich wie die anaphylaktischen Antikörper können auch die Antitoxine
durch zellige Elemente fixiert werden. Levaditi und Mutermilch brachten
Herzmuskelfragmente von normalen Küchlein und von solchen, die 24 Stunden
vorher Diphtherieserum intramuskulär erhalten hatten, für 25 Minuten mit
Diphtherietoxin in Kontakt; in Hühnerplasma gebracht, zeigte das Bindegewebe der Muskelstücke normaler Hühner keine Proliferation, bei den Anti-
toxintieren war sie dagegen sehr beträchtlich. Aus diesen und anderen Versuchen
schöpften Levaditi und Mutermilch die Überzeugung, daß die passive
antitoxische Immunität nicht einfach darauf beruht, daß der zirkulierende
Antikörper das Toxin in der Blutbahn absättigt, sondern daß die Antitoxine,
besonders wenn sie von einem anderen Tier stammen, also an artfremdes Eiweiß
gekettet sind, die Fähigkeit besitzen, feste Verbindungen mit den Gewebszellen einzugehen und letzteren dadurch einen refraktären Zustand zu verleihen. Die Autoren sprechen auch die (schon früher von Weil und Dale
zur Sicherheit erhobene) Vermutung aus, daß auch die passive Anaphylaxie
nur eine Reaktion zwischen dem in der Zelle gebundenen anaphylaktischen
Antikörper und nachträglich injiziertem Antigen darstellt. In dieser Fassung ist jedoch eine Parallele zwischen passiver antitoxischer Immunität
und passiver Anaphylaxie enthalten, die den Tatsachen nicht ganz gerecht
wird. Das Experiment statuiert nur folgende Beziehung: Antitoxin und
anaphylaktischer Antikörper werden von Körperzellen gebunden und reagieren
ebensowohl an dieser Stätte als auch, wenn sie frei in der Zirkulation enthalten sind, mit ihrem Antigen. Die Unterschiede treten aber ebenso klar
zutage. Das zirkulierende Antitoxin schützt ebenso wie das in Zellen
fixierte empfindliche Elemente vor der primären spezifischen Toxin-
wirkung (z. B. der nekrotisierenden Wirkung des Diphtheriegiftes auf
das Bindegewebe); die Toxin-Antitoxin-Reaktion als solche involviert
also, soweit man das der Arbeit von Levaditi und Mutermilch entnehmen kann, auch dann keine Schädigung, wenn sie innerhalb der Zelle vor
sich geht. Der zirkulierende anaphylaktische Antikörper kann mit seinem
Eiweißantigen im strömenden Blut abreagieren, ohne daß sich das betreffende
Meerschweinchen anders verhalten würde wie eines, dem man nur Eiweißantigen injiziert hat; von einem Schutz kann man nicht reden, da die Eiweißantigene überhaupt nicht toxisch zu sein brauchen, geschweige denn spezifisch
giftig. Die Schutzwirkung des anaphylaktischen Antikörpers in der Blutbahn
tritt erst bei Tieren hervor, die auch an Zellen fixierten Antikörper besitzen,
und besteht nicht in der Verhinderung einer Giftwirkung des Eiweißantigens
auf empfindliche Zellen, sondern darin, daß eine Reaktion desselben mit dem

„sessilen“ Antikörper unmöglich gemacht wird. Diese Reaktion ist der pathogene Vorgang, wie sich aus den schönen Experimenten von Dale am isolierten Muskel ergibt; deshalb sind auch die Symptome des anaphylaktischen Schocks immer dieselben, weil alle Eiweißantigen-Antikörperreaktionen dem Wesen nach gleich sind (vgl. w. u.).

Hereditäre Anaphylaxie.

Die Übertragung des anaphylaktischen Zustandes von der Mutter auf die Nachkommenschaft hat man gewöhnlich als einen Übergang von anaphylaktischen Antikörpern durch das Plazentar-Filter, also als passive Anaphylaxie aufgefaßt. Nach Scaffidi kann es sich jedoch auch um eine intrauterine Sensibilisierung der Föten handeln, die durch Antigenreste bedingt wird, welche die Plazenta passieren. Scaffidi präparierte trächtige Meerschweinchen durch intraperitoneale Injektion von 0,05—1,0 ccm Pferdeserum und konnte bei den Jungen durch intravenöse Einspritzung von 0,3—1,0 ccm meist mehr oder minder schwere Symptome, oft auch Schock auslösen. Dabei war es gleichgültig, in welcher Schwangerschaftsperiode der Mutter das Pferdeserum einverleibt wurde; es konnte das ebensowohl bald nach der Konzeption, wie in der Mitte oder gegen das Ende der Gestation (4 Tage ante partum) geschehen. Daraus, sowie aus der Tatsache, daß die Mutter zuweilen selbst nicht anaphylaktisch wird, während die Jungen maximal überempfindlich sind, ergibt sich nach der Ansicht von Scaffidi die Möglichkeit einer aktiven Präparierung in utero. Bei anderen Versuchsanordnungen von Scaffidi scheint dagegen ein rein passiver Vorgang vorzuliegen, z. B. dann, wenn die Jungen von Müttern anaphylaktisch sind, denen lange vor der Konzeption das artfremde Eiweiß injiziert wurde. Der anaphylaktische Zustand ließ sich bei den Jungen 21 bis 104 Tage nach der Präparierung der Mutter und 4—51 Tage post partum nachweisen; doch sind diese Termine gewiß nicht die äußersten Grenzen.

Die Zellen des Fötus besitzen jedenfalls die Fähigkeit, auf Antigenreize mit Antikörperproduktion zu antworten. Fallenberg und Döll konnten zeigen, daß auch die normalen Antikörper des Fötus nicht einfach von der Mutter auf die Frucht übergehen, sondern im Körper der letzteren autochthon entstehen. Allerdings scheint die Antikörperbildung geringer zu sein, als im erwachsenen Organismus der gleichen Art. Präpariert man neugeborene Meerschweinchen aktiv mit artfremdem Serum, so sind sie nach Ablauf von 16 Tagen weniger empfindlich als gleich vorbehandelte Tiere von 200—300 g Körpergewicht; da dieser Unterschied bei der passiven Anaphylaxie nicht hervortritt, so beruht er wahrscheinlich auf der mangelhaften Antikörpersekretion bei den Neugeborenen (Friedberger und Simmel). Auch Köllner berichtet, daß sich die Keratitis anaphylactica bei jungen Kaninchen schwerer erzeugen läßt als bei älteren.

Das Komplement.

Der Streit um die Konstanz des Komplementschwundes im anaphylaktischen Schock ist noch immer nicht zur Ruhe gekommen. Loewit und Bayer, sowie Busson und Takahashi (in neuerer Zeit auch Armand-Delille und M. Segalè) konnten in einzelnen Fällen keine Komplementverarmung beobachten; meist handelte es sich um aktive Anaphylaxie gegen Pferdeserum oder Hühnereiereiweiß. Friedberger und Cederberg meinen, daß alle derartigen Angaben über fehlende Komplementverarmung auf „Unzulänglichkeiten in der Technik" zurückzuführen seien. Das ist nun so zu verstehen: um die Komplementreduktion im anaphylaktischen Schock nachzuweisen, führt man bei sensibilisierten Meerschweinchen je eine Blutentnahme vor und nach der Reinjektion des Antigens aus, läßt die Blutproben gerinnen, hebert die ausgeschiedenen Sera ab und fügt fallende Mengen derselben einem konstanten Erythrozyten-Ambozeptor-System zu. Die auf ihren Komplementgehalt geprüften Serumdosen werden meist nach folgendem Schema gewählt: 0,3, 0,2, 0,1, 0,08, 0,06, 0,04, 0,02, 0,01, 0,008, 0,006, 0,004 ccm. Da die Abstufungen im ersten Teile der Skala Dezigramme, im mittleren Zentigramme, im dritten Milligramme betragen, und da verschiedene Meerschweinchen von Haus aus einen differenten Komplementgehalt aufweisen (Komplement-Titer schwankend etwa zwischen 0,004 und 0,04 ccm), so soll nach Friedberger eine geringe Komplementreduktion bei einem komplementreichen Tier, bei dem die Differenz in das Bereich der Tausendstel fällt, in der angewandten Meßmethode eher ihren Ausdruck finden, als bei einem komplementarmen, bei dem die Milligramme vernachlässigt werden. Das ist, wie Busson zeigt, ein Trugschluß. Wenn von zwei Tieren das eine vor der Reinjektion einen Komplementtiter von 0,07 ccm, das andere dagegen von 0,007 ccm hat, so heißt das, daß das erste 10 mal weniger Komplement im Serum hat als das zweite, und daß die gleiche Komplementdifferenz infolge der Reinjektion im ersten Falle durch eine Titration nach Hundertstel ebensogut ermittelt werden kann, wie im zweiten Falle durch eine Auswertung nach Tausendsteln (Busson). Dieses „ebensogut" gilt sogar nur, wenn wir den prozentuellen Komplementverlust im Auge haben; gehen wir auf den absoluten Komplementverbrauch aus, so wird gerade im Gegensatze zu dem, was Friedberger behauptet, die Tausendstel-Titration beim komplementreicheren Tiere viel eher insuffizient. Das geht aus folgender Tabelle hervor, in welcher die Gesamtserummenge eines Meerschweinchens der Einfachheit halber mit 10 ccm veranschlagt wird.

Tier	Komplementtiter		Gesamtzahl der lösenden Dosen		Verlust	
	vor der Reinjektion	nach der Reinjektion	vor der Reinjektion	nach der Reinjektion	absolut in lösenden Dosen	prozentuell
I.	0,007	0,008	1428	1250	180	12 %
II.	0,07	0,08	142	125	18	12 %

Durch Vernachlässigung der Tausendstel bei Tier II können mir nun, wie eine einfache Rechnung lehrt, Komplementverminderungen von höchstens 21 lösenden Dosen entgehen, durch Nichtauswertung der Zehntausendstel bei Tier I jedoch 211. In Prozenten des ursprünglichen Komplementbestandes ausgedrückt, sind die Fehlergrenzen gleich.

Fraglos ist es dagegen, daß wir bei ein und demselben Tiere desto sicherer einen minimalen Komplementschwund erkennen werden, je feiner abgestufte Zwischenwerte wir zwischen die üblichen Skalenwerte interpolieren, vorausgesetzt, daß damit nicht die Fehlergrenze der angewandten Methodik erreicht wird. Um zu beweisen, daß auch bei dem durch Pferdeserum und Eiereiweiß ausgelösten Schock des aktiv sensibilisierten Meerschweinchens konstant Komplement verbraucht wird, zitieren nun Friedberger und Cederberg Fälle, in welchen der Titer von 0,012 auf 0,014 oder von 0,014 auf 0,016 stieg. Der Einwand Bussons, daß so subtile Auswertungen des hämolytischen Komplements dadurch entwertet werden, daß sie innerhalb der Fehlergrenzen liegen, ist aber nicht von der Hand zu weisen. Außerdem fehlen in den publizierten Versuchen von Friedberger und Cederberg Kontrollen, ob nicht der Aderlaß vor der Reinjektion, die dadurch bedingte Verminderung der Blutmenge, die folgende Diluition durch die Injektion der Antigenlösung, oder das antigene Substrat als solches so minimale Änderungen des Komplementtiters setzen, wie sie Friedberger als Beweismittel für genügend erachtet[1]).

Es ist also nicht sichergestellt, daß sich im anaphylaktischen Schock bei geeignetem Verfahren regelmäßig ein Komplementschwund nachweisen läßt. Viele von den älteren Titrationen verlieren außerdem ihren Wert, weil Busson und Takahashi zeigen konnten, daß primär toxische Sera (Hundeserum, Rinder- und Hammelserum) schon beim normalen Tier den Komplementgehalt des Blutes herabdrücken; ob das nun bei aktiven Sera dieser Art regelmäßig stärker ausgeprägt ist als bei den inaktiven (Busson und Takahashi) oder nicht (Friedberger und Cederberg), erscheint völlig irrelevant. Aus den Protokollen von Friedberger und Cederberg geht hervor, daß ein normales Meerschweinchen auf die Injektion von 1 ccm inaktiven Hundeserums mit einem Komplementverlust von 35 Einheiten pro Kubikzentimeter reagierte, während zwei aktiv anaphylaktische auf eine Reinjektion von 1 ccm Pferdeserum nur 9 resp. 7 Einheiten pro Kubikzentimeter einbüßten.

Dieser Umstand erklärt es zum Teile, warum der Komplementschwund im anaphylaktischen Insult innerhalb so weiter Grenzen schwankt, wie das auch aus den Experimenten der jüngsten Zeit hervorgeht. Der Einfluß des gewählten Antigens ist aber zweifellos nicht der einzige Faktor, der diese Erscheinung verursacht; bekanntlich ist die Komplementabnahme bei aktiver Anaphylaxie erheblich geringer, als bei heterologer passiver, ja selbst unter absolut identischen Versuchsbedingungen stößt man auf ganz enorme Differenzen. So betrug bei zwei mit Pferdeserum vorbehandelten und mit 1,0 ccm nach 17 Tagen intravenös reinjizierten Meerschweinchen der Komplementverlust pro Kubikzentimeter das eine Mal 71, das andere Mal 10 lösende Dosen pro Kubikzentimeter. Friedberger nimmt an, daß diese Ungleichmäßigkeiten darauf beruhen, daß dem Schwunde eine intensive Komplementregeneration parallel läuft, und daß man nur die Differenz zwischen wirklichem (größerem) Komplementschwund und der eintretenden Regeneration mißt. Daß der Organismus

---

[1]) In der Arbeit von Friedberger und Cederberg stimmen die für den Komplementschwund pro Kubikzentimeter angegebenen Ziffern nicht durchwegs mit dem vor und nach der Reinjektion gemessenen Komplementtiter; so hatte von zwei Meerschweinchen das eine vor der Reinjektion einen Titer von 0,019, nach derselben von 0,018, das andere von 0,0088 und 0,0044, so daß beide eine Vermehrung des Komplements durch die anaphylaktische Reaktion erlitten hätten; es wird aber ein Verlust von 16 resp. 8 Komplementeinheiten im Kubikzentimeter registriert, was nicht einmal dann zutrifft, wenn die beiden Titerzahlen durch ein Versehen vertauscht worden wären.

imstande ist, Komplementverluste rasch zu decken, wird in der Tat durch verschiedene Tatsachen bewiesen; Coca ersetzte neuerdings das Blut von Meerschweinchen soweit durch ein komplementfreies Medium (arteigene gewaschene Erythrozyten in inaktiviertem arteigenem Serum), daß das Komplement auf $2-3^0/_0$ reduziert wurde, und fand, daß eine Wiederherstellung desselben in den eigenen Gefäßen der Tiere sehr rasch und in erheblichem Umfange einsetzte. Wenn aber die Komplementregeneration der Abnahme im anaphylaktischen Schock parallel geht und die letztere maskiert, dann ist nicht einzusehen, warum sich dieses Moment nicht bei allen Antigenen und bei allen Formen der Anaphylaxie in gleicher Weise geltend macht, warum die Regeneration bei der aktiven Anaphylaxie um soviel intensiver sein soll, als bei der passiven, warum sie nach Pferdeserum ungleich stärker ist als nach Hunde- oder Rinderserum, warum sie endlich so schwach ist, wenn man dem normalen Meerschweinchen ein primär toxisches (aktives oder inaktives) Serum oder ein passiv präparierendes Immunserum vom Kaninchen einspritzt. Im letzteren Falle kann die Regeneration den Verlust nicht einmal innerhalb 24 Stunden decken, wie aus den älteren Angaben von Friedberger und Hartoch erhellt.

Es ist natürlich unmöglich, hier auf alle Einzelheiten der Polemik einzugehen, die zwischen Friedberger und seinen Gegnern über die Rolle des Komplements bei der Anaphylaxie geführt wurde; die ausführliche Besprechung des umfangreichen Materials würde den Rahmen dieses Referates überschreiten und hätte auch keinen ersichtlichen Zweck. Nur wenige Punkte sollen wegen ihres besonderen Interesses näher beleuchtet werden. Friedberger schreibt: „Wenn in den Organismus eines präparierten, also antikörperhaltigen Tieres das homologe Antigen bei der Reinjektion eingeführt wird, so findet, darüber kann kein Zweifel bestehen, eine Reaktion zwischen Antigen und Antikörper statt und, ebenso zweifellos muß sich notwendigerweise dabei das Komplement beteiligen. Das ist eine Tatsache, über die überhaupt keine Diskussion möglich erscheint, einerlei, ob man dem Komplementschwund eine essentielle oder sekundäre Rolle zuschreiben will." Kurz gefaßt heißt das, daß jede anaphylaktische Reaktion von der Abnahme des Komplements im Blute gefolgt sein muß. Das ist jedoch nicht richtig. Das Komplement des strömenden Blutes muß nur an den Reaktionen des freien, gleichfalls zirkulierenden Antikörpers partizipieren, von denen wir aber mit Weil, Coca, Dale u. a. annehmen dürfen, daß sie gar nicht anaphylaxieerzeugend wirken, sondern unter Umständen sogar dem Tiere einen Schutz gewähren; der an die Zellen gebundene Antikörper ist es, der beim Zusammentreffen mit Antigen die anaphylaktische Noxe setzt, und daß hierbei eine Intervention des im Blut enthaltenen Komplements überflüssig ist, zeigen die Beobachtungen von Dale am ausgeschnittenen, von jeder Spur Blut oder Serum befreiten Uterus, sowie an der isolierten, von Ringerlösung durchströmten Lunge. Präpariert man ein Meerschweinchen mit kleinen Dosen Pferdeserum durch eine einzige Injektion, so wird, wie Weil direkt nachweist, nur wenig Antikörper an die Zirkulation abgegeben; bei der Reinjektion des Antigens wird dementsprechend nur wenig von dem vorhandenen Komplement des Plasmas verbraucht, die anaphylaktischen Symptome erreichen aber trotzdem das Maximum ihrer Intensität. Theoretisch ist auch der Fall denkbar, daß ein solches Tier nur gebundenen Antikörper besitzt, und daß daher der Komplementschwund ganz ausbleibt, besonders wenn das gewählte Antigen an sich auf den Komplementtiter nicht einwirkt (Pferdeserum). Injiziert man dagegen bei einem normalen Meerschweinchen in eine Vene Antikörper, in die andere Antigen, oder bringt man ein Gemisch beider Faktoren [1]) direkt in die Blutbahn, so treten entweder keine Störungen des Allgemeinbefindens auf, oder nur schwache, protrahierte, nach längerer Inkubation einsetzende Symptome; die Komplementverarmung kann aber bald in beträchtlichem Ausmaße einsetzen und bis zu bedeutenden Graden fortschreiten. Mit anderen Worten: eine anaphylaktische Reaktion ohne Komplementreduktion im Blute ist möglich und letztere markiert nur den für die Genese der hauptsächlichsten Symptome unwesentlichen oder dieselbe störenden Prozeß zwischen Antigen (-überschuß) und zirkulierendem Antikörper.

Die Verlegung des ätiologischen Vorganges aus den Körperflüssigkeiten in die Zellen macht es ferner verständlich, warum Tierspezies, welche auf die parenterale Zufuhr von Eiweißantigenen nicht mit der Bildung freier Antikörper (Präzipitine) antworten oder bei denen die Mengen der letzteren sehr gering sind, doch unter Umständen hochgradig anaphylaktisch werden können, wie z. B. der Hund und die weiße Maus. Das Fehlen von Antikörpern im Blute oder die geringe Konzentration derselben schließt eben die Produktion „sessiler" Antikörper nicht aus. Die weiße Maus kann, wie v. Sarnowski sorgfältig festgestellt hat, schon durch einmalige Injektion von Pferdeserum (subkutan, intraperitoneal oder intravenös) sensibilisiert werden; doch sind dazu größere Antigenmengen als beim Meerschweinchen (0,05—0,5 ccm) erforderlich und selbst diese wirken nicht ganz konstant. Die Inkubation beträgt 10 Tage; zur Auslösung akuter Symptome eignet sich nur die intravenöse Reinjektion von 0,05—0,1 ccm Serum, die nach 10—60 Minuten zum Exitus führen kann. Überlebende Individuen sind bereits 2 Stunden nach Ablauf der Symptome antianaphylaktisch, verharren aber nur 1 Woche in dem refraktären Zustand. Da die weiße Maus in ihrem Serum kein vollständiges hämolytisches Komplement hat, so sahen Doerr u. a. darin einen Gegenbeweis gegen die Richtigkeit der Lehre von der essentiellen Bedeutung des Komplements für die Anaphylaxie. Gerade dieses Argument, dessen es nunmehr freilich nicht bedarf, wurde indes anscheinend mit Unrecht ins Treffen geführt. Nach Bessemans beteiligt sich an der Komplementreduktion im anaphylaktischen Schock fast nur das Mittelstück, wenig oder gar nicht das Endstück; das Serum der weißen Maus enthält aber, wie Ritz und Sachs feststellten, Mittelstück in genügendem Maße, nur das Endstück mangelt.

Für eine Mitbeteiligung des Komplements an dem Zustandekommen der anaphylaktischen Symptome soll nach Friedberger auch die Tatsache sprechen, daß alle jene Eingriffe, die erfahrungsgemäß eine Komplementverminderung bedingen oder die Wirkung des Komplements abschwächen, auch einen relativen Schutz gegen Anaphylaxie bedingen.

Der Mechanismus der Wirkung solcher Faktoren ist aber vieldeutig, da man eine Reihe von Agenzien kennt, welche weder das Komplement, noch den Antikörper, noch auch die Reaktion beider mit dem Antigen beeinträchtigen und doch als Antagonisten des anaphylaktischen Schocks fungieren, wie z. B.

---

[1]) Über die Ungiftigkeit von Antigen-Antikörperverbindungen (Präzipitaten) vgl. auch Castelli.

das Adrenalin (Galambos), die Trepanation und die Vagotomie (Friedberger und Gröber), die künstliche Herabsetzung der Körpertemperatur, für deren hemmende Effekte Friedberger und Kumagai allerdings vermutungsweise einen trägeren Ablauf der Antigen-Antikörper-Reaktion verantwortlich machen u. a. m.

Wenn also Kochsalzzufuhr anaphylaktische Meerschweinchen in geringem Grade gegen die Antigenreinjektion schützt, so muß das nicht notwendig darauf beruhen, daß die durch das NaCl gesetzte Hypertonie die Reaktionsfähigkeit des Komplements aufhebt. Bornstein hat darauf hingewiesen, daß die intravenöse Injektion hoher NaCl-Dosen das Blutvolum erhöht, das Blut also verdünnt, und sieht darin den gleichen antagonistischen Effekt, wie man ihn auch durch bloße Erhöhung des Flüssigkeitsvolums erzielt, mit dem man die Antigenreinjektion ausführt (Friedberger und Tasawa, Tasawa). Friedberger und Langer wollen diese Erklärung nicht akzeptieren, da die anaphylaktischen Symptome auch durch vorherige Verabreichung großer NaCl-Gaben per os verhütet werden können, wobei keine Zunahme, sondern eher eine vorübergehende Abnahme des Blutvolums erfolgen müßte; in welcher Beziehung die orale NaCl-Zufuhr zum Blutkomplement steht, wurde nicht erörtert. Die ganze Beweiskraft der Kochsalzexperimente stützt sich übrigens auf die in vitro zu beobachtende Behinderung der Komplementbindung durch ein hypertones Medium. Wie vorsichtig man jedoch zu Werke gehen soll, wenn man die Resultate solcher Eprouvettenversuche auf einen im Organismus ablaufenden Prozeß übertragen will, zeigen Fenyvessy und Freund am $CaCl_2$; dasselbe hemmt im Reagenzglase das Komplement, intravenös in sehr großen, toxischen Mengen injiziert, vermindert es die Wirkung des Blutkomplements nicht, sondern steigert sie in merklicher Weise. Im letzteren Falle kommen eben andere Faktoren in Betracht (Diffusion der Kalksalze, Blutverdünnung). Es ist in diesem Zusammenhange interessant, daß 1—4 ccm einer 3,25 $^0/_0$ igen Lösung von Kalziumlaktat, 24 Stunden vor der Reinjektion gegeben, die anaphylaktischen Erscheinungen abschwächen und die Mortalität auf 20 $^0/_0$ herabdrücken (Kastle, Healy und Bückner); man erkennt, zu welchen Fehlschlüssen man hier gelangen könnte.

Daß der antagonistische Effekt des NaCl auch anders als in einer Behinderung der Komplementfixation begründet sein kann, lehren Versuche von Dale, nach welchen man die Kontraktion des isolierten anaphylaktischen Muskels bei Antigenkontakt verhindern kann, wenn man der Ringerlösung, in welcher der Muskel suspendiert ist, soviel NaCl zusetzt, daß die Konzentration von 0,9 auf 1,3 $^0/_0$ steigt. Die Ursache liegt nur in der Hypertonie, da 2 $^0/_0$ Rohrzucker oder Na_2SO_4 ebenso hemmend wirken. Hier ist das Komplement ausgeschaltet und die Behinderung der Kontraktion hat auch nichts mit der Antigen-Antikörper-Reaktion zu schaffen; nicht die Bindung zwischen Antigen und Antikörper bleibt aus, sondern nur die Kontraktion, da sich der Muskel, in Ringer-Lösung zurückgebracht, als unempfindlich (antianaphylaktisch) erweist. Die NaCl-Hypertonie beeinflußt übrigens auch die Kontraktion durch β-Iminazolyläthylamin, sowie durch Hypophysen-Extrakt in gleichem Sinne. Verdünnung der Ringerlösung erhöht die Reizbarkeit des anaphylaktischen Muskels; eine plötzliche Verdünnung kann sogar eine spontane Kontraktion auslösen. Ferner fanden G. Baehr und E. P. Pick, daß hypotone NaCl-

Lösung beim Durchströmen des überlebenden Lungenpräparates eines normalen Meerschweinchens Bronchospasmus erzeugte, daß dagegen hypertone Lösungen erschlaffend, bronchodilatierend wirkten und fähig waren, einen durch Wittepepton, Pilocarpin oder Histamin gesetzten Bronchialkrampf zu beheben. Aus dem Antagonismus von hypertoner NaCl-Lösung und Stoffen wie Pilocarpin, Histamin, Bariumchlorid ergibt sich von selbst, wie wenig berechtigt es ist, die Verhinderung des anaphylaktischen Bronchospasmus durch Zufuhr hoher Salzdosen auf das Komplement zu beziehen. Vielleicht stehen mit diesen Erfahrungen die alten Angaben von Heilner in irgend einem Zusammenhang, nach welchen präparierte Kaninchen gegen hypertone NaCl-Lösungen empfindlicher sind als normale.

Die Bedingungen für die Entstehung der „Anaphylatoxine" dürfen endlich nicht als Beweise für die Rolle des Komplements bei der Anaphylaxie herangezogen werden (Friedberger); das ist solange unzulässig, als nicht sichergestellt wird, daß sich im anaphylaktischen Schock eine mit diesen vitro-Giften identische Substanz bildet.

Nach wie vor gestaltet sich also das Resumé so, daß „dem Komplementschwund, der die überwiegende Mehrzahl der anaphylaktischen Prozesse in so wechselndem Grade begleitet, keine ursächliche, sondern nur eine akzidentelle Bedeutung zugeschrieben" werden kann (Doerr). Nur haben wir jetzt für diese Auffassung weitergehende und exaktere Gründe.

Die anaphylaktischen Krankheitserscheinungen und ihre experimentelle Analyse.

Es gibt kein für die Anaphylaxie einer bestimmten Tierspezies pathognomonisches Symptom; ebensowenig existiert ein absolut charakteristischer Symptomenkomplex oder ein zuverlässiger pathologisch-anatomischer Befund. Wie Auer und in letzter Zeit namentlich auch Loewit betonen, stellt die Art der Entstehung noch immer das ausschlaggebende Moment für die Diagnose eines anaphylaktischen Vorganges dar; die physiologischen Kriterien, z. B. die vielumstrittene Lungenblähung beim Meerschweinchen, die Blutdrucksenkung beim Hunde, der Temperatursturz, die verminderte Gerinnbarkeit des Blutes, Leukopenie und Eosinophilie können einerseits bei wahrer Anaphylaxie fehlen, andererseits in mehr oder minder großer Intensität und Vollständigkeit nach Eingriffen auftreten, die zu den anaphylaktischen Prozessen in keiner nachweisbaren Beziehung stehen.

Wenn man also irgend eine Substanz bekannter oder unbekannter Zusammensetzung für das im anaphylaktischen Insult wirksame Agens erklärt, weil das durch sie hervorgerufene Vergiftungsbild anaphylaxieähnlich oder — wie man mit Loewit sagen kann — anaphylaktoid ist, so erscheint diese Folgerung unmotiviert. Selbst eine absolute Übereinstimmung könnte nichts beweisen; gewöhnlich bezieht sich aber die behauptete Ähnlichkeit nur auf einzelne gemeinsame Züge, und eine genaue, alle Faktoren berücksichtigende Prüfung vermag doch schließlich Differenzen aufzudecken. Loewit hat das durch ein detailliertes Studium an einer Reihe von Stoffen demonstriert, die in der Literatur als „anaphylaktische Gifte" figuriert haben, wie z. B. am Wittepepton, am Histamin, am Methylguanidin und weitere Beiträge zu diesem Thema finden sich bei Baehr und E. P. Pick, Modrakowski, Bessemans,

Kraus und Kirschbaum, v. Worzikowsky-Kundratitz, Edmunds u. a. m. Am weitgehendsten ist die Analogie des toxikologischen Effekts mit den anaphylaktischen Symptomen beim Histamin (β-Iminazolyläthylamin); sie betrifft nicht nur die Wirkung auf lebende Tiere verschiedener Spezies (Kraus und Kirschbaum), sondern auch den Einfluß auf einzelne Gewebsarten z. B. glatte Muskelfasern (Dale und Laidlaw). Und doch kann man sich mit der von Eppinger gefundenen Kutanreaktion des Histamins leicht überzeugen, daß sich dieser Stoff im anaphylaktischen Schock nicht bildet, und daß er auch nicht im „Anaphylatoxin" enthalten ist (eigene, nicht publizierte Versuche).

Umgekehrt erscheint es mir aber auch verfehlt, Beziehungen zwischen der Anaphylaxie und einer differenten Versuchsanordnung abzulehnen, weil die letztere in ihrer Symptomatologie ein zum Teil differentes Verhalten aufweist. Man darf auf keinen Fall außer acht lassen, daß sich die anaphylaktische Noxe erst im Körper bildet, und daß dies auf verschiedenen Wegen geschehen kann. Bei der typischen Anaphylaxie handelt es sich aller Wahrscheinlichkeit nach um eine Reaktion zwischen einem an die Zelle gebundenen Antikörper und zugeführtem Antigen; denken wir uns das Antigen als Bestandteil der Zelle und den Antikörper als von außen eingeführten Faktor, wie das Doerr und R. Pick für bestimmte Verhältnisse als möglich hingestellt haben, so kann schon diese Inversion zu physiologischen Unterschieden führen, die sich nicht bloß quantitativ, sondern auch qualitativ ausprägen werden. Die Sicherheit, ob ein nach der Art seiner Entstehung von der Anaphylaxie abweichender Prozeß der letzteren zuzurechnen ist, können wir überhaupt nicht gewinnen, solange die Frage nach der Natur der anaphylaktischen Noxe unentschieden bleibt; der Grad der Wahrscheinlichkeit richtet sich nicht nur nach der größeren oder geringeren Ähnlichkeit der Symptome, sondern wird durch Überlegungen anderen Charakters entscheidend beeinflußt. Es ist zum Beispiel viel eher anzunehmen, daß die Wirkung des intravenös injizierten Kieselsäurehydrosols und anderer eiweißfällender Kolloide mit der Anaphylaxie in Beziehung gebracht werden darf (Doerr und Moldovan, Szymanowski), als der toxische Effekt des Histamins, wenn auch das durch Kieselsäure bedingte Vergiftungsbild weniger „anaphylaktoid" ist als das der genannten Base (Kraus und Kirschbaum, Loewit, Seitz).

Diese Erläuterungen mögen dazu dienen, die Bedeutung der auf diesem Gebiete gewonnenen Kenntnisse richtig einzuschätzen.

Der Blutdruck, das Herz und die Gefäße.

Bei sensibilisierten Meerschweinchen kommt es infolge der intravenösen oder intraarteriellen Reinjektion des Antigens zu einer initialen Blutdrucksteigerung (20—70 mm Hg), welche 2—3 Minuten anhalten kann, von der injizierten Flüssigkeitsmenge, der Dyspnoe und etwaigen Bewegungen des Tieres unabhängig ist und nach präventiver Durchschneidung des Rückenmarks ausbleibt; sie beruht wahrscheinlich auf einer Reizung des Vasomotorenzentrums und fehlt nach der Injektion von Wittepepton, ist dagegen bei der Histamin-Vergiftung vorhanden. An diese initiale, von Loewit als typisch bezeichnete Steigerung schließt sich ein allmähliches Absinken des Blutdrucks an.

Das Herz wird bei allen Tieren primär in Mitleidenschaft gezogen, wenn auch je nach der Spezies in sehr verschiedenem Grade. Beim Hunde hat man das bezweifelt (Eisenberg und Pearce); Robinson und Auer zeigten jedoch im Elektrokardiogramm, daß kurz nach der Reinjektion des Antigens bei anaphylaktischen Hunden Veränderungen der Herztätigkeit auftreten, die allerdings im Verhältnis zum Kaninchen unbedeutend und meist nur von kurzer Dauer sind. Die Ursache muß in einer peripheren Störung gelegen sein, da sie auch nach der Sektion der Vagi zum Vorschein kommen; mit der Blutdrucksenkung hängen sie nicht zusammen, können also wohl nur auf einer primären Läsion des Myokards beruhen. Der rechte Ventrikel scheint mehr affiziert als der linke. Im antianaphylaktischen Zustande beeinflußt eine neuerliche Antigeninjektion den Herzmuskel nicht; derselbe wird also durch den ersten Kontakt mit Antigen in ähnlicher Weise desensibilisiert, wie das ausgeschnittene Kaninchenherz (Cesaris-Demel), der isolierte Uterus oder die Lunge (Bronchialmuskulatur) des anaphylaktischen Meerschweinchens (Dale).

Am Kaninchen wurden die früheren Erfahrungen mit Hilfe des Saitengalvanometers bestätigt und erweitert; es konnte gezeigt werden, daß Pferdeserum auf Kaninchen, die mit diesem Eiweiß präpariert wurden, wie ein ausgesprochenes Herzgift wirkt (Auer und Robinson), daß die Herzstörung bei dieser Tierart konstant ist und sowohl in tödlich endenden wie in leichteren Fällen von Anaphylaxie auftritt, daß endlich die Durchschneidung der Vagi das anaphylaktische Elektrokardiogramm nicht beeinflußt. Hecht und Wengraf, welche am gleichen Versuchstier arbeiteten, konstatierten extrasystolische Störungen, die sich bis zu Anfällen von paroxysmaler Tachykardie steigerten; zuweilen waren die Extrasystolen regelmäßig angeordnet, so daß Bi- oder Trigeminie resultierte. Ausnahmsweise fanden sich auch automatische, vom Tawara-Knoten ausgehende Schläge sowie heterotope Vorhofskontraktionen. Nach Hecht und Wengraf besteht im anaphylaktischen Schock Vagusreizung, erhöhte Erregbarkeit der automatischen Zentren sowie die Neigung zu heterotoper Reizbildung; die Autoren bezeichnen die elektrokardiographischen Untersuchungen als ein empfindliches Reagens auf den anaphylaktischen Schock.

Augenscheinlich enthält die Herzmuskulatur gleich den glatten Muskelfasern bei allen anaphylaktischen Tieren gebundenen (autochthon entstandenen oder sekundär verankerten) Antikörper, der beim Zusammentreffen mit Antigen zur Noxe wird. Die Intensitätsunterschiede der Herzstörung bei verschiedenen Tierspezies können entweder auf der Menge des Antikörpers oder auf der von Haus aus differenten Widerstandsfähigkeit des Myokards beruhen (Kaninchen- und Hunde-Herz).

Veränderungen des Blutes.

Wiederholte Zufuhr von artfremdem Eiweiß hat lokale oder allgemeine Eosinophilie zur Folge (Schlecht, Miracapillo), welche sich im Anschluß an den anaphylaktischen Schock bei Hunden und Meerschweinchen entwickeln kann (Ahl und Schittenhelm). Eosinophilie wird aber nicht nur durch Eiweißantigene, wie Eiereiweiß, Hämoglobin, Globin, Fibrin u. dgl. hervorgerufen, sondern auch durch nicht anaphylaktogene Eiweißspaltprodukte, allerdings anscheinend nur durch solche von höhermolekularer Konstitution. Histone,

Protamine, Peptone (aus Roßhaar, Kaviar oder Seide) gaben positive Resultate, ebenso Nucleoproteide (aus Thymus), doch war bei letzteren nur die Eiweißkomponente wirksam, die Nucleinsäure beeinflußte das Blutbild nicht. Reine Aminosäuren hatten keinen Erfolg; auch Injektionen von β-Iminazolyläthylamin vermochten die Zahl der Eosinophilen nicht zu steigern (Ahl und Schittenhelm).

Lokale Eosinophilie, die von einem Absinken der Eosinophilen im Blute begleitet wird, also offenbar nur durch örtliche Anhäufung der im Blute kreisenden Zellen bedingt ist, kann man beim Pferde auch durch einmalige subkutane Injektion von Ascaridentoxin (Weinberg und Séguin), beim Meerschweinchen durch Einspritzung von Hydatidenflüssigkeit erzielen.

Über den Zusammenhang zwischen Eosinophilie nach wiederholten Injektionen von Eiweißantigen und Anaphylaxie herrschen verschiedene Ansichten. Schlecht und Schwenker denken an einen engen kausalen Konnex zwischen anaphylaktischem Schock und der Blut-Eosinophilie, welche man 24—72 Stunden nach einer intraperitonealen Antigenreinjektion beobachtet, und nehmen an, daß das hypothetische anaphylaktische Gift eosinophilogen und eosinotaktisch wirkt. Weinberg und Séguin sehen in dem beschriebenen Phänomen eine bloße Koinzidenz und stellen sich vor, daß das Antigen auf die (sensibilisierten) hämopoetischen Organe (das Knochenmark) direkt reizend einwirkt; die Blut-Eosinophilie würde also danach einen ähnlichen Mechanismus haben, wie die von Pick und Hashimoto gefundenen Leberveränderungen oder wie die anaphylaktische Kontraktion der glatten Bronchialmuskulatur nach Dale. Nach Weinberg und Séguin besteht kein Parallelismus zwischen dem Grade der Bluteosinophilie und der Intensität der anaphylaktischen Symptome; subkutane Reinjektionen von Antigen, welche überhaupt keine Allgemeinerscheinungen auslösen, können die Zahl der Eosinophilen ebenso erhöhen wie intraperitoneale, und umgekehrt rufen intravenöse Reinjektionen wohl schwersten Schock, meist aber keine Veränderung im prozentualen Verhältnis der Eosinophilen hervor. Interessanterweise bleibt bei passiver Anaphylaxie die Blut-Eosinophilie ganz aus. Noch weniger lassen sich direkte Zusammenhänge zwischen dem anaphylaktischen Reiz und der peribronchialen und peribronchiolären Eosinophilie konstatieren, die man bei Meerschweinchen antrifft, welche 2—24 Stunden nach intraperitonealer Antigenreinjektion getötet werden; denn die Veränderung findet sich im gleichen Prozentsatz bei bloß sensibilisierten und nicht reinjizierten Meerschweinchen und ist außerdem nicht selbständig, sondern von einer gleichzeitig vorhandenen Eosinophilie des Blutes abhängig (Weinberg und Séguin). Sternberg fand nach wiederholten Injektionen von gewaschenen Hammelerythrozyten in die Bauchhöhle von Meerschweinchen zahlreiche eosinophile Leukozyten in der Peritonealflüssigkeit und im Blute der Versuchstiere, ferner im Knochenmark; die Eosinophilen waren nicht im Peritoneum aus anderen Leukozyten hervorgegangen, sondern trugen alle Charaktere von spezifischen, im Knochenmark gebildeten Elementen.

H. Schlecht beschreibt zwei Fälle von Überempfindlichkeit des Menschen gegen organische Arsenpräparate (Arsenophenylglycin und Salvarsan), bei welchen sich ein ausgedehntes Exanthem und eine hochgradige lokale und allgemeine Eosinophilie entwickelte. Er neigt der Ansicht zu, daß die beobachtete Idiosynkrasie als Anaphylaxie gegen arteigenes Eiweiß aufzufassen sei, welches durch Kuppelung mit Arsen den Charakter eines körperfremden Proteins angenommen hat. Die Eosinophilie reicht jedoch nicht aus, um die anaphylaktische Natur einer Reaktion oder eines Krankheitsprozesses wie z. B. des Asthmas oder der exsudativen Diathese (Putzig) wahrscheinlich zu machen; in Übereinstimmung mit den Erfahrungen von Ahl und Schittenhelm, Weinberg und Séguin, Brandstetter u. a. lehren die Fälle von Schlecht eben nur, wie verschiedene Agenzien auf diese Leukozytenart einwirken.

Das gleiche gilt von der den anaphylaktischen Schock begleitenden Leukopenie und der auf dieselbe folgenden, oft hochgradigen Leukozytose. Wenn auch Gay und Claypole angeben, daß spezifisch (mit Typhusbazillen, Pferdeserum, Hammelerythrozyten) vorbehandelte Kaninchen auf Reinjektionen des betreffenden Antigens mit einer stärkeren und früher auftretenden Leukozytose reagieren als normale, so kann man in diesem graduellen Unterschied kein anaphylaktisches Kriterium erblicken. Die Ergebnisse von Gay und Claypole am Kaninchen stehen übrigens in Widerspruch mit den Experimenten von Richet am Hunde. Beim Hunde kann die Leukozytenzahl durch orale Darreichung gelöster Proteine (Fleischsaft, rohe Milch) oder durch intraperitoneale und intravenöse Injektionen von NaCl, Pepton, Krepitin, rohem Fleischsaft erheblich gesteigert werden; nach jeder intraperitoneal oder intravenös ausgelösten Leukozytose kommt eine Art „allgemeiner Immunität" des Organismus zustande, indem eine Wiederholung des Eingriffs zwischen dem 19. und 60. Tag nach der ersten Injektion keine Leukozytenschwankung erzeugt. Dabei schützt NaCl auch gegen Krepitin oder Pepton und umgekehrt, woraus sich nach Richet ergibt, daß die leukozytäre Reaktion und nicht die eingespritzten Substanzen immunisatorisch wirken. Der „spezifischen Hyperleukozytose" beim präparierten Kaninchen steht also eine unspezifische Leukozyten-Immunität beim vorbehandelten Hund gegenüber.

Auch die Erythrozyten (des Meerschweinchens) werden im anaphylaktischen Schock in Mitleidenschaft gezogen (worauf schon ältere Beobachtungen von Sleeswijk hindeuten); sie erfahren eine Verminderung ihrer Resistenz gegen hypotonische NaCl-Lösung, widerstehen dagegen der Einwirkung von Saponin besser als normale Blutkörperchen (Kumagai).

Die Respiration und der Lungenbefund.

Alle präparierbaren Tiere werden im anaphylaktischen Schock dyspnoisch: der Mensch, das Meerschweinchen, die weiße Maus (v. Sarnowski), der Hund (Deneke), das Kaninchen, die Katze, das Huhn usw. Der Mechanismus der Dyspnoe muß natürlich nicht immer der gleiche sein.

Beim Meerschweinchen liegt das Respirationshindernis zweifellos im Bronchospasmus, der als suffiziente Todesursache im akuten Schock bezeichnet werden darf und durch eine Reaktion des in der glatten Bronchialmuskulatur lokalisierten Antikörpers mit dem zugeführten Antigen bedingt wird (Dale, vgl. auch die älteren Versuche von Ishioka). Durch den Bronchospasmus kommt auch die im Röntgenbilde (Schlecht und Weiland) oder bei der Obduktion des verendeten Tieres nachweisbare Lungenblähung zustande (Symptom von Auer und Lewis). Nach Lohmann und Müller soll die Respirationsstörung und die Lungenblähung ausbleiben, wenn man die sensibilisierten Meerschweinchen vor der intrakardialen Reinjektion tracheotomiert und die Tiere durch eine Kanüle atmen läßt; auch soll die Tracheotomie bei bereits bestehendem Schock lebensrettend wirken, und die genannten Autoren sehen sich aus diesen und anderen Gründen veranlaßt, eine Atemhindernis oberhalb des Trachealschnittes, nämlich einen Krampf der Glottis anzunehmen. Diese Angaben lassen sich jedoch mit den Experimenten von Biedl und Kraus absolut nicht in Übereinstimmung bringen, ebensowenig wie mit den Versuchen von Dale, Baehr und E. P. Pick, in welchen Bronchospasmus und Lungenblähung trotz präventiver Tracheotomie auftraten; außerdem habe ich in Gemeinschaft mit Jaffé die Behauptungen von Lohmann und Müller mehrfach nachgeprüft und bin nicht in der Lage, dieselben zu bestätigen (nicht publiziert).

Die Durchleuchtung anaphylaktisch reagierender Hunde läßt weder eine gröbere Veränderung der Zwerchfellbewegung noch eine Aufhellung des Lungenschattens (Lungenblähung) erkennen (Schlecht und Weiland); der Bronchospasmus fehlt also entweder ganz oder ist nur sehr gering.

Offenbar besitzt die Bronchialmuskulatur des Meerschweinchens einen ganz besonderen Grad von Reizbarkeit, der sich übrigens nicht nur gegenüber der anaphylaktischen Noxe äußert, sondern auch bei der Einwirkung anderer bronchospastischer Stoffe, wie Pepton, Histamin, Hypophysenextrakt, Pilocarpin, Bariumchlorid, vanadinsaurem Natrium, hypotonischer NaCl-Lösung zutage tritt (Baehr und E. P. Pick). Die gegenüber anderen Tierspezies erhöhte Anspruchsfähigkeit der glatten Bronchialmuskeln des Meerschweinchens macht sich übrigens auch bei Anwendung von dilatierend wirkenden Substanzen geltend, unter denen die hypertonische NaCl-Lösung, Adrenalin, Atropin, Äther, Chloroform, Urethan und Amylnitrit besonders zu nennen sind; namentlich sind alle diese dilatierenden Agenzien befähigt, den Peptonkrampf zu lösen. Baehr und E. P. Pick, von denen diese Untersuchungen herrühren, erklären es daher für „wahrscheinlich, daß der wesensgleiche anaphylaktische Bronchospasmus demselben Wirkungsmechanismus der dilatierenden Stoffe unterliegt". Damit wäre ein Verständnis für zahlreiche Antagonisten des anaphylaktischen Schocks beim Meerschweinchen gewonnen, unter denen wir tatsächlich der hypertonischen NaCl-Lösung (Friedberger), dem Atropin (Auer und Lewis, Biedl und Kraus, Galambos), dem Adrenalin (Galambos), den Narkoticis (Besredka) u. a. m. begegnen.

Zur Lungenblähung können sich bisweilen geringfügige Ödeme und Hämorrhagien hinzugesellen; erhöht man das Volum der zur Reinjektion des Antigens benützten Flüssigkeitsmenge durch Zusatz von physiologischer NaCl-Lösung oder von arteigenem (Meerschweinchen-) Serum, so werden die Blutungen und Transsudationen mächtiger (Kumagai).

Der Darmkanal und die Harnblase.

Auf demselben Wege wie der Bronchospasmus entstehen auch die anaphylaktischen Kontraktionen der Darm- und Blasenmuskulatur; auch hier gibt wahrscheinlich eine Reaktion zwischen zellständigem Antikörper und injiziertem Antigen den motorischen Reiz ab.

Intra vitam wurden die Magen- und Darmbewegungen anaphylaktisch reagierender Hunde und Meerschweinchen von Schlecht und Weiland mit Hilfe der Röntgentechnik beobachtet. Bei Hunden traten an allen Darmabschnitten Kontraktionszustände und Formveränderungen auf, kenntlich an der Verteilung und an Abschnürungen des von einer Kontrastmahlzeit (Bariumsulfat) stammenden Inhalts. Am Dünndarm war zunächst eine Zunahme der „Pendelbewegungen" (rhythmische Segmentierungen des Inhalts) und eine Steigerung der Peristaltik wahrzunehmen; diese Phase entsprach dem Stadium, in welchem die Tiere eine lebhafte motorische Unruhe oder Krämpfe zeigten. Daran schloß sich ein Zustand, in dem die Dünndarmschlingen als ganz feine, streckenweise durch rosenkranzartig angeordnete Bariumkugeln unterbrochene Schnüre erschienen und keine Bewegung erkennen ließen; diese Periode des absoluten Stillstandes in Kontraktion dauerte bis zu einer Stunde an. Ähnlich lagen die Verhältnisse beim Meerschweinchen, speziell was den Dünndarm anlangt.

Quergestreifte Muskulatur.

Benecke und Steinschneider berichteten, daß bei Meerschweinchen, die an aktiver oder passiver Anaphylaxie schockartig innerhalb weniger Minuten verenden, eine schollige Zerklüftung und eine wachsartige oder glasige Degeneration in den quergestreiften Muskeln nachweisbar sei, welche intravital entsteht und von Leukozytenansammlungen in den Interstitien der Schollen begleitet wird. Diese Veränderungen waren vornehmlich am Zwerchfell ausgeprägt, seltener und in geringerem Grade auch an der Muskulatur der Extremitäten und anderer Körperteile; sie stellten sich auch nach akut tödlichen Dosen von Wittepepton, Bakterienanaphylatoxin und von primär toxischem Immunserum ein und wurden von Benecke und Steinschneider als direkte Effekte des „anaphylaktischen Giftes" gedeutet. Schon früher hatte Auer ähnliche Befunde bei der Kaninchenanaphylaxie erhoben; beim Meerschweinchen konnten dieselben durch v. Worzikowsky-Kundratitz bestätigt, zugleich aber ermittelt werden, daß sie auch durch Histamin zu erzeugen sind. Immerhin wäre der Gedanke an einen unmittelbaren Zusammenhang mit dem anaphylaktischen Prozeß zulässig; aber Wells verweist darauf, daß solche wachsartige Muskelveränderungen Quellungserscheinungen sind, welche alle Kolloide z. B. auch Fibrin in Säuren zeigen und die durch die Milchsäure veranlaßt sein dürften, die sich in den Muskeln infolge übermäßiger Tätigkeit bildet. Im anaphylaktischen Schock kommt es durch den Bronchospasmus zu asphyktischen Krämpfen, besonders im Zwerchfell und in den anderen Respirationsmuskeln, und diese Kontraktionen wirken mit der Asphyxie zusammen, um günstige Bedingungen für eine starke Milchsäureanhäufung zu schaffen.

Die Leber.

Nach den Untersuchungen von Manwaring, Voegtlin und Bertheim kommt der anaphylaktische Schock beim präparierten Hund nicht zustande, wenn man die Leber vollkommen aus der Zirkulation ausschaltet. Friedberger hat diese Beobachtung mit seiner Theorie in Übereinstimmung zu bringen gesucht, indem er eine durch die Operation bedingte Komplementverarmung annahm; Denecke wies aber nach, daß sich eine derartige Auffassung mit den Versuchsbedingungen der amerikanischen Autoren nicht verträgt, da diese die Leber erst kurz vor der Antigenreinjektion durch Gefäßligaturen außer Kreislauf setzten und durch Lüftung der letzteren schon nach weiteren 3 Minuten einen Schock erhielten. Daß der Leber bei der Anaphylaxie des Hundes noch eine andere bedeutsame Rolle zufällt, konnte Denecke durch Anlegung der Eckschen Fistel zeigen. Hunde, welche diese Operation überstanden hatten, ließen sich durch intravenöse Injektion von 1 ccm Eiklar nicht aktiv anaphylaktisch machen d. h. sie reagierten nicht auf die Reinjektion von 10 ccm Eiklar; doch behindert die Ecksche Fistel als solche den Schock nicht (vgl. auch Voegtlin und Bertheim), weil derselbe ungeschwächt eintrat, wenn man die Zirkulationsänderung erst am präparierten, bereits anaphylaktischen Hunde durchführte und dann die Antigenreinjektion vornahm. Die Ableitung des artfremden Eiweißes von der Leber scheint also die Sensibilisierung zu verhüten, was wahrscheinlich mit der von Reach und Seitz konstatierten, eiweißspeichernden Kraft dieses Organs zusammenhängt; vielleicht modifizieren die Leberzellen auch das heterologe Protein in einer für die Sensibilisierung günstigen Weise (Denecke). In diesem Sinne ließen sich umgekehrte Eck-Hunde, bei denen das ganze Blut der unteren Körperhälfte die Leber passieren muß, durch eine Injektion von Eiklar in die Venen der hinteren Extremität stärker anaphylaktisch machen (sensibilisieren) als normale; Präparierung von den Venen der vorderen Extremitäten aus ergab keinen Unterschied.

Für das Zustandekommen eines akut tödlichen Schocks beim Meerschweinchen ist die Leberzirkulation sicher irrelevant; die schon erwähnten Experimente von Dale beweisen das vollkommen klar. Der Schock des Meerschweinchens stellt aber eine Form der anaphylaktischen Reaktion dar, der wir beim Hunde gar nicht begegnen; die Hunde zeigen ja nur geringe Dyspnoe, verenden nicht akut (Denecke), sondern gehen, wenn überhaupt, erst nach längerer Zeit ein. Was wir beim Hunde einen „anaphylaktischen Schock" nennen, das bezeichnen wir, wenn es in ganz ähnlicher Gestalt beim Meerschweinchen auftritt, als eine „protrahierte Reaktion" (etwas Dyspnoe, Seitenlage, Somnolenz, Abgang von Harn und Kot); durch Nichtbeachtung dieser Verhältnisse wurde augenscheinlich eine nicht unbeträchtliche Verwirrung geschaffen. Dale ist kritisch genug, zuzugeben, daß die Leber bei protrahierter Abwicklung der Symptome auch beim Meerschweinchen von Bedeutung sein und gewisse Erscheinungen, wie z. B. den Verlust der Blutgerinnbarkeit, bedingen kann.

Ebenso könnte die Leber beim Sensibilisierungsprozeß des Meerschweinchens in analoger Weise intervenieren, wie das Denecke für den Hund gezeigt hat. Vielleicht stehen damit die Angaben von Hashimoto und E. P. Pick in Konnex, welche fanden, daß nur $8\,^0/_0$ des gesamten N der normalen Meerschweinchenleber nicht koagulabel sind, daß aber dieser auf Eiweißspaltprodukte zu beziehende Anteil infolge der einfachen Sensibilisierung mit Pferdeserum auf $19\!-\!24\,^0/_0$ ansteigen kann. Da das auch nach der Präparierung der Meerschweinchen mit 0,001 ccm Pferdeserum der Fall ist, so können die Spaltprodukte nicht von dem zur Vorbehandlung benützten artfremden Eiweiß, sondern nur vom Zerfall des körpereigenen Eiweißes herrühren. In anderen Organen, namentlich auch im Zentralnervensystem findet man keine vermehrte Proteolyse; es fällt nur auf, daß der Prozentgehalt an nicht koagulablem N in der Milz, Niere und im Gehirn schon de norma so groß ist, wie in der Leber nach der Sensibilisierung. Die Verschiebung der Verhältniszahlen von koagulablem und akoagulablem N beginnt in der Leber schon am dritten bis fünften Tag nach der Sensibilisierung der Meerschweinchen, wird am 14. Tag maximal, ist jedoch noch am 68. Tag deutlich nachweisbar ($13,8\%$ koagulabler N); es stimmt das einerseits mit der langen Dauer der aktiven Anaphylaxie und beweist auch, daß der intravitale Leberabbau von der Verbrennung des zugeführten Eiweißes unabhängig ist. Präpariert man Meerschweinchen durch 4—5 Injektionen von 1 ccm Pferdeserum in Intervallen von 4 Tagen, so sind solche Tiere bekanntlich nicht anaphylaktisch, sondern „immun"; ihre Leber zeigt demgemäß nur wenig koagulablen N (12%), also eine Hemmung der proteolytischen Vorgänge. Entmilzt man die Meerschweinchen und sensibilisiert sie unmittelbar darauf, so werden die Tiere zwar anaphylaktisch, der Leberabbau bleibt aber aus; sensibilisiert man zuerst und läßt man die Splenektomie später folgen, so geht die bereits entwickelte Leberproteolyse innerhalb von 6 Tagen fast völlig zurück, doch sind auch solche Tiere anaphylaktisch. Wie auch Pick und Hashimoto ausdrücklich hervorheben, steht also der intravitale Leberabbau zu dem (durch Bronchialkrampf erzeugten) anaphylaktischen Schock der Meerschweinchen nicht in ursächlicher Beziehung; er ist vielmehr ein selbständiges, den übrigen Erscheinungen koordiniertes Phänomen, und kann als Ausdruck einer infolge des Antigenreizes gesteigerten spezifischen Funktion der Leberzellen aufgefaßt werden. Daß gerade die Leber betroffen wird, erklärt sich daraus, daß die Zellen dieses Organs auf die verschiedensten Reize besonders leicht mit Autolyse reagieren (Phosphorvergiftung, akute gelbe Leberatrophie, Zirrhose, $CHCl_3$). Die Verarbeitung des parenteral zugeführten artfremden Proteins hat mit dem intravitalen Leberabbau nichts zu tun; ebensowenig können die Beobachtungen von Pick und Hashimoto im Sinne jener Theorien gedeutet werden, welche als Ursache der anaphylaktischen Symptome eine Aufspaltung körperfremden oder körpereigenen Eiweißes zu Giften annehmen, sie sprechen vielmehr gegen diese Hypothesen, da sich ja die Meerschweinchen während der Anhäufung der Eiweißspaltprodukte in der Sensibilisierungsperiode völlig wohl befinden.

E. P. Pick und Hashimoto konnten weiter feststellen, daß die Leberzellen von im Schock getöteten Meerschweinchen im Gegensatze zu den Leberzellen normaler Tiere der gleichen Art nur eine minimale oder gar keine postmortale Autolyse zeigen, und sie sehen in dem Umstand, daß die Enzyme des Organs im Schock ihre Funktionen einstellen, einen der wichtigsten Gründe für die Herabsetzung der Verbrennungsenergie, die man im intensiven anaphylaktischen Anfall beobachtet hat. Von besonderem Interesse erscheint wohl die Tatsache, daß man die Autolyse in dem überlebenden Leberbrei normaler Meerschweinchen ganz beträchtlich erhöhen kann, wenn man das Serum eines gegen Pferdeserum anaphylaktischen Meerschweinchens zusetzt; der Leberbrei läßt sich also in vitro gewissermaßen passiv sensibilisieren, und die erzielte Beschleunigung des autolytischen Abbaues im Reagenzglase gleicht der intravitalen Proteolyse, welche man am lebenden Meerschweinchen durch die aktive Präparierung (Antigeninjektion) herbeiführt. Fügt man zu einem derart sensibilisierten Leberbrei Antigen (Spuren von Pferdeserum), so sistiert die Autolyse, es tritt ein „Fermentschock" ein, in Übereinstimmung mit dem Ausbleiben der Autolyse in der Leber von im Schock getöteten Tieren. Dieser „Schock des autolytischen Fermentes" konnte auch am autolysierenden Brei der Leber sensibilisierter Meerschweinchen erzeugt werden [1]).

Das Zentralnervensystem.

Der akut tödliche Schock tritt bekanntlich beim Meerschweinchen auch dann ein, wenn eine Mitbeteiligung des Zentralnervensystems vollkommen ausgeschlossen werden kann; Dale bringt hierfür neuerlich Belege. Die Gründe wurden bereits ausführlich auseinandergesetzt. Ob bei protrahierter Reaktion (von Meerschweinchen oder Hunden) Läsionen des Gehirns in Betracht kommen und ob diese primär oder sekundär sind, ist noch immer nicht zu entscheiden.

Der Vollständigkeit halber sei erwähnt: 1. Trepanation oder Vagotomie soll aktiv präparierten Meerschweinchen einen schwachen Schutz gewähren, der gegenüber der einfach tödlichen Antigendosis ausgeprägt ist, bei größeren Reinjektionsmengen ($>2-3$fach letal) jedoch versagt (Friedberger und Gröber, Galambos). 2. Das Gehirn von im Schock verendeten Meerschweinchen soll giftigere Extrakte liefern als das normaler; diese Angabe, die von Tschernoroutzky bezweifelt, von Achard und Flandin aufrecht erhalten wurde, würde auch im Falle ihrer Richtigkeit nicht zu der Annahme berechtigen, daß im Gehirn anaphylaktisch reagierender Tiere ein Gift entsteht (Organextraktgiftigkeit). 3. Nach Soula soll es infolge der Sensibilisierung zu einer Degeneration gewisser Teile des Zentralnervensystems kommen, die sich in einer gesteigerten Autoproteolyse, in einer Erhöhung des Verseifungskoeffizienten (Verhältnis der Fettsäuren und Seifen zum Gesamt-Lipoidextrakt) und in einer Zunahme der Nukleoproteide als Ausdruck einer Zellneubildung (Abelous und Soula) äußert; die daran geknüpften Hypothesen darf man wohl vorläufig übergehen, da die Tatsachen noch unbestätigt sind oder gar von anderer Seite bestritten werden, indem Hashimoto und Pick im Gehirne anaphylaktischer Tiere keine Zunahme des intravitalen Abbaues konstatieren konnten. 4. Rachmanow vermißte histologische Veränderungen des Nervensystems bei akut verendeten Meerschweinchen; wenn zwischen Reinjektion und Exitus 25 Min. bis 1 Stunde verstreichen, so kann man im Gehirn, besonders aber im Rückenmark Chromatolyse der Ganglienzellen, Piknose, Deformierung des Nucleolus und in besonders schweren Fällen Schwund der Neurofibrillen wahrnehmen.

---

[1]) Anmerkung bei der Korrektur: Hier sei auch einer Beobachtung von Richet gedacht, welche nicht nur mit der intravitalen Leberautolyse, sondern auch mit der Frage der Spezifität der Anaphylaxie und der Antigenwirkung arteigenen Organeiweißes Beziehungen aufweist. Nach Richet erleiden Hunde, welche das erste Mal chloroformiert werden, keine Veränderung des Blutbildes; läßt man die Tiere nach Ablauf einiger Wochen neuerlich Chloroform einatmen, so stellt sich eine deutliche Leukozytose ein. Richet sieht darin einen anaphylaktischen Vorgang; die erste Einwirkung des $CHCl_3$ führt zu einem Leberabbau, dessen Produkte in die Zirkulation gelangen und eine Sensibilisierung herbeiführen, so daß die zweite Narkose wie die Antigenreinjektion eine Überempfindlichkeitsreaktion auslöst. Diese Vermutung stützt sich darauf, daß Phosphor (P_2Zn_5), der auf die Leber ähnlich toxisch wirkt wie $CHCl_3$, Hunde gegen $CHCl_3$ in dem gedachten Sinne präpariert. Richet folgert aus diesen Experimenten auch, daß die Anaphylaxie kein spezifischer Prozeß sei (P_2Zn_5 macht gegen $CHCl_3$ hypersensibel), was aber mit der gegebenen Erklärung nicht stimmt, da ja nicht das Gift als solches, sondern das Lebereiweiß die Umstimmung des Organismus bewirkt.

Verhalten der Körpertemperatur.

Die von Friedberger ermittelten Gesetze über die Abhängigkeit der Körpertemperatur anaphylaktischer Meerschweinchen von der reinjizierten Antigendosis haben Thiele und Embleton am gleichen Versuchstiere für Eiereiweiß und Tuberkelbazillenemulsion als Antigene bestätigt; E. Leschke dehnte ihre Gültigkeit auf Hunde und Kaninchen aus und konnte auch hier eine Grenze für Temperatursturz, sowie die obere und untere Konstanzgrenze feststellen, zwischen welch letzteren sich die pyrogenen Antigenmengen bewegen. Im Prinzip scheint also zwischen den verschiedenen Tierspezies Übereinstimmung zu bestehen; im einzelnen lassen sich Differenzen erkennen. Subkutane Antigenreinjektionen beeinflussen die Temperatur anaphylaktischer Hunde nicht; beim sensibilisierten Meerschweinchen kann man hingegen durch diese Art der Antigenzufuhr sowohl Fieber als Temperatursturz auslösen. Auch steigt das Fieber beim Meerschweinchen rascher an und fällt früher zur Norm als beim Hunde. Fiebererzeugende Antigenmengen wirken ferner beim Hunde nachhaltiger und intensiver als bei Kaninchen; dagegen erreicht die Temperatur bei letzteren etwas später die Akme. Weitere Untersuchungen über dieses Kapitel, welches wohl wegen seines Zusammenhanges mit den Ursachen des Fiebers bei Infektionskrankheiten besonderes Interesse erweckte, verdanken wir V. Vaughan sr., jr. und J. W. Vaughan, Loewit, M. Segale, Jörgensen, Ssolowzewa, R. Hirsch und E. Leschke, Ishikawa, Centanni, Tadini, Brugnatelli, von den Velden, Weichardt und Schwenk, Schittenhelm, Grafe, Lüdke, Citron und Leschke, Friedberger u. m. a.

Wir wollen uns hier auf eine Diskussion der Beziehungen zwischen dem experimentellen Proteinfieber und dem Fieber bei mikroparasitären Erkrankungen des Menschen nicht einlassen und nur die Frage ventilieren, wie man sich den Konnex zwischen den im anaphylaktischen Versuch beobachteten Schwankungen der Körperwärme und der Anaphylaxie zu denken hat. Es dürfte sich empfehlen, bei einer solchen Betrachtung die weniger geklärten und strittigen Phänomene der Anaphylaxie gegen antigene Zellen (Bakterien, Erythrozyten) zunächst beiseite zu lassen, und nur den klassischen Spezialfall der Überempfindlichkeit gegen artfremdes gelöstes Eiweiß heranzuziehen. Bei den Vertretern der herrschenden Richtung begegnen wir nun folgendem Syllogismus: Artfremdes Eiweiß erzeugt Anaphylaxie und bestimmte Änderungen der Körpertemperatur; die Beeinflussung der Temperatur ist beim spezifisch vorbehandelten Tier durch kleinere Dosen von Eiweißantigen möglich als beim normalen; dieselben Effekte, die man durch ungespaltenes Eiweiß beim präparierten Tier erzielen kann (Fieber, Temperatursturz), erhält man durch die Spaltprodukte des Eiweißes, speziell solche, die bei der fermentativen Aufspaltung oder Hydrolyse (Vaughan) entstehen, auch im normalen Organismus, ja diese Analogie in toxikologischer Hinsicht erstreckt sich bis auf alle Einzelheiten (Eosinophilie, Leukopenie, Enteritis anaphylactica, Lungenblähung); ergo ist die Anaphylaxie eine Vergiftung durch Eiweißspaltprodukte, sie stellt ihrem Wesen nach eine parenterale Proteolyse dar, und die Temperaturschwankungen, die man bei anaphylaktischen Versuchsanordnungen beobachtet, sind nur ein Ausdruck dieses Prozesses, sie können nur auf pyrotoxische Eiweißabbauprodukte zurückgeführt werden.

Leider wird die Diskussion über diese Theorie auch durch die hier beabsichtigte enge Umgrenzung der Fragestellung nicht erheblich gefördert, und zwar aus dem Grunde, weil wir über die Wärmeregulierung beim homoiothermen Tier und über das Wesen des Fiebers viel zu wenig wissen; das geht ja auch deutlich aus der großen Debatte über das Fieber und seine Ursachen auf dem 30. deutschen Kongreß für innere Medizin zu Wiesbaden (1913) hervor. Übereinstimmung scheint gegenwärtig nur in der Hinsicht zu herrschen, daß die Konstanz der Körpertemperatur beim Warmblüter von bestimmten nervösen Zentralorganen (Zwischenhirn) aus reguliert wird und daß fieberhafte Steigerungen der Eigenwärme nur durch stärkere Reizung oder erhöhte Reizbarkeit dieser thermoregulatorischen (thermogenetischen) Zentren zustande kommen können. Dafür brachten J. Citron und E. Leschke direkte Beweise. Schaltet man nämlich das Zwischenhirn auf operativem Wege aus, so werden homoiotherme Tiere poikilotherm (Isenschmidt und v. Krehl); infiziert man derart operierte Hunde oder Kaninchen mit Trypanosomen, so bleibt die charakteristische Fieberbewegung aus und ebenso wirkt die Injektion von Anaphylatoxin nicht mehr pyrogen. Versetzt man die Tiere vorher in Fieber (durch Injektion mit Trypanosomen oder Staphylokokken) und führt dann den Zwischenhirnstich aus, so sinkt die Temperatur ab und wird in der Folge nicht mehr verändert. Aus diesen Experimenten dürfen wir wohl die Berechtigung deduzieren, das Fieber als einen Vorgang zu betrachten, der nur von bestimmten Hirnanteilen aus ausgelöst werden kann. Es bleiben aber andere wichtige Punkte ungeklärt.

Vor allem ist es nicht festgestellt, welche Stoffe oder chemisch-physikalischen Prozesse überhaupt imstande sind, die thermoregulatorischen Zentren so zu beeinflussen, daß Fieber eintritt; noch weniger können wir sagen, welcher pyrogene Faktor bei den einzelnen Formen des unter natürlichen Verhältnissen entstandenen Fiebers verantwortlich zu machen sei. Ganz im allgemeinen ist nur bekannt, daß das Wärmezentrum (und das von Hans H. Meyer angenommene Kühlzentrum) thermisch, mechanisch, elektrisch und chemisch erregt werden kann; zu den chemischen Reizen rechnet man gewöhnlich auch Albumosen und andere Eiweißabbauprodukte, ja man hat gerade dieser Gruppe von pyrogenen Substanzen die Hauptrolle zugeschrieben, da es beim infektiösen Fieber, der häufigsten natürlichen Fieberform, stets zu einem Zerfall von Krankheitserregern sowie von Körperzellen kommt (Krehl). Auch das Fieber, welches nach Zertrümmerung von Körpergewebe (Frakturen, Quetschungen, Blutergüssen) auftritt, hat man hierfür ins Treffen geführt. Krehl wie Schittenhelm vertreten daher die Auffassung, daß „die Entstehung von Fieber in der übergroßen Mehrzahl der Fälle auf den Zerfall von Eiweiß im Innern des Organismus" zurückzuführen sei, also auf einen parenteralen Eiweißabbau. Ob diese Ansicht unbedingt richtig ist, kann hier nicht erörtert werden. Es sei nur darauf hingewiesen, daß Meerschweinchen nach einmaliger Injektion von 0,001 ccm Pferdeserum (also einer Dosis, die weit unter der normalen Fiebergrenze von Friedberger liegt) mit einem mächtigen, intravitalen, sich über Wochen hinziehenden Leberabbau, also mit Zerfall körpereigenen Eiweißes reagieren, ohne zu fiebern (E. P. Pick und Hashimoto); daß man nach Grafe u. v. a. den fiebernden Menschen so ernähren kann, daß eine Konsumption der Körpergewebe ausbleibt, ohne daß dadurch das Fieber beseitigt oder reduziert würde; daß beim infektiösen Fieber nicht gerade der Zerfall von Körper- oder Erreger-

Eiweiß das fiebererzeugende Gift liefern muß, sondern daß primäre Endotoxine und Toxine in Betracht kommen, daß demnach der Abbau des Körpereiweißes vielleicht nur als Wärme- und Energiequelle fungiert, nicht aber als ein Vorgang, der stets neues pyrotoxisches Material in die Zirkulation bringt [1]), daß es endlich Fieber gibt, welche rein mechanisch entstehen, durch Substanzen, die im Körper keine chemische Umsetzung erleiden (s. w. u.).

Die in den Zentren des Zwischenhirnes durch die betreffende Noxe erzeugten Erregungszustände werden wahrscheinlich durch sympathische Nervenbahnen auf die Unterleibsdrüsen (Leber, Nebenniere) übertragen, und von letzteren werden vielleicht auf chemischem Wege die gesamten Körperzellen beeinflußt, so daß ihr Stoffwechsel und damit die Wärmeproduktion eine Änderung erfährt. Wie aber Krehl betont, ist über diesen Teil der Fiebergenese ein Dunkel gebreitet, welches durch Vermutungen und nicht zusammenhängende Einzelerfahrungen nicht genügend erhellt wird. Man ist nur ziemlich allgemein davon abgekommen, zwischen normalem und fieberhaftem Stoffwechsel qualitative Differenzen anzunehmen und bei letzterem einen exzessiven, toxisch ausgelösten und abnormen Eiweißzerfall [1]) als wesentlich hinzustellen; der Kraftumsatz im Fieber soll der gleiche sein, der sich auch im normalen homoiothermen Organismus abspielt und für die Konstanz der Temperatur sorgt. Strittig erscheint dagegen, ob und inwieweit quantitative Unterschiede existieren. Krehl glaubt, daß es keine fieberhafte Steigerung der Körpertemperatur ohne gleichzeitige Steigerung des gesamten Energieumsatzes gibt, an der sich Eiweiß, Kohlehydrate und Fette in gleichem prozentuellem Verhältnis beteiligen (Grafe). Rahel Hirsch und E. Leschke zeigten aber, daß speziell das anaphylaktische (und das Anaphylatoxin-) Fieber zu einer Einschränkung des gesamten Stoff- und Energieumsatzes führen kann, die sich in der N-Kurve und in der direkten Kalorienproduktion erkennen läßt; sie vertreten daher an Stelle der einheitlichen eine dualistische Auffassung, welche die Änderung des Stoffwechsels von der Steigerung der Temperatur trennt. Das anaphylaktische (und das Anaphylatoxin-) Fieber soll nicht durch die chemische, sondern durch die physikalische Wärmeregulation zustande kommen; beim infektiösen und beim Wärmestichfieber ist dagegen der Stoffwechsel tatsächlich gesteigert. Danach besteht also zwischen infektiösem und anaphylaktischem Fieber, die miteinander in so engen Konnex gebracht wurden, ein entschiedener Gegensatz (Citron), der freilich bei bloßen Messungen der Körpertemperatur nicht hervortritt, da diese Untersuchungsmethode über das Verhältnis von Wärmeproduktion und Wärmeabgabe, sowie über die Störungen der zentralen Wärmeregulierung nichts aussagt (Segale).

Für unsere Betrachtung ist die Lehre vom Fieber demnach zu wenig ausgebaut, um sie zur Entscheidung über die wahre Ursache des anaphylakti-

---

[1]) Beim Gesunden kann man nach Pfannmüller $10^0/_0$, beim Fiebernden dagegen 15—$40^0/_0$ Eiweiß sparen, wenn man reichlich Kohlehydrate (500 g Zucker) zuführt. Diese stark eiweißsparende Wirkung spricht gegen den toxischen Eiweißzerfall. Im Fieber hält die Leber das Glykogen weniger fest und die vorausgegangenen Fiebertage haben eine Verarmung des Organs an Glykogen zur Folge; daher muß der Effekt der Kohlehydratzufuhr größer sein als beim Gesunden, der noch genügend Glykogen besitzt und einen Teil der resorbierten Kohlehydrate in dieser Form aufspeichert; Pfannmüller hält den Anteil des toxogenen Eiweißzerfalles im infektiösen Fieber als Ursache der gesteigerten Eiweißzersetzung für verschwindend klein gegenüber dem Kohlehydratmangel.

schen Fiebers mit Vorteil heranzuziehen. Wichtig scheint mir nur die Tatsache, daß zahlreiche und sehr verschiedene Substanzen gefunden wurden, welche Fieber oder Temperatursturz erzeugen und die weder zu den Eiweißkörpern noch zu den Spaltprodukten derselben gehören. Der Mechanismus ihrer pyrogenen Wirkung dürfte wohl ein sehr variierender sein und nicht nur von der Natur des Stoffes, sondern auch von der Art seiner Einverleibung abhängen. Kokain, Tetrahydronaphtylamin und Adrenalin erregen wahrscheinlich das dem sympathischen System angehörige Wärmezentrum, Pikrotoxin, Koriamyrtin, Santonin, Akonitin, Veratrin und Digitalin bewirken Temperaturabfall durch Reizung des autonomen Kühlzentrums, Alkohol, Chloral, Antipyrin, Acetanilid und in geringem Grade auch Chinin versetzen das Wärmezentrum in den Zustand der Narkose (narkotische Antipyretica), Chinin schränkt außerdem schon in kleinen Gaben den Eiweißabbau ein und restringiert dadurch die Wärmeproduktion (Hans H. Meyer). Bei anderen Agenzien scheinen wieder Beziehungen zwischen dem Anstieg oder Abfall der Temperatur und dem Gefäßsystem die Hauptrolle zu übernehmen. Arsenik wirkt zum Beispiel sicher auf die Gefäße, nicht aber, wenigstens nicht direkt und akut auf die Nerven; es erzeugt in kleinen Gaben absolut zuverlässig Fieber, in großen Temperatursturz (Heubner). Vasodilatation und Konstriktion je nach der Menge bewirkt übrigens auch Adrenalin; ferner erweitern gewisse Antipyretica (Antipyrin, Acetanilid, Salicylate) die Hautgefäße, steigern die Schweißsekretion, vermehren damit die Wärmeabgabe und erniedrigen konsekutiv die Körpertemperatur. Viel unsicherer ist die Natur der Fieberentstehung beim Hg, Cu, Zn und anderen Schwermetallen (Lehmann, Kißkalt, Rietschel, Heidenhain und Ewers), beim Elektrargol (Heubner, Bock), beim NaCl (neuere Angaben von Heubner, Hort und Penfold), beim Weichparaffin (Heubner), der kolloidalen Kieselsäure (Doerr und Moldovan) u. a. m. Unter diesen Stoffen sind mit Rücksicht auf die anaphylaktischen Temperaturbewegungen wieder jene von besonderem Interesse, die im Körper selbst keine chemischen Umsetzungen erleiden, auch nicht als Gifte im engeren Sinne des Wortes gelten können, und bei denen die Applikationsmethode für die Beeinflussung der Körpertemperatur ausschlaggebend ist.

Thiele und Embleton bringen selbst mehrere Beispiele dieser Art. Sie fanden, daß völlig keimfreies, destilliertes Wasser in Dosen von 5 ccm intraperitoneal eingespritzt bei Meerschweinchen Temperatursturz hervorruft, wobei die Tiere Zeichen von peritonealer Reizung, Krämpfe und Laryngospasmus, also „anaphylaktische" Symptome erkennen lassen; wiederholte kleine Mengen ergaben eine Temperatursteigerung. Ebenso vermochten intraperitoneale Injektionen von NaCl-Lösungen, von schwachen Lösungen von NaOH oder H_2SO_4 die Körpertemperatur zu verändern; je nach der angewendeten Konzentration lag es im Belieben der Experimentatoren, einen Abfall oder Anstieg der Körperwärme zu provozieren. Kalziumsalze wirkten stets temperaturerniedrigend und verhinderten das Zustandekommen des NaCl-Fiebers (Heubner). Lecithin-Emulsionen oder Ringerlösung erwiesen sich als bland; wohl aber löste die intraperitoneale Einspritzung einer Suspension von Blutkohle einen mächtigen Temperatursturz aus.

Thiele und Embleton glauben daher, daß alle, auch die rein mechanisch entstandenen Reizzustände des Bauchfelles (Blutkohle) modifizierend auf die

Temperaturkurve einwirken; sie nehmen an, daß dadurch der Sympathikus erregt wird und daß die Sympathikusreizung auf reflektorischem Wege zu Änderungen des Glykogenumsatzes in der Leber führt. Sie stützen sich dabei auf den vollständigen Parallelismus zwischen NaCl und Adrenalin. Adrenalin, ein typisches Sympathikusgift, erzeugt in kleinen Dosen Fieber, in großen Temperatursturz (Freund) und bewirkt bekanntlich Glykosurie; Kalziumsalze sowie der Hungerzustand (die Glykogenarmut der Leber) verhindern die Temperaturschwankungen. Kulz erzielte nun durch Injektion von NaCl-Lösungen gleichfalls Glykosurie und Fischer wies später nach, daß die Durchschneidung der Splanchnici antagonistisch wirkt, sowie, daß der Zucker im Harne auch auftritt, wenn man das NaCl direkt in die Hirngefäße einspritzt. Nach präventiver Zufuhr von Kalzium oder im Hungerzustand (Hirsch und Rolly) kann man auch durch NaCl keine Temperaturreaktionen auslösen.

Ähnlich wie der Temperatursturz nach der Injektion von Kohlesuspensionen könnte auch die kollapsartige Erniedrigung der Eigenwärme durch intraperitoneale Einspritzung von kolloidaler Kieselsäure (Doerr und Moldovan) zustande kommen.

Bock bekam bei Versuchstieren regelmäßig Fieber, wenn er intravenös Paraffinemulsionen injizierte, bei denen die einzelnen Teilchen größer sind als Teilchen kolloider Metalle, aber kleiner als der Querschnitt von Kapillaren; Schönfeld hat diese Experimente mit Rücksicht auf die Möglichkeit eines „Wasser-Fehlers" wiederholt, erzielte aber gleichfalls stets Fieber, obwohl die Emulsionen von eiweißartigen, wasserlöslichen Stoffen sicher frei waren. Heubner meint, daß es hier gelungen sei, „rein mechanisch" Fieber zu erzeugen, da Paraffin im Körper sicher nicht angegriffen wird. Wahrscheinlich entsteht hier das Fieber durch eine Veränderung des zirkulierenden Blutes, durch Gerinnungsvorgänge, die sich an der Oberfläche der Paraffinkügelchen abspielen; dieselben müssen natürlich nicht bis zur Abscheidung von Fibrin oder gar bis zur Thrombose fortschreiten, liefern aber doch Fermente, welche die Zentren der Wärmeregulierung reizen können. Es kann nicht gut bezweifelt werden, daß Gerinnungsfermente auch unter Umständen Fieber oder Temperatursturz erzeugen, unter denen eine Mitwirkung anderer Faktoren ausgeschlossen werden kann; es sei nur auf die Experimente mit Extrakten artgleicher Organe, mit art- oder individuumgleichem defibriniertem Blut, mit ganz frischem arteigenem Serum oder aus defibriniertem Blut gewonnenen artgleichen Erythrozyten hingewiesen. Mit dem Stehen oder der Inaktivierung gehen die Fermente dieser Substrate gleichzeitig mit ihren pyrogenen Wirkungen zugrunde. Dafür sprechen auch zahllose klinische Erfahrungen, wie man sie bei Transfusionen arteigenen Blutes, bei der Behandlung von Anämien, Blutungen, Dermatosen, Eiterungen etc. mit frischem, arteigenem Serum oder frischem defibriniertem Blut, bei der Hirudin-Therapie der Eklampsie u. dgl. gemacht hat. In dieselbe Kategorie gehört vielleicht auch das experimentelle Trypsin-Fieber. Reine Trypsinpräparate erzeugen beim Kaninchen intravenös injiziert, einen akuten, dem anaphylaktischen sehr ähnlichen Schock; kleinere Dosen rufen Fieber hervor, ohne daß intravaskuläre Gerinnungen auftreten. Inaktiviert man das Trypsin, so bleiben beiderlei Wirkungen aus, so daß man die Ursache der letzteren wohl im Ferment suchen darf, um so mehr als sich das Kaninchen gegen Albumosen, die dem Trypsin beigemengt sein können, refraktär verhält

(Matthes). Ob es bei diesen pyrogenen Gerinnungsprozessen zunächst immer zu einem Zerfall von Blutplättchen kommt, mag dahingestellt bleiben; jedenfalls sind diese Elemente sehr hinfällig und ihre Auflösung scheint besonders leicht Fieber zu provozieren (Freund). Wenn dem so wäre, so darf man jedoch den Zerfall der Plättchen keinesfalls als einen Abbau von körpereigenem Eiweiß definieren, der neue toxische Spaltprodukte liefert; die pyrogenen Stoffe können ebensogut in den Plättchen präformiert sein.

Was sagt uns nun das Verhalten der Körperwärme im anaphylaktischen Experiment? Nehmen wir zunächst den Fall vor, daß wir einem spezifisch präparierten Meerschweinchen homologes Antigen intraperitoneal reinjizieren, so bekommen wir nach großen Dosen den Temperatursturz, den Pfeiffer beschrieben, nach kleinen eine Fieberbewegung (Friedberger und Mita, Vaughan, Thiele und Embleton). Warum der Mechanismus dieser Vorgänge darin bestehen muß, daß das reinjizierte Antigen zu toxischen, je nach ihrer Menge pyrogenen oder psychrogenen Spaltprodukten zerlegt wird, ist nicht einzusehen. Der Temperatursturz wird nur durch größere Antigenmengen ausgelöst und der rapide Zerfall derselben müßte Wärme freimachen; da aber die Körpertemperatur beträchtlich sinkt, so sollte man eine erhebliche Steigerung der Wärmeabgabe als notwendige Konsequenz voraussetzen. M. Segale wies aber mit dem Kalorimeter von d'Arsonval nach, daß bei intraperitoneal reinjizierten Meerschweinchen innerhalb der ersten 8—13 Stunden genau soviel Wärme abgegeben wird wie vor der Reinjektion, trotzdem die thermometrische Kurve den typischen Abfall zeigt. Die anaphylaktischen Temperaturreaktionen lassen sich auch ohne jede chemische Aufspaltung von reinjiziertem Antigen durch Beteiligung des Wärme- und Kühl-Zentrums erklären, und zwar könnten diese Regulierungsapparate des homöothermen Organismus durch das unveränderte Antigen sowohl unmittelbar als auch reflektorisch in Mitleidenschaft gezogen werden.

Das reinjizierte Antigen bewirkt an jeder Stelle des Körpers (Friedberger und Cederberg) eine Gewebsläsion, die sich unter dem Bilde einer Entzündung präsentiert; an den pathologischen Veränderungen beteiligen sich, wie Fröhlich am Mesenterium des sensibilisierten Frosches festgestellt hat, auch die Nerven der Applikationsstelle, indem sie quellen und spindelige Auftreibungen bekommen. Nach intraperitonealer Reinjektion muß sich daher eine Entzündung des Bauchfelles entwickeln, und die konsekutiven Temperaturschwankungen können mit dieser peritonealen Reizung bzw. mit der durch sie hervorgerufenen Erregung des Sympathikus ebensogut in direkte Beziehung gebracht werden, wie beim NaCl oder bei der Blutkohle; in diesem Sinne läßt sich vielleicht auch die Tatsache verwerten, daß Kalziumzufuhr und der Hungerzustand (Friedberger und Langer) auch als Antagonisten der Anaphylaxie bekannt sind. Die Peritonitis ihrerseits braucht nicht durch Eiweißabbauprodukte bedingt zu sein, die als chemische Noxen wirken; sowie bei der Einspritzung anisotoner Lösungen oder kolloidaler Kieselsäure können auch hier bei den Antigen-Antikörperreaktionen rein physikalische Vorgänge vorliegen. Soweit sich die letzteren in vitro abspielen, faßt man sie ohnehin als physikalische Prozesse kolloidaler Stoffe und nicht als so tiefgehende Spaltungen auf, wie sie durch die Hydrolyse mit NaOH-haltigem Alkohol bei 78° C (Vaughan und seine Mitarbeiter) zustande kommen, und wohl mit Recht. Der nähere

Zusammenhang zwischen der Antigen-Antikörper-Reaktion und der lokalen Gewebsläsion kann so gedacht werden, daß die Gewebselemente des Peritoneums mit krankhaften Störungen reagieren, wenn der in denselben enthaltene Antikörper plötzlich durch Antigen abgesättigt wird; sehen wir doch, wie eine solche brüske Desensibilisierung (Besredka) den glatten Bronchialmuskel zur Kontraktion, das isolierte Herz zum Stillstand veranlaßt. Dazu gesellen sich wahrscheinlich noch abnorme Sekretionsvorgänge von seiten der geschädigten Endothelien, Abscheidungen von Gerinnungsfermenten, wofür die Versuche von Nolf u. a. an der von Antigen durchströmten anaphylaktischen Leber Anhaltspunkte liefern.

Die anaphylaktischen Temperaturreaktionen nach intravenöser Reinjektion von Antigen dürften durch unmittelbare Reizung oder Lähmung des Wärmezentrums entstehen; das läßt sich übrigens auch für subkutane oder intraperitoneale Reinjektionen wegen der bald erfolgenden Antigenresorption nicht ausschließen (Doerr und R. Pick). Die unmittelbare Erregung des Wärmeregulierungsapparats kann entweder durch die Berührung des Antigens mit den antikörperhaltigen Ganglienzellen im Sinne von Besredka, Dale, Weil u. a. erfolgen oder durch die veränderte Beschaffenheit des Blutes, da die Gerinnungskonstanten im anaphylaktischen Schock verschoben werden, da ferner die Leukozyten schwinden, die Blutplättchen zerfallen und die Erythrozyten Schädigungen und Resistenzverminderungen erfahren (Sleeswijk, Kumagai). In letzterer Hinsicht wäre zu erinnern, daß schon sehr geringe Mengen arteigenen, lackfarbigen Blutes bei Kaninchen intravenös injiziert Fieber auslösen, und zwar auch bei der ersten Injektion und nach Entfernung der Stromata (Vaughan). Es scheint indes, daß auf die Desensibilisierung der antikörperhaltigen Ganglienzellen das größere Gewicht zu legen ist; so erklärt es sich wenigstens, warum Tiere, die einen anaphylaktischen Temperatursturz überstanden haben, auf erneute Antigeninjektion nicht mehr mit Temperaturänderungen reagieren (Friedberger und Mita, Vaughan, Thiele und Embleton). War die Absättigung des zellständigen Antikörpers nur eine partielle, so ruft die zweite Reinjektion zwar eine neuerliche Temperaturschwankung hervor, die sich aber dem Grade oder der Richtung nach von jener unterscheidet, die bei der ersten Reinjektion des gleichen Antigenquantums in Erscheinung trat (Thiele und Embleton). In ganz analoger Weise reagiert auch der anaphylaktische Muskel, der sich bei der ersten Berührung mit Antigen maximal kontrahiert hat, auf die zweite Einwirkung desselben nicht mehr; war die Antigenkonzentration das erste Mal nur gering, die Zusammenziehung schwach, so bleibt ein Rest von Kontraktionsfähigkeit erhalten (Dale).

Es muß rückhaltlos zugestanden werden, daß wir vorläufig noch keinen klaren Einblick in den wahren Mechanismus der anaphylaktischen Temperaturvariationen besitzen, und daß es nicht ausgeschlossen erscheint, daß dabei ein Abbau von Eiweiß, speziell von körpereigenem irgendeine Bedeutung hat, sei es nun lediglich als Energiequelle oder sogar als pyrogenes Moment; die vorstehenden Ausführungen sollen lediglich dartun, daß das Verhalten der Temperatur bei der Anaphylaxie nicht unbedingt zur Annahme einer raschen fermentativen Aufspaltung des reinjizierten Antigens nötigt. Mit einer solchen Theorie vertragen sich auch die Tatsachen nicht gut.

Schittenhelm hebt hervor, daß von den bis jetzt untersuchten Eiweißabkömmlingen weit größere Mengen notwendig sind, um Fieber zu erzielen, als den geradezu infinitesimalen Quantitäten entsprechen würde, in welchen die Eiweißantigene auf das sensibilisierte Tier wirken. „Hier fehlt jeder Parallelismus" (Schittenhelm). Weiters sind Kaninchen gegen Eiweißspaltprodukte, namentlich Albumosen fast völlig refraktär, während Meerschweinchen, Mensch und Hund als sehr empfindlich bezeichnet werden (Matthes); das Kaninchen kann aber hochgradig anaphylaktisch werden und zeigt die anaphylaktischen Temperaturschwankungen nach weit kleineren Dosen reinjizierten Antigens als der Hund.

Außerdem schwanken die verschiedenen Autoren, ob man höhermolekulare (Krehl, Matthes, Friedberger) oder niedrigere Spaltprodukte, wie z. B. das Methylguanidin u. a. (Heyde, Centanni) als Pyrotoxine aufzufassen hat. Letztere Ansicht würde jedenfalls keine Identifizierung des Fiebergiftes mit dem anaphylaktischen zulassen. Wenn ferner auch die niedrigeren Stufen des Eiweißabbaues leichter Fieber erregen, so muß man andererseits mit Matthes berücksichtigen, daß der Körper schon die höheren Abkömmlinge quantitativ im Harne ausscheiden kann (Neumeister), so daß ein weiterer Abbau innerhalb des Organismus verhindert wird. Während endlich fast von allen Seiten ein einheitliches „anaphylaktisches Gift" postuliert wird, sollen die pyrogenen Eiweißderivate sehr zahlreich und verschieden sein (Schittenhelm, Citron, Krehl, v. Wassermann und Keyßer, Rolly, R. Pfeiffer u. a. m.); auch dadurch würde der Zusammenhang zwischen Anaphylaxie und Fieber gelockert. Zum Schlusse dieses Kapitels seien noch einige, der Erklärung widerstrebende Experimentalergebnisse der neueren Zeit angeführt.

Leschke fand, daß die intravenöse Injektion von Antigendosen der oberen Konstanzgrenze beim Hunde trotz ausbleibender Änderung der Körperwärme schwere Symptome hervorruft, während Kaninchen nach solchen Mengen keine Krankheitserscheinungen zeigen. Da sowohl Antigenquanten oberhalb wie unterhalb der oberen Konstanzgrenze Temperaturschwankungen erzeugen, so muß man folgerichtig auch bei jenen, die gerade dieser Grenze entsprechen, einen Abbau zu toxischen Derivaten annehmen; es sollen sich hier die Antriebe zum Anstieg und Abfall der Körpertemperatur die Wage halten. Damit stimmt das Verhalten des Hundes, aber nicht das des Kaninchens, besonders wenn man berücksichtigt, daß das Kaninchen nach Leschkes eigenen Angaben und den Erfahrungen anderer Autoren gegen anaphylaktische Vorgänge empfindlicher ist als der Hund.

Thiele und Embleton spritzten normalen Meerschweinchen Emulsionen arteigener Organe (Leber, Niere, Milz, Hoden) intraperitoneal ein und injizierten 48 Stunden später Eiereiweiß; die Menge der Organemulsion wurde konstant gehalten (1 ccm), die des Eiereiweißes variiert und die Temperatur der Tiere fortlaufend gemessen. In einer besonders interessanten Versuchsserie wurden verglichen: die Wirkungen der Vorbehandlung mit normaler Leber, mit der Leber von aktiv gegen Eiereiweiß präparierten Meerschweinchen und mit der Leber präparierter Tiere, die bereits auf eine Reinjektion von Eiereiweiß reagiert hatten. Die intraperitoneale Einspritzung der normalen Leber beeinflußte die Grenze für Temperatursturz und die obere Konstanzgrenze nicht, drückte aber die pyrogene Dosis von 0,01 g Eiereiweiß auf 0,0005 g herab; diese Steigerung der Empfindlichkeit war jedoch unspezifisch, da auch andere Proteine in kleineren Mengen Fieber erregten als beim normalen Tier. Vorbehandlung mit der Leber sensibilisierter Meerschweinchen (gleichgültig ob dieselben bereits auf eine Reinjektion von Eiereiweiß reagiert hatten oder nicht) erniedrigte

die temperaturerniedrigende Dosis von 0,05 g   auf >0,0005 g
die obere Konstanzgrenze   „ 0,02 g   „   0,0005 g
die Fieberdosis   „ 0,01—0,001 g   „   <0,00005 g.

Die Steigerung der Empfindlichkeit bestand in diesem Ausmaße nur gegen das homologe Antigen; gegenüber heterologem waren die Verhältnisse so, als wenn man normale Leber vorinjiziert hätte. Nun ist es bekannt, daß die Anaphylaxie durch die Organe aktiv anaphylaktischer Tiere nicht übertragen werden kann, noch viel weniger durch die Organe von Tieren, die bereits einen Schock durchgemacht haben; es fragt sich daher, was die erwähnten Temperaturvariationen und der denselben supponierte Eiweißabbau mit der Anaphylaxie zu tun haben. Noch zweifelhafter wird das dadurch, daß Thiele und Embleton bei Meerschweinchen, die gegen Eiereiweiß tatsächlich anaphylaktisch waren (aktive Sensibilisierung oder passive homologe Übertragung durch Serum), nahezu dieselben Werte für die Beeinflussung der Temperatur durch Eiereiweiß erhielten; sie fanden für aktiv präparierte Tiere

als Dose für Temperatursturz   0,0005 g
„ obere Konstanzgrenze   0,0002—0,0001 g
„ Fieberdosis   0,0001—0,000002 g

und bei passiver Vorbehandlung mit 2 ccm homologem Immunserum waren die Ziffern noch niedriger.

Eine gesonderte Besprechung erheischen auch die neueren Untersuchungen von Friedberger über das Fieber bei passiver Anaphylaxie. Friedberger präparierte Meerschweinchen mit Pferde-Antiserum vom Kaninchen intraperitoneal und fand zunächst, daß die Tiere erst nach einem Zeitintervall von 18—24 Stunden auf Pferdeserum optimal reagierten, daß also auch hier die Latenzperiode der passiven Anaphylaxie zu konstatieren war, was in dem schon mehrfach erörterten Sinne für einen zellulären Sitz der Temperaturreaktion verwertet werden kann; ferner zeigte es sich, daß eine zu große Menge Antiserum (mehr als 1,0 ccm) für die Präparierung nicht geeignet war, was wieder als Zellschutz durch zirkulierenden Antikörper zu deuten wäre. Sonst erwies sich die Fieberreaktion als spezifisch und war ebenso wie der Temperatursturz nicht nur von der Reinjektionsdosis des Antigens, sondern auch von der Höhe der präparierenden Menge Antiserum (abgesehen von der zitierten Ausnahme) abhängig; dementsprechend konnte die gleiche Antigendosis bei Antikörperüberschuß Senkung, bei spärlichem Antikörper Anstieg der Temperatur hervorrufen. Ein merkwürdiges Verhalten ergab sich in folgendem Versuch: ein Meerschweinchen erhielt zuerst Antiserum und Antigen; nachdem die Reaktion abgelaufen war, bekam es neuerlich Antiserum, reagierte aber nach 24 Stunden auf Antigen nicht. Friedberger vermag dafür von seinem Standpunkte keine Erklärung zu geben; vielleicht liegt auch hier Schutz durch zirkulierenden Antikörper oder Antigenrest im Sinne von Weil (vgl. S. 283) vor.

Am richtigsten dürfte es wohl sein, die anaphylaktischen Temperaturschwankungen ebenso wie den Bronchospasmus und andere Erscheinungen als Vorgänge aufzufassen, welche mit dem anaphylaktischen Grundprozeß innig zusammenhängen; ebensowenig wie der Bronchialkrampf braucht jedoch der

anaphylaktische Temperatursturz auf der Entstehung eines neuen Giftes zu
beruhen, und ebensowenig wie jeder Bronchialkrampf ist auch jede durch
Eiweiß oder seine Derivate hervorgerufene Temperaturschwankung ein anaphylaktisches Phänomen.

Antianaphylaxie.

Nach den Untersuchungen von Dale und Cesaris-Demel am isolierten
Uterus des Meerschweinchens und am ausgeschnittenen Herzen des Kaninchens
ist die Antianaphylaxie wohl nichts anderes als die Absättigung des zellständigen Antikörpers durch zugeführtes Antigen, also die Desensibilisierung
empfindlicher Gewebe in dem seit jeher von Besredka vertretenen Sinne.
Demgemäß ist die Antianaphylaxie, wie das schon früher behauptet wurde,
streng spezifisch (Weil und Coca). Aktiv und passiv präparierte Meerschweinchen, die durch eine Reinjektion von Antigen antianaphylaktisch
gemacht wurden, können sofort wieder passiv resensibilisiert werden (Weil
und Coca, Koeßler) und zwar sind dazu gleiche Mengen Immunserum (vom
Kaninchen) erforderlich wie zur primären passiven Präparierung von Kontrollen
ausreichen (Weil und Coca); Weil und Coca folgern daraus, daß die Antianaphylaxie ausschließlich durch die Neutralisation der spezifischen Antikörper
bedingt ist, und daß sich dabei andere Faktoren, wie ein Verbrauch von Komplement, eine allgemeine Umstimmung des Organismus u. dgl. nicht beteiligen.
In ähnlicher Weise gelang Dale die Resensibilisierung des isolierten anaphylaktischen und infolge von Antigenkontakt reaktionsunfähig gewordenen Meer-
schweinchenuterus mit homologem Immunserum.

Präpariert man ein Meerschweinchen mit zwei Antigenen, so kann man,
wenn die Folgen der Reinjektion des einen Eiweißkörpers überstanden werden,
noch immer mit dem anderen einen eventuell tödlichen Schock auslösen. Auch
diese Versuchstype kann man am isolierten doppelt sensibilisierten Muskel
reproduzieren (Dale).

Wichtig für die Serumtherapie beim Menschen sind die quantitativen
Bedingungen für das Zustandekommen der Antianaphylaxie.

Präpariert man Meerschweinchen aktiv durch subkutane Injektion von
0,01 ccm Pferdeserum, so beträgt die letale Reinjektionsdosis nach 16 Tagen
0,02—0,05 ccm; die kleinste desensibilisierende Menge beläuft sich auf 0,01 ccm
und das gesamte Blut der Tiere enthält höchstens eine passiv präparierende
Dosis Antikörper. Sensibilisiert man mit je 2 ccm Pferdeserum an drei aufeinanderfolgenden Tagen, so sinkt die Inkubation auf 10 Tage, das Blut enthält
zu dieser Zeit zwei oder mehr passiv präparierende Dosen Antikörper, die letale
Reinjektionsdosis ist 0,4 ccm (s. S. 288) und die kleinste desensibilisierende
Menge 0,2 ccm. In ähnlicher Weise steigt auch bei passiver Anaphylaxie die
desensibilisierende Antigenmenge mit dem Quantum des zur Präparierung
benutzten Immunserums, ist also wie bei dem aktiv sensibilisierten Tier von
der im Organismus vorhandenen Antikörpermenge abhängig. Denselben Gesetzen wie eine einzige Dosis sind ferner auch wiederholte desensibilisierende
Injektionen („doses subintrantes" nach Besredka) unterworfen; insbesondere
betont Weil, von dem diese Beobachtungen stammen, daß ein Meerschweinchen,
welches eine schwere anaphylaktische Reaktion überstanden hat, deshalb noch
nicht vor der tödlichen Wirkung einer folgenden massiven Antigendosis ge-

schützt ist, selbst wenn zur ersten Einspritzung ein Quantum verwendet wurde, welches sich hart an die für Kontrollen letale Dosis hält. Die gleichen Erfahrungen am Meerschweinchen hat Doerr schon früher gemacht. Die Konsequenzen für Serumreinjektionen beim Menschen ergeben sich von selbst; da man hier den Modus der Sensibilisierung, die minimale tödliche Antigendosis, die Quantität der vorhandenen Antikörper nicht kennt, so kann man sich gegen die Folgen einer intravenösen oder intraspinalen Reinjektion weder durch Einschaltung einer einzelnen, noch durch mehrere fraktionierte Serumdosen sicher schützen. In gewissen Fällen werden diese namentlich von Besredka empfohlenen Prozeduren nützen, eine Garantie gegen die Verhütung schwerer Symptome oder des Exitus stellen sie aber nicht dar, wie ja auch die Berichte der Kliniker (Netter, Grysez und Dupuich, Akssenow, Egis und Colley u. a.) lehren.

Vaughan meint, man könne die Antianaphylaxie nicht als Desensibilisierung bezeichnen, da das Blut resp. Serum von Meerschweinchen, die vor kürzerer oder längerer Zeit einen Schock überstanden haben, andere normale Tiere passiv zu präparieren vermag. Ein Widerspruch liegt indes nur für diejenigen vor, welche die Anaphylaxie und Antianaphylaxie als rein humorale Prozesse auffassen. Nach Weil gewährt der zirkulierende Antikörper sogar einen gewissen Schutz und darauf beruht zum Teil der refraktäre Zustand antianaphylaktischer oder „immuner" Meerschweinchen. Doch benötigte Weil sehr große Mengen Antiserum, um Meerschweinchen von dem anaphylaktischen Schock zu bewahren, und macht daher in jüngster Zeit noch einen anderen Faktor verantwortlich: die Anwesenheit von Antigen in den Zellen, welche die Reaktionsfähigkeit des zellständigen Antikörpers auf neu zugeführtes Antigen herabsetzt. Die Koexistenz von Antigen und Antikörper im gleichen Gewebe beweist Weil auf folgende Art: er präpariert ein Meerschweinchen passiv mit einer großen Dosis Antipferdeserum vom Kaninchen; das Tier ist nach ca. 10 bis 14 Tagen noch passiv anaphylaktisch gegen Pferdeserum, aber auch aktiv anaphylaktisch gegen Kaninchenserum und sein Uterus reagiert bei Anwendung der Technik von Dale auf beide Serumarten typisch. Die Reaktion gegen Kaninchenserum beweist das Vorhandensein eines korrespondierenden Antikörpers, die Reaktion auf Pferdeserum die Existenz eines an Kanincheneiweiß geketteten Antikörpers gegen Pferdeserum, mithin auch von Kanincheneiweißantigen. Andere Versuchsanordnungen laufen auf gleiche Überlegungen hinaus. Ferner verweist Weil darauf, daß sich der partiell desensibilisierte anaphylaktische Uterus nur auf hohe Antigenkonzentrationen hin kontrahiert, daß also die erste Zufuhr von Antigen seine Reaktionsfähigkeit tatsächlich vermindert hat.

Übrigens hat man bei antianaphylaktischen Tieren stets darauf zu achten, ob der refraktäre Zustand absolut ist, oder ob es sich um eine „maskierte" Anaphylaxie (Weil) handelt, d. h. ob die Tiere einer peritonealen oder intrazerebralen Reinjektion Widerstand leisten, einer intravenösen jedoch erliegen. Laganà präparierte Meerschweinchen mit Pferdeserum und verabreichte den Tieren 16—20 Stunden vor der Probe Pferdeserum in Form eines Klysmas; gegen die intravenöse Reinjektion war auf diese Weise nicht der mindeste Schutz zu erzielen, während die Wirkung einer intrazerebralen Serumeinspritzung abgeschwächt und die Mortalität reduziert wurde.

Antigeninstillationen in den Konjunktivalsack oder Einträufelungen in die Nasenhöhle (Rosenberg und Jourewitsch) machen nicht antianaphylaktisch (Colombo); desgleichen nicht das Einnehmen des artfremden Eiweißes per os. Hallé und Bloch mußten bei einem Kinde, das am 2., 3., 4. und 6. Krankheitstage je 40 ccm Diphtherie-Antitoxin erhalten hatte, am 14. Tage nochmals eine Serumeinspritzung ausführen, da neuerlich diphtherische Beläge auftraten; um die Erscheinungen abzuschwächen, gaben sie 40 ccm Serum per os, doch entwickelte sich nach der später vorgenommenen fünften subkutanen Injektion ein außerordentlich schwerer Schock. Der Fall ist auch wegen der Schocksymptome von Bedeutung, welche sehr den beim Meerschweinchen beobachteten glichen: Husten, Cyanose, Ödem des Kopfes, Sistieren von Puls und Atmung, fehlende Lichtreflexe der maximal dilatierten Pupillen. Nach 15 Min. schwanden die bedrohlichen Erscheinungen und die Atmung kehrte wieder; die Bewußtlosigkeit wich aber erst nach 4 Stunden. Vereinzelte Urtikaria-effloreszenzen, Fieber und Albuminurie hielten noch 10 Tage an, worauf sie kritisch verschwanden (zit. nach Neuhaus). Die lange Dauer der Bewußtseins-störung sowie das Erlöschen der tiefen Reflexe (nur der Patellarreflex konnte im Anfall ausgelöst werden) sprechen sehr für eine unmittelbare oder indirekte Beteiligung des Zentralnervensystems.

Derartig schwere Insulte des Menschen nach Reinjektionen von Pferde-serum scheinen nicht so häufig vorzukommen, als man bei der Verallgemeinerung der Serotherapie und der Einführung intravenöser Injektionsmethoden an-nehmen sollte (Gaffky und Heubner, Nemmser, Egis und Colley, Joseph, Goodall[1]), Leshner); doch ist ihre Zahl immerhin noch genug groß, um an Abhilfe zu denken, und außerdem endet ein ge-wisser Prozentsatz derselben bei Kindern letal (Gaffky und Heubner, Nemmser, Akssenow). Merkwürdigerweise werden Kindern nicht nur Re-injektionen von Serum gefährlich, sondern auch die nach einer ersten Ein-spritzung und nach mehrtägiger Inkubation auftretende Serumkrankheit kann schwer, ja tödlich verlaufen (Akssenow, Gaffky und Heubner, Darling). Über die Verhütung der Folgen von Erstinjektionen gibt uns das Experiment keine Aufschlüsse; nur die Erfahrung lehrt, daß eine gewisse familiäre Disposition (Akssenow), eine besondere Beschaffenheit des Serums[2]) (7 Todesfälle bei einer bestimmten Fabrikationsserie des Serums [Akssenow]), endlich die Applikationsmethode und die Menge des injizierten Serums eine Rolle zu spielen scheinen. Heubner rät, bei elenden Kindern von intravenösen Einspritzungen

---

[1]) Meist bewirkt auch die zweite Injektion, insbesondere wenn sie subkutan ausge-führt wird, keinen eigentlichen Schock, sondern nur eine Serumkrankheit, die allerdings ungleich intensiver ist, nach kürzerer Inkubation (aber doch nicht unmittelbar) auftritt und einen höheren Prozentsatz der Injizierten betrifft. Goodall hat 181 Individuen zweimal mit Pferdeserum injiziert; 116 = 64% bekamen Serumkrankheit, etwa doppelt soviel als nach Erstinjektionen. Bei 89 war die Latenzperiode kürzer als 6 Tage; in einem Falle, der bei der 2. Injektion schon nach 30. Min. schwer reagierte, lag zwischen beiden Injektionen ein Zeitraum von 2609 Tagen. Egis und Colley sahen bei Erstinjektionen 36%, bei zweiten Injektionen 90,85% Serumkrankheit.

[2]) Auch F. C. R. Schultz hält die von verschiedenen Pferden oder von demselben Tiere zu verschiedenen Zeiten gelieferten Sera nicht für gleichwertig. Er unterscheidet „reizlose Sera", welche bei Erstinjizierten nach Ablauf von 8—10 Tagen nur einen Tag lang Fieber über 39° hervorrufen; am 2. Tag der Serumkrankheit soll die Temperatur nicht viel über 38° stehen und am 3. Tag soll sie wieder zur Norm zurückgekehrt sein. „Reizende" Sera erzeugen 3—4tägiges, über 39° C betragendes Fieber und starke scharlachartige Exantheme; sie sollten von der therapeutischen Verwendung ausgeschaltet werden.

ganz abzusehen; was das Quantum anlangt, so kommt nach Akssenow nicht die absolute Menge für die Häufigkeit und Schwere der Serumkrankheit in Betracht, sondern die relative auf das Kilogramm Körpergewicht berechnete Dosis.

Um den Konsequenzen einer Reinjektion zu begegnen, mußte man natürlich vor allem wissen, daß das betreffende Individuum bereits einmal Pferdeserum erhalten hat, was ja nicht immer bekannt ist und oft auch nicht anamnestisch erhoben werden kann. Man hat vorgeschlagen: 1. das Serum des Patienten auf Agglutinine für Pferdeerythrozyten zu untersuchen (Bauer, Spolverini); 2. Nachweis des anaphylaktischen Antikörpers im gleichen Material (Grysez und Bernard) mit Hilfe des passiven Übertragungsversuches [1]); 5—36 und 197—342 Tage nach der Injektion von Pferdeserum präparierte das Patientenserum nur schwach, stark dagegen zwischen dem 37. und 188. Tag, weshalb Grysez und Bernard diese Zeit als eine besonders kritische Periode bezeichnen, was aber mit der Erfahrung nicht stimmt. 3. Intradermo-Reaktion mit Pferdeserum; am einfachsten auszuführen, wenn die Verzögerung der Seruminjektion um einige Stunden keine Bedenken erregt (Spolverini, Michiels).

Ist es bekannt oder festgestellt, daß man es mit einem sensibilisierten Menschen zu tun hat, so wären zunächst intravenöse oder intraspinale Injektionen zu unterlassen (Weil, Klimenko, Joseph u. a.) und subkutane oder, wenn eine raschere Resorption erwünscht ist, intramuskuläre anzuwenden. Die Befürchtung, daß der vorbehandelte Organismus Eiweißantikörper besitzen könnte, welche das subkutan oder intramuskulär injizierte Antitoxin binden oder zerstören oder seine Resorption vergrößern, erscheint nach Park, Famulener und Banzhaf nicht begründet. Sie fanden bei subkutan reinjizierten Menschen und Ziegen den gleichen Antitoxingehalt des Blutes wie bei normalen. Daher sind auch bei der Therapie der Diphtherie gleiche Serumdosen indiziert, gleichgültig, ob es sich um eine erste oder zweite Injektion handelt. Intravenöse Reinjektionen können jedenfalls unmittelbar zum tödlichen Schock führen; dem Referenten wurde neuerdings ein solcher Fall bekannt, der nicht in die Öffentlichkeit gedrungen ist.

Ferner könnte man eine Desensibilisierung versuchen, indem man vor die eigentliche Injektion eine (Ganghofner) oder mehrere subkutane Einspritzungen kleinerer Mengen einschaltet (Besredka). Weil hat auseinandergesetzt, warum diese Verfahren nicht immer den gewünschten Erfolg haben können; die klinischen Erfahrungen geben ihm Recht, wie die Berichte von Akssenow, besonders aber die von Egis und Colley lehren, welche durch die Methode von Besredka die Prozente der Serumkrankheit bei Reinjektionen von 90,85% nur auf 67,4% herabdrücken konnten. Keinesfalls darf man im Vertrauen auf die Wirksamkeit der Desensibilisierung eine intravenöse oder intralumbale Reinjektion riskieren.

In neuester Zeit berichtete Eichholz über ein „injektionsfertiges Trockenserum" der Firma E. Merck, welches eine Vermeidung der Anaphylaxiegefahr gestatten soll. Es besteht aus antitoxischem, bei niederer Temperatur getrocknetem und zu einem staubfeinen Pulver verriebenen Immunserum, welches in sterilem

---

[1]) Ähnliche Angaben von Achard und Flandin.

Olivenöl aufgeschwemmt wird; zur Auflösung und Resorption der trockenen Serumpartikel, die überdies mit einer Ölschicht überzogen sind, ist eine gewisse Zeit erforderlich und eine plötzliche Überschwemmung des Organismus mit dem Antigen erscheint dadurch unmöglich. Eichholz reinjizierte Meerschweinchen, die aktiv gegen Pferdeserum sensibilisiert waren, mit äquivalenten Mengen (5 ccm) von flüssigem und Merckschem Trockenserum, und fand, daß erstere mit einem Temperaturabfall von durchschnittlich 4,5°, letztere mit einer mittleren Senkung von 1,4° reagierten; nach dem flüssigen Serum waren in 50% der Versuche Krankheitserscheinungen zu beobachten, deren Intensität nicht angegeben wird, nach dem Trockenserum blieben sie aus. Eichholz empfiehlt daher das Mercksche Präparat zur uneingeschränkten Anwendung bei prophylaktischen Injektionen, zur Serotherapie überall dort, wo man Serumanaphylaxie voraussetzen kann, sowie weiters in allen Fällen, wo keine besonders rasche Antitoxinwirkung angestrebt werden muß; die letztere Indikation wird aus der Möglichkeit einer alimentären Sensibilisierung durch Genuß von Pferdefleisch abgeleitet. Joseph hatte mit diesem in Olivenöl aufgeschwemmten Trockenserum keine günstigen Ergebnisse.

Zu prophylaktischen Zwecken wurde abermals von verschiedenen Seiten Antidiphtherieserum vom Rinde empfohlen (Boehncke und Mouriz, Klimenko).

Auch die Versuche, die Heilsera, speziell das Diphtherieserum von Eiweißantigen partiell zu befreien, ohne den Antitoxingehalt wesentlich zu vermindern, wurden fortgesetzt. Kammann verspricht sich von derartigen Bestrebungen nicht viel; er präparierte Meerschweinchen mit äquivalenten Mengen Globulin, Albumin und Pferdeserum (0,01 ccm) und reinjizierte sie nach 20 Tagen mit 0,5 Pferdeserum oder der gleichwertigen Dosis Globulin oder Albumin intravenös; alle gingen akut im Schock ein. Kammann schließt daraus, daß alle Eiweißstoffe im Serum anaphylaktisch gleichwertig reagieren, was mit älteren, genaueren Angaben nicht übereinstimmt; aber selbst wenn dem so wäre, müßte eine Enteiweißung der Sera das anaphylaktische Vermögen reduzieren können, ohne die Antitoxine erheblich zu vermindern, da die letzteren nach E. P. Pick nur an bestimmten Eiweißfraktionen haften. In der Tat erscheint die Anaphylaxiegefahr bei dem Enochschen Diphtheriepferdeserum, welches nur 4,5—5% Eiweiß enthält, geringer; allerdings geht das nur aus Tierexperimenten hervor (Boehncke und Mouriz) und genügende Beobachtungen am Menschen liegen nicht vor. Anders liegen die Verhältnisse bei den Sera, die nach dem Verfahren von Gibson und Banzhaf gereinigt und von 64% der Eiweißkörper befreit wurden; hier fanden Egis und Colley, daß ihre Anwendung die Häufigkeit der Serumkrankheit bei Erstinjizierten von 36 auf 6%, bei zum zweiten Male injizierten Individuen von 90,85% auf 38,3% herabsetzt; auch waren die Erscheinungen viel weniger intensiv und anhaltend als bei den mit nativem Serum behandelten Kontrollfällen. Die therapeutischen Effekte waren die gleichen. Auch konnten Park, Famulener und Banzhaf feststellen, daß Sera, die nach der genannten Methode gereinigt wurden, ebenso schnell resorbiert werden, wie das Ausgangsmaterial, indem ihre Antikörper zur selben Zeit und in gleicher Menge im Blute auftraten (subkutane Applikation).

Theoretisches Interesse bietet die Tatsache, daß man die lokale Anaphylaxie beim Kaninchen (Phänomen von Arthus) verhindern kann, wenn man

24 Stunden vor der kritischen, sonst Gangrän erzeugenden subkutanen Injektion
eine intravenöse Antigenzufuhr (2 ccm) einschaltet; sonderbarerweise ließ sich
die Schutzwirkung der intravenösen Einspritzung wieder paralysieren, wenn
man 10 Minuten vor der subkutanen Injektion größere Mengen dicker Tusche-
emulsion in die Blutbahn brachte. Manuchin und Potiralovsky, denen
wir diese Beobachtungen verdanken, vermuten, daß die letztgenannte Erscheinung mit dem eintretenden Schwunde der Leukozyten zusammenhängt
(vgl. hierzu auch Fröhlich).

Primäre Toxizität der Immun- und Normal-Sera.   (Antiserumanaphylaxie.)

Wenn man Kaninchen mit Eiweißantigenen immunisiert, so gewinnt ihr
Serum einen hohen Grad von Giftigkeit für normale Meerschweinchen; intravenös injiziert bewirken solche Immunsera Schock und Exitus innerhalb einiger
Minuten, subkutan eingespritzt erzeugen sie Infiltrate und Nekrosen. Inaktivieren schwächt die Toxizität nicht erheblich ab. Wegen der Ähnlichkeit der
Symptomatologie mit den Erscheinungen bei der typisch anaphylaktischen
Versuchsanordnung und mit Rücksicht auf den Umstand, daß das Phänomen
in letzter Instanz auf den immunisierenden Fähigkeiten bekannter Anaphylaktogene beruht, hat man diese primäre Toxizität der Antisera stets als Anaphylaxie bezeichnet, allerdings ohne hierfür einen Beweis erbringen zu
können.

Doerr und Weinfurter konnten nun zeigen, daß die Eigenschaft,
das Kaninchenserum toxisch zu machen, nur bestimmten Eiweißantigenen, und
zwar vornehmlich dem Hammelserum und den Hammelerythrozyten zukommt,
und diese Beobachtung wurde zum Ausgangspunkt einer neuen Arbeitsrichtung.
Forssmann hatte nämlich schon früher (1911) festgestellt, daß man hochwertige
Hämolysine für Hammelerythrozyten auch durch Immunisierung von Kaninchen mit Organen des Meerschweinchens, des Pferdes, der Katze, nicht aber
mit Organen von Ochsen oder Ratten oder mit Meerschweincheneerythrozyten
erhalten kann. Diese Angaben wurden in der Folge von Amako, Orudschiew,
Doerr und R. Pick, Friedberger, Schiff, Weil, Morgenroth, Rothacker u. a. bestätigt und, wie noch ausgeführt werden soll, erweitert. Forssmann und Hintze legten sich nun die Frage vor, ob ein Meerschweinchen-
nieren-Antiserum vom Kaninchen nicht auch für Meerschweinchen toxisch
ist, da es ja Hammelhämolysine von so hohem Titer enthält, und das Experiment fiel tatsächlich in diesem Sinne aus. Da man jedoch weiß, daß die Immunisierung einer Tierspezies A mit den Organen einer anderen Spezies B ein für B
toxisches Serum liefern kann (organotoxische Sera), so wäre es nicht erwiesen,
daß die beschriebene Giftigkeit des Meerschweinchennieren-Antiserums für
Meerschweinchen mit seinem Gehalt an Hammelambozeptoren in Verbindung
steht. Dieser Schluß ergab sich erst aus Versuchen, in welchen ein solches
Serum sowohl seiner lösenden Kraft für Hammelerythrozyten als auch seiner
Giftigkeit für Meerschweinchen beraubt werden konnte, wenn man es der
Adsorption (Bindung) durch Hammelblutkörperchen, Meerschweinchen- oder
Katzenniere unterwarf; Erythrozyten vom Meerschweinchen, Schwein oder
Rind, Niere vom Schweine oder Rind hatten keine Wirkung. Nach diesen
Ergebnissen müßte die Immunisierung von Kaninchen mit Katzen- oder

Pferdeniere den gleichen Erfolg haben wie die mit Meerschweinchenniere, d. h. derartige Immunsera müßten für Meerschweinchen gleichfalls toxisch sein; allein gerade in diesem wichtigen Belange hatten Forssmann und Hintze negative Resultate zu verzeichnen.

Doerr und R. Pick gewannen jedoch durch Behandlung von Kaninchen mit Pferdeniere Antisera, welche nicht nur Hammelblut lösten, sondern auch für Meerschweinchen hochtoxisch waren. Durch ausgedehnte in vitro ange- stellte Bindungsversuche ergab sich, daß Organzellen sehr verschiedener Tier- arten (Pferd, Hund, Katze, Maus, Meerschweinchen, Huhn, Schildkröte)[1]) den hammelhämolytischen Ambozeptor eines Pferdenieren-Antiserums zu ver- ankern vermögen, daß diese Fähigkeit aber nur einer Spezies von Erythrozyten (Hammel)[2]) zukommt; andere Erythrozyten oder Organzellen vom Rinde, Menschen, Kaninchen, Schwein, Ratte, Taube, Gans zeigten keine Adsorptions- wirkung[3]). Sämtliche Zellen mit bindenden Eigenschaften lösten im Kaninchen die Bildung von lytischen Hammelambozeptoren aus und die Immunsera waren im allgemeinen für alle Tiere toxisch, deren Organzellen in der Eprouvette den (lytischen) Antikörper der Immunsera verankerten (Meerschweinchen, Huhn, Hund); auf Tierspezies, deren Organzellen dieses Bindungsvermögen nicht besaßen, wirkten sie nicht stärker als normales Kaninchenserum (Experi- mente an Ratten, Tauben und Kaninchen).

Doerr und R. Pick folgerten daraus zunächst, daß die Erythrozyten des Hammels und die Organe des Pferdes, Meerschweinchens, des Hundes, der Maus, der Katze, des Huhnes und der Schildkröte ein in biologischer Be- ziehung identisches Antigen enthalten. Die pathogenen Effekte der Organ- antisera und der Hammelblutimmunsera faßten sie als inverse Anaphylaxie auf, wobei die Organe der empfindlichen Tierspezies das reaktionsfähige Antigen darstellen, während sich der Antikörper in dem zugeführten Immunserum vorfindet. Nach Weil, Coca, Dale kann der anaphylaktische Prozeß nur dann stattfinden, wenn der Antikörper in den Organzellen lokalisiert ist; man muß aber die Möglichkeit zugeben, daß der gleiche Effekt, d. h. die intrazelluläre Antigen-Antikörper-Reaktion, auch dann in Erscheinung treten kann, wenn die zweite Reaktionskomponente, das Antigen, in so innigem Zusammenhang mit empfindlichen Körperzellen steht, wie das nach der von Doerr und R. Pick gegebenen Erklärung bei den primären Giftwirkungen bestimmter Antisera der Fall ist.

Die Existenz eines identischen Antigens in so verschiedenen Substraten, wie es z. B. Pferdeniere und Meerschweinchenorgane sind, wird übrigens noch durch eine Reihe anderer Erfahrungen gesichert. Immunisiert man Meerschwein- chen mit Pferdeniere, so wird ihr Serum für Meerschweinchen nicht toxisch; das Antigen der Pferdeniere kann auf den Meerschweinchenorganismus nicht immunisierend wirken, weil es in seinen Organzellen und in seinem Serum

---

[1]) Nach Friedberger und Goretti gehören dazu auch die Kiemen von Karpfen, Aal, Hecht und Schleie.

[2]) Nur die den Hammelerythrozyten so nahe stehenden Ziegenerythrozyten ver- halten sich ebenso (Doerr und R. Pick, Forssmann und Fex).

[3]) Negative Ergebnisse wurden ferner erzielt: mit den Organen vom Frosch und vom Aal, mit Muskel und Leber von Karpfen, Hecht und Schleie, mit Mehlwürmern und Schwaben, mit Reis, Bohnen, Hafer, Bierhefe (Forssmann), Typhus- und Coli-Bazillen, mit Vibrio- Stade und einem anderen Vibrionenstamm (Friedberger und Goretti).

(Orudschiew) vorkommt, demnach für diese Tierspezies weder körper- noch blutfremd ist. Ferner lassen sich Meerschweinchen gegen das Antigen der Pferdeniere weder aktiv noch heterolog passiv anaphylaktisch machen und die Vorbehandlung mit Pferdenieren-Antiserum vom Kaninchen bewirkt auch keine passive Überempfindlichkeit gegen Hammelerythrozyten (Doerr und R. Pick); wohl aber sind Kaninchen, welche mit Pferdeniere immunisiert wurden, gegen die intravenöse Einspritzung von Hammelblut hochgradig hypersensibel (Amako, eigene Beobachtungen). Spritzt man einem Meerschweinchen ein hammelhämolytisches Pferdenieren-Antiserum ein, so verschwindet der Antikörper (lytische Ambozeptor) innerhalb weniger Minuten, weil er durch das in den Organzellen des Meerschweinchens vorhandene Antigen verankert wird; bei der Ratte oder beim Kaninchen hält sich der Antikörper nahezu unverändert in der Zirkulation, weil er zum Organeiweiß dieser Tiere keine Affinität besitzt (Doerr und R. Pick). Experimente der letzteren Art kann man als „Bindung in vivo" bezeichnen und den Bindungen in vitro als gleichsinnige Versuchsvariante gegenüberstellen.

Das beschriebene, nicht artspezifische Antigen wurde, abgesehen von den bereits mitgeteilten Fundstätten, auch nachgewiesen: 1. in den Spermatozoen des Widders (F. Rosenthal); 2. in Bakterien, Paratyphus- und Gärtner-Bazillen (Rothacker); 3. in Tumor-(Karzinom-)Zellen (Doerr und R. Pick, Morgenroth), in der Augenlinse (R. Pick), im Blutplasma (Doerr und Weinfurter, Orudschiew), sowie im Harne (Doerr und R. Pick, Friedberger und Poor) derjenigen Tierspezies, deren Organzellen dasselbe enthalten; die im Plasma und im Harne auftretenden Mengen sind meist gering und dürften zerfallenen Gewebselementen entstammen.

Das Antigen ist widerstandsfähig gegen langdauernde Einwirkung von Alkohol (Doerr und R. Pick), sowie gegen Kochen; durch Immunisierung mit gekochter Pferdeniere (Doerr und R. Pick) oder durch gekochte Hammelerythrozyten (Doerr und R. Pick, Sachs und Nathan, Friedberger und Schiff, Weil u. a.) erhält man Sera, die Hammelerythrozyten lösen und Meerschweinchen akut töten.

Um das Antigen aus irgend einem Gewebe in Lösung zu bringen, kann man nach Doerr und R. Pick verschiedene Methoden anwenden, welche jedoch in quantitativer Hinsicht nicht gleichwertig sind. Aus Pferdeniere lassen sich antigenhaltige Lösungen darstellen: 1. durch einfache Extraktion mit physiologischer NaCl-Lösung (vgl. auch Schiff); 2. durch Extraktion mit schwachen $\left(\dfrac{n}{10}\right)$ Laugen; 3. durch Auspressen der zertrümmerten Zellen unter hohem Drucke; 4. durch Darstellung von Organplasma nach der von Pohl für diesen Zweck angegebenen Technik. Die isolierte Prüfung der in einem Pferdenieren-Organplasma enthaltenen Eiweißfraktionen auf ihre Fähigkeit, im Kaninchen hammelhämolytische und für Meerschweinchen toxische Antikörper zu produzieren, ergab, daß der Eiweißträger dieser Antigenfunktion bei Halbsättigung mit Ammonsulfat, bei Zusatz weniger Tropfen 0,2%iger Essigsäure und beim Erwärmen auf 38° C aus dem Plasma ausfällt. Die Salzfällung war in Wasser, die Säurefällung in schwacher Lauge, die Wärmefällung in keinem Lösungsmittel löslich; alle drei hatten die genannten antigenen Eigenschaften des Organplasmas bewahrt. Das Eiweißantigen stimmte somit in allen Richtungen mit dem von Pohl, H. Wiener u. a. studierten Essigsäurekörper, einem pentosehaltigen Nukleoproteid, überein[1]). Mit dem aus Pferdeniere gewonnenen Essigsäurekörper ließen sich Meerschweinchen nicht anaphylaktisch machen, da es sich nach den obigen Ausführungen nicht um körperfremdes Eiweiß handeln konnte. Bemerkenswert ist ferner, daß der Essigsäurekörper der Pferdeniere, sowie diese selbst im Kaninchen zwar lytische Ambozeptoren für Hammelerythrozyten, aber keine Agglutinine für diese Erythrozytenart erzeugen (Forssmann, Friedberger, Doerr und R. Pick); auch erhält man durch Immunisierung mit einem Organplasma aus Pferdeniere oder einem daraus dargestellten Nukleoproteid kein gegen diese Substanzen gerichtetes Präzipitin (Doerr und R. Pick). In einer soeben erschienenen Publikation teilt G. Salus mit, daß es ihm gleichfalls nicht gelang, mit Organplasmen (aus den Nieren und Muskeln von Mensch, Schwein, Kaninchen oder Meerschweinchen) präzipitierende Antisera vom Kaninchen zu gewinnen. Bei der Prüfung der Organplasmen im anaphylaktischen Experiment kam G. Salus zu der Überzeugung, daß dieselben Antigene enthalten müssen, welche weder art- noch organspezifisch genannt werden können, sondern eine besondere, von der Spezies und dem Organ unabhängige Spezifität besitzen müssen, die er als „Spezifität des Organeiweißes" bezeichnet. Meerschweinchen, die mit Kaninchennierenplasma präpariert waren, reagierten z. B. nicht nur auf dieses, sondern auch auf Kaninchenmuskelplasma, oder auch auf Menschen- und Rinder-Nierenplasma, waren dagegen für Kaninchenserum nicht überempfindlich. Es tritt uns demnach bei den von Salus untersuchten Antigenen derselbe Mangel von Art- und Organspezifität entgegen, wie bei den Antigenen, welche die primäre Toxizität der Hammelhämolysine und der Organantisera im Sinne von Forssmann, Doerr und R. Pick bedingen.

Salus bringt auch einige Angaben, welche die älteren und neueren Arbeiten von Doerr und R. Pick bestätigen. Auch Salus konnte sich überzeugen, daß das hammelhämolytische Antigen der Meerschweinchenniere leicht in das daraus dargestellte Organplasma übergeht, und daß man mit letzterem beim Kaninchen Immunsera erzeugen kann, welche auf Meerschweinchen toxisch wirken. Auf Meerschweinchen selbst sowie auf Hühner (deren Organe nach Doerr und R. Pick das gleiche Antigen aufweisen) wirkt das Meerschweinchen-nieren-Organplasma nicht.

Forssmann und Fex haben die schon von Doerr und R. Pick aufge-worfene Frage zu beantworten versucht, ob es denn keine Tierspezies außer dem Kaninchen gibt, welche bei der Behandlung mit Meerschweinchenorganen Hammelhämolysine bilden würde. Es könnte sich nur um eine Art handeln, bei der die Organe antigenfrei sind; in der Tat ließen sich von Ratten sowohl mit Meerschweinchenniere als mit gekochten Hammelerythrozyten (s. d. f.) hammelhämolytische Ambozeptoren erhalten.

Natürlich können die Hammelblutkörperchen und die Organzellen des Pferdes, des Meerschweinchens, des Huhnes, der Schildkröte usw. außer dem

---

[1]) Da spätere Versuche ergaben, daß die aus verschiedenen Pferdenierenorganplasmen gewonnenen Essigsäurekörper auf Kaninchen nicht gleichmäßig immunisierend wirken, so wäre es möglich, daß der Essigsäurekörper kein chemisches Individuum darstellt, sondern ein Gemenge, und daß das in Rede stehende Antigen nur einer (ziemlich kleinen) Fraktion desselben entspricht.

antigenen Nukleoproteid, auf welchem die primäre Giftigkeit der korrespondierenden Kaninchen-Immunsera beruht, auch andere Eiweißantigene, speziell Anaphylaktogene enthalten, die ihrerseits ebenfalls zu den Nukleoproteiden oder zu anderen Gruppen gehören. Zum Teil ergibt sich das schon aus den Versuchen von Salus, deren weiterer Ausbau wünschenswert erscheint; sicher festgestellt ist diese Möglichkeit für die Hammelblutkörperchen durch Doerr und R. Pick, Friedberger und Schiff, Sachs und Nathan, Weil, u. a. m.

Zunächst versuchten Doerr und R. Pick zwei im Hammelblutkörperchen vorhandene Eiweißantigene, das für die zoologische Provenienz spezifische und dasjenige, welches diese Erythrozyten mit den Organen verschiedener Tiere gemein haben, voneinander zu trennen. Auf der Beobachtung fußend, daß die nicht artspezifischen Organantigene gegen Kochen sehr resistent sind, unterwarfen sie Hammelerythrozyten der mehrstündigen Einwirkung der Siedehitze und konstatierten folgendes Verhalten: Native Hammelerythrozyten binden die lytischen Ambozeptoren der gewöhnlichen Hammelblutimmunsera ebensogut wie die der Organantisera, die gekochten adsorbieren (wenigstens in quantitativer Weise) nur die letzteren. Doerr und R. Pick schlossen daraus, daß sich in den Hammelerythrozyten tatsächlich zwei Antigene vorfinden, von denen das artspezifische thermolabil, das andere koktostabil sein müsse; später konnten Doerr und R. Pick und unabhängig von ihnen Sachs und Nathan zeigen, daß die Immunisierung von Kaninchen mit gekochtem Hammelblut hammelhämolytische und für Meerschweinchen stark toxische Immunsera liefert. Sachs und Nathan fügten noch hinzu, daß bei den durch gekochte Hammelerythrozyten gewonnenen Antisera ein Parallelismus zwischen dem Gehalt an lytischem Ambozeptor und Toxizität besteht, der bei den gewöhnlichen Hammelblutimmunsera naturgemäß fehlen muß, wie das ja schon seinerzeit Friedberger und Castelli angaben.

Diese Untersuchungen wurden zunächst unrichtig in dem Sinne interpretiert, als ob das Kochen die Hammelerythrozyten des artspezifischen Antigens gänzlich berauben müßte, so daß die Antigenfunktion der gekochten Blutkörperchen derjenigen der Organzellen, z. B. der Meerschweinchenniere völlig gleichwertig sei. Diese Behauptung wurde jedoch von Doerr und R. Pick nicht aufgestellt; ebensowenig wurde der Schluß gezogen, daß die Hammelerythrozyten nur die zwei in ihren Wirkungen geprüften Antigene enthalten. Es ist einerseits sehr gut denkbar, daß das Kochen das artspezifische Antigen nur hochgradig abschwächt, wie auch andererseits zugegeben werden muß, daß neben den zwei nachgewiesenen Antigenen noch ein anderes, biologisch nahestehendes existieren kann. Schließlich braucht ja auch das koktostabile, nicht artspezifische Antigen des Hammelblutkörperchens nicht mit dem (Hammelhämolysine produzierenden) Antigen der Organzellen des Meerschweinchens, der Ratte, des Pferdes etc. absolut identisch zu sein; eine weitgehende, Gruppenreaktionen ermöglichende Verwandtschaft würde alle Erscheinungen ebensogut erklären, eine Verwandtschaft, die nach den Forschungen von E. P. Pick, von Landsteiner und seinen Schülern durchaus nicht als Ähnlichkeit der gesamten chemischen Konstitution der betreffenden Eiweißkörper aufgefaßt werden muß, wie Forssmann und Fex meinen.

Zu der von Doerr und R. Pick sowie von Orudschiew, Sachs und Nathan vertretenen Theorie, daß die Toxizität der Hammelblut- und Organ-

Antisera für Meerschweinchen darauf beruht, daß die Hammelerythrozyten und die Organe des Meerschweinchens sowie anderer Tiere ein gleichartiges Antigen (gemeinsame Rezeptoren) besitzen, stehen daher die zahlreichen, von E. Weil, Friedberger und Schiff, Forssmann und Fex, Friedberger und Goretti vorgebrachten Einwände und Tatsachen nicht in beweisendem Widerspruche. Man hat sich gesagt, daß die gekochten Hammelerythrozyten auf Meerschweinchen nicht antigen wirken dürfen, wenn sie den Meerschweinchenzellen biologisch adäquat sind; nun erhält man zwar keine Hammelhämolysine, wenn man Meerschweinchen mit Pferde- oder Meerschweinchen-Niere immunisiert (Doerr und R. Pick, Forssmann, Orudschiew, E. Weil), wohl aber, wenn man große Mengen gekochter Hammelblutkörperchen einspritzt. Solche Antisera wirken aber auf Meerschweinchen nicht toxisch, haben fast durchwegs einen sehr niedrigen Ambozeptor-Titer und ihre Ambozeptoren für Hammelblut werden durch Meerschweinchenorgane in vitro nicht gebunden (E. Weil, Forssmann und Fex u. a.); charakteristischerweise werden die Ambozeptoren auch durch gekochte Hammelerythrozyten nicht adsorbiert, eher, wenn auch in geringem Grade, durch native. Vollständig gleich verhielten sich die Immunsera, welche Meerschweinchen nach Einspritzung nativer Hammelerythrozyten lieferten (E. Weil); auch hier gingen die Ambozeptoren keine spezifische Verankerung an Organzellen oder gekochte Hammelerythrozyten ein. In den wesentlichsten Punkten entsprachen also die Resultate den Voraussetzungen und deuten eben nur darauf hin, daß die Siedehitze das artspezifische, für das Meerschweinchen körperfremde Antigen der Hammelblutkörperchen nicht gänzlich vernichtet.

Daß zwischen der Toxizität eines Hammelblut-Antiserums vom Kaninchen und seinem Gehalt an hämolytischen Ambozeptoren kein vollkommener Parallelismus besteht (Friedberger und Castelli, Friedberger und Goretti), ist selbstverständlich; daß er aber auch bei den Organantisera nicht angetroffen wird, wie schon Forssmann und Hintze, Doerr und R. Pick betonen und neuerdings auch Friedberger und Goretti bestätigen, bedarf immerhin einer Erklärung, wenn man annimmt, daß beide Funktionen von der Menge des Antikörper dependieren und daß dieser einem einheitlichen, im Organeiweiß enthaltenen Antigen seine Entstehung verdankt. Es handelt sich aber, worauf schon wiederholt aufmerksam gemacht wurde, um zwei verschiedene Reaktionen, von welchen die eine (das Tierexperiment) nicht nur durch die Menge, sondern durch die Avidität des Ambozeptors entscheidend beeinflußt wird, die bei der Hämolyse keine Rolle spielt. Ferner wird stets außer acht gelassen, daß schon Normalkaninchenserum Hammelambozeptoren enthält und daß ihre Menge von Kaninchen zu Kaninchen schwankt; wenn man daher bei zwei Kaninchen nach der Immunisierung einen Titer von 0,002 ccm feststellt und das eine Kaninchen vor der Immunisierung den Titer 0,5, das andere einen Titer von 0,008 hatte, so ist der Effekt offenbar nicht der gleiche und es ist nicht weiter merkwürdig und darf nicht als fehlender Parallelismus gedeutet werden, wenn das Serum des ersten Tieres für Meerschweinchen toxisch wurde, das des zweiten aber nicht. In ähnlicher Weise läßt es sich erklären, daß Friedberger und Goretti auch bei „Bindungsversuchen in vivo" keinen Zusammenhang zwischen der Intensität des Verschwindens des hämolytischen Ambozeptors aus der Zirkulation der Meerschweinchen und der Toxizität der injizierten Sera fanden, abgesehen davon, daß gerade diese Versuche in technischer Hinsicht nicht völlig beweiskräftig erscheinen.

Friedberger und Goretti beobachteten ferner, daß der hämolytische Ambozeptor der Hammelblut- und Organ-Antisera bei der Dialyse und der Ausfällung mit CO_2 zum größten Teile in die Globulinfraktion übergeht, während die Toxizität fast quantitativ dem Albumin adhäriert. Nach ihrer Ansicht beweisen diese Versuche eindeutig, daß „die Ursache der Giftigkeit nicht allein in dem Gehalt an Antikörpern liegt"; de facto beweisen sie aber nur, daß kein Parallelismus zwischen Hammel-Ambozeptor und Giftigkeit nachweisbar ist. Interessant ist nämlich, daß Friedberger, Schiff und Moore das passive Präparierungsvermögen der Antihammelsera, also den hier allein in Betracht kommenden anaphylaktischen Antikörper gleichfalls bloß in der Albuminfraktion vorfanden.

Da sich das ganze Thema noch in Diskussion befindet, so möchte ich auf manche wichtige Details, die von Forssmann und Fex, von Weil, Bail und Margulies u. a. eruiert wurden, nicht näher eingehen. Fraglos ist die von mir und R. Pick aufgestellte Hypothese die plausibelste, da sie sich direkt auf die Definition von Antigen und Antikörper stützt und auf die Methoden, welche uns zum Nachweis ihrer gegenseitigen Beziehungen ausschließlich zu Gebote stehen. Auch darf nicht übersehen werden, daß sich die meisten aus der Theorie abgeleiteten Folgerungen im Experiment erhärten ließen, wie z. B. die Giftigkeit des Pferdenieren-Antiserums für Meerschweinchen und Hühner, seine Ungiftigkeit für Ratten, Tauben und Kaninchen, das fehlende antigene Vermögen der Pferdeniere für Meerschweinchen, der Meerschweinchenniere für Hühner etc. und daß sich vitro-Versuch und Tierexperiment ganz auffällig decken.

Ob die primäre Toxizität der Normalsera denselben Mechanismus erkennen läßt, wie die der Immunsera, d. h. ob auch hier eine Reaktion zwischen dem antigenen Protoplasma fixer Gewebselemente und einem von außen zugeführten (normalen) Antikörper vorliegt, erscheint zweifelhaft, da solche Sera in der Regel auch agglutinierend und lösend auf die Blutkörperchen der empfindlichen Tierspezies einwirken. Doch steht die Toxizität eines Normalserums für eine Tierart in keinem Verhältnis zu seiner Wirkung auf die betreffenden Erythrozyten (Doerr und R. Pick, Jurgelunas, Canio Russo); ferner kann man die toxische Wirkung von Rinderserum auf Kaninchen durch geringe Mengen KOH oder Wittepepton vernichten, ohne das hämolytische Vermögen für Kaninchenblutkörperchen wesentlich herabzusetzen (Pabis). Im Bindungsversuch gelingt die Entgiftung toxischer Normalsera durch Erythrozyten empfindlicher Tiere oft nicht oder nur unter bestimmten Bedingungen (H. Pfeiffer, Doerr und R. Pick, Mita und Ito); die Organzellen der vergiftbaren Spezies adsorbieren den Träger der Giftwirkung dagegen leicht und vollständig (Doerr und R. Pick). Dieses Verhalten würde jedenfalls dafür sprechen, daß die toxischen Normalsera Zytotoxine (Ambozeptoren) enthalten, welche sich nicht so sehr gegen die roten Blutzellen, sondern gegen lebenswichtige fixe Gewebselemente richten. Es sind eine ganze Reihe von Angaben veröffentlicht worden, die diesem Gedankengang weitere Argumente zuführen. Steindorff sah eine heftige Konjunktivitis (ichthyotoxica) entstehen, wenn er bei Kaninchen, Hunden, Katzen, Pferden oder Ziegen Aalserum in den Bindehautsack einträufelte. Guerrini brachte in den Blinddarm von Hühnern artfremde Sera, schloß die Operationswunde und ließ die Tiere noch 6—7 Stunden am Leben; nach Ablauf dieser Zeit zeigte die Darmwand bei mikroskopischer Untersuchung Schädigungen. Physiologische NaCl-Lösung und arteigenes Serum wirkten nicht; ebensowenig artfremde Sera, die durch 1 Stunde auf 60° oder durch 6 Stunden auf 37° erwärmt worden waren. Guerrini spritzte ferner frisches Rinderserum direkt in die Niere lebender Kaninchen und sah danach Veränderungen, die nach inaktivem Serum ausblieben. Er konnte das frische Rinderserum durch Kaninchenorganbrei entgiften; der Organbrei verlor dabei seine entgiftende Funktion, während der Kontakt mit inaktivem Serum die letztere nicht abschwächte.

Die Toxizität des frischen Menschenserums für Meerschweinchen soll nach Bankowski und Szymanowski gleichfalls auf seinen normalen Antikörpern beruhen, da die Sera menschlicher Föten, denen die Antikörper fehlen, ungiftig sind. Sera gravider Frauen sind gerade so toxisch wie die Sera anderer normaler Individuen; dagegen soll der Toxizitätsgrad des menschlichen Serums im Laufe von Infektionskrankheiten eine erhebliche Zunahme (auf das Doppelte bis Vierfache) erfahren.

Vielleicht schematisiert man bloß, wenn man die Toxizität der Normalsera so wie die der Immunsera ausschließlich auf eine Antigen-Antikörper-Reaktion bezieht. Zwischen beiden besteht insoferne ein Unterschied, als die Immunsera auch im inaktivierten oder abgelagerten Zustande wirken, während die Giftigkeit der Normalsera sehr labil ist. Man nimmt an, daß das Komplement schwindet, und daß die Normalambozeptoren durch das heterologe Komplement, auf welches sie im injizierten Tiere stoßen, nicht reaktivierbar sind; aber bei näherer Betrachtung erweist sich diese Auffassung als unhaltbar. Vor allem nimmt die Toxizität normaler Sera schon in der ersten Zeit nach der Blutentnahme so rapide ab, daß die Komplementverarmung nicht als Erklärung herangezogen werden kann (Moldovan, Doerr, Mita und Ito); dann erweisen sich auch arteigene Sera (Moldovan, Blaizot, Schulz, Perroncito), wenn sie in der Gerinnungssphase des Blutes abgesondert werden, als Substrate, welche besonders bei intravenöser Injektion akut töten[1]). Ein Zusammenhang mit der Gerinnung ist mindestens in letzterem Falle zweifellos; er könnte jedoch auch bei artfremdem Serum bestehen, und der Einwand von Mita und Ito, daß die Toxizität auch nach „vollendeter" Gerinnung noch weiter abnimmt, ist natürlich nicht stichhaltig. Wann die Vorgänge, die nach der Entleerung des Blutes aus den Gefäßen beginnen und zur Abscheidung des Fibrins führen, ihr Ende erreichen und durch einen Gleichgewichtszustand des Serums ersetzt werden, vermag heute niemand anzugeben; es muß das durchaus nicht innerhalb kurzer Zeit sein, sondern kann 4 Stunden und auch noch länger dauern, also so lange, als Mita und Ito in einzelnen Fällen Giftigkeitsreduktionen feststellten. Wichtig erscheint es dagegen, daß die Abnahme der Toxizität gerade in der unmittelbar auf die Blut-

---

[1]) Auch bei der therapeutischen Verwendung von arteigenem defibriniertem Blut oder frischem Serum am Menschen hat man wiederholt Intoxikationen (Urticaria, hohes Fieber, Dyspnoe, Unwohlsein, Albuminurie etc.) beobachtet, und zwar nicht nur nach intravenösen, sondern auch nach subkutanen oder intramuskulären Injektionen (Randolph, P. Linser, Stümpke, Liscohier u. v. a.). Nach Linser ist das Serum gravider Frauen für den Menschen giftiger als das Serum von Nichtschwangeren.

entnahme folgenden Periode viel intensiver ist als in der Folgezeit: so fanden z. B. Mita und Ito für das Serum eines Kaninchens 30 Minuten nach der Entblutung 1,0 ccm als Dosis letalis pro 100 g Meerschweinchen, nach 130 Minuten 2,0 ccm, nach 380 Minuten 2,5 ccm.

Der Hungerzustand resp. die Verdauung von Kaninchen beeinflußt die Giftigkeit ihrer Sera für Meerschweinchen nicht (Doerr und Weinfurter, Mita und Ito); letztere dürfte daher nicht durch toxische intermediäre Spaltprodukte des Eiweißes (Nahrungseiweiß, zerfallendes Gewebseiweiß) bedingt sein.

Theorien der Anaphylaxie.

Die Experimente von Weil, Dale, Schultz und Coca haben die Anaphylaxieforschung dorthin zurückgeführt, wo sie ursprünglich stand. Die Hypothese über den an Zellen gebundenen Antikörper und seine Bedeutung für die Überempfindlichkeit, alle daraus erfließenden Erklärungen experimenteller Einzeltatsachen bedeuten nur eine — allerdings durch neues Beweismaterial gerechtfertigte — Wiedererstehung der Theorie von den „sessilen Rezeptoren", wie sie bereits Besredka, Friedberger, Doerr u. a. vertreten haben.

In seiner ersten, rein theoretischen Publikation über Anaphylaxie suchte Friedberger den Nachweis zu liefern, „daß sich alle Tatsachen, die auf dem Gebiet der Anaphylaxie bekannt geworden sind, sehr wohl unter der Annahme erklären lassen, daß durch die erste Injektion mit Eiweiß Präzipitine entstehen, daß aber nicht die in großer Menge ins Serum abgestoßenen freien Präzipitine, sondern bei der eigentümlichen Art der Vorbehandlung mit kleinen Dosen oder bei der längeren Inkubation bei Verwendung großer Dosen die an den Zellen haftenden „sessilen (fixen) Präzipitine" die Hauptrolle beim Zustandekommen des Phänomens spielen. Sie sind es, die das in jedem Falle, sofern es in genügender Menge verankert wird, toxisch wirkende artfremde Eiweiß an die Zellen binden, sei es, weil sie bei der geringen Menge des verwendeten Antigens über die freien Rezeptoren überwiegen, sei es, weil sie eine höhere Affinität zum Antigen der zweiten Einspritzung haben." An einer anderen Stelle heißt es: „Ist das Präzipitin bereits im Überschuß in der Zwischenflüssigkeit vorhanden, so tritt bei Zufuhr des homologen Eiweißes keine Störung ein." Weiter findet Friedberger, „daß man", konform den Vorstellungen von Besredka, „zur Erklärung der passiven Anaphylaxie mit der Annahme völlig auskommt, daß es das freie Präzipitin des Serums ist, welches, nur in geringen Mengen vorhanden, bei der Erzeugung der passiven Anaphylaxie sich im wesentlichen an die Zellen verankert und damit zum sessilen Präzipitin im Organismus des zweiten Tieres wird." Doerr und Moldovan beschäftigten sich ebenfalls mit der Unwirksamkeit der Mischungen von Antigen und Antiserum; sie kommen auf Grund der Versuche von Doerr und Ruß zu der Überzeugung, „daß die Avidität des Präzipitins zur giftempfindlichen Zelle gering ist, die zum Komplement und Präzipitinogen aber groß. Injiziert man daher das Präzipitin präventiv, so haben die Zellen Zeit, sich damit zu beladen; nach 4—12 Stunden (Doerr und Ruß) ist dann die Sache soweit gediehen, daß nachinjiziertes Antigen + Komplement bereits von sessilem Präzipitin rasch gebunden wird, wodurch das Gift in statu nascendi zur empfindlichen

Zelle in plötzliche und engste Beziehung gebracht wird. Injiziert man aber das Gemisch Präzipitinogen + Präzipitin, dann kann der Effekt nur relativ gering sein, weil sich die Intoxikation, die auf der Fixierung des Präzipitins beruht, in Form einer trägeren Reaktion abspielt.“

Wir müssen uns mit Seligmann fragen, warum man diese bis ins Detail klar entwickelte Auffassung so rasch und mit Vernachlässigung der ihr zugrunde liegenden Tatsachen verlassen hat, und stoßen hier auf mehrere Beweggründe.

Zunächst vermochte man an den Körperzellen präparierter Tiere keine Antikörper in Form sessiler Rezeptoren nachzuweisen, d. h. es versagten die Reaktionen, mit welchen wir das Vorhandensein von freiem Antikörper in irgendeinem Serum feststellen. Vermengt man z. B. Organbrei präparierter Meerschweinchen mit Antigen, so wird zugefügtes Komplement nicht gebunden[1]); setzt man zu Organextrakten eines gegen Hammelserum anaphylaktischen Meerschweinchens Hammelserum zu, so verarmt letzteres nicht an Anaphylaktogen (spezifischem Hammeleiweiß), da seine schockauslösende Wirkung scheinbar quantitativ erhalten bleibt (ältere Versuche von Friedberger u. a., neuere von Kenzo Suto). Auf den ersten Blick scheinen hier Tatsachen vorzuliegen, die sich mit dem zellulären Sitz der anaphylaktischen Reaktion schlecht vertragen. Die negativen Ergebnisse mögen indes zum Teil darauf beruhen, daß man in vitro nicht genügende Gewebsmengen anwendet oder anwenden kann, andererseits ist zu berücksichtigen, daß uns die Eigenschaften des im Zellverbande stehenden Antikörpers unbekannt sind und daß wir sie nicht ohne weiteres jenen der Serumantikörper gleichstellen dürfen. Bevor der Antikörper an die Zirkulation abgegeben wird, muß er in irgendeiner Form in den Organzellen vorhanden sein, und er muß sich im Gewebe forterhalten, lange nachdem die Antikörper aus dem strömenden Blute verschwunden sind; wenn diese „sessilen Rezeptoren“ (mit welchem Ausdrucke wir nur den unbekannten Zustand des Antikörpers in der lebenden Zelle bezeichnen) mit den Methoden der Komplementbindung oder des Antigenverbrauches nicht nachweisbar sind, so sind eben diese Methoden insuffizient oder die quantitativen Bedingungen, unter welchen wir sie ausführen, unrichtig. Die Technik von Schultz und Dale erwies sich dagegen als geeignet, die Existenz der zellständigen Antikörper außer Zweifel zu stellen; denn der von Serumantikörper und Serumkomplement befreite Muskel des präparierten Tieres reagiert so, wie wir das nur bei Gegenwart eines anaphylaktischen Antikörpers erwarten dürfen, nämlich nur auf den Kontakt mit spezifischem Antigen und zwar hyperergisch. Wie viel Antigen dabei verbraucht oder gebunden wird, wurde bisher nicht (in vitro) untersucht, und wir können nicht sagen, ob die Menge so groß ist, daß 0,25 g Lunge eines präparierten Meerschweinchens von zehn letalen Dosen Hammeleiweiß[2]) soviel adsorbieren, daß ein Zehntel dieser Menge nicht mehr tödlich wirkt; von dieser Voraussetzung geht aber der wichtigste Versuch von Kenzo Suto aus.

Ein anderes Argument lag in den Versuchen von Friedberger und Girgolaff mit der Transplantation von Organstücken anaphylaktischer Tiere in einen normalen artgleichen Organismus. Bekanntlich werden Meerschweinchen

---

[1]) Vgl. die negativen Resultate der Komplementbindungsversuche mit dem Serum anaphylaktischer Meerschweinchen (Otto, Sleeswijk, Kraus und Novotny).

[2]) D. h. von so viel Hammeleiweiß, als zur Tötung von 10 aktiv anaphylaktischen Meerschweinchen à 200 g Körpergewicht erforderlich sind.

auf diese Weise anaphylaktisch, bleiben es aber auch, wenn man das transplantierte Organ vor der Reinjektion entfernt; daraus schloß Friedberger, daß der Schock auch ohne sessile Rezeptoren zustande kommen kann, und Seligmann hält diese Folgerung für gerechtfertigt. Nun stellt sich die Überempfindlichkeit nicht sofort nach der Implantation, sondern erst 8—10 Tage später ein; da dieser Termin der Inkubationsperiode der aktiven Anaphylaxie entspricht, so könnte es sich um eine Sensibilisierung durch mitverpflanzte Antigenreste handeln (Doerr, Felländer und Kling). Aber selbst wenn die Deutung von Friedberger richtig ist, daß die implantierten Organe an ihrem neuen Standort Antikörper produzieren, so können letztere noch immer an lebenswichtige Zellapparate fixiert werden z. B. an die glatten Bronchialmuskeln; entfernt man das eingepflanzte Gewebsstück vor der Reinjektion, so tritt der Schock bei Antigenzufuhr aus demselben Grund ein, wie etwa bei passiver Anaphylaxie (vgl. auch S. 287). Der Fehlschluß ist demnach auf die nicht bewiesene Voraussetzung basiert, daß der Antikörper nur am Ort seiner Entstehung zellständig werden kann; dagegen spricht aber die Latenzperiode der passiven Anaphylaxie.

Bestimmender als diese — z. Teil in eine spätere Zeit fallenden — Experimente von Friedberger und seinen Schülern wirkte die ohne weitere Beweise zugelassene Behauptung, daß der anaphylaktische Schock auf der Wirkung eines bestimmten Giftes, des anaphylaktischen Giftes, beruhen müsse, und die scheinbar erfolgreichen Versuche, dieses Gift im Reagenzglase ohne Intervention von Zellen aus den Komponenten darzustellen, welche für seine Bildung im aktiv oder passiv anaphylaktischen Tiere in Betracht kommen. Bevor wir uns diesem Kapitel zuwenden, wollen wir jedoch untersuchen, welche Phänomene die Theorie der zellständigen Antikörper befriedigend aufklärt bzw. in welcher Hinsicht sie Lücken aufweist, und ob neben der zellulären Entstehung der anaphylaktischen Noxe nicht doch auch eine humorale möglich erscheint.

In ersterer Hinsicht dürfen wir uns mit Rücksicht auf die (absichtlich) weitläufigen Auseinandersetzungen über den anaphylaktischen Antikörper, die Rolle des Komplements, die Antianaphylaxie, Antiserumanaphylaxie und die Symptome des Schocks kurz fassen. Es mag zur Ergänzung nur betont werden, daß die Differenz im Verhalten von Kaninchen und Meerschweinchen durch die Annahme einer verschiedenen Empfindlichkeit gegen das anaphylaktische Gift nicht plausibel motiviert wird; Kaninchen können, wie bereits betont, die Schocksymptome in maximaler Ausbildung zeigen und produzieren soviel Antikörper, daß auch ein bestehender Unterschied der Giftresistenz kompensiert werden müßte. Beim Kaninchen wird aber der Antikörper rasch an die Zirkulation abgegeben und schützt die empfindlichen Zellapparate vor dem Antigen; nur wenn Antigen in großen Dosen zugeführt wird, reicht der Antikörpergehalt des Blutes zur Neutralisation nicht aus und der Schock kann erfolgen (Friedberger). Dementsprechend fanden auch Doerr und R. Pick, daß mit Pferdeserum immunisierte Kaninchen nach dem völligen Verschwinden des Antikörpers aus dem kreisenden Blute auf Antigeninjektionen mit schwerstem Schock antworten.

Die Lücken einer rein zellulären Theorie bestehen zunächst darin, daß der anaphylaktische Antikörper in vitro durch Organzellen verschiedener Art, auch wenn sie vom normalen Meerschweinchen stammen, nicht gebunden wird. Indes waren alle derartigen Versuche weder vollständig noch beweisend; nicht vollständig, weil die Bindungszeiten zu kurz waren und das erforderliche Minimum von 5 Stunden nicht erreichten, und weil einzelne Organzellen, wie die so wichtigen glatten Muskelfasern, nicht geprüft wurden, nicht beweisend, weil sich der aus den Organen gewonnene Zellbrei denn doch von dem lebenden, im natürlichen Zusammenhang stehenden Gewebe zu sehr unterscheidet. Aber ein Bedenken ist rückhaltlos zuzugestehen; es ist nicht verständlich, warum normale Gewebe einen z. B. gegen Pferdeserum gerichteten Antikörper fixieren sollen, und unvorstellbar, in welche Beziehung ein solcher passiv einverleibter (homologer oder heterologer) Antikörper zur Organzelle tritt.

Die Existenz einer humoralen Anaphylaxie neben einer zellulären wird von de Waele, namentlich aber von Thiele und Embleton vertreten. Thiele und Embleton benützten als Antigene nicht gelöste Eiweißkörper, sondern Erythrozyten, und dieser Umstand allein würde genügen, um Zweifel an den Schlüssen dieser Autoren zu erwecken; eine Hämolyse in der Blutbahn, eine Hämagglutination können schwere Symptome und Exitus erzeugen, auch wenn keine Anaphylaxie vorliegt, wie etwa bei der Vergiftung mit Toluylendiamin. Außerdem muß aber gesagt werden, daß sich Versuch und Folgerung bei Thiele und Embleton nicht völlig decken, und daß Thiele und Embleton entgegengesetzte Experimente, die in anderen Arbeiten niedergelegt sind, nicht beachten. Thiele und Embleton präparieren Meerschweinchen mit einem gegen Hammelblut gerichteten Immunserum vom Kaninchen in wechselnden Mengen intraperitoneal und reinjizieren 48 Stunden später eine Suspension gewaschener Hammelerythrozyten intravenös; sie erhielten von einer gewissen Menge Antiserum an stets akuten Tod und beim Vergleiche verschiedener Immunsera stellte es sich heraus, daß die passiv sensibilisierende Fähigkeit derselben nicht durch ihr absolutes Quantum, sondern durch ihren Gehalt an Ambozeptor (lösenden Einheiten) bedingt war (Doerr und Moldovan, Doerr und Weinfurter). Das ist speziell für Antihammelserum vom Kaninchen unrichtig und den Grund suchten Doerr und R. Pick aufzuklären. Dann injizieren Thiele und Embleton in die eine Jugularis Hammelhämolysin, in die andere kurze Zeit darauf Hammelerythrozyten und bekommen akuten Exitus; von drei Meerschweinchen, welche die gleichen Mengen Ambozeptor und Erythrozyten erhielten, verendete

eines bei einem Intervall von   5 Minuten in 3 Minuten,
ein zweites   „   „ 10   „   in 5   „
ein drittes zeigte   „   „ 15   „   leichte Dyspnoe,
ein viertes   „   „ 20   „   keine Erscheinungen.

Daraus würde sich nur die Konsequenz ableiten lassen, daß bei der Erythrozytenanaphylaxie nicht der Ambozeptorgehalt des passiv präparierenden Serums, sondern lediglich das Intervall zwischen der Injektion des Antiserums und jener der Blutkörperchen maßgebend ist, und zwar im Gegensatze zur Serumanaphylaxie in dem Sinne, daß die Intensität der Erscheinungen dem Intervall umgekehrt proportional ist. Thiele und Embleton erzielten ferner unter völlig identischen Bedingungen auch den Exitus, wenn sie das Antigen zuerst und später das Antiserum in die Venen eines normalen Meerschweinchens brachten (zwei Versuche); bei Verwendung von Pferdeserum sahen Doerr und Ruß in diesem Falle trotz mannigfacher Variation der dosologischen und zeitlichen Verhältnisse nie eine Reaktion.

Entweder können also die Beobachtungen von Thiele und Embleton nicht auf Anaphylaxie bezogen werden, oder die Erythrozytenanaphylaxie ist beim Meerschweinchen in jeder Hinsicht von der Serumanaphylaxie verschieden. Das letztere anzunehmen haben wir indes keinen Grund; in zahlreichen Versuchen, von denen ich nur wenige mit Moldovan publiziert habe, konnte ich feststellen, daß auch bei der passiven Erythrozytenanaphylaxie eine Inkubations- oder Latenzperiode notwendig ist. Das geht übrigens auch daraus hervor, daß Thiele und Embleton selbst durch die intravenöse Injektion großer Dosen sensibilisierter Blutkörperchen keine Störungen auszulösen vermochten; erst exzessive Mengen (5 ccm einer 10%igen Suspension) bewirkten protrahierte, in keinem Falle schockartige Erscheinungen. Gerade diese Unterordnung der Erythrozytenanaphylaxie unter die Gesetze der Serumanaphylaxie war ja das Argument, daß erstere wirklich besteht; man hat oft genug Einsprache dagegen erhoben, freilich mit Unrecht, weil die nachgewiesene Anaphylaxie gegen eine Komponente der Erythrozyten, das Hb, jeden Zweifel in dieser Richtung ausschließt. Daß bei der Verwendung von Vollerythrozyten anstatt der darin vorhandenen, in Lösung gebrachten Eiweißkörper die bei der Serumanaphylaxie so klaren Versuchsbedingungen eine Trübung und eine Modifikation durch andere pathogene Momente erfahren können, ist klar und würde eine abermalige Prüfung der Angelegenheit vielleicht genauere Einblicke gestatten. Bezeichnend scheint dem Referenten eine Versuchsanordnung von Thiele und Embleton: wie erwähnt, beeinflussen sensibilisierte Erythrozyten (intravenös injiziert) das normale Meerschweinchen nicht, töten aber aktiv präparierte Tiere in relativ kleinen Mengen bereits in der zweiten Woche nach der Sensibilisierung akut, zu welcher Zeit nicht sensibilisierte Erythrozyten noch unwirksam sind. Thiele und Embleton sehen darin ein Argument, daß der Antikörper in der Zirkulation nicht gegen den Schock schützt; die richtige Erklärung dürfte aber wohl so zu formulieren sein, daß das Eiweiß (Hb) aus sensibilisierten Erythrozyten leichter in Lösung geht (intravasale Hämolyse) und mit dem zellständigen Antikörper abreagiert. Später gleichen sich die Unterschiede aus; von der 3. Woche an kann das aktiv präparierte Tier auch durch nicht sensibilisierte Erythrozyten getötet werden, offenbar, weil es bereits Hämolysin in der Zirkulation hat.

Thiele und Embleton geben auch an, daß zirkulierender Antikörper keinen absoluten Schutz gewährt; es sei zwar eine relative Resistenz bei großem Antikörpergehalt des Blutes vorhanden, sie lasse sich aber durch entsprechend hohe Reinjektionsdosen des Antigens überwinden. Es soll nicht erläutert werden, wie sehr gerade diese Beobachtung für einen Antagonismus zwischen freiem und sessilem Antikörper und gegen eine humorale Genese des Schocks spricht. Wenn endlich aktiv gegen Erythrozyten sensibilisierte Meerschweinchen in der dritten Woche besser reagieren als in der zweiten, obwohl ihr Serum den gleichen hämolytischen Titer hat, so demonstriert dieses Faktum nur, daß der freie Antikörper (falls er mit dem Hämolysin identisch ist) nicht die positive Komponente des anaphylaktischen Zustandes darstellt; die Erscheinung auf eine Summation von freiem und (vermehrtem) fixem Antikörper zurückzuführen, ist nicht angängig.

Wenn man also objektiv sein will, so kann man die momentane Sachlage dahin präzisieren, daß für die Möglichkeit einer rein humoralen anaphylaktischen Reaktion keine Anhaltspunkte vorliegen, wenigstens nicht beim Meerschweinchen, welches ungleich öfter und gründlicher geprüft wurde wie andere Tierspezies.

Damit verlieren alle Experimente ihre direkte Relation zur Anaphylaxie, welche ·durch Veränderungen des Blutes anaphylaktoide Reaktionen hervorrufen. Es handelt sich hier meist um intravenöse Injektionen von Substanzen, welche die Gerinnbarkeit des Blutes hemmen oder steigern, sei es nun direkt (Hirudin, Kalium citricum, Organextrakte) [1]) oder mittelbar, indem sie zunächst physikalische Vorgänge (Adsorptionen, Eiweißfällungen) im Blute herbeiführen und dadurch die Gerinnungskonstanten modifizieren (Kieselsäurehydrosol, kolloidales Eisenoxydhydrat, eiweißfällende Metallsalze, Kaolin, Kieselgur, Karmin); in der Tat gelingt es durch solche Agenzien vornehmlich beim Meerschweinchen anaphylaxieartige Symptome (Schock, Temperatursturz, akuten Exitus, Lungenblähung) zu erzeugen (Doerr und Moldovan, Szymanowski, Kretschmer) [2]). Da im anaphylaktischen Schock die Koagulierbarkeit des Blutes gleichfalls reduziert ist, so neigte man der Auffassung zu, daß das Abreagieren von Antigen und Antikörper in der Zirkulation einen physikalischen Prozeß darstellt, der das Blut in Mitleidenschaft zieht und seine Gerinnungsverhältnisse alteriert, und folgerte· weiter, daß erst diese veränderte Blutbeschaffenheit die anaphylaktische Noxe darstellt (Doerr und Moldovan, Kretschmer); einen ähnlichen, wenn auch nicht ganz identischen Standpunkt vertreten auch Bordet, Nolf, Traube u. v. a. Die Unwirksamkeit einer gleichzeitigen Injektion von Antigen und Antikörper in die Venen normaler Meerschweinchen lehrt aber, daß diese Auffassung den Tatsachen nicht entspricht; die beobachtete Herabsetzung der Blutgerinnbarkeit bei der Anaphylaxie kann nicht die Ursache des Schocks, sondern nur ein sekundäres Phänomen oder eine Begleiterscheinung desselben sein, vielleicht im Sinne von Nolf und de Waele eine Antithrombinsekretion, die durch den Reiz des Antigens auf das antikörperhaltige Endothel zustande kommt. Außerdem sind die Symptome nach Injektion der oben erwähnten gerinnungshemmenden oder gerinnungsfördernden Substanzen doch von den anaphylaktischen in mancher Hinsicht verschieden; das gilt schon beim Meerschweinchen (Kraus und Kirschbaum, Friedberger, Loewit, Kumagai, Thiele und Embleton), in höherem Maße noch beim Hunde (Doerr und Moldovan, Kraus und Kirschbaum). Vielleicht besteht aber trotzdem eine entferntere Beziehung. Aus den physiologischen Effekten so verschiedenartiger Stoffe scheint doch hervorzugehen, daß der

---

[1]) Über die Toxizität der Organextrakte vgl. Friedberger und Ungermann, Aronson, Czubalski, Haren, Izar, Ishikawa, Lytchkowsky und Rougentzoff, Mc Gowan, Dold u. a. m.

[2]) Nach Busson und Kirschbaum wirkt nur Kalium citricum giftig, nicht aber zitronensaueres Natrium oder Ammonium; sie beziehen daher die Toxizität auf die Kaliumkomponente (Herztod) und nicht wie Kretschmer auf die gerinnungshemmende Wirkung der Zitronensäure. Nach meinen Erfahrungen stimmt das insoferne nicht, als auch Natriumzitrat sehr toxisch für Meerschweinchen ist; seine Dosis letalis liegt nur wenig höher als die der Kaliumverbindung.

intravasale Gerinnungsvorgang, also der Übergang von Plasma in Serum tödlichen Schock erzeugen kann, und es ist im Gegensatze zu Thiele und Embleton durch zahlreiche Befunde erwiesen (Kretschmer, Doerr, Moldovan, Cesa Bianchi u. a.), daß hier durchaus nicht immer das rein mechanische Moment der Herz- und Gefäßthrombose die Todesursache darstellt, sondern offenbar der Umstand, daß Serum, insbesondere frisch entstandenes, die lebende Zelle schädigt. Die Kultur der Gewebe gelingt ja auch nur in Plasma und nicht in Serum (A. Carrel) und bei der Züchtung von Malariaplasmodien hat man ähnliche Erfahrungen gemacht; ferner konnten Schultz und Dale feststellen, daß auch der isolierte glatte Muskel des Meerschweinchens zur Kontraktion gereizt wird, wenn er mit arteigenem, gerinnendem Blut oder frischem Serum in Kontakt gerät. Die Gerinnungsfermente sind also tatsächlich pathogen. Der anaphylaktische Prozeß spielt sich jedoch auch an den Zellen blutfreier Meerschweinchenorgane ab (Dale); man kann daher nicht an eine ätiogene Rolle der Gerinnungsfermente des Blutes denken, wohl aber an die koagulierenden Enzyme der Zellen. Jede Körperzelle enthält die Matrix solcher Fermente, und die bloße Zertrümmerung der Zellen genügt, um sie frei zu machen (Organextraktgifte); sie wirken nicht nur auf das ganze Tier, sondern auch auf das isolierte Organ, da sich der quergestreifte Muskel im eigenen Preßsaft kontrahiert (Birnbacher). Man darf also vielleicht vermuten, daß die anaphylaktische Antigen-Antikörper-Reaktion zur Mobilisierung solcher Enzyme in den Zellen führt, die dann ihrerseits die Zellschädigung setzen. Die Antigen-Antikörper-Reaktion kann aber natürlich auch an sich den Reiz abgeben, der die Zelle zur abnorm gesteigerten Funktion veranlaßt, da sie ja in der Zelle selbst abläuft; es muß dabei nicht gerade zu einer wirklichen Präzipitation (Eiweißflockung) kommen, die ersten Anfänge der Änderung des Aggregatzustandes kolloidaler Zellbestandteile können schon in diesem Sinne wirksam sein.

Alle vorstehenden Ausführungen über die zelluläre Lokalisation des anaphylaktischen Antikörpers und seiner Reaktion mit dem Antigen beziehen sich zunächst, wie aus dem Text wohl zur Genüge erhellt, auf den anaphylaktischen Schock des Meerschweinchens und seine Ursache, den Bronchospasmus. Sie lassen sich aber auch auf den Schock des Kaninchens mit der Variante anwenden, daß hier das Gewebe, dessen Sensibilisierung die akuten Erscheinungen und den Tod innerhalb weniger Minuten bedingt, der Herzmuskel ist (Cesaris-Demel, Auer). Beim Hunde bleibt der durch die Blutdrucksenkung markierte Schock aus, wenn man die Leber aus der Zirkulation ausschaltet (s. w. oben); wenn wir auch bei dieser Tierart einen ähnlichen Mechanismus verantwortlich machen wollen, so können nur die Leberzellen die Stätte der primären gefahrdrohenden Lokalisation, mithin auch den wesentlichen Sitz des gebundenen Antikörpers darstellen. Eine Sensibilisierung der glatten Muskeln vermochte Dale im Gegensatze zu Schultz, der mit primär toxischem Antigen arbeitete, bei Hunden nicht nachzuweisen.

Die intrazelluläre Genese des anaphylaktischen Schocks beim Meerschweinchen, Kaninchen und vielleicht auch beim Hunde muß natürlich auch auf die Vorstellungen über das „anaphylaktische Gift" rückwirken, das sich der allgemeinen Auffassung nach durch parenteralen Eiweißabbau aus dem Antigen bilden soll. Dale bemerkt in dem Kommentar zu seinen Experimenten mit blutfreiem anaphylaktischem Muskelgewebe, daß die spezifischen Reaktionen

desselben bei Antigenkontakt und die dadurch nachgewiesene Fixierung des
Antikörpers an Zellen keineswegs die Entstehung solcher toxischer Eiweißspaltprodukte ausschließt, daß dieselben vielmehr gerade, wenn sie in den
Zellen entstehen, besonders intensiv wirken würden. Dale konstatiert aber,
daß jede derartige Theorie auf ernste Schwierigkeiten stößt, die in den zeitlichen Verhältnissen der Phänomene am isolierten Muskel gegeben sind.
Letzterer kontrahiert sich nämlich, wenn man das Antigen der umgebenden
Ringer-Lösung zusetzt, genau so schnell, als wenn man Histamin oder Pilo-
karpin, also fertige Gifte zufügt; auch die Form der Kontraktionskurve ist
die gleiche, charakterisiert durch einen plötzlichen Beginn, einen jähen Anstieg
zum Maximum, ein kurzes Verharren auf demselben und eine darauf folgende
Relaxation, nach welcher der Muskel für weitere Antigenmengen unempfindlich
ist, während man bei einer fermentativen Bildung von Spaltungsgiften einen
allmählichen Anfang und ein langsames Fortschreiten der Kontraktion bis zum
Maximum erwarten würde.

Die positiven Argumente für das Vorhandensein eines rapiden proteolytischen Antigenabbaues im Schock sind in keiner Richtung beweisend.

Zunächst hat man sich auf die Existenz proteolytischer Fermente
im Serum anaphylaktischer Tiere berufen (Abderhalden, Vaughan, H.
Pfeiffer und Jarisch, Zunz, Segale u. a. m.). Es ist aber sehr mißlich,
die Angaben über solche Fermente zu verwerten, wenn man immer wieder hört,
daß die Technik ihres Nachweises von einem „Wall von Fehlerquellen" umgeben
ist (Hauptmann), und wenn man bei Durchsicht der umfangreichen Literatur
konstatiert, daß verschiedene, sonst als verläßlich bekannte Autoren zu diametral
entgegengesetzten Resultaten gelangen (Heilner und Petri, Abderhalden
und Ewald, Michaëlis und Lagermark, Flatow); vor kurzem hat übrigens
Lange in einer sehr sorgfältigen und gründlichen Arbeit gezeigt, daß das von
Abderhalden empfohlene und meist verwendete Verfahren, die Dialysiermethode, auch bei Beachtung aller Kautelen nicht einwandfrei genannt werden
kann. Wenn wir unter diesen Umständen die Beziehungen der proteolytischen
Serumfermente zur Anaphylaxie untersuchen wollen, so lassen sich mit dem
nötigen Vorbehalt etwa folgende Gesichtspunkte entwickeln:

Wenn die proteolytischen Serumfermente etwas mit der Anaphylaxie
zu schaffen haben, so müßten sie mit der passiv präparierenden Substanz der
betreffenden Immunsera, mit dem freien anaphylaktischen Antikörper identisch
sein; in den meisten Versuchen, durch welche die Existenz eiweißspaltender
Fermente im Serum anaphylaktischer Tiere festgestellt wurde, unterließen es
jedoch die Autoren, daß passive Präparierungsvermögen zu prüfen. Die anaphylaktischen Antikörper sind artspezifisch, eine Organspezifität besteht nur
in gewissen Fällen; durch arteigene Organe (Plazenta, Niere) kann man meist
keine Anaphylaxie erzielen (Friedberger und Goretti). Den proteolytischen
Serumfermenten mangelt die Artspezifität in hohem Grade (Abderhalden,
Rosenthal und Biberstein); dagegen scheint die Organspezifität (wenigstens nach den Behauptungen von Abderhalden und seinen Anhängern)
in einer Weise ausgebildet zu sein, die man bei den Eiweiß-Antikörpern[1]) völlig

---

[1]) Sachs und Thomas sowie zahlreiche andere Forscher, die sich mit diesen Fragen
beschäftigt haben, wollen es in Anbetracht der vielen Differenzen überhaupt nicht zugeben,
daß die Abderhaldenschen Serumfermente zu den Antikörpern gerechnet werden. Wenn

vermißt. Der menschliche Organismus soll ja angeblich „Abwehrfermente"
gegen menschliche Plazenta, gegen menschliche Schilddrüse, gegen Karzinomgewebe usf. produzieren; freilich wird von anderer Seite auch diese Spezifität
angezweifelt (Lindig, Heilner und Petri, Lichtenstein und Hage, Lange,
Flatow, Pearce und Williams, Michaelis und Lagermark etc.). Die
Serumfermente reagieren mit gekochtem Eiweiß, die anaphylaktischen Antikörper nur mit nativem; erstere entstehen auch nach der Zufuhr von Eiweißspaltprodukten, also von Substanzen, die gar keine Anaphylaxie erzeugen
(wozu nach Friedberger und Joachimoglu auch die Proto- und Deutero-
albumosen von Zunz gehören). Die proteolytischen Fermente treten zu einer
Zeit im Serum auf, zu welcher die Tiere noch nicht anaphylaktisch sind (Abderhalden und Schiff), und verschwinden, obwohl die Tiere überempfindlich bleiben (H. Pfeiffer und Jarisch); sie können im präanaphylaktischen Stadium
vorhanden sein und bei demselben Tier im anaphylaktischen Zustande fehlen
(Zunz); endlich können sie während der anaphylaktischen Periode zeitweise
schwinden (Zunz). Ähnliche oder noch widersprechendere Resultate hatten
Pearce und Williams; ihre Versuche, im Serum von Hunden, die gegen Pferdeserum sensibilisiert waren, Fermente für letzteres nachzuweisen, waren jedenfalls weniger erfolgreich als die Experimente, welche Abderhalden mit Eiereiweiß am Meerschweinchen ausgeführt hat. Vor dem Schock waren die Ergebnisse von Pearce und Williams in der Regel negativ, nach dem anaphylaktischen Schock entnommenes Serum gab dagegen positive, schwer zu erklärende
Ausschläge. Pearce und Williams sehen sich genötigt, zuzugeben, daß ihre
Versuche nicht geeignet sind, die Anaphylaxie-Theorie von Vaughan zu stützen.
Auch Zunz faßt das Ergebnis seiner umfangreichen Studien über das proteo-
klastische Vermögen des Blutes dahin zusammen, daß die Veränderungen desselben
keineswegs zur völligen Erklärung der Anaphylaxieerscheinungen genügen, und
daß sich über ihre eigentliche Deutung zurzeit noch nichts Sicheres behaupten
läßt. Abderhalden kommt zu der Überzeugung, daß „das Auftreten von
Fermenten im Blutplasma nach der Einspritzung von blutfremden Proteinen
und Peptonen unzweifelhaft in irgend einem Zusammenhang mit der Anaphylaxie
steht", und daß es „nur fraglich bleibt, welche spezielle Bedeutung ihnen zukommt". Er meint ferner, daß sich der Abbau nicht ausschließlich im Blute
zu vollziehen braucht, und räumt schließlich auch ein, daß „das ganze Ana-
phylaxieproblem nicht einzig allein von rein chemischen Gesichtspunkten aus
lösbar" sein muß. Diese vorsichtigen, unbestimmten und allgemein gehaltenen
Aussagen stehen in Widerspruch zu der Sicherheit, mit der die Anaphylaxie
und speziell der anaphylaktische Schock von anderer Seite (H. Pfeiffer,
Friedberger, Vaughan u. a.) als Eiweißzerfallstoxikose hingestellt wird;
aber auch unter diesen eifrigsten Verfechtern der parenteralen Abbautheorie
herrscht keine Übereinstimmung hinsichtlich der Natur des abbauenden Enzyms,

---

Stephan und Hauptmann finden, daß sich proteolytische Sera durch Erwärmen inaktivieren und durch Zugabe von frischem (komplementhaltigem) Serum reaktivieren lassen,
so genügt das wohl noch nicht, um diese Enzyme als komplexe, aus einem thermostabilen
Ambozeptor und einem labilen Komplement aufgebaute wahre Antikörper zu bezeichnen
und die Abderhaldenschen Reaktionen einfach den bekannten Immunitätsreaktionen
ebenbürtig an die Seite zu stellen, auch wenn man von der Unsicherheit der Dialysier-Technik
absieht.

der Stätte seiner Entwicklung und Wirkung, seiner Spezifität d. h. der Eiweißkörper, die es anzugreifen vermag, und der Beschaffenheit und Zahl der durch dasselbe gebildeten akut toxischen Produkte (vgl. Friedberger, Schittenhelm, Vaughan, Thiele und Embleton, Heyde, H. Pfeiffer).

Friedberger hat in seiner jüngsten Apologie des parenteralen und humoralen Eiweißabbaues bei der Anaphylaxie folgende Beweise zusammengestellt: die Tatsache der Reaktion zwischen Eiweiß und Antieiweiß unter unerläßlicher Beteiligung des Komplements, die Tatsache einer vermehrten Stickstoffausscheidung, das Auftreten biureter Spaltprodukte während der Anaphylaxie und bei der Anaphylatoxinbildung und die Erhöhung des antitryptischen Serumtiters im anaphylaktischen Stadium.

Die Tatsache der Reaktion zwischen Eiweiß und Antieiweiß ist nun allerdings gegeben; daß das Komplement des Blutes daran partizipieren muß, kann nicht eingeräumt werden (Dale, Busson und Takahashi) und von einer etwaigen Beteiligung eines intrazellulären Komplements wissen wir nichts. Wenn aber auch alle drei Komponenten in jedem Falle in Aktion treten müssen, so bedeutet das doch noch nicht einen Eiweißabbau. Vor allem darf man auch ein rascheres Verschwinden von Antigen aus der Zirkulation anaphylaktischer Tiere im Vergleiche zu normalen Kontrollen nicht einfach als Antigenabbau im überempfindlichen Organismus auffassen; das vorbehandelte Tier hat ja in seinem Blute Eiweißantikörper, die einen Teil des Antigens neutralisieren, und wenn sich dann letzteres dem Nachweise durch die sogenannten biologischen Methoden entzieht, so folgt das aus dem Wesen dieser Immunitätsreaktionen, beweist aber keine fermentative Zerlegung des Antigens. Römer und Viereck sahen, daß bei Meerschweinchen, die mit Pferdeserum sensibilisiert und mit antitoxischem Pferdeserum reinjiziert wurden, der Antitoxingehalt des Blutes rascher abnimmt, als bei nicht sensibilisierten Kontrollen, daß also bei ersteren das antitoxische Eiweiß eine schnellere Verminderung erfährt, und glauben damit gezeigt zu haben, daß eine der wesentlichsten Voraussetzungen der Friedbergerschen Vorstellung vom Antigenabbau im Schock zutrifft. Römer und Viereck konstatieren einen gewissen Gegensatz zwischen ihren Ergebnissen und jenen von Doerr und R. Pick, die in analoger Art das Verschwinden von Präzipitinogen und heterologem Agglutinin aus der Blutbahn normaler und anaphylaktischer Tiere registrierten und keine wesentlichen Unterschiede beobachten konnten, geben aber zu, daß sich die Resultate nicht vergleichen lassen, weil Doerr und R. Pick am Kaninchen experimentiert haben; darin liegt jedoch nicht die prinzipielle Differenz. Doerr und R. Pick warteten den Moment ab, bis die Eiweißantikörper aus der Zirkulation der vorbehandelten Kaninchen wieder eliminiert waren (bis zu einem Monat), führten dann das artfremde Serum intravenös zu und fanden, trotzdem ein heftiger anaphylaktischer Schock eintrat, keine wesentlich raschere Ausscheidung von Pferdeeiweiß und daran gekettetem Agglutinin als bei gleich schweren normalen Kaninchen. Mit anderen Worten: der Schwund von Antigen im anaphylaktischen Organismus kann nie einen Abbau gewiß machen, wohl aber spricht das Ausbleiben der Erscheinung trotz eintretender Symptome dagegen. Friedberger bestreitet indes auch den zweiten Teil dieses Satzes, weil zur Auslösung des Schocks so geringe Eiweißmengen ausreichen, daß sie sich dem Nachweise durch gewisse Methoden, speziell durch die Präzipitinreaktion entziehen. Friedberger und Lura sowie Römer und Viereck

lassen es unentschieden, ob die so exakt titrierbaren hochwertigen Antitoxine
hier eine sichere Entscheidung gestatten. Ich halte das für möglich, allerdings
auf Grund anderer Überlegungen, welche gerade auf die Versuchsprotokolle
von Römer und Viereck basiert sind. Römer und Viereck präparierten
Meerschweinchen durch subkutane Injektion von 0,01 ccm Pferdeserum und reinjizierten nach 22 Tagen antitoxisches Pferdeserum intrakardial; unter diesen
Verhältnissen tritt, wenn man genügende Reinjektionsdosen verwendet, stets
der Exitus ein. Die Meerschweinchen von Römer und Viereck, sechs an der
Zahl, überlebten sämtlich, hatten zum Teil sogar nur leichtere Erscheinungen;
sie hatten also bei der Reinjektion nicht genug Pferdeeiweiß erhalten, nach der
Theorie von Friedberger nicht genug Antigen, um daraus eine tödliche Dosis
Anaphylaxiegift abzuspalten. Trotzdem war nicht einmal diese Menge nach
15 Minuten bis 4 Stunden verbraucht, der Antitoxingehalt des Blutes differierte
sogar relativ wenig von dem der normalen Kontrollen. Hätte man gerade die
letale Dosis reinjiziert, so wäre natürlich noch mehr von dem antitoxischen
Pferdeeiweiß nachzuweisen gewesen. Meines Erachtens zeigen gerade diese Versuche evident, wie wenig ein Antigenverbrauch als toxigenes Moment in Betracht
kommt. Und warum brauchen wir dann ein bestimmtes Quantum Antigen,
um einen tödlichen Schock auszulösen? Darüber geben die Versuche von Dale
Aufschluß. Der Uterus des anaphylaktischen Meerschweinchens kontrahiert
sich, wenn er in eine bestimmte, je nach dem Grade der Überempfindlichkeit des
organspendenden Tieres variierende Antigenkonzentration eintaucht; wenn
diese gerade im Minimum 1 : 25000 beträgt und das Volum des Bades 250 ccm,
so heißt das nicht, daß 0,01 ccm Pferdeserum auch in einem Liter Flüssigkeit
kontraktionserregend wirken würden, auch nicht, daß 0,01 ccm Pferdeserum
bei der Kontraktion gebunden oder verbraucht wird. So liegen die Verhältnisse
ja auch bei den vitro-Reaktionen der Eiweißantigene z. B. bei der Präzipitation;
0,1 ccm präzipitierendes Immunserum flockt aus, wenn man 0,0001 ccm Pferdeserum zusetzt, aber nur in einem Kubikzentimeter Reaktionsvolum, aber nicht
in 10 oder 100 ccm, und auch bei den Grenzverdünnungen wird nicht alles
Antigen gebunden, ein Teil bleibt in der überstehenden Flüssigkeit und kann
bei neuem Präzipitinzusatz wieder reagieren. Wenden wir das auf den anaphylaktischen Versuch an. Finden wir, daß bei einer gegebenen Sensibilisierung gerade
0,01 ccm Pferdeserum i. v. tötet, so bedeutet das soviel, daß diese Menge nach
erfolgter Verteilung im Blute jene Antigenkonzentration bewirkt, welche den
letalen Bronchospasmus auslöst; verbraucht oder gebunden muß dieses Antigenquantum nicht werden.

Die vermehrte Stickstoffausscheidung (Segale, Manoiloff) stammt
nicht von einer Zerlegung des reinjizierten Antigens her, sondern von der
Verbrennung körpereigenen Eiweißes. Daß diese „Einschmelzung“ von Gewebseiweiß eine Folge der Anaphylaxie sein kann (Friedberger), ist möglich;
nur sagt mir dann die vermehrte N-Ausfuhr nichts über das Schicksal des
reinjizierten, artfremden Proteins, aus dessen Spaltung ja das „anaphylaktische Gift“ besonders von Friedberger konsequent abgeleitet wird. Die
Steigerung des Harn-N bezieht sich ferner nicht auf den anaphylaktischen
Schock, sondern auf die demselben folgende Periode. In der ersten Zeit
nach der Reinjektion des Antigens ist die Verbrennungsenergie sogar vermindert (Loening), die N-Elimination reduziert (Schott, Heilner); Pfeif-

fer und **Friedberger** ventilieren, um diese Tatsachen ihren Ansichten akkommodieren zu können, die Frage, ob nicht ein ganz kurz dauernder, energischer Abbau zur Zeit voller Überempfindlichkeit soviel Abbaugift liefert, daß eine schwere Schädigung des ganzen Organismus und der Nieren erfolgt (**Longcope**), die das weitere Fortschreiten der Abbauvorgänge und die Ausscheidung der Spaltprodukte durch den Harn verhindert. Diese Vermutung wäre zu erweisen. Experimente von **Abderhalden** scheinen dagegen zu sprechen; **Abderhalden** injizierte bei aktiv präparierten Meerschweinchen 1 g Eiereiweiß intravenös und fand im Serum der Tiere nach 30—90 Minuten biurete, dialysable Stoffe, nach 5 und 10 Minuten noch nicht. Nach intravenöser Reinjektion derartiger Antigendosen erfährt nun das Meerschweinchen einen schweren Schock; der Eiweißabbau schritt aber fort und war überhaupt erst nach 30 Minuten erkennbar. Die Versuche von **Abderhalden** sind allerdings insoferne nicht einwandfrei, als auch eine Kontrolle, die nicht reinjiziert worden war, biurete Substanzen im Serum hatte; auch ist ihre Zahl gering und die Anwendung anderer Antigene müßte die allgemeine Gültigkeit klarstellen.

Ob der antitryptische Serumtiter im anaphylaktischen Schock erhöht wird, erscheint strittig (**K. Meyer**, **H. Pfeiffer** und **Jarisch**, **Pfeiffer** und **de Crinis**, **Rusznyák**, **Seligmann**, **Ando**); die antitryptische Serumwirkung wird auch nicht allgemein auf die Anhäufung von Eiweißspaltprodukten bezogen (Kontroverse zwischen **K. Meyer**, **E. Rosenthal**, **Kämmerer** und **Kirchheim**).

Die Anaphylatoxinbildung darf als Beweis nicht herangezogen werden.

Auf den Umstand, daß Eiweißspaltprodukte anaphylaxieähnliche Symptome hervorrufen, legt **Friedberger** selbst kein großes Gewicht, da „verschiedene chemische Substanzen, organische und anorganische, einem Meerschweinchen in akut tödlicher Dosis intravenös eingespritzt", ebenso wirken. Diese Kritik ist nur zu billigen und gibt uns den Maßstab für die Bedeutung der Darstellung anaphylaxieartig wirkender Stoffe durch peptische oder tryptische Aufspaltung genuiner Eiweißkörper, durch Kochen derselben mit alkalischem Alkohol, durch Autolyse von Bakterien (**Salimbeni**), Behandlung von Pneumokokken mit Galle u. dgl. m. In dem neuen Werk „Protein split products" hat **Vaughan** vornehmlich seine Methode der Erzeugung von Eiweißgiften, sowie ihre chemischen und physiologischen Eigenschaften sehr ausführlich abgehandelt; außerdem sei auf **Edmunds** (Wirkung des aus Kasein dargestellten **Vaughan**schen Giftes auf Hunde), **White** und **Avery** (Meerschweinchenexperimente mit **Vaughan**schem Gift aus Edestin und Tuberkelbazillen), **Cole** (Gifte aus Pneumokokken durch Extraktion mit NaCl bei 37° oder Auflösen in $0,2\%$igem Natriumcholat), **Seitz** (sepsinhaltige Hefefaulflüssigkeit), **Jobling** und **Strouse** (giftige primäre und sekundäre Proteosen aus Wittepepton, Kasein und Hühnereiereiweiß durch Fermentation mit Leukoprotease), **Weichardt** und **Schwenk** (Eiweißspaltprodukte gewonnen durch Elektrolyse), usw. verwiesen. Sehr interessant sind die Mitteilungen von **G. Baehr** und **E. P. Pick**, daß Eiweißkörper (Pferde- oder Rinder-Serum), welche giftige Pepsinverdauungsprodukte liefern, im jodierten, nitrierten oder diazotierten Zustande keine Pepsinspaltprodukte mehr geben, die den Peptonschock erzeugen; da man mit jodiertem Eiweiß den anaphylaktischen Schock auslösen kann, so wären gewisse negative, in bescheidenen Grenzen gehaltene Folgerungen auf die Relation zwischen anaphylaktischem und Peptonschock gestattet. Auch die Beobachtung, daß die charakteristische Wirkung der aus Pflanzenproteinen gewonnenen Peptone ihrem Tryptophangehalt parallel geht (E. v. Knaffl-Lenz), verdient Beachtung, weil die Gifte Vaughans Tryptophan enthalten.

Was das Auftreten von Eiweißspaltprodukten im anaphylaktisch reagierenden Tier anlangt, so haben wir der Experimente von Abderhalden bereits gedacht, welche für die ersten 10 Minuten ein negatives Resultat lieferten. Pearce und Williams fanden im Serum von Hunden weder vor noch nach dem Schock Eiweißspaltprodukte (Dialysiermethode), wenigstens nicht, wenn die untersuchten Serummengen klein waren; bei großen Quantitäten ($\frac{1}{2}$—$1\frac{1}{2}$ Stunden nach dem Schock entnommen) waren die Resultate positiv, aber zweifelhaft, da es fast unmöglich war, Hb-freie Sera zu erhalten. Auer und Slyke reinjizierten aktiv sensibilisierte Meerschweinchen intravenös mit Pferdeserum; die Lungen der im Schock eingegangenen Tiere (also jene Organe, in welchen sich bei Meerschweinchen die wesentlichsten Veränderungen abspielen) wurden auf ihren Gehalt an inkoagulablem N mit oder ohne vorausgegangene Hydrolyse geprüft; es ergaben sich keine höheren Zahlen als bei den Kontrollen, was jedenfalls nicht geeignet erscheint, die Theorie von den anaphylaktischen Eiweißspaltprodukten zu fördern.

Unter allen Giften, welche sich im Reagenzglase aus eiweißhaltigen Substraten darstellen lassen und anaphylaxieartige Symptome auslösen, hat sich das Anaphylatoxin von Friedberger die größte Anerkennung errungen, insofern, als hier die meisten Autoren eine tatsächliche Identität mit dem hypothetischen, anaphylaktischen Gift für möglich hielten. Der Grund für diese Annahme liegt, wenn wir wieder Friedberger selbst zitieren, darin, „daß das Anaphylatoxin nicht nur bis in die feinsten Details ein dem anaphylaktischen vollkommen ähnliches Symptomenbild erzeugt (viel weitgehender, als dieses bei irgend einem der Anaphylaxie ähnlich wirkenden Eiweißspaltprodukte der Fall ist) und aus etwa den gleichen minimalen Eiweißmengen entsteht, die bei der Anaphylaxie in Aktion treten (viel geringere als von den meisten Spaltprodukten tödlich wirken), sondern daß das Gift sich, wie bereits Friedberger in seinen ersten Arbeiten über das Anaphylatoxin hervorhebt, auch aus denselben Komponenten und unter analogen Bedingungen bildet, wie sie beim Anaphylaxieversuch eine Rolle spielen."

Die Anaphylatoxine erzeugen nun tatsächlich beim Meerschweinchen einen Schock, der hinsichtlich der experimentellen Analyse und der anatomischen Befunde sehr dem anaphylaktischen gleicht. Kleine Abweichungen[1]) (Loewit, Biedl und Kraus) sind mehr graduell und scheinen darauf zu beruhen, daß man bei Anaphylatoxinversuchen große Injektionsvolumina verwendet, und daß man Lösungen einer toxischen Substanz in Serum und nicht wie bei der anaphylaxieauslösenden Reinjektion Lösungen von Eiweiß in physiologischer NaCl-Lösung einspritzt (Friedberger). Die Unwirksamkeit des Anaphylatoxins beim Hunde (Biedl und Kraus) führt Friedberger darauf zurück,

---

[1]) Nach Haren bewirkt die intravenöse Injektion von Anaphylatoxin beim Meerschweinchen keine Verzögerung der Blutgerinnung, die bei den anaphylaktischen Reaktionen ziemlich konstant zu sein scheint.

daß der Hund gegen anaphylaktische Vorgänge, oder, wie man gewöhnlich sagt, gegen das „anaphylaktische Gift" weniger empfindlich ist wie das Meerschweinchen, und daß man daher von den Dosen Anaphylatoxin, die man bisher injiziert hat, a priori keinen Effekt erwarten kann.

Anaphylatoxine rufen auch lokale Erscheinungen hervor. Dold und Radoš bereiteten ihre Gifte durch Digestion von 3—4 ccm Normalkaninchenserum mit 1—2 Ösen Prodigiosusbazillen und sahen nach Injektion von 0,1 ccm in die Kornea oder in die vordere Augenkammer schon nach 10 Minuten schwere Entzündungen entstehen. Normalkaninchenserum wirkte nicht; wässerige Bakterienaufschwemmungen oder Bakterienextrakte gaben erst nach 4—8 Stunden entzündliche Reaktionen. Entzündungen entstanden aber auch nach d'r Injektion arteigenen, ja körpereigenen Gewebssaftes (Extrakte aus Kaninchenlunge oder Kaninchen-Kornea), und zwar nicht nur im Auge, sondern auch in allen anderen Geweben. Dold und Rados erklären damit die sterilen traumatischen Entzündungen; es wird aber dadurch auch einleuchtend, daß man die inflammatorischen Effekte des Anaphylatoxins nicht ohne weiteres mit der lokalen Anaphylaxie (Phänomen von Arthus) analogisieren darf.

Anaphylatoxin erzeugt ferner (je nach der Dosis) Temperatursturz oder Fieber, so wie die Reinjektion von Antigen beim spezifisch präparierten Tier (E. Leschke). Nach R. Hirsch ist der Gesamtumsatz und die Wärmeproduktion beim Anaphylatoxinfieber der Kaninchen sehr eingeschränkt, beim Wärmestichfieber um 100%, beim Trypanosomenfieber um $10-30\%$ erhöht; ähnliche Differenzen ergaben sich bei dem Anaphylatoxin- und Trypanosomenfieber des Hundes. Aus diesen Versuchen, bei denen direkte Kalorimetrie, Bestimmung der CO_2-Ausscheidung und der N-Ausfuhr angewendet wurde, geht hervor, daß die Stoffwechselvorgänge von der Körpertemperatur unabhängig sind und daß es zumindest voreilig genannt werden muß, wenn man auf Grund von Temperaturmessungen das Fieber anaphylaktischer Tiere, das Anaphylatoxinfieber und das Fieber bei Infektionskrankheiten schlankweg identifiziert und auf einen Abbau von körperfremdem Protein bezieht. In ähnlichem Sinne äußert sich auch Schittenhelm; nach ihm ist „die Anaphylaxie ein Teil der Pathologie des Eiweißabbaues, das Fieber und der Kollaps wird in zahlreichen Fällen gleichfalls dahin gehören, aber es handelt sich doch im Grunde um differente Dinge". Interessanterweise bewirken übrigens auch geschütteltes arteigenes Blut (Moldovan), sowie Organextrakte (Leschke) Temperatursturz und Fieber.

Ob der pyrogene Stoff im Anaphylatoxin identisch ist mit der Substanz, die den Anaphylatoxinschock beim Meerschweinchen auslöst, (Friedberger, Tadini) erscheint ebenfalls fraglich. C. Moreschi und A. Golgi stellten Anaphylatoxine aus Staphylokokken, Typhus- und Tuberkelbazillen dar, und fanden, daß Staphylokokken- und Tuberkelbazillen-Anaphylatoxin hochtoxisch sein können, ohne pyrogen zu wirken. Beim Typhusanaphylatoxin bestand zwischen beiden Funktionen keine Proportionalität; die Filtration durch Chamberland-Kerzen hielt die toxische Komponente zurück, ließ aber die fiebererregende quantitativ passieren; auch war die pyrogene Wirkung gleich groß, wenn man zur Digestion aktives oder inaktives Meerschweinchenserum benützte (was aber nach Goretti u. a. nicht zutrifft), während sich die allgemein toxischen Stoffe nur bei der Bebrütung mit aktivem, frischem Serum bilden. C. Moreschi und Golgi neigen der Ansicht zu, daß die pyrogenen Substanzen mit dem, was Friedberger Anaphylatoxin nennt, nicht wesensgleich sind, sondern mit den Pfeifferschen Endotoxinen. Nach Brugnatelli wirkt ferner Streptokokkenanaphylatoxin nicht fiebererregend, sondern nur akut letal.

Die Angabe Friedbergers, daß das Anaphylatoxin aus den gleichen minimalen Eiweißmengen entsteht, die bei der Anaphylaxie in Aktion treten, könnte zu der Auffaasung verleiten, daß wir über die Matrix der Anaphylatoxine präzise und sichere Kenntnisse haben, die uns aber de facto gänzlich mangeln.

Die Anaphylatoxine sind Reaktionsprodukte, welche sich bei der Wechselwirkung größerer Mengen frischen arteigenen Serums auf kleine Quantitäten verschiedener Substanzen bilden; man kann zu diesem Zwecke artfremde Sera, aus denselben durch spezifische Präzipitation gewonnene Niederschläge, sensibilisierte Erythrozyten, Bakterien, Trypanosomen (Marcora, Mutermilch), Spirochäten und zwar sowohl Hühnerspirochäten als Spirochaeta pallida (Dold, Nakano, Mutermilch), Peptone (Friedberger und Mita, Besredka, tröbel und Jupille), Agar-Agar[1]) (Bordet, Friedberger, Nathan, Kraus und Kirschbaum, Loewit und Bayer, Tschernoruzky, Haren) und Stärke (Nathan, Friedemann) verwenden.

Liegt nun die Quelle des Giftes im arteigenen Serum oder in den, wie noch hervorgehoben werden soll, in der Tat minimalen Mengen der genannten, so außerordentlich verschiedenen Stoffe? Friedberger erklärt die zweite Lösung des Problems für die richtige, und stellt sich den Mechanismus der Giftproduktion so vor, daß heterologes Eiweiß durch Ambozeptor und Komplement zu einem toxischen Spaltprodukt abgebaut wird. Viele der aufgezählten Stoffe sind in der Tat Eiweißantigene, und nach den Untersuchungen von Loewit und Bayer scheint das auch vom Agar zu gelten (vgl. S. 269); von manchen, wie vom Wittepepton oder der Stärke, kennt man jedoch keine antigenen, speziell anaphylaktogenen Funktionen, was einen Widerspruch zu der angenommenen Ambozeptor-Komplement-Wirkung involviert. Zweitens sieht man sich vom Standpunkte Friedbergers gezwungen, im normalen Meerschweinchenserum eine Menge von Normalambozeptoren anzunehmen, welche für jede Art von heterologem Eiweiß vorgebildet sein müßten; ein positiver Nachweis ihrer Existenz fehlt für viele von den Substraten, die sich zur Anaphylatoxingewinnung eignen. Das bedeutet indes mehr eine Lücke unserer Kenntnisse, die sich vielleicht im Sinne von Friedberger ausfüllen läßt. Gegen eine Intervention der Normalambozeptoren sprechen jedoch auch direkte Experimente von C. Moreschi und C. Vallardi. Sie suchten die Normalambozeptoren durch Adsorption mit einer bestimmten Bakterienart bei 0° C aus Meerschweinchenserum zu entfernen; bei derart niedrigen Temperaturen sollen die Antigene nach Ehrlich und Morgenroth nur den Ambozeptor, nicht aber das Komplement verankern, und Moreschi und Vallardi fanden n der Tat, daß durch die angeführte Prozedur stets eine Reduktion, in einigen Fällen sogar ein völliges Verschwinden des Normalambozeptors für die verwendete Bakterienart zu konstatieren war. Ein so präpariertes Serum hatte aber die Fähigkeit, mit denselben Bakterien bei 37° C Anaphylatoxin zu liefern, quantitativ beibehalten, d. h. die mit demselben dargestellten vitro-

---

[1]) Versuche mit 10% Gelatine lieferten keine eindeutigen Ergebnisse (Haren).

Gifte waren für Meerschweinchen in der gleichen Dosis tödlich wie jene, welche das Serum vor der Kälteausfällung bildete. Friedberger spricht diesen Versuchen jede Beweiskraft ab, weil bei der Kälteausfällung auch etwas Komplement gebunden und eine geringe Menge Anaphylatoxin produziert wird (die sich zu einer Dosis letalis summiert, wenn man die Kälteadsorption 5—6 mal wiederholt), und weil andererseits nicht der ganze Normalambozeptor eliminiert wird (Friedberger und Cederberg); mit anderen Worten, in dem Maße, in welchem das Serum bei der Behandlung mit Bakterien bei 0^0 C an Ambozeptor verliert, wird es anaphylatoxinhaltig, und bei der folgenden Digerierung bei 37^0 C ergänzt sich einfach dieser geringe Toxizitätsgrad trotz der verminderten Ambozeptormenge zur Dosis letalis. Moreschi und Vallardi haben diese Einwände zurückgewiesen, weil die minimalen bei 0^0 C entstehenden Anaphylatoxinmengen den Wert ihrer Experimente nicht herabsetzen können, in welchen das Giftbildungsvermögen des adsorbierten und des nativen Serums fast regelmäßig und zwar quantitativ übereinstimmte. Ähnliche Ergebnisse wie Moreschi und Vallardi mit der Kälteausfällung erzielten Gonzenbach und Hirschfeld durch Adsorption der Ambozeptoren in Bariumlösung. Es existiert aber doch eine Angabe in der neueren Literatur, welche bei oberflächlicher Betrachtung als Beweis für die von Friedberger behauptete Notwendigkeit der Ambozeptoren für die Entstehung der Anaphylatoxine gelten könnte. White und Avery nehmen an, daß Meerschweinchensera keine Normalambozeptoren für Edestin besitzen, da Edestin in der Nahrung der Meerschweinchen nicht vorkommt oder doch mit Sicherheit aus derselben ausgeschaltet werden kann. Nun erhielten sie durch Inkubation einer Edestinlösung mit frischem Meerschweinchenserum kein Gift, wohl aber, wenn sie aus Edestin und Antiedestinserum (vom Kaninchen) ein Präzipitat darstellten und dieses mit „Komplement" digerierten. Edestin löst sich jedoch nur in NaOH, welche nach Friedberger und A. Moreschi die Anaphylatoxinbildung verhindert und fertiges Anaphylatoxin zerstört, so daß das Vermengen von Edestinlösung und Meerschweinchenserum vielleicht aus diesem Grunde kein Gift gibt; stellt man Präzipitate her und gießt man die überstehende Flüssigkeit vor dem Zusatz des „Komplements" ab, so kann dieser störende Faktor nicht intervenieren. Ferner bestehen die Präzipitate von White und Avery gar nicht aus Edestin oder doch nicht aus Edestin allein, sondern vorwiegend oder ausschließlich aus Kanincheneiweiß (Welch und Chapman), wodurch alle Schlüsse auf die Rolle der Ambozeptoren für die Anaphylatoxinbildung hinfällig werden.

Um Anaphylatoxin zu bekommen braucht man also nicht unbedingt Eiweißantigene und die Notwendigkeit von Immunkörpern ist selbst bei Verwendung von Antigenen in keiner Weise bewiesen, ja sogar unwahrscheinlich (Hirschfeld und Klinger); daher dürfen wir die Giftbildung auch nicht mit der Komplementfunktion der frischen arteigenen Sera in Zusammenhang bringen.

Macht man Meerschweinchenserum durch Erwärmen auf 56^0 C komplementfrei (Inaktivierung), so bildet sich in demselben bei der Digestion mit Bakterien, Präzipitaten und anderen geeigneten Substraten nach den übereinstimmenden Angaben der meisten Autoren kein Anaphylatoxin; die wenigen positiven Resultate werden lebhaft bestritten. Doch lassen auch die negativen Versuche nur den Schluß zu, daß komplementfreies Serum unter den gewählten Bedingungen nicht soviel Gift liefert, als zur akuten Tötung eines Meerschweinchens von 200 g erforderlich wäre; eine Anaphylatoxinproduktion in schwächerem Ausmaße scheint doch zu erfolgen. Hindert man die Komplementfunktion frischer Sera durch hypertonische NaCl-Lösung oder physiologische $BaCl_2$-Lösung, so wird die Giftbildung abgeschwächt oder bleibt ganz aus (Friedberger, Gonzenbach und Hirschfeld); das Serum hat nach Beendigung der Digestion einen unveränderten oder doch nur wenig reduzierten Komplementtiter, während bei Weglassung der genannten antagonistischen Stoffe nicht nur Anaphylatoxin entsteht, sondern auch das gesamte Komplement quantitativ verbraucht wird. Frische Sera zeigen aber neben der Komplementwirkung im Sinne der Immunitätslehre auch andere Funktionen, die gleichfalls thermolabil sind und durch NaCl und $BaCl_2$ ebenso gehemmt werden; selbst unter der unbewiesenen Voraussetzung, daß alle bekannten Eigenschaften frischer Sera auf eine einheitliche Substanz zurückzuführen sind, darf man daher die angeführten Tatsachen nicht so deuten, daß der giftbildende Prozeß gerade auf der spezifischen Komplementtätigkeit beruht (Hirschfeld und Klinger), ganz abgesehen davon, daß für letztere stets die Beteiligung von Antikörpern ein notwendiges, für die Entstehung der Anaphylatoxine dagegen ein überflüssiges Postulat darstellt.

Davon, daß sich die Anaphylatoxine unter analogen Bedingungen und aus denselben Komponenten bilden, wie sie beim Anaphylaxieversuch eine Rolle spielen, kann bei der gegenwärtigen Lage der Dinge nicht gut die Rede sein und es wäre nur eine Wiederholung des ohnehin Bekannten, wollte man darüber neuerlich diskutieren. Wenn normale Meerschweinchen, denen man eine entsprechende Dosis Bakterien intravenös injiziert, im akuten Schock verenden (P. Th. Müller), so würde das am ehesten mit der Anaphylatoxindarstellung zu vergleichen sein; eine derartige Versuchsanordnung bezeichnen wir aber nicht als eine anaphylaktische. Die Widersprüche können nur durch Hilfshypothesen beseitigt werden; wenn man für die Anaphylaxie und für das Anaphylatoxin einen toxogenen Eiweißabbau annimmt, und weiter supponiert, daß dieser Abbau durch die Zeit, die Temperatur, die Reaktionskomponenten in verschiedener Weise beeinflußt wird, wenn man endlich nur gewissen Stadien des Abbaues toxische Eigenschaften zuschreibt, so lassen sich allerdings durch Permutation der zur Erklärung herangezogenen Elemente in jedem Falle Übereinstimmungen zwischen Theorie und Experiment schaffen, die aber nicht den Tatsachen entsprechen.

Über den Nachweis von Eiweißspaltprodukten bei der Entstehung der Anaphylatoxine liegen wechselnde Angaben vor. Friedberger und Mita entfernten das Eiweiß aus anaphylatoxinhaltigem Serum mit der Methode von Hohlweg und Meyer und bekamen in den Filtraten positive Biuretreaktionen. H. Pfeiffer und Mita beobachteten dagegen nie das Auftreten von inkoagulablen, biureten Stoffen, wenn sie normales Meerschweinchenserum mit artfremden Proteinen digerierten, obwohl sich ja unter diesen Umständen Anaphylatoxin bilden kann. Andere Autoren bedienten sich der Dialysiertechnik, indem sie die Reagenzien der Anaphylatoxingewinnung in Diffusionshülsen füllten und nach beendeter Digestion die Außenflüssigkeit entweder der Biuret- oder der Ninhydrinprobe unterwarfen. Abderhalden, Franz und Jarisch, H. Pfeiffer und Jarisch konnten bei der Dialyse von Gemischen aus heterologem Eiweiß und normalem Plasma oder Serum nie dialysable, biurete Stoffe erhalten, ebensowenig Hirschfeld und Klinger bei der Einwirkung von frischem Meerschweinchenserum auf Bakterien. Donati beschickte die bekannten Diffusionshülsen Nr. 579 von Schleicher und Schüll mit 0,001 g gekochter Typhusbazillen und 4 ccm frischen Meerschweinchenserums und hielt dieselben durch 2 Stunden im Thermostaten und durch 14—15 Stunden im Eisschrank; es bildeten sich meist keine dialysablen, mit Ninhydrin reagierenden Substanzen, und wo solche in der Außenflüssigkeit nachweisbar waren, fanden sie sich auch in den Kontrollen (Serum ohne Bakterien). Doch hatte sich in allen Hülsen, die Bazillen enthielten, Anaphylatoxin entwickelt, wie der Tierversuch lehrte. Das antitryptische Vermögen des Serums wurde durch die Anaphylatoxinbildung nicht gesteigert, ebensowenig erfuhr die normale peptolytische Fähigkeit für Glycyl-l-Tyrosin eine Änderung. Hirschfeld und Klinger registrieren bei der gleichen Versuchsanordnung ebenfalls negative Resultate, und in den vereinzelten Fällen, wo mit Ninhydrin reagierende Körper konstatierbar waren, trat die Reaktion regelmäßig, oft sogar in erhöhtem Grade ein, wenn die Bakterien mit dem gleichen, aber inaktiven Serum digeriert wurden, so daß es den Anschein hat, als ob die Ninhydrinreaktion auch unabhängig von einem durch thermolabile Fermente bedingten Abbau zustande kommen kann. Hirschfeld und Klinger erwähnen auch, daß sie zuweilen beim Dialysieren von Serum im Wasserbad bei 56⁰ C ohne einen Zusatz positive Ninhydrinreaktionen bekamen. Friedemann und Schönfeld untersuchten nach der von Abderhalden angegebenen Methode Gemenge aus gekochter Stärke (s. w. u.) und frischem Normalmeerschweinchenserum (1,5 ccm); das Dialysat gab Ninhydrinreaktion, deren Stärke von der zugesetzten Menge des Kohlehydrates abhing (bei $0,3-1,0$ ccm 10%iger Stärkelösung sehr intensiv, schwächer oder fehlend bei 0,1 ccm). Serum allein lieferte bei Ausschaltung aller Fehlerquellen negative Resultate, und da Friedemann und Schönfeld die Möglichkeit ausschließen, daß die Stärke selbst oder etwaige Spaltprodukte derselben die Ninhydrinreaktion veranlaßten, so könnten die von ihnen festgestellten Eiweißabbaustoffe nur dem frischen Serum entstammen. Erwärmte man die Sera vor dem Zufügen der Stärke auf 56⁰ C, so blieb die Bildung der mit Ninhydrin reagierenden Körper aus. Auch frisches Menschenserum gibt mit Stärke (Hassel) und, wie Plaut neuerdings berichtet, bei der Digestion mit Kaolin, Kieselguhr, Talk, Bariumsulfat positive Ninhydrinreaktion.

Die Versuche von Plaut sowie von Friedemann und seinen Mitarbeitern scheinen nicht nur geeignet, bei ihrem weiteren Ausbau die noch unklare Natur der Abderhaldenschen Reaktionen aufzuhellen, sondern bilden auch eine Brücke zu der sog. Adsorptionshypothese, welche darin gipfelt, daß das Anaphylatoxin nicht durch den Abbau des zugesetzten heterologen Proteins, sondern durch eine Veränderung des frischen arteigenen Serums entsteht.

Der Eiweißabbau wurde dadurch unwahrscheinlich gemacht, daß auch Stoffe wie Agar-Agar oder Stärke Anaphylatoxin geben, wenn man sie mit frischem Meerschweinchenserum behandelt. Um eine für ein Meerschweinchen von 200 g letale Dosis Anaphylatoxin zu erhalten, genügen nach Nathan 0,0005 g Agar oder 0,0005 ccm eines 10%igen Stärkekleisters; da der Agar

1,64 % N, die Stärke gar nur 0,2 % enthielt, so würden, falls der N-Gehalt in seiner Gänze auf hochmolekulares Eiweiß bezogen werden darf, 0,0000082 g resp. 0,0000001 g ausreichen, um bei der Spaltung eine akut tödliche Giftmenge zu bilden. So toxische Eiweißspaltprodukte kennen wir nicht (letale Dosis des Histamins nach eigenen genauen Titrationen 0,00007 g für 200 g Meerschweinchen); derartige Eiweißmengen bilden auch in vitro kein Anaphylatoxin (kleinstes Quantum Pferdeserum nach Friedberger 0,0005 ccm), und — wie in Parenthese betont sei — sie lösen auch beim bestpräparierten Meerschweinchen keinen tödlichen Schock aus. Vor ca. zwei Wochen publizierten Kopaczewski und Mutermilch die Angabe, daß sie mit einer Natriumverbindung des Pektins Anaphylatoxin gewonnen hätten; falls die Substanz wirklich absolut N-frei ist, wie behauptet wurde, so wäre damit die Entstehung des Anaphylatoxins durch einen Abbau des Eiweißantigens widerlegt. Mit Rücksicht auf die Erfahrungen von Hift ist indes Vorsicht in der Beurteilung am Platze.

Wenn man ferner ein und dasselbe Substrat z. B. Bakterien wiederholt mit neuen Portionen frischen Meerschweinchenserums behandelt, so entsteht immer wieder neues Gift, und zwar oft zehnmal hintereinander (Dold und Aoki, Donati, Levy und Dold, Dold und Hanau, Boehncke und Bierbaum); schließlich tritt allerdings scheinbar eine „Erschöpfung des Antigens" ein. Solche „desanaphylatoxierte" Bakterien[1]) wirken aber immer noch als Antigene, produzieren Agglutinine und Lysine, präparieren Meerschweinchen und lösen bei sensibilisierten Tieren den Schock aus. Nun besitzen wir im Schwund der Antigenfunktionen ein recht empfindliches Kriterium für einen Abbau der Eiweißantigene, und Friedberger selbst betont, daß Eiweißspaltprodukte nicht anaphylaktogen wirken, selbst wenn es hochmolekulare Albumosen, wie die von Zunz sind; hier, wo der angebliche „Antigenabbau" bis zur äußersten Grenze fortgesetzt wird, bleibt das antigene Vermögen fast zur Gänze erhalten.

Eine Veränderung des zum sog. „Antigen" zugesetzten arteigenen frischen Serums findet zweifellos statt. Das geht schon aus dem Komplementverbrauch hervor; doch kann der bloße Verlust des Komplementes nicht als Ursache der Toxizität gelten, da Erwärmen, Inaktivierung durch Schütteln oder die längere Einwirkung von Röntgenstrahlen frische Sera nicht giftiger machen (Haren). Das Schwinden der Komplementfunktionen ist aber auch nicht die einzige Modifikation, welche die Sera bei der Anaphylatoxinbildung erleiden; so hat Bordet beobachtet, daß frisches Serum trübe wird, wenn sich in demselben bei Kontakt mit Agar Gift bildet, daß dagegen diese Trübung in inaktivem Serum ausbleibt. Hirschfeld und Klinger bestätigten die Angabe und teilten mit, daß auch andere toxipare Stoffe (Bakterien, spezifische Präzipitate) frische Sera trüben, sowie weiter, daß NaCl-Hypertonie nicht nur die Giftbildung, sondern auch die Trübung verhindert. Es fragt sich also nur, welcher Art die giftbildenden Veränderungen des Serums sind und wie sie mit der Entstehung des Anaphylatoxins ursächlich zusammenhängen. Zunächst

---

[1]) Setzt man zu den Bakterien außer frischem Meerschweinchenserum auch noch einen passenden Ambozeptor hinzu (inaktives Immunserum vom Kaninchen), so geht die Fähigkeit zur Anaphylatoxinbildung rascher verloren; die Antigenfunktionen bleiben auch dann erhalten (Levy und Dold).

hat man an Adsorptionsvorgänge gedacht, durch welche dem Serum hemmende Stoffe entzogen werden, so daß präformierte Gifte oder toxische Enzyme ihre latente Aktivität wieder erlangen (Ritz und Sachs, Doerr). Von diesem Gedanken ausgehend hat man frische Sera mit anorganischen oder organischen, aber eiweißfreien Adsorbentien behandelt, und zwar besonders mit solchen, welche Komplement zu binden vermögen, um eine möglichst vollkommene Analogie mit den Vorgängen bei der Entstehung des Anaphylatoxins herzustellen. Man hat zu diesem Zweck Kaolin, Kieselguhr, Kohle, Natriumsilikatgel, Talk, Bariumsulfat, Mastix, kolloidale Kieselsäure und kolloidales Aluminium verwendet; diese Methoden haben nur ausnahmweise (vgl. meine Darstellung in Kolle-Wassermanns Handb., 2. Aufl., ferner Friedberger, Mutermilch, Achard, Nathan, Mutermilch und Bankowski) eine Steigerung der Serumtoxizität bis zu dem beim Anaphylatoxin möglichen Grade (akut tödlicher Schock) bewirkt, viele Autoren hatten überhaupt nur negative Resultate zu verzeichnen. Es ist, wie Friedemann und Schönfeld betonen, von Interesse, daß frische Menschensera bei der Digestion mit solchen Adsorbentien nur unregelmäßig und selten dialysable, mit Ninhydrin reagierende Körper liefern, während bei der Einwirkung von Stärke anscheinend konstantere Resultate zu erzielen sind (Hassel); hält man das mit den Erfahrungen der Anaphylatoxintechnik zusammen, so wird es wahrscheinlich, daß man hinsichtlich der Art der Adsorption und des Vermögens der Giftbildung zwei Gruppen von Adsorbentien zu unterscheiden hat. Die eine (Kaolin, Kieselguhr, Kohle usw.) würde nur unregelmäßig wirken, die andere (Stärke, Bakterien, Agar) konstant; in der Tat konnten Hirschfeld und Klinger eine effektive Differenz insofern aufdecken, als die Komplementadsorption und die Cytozymierung nur bei den Vertretern der zweiten Gruppe durch hypertonische NaCl-Lösung und physiologische Bariumlösung verhindert oder geschwächt wird. Eine verschiedene Art der Einwirkung macht natürlich auch einen verschiedenen Effekt verständlich [1]).

Ich habe mich dann bemüht, die zunächst recht verschwommenen Vorstellungen präziser zu gestalten, indem ich darauf hinwies, daß das Blut resp. Serum während der Gerinnungsphase giftig ist, daß diese Toxizität nach kurzer Zeit verloren geht und bei der Anaphylatoxingewinnung durch Adsorption hemmender Stoffe regeneriert werden kann. Ich setzte die Giftigkeit des Anaphylatoxins damit in Parallele zu der des defibrinierten Blutes und der wässerigen Organextrakte [2]) und bezog sie auf einen Gehalt an Thrombokinase

---

[1]) Daß die Adsorption durch Kieselguhr, Kaolin, Kohle, Lycopodium usw. doch ähnliche Veränderungen des Serums mit sich bringt, wie man sie bei der Anaphylatoxinbildung beobachtet, zeigen auch die Angaben von Handovsky und E. P. Pick; Serum, welches mit den genannten Stoffen geschüttelt wurde, zeigt eine Zunahme der vasokonstriktorischen Fähigkeit (geprüft am Läwen-Trendelenburgschen Präparat), ebenso aber auch Anaphylatoxine, die aus spezifischen Präzipitaten entstehen. Die vasokonstriktorischen Substanzen sind adialysabel und an die wasserlösliche Albuminfraktion der Sera gebunden.

[2]) Bekanntlich sind Organextrakte am giftigsten für die Tierart, von der sie stammen. In dieser Beziehung weisen die Anaphylatoxine ein ähnliches Verhalten auf, da ja stets mit Meerschweinchenserum Gifte für Meerschweinchen gewonnen werden; aktives, komplementhaltiges Kaninchenserum wird für Meerschweinchen nicht toxischer, wenn man es mit Agar inkubiert, einem Substrat, mit dem sich sonst, d. h. bei Verwendung von artgleichem Serum sehr prompt und sicher die Friedbergerschen Gifte erzeugen lassen (Haren).

(Cytozym oder Thrombin). Um diese Auffassung in ihrem ersten Teile zu widerlegen, stellten Friedberger und Kapsenberg einige Versuche an, in welchen sie Bakterien mit Plasma statt mit Serum digerierten und akut tödliche Gifte für Meerschweinchen bekamen; zwecks Plasmagewinnung wurde jedoch das aus der Ader entleerte Blut mit Hirudinlösung versetzt und dann zentrifugiert. Abgesehen davon, daß sich bei zwei Versuchen vor dem Zentrifugieren Gerinnsel bildeten, die entfernt werden mußten, dürfte sich mit dieser Technik wohl überhaupt nicht entscheiden lassen, daß Plasma ebensogut Anaphylatoxin bildet wie Serum. Hirschfeld und Klinger wenden sich gegen die Gleichstellung der Anaphylatoxine mit den wässerigen Organextraktgiften und gegen die Vermutung, daß der toxische Faktor in den ersteren Cytozym oder Thrombin sein könnte. Angeregt durch die Vorarbeiten von Nolf, Ritz und Sachs, Blaizot, Moldovan und Doerr, welche die Beziehungen zwischen Anaphylaxie und Blutgerinnung vertieft haben, nahmen Hirschfeld und Klinger die Angelegenheit etwas methodischer in Angriff; auch sie kamen indes weder zu einer bestimmten Vorstellung über die Anaphylaxie noch über das Anaphylatoxin, hatten aber doch in dieser Richtung einzelne wertvolle, teils negative, teils positive Ergebnisse zu verzeichnen. Nach dem gegenwärtigen Stande der Lehre von der Blutgerinnung beruht letztere auf zwei Vorgängen: der Thrombin-(Fibrinferment-)Bildung und der Fibrinogenfällung, der eigentlichen Gerinnung. Das Thrombin entsteht durch das Zusammenwirken mehrerer Faktoren: 1. des Cytozyms (synon. Thrombokinase, Thrombenzym), das thermostabil ist, aus Zellen stammt und nach den Untersuchungen von Bordet und Delange, Zack ein Lipoid aus der Gruppe der Lecithine sein dürfte; 2. das Serozym (Thrombogen), eine im Serum vorhandene, thermolabile Substanz, die aus Hammeloxalatplasma dargestellt werden kann; 3. Ca-Ionen. Fertiges Fibrinferment fällt Fibrinogenlösungen (Plasma) auch im Ca-freien (Oxalat-) Medium. Hirschfeld und Klinger stellten nun fest, daß die durch die gewöhnliche Gerinnung gewonnenen Sera eine gewisse Menge Cytozym enthalten, und daß Bakterien, spezifische Präzipitate, Kaolin usw. durch die Behandlung mit derartigem cytozymhaltigem Serum eine neue Fähigkeit erwerben; sie können nach der Digestion mit Serum selbst als Cytozym fungieren, d. h. mit serozymhaltigem Serum bei Gegenwart von Ca Thrombin erzeugen, sie wurden „cytozymiert". Die gerinnungsbeschleunigenden oder thromboplastischen Wirkungen solcher Suspensionen beruhen auf dieser Fähigkeit, eben zum Cytozym zu werden. Inaktive Sera cytozymieren nicht oder doch schlechter wie aktive. Über die Beeinflussung der Cytozymierung durch NaCl und BaCl$_2$, sowie über die Tatsache, daß sich in dieser Beziehung die anorganischen Pulver von der Stärke, den Bakterien usw. unterscheiden, wurde bereits das Nötige gesagt; wie gleichfalls hervorgehoben, prägen sich die Differenzen der beiden Kategorien auch hinsichtlich der Komplementadsorption und der Anaphylatoxinbildung aus. Nach Hirschfeld und Klinger besitzt also das frische Serum mehrere Funktionen (Komplement, Serozym, die der Cytozymierung zugrunde liegende Substanz), welche sämtlich thermolabil und durch NaCl und BaCl$_2$ in gleichem Sinne zu hemmen sind. Auf die spezifische Komplementfunktion kann die Anaphylatoxinbildung nicht bezogen werden, da das Kriterium der Beteiligung des Ambozeptors fehlt. Es kann die Toxizität der Anaphylatoxine aber auch nicht auf ihrem Gehalt an Cytozym beruhen,

da ja die Sera vor der Digestion mit Bakterien reicher an Cytozym sind als
nach derselben. Ebensowenig kann ein eventueller Thrombingehalt der Anaphylatoxine der physiologischen Wirkung zugrunde liegen, da die Anaphylatoxine bei der gewöhnlichen Darstellung viel zu wenig Thrombin enthalten
und sich überdies auch in Oxalatmedien bilden, in welchen eine Entstehung
von Thrombin ausgeschlossen ist; endlich erzeugen gerade die Organzellen,
welche sehr leicht Thrombin abgeben, kein Anaphylatoxin. Soweit sich die
Dinge im vitro-Experiment verfolgen ließen, glauben daher Hirschfeld und
Klinger die Annahme eines gleichen Wirkungsmechanismus von Anaphylatoxin
und wässerigem Organextrakt ablehnen zu dürfen; sie gelangen schließlich zu
der Hypothese, daß die Anaphylatoxine beim Kontakt von frischen Bakterien
und Serum dadurch entstehen, daß die ersteren eine Störung im Lipoidbestand
des Serums hervorrufen, da sie eine Affinität zu Lipoiden besitzen. Diese
Lipoidaffinität ergibt sich aus der Tatsache der Speicherung von Cytozym,
welches zu den Lipoiden gehört; freilich ist die Cytozymierung der Bakterien
nur ein Indikator der Lipoidstörung des Serums, sie selbst ist es nicht, welche
dem Serum die Giftigkeit verleiht, da Anaphylatoxine auch durch die Digestion
von Bakterien mit einem nicht cytozymierenden Serum erzeugt werden können,
und da Anaphylatoxine durch Zusatz von Cytozym nicht entgiftet werden[1].
Wir möchten hier auf die von Friedberger gegen diese Form der Adsorptionstheorie vorgebrachten Einwände ebensowenig eingehen, wie auf manche weitere
Hinweise, die Hirschfeld und Klinger zugunsten ihrer Ansicht geltend
gemacht haben; dazu sind die Dinge wohl noch nicht spruchreif genug und all-
zusehr im Bereiche der bloßen Vermutung. Erwähnt sei nur noch, daß Galle
(Dold und Rhein) oder cholesterinhaltige Sera bereits fertige Anaphylatoxine entgiften, und bei Verwendung bestimmter Bakterien auch die Entstehung dieser Gifte verhindern.

Ritz und Sachs wiesen übrigens bereits darauf hin, daß die Anaphylatoxine aus dem arteigenen Serum auch noch auf einem anderen Wege entstehen könnten, nämlich durch einen Abbau nichtspezifischer Serumbestand-
teile, der jedoch erst dann eintreten kann, wenn gewisse antagonistisch wirkende
Einflüsse durch den Kontakt mit Bakterien, Präzipitaten, heterologem Eiweiß,
Stärke oder dergl. entfernt werden. Wie Nathan auseinandersetzt, bedeutet

---

[1] In ihrer letzten Arbeit gehen Hirschfeld und Klinger noch einen Schritt weiter.
Sie zeigen, daß normale Menschensera durch Schütteln, durch Verdünnen mit destilliertem
Wasser, durch Zusatz von Agar, Bakterien, Präzipitaten, Kaolin etc. so verändert werden,
daß sie eine positive Wassermann-Reaktion geben (antikomplementäre Wirkung); alle diese
Prozeduren bewirken eine Trübung, die von labilisierten, in ihrem Gleichgewichtszustand
gestörten Globulinen herrühren. Dementsprechend werden auch andere von den Globulinen
vermittelte Funktionen (Komplement, Cytozym) geschädigt, während die Funktione der Albumine (Serozym) keine Abnahme erfahren. Da im inaktiven Serum diese Veränderungen ausbleiben, so scheint das Wesen der Inaktivierung in einer Stabilisierung der Globuline zu beruhen, nicht aber in der Zerstörung einer thermolabilen Substanz. Ähnlich wie das Inaktivieren durch Erwärmen soll auch die NaCl-Hypertonie den Gleichgewichtszustand der Globuline erhöhen. Hirschfeld und Klinger meinen also, daß die verschiedenen Effekte
frischer Sera (Komplementfunktion, Cytozym) nur möglich sind, wenn ihre Kolloide einen
gewissen Grad von Labilität und damit die Fähigkeit besitzen, ihren Dispersitätsgrad
zu ändern; auch für die Anaphylatoxinbildung wird eine Labilisierung der Globuline des
Serums (durch Eliminierung gewisser Substanzen, wie z. B. der Lipoide) angenommen,
welche mit der Entstehung des Giftes in kausalem Zusammenhang steht.

diese Fassung ein Kompromiß zwischen Adsorptions- und Abbautheorie, indem sie einen Eiweißabbau als ursächliches Moment bei der Anaphylatoxinbildung annimmt, die Quelle des letzteren aber nicht wie **Friedberger** in das sog. „Antigen", sondern in das Serum (arteigene Eiweiß) verlegt. Die bereits zitierten Versuche von **Friedemann** und **Schönfeld** bewegen sich in dieser Richtung.

Über die Natur und die Matrix des Anaphylatoxins wissen wir also nichts Bestimmtes; noch weniger kann man natürlich behaupten, daß das Anaphylatoxin mit dem anaphylaktischen Gift identisch sei. **Seligmann** kommt in seinem Artikel „Anaphylaxie" in **Oppenheimers** Handbuch der Biochemie zu dem Schlusse, „daß irgendwelche Beweise für die Existenz eines in vitro darstellbaren spezifischen Anaphylaxiegiftes überhaupt nicht vorliegen"; man kann aber weiter gehen und sagen, daß auch keine Belege für die Bildung eines solchen Giftes in vivo d. h. im anaphylaktischen Schock vorliegen. Die Experimente von **Abderhalden** (Abbauprodukte im Blute anaphylaktisch reagierender Meerschweinchen) lassen sich überhaupt nicht in diesem Sinne verwerten; die von **Achard** und **Flandin** betreffen das Gehirn, welches für das Zustandekommen des Schocks überflüssig ist, und wurden außerdem in tatsächlicher Hinsicht bestritten; die Experimente von **Friedberger** und **Nathan** habe ich bereits an anderer Stelle besprochen. Nur der Angabe von **Thiele** und **Embleton** wäre noch zu gedenken, wonach das Blut und die Exsudate der an verschiedenen bakteriellen Intoxikationen oder Infektionen sterbenden Tiere ein intensives Gift enthalten, welches bei intravenöser Zufuhr normale Meerschweinchen akut tötet[1]) und zwar unter Symptomen, welche jenen des anaphylaktischen Schocks vollkommen gleichen und von der Art des infizierenden Bakteriums unabhängig sind. In solchen Blutproben oder Exsudaten sollen sich auch diffusible Spaltprodukte nachweisen lassen. Greifen wir zwei von diesen Versuchen heraus: Ein Kaninchen bekommt $^1/_2$ Öse Hühnercholera und wird nach 12 Stunden im moribunden Zustand entblutet; ein normales Meerschweinchen erhält 5 ccm einer Mischung des Blutes dieses Kaninchens mit dem gleichen Volumen 1,5%iger Na-Zitratlösung und stirbt in 2 Minuten. Die Kontrollen über die Giftigkeit des Natriumzitrates oder die Toxizität von normalem Kaninchenblut + Natriumzitrat fehlten; man kann sich leicht überzeugen, daß diese Unterlassung einen groben Fehler bedeutet. In einem zweiten Falle wird ein größeres Meerschweinchen mit 20 mg abgetöteter Staphylokokken injiziert; das Tier geht nach 24 Stunden ein, von seinem Blut erhält ein zweites Meerschweinchen von 180 g 4 ccm + 4 ccm 1,5% Na-Zitrat, also im ganzen 8 ccm intravenös und verendet akut. In anderen Fällen wird eben defibriniertes Blut infizierter Kaninchen oder Meerschweinchen normalen Meerschweinchen intravenös eingespritzt, ohne Rücksicht auf die bekannte Giftigkeit des artfremden und arteigenen Blutes, und zwar stets in recht erheblicher Dosis. Die Versuche von **Thiele** und **Embleton** über die Toxizität der Peritonealexsudate gleichen den von **Friedberger** und **Nathan**, **Cole** u. a. ausgeführten und berücksichtigen nicht die von **Weil** und **Doerr** gemachten Einwände.

---

[1]) Das Anaphylatoxin wird nach **Kenzo Suto** durch Organzellen nicht gebunden; wäre es das gesuchte anaphylaktische Gift, so sollte man glauben, daß es im Blute der im Schock eingegangenen Tiere nachweisbar bleibt.

Über die „anaphylaktischen“ Harngifte glaube ich hier hinweggehen zu dürfen und verweise nur auf die Arbeiten von H. Pfeiffer, Chancellor, Aronson und Sommerfeld, Mauthner, Busson und Kirschbaum, Zinsser u. a.

Zusammenfassend dürfen wir heute sagen:

Es ist unwahrscheinlich, daß im anaphylaktischen Schock des Meerschweinchens ein parenteraler Abbau von Eiweiß, speziell von Antigen stattfindet, der Gifte im chemischen Sinn liefert. Vielmehr scheinen rein physikalische Vorgänge den als Todesursache ermittelten Bronchospasmus auszulösen, Vorgänge, die sich nicht in der Blutbahn, sondern an den Zellen abspielen; für eine rein humorale Genese des anaphylaktischen Schocks haben wir keine Anhaltspunkte. Die Anaphylatoxine von Friedberger entstehen höchstwahrscheinlich nicht durch Abbau von Eiweißantigenen zu Giften, sondern durch physikalische Änderungen frischer Sera im Kontakt mit bestimmten Stoffen; daß sie mit der Anaphylaxie in Zusammenhang stehen, ist möglich, aber nicht erwiesen.

Im Schock des Hundes, **der** ja viel protrahierter verläuft als der des Meerschweinchens und des Kaninchens, und für den die Intervention der Leber notwendig ist, welche im Eiweißstoffwechsel eine so bedeutsame Rolle spielt, kämen Vergiftungsvorgänge, eventuell auch solche durch Eiweißspaltprodukte, eher in Betracht; das gleiche gilt für jene Formen der anaphylaktischen Reaktion von Meerschweinchen oder Kaninchen, die nicht innerhalb von Minuten zum Tode führen, sondern nach längerer Inkubation auftreten und nach einigen Stunden mit Exitus oder Erholung endigen. Auch hier erscheint jedoch Vorsicht geboten, sowohl was die Annahme der Vergiftung durch Eiweißspaltprodukte, als auch was die Vernachlässigung physikalischer Störungen anbelangt.

Da es mir nur darauf ankam, die Fortschritte in der Erkenntnis der grundlegenden Probleme zu schildern, so glaube ich abschließen zu können, und verschiedene Themen (Bakterienanaphylaxie, Tuberkulinüberempfindlichkeit, Beziehungen zwischen Anaphylaxie einerseits, Infektion, Verbrennung, sympathischer Ophthalmie, traumatischen sterilen Entzündungen, Urämie, Basedowscher Krankheit, Eklampsie usw. andererseits) übergehen zu sollen; solange man nicht sichergestellt hat, was Anaphylaxie ist, muß die Bearbeitung von anscheinend verwandten Gebieten notgedrungen Produkte liefern, deren wissenschaftlicher Wert oft gering ist oder doch stark zurücktritt gegen das sichtliche Vergnügen an einer durch die Tatsachen nicht eingeschränkten Spekulation.

Literatur[1]).

1. Abderhalden, E., Abwehrfermente des tierischen Organismus usw. 2. Aufl. 1913.
2. — Isolierung von Glycyl-l-phenylalanin aus dem Chymus des Dünndarmes. Hoppe-Seylers Zeitschr. f. physiol. Chem. **81**, 315. 1912.
3. — Weitere Studien über Anaphylaxie. Ebenda **82**, 109. 1912.
4. — Biologische Studien mit Hilfe verschiedener Abbaustufen aus Proteinen und synthetisch dargestellten Polypeptiden. Ebenda **81**, 315 u. 322. 1912.
5. Abderhalden, E. und Kashiwado, T., Studien über die Kerne der Thymusdrüse und Anaphylaxieversuche mit Kernsubstanzen (Nucleoproteiden, Nucleinen und Nucleinsäuren). Ebenda **81**, 285. 1912.

---

[1]) Vgl. auch den gleichfalls alphabetisch geordneten Nachtrag auf S. 367 ff.

352   R. Doerr:

6. Achard, Ch., Les propriétés cryptotoxiques du sérum. Semaine méd. 1913. 229.
7. Achard, Ch. et Flandin, Ch., Sur la recherche de la toxicité cérébrale dans le choc anaphylactique. Compt. rend. Soc. biol. 74, 892. 1913.
8. — — Extractions du poison formé dans l'encéphale pendant le choc anaphylactique. Ebenda 72, 1073. 1912.
9. — — Diagnose de l'anaphylaxie humaine par l'épreuve de l'anaphylaxie passive provoquée chez le cobaye. Ebenda 73, 419. 1912.
10. — — Toxicité du cerveau dans le choc peptonique et dans le choc anaphylactique. Ebenda 74, 1912.
11. Ahl und Schittenhelm, Über experimentelle Eosinophilie nach parenteraler Zufuhr verschiedener Eiweißstoffe. Zeitschr. f. d. ges. exper. Med. 1, 111. 1913.
12. Akssenow, L., 683 Fälle von Serumkrankheit. Jahrb. f. Kinderheilk. 78, 565. 1913; Rußki Wratsch 803, 839 u. 896. 1913.
13. Alhaique, A., Sui fenomeni di anafilassia nelle scottature. Pathologica 4, 479. 1912.
14. Amako, T., Experimentelle Untersuchungen über die komplexe Konstitution und Wirkungsweise der Hämolysine von Kaltblüterseris, sowie einige Bemerkungen zur Kenntnis der hämolytischen Komplemente und Ambozeptoren, insbesondere zur Forschung der hetereologen Antikörperbildung. Zeitschr. f. Chemotherap. Orig. 1, 224. 1912.
15. Antonoff, A., L'anaphylaxie au point de vue médico-légal. Thèse de Montpellier 1912.
16. Ando, I., Über die antitryptische Wirkung des Serums bei der Anaphylaxie. Zeitschr. f. Immunitätsf. 18, 1. 1913.
17. Arena, G., Sul potere tonico et autoantitossico degli estratti di pulmone. Gazz. internaz. di med., chir., ig. 1913. 865.
18. Arima, R., Passive Übertragbarkeit der Diphtherietoxinüberempfindlichkeit durch Diphtherieserum, mit besonderer Berücksichtigung des fermentativen Giftabbaues. Zeitschr. f. Immunitätsf. 20, 260. 1913.
19. Armand-Delille, Les variations de l'alexine après le choc anaphylactique dans la séro-anaphylaxie active et passive. Ann. Pasteur 26, 817. 1912.
20. — A propos des anaphylatoxines. Compt. rend. Soc. biol. 74, 1913.
21. Aronson, H., Über die Giftwirkung normaler Organ- und Muskelextrakte. Berl. klin. Wochenschr. 50, 253. 1913.
22. Artault, S., Anaphylaxie médicamenteuse. Bull. gén. de thérap. 165, 293. 1913.
23. Arthus, M., Intoxications vénimeuses et intoxication protéique. Compt. rend. Ac. Sc. 154, 79. 1912.
24. — Études sur les venins de serpents. Mém. 3. Venins coagulants et anaphylaxie, propriétés des venins de serpents, dose anaphylactisante. Arch. internat. de physiol. 12, 369. 1912.
25. Ascoli, M. und Izar, G., Giftbildung durch Einwirkung von Blutserum auf art- und körpereigene Organextrakte. Münch. med. Wochenschr. 59, 1092. 1912.
26. Auer, J., Some aspects of anaphylaxis. Popular science monthly, Nov. 1912.
27. — and Robinson, An electrocardiographic study of the anaphylactic rabbit. Journ. of the exper. Med. 18, 1913. (S. auch Robinson und Auer.)
28. — und van Slyke, D., Eiweißspaltprodukte und Anaphylaxie. Zentralbl. f. Physiol. 27, 435. 1913.
29. — — A contribution to the relation between proteid cleavage products and anaphylaxis. Journ. of exper. Med. 18, 210. 1913.
30. Austrian, Ch. R., Hypersensitiveness to tuberculo-protein and to tuberculin. Bull. of the Hopkins Hosp. 24, 141. 1913.
31. Austrian, Ch. and Hiram Fried, The production of passive hypersensitiveness to tuberculin. Pap. 2. Ebenda 24, 280. 1913.
32. Baehr, G. und E. P. Pick, Beiträge zur Pharmakologie der Lungengefäße. Arch. f. exper. Path. u. Pharm. 74, 65. 1913.
33. — — Pharmakologische Studien an der Bronchialmuskulatur der überlebenden Meerschweinchenlunge. Ebenda 74, 41. 1913.
34. — — Über Entgiftung der peptischen Eiweißspaltprodukte durch Substitution im cyklischen Kern des Eiweißes. Ebenda 74, 73. 1913.

35. Bail, O. und Margulies, A., Untersuchungen über die Absorption von Schafblut-hämolysinen durch Meerschweinchenorgane. Zeitschr. f. Immunitätsf. **19**, 185. 1913.

36. Bankowski, J. und Z. Szymanowski, Anaphylaktische Studien. 4. Zur toxischen Wirkung des menschlichen Blutserums. A. die Toxizität im Verlauf von Infektionskrankheiten. B. Toxizitätsunterschiede zwischen dem Mutter- und Fötalserum. Zeitschr. f. Immunitätsf. Orig. **16**, 330. 1913.

37. Barach, I. H., Vaccination and local anaphylaxis. Journ. of Amer. Med. Assoc. **60**, 569. 1913.

38. Barton, W., Another Conception of Anaphylaxis. Boston Med. Surg. Journ. **167**, 51. 1912.

39. Bauer, I., Über die Milchantianaphylaxie. Zeitschr. f. Bakt., Orig. **66**, 303. 1912.

40. Belfanti, Modo di evitare i fenomeni di anafilassi ed i loro inconvenienti nella siero-terapica anticarbonchiosa. La clin. veterin. 1913. Nr. 20.

41. Belin, M., Des rapports existants entre l'anaphylaxie et l'immunité. Compt. rend. Ac. Sc. **156**, 1260. 1913.

42. — Traitement des accidents sériques. Compt. rend. soc. biol. **74**, Nr. 4. 1913.

43. Beneke, R. und Steinschneider, E., Zur Kenntnis der anaphylaktischen Gift-wirkungen. Zeitschr. f. allg. Path. u. path. Anat. **23**, 529. 1912.

44. Bernabei, Sugli edemi-Influenza della sensibilizzazione anafilattica. Biochimica **4**, 1912.

45. Bertarelli, E. und Tedeschi, A., Können bei Behandlung mit Alkaloiden mit Hilfe des Ablenkungsverfahrens wahrnehmbare Antikörper erhalten werden. Zeitschr. f. Bakt., Orig. **71**, 225. 1913.

46. Bessemans, A., Contribution à l'étude de l'anaphylaxie. Zeitschr. f. Immunitätsf. **17**, 333. 1913.

47. Besredka, Ströbel und Jupille, Anaphylatoxine, peptotoxine et peptone dans leurs rapports avec l'anaphylaxie. Mém. 12. Ann. Pasteur **27**, 185. 1913. und Zeitschr. f. Immunitätsf. **16**, 249. 1913.

48. Biedl und Kraus, R., Die Kriterien der anaphylaktischen Vergiftung. Antwort auf Friedbergers 10. Mitteilung über Anaphylaxie. Zeitschr. f. Immunitätsf. **15**, 447. 1912.

49. — — Die Anaphylaxie als Vergiftung durch Eiweißabbauprodukte. Deutsche med. Wochenschr. **39**, 945. 1913.

50. Billard, G., Hippophagie et anaphylaxie au sérum de cheval. Compt. rend. Soc. biol. **73**, 462. 1912.

51. — et Barbes, L., Rétroanaphylaxie et Rétroproteotoxie. Ebenda **74**, 1913.

52. — et Daupeyroux, Action des eaux minérales de la Bourboule sur les lapins ana-phylactisés au sérum de cheval. Compt. rend. Soc. biol. **74**, 1913.

53. — et Grellety, R., Modifications des réactions anaphylactiques sous l'influence du traitement par les eaux minérales naturelles (Vichy). Ebenda **74**, 1913.

54. Birnbacher, Th., Über das Verhalten des Muskels im Muskelpreßsaft. Pflügers Arch. f. d. ges. Physiol. **154**, 1913.

55. Boehncke, y Mouriz, I., Sobre dos nuevos medios profilacticos contra le difteria. Bol. del Inst. nacional de Higiene **9**, 1913.

56. Bordet, I., Gélose et anaphylatoxine. Compt. rend. Soc. biol. **74**, 877. 1913.

57. — Qu'estce que l'anaphylaxie. Ann. et bull. soc. roy. sc. méd. et nat. **71**, Nr. 25. 1913.

58. — Le mécanisme de l'anaphylaxie. Compt. rend. Soc. biol. **74**, Nr. 5. 1913.

59. Bordet, J. et Delange, L., Injections intraveineuses de cytozyme et coagulabilité du sang. Compt. rend. Soc. biol. **75**, Heft 28. 1913.

60. Bory, L., L'antitoxine normale du plasma, sou rôle dans la phylaxie et l'anaphylaxie. Presse méd. **21**, 1050. 1913.

61. Briault et Gautrelet, Contribution à l'étude des phénomènes circulatoires dans l'anaphylaxie adrènalique. Compt. rend. Soc. biol. **75**, 105. 1913.

62. Briot, A. et Aynaud, M., Hypersensibilité du cobaye au sérum de cheval. Ebenda **74**, 180. 1913.

63. Brugnatelli, E., Über die Bildung des Streptokokkenanaphylatoxins in vitro. Zeitschr. f. Immunitätsf. **16**, 342. 1913.

64. Busson, B., Der Komplementschwund und seine Beziehung zur Anaphylaxie. Entgegnung auf Friedbergers 40. Mitteilung usw. Zeitschr. f. Bakt., Orig. **70**, 416. 1913.

65. — und Kirschbaum, P., Wien. klin. Wochenschr. 1914.

66. Büttner, Einige Fragen aus der Physiologie der Verdauung und Resorption im Lichte moderner serologischer Lehren. Wien. klin. Wochenschr. 1913. Nr. 4.

67. v. Calcar, R. P., Über die Kenntnis des anaphylaktischen Zustandes des tierischen und menschlichen Organismus. Folia Microbiologica, 1. Jahrg. 409. 1912.

68. Canavan, Myrtelle M., The blood cell picture in horse serum anaphylaxis in the guinea-pig: note on Kurloffs inclusion cells. Journ. of Med. Research 1912. 202.

69. Caspari, W., Der parenterale Eiweißstoffwechsel. Handb. d. Biochem. von C. Oppenheimer, Ergänzungsbd. 1913.

70. Castelli, G., Neuere Untersuchungen über den Mechanismus der anaphylaktischen Vergiftung mit besonderer Berücksichtigung der Anaphylatoxinvergiftung. 5. Vergleich zwischen der Toxizität der Antigen-Antikörperverbindungen und der daraus abgespaltenen Anaphylatoxine. Zeitschr. f. Immunitätsf. **18**, 300. 1913.

71. Centanni, E., Sulla natura del veleno febbrile. Biochemica **3**, 1912.

72. — Sul rapporto fra la forma anafilattica e la profilattica della reazione immunitaria, con speciale riguardo all' antipiresi causale biologica. Turin 1913.

73. Cesa Bianclii, D. e Vallardi, C., Alimentazione maidica ed ipersensibilità agli estratti di mais. (Maisernährung und Überempfindlichkeit gegen Maisextrakte.) Pathologica **4**, 375. 1912. und Zeitschr. f. Immunitätsf. **15**, 370. 1912.

74. Cesaris-Demel, A., Sulla riproduzione dello Shock anafilattico sul cuore isolato di coniglio e di cavia. Arch. per le scienz. med. **36**, 323. 1912.

75. Chancellor, Ph. S., Über die Beziehungen des Harngiftes zur Anaphylaxie. Zeitschrift f. d. ges. exper. Med. **2**, 1913.

76. Chassevant, A., Galup et Poiret-Delpech, Existe-il une action désanaphylactisante propre aux eaux minérales. I. Recherches sur quelques eaux transportées. Compt. rend. Soc. biol. **74**, Heft 12. 1913.

77. Ciuca, M. et Danielopolu, D., Recherches sur la perméabilité méningée pour les albumines hétérologues. (2. note.) Compt. rend. Soc. biol. **74**, 909. 1913.

78. Coca, A. F., The site of Reaction in Anaphylactic Shock. Zeitschr. f. Immunitätsf. **20**, 1914.

79. Cole, R., Toxic substance produced by Pneumococcus. Journ. of exper. Med. **16**, 644. 1912.

80. Colombo, G. L., Contributo allo studio dell' antianafilassi. Tentativi di antianafilassi mediante instillazioni nel sacco congiuntivale. Ann. di ottalmol. **42**, 711. 1913.

81. Cramer, E., Zur Frage der anaphylaktischen Entstehung der sympathischen Entzündung. Klin. Monatsbl. f. Augenheilk. **16**, 205. 1913.

82. Czubalski, F., Über giftige Eigenschaften der Organe. Przeglad lekarski **52**, 481 u. 491. 1913.

83. Dale, H. H., The effect of small variations in concentration of Ringers solution. on the reponse of isolated plain muscle. Journ. of Physiol. **46**, April 1913.

84. — The effect of varying tonicity on the anaphylactic and other reactions of plain muscle. Journ. of Pharm. and exper. Therap. **4**, 517. 1913.

85. — The anaphylactic reaction of plain muscle in the guinea-pig. Journ. of Pharm. and exper. Therap. **4**, 167. 1913.

86. Darling, S. F., Two cases of anaphylactic serum disease over six years after the primary injection of horse serum (Yersins antipest serum). Arch. of internat. Med. **10**, 440. 1912.

87. Denecke, G., Über die Bedeutung der Leber für die anaphylaktische Reaktion beim Hunde. Zeitschr. f. Immunitätsf. **20**, 501. 1914.

88. Deutschmann, F., Über die geringe Anaphylaxiegefahr bei Verwendung von Deutschmann-Serum E. Klin. therap. Wochenschr. **20**, 1274. 1913.

89. Dick, G. and Burmeister, W. H., The toxicity of human tonsils. Journ. of infect. dis. **13**, 1913.

90. Distaso, A., Über die Giftigkeit der normalen Dickdarmextrakte. Zeitschr. f. Immunitätsf. **16**, 466. 1913.

91. Doerr, R., Die Anaphylaxie als Vergiftung durch Eiweißabbauprodukte. Deutsche med. Wochenschr. **39**, Nr. 24. 1913.

92. — und Pick, R., Über den Mechanismus der primären Toxizität der Antisera und die Eigenschaften ihrer Antigene. Biochem. Zeitschr. **50**, 129. 1913.

93. — — Untersuchungen über ein für die Art nicht spezifisches Eiweißantigen zellulären Ursprunges. Ebenda, **60**, 257. 1914.

94. — — Zur Toxizität heterologer Normalsera. Erwiderung auf vorstehende Notiz von H. Pfeiffer. Zeitschr. f. Immunitätsf. **19**, 612. 1913.

95. — — Die primäre Toxizität des Antisera. Mitteilung 2. Ebenda **19**, 251. 1913.

96. Dold, H., Über die Wirkung des Serums auf die wässerigen Organextraktgifte. Berl. klin. Wochenschr. **49**, 2310. 1912.

97. — und Ogata, S., Weitere Beiträge zur Kenntnis der wässerigen Organextraktgifte. Zeitschr. f. Immunitätsf. **16**, 475. 1913.

98. — und Aoki, H., Beiträge zur Anaphylaxie. Zeitschr. f. Hyg. u. Infekt.-Krankh. **75**, 29. 1913.

99. — — Beiträge zur Frage des Bakterienanaphylatoxins. 7. Tag. d. freien Ver. f. Mikrob. Berlin 1913.

100. — — Weitere Studien über das Bakterienanaphylatoxin. Zeitschr. f. Immunitätsf. **15**, 171. 1912.

101. — — Beitrag zur Frage der Identität des in vitro darstellbaren Anaphylatoxins mit dem in vivo entstehenden anaphylaktischen Gifte. Zeitschr. f. Immunitätsf. **16**, 357. 1913.

102. — — Über sog. Desanaphylatoxieren von Bakterien. Zeitschr. f. Immunitätsf. **18**, 207. 1913.

103. — und Hanau, A., Über die Beziehung des Anaphylatoxins zu den Endotoxinen. Zeitschr. f. Immunitätsf. **19**, 31. 1913.

104. — und Kodama, Zur chemischen Natur der wässerigen Organextraktgifte. Zeitschrift f. Immunitätsf. **18**, 682. 1913.

105. — und Ogata, S., Weitere Beiträge zur Kenntnis der wässerigen Organextraktgifte. Zeitschr. f. Immunitätsf. **16**, 475. 1913.

106. — und Rados, Über entzündungserregende Stoffe im art- und körpereigenen Serum und Gewebssaft. Zeitschr. f. d. ges. exper. Med. **2**, 192. 1913.

107. — — Die Bedeutung des Anaphylatoxins und des art- und körpereigenen Gewebssaftes für die Pathologie, speziell die des Auges. Deutsche med. Wochenschr. **39**, 1492. 1913.

108. — — Dasselbe. Erwiderung. Ebenda **39**, 2254. 1913.

109. — — Versuche über sympathische, spezifische und unspezifische Sensibilisierung. Zeitschr. f. Immunitätsf. **20**, 273. 1913.

110. — und Rhein, M., Über den Einfluß von Galle und Cholesterin auf die Bildung und Wirkung des sog. Anaphylatoxins. Zeitschr. f. Immunitätsf. **20**, 520. 1914.

111. Donati, A., Ricerche intorno al processo di formazione di anafilatossina in vitro. Arch. per le scienz. med. **37**, 306. 1913. und Giorn. della r. accad. di med. di Torino **76**, 104. 1913.

112. — Studi sull' anafilassi, sulle modificazioni che subisce l'antigene tifico in seguito a trattamento con siero fresco di cavia. Arch. per le scienz. med. **36**, 421. 1912.

113. Duhot, E., L'albuminose des liquides céphalo-rhachidiens, characterisée par les reactions d'anaphylaxie. Compt. rend. Soc. biol. **74**, Nr. 23. 1913.

114. Edmunds, Ch. W., The action of the protein poison on dogs: a study in anaphylaxis. Zeitschr. f. Immunitätsf. **17**, 105. 1913.

115. Eichholz, W., Die Vermeidung der Anaphylaxiegefahr durch eine neue Art der Serumeinverleibung (injektionsfertiges Trockenserum). Münch. med. Wochenschrift 1913. Nr. 46.

116. Els, Über Giftigkeit und Gerinnungsverzögerung des intraperitonealen Blutergusses nach Tubenruptur. Arch. f. Gynäk. **99**, 1913.

117. Elschnig, Über die Grundlagen der anaphylaktischen Theorie der sympathischen Ophthalmie. Zeitschr. f. Immunitätsf. **20**, 305. 1913.

118. Eppinger, H., Über eine eigentümliche Hautreaktion, hervorgerufen durch Ergamin. Wien. med. Wochenschr. 1913. Nr. 23.

119. Fagiuoli, A., Tossicità degli estratti metilici di tiroide. Biochimica **4**, 1912.

120. Felländer, J. und Kling, K., Untersuchungen über die Bildungsstätten des anaphylaktischen Reaktionskörpers. Zeitschr. f. Immunitätsf. 15, 409. 1912.

121. Fenyvessy und Freund, Über künstliche Beeinflussung und Messung der Komplementwirkung im lebenden Tiere. Zeitschr. f. Immunitätsf. 18, 666. 1913.

122. Filipella, P., Sull' anafilassi nelle glukosurie sperimentali. Gaz. internaz. di med.-chir.-ig. 1914. 83.

123. Fischer, E., Über die Veränderungen der Gerinnungsfähigkeit des Kaninchenblutes durch intravenöse Injektion wässeriger Extrakte von Meerschweinchenlungen. Zeitschr. f. Immunitätsf. 18, 622. 1913.

124. Flandin, Ch. et Tzanck, Diagnostic de l'anaphylaxie alimentaire aux moules par l'épreuve de l'anaph. pass. provoquée chez le cobaye. Compt. rend. Soc. biol. 74, 1913.

125. Fränkel, E., Der Einfluß der Röntgenbestrahlung auf das hämolytische Komplement des Meerschweinchens. Berl. klin. Wochenschr. 49, 2030. 1912.

126. — und Budde, W., Histologische, zytologische und serologische Untersuchungen bei röntgenbestrahlten Meerschweinchen. Fortschritte f. Röntgenstr. 20, 355. 1913.

127. — und Schillig, K., Über die Einwirkung der Röntgenstrahlen auf die Agglutinine. Berl. klin. Wochenschr. 50, 1299. 1913.

128. Friedberger, E., Over Anaphylaxie. Nederl. Tijdschr. voor Geneesk. 1913. Nr. 14/15.

129. — Über Anaphylaxie. 7. Tag. d. freien Ver. f. Mikrob., Berlin 1913.

130. — Kritik des gegenwärtigen Standes der Anschauungen über Anaphylaxie und Anaphylatoxinvergiftung. Zeitschr. f. Immunitätsf. 18, 227. 1913.

131. — Weitere Versuche über den Mechanismus der schützenden Wirkung des Kochsalzes. Ebenda 18, 280. 1913.

132. — Anaphylaxie und Anaphylatoxinvergiftung. Ebenda 15, 475. 1912.

133. — Handelt es sich bei der Anaphylatoxinbildung aus Agar-Agar nach Bordet um eine physikalische Adsorptionswirkung? Zeitschr. f. Immunitätsf. 18, 323. 1913.

134. — und Cederberg, Weitere Versuche über die Notwendigkeit des Komplements und Ambozeptors für das Zustandekommen der Anaphylaxie und Anaphylatoxinbildung. Ebenda 18, 284. 1913.

135. — — Erwiderung zur vorstehenden Bemerkung von C. Moreschi und C. Vallardi. Ebenda 19, 497. 1913.

136. — — Der Komplementschwund und seine Beziehungen zur Anaphylaxie. Erwiderung an Dr. Bruno Busson. Zeitschr. f. Bakt., Orig. 72, 385. 1913.

137. — und Gröber, Der Einfluß der Trepanation und der Vagusdurchschneidung auf die Anaphylaxie bei präparierten Meerschweinchen. Zeitschr. f. Immunitätsf. 19, 427. 1913.

138. — und Ishikawa, Über die Wirkung von Organextrakten, insbesondere ihren Einfluß auf die Blutgerinnung. 7. Tag. d. fr. Ver. f. Mikrobiol., Berlin 1913.

139. — und Ito, T., Die Beeinflussung der Körpertemperatur durch Salze nach Untersuchungen am Meerschweinchen. Zeitschr. f. Immunitätsf. 15, 303. 1912.

140. — und Kapsenberg, Die Anaphylatoxinbildung aus tierischen Bazillen und durch Plasma an Stelle von Serum. Zeitschr. f. Immunitätsf. 16, 152. 1913.

141. — und Kumagai, Über den Einfluß der Körpertemperatur präparierter Meerschweinchen auf die Überempfindlichkeit bei der Reinjektion. Zeitschr. f. Immunitätsf. 19, 427. 1913.

142. — und Langer, H., Der Einfluß der stomachalen Kochsalzzufuhr auf den Ablauf der Anaphylaxie. Zeitschr. f. Immunitätsf. 15, 535. 1912.

143. — — Gelingt es, aus Histidin durch Einwirkung von normalem Serum ein nach Art des Anaphylatoxins wirkendes Spaltprodukt zu erhalten? Zeitschr. f. Immunitätsf. 15, 528. 1912.

144. — und Lurà, Über Antigenresorption nach der intraperitonealen Reinjektion bei präparierten Meerschweinchen. Zeitschr. f. Immunitätsf. 18, 272. 1913.

145. — Mita, S. und Kumagai, T., Die Bildung eines akut wirkenden Giftes (Anaphylatoxin) aus Toxinen (Tetanus, Diphtherie, Schlangengift). Zeitschr. f. Immunitätsf. 17, 506. 1913.

146. — und Schern, Über das anaphylaktische Fieber. 7. Tag. d. fr. Ver. f. Mikrobiol., Berlin 1913.

147. **Friedberger** und **Schiff**, Über heterogenetische Antikörper. Berl. klin. Wochenschrift **50**, 1557. 1913.
148. — — Weitere Mitteilungen über heterogenetische Antikörper. Berl. klin. Wochenschrift **50**, 2328. 1913.
149. — und **Simmel**, Über Anaphylaxie bei neugeborenen Meerschweinchen. Zeitschr. f. Immunitätsf. **19**, 427. 1913. und 7. Tag. d. fr. Ver. f. Mikrobiol., Berlin 1913.
150. **Fröhlich, A.**, Über lokale, gewebliche Anaphylaxie. Zeitschr. f. Immunitätsf. **20**, 476. 1914.
151. — und **Pick, E. P.**, Zur Kenntnis der Wirkungen der Hypophysenpräparate. Arch. f. exper. Path. u. Pharm. **74**, 92, 107 u. 114. 1913.
152. **Gaffky** und **Heubner**, Über die Gefahren der Serumkrankheit bei der Schutzimpfung mit Diphtheriserum. Veröffentl. a. d. Geb. d. Medizinalverwalt. **2**, 1913.
153. **Galambos, A.**, Über die therapeutische Beeinflussung der Anaphylaxie durch Atropin und Adrenalin, sowie über weitere Versuche über den Einfluß der Vagusdurchschneidung. Zeitschr. f. Immunitätsf. **19**, 427. 1913.
154. **Gay, F.** und **Robertson, B.**, The antigenic properties of split products of casein. Journ. of exper. Med. **16**, Nr. 4. 1912.
155. — — The antigenic properties of globin caseinate. Ebenda **17**, Nr. 5. 1913.
156. — — The antigenic properties of a protein compounded with casein. Ebenda **16**, Nr. 4. 1912.
157. — — A comparison of paranuclein split from casein with a synthetic paranuclein based on immunity reactions. Journ. of Biol. Chem. **12**, Nr. 2. 1912.
158. — and **Claypole, Edith**, A further note on specific hyperleucocytosis in immunized animals. Proc. of the Soc. for exper. Biol. and Med. **11**, 47. 1913.
159. — and **Rusk, G. Y.**, The persistance of a soluble antigen in the serum of immunized Rabbits. Univ. California Public. in Patholog. **2**, 59. 1912.
160. **Geibel, P.**, Ist das Tuberkulin für den gesunden Organismus ungiftig? Zeitschr. f. Hyg. u. Infekt.-Krankh. **73**, 13. 1912.
161. **Ghedini, G.**, La sierodiagnosi delle affezioni elmintiche. Ann. delle instituto Maragliano **7**, 133. 1913.
162. **Glagolew**, Über Plasteinbildung. Biochem. Zeitschr. **50**, 1913.
163. **Gobert, E.**, Nouvel essai négativ de désanaphylactisation par une cau minérale. Compt. rend. Soc. biol. **74**, Nr. 21. 1913.
164. **Gonzenbach, v.** und **Hirschfeld**, Untersuchungen über die Rolle des Komplements bei der Anaphylatoxinbildung. Zeitschr. f. Immunitätsf. **15**, 350. 1912.
165. **Goodall, E. W.**, Hypersensitiveness. Brit. Journ. of childr. dis. 1913. 433.
166. **Goubau, F.** et **Goethem, M. van**, Études sur l'anaphylaxie par les nucléines. Arch. internat. de physiol. **13**, 289. 1913.
167. **Gougerot, H.**, Anaphylaxie lépreuve. Lepra, **13**, 211.
168. **Grüter**, Anaphylaktische Versuche mit Augenbakterien. Zeitschr. f. Augenheilk. **30**, 49. 1913.
169. **Grysez, V.** et **Bernard, A.**, Sur un moyen de déceler l'état anaphylactique chez les malades traités par la sérotherapie. Compt. rend. Soc. biol. **73**, 387. 1912.
170. **Guerrini, G.**, Sul mecanismo di azione dei sieri eterogenei. Pathologica, **5**, 313. 1913.
171. — Sull' azione necrotizzante del siero di bove. Ebenda **5**, 388. 1913.
172. **Gutmann, L. H.**, Über die Blutveränderungen bei der Vergiftung mit Organextrakten. Zeitschr. f. Immunitätsf. **19**, 367. 1913.
173. **Hahn, H.**, Die Durchlässigkeit des Magendarmkanals ernährungsgestörter Säuglinge für an heterologes Eiweiß gebundenes Antitoxin. Jahrb. f. Kinderheilk. **77**, 405. 1913.
174. **Hallé** et **Bloch, M.**, Choc anaphylactique dans la sérothérapie antidiphthérique. Bull. soc. pédiatr., Paris **2**, 76. 1913.
175. **Hamm**, Ein seltener Fall von Colipyämie; zugleich ein Beitrag zur klinischen Bedeutung des Bakterienanaphylatoxins. Münch. med. Wochenschr. 1913. 292.
176. **Handovsky, H.** und **Pick, E. P.**, Über die Entstehung vasokonstriktorischer Substanzen durch Veränderungen der Serumkolloide. Arch. f. exper. Path. u. Pharm. **71**, 62. 1912.
177. **Haren, P.**, Über die Giftigkeit des arteigenen Serums und die Anaphylatoxinbildung aus Agar und Gelatine. Zeitschr. f. Immunitätsf. **20**, 673. 1914.

178. Hartoch, O., Über die Rolle des Eiweißes bei der Anaphylaxie. Petersb. med. Zeitschr. **38**, 1. 1913.
179. Hayashi, Über den Übergang von Eiweißkörpern aus der Nahrung in den Harn bei Albuminurie der Kinder. Monatsschr. f. Kinderheilk. **12**, 101. 1913.
180. Heinrich, H. v., Der anaphylaktische Schock nach der Bestrahlung des sensibilisierten Tieres. Zentralbl. f. Bakt. **70**, 421. 1913.
181. Henry, A. et Ciuca, A., De l'anaphylaxie active avec le liquide de Coenurus serialis. Compt. rend. Soc. biol. **73**, 735. 1912.
182. Herrick, W. W., Experimental eosinophilia with an extract of an animal parasite. The Arch. of internat. Med. **11**, 165. 1913.
183. Heyde, M., Weitere Untersuchungen über die Beziehungen der Guanidine und Albumosen zum parenteralen Eiweißzerfall und anaphylaktischen Schock. Zentralbl. f. Physiol. **26**, 401. 1912.
184. — und Vogt, Studien über die Wirkung des aseptischen, chirurgischen Gewebszerfalles und Versuche über die Ursachen des Verbrennungstodes. Zeitschr. f. d. ges. exper. Med. **1**, 59. 1913.
185. Hift, R., Zur nichtproteinogenen Allergie. Wien. klin. Wochenschr. **26**, 1546 u. 1667. 1913.
186. Hirsch, R., Trypanosomen-, Wärmestich-, Anaphylatoxinfieber beim Kaninchen. Zeitschr. f. exper. Path. u. Therap. **13**, Heft 1. 1913.
187. Hirschfeld, L. und Klinger, R., Immunitätsprobleme und Gerinnungsvorgänge. Zeitschr. f. Immunitätsf. **20**, 1913.
188. Ichikawa, S., Versuche über die Wirkung von Organextrakten, insbesondere über ihren Einfluß auf die Blutgerinnung. Zeitschr. f. Immunitätsf. **18**, 163. 1913.
189. Igersheimer, I., Zur Untersuchung der luetischen Keratitis parenchymatosa. Arch. f. Ophthal. (Graefe) **85**, Heft 2. 1913.
190. Izar, G., Zur Kenntnis der toxischen Wirkung von Organextrakten. Zeitschr. f. Immunitätsf. **16**, 557. 1913.
191. — Sull' azione tossica degli estratti di organi. Nota 2. Proprietà psicrogena e pirogena e loro neutralizzazione in vitro. Biochim. e terap. sper. **4**, 175. 1913.
192. — e Patanê, Intorno all' azione tossica degli estratti di organi. Biochimica, **4**, 1912.
193. Jobling, J. and Bull, Toxic split products of bacillus typhosus. Transact. Chicago Path. Soc. **9**, 47. 1913.
194. Jobling, J. W. and Strouse, S., Studies on ferment action. Immunization with proteolytic cleavage products on Pneumococci. Journ. of exper. Med. **16**, 860. 1912.
195. — — Studies in ferment action. Toxic split products of bacillus typhosus. Ebenda **17**, Heft 4. 1913.
196. Jonesco-Mihaïesti, C., Étude sur le cobaye de la toxicité du sérum de lapin immunisé. Compt. rend. Soc. biol. **74**, Nr. 24. 1913.
197. — Sur la toxicité du sérum de lapin immunisé et ses relations avec les phénomènes d'anaphylaxie. Ebenda **74**, Nr. 24. 1913.
198. Jürgelunaß, A., Zur Frage über die Serumanaphylaxie. Rußky Wratsch. 1912. 1930.
199. — Über die Wirkung einiger Kaltblütersera auf Warmblüter. Zeitschr. f. Hyg. u. Infekt.-Krankh. **76**, 443. 1914.
200. Kammann, O., Anaphylaxie und Heilsera. Biochem. Zeitschr. **59**, 347. 1914.
201. Kämmerer, H., Zur Frage der antitryptischen Wirkung des Blutserums. Münch. med. Wochenschr. **60**, 1873. 1913.
202. — Erwiderung zu obiger Bemerkung E. Rosenthals. Münch. med. Wochenschr. **60**, 2176. 1913.
203. Kanngießer, F., Das giftige Stierblut des Altertums. Ber. d. Deutsch. Pharm. Gesellsch. **23**, 441. 1913.
204. Kapsenberg, G., Über Anaphylaxie. Die Anaphylaxie mit Linsensubstanz. Zeitschrift f. Immunitätsf. **15**, 518. 1912.
205. Kastle, J., Healy and Buckner, The relation of calcium to anaphylaxis. Journ. of infect. dis. **12**, 127. 1913.
206. Kassowitz, K., Versuche einer Sensibilisierung gegen Kuhmilchkasein auf enteralem Wege. Zeitschr. f. Kinderheilk. **5**, 1912.

207. Kaufmann, P., Über die Wirkung des Wittepeptons auf die Blutgefäße. Zeitschr. f. Physiol. **27**, Nr. 14. 1913.
208. — Beobachtungen über Arsenüberempfindlichkeit. Deutsche med. Wochenschr. 1913. Nr. 6.
209. Kleinschmidt, H., Über Milchanaphylaxie. Monatsschr. f. Kinderheilk., Orig. **11**, 1913.
210. — Experimentelle Untersuchungen über Sensibilisierung durch Milchfütterung. Verhandl. d. 29. Vers. d. Gesellsch. f. Kinderheilk., Münster 1912.
211. v. Knaffl-Lenz, Über die Bedeutung des Tryptophangehaltes für die Peptonwirkung. Arch. f. exper. Path. u. Pharm. **73**, 292. 1913.
212. — und Pick, E. P., Über das Verhalten der Plasteïne im Tierkörper. Mitteilung 1. Die Beziehungen der Plasteïne zur Peptonvergiftung. Arch. f. exper. Path. u. Pharm. **71**, 296. 1913.
213. — — 2. Mitteilung. Plasteïne als Antigene. Ebenda **71**, 1913.
214. Kodama, Über die Wirkung von Alkohol in verschiedener Konzentration auf die antigenen Eigenschaften von Pferdefleischeiweiß. Zeitschr. f. Hyg. u. Infekt.-Krankh. **74**, 30. 1913.
215. Köllner, Untersuchungen über die anaphylaktische Hornhautentzündung, besonders über den Einfluß des Lebensalters auf ihren Verlauf. Arch. f. Augenheilk. **75**, 183. 1913.
216. Kößler, K., Experiments on antianaphylaxis. Transact. of the Chicago Path. Soc. **9**, 39. 1913.
217. Kraus, R. und Kirschbaum, Zur Frage der anaphylaktischen Vergiftung. Wien. klin. Wochenschr. **26**, Nr. 20. 1913.
218. Kretschmer, Über anaphylaxieähnliche Vergiftungserscheinungen bei Meerschweinchen nach der Einspritzung gerinnungshemmender und gerinnungsbeschleunigender Substanzen in die Blutbahn. Biochem. Zeitschr. **58**, 399. 1913.
219. Kumagai, T., Über das Verhalten der roten Blutkörperchen bei der Anaphylaxie und Anaphylatoxinvergiftung. Zeitschr. f. Immunitätsf. **17**, 602. 1913.
220. — Die Lungenblähung bei der Anaphylatoxinvergiftung. Ebenda **17**, 607. 1913.
221. Kümmell, R., Nachtrag zu meiner Arbeit: Versuch einer Serumreaktion der sympathischen Ophthalmie. v. Graefes Arch. f. Ophthal. **81**, Heft 3. 1913.
222. Laganá, Il valore del clistere preventivo nei sintomi di anafilassi. Il Policlinico. **20**, 1913.
223. Langer, H., Über Schutzwirkung wiederholter Kochsalzgaben per os gegenüber dem anaphylaktischen Schock. Münch. med. Wochenschr. **59**, 2554. 1912.
224. Laroche, Richet fils et St. Girons, L'anaphylaxie alimentaire. Gaz. des hôpit. **85**, 1969. 1912.
225. Lebailly, A., Précipitines ne déviant pas le complément. Zeitschr. f. Immunitätsf. **15**, 552. 1912.
226. Leschke, E., Über das Verhalten der Temperatur bei der aktiven Anaphylaxie. Zeitschr. f. exper. Path. u. Therap. **15**, 23. 1914.
227. — Über die Beziehungen zwischen Anaphylaxie und Fieber, sowie über die Wirkungen von Anaphylatoxin, Histamin, Organextrakten und Pepton auf die Temperatur. Ebenda **14**, 151. 1913.
228. — Über die Bildung eines akut wirkenden Überempfindlichkeitsgiftes aus säurefesten Bakterien und aus dem Neutralfette der Tuberkelbazillen. Zeitschr. f. Immunitätsf. **16**, 619. 1913.
229. Lesné, Ed. et Richet fils, Anaphylaxie alimentaire aux oeufs. Arch. de méd. des enfants **16**, 81. 1913.
230. Levaditi und Mutermilch, Mécanisme de l'immunité antitoxique passive. Compt. rend. Soc. biol. **75**, 92. 1913.
231. Levy, E. und Dold, H., Über Anaphylaxie und die praktische Bedeutung der Anaphylatoxinforschung. Straßburg. med. Ztg. **9**, 307. 1912.
232. — Über Immunisierung mit desanaphylaktoxierten Bakterien. Zeitschr. f. Immunitätsf. **19**, 306. 1913.
233. Liepmann, W., Eklampsie und Anaphylaxie, eine kritische Studie. Gynäkol. Rundschau **7**, 55. 1913.

234. **Lindig**, Über Serumfermentwirkungen bei Schwangeren und Tumorkranken. Münch. med. Wochenschr. **60**, 288. 1913.
235. **Loewit, M.**, Die Veränderung des Blutdruckes, der Atmung und der Körpertemperatur im akuten anaphylaktischen Schock. Arch. f. exper. Path. u. Pharm. **68**, 83. 1912.
236. — Die anaphylaktische und anaphylaktoide Vergiftung beim Meerschweinchen. Ebenda **73**, 1. 1913.
237. — und **Bayer, G.**, Die Abspaltung von Anaphylatoxin aus Agar (**Bordet**). Zentralbl. f. allg. Path. u. path. Anat. **24**, 745. 1913.
238. — — Die Abspaltung von Anaphylatoxin aus Agar nach **Bordet**. Arch. f. exper. Path. u. Pharm. **74**, 164. 1913.
239. **Lohmann, A.** und **Müller, E.**, Über die Ursachen des raschen Todes und der hochgradigen Lungenlähmung beim anaphylaktischen Schock. Sitzungsber. d. Gesellschaft z. Förd. d. ges. Naturwiss. Marburg 1912. 8.
240. **Longo, A.**, Contributo allo studio dell' anafilassi da elminti. Biochim. e terap. sperim. **4**, 66. 1912.
241. **Luithlen, F.**, Veränderungen der Hautreaktion bei Injektion von Serum und kolloidalen Substanzen. Wien. klin. Wochenschr. 1913. Nr. 26.
242. **Lurà, A.**, Anaphylatoxin, Peptotoxin und Pepton in ihren Beziehungen zur Anaphylaxie. Zeitschr. f. Immunitätsf. **17**, 233. 1913.
243. **Lurt, E.**, A propos des accidents anaphylactiques provoqués pas le lait. Rev. belg. de puéricult. **2**, 21. 1913.
244. **Lust, F.**, Die Durchlässigkeit des Magendarmkanals für heterologes Eiweiß bei ernährungsgestörten Säuglingen. Jahrb. f. Kinderheilk. **77**, Heft 3. 1913.
245. **Lytchkowsky** et **Rougentzoff**, De la toxicité des extraits de poumons d'animaux normaux. Compt. rend. Soc. biol. **75**, Heft 28. 1913.
246. **Major, R.** und **Nobel, E.**, Über die Empfindlichkeit der kindlichen Haut gegenüber Diphtherietoxin und Tuberkulin. Zeitschr. f. d. ges. exper. Med. **2**, 1913.
247. **Manoiloff, E.**, Sur la manière dont l'azote se comporte chez les lapins au cours des accidents anaphylactiques. Journ. de physiol. et path. gén. **15**, 253. 1913.
248. — Weitere Erfahrungen über Idiosynkrasie gegen Brom- und Chininsalze als Überempfindlichkeitserscheinungen beim Kaninchen und Meerschweinchen. Zentralbl. f. Bakteriol. Orig. **67**, 540. 1913.
249. — Über die Magensaftanaphylaxie. Berl. klin. Wochenschr. **50**, 307. 1913.
250. **Manoilow, E.**, Das Bronchialasthma als Erscheinung der Anaphylaxie. Wratschebn. Gaz. 1912. 1171.
251. **Marcora, F.**, Sulla produzione in vitro di anafilatossina da tripanosomi. Soc. Med. Chir. Pavia 7. Juni 1913.
252. **Manoukhine, I.**, Sur les leucocytolysines et les antileucocytolysines dans l'anaphylaxie. Compt. rend. Soc. biol. **74**, 20. 1913.
253. **Manuchin, I.** und **Potiralovsky, P.**, Antianaphylaxie (nach der Methode von Prof. **Besredka**) bei lokalen Anaphylaxieerscheinungen. Zeitschr. f. Immunitätsf. **16**, 549. 1913.
254. **Mautner, H.**, Harngiftigkeit und Anaphylaxie. Deutsche med. Wochenschr. 1913. Nr. 2.
255. **Mello, U.**, Iso — e auto — anafilassi serica sperimentale. Notà preventiva Pathologica. **5**, 4. 1913.
256. **Meyer, K.**, Über das Serumantitrypsin und sein Verhalten bei der Anaphylaxie. Entgegnung. Zeitschr. f. Immunitätsf. **19**, 485. 1913.
257. — Über das Verhalten des Serumantitrypsins bei der Anaphylaxie. Zeitschr. f. Immunitätsf. Orig. **19**, 179. 1913.
258. **Michiels, I.**, La réaction sérique intracutanée. Arch. de méd. des enfants. **16**, 835. 1913.
259. **Mita, S.** und **Ito, T.**, Über Schwankungen in der Giftigkeit artfremden Normalserums für das Meerschweinchen. Zeitschr. f. Immunitätsf. **17**, 586. 1913.
260. **Miyaji, S.**, Versuche über die Anaphylatoxinempfindlichkeit der normalen und sensibilisierten Tiere. Zeitschr. f. Immunitätsf. **15**, 575. 1912.
261. **Mocinesco, M.**, Recherches sur le liquide céphalorhachidien normal employé comme antigène. Compt. rend. Soc. biol. **74**, 916. 1913.

262. Morax, L'anaphylaxie — ses rapports avec l'ophthalmologie. 17. intern. Med. Kongr., London 1913.

263. Moreschi, C. und Golgi, A., Dei rapporti fra anafilassi e febbre. Policlin., sez. med. 9, 431. 1912.

264. — — Sul significato della anafilatossina e rapporti fra essa e la febbre. Soc. med. chir. Pavia, Sitzg. vom 10. Juli 1912.

265. — — Über die Beziehungen zwischen Anaphylaxie und Fieber. Zeitschr. f. Immunitätsf. 19, 623. 1913.

266. Moreschi, C. und Vallardi, C., Über die Teilnahme der Normalambozeptoren bei der Anaphylatoxinbildung in vitro. Zeitschr. f. Immunitätsf. 19, 493 u. 614. 1913.

267. Much, H., Anaphylaxie. Fortschr. d. Med. 31, 1913.

268. Müller, P. Th., Einige Versuche zur Frage nach dem Wesen der Tuberkulinreaktion. Zeitschr. f. Immunitätsf. 18, 185. 1913.

269. Mutermilch, S., Adsorptionstheorie der Anaphylaxie. Pamietnik Towarz. lek. parsz. 109, 299. 1913.

270. — Sur l'action toxique du sérum de cobaye kaoliné. Ann. Pasteur. 27, 83. 1913.

271. — et Bankowski, Les phénomènes d'adsorption dans la production des anaphyla-toxines. Compt. rend. Soc. biol. 74, Nr. 23 u. 24. 1913.

272. Nakano, H., Experimentelle und klinische Studien über Kutireaktion und Ana-phylaxie bei Syphilis. Arch. f. Derm. 116, Heft 2. 1913.

273. Nathan, E., Über Anaphylatoxinbildung durch Agar. Zeitschr. f. Immunitätsf. 17, 478. 1913.

274. — Über Anaphylatoxinbildung durch Stärke. Zeitschr. f. Immunitätsf. 18, 636. 1913.

275. Nefjedoff, W., Zur Frage der bakteriellen Anaphylaxie. Compt. rend. Soc. biol. 74, 672. 1913 und Charkowsky Med. Journ. 1913. 382.

276. Nemser, M. G., Zur Frage über die Serumanaphylaxie. Rußky Wratsch 1912. Nr. 38. 1513.

277. — Wiederholte Seruminjektionen und Überempfindlichkeit (Serumanaphylaxie). Deutsche med. Wochenschr. 39, 740. 1913.

278. van Ness, van Alstyne, Absorption of protein without digestion. Arch. internat. Med. 12, 372. 1913.

279. Neuhaus und Schaub, Über die sog. Kuhmilchidiosynkrasie bei Säuglingen. Zeit-schrift f. Kinderheilk. 7, 1913.

280. Nolf, P., Eine neue Theorie der Blutgerinnung. Ergebn. d. inn. Med. u. Kinderheilk. 10, 1913.

281. Obermayer, T. und Willheim, R., Über formoltitrimetrische Untersuchungen an Eiweißkörpern II. Biochem. Zeitschr. 50, 1913.

282. Oehme, Über die Wirkungsweise des Histamins. Arch. f. exper. Path. u. Pharm. 72, 76. 1913.

283. Orudschiew, D., Über die Beziehungen der hämolytischen Hammelblutambo-zeptoren zu den Rezeptoren des Meerschweinchens. (Ein Beitrag zur Kenntnis der Rezeptorengemeinschaft.) Zeitschr. f. Immunitätsf. 16, 268. 1913.

284. Pabis, E. e Ragazzi, C., Esperienze sull' antigeno anafilattogeno de siero di bue. Atti d. R. Accad. Fisiocr. in Siena. 1913. Heft 2.

285. Perussia, T., Ricerche sull' azione tossica degli estratti di organi. Pathologica. 4, 1913.

286. Pfeiffer, H., Über das Verhalten des Serumantitrypsins bei der Anaphylaxie und Hämolysinvergiftung. Entgegnung. Zeitschr. f. Immunitätsf. 19, 470. 1913.

287. — Neue Gesichtspunkte zum Nachweis von Eiweißzerfallstoxikosen. Mitteil. d. Ver. d. Ärzte in Steiermark. 1912. Nr. 8.

288. — Zur Toxizität heterologer Normalsera. Zeitschr. f. Immunitätsf. 19, 611. 1913.

289. — Zur Symptomatologie des Verbrühungstodes. Ebenda 18, 75. 1913.

290. — und de Crinis, Das Verhalten der antitryptischen Serumwirkung bei gewissen Psychoneurosen, nebst Bemerkungen über die Pathogenese der Erkrankungen. Zentralbl. f. d. ges. Neurol. u. Psych. 18, 428. 1913.

291. — — Zur Symptomatologie des Verbrühungstodes. II. Die antiproteolytische Serumwirkung. Zeitschr. f. Immunitätsf. 18, 93. 1913.

362 R. Doerr:

292. Pfeiffer, H. und de Crinis, Zur Kenntnis der Hämolysinvergiftung. Zeitschr. f. Immunitätsf. 17, 459. 1913.
293. — und Jarisch, A., Zur Kenntnis der Eiweißzerfallstoxikosen. Zeitschr. f. Immunitätsf. 16, 38. 1912.
294. Pick, R., Über eine neue Antigenfunktion der Krystallinse des Auges. Zentralbl. f. Bakt., Orig. 70, 435. 1913.
295. Pokschischewsky, N., Über vergleichende Immunisierungsversuche mittels Toxopeptiden (Anaphylatoxin) und künstlichen Aggressinen. Zeitschr. f. Immunitätsf. 15, 186. 1912.
296. Pomella, C., Lésions provoquées par les téniotoxines chez le cobaye. Compt. rend. Soc. biol. 73, 445. 1912.
297. Pontano, T., Rapporti tra malattie da siero e fenomeni anafilattici. Policlin. sez. med. 20, 420 u. 463. 1913.
298. Popielski, Die Ungerinnbarkeit des Blutes und Pepton Witte. Zeitschr. f. Immunitätsf. 18, 542. 1913.
299. Pozerski, E. und Pozerska, M., Contribution à l'étude de l'immunité contre l'action anticoogulante de la peptone. Ann. Pasteur. 27, 23 u. 130. 1913.
300. Quadri, G., Tentativi di applicazioni dei metodi anafilattici alla diagnosi della anchilostomiasi. Pathologica 5, 264. 1913.
301. Quagliarello, G., Ricerche sull' importanza biologica e sul metabolismo delle sostanze proteiche. Arch. di Fisoologia. 1912 u. 1913.
302. Rachmanow, Lésions nerveuses dans l'anaphylaxie vermineuse et sérique. Compt. rend. Soc. biol. 75, Heft 13. 1913.
303. Rados, A., Über das Auftreten von komplementbindenden Antikörpern nach Vorbehandlung mit arteigenen Gewebszellen, nebst Bemerkungen über die anaphylaktische Entstehung der sympathischen Ophthalmie. Zeitschr. f. Immunitätsf. 19, 579. 1913. und eine Erwiderung, ebenda 20, 416. 1913.
304. Ransohoff, I. L., Anaphylaxis in the diagnosis of cancer. Journ. of Amer. Med. Assoc. 61, 8. 1913.
305. Ravenna, F., Ricerche sull' anafilassi attiva e passiva nei carcinomatosi. Riv. Veneta Scienz. Med. 1912. 56.
306. Rhein, M., Über die biologische Differenzierung normaler Tierharne mit Hilfe der anaphylaktischen Reaktion. Zeitschr. f. Immunitätsf. 19, 143. 1913.
307. Richet, Ch., La réaction leucocytaire. 1. Digestion. 2. Intoxication. 3. Immunité. Presse méd. 21, 537. 1913.
308. Richaud, A., L'anaphylaxie. Journ. pharm. et chim. 6, 259 u. 308. 1912.
309. Robinson, G. and Auer, M. D., Disturbances of the heart-beat in the dog caused by serum anaphylaxis. Journ. of exper. Med. 18, Nr. 5. 1913.
310. — — Anaphylaktische Störungen des Herzschlages beim Kaninchen. Zentralbl. f. Physiol. 37, Heft 1. 1913.
311. Roger, H., Recherches experimentales sur l'action des extraits de pneumon autolysé. Arch. de méd. expér. et d'anat. path. 25, Nr. 5. 1913.
312. Römer, P. und Gebb, H., Weiterer Beitrag zur Frage der Anaphylaxie durch Linseneiweiß. Graefes Arch. f. Ophthal. 84, 183. 1913.
313. Rondoni, P., Sulla ipersensibilita dei pellagrosi al mais. Lo sperimentale. 66, 1913.
314. Rosenow and Arkin, A., The action on dogs of the toxic substance obtainable from virulent pneumococci and pneumonic lungs. Journ. of inf. dis. 11, 480. 1912.
315. Rosenthal, E., Zur Frage der antitryptischen Wirkung des Blutserums. Bemerkungen zu einem Aufsatze von H. Kämmerer. Münch. med. Wochenschr. 60, 2175. 1913.
316. — Über die sog. antitryptische Wirkung des Blutserums. Erwiderung auf K. Meyers Aufsatz. Zeitschr. f. Immunitätsf. 19, 477. 1913.
317. Rosenthal, W., Immunität. Handwörterb. d. Naturwissensch. 1913. 359.
318. Rothacker, A., Präzipitation bei Fleischvergiftung, nebst Beobachtungen über das Auftreten von Hämolysinen gegen Hammelblutkörperchen im Paratyphus-B-Gärtner-Antiseris. Zeitschr. f. Immunitätsf. 16, 491. 1913.
319. Rubinstein, M. et Julien, A., Examen des sérums de chevaux atteints d'ascaridiose par la méthode d'Abderhalden. Compt. rend. Soc. biol. 1913. 180.

320. Sabrazès et Bonnin, Iso-séro-hémothérapie. Paris méd. 1912. 529.

321. Sachs, H. und Nathan, E., Immunisierungsversuche mit gekochtem Hammelblut nebst Bemerkungen über Antiserumanaphylaxie. Zeitschr. f. Immunitätsf. **19**, 235. 1913.

322. Salimbeni, A. T., Préparation de solutions toxiques à l'aide de l'autolyse. Ann. Pasteur **27**. 122. 1913.

323. Salus, G., Biologische Versuche mit Organplasma. Biochem. Zeitschr. **60**, 1. 1914.

324. Sarnowski, v., Über Anaphylaxie und Antianaphylaxie bei weißen Mäusen. Zeitschrift f. Immunitätsf. **17**, 577. 1913.

325. Sata, A., Untersuchungen über die spezifische Wirkung des Tuberkuloseserums durch Anaphylatoxinversuche. Zeitschr. f. Immunitätsf. **17**, 1913.

326. — Untersuchungen über die spezifische Wirkung des Tuberkulins durch Mischungsversuche von Tuberkulin und Tuberkuloseserum. Ebenda 84.

327. — Passive Übertragbarkeit der Tuberkulinüberempfindlichkeit durch Tuberkuloseserum und dessen Wertbestimmung durch dieselbe Wirkung. Ebenda 62.

328. Schern, K., Beiträge zur praktischen Verwertung der Anaphylaxie. Arch. f. Hyg. **81**, Heft 1. 1913.

329. Schiff, F., Weitere Beiträge zur Frage der heterogenetischen Antikörper. Zeitschr. f. Immunitätsf. **20**, 336. 1913.

330. Schittenhelm, A., Anaphylaxie und Fieber. Verhandl. d. 30. Deutsch. Kongr. f. inn. Med. Wiesbaden 1913.

331. Schlecht, H., Über experimentelle Eosinophilie nach parenteraler Zufuhr artfremden Eiweißes und über die Beziehungen der Eosinophilie zur Anaphylaxie. Arch. f. exper. Path. u. Pharm. **67**, Heft 2. 1912.

332. — und Weiland, Der anaphylaktische Symptomenkomplex im Röntgenbilde. Zeitschr. f. exper. Path. u. Therap. **13**, 334. 1913. und Kongr. f. inn. Med. Wiesbaden 1913.

333. Schott, E., Versuch einer vollständigen parenteralen Ernährung. Deutsch. Arch. f. klin. Med. **112**, 403. 1913.

334. Schütz, Ch., Klinische Beiträge zur Frage der Blutgerinnung. Inaug.-Diss. Berlin 1913.

335. Segale, M., Ricerche termocalorimetriche nella anafilassi da siero. Pathologica. **5**, 667. 1913.

336. — Sul ricambio nella anafilassi da siero. Biochim. e terap. sperim **4**, 162. 1913.

337. — Sulla presunta importanza del complemento nella produzione dello shock anafilattico. Pathologica. **5**, 10. 1913.

338. Seitz, A., Beiträge zur anaphylaxogenen Rolle des Speichels. Zeitschr. f. Immunitätsf. **18**, 126. 1913.

339. — Sepsinvergiftung und anaphylaktische Vergiftung. Zentralbl. f. Bakteriol. Orig. **67**, 76. 1912.

340. Seligmann, E., Anaphylaxie. Handb. d. Biochem. von Oppenheimer. Erg.-Bd. 1913.

341. Shibayama, G., Über die Wirkung von Serum und Toxin bei rectaler Anwendung. Deutsche med. Wochenschr. **39**, 738. 1913.

342. — Über die Darstellung des Tuberkelbazillen-Anaphylatoxins. Zeitschr. f. Immunitätsf. **18**, 1913.

343. Silvestri, T., Dell' anafilassi alimentare. Gaz. osp. **33**, 329. 1912.

344. Simon, F., Zur Kenntnis der Giftwirkung arteigener Organprodukte. Biochem. Zeitschr. **57**, 337. 1913.

345. Skiba, Serumanaphylaxie beim Rinde. Deutsche tierärztl. Wochenschr. 1913. 338.

346. Söderbaum, W., Fall af idiosynkrasi för hummer med symptom liknande den anaphylaktiska schocken. Svenska Läkaretidningen 1912. 861.

347. Soula, L. C., Des rapports entre l'anaphylaxie, l'immunité et l'autoprotéolyse des centres nerveux. Compt. rend. Ac. Sc. **156**, 1258. 1913. und Compt. rend. Soc. biol. **74**, Nr. 2. 1913.

348. — Influence d'une injection préalable d'extrait de cerveau de lapin normal autolysé sur les effets de pressure de l'urohypotensine. Compt. rend. Soc. biol. **74**, 934. 1913.

349. — Le mécanisme de l'anaphylaxie. Anaphylaxie et savons. Ebenda **75**, 273. 1913. und Compt. rend. Ac. Sc. **157**, Nr. 18. 1913.

350. le Sourd et Pagniez, Ch., Recherches sur l'action hypotensive d'extraits de plaquettes. Compt. rend. Soc. biol. 75, Heft 28. 1913.
351. Spät, W., Über den Einfluß der Leukozyten auf das Anaphylatoxin. Berl. klin. Wochenschr. 50, 830. 1913.
352. Spolverini, L., Sulle reazione cutanee nell' anafilassi da siero. Riv. clin. Pediatr. 10, 986. 1913.
353. Stäubli, C., Beobachtungen über Arsenüberempfindlichkeit. Deutsche med. Wochenschrift 1912. 2452.
354. Ssirenskij, N. N., Über die primäre Toxizität des menschlichen Blutserums im Verlaufe der Infektionskrankheiten. Wratschebnaja Gazeta. 1913.
355. Steinschneider, E., Die sessilen Rezeptoren bei der Anaphylaxie. Leipzig 1913, Konegen.
356. Steising, Z., Über die Natur des bei der Abderhaldenschen Reaktion wirksamen Fermentes. Münch. med. Wochenschr. 1913. Nr. 28.
357. Stoicesco, G., Sur la perméabilité du rectum aux albuminoides. Compt. rend. Soc. biol. 74, Nr. 16. 1913.
358. — Sur la distinction des albumines du sang et du muscle par l'anaphylaxie. Ebenda 74, Nr. 7. 1913.
359. Ströbel, H., Über die anaphylaktische Reaktion der Lunge. Münch. med. Wochenschrift 59, 1538. 1912.
360. Stropeni, H., L'idiosincrasia per il jodoformio è un processo di anafilassi? Arch. di farmacol. 14, 1912.
361. Stühmer, A., Über die Giftwirkung arteigener Eiweißstoffe. Deutsche med. Wochenschrift 1912. 2123.
362. Sugimoto, F., Über die antitryptische Wirkung des Hühnereiweißes. Arch. f. exper. Path. u. Pharm. 74, 14. 1913.
363. Sukiennikowa, N., Ein experimenteller Beitrag zur „Anaphylatoxin"-Frage. Zeitschr. f. Immunitätsf. 17, 304. 1913.
364. Swift, H. F., Anaphylaxis to salvarsan. Journ. of Amer. Med. Assoc. 59, 1236. 1912.
365. v. Szily, Über die Bedeutung der Anaphylaxie in der Augenheilkunde. Klin. Monatsblatt f. Augenheilk. 51, 164. 1913.
366. — und Arisawa, Über die spezifischen Eigenschaften der Augengewebe. Ber. d. 38. Vers. d. Ophthal. Gesellsch. Heidelberg 1912.
367. Szontagh, F. v., Sensibilisationserscheinungen und Überempfindlichkeitsreaktionen. Jahrb. f. Kinderheilk. 78, 497. 1913.
368. — Diphtherie- und Typhus-Kutanreaktion. Arch. f. Kinderheilk. 58, 326. 1912.
369. Szymanowski, Können eiweißfällende Mittel anaphylaxieähnliche Erscheinungen erzeugen? Zeitschr. f. Immunitätsf. 16, 1912.
370. — Zur Frage des Bakterienanaphylatoxins. Zeitschr. f. Immunitätsf. 16, 13. 1912.
371. Tasawa, H., Über den Einfluß des Volums der Reinjektionsflüssigkeit auf den anaphylaktischen Schock. Zeitschr. f. Immunitätsf. 19, 427. 1913.
372. Thibaut, Toxicité générale du sérum humain et hémolyse. Thèse de Paris. 1913.
373. Thiele and Embleton, D., The nature of the anaphylactic reaction. Zeitschr. f. Immunitätsf. 20, 159. 1913.
374. — — On the rôle of lipoids in immunity. Ebenda 16, 160. 1913.
375. — — Some observations of the production of Temperature variations. Zeitschr. f. Immunitätsf. 16, 178. 1913.
376. — — Active and passive Hypersensitiveness to Tubercle bacilli and the Relation to the Tuberkulin. Zeitschr. f. Immunitätsf. 16, 411. 1913.
377. — — Pathogenicity and Virulence of Bakteria and Bakterial-„Endotoxin". Zeitschrift f. Immunitätsf. 19, 643. u 666. 1913.
378. — — The Evolution of Antibody. Zeitschr. f. Immunitätsf. 20, 1. 1913.
379. Traube, I., Über Immunität und Anaphylaxie. Münch. med. Wochenschr. 59, 1025. 1912.
380. Trevisanello, C., Ricerche sul siero di sangue e sul liquido ecfalo-rachidiano di epilettici. Gaz. osp. 33, 1571. 1913. und Zentralbl. f. Bakteriol. 69, 163. 1913.
381. Tschernoroutzky, M., Sur l'anaphylatoxine de Bordet. Compt. rend. Soc. biol. 74, Nr. 21. 1913.

382. **Tschernoroutzky**, M., Le cerveau est-il toxique pendant le choc anaphylactique. Ebenda **74**, Nr. 13. 1913.

383. **Tsurumi**, M. und **Kohda**, K., Über die Bildungsstätte des komplementbindenden Antikörpers. Zeitschr. f. Immunitätsf. **19**, 519. 1913.

384. **Uffenheimer**, A., Harngiftigkeit und Anaphylaxie. Deutsche med. Wochenschr. 1912. 2358.

385. — und **Awerbuch**, I., Die Anaphylaxie bei den akuten exanthematischen Erkrankungen, mit besonderer Berücksichtigung der Peptonfrage. Beitr. z. Klin. d. Infekt.-Krankh. u. Immunitätsf. **1**, 363. 1913.

386. **Vaughan**, V. C., The protein poison and its relation to disease. Journ. of the Amer. Med. Assoc. **61**, 1761. 1913.

387. — The relation of anaphylaxis to immunity and disease. Amer. Journ. of the Med. Sc. **145**, 161. 1913.

388. **Vaughan**, V. C. sr. and jr. and **Vaughan**, J. W., Protein split products in relation to immunity and disease. Philadelphia 1913, Lea and Febiger.

389. **Volpino**, G. und **Bordoni**, E. F., E possibile un' immunizzazione attiva dei pellagrosi? Pathologica. **5**, 602. 1913.

390. **Waele**, H. de., Sur les rapports entre la coagulabilité du sang et la pression sanguine dans l'anaphylaxie. Zeitschr. f. Immunitätsf. **16**, 318. 1913.

391. — Les fonctions thromboplastiques et antithrombiques dans leurs rapports avec les agglutinines, les précipitines, les hémolysines. Zeitschr. f. Immunitätsf. **18**, 430. 1913.

392. — Alternances de fixation et de libération des substances injectées dans le sang. Zeitschr. f. Immunitätsf. **18**, 422. 1913.

393. — Les purines ou bases xanthiques sont les intermédiaires obligés dans l'intoxication par les nucléoproteides. Zeitschr. f. Immunitätsf. **18**, 410. 1913.

394. — L'anaphylaxie est un phénomène à la fois humoral et cellulaire. Zeitschr. f. Immunitätsf. **15**, 193. 1912.

395. — Intoxication immédiate et intoxication différée avec les extraits d'organes et avec les toxines. Zeitschr. f. Immunitätsf. **15**, 200. 1912.

396. — Différence entre le sang veineux et le sang artériel après les injections de peptone. Zeitschr. f. Immunitätsf. **16**, 309. 1913.

397. — Considérations sur la coagulation du sang. Ebenda 311.

398. — L'action thromboplastique est générale et commune à toutes les substances introduites dans le sang. Zeitschr. f. Immunitätsf. **17**, 333. 1913.

399. **Wechselmann**, Über Überempfindlichkeit bei intravenöser Salvarsaninjektion. Arch. f. Derm. u. Syph. **111**, 155. 1912.

400. **Weichardt**, W., Über Proteotoxikosen. Deutsche med. Wochenschr. 1913. Nr. 31.

401. — Über Proteotoxikosen. Ergänzung zu der Bemerkung von H. **Pfeiffer**. Zeitschr. f. Immunitätsf. **17**, 101. 1913.

402. — Über das Studium unbekannter Gemische mit Hilfe von Katalysatoren. Beeinflussung organischer und anorganischer Katalysatoren bei Proteotoxikosen. Zeitschr. f. d. ges. exper. Med. **1**, Heft 5. 1913.

403. — und **Schwenk**, Weitere Versuche über die Entgiftung von Eiweißspaltprodukten vom Kenotoxincharakter. Zeitschr. f. Immunitätsf. **19**, 528. 1913.

404. — — Über ermüdend wirkende Eiweißspaltprodukte und ihre Beeinflussung. **Hoppe-Seylers** Zeitschr. f. phys. Chem. **83**, Heft 5. 1913.

405. **Weil**, E., Über die Wirkungsweise der beim Meerschweinchen erzeugten Hammelbluthämolysine. Biochem. Zeitschr. **58**, 259. 1913.

406. **Weil**, R., On antisensitation, with observations on non-specifity in anaphylaxis. Zeitschr. f. Immunitätsf. **20**, 199. 1913.

407. — The nature of anaphylaxis, and the relation between anaphylaxis and immunity. Journ. of med. Research **27**, 497. 1913.

408. — Studies in anaphylaxis. Ebenda **28**, 243. 1913.

409. — Densensitization: its theoretical and practical significance. Ebenda **29**, 233. 1913.

410. — On a new factor in passive anaphylaxis. Proc. Soc. for exper. Biol. and Med. **10**, Nr. 3. 1913.

411. — Anaphylaxis in immune animals. Ebenda **10**, Nr. 5. 1913.

412. Weil, R., Anaphylaxis, and its relations to the Problems of human disease. Amer. Med. Assoc. Chicago 1913.

413. — and Coca, A. F., The nature of antianaphylaxis. Zeitschr. f. Immunitätsf. 17, 141. 1913.

414. Weinberg, M., Séguin et Julien, Quelques observations sur la toxine ascaridienne. Accidents mortels observés chez le cheval à la suite d'instillation de toxine ascaridienne. Compt. rend. Soc. biol. 74, 855 u. 1162. 1913.

415. — et Ciuca, A., Recherches sur l'anaphylaxie hydatique expérimentale. Ebenda 74, Nr. 16; 74, Nr. 17; 74, Nr. 23; 75, Nr. 25. 1913. (4 Mitteilungen.)

416. Wells, H. G., Nucleo-proteins as antigens. Zeitschr. f. Immunitätsf. 19, 599. 1913.

417. — Anaphylaxie und wachsartige Degeneration der Muskeln. Zentralbl. f. allg. Path. u. path. Anat. 23, 945. 1912.

418. — and Osborne, Th. B., Is the specifity of the anaphylaxis reaction dependent on the chemical constitution of the proteins or on their biological relations? Journ. of infect. dis. 12, 341. 1913.

419. Wessely, K., Zur Frage der anaphylaktischen Erscheinungen an der Hornhaut. Klin. M.-Bl. Augenheilk. 15, 508. 1913.

420. Widal, F. P., Abrami et Brissaud, L'autoanaphylaxie. Son rôle dans l'hémoglobinurie paroxystique. Traitement antianaphylactique de l'hémoglobinurie. Conception physique de l'anaphylaxie. Semaine méd. 33, 613. 1913.

421. White, B., The chemistry of anaphylactic intoxication. Soc. of Amer. Bacteriol. New York, 31. Dec. 1912, 1. und 2. Jänn. 1913.

422. — Anaphylaxis in its relations to clinical Medicine. New York State Journ. of Med. Mai 1912.

423. — and Avery, O., Some immunity reactions of edestin. The biological reactions of the vegetable proteins. Journ. of infect. dis. 13, 103. 1913.

424. — — The action of certain products obtained from the tubercle bacillus. Journ. of med. Research. 26, 317. 1912.

425. Wilson, F. P., Lipoid anaphylaxis. Journ. of Path. and Bacteriol. 18, 163. 1913.

426. Witzinger, O., Zur anaphylaktischen Analyse der Serumkrankheit nebst Untersuchungen über die Zuteilung gewisser Infekte zu den spezifischen Reaktionskrankheiten. Zeitschr. f. Kinderheilk. 3, 211. 1912.

427. Wolff-Eisner, A., Die Auslösung von Überempfindlichkeitserscheinungen durch körpereigene Eiweißsubstanzen und ihre klinische Bedeutung. Münch. med. Wochenschr. 1912. 2400.

428. Wiener, H., Studien über Zelleiweiß mit Hilfe der Formoladdition. Biochem. Zeitschr. 56, 122. 1913.

429. Wolffhügel, R., Wirkung des Bienenstiches auf Huhn und Mensch. Zeitschr. f. Infekt.-Krankh. usw. d. Haustiere 13, 453. 1913.

430. Worzikowsky-Kundratitz, K. v., Über Muskelveränderungen bei der anaphylaktischen und anaphylaktoiden Vergiftung des Meerschweinchens. Arch. f. exper. Path. u. Pharm. 73, 33. 1913.

431. Zade, Die Bedeutung des Anaphylatoxins und des art- und körpereigenen Gewebssaftes für die Pathologie, speziell die des Auges. Deutsche med. Wochenschr. 39, 2047. 1913.

432. — Untersuchungen über Anaphylaxie am Auge. Zeitschr. f. Augenheilk. 30, 49. 1913.

433. Zinsser, H., On anaphylatoxins and endotoxins of the typhoid bacillus. Journ. of exper. Med. 17, 117. 1913.

434. — Further studies on the identity of precipitins and protein sensitizers (albuminolysins.) Ebenda 18, 219. 1913.

435. Zinsser, A., Untersuchungen über Harngiftigkeit bei Anaphylaxie. Zeitschr. f. Geburtsh. u. Gynäk. 74, 400. 1913.

436. Zunz, E., Recherches sur le pouvoir proteoclastique du sang au cours de l'anaphylaxie. Zeitschr. f. Immunitätsf. 17, 241. 1913.

437. — Recherches sur l'anaphylaxie par les protéoses. Zeitschr. f. Immunitätsf. 16, 580. 1913.

438. — Recherches sur les modifications physico-chimiques du sang au cours de l'anaphylaxie. Ebenda 17, 47. 1913.

Nachtrag.

439. Abderhalden, E., Die Bedeutung und die Herkunft der sogenannten Abwehrfermente. Deutsche med. Wochenschr. 1914. Nr. 6.

440. — und Ewald, Enthält das Serum von Kaninchen, denen ihr eigenes Blutserum resp. solches der eigenen Art intravenös zugeführt wurde, proteolytische Fermente, die vor der Einspritzung nicht vorhanden waren. Münch. med. Wochenschr. 913. 1914.

441. — und Schiff, E., Versuche über die Geschwindigkeit des Auftretens von Abwehrfermenten nach wiederholter Einführung des plasmafremden Substrates. Hoppe-Seylers Zeitschr. f. physiol. Chem. 85, 225. 1913.

442. Abelous et Soula, Sur la repartition de l'azote et du phosphore dans le cerveau des lapins normaux et anaphylactisés. Compt. rend. Soc. biol. 76, 571. 1914.

443. Almagià, M., Idiosincrasia per la chinina. Arch. Farmacol. 16, 168. 1913.

444. Arisawa, U., Zur Frage der sympathischen unspezifischen Umstimmung (Dold und Rados). Zeitschr. f. Immunitätsf. 22, 79. 1914.

445. Balteano, La pyocyanase peut-elle donner lieu à la formation d'anticorps. Compt. rend. Soc. Biol. 76, 208. 1914.

446. Bardach, J. J., Die Anaphylaxie. Wratschebn. Gazeta. 1913. 1899.

447. Bianchi, D. Cesa, Sulla presunta reazione die ipersensibilità dei pellagrosi. Pathologica 6, 236. 1914.

448. Broeck, Carl ten, The non-antigenic properties of racemized egg albumin. Journ. of biological Chemistry. 1914. 17, Nr. 3.

449. Centanni, E., Sulla natura chimica del veleno febbrile. VIII. Riunione. Soc. Ital. di Pathol. Pisa. März 1913.

450. Citron, J. und E. Leschke, Experimentelle Beiträge zur Frage der Beziehungen zwischen Nervensystem und Infekt beim Fieber. Verhandl. d. XXX. Kongr. f. inn. Med. in Wiesbaden. 65. 1913.

451. Cowie, D. M., Studies in the incubation period. Nr. 1. Serum disease. Americ. Journ. of dis. of childr. 7, 253. 1914.

452. Cristina, G. und Caronia, Anaphylaxie und Antianaphylaxie bei der infantilen Tuberkulose und ihre Beziehungen zur Tuberkulinbehandlung. Arch. f. Kinderheilk. 62, 190. 1914.

453. Czubalski, F., Über die giftigen Eigenschaften der Organextrakte. Arch. f. exper. Path. u. Pharm. 75, Heft 5. 1914.

454. Dethleffsen, Anaphylaktische Erscheinungen nach Fibrolysin. Therap. d. Gegenw. 54, 543. 1913.

455. Doerr und R. Pick, Eiweißantigene ohne Artspezifität im normalen Harne des Menschen und verschiedener Tiere. Zeitschr. f. Immunitätsf. 21, 463. 1914.

456. Dupérié et Marliangeas, Des rapports leucocytaires au cours des éruptions sériques dans la diphthérie. Compt. rend. Soc. Biol. 76, 272. 1914.

457. Egis, B. und W. Colley, Erfahrungen mit der Anwendung eines gereinigten Diphtherieheilserums. Nowoje w Medizine. 22 u. 23. 1913.

458. Eisenreich, O., Biologische Studien über die normale Schwangerschaft und Eklampsie mit besonderer Berücksichtigung der Anaphylaxie. Sammlung klin. Vortr. 694/95. 1914.

459. von Fallenberg, R. und A. Döll, Über die biologischen Beziehungen zwischen Mutter und Kind. Zeitschr. f. Geburtsh. u. Gynäk. 75, Heft 2. 1913.

460. von Fenyvessy, B. und J. Freund, Über den Mechanismus der Anaphylaxie. Zeitschr. f. Immunitätsf. 22, 59. 1914.

461. Forssmann, J. und J. Fex, Über heterologe Antisera. Biochem. Zeitschr. 61, 6. 1914.

462. Friedberger, E., Über anaphylaktisches Fieber. Verhandl. d. XXX. Deutsch. Kongr. f. inn. Med., Wiesbaden. 88. 1913.

463. — und Goretti, G., Weiteres über das Wesen der primären Antiserumgiftigkeit. III. Mitteil. Zeitschr. f. Immunitätsf. 21, 91. 1914.

464. — — Über die Giftigkeit isogenetischer und heterogenetischer Antihammelblut-Kaninchensera. Berl. klin. Wochenschr. 51, 788. 1914.

465. — — Wirkt arteigenes Eiweiß in gleichem Sinne blutfremd wie artfremdes? Ein Beitrag zur theoretischen Begründung der Abderhaldenschen Reaktion. Berl.

klin. Wochenschr. **51**, 787. 1914. Das gleiche Thema wie in Zeitschr. f. Immunitätsf. **21**, 668. 1914.

466. Friedberger, E., und Ungermann, Immunitätsforschung. Jahreskurse f. ärztl. Fortb. Oktoberheft. **34**. 1913.

467. Fuchs, A. und J. Meller, Studien zur Frage einer anaphylaktischen Ophthalmie Arch. f. Ophthalmol. (Graefe), **88**, 280. 1914.

468. Ganghofner, F., Neuere Gesichtspunkte betreffénd die Serumbehandlung der Diphtherie. Prager med. Wochenschr. 1913. Nr. 41.

469. Gobert, E., Nousel essai négatif de désanaphylactication par une eau minérale. Compt. rend. Soc. Biol. **74**, 1240. 1913.

470. Mc Gowan, J. P., The toxic action of sarcosporidial muscle as obtained from „scrapie" sheep. Journ. of Path. and Bact. **18**, 125. 1913.

471. Graetz, F., Über die biologische Sonderstellung der Geschlechtszellen beim Huhn. Zeitschr. f. Immunitätsf. **21**, 150. 1914.

472. Grafe, E., Über das Verhalten des Eiweißminimums im experim. Fieber. Verhandl. d. XXX. Deutsch. Kongr. f. inn. Med. Wiesbaden. 57. 1913.

473. Haren, P., Über die Giftigkeit arteigener Eiweißstoffe. Dissertation. Leipzig. 1913.

474. Hashimoto, M. und E. P..Pick, Über den intravitalen Eiweißabbau in der Leber sensıbilisierter Tiere und dessen Beeinflussung durch die Milz. Arch. f. exper. Path. u. Pharm. **76**, 89. 1914.

475. Hauptmann, Das Wesen der Abwehrfermente bei der Abderhaldenschen Reaktion. Münch. med. Wochenschr. 1167. 1914.

476. Hecht, A. F. und F. Wengraf, Elektrokardiographische Untersuchungen über anaphylaktische Störungen der Herzschlagfolge beim Kaninchen. Zeitschr. f. exper. Med. **2**, 271. 1914.

477. Heubner, Diskussionsbemerkung auf S. 108 d. Verhandl. d. XXX. Deutsch. Kong. f. inn. Med. in Wiesbaden. 1913.

478. Heilner, E. und Th. Petri, Über künstlich herbeigeführte und natürlich vorkommende Bedingungen für die Erzeugung der Abderhaldenschen Reaktion und ihre Bedeutung. Münch. med. Wochenschr. 1530. 1913.

479. Hirsch, R., Anaphylatoxinfieber und Gesamtenergie- und Stoffumsatz. Verhandl. d. XXX. Deutsch. Kongr. f. inn. Med. in Wiesbaden. 78. 1913.

480. — und E. Leschke, Der gesamte Energie- und Stoffumsatz beim aktiven anaphylaktischen und beim Anaphylatoxinfieber. Zeitschr. f. exper. Path. u. Therap. **15**, Heft 2. 1914.

481. Hirschfeld, L.und R. Klinger, Über das Wesen der Inaktivierung und der Komplementbindung. Zeitschr. f. Immunitätsf. **21**, 40. 1914.

482. Jobling, J. W. and S. Strouse, Studies in ferment action. VIII. The toxicity of some proteoses. Journ. of exper. Med. **18**, 591. 1913.

483. Joseph, K., Die Anaphylaxiegefahr bei der Anwendung des Diphtherieserums und ihre Verhütung. Deutsch. med. Wochenschr. 1914. Nr. 11.

484. Jourevitch, V. A. et Rosenberg, Sur la question de l'antianaphylaxie. Compt. rend. Soc. Biol. **76**, 688. 1914.

485. Klimenko, W. N., Zu der Frage über wiederholte Einspritzung des Heilserums beim Menschen. Beitr. z. Klin. d. Infektionskr. u. z. Immunitätsf. **2**, Heft 3. 1914.

486. Klopstock, F., Zur Übertragung der Tuberkulinüberempfindlichkeit. Zeitschr. f. exper. Path. u. Therap. **15**, Heft 1. 1914.

487. — Über die Wirkung des Tuberkulins auf tuberkulosefreie Meerschweinchen. Ebenda. **13**, 56. 1913.

488. Kolmer, J. A., Concerning experimental anaphylaxis in labor. Journ. of med. Research. **29**, 425. 1914.

489. Kopaczewski, W. et S. Mutermilch, Sur l'origine des anaphylatoxines. Compt. rend. Soc. Biol. **76**, 782. 1914.

490. Krehl, L., Wesen und Behandlung des Fiebers. Verhandl. d. XXX. Deutsch. Kongr. f. inn. Med. in Wiesbaden. 26. 1913.

491. Lake, G., The immunological reactions of the proteins of the human placenta with special reference to the production of a therapeutic serum for malignant chorionepithelioma. Journ. of infect. diseas. **14**, 385. 1914.

492. Lake, G., Osborne, Th. and G. Wells, The immunological relationship of Hordein of barley and gliadin of wheat as shown by the complement fixation, anaphylaxis passive and precipitin reactions. Journ. of infect. diseas. **14,** 364, 1914.

493. Landsteiner, K. und B. Jablons, Über die Antigeneigenschaften von azetyliertem Eiweiß. Zeitschr. f. Immunitätsf. **21,** 193. 1914.

494. Lange, C., Erfahrungen mit dem Abderhaldenschen Dialysierverfahren. Biochem. Zeitschr. **61,** 193. 1914.

495. Leschke, E., Untersuchungen über anaphylaktisches Fieber. Verhandl. d. XXX. Deutsch. Kongr. f. inn. Med. in Wiesbaden. 80. 1913.

496. Leshnev, N., Die Serumtherapie der gonorrhoischen Arthritis. Nowoje w Medizine. 1913. Nr. 20.

497. Levy, E. und H. Dold, Weitere Versuche über Immunisierung mit desanaphylatoxiertem Bakterienmaterial. Zeitschr. f. Immunitätsf. **22,** 101. 1914.

498. Lichtenstein, St. und Hage, Über den Nachweis von spezifischen Fermenten mit Hilfe des Dialysierverfahrens. Münch. med. Wochenschr. 915. 1914.

499. von Liebermann, L., Über Disposition, Immunität und Anaphylaxie. Zeitschr. f. Immunitätsf. **21,** 529. 1914.

500. Longcope, W. T., The production of experimental nephritis by repeated proteid intoxication. Journ. of exper. Med. **18,** 678. 1913.

501. Löwenstein, E., Über Immunisierung mit atoxischen Toxinen und mit überkompensierten Toxin-Antitoxinmischungen bei Diphtherie. Zeitschr. f. exper. Path. u. Therap. **15,** Heft 2. 1914.

502. Lüdke, H., Zur Deutung der kritischen Entfieberung. Verhandl. d. XXX. Deutsch. Kongr. f. inn. Med. in Wiesbaden. 63. 1913.

503. Manoiloff, E., Weitere Untersuchungen über chronischen Alkoholismus und Anaphylaxie. Zentralbl. f. Bakt., Orig. **73,** 314. 1914.

504. — und Zboromirsky, Chronischer Alkoholismus und Anaphylaxie. Obozrenie Psychiatrie. 1912. Nr. 30.

505. Matthes, Diskussion in den Verhandl. d. XXX. Deutsch. Kongr. f. inn. Med. in Wiesbaden. 106. 1914.

506. Matthews, Justus, Anaphylaxis and Asthma. Medic. Record. **84,** 512. 1913.

507. Meyer, Hans H., Theorie des Fiebers und seiner Behandlung. Verhand. d. XXX. Deutsch. Kongr. f. inn. Med. in Wiesbaden. 15. 1913.

508. Meyer, K., Über Anaphylaxieversuche mit Lipoiden. Ein Beitrag zur Theorie der Anaphylaxie. Über antigene Eigenschaften von Lipoiden. 9. Mitteil. Zeitschr. f. Immunitätsf. **21** , 654. 1914.

509. Michail, D., Sur la nature anaphylactique de la conjonctivite blenorrhagique endogène (metastatique). Compt. rend. Soc. Biol. **74,** 978. 1913.

510. Miracapillo, G., Das Blut bei anaphylaktischen Zuständen. Gazetta internaz. di Med. e Chir. 1913. Nr. 51.

511. Mühsam, H. und Julius Jacobsohn, Über Beziehungen zwischen Anaphylaxie, Urticaria und parenteraler Eiweißverdauung. Deutsche med. Wochenschr. **40,** 1067. 1914.

512. Otto, R., Überempfindlichkeit (Anaphylaxie). Festschrift zum 60. Geburtstag von P. Ehrlich. 332. Jena 1914.

513. Pabis und Ragazzi, Esperienze sull'antigeno anafilattogeno del siero di bue. Atti di R. Accad. Fisiocrit Siena. 1913.

514. Papers on anaphylaxis (Dixon, Woodhead, Thiele and Embleton, Goodall) Brit. med. Journ. 1351—1360. 1913.

515. Park, Famulener and Banzhaf, Influence of protein content on the absorption of antitoxin and agglutinin injected subcutaneously. Journ. of infect. diseases. **14,** 338. 1914.

516. — — — Serum sensitization as related to dosage of antitoxin in man and animals, Ebenda. 347.

517. Pearce, R. M. and P. F. Williams, Protective Enzymes, cytotoxic Immune Sera and anaphylaxis. Journ. of infect. diseases. **14,** 351. 1914.

518. Perroncito, A., L'isotossicità del sangue. VIII. Riun. Soc. Ital. di Pathol. Pisa. März 1913.

519. **Pfannmüller**, Beeinflussung des Stickstoffwechsels im Infektionsfieber durch abundante Kohlehydratzufuhr. Deutsch. Arch. f. klin. Med. **113**, Heft 1 und 2. 1914.

520. **Pick, E. P.** und **Hashimoto**, Sensibilisierung und anaphylaktischer Schock der überlebenden Meerschweinchenleber. Zeitschr. f. Immunitätsf. **21**, 237. 1914.

521. **Plaut, F.**, Über Adsorptionserscheinungen beim Abderhaldenschen Dialysierverfahren. Münch. med. Wochenschr. 238. 1914.

522. **Pöhlmann, A.**, Beiträge zur Frage der Arzneiüberempfindlichkeit. Münch. med. Wochenschr. 543. 1914.

523. **Przygode, R.**, Über Bildung spezifischer Präzipitine in künstlichen Gewebskulturen. Wien. klin. Wochenschr. 1914. Nr. 8.

524. **Putzig, H.**, Das Vorkommen und die klinische Bedeutung der eosinophilen Zellen im Säuglingsalter, besonders bei der exsudativen Diathese. Zeitschr. f. Kinderheilk. **9**, Heft 6. 1913.

525. **Richet, Ch.**, Un nouveau type d'anaphylaxie. L'anaphylaxie indirecte: leucocytose et chloroforme. Compt. rend. Acad. Scienc. **158**, 305. 1914.

526. — De l'anaphylaxie générale. Intoxication phosphorée et chloroforme. Ebenda. 1311.

527. **Rietschel, Heidenhain** und **Ewers**, Über Fieber nach NaCl-Infusion bei Säuglingen. Münch. med. Wochenschr. 649. 1914.

528. **Römer, P. H.** und **H. Viereck**, Das Verhalten des Antitoxins im anaphylaktischen Tier. Zeitschr. f. Immunitätsf. **21**, 32. 1914.

529. **Rotky, H.**, Überempfindlichkeit gegen Aspirin. Prager med. Wochenschr. 1913. Nr. 51.

530. **Rosenthal, F.** und **H. Biberstein**, Experimentelle Untersuchungen über die Spezifität der proteolytischen Serumfermente. Münch. med. Wochenschr. 864. 1914.

531. **Rössle**, Diskussionsbemerkung (zu **Fröhlich**). Münch. med. Wochenschr. 792. 1914.

532. **Russel, W.**, Intestinale Toxaemie. Edinburgh. Medico-Chirurgical Society. 2. Juli 1913.

533. **Russo, Canio**, Ricerche sperimentali sulle proprietà emolitiche e tossiche dei sieri di alcuni pesci. Ann. d'igien. speriment. **23**, 367. 1913.

534. **Sachs**, Demonstration des Abderhaldenschen Verfahrens. Münch. med. Wochenschr. 214. 1914.

535. — und **Georgi**, Die Verwertbarkeit der Ambozeptorbindung durch koktostabile Rezeptoren zur Erkennung von Fleischarten. Zeitschr. f. Immunitätsf. **21**, 342. 1914.

536. **Schultz, F. C. R.**, Ein Beitrag zur Serum-Krankheit. Berl. klin. Wochenschr. **51**, 349. 1914.

537. **Seitz**, Altes und Neues über Anaphylaxie. Deutsche med. Wochenschr. 2323. 1913.

538. **Soula**, Elimination urinaire de la chaux au cours de la période de sensibilité. Compt. rend. Soc. Biol. **74**, 880. 1913.

539. — Sur le mécanisme de l'anaphylaxie. Ebenda. 244.

540. **Spiethoff, B.**, Die Herabsetzung der Überempfindlichkeit der Haut und des gesamten Organismus durch Injektion von Eigenserum, Eigenblut und Natrium nucleinicum. Dermatol. Wochenschr. **57**, 1227. 1913.

541. **Ssolowzewa, A.**, Über die Temperaturreaktion des Organismus bei parenteraler Zufuhr von artfremdem Eiweiß. Russky Wratsch 1913. Nr. 50.

542. **Steindorff, K.**, Exper. Untersuchungen über die Wirkung des Aalblutserums auf das tierische und menschliche Auge. Berl. ophthalmol. Ges., Sitzung vom 22. Januar 1914.

543. **Stephan, R.**, Die Natur der sog. Abwehrfermente. Münch. med. Wochenschr. 801. 1914.

544. **Sternberg, C.**, Über die Untersuchung der eosinophilen Zellen. Zieglers Beitr. z. path. Anat. u. allg. Path. **57**, Heft 3. 1914.

545. **Suto, K.**, Vermögen die Organzellen präparierter Meerschweinchen das Antigen zu binden nebst Versuchen über Bindung des Anaphylatoxins an Organe. Zeitschr. f. Immunitätsf. **22**, 106. 1914.

546. **Tadini, A.**, Nuove osservazioni sull'immunizazíone attiva contro le sostanze pirogene contenute nella anafilatossina tifica. II. Policlinico, Sez. Med. **20**, 184. 1913.

547. **Thomas**, Die Entwicklung und der gegenwärtige Stand der Lehre Abderhaldens von den Abwehrfermenten. Münch. med. Wochenschr. 508. 1914.

548. Tschernoruzky, Zur Frage über den Mechanismus der Anaphylaxie. Charkoff. med. Journ. **17**, 18. 1914.
549. von den Velden, R., Klinisch-experimentelle Beiträge zur Kenntnis temperaturherabsetzender Substanzen. Deutsch. Arch. f. klin. Med. **113**, Heft 3 und 4, 1914.
550. de Waele, H., La réaction d'Abderhalden est en rapport, avec la présence de l'antithrombine dans le sang. Zeitschr. f. Immunitätsf. **21**, 83. 1914.
551. — L'anaphylaxie. Ann. et bull. de la soc. de méd. de Gand. **80**, 179. 1914.
552. Weil, R., The cellular interpretation of anaphylaxis and immunity. Proceed. of the soc. for exper. biol. and med. **11**, 86. 1914.
553. Weinberg et Ciuca, Anaphylaxie hydatique passive et sérodiagnostic de l'echinococcose. Compt. rend. Soc. Biol. **76**, 340. 1914.
554. — et Séguin, Anaphylaxie et éosinophilie. Ebenda. **76**, 585. 1914.
555. Wells and Osborne, The anaphylactogenic activity of some vegetable proteins. Journ. of infect. diseases. **14**, 377. 1914.
556. Zinsser, H. and J. G. Dwyer, The aggressin-like action of anaphylatoxin. Proceed. of the soc. for. exp. biol. and med. **11**, 74. 1914.

Nachtrag.

Gegen die für die zelluläre Theorie so wichtigen Versuche von Dale könnte ein technischer Einwand erhoben werden. Dale durchspült bei Meerschweinchen, die sich bereits im anaphylaktischen Zustande befinden, die Gefäße mit Ringerscher Lösung und prüft dann die Hypersensibilität des isolierten Uterus gegen Antigenkontakt; da aber der Uterus bei der Durchspülung ödematös wird, wie Dale selbst hervorhebt (s. S. 285), so wäre es möglich, daß Blutplasma resp. Serum und damit freier Antikörper aus den Kapillaren in die Gewebsspalten gepreßt wird, so daß die Intervention eines humoralen Elementes nicht mit absoluter Gewißheit ausgeschlossen werden könnte. Wenn auch aus anderen Versuchen von Dale klar hervorgeht, daß der erwähnte Faktor sicher keine Rolle spielt, so erscheint es doch immerhin von Bedeutung, jeden Zweifel auszuschließen, daß der zirkulierende Antikörper für die anaphylaktische Reaktion des isolierten Gewebes ohne Belang ist. Das läßt sich durch eine Modifikation der Daleschen Anordnung zeigen (Journ. of med. Research. XXX, S. 87, Mai 1914); injiziert man normalen Meerschweinchen ein passiv präparierendes Kaninchenserum, so reagiert der in der Inkubationsperiode der passiven Anaphylaxie (z. B. nach 5—10 Min.) entnommene Uterus auf Antigenkontakt nicht (Weil). Alle Momente, welche die spezifische Überempfindlichkeit des ganzen Tieres beeinflussen, modifizieren ferner gleichsinnig auch die Reaktionsfähigkeit des Uteruspräparates und umgekehrt, wie die Untersuchungen bei abklingender passiver oder entstehender aktiver Anaphylaxie, besonders auch die Experimente am Uterus von total oder partiell desensibilisierten (antianaphylaktischen) Meerschweinchen lehren. In letzterer Hinsicht erscheint bemerkenswert (vgl. S. 315), daß der Uterus von Meerschweinchen, die im akuten Schock verendeten, noch gegen Antigen empfindlich sein kann, daß also die letale schockauslösende Dosis kleiner ist als jene, welche zur Desensibilisierung des ganzen Tieres und seiner Zellen benötigt wird.

VIII. Die Phänomena der Infektion.

Von

Victor C. Vaughan-Ann Arbor.

Robert Doerr-Wien schließt einen ausgezeichneten Artikel, der einen Überblick über die neueren Arbeiten in bezug auf sog. Anaphylaxie oder Protein-Sensibilisierung gewährt, mit den folgenden Worten:

„Wenn nun auch zugegeben werden muß, daß die Wirkung derjenigen infektiösen Bakterien, bei welchen der befriedigende Nachweis spezifischer Toxine bisher mißlungen ist, völlig unklar war, und daß die Ansichten, welche v. Pirquet, Friedberger, Vaughan, Schittenhelm, Weichardt u. a. entwickelt haben, uns einen neuen Weg eröffnet haben, um zu einem Verständnis der Inkubation, des Fiebers, der Krise zu gelangen, so muß man andererseits doch im Auge behalten, daß die Prämissen dieser Ansichten nicht den Charakter von Beweisen besitzen. Es ist nicht festgestellt, daß die anaphylaktischen Symptome auf einem parenteralen Eiweißabbau beruhen, ob die anaphylaktische Noxe mit den vitro-Giften identisch ist, ob sich beide aus dem „Antigen" bilden oder nicht u. v. a. Selbst wenn man Dold, Sachs und Ritz beipflichten wollte, daß es für die Rolle der Anaphylaxie bei den Infektionskrankheiten irrelevant sei, aus welcher Matrix und durch welchen Prozeß die hypothetischen, anaphylaktischen Gifte entstehen, so sind damit die Schwierigkeiten nicht aus dem Wege geräumt. Zahlreiche Krankheitserreger sind gar keine Anaphylaktogene; sie wirken auf das vorbehandelte Tier nicht anders, wie auf das normale, und selbst dort, wo deutliche Differenzen vorhanden sind, sind sie verschwindend im Vergleich zu den Eiweißantigenen von höheren Tieren und Pflanzen. Die relativ niedermolekulare Struktur der Bakterienproteine ist die Ursache dieser Erscheinung. Daher wird es fraglich, ob man das Recht hat, den hohen Grad, den die Serumüberempfindlichkeit erreichen kann, zum Ausgangspunkt einer einheitlichen Betrachtungsweise aller Infektionskrankheiten zu machen. Übrigens sind die Infektionen durchaus nicht so monomorph, wie vielfach ausgeführt wird, oder doch nur für eine oberflächliche Betrachtung. Masern und Scharlach scheinen einander z. B. sicher ähnlich und doch bedingen erstere ein Verschwinden der Allergie gegen Tuberkulin und Vakzine, letzterer nicht."

Diese Schlußworte am Ende seiner vorurteilslosen, aber doch kritischen Übersicht der neuen, vorher besprochenen Theorien und der Arbeiten, auf denen sie beruhen, sind durchaus berechtigt. Der Zweck meiner Arbeit ist es, die Theorie der Sensibilisierung oder parenteralen Verdauung von meinem Gesichtspunkt aus darzustellen und zu versuchen, Beweise für und wider zu erbringen. Ich möchte deutlich die Aufmerksamkeit darauf lenken, daß hier ganz allein von meiner persönlichen Ansicht die Rede ist, wie es denn wahrscheinlich ist, daß keiner der Forscher, in deren Kreis mich einzuschließen Doerr mir die Ehre gibt, mit mir in allen Einzelheiten übereinstimmen dürfte, noch ich mit ihnen.

Ich halte es für wohl angebracht, gleich zu Beginn gegen den von Doerr genannten Hauptgrund gegen die Sensibilisierungstheorien Stellung zu nehmen. Er sagt: „Die Bakterienproteine haben eine relativ niedermolekulare Struktur." Dies ist eine Annahme, die auf keine Tatsache gegründet ist. Nur, weil Bakterienzellen eine verhältnismäßig niedrige Morphologie besitzen, hat man ohne weiteres angenommen, daß auch die in ihnen enthaltenen Proteine einen relativ einfachen Aufbau haben müßten.

Dies verhält sich aber keineswegs so. Meine Schüler und ich haben bewiesen, daß die Bakterienproteine ebenso komplex sind, wie die unserer eigenen Körperzellen. Sie enthalten nämlich wenigstens zwei Kohlehydratgruppen, von denen die eine definitiv im Nukleinsäurebruchteil lokalisiert werden konnte, der Sitz der anderen wurde nicht festgestellt. Sodann liefern sie eine Nukleinverbindung und erweisen damit das Vorhandensein von einer oder mehreren Nukleinsäuren, worauf man nach ihrem Verhalten gegen basische Färbung geschlossen hat. Ferner enthalten sie Diamino- und Monoaminosäuren in gleicher Menge und Verschiedenartigkeit, wie sie sich in den Proteinen der höher organisierten Pflanzen und Tiere finden; Kurz, Bakterien bestehen in der Hauptsache aus Glyko-Nukleo-Proteinen. Vor kurzem erschienene Arbeiten aus Kossels[2]) Laboratorium bestätigen unsere Aussage, daß die chemische Struktur der Bakterienproteine keine einfache ist.

Doerrs Behauptung, daß zahlreiche Krankheitserreger gar keine Anaphylaktogene seien, will ich weder bejahen, noch verneinen, jedoch möchte ich sie etwas eingeschränkt wissen. Es gibt viele Arten und Grade der Sensibilisierung, welche vom Sensibilisator und der darauf reagierenden Zelle abhängen. In einigen Fällen dauert der Sensibilisierungszustand viele Jahre an; in anderen währt er nur wenige Wochen oder Monate und wieder in anderen besteht er nur ganz vorübergehend.

Um Raum und Zeit zu sparen, will ich nun meine Ansichten über die Phänomena der Infektion folgenderweise formulieren:

Alle Infektionserreger bestehen aus lebendigen Proteinen, ausgestattet mit der Fähigkeit des Wachstums und der Vermehrung. Außerdem können sie Kohlenwasserstoffe, Fette, Wachse und möglicherweise andere und einfachere chemische Substanzen enthalten, aber ihre eigentlichen und charakteristischen Bestandteile sind die Proteine. Nicht nur gilt das eben Gesagte für alle Infektionserreger, sondern es erstreckt sich auch auf jegliche Lebenseinheit. Die bekannten Ansteckungserreger sind: Bakterien, Protozoen, Schimmelpilze und Hefen. Obgleich sie sich durch ihre physischen Eigenschaften individualisieren lassen, so ist doch theoretisch kein Grund vorhanden, warum man Lebewesen, also auch ein Virus, nicht als flüssig ansehen sollte. Jegliches Lebewesen muß Nahrung einnehmen, sie assimilieren und wieder eliminieren. Seine Moleküle müssen in labilem Zustande sein, gleichzeitig Atomgruppen aufnehmend und ausscheidend. Bakterien können Nahrung nur aus dem gewinnen, was in ihren Bereich kommt, und auch davon nur insoweit Gebrauch machen, als es sich ihrer Molekularstruktur einfügen läßt. Nur in diesem Sinne gibt es Zellnahrung. Organismen, die von den Proteinen der Körper, in denen sie hausen, keinen Gebrauch zu machen vermögen, können auch für diesen nicht pathogen sein. Alle Lebewesen ernähren sich durch die Wirksamkeit ihrer Fermente, welche von zweierlei Art sind: analytisch und synthetisch. Erstere spalten den Nährstoff in geeignete Bausteine auf; letztere plazieren diese in ihre gehörige Lage in dem Zellmolekül. Allgemein spricht man von extra- und intrazellulären Fermenten. Jene diffundieren mehr oder weniger in das respektive Medium und führen seinen Abbau herbei, diese bleiben in der Zelle zurück und verrichten Konstruktionsarbeit. Daß diese Fermente in Wirklichkeit ganz verschiedene Elemente sind, wird nicht nur durch ihre unterschiedliche Rolle, die sie im Zellenleben spielen, ausgedrückt, sondern auch dadurch, daß Wärme und Chemikalien sie nicht in derselben Weise angreifen. In doppelter Bedeutung sind Fermente spezifisch; erstens: Jegliche Zellenart produziert ihr eigenes Ferment; zweitens: das Ferment kann nur bestimmtes Protein abbauen; fernerhin, für jedes Ferment gibt es eine optimale Temperatur, bei welcher seine Wirkung am stärksten ist. Es gibt viele Bakterien, die bei Körpertemperatur nicht gedeihen können. Solche Mikroben können auch nicht pathogen sein. Dies bezieht sich mit Recht auf die meisten saprophytischen Bakterien im Wasser. Dann kommt noch das Verhältnis zwischen Ferment und Substrat in Betracht, welches eine Anpassungsfähigkeit verlangt, die noch nicht gründlich verstanden wird. Endlich führt im allgemeinen eine Anhäufung der fermentativen Produkte Verzögerung der Enzymwirkung herbei.

Man muß im Gedächtnis behalten, daß Körperzellen, ebenso wie Bakterienzellen, Proteine verdauen. Dieselben arbeiten auch analytische und synthetische oder extra- und intrazelluläre Fermente aus, welche besonders in den Leukozyten untersucht worden sind. Die extrazellulären Fermente sind keimtötend, weil sie die Bakterienproteine verdauen; sie werden bei der Temperatur von 56^0 zerstört. Die intrazellulären Fermente der Leukozyten sind ebenfalls bakterizid und zwar aus demselben Grunde, aber sie widerstehen einer viel höheren Temperatur. Jegliche lebende Zelle des animalischen Körpers erzeugt ebenso wie jede Bakterienzelle ihre spezifischen Fermente. Dies wurde von Abderhalden[3]) und seinen Schülern positiv demonstriert. Aus dem Vorausgesagten muß es augenscheinlich werden, daß die Fähigkeit resp. Unfähigkeit eines gegebenen Virus sich im animalischen Körper fortzupflanzen, bestimmt, ob es pathogen ist. Der Grund, warum es nicht fortwächst, mag darin beruhen, daß es die Körperproteine nicht verdauen und so auch keine Nahrung aus ihnen ziehen kann; es ist aber auch möglich, daß die Fermente der Körperzelle die Bakterienproteine verdauen und so zerstören. Diese Auffassung bietet die Erklärung für sämtliche Formen der bakteriellen Immunität, der natürlichen sowohl, wie der erworbenen. Toxinimmunität ist eine ganz andere Sache und wird in dieser Arbeit nicht berührt werden. Hier möchte ich zwei, nach meiner Ansicht, biologische Gesetze formulieren:

1. Wenn die Körperzellen mit den körperfremden Proteinen in Berührung kommen oder von ihnen durchzogen werden, so kommt es zur Bildung von spezifischen Fermenten in den Körperzellen und die fremden Proteine werden vernichtet.

2. Wenn die Körperzellen von zerstörenden Fermenten angegriffen werden, so kommt es in ersteren zur Erzeugung von Antifermenten, deren Aufgabe es ist, die Fermente zu neutralisieren und so die Zellen zu schützen.

Im Falle einer Infektionsaussetzung hängt die Chance zur Ansteckung von mancherlei schwankenden Umständen ab, wie z. B. von Zahl und Lebensfähigkeit der eingedrungenen Mikroben, ferner von dem Gesundheitszustand oder der Widerstandsfähigkeit von seiten des Tieres. Im Menschen wird eine erfolgreiche Wirkung der defensiven Fermente durch Vererbung, Alter, Nahrung und möglicherweise andere Bedingungen beeinflußt. Die große Mortalität bei Masern und Tuberkulose, welche unter solchen Leuten herrscht, die keine Resistenz gegen diese Krankheiten geerbt haben, ist wohl bekannt. Daß Neugeborene und Erwachsene physiologisch bis zu einem deutlichen Grade gegen Diphtherie geschützt sind, während Kinder im ganzen ohne Schutz sind, ist von Schick[4] u. a. nachgewiesen worden. Es war uns längst bekannt, daß Typhus, Pest, Beriberi, Skorbut, Pellagra am meisten sich immer dann zeigen, wenn Reichlichkeit und Abwechslung in der Nahrung fehlen, und hier versprechen die Arbeiten von Osborne und Mendel[5], Mc Collum und Davis[6], Wellman und Bass[7], Funk[8] u. a. über die Vitamine in dieser Beziehung vieles.

Wenn sich der Ansteckungskeim rapid vermehrt und es früh zur allgemeinen Sensibilisierung der Körperzellen kommt, so hat sich die Krankheit akut entwickelt. Findet andererseits der eindringende Keim seinem Wachstume weniger günstige Bedingungen vor, so daß er sich nur langsam und unvollkommen vermehrt und die Körperzellen nur lokal sensibilisiert werden, dann wird die Krankheit chronisch. Wenn das Virus durch den ganzen Körper weit verbreitet und die Sensibilisierung ebenso allgemein ist, dann wird die Krankheit über das ganze System verbreitet. Im Gegensatz hierzu, wenn Virus und Sensibilisierung begrenzt bleiben, dann ist die Krankheit lokal. Der Anthraxbazillus wächst sehr schnell in Rindern und Schafen, vermehrt sich ungemein im Blute, sensibilisiert allgemein und so entwickelt sich eine akute Allgemeinerkrankung. Dem entgegengesetzt findet man beim Schweine ein auf die Lymphdrüsen beschränktes Wachstum des Milzbrandbazillus, ebenso lokalisierte Sensibilisierung, und das Krankheitsbild ist sowohl lokal wie chronisch.

Daß ein gegebenes Bakterium nur in der einen Tierart leben kann und nicht in einer sogar nahe verwandten Spezies, sieht man z. B. in der Empfänglichkeit des gemeinen Schafes für Anthrax gegenüber der Immunität der algerischen Abart. Koch hat beobachtet, daß die Bazillen der Mäuseseptikämie und die Kokken, welche Nekrose verursachen, sich zu gleicher Zeit in weißen Mäusen vermehren konnten, wurden aber Feldmäuse mit gemischten Kulturen inokuliert, dann infizierten die Kokken, während die Bazillen der Mäuseseptikämie sich nicht zu entwickeln vermochten. Selbst natürliche Immunität ist nur relativ und kann durchbrochen werden 1. durch große

Gaben des Virus, wie Chaveau für das algerische Schaf demonstriert hat;
2. durch Temperaturerniedrigung, wie Pasteur bei Hennen gezeigt hat; 3. durch
Aushungern, wie Canalis und Morpurgo für Tauben bewiesen haben; alles
dies in bezug auf Milzbrand.

In den letzten Jahren sind wir mit dem sehr wichtigen Umstande bekannt
geworden, daß nämlich die von den Körperzellen produzierten Fermente unter
gewissen Bedingungen modifiziert werden können. Die Zelle kann aus einem
Ferment ein völlig anderes bilden, dessen Wirkung so modifiziert ist, daß man
es als ein gänzlich neues ansehen dürfte. Entweder ist es ein neues Ferment
oder das ursprüngliche ist bedeutend verändert und von intensiver Wirkung.
Diese Zellenfunktion haben wir uns seit über hundert Jahren bei der Pocken-
impfung zunutze gemacht, jedoch ganz empirisch, bis vor kurzem erst v. Pirquet
durch seine Forschung uns die wissenschaftliche Erklärung darbot. Das Pockenvirus ist pathogen nur für den Menschen, der die Krankheit noch nicht gehabt
hat oder nicht geimpft ist, während es für den, der sich von den Pocken erholt
hat, oder der richtig geimpft ist, nicht pathogen ist. Durch das Inokulieren
des Impfkeimes in seiner avirulenten Form werden die Körperzellen trainiert,
seine Proteine zu verdauen und zu zerstören, was zur sofortigen Vernichtung
des Virus bei der nächsten Ansteckung führt. Dasselbe Prinzip liegt der Typhusimpfung mit getöteten Kulturen zugrunde, die jetzt so allgemein und erfolgreich angewandt wird.

Meine Schüler und ich selbst [9-35]) sind zum wenigsten von folgendem überzeugt: a) die ansteckenden Bakterien — nehmen wir als Typen den Kolon-,
Typhus-, Tuberkelbazillus und Pneumokokkus — enthalten ein intrazelluläres
Gift; b) dies ist kein Toxin, da es durch Hitze nicht zerstört wird; es ist nicht
spezifisch, es produziert keine Antikörper, wenn es in steigenden, nicht letalen
Dosen Tieren injiziert wird; c) diese Bakterien erzeugen kein lösliches Toxin
oder Gift; in alten Kulturen mögen sich Spuren von Gift finden, aber dies
ist das Resultat der Zellenautolyse und ist keine Zellensekretion; d) in lös-
licher Form läßt sich dies Gift nur nach Abbau der Zellenproteine gewinnen,
was mit Hilfe überhitzten Dampfes, verdünnter Säuren oder Basen erreicht
werden kann; e) dies Gift stellt eine Gruppe in dem Proteinmolekül dar; f) es
existiert in allen wirklichen Proteinen, in pathogenen und nichtpathogenen
Bakterien, in vegetabilischen und animalischen Proteinen; g) es ist ein Abbau-
produkt des Proteinmoleküls; h) es ist möglicherweise ein Resultat der Spalt-
wirkung proteolytischer Enzyme; i) in den meisten vegetabilischen und animalischen Proteinen wird die Giftgruppe durch Verbindung mit der nicht
giftigen neutralisiert, daher denn auch solche Proteine keine Giftwirkung
haben, bis ihre Moleküle voneinander gerissen sind; j) die Giftgruppe ist allen
Proteinen gemeinsam; sie ist wahrscheinlich chemisch nicht ganz identisch
in den verschiedenen Proteinen, aber doch so nahestehend, daß im großen und
ganzen der toxikologische Effekt derselbe ist; wir bezeichnen sie als die zentrale
oder primäre Gruppe des Proteinmoleküls; k) diese primäre Gruppe ist giftig,
weil sie eine besondere Vorliebe hat, sich mit den sekundären Gruppen der
Proteine des tierischen Körpers zu verbinden; l) das Spezifische der Proteine
liegt in ihren sekundären, ungiftigen Gruppen; in diesen letzteren unterscheidet sich ein Protein vom anderen, chemisch sowohl wie biologisch; m) biologische Verwandtschaft zwischen Proteinen wird durch die chemische Struktur

ihrer Moleküle bestimmt; es existieren ebensoviele Proteinarten, als es Zellenarten gibt; n) die Spezifität der infizierenden Bakterien liegt nicht in der Giftgruppe ihrer Proteine, die ja bei allen dieselbe Wirkung hat, sondern in ihren nichtgiftigen Gruppen; o) das tötende Gift in allen ansteckenden Krankheiten ist immer ein und dasselbe; p) die Verschiedenheit in den Symptomen dieser Krankheiten hängt davon ab, in welchem Organe oder Gewebe die Keime sich anhäufen, wo sie abgebaut und ihre Gifte in Freiheit gesetzt werden; q) das Ferment, welches den Abbau der Bakterienproteine in den verschiedenen Infektionen herbeiführt, ist spezifisch. Ganz genau bis zu welchem Grade dies sich so verhält, kann nur durch weiteres erschöpfendes und exaktes Studium bestimmt werden.

Wenn man eine letale Dose einer lebenden, virulenten Kolibazillenkultur in die Bauchhöhle eines Meerschweinchens injiziert, beobachtet man folgendes: Für eine gewisse Zeit, gewöhnlich von 8—12 Stunden Dauer, bleibt das Tier anscheinend normal. Die Temperatur mag leichte Schwankungen zeigen, aber nicht außerhalb der normalen Grenzen. Das Fell wird nicht struppig und in seinem Verhalten unterscheidet sich das Tier in nichts von den anderen unbehandelten Tieren. Diese Zeitspanne bedeutet die Inkubationsperiode, welche in gewissen Grenzen schwankt, innerhalb derer sie sich jedoch ziemlich konstant erweist. Während dieser Zeit vermehren sich die Bazillen im Körper ganz ungemein. Sie sind damit beschäftigt, die tierischen Proteine in Bakterienproteine umzuwandeln, ein im ganzen synthetischer oder konstruktiver Prozeß. Die relativ einfachen, löslichen Proteine des Tieres werden, unter nur ganz leichter Veränderung, in die viel kompliziertere Struktur der Bakterienproteine einverleibt. Die löslichen Proteine von Blut und Lymphe werden in die Zellproteine der Bakterien übergeführt. Kein Proteingift wird in Freiheit gesetzt und so gibt es auch keine Störung im Wohlbefinden des Tieres. Daraus geht klar hervor, daß die Vermehrung von Bakterien im Tierkörper nicht die direkte und unmittelbare Ursache der Krankheitssymptome sein kann. Wenn immer Vervielfältigung am schnellsten und unbehindert vor sich geht, dann zeigen sich keine Symptome und in der Tat tritt die Krankheit nicht in Augenschein. Während der Inkubationsperiode einer Infektionskrankheit liefert der einwandernde Keim das Ferment, während die löslichen Proteine des tierischen Körpers das Substrat bilden. Der ganze Prozeß besteht in Konstruktionsarbeit: Einfache, niedrig organisierte Proteine werden in höhere umgebildet, kein Proteingift wird freigesetzt und kein erkennbares Symptom markiert den Fortschritt der Infektion. In der Entwicklung der Phänomena der Infektion ist jedoch die Inkubationsperiode von kritischer Bedeutung und die Schnelligkeit, mit der sich das infizierende Virus während dieser Zeit vermehrt, ist ein wichtiger Faktor in der Prognose. Je virulenter der Keim, desto rapider vervielfältigt er sich und dies bedeutet die Umwandlung einer größeren Menge von Animalprotein in Bakterienprotein. Rosenthal[36]) hat vermittelst seines Bakteriometers gezeigt, daß ein Bakterium sich um so schneller vermehrt, je größer seine Virulenz ist.

Mit einem Male bemerken wir jetzt eine Veränderung im Verhalten unseres geimpften Meerschweinchens. Die Haare hinter den Ohren fangen an zu Berge zu stehen, und bald sieht das ganze Fell struppig aus. Das Tier frißt nicht mehr, sondern zieht sich in einen Winkel des Käfigs zurück und scheint sich krank zu fühlen. Leichter Druck gegen den Bauch bringt augenscheinlich Schmerzen, die Temperatur beginnt zu fallen und sinkt weiter bis zum Exitus. Im Falle der Erholung ist ein Steigen der Temperatur das erste Anzeichen des Besserwerdens. Die charakteristische Läsion ist eine ausgeprochene hämorrhagische Peritonitis.

Diese etwas plötzliche Veränderung im Zustande des Versuchstieres markiert das Ende der Inkubationsperiode und den Anfang der aktiven Krankheit. Die tierischen Zellen sind jetzt sensibilisiert und strömen nun ein spezifisches Ferment aus, welches die Bakterienproteine verdaut. Im aktiven Krankheitsstadium liefern die Zellen des Tieres das Ferment, während die Bakterien das Substrat bilden, und diesmal sind es komplexe Zellproteine, die in einfachere Bestandteile abgebaut werden. Der ganze Prozeß hier ist analytisch und besteht in Zerstörungsarbeit. Das Proteingift wird in Freiheit gesetzt, die Krankheitssymptome entwickeln sich und das Leben schwebt in Gefahr.

Man muß nicht meinen, daß die Vorgänge, welche die Inkubationsperiode und die aktive Phase der Erkrankung charakterisieren, durch einen deutlich markierten Zeitabschnitt voneinander getrennt seien, oder daß die erstere völlig ihr Ende erreicht habe vor dem Anfang der letzteren. So verstehe ich es keineswegs. Wachstum mag sich in einem Teile eines Organs ausdehnen, wie z. B. in den Lungen bei Pneumonie, während der Zerstörungsprozeß an einer anderen Stelle vorherrscht. Nur diejenigen Zellen, die mit dem Bakterienprotein in Berührung kommen, werden sensibilisiert und die Sensibilisierung kann ganz lokalisiert sein.

Wir nehmen jetzt ein zweites Meerschweinchen und geben intraperitoneal eine letale Dose der abgetöteten Zellensubstanz des Kolonbazillus. Bei diesem Experimente schließen wir einen der Faktoren in der Entwicklung der Infektion aus, nämlich das Wachstum des Bazillus im Tierkörper, welches in vitro vor sich ging. Wir injizieren in die Bauchhöhle genügend Zellengift, um zu töten. Hiernach bleibt das Versuchstier ganz wohl für ungefähr 4 Stunden, worauf sich die identischen Symptome wie bei seinem Kameraden, der die lebende Kultur erhielt, zeigen. In beiden Tieren sind die Läsionen dieselben. Wir ziehen aus diesem Experimente den Schluß, daß es ungefähr 4 Stunden braucht, um die Zellen des Meerschweinchens genügend zu sensibilisieren, so daß sie mit dem Abbau des Bakterienproteins beginnen, und ferner diesen Prozeß soweit durchführen können, bis genug Gift produziert ist, die Gesundheit des Tieres derartig zu unterminieren, um den Effekt in unseren klinischen Gesichtskreis treten zu lassen. Beim Inkubationsprozeß der ansteckenden Krankheiten sind zwei wichtige Funktionen beteiligt: Die eine ist das Wachstum des einwandernden Keimes und die andere ist die Sensibilisierung der Körperzellen. Je schneller das Virus sich fortpflanzt und je mehr des körperfremden Proteins sich zur Zeit, wenn die Sensibilisierung in Kraft tritt, angesammelt hat, um so verderblicher ist das Resultat. Glücklicherweise sind die höher organisierten Proteine, wie die der Bakterien und Protozoen, nicht so wirksam in der Erzeugung der Sensibilisierung, wie die niederen, löslichen Proteine, z. B. die des Blutserums. Das Durchdringen der Zelle bildet wahrscheinlich das hauptsächlichste Moment zur höchst vollkommenen Sensibilisierung. Von ebenso großem Glücke ist es, daß die lebenden Zellenproteine nicht so plötzlich wie die einfachen löslichen Proteine von den Fermenten der Körperzellen aufgebrochen werden.

Ein drittes Meerschweinchen bekommt jetzt eine letale Dose der freigewordenen Proteinnoxe, die von irgend einem Proteinmolekül entweder chemisch oder durch ein Ferment in vitro abgespalten ist. In diesem Falle schalten wir die ganze Inkubationszeit aus und das Tier verendet ebenso rasch, wie nach einer Gabe von Blausäure. Der Ansteckungserreger war künstlich gezüchtet worden, der Abbau fand in vitro statt und das fertig geformte Gift wirkt mit derselben Bereitschaft, wie sie charakteristisch für andere tödliche, chemische Gifte ist. Diese Experimente sind in meinem Laboratorium oft, und mit verschiedenen Proteinen, wiederholt, mit lebenden sowohl wie toten, mit hoch organisierten und aufgelösten, mit solchen von bakteriellem, vegetabilischem, sowie animalischem Ursprunge und mit ihren Abbauprodukten. Falls ich meine Untersuchungen richtig interpretiert habe, werfen sie viel Licht auf die Phänomena der Infektion. Bevor wir jedoch die Korrektheit meiner Interpretierung angreifen, müssen wir noch weiter mit unseren Experimenten fortfahren.

Die ältere Literatur zeigt, daß einige Beobachter längst wußten, daß der parenteralen Einführung von diversen Proteinen die Entwicklung von Fieber nachfolgt. Gamaleia [37]) schrieb vor 25 Jahren einen Artikel, auf den ich aufmerksam machen möchte. Der Titel ist interessant: „Die Zerstörung von Mikroben im febrilen Organismus". Gamaleia zeigte, daß Fieber nach parenteraler Einführung von toten, wie lebenden, pathogenen und nichtpathogenen Bakterien eintrat. Aus diesen Experimenten schloß er, daß das Fieber nicht eine Erscheinung des Bakterienwachstums im Körper sei. Er fand, je weniger virulent der Infektionserreger war, um so höher und beständiger zeigte sich das Fieber. Ein Kaninchen, mit Anthraxbazillen inokuliert, hatte nur wenige Stunden Fieber, bis Temperaturfall und Exitus erfolgte; dagegen hielt das Fieber 3 Tage an, wenn das Tier Vakzine zweiten Grades (Vaccine deuzième) bekam. Wenn ein Kaninchen mit einem hoch virulenten Anthraxbazillus geimpft wird, kann sich unter Umständen nur wenig oder gar keine Temperaturerhöhung zeigen und es stirbt in 5—7 Stunden. Gamaleia machte ähnliche Untersuchungsbeobachtungen an anderen Krankheiten und kam zu dem folgenden Schlusse: Der Fieberprozeß ist kein Resultat der Bakterientätigkeit, sondern ist, ganz im Gegenteil, eine Folge der Reaktion von seiten des Organismus gegen ihre Anwesenheit und endet in ihrer Vernichtung. Ich bin überzeugt, daß ich völlig berechtigt bin, diese ein Vierteljahrhundert alten Experimente anzuführen, um meine Theorie oder Erklärung der Infektionsphänomena zu unterstützen.

Im Jahre 1909 wurde in meinem Laboratorium gezeigt [38]), daß Fieber bei Tieren experimentell durch parenterale Gaben von Proteinen, die verschieden von Ursprung und Struktur sein können, erregt werden konnte. Ferner wurde demonstriert, daß, wenn man die Größe und Häufigkeit der Dose modifizierte, der Fiebertypus nach Belieben zu bestimmen war. Wir brachten ein akutes Fieber mit Temperaturerhöhung bis 107° F und tödlichem Ausgang in wenigen Stunden hervor. Ferner remittierende, intermittierende, kontinuierende Fieber. Letztere lieferten Kurven, die in keiner Weise von denen des Typhus zu unterscheiden waren. Man kann nicht nur Fieber allein, sondern auch seine Begleiterscheinungen erzeugen. In dem so produzierten, kontinuierenden Fieber zeigt sich vermehrte Ausscheidung von Stickstoff, Abmagerung, Appetitlosigkeit, Ermüdung und verminderte Harnsekretion. Diese Experimente sind von Friedberger [39]) u. a. weiter ausgeführt und bestätigt worden. Proteinfieber, welches praktisch alle klinischen Fieber in sich schließt, ist ein Resultat der parenteralen Eiweißverdauung. Bei diesem Vorgange liefern die Animalzellen das Ferment und die körperfremden Proteine dienen als Substrat. Das fremde Protein kann lebendig oder tot sein, geformt oder ungeformt; es kann vom eigenen Körper des Tieres entferntes oder totes Gewebe, wie nach Brandwunden, sein. Es kann von einer Oberflächenmukosa absorbiert sein, wie im Heufieber, oder es kann künstlich eingeführt sein, wie in der Serumkrankheit. Gewöhnlich ist es ein lebendes Protein, wie bei den Infektionskrankheiten.

Es gibt zwei Arten von parenteralen, proteolytischen Fermenten, unspezifische und spezifische. Erstere finden sich normal im Blut und im Gewebe, besonders im ersteren. Nach ihrer Art unterscheiden sie sich voneinander in den verschiedenen Spezies, und nach Menge und Wirksamkeit in den verschiedenen Individuen. Es ist ihre Funktion, die körperfremden Proteine, die ihren Weg ins Blut und in die Gewebe finden, zu verdauen und wegzuräumen. In begrenztem Sinne sind sie allgemeine proteolytische Fermente, wie die des Magendarmkanals, aber die Anzahl der Proteine, auf die sie einwirken, ist etwas beschränkter. Sie bilden den wichtigsten Faktor in der Immunität der Rasse und des Individuums. Wir sind immun gegen die meisten Bakterien und Protozoen, nicht etwa, weil sie keine Gifte hervorbringen, denn jedes Proteinmolekül enthält seine giftige Gruppe, sondern weil sie in den Körper eindringen, von den allgemeinen proteolytischen Enzymen vernichtet werden und ihnen nicht ermöglicht wird, sich fortzupflanzen. Diese nichtspezifischen, parenteralen Fermente sind wahrscheinlich Ausscheidungen gewisser, spezialisierter Zellen, wie der Leukozyten. Unter normalen Verhältnissen können sie die Proteine, mit denen sie reagieren, nur in kleinen Mengen verdauen, aber die Zellen, welche sie hervorbringen, können zu größerer Tätigkeit gereizt werden. Ob diese Enzyme, wenn sie in Berührung mit gewissen Proteinen gebracht werden, spezifisch werden oder nicht, hat man noch nicht bestimmt. Die durch diese Enzyme erworbene Immunität ist begrenzt und nur vorübergehend.

Die spezifischen, parenteralen, proteolytischen Fermente sind keine physiologischen Produkte der Körperzellen, sondern entstehen durch die Wirkung derjenigen in Blut und Gewebe eingedrungenen Proteine, die wegen ihrer Natur oder Masse der Tätigkeit der nichtspezifischen Fermente entgangen sind. Wenn ein Protein, das ins Blut eingeführt wird, nicht sofort völlig von den unspezifischen Fermenten verdaut wird, dann wird es vom Blutstrom ausgeschieden und in irgendwelchem Gewebe abgesetzt, dessen Zellen nach einiger Zeit ein spezifisches Ferment von solcher Art entwickeln, daß es nur dieses Protein abbauen kann, während es kein anderes zu verdauen vermag. Gewisse Organe und Gewebe besitzen eine besondere Vorliebe für gewisse Proteine, welche in ihnen entweder ausschließlich oder sehr reichlich aufgespeichert werden: z. B. der Pneumokokkus in der Lunge, der Typhusbazillus in der Milz, in den mesenterischen und anderen Drüsen, die Keime der Exanthemata in der Haut usw.

Zur Entwicklung der spezifischen, proteolytischen Enzyme gebraucht es Zeit, und diese ändert sich je nach dem sensibilisierenden Protein und wahrscheinlich auch mit dem Gewebe, in dem es deponiert ist. Die Entwicklung dieser Fermente macht Veränderungen in der chemischen Beschaffenheit der Proteinmoleküle der Körperzellen nötig, die auf diese Weise eine neue Funktion erwerben, welche dann späterhin nur durch die Einwirkung desjenigen Proteins, dem es seine Existenz verdankt, in Tätigkeit tritt. Als eine Folge dieser Wiederordnung seiner Molekularstruktur speichert die Zelle ein spezifisches Zymogen auf, welches durch Kontakt mit seinem spezifischen Protein aktiviert wird.

Ob die Verdauungsprodukte der nichtspezifischen und der spezifischen Fermente miteinander identisch sind, ist noch nicht bestimmt. Die Anwesenheit einer Giftgruppe in dem Proteinmolekül wird sowohl bei der enteralen, wie bei der parenteralen Verdauung, als auch bei Abbau durch chemische Substanzen und Fermente in vitro offenbar. Bei enteraler Verdauung sieht man das Gift am deutlichsten in dem Peptonmolekül, welches groß, komplex und nicht diffundierbar ist. Weitere Tätigkeit der alimentären Enzyme spaltet die Peptone in harmlose Aminosäuren. Der Eiweißabbau durch chemische Mittel ist kein feiner Prozeß, so daß viel Gift umkommt. Wenn das Gift sich im Magendarmkanal formiert, so ist das Tier vor dessen schädlicher Wirkung durch die Wände des Magendarmkanals und die schließliche Vernichtung des Keimes bewahrt. Wird das Gift aber parenteral in Freiheit gesetzt, dann gibt es keine schützenden Wände.

Es existieren sicherlich noch andere Ursachen des Fiebers, aber das Fieber der Ansteckungskrankheiten kommt von der parenteralen Verdauung des Infektionserregers, durch in den Körperzellen elaborierte, spezifische Sekretionen; es ist eine Erscheinung, um fremde und schädliche Substanzen fortzuschaffen und muß als etwas Gutes betrachtet werden. Wenn es jedoch über einen gewissen Punkt schreitet, so wird es eine Gefahr per se. Bei parenteraler Verdauung müssen folgende Quellen der Wärmeproduktion augenscheinlich sein: 1. Die ungewohnte Anreizung und die dadurch erhöhte Tätigkeit der Zellen, welche die Fermente liefern, müssen der Grund eines nicht geringen Steigens der Wärmeproduktion sein. 2. Der Abbau des körperfremden Proteins erhöht das Freiwerden von Wärme. 3. Die Reaktion zwischen Verdauungsprodukt und Gewebe muß zu erhöhter Wärmebildung führen. Ich sehe die erste und die letzte der angeführten Quellen als die wichtigeren Faktoren in der Überproduktion von Wärme bei den Infektionskrankheiten an. Wenn das Gift schnell und reichlich frei wird, fällt die Temperatur und der Tod ist nahe.

Es liegen viele Bedingungen vor, die den Fieberverlauf beeinflussen, und einige von diesen mögen Erwähnung finden. Einige Keime sensibilisieren schneller und gründlicher als andere. Es ist wahrscheinlich, daß lebende Zellen, solange sie lebendig sind, nicht sensibilisieren. Etwas von dem Eiweiß des Virus muß sich auflösen, bevor die Zellendurchdringung, die absolut notwendig für eine gründliche Sensibilisierung zu sein scheint, stattfinden kann. Lebende Kolibazillen von einer nicht mehr wie 24 Stunden alten Kultur, intraperitoneal in ein Meerschweinchen injiziert, brauchen ungefähr 10 Stunden, um zu sensibilisieren. Der getötete Bazillus verlangt nur die halbe Zeit, während mit alten, autolysierten Kulturen, in denen die Sensibilisierungsgruppe schon in Lösung ist, die Zeit noch viel mehr abgekürzt wird. Einige pathogene Mikroben, z. B. der Tuberkelbazillus, haben so lange als Parasiten existiert, daß sie gelernt haben, sich durch Depositen von Fetten und Wachsen zu schützen. Auf diese Weise sind sie wahrscheinlich bis zu einem gewissen Grade gegen die vernichtenden Enzyme der Körperzellen gesichert. Bei allen akuten Ansteckungen wird die Zerstörung des einwandernden Keimes durch das geänderte Verhältnis zwischen Substrat und Enzym, sowie durch die Anhäufung von Fermentprodukten, modifiziert und verzögert. Alle diese Fragen sind noch wenig verstanden und ihre Lösung wartet weiterer Forschung.

Ich habe die neue Theorie über die Phänomena der Infektion nach meiner Auffassung vorgetragen. Die Inangriffnahme dieser Probleme ist gerade erst im Beginnen, daher bin ich nicht der Meinung, als ob meine Ansichten in allen Einzelheiten die Kraft bewiesener Tatsachen besitzen. Falls sie nur als zu weiterer und immer noch exakterer Forschung anregend sich erweisen, so bin ich ihrer Rechtfertigung sicher.

Ich werde jetzt einige für und wider die neue Theorie sprechende Tatsachen aufnehmen und versuchen, sie ohne Vorurteil zu behandeln. Erstens ist es wahr, wie Doerr sagt, daß es nicht völlig sicher bewiesen ist, daß das in vitro produzierte Gift mit dem in vivo gebildeten identisch ist. In der Tat kennen wir nicht die genaue Beschaffenheit des Giftes, welches durch Aufbruch der Proteinmoleküle auf chemischem Wege produziert wird. Ich halte dafür, daß dieses Gift eine Gruppe in dem Proteinmolekül darstellt. Andere bezweifeln dies und halten an der Endotoxintheorie, die zuerst von R. Pfeiffer ausgearbeitet wurde, fest. Solange man das Gift nur aus komplizierten Proteinen, wie z. B. Bakterienzellsubstanzen, oder den gemischten Proteinen des Blutserums oder Eiweißes, bekanntlich eine Proteinmischung, gewinnen konnte, hatten meine Gegner ein unwiderstehliches Argument für sich. Nun werden aber einige Proteine, wie z. B. Edestin, von allen, die sich mit der Proteinchemie befassen, als chemische Einheiten angesehen, in demselben Grade, wie kristallisierte Körper. Wir nehmen Edestin und spalten es in giftige und ungiftige Teile. Wir injizieren erstere in ein Meerschweinchen, und es verendet prompt, nach Entwicklung gewisser, bestimmter auffallender Symptome. Ein anderes Meerschweinchen wird jetzt gegen Edestin sensibilisiert und erhält nach angemessener Zeit eine zweite Injektion von Edestin. Es entwickeln sich hier dieselben Symptome in derselben Zeit und Reihenfolge, wie beim ersten Tier und die Sektionsbefunde bei beiden sind identisch. Wir wissen, daß das dem Versuchstier eingespritzte Edestin die Proteinnoxe enthält, welche wir in vitro freisetzen können. Die einzig berechtigte Folgerung aus diesen Tatsachen scheint diese zu sein, daß in beiden Fällen das Tier an demselben Gifte zugrunde geht, und daß durch den Prozeß der Sensibilisierung die Fähigkeit, die Edestinmoleküle zu spalten, entwickelt worden ist. Außerdem kann das Blutserum eines gegen Eiweiß sensibilisierten Tieres, wenn in angemessener Proportion mit Eiweiß in vitro in den Brutschrank gesetzt, ein Gift erzeugen, welches im unbehandelten Tiere dieselben Symptome und Sektionsbefunde hervorbringt, wie sie sich nach Wiederimpfung im sensibilisierten Versuchstiere entwickelten, während das Blut eines unbehandelten Tieres keine solche Wirkung auf Eiweiß in vitro zeigt. Aus diesen Tatsachen ziehe ich folgende Schlüsse: 1. Das Proteingift ist eine Gruppe der Proteinmoleküle. 2. Im Blutserum eines sensibilisierten

Tieres befindet sich ein Etwas, welches fähig ist, ein Protein abzubauen, und so ein Gift freizusetzen, aber dieses Etwas existiert nicht im Blute des unbehandelten Tieres. Falls hier ein Trugschluß vorliegen sollte, so vermag ich ihn nicht zu erkennen. Wenn es sich zeigen sollte, daß Edestin und andere Proteine, die man für chemische Einheiten hält, nicht derartig beschaffen wären, dann dürfte meine Schlußfolgerung nicht ganz berechtigt sein.

Ich will nicht behaupten, daß die aus dem Proteinmolekül auf chemischem Wege in vitro gewonnene Proteinnoxe mit dem in vivo durch spezifische Fermente hervorgebrachten Gifte identisch sei; daß aber eine enge chemische Verwandtschaft zwischen ihnen besteht, kann man aus ihrer physiologischen Wirkung sehen.

Wie ich schon sagte, die chemische Struktur des Proteingiftes ist unbekannt. Wir sind überzeugt, daß es nicht eine von den Aminosäuren ist, obgleich es ihnen sehr nahe steht. In seinem Effekt ist es ziemlich gleicher Art, wenn nicht gar identisch mit dem Histamin von Barger und Dale. Man wird wahrscheinlich finden, daß das Proteinmolekül ein ganzes Spektrum von Giften enthält, eins vom anderen durch irgend eine kleine Strukturveränderung unterschieden.

Vor Jahren hat R. Pfeiffer gezeigt, daß Cholera-, Typhus-, Kolibazillen und viele andere kein Toxin ausscheiden, daß jedoch die Zellproteine derselben giftig sind. In der Bauchhöhle von Tieren, die mit diesen Bakterien vorbehandelt sind, lösen sich die Bakterienzellen nach erneuter Injektion, wie Zucker oder Salz in Wasser auf, aber trotz dieser Vernichtung der Bakterien verendet das Tier. In der Tat, das Resultat der Zerstörung von Bakterienzellen mit nachfolgendem Freiwerden der Proteinnoxe ist der Tod. Wenn die Quantität von Zellensubstanzen für eine letale Dose des Giftes nicht hinreicht, so bleibt das Tier am Leben und übersteht die Infektion. Ich betrachte Pfeiffers Phänomen als die Basis der lytischen Immunität und es muß offenbar sein, daß diese Form der Immunität in keiner Weise mit der durch Toxin induzierten verglichen werden kann. Pfeiffers Erklärung dieses Phänomens, gestützt auf die Annahme, daß die Bakterienzelle ein Endotoxin enthalte, ist sicherlich nicht korrekt. Die schädlichen Elemente der Zellensubstanz sind keine Toxine im jetzt üblichen Sinne des Wortes, sondern sind Gifte. Die nächste wichtige Arbeit in dieser Richtung wurde von Weichardt[39a]) geleistet, als er entdeckte, daß das Blutserum von Kaninchen, welche zu wiederholten Malen mit Plazentaprotein vorbehandelt waren, letzteres sowohl in vitro wie in vivo, mit Freiwerden eines Giftes, auflöste. Dieses Experiment war ein Vorläufer von Abderhaldens Schwangerschaftsreaktion. Die nächste von Bedeutung lieferte Friedemann, indem er zeigte, daß Erythrozyten sich auflösen ließen, ohne ein aktives Gift freizugeben und andererseits, daß die giftige Gruppe des Hämoglobinmoleküls extrahiert werden könne, ohne die Körperchen aufzulösen. Thomsen demonstrierte, daß gegen rote Blutkörperchen sensibilisierte Meerschweinchen nach Reinjektion keine bemerkbare Hämolyse zeigen, obgleich anaphylaktischer Schock eintritt. Wenn man intakte Blutkörperchen gebraucht, kann die anaphylaktische Noxe entweder vom Hämoglobin oder vom Stroma oder selbst von beiden kommen. Wir haben Tiere mit Hämoglobin und Stroma anaphylaktisiert. Ersteres ist leicht, wegen der guten Löslichkeit des Hämoglobins. Das Stroma ist kein so gutes Anaphylaktogen aus dem entgegengesetzten Grunde. Friedberger und Vallardi haben gefunden, daß nur, wenn Stroma, Ambozeptor und Komplement in richtigen Proportionen vorliegen, die anaphylaktische Noxe bereitet werden kann. Neufeld und Dold fanden, daß das anaphylaktische Gift sich von Bakterien ohne Cytolyse präparieren läßt. In bezug auf Friedbergers Anaphylatoxin scheint es am wahrscheinlichsten, daß die Matrix dieses Giftes das Serum bildet, da Bordet es durch Inkubation von Serum mit Agar präpariert hat, und Nathan, indem er Stärke gebrauchte. Selbst wenn es erwiesen werden sollte, daß es vom Serum herstammte, so würde dies keineswegs die Theorie umstoßen, daß es die Proteinnoxe bildet. Unser Proteingift stammt auf jeden Fall von dem Proteinmolekül. Es kann kein Ferment in dem Sinne, wie wir Fermente auffassen, sein. Es ist thermostabil, bildet keinen Antikörper und kann dennoch identisch mit dem Anaphylatoxin sein, denn gleichviel, ob letzteres von Bakterienzellen oder vom Serum herstammt, es stammt vom Protein.

Loewitt und Barger[40]) haben demonstriert, daß Agar ein anaphylaktogenes Protein enthält. Dies beweist nicht, daß das in Bordets Experiment gefundene Gift von dem Protein im Agar herrührt, wohl aber zeigt es, daß dies die Quelle des Giftes sein könnte. Unzweifelhaft ist das Protein im Agar durch seine große Oberfläche exponiert und wird dadurch besonders empfänglich für Fermentwirkung. Zweimal habe ich es versucht, das Proteingift durch Abbau des Agars auf chemischem Wege zu gewinnen, aber ohne Erfolg. Dies beweist jedoch nicht, daß ein proteolytisches Ferment diesen Zweck nicht erreichen könnte, da die chemische Methode grob ist und dabei eine Menge Gift umkommt.

Schlecht[41]) fand nach Wiederimpfung eines sensibilisierten Tieres eine Zunahme der eosinophilen Zellen und Chancellor[42]) findet ebenso eine Vermehrung dieser Körperchen nach Injektion von Proteingift. So wie die Dinge liegen, bedeutet dies, daß das im anaphylaktischen Schock freigewordene und das auf meine Weise von Proteinen gewonnene Gift im Effekt einander ähnlich sein müssen.

Das Blut eines vom anaphylaktischen Schock getöteten Tieres gerinnt langsam, während es bei Tieren, die durch Proteingift, welches chemisch präpariert war, getötet sind, in der üblichen Zeit koaguliert. Dies könnte als ein Beweis dafür gelten, daß das in vivo gebildete Gift mit dem in vitro nicht identisch wäre; aber die Ursache der Verzögerung des Koagulierens mag in einer der ungiftigen Gruppen liegen, die durch Abbau des Proteinmoleküls im Körper frei werden. Jedoch das auf chemischem Wege von gewissen Proteinen, z. B. vom Tuberkelbazillus, gewonnene Proteingift verhindert das Blut am Gerinnen. Dies ist der erste von mir gefundene Beweis für eine Unähnlichkeit im Verhalten des von verschiedenen Proteinen stammenden Proteingiftes.

Loewitt[43]) und Waele[44]) haben gezeigt, daß Unkoagulierbarkeit des Blutes nicht immer mit dem anaphylaktischen Schock verbunden ist.

Die in der jüngst von Abderhalden gelieferten Arbeit mitgeteilte fundamentale Tatsache, deren volle Bedeutung wir noch nicht übersehen können, stützt sich auf die Entwicklung von Fermenten als Resultat parenteraler Einführung von körperfremden Proteinen. Wie genau spezifisch diese Fermente sind, ist nur nach größeren Erfahrungen zu bestimmen.

Weinlandt hat zuerst gezeigt, daß Invertase in Hunden durch parenterale Einfuhr von Rohrzucker entwickelt wird. Dies wurde weiter ausgeführt von Abderhalden, Heilner u. a., bis festgestellt wurde, daß die Körperzellen beim Tiere gewöhnt werden können, spezifisch proteolytische, amylolytische und lipolytische Fermente zu produzieren. Die Anwesenheit spezifischer Fermente im Blutserum wird jetzt in der Diagnose von Schwangerschaft, Krebs, Dementia praecox benutzt.

Wenn ich die vor kurzem mitgeteilten Experimente von Thiele und Embleton [45]) richtig interpretiere, liefern sie sichere Beweise zugunsten der Theorie, die ich formuliert habe. Diese Forscher entwickelten folgende Punkte:

1. Wenn die normalen Schutzfermente des Tierkörpers in ihrer Tätigkeit inhibiert sind, werden Bakterien, die normal nicht pathogen sind, pathogen. Es ist wohlbekannt, daß Fermentwirkung durch hypertonische Salzlösungen retardiert werden kann. Wenn solche nicht pathogenen Mikroben, wie Sarcina lutea, Bacillus prodigiosus u. a., in $2-5\%$igen Salzlösungen suspendiert und dann in die Bauchhöhle des Meerschweinchens injiziert werden, wird das normale lytische Ferment des Tieres inhibiert, die Keime können sich vermehren und wirken tödlich. In anderen Worten, ein harmloses Bakterium wird in ein todbringendes verwandelt, weil die normalen Schutzfunktionen des Körpers in Untätigkeit gehalten werden.

Vor Jahren hat Buchner demonstriert, daß das Alexin des Blutserums höchst empfindlich gegen Salzkontakt reagiert, und daß durch entsprechende Modifikationen desselben die Fermenttätigkeit beschleunigt, verlangsamt oder ganz zum Stillstand gebracht werden kann. In dieser Verbindung mag es von Interesse sein, die Tatsache zu berichten, daß einige Ärzte glauben, eine stark gesalzene Diät prädisponiere für Pneumonie.

2. Blut und Exsudate von Tieren, welche an Infektionskrankheiten gestorben sind, zeigen bei Anwendung der Ninhydrin- und Biuretreaktionen an ihren Diffusaten die Anwesenheit von Proteinabbauprodukten, die unter normalen Verhältnissen nicht existieren. Diese proteoklastischen Substanzen dürften ihren Ursprung kaum wo anders, wie im Abbau der Bakterienproteine haben.

3. Diese Abbaukörper im Blute von Tieren, die an Infektionen sterben, bringen typisch anaphylaktischen Schock hervor, wenn sie unbehandelten Tieren intravenös injiziert werden.

Die Studien über autolytische Abbauprodukte von Bakterienzellensubstanzen, wie von Rosenow [46]) und Cole [47]) berichtet, beweisen ohne Zweifel, daß die Bakterienzellen ein Gift und nicht ein Endotoxin enthalten, da kein Antikörper erzeugt werden kann. Es ist wahr, daß diese Studien, wenn für sich allein betrachtet, es in Zweifel lassen, ob das Gift nur eine Gruppe in einem größeren Molekül bildet oder ob es ein chemisches Individuum ist, aber sicherlich muß das Gift, welches von Edestin und ähnlichen, reinen Proteinen kommt, primär als eine Gruppe in einem größeren Molekül existieren. Man muß zugeben, daß eine große Masse von Beweisgründen gegen die Existenz von Endotoxinen im Sinne von R. Pfeiffer spricht.

Edmunds [48]) hat gezeigt, daß die physiologische Wirkung meiner Proteinnoxe auf Hunde und Katzen in der Hauptsache die nämliche ist, wie bei Wiederimpfung sensibilisierter Tiere, und eben dasselbe haben verschiedene Beobachter in bezug auf Meerschweinchen erwiesen. Während nun Identität in physiologischer Wirkung keine chemische Identität bedingt. so läßt es jedenfalls eine Ähnlichkeit in chemischer Struktur vermuten.

Auer und van Slyke [49]) finden unter Benutzung der höchst exakten Methode des letzteren zur Bestimmung von Aminostickstoff, daß die Lungen von Meerschweinchen, welche im anaphylaktischen Schock nach intravenöser Reinjektion von 0,5—0,9 ccm Pferdeserum starben, nicht mehr Aminostickstoff liefern, wie die Lungen von Meerschweinchen, die sofort nach intravenösen Gaben von 0,9 ccm Pferdeserum durch Injektion von Luft in die Vene getötet sind. Sie kommen zu folgendem Schlusse: „Diese Untersuchung raubt der Hypothese die Stütze, daß die anaphylaktische Lunge des Meerschweinchens durch Proteinabbauprodukte verursacht ist." Ich fühle mich nicht geneigt, viel Gewicht auf diesen Beweis zu legen und zwar aus den folgenden Gründen: 1. Die Gesamtmenge des bei der Reinjektion gegebenen Proteins war gering; 0,5 ccm Pferdeserum enthalten im besten Falle nicht mehr wie 40 mg Protein. 2. Die Lungen wurden mit einer Fehlergrenze von ungefähr 10 mg gewogen. 3. Die Proteinnoxe, obgleich noch unrein, tötet Meerschweinchen in intravenösen Gaben von 0,5 mg. 4. Obwohl wir nicht genau wissen, was das Proteingift ist, so wissen wir doch, daß es keine Aminosäure ist. 5. Ist der freie Aminostickstoff nicht nur für Aminosäuren, sondern auch für Peptone, Albumosen u. a. bestimmt, so finden wir, daß der Durchschnitt nach anaphylaktischem Tode (10 Versuchstiere) 61,8 mg per 100 g Lungengewebe beträgt, während Kontrolltiere (10) 58,3 mg für dieselbe Menge von Gewebe zeigen. Die kleine Differenz zwischen diesen beiden Durchschnittswerten (3 mg) ist ohne Bedeutung, da sie sich innerhalb der Grenzen der normalen Schwankungen bewegt. 3 mg Stickstoff repräsentieren wenigstens 15—18 letale Dosen der Proteinnoxe. Wenn es nach einer Methode zur Rückgewinnung des Giftes aus den Geweben nicht gelingt, 15 mal die tödliche Menge zu entdecken, dann kann man nichts Besonderes an einer solchen Methode rühmen. 6. „Wenn der nicht koagulierbare Aminostickstoff, unter Hydrolyse mit Salzsäure, in 5 anaphylaktischen und 5 Kontroll-Lungen bestimmt wurde, dann zeigten die Resultate wiederum keine bedeutsamen Unterschiede; der Durchschnittsertrag von anaphylaktischen Lungen per 100 g Gewebe war 172,6 mg, während der von Kontrollen sich auf 171,2 mg belief." Es findet sich hier in 100 g Lunge der anaphylaktisierten Tiere soviel mehr Stickstoff vor, wie in demselben Gewebe von Kontrollen, daß durch ihn 6—9 letale Dosen repräsentiert werden. Wir wissen nur wenig über die Natur der Proteinabbauprodukte, die bei parenteraler Verdauung entstehen. Da sie jedoch vermittelst der Ninhydrin- und Biuretreaktionen zu erkennen sind, so dürften sie wenigstens nicht gänzlich aus Aminosäuren bestehen. Es ist wahr, daß gewisse einfache Peptide durch parenterale Fermente sich in ihre Aminosäurebestandteile aufbrechen lassen.

Der akute anaphylaktische Schock ist in seinen Erscheinungen so auffallend, daß dadurch das Studium der chronischen Proteinvergiftung verzögert worden ist, welches zweifellos ein reiches und profitables Feld für weitere Forschung bildet.

Jedes körperfremde Protein, das seinen Weg in das Blut und die Gewebe findet, ist mehr oder weniger schädlich für die Körperzellen. Es kann entweder direkt oder durch seine Spaltprodukte Gefahr bringen. Wenn wiederholt eingeführt, werden die Körperzellen sensibilisiert und bauen es ab. Wenn seine Einführung in kurzen Zwischenräumen erfolgt, dann kann es auf keine Weise zum anaphylaktischen Schock kommen, sondern es stellt sich parenterale Verdauung ein und das Proteingift wird in Freiheit gesetzt, möglicherweise nicht in genügender Menge, um erkennbare Symptome zu entwickeln, aber das Resultat ist eine chronische Vergiftung. Falls die Theorie, welche ich entwickelt habe, richtig sein sollte, dann sind die Läsionen der Infektionskrankheiten, zum Teil wenigstens, durch Proteinvergiftung verursacht. Außerdem braucht die Krankheit nicht infektiös zu sein, um zu akuter oder chronischer Proteinvergiftung zu führen. Die Absorbierung von unverdauten oder teilweise verdauten Proteinen vom Magendarmkanal kann ganz ebenso schädlich sein, wie die Einimpfung eines lebenden Virus. Es scheint mir, daß wir jetzt vollkommen berechtigt sind von „Albuminkrankheiten" zu sprechen, indem wir unter diesem Titel alle Gesundheitsstörungen einschließen, welche durch parenterale Einführung von körperfremden Proteinen, ob lebend oder tot, organisiert oder nicht, herbeigeführt werden. Die Beschreibung von Richet, die er von seinen Experimenten über Anaphylaxie an Hunden gibt, erinnert ganz auffallend an Cholera nostras beim Menschen. Schittenhelm und Weichardt brachten eine „Enteritis anaphylactica" hervor; in gleicher Weise entwickelte Friedberger [50]) eine Pneumonie in sensibilisierten Meerschweinchen durch Einspritzen von Pferdeserum in die Luftröhre. Diese Arbeit ist von Ishioka [51]) bestätigt worden, und ein sorgfältiges histologisches Studium von Lungen in solchem Zustande wurde von Schlecht und Schwenker [52]) angestellt. Es ist höchstwahrscheinlich, daß wir Unrecht hatten, wenn wir glaubten, daß alle Krankheitszustände durch Infektionen, von denen manche sekundär sind, verursacht wären. In dieser Verbindung möchte ich die Aufmerksamkeit auf die wertvolle Forschung von Longcope [53]) lenken, der eine Nephritis in Kaninchen und Hunden herbeiführte, indem er wiederholte Gaben von Pferdeserum und Eiweiß injizierte. Wenn wir bedenken, mit welcher Sorgfalt die Natur die Körperzellen vor den fremden Proteinen durch deren radikale Strukturveränderung vermittelst alimentärer Verdauung schützt, und da wir fernerhin wissen, daß jedes unaufgebrochene Protein eine höchst giftige Gruppe enthält, so sollten wir sehr behutsam mit der Anwendung von Serum und Serumtherapie fortfahren. Der Wert des Diphtherieantitoxins und einiger anderer Antitoxine ist bewiesen, und das Gute, was hierdurch geleistet ist, stellt einen der großen Triumphe der modernen Medizin dar, aber vieles von der jetzt so weit und breit angewandten Proteintherapie ist ohne wissenschaftliche Berechtigung. Ich habe sorgfältig versucht, die Proteinmoleküle gewisser pathogener Bakterien so auseinanderzubrechen, daß eine ungiftige, sensibilisierende Gruppe gewonnen würde, die entweder für Prophylaxe oder Heilung von Wert sein möchte, aber ohne praktischen Erfolg. Ich habe von den Zellensubstanzen des Koli-, Typhus- und Tuberkelbazillus ungiftige, sensibilisierende Proteine erhalten. Diejenigen von Koli- und Typhusbazillen verleihen einen gewissen Grad von Immunität gegen spätere Injektionen von respektiven lebenden Kulturen, aber der so gewonnene Schutz ist schwach und verschwindet bald, während das vom Tuberkelbazillus gewonnene Protein Versuchstiere nicht schützt. So sehe ich mich denn gezwungen, von einem Fehlversuche zu berichten, wobei ich das Irrlicht vor Augen führe, welches im Laboratorium eines jeden

Forschers umherspukt. Wenn man sich die außerordentlich vielen Spaltlinien, die durch das große Proteinmolekül laufen, vergegenwärtigt, so sollte man nicht überrascht sein, wenn der Edelstein mit vollendeten Fazetten, nach dem man sucht, nicht beim ersten Hammerschlag in Erscheinung tritt.

Wie erwähnt, haben wir Protein in giftige und ungiftige Teile gespalten. Dies gelang mit Proteinen vom allerverschiedensten Ursprunge, nämlich von bakteriellem, vegetabilischem und animalischem, und wir haben kein echtes Protein gefunden, das nicht diesem Abbau unterlag. Gewisse Pseudoproteine, wie Gelatine, folgen dieser Reaktion nicht, aber alle echten Proteine, soweit sie geprüft sind, werden in giftige und ungiftige Teile abgebaut. Dies bildet den Grundstein zu unserer Theorie der Proteinsensibilisierung. Alle echten Proteine sind Sensibilisatoren und bis jetzt ist es nicht bewiesen, daß Sensibilisierung durch irgend eine Nicht-Protein-Substanz erzeugt werden kann. Alle Sensibilisatoren entwickeln Vergiftungssymptome nach Reinjektion. Diese Symptome nach der Wiederimpfung sind identisch in ihrer Erscheinung und Folge mit denen, die in unbehandelten Tieren nach Injektion von Gift eintreten, das von dem Proteinmolekül auf chemischem Wege abgespalten ist, oder durch die Fermente im Serum, oder durch Organextrakte von sensibilisierten Tieren gewonnen ist. Daher sind wir zu dem Schlusse gelangt, daß der anaphylaktische Schock durch Abbau des Moleküls des Proteinsensibilisators nach Reinjektion und durch Freiwerden der Proteinnoxe verursacht wird; daß dieser Abbau durch ein spezifisches, proteolytisches Enzym veranlaßt wird, welches sich in den Zellen des Tierkörpers als ein Resultat der ersten Impfung entwickelt. Wir haben wiederholt gezeigt, daß die Giftgruppe, von dem Proteinmolekül durch Abbau auf chemischem Wege oder durch Fermente gewonnen, Tiere nicht sensibilisiert. Dies läuft der allgemein für richtig erklärten Annahme entgegen, und unserem Standpunkt in dieser Hinsicht wird entweder mit Schweigen oder Verneinung begegnet; und doch haben wir die Sache so häufig und mit Giften von so vielen verschiedenen Proteinen geprüft, daß wir keinen Augenblick mit der Versicherung zaudern, daß die Giftgruppe des Proteinmoleküls Tiere nicht sensibilisiert. Nun sagt man aber, daß Toxine notwendig sind zur Erzeugung von Antitoxinen, und daß letztere auf keine andere Weise produziert werden können. Dies ist richtig, nur sind die Proteingifte keine Toxine, noch führen sie zur Bildung von Antikörpern. Die Toxine sind spezifisch, die Proteingifte sind es nicht. Das Blutserum von Tieren, die in angemessener Weise mit Toxinen behandelt sind, neutralisiert das Toxin in vitro sowohl, wie in vivo, während Blutserum von sensibilisierten Tieren das Protein, mit welchem das Tier behandelt ist, wenn es unter richtigen Verhältnissen entweder in vitro oder in vivo, in Kontakt gebracht wird, giftig macht. Uns scheint es positiv bewiesen zu sein, daß die sensibilisierende und die toxische Gruppe des Proteinmoleküls nicht ein und dieselbe ist. Man könnte argumentieren, daß in solchen gewöhnlichen Proteinmischungen, wie Blutserum oder Eiweiß, ein Protein die sensibilisierende und ein anderes die toxische Gruppe enthalte. Dies mag sich so verhalten, aber wenn es sich um reine Proteine, wie z. B. Edestin, handelt, dann müssen die beiden Gruppen in demselben Molekül enthalten sein. Das Spezifische der Proteine ist durch ihre Sensibilisierung demonstriert, während die toxische Gruppe keine Spezifität besitzt. Diese spezifische Eigenschaft charakterisiert die sensibilisierende

Gruppe und in diesen Gruppen wohnt die charakteristische und fundamentale Eigenschaft eines jeden Proteins. Die exakte Struktur und die chemische Beschaffenheit der Sensibilisierungsgruppe sowohl, wie der Giftgruppe, sind nicht bestimmt. Letztere scheint physiologisch ein und dieselbe in allen Proteinen zu sein, während erstere spezifisch für jedes Protein ist. Mit unserer Methode kann man die Giftgruppe leicht erhalten; nicht chemisch rein, aber doch so, daß ihre Gegenwart demonstrierbar ist. Die Giftgruppe, immer dieselbe in allen Proteinen, wird von ihnen allen durch dieselben oder ganz ähnlichen Methoden gewonnen. Die Sensibilisierungsgruppe, niemals dieselbe in zwei Proteinen, kann nicht von allen auf gleichem Wege isoliert werden. Es war uns möglich, jedesmal spezifische Sensibilisierungsgruppen von Koli-, Typhus- und Tuberkelbazillenprotein zu gewinnen. Niemals haben wir vermocht, eine Sensibilisierungsgruppe vom Pneumokokkus und ihm verwandten Keimen zu erhalten. Mit Eiweiß hatten wir nur selten Erfolg, für gewöhnlich mußten wir Fehlversuche verzeichnen. Es scheint uns offenbar, daß die Sensibilisierungsgruppen in vielen Proteinen höchst labile Substanzen sind, wahrscheinlich so delikat in ihrem Bau, daß sie leicht zerfallen.

Falls Sensibilisatoren jemals einen legitimen Platz bei der Behandlung von Krankheiten einnehmen sollen, so wird es von größter Wichtigkeit sein, sie frei von der Giftgruppe zu erhalten. Jedesmal, wenn ein nicht abgebautes Protein in den Körper eingeführt wird, so bringt es sein Gift als einen Teil seiner selbst mit sich. Nach der sorglosen, raschen und unverantwortlichen Art und Weise zu schließen, mit der jetzt Vakzins von verschiedenster Herkunft und Beschaffenheit zur Behandlung von Krankheiten verwendet werden, kann das Ebengesagte sicherlich nicht von denjenigen, welche ihre Patienten solchem Risiko aussetzen, verstanden oder die Gefahr gewürdigt worden sein. Man sollte sich darüber klar sein, daß sämtliche Proteine eine Giftgruppe enthalten, eine Substanz, welche in intravenöser Dose von 0,5 mg ein Meerschweinchen tötet. Dies Gift ist in allen sog. und jetzt so allgemein gebrauchten „Vakzins" anwesend, und man braucht sich nicht zu verwundern, wenn manchmal nach „Phylakogen" oder ähnlichen Präparaten ein Todesfall zu verzeichnen ist. Nicht allein enthalten diese Proteine ein Gift, sondern es wird auch, wenn parenteral eingeführt, in Freiheit gesetzt, nicht im Magen, wo man es beseitigen könnte, sondern im Blut und in den Geweben. Es ist möglich, daß die Vakzinetherapie große Dienste bei der Behandlung von Krankheiten zu leisten vermag. Eben zurzeit gibt es gelegentlich brillante Erfolge, die berichtet werden, während Mißerfolge und verhängnisvolle Resultate nicht so weit und breit publiziert werden. Jedoch, bevor die Sensibilisierung als große Hilfe in der Therapie dienen kann, müssen wir uns eines Sensibilisators versichern, der frei von giftigen Bestandteilen ist. Bis vor kurzem wurde die Existenz von ungiftigen Sensibilisatoren oder die Möglichkeit ihrer Präparation durch unsere Arbeit allein bewiesen. In letzterer Zeit kam die Bestätigung unserer Studien in dieser Hinsicht 1. von White und Avery [54]), welche mit unserer Methode eine sensibilisierende Gruppe von Tuberkelzellensubstanz präpariert haben; 2. von Zunz [55]) der, als das Resultat einer erschöpfenden Forschungsarbeit, gezeigt hat, daß eine der primären Albumosen (Synalbumose von Pick) wohl sensibilisiert, aber keinen anaphylaktischen Schock nach Reinjektion herbeiführt. Zunz berichtet: Sowohl aktive wie passive Anaphylaxie kann mit den drei sog.

primären Proteosen (Hetero-, Proto-, Synalbumosen), aber nicht mit den Thioalbumosen, erzeugt werden, auch nicht mit den anderen sog. sekundären Proteosen, noch mit Siegfrieds Pepsin-Fibrin-Pepton-B, oder mit irgend einem von den Abiuretprodukten peptischer, tryptischer oder ereptischer Verdauung.

Tiere, die mit Hetero-, Proto- oder Synalbumosen sensibilisiert sind, entwickeln den anaphylaktischen Schock nach Wiederimpfung mit dem Originalserum, wie Eiweißsäure, Hetero- oder Protoalbumose, aber nicht nach Reinjektion mit Synalbumose, Thioalbumose, den anderen sekundären Proteosen, Pepsin-Fibrin-Pepton-B, oder mit irgend einem der Abiuretprodukte von peptischer, tryptischer oder ereptischer Verdauung. Beide, die Hetero- und Proteoalbumosen, sensibilisieren und führen zum anaphylaktischen Schock, während Synalbumose nur sensibilisiert. Hieraus folgt, daß Sensibilisierung und die Erzeugung von anaphylaktischem Schock durch zwei verschiedene Gruppen des Proteinmoleküls hervorgebracht werden.

Wells und Osborne [56]), die mit den reinsten vegetabilischen Proteinen, welche wir kennen, wie z. B. Hordein von Gerste, Glutinin von Weizen, Gliadin von Weizen und von Roggen, arbeiteten, finden, daß Meerschweinchen, die mit Gliadin von Weizen oder von Roggen sensiblisiert sind, anaphylaktisch stark gegen das Hordein von Gerste reagieren; aber diese Reaktionen sind nicht so kräftig wie die, welche man mit den homologen Proteinen bekommt. Ähnliche Resultate werden erzielt, wenn das sensibilisierende Protein Hordein ist, und die zweite Injektion mit Gliadin gemacht wird. Wir haben hier eine gemeinsame Anaphylaxiereaktion, welche von zwei chemisch verschiedenen, aber ähnlichen Proteinen biologisch verschiedenen Ursprungs entwickelt wird, was darauf hinweist, daß das Spezifische der Reaktion viel mehr durch die chemische Beschaffenheit des Proteins, wie durch seine biologische Herkunft bestimmt wird. Dies harmoniert mit der Tatsache, daß man bisher chemisch verwandte Proteine nur in solchen Geweben gefunden hat, die biologisch in naher Verwandtschaft stehen. „Die Resultate dieser Experimente machen es wahrscheinlich, daß das Proteinmolekül in seiner Gesamtheit nicht an dem spezifischen Charakter der Anaphylaxiereaktion beteiligt ist, sondern daß letztere durch gewisse, in jenem enthaltene Gruppen entwickelt wird, und daß ein und dasselbe Proteinmolekül zwei oder mehrere solcher Gruppen enthalten kann."

Offensichtlich wird die Ansicht, daß das Proteinmolekül eine oder mehrere Sensibilisierungsgruppen enthält, durch Experimente sehr wohl unterstützt. Nach unserer Meinung war diese Annahme schon im Jahre 1907 von Vaughan [29]) und Wheeler demonstriert worden, aber die jüngst erschienenen Arbeiten von Zunz, Gay, Wells und Osborne u. a. stärken den Beweis, der damals geliefert wurde. Nach unserer Theorie enthält jedes Proteinmolekül einen chemischen Kern, seinen Schlußstein oder Archonten. Dies ist das Proteingift, welches physiologisch ziemlich dasselbe in allen Proteinen ist. Ein Protein unterscheidet sich vom anderen durch seine sekundären oder tertiären Gruppen. In diesen liegt das biologisch Spezifische der Proteine. Biologisch verwandte Proteine enthalten chemisch verwandte Gruppen, und in diesen letzteren finden sich die Sensibilisierungserreger. Die chemische

Struktur des Proteinmoleküls bestimmt seine biologische Differenzierung und Entwicklung. Daher ist es kaum erstaunlich, wenn ein reines Protein von Weizen gegen ein anderes, nah verwandtes Protein von einer biologisch so nahe stehenden Frucht, wie Roggen, sensibilisiert. Dies jedoch bedeutet nicht, daß die Proteine der beiden Getreide von chemisch identischer Struktur sind. Es zeigt nur an, daß die beiden Proteinmoleküle unter ihren sekundären Gruppen identische oder nah verwandte Atomkombinationen besitzen. Man könnte dasselbe von der Tatsache behaupten, daß gewisse nichtpathogene, säurefeste Bakterien Tiere wenigstens teilweise, gegen Tuberkelbazillen sensibilisieren können. Biologische Verwandtschaft wird durch die chemische Struktur der Proteinmoleküle bestimmt. Wir halten dieses für richtig in bezug auf alle spezifischen, biologischen Proteinreaktionen, ob sie nun Agglutinations-, Präzipitin-, lytische, Komplementablenkungs- oder Anaphylaxiereaktionen sind. Die chemische Struktur des Proteinmoleküls entscheidet sie alle. Die Form und Funktion jeder Zelle ist durch die chemische Struktur ihrer Protein-Bestandteile bestimmt. Daß der Sensibilisierungserreger der Proteinmoleküle in ihren sekundären Gruppen residiert, wird klarer durch die Tatsache, daß Sensibilisierung innerhalb gewisser Grenzen spezifisch ist wie auch durch die Tatsache, daß das zurückbleibende Residuum, nachdem die sekundären Gruppen durch proteolytische Verdauung oder durch die Wirkung von verdünnten Basen oder Säuren beseitigt sind, nicht sensibilisiert. Peptone, Polypeptide, Aminosäuren und das Proteingift sensibilisieren weder gegen sich selber, noch gegen die unabgebauten Proteine, von denen sie abgeleitet sind.

Wir betrachten die Arbeit von Jobling und Bull [58]) als in jedem Detail unsere Studien bestätigend. Diese Forscher untersuchten die Wirkung der Zellsubstanz des Typhusbazillus und seiner Abbauprodukte, welche durch die Arbeit von Fermenten auf Leukozyten gewonnen wurden, und berichteten folgendes: „Frisch gewaschene, unerhitzte Typhusbazillen verursachen, wenn sie intravenös Hunden injiziert sind, die Entwicklung von definitiven Symptomen schon nach 20 Minuten. 10 Minuten langes Kochen zerstört nicht den toxischen Effekt einer frisch gewaschenen Bakterienemulsion. Vollständiges Auflösen der Bakterien (in verdünnter Base) einer frischen Emulsion verhütet nicht die Beseitigung der toxischen Substanz mit den koagulierbaren Proteinen. Die Tätigkeit der Leukoprotease baut die toxische Substanz in einen nicht gerinnbaren Zustand ab; die verdauten Mischungen sind giftig nach Entfernung des koagulierbaren Teiles. Die bloße Anwesenheit des leukozytischen Fermentes ist nicht für die toxische Eigenschaft des Filtrates der verdauten Mischung verantwortlich, und fortgesetzte Verdauung vernichtet die toxische Qualität einer vorher giftigen Mischung. Aus diesen Beobachtungen wird der Schluß gezogen, daß die toxischen Eigenschaften frisch gewaschener Typhusbazillen nicht gänzlich den präformierten, sekretierenden Giftsubstanzen, die in den Bakterien aufbewahrt sind, zugeschrieben werden dürfen, sondern daß diese Eigenschaften zum großen Teil das Resultat von Produkten sind, welche durch Hydrolyse der Bakterienproteine mit Hilfe von Fermenten, die sich in der Zirkulation des Tieres vor der Injektion befinden oder die nach dem Eindringen von Fremdkörpern in den Blutstrom mobil werden, entstanden sind. Da nun die leukozytischen Fermente die Bakterienproteine in vitro angreifen können, so ist es möglich, daß die Leukozyten eine Quelle von Fermenten bilden, die aktiv in experimentellen und natürlichen Fällen von Intoxikation mit dem unangegriffenen Bakterium sind.

Die Studien von Pick und Obermeyer [54]), bestätigt und erweitert von Landsteiner und Prasek [60]), machen es höchst wahrscheinlich, daß die Spezifität des Proteinmoleküls in enger Beziehungen zu seiner aromatischen Gruppe steht. Außerdem ist noch bemerkenswert, daß Gelatine, in der die aromatische Gruppe fehlt, kein Sensibilisator ist. Die obengenannten Forscher haben gezeigt, daß nach gewissen Substitutionen in der aromatischen Gruppe des Proteins dieses seine Spezifität verliert. Ebenso bemerkenswert ist es, daß Gelatine kein Proteingift liefert, wenn es mit unserer chemischen Methode abgebaut wird. Es scheint daher, als ob Gelatine weder die Sensibilisierungs-, noch die Giftgruppe enthalte.

Ich muß dagegen protestieren, daß Toxine und Anaphylaktogene unter demselben Namen „Antigen" klassifiziert werden. Diese Bezeichnung sollte nur für die ersteren reserviert bleiben. Die Anaphylaktogene produzieren keine Antikörper. Pick [61]) konstatiert sehr richtig, daß das Diphtherietoxin weder ein Präzipitin, noch ein Agglutinin, noch ein Hämolysin erzeugt, und daß es kein Anaphylaktogen ist. Er macht den Vorschlag, daß man die Toxine, im Gegensatz zu den polyvalenten Antigenen, welche zahlreiche Immunsubstanzen hervorbringen, als monovalente Antigene bezeichnen solle. Ich kann keinen Grund dafür sehen, warum man die Anaphylaktogene Antigene nennen sollte. Die Anaphylaktogene sind Kolloide mit höchst komplexer Molekularstruktur, während die jüngsten Nachforschungen alle darauf hindeuten, daß die Toxine nicht von Proteincharakter sind. Wie Pick sagt, findet Faust als aktive Substanz im Kobra- und Crotalusgift ein stickstofffreies Sapotoxin; Abel und Ford berichten, daß das Hämotoxin von Amanita Phalloides ein Glukosid ist, welches Stickstoff und Schwefel enthält; Bang und Forssmann berichten, daß die hämolytische Komponente in den roten Blutkörperchen ein Lipoid ist; Jacoby glaubt, ein stickstofffreies Ricin erhalten zu haben, und nach Burckhardt ist das Hämolysin vom Bacterium putidum kein Protein. In derselben Weise ist Tuberkulin ein Anaphylaktogen oder nicht, je nach der Präparation. Frei von den anderen Bestandteilen des Tuberkuloproteins ist es weder ein Anaphylaktogen, noch ein Toxin, sondern ein Gift. Tuberkuloprotein enthält eine Anaphylaktogengruppe, aber diese bildet nicht die aktive Substanz im Tuberkulin, welch letzteres von verhältnismäßig einfacher Struktur ist.

Viele Forscher haben es nicht vermocht, Tiere mit Tuberkulin zu sensibilisieren, während die meisten mit getöteten Bazillen und wässerigen Extrakten erfolgreich waren. Dies bringt uns keine Überraschung; in der Tat war es nicht anders zu erwarten. Tuberkulin besteht aus verdauten, denaturierten Proteinen von relativ einfacher Zusammensetzung. Es ist wohl bekannt, daß Peptone und Polypeptide nicht sensibilisieren. Wenn das Proteingift von anderen Gruppen des Proteinmoleküls abgesondert ist, sensibilisiert es weder gegen sich selbst, noch gegen unaufgebrochenes Protein. Die Tatsache, daß Tuberkulin gar nicht oder nur ganz unvollkommen sensibilisiert, stellt uns vor eine ernste Frage hinsichtlich seines Gebrauches in der Therapie. Unzweifelhaft ist es ein ausgezeichnetes diagnostisches Mittel, da seine verhältnismäßig einfache Struktur eine rasche Spaltung begünstigen kann, wenn es einem schon gegen die Krankheit sensibilisierten Tiere injiziert wird. Wenn es aber kein Sensibilisator ist, dann muß sich seine therapeutisch gute Wirkung, falls solche existiert, auf die mögliche Herstellung einer Toleranz gegen das Tuberkelgift beschränken. Sensibilisierung gegen Tuberkuloprotein kann mit Bazillen-emulsionen, wässerigen Extrakten und mit den nichtgiftigen Rückständen ein-geleitet werden. Falls die Sensibilisierung, die durch das letztgenannte Agens hervorgebracht wird, denselben Wert hat, wie die mit Hilfe der anderen erzielte, dann besitzt sie den Vorteil, daß sie ohne Gift zustande kam. Andererseits, wenn die erwünschte therapeutische Wirkung darin besteht, Toleranz gegen das Gift zu entwickeln, so muß man das Tuberkulin vorziehen, falls wir nicht das vollkommener isolierte Gift gebrauchen wollen.

Literatur.

1. **Doerr, Kolle und Wassermanns** Handb. d. path. Mikroorg., 2. Aufl.
2. **Tamura,** Zeitschr. f. physiol. Chem., **89,** 85. 1913.
3. **Abderhalden,** Zeitschr. f. physiol. Chem. **87,** 220, 231. 1913.
4. **Schick,** Münch. med. Wochenschr. 2608. 1913.
5. **Osborne and Mendel,** Journ. biol. Chem. **15,** 311. 1913.
6. **Mc Collum and Davis,** Ibid. **14,** 40.
7. **Wellmann and Baß,** Journ. Trop. Med. 1913.
8. **Funk,** Münch. med. Wochenschr. 2614. 1913.
9. **Vaughan, V. C.,** and **Mc Clymonds, J. P.,** Bacteriol. Poisons in Milk. Jacobi Festschr. 108.
10. **Vaughan, V. C.,** The Bacterial Toxins. Trans. Ass. Amer. Physic. 1901.
11. — The Toxin of the Colon Bacillus. Journ. Amer. Med. Assoc. **36,** 479. 1901.
12. **Detwiler, A. J.,** The Toxicity of the Dry Sterile Cells of Certain Non-Pathogenic Bacteria. Trans. Ass. Amer. Physic. 1902.
13. **Wheeler, May,** The Chemistry of Sarcina Lutea. Ibid.
14. **Leach, M. F.,** The Chemistry of Bacillus Coli Communis. Ibid.
15. **Marshall, C. E.,** and **Gelston, L. M.,** The Toxicity of the Cellular Substance of the Colon Bacillus. Ibid.
16. **Gelston, L. M.,** The Intracellular Toxin of the Diphtheria Bacillus. Ibid.
17. **Vaughan, J. W.,** The Anthrax Toxin. Ibid.
18. **Wheeler, May,** The Action of Mineral Acid on the Cellular Substance of Bacillus Typhosus. Journ. Amer. Med. Assoc. **43,** 1000. 194.
19. **Leach, M. F.,** The Chemistry of Bacillus Coli Communis. Ibid. 1003.
20. **Mc Intrye, D.,** The Intracellular Toxin of Bacillus Pyocyaneus. Ibid. 1073.
21. **Munson, J. F.** and **Spencer, F. R.,** The Extraction of a Toxin from Liver Cells Ibid. 1075.
22. **Vaughan, V. C.,** Further Studies on the Intracellular Bacterial Toxins. Journ. Amer. Med. Assoc. **44.** 1905.
23. **Wheeler, May,** The Extraction of the Intracellular Toxin of the Colon Bacillus. Ibid. 1271.
24. **Vaughan V. C. jr.,** The Action of the Intracellular Poison of the Colon Bacillus. Ibid. 1340.
25. — The Production of Active Immunity with the Split Products of the Colon Bacillus. Journ. Med. Res. **14,** 67. 1905.
26. **Leach, M. F.,** On the Chemistry of Bacillus Coli Communis. Journ. Biol. Chem. **1.** 436. 1906.
27. **Vaughan, V. C.,** Some New Conceptions of the Living Cell: Its Chemical Structure and Functions. Canadian Journ. Med. and Surg. **18,** 283. 1905.
28. — A Contribution to the Chemistry of the Bacterial Cell and a Study of the Effects of Some of the Split Products on Animals. The Shattuck Lecture. **155,** 215. 1906,
29. — and **Wheeler,** The Effects of Egg-white and its Split Products on Animals. Journ. of Infectiors Diseases. June 1907.

30. Vaughan, V. C., Wheeler and Gidley, Protein Fever: The Production of a Continued Fever by Repeated Injection of Protein. Journ. Amer. Med. Assoc. August 21,, 1909.
31. — Cumming and Mc Glumphy, The Parenteral Introduction of Proteins. Zeitschrift f. Immunitätsf. 9, 16.
32. — Cumming and Wright. Protein Fever. Zeitschr. f. Immunitätsf. 9. H. 4.
33. —, — and Wright, The Ferment developed in Protein Sensitization. Zeitschr. f. Immunitätsf. 11, 673.
34. — Protein Sensitization in Disease. Zeitschr. f. Immunitätsf. 1. 1909.
35. — Cumming and Wright, Fever: Its Nature and Significance. Trans. Amer. Assoc. Physicians. 1911.
36. Rosenthal, Arch. f. Hyg. 81, 81. 1913.
37. Gamaleia, Annales de l'Institut Pasteur. 11, 229. 1888.
38. Vaughan, Wheeler and Gidley, Journ. Amer. Med. Assoc. Aug. 23. 1909.
39. Friedberger, Zeitschr. f. Immunitätsf. 9, 458.
39a. Weichardt, Serologische Studien auf dem Gebiete der experimentellen Therapie. Stuttgart 1906.
39b. — Jahresbericht über die Ergebnisse der Immunitätsforschung. 1—8, Stuttgart, Ferd. Enke.
40. Loewitt and Borger, Arch. f. exper. Path. u. Pharm. 73, 164. 1913.
41. Schlecht, Arch. f. exper. Path. u. Pharm. 67, 137. 1912.
42. Chancellor, Zeitschr. f. die gesamte exper. Med. 11, 29. 1913.
43. Loewitt, Arch. f. exper. Path. u. Pharm. 68, 85. 1912.
44. De Waele, Zeitschr. f. Immunitätsf. 17, 314. 1913.
45. Thiele and Embleton, Zeitschr. f. Immunitätsf. 18, 643, 666. 1913.
46. Rosenow, Journ. infect. dis. 9.
47. Cole, Journ. exper. med. 16.
48. Edmunds, Zeitschr. f. Immunitätsf. 17, 105. 1913; ferner: Unveröffentl. Forschung.
49. Auer and Van Slyke, Journ. exper. Med. 18, 210. 1913.
50. Friedberger, Deutsche med. Wochenschr. 37, 481. 1911.
51. Ishioka, Deutsch. Arch. f. klin. Med. 107, 500. 1912.
52. Schlecht and Schwenker, Ibid. 108, 405.
53. Longcope, Journ. exper. Med. 18, 678. 1913.
54. White and Avery, Journ. med. Research. 26, 317. 1912.
55. Zunz, Zeitschr. f. Immunitätsf. 16, 580. 1913.
56. Wells and Osborne, Journ. infect. dis. 12, 341, 1913.
57. Vaughan and Wheeler, Journ. infect. dis. 4, 476.
58. Jobling and Bull, Journ. exper. Med. 17, 453. 1913.
59. Pick und Obermayer, Wien. klin. Wochenschr. 1912, 1904, 1906.
60. Landsteiner und Prasek, Zeitschr. f. Immunitätsf. 20, 211. 1913.
61. Pick, Kolle und Wassermanns Handbuch. 2. Aufl. 1, 698.

IX. Die Spezifizität.
Eine zusammenfassende Darstellung.

Von

J. G. Sleeswijk-Delft.

Einleitung.

Wenn man ein Thema von so weitgehender theoretischer wie praktischer Bedeutung, wie dasjenige der Spezifizität, in einer Übersicht nach neueren Gesichtspunkten behandeln will, so muß man unbedingt gewisse Definitionen vorausgehen lassen und dabei auf die Grundsätze der Bakteriologie zurückgreifen. Indessen werden wir später sehen, daß — wie notwendig gewisse Ausgangspunkte auch seien (voraussetzungslose Wissenschaft besteht nicht!) — auch die „allerprinzipiellsten Prinzipien" im absoluten Sinne nicht standhalten.

Wie dem auch sei: jede Betrachtung über die Spezifizitätsfrage muß ausgehen von der Unabänderlichkeit der Bakterienarten. Hier begegnen wir nun schon sogleich einer großen Schwierigkeit. Es wird nämlich gezeigt werden, daß jede Eigenschaft einer Bakterienart, sei sie morphologischer oder biochemischer Natur, wechseln kann, daß es mit anderen Worten eine weitgehende Variabilität der Mikroben gibt. So drängt sich die Frage auf: an welche Eigenschaft oder an welchen Komplex von Eigenschaften ist die Spezifizität gebunden? Wie weit darf die Variabilität gehen, bis wir von einer neuen Art sprechen müssen?

Die Zeit, in der man sagen konnte: auch in dem Reiche der kleinsten Lebewesen macht die Natur keine Sprünge, ist vorbei, und man kann dem botanischen Standpunkte recht geben, welcher sagt, daß die Mutation oder erbliche Sprungvariation so weit gehen kann, daß man von einer wirklich neuen Art sprechen könnte. Wie wir indessen sehen werden, braucht sich der Immunitätsforscher gegebenenfalls, gestützt auf seine Untersuchungsmethoden, damit gar nicht einverstanden zu erklären.

Die Spezifizitätsfrage in der Immunitätslehre hat sich aus der gleichen Frage in der Bakteriologie entwickelt. Die eine kann nicht ohne die andere verstanden werden. Wenn wir also mit der Betrachtung der letzteren anfangen, so können wir doch das Gebiet schon jetzt gewissermaßen begrenzen. Sind es ja die pathogenen Keime und die Lehre von der Infektion, welche für uns den Ausgangspunkt der betreffenden Betrachtungen bilden,

A. Die Spezifität in der Bakteriologie.

Die Erkenntnis der Variabilität hat sich in der Bakteriologie nicht gleich Bahn gebrochen. Es gab eine Zeit, in der man jeder Mikrobenart ganz genaue morphologische Eigenschaften zuschrieb, und sobald man in einer Kultur einigermaßen abweichenden Formen begegnete, erklärte man sie sofort für verunreinigt. Nicht nur durch die Form, sondern auch durch die weiteren (chemischen und biologischen) Eigenschaften betrachtete man die Bakterien als genau definiert. Von diesem Monomorphismus ist man zurückgekommen und hat die Variabilität erkannt. Form und Eigenschaften sind nicht unabänderlich und gehen auch nicht parallel. So muß innerhalb des Artbegriffes ein gewisser Spielraum möglich sein.

Die Variabilität in der Form ist nicht unbegrenzt. Wohl kann man gewisse Formänderungen hervorrufen mittelst Modifikationen des Nährbodens; es ist indessen fraglich inwieweit man z. B. bei den monströsen Formen der Pestbakterien auf Salzagar noch von Variation reden kann. Man führt schon einen langen und ziemlich nutzlosen Streit über die Bedeutung der Begriffe „Variation" und „Degeneration" in dieser Beziehung.

Auch die funktionelle Variabilität ist begrenzt. Es ist wahr, daß diese Eigenschaften großen Schwankungen unterworfen sind, aber selbst das Verschwinden oder das zum Vorscheinkommen einer Eigenschaft (z. B. die Farbstoffbildung) schafft noch keine neue Art. Neger sind auch Menschen!

Indessen hat man nicht immer so gedacht. Nägeli glaubte an die unbegrenzte Variabilität der Mikroben und schrieb: „Die gleiche Spezies nimmt im Verlaufe der Generation abwechselnd verschiedene morphologisch und physiologisch ungleiche Formen an, welche im Laufe von Jahren und Jahrzehnten bald die Säuerung der Milch, bald die Buttersäurebildung im Sauerkraut, bald das Langwerden des Weins, bald die Fäulnis der Eiweißstoffe, bald die Zersetzung des Harnstoffs, bald die Rotfärbung stärkemehlhaltiger Nahrungsstoffe bewirken und bald Diphtherie, bald Typhus, bald rekurrierendes Fieber, bald Cholera, bald Wechselfieber erzeugen."

Die Wissenschaft aber kommt nur weiter durch den Streit zwischen Extremen. Gegenüber Nägeli stand Cohn, der die Bakterien in morphologischer Hinsicht als geradezu unabänderlich betrachtete. Diese Auffassung führte ihn zu einer genauen Klassifikation nach der Form, welcher Zopf seinen (zwar übertriebenen) Polymorphismus gegenüberstellte. Jetzt ist das ganze Gebäude der modernen Mikrobiologie auf die Klassifikation der Spezies aufgebaut.

Indessen hängt natürlich sehr viel davon ab, welche Definition man von dem Artbegriff gibt. Anfangs hat man es zu einfach nehmen wollen. Cohn meinte, man könne eine Art nach ihrer Form definieren. Nach Pasteur war es die Funktion, welche das Charakteristikum der Art ausmachte. Die Kochsche Schule schließlich hat immer den Kultureigenschaften auf festen Nährböden eine große spezifische Bedeutung beigemessen. So hat es eine Zeit gegeben, in der jede kleine Abweichung vom Typus die Gelegenheit bot eine neue Art zu proklamieren.

Warum sollten aber die Bakterien nicht den großen Naturgesetzen gehorchen? Die natürlichen und die künstlichen Varietäten, wie man sie jetzt kennt sind mit einem engbegrenzten Artbegriff nicht vereinbar.

Indessen kamen die Schwierigkeiten schon bald zum Vorschein. An erster Stelle war es die Form der Mikroben. Ganz verschiedene, stark pathogene und streng saprophytische Arten sind unter dem Mikroskop nicht voneinander zu unterscheiden, während umgekehrt eine sichere Reinkultur starken Polymorphismus zeigen kann. Ebensowenig wie die Form der einzelnen Bakterien, schien auch die Form der Kolonien der verschiedenen Arten spezifisch. Es zeigte sich doch, daß man durch geringe Änderungen in der Zusammenstellung des Nährbodens bedeutende Modifikationen in der Form der Kolonien zum Vorschein bringen konnte. Die Morphologie, weder des Mikrobenindividuums, noch der Kolonien, gibt uns also genügende Anhaltspunkte für die Diagnose. Wir müssen diese in den biochemischen Eigenschaften und besonders in den Stoffwechselprodukten suchen.

Wählen wir als Beispiel die Toxizität.

Auch hier keine scharfe Grenze. Nicht nur, daß verschiedene Stämme einer gleichen Bakterienart, mit Rücksicht auf die Toxinproduktion, quantitativ weit auseinandergehen können, auch qualitativ kennen wir bedeutende Unterschiede. Wir kennen ja Cholerastämme, die Hämolysine produzieren, andere, welche diese Eigenschaft vermissen lassen.

Eine solche Eigenschaft kann nun unter dem Einfluß der Kulturbedingungen sehr stark ab- oder zunehmen. Es hängt also gänzlich von dem Augenblick unserer Untersuchung ab, ob wir irgend eine besondere Eigenschaft antreffen werden, und auch in welchem Maße. Es treten in der Kultur weiter auch plötzliche Sprungvariationen in irgend einer biochemischen Eigenschaft auf. Es ist eine bekannte Erfahrung, daß eine Reihe von Kolben, welche in gleicher Weise mit derselben Kulturflüssigkeit versehen und mit dem gleichen Diphtheriestamm geimpft worden sind, mit Rücksicht auf die Toxinproduktion ganz verschiedene Resultate geben können.

In dem einen Kolben kann man später viel Toxin antreffen, in dem andern ist beinahe kein Gift produziert worden. Diese Eigenschaft aber ist nicht erblich: wenn man aus einem an Toxin reichen Kolben weiterimpft, wird man in der nächsten Serie wieder ganz verschiedene Toxinproduktionen finden.

Neben den auch schon früher ausgeführten Untersuchungen, wie das Kultivieren bei hoher Temperatur, das Gewöhnen von Anaëroben an die aërobe Lebensweise usw. sind in den letzten Jahren auch spontane Variationen beschrieben, welche sprungweise auftreten, erblich sind, und als echte Mutationen gedeutet werden. Ich erinnere an das Bact. coli mutabile von M. Neisser, und auch an die Untersuchungen von Baerthlein und von Sobernheim und Seligmann über die Enteritisgruppe. Die aus dem Urstamm kultivierten Tochterstämme zeigten sowohl in den Eigenschaften der Kolonien, wie auch in ihren Immunitätsreaktionen beträchtliche Unterschiede. Ursprüngliche Paratyphusbazillen waren nur noch von Gärtnerserum zu beeinflussen usw.

Falls wir es bei dergleichen spontanen Variationen nicht mit Stämmen zu tun haben, welche aus einer schon auf der Plattenkultur different aussehenden Kolonie isoliert sind, müssen wir nicht aus dem Auge verlieren, daß die Eigenschaften unserer gewöhnlichen Kulturen eigentlich nur Massenwirkungen sind, d. h. die Resultante der Eigenschaften aller verschiedener Mikrobenindividuen, welche sich in der Kultur befinden. Je mehr von diesen Individuen nun eine neue Eigenschaft besitzen, desto deutlicher wird diese in der gesamten Kulturmasse zum Vorschein kommen.

Gegen die Deutung solcher Erscheinungen als richtige Mutationen sind wichtige Einwände erhoben worden. Die neuen Stämme sind nicht immer konstant: unter Umständen können sie wieder zur Urform zurückkehren (Atavismus). Burri hat gezeigt, daß die sog. Mutation bei näherem Studium sich als eine besonders entwickelte Eigenschaft herausstellt, welche im Grunde auch schon bei der Urform vorhanden ist. Schließlich bleibt bei der übrigens bedeutenden Modifikation doch das Agglutinogen konstant, d. h. Paratyphusbazillen, die schließlich nur von Enteritisserum agglutiniert wurden, lieferten ein Antiserum, das nur auf Paratyphusbazillen, nicht aber auf Enteritisbakterien paßte. In dieser Weise zeigt sich doch wieder die Verwandtschaft mit der Urform.

Auch Beijerinck, der die Begriffe Mutation und Atavismus ihrer Bedeutung nach einander ganz gleich stellt, ist der Meinung, daß die Mutanten der Bakterien keine wahrhaft neuen Merkmale besitzen (Folia Microbiologica I). Nur vorhandene Uranlagen kommen zur Ausbildung und können sich wieder zurückbilden. Damit ist aber auch die erbliche Konstanz, das Charakteristikum der Mutation, begrenzt. So könnte man dazu kommen, sich zu fragen, ob dem Mutationsbegriff wirklich eine reelle Basis zukommt. Viel Verwirrung ist gestiftet worden, weil die verschiedenen Autoren die Begriffe Variation, Modifikation, Fluktuation und Mutation nicht in gleicher Weise deuten. Eine allgemeine Verständigung hierüber tut große Not!

B. Die Spezifität in der Immunitätslehre.

Über die theoretische Grundlagen der Antikörperbildung werden wir uns hier nicht verbreiten. Nur einige Worte zur Einführung.

Mit Rücksicht auf die Ubiquität der pathogenen Mikroben kann man mit Sicherheit sagen, es würde auf Erden kein lebendes Wesen mehr da sein, wenn diese keine natürlichen Verteidigungsmittel besäßen. Diese sind, neben den Phagozyten, die Antikörper, d. h. die Produkte der Reaktion auf das in den Körper eingedrungene artfremde (Bakterien-) Eiweiß. Man soll diese Erscheinung indessen nicht teleologisch auffassen. Es ist nicht nur eine Eigenschaft zur Verteidigung gegen pathogene Bakterien, sondern es ist ein allgemein biologisches Gesetz, daß nach parenteraler Aufnahme eines fremden Stoffes (organisiert oder nicht) spezifische Reaktionsprodukte auftreten. Der fremde Stoff braucht kein Eiweiß zu sein, auch gegen Zuckerarten und Lipoide bildet der Organismus Abwehr- resp. Schutzfermente (Abderhalden).

Obgleich nun die Zahl der möglichen Antikörper sozusagen unbegrenzt ist, so ist sie in Wirklichkeit ziemlich begrenzt. Man könnte sich fragen, warum sich nicht mehr Antikörper und in größerer Masse bei normalen Individuen im Blute vorfinden. Bei der Ernährung werden ja viele Stoffe aufgenommen, welche nach der Resorption zum Auftreten von Antikörpern den Anstoß geben könnten.

Diese Tatsache erklärt sich in der Weise, daß bei der Digestion die im Darmkanal aufgenommenen Stoffe von den Darmfermenten zu einfacheren Bausteinen der ursprünglich hoch organisierten Moleküle abgebaut werden, um später, nach der Resorption, von den Organzellen wieder zu komplizierteren, aber für die betreffende Tierart spezifischen Stoffen, aufgebaut zu werden. Nun muß man sich weiter vorstellen, daß z. B. das heterologe Eiweiß, bei der parenteralen Einführung, ebensogut wie sonst im Darmkanal, auch hier zu einfacheren Verbindungen abgebaut wird, um dann zur Antikörperbildung Anlaß zu geben. Hier verrichten also die Organzellen die Arbeit, welche sonst den Darmfermenten zukommt.

Aber auch damit ist die Frage nicht geklärt. Indessen dürfen wir wohl als feststehend betrachten, daß bei der Bildung von Antikörpern die Organzellen eine aktive Rolle spielen.

Ehrlich hat nun in seiner Seitenkettentheorie versucht, von dieser Aktivität der Organzellen ein deutliches Bild zu geben. Richtig oder nicht, als Arbeitshypothese ist sie sehr fruchtbar gewesen. Doch liegt ihr die Idee einer absoluten Spezifizität zugrunde, und diese, darüber sind wir einig, besteht nicht.

Die Spezifizität in der Immunitätslehre (und damit ist zu gleicher Zeit unsere Definition gegeben) bedeutet nichts anderes als die maximale Affinität eines Antikörpers zu einem Antigen. Ich sage „maximal", denn der Antikörper reagiert auch immer, sei es in geringerem Maße, mit verwandten Antigenen. Also quantitative und keine qualitativen Unterschiede. Auf dieser Tatsache beruht eben (ich brauche daran nicht zu erinnern) die Diagnose der biologischen Verwandtschaften in der Natur. Ehrlich selbst hat übrigens diese Frage näher beleuchtet durch die Demonstration des Phänomens der elektiven Absorption, wobei aus einem Antiserum durch das spezifische Antigen die maximale Menge der Antikörper absorbiert wird, wonach für die verwandte Art oder Arten nur noch sehr wenige passende Antikörper übrig bleiben.

P. Th. Müller hat nun diese Frage mit Hilfe des Aviditätsbegriffes in mehr qualitativem Sinne gedeutet.

Die Affinität zwischen Antikörper und Antigen äußert sich in der Reaktionsgeschwindigkeit, in der größeren oder geringeren Vollständigkeit der Neutralisierung, sowie in der Festigkeit (Reversibilität) der Bindung. Müller hat nun unzweifelbar feststellen können, daß eine Pluralität der Antikörper in den Immunseren besteht, in dem Sinne, daß die Sera nebeneinander Agglutinine verschiedener Avidität enthalten. Die jüngeren Antikörper sind die avideren. Avidität und Titerhöhe brauchen nicht parallel zu gehen. Doch scheinen sie nicht ganz unabhängig voneinander zu sein, denn die Unterschiede beruhen hauptsächlich auf Umständen, die man in der Hand hat, wie Immunisierungsmethode und Alter des Serums.

Wie man weiß, ist hiermit eine besonders wichtige Streitfrage von praktischer Bedeutung verbunden. Roux, sowie Kraus und ihre Mitarbeiter sind — gegenüber der Ehrlichschen Schule — der Ansicht, daß der Antitoxingehalt eines Serums nicht in Parallele steht zu seiner präventiven und kurativen Wirksamkeit. Die Ehrlichsche Wertbestimmung der Sera nach dem Antitoxingehalt dürfte also überhaupt nicht als Basis für die Beurteilung der Heilkraft herangezogen werden. Nicht der absolute Gehalt an Antitoxinen, sondern deren Avidität sei maßgebend.

Mir scheint, daß man nach den neueren Untersuchungen die Bedeutung der Avidität der Antikörper nicht mehr verkennen darf. Dieser Begriff wird, für die Spezifizitätslehre überhaupt, ohne Zweifel noch eine große Bedeutung erlangen.

Bei experimentellen Studien über die Spezifizitätsfrage soll man nie aus dem Auge verlieren, daß wir es dabei mit einer Wechselwirkung zwischen zwei Faktoren zu tun haben. Es ist eben so wunderbar, daß ein Serum spezifisch ist, d. h. (fast) nur eine gewisse Bakterienart beeinflußt, als daß der Mikroorganismus sich nur von diesem Serum beeinflussen läßt.

Diesen für jeden Bakteriologen und Serologen gleich interessanten Fragen sind damals auch Bordet und ich näher getreten.

Wenn wir z. B. ein agglutinierendes Typhusserum bereitet haben, dann ist dieses das konstante Element in der Reaktion mit den Typhusbazillen. Die letzteren aber sind variabel: es gibt vielleicht keine zwei Typhusstämme, die einander qualitativ und quantitativ vollkommen gleich sind. Zuerst kennt man die spontane Variationen; in der Literatur findet man mehrere Beispiele von plötzlichem Verlust der Agglutinabilität eines Bakterienstammes ohne nachweisbare Ursache. Es ist aber auch bekannt, daß man es gewissermaßen in der Hand hat, durch Änderungen im Kulturmedium die Eigenschaften eines Bakterienstammes in ·dem Sinne zu beeinflussen, daß die Spezifizität der Reaktion mit dem Antiserum verloren geht. So konnten früher schon Graßberger und Schattenfroh die Agglutinabilität von Rauschbrandkulturen willkürlich verschwinden lassen.

Wie müssen wir uns diese Tatsachen erklären? Zur Antwort auf diese Frage sollte man sich vergegenwärtigen, daß der Agglutinationsprozeß aus zwei Phasen besteht: erstens die Bindung des Agglutinins an das Bakterium und zweitens die Ausflockung. Es wäre nun möglich, daß wohl die Bindung zustande käme, daß aber das Bakterium sozusagen refraktär gegenüber der Wirkung des Agglutinins würde. Es gibt tatsächlich dergleichen Fälle. Aber die Modifikation kann noch weiter gehen. Auch die Bindung des Agglutinins kann ausbleiben; das dazu passende Antigen ist verloren gegangen. Jede Spezifizität ist verschwunden: es ist sozusagen eine neue Spezies aufgetreten.

Der Keuchhustenbazillus eignet sich besonders für Untersuchungen in dieser Richtung. Er wächst besonders gut auf dem bekannten, von Bordet und Gengou angegebenen Kartoffelblutagar, kann aber auch an das Wachstum auf gewöhnlichem Agar gewöhnt werden, wodurch schon die äußerlichen Kulturmerkmale sich ändern. Mit diesen beiden Varietäten, dem ,,Blutbazillus‘‘ und dem ,,Agarbazillus‘‘, welche indessen beide von einer einzigen Kolonie herstammen, kann man nun zwei verschiedene Antisera bereiten. Das Serum eines Kaninchens, das mit dem Agarbazillus vorbehandelt wurde, agglutiniert nur diesen; das Serum eines Tieres, das mit dem Blutbazillus immunisiert wurde, agglutiniert beide Stämme. Es hat sich nun herausgestellt, daß es hier zwei Agglutinine gibt, welche auf zwei verschiedene Antigene antworten. Der Blutbazillus besitzt beide, der Agarbazillus hat eines verloren. Wenn man das Serum des Blutbazillus selbst mit großen Mengen Agarbazillen vorbehandelt, behält dieses sein agglutinierendes Vermögen für Blutbazillen unverändert bei.

Diese bedeutenden Änderungen in den antigenen Eigenschaften der Bakterien unter dem Einfluß der modifizierten Kulturbedingungen sind indessen gar nicht erblich. Wenn man den Agarbazillus wieder auf Blut und den Blutbazillus wieder auf Agar kultiviert, kann man die beiden Variationen einfach ineinander überführen. Die bedeutende Änderung in dem Aufbau des Bakteriums, welche sogar die Spezifizität der Immunitätsreaktionen gänzlich ändert, ist also nur zeitlich an die jeweilige Zusammenstellung des Kulturmediums gebunden. Die hohe Bedeutung des letzteren würde denn auch größere Beachtung verdienen. Es ist sehr wahrscheinlich, daß Bakterien, welche auf den ganz gewöhnlichen Nährböden wachsen, dabei nicht alle Antigene produzieren, welche sie während der Infektion im Körper bilden. Hieraus ergibt sich, daß man für die Produktion von therapeutischen Seris sich als Antigen solcher Bakterien bedienen soll, welche auf Nährböden gewachsen sind, die sich so wenig wie möglich von den menschlichen Körperflüssigkeiten unterscheiden.

Der soeben beschriebene Blutbazillus ist der virulentere. In der Virulenz nun liegen auch viele Schwierigkeiten für die Spezifizitätsstudien. Ich möchte dieser Tatsache jetzt noch einige Zeilen widmen.

Weder die Pathogenität, noch die Virulenz sind ständige Eigenschaften. Heubazillen, Prodigiosus u. a., welche man mit Recht zu den Saprophyten rechnet, können unter Umständen parasitäre Eigenschaften zeigen. Die Virulenz wechselt je nach dem Maße der Aggressinproduktion. Man kann nun die Virulenz als eine fluktuierende Variation betrachten. Wir haben die Änderungen in unserer Hand: durch Modifikationen in den Nährböden (Zusatz von genuinem Eiweiß) oder durch Tierpassage können wir sie nach Belieben beeinflussen. Ich brauche weiter nicht zu erinnern an die Unterschiede in der Virulenz zwischen Stämmen, die frisch aus dem Körper isoliert sind und alten Laboratoriumkulturen. Diese beiden werden von Antikörpern ganz verschieden beeinflußt, und nun ist es eben die Antikörperreaktion, auf der die Diagnose beruht. Ohne Zweifel müssen viele verwirrende Mitteilungen in der Literatur erklärt werden durch Unterschiede in der Virulenz des Ausgangsstammes (d. h. der Stamm, womit das Antiserum bereitet ist) und des Stammes, der später mit diesem Antiserum geprüft wird.

Wenn man diese Tatsachen in Betracht zieht, wird uns die Entstehung vieler Schwierigkeiten deutlich. Unterschiede im Agglutinationstiter eines Serums gegenüber zwei Stämmen derselben Bakterienspezies können auf Unterschieden in der Virulenz beruhen: mit dieser wechselt die Agglutinabilität.

Das gleiche gilt von der Phagozytose. Wir wissen, daß Virulenz und Phagozytierbarkeit der Mikroben umgekehrt proportional sind. Ein gewisser Mikroorganismus, der zuerst sehr leicht von Leukozyten aufgenommen wurde, kann später, nach einer oder mehreren Tierpassagen oder durch die Kultur auf serumhaltigen Nährböden, nur noch von Phagozyten aufgenommen werden, wenn der Bazillus von einem stark antikörperhaltigen (an spezifischen Opsoninen reichen) Serum präpariert ist.

Nun wird die indirekte Diagnose auf die Spezifizität eines Mikroorganismus manchmal gestellt, wenn man bei Opsoninbestimmungen — mit einem bekannten Mikrobenstamm als Testobjekt — bestimmen will, ob in einem Patientenserum (im Vergleich mit Normalserum) der Opsoningehalt erniedrigt oder erhöht ist. Hieraus ergibt sich, daß die Diagnose ganz anders ausfallen kann, wenn man die gleiche Reaktion mit zwei Stämmen von verschiedener Virulenz ausführt.

Ich erinnere in dieser Beziehung auch an die Serumfestigkeit von Trypanosomenstämme, um zu schließen, daß die Virulenz, d. h. die Immunität von Mikroben gegenüber Antikörpern unter Umständen die ganze Spezifizität des Mikroorganismus in Frage stellen kann, weil ja die Affinität zu den Antikörpern das sicherste Mittel ist zur Bestimmung der Art.

Die Spezifizität in der Anaphylaxie.

Die große Bedeutung der Anaphylaxie in der gegenwärtigen Immunitätsliteratur, und besonders die Vergleichung zwischen Anaphylatoxin und Endotoxin macht eine spezielle Betrachtung dieser Frage erwünscht. Mir selbst liegt sie auch am Herzen, weil ich den spezifischen Komplementschwund im anaphylaktischen Shock zuerst nachgewiesen habe.

Durch die Untersuchungen von Richet, Friedemann und Doerr hat sich gezeigt, daß wo Antigen und Ambozeptor zusammenkommen, mit Hilfe von zugesetztem Komplement ein anaphylaktisch wirkendes Gift aus dieser Verbindung freigemacht werden kann. Friedberger hat dann eine Reihe verschiedener Bakterien mit den homologen Antiseris und Komplement behandelt. Die klar zentrifugierte Flüssigkeit rief nun bei normalen Tieren anaphylaktische Shockerscheinungen hervor. Es ist nicht einmal nötig, die Bakterien mit spezifischen Ambozeptoren zu sensibilisieren: Komplement allein kann schon genügen, sei es durch die Anwesenheit von Normalambozeptoren im Meerschweinchenserum, sei es durch die rein proteolytische Wirkung dieses Serums.

Friedberger betrachtet nun das Anaphylatoxin als ganz verschieden von den Endotoxinen. Er konnte es aus ganz verschiedenen Mikroben und anderen Eiweißarten bereiten. Es kommt nur an auf das Verhältnis von der Antigenmenge zur Serummenge. Mit Rücksicht nun auf die große Übereinkunft in den Vergiftungserscheinungen, unabhängig von dem zur Anaphylatoxinbildung benutzten Antigen, kommt Friedberger zu der Schlußfolgerung, daß es nur ein Anaphylatoxin gibt.

Es scheint mir sehr fraglich, ob die Tatsachen wohl zu dieser Auffassung das Recht geben. Jedenfalls ist es nicht gestattet, aus der Übereinstimmung von gewissen Erscheinungen auch ohne weiteres auf Einheitlichkeit (Gemeinschaftlichkeit) der auslösenden Ursachen zu schließen. Ganz verschiedene Gifte können doch zu Vergiftungserscheinungen führen, welche klinisch sowie pathologisch-anatomisch einander sehr gleichen.

So ist denn die Frage nach der Spezifizität des Anaphylatoxins (also die: ob es nur ein oder viele Anaphylatoxine gibt) eng verbunden mit der Frage, ob das Anaphylatoxin etwas mit dem Endotoxin zu tun hat oder nicht.

Indessen ist die ganze Anaphylatoxinfrage aus der Endotoxintheorie hervorgegangen. Der parenterale Abbau des Eiweißmoleküls und die dabei auftretenden giftigen intermediären Produkte sind theoretisch in Parallele gesetzt mit der Lysis präformierter Zellen und den dabei freiwerdenden Endotoxinen (Weichardt). Sollte nun diese Vergleichung etwas mehr sein wie ein Bild, so müßte man auch die Konsequenzen davon akzeptieren.

Freilich sind beide, Endotoxine und Anaphylatoxine, weder chemisch bekannt, noch rein zu bereiten, aber von den ersteren kennen wir die Spezifizität als hervorragende Eigenschaft. Friedberger meint nun, daß davon bei den letzteren nicht die Rede ist: nur der Entstehungsmodus ist spezifisch.

Wir werden sehen, daß damit nur „Worte" gegeben sind, aber kein erklärender Begriff.

Zuerst müssen wir ins Auge fassen, daß es keinen Parallelismus zwischen den Reaktionen in vitro und in vivo gibt. Im Reagenzglas findet die Entstehung des Anaphylatoxins aus einem Eiweißantigen leicht statt unter Einfluß des Komplements, mit oder ohne spezifisches Ambozeptorserum. Und hiermit wäre dann die Spezifizität des Anaphylaxiegiftes gefallen.

Mit dieser Auffassung ist aber nicht vereinbar die meist fundamentale und typische Eigenschaft der anaphylaktischen Reaktion, nämlich eben die Spezifizität! Warum ist denn bei irgend einem normalen oder vorbehandelten Tier, wo doch reichlich Komplement vorhanden ist, keine Giftbildung aus mehreren Antigenen möglich, während das in vitro so leicht stattfindet? Hier liegt wohl eine schwache Stelle der Friedbergerschen Theorie. Sie gewinnt nicht an Kraft bei ihrer weiteren, äußerst wichtigen Anwendung auf die Theorie der Infektionskrankheiten.

Hier haben die Endotoxine überhaupt ihre Bedeutung verloren, höchstens können auch sie noch — neben vielen anderen Stoffen — als Muttersubstanz für das immer einheitliche Anaphylaxiegift dienen. Die Infektionskrankheiten sind nichts anderes als „Anaphylatoxinintoxikations- oder Eiweißkrankheiten", ohne jede Spezifizität. Die Verschiedenheiten in ihrem Verlauf, der Wechsel in ihren Erscheinungen und die Intensität der letzteren sind abhängig von der verschiedenen Lokalisierung des Mikrobeneiweißes, von der Vermehrungsintensität der Bakterien, von der in jedem Augenblick vorhandenen Anaphylatoxinmenge sowie von dem Gehalt des Blutes an Antikörpern und Komplement und von der gegenseitigen Wechselwirkung aller dieser Faktoren. Die Hauptsymptome der verschiedenen Infektionskrankheiten sind ja stets die gleiche: „Fieber, entzündliche Gewebsveränderungen und toxische Einwirkungen auf das Zentralnervensystem, das sind ja die Kardinalsymptome aller Infektionen, nur wenige Töne im Grunde, aus denen durch die mannigfachsten Variationen die verschiedenartigsten Melodien entstehen."

Friedberger verliert nun aber aus dem Auge, daß seine künstlichen Eiweißkrankheiten (z. B. Pneumonie bei sensibilisierten Tieren nach Inhalation des Eiweißes, das zur Vorbehandlung gedient hat, also: lokale Anaphylatoxinbildung) nur bei vorbehandelten Tieren auftreten, und daß sie also spezifische Reaktionen sind. Es scheint mir ein unphysiologisches Benehmen, bei Übereinstimmung gewisser Erscheinungen, ohne weiteres zur Gemeinschaftlichkeit der Ursachen zu schließen. Jedes „akut wirkende Gift" ist noch kein Anaphylaxiegift und jeder „akute Tod" ist noch kein Anaphylaxietod. Es ist unverständlich, daß ein Forscher wie Friedberger zur Leugnung der Spezifizität in der Immunitätslehre gelangen konnte, d. h. zu einer Absurdität, einfach weil er im Reagenzglase aus allerhand Eiweißarten mittels eines proteolytischen Ferments wie Meerschweinchenserum giftige Abbauprodukte bereiten konnte.

Es fällt ihm denn auch schwer, die Konsequenzen streng durchzuführen. An einer Stelle, nachdem er konstatiert hat, daß die Vielheit der Krankheitsbilder vollkommen erklärt wird mit Hilfe eines Anaphylaxiegiftes, das aus den meist verschiedenen Bakterien bereitet werden kann, schreibt er: „Ob daneben auch besondere spezifische Gifte für die einzelnen Infektionskrankheiten bestehen, sei dahingestellt; bewiesen ist es nicht und nötig ist ihre Annahme nicht". Aber daneben muß er auf Grund eigener Versuche wieder anerkennen: „Auf Grund dieser Beobachtungen müssen wir wohl das Endotoxin mit seinem spezifischen Eiweiß und seiner spezifischen antigenen Qualität als die Muttersubstanz des Anaphylatoxins auffassen, welches letztere das eigentliche wirksame Gift bei der Infektion darstellt."

Wie man sieht, schwankt Friedberger gegen seinen Willen zwischen Spezifizität und Nichtspezifizität hin und her.

Der Hauptfehler des hier kritisierten Gedankenganges liegt wohl darin, daß nach der Demonstration der passiven Anaphylaxie, die Aufmerksamkeit fast nur auf das Geschehen im Serum gelenkt worden ist, und abgelenkt von den histogenen Vorgängen, welche daneben unzweifelbar eine Rolle spielen, und wovon schließlich die ganze Spezifizität der anaphylaktischen Reaktion herstammt. Die Eiweißantieiweißreaktion spielt sich weder allein in den Geweben noch nur in den Körperflüssigkeiten ab, aber beide treten in Aktion je nach dem Antigenquantum, das in demselben Augenblick in die Blutbahn eintritt. Gibt es genug freie Antikörper um das Antigen zu binden, so bleiben die Zellen außerhalb des Streits; gibt es aber zu wenig freie Antikörper, so werden die Zellen an der Reaktion mitbeteiligt. Es hängt nun von dem Antigenquantum ab, das verarbeitet werden muß, sowie von der Applikationsweise, ob dieses ohne Störung und allmählich geschehen kann, oder ob die Zellen plötzlich zu einer sehr intensiven Reaktion genötigt werden. Diese Desensibilisierung (Besredka) kann also plötzlich oder gleichmäßig stattfinden.

Für diese Auffassung sind noch mehrere Argumente anzuführen. Indessen hatte ich hier nur zu zeigen, warum die Spezifizität auch in der Anaphylaxie nicht geleugnet werden kann.

C. Die Ursachen der Spezifität.

Zum Schlusse dieser Betrachtungen wollen wir einige Zeilen den vornehmsten Theorien widmen, welche zur Erklärung der Spezifität angeführt worden sind. Als Ausgangspunkt kann uns dabei die Enzymspezifizität dienen.

Durch die Untersuchung Emil Fischers über die Glukosidspaltung hat sich nämlich gezeigt, daß gleiche chemische Verbindungen, die sich nur stereochemisch durch die Lagerung des asymmetrischen Kohlenstoffatoms unterscheiden, verschiedene Enzyme für ihre Spaltung bedürfen. Aus diesen und ähnlichen Untersuchungen kann man schließen, daß ein Enzym nur solche Verbindungen zu spalten vermag, mit denen es ein sterisch gleichgelagertes Atom besitzt. Wenn letztere Eigenschaft nur vorhanden ist, so macht die weitere Zusammensetzung wenig aus. Das gleiche Enzym kann also mehrere Verbindungen spalten, womit aber die Spezifizität der Enzyme im obigen Sinne bestehen bleibt.

Man hat nun eingesehen, daß man, um zu einer Erklärung der Spezifizitätserscheinungen bei der Bindung von Antigen und Antikörper zu gelangen, diese mit bekannten Vorgängen auf chemischem und physikalischem Gebiete in Parallele setzen muß.

Der erste bedeutende Schritt in dieser Richtung ist von Ehrlich in seiner Seitenkettentheorie gemacht. Ausgehend von den Toxinen lehrt uns diese Theorie, daß ein Gift nur krankmachend ist für solche Individuen, welche eine an das Gift chemisch sich bindende Substanz in gewissen lebenden Zellen ihres Organismus besitzen. Die Substanz, der Rezeptor, wirkt, wenn abgestoßen in die Blutbahn, als Antitoxin. Das Toxin und sein Antikörper neutralisieren einander komplett wie eine starke Säure und eine starke Base; neben der Verbindung (resp. dem Salz) können nur von einem von beiden (der im Übermaß vorhanden war) freie Moleküle übrig bleiben.

Nach Arrhenius und Madsen aber vollzieht sich die Neutralisierung von Antigen und Antikörper wie die Reaktion zwischen einer schwachen Säure und einer schwachen Base. Von beiden Komponenten bleiben Moleküle frei, neben den gebundenen. Neben diesen chemischen Theorien hat Bordet eine mehr physikalische Theorie verteidigt, welche sich auf das Phänomen der Absorption oder molekulären Adhäsion stützt. Ebenso wie ein Stück Filtrierpapier, welches man in eine Anilinfarbstofflösung taucht, variable Mengen des Farbstoffes absorbieren kann, je nach der Konzentration der Lösung, so kann auch irgend ein Antigenmolekül sich mit wechselnden Mengen des korrespondierenden Antikörpers verbinden.

Traube hat in seiner sog. Resonanztheorie ebenfalls eine rein physikalische Betrachtungsweise empfohlen. Er weist darauf hin, daß die gewöhnlichen Protoplasmagifte (Schwermetallsalze, Alkaloide usw.) physikalisch wirken, indem dieselben die gelösten Kolloidbestandteile des Körpers in eine Zustandsänderung versetzen, welche mit Hilfe von Oberflächenspannungen gemessen werden kann. Auf die Immunitätsvorgänge übertragen, zeigt sich eine weitgehende Analogie mit diesen Tatsachen.

Man kann nun allen diesen Theorien mit gewissem Recht vorwerfen, daß damit die wirklichen Ursachen der Spezifizität keineswegs erklärt sind. Sie versuchen nur festzustellen, in welcher Weise zwei Stoffe, welche spezifische Eigenschaften zeigen, miteinander reagieren.

Es scheint mir ziemlich nutzlos, darüber zu streiten, ob die Bindung eines Antikörpers an ein Antigen mehr von dem physikalischen Zustand dieser beiden als von ihrer chemischen Zusammenstellung abhängig ist. In einem physikalisch-chemischen Grenzgebiet wie hier, sind diese Kräfte nicht prinzipiell zu scheiden. Ob man nun die Spezifizität als eine besondere Abstimmung der Oberflächenkräfte, als eine maximale Affinität oder sonstwie betrachtet, es bleiben Umschreibungen, welche den Kern der Sache noch nicht berühren. Ob die Spezifizität im Grunde wirklich auf qualitativen Unterschieden beruht, ist fraglich geworden, besonders seit durch die Untersuchungen Müllers über die verschiedene Avidität der Antikörper für das homologe Antigen, das quantitative Element in der theoretischen Betrachtungsweise nach vorne gerückt ist.

Literatur.

1. Nägeli, Die niederen Pilze in ihren Beziehungen zu den Infektionskrankheiten. München. 1877.
2. Cohn, F., Beiträge zur Biologie der Pflanzen. 1875.
3. Pasteur, Compt. rend. 45, 46, 50.
4. Koch, Untersuchungen über Bakterien. Beitr. z. Biol. d. Pflanz. 1877.
5. Baerthlein, 5. Tagung d. fr. Vereinig. f. Mikrobiol. Zentralbl. f. Bakt. I. Ref. 50 (Beiheft).
6. Sobernheim und Seligmann, 5. Tagung d. fr. Vereinig. f. Mikrobiol. Zentralbl. f. Bakt. I. Ref. 50 (Beiheft).
7. Beijerinck, Folia Microbiologica I.
8. Abderhalden, Abwehrfermente des tierischen Organismus. Berlin 1913.
9. Ehrlich, Die Wertbestimmung des Diphtherieheilserums. Klin. Jahrb. 6.

10. Müller, P. Th., Handb. der Immunitätsforschung (Kraus-Levaditi). Ergänzungsband.
11. Roux, 10. Internat. Hygienekongreß. Paris 1900.
12. Kraus, 2. Tagung der fr. Vereinig. f. Mikrobiol. Berlin 1908.
13. Bordet und Sleeswijk, Ann. de l'Inst. Pasteur. 1910.
14. Friedberger, Zeitschr. f. Imm.-Forsch. loc. div. u. Handb. v. Kolle u. Wassermann. II, 1.
15. Arrhenius, Immunochemie. Leipzig 1907.
16. Bordet, Ann. de l'Inst. Pasteur, 1899. 1900. 1903.
17. Traube, Zeitschr. f. Imm.-Forsch. 9.
18. Kolle, Handb. von Kolle und Wassermann. 1.
19. v. Wassermann, Über den Einfluß des Spezifizitätsbegriffs auf die moderne Medizin. Deutsche med. Wochenschr. 1910. Nr. 40.

X. Das Wesen des Impfschutzes im Lichte der neueren Forschungen.

Von

Karl Süpfle-München.

Im Deckepithel empfänglicher Organismen findet der Variolavaccine-Erreger die Bedingungen zu seiner Haftung und Vermehrung; daher erfolgt bei spontaner Invasion oder experimenteller Infektion mit dem maximal virulenten (Variola-)Erreger der Ausbruch der Blattern und die ungeheure Reproduktion des Erregers derselben Virulenzhöhe in ungezählten Haut- und Schleimhaut-pocken; daher bewirkt die kutane Einführung des abgeschwächten (Vaccine-) Erregers das Auftreten der charakteristischen Impfpustel und in ihr die Ent-wickelung einer Unzahl neuer Erreger der gleichen Virulenzform.

Im Deckepithel immuner Organismen dagegen ist der Variolavaccine-erreger nicht existenzfähig; es ist eine sicher fundierte und jederzeit leicht nach-zuprüfende Tatsache, daß der neuerlich eingeführte Variolavaccineerreger beim Immunen sich weder vermehrt, noch haftet, sondern vielmehr vernichtet wird.

Der Zustand der Variolavaccineimmunität dokumentiert sich also in der Fähigkeit des Haut- und Schleimhautepithels, den Erreger abzutöten. Woher stammt dieses parasitizide Vermögen des Epithels?

Es könnte sein, daß ständig von bestimmten inneren Organen parasiti-zide Immunkörper gebildet werden, die auf dem Blutweg in die Haut- und Schleimhautdecke gelangen und so das Epithel zur Abtötung etwa eindringender Variolavaccineerreger befähigen. Oder es könnte die Epithelimmunität auf Vorgängen und Veränderungen beruhen, die lediglich im Epithel ablaufen. Um eine Entscheidung zu ermöglichen, müssen wir zunächst untersuchen, wo im Organismus der Erreger sich findet.

Seit alters weiß man, daß der Inhalt der Pocken bzw. Impfeffloreszenzen das Virus in ungeheuren Mengen enthält; fällt ja doch die Verimpfung dieses Materiales auf empfängliche Tiere positiv aus, auch wenn der Pustelinhalt zu-vor tausendfach und noch höher verdünnt wurde. Ist das Deckepithel im Be-reich der Pusteln aber die einzige Stelle der Ansiedelung und Vermehrung, oder findet sich der lokal applizierte Erreger im gesamten Organismus?

Daß es bei der **Variola vera** zu einer Generalisation des Erregers kommen muß, ist a priori ein logisches Postulat. Anders kann die allgemeine Eruption von Pusteln, von denen jede das Virus reproduziert, gar nicht irgendwie befriedigend erklärt werden, als daß die Pockenerreger von einer „Protopustel" (L. **Pfeiffer**) aus auf dem Wege der Blutbahn an die verschiedenen Hautstellen — mit Ausnahme der gefäßlosen Kornea — sowie an das Kind im Uterus gelangen. Ganz dasselbe gilt von der alten Variolation, die auch zuerst eine lokale Pustel und dann allgemeine Pockeneruption im Gefolge hatte.

Tatsächlich konnte bei der Variola mehrfach, je nach dem Stadium der Krankheit, der Nachweis des Erregers im Blut und den inneren Organen geführt werden; so ist es gelungen, Blut (**Zülzer**, **Roger** und **Weil**) auf Affen, Blut, Knochenmark, Lunge , Hoden von Pockenkranken auf die Kaninchenkornea mit positivem Erfolg zu verimpfen (**Monti**, v. **Prowazek** und **Aragāo**). Es besteht also kein Zweifel, daß eine Generalisation des Variolavaccineerregers durch die Blutbahn zu einer gewissen Frist stattfindet; um die Zeit des ersten Fieberanfalles scheint jedoch das Kreisen des Erregers bereits aufzuhören (v. **Prowazek**). Auch ist die Menge der kreisenden und der in den Organen vorkommenden Erreger offenbar sehr gering, da die erwähnten Autoren sowie **Magrath** und **Brinckerhoff** bei ihren Überimpfungsversuchen sehr häufig negative oder zweifelhafte Resultate erhielten; diese Beobachtungen machen es höchst unwahrscheinlich, daß die mit dem Kreislauf verschleppten Erreger sich im Blut oder in den inneren Organen **vermehren**; vielmehr hat es ganz den Anschein, als ob nach dem Eintritt in den Kreislauf nur jenen Variolaerregern eine Vermehrungsmöglichkeit eröffnet wird, die der Blutstrom zufällig in die Haut- oder Schleimhautdecke trägt; die Ansiedelung und Vermehrung dieser Erreger führt nun zur Entwicklung der Pusteln des Allgemeinausschlages.

Wie liegen die Verhältnisse bei der **Vaccine**?

Auf den ersten Blick könnte man geneigt sein, zu folgern: da der Variolaerreger von der Stelle der primären Ansiedelung aus in den allgemeinen Kreislauf übergeht, muß dies auch bei der Varietät des Pockenvirus, beim Vaccineerreger, der Fall sein; man würde, nach Analogie mit dem, was wir eben von der Variola hörten, keine Vermehrung der Erreger in den inneren Organen erwarten, aber doch einen Übertritt von Virus aus der lokalen Pustel in den Blutkreislauf. Zwingend wäre dieser Analogieschluß allerdings nicht. Denn wenn auch beide Formen nur verschiedene Virulenzgrößen desselben Erregers sind, so folgt daraus noch nicht, daß das Verhalten beider Varietäten im Organismus notwendig das gleiche sein muß. Im Gegenteil, gerade der klinisch so wesentlich verschiedene Effekt der Ansiedelung der zwei Erregertypen scheint gegen diesen Schluß zu sprechen; denn die Vaccinepustel bleibt lokalisiert, der lokalen Variolapustel, sei sie spontan entstanden, sei sie inokuliert, folgt das allgemeine Exanthem. Unwiderleglich beweist aber das Ausbleiben der Allgemeineruption bei Vaccine noch nicht, daß wirklich eine Generalisation der Vaccineerreger ausbleibt. Es könnte sein, daß das Vaccinevirus zwar in den Kreislauf übergeht, aber unfähig ist, trotz Transportes zum Deckepithel in normale Epithelzellen einzudringen. Diese Vermutung wäre sogar experimentell gut begründet; die direkte intravenöse Injektion von Vaccinelymphe bei Versuchstieren führt nämlich keineswegs zu einer **spontanen** Pusteleruption. Dies ist um so auffälliger, als man in einem sehr eleganten Experiment nachweisen kann, daß der intravenös zugeführte Vaccineerreger 1—2 Tage lang in der Hautdecke lebensfähig verharrt. Wenn man nach der Versuchsanordnung von Calmette und Guérin Kaninchen nach intravenöser Vaccineeinverleibung am Rücken rasiert und die Haut durch Reiben mit Sandpapier aufschließt, so entwickelt sich an den depilierten Partien eine vaccinale Pusteleruption. Ohne Eröffnung der Hautdecke ist jedoch der Vaccineerreger nicht imstande, eine Eruption zu erzeugen. Die Provokation des Virus gelingt nur innerhalb 24 bzw. 48 Stunden nach der intravenösen Vaccineinjektion; eine später vorgenommene Aufschließung der Haut bleibt erfolglos. Überall sonst im Körper ist der Vaccineerreger nach direkter Intromission in den Blutkreislauf noch weniger lang nachweisbar, in Leber, Milz, Knochenmark nur zwei Stunden, im zirkulierenden Blut sogar nur eine Stunde (v. Prowazek und Yamamoto).

Der Vaccineerreger verschwindet also auch bei unmittelbarer Einführung in den Kreislauf sehr bald aus dem Blut und den inneren Organen; er findet hier offenbar keine ihm zusagenden Existenzbedingungen und geht daher früher oder später zugrunde; nur auf ein einziges Gewebe ist er angepaßt — auf das mehrschichtige Epithel. Dies gilt augenscheinlich sowohl für die Virulenzform Variola, als auch die Varietät Vaccine. In einer Beziehung aber müßte bei dieser Argumentation ein Unterschied angenommen werden: der Variolaerreger, der von der Protopustel aus auf dem Wege des Blutkreislaufes in das Deckepithel gelangt, ist hier — wohl vermöge von Eigenschaften, die seine hohe Virulenz zum Teil ausmachen — ohne weiteres imstande, in Epithelzellen einzudringen, sich zu vermehren und die pathologischen Veränderungen der Pustel zu veranlassen. Der Vaccineerreger jedoch bleibt, auch wenn er in großen Mengen im Tierexperiment in die Blutbahn eingeführt wird, im Bereich des Deckepithels zwar länger als in den inneren Organen lebensfähig, vermag aber nur bei Eröffnung des Epithels seine spezifische Tätigkeit zu entfalten.

Wenn experimentell in die Blutbahn eingeführtes Vaccinevirus nur unter besonderen Umständen sich durch eine Pusteleruption manifestiert, kann das Ausbleiben einer Allgemeineruption bei der legitimen menschlichen Vaccine nicht als stringenter Beweis für das Ausbleiben einer Generalisation angezogen werden.

Auf spekulativem Wege können wir demnach eine Generalisation des Vaccineerregers weder begründen, noch ausschließen. Nur für jene extrem seltenen Fälle der Vaccina generalisata, der Eruption eines über den ganzen Körper sich erstreckenden allgemeinen Kuhpockenexanthems, läßt sich von vornherein das Zirkulieren der Vaccineerreger in der Blutbahn postulieren. Ob aber auch bei der klinisch lokalisiert bleibenden Vaccine das Virus regelmäßig in den Kreislauf übergeht, kann nur durch das Experiment beantwortet werden.

Nicht wenige ältere und neuere Beobachter haben aus ihren Versuchen geschlossen, daß das Vaccinevirus in den allgemeinen Kreislauf übertritt und in gesetzmäßiger Zeit nach der Impfung im Organismus zirkuliert. Der einstige Münchener Zentralimpfarzt Reiter berichtete im Jahre 1872, daß ihm der Nachweis des Virus im Blut vaccinierter Kinder geglückt sei. Nach anfänglichen Mißerfolgen bei einfacher direkter Verimpfung des Blutes arbeitete er — zunächst in Vorversuchen mit verdünnter Lymphe — eine Impfmethode aus, welche eine größere Menge Blutes in ausgiebigen Kontakt mit den empfänglichen Epithelzellschichten zu bringen ermöglichte; durch Benutzung einer reichlichen Blutmenge wollte er die Chance erhöhen, etwa nur spärlich vorhandene Vaccineerreger aufzufinden. „Ich setzte einem ungeimpften Kinde ein Vesikator, tags darauf entfernte ich die Haut vom Vesikator und nahm von einem anderen Kinde, das achtmal 24 Stunden vorher geimpft worden war, Blut, bestrich damit reichlich Scharpie, legte sie auf die Vesikatorwunde und befestigte das Ganze mittelst Verbandes. Zugleich impfte ich mit dem Blute des geimpften Kindes das ungeimpfte mit fünf $^5/_4$ Linie langen Schnittchen und belegte sie reichlich mit Blut, das ich gut eintrocknen ließ. Nach 8 Tagen zeigten sich an der Vesikatorwunde 8 schöne Kuhpocken und von den 5 Schnittchen entwickelte eines 1 Kuhpocke." Aus dem Inhalt eines Vesikators von frisch geimpften Kindern konnte Reiter dagegen durch Impfung kein Resultat erzielen.

Auch L. Pfeiffer hatte bei Übertragungsversuchen mit Blut von geimpften Kindern und Kälbern auf größere Kontaktflächen positiven Erfolg. Frosch konnte innerhalb einer bestimmten Zeit nach der Impfung fast mit jedem Organe Impfpusteln erzeugen; auch Vanselow und Freyer hatten mit Milz-, Leber-, Drüsensaft, sowie Knochenmark geimpfter Kälber positiven Impferfolg. Beim Affen fand Neisser eine Durchseuchung des Organismus mit Vaccineerregern; noch am 15. Tage nach der Impfung konnte er aus Knochenmark mit positivem Ergebnis abimpfen. Für das Kaninchen machte Siegel die Angabe, er habe mit dem Filtrat von Organsaft und Blut eines vor einigen Tagen geimpften Tieres unter drei Versuchen einmal Guarnierische Körperchen in der Kornea erzeugen können. Ähnliche Beobachtungen teilten v. Wasielewski sowie Aldershoff mit. Auch Casagrandi spricht sich auf Grund seiner Experimente an Kaninchen und Hühnern entschieden für den regelmäßigen Übergang des Vaccineerregers in die inneren Organe, Leber, Milz, Nieren, Knochenmark aus; besonders häufig fand er die Lungen virushaltig; im zirkulierenden Blut sei der Vaccineerreger gleichfalls nachweisbar, und zwar in den Leukozyten. Ebenso sieht Mulas die Anwesenheit des Vaccinevirus in den inneren Organen subkutan bezw. korneal geimpfter Kaninchen als bewiesen an. Sion und Radulesco wollen den Erreger nach kutaner Impfung mit großer Leichtigkeit sogar im Humor aqueus nachgewiesen haben.

Diesen positiven Impferfolgen steht eine große Reihe negativer Ergebnisse gegenüber. In der älteren Literatur findet sich die Ansicht von Hiller niedergelegt, der es bestreitet, daß sich das Vaccinevirus im Blut Vaccinierter befinde. Von besonderem Interesse sind die Untersuchungen von Paschen, der 1899 und 1900 über negative Impfungen mit Saft von Milz, Bronchial-, Mediastinal- und Supramanualdrüsen berichten konnte; unter allen Kautelen waren auf dem Schlachthof Stücke von Milz und Drüsen in sterile Petrischalen gelegt, in der Impfanstalt mit sterilen Messern zerschnitten, dann verrieben und in großen Kontaktflächen auf das Kalb gebracht worden; auch die Korneaimpfung verlief negativ.

Mit einem Aufgebot von großem Tiermaterial kamen Calmette und Guérin, v. Prowazek, Haaland, Hauser, Jürgens, Mühlens und Hartmann, Nobl, Ohly, Süpfle zu dem übereinstimmenden Ergebnis, daß beim Kaninchen ein Kreisen der Vaccineerreger sich nicht nachweisen läßt. Von diesen Experimenten muß ich allerdings alle die Versuche ausscheiden, bei denen die Infektion der Kaninchen lediglich durch korneale Impfung geschah. Wie später auszuführen ist, nimmt die korneale Vaccination eine Sonderstellung in der Reihe der Infektionsmethoden ein; es entsteht bei kornealen Impfungen ein rein lokaler Prozeß, der auch nur eine lokale Immunität bewirkt, so daß eine eventuelle Durchseuchung des Organismus bei dieser Infektionsart überhaupt ausgeschlossen ist. (In um so merkwürdigerem Licht erscheinen dann allerdings die positiven Befunde von Virus in inneren Organen, die mehrere Experimentatoren bei dieser Versuchsanordnung erzielt haben wollen!) Die erwähnten Autoren haben aber auch eine größere Zahl von Versuchen mit kutaner, muköser und subkutaner Vaccineinfektion angestellt, so daß ihre übereinstimmende Schlußfolgerung für wohlbegründet gelten muß: das Vaccinevirus kreist beim Kaninchen nach lokaler Insertion nicht, jedenfalls nicht in nachweisbaren Mengen, im Organismus. Beim Affen konnten Halberstädter und v. Prowazek nach kutaner bzw. subkutaner Vaccineinfektion in ausgedehnten, sehr sorgfältigen Versuchen an 228 Tieren niemals Generalisation feststellen. Paschen hatte Gelegenheit, Knochenmark vom Femur eines vor 3 Wochen an Eccema vaccinatum erkrankten Kindes zu untersuchen; obwohl es sich hier um eine sehr ausgedehnte Vaccineerkrankung gehandelt hatte, konnte er durch Hornhautimpfung keine Spur von Vaccineerregern im Knochenmark nachweisen.

Angesichts so diametral divergierender Versuchsergebnisse in der Frage des Kreisens des Vaccineerregers ist es nicht leicht, zu entscheiden, auf welcher Seite die Wahrheit liegt. Zugunsten der Generalisation des Vaccinevirus könnte man geltend machen, es sei a priori wahrscheinlich, daß der Nachweis etwa im Blut zirkulierenden Kontagiums mit Schwierigkeiten verbunden ist, wie man ja auch bei zahlreichen anderen Krankheiten den Erreger im kreisenden Blut nicht leicht feststellen kann bzw. noch nicht hat feststellen können, da er oft nur quantitativ gering im Blute verteilt ist. Dazu kommt, daß wir bei Vaccine weder über morphologische noch kulturelle (Anreicherungs-) Methoden verfügen, sondern lediglich auf den Ausfall des Impfexperimentes auf der Haut oder Kornea unserer Versuchstiere angewiesen sind. Man könnte also sagen, daß in dieser Frage nur positive Ergebnisse etwas beweisen, die negativen dagegen, wie so oft, deswegen zahlreicher sind, weil der positive Nachweis schwerer zu führen ist und vielleicht von vorläufig noch unbekannten und unberechenbaren Glücksumständen abhängig ist. Andererseits darf man sehr wohl zu bedenken geben, daß ev. der Einwand eines Versuchsfehlers bei Vaccinestudien mit positivem Resultat deswegen nicht fern liegt, weil das noch bei so sehr erheblicher Verdünnung wirksame und gegen Austrocknung sehr widerstandsfähige Vaccinevirus durch Manipulationen, Instrumente, Gefäße, Stallutensilien usw. sich leicht in die Versuchs- und Beobachtungstechnik einschleichen kann. War doch die französische Schule, die so lange an der Dualität des Variola- und Vaccineerregers festhielt, im Recht, wenn sie allen jenen Überführungsversuchen von Variola in Vaccine die Beweiskraft absprach, die in einer Impfanstalt mit positivem Ergebnis ausgeführt wurden; denn wiederholt hat man gesehen, daß in Ställen der Impfanstalten befindliche Kälber vereinzelte Impfpusteln bekamen, obwohl sie experimenti causa nicht wirklich vacciniert, sondern nur mit sterilem Glyzerin skarifiziert oder überhaupt nur rasiert worden waren.

Ein einziges sicheres positives Ergebnis, das jedem Einwand Stand hält, würde natürlich alle negativen Ergebnisse umstoßen. Ein solches eindeutiges Experiment scheint mir aber bisher nicht erbracht. Auch bei den interessanten Versuchen von H. Eichhorn, deren Ergebnis ein Kreisen der Erreger und nach-

folgende latente Ansiedelung in der gesamten Hautdecke beweisen würde, ist
nicht jeder Zweifel ausgeschlossen. Eichhorn will bei vaccinierten Kindern
dadurch „künstlich-sekundäre Pusteln" erzielt haben, daß er ca. am 5. Tag nach
der Impfung mit einer „reinen" Lanzette eine Hautverletzung, entfernt von
der inserierten Vaccinepustel, setzte; Eichhorn gibt von diesen Versuchen in
seinem Werk „Neue Entdeckungen über die praktische Verhütung der Menschen-
blattern bei Vaccinierten usw." 1829 zwar eine sehr ausführliche Schilderung,
die erkennen läßt, daß er die naheliegende Möglichkeit einer unbeabsichtigten
Vaccineinfektion der Verletzung auszuschließen bemüht war; ob seine „reine"
Lanzette aber in unserem Sinne „steril" war, dürfte wohl fraglich sein.

Es ist bedauerlich, daß dieses Experiment nicht in einwandfreier Versuchsanordnung nachgeprüft wurde. Soviel ich sehe, hat nur S. Wolffberg
1885 den Eichhornschen Versuch wiederholt; über den Wert seines positiven
Ergebnisses kann leider nicht geurteilt werden, da seine summarischen Angaben
nichts über die eingehaltenen Kautelen besagen. Bei analogen, technisch einwandfreien Versuchen erhielt G. Nobl nur negative Resultate; er setzte in ca.
40 Fällen bei Kindern zwischen dem 10. und 20. Tage nach der Impfung an verschiedenen Körperstellen — die dann unter dem Schutz von Deckverbänden gehalten wurden — strichförmige und flächenhaft diffuse Epithelläsionen: stets
blieben die so präparierten Insertionsstellen steril, um in kürzester Zeit ohne
Reaktionserscheinungen abzuheilen. Entscheidend sind Nobls Ergebnisse
jedoch nicht, da der negative Ausfall durch Wahl des späten Untersuchungs-
termins (10—20. Tag gegenüber dem 5. Tag in Eichhorns Versuchen) bedingt
sein könnte.

Solange es an einem zweifelfreien positiven Ergebnis fehlt, nehme ich auf
Grund zahlreicher fremder und eigener Versuche an, daß der lokal inserierte
Vaccineerreger gewöhnlich nicht in den Kreislauf übergeht und sich nur
an seiner Haftstelle vermehrt. In diesem Sinne möchte ich auch die impf-
ärztliche Erfahrung verwerten, daß ekzemkranke Kinder geimpft werden können,
ohne daß es zu der gefürchteten Komplikation des Eccema vaccinatum kommt —
wenn nur durch sorgfältig angelegte Verbände eine äußere, direkte, mechanische
Übertragung von Vaccinematerial auf die Ekzemflächen peinlich verhindert
wird. Würde das Vaccinevirus kreisen, so wäre zu erwarten, daß regelmäßig
die Impfung ekzemkranker Kinder zu einer Vaccineinfektion des Ekzems führe,
da die Versuche von Calmette und Guérin überzeugend beweisen, daß kreisende
— intravenös injizierte — Vaccineerreger sich mit augenscheinlicher Begier in
der Haut etablieren, sobald ihnen der Weg zu den Epithelzellen durch absichtlich
gesetzte Skarifikationen und Reizungen der Haut eröffnet wird. Solche Ein-
trittspforten sind aber durch ein bestehendes Ekzem zweifellos geschaffen; daß
trotz ihres Vorhandenseins eine Manifestierung der Vaccine (unter den erwähnten
Vorsichtsmaßregeln) nicht eintritt, spricht entschieden dafür, daß der Kreislauf
von Vaccineerregern frei bleibt — wenn man sich nicht vorstellen soll, daß die
Manifestierung an das Kreisen einer sehr großen Zahl von Erregern gebunden ist,
während die gewöhnlich etwa nur spärlich zirkulierenden Keime hierzu nicht
ausreichen.

Das Lokalisiertbleiben der kutan inserierten Vaccineerreger in dem Epithel-
bereich der Haftstelle ist für die Auffassung von dem Zustandekommen des
Impfschutzes wichtig. Es macht den Gedanken sehr wahrscheinlich, daß die

Immunität gegenüber einem Erreger, der so ausgesprochen an das Epithel angepaßt ist, auch eine Leistung des Epithels ist. Allerdings läßt sich die Möglichkeit einer Produktion von Immunkörpern in den inneren Organen auf Grund dieser Tatsache allein nicht völlig ausschließen: der Reiz zur Antikörperbildung braucht nicht an das Zirkulieren lebender Erreger gebunden zu sein, er könnte ebensogut durch antigene vaccinale Stoffe ausgeübt werden, die von der Impfstelle aus zur Resorption kommen.

Eine Entscheidung hierüber gestatten unsere Kenntnisse über den Gehalt des Blutes an Antikörpern gegen den Vaccineerreger.

Kurz seien Präzipitine erwähnt, deren Nachweis man zu führen versucht hat. Die Frage, ob sich das Virus durch künstliches Immunserum oder Rekonvaleszentenserum präzipitieren läßt, ist von einigen Beobachtern (Tanaka, Freyer, Casagrandi) bejaht worden. Dagegen entschieden sich andere Forscher (v. Prowazek, v. Pirquet) dahin, daß der flockige Niederschlag, der sich allerdings beim Stehenlassen eines Gemisches von animaler Lymphe und Immunserum bilde, nicht als Präzipitation aufgefaßt werden könne, da die Stammflüssigkeit an und für sich trüb ist, und die zahllosen Epithelfragmente und Gewebstrümmer leicht niedergeschlagen werden.

Ebenfalls nur summarisch sollen die Versuche über das Auftreten von komplementbindenden Stoffen bei Variola und Vaccine angeführt werden. Es sind zwar gerade hierüber in den letzten Jahren viel zahlreichere Arbeiten (so von Jobling, Heller und Tomarkin, Casagrandi, Sugai, Beintker, Bermbach, Xylander, Dahm, Kryloff, Hallwachs, Teissier und Gastinel, Shiga und Kii, Paschen u. a.) veröffentlicht worden, als über andere Fragen der Vaccineimmunität. Die vorliegenden Untersuchungen sind aber in der Technik der Ausführung so ungleichmäßig, daher auch in den Ergebnissen so widerspruchsvoll, daß derzeit ein Urteil unmöglich ist, ob wirklich, wie behauptet wird, regelmäßig, und zwar ev. nur während ganz bestimmter Zeit nach der Infektion, strengspezifische komplementbindende Stoffe auftreten. Daher halte ich es auch für verfrüht, die mehrfach ausgesprochene Empfehlung der Komplementbindungsreaktion als differentialdiagnostisches Hilfsmittel bei Variola gutzuheißen.

Geklärt ist dagegen die Frage, ob sich, analog den bakteriziden Immunkörpern, Stoffe im Serum finden, deren Wirkungseffekt in einer Abtötung des Virus, in einer „Vaccinaezidie", besteht.

Die Aufgabe, solche Immunkörper nachzuweisen, wurde auf zwei verschiedenen Wegen zu lösen versucht: in vivo, ausschließlich unter Benutzung des Tierkörpers — und in vitro, wobei das Tierexperiment nur als biologische Demonstration der erfolgten Virusabtötung in Anwendung kommt. Die erste Methode ging von der Überlegung aus, daß das Blutserum eines Pockenrekonvaleszenten oder eines erfolgreich Geimpften imstande sein müsse, nach Einverleibung in einen anderen Menschen oder in ein Versuchstier den Ausbruch einer vorausgegangenen, gleichzeitigen oder nachträglichen Variola- oder Vaccineinfektion völlig zu verhindern oder doch wenigstens zu einem abortiven zu gestalten. Es handelt sich also um Versuche einer passiven Immunisierung. Die ersten Experimente in dieser Richtung fielen völlig negativ aus. Chauveau, Raynaud, Janson, Cramer und Boyce, Landmann, Rembold, Beumer und Peiper gelang es nicht, mit dem Blute vaccinierter Tiere andere Tiere oder Kinder zu immunisieren; der eine oder der andere Versuch ergab zwar bisweilen ein Fehlschlagen der nachträglichen Impfung, aber den Autoren waren solche Fälle nicht beweiskräftig. Nur bei relativ großen Serumdosen schien Rembold wenigstens überhaupt den Nachweis für das Auftreten von Schutzstoffen führen zu können. Strauß, Chambon und Ménard erzielten 1890 nach Transfusion von selbst sehr reichlichen Mengen Blut, entnommen 6 Wochen nach der Impfung, keine Immunisierung; dagegen beobachteten sie Immunität gegenüber einer nachträglichen Vaccination, wenn sie die Transfusion am 7. Tage der Impferuption vornahmen; doch waren dazu 4—6 kg Blut nötig. Nachdem dann Hlava und Honl im Blutserum eines wiederholt vaccinierten Kalbes jedenfalls eine gewisse Schutzkraft nachweisen konnten, führten Béclère, Chambon und Ménard 1896 eine größere Versuchsreihe mit deutlich positivem Ergebnis durch. Danach besitzt das Blutserum ausgiebig geimpfter Kälber vom 10. bis 50. Tage nach einer erfolgreichen Impfung immunisierende Eigenschaften. Impfpusteln gehen bei unmittelbar vor der Impfung mit solchem Immunserum behandelten Tieren entweder überhaupt nicht an, oder sie verkümmern vollkommen; die aus solchen verkümmerten Pusteln gewonnene Lymphe ist völlig avirulent. Immerhin ging die immunisierende und heilende Kraft des Serums über eine relativ geringe Höhe nicht heraus: Serummengen von 1 : 100 Gewicht genügten nicht sicher dazu, eine soeben erfolgte Impfung mit Vaccine unwirksam zu machen. Im Einklang mit diesen Ergebnissen stehen Versuche von Zagari, Risel, Camus. Es sind also im Serum Vaccinierter bzw. Variolierter eine Zeitlang Immunkörper durch die Methode passiver Immunisierung nachweisbar, aber nur unter günstigen Versuchsbedingungen und selbst dann nur in geringer Konzentration.

Sehr deutlich dagegen gelingt es, die virulizide Wirkung des Immunserums auf Lymphe in vitro zu demonstrieren. Zu solchen Untersuchungen, die besonders von Béclère, Chambon und Ménard in klassischer Weise durchgeführt wurden, bedient man sich folgender, in ihren Hauptzügen schon von Sternberg 1892 angegebenen Versuchsanordnung: Einige Kubikzentimeter des zu untersuchenden Serums werden in einem Reagenzglas mit gleichen oder verschieden abgestuften Mengen wirksamer humanisierter oder animaler Lymphe vermischt. Die Proben müssen wiederholt kräftig geschüttelt werden, damit Lymphe und Serum möglichst ausgiebig aufeinander einwirken können. Entweder sofort oder nach verschieden langer Aufbewahrung im Kühlraum wird das Serum möglichst vollständig abpipettiert und das Sediment zur Impfung beim Menschen oder bei geeigneten Versuchstieren verwendet.

Mit dieser Methode konnte gezeigt werden (Sternberg, Kinyon, Béclère, Chambon und Ménard, Courmont und Montagard, Martius, Freyer, Risel, Süpfle, v. Prowazek und Halberstädter, v. Prowazek und Aragão, Henseval und Convent, Camus, Teissier und Gastinel), daß der Impfstoff durch Mischung mit Serum normaler Tiere und Menschen in seiner Wirksamkeit nicht beeinträchtigt wird; nach dem Kontakt mit dem Serum immunisierter Tiere dagegen erzeugt er nur noch rudimentäre Pusteln oder erweist sich als vollkommen wirkungslos. Eine derartige „action antivirulente" gegenüber humanisierter oder animaler Lymphe besitzt nach den bis jetzt vorliegenden Untersuchungen das Serum von geimpften Menschen und von Pockenrekonvaleszenten sowie das Serum von kutan, subkutan oder intravenös vaccinierten oder variolierten Tieren (Affe, Kalb, Kaninchen, Pferd).

Die virulizide Eigenschaft des Blutserums steigt vom 6.—8. Tage an allmählich in die Höhe und erreicht, bei den einzelnen Tierspezies verschieden, ungefähr am 14.—26. Tage die größte Wirksamkeit. Camus fand beim Kaninchen die vaccinale Immunität der Haut abhängig von dem Gehalt des Serums an Schutzstoffen. Nach den Erfahrungen aller anderen Autoren aber besteht eine derartige Kongruenz keineswegs. Unter Umständen können die viruliziden Substanzen jahrelang (25, ja einmal 50 Jahre nach der Impfung bzw. der Variolainfektion) im Serum persistieren; in sehr vielen Fällen aber verschwinden die Antikörper sehr rasch aus der Zirkulation, ohne daß die Hautimmunität erlischt. Das Auftreten virulizider Stoffe ist zwar ein häufiges, aber kein regelmäßiges Vorkommnis. Es schwankt der Titer des parasitiziden Vermögens — zu gleichen Fristen bei verschiedenen Individuen — in weiten Grenzen; gelegentlich sind überhaupt keine Antikörper im Serum zu finden (Süpfle, v. Prowazek und Yamamoto), während die eingetretene kutane Immunität durch den Revaccinationsversuch leicht zu erweisen ist.

Welche Bedeutung kommt den im Blut kreisenden parasitiziden Stoffen zu? Die Blutflüssigkeit ist nach allem, was wir über das Verhalten des Virus im Organismus kennen lernten, nicht die Stätte, an welcher die Vernichtung der Variolavaccineerreger erfolgt, sondern das Epithel der Haut und Schleimhaut; Sacco hat schon am Anfang des vorigen Jahrhunderts festgestellt, daß der Inhalt von Vaccinepusteln, der am 5.—7. Tag den wirksamsten Impfstoff liefert, d. h. zahlreiche lebende Erreger enthält, vom 8. Tage an progressiv immer weniger infektiös wird und vom 10.—11. Tage an ganz steril ist. Die viruliziden Kräfte kommen also im Bereich des Deckepithels zur Wirkung.

Die Immunkörper, die wir im Serum finden, sind natürlich nicht in der Blutflüssigkeit entstanden, sondern werden nur mit dem Blut transportiert. Es könnte sein, daß die Immunstoffe in den inneren Organen gebildet würden; die Antikörper, die wir im Blut antreffen, wären dann auf dem Weg zur Hautdecke. Gegen diese Möglichkeit spricht jedoch die Tatsache (Béclère, Chambon und Ménard; Henseval und Convent), daß die Unempfänglichkeit für kutane Impfung deutlich einige Tage früher eintritt, als der Antikörpergehalt des Serums. Die Schutzstoffe in der Blutflüssigkeit sind also wohl nicht auf dem Weg zum Deckepithel, sondern werden umgekehrt vom Deckepithel aus an das Blut abgegeben. Wir werden daher zu dem Schluß gedrängt, daß die Immunisierung von der Hautdecke aus erfolgt.

Daß Epithelzellen von sich aus immun werden können, ohne daß andere Organe des Körpers hierbei beteiligt sind, lehren die interessanten Studien über die Beziehungen zwischen der kutanen und der kornealen Immunität. Paschen hatte 1903 die wichtige Feststellung machen können, daß kutan immunisierte Kaninchen für Korneaimpfungen empfänglich bleiben, während umgekehrt die Impfung einer Kornea wohl Immunität der vaccinierten Korneastelle, nicht aber Immunität der Hautdecke und der anderen Kornea bewirkt. In der Folgezeit fanden diese Befunde Bestätigung durch v. Prowazek, Jürgens, Haaland, Kraus und Volk, Süpfle.

Die eigentümliche Sonderstellung der Kaninchenkornea bei dem Immunisierungsvorgang tritt sowohl bei kutaner, als auch subkutaner, intravenöser, intraperitonealer Impfung und Fütterung mit Vaccine zutage. Beim Kalbe konnte Paschen in Übereinstimmung mit Strauß, Chambon und Ménard bei Nachimpfung der Kornea in einem Falle keine vaccinale Reaktion nachweisen, während in einem zweiten Falle (Variolaimpfung) deutliche vaccinale Trübung der Hornhäute auftrat. Auch beim Affen fanden Kraus und Volk die Kornea nach kutaner Impfung noch voll empfänglich; nur bei subkutaner Immunisierung mit konzentrierter und verdünnter Lymphe kann die Nachimpfung der Kornea eine rudimentäre Reaktionsfähigkeit, eventuell eine völlige Immunität der Hornhaut zur Folge haben.

Belin sowie Grüter vertraten dagegen den Standpunkt, die Kaninchenkornea nehme prinzipiell an der allgemeinen Vaccineimmunität Anteil; Grüter berichtete, daß die korneale Infektion bei seinen immunisierten Tieren in allen Stadien einen wesentlich milderen Verlauf gezeigt habe, als bei den Kontrolltieren; die Reaktion sei oft erst später und dann viel schwächer aufgetreten, gleichzeitig aber früher abgeheilt, als bei den nicht vorbehandelten Tieren; in einer Versuchsreihe kam bei mehreren immunisierten Tieren eine Infektion der Kornea überhaupt nicht zustande. Diese gegenüber den gut übereinstimmenden Ergebnissen zahlreicher anderer Autoren auffällige Differenz beruht nach Süpfle und Eisner auf der Verschiedenheit der gewählten Immunisierungsbedingungen: wenn man die Tiere durch mehrmalige Injektion größerer Dosen von Vaccinelymphe immunisiert, gelingt es in der Tat, auch die Kornea partiell zu immunisieren; nach legitimer Kutaninsertion oder — dieselbe Hautimmunität schaffender — einmaliger intravenöser Injektion kleiner Mengen von Vaccinelymphe bleibt dagegen die Kaninchenkornea in ihrer Vaccineempfänglichkeit gänzlich unbeeinflußt.

Auch beim Menschen scheint trotz vorhandener Hautimmunität die Kornea für Vaccineinfektionen gewöhnlich empfänglich zu bleiben. Ich schließe dies aus den gelegentlichen Vaccineerkrankungen der Kornea, die infolge unglücklicher Zufälle oder Autoinokulation durch den Impfling entstehen. Hierbei beginnt nämlich nicht selten die eigentliche vaccinale Keratitis erst nach einem längeren Intervall nach der vorausgegangen Hautimpfung bzw. nach der ev. vorausgegangenen primären Liderkrankung, zu einer Zeit, zu der die Haut bereits Immunität erlangt hat.

Wir dürfen daher wohl als feststehend betrachten, daß die Kornea sich weder an der durch Kutaninsertion erzielten allgemeinen Hautimmunität beteiligt, noch ihren eigenen Immunitätszustand anderen Geweben mitzuteilen imstande ist. Diese Sonderstellung der Kornea in der Wechselwirkung der Immunitätsvorgänge, die auch in anderen Gebieten der Immunitätslehre zum Ausdruck kommt, läßt sich angesichts der anatomischen und ernährungsphysiologischen Eigentümlichkeiten des Auges unschwer begreifen.

Das Interessante dieser Versuche für unsere Frage liegt darin, daß wir bei dem Spezialfall der Kaninchenkornea eine ganz ausgesprochene lokale Vaccineimmunität kennen gelernt haben. Wir können bei der kornealen Vaccine in geradezu klassischer Weise verfolgen, wie hier, wo jede Mitwirkung der Blutflüssigkeit ausgeschlossen ist, überhaupt gar keine andere Möglichkeit in Betracht kommt, als daß die Immunität einerseits zellulären Ursprunges ist, andererseits auch infolge einer zellulären Eigenschaft fortdauert.

Es ist wohl berechtigt, aus diesen Erfahrungen, zusammengehalten mit unseren übrigen Kenntnissen, den Schluß abzuleiten, daß auch die Epithelzellen der Haut- und Schleimhautdecke die Fähigkeit haben, auf den Reiz des vaccinalen Antigens hin von sich aus, ohne Mitwirkung innerer Organe, eine parasitizide Immunität zu gewinnen. Erfolgt die Ansiedelung der Erreger nicht auf der Kornea, sondern im Epithel der Haut oder Schleimhaut, so fällt natürlich die ernährungsphysiologische Isoliertheit der Kornea mit ihrer eigenartigen Wirkung, daß die Immunität die anatomischen Grenzen des Korneaepithels nicht überschreiten kann, weg; der Blut- und Säfteaustausch ist über die ganze Epithellage des Organismus ungehindert, und die Immunität ergreift die gesamte Haut- und Schleimhautoberfläche.

Ich bin daher geneigt, mit v. Prowazek die Vaccineimmunität als eine histogene Immunität aufzufassen. Wäre der „Eichhornsche Versuch" richtig, so würde er besagen, daß die Vaccineerreger nicht nur in der Impfeffloreszenz, als der Stätte ihrer Massenwucherung, sondern, verschleppt durch den Blutstrom, im gesamten Bereich des Deckepithels eine Zeitlang lebend vorhanden sind; ihre — klinisch sich nicht manifestierende — Verbreitung in der ganzen Haut- und Schleimhautdecke würde eine einleuchtende Erklärung für die Tatsache ermöglichen, daß eine einzige Vaccinepustel Immunität des gesamten Deckepithels schafft. Da wir aber nach dem gegenwärtigen Stand unserer Kenntnisse voraussetzen, daß die Vaccineerreger sich lediglich an ihrer lokalen Haftstelle vermehren, müssen wir zu erklären versuchen, wie von hier aus die Gewinnung des Immunitätszustandes ausgelöst wird. Daß nur die unmittelbare Umgebung des lokalen Prozesses die Leistung der Immunität übernimmt, kann man nicht gut annehmen. Wie Hallwachs zutreffend ausführt, hätte die Vermutung wenig Wahrscheinlichkeit, daß etwa Antikörper, die ausschließlich an der Impfstelle produziert würden, durch Vermittlung des Blutkreislaufes an die gesamte Hautdecke abgegeben und nun von den Epithelzellen ohne eigene aktive Leistung quasi verankert würden. Nach seiner Vorstellung „gelangt das Virus von der Impfstelle aus abgetötet oder schon abgebaut bis auf seine als Antigen noch wirksamen Bestandteile auf dem Blutweg zu jeder ihm spezifisch verwandten Deckepithelzelle, wird elektiv von ihr angezogen, reagiert mit ihr in der Weise, daß es sie verändert, „allergisch" macht, ihr „histogene Immunität" verleiht".

Solche Gedankengänge stehen in guter Übereinstimmung mit der Tatsache, daß die Vaccineimmunität eintritt, auch wenn die Erreger subkutan, intravenös oder intraperitoneal injiziert werden, wobei es zu einer Vermehrung des Virus und Pustelbildung überhaupt nicht kommt (Fröhlich, Chauveau, Warlomont, Béclère, Chambon und Ménard, Tedeschi, Kraus und Volk, v. Prowazek, Casagrandi, Nobl, Knöpfelmacher, Süpfle). Ja, eine partielle oder totale Immunität kann sogar durch Injektion abgetöteter Vaccineerreger erreicht werden (Kraus und Volk, v. Prowazek, Süpfle): ohne, daß dabei irgend eine Manifestation des Erregers möglich ist, wird hier ebenfalls das Deckepithel immun.

Wie es zustande kommt, daß die Epithelzellen nun dauernd, mindestens auf Jahre hinaus, die Fähigkeit behalten, neuerlich eingeführte Variolavaccineerreger sofort abzutöten, muß eine offene Frage bleiben. L. Pfeiffer nahm an, daß der Variolaparasit 10, 20 und mehr Jahre in einer „Sporontenform" im einmal infizierten Körper verweile, eine Art Stilleben führe und auf eine noch unbekannte Weise die Immunität unterhalte; „ist die letzte Spore abgestorben, so ist auch der letzte Rest von Immunisierung erloschen und die Disposition für Neuinfektion des Epithels eingetreten".

Bei einer Reihe von Protozoeninfektionen liegen die Verhältnisse tatsächsächlich so, daß nach Überwindung des ersten Anfalles die Parasiten zwar zum größten Teil abgetötet werden, zu einem kleinen Teil aber sich an den Wirtsorganismus anzupassen vermögen und längere Zeit, ev. dauernd in ihm verbleiben. Diese „labile Infektion" verleiht einen fast absoluten Schutz gegen Neuinfektionen, aber nur so lange, als Parasiten im Körper existieren (von Claus Schilling für Hundepirosomose sichergestellt); nur so lange entstehen hier Antikörper, als Antigen im Wirt durch die latent vorhandenen Parasiten neugebildet wird; sind diese im Laufe der Zeit abgestorben, so fällt der Reiz zur Antikörperbildung fort, der Organismus ist schutzlos einer neuen Infektion preisgegeben.

Bei der nahen Verwandtschaft des Pockenerregers mit Protozoen scheint eine analoge Auffassung der Variolavaccineimmunität, für deren Berechtigung sich kürzlich M. Hahn aussprach, auf den ersten Blick diskutabel. Um so mehr, als experimentelle Studien dargetan haben, daß die Impfstelle einer vaccinierten Kaninchenkornea längere Zeit lebende Vaccineerreger enthält, also „Parasitenträgerin" bleibt. Die Verimpfung von Hornhautmaterial ergab positive Resultate, auch wenn die korneale Vaccineinfektion 2—3, ja 10 Wochen zurücklag (Gorini, v. Wasielewski, Arndt, v. Prowazek), Fristen, innerhalb deren das infizierte Zellmaterial nach unseren sonstigen Kenntnissen längst immun geworden ist. Das Verständnis für dies zunächst auffällige Resultat ermöglicht der Nachweis v. Prowazeks, daß der Vaccineerreger als exquisiter Zellschmarotzer zwar in der Hauptsache intrazellulär (bis zum Eintritt der Immunität) sich findet, in der Kornea aber auch interzellulär vorkommt; infolge einer derartigen Aufspeicherung von interzellulärem Virus kann die Kornea noch einige Zeit Parasitenträgerin verbleiben, obwohl die Korneazellen bereits Immunität gewonnen haben. Dieses Stadium geht aber bald zu Ende, während die Immunität der vaccinierten Korneastelle andauert. Die Hautdecke kutan geimpfter Kaninchen ist bereits nach Eintritt der Immunität nicht mehr virushaltig (v. Prowazek und Yamamoto). Durch Versuche am Menschen konnte v. Prowazek, wie er ausdrücklich hervorhebt, sich gleichfalls nicht davon überzeugen, daß der einmal vaccinierte menschliche Organismus, etwa im Sinn von Pfeiffer, Parasitenträger bleibt; „es handelt sich wohl im letzteren Falle um eine Immunitas sterilisans."

In gleicher Richtung möchte ich die Überlegung verwerten, daß nach erstmaliger Absolvierung der Pockenkrankheit eine Wiedererkrankung überhaupt nicht mehr oder erst nach langem Intervall beobachtet wird; bei Protozoeninfektionen mit Ausgang in den Zustand der „labilen Infektion" leiden aber die Parasitenträger mehr oder weniger häufig an Rückfällen — eine Erscheinung, die bei Pocken in diesem Sinn völlig unbekannt ist. Zu einer absoluten Immunität kommt es übrigens auch bei einigen exquisiten Protozoenkrankheiten, z. B. beim südafrikanischen Küstenfieber der Rinder, bei der Hühnerspirosomose; die Krankheitserreger verschwinden hier mit der Spontanheilung für immer aus dem Körper. Überdies wissen wir, daß auch durch geeignete

Vorbehandlung mit abgetötetem Vaccinevirus Immunität erzeugt werden kann.

Spricht sonach nichts für die Annahme, daß die Vaccineimmunität an die Persistenz von lebenden Erregern im Organismus gebunden ist, so verbleibt uns kein faßbares Substrat, das die Fortdauer der Epithelimmunität verständlich macht. Das letzte Rätsel der Vaccineimmunität können wir, wie manches andere Problem der Immunität, zurzeit nicht lösen.

Literatur.

1. Aldershoff, H., Vaccinelichaampjes. Diss. Groningen-Utrecht 1906.
2. Arndt, Studien zur Immunität und Morphologie bei Vaccine. Centralbl. f. Bakteriol. Orig. 47, 237.
3. Béclère, Chambon et Ménard. Etudes sur l'immunité vaccinale et le pouvoir immunisant. Ann. de l'Inst. Pasteur 1896. 1.
4. — — — Etude sur l'immunité vaccinale. Troisième mémoire. Le pouvoir antivirulent du sérum de l'homme et des animaux immunisés contre l'infection vaccinale ou variolique. Ann. de l'Inst. Pasteur 13, 81. 1899.
5. — — — et Coulomb, Transmission intrautérine de l'immunité vaccinale et du pouvoir antiviruleux du sérum. Compt. rend. de l'acad. d. sc. 129, 235. 1899.
6. Beintker, Über den Komplementbindungsversuch bei Variola vera. Centralbl. f. Bakteriol. 48, 500.
7. Belin, M., Des réactions vaccinales de la cornée. Rev. intern. de la vaccine. 1, 55. 1910.
8. Bermbach, Untersuchungen über den Impfschutz mittelst der Bordetschen Reaktion. Centralbl. f. Bakteriol. 49, 618.
9. Beumer und Peiper, Zur Vaccineimmunität. Berl. klin. Wochenschr. 1895. 735.
10. Calmette et Guérin, Recherches sur la vaccine expérimentale. Ann. de l'Inst. Pasteur 1901. 161.
11. Camus, L., Variations de l'activité antivirulente des humeurs et de l'immunité des tissus chez les animaux vaccinés. Journ. de physiol. et de pathol. générale. 1909. No. 4. 629.
12. — Recherches sur l'immunité vaccinale passive et sur la sérothérapie. Compt. rend. de l'Acad. 155, 75. 1912.
13. Casagrandi, O., Sulla filtrabilità del virus vaccinico. Policlin. Sez. Prot. 1905. Fasc. 15.
14. — Sul modo di giudicare dell' acquisita immunità antivaccinale senza manifestazioni pustulose cutanee. Boll. della Società tra i Cultori delle Sc. Mediche e Naturali. Cagliari 1907. No. 4.
15. — Su alcuni quistioni relative all'immunità antivaccinale ottenuta col vaccino filtrato attraverso le Berkefeld W. Ann. d'Igiene sper. 1909.
16. — Sulla presenza del virus vaccinico nel midollo osseo dei conigli inoculati sulla cute e sulla cornea con vaccino. Soc. d. Sc. med. e natur. Cagliari. 18. Febr. 1909.
17. — Il vaiuolo bovino nei polli. Boll. de Soc. Sc. med. e natur. Cagliari. 2. Apr. 1910.
18. Chauveau, Nature du virus vaccin etc. Compt. rend. Acad. Sc. 66, 289, 317. 1868.
19. — Contribution à l'étude de la vaccine originelle. Rech. comparatives sur l'aptitude vaccinogène dans les principales espèces vaccinifères. Paris 1877.
20. Courmont et Montagard, Essais de sérothérapie dans la variole. Journ. de physiol. et de pathol. générale 1900. No. 5. 820.
21. Cramer and Boyce, The nature of vaccine immunity. Brit. med. Journ. 1893. 183.
22. Dahm, Serologische Untersuchungen bei Variola vera. Centralbl. f. Bakteriol. 51, 136.
23. Freyer, M., Das Immunserum der Kuhpockenlymphe. Centralbl. f. Bakteriol. 36, 272.
24. Fröhlich, Württemberg. med. Korrespondenzbl. 1867. Nr. 20.
25. Frosch, P., Bericht der Kommission zur Prüfung der Impfstofffrage. Berlin, J. Springer. 1896.
26. Gorini, C., Über die bei den Hornhautvaccineherden vorkommenden Zelleinschlüsse. Centralbl. f. Bakteriol. 32, 111. 213.

27. Grüter, W., Über den Anteil der Kaninchenkornea an der allgemeinen Vaccine-
    immunität. Ber. über d. 36. Vers. d. ophthalmolog. Gesellsch. Heidelberg 1910.
    Wiesbaden, J. F. Bergmann. 1911. 31.
28. — Kritische und experimentelle Studien über die Vaccineimmunität des Auges und
    ihre Beziehungen zum Gesamtorganismus. Arch. f. Augenheilk. 50. H. 3/4.
29. Haaland, M., Über Lungenveränderungen nach intrapulmonaler Injektion von
    Vaccinelymphe nebst Bemerkungen über den behaupteten Nachweis des Vaccine-
    virus in den inneren Organen. Med. Klin. 1905. Nr. 42.
30. Halberstädter, L und v. Prowazek, S., Eperimentelle Untersuchungen über
    die Vaccine der Affen. Arbeiten a. d. Kais. Gesundh.-Amt. 37, 601.
31. Hallwachs, Wilh., Über Komplementbindungsversuche mit dem Serum lapini-
    sierter Kaninchen. Zeitschr. f. Hyg. 69, 149.
32. Hahn, M., Diskussionsbemerkung. Deutsche med. Wochenschr. 1913. 47.
33. Hauser, H., Untersuchungen über den Vaccineerreger. Diss. Freiburg 1905.
34. Heller und Tomarkin, Ist die Methode der Komplementbindung beim Nachweis
    spezifischer Stoffe für Hundswut und Vaccine brauchbar? Deutsche med. Wochen-
    schrift 1907. 795.
35. Henseval, M. et Convent, A., Recherches sur l'immunité vaccinale. Bull. de
    l'Acad. Roy. de méd. de Belgique 1912.
36. — La vaccine et la vaccination antivariolique. Bruxelles, van Buggenhoudt. 1912.
37. Hiller, A., Centralbl. f. d. med. Wissensch. 1886. Nr. 20/21.
38. Hlava und Honl, Wien. klin. Rundschau 1895. Nr. 41.
39. Janson, C., Versuche zur Erlangung künstlicher Immunität bei Variola vaccina.
    Centralbl. f. Bakteriol. 10, 40.
40. Jobling, J. W., The occurrente of specific immunity principles in the blood of
    vaccinated calves. Studies from the Rockefeller Institute for Med. Research.
    Reprints. 6, 707. 1907.
41. Jürgens, Die diagnostische Bedeutung der Variolakörperchen. Berl. klin. Wochenschr.
    1905. 308.
42. Kinyon, Preliminary Report on the Treatment of Variola by its Antitoxin. Abstr.
    of San. Reports. Washington. 10, 31. 1894.
43. Knoepfelmacher W., Versuche über subkutane Injektion von Vaccine. Berl. klin.
    Wochenschr. 1906. 1440.
44. — Subkutane Injektionen von Kuhpockenvaccine. Zeitschr. f. exper. Pathol. und
    Therapie. 4. 1907.
45. — Die Vaccineprobe mittelst subkutaner Injektion beim Kuhpockenkranken. Münch.
    med. Wochenschr. 1908. Nr. 21.
46. Kraus, R. und Volk, R., Studien über Immunität gegen Variolavaccine. Ex-
    perimentelle Begründung einer subkutanen Schutzimpfung mittelst verdünnter
    Vaccine. Sitzungsber. d. Kais. Akad. d. Wissensch. in Wien. Mathem.-Naturwiss.
    Klasse. 117, Abt. III. Mai 1907.
47. — — Weitere Studien über Immunität bei Syphilis und bei der Vaccination gegen Va-
    riola. Wien. klin. Wochenschr. 1906. 621.
48. Kryloff, Über die Komplementbindungsreaktion bei der Variolois und der Variola.
    Centralbl. f. Bakteriol. 60, 651.
49. Landmann, Finden sich Schutzstoffe in dem Blutserum von Individuen. welche Va-
    riola bzw. Vaccine überstanden haben? Zeitschr. f. Hyg. 18, 318. 1894.
50. Magrath, G. B., and Brinckerhoff, W. R., On experimental Variola in the
    Monkey. Studies on the Pathology and on the etiology of Variola and of Vaccinia.
    Boston 1904. 230.
51. Martius, G., Experimenteller Nachweis der Dauer des Impfschutzes gegenüber
    Kuh- und Menschenpocken. Arbeiten a. d. Kais. Gesundh.-Amt. 17, 157. 1900.
52. Monti, Sull' etiologia del vaiolo e sulle localizzazioni del virus vaioloso. Atti dell'
    XI. Congresso med. intern. Roma 1894. 2.
53. Mühlens, P. und Hartmann, M., Zur Kenntnis des Vaccineerregers. Centralbl.
    f. Bakteriol. 41, 41, 203, 338, 435.
54. Mulas, C., Sulla presenza del virus vaccinico negli organi dei conigli inoculati con
    vaccino sulla cute e sulla cornea. Ann. d'Igiene sperim. 29. (N. S.) No. 1. 59. 1909.

55. Neisser, A., Versuche zur Übertragung der Syphilis auf Affen. Deutsche med. Wochenschr. 1906. 1.
56. Nobl, G., Über das Schutzvermögen der subkutanen Vaccineinjektionen. Wien. klin. Wochenschr. 1906. Nr. 32.
57. — Beiträge zur Vaccineimmunität. Wien. klin. Wochenschr. 1906. 658.
58. Ohly, A., Über die Lebensfähigkeit des Vaccinevirus im Kaninchenkörper. Diss. Marburg 1906.
59. Paschen, Jahresbericht der deutschen Impfanstalten 1903. Med.-statist. Mitteil. d. Kais. Gesundh.-Amtes.
60. — Was wissen wir über den Vaccineerreger? Münch. med. Wochenschr. 1906. 2391.
61. — Über den Erreger der Variolavaccine. Immunitätsverhältnisse bei Variolavaccine; in: Kraus-Levaditi, Handb. d. Techn. u. Methodik d. Immunitätsforsch.
62. Pirquet, C. v., Ist die vaccinale Frühreaktion spezifisch? Wien. klin. Wochenschr. 1906. 2408.
63. — Klinische Studien über Vaccination und vaccinale Allergie. Leipzig und Wien, Franz Deuticke. 1907.
64. Pfeiffer, L., Die Protozoen als Krankheitserreger. (Nachtrag). Jena 1895.
65. — Die modernen Immunitätslehren und die Vaccination. Zeitschr. f. Hyg. 43, 426.
66. Prowazek, S. v., Untersuchungen über die Vaccine. I. Arbeiten a. d. Kais. Gesundh.-Amt. 22, 534. 1905; II. 23, 525. 1906; III. 26, 54. 1907.
67. — Bemerkungen zur Kenntnis der pathogenen Mikroorganismen „Chlamydozoa“. Münch. med. Wochenschr. 1908. 1016.
68. — Weitere Untersuchungen über das Vaccinevirus. Centralbl. f. Bakteriol. Orig. 56, 41.
69. — und de Beaurepaire Aragão, Untersuchungen über die Variola. Münch. med. Wochenschr. 1908. 2265.
70. — — Weitere Untersuchungen über Chlamydozoen. Münch. med. Wochenschr. 1909. 645.
71. — und Yamamoto, J., Experimentelle und morphologische Studien über das Vaccinevirus. Münch. med. Wochenschr. 1909. 2627.
72. Raynaud, M., Etude expérimentale sur le role du sang dans la transmission de l'immunité vaccinale. Compt. rend. l'ac. sc. 74, 453. 1877.
73. Reiter, Studien über Ansteckungsfähigkeit des Kuhpockenstoffes. Ärztl. Intelligenzblatt 1872. 177.
74. Rembold, Versuche über den Nachweis von Schutzstoffen im Blutserum bei Vaccine. Centralbl. f. Bakteriol. 18, 119.
75. Risel, Über passive Immunisierung gegen Vaccine. Hyg. Rundsch. 1905. 220.
76. Roger, Les maladies infectueuses. 1902.
77. — et Weil, E., Inoculation de la vaccine et de la variole au singe. Compt. rend. soc. biol. 1902. 1271.
78. Shiga, K. und Kii, N., Experimentelle Studien über die Variolaimmunität. Festschr. z. 25jähr. Prof.-Jubil. d. Herrn Prof. Ogata. Vgl. Zeitschr. f. Immunitätsforschung. Ref. 1910. 1003.
79. Siegel, J., Untersuchungen über die Ätiologie der Pocken und der Maul- und Klauenseuche. Aus dem Anhang zu den Abhandl. d Königl. Preuß. Akad. d. Wissensch. Berlin 1905.
80. Sion, S-V. et Radulesco, M., Généralisation du vaccin. Compt. rend. soc. biol. de Bucarest, seance du 6 mars 1913. 74, 715. 1913.
81. Sternberg, Wissenschaftliche Untersuchungen über das spezifische Infektionsagens der Blattern und die Erzeugung künstlicher Immunität gegen diese Krankheit. Centralbl. f. Bakteriol. 19, 805, 857.
82. Strauß, Chambon et Ménard, Recherches expérimentales sus la vaccine chez le veau. La Semaine méd. 1890. No. 57.
83. Sugai, Über den Komplementbindungsversuch bei Variola vera. Centralbl. f. Bakteriol. 49, 650.
84. Süpfle, Karl, Die Vaccineimmunität. Arch. f. Hyg. 68, 237.
85. — Die Vererbung der Vaccineimmunität. Centralbl. f. Bakteriol. 54, 38.
86. — Leitfaden der Vaccinationslehre. Wiesbaden, J. F. Bergmann. 1910.
87. — und Eisner, Georg, Zur Frage der Beteiligung der Kaninchenkornea an der allgemeinen Vaccineimmunität. Centralbl. f. Bakteriol. 60, 298.

88. Tanaka, K., Zur Erforschung der Immunität durch die Vaccination. Centralbl. f. Bakteriol. **32,** 729. 1902.
89. Tedeschi, V., La immunizzazione del vaccino et del vajuolo. Trieste 1901.
90. Teissier, P. et Gastinel, P., Les réactions humorales dans la vaccine humaine ou animal et dans la variole. Réactions d'infections, réactions d'immunité. Compt. rend. de l'acad. **155.** 1912. Nr. 23.
91. — Les réactions humorales dans la vaccine humaine ou expérimentale et dans la variole (réactions d'infection, réactions d'immunité). Rev. intern. de la vaccine 1912/13. 353.
92. Vanselow und Freyer, M., Zur Prüfung der Impfstoff-Frage. Vierteljahrsschr. f. gerichtl. Med. u. öffentl. Sanitätswes. 1899. H. 1.
93. Warlomont, E., Traité de la vaccine et de la vaccination humaine et an male. Paris 1883.
94. v. Wasielewski, Th., Über die Technik des Guarnierischen Impfexperimentes und seine Verwendung zum Nachweis von Vaccineerregern in den inneren Organen von Impftieren. Münch. med. Wochenschr. 1905. 1189.
95. — Beiträge zur Kenntnis des Vaccineerregers. Zeitschr. f. Hyg. 38, 212.
96. Wolffberg, S., Untersuchungen zur Theorie des Impfschutzes sowie über die Regeneration der Pockenanlage. Ergänzungshefte z. Centralbl. f. allg. Gesundh.- pflege. **1,** 183.
97. Xylander, Die Komplementbindungsreaktion bei Syphilis, Impfpocken und anderen Infektionskrankheiten. Centralbl. f. Bakteriol. **51,** 290.
98. Zagari, G., Alcune ricerche sperimentali sulla sieroterapia antivajolosa. L'ufficiale sanitario 1897.
99. Zülzer, Variola; in: Eulenburgs Realenzyklopädie 1890.

XI. Über den neuesten Stand der biochemischen Methoden zum Nachweis parenteraler Verdauungsvorgänge.

(Abderhaldensche Reaktion, Weichardtsche Reaktion und E. Rosenthals Serumdiagnose der Schwangerschaft.)

Von

A. Rothacker-Jena.

I. Abderhaldensche Reaktion.

Obwohl im vorigen Jahr von Weichardt die Prinzipien der Abderhaldenschen Reaktion schon kurz dargelegt wurden (Weichardts Ergebn. d. Immunitätsf. usw., Abt. I. 8. 1912), sehe ich mich trotzdem veranlaßt, nochmals etwas näher auf dieselben einzugehen, da die Methode entsprechend ihrer vielseitigen Anwendung und der immer weiteren Erfahrung darin, besonders auch im Erkennen von Fehlerquellen, von Abderhalden immer mehr verfeinert wurde, so daß sie jetzt bei strenger Einhaltung der gegebenen Vorschriften und bei Beobachtung der peinlichsten Sauberkeit und Exaktheit der serologischen Arbeitsweise als relativ einfach und zu sicheren Resultaten führend bezeichnet werden kann.

Es gehört zu den Grundbegriffen der Verdauungsphysiologie, daß alles, was wir als Nahrung zu uns nehmen, im Verdauungskanal zu niederen Spaltprodukten abgebaut, vom Blut resorbiert und im Blutstrom den Zellen als Nahrung zugeführt wird, die aus der Gesamtheit der Stoffe diejenigen elektiv auswählen, die sie zu ihrer speziellen Funktionen als Nahrung benötigen. Dadurch wird die Zusammensetzung des Blutes physiologischerweise konstant erhalten. Jeden „blutfremden" Stoff sucht das Blut (mit Hilfe der Leber, Lymphe usw.) als giftig und den gesamten Stoffwechsel schädigend, möglichst schnell zu entgiften oder zu eliminieren.

Schon früher waren Beobachtungen von Schmorl bekannt, nach denen während der Schwangerschaft Chorionzottenzellen sich ablösen und in die Blutbahn gelangen können; auch Weichardt hat darauf hingewiesen, daß eine Zytolyse in der Blutbahn auftreten könne und daß bei dieser Zytolyse Atomgruppen mit ungesättigten Affinitäten, die als Gifte in Erscheinung treten, frei werden. Veit erweiterte dann die Beobachtungen von Schmorl. Weinland hatte dann festgestellt, daß Rohrzucker, zu dem man Blutplasma von einem gewöhnlich ernährten Hund gibt, zwar in keiner Weise verändert wird, aber gespalten wird, wenn man dem Versuchstier vorher Rohrzucker in die Blutbahn gebracht hat; das Plasma vermag ihn dann zu zerlegen, genau so wie es der Darmkanal mit Hilfe seiner Fermente imstande ist. Es entsteht Frucht- und Traubenzucker.

Führt man nun Eiweißstoffe parenteral dem Blute zu, dann treten in analoger Weise Fermente auf, die das Eiweiß spalten. Diese Fermente sind spezifisch auf Eiweiß eingestellt (s. Abderhalden und seine Schule u. a. m.). Damit ist festgestellt, daß der tierische Organismus die Zufuhr von artfremden und arteigenen, jedoch denaturierten Stoffen mit der Bildung von Fermenten beantwortet, welche die Aufgabe haben, den versäumten Abbau in der Blutbahn nachzuholen.

Diese Ergebnisse bilden die Basis, auf der Abderhalden seine Lehre von den Schutzfermenten aufbaute. Entsprechend den angeführten Versuchen prüfte er, ob solche Abwehrmaßregeln anzutreffen sind, wenn zwar arteigene, jedoch blutplasmafremde Stoffe in die Blutbahn gelangen. Er bediente sich zu diesem Behufe des Dialysierverfahrens und der optischen Methode, mittelst welcher in verschiedener Form das Gleiche erkannt werden kann, nämlich die Hydrolyse eines bestimmten Substrates durch Fermente. Da es nach den Beobachtungen von Schmorl, Weichardt und Veit nicht sehr wahrscheinlich war, daß beständig Chorionzotten während der ganzen Schwangerschaft abgerissen werden, so war es von vornherein unwahrscheinlich, daß man während der Gravidität Fermente antreffen würde, die auf Plazentaeiweiß eingestellt waren. Der praktische Versuch zeigte jedoch, daß während der ganzen Schwangerschaft und 14—21 Tage darüber hinaus solche Fermente im Serum vorhanden waren. Es mußte somit die bisherige Ansicht umgestoßen und angenommen werden, daß die Plazenta dem Organismus neuartig ist, und daß das Blut von den neuen Zellen mit ihrer besonderen Funktion, mit Stoffen versehen wird, die ihm ganz ungewohnt sind. Um diese blutfremden Stoffe bluteigen zu machen, müssen sie mit Hilfe von Fermenten erst abgebaut werden. Es stellt sich mit Hilfe der obengenannten Methoden heraus, daß man so jede Schwangerschaft erkennen kann, und zwar sind die den Abbau von Plazenta bewirkenden Fermente streng spezifisch. Mit der Annahme von streng spezifisch wirkenden Fermenten, die auf plasmafremde Stoffe eingestellt sind, eröffneten sich der Forschung ganz gewaltige kaum zu übersehende Perspektiven. Man konnte indirekt die Funktion einzelner Organe prüfen, indem man einem bestimmten Serum alle möglichen Organeiweißstoffe vorlegte und nachsah, welches Organ von ihm abgebaut wurde. Liegt eine Anomalie irgendwelcher Art vor, dann finden sich im Blut die Abwehr- oder Schutzfermente, die das blutfremde Material abbauen und es damit seiner Eigenart entkleiden. Von allergrößter Bedeutung ist, daß man — wie oben schon erwähnt — auf Grund von ernstzunehmenden Arbeiten annehmen kann, daß die Fermente absolut organspezifisch sind. Bei allen Arbeiten, die zu anderen Resultaten gekommen waren, und ihre Zahl ist nicht gering, liegen — nach Ansicht Abderhaldens — technische Fehler und Abweichungen der bis ins kleinste genau von ihm angegebenen und auf Erwägungen auch psychologischer Natur beruhenden Vorschriften vor. Wer die Methode gründlich erlernen und Fehler möglichst ausschalten will, tut am besten daran, am Physiologischen Institut zu Halle unter Abderhaldens eigener Aufsicht Versuche anzustellen und sich in jeder Manipulation selbst eingehend zu üben. Abderhalden verlangt direkt, sich darüber zu orientieren, inwieweit man die Technik des Verfahrens beherrscht, indem man in oft wiederholten Versuchen feststellt, daß Schwangerenserum, und nur dieses, regelmäßig Plazenta und kein anderes Organ abbaut und Serum von Nichtschwangeren niemals eine positive Reaktion gibt. Die beste Kontrolle ist die Verwendung des gleichen Organs, zur gleichen Zeit, bei verschiedenen Fällen. Er warnt ferner vor dem Ansetzen vieler Organe auf einmal, da man mehr als 6 Versuche nach seiner Erfahrung nicht mit der wünschenswerten Sorgfalt anzusetzen imstande sei; er bestreitet direkt, daß man auf diese Weise die Frage nach der spezifischen Wirkung der Abwehrfermente entscheiden könne. Größte Sorgfalt ist der richtigen Zubereitung der Organe zu widmen. Ein ideales Material wäre reines Eiweiß, doch sind wir noch sehr weit von dem Ziele entfernt, die reinen Proteine kennen zu lernen, auch ist uns noch völlig unbekannt, welche Eiweißkörper in den Versuchen abgebaut werden. Wir sind schlechthin gezwungen, Organe zu verwenden. Diese enthalten Bindegwebe, Blut und Lymphe; das Blut läßt sich nach der angegebenen Behandlungsmethode der Organe fast restlos entfernen; von der Lymphe können wir wahrscheinlich dasselbe annehmen, sicher bleibt das Bindegewebe zurück, das aber nur sehr schwer verdaut wird, manchmal aber doch zu Fehlresultaten führen kann (Stephan und Oeller). Enthält das Organ noch Blut, so führt es sehr leicht zu unspezifischen Reaktionen, da nicht das betreffende Organeiweiß zum Abbau gelangt, sondern die im Organ befindlichen Blutbestandteile hydrolisiert werden, wenn das angewandte Serum Abwehrfermente besitzt, die auf Blutbestandteile eingestellt sind.

Die Frage, woher die Fermente stammen, ist noch nicht eindeutig gelöst[1]). Abderhalden war früher der Ansicht, daß sie von den Leukozyten abgegeben würden, wenngleich wahrscheinlich auch die roten Blutkörperchen und die Blutplättchen bei diesem Prozeß eine Rolle spielen. Neuerdings sprechen aber zahlreiche Beobachtungen dafür, daß die Abwehrfermente jenen Organen entstammen, auf die sie eingestellt sind. Ferner ist es nicht unmöglich, daß diese Fermente auch im Blute kreisen können, ohne daß jene Substrate in dieses übergegangen sind, auf die sie einwirken.

Über die Verwendung von tierischen Organen zur Diagnosestellung beim Menschen hat sich Abderhalden noch nicht abschließend geäußert. Es scheint aber nach den bisherigen Erfahrungen kein Grund vorzuliegen, dieselben nicht zu gebrauchen (s. u.).

Da es der Platz nicht erlaubt, auf diese interessanten Fragen ausführlicher einzugehen, verweise ich auf die 4. Auflage der „Abwehrfermente usw." Abderhaldens, Springer 1914, in der alles nähere genau beschrieben ist.

a) Dialysierverfahren.

Auf die Beschreibung der Methodik des eigentlichen Versuchs einzugehen, versage ich mir, da bereits Weichardt im vorigen Jahr dieselbe ausführlich dargelegt hat. Ich möchte nur einige von Abderhalden neuerdings angegebene Präzisierungen der Vorschriften aufführen:

---

[1]) Vgl. auch die neuerschienenen Arbeiten von Pick und Mitarbeitern im Archiv für exper. Path. u. Pharmakol. 76. Bd.

Bei der Anwendung des Dialysierverfahrens besteht eine große Fehlerquelle, die nicht in der Ausführung, sondern in der Beschaffenheit der Dialysierhülsen liegt. Die von Schleicher und Schuell hergestellten Hülsen werden jetzt anscheinend anders hergestellt als früher. Während sie früher gegen kochendes Wasser und Chloroform relativ unempfindlich und nur wenige im Hundert für Eiweiß durchlässig waren, findet man unter den neuerdings hergestellten oft $50^0/_0$ und mehr, die Eiweiß durchlassen; auch werden sie durch zu langes Kochen leicht zu dicht und durch Chloroform verändert. Abderhalden schlägt deswegen vor, sie nach mehrstündigem Spülen nur einmal kurz durch kochendes Wasser zu ziehen und nur unter Toluol aufzubewahren. Die Unzuverlässigkeit der Dialysierschläuche, die sich immer wieder geltend machen kann, kann natürlich zu den gröbsten Fehlschlüssen führen. Es ist deshalb angebracht, die Hülsen von Zeit zu Zeit mit Eiweiß und Pepton wieder zu prüfen.

Zum Versuch selbst verwendet Abderhalden jedesmal 1 ccm Serum (nicht mehr 1,5 ccm) und ca. 0,25—0,5 g Organ (nicht mehr 1 g).

Außer dem von der Arterie aus erfolgenden Blutfreispülen der Organe, wie es Ahrens (Sitzg. d. naturw.-med. Gesellsch. zu Jena, 29. Mai 1913) und Lampé vorschlugen, hat sich ein dem Talmud entnommenes Entblutungsverfahren als sehr nützlich erwiesen: Man überschichtet das Gewebe in feuchtem Zustand mit viel festem Kochsalz und läßt das Gemisch 2—6 Stunden im Eisschrank stehen; es ist danach gewöhnlich blutfrei geworden.

Ferner braucht wohl nicht erwähnt zu werden, daß die Organe möglichst klein, am besten zu Flocken zerrieben werden und vor und nach dem Kochen völlig weiß aussehen müssen; nur Leber, Herz, Milz und Niere lassen sich nicht ganz weiß erhalten. Die beste Kontrolle, ob ein Organ blutfrei ist, besteht darin, daß man es mit Serum, das Fermente gegen Blutbestandteile enthält (z. B. von frisch Operierten) zusammenbringt. Es darf dann keine positive Reaktion eintreten. Ebenso darf richtig entnommenes und zum Versuch gebrauchsfertiges Serum niemals rote Blutkörperchen, die wie die Organe zubereitet wurden, abbauen.

Die 5fache Menge Wassers beim Anstellen der verschärften Organprobe vor dem Versuch ist nur die kleine Menge Wassers, die das Organ während des 5 Minuten langen Kochens vor dem Verbrennen schützt. Das Verdunsten des Wassers wird dadurch wesentlich beschränkt, daß man das Reagenzrohr fast horizontal, nach dem ersten Aufkochen, ca. 20 cm über der Flammenspitze hält und die Flüssigkeit in leichtem Sieden 5 Minuten lang erhält. Man filtriert dann durch ein kleines, trockenes, gehärtetes Filter.

Die zerkleinerten Organe breitet man vor dem letzten Auskochen auf einem weißen Untergrund aus (am besten Glasplatte mit untergelegtem weißem Papier) und sucht mit der Pinzette alle schwarzen Pünktchen sorgfältig heraus, die das koagulierte Blut darstellen und eine positive Reaktion abgeben können.

Ferner hüte man sich, vor dem Einbringen in die Hülsen, größere Stücke des bereits ausgekochten Organs nachträglich zu zerzupfen.

Wegen des morphologischen Zustandes des Organes und seiner Herkunft muß ich des Platzmangels wegen auf die 4. Auflage der „Abwehrfermente usw." von Abderhalden, 1914, verweisen.

Es ist ferner nicht gleichgültig, aus welchem Organ z. B. ein Karzinom genommen ist. Nimmt man z. B. ein Magenkarzinom als Substrat und der Versuch fällt positiv aus, so ist noch lange nicht gesagt, daß das Serum von einem Karzinomträger stammt, denn Serum von einem Fall von Ulcus ventriculi baut an und für sich schon die in dem Substrat enthaltene Magenschleimhaut ab und täuscht somit einen Karzinomabbau vor. Am besten verwendet man Leberkarzinommetastasen, die möglichst frei von Lebergewebe präpariert sind, und läßt zur Kontrolle nebenher noch Leber im Versuch laufen (dabei muß man aber nach meiner Erfahrung möglichst die Gallengänge mitentfernen, da Galle ebenfalls mit Ninhydrin positiv reagiert).

Ich glaube, es braucht nicht erwähnt zu werden, daß die Hülsen nach Beschickung mit Serum und Organ gründlich äußerlich und innerlich (durch Abklemmen des Inhaltes mittelst einer Pinzette) mit Wasser abzuspülen sind, damit kein der Hülse oben anhaftendes und sich zersetzendes Organ- oder Serumteilchen in die Hülse hereinfallen kann.

b) Optische Methode.

Die optische Methode hat gegenüber dem Dialysierverfahren den großen Vorzug, daß es bei ihr keine Fehlerquellen gibt. Allerdings benötigt man zur Herstellung des Peptons größere Massen von Organen. Vor käuflichen, fabrikmäßig hergestellten Peptonen warnt Abderhalden ausdrücklich. Das Prinzip der Methode ist folgendes: Sie gestattet Veränderungen optisch aktiver Substrate durch Feststellung von Drehungsänderungen mittelst eines Polarisationsapparates (am besten Halbschattenapparat) nachzuweisen. Man verfolgt demnach mittelst der optischen Methode im Prinzip genau dasselbe, wie mit dem Dialysierverfahren. Ihre Beschreibung steht ausführlich in der 4. Auflage der „Abwehrfermente usw." von Abderhalden, 1914, Springer-Berlin, zu lesen, auf die ich hiermit verweise.

c) Interferometrische Methode[1]).

Im folgenden möchte ich kurz die mittelst der Abderhaldenschen Methode festgestellten Ergebnisse auf den verschiedenen Gebieten aufführen:

Als sicher steht fest, daß Serum von Schwangeren Plazentagewebe abbaut, Nichtschwangerenserum tut das in keinem Fall; dagegen wird Karzinom oder nicht mit Plazenta zusammenhängendes Gewebe von Gravidenserum nicht angegriffen. Dasselbe gilt auch umgekehrt.

Serum von Basedow-Kranken baut in der Hauptzahl der Fälle Basedow-Schilddrüse ab, ganz selten normale Schilddrüse, sowie Thymus- und Keimdrüsengewebe.

Leichttuberkulöse und Fälle, die klinisch frei von Tuberkulose scheinen, greifen nur Tuberkelbazilleneiweiß an, Schwertuberkulöse normales und tuberkulöses Lungengewebe.

---

[1]) Bemerkung bei der Korrektur. Am 14. V. 14 hielt Hirsch in der Naturw.-med. Gesellschaft in Jena einen Vortrag über eine Methode zum Nachweis von Abwehrfermenten. Mit Hilfe des Löwe-Zeißschen Interferometers konnte er quantitativ die Konzentrationsänderungen im Serum bestimmen. Ein weiterer Beweis der Richtigkeit der Abderhaldenschen Anschauungen. (Die Originalarbeit soll im Bd. 9 von Hoppe-Seylers Zeitschr. f. phys. Chemie erscheinen.)

Im Serum von Kranken, die an **sympathischer Ophthalmie** oder perforierenden Bulbusverletzungen leiden, sind Abwehrfermente gegen Uveagewebe nachweisbar.

Fälle von **Dementia praecox** zeigten regelmäßig Abbau von Hirnrinde, Keimdrüsengewebe und manchmal Schilddrüse. Bei **progressiver Paralyse und Epilepsie** fanden sich Fermente gegen Hirnrinde.

Ich lasse nun die größere Anzahl der bis jetzt erschienenen Arbeiten (Ende 1912 bis 1. Januar 1914) folgen. Da es nicht möglich war, alle die oft sich widersprechenden Versuchsergebnisse der verschiedenen Autoren zusammenfassend wiederzugeben, wählte ich folgende Anordnung und habe absichtlich auch die Arbeiten angeführt, in denen Ansichten vertreten werden, die **Abderhalden** nicht billigt. Nur auf diese Weise gewinnt man nach meiner Ansicht ein objektives Bild der bisherigen Ergebnisse, lernt die Fehler kennen und hütet sich davor.

Die chronologische Reihenfolge ist möglichst eingehalten worden.

1. Allgemeines.

Abderhalden und **Fodor**[1]) stellten sich die Frage, ob die verschiedenartigen Zellen des tierischen Organismus proteo- und peptolytische Fermente enthielten, die auf Zellbestandteile der Gewebsart, der sie entstammen, eingestellt sind, oder ob alle Zellarten über einheitliche Fermente verfügten. Sie verwandten zu ihren Versuchen Pferdeorgane. Das Ergebnis war folgendes: Mazerationssaft aus Leber baute Leberpepton ab, nicht aber Pepton aus Niere oder Schilddrüse; Schilddrüsensaft spaltete Pepton aus Schilddrüse sehr energisch, er griff jedoch Nieren- und Leberpepton nicht an; Nierenmazerationssaft spaltete Pepton aus Niere und Leber, ferner wurde unter drei Versuchen einmal auch Pepton aus Schilddrüse zerlegt. Daraus ist ersichtlich, daß Leber- und Schilddrüsenzellen über Fermente verfügen, die spezifisch auf Bestandteile dieser Zellen eingestellt sind; nur die Nieren machen eine Ausnahme, indem ihr Mazerationssaft mannigfaltige Substrate abzubauen vermag. Die Autoren erklären das als Folge der Funktion der Niere, alles abzufangen und vor der Ausscheidung zu zerlegen. Die Versuche wurden mittelst der optischen Methode angestellt, zum kleinen Teil auch mit dem Dialysierverfahren.

Ferner hatten sich **Abderhalden** und **Schiff**[2]) die Frage vorgelegt, ob die Abwehrfermente rascher erscheinen, wenn die Einspritzung des gleichen Substrates wiederholt wird, nachdem dasselbe wieder aus dem Blute verschwunden ist. Sie fanden, daß dies in der Tat der Fall war.

In ihrer 2. Mitteilung machten sie die Beobachtung, daß Muskelpreßsaft Pepton aus Muskeln abbaute, Leber- und Gehirnpepton wurde nicht angegriffen. Ferner wurde Pepton aus Hoden nur von Hodenmazerationssaft und Nierenmazerationssaft angegriffen. Pepton aus Gehirn konnte nur von Mazerationssaft aus Gehirn und aus Niere gespalten werden. Man kann daraus wieder ersehen, daß Nierenpreßsaft verschiedene Organpeptone abbaute. Leberpreßsaft baute kein Leberpepton ab.

Th. Petri[3]) fand mittelst der **Abderhalden**schen Dialysiermethode, daß nach parenteraler Injektion (subkutan und intravenös) großer und kleiner Mengen von arteigenem Serum beim Kaninchen schon nach kurzer Zeit ein auf die Zerstörung arteigenen Eiweißes eingestelltes Ferment auftrat. Auch nach intravenöser Zufuhr der kleinsten Menge sogar individuumeigenen Serums war schon nach kürzester Zeit ein auf die Zerstörung arteigenen Eiweißes eingestelltes Ferment nachzuweisen. Dieselben Tatsachen galten für entsprechende Versuche am Menschen.

Abderhalden und H. Schmidt[3]) berichten über Versuche, in denen sie verschiedene Körperflüssigkeiten gegen destilliertes Wasser dialysierten und nachsahen, ob im Dialysat mit Triketohydrindenhydrat (Ruhemann) reagierende Stoffe nachzuweisen wären. Es zeigte sich, daß Milch, Harn, Speichel, Blutplasma und -serum, Lymphe, Schweiß, Inhalt einer Cysticerkencyste, frisches Eiereiweiß, frisches Fleisch, gekochtes Eiereiweiß und gekochtes Fleisch solche Stoffe abgaben.

Es ist demnach beim Ansetzen des Dialysierversuchs dringend geboten, zu verhindern, daß genannte Substanzen mit in die Hülse gelangen.

E. Frank, F. Rosenthal und Bieberstein[9]) weisen in ihrer 1. Mitteilung nach, daß die spezifischen Immunitätsreaktionen der Hämolyse, der Agglutination und Präzipitation ohne Proteolyse einhergehen, und daß die proteolytischen Schutzfermente (bei Kaninchen) in keinem, wenigstens unmittelbarem Konnex zu diesen, nach parenteraler Eiweißzufuhr im Organismus auftretenden spezifischen Immunkörpern stehen.

Nach Versuchen, die sie in ihrer 2. Mitteilung niederlegten, sahen sie, daß nach parenteraler Zufuhr von Proteinen, proteolytische Fermente in der Zirkulation auftraten, welche einerseits unspezifischer Natur sein können, andererseits aber auch einen exquisit spezifischen Charakter zu tragen vermögen. Die Autoren erklären diesen Widerspruch so, daß bei der Sensibilisierung des Organismus, je nach der Art der Behandlung, eine ganze Skala von Fermenten spezifischer und unspezifischer Natur im Kreislauf auftreten. Sie nehmen ferner an, daß die Spezifität der proteolytischen Schutzfermente nicht unwesentlich von der Intensität des Eindringens blutfremden Materials in die Zirkulation abhängen dürfte. (Analog den Versuchen Abderhaldens, daß bei Zuführung von Rohrzucker in sehr geringen Mengen Abwehrfermente auftreten, die nur Rohrzucker abbauen, bei Steigerung der Rohrzuckerzufuhr jedoch wird auch Milchzucker abgebaut.)

Um die Spezifität der Abwehrfermente zu erweisen, brachten Lampé und Papazolu[10]) (1. Mitteilung) 30 Sera normaler, organgesunder Menschen mit den verschiedensten Substraten zusammen und sahen nach, ob irgendwelche Schutzfermente nachweisbar wären. Sie kamen zu völlig negativen Resultaten. Es war diese Versuchsanordnung unbedingtes Erfordernis vor der Inangriffnahme von Problemen aus der Pathologie.

Adolf Fuchs[11]) behandelte Kaninchen mit Menschenniere vor, entnahm deren Serum nach $87^1/_2$ Stunden und fand, daß jede vorgelegte, auch artfremde, Niere mit stark positiver Reaktion abgebaut wurde. Er wies ferner die absolute Organspezifität der Abderhaldenschen Abwehrfermente nach. Von einer Spezifität der Art könnte jedoch nicht gesprochen werden.

Abderhalden[4]) hofft, daß die weitere Forschung uns zeigt, ob es möglich sein wird, mittelst der Zellfermente in der ganzen Tierreihe Ähnlichkeiten nachzuspüren und vielleicht auch onto- und phylogenetische Fragestellungen mit Erfolg zu lösen. Nach Ausführung einer sehr geistreichen Deduktion kommt er zu dem Schluß, daß die Wahrscheinlichkeit möglich wäre, daß jede

Zellart einen besonderen, für sie charakteristischen Bau habe und die Natur
wohl noch eine ungeheuer große Zahl mit spezifisch gebauten Bestandteilen
ausstatten könne. Es scheine sich in der Tat nach den bisherigen Beobachtungen
das wichtige neue biologische Gesetz zu ergeben, daß innerhalb der ganzen
Tierreihe die gleichartigen, mit gleichen Aufgaben ausgestatteten
Organe auch einzelne Eiweißstoffe besäßen, die sich ähnlich seien.
So sei doch die Beobachtung gemacht worden, daß Serum, das auf ein bestimmtes Organ eingestellte Abwehrfermente besäße, nicht nur das einem
bestimmten Organismus angehörende Gewebe abbaue, sondern die entsprechenden Zellproteine ganz anderer Tierarten. Es brauchte ja in den sonst vollständig
verschiedenen Zellen nur ein einziges Protein gleichartig zu sein. (Vielleicht
auch nur eine immer wiederkehrende Gruppierung bestimmter Aminosäuren.)
Das Ferment greift diesen „funktionseigenen" Zellbestandteil an und beweise
uns damit, daß Ähnlichkeiten vorhanden sind.

Z. Steising[12]) will die Ambozeptornatur des Abderhaldenschen
Fermentes und somit die Zugehörigkeit desselben in die Klasse der Bakterio-,
Zyto- und Proteolysine nachweisen[1]). (Verf. macht den Fehler, daß er zu jedem
einzelnen Versuch zuviel Serum zusetzt [2 ccm], somit zu anderen Resultaten
kommen muß, als er bei richtiger Ansetzung des Versuchs nach den Vorschriften
Abderhaldens gekommen wäre. Ferner ist Meerschweinchenserum in diesen
Versuchen zu Reaktionen deshalb ungeeignet, da die Sera von Pflanzen-
fressern relativ viel dialysable Stoffe enthalten, die mit Ninhydrin reagieren,
weil diese Tiere fortgesetzt aus dem Darm resorbieren. (Vgl. die Anmerkung
bei der Arbeit von Abderhalden und Andryewsky, Münch. med. Wochenschr.
1913, Nr. 30.)

Evler[13]) hält die Abderhaldensche Reaktion für keine spezifische
Reaktion von klinischer Bedeutung. Sie laufe nicht parallel mit den Vorgängen
im Organismus, wie es bei Carells Versuchen der Gewebskultur in vitro eher
der Fall sei. Nicht in den Schutzfermenten des Körpers, sondern in den
proteolytischen Fermenten der malignen Geschwulstzellen oder Bakterien selbst
sieht er den Grund für die Umwandlung von Körpereiweiß in giftige Eiweißabbauprodukte.

2. Schwangerschaft.

Abderhalden vertritt folgende Ansichten: Bringt man Sera
von Schwangeren mit Plazentagewebe zusammen, dann wird die
Plazenta von den spezifischen Fermenten des Serums abgebaut.
Nichtschwangerenserum greift niemals Plazenta an. Gravidenserum gibt mit Karzinom (und umgekehrt) niemals eine positive
Reaktion. Ist die Gravide auch anderweitig krank, dann kann sie
natürlich auch andere Organe abbauen. (Z. B. baut eine Schwangere,
die Dementia praecox hat, Plazenta, Hirnrinde, Ovarium und
eventuell auch Schilddrüse und Thymus ab.)

In der Vereinigung mitteldeutscher Gynäkologen am 27. Oktober 1912
hielt Abderhalden[5]) einen Vortrag, in dem er ausführte, daß das Serum

---

[1]) Zu ähnlichen Resultaten kamen neuerdings auch Oeller und Stephan (vgl.
Verhandlungen des 31. Kongresses für innere Medizin, Wiesbaden 1914).

Schwangerer Fermente enthalte, welche Plazenta abzubauen vermögen. Einige Beobachtungen deuteten darauf hin, daß die Plazenta verschiedener Tierarten biologisch identische, oder doch noch verwandte Anteile besitzen.

An anderer Stelle [6]) legt er die Methodik des Dialysierverfahrens und der optischen Methode zur Diagnose der Schwangerschaft dar. Er erwähnt auch weitere Versuche mit Zerebrospinalflüssigkeit, die in manchen Fällen von metasyphilitischen Prozessen, Epilepsie usw. Nervengewebe abbaute. Ferner erwähnt er Versuche über Abbau von Karzinomgewebe durch Serum von Tieren, die mit Karzinompepton vorbehandelt waren.

Des weitern bespricht er [7]) kurz die Theorie und die bisherigen Untersuchungsergebnisse seiner Reaktion. In Versuchen zur Diagnose der Schwangerschaft wurde mittelst der optischen Methode und des Dialysierverfahrens vielmals (200 Fälle) geprüft, ob nicht auch andere Gewebe an Stelle von Plazenta abgebaut würden. Außer 4 Fällen von Eklampsie, bei denen ein starker Abbau von Lebergewebe, in 1 Falle auch von Schilddrüsengewebe beobachtet wurde, wurde festgestellt, daß Schwangerenserum nur Plazenta abbaute. Die Abwehrfermente waren streng spezifisch. Zum Schluß fordert er, daß die von ihm angegebenen Methoden exakt angewandt werden; nur so schütze man sich vor Fehlresultaten.

Erich Frank und Fritz Heimann [14]) berichten über ihre Versuche, die sie mittelst des Dialysierverfahrens an einigen 20 Schwangeren angestellt hatten. Einige Resultate, die mit dem klinischen Befund nicht übereinstimmten, führen sie auf Unzuverlässigkeit der Hülsen zurück. Im übrigen hatten sie keine Fehlresultate zu verzeichnen und konnten die Ergebnisse Abderhaldens bestätigen. Über ihre Versuche bei Karzinom s. u.

Fritz Heimann [15]) verteidigt die Anschauungen Abderhaldens und ist der Ansicht, daß Schwangerenserum immer einen Abbau von Plazentargewebe verursache.

Ferner untersuchten R. Franz und A. Jarisch [16]) nach der ersten Vorschrift Abderhaldens (Fischblasenkondoms und Biuretreaktion) die Seren von Schwangeren (zum Teil auch während der Geburt entnommen) mittelst des Abderhaldenschen Dialysierverfahrens. Sie kamen zu dem Resultat, daß es zweifellos gelingt, eine bestehende Schwangerschaft nachzuweisen. Ferner machten sie die Beobachtung, daß die Sera Eklamptischer besonders stark Plazentareiweiß abbauten. Endlich prüften sie noch Sera von Tumorkranken auf ihr Abbauvermögen gegenüber Plazentareiweiß. Während sie in verschiedenen untersuchten Fällen zu völlig negativen Resultaten kamen, fiel doch die Biuretreaktion in einem Fall von Kollumkarzinom deutlich positiv aus; ebenso ein Fall von Chorionepitheliom.

J. Veit [17]) bespricht kurz die Serumdiagnostik der Schwangerschaft nach Abderhalden, er kann allerdings die Methode nicht als sicheres Schwangerschaftszeichen im bisherigen Sinne charakterisieren, denn sie geht nicht von der Frucht aus, sondern von der Plazenta. Sie fällt nur positiv aus, wenn die Plazenta noch lebend im Uterus ist. In Fällen, wo Plazenta verhalten ist, fällt die Reaktion negativ aus. Tubarschwangerschaften kann man mit ihr sicher diagnostizieren.

In einer allgemeinen Übersicht über die Serodiagnostik der Gravidität äußert sich derselbe Autor [18]) über die Abderhaldensche Reaktion dahin, daß wir damit ein neues Mittel der Erkenntnis selbst frühèr Schwangerschaft besitzen und für die theoretische Arbeit eine neue Grundlage haben, auf der wir weiter die normale und pathologische Physiologie der Schwangerschaft studieren werden. Theoretisch hält er die neue Grundlage, die wir Abderhalden verdanken, auch für die Genese der Eklampsie für bedeutungsvoll.

Auch Henkel[10]) berichtet über Versuche, die an seiner Klinik mittelst der Abderhaldenschen Reaktion bei Schwangerschaft angestellt wurden. Er kommt zu dem Resultat, daß man jede Schwangerschaft mit Hilfe dieser Methode erkennen kann.

Lindig[20]) kann die Resultate Abderhaldens nicht voll bestätigen. Er berichtet über seine Versuche beim Untersuchungsmaterial von weit über 100 Fällen von Schwangerschaft, Tumoren und entzündlichen Vorgängen der Genitalorgane und kommt zu dem Resultat, daß im Serum von Schwangeren, von Tumorträgern mit Geschwulst im Genitaltraktus und vielleicht auch bei Entzündungen, ein proteolytisches Ferment vorhanden ist, das Eiweiß von Plazenta, Uterus, Ovar und Tumoren des Genitale abbaut. Als Substrat benutzte er ein Trockenpräparat von Plazenta. Er sah sich veranlaßt, ein solches Trockenpräparat herzustellen, da er die Erfahrung machte, daß selbst bei vorschriftsmäßiger Aufbewahrung des Organs (er bediente sich der 1. Vorschrift Abderhaldens, nach der dieser der Ansicht ist, daß die Eiweißsubstanz, wenn sie nach 6maligem Auskochen noch positiv reagiert, durch frische ersetzt werden soll) nach mehrtägigem Stehen die Ninhydrinreaktion wieder positiv war, demnach ein Beweis, daß wieder von neuem dialysable Eiweißabbauprodukte im Präparat entstanden waren. Als Kontrolle schlug er vor, Organ mit inaktiviertem Serum anzusetzen, wobei keine positive Ninhydrinreaktion auftreten darf (Abderhalden empfiehlt neuerdings ebenfalls diese Versuchsanordnung; s. ,,Abwehrfermente 4. Aufl.).

Abderhalden[21]) verwirft die von Lindig empfohlene Modifikation seiner Methode (Trockenplazenta), weil er bei einer Nachprüfung der Lindigschen Plazenten fand, daß sie ungenügend ausgekocht waren, somit zu ganz falschen Resultaten führen mußten. Er verwirft überhaupt die Anwendung von Trockenplazenta als Substrat ·(trotzdem berichtet er in der 3. Auflage seiner ,,Abwehrfermente", daß er selbst mit bei 37⁰ getrockneter und gepulverter Plazenta gute Resultate erhalten habe). Er glaubt, daß sich trockene Plazenta leichter als feuchte infiziere, und daß das Auskochen den Vorteil habe, daß das Gewebe aufgelockert und dadurch der Fermentwirkung zugänglicher gemacht werde. Lindig[22]) erwidert auf diese Kritik Abderhaldens, daß er seine Organe nach der 1. Vorschrift vorbereitet habe, während Abderhalden sie mit der verfeinerten nachprüfte; zudem führe Abderhalden die Versuche Henkels (s. o.) gegen ihn an, obwohl dieselben völlig selbständig von ihm als Assistent der Jenenser Frauenklink ausgeführt worden seien.

Engelhorn[23]) kommt auf Grund seiner Versuche zu dem Schluß, daß das Abderhaldensche Dialysierverfahren bei Schwangerschaft, verglichen mit Nichtschwangeren und gynäkologisch Kranken, keine spezifische Reaktion gibt, wir also nicht berechtigt sind, nach dem Ausfall der Reaktion eine Diagnose zu stellen.

Ekler [24]) bestätigt die Resultate Abderhaldens bei der Schwangerschaft.

Lederer [25]) berichtet, daß in einigen Fällen bei sicher vorliegender Schwangerschaft negative Resultate erhalten wurden und umgekehrt erhielt er mit Sera von sicher nicht schwangeren Frauen positiven Ausfall der Reaktion; Uteruskarzinomsera bauten in einer Reihe von Fällen ebenfalls Plazenta ab.

Markus [26]) prüfte nach, wieweit Schwangerenserum Karzinom abbaute und umgekehrt. Er kam zu dem Resultat, daß nicht in sämtlichen untersuchten Fällen sich die Schwangerschaftsreaktion als eine richtige diagnostische Untersuchungsmethode erwiesen hatte. Von 11 Karzinomsera bauten 7 Plazenta nicht ab, 4 ergaben eine schwach positive Reaktion. Von 8 Karzinomseren reagierten 5 mit Uteruskarzinomgewebe positiv, 3 negativ. Von 7 Schwangerschaftsseren reagierten 5 völlig negativ, 2 zeigten eine schwache Blaufärbung. Er nimmt an, daß auch Abderhalden seine Schutzfermente nicht als spezifisch bezeichne.

Richard Freund und Karl Brahm [27]) prüften in 141 Versuchen, bei 135 Fällen mit Seren von normalen wie pathologischen Schwangeren aus allen Monaten, Extrauteringravidität, Adnextumoren und anderen gynäkologischen Erkrankungen, die optische Methode (134mal) und das Dialysierverfahren (99mal) nach den Vorschriften Abderhaldens nach. Sie fanden, daß der klinische Befund sich mit dem optischen Untersuchungsergebnis unter 134 Fällen 97mal = 72,4 %, und mit dem Ergebnis der 99mal angewendeten Dialyse 66mal = 66,7 % deckte. Die diagnostischen Versager des optischen Verfahrens führen sie auf das wechselnde Verhalten des Plazentarpeptons zurück und raten, in zweifelhaften Fällen das Drehungsvermögen eines Serums mit einem 2. oder 3. Pepton nachzuprüfen. 92mal wurde die Dialysiermethode durch das optische Verfahren kontrolliert und das Übereinstimmen beider Methoden in 61 Versuchen gefunden. Ein besonders hohes Abbauvermögen der Sera von Eklamptischen konnte in 17 optisch untersuchten Fällen nicht bestätigt werden. Von drei Extrauterin-Graviditäten fiel die Reaktion optisch 2mal negativ, 1mal, mit beiden Verfahren, positiv aus. 4 Adnextumoren reagierten optisch 3mal negativ und 1mal positiv, während die Dialyse 2mal positiv ausfiel. Das Serum von 8 nicht Graviden zeigte nie Abbau. Sie kommen zum Schluß, daß das Ziel der sicheren Schwangerschaftsdiagnose noch nicht erreicht ist.

Dagegen gelangt Stange [28]) auf Grund seiner Versuche bei Schwangeren und Nichtschwangeren zu dem Resultat, daß das Abderhaldensche Dialysierverfahren bei bestehender Schwangerschaft in 100 % der Fälle positive Reaktionen gibt. Nichtschwangerenserum ergab niemals Abbau von Plazentargewebe.

Behne [29]) kommt in seiner Arbeit zu dem Schluß, daß bei normaler Schwangerschaft fast regelmäßig positive Reaktion auftritt. Nichtschwangere mit entzündlicher Genitalerkrankung oder Mastitis gaben dagegen häufig auch eine positive Reaktion. Eine Differentialdiagnose zwischen Extrauterin-Gravidität und eitriger Adnexerkrankung könne nach seiner Ansicht mittels des Dialysierverfahrens nicht sicher entschieden werden. Sera von Männern und von Tuberkulösen bauten ebenfalls häufig Plazenta ab.

Die von W. Rübsamen [30]) mittelst der optischen Methode und dem Dialysierverfahren erhaltenen Resultate bei der Diagnose der Schwangerschaft stimmen mit den Abderhaldenschen Ergebnissen vollkommen überein. Er konnte keinen Fall beobachten, in dem der Ausfall der Schwangerschaftsreaktion dem klinischen Bild nicht entsprochen hätte.

Schiff [31]) untersuchte 49 Sera von Schwangeren und gynäkologisch Kranken der Hallenser Frauenklinik, ohne zu wissen, von welchen Kranken die einzelnen Sera stammten. Er fand, daß Gravidenserum immer Plazentargewebe abbaute, Tumorgewebe niemals. Nichtgravide gynäkologisch Kranke hatten niemals auf Plazenta eingestellte Schutzfermente im Serum. Demnach ist das Abderhaldensche Dialysierverfahren differentialdiagnostisch verwertbar.

Jonas [32]) faßt seine an der Greifswalder Frauenklinik an Schwangeren und Tumorkranken angestellten Versuche so zusammen, daß er zwar annimmt, daß von einer absoluten Spezifität der Reaktionen nicht gesprochen werden könne, daß aber die Methode als wichtiges diagnostisches Hilfsmittel zur Diagnose der Gravidität, mit gewissem Vorbehalt des Karzinoms, sich im klinischen Betrieb einbürgern werde. Bei tuberkulösen Kranken fand er im Gegensatz zu Behne (s. o.) niemals Abbau von Plazentargewebe. Versuche mit Blutplasma fielen ebenfalls negativ aus.

Bei einem Material von über 100 Fällen konnte Maccabruni [33]) die Abderhaldenschen Versuche bei der Diagnose der Schwangerschaft vollauf bestätigen. Bei einer Blasenmole und einer Extrauterin-Gravidität fiel die Reaktion ebenfalls positiv aus. Unter 85 Fällen hatte er nur eine negative und zwei zweifelhafte Reaktionen. Ferner prüfte er mittelst des Dialysierverfahrens Fötusserum auf Plazentarabbau und konnte im Gegensatz zu Decio manchmal einen positiven Befund feststellen. Versuche mit Harn, Zerebrospinalflüssigkeit von Schwangeren und Amnionwasser gaben unsichere Resultate.

Aschner [34]) faßt seine Versuche ungefähr folgendermaßen zusammen: Das Serum gesunder Schwangerer reagierte bis auf einen Fall positiv, ebenso Extrauterin-Gravidität und pathologische Schwangerschaft. Serum von gesunden Nichtschwangeren reagierte einwandfrei negativ. Bei gynäkologischen Erkrankungen fand er, bei Störungen der Ovarialfunktion und bei Uteruskarzinom, vereinzelte schwach positive Reaktionen (negativ bei Anstellung der optischen Methode). Die Methode ließ sich auch zur Untersuchung auf Abbau von Ovarialsubstanz bei ovariellen Störungen (Chlorose) und zu Abbauversuchen mit Harneiweiß, insbesondere bei der Eklampsie verwenden. Es ergab sich die interessante Tatsache, daß Eklampsie-Harneiweiß von Schwangerenserum abgebaut wurde, während das bei Nephritiker-Eiweiß nicht der Fall war.

Jaworski und Szymanoski [35]) bestätigen die Resultate Abderhaldens bei der Schwangerschaft. Sie fanden ferner, daß in Fällen von Eklampsie und Hyperemesis die Probe auffallend schwach auftrat. Karzinomsera spalteten Plazenta niemals.

Lichtenstein [36]) untersuchte 76 Fälle (42 gravide und 34 nichtgravide) auf Plazentarabbau des Blutserums. Alle Sera von Graviden bauten Plazenta ab, unter ihnen befanden sich Eklamptische, Extrauterin- und Bauchgraviditäten und Hämatozelen. Serum von Nichtschwangeren baute niemals Plazenta ab, unter letzteren befanden sich Uteruskarzinome, Kystome, Myome und Adnexerkrankungen. Fötales Serum baute nicht ab. Serum von Eklamptischen baute in gleicher Weise normale und Eklampsieplazenta stark ab. Fruchtwasser und Aszitesflüssigkeit zeigten niemals Abbau. Ferner berichtet er über einen Abort, ohne daß die Reaktion positiv ausgefallen wäre. Die Methode hatte in diesem Falle aber nicht versagt, denn der Fötus lag mazeriert im Cavum uteri, ohne daß zwischen Ei und mütterlichem Kreislauf ein Stoffaustausch hätte stattfinden können. Ein zweiter Fall betraf eine Bauchhöhlenschwangerschaft, wo ebenfalls die Ninhydrinreaktion negativ ausgefallen war. Der Fötus lag ohne Zusammenhang mit der Mutter in der Bauchhöhle und mußte ca. 6 Monate vor der Operation abgestorben sein (s. o. Veit).

Gottschalk[37]) berichtet, daß bei seinen Untersuchungen zwar alle Sera von Schwangeren mit Ninhydrin positiv reagierten, aber auch 2 Nichtschwangere. Er hält einen technischen Fehler für ausgeschlossen. Er billigt der Abderhaldenschen Reaktion eine praktische diagnostische Bedeutung nur in Verbindung mit der Palpationsdiagnose seitens des geübten Untersuchers zu.

Parsamow[38]) kam zu anderen Resultaten wie Abderhalden, indem er sah, daß auch Sera Nichtschwangerer Plazenta abbauten.

Heilner und Petri[39]) suchten nachzuweisen, daß die Abderhaldensche Reaktion nicht beweisend für die Schwangerschaft sei, denn nach ihren Versuchen schließen sie folgendes: Nach der künstlichen Erzeugung eines Hämatoms beim Kaninchen treten nach der Resorption der in dem Hämatom befindlichen, unzerlegten Eiweißkörper Fermente im Blut auf, welche imstande sind, verschiedenartiges, arteigenes Gewebe abzubauen, und die infolgedessen bei der Prüfung mit der Abderhaldenschen Methode die Ruhemannsche Ninhydrinprobe geben. Analog den Ergebnissen beim Tierexperiment ist der Befund beim normalen Menschen. Wie der Versuch zeigt, wird hier unter den gleichen natürlichen Bedingungen, wie sie bei den Tierversuchen experimentell herbeigeführt sind, die positive Abderhaldensche Reaktion erhalten, d. h. nach Resorption der in einem Bluterguß enthaltenen Eiweißkörper ins Blut werden auf arteigenes Eiweiß abgestimmte Fermente gebildet. Das Gemeinsame dieser Ergebnisse beruht auf einer einheitlichen Ursache: der Aufnahme von körpereigenem Eiweiß, das seine chemische Individualität noch bewahrt hat, ins Blut. Dabei ist es völlig gleichgültig, durch welchen Vorgang diese Eiweißkörper ins Blut gelangt sind. Die Fermentbildung in der Schwangerschaft stellt im Lichte dieser Betrachtung nur eine physiologische Variation dieser unter den verschiedensten pathologischen Voraussetzungen möglichen Vorgänge (Quetschungen, sehr vorgeschrittener Hunger, Fieber, Infektionskrankheiten, Karzinom, Kachexie usw.). Die Abderhaldensche Reaktion wird daher bei der Schwangerschaft stets positiv ausfallen; sie kann jedoch nicht beweisend für die Schwangerschaft sein. Sie wird auch bei Nichtschwangeren auftreten, wenn bei der betreffenden Person, z. B. durch einen nach einer Quetschung erfolgten Blutaustritt ins Gewebe, Bedingungen zur Aufnahme von körpereigenem Eiweiß ins Blut gegeben sind. Die danach auftretenden Fermente vermögen neben anderen Geweben auch Plazenta abzubauen. Ferner muß, da die bei der Schwangerschaft auftretenden eiweißspaltenden Fermente nicht nur Plazenta, sondern auch andere Gewebsarten abbauen, die bisher herrschende Anschauung von der Organspezifität der Schwangerschaftsfermente gegenüber Plazenta aufgegeben werden. Endlich kann es sich bei dem mit so großer Schnelligkeit nach der Injektion arteigenen (und artfremden) Eiweißmaterials erfolgendem Auftreten entsprechender Fermente nicht wohl um die Neubildung solcher Fermente, sondern in erster Linie um die Aktivierung bzw. Arteinstellung einer schon vorhandenen Fermentvorstufe handeln.

Abderhalden und Weil [40]) nahmen zu der Arbeit von Heilner und Petri Stellung, indem sie auf verschiedene Fehlerquellen bei Anstellung der Versuche hinwiesen. Die Autoren vermuten, daß der nicht spezifische Abbau auf Vorhandensein von Blutkörperchenbestandteilen zurückzuführen sei und stellen als obersten Grundsatz auf, daß Organe, die nicht absolut blutfrei gewaschen sind, niemals fehlerfreie Resultate ergeben. Ist nämlich ein Organ noch bluthaltig und enthält das Serum zufällig spezifisch eingestellte Abwehrfermente auf Blut (wie es sicherlich bei jedem Bluterguß der Fall ist), so werden natürlich die plasmafremden Bestandteile abgebaut; es wird dadurch ein Abbau des dem Serum zugesetzten speziellen Gewebes vorgetäuscht. Bei Verwendung von hämolytischem Serum würde ebenfalls genau die gleiche Täuschung bewirkt, da mit diesem dem zu prüfenden Organ Substrat aus Formelementen zugesetzt würde. Für die Spezifität der Schutzfermente sprächen außer den Versuchen von Epstein, Fauser und Wegener vor allem die Resultate von Lampé und Papazolu.

In einer Erwiderung gegen obige Arbeit halten Heilner und Petri [41]) ihre These von der Nichtorganspezifität der bei der Abderhaldenschen Reaktion in Betracht kommenden Fermente völlig aufrecht, da die von ihnen verwendeten Organe vollkommen blutfrei gewesen seien.

Als weitere Entgegnung gegen die Arbeit von Heilner und Petri teilten Abderhalden und Erwin Schiff [42]) folgende Beobachtungen mit: In etwa $5^0/_0$ der untersuchten Fälle von Schwangerschaft (105 Fälle) wurde Leber mit abgebaut, in $2^0/_0$ Schilddrüse (30 Fälle). Ferner untersuchten sie das Serum von einem Patienten mit einer sehr schweren Muskelquetschung und großem Hämatom. Dasselbe baute weder Leber noch Plazenta ab, wohl aber stark Muskelgewebe. Entgegen den Angaben von Heilner und Petri, daß trächtige Kaninchen und solche mit subkutanem Hämatom im Serum Abwehrfermente besitzen, die alle möglichen Organe abbauen, veröffentlichen Verff. Versuchsprotokolle, aus denen hervorgeht, daß in keinem einzigen Falle außer Plazenta und dem bluthaltigen Organ ein anderes Gewebe abgebaut wird. Ferner untersuchten sie ca. 100 Sera von gesunden Pferden, Rindern und Schweinen auf Abwehrfermente und fanden in ca. $3^0/_0$ aller Fälle (bei Durchprüfung aller Organe) Organabbau. Fast durchweg war es die Leber, mit der eine positive Reaktion erhalten wurde. Entweder funktionierte dieses Organ nicht normal, oder, bei der Schwierigkeit Leber blutfrei zu erhalten, waren einzelne Teile davon bluthaltig.

Außerdem setzte Abderhalden [100]) 100 Sera von Pferden und Rindern mit bluthaltigen und blutfreien Organen an. Bluthaltige und blutfreie Organe ergaben in einer sehr großen Zahl von Fällen ein gleiches Resultat, in einer ganzen Anzahl von Fällen jedoch ergaben sämtliche bluthaltige Organe einen Abbau, während die blutfreien Gewebe eine negative Reaktion zeigten.

In den Fällen, in denen die bluthaltigen Organe einen Abbau ergaben, muß das angewandte Serum Abwehrfermente gegen Blutbestandteile besessen haben, wodurch ein spezifischer Abbau vorgetäuscht wurde, während in den Fällen, in denen mit bluthaltigen Organen kein Abbau erzielt wurde, eben im Serum keine auf Blut eingestellte Fermente vorhanden waren. Er ist ferner der Ansicht, daß die Abwehrfermente den Organen entstammen, auf die sie eingestellt sind.

Auch G. Plotkin [43]) vertritt die sehr weitgehende Spezifität der Abwehrfermente und kritisiert die Versuche und Protokolle von Heilner und Petri.

Schlimpert und Hendry [44]) bestätigen die Befunde Abderhaldens auf Grund einer größeren Serie einwandfrei angestellter Reaktionen ohne Fehlresultate. Sie betonen ausdrücklich die Notwendigkeit eines strengen Einhaltens der Vorschriften Abderhaldens. Widersprechende Resultate (z. B. die von Lindig s. S. 432) seien auf Grund mangelhafter Technik (Organzubereitung, Durchlässigkeit der Hülsen usw.) entstanden. Kontrollen stellten sie an nichtschwangeren Individuen an. Sie empfehlen zur Herstellung einer blutfreien Plazenta eine 0,9$^0/_0$ige Kochsalzlösung. Auf die Frage, ob die Schutzfermente spezifisch seien oder nicht, lassen sie sich nicht ein.

Polano [45]) glaubt, daß die Abderhaldensche Reaktion nicht als eine ausgesprochene plazentare zu bezeichnen sei, da alle fötalen Organe (Leber, Milz, Niere, Nebenniere, Thymus, Schilddrüse, Lunge, Herz, ein in toto verarbeiteter Embryo), ebenso wie Fruchtwasser und fötales Serum mit Schwangerenserum zusammengebracht die Reaktion geben.

Daunay und Ecalle [46]) konnten in ihren, an der Klinik Tarnier angestellten Versuchen die Resultate Abderhaldens bei der Schwangerschaft bestätigen. Allerdings reagierte das Serum von Nichtschwangeren und das Serum allein öfters mit Ninhydrin positiv.

Deutsch und Köhler [48]) fanden bei Gravidität immer Abbau von Plazenta, Karzinomgewebe wurde jedoch auch öfters abgebaut. Sera menstruierender Frauen griffen Plazenta ·nicht an. Nephritissera bauten auch normales Nierengewebe ab, ebenso wurde öfters Nebenniere abgebaut, Harneiweiß nie; Serum von orthostatischer Albuminurie gab mit Niere kein positives Resultat. (Weitere Versuche s. Original.)

P. Schäfer [48]) berichtet über 186 Fälle, die er mit dem Dialysierverfahren untersuchte. Von diesen wurden gleichzeitig auch 108 Fälle mit der optischen Methode geprüft. Mit der letzteren hatte er weniger Fehldiagnosen zu verzeichnen, als mit dem ersteren. Er urteilt, daß die Abderhaldensche Reaktion eine große Bereicherung der diagnostischen Hilfsmittel bedeute, wenn sie auch in manchen Fällen versage. Technische Fehler schließt er jedoch bei seinen Versuchen nicht aus.

Tschutnowsky [49]) berichtet über seine Versuche mittelst der optischen Methode und des Dialysierverfahrens bei Schwangerschaften und gynäkologischen Erkrankungen an der Jenaer Universitäts-Frauenklinik. Er kommt zum Schluß, daß im Blutserum während der Schwangerschaft sich proteolytische, auf Plazentaeiweiß resp. -pepton eingestellte Fermente bilden, die sich anscheinend als durchaus spezifisch wirkend erwiesen. Serum von gynäkologisch Kranken baute niemals Plazenta ab.

Ebeler und Löhnberg[50]) kamen auf Grund ihrer Untersuchungen von 100 Fällen zu dem Resultat, daß die positive Ninhydrinreaktion stets in der Schwangerschaft zu finden ist, daß sie aber auch bei Nichtgraviden vorkommt und infolgedessen nicht als absolut spezifisch gelten kann.

3. Tumoren u. ä.
(soweit sie nicht schon unter 2. erwähnt wurden).

Für die Klinik war es natürlich äußerst wichtig die Mitteilungen Abderhaldens über die Diagnosestellung bei malignen Tumoren, nachzuprüfen, und zwar kam es dabei vor allem auf die Frühdiagnose an.

Emil Epstein[51]) prüfte die Abderhaldensche Serumprobe auf Karzinom nach und fand sie durchaus bewährt: Sera von Krebskranken bauten, bis auf eines, Karzinomgewebe ab und gaben mit Plazenta niemals eine positive Reaktion. Umgekehrt griffen Schwangerensera nur Plazentagewebe an, ohne mit Krebsgewebe zu reagieren.

Reines[52]) berichtet in der Sitzung der k. k. Gesellschaft der Ärzte in Wien vom 25. April 1913, daß in 3 Fällen von universeller Sklerodermie das Krankenserum Schilddrüse, Mesenterialdrüsen in 2 Fällen auch Nebenniere abbaute, während Pankreas und Hypophyse unbeeinflußt blieben. Ferner wird von einem Falle von Lues berichtet, bei dem das Serum eines rezent Syphilitischen mit Teilchen einer exzidierten Sklerose stark positiv reagierte.

In derselben Sitzung berichtete Paltauf[53]) von einem metastatischen, malignen Chorionepitheliom, hauptsächlich der Leber, bei dem das Serum mit Karzinom negativ, mit Plazenta dagegen stark positiv reagierte.

Freund[54]) vergleicht seine zytolytische Reaktion mit der von Abderhalden. Er berichtet, daß in dessen Versuchsanordnung Karzinomserum zwar ungekochtes Krebsgewebe unbeeinflußt läßt, gekochtes Ca-Gewebe wird aber von Ca-Serum zerstört, während gekochte Ca-Zellen (im Gegensatz zur zytolytologischen Reaktion) von Normalseren nicht angegriffen werden.

Erich Frank und Fritz Heiman[55]) machten es sich zur Aufgabe, außer der Schwangerschaftsdiagnose noch die Diagnose auf Karzinom und andere maligne Tumoren mittelst der Abderhaldenschen Reaktion zu stellen. Ihre Untersuchungen reichen in die Zeit zurück, ehe Abderhalden das Ninhydrin empfohlen hatte und sie verwandten anfangs noch die Biuretreaktion, um später erst sich des Ninhydrins ausschließlich zu bedienen. Sie kamen zu dem Ergebnis, daß die Ninhydrinreaktion bei Schwangerschaft, auch in den frühesten Monaten, stets positive Resultate gibt. Allerdings wurden solche auch erhalten, wenn statt der Plazenta Karzinom als Substrat gewählt wurde. In derselben Weise sahen sie auch stets, daß Karzinomsera sowohl Karzinom wie auch Plazenta abbauten, sie demnach biologisch Karzinom und Schwangerschaft nicht unterscheiden konnten. Sie bestritten demgemäß die Spezifität der Reaktion. Bei anderen malignen Tumoren war der Ausfall der Reaktion mit Plazenta meist positiv.

In den Versuchen von G. v. Gambaroff[56]) reagierten Schwangerensera mit Plazenta in jedem Falle positiv. Normalsera niemals. Fehlresultate wurden nie erhalten. Bei 50 Tumoruntersuchungen war nur eine Fehldiagnose zu verzeichnen. Das Serum der Karzinomträger baute nur Karzinomeiweiß ab und niemals Sarkomgewebe, und umgekehrt gab Serum von Sarkomkranken mit Karzinomgewebe immer negative und mit Sarkomeiweiß stets eine positive Reaktion.

Man erkennt demnach, daß in diesen so außerordentlich wichtigen Fragen die Meinungen der verschiedenen Autoren noch sehr auseinander gehen.

4. Abbau von Thymus, Schilddrüse, Nebennieren usw.

Es war naheliegend nach Schutzfermenten auch bei anderen Krankheiten (besonders bei Morbus Basedowii und Kropf) zu suchen.

So fahndete Julius Bauer[57]) nach organabbauenden Fermenten im Serum von Kropfträgern in Gegenden, wo Kropf, endemisch vorkam. Er fand daß sich in zahlreichen Fällen von endemischem Kropf Schilddrüsengewebe abbauende Fermente nachweisen ließen. Derartige Fermente kamen in der Endemiegegend aber auch im Serum einzelner Individuen ohne klinisch nachweisbare Vergrößerung der Schilddrüse vor. Er glaubt, daß man deshalb besser von endemischer Dysthyreose sprechen sollte, als von endemischen Kropf.

Ferner fand er, daß Schilddrüsendarreichung die Bildung von Fermenten gegen Schilddrüsengewebe zur Folge hat[58]). Bei seinen Versuchen setzte er ein und dasselbe Serum mit möglichst vielen Organen zu gleicher Zeit an (vgl. Abderhalden, Münch. med. Wochenschr. 1914. Nr. 5). Einen prinzipiellen Unterschied zwischen normalem Schilddrüsengewebe und Kolloidkropfgewebe fand er in seinen Versuchen bei Personen mit endemischem Kropf nicht. Eine Reihe von Seren bauten Thymusgewebe ab bei Patienten, bei denen zudem noch perkutorisch eine Thymuspersistenz mit großer Wahrscheinlichkeit nachzuweisen war. Ferner zeigte ein Serum eines Kranken mit Dystrophia adiposogenital. und Diabetes insipidus Abbau von Hypophyse und Hoden. Sera von Personen mit Schilddrüsenvergrößerung, Hysterie, Anomalien der Körperbehaarung und Menstruation, sowie von Chloranämie bauten häufig Ovarium ab. Bei einer Frau, die komplett kastriert war, fanden sich sonderbarerweise Schutzfermente gegen Keimdrüsen. Des weiteren beobachtete er noch Abbau der verschiedensten Organe bei den verschiedensten Krankheiten, Berichte, die im Originale nachgelesen werden müssen. Erwähnen möchte ich nur noch einen Fall von perniziöser Anämie, der Blutkörperchen abbaute. Außerdem baute Serum einer Bandwurmträgerin kein Bandwurmeiweiß ab.

K. Kolb[59]) fand dagegen, daß durch die Abderhaldensche Fermentreaktion der normale oder persistierende Thymus nicht nachgewiesen werden kann. Bei Trägern einer Thymushyperplasie (also bei Basedow-Kranken) fiel die Ninhydrinprobe auf Thymusabbau auffallend stark aus. Bei endemischen Kropfträgern ließ sich in einigen Fällen eine eben erkennbare positive Reaktion nachweisen, die von der intensiven Verfärbung des Dialysats bei Basedow-Kranken leicht zu unterscheiden war (s. o. Bauer).

Ferner berichtet Papazolu[60]) über die Produktion von Biuretreaktiongebenden Substanzen des Zentralnervensystems bei Epilepsie, Dementia praecox und Paralyse im Serum solcher Kranken; ferner der Kropfschilddrüse, Thymus, Ovarium bei Basedow-Kranken.

Marinesco und Papazolu[61]) fanden spezifische Fermente im Serum von Kranken, die an Paralysis agitans litten. Das Serum baute Schilddrüse solcher Kranken ebenso ab, wie vor allem Parathyreoidea. Normale Schilddrüse wurde nie abgebaut, ebenso keine Kropfschilddrüse.

Lampe[62]) fand, daß Sera von Basedow-Kranken immer Basedow-Schilddrüse abbauten, daneben oft Thymusgewebe und Ovarien. Es besteht demnach bei Basedow nebenher eine Dysfunktion der Keimdrüsen. Lampé nimmt an, daß es sich bei der Basedow-Krankheit um eine Krankheit der branchiogenen Organe in ihrer Gesamtheit handelt, die letzten Endes in der embryonalen Anlage des Organs zu suchen ist. Wenn es beim Basedow zu einer Dysfunktion der Keimdrüsen kommt, so muß man annehmen, daß diese letzeren im Antagonismus zu den branchiogenen Organen zu stehen scheinen.

Lampé und Papazolu[63]) (2. Mitteilung) untersuchten mittelst der Abderhaldenschen Reaktion das Serum von 25 weiblichen Basedow-Kranken. In allen Fällen wurde Basedow-Schilddrüse, in relativ wenigen gleichzeitig auch Normalschilddrüse, in 4 unter 5 Fällen Struma cystica, in fast allen Fällen Thymus, in weitaus den meisten Fällen Ovarien abgebaut. Versuche mit verschiedenen anderen Organen als Substrat fielen alle negativ aus. Bei der Basedowschen Krankheit handelt es sich demnach um einen Dysthyreoidismus und um eine dysfunktionierende Thymusdrüse. Ferner liegt bei den meisten Basedow-Kranken eine Keimdrüsenstörung im Sinne einer Dysfunktion vor. Beweis der Spezifität der Abwehrfermente: Immer Abbau von Basedow-Schilddrüse und nicht Abbau von normaler Schilddrüse. Es wurden nur Schilddrüse, Thymus und Ovarien abgebaut, nicht aber Niere, Muskelgewebe, Plazenta, Nebenniere und Hoden. Bei Verwendung von Normalorganen wurde niemals weder bei Nephritis, noch bei Diabetes mellitus ein Abbau irgend eines Organs beobachtet.

In ihrer 3. Mitteilung bestätigen Lampé und Fuchs[64]) auf Grund eines Gesamtmaterials von 60 Fällen von Schilddrüsenerkrankungen ihre in der 2. Mitteilung veröffentlichten Versuche über Morbus Basedowi und Basedowoid. Serum Basedow-Kranker baute immer Basedow-Schilddrüse, in verschwindend wenig Fällen auch normale Schilddrüse ab. Gleichzeitig fand auch ein Abbau von Thymus- und Keimdrüsengewebe statt. Sie erklären diese Befunde mit einer abnormen Tätigkeit von Schilddrüse, Thymus und Keimdrüse. Ferner konnten sie im Serum Myxödematöser ebenfalls ein Abwehrferment gegen Schilddrüse nachweisen. Sie nehmen jedoch an, daß die auch hier vorliegende funktionelle Störung der Schilddrüse anderer Art ist als bei der Basedowschen Krankheit. Auch bei endemischer Struma fiel die Abderhaldensche Reaktion mit Schilddrüsengewebe positiv aus. Die Abwehrfermente waren alle spezifisch (s. o. Bauer).

Helene Deutsch[65]) kommt zu dem Schluß, daß Thymusgewebe fast regelmäßig durch normales Serum des Menschen abgebaut wird. Die Versuche wurden bei Kindern und Erwachsenen angestellt. Diese Versuchsergebnisse kann ich durch meine eigene Versuche bestätigen, und zwar handelte es sich nicht nur um Kranke mit einer Störung der Schilddrüsenfunktion, Fortbestehen des Thymus, Fettleibigkeit u. a., sondern um eine Reihe völlig gesunder Personen.

Es ist somit ziemlich sicher erwiesen, daß das Serum Basedow-Kranker Basedow-Schilddrüse und nicht normale Schilddrüse abbaut. Ferner wurden konstant mit Keimdrüse und Thymus positive Resultate erhalten, was darauf schließen läßt, daß diese Organe bei genannter Krankheit auch mit ergriffen sind.

Die Resultate Bauers müssen, meiner Ansicht nach, nochmals nachgeprüft werden.

5. Ergebnisse bei psychisch Kranken.

Fauser [66]) der schon seit längerer Zeit die psychischen Krankheiten mittels serologischer Methoden zu erkennen versuchte, berichtet als erster über Versuche, in denen er mit Hilfe der Abderhaldenschen Methode nicht nur das Serum von Schilddrüsenkranken, sondern auch von psychisch Kranken auf Schutzfermente untersuchte. Er fand in der Tat bei einigen Schilddrüsenkranken Stoffe, die im Dialysierverfahren Schilddrüse abbauten. Im Serum Gesunder fanden sich diese Fermente niemals. Nach Abderhalden würde das auf einen gestörten Zellstoffwechsel, auf eine „Dysfunktion" des Organs hinweisen. Ferner fand er, daß unter 11 Fällen von Dementia praecox 8 einen Abbau von Hirn zeigten, und von 8 Fällen reagierten 5 mit Testikel positiv. Dabei reagierte nur das Serum von Männern mit Hoden positiv, während dasjenige von Frauen immer negativ blieb. Versuche mit Ovarien konnte er wegen Organmangel nicht anstellen. Dann berichtet er, daß bei 5 Fällen von Lues das Serum Zentralnervensystem (Hirn oder Rückenmark) abbaute. Ebenso fand bei 6 untersuchten Fällen von progressiver Paralyse und Tabes immer Abbau von Zentralnervensystem statt. Bei manisch-depressivem Irresein wurden niemals Abwehrfermente gegen Hirnrinde oder Hoden gefunden. Seine Versuche wurden zum Teil von Abderhalden nachgeprüft.

Weiter veröffentlicht Fauser [67]) Versuche mittelst des Dialysierverfahrens bei 33 Psychosefällen. Er fand entsprechend seiner 1. Mitteilung, daß Dementia praecox-Kranke Hirnrinde und Geschlechtsdrüsen abbauen. Er vermutet, daß besonders bei den „hebephrenen" Formen das primär Schädigende eine Dysfunktion der Geschlechtsdrüsen sei. Bei einer Minderzahl von Fällen nimmt er eine Dysfunktion der Schilddrüse an (Abbau von Schilddrüse). Bei metaluetischen und luetischen Psychosen scheint stets ein Eindringen blutfremden Gehirnmaterials in die Blutbahn vorzuliegen (Hirnrindenabbau). Bei manisch-depressivem Irresein sah er noch niemals im Dialysierverfahren einen Abbau irgend eines Organs.

Derselbe Autor weist in einer weiteren Mitteilung [68]) zuerst die Ergebnisse Lindigs (s. o. S. 432), „daß die Annahme von einem spezifischen Charakter der Fermente hinfällig geworden sei" und daß sie vielmehr „allgemein proteolytische Wirkungen haben" sollen, zurück und hält ihm seine Ergebnisse entgegen, die sich über mehr als 100 Fälle von Psychosen erstrecken. Er fand, daß die Schutzfermente immer spezifisch waren.

Fauser [60]) teilt weiterhin neben Rückblicken über die erhaltenen Resultate mit dem Abderhaldenschen Verfahren einige interessante psychiatrische Fälle mit, wo u. a. Testikel, Hirnrinde und Schilddrüse (letztere schwach) abgebaut wurden und außerdem die Leber stark positiv reagierte. Es handelte sich um eine alte Dementia praecox, kompliziert mit chronischem Alkoholismus. Interessant war die gleichzeitige Dysfunktion eines mit den Keimdrüsen in Korrelation stehenden Organs, der Schilddrüse. Die Leber gab, wie meistens bei den chronischen alkoholischen Leberschwellungen, eine positive Reaktion. Der 2. Fall (zweifelhaftes manisch depressives Irresein und kleiner Kropf) baute Ovarium, Schilddrüse, Hypophyse und Hirnrinde ab. Nach Strumektomie war die Kranke psychisch anscheinend völlig frei, die Abderhaldensche Reaktion fiel mit Ovarium positiv, mit Schilddrüse und Hirnrinde dagegen negativ aus. Fauser glaubt, daß in diesem Falle eine polyglanduläre Dysfunktion vorlag. Drittens beobachtete er 3 Fälle, die kurze Zeit nach der Kropfoperation an psychischen Störungen erkrankten. Schilddrüse und Hirnrinde wurden abgebaut. Er nimmt an, daß teils während der Operation, teils in der ersten Zeit nach derselben unabgebaute oder unvollständig abgebaute Schilddrüsensubstanz in die Lymph- und Blut- bahn gelangte und somit die positive Reaktion verursachten. Der 4. Fall be- handelt einen Jungen, der in der frühesten Kindheit viele Wochen lang zu therapeutischen Zwecken große Mengen von Alkohol bekommen hatte und nebenbei an einer Struma litt. Testikel, Schilddrüse und Hirnrinde wurden abgebaut. In diesem Falle fand sich außer der Dysfunktion der Schilddrüse auch eine solche der Keimdrüsen und der Hirnrinde, ohne daß eine Dementia praecox vorlag.

Arthur Münzer [70]) entwickelt Gedanken, Rückblicke und Ausblicke über die Abderhaldenschen Reaktionen in ihrer Beziehung zur Pathologie der inneren Sekretion (Hypo- und Dyssekretion). Hauptsächlich geht er auf die Fauserschen (s. o.) Untersuchungen ein und schlägt vor, nicht nur nach blutfremden Fermenten zu fahnden, sondern auch nach „liquorfremden". Bezüglich der Therapie der psychischen Krankheiten schlägt er vor, bei dem antagonistischen Verhältnis der Blutdrüsen zueinander bei der Dementia praecox antagonistische Organe (Hypophyse, Nebenniere, Zirbel- drüse) zu verabreichen. Er hofft durch deren Wirksamkeit die krank- machende Absonderung der Keimdrüsen zurückzudrängen.

R. Bundschuh und H. Römer [71]) bestätigen im allgemeinen die Unter- suchungen Fausers, daß Dementia praecox-Fälle Hirnrinde, Geschlechts- drüsen und manchmal Schilddrüse abbauen und daß Fälle von Paralyse in der Hauptsache mit Hirnrinde positiv reagieren. Schilddrüsen und Testikelabbau halten sie nicht für spezifisch. Manisch-Depressive und Gesunde reagierten immer negativ.

Ebenso erkennt Bernhard Bayer [72]) die Richtigkeit der Fauserschen Befunde in 14 Fällen an, worunter sich 2 forensische befinden. Er betont auch, daß mittelst des Abderhaldenschen Verfahrens Simulation leicht zu er- kennen sei.

Theobald [73]) bestätigt ebenfalls die Versuchsergebnisse Fausers bezüg- lich der Dementia praecox, nur fand er außerdem auch Abbau von Hirn- rinde bei manisch-depressivem Irresein, Pyschopathie, Alkoholismus, Hysterie, Dementia senilis, arteriosklerotischem Irresein und genuiner Epilepsie. Er vermutet, da er bei Idiotieformen häufig Abbau von Hirnrinde und Geschlechts- drüsen fand, einen Zusammenhang mit Dementia praecox. Bei Paralyse fand er in der Mehrzahl Hirnrindenabbau, einige Male Leber und Geschlechtsdrüsen.

Meiner Ansicht nach stimmen diese Ergebnisse so wenig mit den von anderen Autoren bestätigten Untersuchungen Fausers überein, daß man doch wohl an eine nicht richtige Zubereitung der Organe denken muß, wodurch unspezifischer Abbau eine spezifische Reaktion vortäuschte.

In der Sitzung der Naturw.-Med. Gesellschaft zu Jena vom 26. Juni 1913 legte Ahrens[74]) seine Tierversuche dar, mittelst derer er mit Hilfe der Abderhaldenschen Reaktion das Auftreten von Abwehrfermenten gegen Nervensubstanz nach Setzung von Hirnläsionen nachzuweisen suchte. Er kam zu dem Schluß: Wenn irgendwo im Körper Nervensubstanz schwer erkrankt oder zugrunde geht, treten im Serum Fermente auf, die Nervengewebe abbauen. Schon eine Trepenation mit Durchschneidung der Dura genügte, um die Fermente erscheinen zu lassen. Noch stärker als mechanische Verletzungen mit Blutungen wirkten eitrige Prozesse am Gehirn. Die Fermente traten schon wenige Tage nach der Läsion auf und waren so lange nachweisbar, bis der Prozeß ausgeheilt war. Man kann demnach mit der Abderhaldenschen Reaktion nicht nur feststellen, ob ein krankhafter Prozeß am Nervensystem besteht, sondern auch wie lange er dauert. Ferner fand er, daß die einzelnen Hirnteile und Nerven, einerlei, woher sie genommen waren, immer in gleicher Weise abgebaut wurden (vgl. die Abderhaldensche Nachprüfung einer Reaktion bei den Fauserschen Arbeiten [Deutsche med. Wochenschr. 1912. Nr. 52. 2448], wo Abderhalden bei einem luetischen Serum keinen Abbau von Hirnrinde fand, dagegen nur deutlichen Abbau von Rückenmark). Des weiteren setzte er Harneiweiß von einem alten Nephritiker mit dem Serum desselben an und konnte konstatieren, daß das Eiweiß nicht angegriffen wurde und somit nicht blutfremd war (s. o. Aschner).

N. Kafka[75]), der in einer sehr fleißigen Arbeit seine Ergebnisse darlegte, fand Abwehrfermente gegen Geschlechtsdrüsen bei Dementia praecox, Paralyse und selten im epileptischen Anfall. Abwehrfermente gegen Hirn waren nachzuweisen, wenn das Gehirn selbst schon (besonders syphilogen) erkrankt war oder wenn Schädigungen dauernd oder plötzlich und intensiv auf seinen Stoffwechsel einwirkten. Schutzfermente gegen Nebenniere wies er selten bei Dementia praecox nach, besonders schienen sie ihm bedeutsam zu sein für die Untersuchung der glandulären Idiotie und Infantilismusformen. Abwehrfermente gegen Schilddrüse waren hauptsächlich bei Dementia praecox und bei Paralyse nachweisbar (s. o. Fauser), seltener im epileptischen Anfall. Abwehrfermente gegen Hypophyse fanden sich nur bei Akromegalie und Hypophysentumor.

Wilhelm Mayer[76]) bestätigt im allgemeinen die Resultate Fausers bei Dementia praecox-Kranken. Ferner fand er, daß das Serum von Paralytikern meist eine Reihe von Abwehrfermenten enthielt gegen die verschiedensten Organe, immer gegen Hirnrinde. Im Liquor cerebrospinalis von Paralytikern wurden nie Abwehrfermente gefunden. Serum des manisch-depressiven und hysterischen Irreseins baute niemals ab.

Ferner knüpft er[77]) an an die Mitteilung Binswangers (Münch. med. Wochenschr. 1913. Nr. 42. 2321 [s. u.]), daß Fermente gegen Ovarien in einem Fall solche gegen Hirnrinde verdeckt hätten. Mayer fand, daß die Möglichkeit einer Verdeckung von Fermenten, auch wenn sie in kleinerer Menge, analog der Masse des injizierten Eiweißes vorhanden sein müßten, durch andere, der

Menge des parenteral eingeführten Eiweißes nach wahrscheinlich in größerer Anzahl vorhandene, durch das Experiment (Kaninchen) nicht nachgewiesen sei.

Wegener [78]) berichtet über seine Versuche in der Binswangerschen Klinik an weit über 200 Fällen. Er fand, daß bei jugendlichem Irresein weiblicher Kranken das Serum Ovarien und Tuben abbaute, bei männlichen nur Testikel, nie umgekehrt. In einigen Fälle fand auch Abbau von Schilddrüsensubstanz statt (s. Fauser). Bei manisch-depressivem Irresein wurde niemals Abbau beobachtet. Bei Epilepsie fand sich ein Abbau von Hirnsubstanz, und zwar nur dann, wenn bereits eine Demenz eingetreten war. Bei allen luetischen und metaluetischen Erkrankungen wurde Gehirn abgebaut (s. Fauser). Bei Neuritis wurde Abbau von Muskelsubstanz beobachtet. Er hält seine Resultate für differentialdiagnostisch und therapeutisch sehr bedeutsam.

Otto Binswanger [70]) suchte mittelst der Abderhaldenschen Methode eine strikte Scheidung zwischen der dynamisch-konstitutionellen und der organisch bedingten Epilepsie zu führen. Wie er selbst berichtet, hat sich die Hoffnung einer solchen nicht erfüllt. Es galt 2 Fragen zu lösen: 1. Ob der Nachweis erbracht werden kann, daß der epileptisch-konvulsive Anfall regelmäßig mit Abbauvorgängen innerhalb der Großhirnrinde verbunden ist? Es gelang in 10 Fällen (Blutentnahme 7 mal unmittelbar nach dem Anfall 2 mal 2 Tage und 1 mal 5 Tage nach dem Anfall) eine positive Abderhaldensche Reaktion zu erhalten. Daß die Abbauvorgänge ausschließlich mit dem Anfall selbst in Beziehung stehen, wurde in einem Fälle sichergestellt, bei dem 14 Tage nach dem Anfalle die Abderhaldensche Reaktion negativ ausfiel Die zweite zu lösende Frage, die auch prognostisch bedeutungsvoll war, betraf die Bildung von Abwehrfermenten gegen Großhirnrinde im intervallären Stadium. Er fand, daß das Serum Epileptischer mit ausgesprochener Demenz in 9 Fällen positives Ergebnis zeigte. Er faßt diese Fälle als prognostisch ungünstig auf, da er annimmt, daß der positive Ausfall mit unausgleichbaren, im Intervall fortwirkenden Abbauvorgängen der Hirnrinde zusammenhängt. Einwandfreie negative Reaktionen wurden in 5 Fällen festgestellt, denen er eine günstige Prognose gibt; sie gehören in das Gebiet der organischen Epilepsie, und von einem geistigen Rückgang kann nicht gesprochen werden. Schließlich dient die Abderhaldensche Reaktion zur Diagnosestellung, ob Epilepsie oder Hysterie vorliegt; bei der letzteren muß der Ausfall der Reaktion negativ sein, doch kann nur die Untersuchung des paroxysmalen Blutes verwertet werden. Er folgert daraus für die Therapie, daß man mit allen verfügbaren Mitteln die Epilepsie bekämpfen müsse, um einen rapiden Fortschritt des Leidens zu verhüten. Allerdings wäre es möglich, daß der negative Ausfall der Abderhaldenschen Reaktion bei Blutabnahme im intervallären Stadium auch dadurch bedingt sein könnte, daß Abbauvorgänge in anderen Körperorganen gleichzeitig stattfänden und dadurch der Gehirnabbau verdeckt würde. (Er beobachtete 1 mal Abbau von Ovarien, das andere Mal von Lunge [vgl. oben W. Mayer]). Ferner beobachtete er, daß in den Endstadien der epileptischen Verblödung keine Abwehrfermente gegen Hirnrinde produziert werden, ebensowenig fanden sich solche im epileptischen Dämmerzustand.

Die zusammenfassenden Resultate dieser Ergebnisse auf dem Gebiete der Psychiatrie wurden schon oben dargelegt. Die enorme Wichtigkeit all dieser Versuche gerade auf dem Gebiet der Psychiatrie braucht nicht hervorgehoben zu werden. Hoffentlich geben sie uns Mittel zur Hand, auch therapeutisch auf diesem bis jetzt wenig befruchteten Boden weiter zu kommen.

6. Tuberkulose.

R. E. Fränkel und F. Gumpertz [80]) wandten das Abderhaldensche Dialysierverfahren zur Diagnosestellung bei Lungentuberkulose an. Sie kamen zu dem Resultate, daß bei Verwendung von tuberkulösem Gewebe als Antigen bedeutend häufiger bei Tuberkulösen als bei klinisch nicht Tuberkulösen das Vorhandensein von Fermenten im Serum nachzuweisen sei. Besonders häufig reagierten Fiebernde positiv.

Sehr verheißungsvoll und für die Diagnosestellung sehr wichtig sind Versuche, die Lampé [81]) bei tuberkulösen Individuen anstellte. Als Substrat verwandte er: 1. abgetötete Tuberkelbazillen, 2. normales und 3. tuberkulöses Lungengewebe. Nach dem Ausfall seiner Versuche konnte er 4 Kategorien von Menschen aufstellen: 1. solche, deren Serum keines der drei genannten Substrate abbaute; 2. solche, deren Serum nur Tuberkelbazillen abbaute; 3. solche, deren Serum sowohl Tuberkelbazillen, als auch Lungengewebe abbaute, und 4. solche, deren Serum keine Tuberkelbazillen, sondern nur normales und tuberkulöses Lungengewebe abbaute. Es ist somit zu erkennen, daß Leichttuberkulöse und teilweise auch solche Fälle, die klinisch frei von Tuberkulose scheinen, im allgemeinen nur Tuberkelbazilleneiweiß abbauen, während das Serum von Schwertuberkulösen nur normales und tuberkulöses Lungengewebe angreift. Demnach berechtigen diese Beobachtungen zu dem Versuche, sie auch als prognostische Methode bei der Lungentuberkulose heranzuziehen.

Abderhalden und Andryewsky [82]) stellten Versuche an über den Nachweis von Abwehrfermenten bei Rotz und Tuberkulose. Das Rotzbazillenpepton wurde nur vom Serum von rotzkranken Pferden abgebaut. Bei den Versuchen mittelst Tuberkelbazillen und aus diesen dargestelltem Pepton, konnte gezeigt werden, daß bei Kaninchen und Hunden, denen ausgekochte Tuberkelbazillen in feinster Suspension in die Blutbahn gebracht waren, am 3. Tage nach stattgehabter Zufuhr auf Bazilleneiweiß bzw. -pepton eingestellte Abwehrfermente auftraten; das gleiche war der Fall, wenn zur Injektion Tuberkelbazillenpepton verwandt wurde. Auch bei Tieren, die mit lebenden Tuberkelbazillen infiziert waren, konnten Schutzfermente nachgewiesen werden. Bei Schlachttieren konnte aber in keinem einzigen Falle ein Abbau der Tuberkelbazillen (Typus humanus) beobachtet werden. Verwandten Verff. dagegen den Typus bovinus, so konnten sie bei Fällen von Miliartuberkulose vereinzelt positive Resultate erhalten, bei lokalisierter Tuberkulose unter 50 Fällen nur 10 mal. Ferner erhielten die Autoren bei allen Tieren (35 Fälle), die an Lungentuberkulose litten, Abbau von Lungenstückchen, die käsige Pneumonie zeigten. Lag Miliartuberkulose vor, dann trat kein Abbau dieser Lungenstückchen ein. Allerdings zeigten auch normale Tiere manchmal Abbau von tuberkulösem Gewebe. Auch in Kontrollversuchen mit normaler Lunge wurden in einzelnen Fällen ebenfalls Abbau beobachtet.

Diese außerordentlich wichtigen Versuche verdienen von möglichst vielen Seiten bestätigt zu werden.

7. Augenerkrankungen.

Als erster konstatierte Hegner [83]) mittelst des Dialysierverfahrens, daß bei den Augenkranken für Uveagewebe spezifische Fermente gebildet werden, bei denen nach einer perforierenden Bulbusverletzung ein entzündlicher Zustand der Uvea eingetreten war und längere Zeit bestand. Am ausgesprochensten gelang der Nachweis dieser spezifischen Fermente in 2 Fällen von sympathischer Ophthalmie; nimmt jedoch die Verletzung des Bulbus einen entzündungsfreien Heilungsverlauf, dann fällt die Reaktion meistens negativ aus. Ebensowenig scheinen Fermente gebildet zu werden im Anschluß an andere, auf nicht traumatischer Ursache beruhende entzündliche Prozesse im Bereich der Uvea.

Auf der 39. Versammlung der ophthalmologischen Gesellschaft in Heidelberg 1913 berichtete v. Hippel [84]) über den Ausfall seiner Versuche mit dem Abderhaldenschen Dialysierverfahren folgendes: Serum von Patienten, die an sympathischer Ophthalmie litten, baute in einigen Fällen Uvea-Gewebe ab, das gleiche tat Serum von Patienten mit perforierender Verletzung; als Substrat diente Ochsenuvea. Kontrollversuche mit Glaskörper, Linse, Leber, Plazenta, Karzinom und Myom fielen negativ aus. Es war damit dargetan, daß bei sympathischer Ophthalmie ein pathologischer Zellstoffwechsel im Uvealgewebe vorliegt, welcher die Abgabe von blutfremden Stoffen bewirkte. Versuche bei juvenilen Katarakten auf Linsenabbau fielen negativ aus. In einem Fall von Keratitis parenchymatosa luetica baute Patientenserum ein herausgeschnittenes Stück der eigenen Kornea ab; der gleiche Versuch fiel 14 Tage später negativ aus.

Derselbe Autor [85]) berichtet über 2 typische Fälle von Keratokonus und 1 Fall von Hornhautkegel. Bei beiden Patienten konnte eine Störung im Stoffwechsel der Drüsen mit innerer Sekretion nachgewiesen werden, indem jedesmal Abbau von Thymus beobachtet wurde (vgl. o. Resultate von H. Deutsch, S. 440), desgleichen in 2 Fällen stark positive Reaktionen mit Nebenniere; Schilddrüse, Pankreas und Hypophyse waren zweifelhaft. Von den Thymuspräparaten war eins von Abderhalden selbst zubereitet. Am Schluß seines Berichts führte er noch 5 Fälle derselben Krankheit (von Fleischer und Axenfeld zur Verfügung gestellt) auf, von denen 4 regelmäßig Thymus und Schilddrüse abbauten.

In der oben genannten Versammlung sprach Gebb über Tierversuche (Hund) auf Abbau von Linsensubstanz an normalen und vorbehandelten Tieren, mittelst der optischen Methode: Das normale Hundeserum gab keine Reaktion, im Serum des vorbehandelten Tieres dagegen ließen sich die spezifischen Linsenfermente leicht nachweisen. Auch das Serum von Patienten mit Altersstar unterschied sich hinsichtlich seines Drehungsvermögens von dem Serum nicht starkranker Personen bis zu einem gewissen Grad.

Auch auf die

8. Tierkrankheiten

wurde das Abderhaldensche Verfahren übertragen. Wenn auch noch wenig Erfahrung auf diesem Gebiete vorliegt, so scheint doch der Fall zu sein, daß Menschen- und Tierorgane die gleichen Resultate geben, d. h. daß funktionell gleiche Organe auch die gleichen, ihnen spezifischen Fermente an das Blut abgeben (vgl. oben Abderhalden, S. 429).

Die ersten Versuche auf diesem Gebiete stellte Abderhalden an. Er beschreibt [86]) eingehend die Technik seines Dialysierverfahrens. Darauf folgt die Aufzählung der Versuche zur Feststellung der Schwangerschaft bei Kühen, mittelst der optischen Methode. Er kam zu ausschließlich positiven Resultaten, wenn Schwangerschaft vorlag.

Desgleichen faßt Naumann [87]) seine Arbeit folgendermaßen zusammen: Mittelst des Dialysierverfahrens gelingt es auch im Tierversuch, beim Rind fast stets, den Nachweis der Schwangerschaft zu erbringen, sofern in den Dialysierhülsen mindestens 2 ccm Serum zum Versuche angesetzt werden. Fehlerhaft positive Reaktionen (die weit häufiger vorkamen als fehlerhaft negative) sucht er mit der Hämolyse des Serums zu erklären.

Dann stellten Schlimpert und Issel [88]) Versuche an, ob Trächtigkeit bei Tieren mittelst der Abderhaldenschen Reaktion nachzuweisen wäre. Sie fanden, daß beim Pferd und Schaf während der Schwangerschaft Fermente im Blut kreisten, die die Plazenta der eigenen Art abbauten. Von diesen Fermenten wurde nicht nur arteigene Plazenta abgebaut, sondern auch Plazenta anderer Arten (Mensch, Schaf, Pferd), und zwar wurde sowohl der fötale wie der mütterliche Anteil der Plazenta angegriffen. Die Auslösung der Fermentbildung durch verschleppte Chorionzotten ist infolge der anatomischen Hindernisse in der Schaf- und Pferdeplazenta unwahrscheinlich. Quantitativ am stärksten reagierte immer Menschenserum, baute aber nicht die menschliche Plazenta, sondern Pferdeplazenta am stärksten ab. Ebenso reagierte Schafserum mit Pferdeplazenta sehr stark.

Zu ähnlichen Resultaten kam Miessner [89]). Er dehnte ferner seine Versuche auch auf Infektionskrankheiten aus, indem er nachsah, ob bei Rotz ebenfalls Schutzfermente nachzuweisen wären (s. o. Abderhalden S. 445). Als abzubauendes Substrat benutzte er nicht Rotzbazillen, sondern Organteile von Versuchstieren, die mit Rotzbazillen infiziert waren. Sera von gesunden Pferden bauten die Rotzbazillen nicht ab, dagegen ergab sich, daß Serum von rotzkranken oder mit Malleïn behandelten Tieren, am 7. oder 8. Tage nach der Injektion, eine positive Reaktion zeigten. Bei den Versuchen stellte sich ferner heraus, daß die Menge von 1 ccm Serum zu gering war, um eine positive Reaktion auszulösen. Endlich wurde gefunden, daß Druseserum auf Rotzbazillen, und Rotzserum auf Drusestreptokokken wirkende Fermente nicht besitzt.

Auf Veranlassung Miessners stellte Reul [90]) Versuche an, ob Serum drusekranker Pferde Lymphknoten von drusekranken Tieren abbaute. Er kam zu folgenden Resultaten: Normales Pferdeserum greift arteigene Lymphknoten nicht an, ebensowenig wie Serum drusekranker Pferde arteigene, normale Lymphknoten nicht abbaut. Weder das Blut normaler, noch das drusekranker Pferde baut Eiweiß in normalen Organen von Mäusen und Ratten ab. Dagegen gibt Serum drusekranker Pferde mit Eiweiß von Organen von Mäusen und Ratten zusammengebracht, die mit Drusestreptokokken durchsetzt sind, positive Reaktion. Das Serum von Tieren, die mit Tuberkulose, Morbus maculosus, Rotz, Staupe oder Brustseuche behaftet waren, baute Organe von Mäusen und Ratten, die mit Drusestreptokokken durchsetzt waren, nicht ab. Das Serum von drusekranken Pferden ist nicht imstande artfremde Organe, die mit Milzbrand oder Rotz infiziert waren, abzubauen.

9. Abbau von Magen- und Darmschleimhaut.

Kabanow [91]) teilt mit, daß er bei 3 Fällen von perniziöser Anämie Abbau von Dünndarm beobachtete, während ein geheilter Fall negativ reagierte.

Er fand [92]), daß es wahrscheinlich Abwehrfermente gibt, die auf einzelne Partien des Magendarmkanals eingestellt sind. Außerdem stellte er fest, daß die Reaktion bei Achylie nur dann positiv ausfällt, wenn auch die Reaktion auf Lackmus fehlt. Serum von Kranken mit perniziöser Anämie baute jedesmal Dünndarmschleimhaut ab. Serum von Kranken mit Ulcus ventriculi und Ulcus duodeni baute Magen- bzw. Dünndarmschleimhaut ab. Bei einem Patienten mit fraglicher Appendicitis wurde Appendix abgebaut.

10. Infektionskrankheiten.

W. Schultz und L. R. Grote [93]) fanden, daß im Serum Scharlachkranker zwischen dem 5. und 32. Krankheitstage Abwehrfermente gegen Lymphdrüsen nachweisbar waren. Diese Fermente waren nicht allein gegen Lymphdrüsen, die durch das Scharlachvirus verändert wurden, gerichtet, sondern überhaupt gegen normale Lymphdrüsen.

S. auch oben Miessner und Reul.

11. Abbau verschiedener, nicht miteinander zusammenhängender Organe.

Breitmann [94]) untersuchte verschiedene Sera von Leberkranken, Herzkranken, Patienten mit Gastroenteritis usw. auf Leberabbau und fand, daß die relative Selbständigkeit der beiden Leberlappen auch mit dieser Methode gefunden werden kann (näheres s. Original).

Waldstein und Ekler [95]) berichten über Versuche, die sie mit Serum weiblicher Kaninchen ante et post cohabitationem in bezug auf Hodenabbau anstellten. Sie kamen zu dem Schluß, daß sämtliche Tiere post cohabitationem eine positive Reaktion aufwiesen, während vorher keine hodenabbauenden Fermente nachgewiesen werden konnten.

Abderhalden und Lampé [96]) legten sich die Frage vor, ob sich der Gehalt des Blutserums an dialysierbaren, die Biuretreaktion nicht gebenden, dagegen mit Ninhydrin reagierenden Verbindungen, durch Muskelarbeit beeinflussen ließe, die bis zur vollständigen Erschöpfung getrieben wurde. Als Versuchstiere fungierten Hunde, die vor dem Versuch 24—48 Stunden gehungert hatten. Die Versuche ergaben nicht das erwartete Resultat, denn nach hochgradiger Ermüdung enthielt das Serum nicht, wie erwartet, mehr dialysierbare Stoffe, sondern vielmehr weniger. Die Sera wurden mit Muskelgewebe, Pankreas und Leber vom Hund, Pankreas, Leber, Nebennieren, Muskelgewebe und Plazenta vom Mensch zusammengebracht. Diese Versuche waren schon deshalb sehr interessant, da durch sie die Theorien und Feststellungen von Weichardt über Ermüdungsstoffe von anderen Gesichtspunkten aus hätten charakterisiert werden können.

12. Milchzuckerabbau.

Es war früher schon bekannt (s. Weinland), daß nach künstlicher Zufuhr von Milchzucker in das Blut im Blutserum Abwehrfermente auftreten, die diesen spalten. Es war naheliegend infolge dieser Versuche, das Serum Schwangerer und von Wöchnerinnen auf sein Verhalten gegenüber Milchzucker zu prüfen. Abderhalden stellte diese Versuche zusammen mit Fodor[97]) an und fand, daß bei 12 Graviden in verschiedenen Monaten keine Abwehrfermente gegen Milchzucker nachweisbar (optische Methode) waren; nur in 1 Falle bei einer Schwangerschaft im 10. Monat wurde Milchzucker abgebaut, ebenso baute von 10 Wöchnerinnen eine Laktose ab.

Ferner seien noch einige Arbeiten mitgeteilt, die sich mit der

13. Technik

des Dialysierverfahrens befassen.

King[98]) schlägt für die Abderhaldenschen Versuche, ähnlich dem Vorgehen Lindigs, ein trockenes Plazentapulver vor. Er arbeitet möglichst steril, wäscht vor der Austrocknung die Plazenta völlig blutfrei, zerreibt sie in einer Farbenmühle und trocknet das feine Pulver im Vakuum in Gegenwart von Toluoldämpfen bei Zimmertemperatur. Zur Aufbewahrung dieses Pulvers beschickte er kleine Ampullen mit derjenigen Menge Substanz, welche für einen Versuch ausreicht. (Abderhalden warnt neuerdings ausdrücklich vor Trockenorganen; s. „Abwehrfermente" 3., Aufl.)

Goudsmit[99]) empfiehlt die Anwendung von Wasserstoffsuperoxyd, um die Organe blutfrei zu machen. (Abderhalden warnt vor der Anwendung dieser Methode, da bei solchen Entfärbungsmitteln uns jegliche Kontrolle über die Blutfreiheit der Organe genommen ist; s. „Abwehrfermente", 3. Aufl.)

Lampé[101]) empfiehlt zur schnellen Entblutung der Organe die Einbindung von Kanülen in Gefäße, um sie in toto zu entbluten. Auf diese Weise bleibe das spezifische Organparenchym besser erhalten.

Wie ich schon einleitend bemerkte, war es unmöglich die Menge der sich oft widersprechenden Versuchsresultate der verschiedenen Autoren in zusammenfassender Form wiederzugeben. Ein abschließendes Urteil ist zur Zeit noch nicht mit Sicherheit zu geben. Nur tut man sicher Abderhalden unrecht, wenn man sich verleiten läßt, ein abfälliges Urteil über seine Methode zu fällen, wenn die eigenen Versuche zu anderen Resultaten führten, ohne vorher seine Arbeitsweise, Technik usw. geprüft zu haben.

Die Veröffentlichungen Abderhaldens sind Früchte jahrelanger unentwegter Arbeit. Liest man die oben angeführten Arbeiten durch und vergleicht sie mit den Resultaten Abderhaldens und seiner Schule, dann kann man sich ungefähr ein objektives Urteil bilden über die bis jetzt erzielten Ergebnisse. Gleichzeitig lernt man die gemachten Fehler kennen und sucht sie zu vermeiden.

Vor allem hüte man sich vor allzu früher Kritik und Verurteilung der Methode, ehe man seine eigene Arbeitsweise gründlich geprüft hat. Die Methoden sind noch neu und unfertig, wie Abderhalden selbst gesteht, es steht jedoch zu hoffen, daß sie nach und nach so ausgebaut werden, daß die Diagnosen mit Leichtigkeit und völliger Sicherheit gestellt werden können.

II. Weichardtsche Reaktion.

Wenn Abderhalden mit seiner Reaktion den fermentativen Charakter der Substanzen nachzuweisen sucht, mit denen sich der Körper gegen blutfremdes Eiweiß, das während einer Schwangerschaft usw. in die Blutbahn eindringt, durch Abbau desselben zu wehren sucht, so hat Weichardt mit seinen Mitarbeitern eine Methode ausgearbeitet, mit welcher es gelingt, diese Abbauprodukte indirekt zu bestimmen. Diese Methode basiert auf der Tatsache, daß solche Eiweißspaltprodukte in geringer Menge anregend, in größerer Menge lähmend auf Katalysatoren wirken. Zum Versuch kann man entweder organische oder anorganische Katalysatoren benutzen. Als erstere benutzten Weichardt und Stötter das Hämoglobin. Die Herstellung dieses Katalysators wurde im letzten Jahre in den „Ergebnissen der Immunitätsforschung" von Weichardt eingehend erörtert, wie auch die ganze Beschreibung der Technik der Versuchsanordnung ausführlich ausgeführt, so daß ich nicht mehr auf diese einzugehen brauche.

Als anorganischer Katalysator diente kolloidales Osmium, das fast in allen Verdünnungen durch Eiweißspaltprodukte gelähmt wird. Wenn auch diese neue Methode überaus subtil ist und Weichardt meint, daß nur besonders Geübte und chemisch und serologisch Vorgebildete dieselbe mit Erfolg anwendeten, so will das nicht heißen, daß auf Grund von abfälligen Kritiken weniger geübter Arbeiter die Methode zu verwerfen ist. Auch bin ich nicht der Ansicht Kurt Meyers [102]), daß die Weichardtsche Methode nicht unter die diagnostischen Methoden einzureihen sei; denn wir werden weiter unten sehen, daß mit derselben annähernd die gleichen Reusltate (wenn auch nicht auf allen Gebieten) erzielt worden sind, wie mit der Abderhaldenschen, die man wohl, was wenigstens die Gravidität anbetrifft, unter die in der Klinik brauchbaren diagnostischen Methoden rechnen kann.

Weichardt fand mit Stötter, daß geringe Mengen von Eiweißspaltprodukten das Hämoglobin so beeinflussen, daß die bekannte Guajakreaktion angeregt wird, während größere Mengen diese Reaktion lähmen (Weichardt [103])). Der Ausfall der Guajakreaktion wurde kolorimetrisch gemessen. Später arbeitete Weichardt mit Kelber eine quantitative Methode aus, die sich auf die Jodtitration stützt. Wenn es sich darum handelte, Eiweißspaltprodukte in Exkreten zu messen, verwandten sie als Katalysator die kolloidale Osmiumlösung. Dieselbe wurde nach den Angaben von Paal hergestellt und enthielt im Liter ungefähr 0,1 g Osmium, das im Verhältnis 1 : 5 mit destilliertem Wasser verdünnt wurde. Handelt es sich um die Messung von Stoffen, die leicht zersetzbar sind, so ist Glyzerin als Verdünnungsflüssigkeit vorzuziehen. Von dieser Lösung werden für jeden Versuch 3 ccm, entsprechend 0,5 mg, mit der Pipette gemessen und in kleines Titrierkölbchen von ungefähr 50 ccm gegeben. Zu diesem Katalysator fügt man dann die zu untersuchende Lösung (am besten 1 ccm), schüttelt gut um und läßt einige Zeit im Brutschrank bei 22° C stehen. Hierauf fügt man 5 ccm einer Stärkelösung, die im Liter 2 g Jodkalium und 1,2 g Stärke gelöst enthält, hinzu. Dazu gibt man noch 2 ccm einer wässerigen Ausschüttelung von etwa 220 ccm eingetrockneten Terpentinöls (aus 10 Liter) mit 2 Liter Wasser.

Dieser Katalysator wurde von Eiweißspaltprodukten stark in seiner Wirkung gehemmt. Sehr interessant war die Beobachtung, daß der Eiweißbestand teil des roten Blutfarbstoffes, das Globin, den Katalysator stark lähmte, während es in der Blutfarbstoffkomponente als Hämoglobin fast unwirksam war.

Ferner wurde gefunden, daß das Globin in seiner Verteilung in der Luft, durch seine Katalysatorenbeeinflussung, nachweisbar ist. Für solche Nachweise konstruierte Weichardt einen besonderen Apparat. Mittelst desselben wurde u. a. die Luft, die stundenlang durch eine Glasflasche gestrichen war, in der sich ein Meerschweinchen befand, untersucht; ferner die Luft von Zimmern, in denen sich viele Menschen lange aufgehalten hatten. In beiden Fällen war eine deutliche Lähmung der Katalysatorentätigkeit zu finden (s. u.). Dann wurde die Luft eines Raumes untersucht, in welchem sich keine Menschen aufgehalten hatten, dagegen aber durch brennende Gasflammen eine starke Kohlensäureanreicherung stattgefunden hatte. Hier war die Beeinflussung des Katalysators eine geringe. Ferner wurde festgestellt, daß Eiweißspaltprodukte im Extrakt eines Mammakarzinoms (mit verdünntem Glyzerin gewonnen) in geringen Mengen den Blutkatalysator anregten, in starken dagegen lähmten.

Weichardt nimmt an, daß diese Reaktionen nicht spezifisch sind, sondern daß sie bei den verschiedensten proteinogenen Intoxikationen sich auffinden lassen, und somit auch bei der Schwangerschaft.

Derartige Vergiftungen kommen, wie schon längere Zeit durch die Untersuchungen von Schmorl, Veit und Weichardt bekannt geworden ist, vermutlich durch die Cytolyse der Syncytialzellen im Blut von Schwangeren vor, wobei erhebliche Mengen von Spaltprodukten frei werden. Mittelst der quantitativen Methode konnte Weichardt feststellen, daß in vielen Fällen ein Stadium der Anregung des Hämoglobinkatalysators bei normalen Schwangeren, verglichen mit dem normaler Personen, vorhanden war. Weichardt ist infolgedessen der Ansicht, daß es im Organismus, wenn Eiweißspaltprodukte frei werden, zunächst zu einer Vermehrung der Oxydasefunktion des Hämoglobins kommt, so daß letzteres für die Bindung von schädigenden Eiweißspaltprodukten in Frage kommt.

Ferner wurden noch Vergleiche angestellt zwischen der Tätigkeit des Blutkatalysators bei künstlich überempfindlich gemachten und normalen Tieren (s. u. Weichardt und Schlee). Mit Eiereiweiß sensibilisierte Meerschweinchen wurden nachgespritzt und starben im anaphylaktischen Schock. Das nach der Weichardtschen Methode aus dem Blute der Tiere hergestellte Hämoglobin wurde mittelst der Jodkaliumstärkemethode geprüft. Es fand sich, daß der Hämoglobinkatalysator durch die parenteral frei werdenden Eiweißspaltprodukte angeregt wurde.

Sodann soll auf die Versuche mit verbrauchter Luft, die Weichardt zusammen mit Schwenk anstellte [104]), näher eingegangen werden. Schon früher [105]) hatte Weichardt beschrieben, daß der Hämoglobinkatalysator durch bestimmte Peptone beeinflußt wurde. Brachte er Globin aus Pferdeblut mit Osmiumlösung als Katalysator zusammen und titrierte, dann fand er, daß der Titer beträchtlich hinter dem Kontrollversuch ohne Globin zurückblieb. Auch dialysierte Globinlösung ergab eine, nur um ein Geringes schwächere, sonst aber völlig gleichsinnige Reaktion. In oben erwähnter Arbeit stellten sodann Weichardt und Schwenk Versuche mit verbrauchter Luft an.

Sie setzten Versuchstiere (Meerschweinchen oder Mäuse) in eine Pulverflasche mit breitem Hals, schlossen an letztere eine besondere Waschflasche an, die mit einer Mischung von reinem Glyzerin und Osmiumlösung beschickt war, und durch das Ganze wurde möglichst langsam ein Luftstrom gesaugt. Nach ca. 9 Stunden Durchleitungsdauer wurde meistens sofort titriert. Es wurden immer je zwei parallele Versuchsreihen angesetzt, von denen die eine den vergifteten, die andere den unvergifteten Katalysator enthielt, und die Differenz bestimmt. Es wurde unzweifelhaft nachgewiesen, daß eine Katalysatorenlähmung eintrat, somit die Ausatemluft der Tiere Eiweißabbauprodukte enthielt, die dieselbe hervorrufen mußte.

Die ebenfalls angestellten Versuche auf Anwesenheit katalysatorenlähmender Substanzen in Wohnräumen und in der Ausatemluft verschiedener Personen fielen nicht ganz eindeutig aus. Bei den zuletzt angeführten Versuchen neigen Verfasser der Ansicht zu, daß nach den verschiedenen Tageszeiten Differenzen in der Ausscheidung der Ausatemluft bestehen, und daß auch das Alter der Individuen nicht bedeutungslos sei.

Zusammen mit Schlee studierte Weichardt [106]) unbekannte Gemische mit Hilfe von Katalysatoren. Die Anregung des Hämoglobinkatalysators von Schwangeren haben wir oben bereits kurz erwähnt (s. auch unten: Engelhorn). Ferner wurde gefunden, daß das Hämoglobin von Tieren in den ersten Stadien des anaphylaktischen Anfalls normalem Hämoglobin gegenüber in seiner katalysatorischen Fähigkeit angeregt wird.

In einer dritten Versuchsreihe fanden die Autoren, daß mit der Erhöhung der Körpertemperatur nach intravenöser Einverleibung geringer Mengen von Bazillenproteinen (Friedländer, Tuberkelbazillen-Endotoxin, Streptokokken, Typhus) bei Meerschweinchen auch eine Erhöhung der Katalysatorentätigkeit des Hämoglobins in Vergleich zu dem Hämoglobin nicht injizierter Tiere eingetreten war.

Auch bei Verbrühungen chloroformierter Meerschweinchen (ein narkotisiertes Tier wurde mit seiner unteren Körperhälfte 50 Sekunden lang in kochendes Wasser gehalten) wurde eine Steigerung der Katalysatorentätigkeit des Hämoglobins beobachtet.

Ferner stellten Weichardt und Schlee fest, daß bei fortgeschrittenen Tuberkulosen, bei einer perniziösen Anämie, sowie bei drei Luesfällen der Hämoglobinkatalysator im Vergleich zum normalen Hämoglobin gelähmt war. In den ersten Stadien einer kruppösen Pneumonie dagegen wurde derselbe angeregt.

Schließlich schien es ihnen, daß bei Versuchen mit Harnen bei akuten Infektionen, besonders viel katalysatorenlähmende Substanzen ausgeschieden wurden. Untersucht wurden Diphtherie-, Scharlach-, Masernpneumonie-, Masern-, Typhuskranke und Phthisiker. Auch ließ sich feststellen, daß der Abendharn reicher war an katalysatorenlähmenden Substanzen als der Frühharn.

Der Weichardtschen Methode bediente sich Engelhorn zur Diagnosestellung der Schwangerschaft; er [107]) untersuchte auf Anregung Weichardts 108 Fälle von Schwangerschaft und kam gleich diesem zu dem Schluß, daß der isoliert hergestellte Blutkatalysator dieser Graviden dem normalen gegenüber deutlich angeregt ist. Zu Kontrollversuchen wurden Patientinnen von der gynäkologischen Station herangezogen. Bei 3 Fällen von Karzinom war die Anregung des Hämoglobinkatalysators nicht konstant. Bei einem Fall von Eklampsie (glücklicher Ausgang) wurde zu Beginn der Anfälle gegenüber einer Nichtschwangeren eine ganz beträchtliche Erhöhung des Titers konstatiert. Ob in schweren Fällen von Eklampsie Katalysatorenlähmung zu finden ist, konnte nicht untersucht werden.

Hauenstein[116]) fand nach der Weichardtschen Methode, daß bei chronischen, schweren Zerfallsprozessen die Katalysatorentätigkeit des Blutes gelähmt zu sein pflegt. (Dementia praecox u. a.)

E. Stettner dehnte seine Untersuchungen mit Hilfe der Weichardtschen Reaktion auf das Gebiet der Pädiatrie aus [108]). Er fand in 3 Fällen von Spasmophilie und latenter Tetanie eine konstante Erniedrigung des Blutkatalysators gegenüber dem normalen. Die Werte entsprachen ungefähr dem klinischen Bild. Um ferner der Frage näher zu treten, ob Beziehungen zwischen Spasmophilie und Anaphylaxie bestanden, sah er nach, wie sich verschiedene Milcheiweißkörper gegenüber dem Blutkatalysator überempfindlicher Tiere verhielten. Er wählte für diese Versuche Kuhmilchmolke und Kasein. Mit Trockenpräparaten vorbehandelte Meerschweinchen wurden mit reiner Kuhmilchmolke und gut gewaschenem Kasein nachgespritzt. Resultat: Typischer anaphylaktischer Schock. Da jedoch die Molke und das Kasein selbst starke Katalysatoren darstellten, wodurch das Blut der Tiere reichlich mit Katalysatoren überschwemmt wurde, mußten außer dem Blut des anaphylaktischen Tieres noch dasjenige eines normalen unbehandelten Meerschweinchens und das eines Tieres, dem kurz vor dem Tode in gleicher Weise Molke oder Kasein injiziert war, berücksichtigt werden. Es ergab sich, daß die beim anaphylaktischen Schock entstandenen Eiweißspaltprodukte eine Anregung des Blutkatalysators verursachten. Da jedoch in einer anderen Versuchsreihe eine mäßige Hemmung der Katalysatorentätigkeit zu verzeichnen war, so glaubt Stettner, daß die Reaktion zur Lösung der Frage ob Spasmophilie oder Anaphylaxie Beziehungen zueinander hätten, ungeeignet sei.

Zu seinen weiteren Versuchen bediente sich Stettner eines Katalysators, der aus einer Blutverdünnung 1 : 100 bestand, da es mit Schwierigkeiten verbunden war, Säuglingen wiederholt mehrere Kubikzentimeter Blut zu entnehmen. Auf Grund von 67 angestellten Versuchen kam er zu dem Resultat, daß entzündliche Vorgänge die Katalysatorentätigkeit veränderten, und zwar in der Art, daß einer Leukozytose eine Vermehrung, und einer Leukopenie eine Verminderung der Blutkatalyse entsprach. Selbst kleine Änderungen im Leukozytengehalt spiegelten sich in der Katalysatorenkurve wieder. Aus diesen und anderen Versuchen geht hervor, daß der Leukozytengehalt, der Hämoglobingehalt, die Erythrozytenzahl und noch allerlei Faktoren, die unabhängig vom Zellbestande des Blutes sind, für die katalytische Fähigkeit des Blutes maßgebend sind. Am reinsten zeigte der nach Weichardt dargestellte Blutkatalysator die katalytischen Eigenschaften. Auch dem Blutserum (sowie Pleuraexsudat und Aszitesflüssigkeit) kamen katalysatorhemmende Fähigkeiten zu.

Bei Anwendung eines anorganischen Osmiumkatalysators zeigte sich eine gegenseitige Beeinflussung mit dem Blutkatalysator im Sinne einer Lähmung. Der organische Blutkatalysator erwies sich gegenüber der Einwirkung eines anorganischen Katalysators (kolloidales Osmium) und gegenüber der Einwirkung von Eiweißspaltprodukten widerstandsfähiger als kolloidales Osmium.

Zum Schluß berichtet Stettner über die außerordentlichen katalytischen Eigenschaften eines pneumokokkenhaltigen Empyemeiters. Stettner glaubt, daß man mit der Weichardtschen Methode Alter und Eigenschaften verschiedener Eitersorten bestimmen könne, da mit zunehmendem Alter und der Vermehrung der verdauenden Eigenschaften sich Eiweißspaltprodukte in reichlicher Menge antreffen lassen.

Ferner berichtete Kümmel[109]) über relativ günstige, wenn auch nicht ganz eindeutige Resultate mit der Weichardtschen Reaktion bei sympathischer Ophthalmie (vgl. Hegner, Abs. I dieser Zusammenfassung).

Übersehen wir die mittelst der Weichardtschen Reaktion erzielten Ergebnisse, so kommen wir zu dem Schluß, daß zwar die damit erzielten Resultate, wie bei jeder biologischen Methode, in der Hand nicht jedes Untersuchers gleichmäßig ausfallen, aber daß die Methode sicherlich mit in die Reihe der diagnostischen Methoden darf gestellt werden. Sicher wird mit der wachsenden Erfahrung auch ihre Zuverlässigkeit zunehmen.

Ich möchte nicht versäumen, zu erwähnen, daß Weichardt, gleich Abderhalden, sein Institut zur Erlernung der Methode zur Verfügung stellt.

Um das Einfüllen solch kleiner Flüssigkeitsmengen in exakter Weise zu ermöglichen, wie die Methode es verlangt, hat Weichardt eine sog. Mikropipette angegeben, die gleich den besonders eingeteilten automatischen Büretten bei Lautenschläger zu haben ist.

III. Rosenthals Serumdiagnose der Gravidität.

Die drittens hier näher zu betrachtende Methode zum Nachweis parenteraler Verdauungsvorgänge, insbesondere der Schwangerschaft, ist die serologische Schwangerschaftsdiagnostik von Eugen Rosenthal.

Dieselbe gründet sich auf der erhöhten antiproteolytischen Wirkung des Blutserums, welche während der Schwangerschaft, infolge des gesteigerten Eiweißumsatzes besteht und durch die wesentlich erhöhte Hemmung der Kaseinverdauung durch Trypsin leicht nachgewiesen werden kann. Die Technik der Methode wurde bereits von Weichardt in den „Ergebnissen der Immunitätsforschung usw." 1912 genau beschrieben und ist ferner von Rosenthal[110]) eingehend angegeben, so daß es sich erübrigt nochmals auf dieselbe näher einzugehen.

Schon früher wurden Arbeiten veröffentlicht (Brieger und Trebing, Bergmann und Meyer, Herzfeld), in denen das Blut schwangerer Frauen auf seine antiproteolytische Wirkung geprüft wurde. Eine Steigerung der letzteren konnten bereits Gräfenberg, Thaler, v. d. Heide und Krösing nachweisen. Auch war bekannt, daß unter pathologischen Bedingungen, namentlich bei Nephritis, Basedowscher Krankheit und bei Krebs, die Hemmungskraft des Serums gesteigert war. Die Untersuchungen Rosenthals haben aber nun ergeben, daß die Ursache dieser Erscheinung nicht auf ein Antitrypsin zurückgeführt werden dürfe, sondern daß sie verursacht sei durch die Anwesenheit von Eiweißspaltprodukten.

Auf Grund dieser Arbeiten und Überlegungen arbeitete Rosenthal eine Methode aus zur Serodiagnose der Schwangerschaft. Er veröffentlichte dieselbe ungefähr $1^1/_2$ Jahre früher, als die auf ähnlicher Basis beruhenden Arbeiten Abderhaldens bekannt wurden.

Rosenthal bediente sich zu diesem Zweck der Fuldschen Kaseinmethode: Kasein, steigende Trypsinmengen und verdünntes Serum werden zusammengebracht und nach halbstündiger Bebrütung wird mittelst alkoholischer Essigsäurelösung nachgesehen, bis zu welcher Trypsindosis noch unverdautes Eiweiß vorhanden ist. Vor der Ausführung der Hauptreaktion muß natürlich erst eine Titration des Systems (ohne Zusatz von Serum) vorgenommen werden. In der Regel beträgt die lösende Dosis 0,4 Trypsin. In diesem Falle ist 0,5 und 0,6 normal, 0,7 und 0,8 erhöht, 0,9 und 1,0 positiv und 1,1 und 1,2 stark positiv.

Unter 120 untersuchten Fällen bezogen sich ca. 50 auf Schwangere, die anderen auf Aborte, Kreißende, Wöchnerinnen und Patientinnen, die an verschiedenen Frauenkrankheiten litten. In jedem untersuchten Fall von Gravidität in allen Schwangerschaftsmonaten war eine, dem normalen Serum gegenüber, erhöhte Hemmungskraft des Serums vorhanden. Die Stärke der Hemmung schien in der zweiten Hälfte der Gravidität noch eine weitere Steigerung zu erfahren, da sie in $^1/_3$ der Fälle stark positiv ausfiel. Die erhöhte Hemmung des Serums blieb während der Geburt und in den ersten 2 Wochen des Puerperiums erhalten. Das Stillen hatte auf die Stärke der Hemmung gar keinen Einfluß. Bei vollkommenen und unvollkommenen Aborten war die Hemmung geradeso erhöht, wie bei der Schwangerschaft, nur schien sie bei ersteren etwas rascher wieder abzufallen.

Eine Ungenauigkeit hat allerdings die Methode. Eine Anzahl von Frauenkrankheiten nämlich, namentlich Retroflexio, Endometritis, beginnende Salpingoophoritis, Myome gehen auch mit einer erhöhten Hemmung einher, erreichen jedoch den bei der Gravidität vorhandenen antitryptischen Titer nicht immer. Ist bei der Differentialdiagnose, zwischen oben genannten Krankheiten und Schwangerschaft, die Hemmung stark erhöht, dann kann die Frage der Gravidität nur durch Heranziehen der übrigen Symptome, ceteris paribus verwertet werden, während eine negative Reaktion auch in diesem Falle aufs entschiedenste gegen eine bestehende Schwangerschaft spricht. Gleich der Abderhaldenschen fällt auch diese Reaktion negativ aus, wenn zwar die Frucht noch im mütterlichen Körper sich befindet, jedoch ohne Zusammenhang mit demselben ist.

Positiv ist also stets der Ausfall der Antitrypsinreaktion, wenn folgende Zustände vorhanden sind:

1. Karzinom, Basedow, Nephritis.
2. Fieber.
3. Gewisse Frauenkrankheiten.
4. Puerperium, 2—3 Wochen nach der Geburt, Aborte bis 1 Woche nach demselben.
5. Gravidität.

Sind 1—4 ausschließbar, dann zeigt eine positive Reaktion den Bestand einer Schwangerschaft an.

In einer weiteren Mitteilung[111]) berichtet Rosenthal über weitere, zum Teil komplizierte Fälle von Schwangerschaft, bei denen er mittelst seiner Methode einwandfrei das Bestehen einer Schwangerschaft feststellen konnte. Namentlich liegen 27 Befunde über Extrauteringravidität vor. Diese Fälle zeigen, daß selbst in den frühen Monaten, in denen eine extrauterine Schwangerschaft in die Klinik kommt, bereits eine erhöhte Hemmung des Blutserums vorhanden ist.

Rosenthal empfiehlt die Anwendung seiner Methode zur Diagnosestellung, da die Technik, anders als die Abderhaldensche Reaktion augenblicklich, ganz unkompliziert und leicht ausführbar sei, so daß sie von jedermann ohne Schwierigkeiten erlernt und ausgeführt werden könne. Unter mehr als 300 Fällen der letzten 2 Jahre gaben nur 2 sichere Fälle von Schwangerschaft ein negatives Resultat. Er hält es für am zweckmäßigsten, zur Diagnosestellung der Gravidität seine und die Abderhaldensche Methode nebeneinander anzuwenden.

Auch S. A. Gammeltoft in Kopenhagen konnte die Angaben Rosenthals bestätigen, da er keine Frau mit sicherer Schwangerschaft finden konnte, wo nicht auch eine deutlich erhöhte Hemmung des Serums vorhanden gewesen wäre.

Weiterhin prüften K. Franz und A. Jarisch[112]) die Angaben Rosenthals nach, indem sie 26 Sera schwangerer oder gebärender Frauen untersuchten und jedesmal einen erhöhten Serumtiter beobachteten. Auch sie bemerkten, daß im Verlaufe der Schwangerschaft der Serumtiter allmählich noch eine weitere Steigerung erfuhr. Während verschiedene Fälle von Schwangerschaftstoxikosen und Aborte immer antiproteolytische Werte ungefähr in derselben Höhe wie bei der normalen Schwangerschaft aufwiesen, konnten sie die Angaben von S. Mohr bestätigen, wonach im Nabelschnurblutserum eine Steigerung des antitryptischen Vermögens nicht nachweisbar war.

Bei 24 Sera von Wöchnerinnen konnte ferner noch deutlich erhöhte Hemmung wahrgenommen werden, jedoch mit der Tendenz, allmählich zur Norm zurückzukehren. Gleich Rosenthal beobachteten auch sie bei Fieber, Erkrankungen an einem malignen Tumor, Nephritis, bei Erkrankungen des Genitalapparates, besonders entzündlicher Natur, eine Erhöhung der antiproteolytischen Werte des Serums.

Auch Curt Fraenkel[113]) konnte die Angaben Rosenthals an 52 untersuchten Fällen bestätigen. Auch er hatte kein Fehlresultat. Ebenso fand er erhöhte Werte bei oben genannten Krankheiten. In 2 Fällen wurde der relativ hohe Titer durch die direkt nach der Mahlzeit erfolgte Blutentnahme erklärt.

So sehen wir, daß man mit der Rosenthalschen Methode ebenso exakt eine bestehende Schwangerschaft feststellen kann wie mit den beiden oben besprochenen Methoden. Dazu kommt, daß die Technik relativ einfach ist. Einen Nachteil hat allerdings die Reaktion, indem es mit derselben, wenn sie positiv ausfällt, nicht möglich ist, zumal bei Fieber, herauszubekommen, ob Schwangerschaft, Krebs oder andere Wucherungen oder Entzündungen des weiblichen Genitalapparats vorliegen, da alle einen erhöhten Titer aufweisen.

Die letztere Fragestellung tritt aber doch recht häufig an den Kliniker, zumal den Gynäkologen, heran.

Übersehen wir die Resultate, die mit den oben behandelten Methoden erzielt worden sind, so müssen wir doch sagen, daß wir mit Hilfe derselben ein gutes Stück weiter in der Erkenntnis des Wesens verschiedener physiologischer und pathologischer Vorgänge im tierischen Körper gekommen sind, zumal bei Infektionskrankheiten, malignen Tumoren und nicht zuletzt bei der Schwangerschaft. Wir haben guten Grund zu hoffen, daß die jetzt noch relativ unfertigen Methoden so ausgebaut werden und die Technik so vereinfacht wird, daß jeder Kliniker, vielleicht auch jeder Praktiker, imstande ist, mit ihrer Hilfe zu völlig exakten und sicheren Diagnosen zu kommen.

Literatur.

1. Abderhalden und Fodor, Hoppe-Seylers Zeitschr. f. phys. Chem. **87**, 22. 1913.
2. — und Schiff, Hoppe-Seylers Zeitschr. f. phys. Chem. **87**, 225. 1913.
3. — und Schmidt H., Hoppe-Seylers Zeitschr. f. phys. Chem. **85**, 143. 1913. Münch. med. Wochenschr. 1913. Nr. 43. 2383.
5. Abderhalden und Schmidt, H., Deutsche med. Wochenschr. 1912. 46. 2160.
6. — Münch. med. Wochenschr. 1912. Nr. 36. 1939.
7. — Münch. med. Wochenschr. 1913. Nr. 9. 462.
8. Petri, Th, Münch. med. Wochenschr. Nr. 21. 1913. 1137.
9. Frank, E., Rosenthal, F. und Bieberstein, 1. Mitteil. Münch. med. Wochenschrift 1913. Nr. 26. 1425. 2. Mitteil. Münch. med. Wochenschr. 1913. Nr. 29.
10. Lampé und Papazolu, Münch. med. Wochenschr. 1913. Nr. 26. 1423.
11. Fuchs, Adolf, Münch. med. Wochenschr. 1913. Nr. 40. 2231.
12. Steising, Z., Münch. med. Wochenschr. 1913 Nr. 28.
13. Evler, Berl. klin. Wochenschr. 1913. Nr. 35. 1606.
14. Frank, Erich und Heimann, Fritz, Berl. klin. Wochenschr. 1912. Nr. 36.
15. Heimann, Fritz, Münch. med. Wochenschr. 1913. Nr. 17. 915.
16. Franz, R. und Jarisch, A., Wien. klin. Wochenschr. 1912. Nr. 30. 1441.
17. Veit, J., Zeitschr. f. Geburtsh. u. Gyn. 1912. Nr. 72. 463.
18. — Berl. klin. Wochenschr. 1913. Nr. 27. 1241.
19. Henkel, M., Arch. f. Gyn. 1912. Nr. 99. 1.
20. Lindig, Münch. med. Wochenschr. 1913. Nr. 6. 288.
21. Abderhalden, (Entgegnung) Münch. med. Wochenschr. 1913. Nr. 8. 441.
22. Lindig, Münch. med. Wochenschr. 1913. Nr. 13. 702.
23. Engelhorn, Münch. med. Wochenschr. 1913. Nr. 11. 587.
24. Ekler, Wien. klin. Wochenschr. 1913. Nr. 18. 696.
25. Lederer, Wien. klin. Wochenschr. 1913. Nr. 18. 728.
26. Markus, Berl. klin. Wochenschr. 1913. Nr. 17. 776.
27. Freund, Rich., und Brahm, K., Münch. med. Wochenschr. 1913. Nr. 13. 685.
28. Stange, Münch. med. Wochenschr. 1913. Nr. 20. 1084.
29. Behne, Zentralbl. f. Gyn. 1913. Nr. 17. 37. 613.
30. Rübsamen, W., Münch. med. Wochenschr. 1913. Nr. 21. 1139.
31. Schiff, Münch. med. Wochenschr. 1913. Nr. 22. 1197.
32. Jonas, Deutsche med. Wochenschr. 1913. Nr. 23. 1099.
33. Maccabruni, Münch. med. Wochenschr. 1913. Nr. 23. 1259.
34. Aschner, Berl. klin. Wochenschr. 1913. Nr. 27. 1243.
35. Jaworski und Szymanoski, Wien. klin. Wochenschr. 1913. Nr. 26. 922.
36. Lichtenstein, Münch. med. Wochenschr. 1913. Nr. 26. 1427.
37. Gottschalk, Berl. klin. Wochenschr. 1913. Nr. 25. 1151.
38. Parsamow, Zentralbl. f. Gyn. u. Geb. 1913. 37. Nr. 25. 934.
39. Heilner und Petri, Münch. med. Wochenschr. 1913. Nr. 28. 1532.
40. Abderhalden und Weil, Münch. med. Wochenschr. 1913. Nr. 31. 1703.
41. Heilner und Petri, Münch. med. Wochenschr. 1913. Nr. 32. 1775.

42. **Abderhalden** und **Schiff**,S., Münch. med. Wochenschr. 1913. Nr. 35. 1923.

43. **Plotkin**, G., Münch. med. Wochenschr. 1913. Nr. 35. 681.

44. **Schlimpert** und **Hendry**, 1913. Nr. 13. 681.

45. **Polano**, Bayr. Gyn. Gesellsch. 9. Febr. 1913. Nürnberg.

46. **Dannay** u. **Ecalle**, C. r. de biol. 74. 1913. Nr. 20. 1190.

47. **Deutsch** und **Köhler**, Wien. klin. Wochenschr. 1913. Nr. 34. 1361.

48. **Schäfer**, P., Berl. klin. Wochenschr. 1913. Nr. 35. 1605.

49. **Tschutnowsky**, Münch. med. Wochenschr. 1913. Nr. 41. 2282.

50. **Ebeler** und **Löhnberg**, Berl. klin. Wochenschr. 1913. Nr. 41. 1898.

51. **Epstein**, E., Wien. klin. Wochenschr. 1913. Nr. 17.

52. **Reines**, Wien. klin. Wochenschr. 1913. Nr. 18. 729.

53. **Paltauf**, eodem loco.

54. **Freund**, eodem loco, 730.

55. **Frank**, Erich und **Heimann**, Fritz , Berl. klin. Wochenschr. 1913. Nr. 14. 631.

56. **Gambaroff**, G. v., Münch. med. Wochenschr. 1913. Nr. 30. 1644.

57. **Bauer**, Jul., Wien. klin. Wochenschr. 1913. Nr. 16. 606.

58. — Wien. klin. Wochenschr. 1913. Nr. 27. 1109.

59. **Kolb**, K., Münch. med. Wochenschr. 1913. Nr. 30. 1642.

60. **Papazolu**, L., C. v. soc. de biol. 74. 1913. Nr. 6. 30.

61. **Marinesko** und **Papazolu**, C. v. soc. de biol. 74. 1913. Nr. 24. 1419.

62. **Lampé**, A., Monatsschr. f. Geb. u. Gyn. 38, 45. 1913.

63. **Lampé** und **Papazolu**, Münch. med. Wochenschr. 1913. Nr. 28.

64. — und **Fuchs**, Rob., Münch. med. Wochenschr. 1913. Nr. 39. 2177.

65. **Deutsch**, Helene, Wien. klin. Wochenschr. 1913. Nr. 38. 1492.

66. **Fauser**, Deutsche med. Wochenschr. 1912. Nr. 52. 2447.

67. — Deutsche med. Wochenschr. 1913. Nr. 7. 304.

68. — Münch. med. Wochenschr. 1913. Nr. 11. 584.

69. — Münch. med. Wochenschr. 1913. Nr. 36. 1984.

70. **Münzer**, Arthur, Berl. klin. Wochenschr. 1913. Nr. 17. 777.

71. **Bundschuh** und **Roemer**, Deutsche med. Wochenschr. 1913. Nr. 42. 2019.

72. **Beyer**, B., Münch. med. Wochenschr. 1913. Nr. 44. 2450.

73. **Theobald**, Berl. klin. Wochenschr. 1913. Nr. 47. 2180.

74. **Ahrens**, Münch. med. Wochenschr. 1913. Nr. 33. 1857.

75. **Kafka**, N., Zeitschr. f. d. ges. Neurolog. u. Psych. 18, 341. 1913.

76. **Mayer**, W., Münch. med. Wochenschr. 1913. Nr. 37. 2044.

77. — Münch. med. Wochenschr. 1913. Nr. 52. 2906.

78. **Wegener**, Münch. med. Wochenschr. 1913. Nr. 22. 1197.

79. **Binswanger**, O., Münch. med. Wochenschr. 1913. Nr. 42. 2321.

80. **Fränkel**, R. E. und **Gumpertz**, F., Deutsche med. Wochenschr. 1913. Nr. 33. 1585.

81. **Lampé** Deutsche med. Wochenschr. 1913. Nr. 37. 1774.

82. **Abderhalden** und **Andryewsky**, Münch. med. Wochenschr. 1913. Nr. 30. 1641.

83. **Hegner**, Münch. med. Wochenschr. 1913. Nr. 21. 1138.

84. **Hippel** v., 39. Vers. d. ophth. Ges. Heidelberg 1913.

85. — Klin. Monatsblätter f. Augenheilk. 51.Jhrg. Neue Folge. **16**, 273. Sept. 1913.

86. **Abderhalden**, Hoppe-Seilers Zeitschr. f. phys. Chem. **81**.

87. **Neumann**, Deutsche med. Wochenschr. 1913. Nr. 43. 2086.

88. **Schlimpert** und **Issel**, Münch. med. Wochenschr. 1913. Nr. 32. 1758.

89. **Meissner**, Deutsche tierärztl. Wochenschr. 1913. Nr. 26.

90. **Reul**, Inaug-Diss. Berlin 1914.

91. **Kabanow**, Zentralbl. f. inn. Med. 1913. Nr. 34. 861.

92. — Münch. med. Wochenschr. 1913. Nr. 39. 2164.

93. **Schultz**, W., und **Grote**, L. R., Münch. med. Wochenschr. 1913. Nr. 45. 2510.

94. **Breitmann**, Zentralbl. f. inn. Med. 1913. Nr. 34. 857. 23. Aug.

95. **Waldstein** und **Ekler**, Wien. klin. Wochenschr. 1913. Nr. 42. 1689.

96. **Abderhalden** und **Lampé**, Hoppe-Seylers Zeitschr. f. phys. Chem. 1913. Nr. 85. 136.

97. **Abderhalden** und **Fodor**, Münch. med. Wochenschr. 1913. Nr. 34. 1881.

98. **King**, Münch. med. Wochenschr. 1913. Nr. 22. 1198.

99. Goudsmit, Münch. med. Wochenschr. 1913. Nr. 32. 1775.
100. Abderhalden, Münch. med. Wochenschr. 1913. Nr. 50. 2774.
101. Lampé, Münch. med. Wochenschr. 1913. Nr. 51. 2831.
102. Meyer, Kurt, Zentralbl. f. Bakt. Ref. 1914. **60**, 129. Nr. 5.
103. Weichardt, Ges. f. Morph. u. Physiol. in München. 21. Mai 1912.
104. — Serologische Studien auf dem Gebiete der experimentellen Therapie.   F. Enke 1906.
105. — und Schwenk, Zeitschr. f. d. Ges. exper. Med. 1. H. 3—4. 1913.
106. — Arch. f. Hyg. **75**, 270.
107. — und Schlee, Zeitschr. f. d. Ges. exper. Med. 1, 472. H. 5. 1913.
108. Engelhorn, Münch. med. Wochenschr. 1913. Nr. 22.
109. Stettner, E., Zeitschr. f. d. Ges. exper. Med. **2**, 219. H. 3. 1913.
110. Kümmel, 39. Vers. d. ophth. Ges. in Heidelberg 1913. 39 d. Berichts.
111. Rosenthal, Zeitschr. f. klin. Med. **72**. H. 5 u. 6.
112. — Berl. klin. Wochenschr. 1913. Nr. 25.
113. Franz, R., und Jarisch A., Wien. klin. Wochenschr. 1912. Nr. 39. 1441.
114. Fraenkel, Curt, Berl. klin. Wochenschr. 1913. Nr. 49. 2280.
115. Weichardt, Zeitschr. f. d. Ges. Neurolog. u. Psych. **22**, H. 4/5. 586.
116. Hauenstein, Versammlung mitteldeutscher Psychiater Jena. 1913.

Namenregister.

Sachregister.